ALGORITHMS FOR MODULAR ELLIPTIC CURVES

ALGORITHMS
FOR MODULAR ELLIPTIC CURVES

J. E. Cremona
Lecturer in Mathematics
University of Exeter

CAMBRIDGE
UNIVERSITY PRESS

Published by the Press Syndicate of the University of Cambridge
The Pitt Building, Trumpington Street, Cambridge CB2 1RP
40 West 20th Street, New York, NY 10011-4211, USA
10 Stamford Road, Oakleigh, Victoria 3166, Australia

© Cambridge University Press 1992

First published 1992

Printed in Great Britain at the University Press, Cambridge

Library of Congress cataloguing in publication data available

British Library cataloguing in publication data available

ISBN 0 521 41813 5 paperback

To Bryan, on his 60th birthday

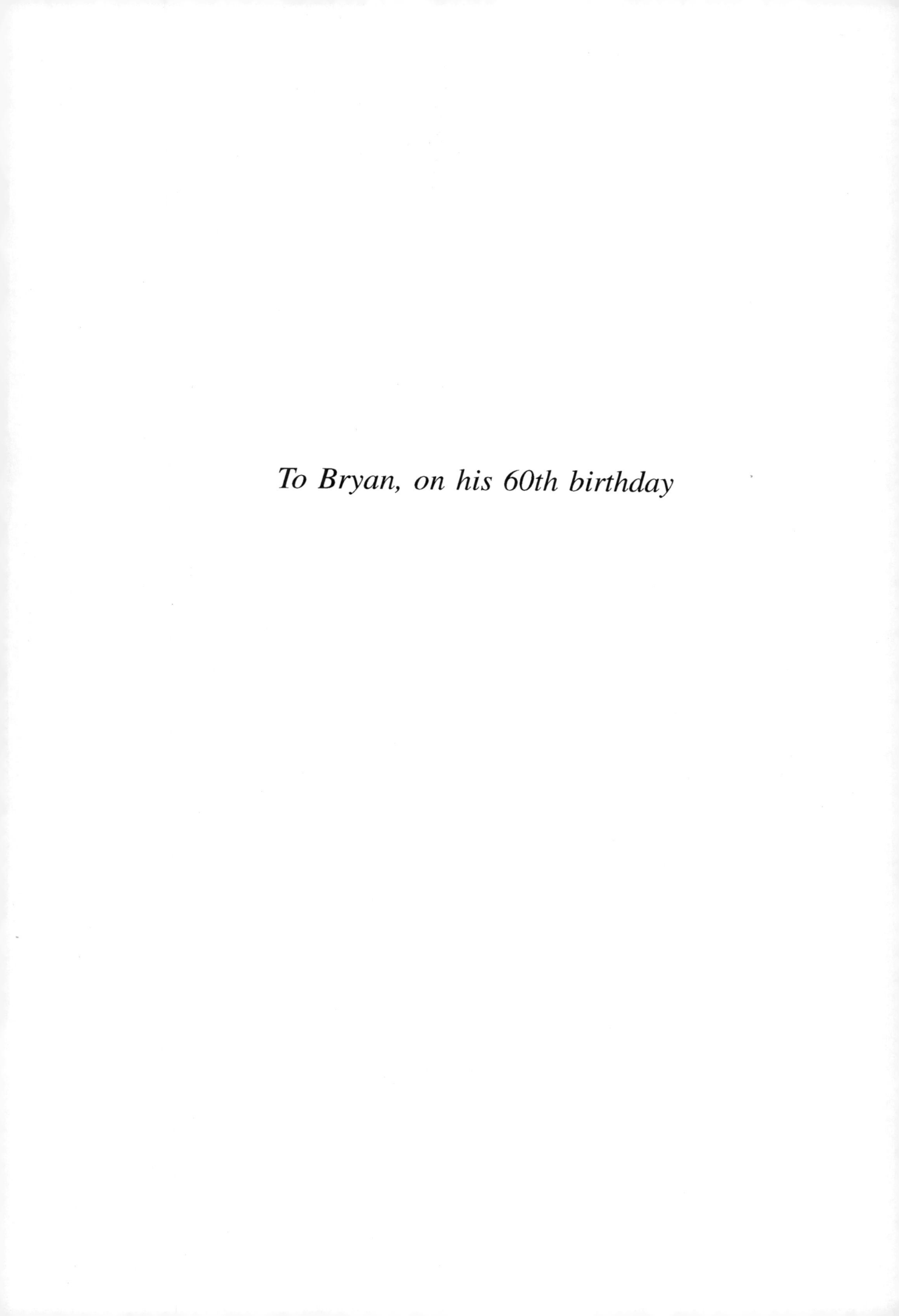

CONTENTS

Chapter I. Introduction	1
Chapter II. Modular symbol algorithms	4
2.1 Description of homology in terms of modular symbols	4
2.2 M-symbols	7
2.3 Conversion between modular symbols and M-symbols	10
2.4 Action of Hecke and other operators	11
2.5 Working in $H^+(N)$	13
2.6 Modular forms and modular elliptic curves	14
2.7 Splitting off one-dimensional eigenspaces	16
2.8 $L(f,s)$ and the evaluation of $L(f,1)/\Omega(f)$	19
2.9 Computing Fourier coefficients	22
2.10 Computing periods I	24
2.11 Computing periods II: Indirect method	26
2.12 Computing periods III: Evaluation of the sums	29
2.13 Computing $L^{(r)}(f,1)$	30
2.14 Obtaining equations for the curves	33
Appendix to Chapter II. Examples	36
Chapter III. Elliptic curve algorithms	45
3.1 Terminology and notation	45
3.2 The Kraus–Laska–Connell algorithm and Tate's algorithm	47
3.3 The Mordell–Weil group I: torsion	52
3.4 Heights and the height pairing	55
3.5 The Mordell–Weil group II: generators	58
3.6 The Mordell–Weil group III: the rank	62
3.7 The period lattice	76
3.8 Finding isogenous curves	77
3.9 Twists and complex multiplication	81
Chapter IV. The tables	84
Table 1. Elliptic curve data	89
Table 2. Mordell–Weil generators	234
Table 3. Hecke eigenvalues	243
Table 4. Birch–Swinnerton-Dyer data	292
Bibliography	341

CHAPTER I

INTRODUCTION

This book is in three sections. First, we describe in detail an algorithm based on modular symbols for computing modular elliptic curves: that is, one-dimensional factors of the Jacobian of the modular curve $X_0(N)$, which are attached to certain cusp forms for the congruence subgroup $\Gamma_0(N)$. In the second section, various algorithms for studying the arithmetic of elliptic curves (defined over the rationals) are described. These are for the most part not new, but they have not all appeared in book form, and it seemed appropriate to include them here. Lastly, we report on the results obtained when the modular symbols algorithm was carried out for all $N \leq 1000$. In a comprehensive set of tables we give details of the curves found, together with all isogenous curves (5089 curves in all, in 2447 isogeny classes). Specifically, we give for each curve the rank and generators for the points of infinite order, the number of torsion points, the regulator, the traces of Frobenius for primes less than 100, and the leading coefficient of the L-series at $s = 1$; we also give the reduction data (Kodaira symbols, and local constants) for all primes of bad reduction, and information about isogenies.

For $N \leq 200$ these curves can be found in the well-known tables usually referred to as "Antwerp IV" [2], as computed by Tingley [53], who in turn extended earlier tables of curves found by systematic search; our calculations agree with that list in all 281 cases. For values of N in the range $200 < N \leq 320$ Tingley computed the modular curves attached to newforms for $\Gamma_0(N)$ only when there was no known curve of conductor N corresponding to the newform: these appear in his thesis [53] but are unpublished. As in [2], the curves E we list for each N have the following properties.

(1) They have conductor N, as determined by Tate's algorithm [51].
(2) The coefficients given are those of a global minimal model for E, and these coefficients (or, more precisely, the c_4 and c_6 invariants) agree with the numerical values obtained from the modular calculation to several decimal places: in most cases, depending on the accuracy obtained—see below—differing by no more than 10^{-30}.
(3) Their traces of Frobenius agree with those of the modular curves for all primes $p < 1000$.

We have also investigated, for each curve, certain numbers related to the Birch–Swinnerton-Dyer conjecture. Let $f(z)$ be a newform for $\Gamma_0(N)$ with rational Fourier coefficients, and E the elliptic curve defined over $\mathbb{Q}$ attached to f. The value of $L(f, 1)$ is a rational multiple of a period of f, and may be computed easily using modular symbols (see [30] and section 2.8 below). We have computed this rational number in each case, and find that it is always consistent with the Birch–Swinnerton-Dyer conjecture for E. More specifically, let $\Omega_0(f)$ be the least positive real period of F and $\Omega(f) = 2\Omega_0(f)$ or $\Omega_0(f)$ according as the period lattice of

f is or is not rectangular. Then we find that $L(f,1)/\Omega(f) = 0$ if (and only if) the Mordell–Weil group $E(\mathbb{Q})$ has positive rank, and when $E(\mathbb{Q})$ is finite we find in each case that

$$L(f,1)/\Omega(f) = \prod_{p|N} c_p \cdot |E(\mathbb{Q})|^{-2} \cdot S$$

with $S \in \mathbb{N}$ (in fact $S = 1$ in all but four cases: $S = 4$ in three cases and $S = 9$ in one case). This is consistent with the Birch–Swinnerton-Dyer conjecture if the Tate–Shafarevich group Ш is finite of order S. (Here c_p is the local index $[E(\mathbb{Q}_p) : E_0(\mathbb{Q}_p)]$; see [47, p.362].) When $L(f,1) = 0$, we compute the sign w of the functional equation for $L(f,s)$, and verify that $w = +1$ if and only if the curve has even rank. More precisely, we also compute the value of $L^{(r)}(f,1)$, where r is the rank, the regulator R, and the quotient

$$S = \frac{L^{(r)}(f,1)}{\Omega(f)} \bigg/ \frac{(\prod c_p)R}{|E_{\mathrm{tor}}(\mathbb{Q})|^2}.$$

In all but the four cases mentioned above we find that $S = 1$ to within the accuracy of the computation.

Our algorithm uses modular symbols to compute the 1-homology of $\Gamma_0(N)\backslash \mathcal{H}^*$ where $\mathcal{H}^*$ is the extended upper half-plane $\{z \in \mathbb{C} : \mathrm{Im}(z) > 0\} \cup \{\infty\} \cup \mathbb{Q}$. While similar in some respects to Tingley's original algorithm described in [53], it also uses ideas from [30] together with some new ideas which will be described in detail below. One important advantage of our method, compared with Tingley's, is that we do not need to consider explicitly the exact geometric shape of a fundamental region for the action of $\Gamma_0(N)$ on $\mathcal{H}^*$: this means that highly composite N can be dealt with in exactly the same way as, say, prime N. Of course, for prime N there are other methods, such as that of Mestre [35], which are probably faster in that case, though not apparently yielding the values of the "Birch–Swinnerton-Dyer numbers" $L(f,1)/\Omega(f)$. There is also a strong similarity between the algorithms described here and those developed by the author in his investigation of cusp forms of weight two over imaginary quadratic fields [12], [13], [15]. A variant of this algorithm has also been used successfully to study modular forms for $\Gamma_0(N)$ with quadratic character, thus answering some questions raised by Pinch (see [39] or [40]) concerning elliptic curves of everywhere good reduction over real quadratic fields. See [14] for details of this, and for a generalisation to $\Gamma_1(N)$: one could find cusp forms of weight two with arbitrary character using this extension of the modular symbol method, though at present it has only been implemented for quadratic characters, as described in [14].

It is not our intention in this book to discuss the theory of modular forms in any detail, though we will summarise the facts that we need, and give references to suitable texts. The theoretical construction and properties of the modular elliptic curves will also be excluded, except for a brief summary. Likewise, we will assume that the reader has some knowledge of the theory of elliptic curves, such as can be obtained from one of the growing number of excellent books on the subject. Instead we will be concentrating on computational aspects, and hope thus to complement other, more theoretical, treatments.

In Chapter 2 we describe the various steps in the modular symbol algorithm in detail. At each step we give the theoretical foundations of the method used, with proofs or references to the literature. Included here are some remarks on our implementation of the algorithms, which might be useful to those wishing to write their own programs. At the end of this stage we have equations for the curves, together with certain other data for the associated cusp form: Hecke eigenvalues, sign of the functional equation, and the ratio $L(f,1)/\Omega(f)$.

Following Chapter 2, we give some worked examples to illustrate the various methods.

In Chapter 3 we describe the algorithms we used to study the elliptic curves we found using modular symbols, including the finding of all curves isogenous to those in the original list. These algorithms are more generally applicable to arbitrary elliptic curves over $\mathbb{Q}$, although we do not consider questions which might arise with curves having bad reduction at very large primes. (For example, we do not consider how to factorise the discriminant in order to find the bad primes, as in all cases in the tables this is trivially achieved by trial division). Here we compute minimal equations, local reduction types, rank and torsion, generators for the Mordell–Weil group, the regulator, and traces of Frobenius. This includes all the information published in the earlier Antwerp IV tables. The final calculations, relating to the Birch–Swinnerton-Dyer conjecture, are also described here; these combine values obtained from the cusp forms (specifically, the leading coefficient of the expansion of the L-series at $s=1$, and the real period) with the regulator and local factors obtained directly from the curves. Thus we can compute in each case the conjectural value S of the order of III, the Tate–Shafarevich group.

Finally, in Chapter 4 we discuss the results of the computations for $N \leq 1000$, and introduce the tables which follow.

All the computer programs used were written in Algol68 (amounting to over 10000 lines of code in all) and run on the ICL3980 computer at the South West Universities Regional Computing Centre at Bath, U.K.. The author would like to express his thanks to the staff of SWURCC for their friendly help and cooperation, and also to Richard Pinch for the use of his Algol68 multiple-length arithmetic package. At present, our programs are not easily portable, mainly because of the choice of Algol68 as programming language, which is not very generally available. However we are currently working on a new version of the programs, written in a standard version of the object-oriented language C++, which would be easily portable. The elliptic curve algorithms themselves are currently (1991) available more readily, in a number of computer packages. In particular, the package **apecs**, written in Maple and available free via anonymous file transfer from Ian Connell of McGill University, will compute all the data we have included for each curve. (A slightly limited version of **apecs**, known as **upecs**, runs under UBASIC on MS-DOS machines). There are also elliptic curve functions available for Mathematica (Silverman's Elliptic Curve Calculator) and in the PARI-GP package. These packages are all in the process of rapid development.

An earlier version of Chapter 2 of this book, with the tables, has been fairly widely circulated, and several people have pointed out errors which somehow crept in to the original tables. We have made every effort to eliminate typographical errors in the tables, which were typeset directly from data files produced by the programs which did the calculations. Where possible, the data for each curve has been checked independently using other programs. Amongst those who have spotted earlier errors or have helped with checking, I would like to mention Richard Pinch, Harvey Rose, Ian Connell, Noam Elkies, and Wah Keung Chan; obviously there may still be some incorrect entries, but these remain solely my responsibility.

CHAPTER II

MODULAR SYMBOL ALGORITHMS

In this chapter we describe the modular symbol method in detail. First, in sections 2.1 to 2.5, we describe the use of modular symbols and M-symbols to compute the homology space

$$H(N) = H_1(\Gamma_0(N)\backslash\mathcal{H}^*, \mathbb{Q})$$

and the action of the Hecke algebra. At this stage it is already possible to identify rational newforms, and obtain some information about the modular elliptic curves attached to them: these are introduced in section 2.6. To obtain equations for the curves we compute their period lattices: the methods used for this stage occupy the remaining sections of the chapter. Each section below describes one step in the algorithm. To illustrate the method we also give some worked examples at the end of the chapter.

2.1 Description of homology in terms of modular symbols

As general references concerning modular symbols for subgroups of $SL(2,\mathbb{Z})$, see [30], [31] or [24, Chapter IV].

Let $S = \begin{pmatrix} 0 & -1 \\ 1 & 0 \end{pmatrix}$ and $T = \begin{pmatrix} 1 & 1 \\ 0 & 1 \end{pmatrix}$ be the usual generators for $\Gamma = SL(2,\mathbb{Z})$, and $\mathcal{H} = \{z = x + iy \in \mathbb{C} \mid y > 0\}$ the upper half-plane. Denote by $\mathcal{H}^* = \mathcal{H} \cup \mathbb{Q} \cup \{\infty\}$ the extended upper half-plane, obtained by including the ($\mathbb{Q}$-rational) cusps $\mathbb{Q} \cup \{\infty\}$. Then Γ acts discretely and discontinuously on $\mathcal{H}^*$; in particular, $T(z) = z + 1$ and $S(z) = -1/z$. Let G be a subgroup of Γ of finite index. The quotient space $X_G = G\backslash\mathcal{H}^*$ may be given the structure of a compact Riemann surface; for purposes of computing homology, we may also consider it as a real manifold. Let $g = g(G)$ denote the genus of this Riemann surface; then

$$\dim_\mathbb{C} H_1(X_G, \mathbb{C}) = 2g.$$

Assume that G is normalised by the matrix $J = \begin{pmatrix} -1 & 0 \\ 0 & 1 \end{pmatrix}$, so that

$$\gamma = \begin{pmatrix} a & b \\ c & d \end{pmatrix} \in G \iff \tilde{\gamma} = \begin{pmatrix} a & -b \\ -c & d \end{pmatrix} \in G;$$

in particular, this will be true for the congruence subgroups $\Gamma_0(N)$ which we will be considering. Then the conjugation involution given by $z \mapsto z^* = \overline{-z}$ induces an action on X_G, since $\gamma(z) = w$ if and only if $\tilde{\gamma}(z^*) = w^*$. This in turn induces an involution on homology, and we have $H_1 = H_1^+ \oplus H_1^-$, where $H_1^\pm$ denote the $\pm$-eigenspaces for this involution. Moreover, $\dim H_1^+ = \dim H_1^- = g$.

Let $S_2(G)$ denote the space of (holomorphic) cusp forms of weight 2 for G. There is a duality between homology and the space of holomorphic differentials on X_G. These differentials (or, more precisely, their pullbacks to $\mathcal{H}$) have the form $2\pi i f(z)dz$ where $f(z) \in S_2(G)$, and the bilinear pairing

$$(2.1.1) \qquad S_2(G) \times H_1(X_G, \mathbb{C}) \longrightarrow \mathbb{C}$$

given by

$$(f, \gamma) \mapsto \langle \gamma, f \rangle = \int_\gamma 2\pi i f(z) dz$$

induces an isomorphism of complex vector spaces

$$(2.1.2) \qquad S_2(G) \cong H_1^+(X_G, \mathbb{C}).$$

We will exploit this isomorphism (which also respects the action of Hecke and other operators, see section 2.4 below), as we will compute $H_1^+(X_G)$ explicitly in order to gain information about the cusp forms in $S_2(G)$. Also, the pairing in (2.1.1) is crucial in the definition of modular elliptic curves (see section 2.6 below).

Let $\alpha, \beta \in \mathcal{H}^*$ be points equivalent under the action of G, so that $\beta = g(\alpha)$ for some $g \in G$. Any smooth path from α to β in $\mathcal{H}^*$ projects to a closed path in the quotient space X_G, and hence determines an integral homology class in $H_1(X_G, \mathbb{Z})$, which depends only on α and β and not on the path chosen, because $\mathcal{H}^*$ is simply connected. (In fact the class depends only on g: see (5) in Lemma 2.1.1 below). We denote this homology class by the *modular symbol* $\{\alpha, \beta\}_G$, or simply $\{\alpha, \beta\}$ when the group G is clear from the context.

The symbol $\{\alpha, \beta\}_G$ gives a functional $S_2(G) \to \mathbb{C}$ via $f \mapsto 2\pi i \int_\alpha^\beta f(z) dz$; since $f(z)$ is holomorphic, the integral is independent of the path from α to β. We may thus extend the definition of the symbol $\{\alpha, \beta\}$ to points $\alpha, \beta \in \mathcal{H}^*$ not necessarily G-equivalent by identifying $\{\alpha, \beta\}$ with the functional $f \mapsto 2\pi i \int_\alpha^\beta f(z) dz$; now, in general, we have $\{\alpha, \beta\} \in H_1(X_\Gamma, \mathbb{C})$. The Manin-Drinfeld Theorem (see [24, page 62]) says that when α, β are rational cusps (that is, $\alpha, \beta \in \mathbb{Q} \cup \infty$) and G is a congruence subgroup, then $\{\alpha, \beta\} \in H_1(X_G, \mathbb{Q})$, the homology with rational coefficients. In particular, $\{0, \infty\} \in H_1(X_G, \mathbb{Q})$.

We usually denote the cusp at infinity by the symbol ∞; if however in an integral we wish to make clear that the cusp is reached from $z = x + iy$ by letting y tend to infinity as x remains bounded, we may sometimes denote it by $i\infty$. Thus we will write $\langle \{0, \infty\}, f \rangle = \int_0^{i\infty} f(z) dz$ rather than $\int_0^\infty f(z) dz$, since the latter might be interpreted as the real integral $\int_0^\infty f(x) dx$ rather than $\int_0^\infty f(iy) d(iy)$.

The following simple facts are now immediate.

Lemma 2.1.1. *Let $\alpha, \beta, \gamma \in \mathcal{H}^*$, and let $g, h \in G$. Then*
(1) $\{\alpha, \alpha\} = 0$;
(2) $\{\alpha, \beta\} + \{\beta, \alpha\} = 0$;
(3) $\{\alpha, \beta\} + \{\beta, \gamma\} + \{\gamma, \alpha\} = 0$;
(4) $\{g\alpha, g\beta\}_G = \{\alpha, \beta\}_G$;
(5) $\{\alpha, g\alpha\}_G = \{\beta, g\beta\}_G$;

(6) $\{\alpha, gh\alpha\}_G = \{\alpha, g\alpha\}_G + \{\alpha, h\alpha\}_G$;

(7) $\{\alpha, g\alpha\}_G \in H_1(X_G, \mathbb{Z})$.

Proof. Only (5) and (6) are not quite obvious. For (5), write $\{\alpha, g\alpha\} = \{\alpha, \beta\} + \{\beta, g\beta\} + \{g\beta, g\alpha\}$, using (2) and (3); now the first and third terms cancel by (4). For (6), we have $\{\alpha, gh\alpha\} = \{\alpha, g\alpha\} + \{g\alpha, gh\alpha\} = \{\alpha, g\alpha\} + \{\alpha, h\alpha\}$ using (4). □

It follows that the map $g \mapsto \{\alpha, g\alpha\}_G$ is a surjective group homomorphism $G \to H_1(X_G, \mathbb{Z})$, which is independent of $\alpha \in \mathcal{H}^*$.

The network of geodesics joining $\gamma(0)$ to $\gamma(\infty)$ for γ in Γ forms (the 1-skeleton of) a tessellation of $\mathcal{H}^*$ by hyperbolic (or 'ideal') triangles. Hence the set of all paths of the form $\{\gamma(0), \gamma(\infty)\}_G$ forms a triangulation of X_G; now it is only necessary for γ to run over a complete set $[\Gamma : G]$ of right coset representatives for G in Γ.

To calculate the homology of this quotient space, first note that the triangles of the triangulation are just the transforms under $\gamma \in \Gamma$ of the *basic triangle* with vertices at 0, ∞, and 1, whose edges consist of $\{\gamma(0), \gamma(\infty)\}$ for $\gamma = I$, $\gamma = TS$, and $\gamma = (TS)^2$. (This triangle is the union of three copies of a fundamental domain for the action of Γ on $\mathcal{H}^*$, but we do not need to consider fundamental domains explicitly.) If we denote $\{\gamma(0), \gamma(\infty)\}$ by (γ), then clearly $(\gamma) = (g\gamma)$ for all g in G, and we see that $H_1(X_G, \mathbb{Q})$ is generated by

$$\{(\gamma) : \gamma \in [\Gamma : G]\}.$$

Note that by the Manin-Drinfeld Theorem, each (γ) does lie in the rational homology.

For each γ in Γ, the relation

(2.1.3) $$(\gamma) + (\gamma TS) + (\gamma(TS)^2) = 0$$

thus holds. We also have a second type of relation from the gluing together of the translates of the basic triangle. Since S identifies the edge $\{0, \infty\}$ with itself in the opposite orientation, we have for each γ the relation

(2.1.4) $$(\gamma) + (\gamma S) = 0.$$

Now let $C(G)$ be the $\mathbb{Q}$-vector space with basis the symbols (γ) for each γ in $[\Gamma : G]$. The natural right coset action of Γ on $[\Gamma : G]$ extends by linearity to an action of the group ring $\mathbb{Z}\Gamma$ on $C(G)$. Define the *relation ideal* $\mathcal{R}$ to be the left ideal of $\mathbb{Z}\Gamma$ generated by $I + S$ and $I + TS + (TS)^2$, and let $B(G) = C(G)\mathcal{R}$. If $H_0(G)$ denotes the free abelian group on the cusps of G (that is, on the orbits of G acting on $\mathbb{Q} \cup \{\infty\}$) then we have the *boundary map* $\delta : C(G) \to H_0(G)$ defined by

(2.1.5) $$\delta : (\gamma) \mapsto [\gamma(\infty)] - [\gamma(0)]$$

where $[\alpha]$ denotes the G-orbit of the cusp α. Let $Z(G) = \ker \delta$. It is easy to see that $B(G) \subseteq Z(G)$; set $H(G) = Z(G)/B(G)$. Manin's result [30, Theorem 1.9] is now simply

Theorem 2.1.2. *$H(G)$ is isomorphic to $H_1(X_G, \mathbb{Q})$, the isomorphism being given by*

(2.1.6) $$(\gamma) \mapsto \{\gamma(0), \gamma(\infty)\}_G.$$

We may thus use the symbol (γ) either as an abstract symbol obeying certain relations, or to denote an element of $H_1(X_G, \mathbb{Q})$, or even an actual path in the upper half-plane, without confusion.

Note that the form of the relations between the generating symbols (γ) does not depend at all on the specific group G. In particular we, unlike Tingley in [53], do not have to consider explicitly the shape of a fundamental region for the action of G on $\mathcal{H}^*$, or how the edges of such a region are identified. This represents a major simplification compared with Tingley's approach.

2.2 M-symbols

We now specialise to the case $G = \Gamma_0(N)$:

$$\Gamma_0(N) = \left\{ \begin{pmatrix} a & b \\ c & d \end{pmatrix} \in \Gamma \mid c \equiv 0 \pmod{N} \right\}.$$

The index of $\Gamma_0(N)$ in Γ is given (see [46, Proposition 1.43] by

$$[\Gamma : \Gamma_0(N)] = N \prod_{p \mid N} \left(1 + p^{-1}\right).$$

Define $H(N) = H(\Gamma_0(N))$ and $X_0(N) = X_G$. After Theorem 2.1.2, we will identify $H(N)$ with $H_1(\Gamma_0(N) \backslash \mathcal{H}^*, \mathbb{Q})$ by identifying (γ) with $\{\gamma(0), \gamma(\infty)\}$.

M-symbols give us a convenient set of right coset representatives for $\Gamma_0(N)$ in Γ, as elements of $P^1(N) = P^1(\mathbb{Z}/N\mathbb{Z})$, the projective line over the ring of integers modulo N.

Lemma 2.2.1. *For $i = 1, 2$ let $\gamma_i = \begin{pmatrix} a_i & b_i \\ c_i & d_i \end{pmatrix} \in \Gamma$. The following are equivalent.*

(1)   *The matrices γ_1 and γ_2 lie in the same right coset of $\Gamma_0(N)$;*
(2)   *$c_1 d_2 \equiv c_2 d_1 \pmod{N}$;*
(3)   *There exists u with $\gcd(u, N) = 1$ such that $c_1 \equiv u c_2$ and $d_1 \equiv u d_2 \pmod{N}$.*

Proof. We have
$$\gamma_1 \gamma_2^{-1} = \begin{pmatrix} a_1 d_2 - b_1 c_2 & * \\ c_1 d_2 - d_1 c_2 & a_2 d_1 - b_2 c_1 \end{pmatrix},$$

which is in $\Gamma_0(N)$ if and only if $c_1 d_2 - d_1 c_2 \equiv 0 \pmod{N}$. Thus (1) and (2) are equivalent. Also, if (1) holds, then from $\det(\gamma_1 \gamma_2^{-1}) = 1$, we deduce also that $\gcd(u, N) = 1$, where $u = a_2 d_1 - b_2 c_1$. Now

$$\begin{aligned} uc_2 &= a_2 d_1 c_2 - b_2 c_1 c_2 \\ &\equiv a_2 d_2 c_1 - b_2 c_2 c_1 && \text{since } d_1 c_2 \equiv d_2 c_1 \pmod{N} \\ &= c_1 && \text{since } a_2 d_2 - b_2 c_2 = 1 \end{aligned}$$

and $ud_2 \equiv d_1$ similarly. Conversely, if $c_1 \equiv uc_2$ and $d_1 \equiv ud_2 \pmod{N}$ with $\gcd(u, N) = 1$, then the congruence in (2) follows easily. $\square$

On the set of ordered pairs $(c, d) \in \mathbb{Z}^2$ such that $\gcd(c, d, N) = 1$ we now define the relation $\sim$, where

$$(2.2.1) \qquad (c_1, d_1) \sim (c_2, d_2) \iff c_1 d_2 \equiv c_2 d_1 \pmod{N}.$$

By Lemma 2.2.1, this is an equivalence relation. The equivalence class of (c, d) will be denoted $(c : d)$, and such symbols will be called M-symbols (after Manin, who introduced them in [30]). The set of these M-symbols modulo N is $P^1(N) = P^1(\mathbb{Z}/N\mathbb{Z})$, the projective line over the ring of integers modulo N.

Notice that in an M-symbol $(c : d)$, c and d are only determined modulo N, and that we can always choose them such that $\gcd(c, d) = 1$.

Lemma 2.2.1 now implies the following.

Proposition 2.2.2. *There exist bijections*

$$P^1(N) \longleftrightarrow [\Gamma : \Gamma_0(N)] \longleftrightarrow \{(\gamma) : \gamma \in [\Gamma : \Gamma_0(N)]\}$$

given by

$$(2.2.2) \qquad (c : d) \leftrightarrow \gamma = \begin{pmatrix} a & b \\ c & d \end{pmatrix} \leftrightarrow (\gamma) = \{b/d, a/c\}$$

where $a, b \in \mathbb{Z}$ are chosen so that $ad - bc = 1$. $\square$

Note that a different choice of a, b in (2.2.2) has the effect of multiplying γ on the left by a power of T which does not change the right coset of γ, or the symbol (γ), since $T \in \Gamma_0(N)$ for all N.

The right coset action of Γ on $[\Gamma : \Gamma_0(N)]$ induces an action on $P^1(N)$:

$$(2.2.3) \qquad (c : d) \begin{pmatrix} p & q \\ r & s \end{pmatrix} = (cp + dr : cq + ds).$$

The boundary map δ now takes the form

$$(2.2.4) \qquad \delta : \quad (c : d) \mapsto [b/d] - [a/c].$$

In order to compute $\ker(\delta)$, we must be able to determine when two cusps are $\Gamma_0(N)$-equivalent. This is achieved by the following result.

Lemma 2.2.3. *For $i = 1, 2$ let $\alpha_i = p_i/q_i$ be cusps written in lowest terms. The following are equivalent:*

(1) $\alpha_2 = \gamma(\alpha_1)$ for some $\gamma \in \Gamma_0(N)$;

(2) $q_2 \equiv uq_1 \pmod{N}$ and $up_2 \equiv p_1 \pmod{\gcd(q_1, N)}$, with $\gcd(u, N) = 1$.

(3) $s_1 q_2 \equiv s_2 q_1 \pmod{\gcd(q_1 q_2, N)}$, where s_j satisfies $p_j s_j \equiv 1 \pmod{q_j}$.

Proof. (1) $\implies$ (2): Let $\gamma = \begin{pmatrix} a & b \\ Nc & d \end{pmatrix} \in \Gamma_0(N)$; Then $p_2/q_2 = (ap_1 + bq_1)/(Ncp_1 + dq_1)$, with both fractions in lowest terms. Equating numerators and denominators (up to sign) gives (2), with $u = \pm d$, since $ad \equiv 1 \pmod{N}$.

(2) $\implies$ (1): Here we use Lemma 2.2.1. Assume (2), and write $p_1 s_1' - q_1 r_1' = p_2 s_2 - q_2 r_2 = 1$ with $s_1', r_1', s_2, r_2 \in \mathbb{Z}$. Then $p_1 s_1' \equiv 1 \pmod{q_1}$ and $p_2 s_2 \equiv 1 \pmod{q_2}$. Also $\gcd(q_1, N) = \gcd(q_2, N) = N_0$, say, since $q_2 \equiv uq_1 \pmod{N}$. Now $up_2 \equiv p_1 \pmod{N_0}$ implies $us_1' \equiv s_2 \pmod{N_0}$, so we may find $x \in \mathbb{Z}$ such that $uxq_1 \equiv us_1' - s_2 \pmod{N}$. Set $s_1 = s_1' - xq_1$ and $r_1 = r_1' - xp_1$. Then $p_1 s_1 - q_1 r_1 = 1$ and now $us_1 \equiv s_2 \pmod{N}$. By Lemma 2.2.1, there exists $\gamma \in \Gamma_0(N)$ such that $\begin{pmatrix} p_2 & r_2 \\ q_2 & s_2 \end{pmatrix} = \gamma \begin{pmatrix} p_1 & r_1 \\ q_1 & s_1 \end{pmatrix}$, and so $\gamma(p_1/q_1) = p_2/q_2$ as required.

(1) $\iff$ (3): As before, solve the equations $p_j s_j - q_j r_j = 1$ for $i = 1, 2$. Set $\gamma_j = \begin{pmatrix} p_j & r_j \\ q_j & s_j \end{pmatrix}$, so that $\gamma_j(\infty) = \alpha_j$, and $\gamma_2 \gamma_1^{-1}(\alpha_1) = \alpha_2$. This matrix is in $\Gamma_0(N)$ if and only if $q_2 s_1 - q_1 s_2 \equiv 0 \pmod{N}$. The most general such matrix is obtained by replacing s_1 by $s_1' = s_1 + xq_1$, and it follows that α_1 and α_2 are equivalent if and only if we can solve for $x \in \mathbb{Z}$ the congruence

$$0 \equiv q_2 s_1' - q_1 s_2 \equiv q_2 s_1 - q_1 s_2 + x q_1 q_2 \pmod{N},$$

which is if and only if the congruence in (3) holds. $\square$

Henceforth we will therefore regard $H(N)$ as given in terms of M-symbols. Certain symbols will be generators, and each M-symbol $(c : d)$ will be expressed as a $\mathbb{Q}$-linear combination of these generating symbols, by means of the 2-term relations

(2.2.5) $$(c : d) + (-d : c) = 0$$

and 3-term relations

(2.2.6) $$(c : d) + (c + d : -c) + (d : -c - d) = 0.$$

Implementation. We make a list of inequivalent M-symbols as follows: first, list the symbols $(c : 1)$ for $0 \leq c < N$; then the symbols $(1 : d)$ for $0 \leq d < N$ and $\gcd(d, N) > 1$; and finally a pairwise inequivalent set of symbols $(c : d)$ with $c | N$, $c \neq 1, N$, $\gcd(c, d) = 1$ and $\gcd(d, N) > 1$. (The latter symbols do not arise when N is a prime power.)

To speed up the looking up of M-symbols in the list, we have found it extremely worthwhile to prepare at the start of the program a collection of lookup tables, containing for example a table of inverses modulo N. We also used a simple "hashing" system, so that given any particular symbol $(c : d)$ we could quickly determine to which symbol in our standard list it is equivalent. While this preparation of look-up tables may seem rather trivial, in practice it has had a dramatic effect, speeding up the mass computation of Hecke eigenvalues a_p (see section 2.9) by a factor of up to 50.

Using the 2-term relations (2.2.5) we may identify the M-symbols in pairs, up to sign. This immediately halves the number of generators needed. Then the 3-term relations (2.2.6) are computed, each M-symbol being replaced by plus or minus one of the current generators, and the resulting equations solved using integer Gaussian elimination. At the end of this stage we have a list of r (say) "free generators" from the list of M-symbols, and a table expressing each of the M-symbols in the list as a $\mathbb{Q}$-linear combination of the generators. In practice, we store $\mathbb{Z}$-linear combinations, keeping a common denominator d_1 separately; however, by judicious choice of the order of elimination of symbols, in practice this denominator is very frequently 1.

Next we compute the boundary map δ on each of the free generators, using (2.2.4). We have a procedure based on Lemma 2.2.3 to test cusp equivalence. Hence we do not have to compute in advance a complete list of inequivalent cusps. Instead, we keep a cumulative list: each cusp we come across is checked for equivalence with those in the list already, and is added to the list if it represents a new equivalence class. We found this simpler to implement than using a standard set of pairwise inequivalent cusps, as in [30, Corollary 2.6].

We thus compute a matrix with integer entries for the linear map δ, and by a second step of Gaussian elimination can compute a basis for its kernel, which by definition is $H(N)$. This basis is stored as a list of $2g$ integer vectors in $\mathbb{Z}^r$ over a second common denominator d_2. (Here g is the genus of $X_0(N)$, so that $\dim H(N) = 2g$.) We may arrange (by reducing the basis suitably) that whenever a linear combination of M-symbols (represented as a vector in $\mathbb{Z}^r$) is in $\ker(\delta)$, then its coefficients with respect to the basis are given by (a subset of) $2g$ components of these vectors, divided by the cumulative common denominator $d_1 d_2$.

From now on we will regard elements of $H(N)$ as being given by vectors in $\mathbb{Z}^{2g}$ in this way.

2.3 Conversion between modular symbols and M-symbols

As noted above, each M-symbol $(c:d)$ has a representative with $\gcd(c,d) = 1$, and corresponds to the right coset representative $\gamma = \begin{pmatrix} a & b \\ c & d \end{pmatrix}$ in Γ, where $ad - bc = 1$. The isomorphism of Theorem 2.1.2 thus becomes

(2.3.1) $$(c:d) \mapsto \{b/d, a/c\}.$$

The modular symbol on the right of (2.3.1) is independent of the choice of a and b with $ad - bc = 1$, since $\begin{pmatrix} 1 & 1 \\ 0 & 1 \end{pmatrix} \in \Gamma_0(N)$ for all N, and so

$$\{\alpha, \beta\}_{\Gamma_0(N)} = \{\alpha + k, \beta + l\}_{\Gamma_0(N)}$$

for all k, l in $\mathbb{Z}$ and α, β in $\mathcal{H}^*$.

Conversely each modular symbol $\{\alpha, \beta\}$ with α and β in $\mathbb{Q} \cup \{\infty\}$ can be expressed, using continued fractions, as a sum of modular symbols of the special form $\{\gamma(0), \gamma(\infty)\}$ with $\gamma \in \Gamma$, hence as a sum of M-symbols $(c:d)$, and finally as a linear combination of the generating

M-symbols. Writing $\{\alpha,\beta\} = \{0,\beta\} - \{0,\alpha\}$, it suffices to do this for modular symbols of the form $\{0,\alpha\}$. Let

$$\frac{p_{-2}}{q_{-2}} = \frac{0}{1}, \frac{p_{-1}}{q_{-1}} = \frac{1}{0}, \frac{p_0}{1} = \frac{p_0}{q_0}, \frac{p_1}{q_1}, \frac{p_2}{q_2}, \ldots, \frac{p_k}{q_k} = \alpha$$

denote the continued fraction convergents of the rational number α. Then, as is well-known,

$$p_j q_{j-1} - p_{j-1} q_j = (-1)^{j-1} \qquad \text{for } -1 \leq j \leq k.$$

Hence

$$\{0,\alpha\} = \sum_{j=-1}^{k} \left\{ \frac{p_{j-1}}{q_{j-1}}, \frac{p_j}{q_j} \right\} = \sum_{j=-1}^{k} \{\gamma_j(0), \gamma_j(\infty)\} = \sum_{j=-1}^{k} (\gamma_j)$$

where $\gamma_j = \begin{pmatrix} (-1)^{j-1} p_j & p_{j-1} \\ (-1)^{j-1} q_j & q_{j-1} \end{pmatrix}$. In terms of M-symbols, the preceding sum reduces to

$$\{0,\alpha\} = \sum_{j=1}^{k} ((-1)^{j-1} q_j : q_{j-1})$$

since the first two terms cancel out.

These conversions are easy to implement using the Euclidean algorithm; note that it is only the denominators of the continued fraction convergents which are used.

2.4 Action of Hecke and other operators

(References: [1], [24].)

For each prime p not dividing N, the Hecke operator T_p acts on modular symbols $\{\alpha,\beta\}$ via

$$(2.4.1) \qquad T_p: \quad \{\alpha,\beta\} \mapsto \{p\alpha, p\beta\} + \sum_{k \bmod p} \left\{ \frac{\alpha+k}{p}, \frac{\beta+k}{p} \right\}.$$

This action induces a linear map from $H(N)$ to itself, provided that p does not divide N, which we again denote by T_p.

There are also Hecke operators, which we also denote T_p, acting on the space $S_2(N) = S_2(\Gamma_0(N))$ of cusp forms of weight 2 for $\Gamma_0(N)$. First recall that 2×2 matrices $M = \begin{pmatrix} a & b \\ c & d \end{pmatrix}$ with $ad - bc > 0$ act on functions $f(z)$ on the right via

$$f \mapsto f \mid M \qquad \text{where} \qquad (f \mid M)(z) = \frac{ad-bc}{(cz+d)^2} f\left(\frac{az+b}{cz+d}\right).$$

A form of weight 2 for some group G will satisfy $f \mid M = f$ for all $M \in G$. This action extends by linearity to formal linear combinations of matrices. The Hecke operator T_p is defined by

$$f \mid T_p = f \mid \begin{pmatrix} p & 0 \\ 0 & 1 \end{pmatrix} + \sum_{k=0}^{p-1} f \mid \begin{pmatrix} 1 & k \\ 0 & p \end{pmatrix}.$$

A standard result is that T_p does act on $S_2(N)$, provided that $p \nmid N$. (There are similar operators U_p for primes p dividing N, but we will not need these).

These matrix actions on $S_2(N)$ and $H(N)$ are compatible, in the sense that:

$$\langle \{\alpha, \beta\}, f \,|M\, \rangle = \langle \{M\alpha, M\beta\}, f \rangle,$$

since

$$\frac{d}{dz}\left(\frac{az+b}{cz+d}\right) = \frac{ad-bc}{(cz+d)^2},$$

and so

$$\int_\alpha^\beta (f\,|M\,)(z)dz = \int_\alpha^\beta \frac{ad-bc}{(cz+d)^2}f(M(z))dz = \int_{M\alpha}^{M\beta} f(w)dw.$$

Thus, in particular,

$$\langle \{\alpha, \beta\}, f \,|T_p\, \rangle = \langle T_p\{\alpha, \beta\}, f \rangle.$$

Secondly, for each prime q dividing N there is an involution operator W_q acting on $H(N)$ and $S_2(N)$. We recall the definition. Let q^α be the exact power of q dividing N, and let x, y, z, w be any integers satisfying $q^\alpha xw - (N/q^\alpha)yz = 1$. Then the matrix $W_q = \begin{pmatrix} q^\alpha x & y \\ Nz & q^\alpha w \end{pmatrix}$ has determinant q^α and normalises $\Gamma_0(N)$ (modular scalar matrices). Thus W_q induces an action on $H(N)$ and $S_2(N)$, which is an involution since $W_q^2 \in \Gamma_0(N)$ (modulo scalars), and is independent of the values x, y, z, w chosen. The product of all the W_q for q dividing N is the Fricke involution W_N, coming from the transformation $z \mapsto -1/Nz$, with matrix $\begin{pmatrix} 0 & -1 \\ N & 0 \end{pmatrix}$.

The operators T_p for primes p not dividing N and W_q for primes q dividing N together generate a commutative $\mathbb{Q}$-algebra, called the Hecke algebra and denoted $\mathbb{T}$. Moreover, each operator is self-adjoint with respect to the so-called Petersson inner product on $S_2(N)$, and so there exist bases for $S_2(N)$ consisting of simultaneous eigenforms for all the T_p and W_q, with real eigenvalues. (See [1, Theorem 2] or [24, Corollary 2 to Theorem 4.2].) Similarly, the action of $\mathbb{T}$ on $H(N) \otimes \mathbb{R}$ can also be diagonalised.

Finally, recall from section 2.1 that the transformation $z \mapsto z^* = -\overline{z}$ on $\mathcal{H}$ commutes with the action of $\Gamma_0(N)$ and hence also induces an involution on $H(N)$ which we denote $*$. This operator commutes with all the T_p and W_q, which thus preserve the eigenspaces $H^+(N)$ and $H^-(N)$. Moreover, $H^+(N)$ and $H^-(N)$ are isomorphic as modules for the Hecke algebra $\mathbb{T}$. It follows that in order to compute eigenvalues of Hecke operators, we can restrict our attention to $H^+(N)$. This has some practical significance, as we elaborate in the next section.

Implementation. To compute the matrix of each of these operators we proceed as follows. We convert each of the generating M-symbols to a modular symbol as in section 2.3. To compute a T_p, we apply (2.4.1) to each, reconvert each term on the right of (2.4.1) to a sum of M-symbols, and hence express it as a $\mathbb{Z}^{2g}$-vector giving it as a linear combination of the generating M-symbols. This gives one column of the $2g \times 2g$ matrix. Similarly with W_q and W_N. Computing the matrix of $*$ is easier, as we can work directly with the M-symbols, on which $*$ acts via $(c:d) \mapsto (-c:d)$. These integer matrices are in fact $d_1 d_2$ times the actual operator matrices (where d_1 and d_2 are the denominators which may have arisen earlier as a result of the Gaussian elimination steps). Obviously this must be taken into account when we look for eigenvalues later; however, for simplicity of exposition we will assume from now on that this denominator $d_1 d_2$ is 1. We use the convention that the space is represented by column vectors, with operator matrices acting on the left.

2.5 Working in $H^+(N)$

Recall that $H^+(N)$ is the $+1$ eigenspace for the operator $*\colon z \mapsto -\bar{z}$ acting on $H(N) = H_1(X_0(N), \mathbb{Q})$. We would like to work in $H^+(N)$ to compute the action of the Hecke algebra $\mathbb{T}$, since there are obvious savings in computation time and storage space achieved by working in a space with half the dimension of $H(N)$. To do this, note that $H^+(N) \cong H(N)/H^-(N)$ (as vector spaces). We can thus compute $H^+(N)$ in terms of M-symbols by including extra 2-term relations

(2.5.1) $$(c:d) = (-c:d)$$

between the M-symbols. We must also identify the cusp equivalence classes $[\alpha]$ and $[-\alpha]$ for $\alpha \in \mathbb{Q}$.

Effectively we are replacing $\Gamma_0(N)$ by the larger group

$$\widetilde{\Gamma_0(N)} = \left\{ \begin{pmatrix} a & b \\ c & d \end{pmatrix} \mid a,b,c,d \in \mathbb{Z}, ad - bc = \pm 1, c \equiv 0 \pmod{N} \right\} = \langle \Gamma_0(N), J \rangle$$

which still acts discretely on $\mathcal{H}^*$ via

$$\begin{pmatrix} a & b \\ c & d \end{pmatrix} \colon z \mapsto \begin{cases} \dfrac{az + b}{cz + d} & \text{if } ad - bc = +1, \\ \dfrac{a\bar{z} + b}{c\bar{z} + d} & \text{if } ad - bc = -1; \end{cases}$$

in particular, $J = \begin{pmatrix} -1 & 0 \\ 0 & 1 \end{pmatrix}$ sends z to $z^* = -\bar{z}$, giving the action of $*$. Hence, in effect, $\widetilde{\Gamma_0(N)} = \langle \Gamma_0(N), * \rangle$, and $H^+(N) \cong H_1(\widetilde{\Gamma_0(N)} \backslash \mathcal{H}^*, \mathbb{Q})$. (A similar procedure is possible for other subgroups G of Γ of finite index normalised by J.)

As a further saving, use of the extra relation (2.5.1) enables us to cut out half the 3-term relations (2.2.6), as follows. Using (2.5.1) on the second and third terms of (2.2.6) yields

$$(c:d) + (c+d:c) + (d:c+d) = 0$$

which is symmetrical in c and d. Hence relation (2.2.6) for $(d:c)$ now gives the same information as (2.2.6) for $(c:d)$, and can be omitted. Geometrically, the triangles which determine the 3-term relations have been identified in pairs by the action of the larger group.

Implementation. We modify the procedure of section 2.2 in three ways: taking the 2-term relations (2.2.5) and (2.5.1) together we may identify M-symbols in sets of four (instead of two), up to sign, at the first stage of elimination. Then in the second stage we have only half the number of 3-term relations to consider, as noted above, and each can be expressed in terms of half the number of current generators: so we have half the number of equations in half the number of variables to solve, giving a four-fold saving in space and time. Finally, in computing $\ker(\delta)$ we must use a wider notion of cusp equivalence, since for $\alpha, \beta \in \mathbb{Q}$,

$$\alpha \equiv \beta \pmod{\widetilde{\Gamma_0(N)}} \iff \alpha \equiv \pm\beta \pmod{\Gamma_0(N)}.$$

Working in $H^+(N)$ is sufficient for the first stage of our algorithm, when we want to find certain cusp forms in $S_2(N)$, since $H^+(N) \otimes \mathbb{C} \cong S_2(N)$, both as vector spaces and as modules for the Hecke algebra $\mathbb{T}$. Hence eigenvectors in $H^+(N)$ correspond to eigenforms in $S_2(N)$. Since these eigenforms (or, more accurately, newforms—see the next section) have Fourier expansions in which the Fourier coefficients are determined by their Hecke eigenvalues, we can determine these coefficients indirectly by computing explicitly the action of the Hecke algebra $\mathbb{T}$ on $H^+(N)$.

2.6 Modular forms and modular elliptic curves

(References: [46, Chapter 7], [50], [53], [24].)

Let $S_2(N)$ denote, as above, the space of cusp forms of weight 2 on $\Gamma_0(N)$. Forms $f(z) \in S_2(N)$ have Fourier expansions of the form

$$f(z) = \sum_{n=1}^{\infty} a(n,f) e^{2\pi i n z},$$

with coefficients $a(n,f) \in \mathbb{C}$. The corresponding differentials $2\pi i f(z)dz$ are (the pullbacks of) holomorphic differentials on the Riemann surface $X_0(N)$. Hence $S_2(N)$ is a complex vector space of dimension g, where g is the genus of $X_0(N)$, and $2g = \dim H(N)$. Moreover, $S_2(N) = S_2(N)_{\mathbb{Q}} \otimes_{\mathbb{Q}} \mathbb{C}$ where $S_2(N)_{\mathbb{Q}}$ is the subset of $S_2(N)$ consisting of forms $f(z)$ with *rational* Fourier coefficients $a(n,f)$. This rational structure on $S_2(N)$ is a consequence of the deep fact that $X_0(N)$ may be viewed as the complex points of an algebraic curve defined over $\mathbb{Q}$; it may also be proved using Hecke operators and the duality with homology.

We are interested here in "rational newforms" f: that is, forms f which have rational Fourier coefficients $a(n,f)$, are simultaneous eigenforms for all the Hecke operators, and which are also "newforms" in the sense of Atkin and Lehner (see [1]). We briefly recall the definition.

For each proper divisor M of N and each $g \in S_2(M)$, the forms $g(Dz)$ for divisors D of N/M are in $S_2(N)$. The subspace $S_2^{\text{old}}(N)$ of $S_2(N)$ spanned by all such forms is called the space of *oldforms*. There is also an inner product on $S_2(N)$, called the Petersson inner product, with respect to which the Hecke operators are self-adjoint (Hermitian). Define $S_2^{\text{new}}(N)$ to be the orthogonal complement in $S_2(N)$ of $S_2^{\text{old}}(N)$ with respect to the Petersson inner product. The restriction of the Hecke algebra $\mathbb{T}$ to $S_2^{\text{new}}(N)$ is semisimple; $S_2^{\text{new}}(N)$ has a basis consisting of simultaneous eigenforms, and these eigenforms are called *newforms*.

The Fourier coefficients $a(n,f)$ of a newform $f(z) = \sum a(n,f)\exp(2\pi i n z)$ are obtained from the Hecke eigenvalues of f as follows (see [1]). Firstly, for a newform f we always have $a(1,f) \neq 0$, and we normalise so that $a(1,f) = 1$. Then:

If p is a prime not dividing N, and $f\,|T_p = a_p f$, then $a(p,f) = a_p$.

If q is a prime dividing N, and $f\,|W_q = \varepsilon_q f$ with $\varepsilon_q = \pm 1$, then

$$(2.6.1) \qquad a(q,f) = \begin{cases} -\varepsilon_q & \text{if } q^2 \nmid N, \\ 0 & \text{if } q^2 | N. \end{cases}$$

For prime powers, we have the recurrence relation

$$(2.6.2) \qquad a(p^{r+1}, f) = a(p,f) a(p^r, f) - \delta_N(p) p a(p^{r-1}, f) \qquad (r \geq 1)$$

where

$$\delta_N(p) = \begin{cases} 1 & \text{if } p \nmid N, \\ 0 & \text{if } p | N. \end{cases}$$

Finally, for composite indices we have multiplicativity: $a(mn, f) = a(m,f)a(n,f)$ when m and n are relatively prime.

In general, newforms come in conjugate sets of $d \geq 1$ forms with eigenvalues generating an algebraic number field of degree d. The periods of such a set of conjugates $\{f\}$ form a lattice Λ of rank $2d$ in $\mathbb{C}^d$, and hence an abelian variety $A_f = \mathbb{C}^d/\Lambda$, which is defined over $\mathbb{Q}$. Here we will only be interested in the case $d = 1$, where the Hecke eigenvalues and hence Fourier coefficients of f are rational (in fact, integers). We will call such a form f a *rational newform*. Thus a rational newform f has an associated period lattice Λ_f:

$$\Lambda_f = \{ \langle \{\alpha, \beta\}, f \rangle \mid \alpha, \beta \in \mathcal{H}^*, \alpha \equiv \beta \pmod{\Gamma_0(N)} \}$$

which is a discrete rank 2 subgroup of $\mathbb{C}$. Then $E_f = \mathbb{C}/\Lambda_f$ is an elliptic curve, the modular elliptic curve attached to f. Moreover it is known that E_f is defined over $\mathbb{Q}$, has conductor N, and has L-series $L(E_f, s) = \sum a(n,f) n^{-s}$ where $f = \sum a(n,f)\exp(2\pi i n z)$. (See [50], [46].)

With this background we may now make more precise what we mean by "computing the modular elliptic curves of conductor N". We do the following:

(1) Compute the space $H^+(N)$ in terms of M-symbols and their relations.

(2) Compute the action of sufficient Hecke operators W_q and T_p on $H^+(N)$ to determine the one-dimensional eigenspaces with rational eigenvalues; by duality, we now know the rational newforms in $S_2(N)$. (Oldforms can be recognised, since in any systematic computation we will have already found them at some lower level M dividing N.)

(3) Find a $\mathbb{Z}$-basis for the period lattice Λ_f, for each rational newform f, computing the generating periods to high precision.

(4) Given a $\mathbb{Z}$-basis for Λ_f, compute the coefficients of an equation for the attached elliptic curve E_f.

This is the program which we wish to carry out, and have in fact carried out for all $N \leq 1000$. In sections 2.7–2.14 we discuss steps (2)–(4) in more detail.

2.7 Splitting off one-dimensional eigenspaces

Having computed a representation of $H^+(N)$ in terms of M-symbols, we now wish to identify the one-dimensional eigenspaces with rational integer eigenvalues for all the Hecke operators. For each eigenspace we will later need a *dual* basis vector in order to compute the projection of an arbitrary vector onto the eigenspace. Explicitly, we identify $H^+(N)$ with $\mathbb{Q}^g$ via our M-symbol basis, representing each cycle as a column vector; each operator matrix acts on the left. Elements of the dual space will then be represented as row vectors. Projection onto a one-dimensional eigenspace is then achieved by multiplying on the left by the appropriate row vector, which is defined up to scalar multiple by its being a simultaneous left eigenvector of each matrix. In our implementation, we do not distinguish between row and column vectors, and our linear algebra routines are designed to give right eigenvectors, so in practice all we do is find simultaneous eigenvectors for the transposes of the operator matrices. Projection (of a column vector) is then achieved by taking the dot product with the appropriate dual (row) vector. These remarks seem fairly trivial, but we need to be completely explicit if we are to implement these ideas successfully.

We wish to compute as few T_p as possible at this stage, to save time; we will have a much faster way of computing many Hecke eigenvalues later (see section 2.9), once the eigenspaces have been found.

We also need to identify "oldclasses": these are also common eigenspaces for all the T_p (though not for all the W_q, see below) but have dimension greater than 1. In order to recognise and discard oldforms as early as possible we can create a cumulative database of the number of newforms and the first few Hecke eigenvalues (including all W_q-eigenvalues) of each newform at each level. If we proceed systematically through the levels N in order, we will thus always know about the newforms at levels M dividing N but less than N.

An alternative approach might be possible here, in which we use further operators at level N, such as the U_q of [1], to eliminate all but newforms. We have not devised such a scheme which works in full generality; the advantage would be that each level could then be treated in isolation, independently of lower levels, but this was not necessary in our systematic investigations which resulted in the tables in this volume.

Before starting to split $H^+(N)$ we have the following data: the number of rational newforms g in $S_2(M)$ for proper divisors M of N; and for each such g, the W_q-eigenvalue ε_q for all primes q dividing M and the T_p-eigenvalue a_p for several primes p not dividing N. Each form g generates an "oldclass" in $S_2(N)$: a subspace of forms which have the same eigenvalue a_p for all primes p not dividing N. A basis for this oldclass consists of the forms $g(Dz)$ for all positive divisors D of N/M; hence its dimension is $d(N/M)$, the number of positive divisors of N/M. The forms in the oldclass do not necessarily, however, have the same W_q-eigenvalue for primes q dividing N. We now proceed to find these eigenvalues explicitly.

To simplify the following exposition, observe that the W_q operators may be defined for *all* primes q, not just those dividing the level N, using the matrices $W_q = \begin{pmatrix} q^\alpha x & y \\ Nz & q^\alpha w \end{pmatrix}$ of determinant q^α where $q^\alpha \| N$; for if in fact $q \nmid N$, then $\alpha = 0$, so that $W_q \in \Gamma_0(N)$ and $f | W_q = f$ for all $f \in S_2(N)$. Thus in such a case W_q reduces to the identity.

We first consider the case where N/M is a prime power.

Lemma 2.7.1. *Let g be a newform in $S_2(M)$, let l be a prime with $g\,|W_l = \varepsilon g$, and let $N = q^\beta M$ where q is also prime. Thus g determines an oldclass of $\beta + 1$ forms $g_i(z) = g(q^i z) \in S_2(N)$, for $0 \le i \le \beta$.*

(1) *If $l \ne q$, then $g_i\,|W_l = \varepsilon g_i$ for all i;*

(2) *If $l = q$, then $g_i\,|W_q = \varepsilon g_{\beta - i}$.*

In case (1), all members of the oldclass have the same W_q-eigenvalue ε as g, so ε has multiplicity $\beta + 1$ (as an eigenvalue of W_l acting on this oldclass). In case (2), the ε-eigenspace for W_q has dimension $[(2+\beta)/2]$ (that is, $\frac{1}{2}(\beta+1)$ if β is odd, or $\frac{1}{2}(\beta+2)$ if β is even).

Proof. Suppose $l^\alpha \,||\, M$. In case (1) we have $l^\alpha \,||\, N$ also. Let $W_l^{(N)} = \begin{pmatrix} l^\alpha x & y \\ Nz & l^\alpha w \end{pmatrix}$, with $\det W_l^{(N)} = l^\alpha$. Then for $0 \le i \le \beta$ we have

$$\begin{pmatrix} q^i & 0 \\ 0 & 1 \end{pmatrix} W_l^{(N)} = W_l^{(M)} \begin{pmatrix} q^i & 0 \\ 0 & 1 \end{pmatrix}$$

where $W_l^{(M)} = \begin{pmatrix} l^\alpha x & q^i y \\ M q^{\beta-i} z & l^\alpha w \end{pmatrix}$ also has determinant l^α. Hence

$$g_i \left| W_l^{(N)} \right. = g \left| \begin{pmatrix} q^i & 0 \\ 0 & 1 \end{pmatrix} W_l^{(N)} \right.$$

$$= g \left| W_l^{(M)} \begin{pmatrix} q^i & 0 \\ 0 & 1 \end{pmatrix} \right.$$

$$= \varepsilon g \left| \begin{pmatrix} q^i & 0 \\ 0 & 1 \end{pmatrix} \right. = \varepsilon g_i.$$

In case (2), when $q = l$, we have $q^{\alpha+\beta} \,||\, N$. Let $W_q^{(N)} = \begin{pmatrix} q^{\alpha+\beta} x & y \\ Nz & q^{\alpha+\beta} w \end{pmatrix}$ with $\det W_q^{(N)} = q^{\alpha+\beta}$. Then for $0 \le i \le \beta$ we have

$$\begin{pmatrix} q^i & 0 \\ 0 & 1 \end{pmatrix} W_q^{(N)} = W_q^{(M)} \begin{pmatrix} q^{\beta-i} & 0 \\ 0 & 1 \end{pmatrix}$$

(modulo scalar matrices, which act trivially), where $W_q^{(M)} = \begin{pmatrix} q^{\alpha+i} x & y \\ Mz & q^\alpha w \end{pmatrix}$ has determinant q^α. Hence $g_i \left| W_q^{(N)} \right. = \varepsilon g_{\beta-i}$ as required. As a basis for the ε-eigenspace for $W_q^{(N)}$ we may take the forms $g_i + g_{\beta-i}$ for $0 \le i \le \beta/2$, and for the $(-\varepsilon)$-eigenspace, $g_i - g_{\beta-i}$ for $0 \le i < \beta/2$. Hence the multiplicities are as stated. □

Using this result we can easily extend to the general case by induction on the number of prime divisors of N/M, giving the following result.

Proposition 2.7.2. *Let g be a newform in $S_2(M)$ where $M \mid N$. Write $N/M = \prod_{i=1}^{k} q_i^{\beta_i}$, so that the oldclass in $S_2(N)$ coming from g has dimension $d(N/M) = \prod(1 + \beta_i)$.*

(1) For every prime q not dividing N/M, the W_q-eigenvalue of every form in the oldclass is the same as that of g.

(2) Suppose $g \mid W_{q_i} = \varepsilon_i g$ for $1 \leq i \leq k$. Let

$$(2.7.1) \qquad n_i^+ = \begin{cases} \frac{1}{2}(\beta_i + 1) & \text{if } \beta_i \text{ is odd,} \\ \frac{1}{2}(\beta_i + 2) & \text{if } \beta_i \text{ is even and } \varepsilon_i = +1, \\ \frac{1}{2}\beta_i & \text{if } \beta_i \text{ is even and } \varepsilon_i = -1, \end{cases}$$

and put $n_i^- = 1 + \beta_i - n_i^+$, so that $\prod(n_i^+ + n_i^-) = \prod(\beta_i + 1) = d(N/M)$. If $(\delta_1, \delta_2, \ldots, \delta_k)$ is any k-vector with each $\delta_i = \pm 1$, then the subspace of oldforms in the oldclass on which W_{q_i} has eigenvalue δ_i for $1 \leq i \leq k$ has dimension $\prod_{i=1}^{k} n_i^{\delta_i}$. □

Hence we are able to compute from our database a complete set of "sub-oldclasses"—that is, subspaces of oldclasses which have the same eigenvalues for *all* the operators T_p and W_q—with their dimensions.

Having thus computed a list of sub-oldclasses with their dimensions, W_q-eigenvalues and first few T_p-eigenvalues, we now proceed to find "new" one-dimensional rational eigenspaces of $H^+(N)$ as follows. We consider each prime in turn, starting with the q which divide N, then moving on to the p which do not divide N, computing W_q or T_p as appropriate. For each, we consider all possible integer eigenvalues ($\varepsilon_q = \pm 1$ for W_q, and a_p with $|a_p| < 2\sqrt{p}$ for T_p) and restrict all subsequent operations to each nonzero eigenspace in turn. At any given stage we have a subspace of $H^+(N)$ on which all the operators so far considered act as scalars. Comparing with the oldform data we can tell whether this subspace consists entirely of oldforms: if so, we discard it. If not, and the subspace is one-dimensional, we have found a rational one-dimensional eigenspace corresponding to a newform. We then record a basis vector and a list of the (prime–eigenvalue) pairs needed to isolate this subspace. Otherwise we proceed recursively to the next prime and the next operator.

At the end of this stage of the computation in $H^+(N)$, we have found the number of rational one-dimensional "new" eigenspaces in $H^+(N)$, or equivalently, the number of rational newforms in $S_2(N)$. For each we have a dual (integer) eigenvector, which we will use to compute a large number of Hecke eigenvalues in section 2.9.

Implementation. In preparation for splitting off the one-dimensional eigenspaces of $H^+(N)$ we compute the matrices of all the W-operators acting on $H^+(N)$, and store their transposes. We also collect from the "oldform database" information about the newforms at all levels M dividing and less than N. For each oldclass we must compute the eigenvalue multiplicities for each W_q using the formula (2.7.1) above.

The splitting itself is done recursively. At the general stage, at depth n, we have the following data:
- a particular subspace S of $H^+(N)$ (initially the whole of $H^+(N)$);
- a list of n primes (starting with the q dividing N, and initially empty);
- a list of eigenvalues, one for each of the primes in the list.

Here S is precisely the subspace of $H^+(N)$ on which the first n operators have the given eigenvalues.

Given this data, the recursive procedure does the following:

(1) check whether S consists entirely of oldforms, by comparing the list of eigenvalues which determine S with those of each "suboldclass"; if so, terminate this branch;

(2) otherwise, if $\dim S = 1$ then store the (single) basis vector for S in a cumulative list and terminate;

(3) otherwise, take the next operator T in sequence (computing and storing its matrix if it has not been used before) and compute the matrix T_S of its restriction to S; for all possible eigenvalues a of T, compute the kernel of $T_S - aI$; if non-trivial, pass the accumulated data, together with this kernel as a new working subspace, to the procedure at the next depth.

This procedure has been found to work extremely efficiently in practice. The only practical difficulty is the possibility of overflow during Gaussian elimination; it was found that the early use of W-operators was an efficient way of avoiding this for as long as possible. However, for some large values of N we were forced to use multiple-precision integer arithmetic at this stage. Alternatively, one can use a modular method, working in $\mathbb{Z}/P\mathbb{Z}$ for some large prime P, instead of in $\mathbb{Z}$.

In all subsequent calculations in $H^+(N)$, we will be interested only in the one-dimensional eigenspaces corresponding to rational newforms. To enhance the speed we now change the main M-symbol lookup tables: each vector in the table is replaced by the vector of its projections onto each of the subspaces, computed simply by taking the dot product with each dual eigenvector.

For each one-dimensional rational eigenspace found, we also compute the eigenvalue ε_N of the Fricke involution W_N, which is the product of all the W_q involutions. The significance of this is that $w = -\varepsilon_N$ is the sign of the functional equation of the L-series $L(f, s)$ attached to the newform f (see [50] and the next section).

2.8 $L(f,s)$ and the evaluation of $L(f,1)/\Omega(f)$

Attached to each newform f in $S_2(N)$ there is an L-function $L(f, s)$, defined as follows via Mellin transform:

$$(2.8.1) \qquad L(f,s) = (2\pi)^s \Gamma(s)^{-1} \int_0^{i\infty} (-iz)^s f(z) \frac{dz}{z}.$$

This gives an entire function of the complex variable s. Substitute the Fourier expansion $f(z) = \sum_{n=1}^{\infty} a(n, f) \exp(2\pi i n z)$ and integrate term by term; provided that $\operatorname{Re}(s) > 3/2$ (for convergence), we obtain a representation of $L(f, s)$ as a Dirichlet series:

$$(2.8.2) \qquad L(f,s) = \sum_{n=1}^{\infty} \frac{a(n,f)}{n^s}.$$

This L-function is one of the key links between the newform f and the modular elliptic curve E_f defined in section 2.6 by its periods. First of all, the multiplicative relations satisfied by the coefficients $a(n,f)$, given above in section 2.6, are equivalent to the statement that the Dirichlet series in (2.8.2) has an Euler product expansion:

$$(2.8.3) \qquad \sum_{n=1}^{\infty} \frac{a(n,f)}{n^s} = \prod_{p \nmid N} \left(1 - a(p,f)p^{-s} + p^{1-2s}\right)^{-1} \prod_{p \mid N} \left(1 - a(p,f)p^{-s}\right)^{-1}.$$

This is exactly the form of the L-function of an elliptic curve of conductor N defined over $\mathbb{Q}$, and in fact the fundamental result (see [7], though partial results were known considerably earlier) is that

$$(2.8.4) \qquad L(f,s) = L(E_f, s).$$

Thus (2.8.1) provides an analytic continuation to the entire plane of the L-function attached to the curve E_f, such as is conjectured to exist for all elliptic curves E defined over $\mathbb{Q}$.

Instead of the function $L(f,s)$ defined above by (2.8.1), it is sometimes convenient to use the variant with extra 'infinite' Euler factors:

$$(2.8.5) \qquad \Lambda(f,s) = N^{s/2}(2\pi)^{-s}\Gamma(s)L(f,s) = \int_0^{\infty} f(iy/\sqrt{N}) y^{s-1} dy.$$

Thus for $\operatorname{Re}(s) > 3/2$ we have

$$\Lambda(f,s) = N^{s/2}(2\pi)^{-s}\Gamma(s) \sum_{n=1}^{\infty} \frac{a(n,f)}{n^s}$$

The functions $L(f,s)$ and $\Lambda(f,s)$ also satisfy functional equations relating their values at s and $2-s$. For since f is an eigenform for the Hecke algebra $\mathbb{T}$, it is in particular an eigenform for the Fricke involution W_N. Suppose that $f|W_N = \varepsilon_N f$ with $\varepsilon_N = \pm 1$: that is, $f(-1/(Nz)) = \varepsilon_N N z^2 f(z)$. With $z = iy/\sqrt{N}$ this gives $f(i/y\sqrt{N}) = -\varepsilon_N y^2 f(iy/\sqrt{N})$. Hence the substitution of $1/y$ for y in (2.8.5) yields the functional equation

$$(2.8.6) \qquad \Lambda(f, 2-s) = -\varepsilon_N \Lambda(f,s)$$

(note the change of sign). In view of (2.8.4), this gives a functional equation for $L(E_f, s)$ too, of the form conjectured for all elliptic curves over $\mathbb{Q}$.

From (2.8.6), we deduce that $L(f,1) = \Lambda(f,1) = 0$ when $\varepsilon_N = +1$; more generally, $L(f,s)$ has a zero of odd order when $\varepsilon_N = +1$, and a zero of even order (or no zero) when $\varepsilon_N = -1$. The significance of this is that the Birch–Swinnerton-Dyer conjectures predict that the order of the zero of $L(E,s)$ is equal to the rank of $E(\mathbb{Q})$, for an elliptic curve E defined over $\mathbb{Q}$. Thus we will be able to compare this order with the rank of the modular curves E_f, once we have found their equations explicitly.

The Birch–Swinnerton-Dyer conjectures also predict the value of $L(E,1)/\Omega(E)$, which in the case of our modular curve $E = E_f$ is $L(f,1)/\Omega(f)$, where $\Omega(f)$ is a certain period of f. We now discuss the relationship between $L(f,1)$ and the periods of f (by which we will always mean the periods of the differential $2\pi i f(z) dz$).

Substituting $s = 1$ into the Mellin transform formula (2.8.1), we obtain

$$L(f,1) = -2\pi i \int_0^{i\infty} f(z)dz = -\langle\{0,\infty\}, f\rangle.$$

The modular symbol $\{0,\infty\}$ is in the rational homology, so that $L(f,1)$ is a rational multiple of some period of f. To find the rational factor, we use the trick of "closing the path" (see [31, page 286] or [30]).

For each prime p not dividing N we have

$$T_p(\{0,\infty\}) = \{0,\infty\} + \sum_{k=0}^{p-1}\{k/p,\infty\} = (1+p)\{0,\infty\} + \sum_{k=0}^{p-1}\{k/p, 0\},$$

and hence

(2.8.7) $$(1 + p - T_p) \cdot \{0,\infty\} = \sum_{k=0}^{p-1}\{0, k/p\}.$$

Let a_p be the T_p-eigenvalue of f, so that $T_p f = a_p f$. Integrating the differential $2\pi i f(z)dz$ along both sides of (2.8.7) gives

(2.8.8) $$(1 + p - a_p) \cdot \langle\{0,\infty\}, f\rangle = \sum_{k=0}^{p-1} \langle\{0, k/p\}, f\rangle.$$

Since p does not divide N, each modular symbol $\{0, k/p\}$ on the right of (2.8.8) is *integral*: that is, in $H_1(X_0(N), \mathbb{Z})$. Thus the right-hand side of (2.8.8) is a period of f. It is even a real period, since

$$\overline{\langle\{0, k/p\}, f\rangle} = \langle\{0, -k/p\}, f\rangle = \langle\{0, (p-k)/p\}, f\rangle.$$

Let $\Omega_0(f)$ denote the least positive real period of f, and set

$$\Omega(f) = \begin{cases} 2\Omega_0(f) & \text{if the period lattice of } f \text{ is rectangular,} \\ \Omega_0(f) & \text{otherwise.} \end{cases}$$

Thus $\Omega(f)/\Omega_0(f)$ is the number of components of the real locus of the elliptic curve E_f. Also note that in each case, $\Omega(f)$ is twice the least real part of a period of f. This is useful since, as we are working in $H^+(N)$, we can only (at this stage) determine the projection of the period lattice Λ_f onto the real axis.

In both cases, (2.8.8) becomes

(2.8.9) $$\frac{L(f,1)}{\Omega(f)} = \frac{n(p,f)}{2(1 + p - a_p)},$$

where $n(p, f)$ is an integer. Note that $1 + p - a_p$ is non-zero, since, by well-known estimates, $|a_p| < 2\sqrt{p}$.

Formula (2.8.9) is significant in several ways. On the one hand, let E_f be the modular elliptic curve attached to f as above. Then $L(E_f, 1) = L(f, 1)$, and $\Omega_0(f) = \Omega_0(E_f)$, the least positive real period of E_f. Thus, once we know a_p and $n(p, f)$ for a single prime p, we can evaluate the rational number $L(E_f, 1)/\Omega(E_f)$, whose value is predicted by the Birch–Swinnerton-Dyer conjecture for E_f. In particular, we should have $L(f, 1) = 0$ if and only if $E_f(\mathbb{Q})$ is finite. In the tables we give the value of $L(f, 1)/\Omega(f)$ for each rational newform f computed, and observe that the value is consistent with the Birch–Swinnerton-Dyer conjecture in each case.

Secondly, having computed the right-hand side of (2.8.9) for a single prime p, we may (if $L(f, 1) \neq 0$) use the fact that $n(p, f)/(1+p-a_p)$ is independent of p to compute the eigenvalue a_p quickly for other p, by computing $n(p, f)$. This is discussed in the next section.

2.9 Computing Fourier coefficients

For each one-dimensional rational eigenspace of $H^+(N)$ we will need to know many Fourier coefficients $a(n, f)$ of the corresponding newform $f(z) = \sum a(n, f) \exp(2\pi i n z)$. These are obtained from the Hecke eigenvalues by the recurrence formulae given in Section 2.6. We already have the eigenvalue ε_q of each W_q operator, and at least one eigenvalue a_{p_0} for the smallest prime p_0 not dividing N, which we recorded as we found the one-dimensional eigenspaces earlier.

It remains to compute a large number of the Hecke eigenvalues a_p for primes p not dividing N. If $L(f, 1) \neq 0$ then the most efficient method is to use (2.8.9). First we compute $n(p_0, f)$ from the right-hand side of (2.8.7). (This integer is nonzero if and only if $L(f, 1) \neq 0$, by (2.8.9)). For other primes p we then have

$$\frac{n(p, f)}{2(1 + p - a_p)} = \frac{n(p_0, f)}{2(1 + p_0 - a_{p_0})},$$

and hence

$$a_p = 1 + p - \frac{n(p, f)(1 + p_0 - a_{p_0})}{n(p_0, f)}.$$

The integers $n(p, f)$ may be computed by expressing the right-hand side of (2.8.7) as a linear combination of the M-symbols which generate $H^+(N)$, and then projecting onto the one-dimensional subspace corresponding to f: here we take the dot product with the dual eigenvector computed previously, normalised so that its components are relatively prime integers. The integer this produces is then actually too big by a scaling factor $d_1 d_2$, where d_1 and d_2 are the denominators defined in section 2.2; this factor can be ignored at this stage, where it cancels out in the computation of a_p, but must be included when we need the actual ratio $L(f, 1)/\Omega(f)$ from (2.8.9).

If $L(f, 1) = 0$ then a variation of this method may be used. For $\alpha \in \mathbb{Q}$ we have

(2.9.1)
$$\begin{aligned}(1 + p - T_p)\{\alpha, \infty\} &= \{\alpha, p\alpha\} + \sum_{k=0}^{p-1} \left\{\alpha, \frac{\alpha + k}{p}\right\} \\ &= \{0, p\alpha\} + \sum_{k=0}^{p-1} \left\{0, \frac{\alpha + k}{p}\right\} - (p+1)\{0, \alpha\}.\end{aligned}$$

If p does not divide N and $\alpha = n/d$ with $\gcd(d, N) = 1$ then $[0] = [p\alpha] = [(\alpha + k)/p]$ for all k, so that the right-hand side of (2.9.1) lies in the integral homology $H_1(X_0(N), \mathbb{Z})$. Hence we can express it as an integral linear combination of the generating M-symbols. Projecting onto the rational one-dimensional subspace of $H^+(N)$ corresponding to f, we find that

$$(2.9.2) \qquad \frac{\operatorname{Re}\langle\{\alpha, \infty\}, f\rangle}{\Omega(f)} = \frac{n(\alpha, p, f)}{2(1 + p - a_p)}$$

for some integer $n(\alpha, p, f)$, where the left-hand side is independent of p. Thus we can compute each a_p from $n(\alpha, p, f)$, given a_{p_0} and $n(\alpha, p_0, f)$, provided that the latter in nonzero.

It is slightly simpler to use a modular symbol of the form $\{0, \alpha\}$ here instead of $\{\alpha, \infty\}$, since (for suitable α) this will be integral. However the formula analogous to (2.9.1) has more terms of the form $\{0, \beta\}$ on the right, so this is slower in practice.

Implementation. In practice we only use the first method if $L(f, 1) \neq 0$ for *all* the rational newforms f in $S_2(N)$. Otherwise we find a rational α such that $n(\alpha, p_0, f) \neq 0$ for all f, where p_0 is the smallest prime not dividing N.

We have already discussed computation of the integers $n(p, f)$. The $n(\alpha, p, f)$ are computed similarly by expressing the right-hand side of (2.9.1) in terms of the generating M-symbols and projecting onto each eigenspace. Note that the term $\{0, \alpha\}$ of (2.9.1) need only be computed once.

The Hecke eigenvalues which we have computed are stored in a data file for use both in subsequent steps of the calculations at level N, and also as part of the cumulative database which will be accessed when levels which are multiples of N are reached.

The exact number of a_p needed depends on N, and on the form f, and will not be known until the numerical calculation of periods is carried out in the next phase. Our strategy here was first to compute a_p for all p up to some predetermined bound (we used all $p < 1000$ for $N \leq 200$, $p < 2000$ for $200 < N \leq 400$, and $p < 3000$ for $401 < N \leq 1000$). We also store enough information that if more eigenvalues are needed later, these can be computed without having to repeat the time-consuming steps described in sections 2.1–2.7. Specifically, we store: the M-symbols which generate $H^+(N)$; a table giving each M-symbol as a linear combination of these generators; a basis for $\ker(\delta)$; and a (dual) basis vector for each rational one-dimensional eigenspace.

Recapitulation. At this point we have completed the first phase of the computation at level N, in which we have been working in the space $H^+(N)$. To summarise, we know

(1) the number of rational newforms f in $S_2(N)$; and, for each f,
(2) the sign w of the functional equation for $L(f, s)$;
(3) the ratio $L(f, 1)/\Omega(f)$;
(4) all W_q-eigenvalues ε_q of f;
(5) a large number of T_p-eigenvalues a_p of f.

In the second phase, which we describe in sections 2.10–2.14, we compute the period lattice Λ_f of each rational newform f, and hence obtain an (approximate) equation for the curve $\mathbb{C}/\Lambda_f$.

2.10 Computing periods I

In order to compute the full period lattice Λ_f for each rational newform f found earlier, we have to work in the full space $H(N)$. By working in $H^+(N)$ we could only compute the real periods $\Omega_0(f)$. Although we could also compute the least imaginary period $\Omega_{\text{im}}(f)$ by working similarly in $H^-(N)$ (which would be slightly faster), the lattice spanned by $\Omega_0(f)$ and $\Omega_{\text{im}}(f)$ may have index 2 in Λ_f. Hence from now on we work in $H(N)$.

We begin by computing $H(N)$ using M-symbols as in section 2.2 (omitting relations (2.5.1)). Let $\gamma_1, \gamma_2, \ldots, \gamma_{2g}$ be a $\mathbb{Z}$-basis for $H_1(X_0(N), \mathbb{Z})$ (and hence also a $\mathbb{Q}$-basis for $H(N)$). Using this basis we will identify $H(N)$ with the space of rational column vectors, and dual vectors will be represented by row vectors. Next we read from the data file (created during the first phase) the number of rational newforms and, for each, the eigenvalues a_p and ε_q. For each form f we now compute two integer dual (row) eigenvectors with eigenvalues a_p and ε_q for all p and q: one, v^+, with eigenvalue $+1$ for the $*$ operator, and one, v^-, with eigenvalue -1. This is much faster than repeating the splitting step described in section 2.7, since we already know the eigenvalues which determine each one-dimensional eigenspace. As before, the eigenvectors $v^\pm$ we compute must be dual eigenvectors, since we will use them for projecting onto the eigenspaces in question.

Let $\gamma^\pm \in H^\pm(N)$ (respectively) be eigenvectors with the same eigenvalues as $v^\pm$, such that $v^+\gamma^+ = v^-\gamma^- = 1$. We view $\gamma^\pm$ as column vectors in $\mathbb{Q}^{2g}$ by expressing them as linear combinations of the basis $\gamma_1, \gamma_2, \ldots, \gamma_{2g}$ for $H(N)$. Thus the product $v^+\gamma^+$ is the product of a row vector by a column vector: essentially a dot product. Set $x = \langle \gamma^+, f \rangle$ and $y = -i\langle \gamma^-, f \rangle$ (so that $x, y \in \mathbb{R}$). We do not actually compute these vectors $\gamma^\pm$ in practice; they are only needed for this exposition, as they determine the real numbers x and y. Moreover, although the eigenvectors $v^\pm$ which we do use are only determined up to a scalar multiple, we shall see that this choice does not (as it should not) affect the specific period lattice we obtain.

Let $\gamma = \sum_{j=1}^{2g} c_j \gamma_j$ be an arbitrary integral cycle in $H(N)$. We identify γ with the column vector with component c_j. Then we have

(2.10.1) $$\langle \gamma, f \rangle = \langle (v^+\gamma)\gamma^+ + (v^-\gamma)\gamma^-, f \rangle = (v^+\gamma)x + (v^-\gamma)yi.$$

The period lattice Λ_f is the set of all such integral periods $\langle \gamma, f \rangle$. To determine a $\mathbb{Z}$-basis for Λ_f we proceed as follows. Write $v^+ = (a_1, a_2, \ldots, a_{2g})$ and $v^- = (b_1, b_2, \ldots, b_{2g})$ with $a_j, b_j \in \mathbb{Z}$. Then as a special case of (2.10.1) we have

$$\langle \gamma_j, f \rangle = a_j x + b_j yi,$$

since $v^+\gamma_j = a_j$ and $v^-\gamma_j = b_j$. Hence Λ_f is spanned over $\mathbb{Z}$ by the $2g$ periods $\langle \gamma_j, f \rangle = a_j x + b_j yi$. Let Λ be the $\mathbb{Z}$-span in $\mathbb{Z}^2$ of the $2g$ pairs (a_j, b_j), and let $(\lambda_1, \mu_1), (\lambda_2, \mu_2)$ be a $\mathbb{Z}$-basis for Λ. Then we find that

$$\Lambda_f = \{\langle \gamma, f \rangle \mid \gamma \in H(N)\} = \mathbb{Z}\omega_1 + \mathbb{Z}\omega_2,$$

where

(2.10.2) $$\omega_j = \lambda_j x + \mu_j yi \qquad (j = 1, 2).$$

Thus ω_1 and ω_2 form a $\mathbb{Z}$-basis for Λ_f.

We may compute (λ_1, μ_1) and (λ_2, μ_2) from v^+ and v^- using the Euclidean algorithm in $\mathbb{Z}$. In fact it is easy to see that there are only two possibilities, since $v^\pm$ are determined within the subspace they generate by being the $+1$ and -1 eigenvectors for an involution. Normalise $v^\pm$ so that each is primitive in $\mathbb{Z}^{2g}$; that is, $\gcd(a_1, \ldots, a_{2g}) = \gcd(b_1, \ldots, b_{2g}) = 1$. In the first case, v^+ and v^- are independent modulo 2, in which case we will be able to take $(\lambda_1, \mu_1) = (1, 0)$ and $(\lambda_2, \mu_2) = (0, 1)$, so that $\omega_1 = x$ and $\omega_2 = yi$. In this case the period lattice is rectangular, $\Omega(f) = 2\Omega_0(f)$, and the elliptic curve has positive discriminant. Otherwise, in the second case, we can take $(\lambda_1, \mu_1) = (2, 0)$ and $(\lambda_2, \mu_2) = (1, 1)$, so that $\omega_1 = 2x$ and $\omega_2 = x + yi$. In this case $\Omega(f) = \Omega_0(f)$ and the elliptic curve has negative discriminant.

It remains to compute the real numbers x and y. We describe two methods: the first computes periods directly, while the second computes them indirectly by computing $L(f \otimes \chi, 1)$ for suitable quadratic characters χ. The latter method is usually more accurate (in that fewer a_p are needed for the same accuracy) but cannot be used when N is a perfect square, as we shall see below.

Observe that the cycles $\gamma^\pm$ do not enter into the calculations directly, but are merely used to define x and y. Also, if either v^+ or v^- is replaced by a scalar multiple of itself, then γ^+ and γ^- (and hence x and y) are scaled down by the same amount, but λ_j and μ_j are scaled up. In particular, it is no loss of generality to assume that $v^\pm$ are primitive integer vectors. Thus (2.10.2) defines ω_1 and ω_2 unambiguously, as generators of the full period lattice of f.

Direct method. This is essentially the same as Tingley's method in [53]. From (2.10.1) it suffices to compute $\langle \gamma, f \rangle$ for a single cycle γ such that $v^+\gamma$ and $v^-\gamma$ are both nonzero; then by taking real and imaginary parts we can solve (2.10.1) for x and y and compute the periods ω_1 and ω_2 from (2.10.2). (In some cases it may be better in practice to use two different cycles, one for the real period and one for the imaginary period, but for simplicity we will assume that this is not the case.)

Proposition 2.10.1. *Let $g = \begin{pmatrix} a & b \\ Nc & d \end{pmatrix} \in \Gamma_0(N)$, with $c > 0$. Set $y_0 = 1/(Nc)$, $x_1 = -dy_0$, and $x_2 = ay_0$, and let $\gamma = \{0, g(0)\} \in H(N)$. Then*

$$(2.10.3) \qquad \langle \gamma, f \rangle = \sum_{n=1}^{\infty} \frac{a(n, f)}{n} \exp(-2\pi n y_0) \left(\exp(2\pi i n x_2) - \exp(2\pi i n x_1) \right).$$

Proof. Write $\alpha = g(0)$. Since $g(x_1 + iy_0) = x_2 + iy_0$ we have (using Lemma 2.1.1(5))

$$\gamma = \{x_1 + iy_0, x_2 + iy_0\} = \{x_1 + iy_0, \infty\} - \{x_2 + iy_0, \infty\}.$$

Now for $j = 1, 2$ we have

$$\langle \{x_j + iy_0, \infty\}, f \rangle = \int_{y_0}^{\infty} 2\pi i f(x_j + iy) i\, dy;$$

interchanging the order of integration and summation (which we may do since the series converge absolutely, since $|a(n,f)/n| << n$ and $y_0 > 0$) and integrating term by term, this integral becomes

$$-\sum_{n=1}^{\infty} \frac{a(n,f)}{n} \exp(2\pi i n x_j) \exp(-2\pi n y_0).$$

Hence we have (2.10.3) as required. □

Thus we search for a rational $\alpha = b/d$ with denominator relatively prime to N such that the integral cycle $\gamma = \{0, \alpha\}$ has the properties that $v^+\gamma$ and $v^-\gamma$ are both nonzero; since $y_0 = 1/(Nc)$ with $c > 0$ we should clearly choose b/d so that c is as small as possible, to speed convergence in the series (2.10.3).

Having computed the complex number $\langle \gamma, f \rangle$ numerically using (2.10.3), since we know $v^+\gamma$ and $v^-\gamma$ (which by choice of γ are non-zero integers), we can use (2.10.1) to solve for x and y. Substituting in (2.10.2) then gives the periods ω_1 and ω_2.

When we use this method for computing the periods, before proceeding to the next stage we store the following data:

$$\lambda_1, \mu_1, \lambda_2, \mu_2, \alpha, v^+\gamma, v^-\gamma.$$

Then we will be able to recompute the periods from stored data quickly without having to recompute $H(N)$ or the eigenvectors $v^{\pm}$. We might need to do this if we later find that we need greater accuracy: after computing more a_p we can then obtain the more accurate values of ω_1 and ω_2 very quickly.

2.11 Computing periods II: Indirect method

The idea here is to compute $\Omega(f)$ indirectly by computing $L(f,1)$ and dividing by the ratio $L(f,1)/\Omega(f)$, which we know from (2.8.9). If $L(f,1) = 0$, and in any case to find the imaginary period, we can use the technique of twisting by a quadratic character χ, since the value $L(f \otimes \chi, 1)$ is a rational multiple of a real or imaginary period of f (depending on whether $\chi(-1) = +1$ or -1), and is non-zero for suitable χ.

We are also interested in the value of $L(f,1)$ for its own sake, in relation to the Birch–Swinnerton-Dyer conjecture for the modular curve E_f. We will return to this, and the method of computing $L^{(r)}(f,1)$ for $r > 0$, in a later section.

If $L(f,1) \neq 0$, then we may compute $L(f,1)$ accurately as follows. Let $\varepsilon_N = \pm 1$ be the eigenvalue of the Fricke involution W_N on f. Thus $f(-1/Nz) = \varepsilon_N N z^2 f(z)$. Hence

$$L(f,1) = -\int_0^{i\infty} 2\pi i f(z) dz$$
$$= \left(\int_0^{i/\sqrt{N}} + \int_{i/\sqrt{N}}^{i\infty} \right) (-2\pi i) f(z) dz$$
$$= (\varepsilon_N - 1) \int_{i/\sqrt{N}}^{i\infty} (2\pi i) f(z) dz$$

(replacing z by $-1/Nz$ in the first integral). Thus if $L(f,1) \neq 0$ then necessarily $\varepsilon_N = -1$, and in this case

$$L(f,1) = -2 \int_{i/\sqrt{N}}^{i\infty} 2\pi i f(z) dz.$$

Substituting the Fourier expansion of f and integrating term by term then gives the following result.

Proposition 2.11.1. If $f(z) = \sum_{n=1}^{\infty} a(n,f) \exp(2\pi i n z) \in S_2(N)$ and $W_N f = -f$ then

(2.11.1) $$L(f,1) = 2 \sum_{n=1}^{\infty} \frac{a(n,f)}{n} \exp(-2\pi n/\sqrt{N}).$$

The series in (2.11.1) converges more quickly than that in (2.10.3) since the exponential factor $\exp(-2\pi/cN)$ (with $c \geq 1$) has been replaced by a factor $\exp(-2\pi/\sqrt{N})$.

More generally, let l be an odd prime not dividing N, and χ the quadratic character modulo l. Define

$$(f \otimes \chi)(z) = \sum_{n=1}^{\infty} \chi(n) a(n,f) \exp(2\pi i n z)$$

and

$$L(f \otimes \chi, s) = (2\pi)^s \Gamma(s)^{-1} \int_0^{i\infty} (-iz)^s (f \otimes \chi)(z) \frac{dz}{z};$$

then for $\text{Re}(s) > 3/2$ we can integrate term-by-term to obtain

$$L(f \otimes \chi, s) = \sum_{n=1}^{\infty} \chi(n) a(n,f) n^{-s}.$$

Suppose, as above, that $f|W_N = \varepsilon_N f$. Then $f \otimes \chi$ is in $S_2(Nl^2)$, and

$$(f \otimes \chi)|W_{Nl^2} = \chi(-N)\varepsilon_N f \otimes \chi$$

(special case of equation (14) in [50]). Hence we can immediately generalise Proposition 2.11.1 to obtain the following.

Proposition 2.11.2. Let f be as above. Let l be an odd prime not dividing N. If $\chi(-N) = \varepsilon_N$ then $L(f \otimes \chi, 1) = 0$, while if $\chi(-N) = -\varepsilon_N$, then

(2.11.2) $$L(f \otimes \chi, 1) = 2 \sum_{n=1}^{\infty} \frac{\chi(n) a(n,f)}{n} \exp(-2\pi n/l\sqrt{N}).$$

The values $L(f \otimes \chi, 1)$ are related to the periods of f by a formula similar to (2.8.9). Let $g(\chi)$ be the Gauss sum attached to χ: if $l \equiv 1 \pmod 4$ then $\chi(-1) = +1$ and $g(\chi) = \sqrt{l}$, while if $l \equiv 3 \pmod 4$ then $\chi(-1) = -1$ and $g(\chi) = i\sqrt{l}$. By [50, equation(12)] we have

$$f \otimes \chi = \frac{g(\chi)}{l} \sum_{k=0}^{l-1} \chi(-k) f \Big| \begin{pmatrix} l & k \\ 0 & l \end{pmatrix}.$$

Hence
$$L(f \otimes \chi, 1) = -\langle\{0,\infty\}, f \otimes \chi\rangle$$
$$= -\frac{g(\chi)}{l}\sum \chi(-k)\left\langle\{0,\infty\}, f\left|\begin{pmatrix} l & k \\ 0 & l \end{pmatrix}\right.\right\rangle$$
$$= -\frac{g(\chi)}{l}\sum \chi(-k)\langle\{k/l,\infty\}, f\rangle$$
$$= \chi(-1)\frac{g(\chi)}{l}\langle\gamma_l, f\rangle$$

where
$$\gamma_l = \sum_{k=0}^{l-1} \chi(k)\{0, k/l\}.$$

Here we have used the identity $\sum \chi(k) = 0$. Since l does not divide N, the cycle γ_l is in the integral homology. Hence if $\chi(-1) = +1$ then $\langle\gamma_l, f\rangle$ is an integer multiple of the real period $\Omega_0(f)$, and thus of the form $m^+(l, f)x$ for some integer $m^+(l, f)$. So if $m^+(l, f) \neq 0$ then we have

$$(2.11.3) \qquad x = \sqrt{l}\,\frac{L(f \otimes \chi, 1)}{m^+(l, f)}.$$

In practice, if we express γ_l as a linear combination of the basis cycles γ_i and thus view it as a column vector, then $m^+(l, f) = v^+ \gamma_l$.

Similarly, if $\chi(-1) = -1$ then $\gamma_l \in H^-(N)$, and $\langle\gamma_l, f\rangle = m^-(l, f)yi$, where $m^-(l, f) = v^- \gamma_l$ is an integer, so that if $m^-(l, f) \neq 0$ then

$$(2.11.4) \qquad y = \sqrt{l}\,\frac{L(f \otimes \chi, 1)}{m^-(l, f)}.$$

Assuming that N is not a perfect square, we find the smallest primes $l_1 \equiv 1 \pmod 4$ and $l_2 \equiv 3 \pmod 4$ (not dividing N) such that $m^+(l_1, f)$ and $m^-(l_2, f)$ are non-zero. A necessary but not sufficient condition for this to be true is that for the associated quadratic characters, $\chi_1(-N) = \chi_2(-N) = -\varepsilon_N$; for if $\chi(-N) = \varepsilon_N$ then the sign of the functional equation for $L(f \otimes \chi, s)$ is -1, and hence $L(f \otimes \chi, 1) = 0$. We then compute $L(f \otimes \chi_j, 1)$ for $j = 1, 2$ from (2.11.2), obtain x and y from (2.11.3) and (2.11.4), and finally substitute in (2.10.2) as before to obtain the periods ω_1 and ω_2.

If N is a square, however, then $\chi(-N) = \chi(-1)$ for all primes l not dividing N; hence we will only be able to find the real period this way if $\varepsilon_N = -1$, and only the imaginary period if $\varepsilon_N = +1$. Rather than seek a way round this difficulty we use the "direct" method to compute the periods for all square N.

To assist convergence in (2.11.2) we clearly want to choose l as small as possible. Usually (2.11.2) gives faster convergence than (2.10.3), but if $l > c\sqrt{N}$ then the direct method will be better. For example, when $N = 129$ we needed $l = 17$ and $l = 31$ for the real and imaginary periods using (2.11.2), and $c = 1$ and 2 using (2.10.3). Since $17 > \sqrt{129}$ and $31 > 2\sqrt{129}$, the direct method converges faster here.

As in the direct method, before proceeding we store the following data for each newform f:

$$\lambda_1, \mu_1, \lambda_2, \mu_2, l_1, m^+(l_1, f), l_2, m^-(l_2, f).$$

Then we will be able to recompute the periods quickly at a later time, for example to obtain greater accuracy after computing more a_p.

It is a simple matter to estimate the error obtained in truncating the series (2.11.2) for $L(f \otimes \chi, 1)$ at a certain point $n = n_{\max}$. In practice we use this to estimate the number of eigenvalues a_p needed to obtain the desired accuracy. However, to save time, we did not in all cases compute this many a_p, if the computed values of c_4 and c_6 (see section 2.14) were close to integers, and when rounded led us to the coefficients of an elliptic curve of conductor N.

2.12 Computing periods III: Evaluation of the sums

The results of the previous two sections express the periods of a rational newform $f(z) = \sum a(n, f) \exp(2\pi i n z)$, and the value $L(f, 1)$, in terms of various infinite series, each of the form $\sum a(n, f) c(n)$. In each case the factor $c(n)$ is a simple function of n, but the coefficient $a(n, f)$ must be computed more indirectly from the $a(p, f)$ for prime p as in section 2.9.

In practice we will know $a(p, f)$ for the first few primes, say $p \leq \mathtt{pmax}$. An elegant and efficient recursive procedure for summing a series of the form $\sum a(n) c(n)$ over

$$\{n : 1 \leq n \leq \mathtt{nmax}, \text{ and } p|n \Rightarrow p \leq \mathtt{pmax}\},$$

with $a(n)$ defined in a similar recursive manner, was described in [5, pages 27–28]. This method has the advantage of minimising the number of multiplications involved and the number of $a(n)$ which must be stored. Also, if some $a(n) = 0$ then there is a whole class of integers m for which $a(m) = 0$ that the procedure avoids automatically. Although in our program this part of the computation was not critical for either time or storage space, we found this algorithm to be very useful. It may also be applied in other similar situations for other kinds of modular forms: we have ourselves used it in [14], with cusp forms of weight 2 for $\Gamma_1(N)$, and also in our work over imaginary quadratic fields.

To evaluate such a sum, assume that the array $\mathtt{p[i]}$ hold the first $\mathtt{pmax}$ primes p_i, and that the array $\mathtt{ap[i]}$ holds the coefficients $\mathtt{ap[i]} = a(p_i)$ for $p_i \leq \mathtt{pmax}$. We can evaluate the sum $a(n)c(n)$ over all $n \leq \mathtt{nmax}$ all of whose prime divisors are less than or equal to $\mathtt{pmax}$ with the following pseudo-code.

Algorithm for recursively computing a multiplicative sum

```
1.   BEGIN
2.   Sum = c(1);
3.   FOR i WHILE p[i] ≤ pmax DO
4.   BEGIN
5.        add(p[i],i,ap[i],1)
6.   END
7.   END
```

(Subroutine to add the terms dependent on p)

```
subroutine add(n,i,a,last_a)
  1.   BEGIN
  2.     IF a=0 THEN j0 = i ELSE Sum += a*c(n); j0 = 1 FI;
  3.     FOR j FROM j0 TO i WHILE p[j]*n ≤ nmax DO
  4.     BEGIN
  5.         next_a = a*ap[j];
  6.         IF j=i AND (N ≢ 0 (mod p[j])) THEN
  7.             next_a -= p[j]*last_a
  8.         FI;
  9.         add(p[j]*n,j,next_a,a)
 10.     END
 11.   END
```

Here the recursive function add(n,i,a,last_a) is always called under the following conditions: (i) $p_i =$ p[i] is the smallest prime dividing $n =$ n; (ii) a $= a(n)$; (iii) last_a $= a(n/p_i)$. The procedure for n calls itself with pn in place of n, for all primes $p \leq p_i$, having first computed next_a $= a(pn)$ using the recurrence formulae from section 2.6; if $a(n) = 0$ then only $p = p_i$ need be used, since then $a(pn) = a(p)a(n) = 0$ for all $p < p_i$.

2.13 Computing $L^{(r)}(f,1)$

In investigating the Birch–Swinnerton-Dyer conjecture for the modular curves E_f we will need to compute the numerical value of the rth derivative $L^{(r)}(E_f,1) = L^{(r)}(f,1)$, where r is the order of $L(f,s)$ at $s = 1$. This integer r is sometimes called the 'analytic rank' of the curve E_f, since it is also, according the the Birch–Swinnerton-Dyer conjecture, the rank of $E_f(\mathbb{Q})$. Following earlier work with examples of rank 0 and 1, this computation was carried out by Buhler, Gross and Zagier in [6], for the curve of conductor 5077 and rank 3. Their method works in general, and we describe it here.

Recall the definition of $\Lambda(f,s)$ from Section 2.8:

(2.8.5) $$\Lambda(f,s) = N^{s/2}(2\pi)^{-s}\Gamma(s)L(f,s) = \int_0^\infty f(iy/\sqrt{N})y^{s-1}dy.$$

Let the W_N-eigenvalue of f be ε. Using $f(-1/Nz) = \varepsilon N z^2 f(z)$ we obtain

$$\Lambda(f,s) = \int_1^\infty f(iy/\sqrt{N})\left(y^{s-1} - \varepsilon y^{1-s}\right) dy$$

(from which the functional equation (2.8.6) follows immediately). Differentiating k times with respect to s gives

$$\Lambda^{(k)}(f,s) = \int_1^\infty f(iy/\sqrt{N})(\log y)^k \left(y^{s-1} - \varepsilon(-1)^k y^{1-s}\right) dy,$$

so at $s = 1$ we have

$$\Lambda^{(k)}(f,1) = (1 - (-1)^k \varepsilon) \int_1^\infty f(iy/\sqrt{N})(\log y)^k \, dy.$$

Trivially this gives $\Lambda^{(k)}(f,1) = 0$ if $\varepsilon = (-1)^k$. In particular, since $\Lambda^{(r)}(f,1) \neq 0$, by definition of r, we must have $(-1)^r = -\varepsilon$ so that r is even if and only if $\varepsilon = -1$. Hence setting $k = r$, we have

(2.13.1)
$$\begin{aligned}\Lambda^{(r)}(f,1) &= 2 \int_1^\infty f(iy/\sqrt{N})(\log y)^r \, dy \\ &= 2 \sum_{n=1}^\infty a(n,f) \int_1^\infty \exp(-2\pi ny/\sqrt{N})(\log y)^r \, dy.\end{aligned}$$

If $r = 0$, of course, we recover the formula

$$\Lambda(f,1) = \frac{\sqrt{N}}{\pi} \sum \frac{a(n,f)}{n} \exp(-2\pi n/\sqrt{N})$$

which agrees with (2.11.1) since $\Lambda(f,1) = (\sqrt{N}/2\pi)L(f,1)$. Now assume that $r \geq 1$. Integrating (2.13.1) by parts gives

$$\Lambda^{(r)}(f,1) = \frac{\sqrt{N}}{\pi} \sum_{n=1}^\infty \frac{a(n,f)}{n} \int_1^\infty \exp(-2\pi ny/\sqrt{N})(\log y)^{r-1} \frac{dy}{y}.$$

Since $\Lambda(f,s)$ vanishes to order r at $s = 1$ we have $L^{(r)}(f,1) = (2\pi/\sqrt{N})\Lambda^{(r)}(f,1)$, and hence the following result.

Proposition 2.13.1. *Let f be a newform in $S_2(N)$ with W_N-eigenvalue ε, and suppose that the order of $L(f,s)$ at $s = 1$ is at least r, where $\varepsilon = (-1)^{r-1}$. Then*

(2.13.2)
$$L^{(r)}(f,1) = 2r! \sum_{n=1}^\infty \frac{a(n,f)}{n} G_r\left(\frac{2\pi n}{\sqrt{N}}\right)$$

where

$$G_r(x) = \frac{1}{(r-1)!} \int_1^\infty e^{-xy}(\log y)^{r-1} \frac{dy}{y}.$$

In order to evaluate the series in (2.13.2) we may use the summation procedure of the preceding section, provided that we are able to compute the function $G_r(x)$. When $r = 1$, $G_1(x)$ is the exponential integral $\int_1^\infty e^{-xy} dy/y$, which may be evaluated for small x (say $x < 3$) by the power series

$$G_1(x) = \left(\log \frac{1}{x} - \gamma\right) - \sum_{n=1}^\infty \frac{(-x)^n}{n \cdot n!}$$

where γ is Euler's constant $0.577\ldots$. To generalise this series, we observe that the functions $G_r(x)$ satisfy the functional equations $G'_r(x) = (-1/x)G_{r-1}(x)$, with $G_0(x) = e^{-x}$. It follows that

$$G_r(x) = P_r\left(\log \frac{1}{x}\right) + \sum_{n=1}^{\infty} \frac{(-1)^{n-r}}{n^r \cdot n!} x^n$$

where $P_r(t)$ is a polynomial of degree r satisfying $P'_r(t) = P_{r-1}(t)$ and $P_0(t) = 0$. From our earlier expression for $G_1(x)$ we see that $P_1(t) = t - \gamma$. In general $P_r(t) = Q_r(t - \gamma)$ where

$$Q_1(t) = t;$$

$$Q_2(t) = \frac{1}{2}t^2 + \frac{\pi^2}{12};$$

$$Q_3(t) = \frac{1}{6}t^3 + \frac{\pi^2}{12}t - \frac{\zeta(3)}{3};$$

$$Q_4(t) = \frac{1}{24}t^4 + \frac{\pi^2}{24}t^2 - \frac{\zeta(3)}{3}t + \frac{\pi^4}{160};$$

$$Q_5(t) = \frac{1}{120}t^5 + \frac{\pi^2}{72}t^3 - \frac{\zeta(3)}{6}t^2 + \frac{\pi^4}{160}t - \frac{\zeta(5)}{5} - \frac{\zeta(3)\pi^2}{36}.$$

For $N \le 1000$ we always found that $r \le 2$, and determining the value of r in such cases is easy. Certainly $r = 0$ if and only if $L(f,1) \ne 0$, which can be determined algebraically by (2.8.9). When $L(f,1) = 0$ and $\varepsilon = +1$ we know that r is odd; by computing $L'(f,1)$ to sufficient precision using (2.13.2) we could verify that $L'(f,1) \ne 0$, so that $r = 1$. Similarly, when $L(f,1) = 0$ and $\varepsilon = -1$, we know that r is even and at least 2, and we could check that $r = 2$ by computing $L''(f,1)$ to sufficient precision to be certain that $L''(f,1) \ne 0$.

In higher rank cases we have the problem of deciding whether $L^{(k)}(f,1) = 0$, since no approximate calculation can determine this. In the rank 3 case considered in [6], one found that $L'(f,1) = 0$ to 13 decimal places using (2.13.2) with 250 terms; then it was possible to conclude that $L'(f,1) = 0$ exactly, by applying the theorem of Gross and Zagier concerning modular elliptic curves of rank 1 (see [17] or [18]) which relates the value of $L'(f,1)$ to the height of a certain Heegner point on E_f. In this case no point on E_f has sufficiently small positive height, and one can therefore deduce that $L'(f,1) = 0$, so that $r \ge 3$. Finally the value of $L^{(3)}(f,1)$ can be computed numerically and hence shown to be non-zero (approximately 1.73 in this case). See [6] for more details. Using more recent work of Kolyvagin (see [21]) this argument can be simplified, since it is now known that when $L(f,s)$ has a simple zero at $s = 1$, the curve E_f has rank exactly 1. But in this case E_f has rank 3 (computed via two-descent), so again the analytic rank must be at least 3, and is therefore exactly 3 as before.

The results of Kolyvagin in [21] imply that when $L(f,s)$ has a zero of order $r = 0$ or 1 at $s = 1$ then[1] the rank of E_f is exactly r. For the tables we also verified that the rank of $E_f(\mathbb{Q})$ was r directly in almost all cases (the exceptions being curves where the coefficients were so

---

[1] In fact, Kolyvagin's result in the rank 0 case was conditional on a certain technical hypothesis, which was later proved independently by Murty and Murty and by Bump, Friedberg and Hoffstein. See [36]. The analogous hypothesis in the rank 1 case was already known as a consequence of a theorem of Waldspurger. The rank 0 result was previously proved in the case of complex multiplication by Coates and Wiles.

large that the two-descent algorithm, described in the next chapter, would have taken too long to run). This applies to all but 18 of the rational newforms f we found at levels up to 1000. The remaining cases all had $r = 2$ (determined as above) and we verified that the rank of $E_f(\mathbb{Q})$ was 2 in each case.

2.14 Obtaining equations for the curves

So far we have described how to compute, to a certain precision, the periods ω_1 and ω_2 which generate the period lattice Λ_f of the modular curve $E_f = \mathbb{C}/\Lambda_f$ attached to each rational newform f in $S_2(N)$. Now we turn to the question of finding an equation for E_f.

Set $\tau = \omega_1/\omega_2$. Interchanging ω_1 and ω_2 if necessary, we may assume that $\text{Im}(\tau) > 0$. By applying the well-known algorithm for moving a point in the upper half-plane $\mathcal{H}$ into the usual fundamental region for $SL(2,\mathbb{Z})$ we may assume that $|\text{Re}(\tau)| \leq 1/2$ and $|\tau| \geq 1$, so that $\text{Im}(\tau) \geq \sqrt{3}/2$. One merely replaces (ω_1, ω_2) by $(\omega_1 - n\omega_2, \omega_2)$ for suitable $n \in \mathbb{Z}$ and (ω_1, ω_2) by $(-\omega_2, \omega_1)$ until both conditions are satisfied. In practice one must be careful about rounding errors, as it is quite possible to have both $|\tau| < 1$ and $|-1/\tau| < 1$ after rounding, which is liable to prevent the algorithm from terminating.

Set $q = \exp(2\pi i \tau)$. Then the lattice invariants $c_4 (= 12g_2)$ and $c_6 (= 216g_3)$ are given by

$$(2.14.1) \quad c_4 = \left(\frac{2\pi}{\omega_2}\right)^4 \left(1 + 240 \sum_{n=1}^{\infty} \frac{n^3 q^n}{1 - q^n}\right) \quad \text{and} \quad c_6 = \left(\frac{2\pi}{\omega_2}\right)^6 \left(1 - 504 \sum_{n=1}^{\infty} \frac{n^5 q^n}{1 - q^n}\right)$$

(see, for example, [23, p.47]). Since $|q| = \exp(-2\pi \text{Im}(\tau)) < \exp(-\pi\sqrt{3}) < 0 \cdot 005$, these series converge extremely rapidly. Thus, assuming that ω_1 and ω_2 are known to sufficient precision, we can compute c_4 and c_6 as precisely as required.

Since E_f is defined over $\mathbb{Q}$, the numbers c_4 and c_6 are rational, but there is no *a priori* reason why they should be integral. Indeed, there is no known bound on their denominators. One of the most surprising and impressive results to come out of the calculations we have been describing—singled out by Tingley as the most significant outcome of his work—is that in all the cases computed (for $N \leq 1000$, nearly 2500 curves) the computed values of c_4 and c_6 are integral to within the precision of the computation (in many cases to 30 decimal places). In fact, not only are c_4 and c_6 extremely close to integers, but in all cases computed to date, those integers are the invariants of a global minimal model for an elliptic curve defined over $\mathbb{Z}$ and with conductor N.

In each case we round the very nearly integral values of c_4 and c_6 to the nearest integer and proceed with these exact integer values: for notational ease we will denote these integers again by c_4 and c_6, but stress that the actual values computed are only approximate.

Having the pair of integers c_4 and c_6 which we suspect strongly to be the invariants of the elliptic curve E_f, we apply the algorithms of Section 3.2 to determine whether they are indeed the invariants of an elliptic curve E, and whether E has conductor N. We also check whether the model for E with these invariants is minimal. These conditions did hold for all the cases we computed for $N \leq 1000$. We also checked in each case that the traces of Frobenius of E_f and E for all primes under 1000 agreed in each case, and in nearly all cases (see the previous section) that the rank of E, computed via two-descent, agreed with the 'analytic rank' of E_f. The algorithms we used to study these curves E further will be the subject of the next chapter.

Hence for each rational newform f we were able to find the equation of an elliptic curve E'_f, say, defined over $\mathbb{Q}$ and with conductor N, with integral coefficients a_i, whose integral invariants c_4 and c_6 agree with the computed values c_4 and c_6 of E_f to many decimal places. The question now arises: are the curves E_f and E'_f the same?

An affirmative answer to this question would follow from the Weil-Tanayama conjecture, that every elliptic curve of conductor N over $\mathbb{Q}$ is isogenous to E_f for some f in $S_2(N)$: for then by comparing L-series, the only possibility would be that E'_f is isogenous to E_f itself. Finally one could look at all the curves isogenous over $\mathbb{Q}$ to E'_f and conclude that in fact $E'_f = E_f$: for example, one could compare j-invariants, since we can compute $j(E_f)$ numerically from its periods.

The converse, however, is false (as pointed out in [2,page 77]): even if the curves E'_f and E_f are equal for each rational newform $f \in S_2(N)$, we do not have a verification of the Weil-Tanayama conjecture for conductor N. We could only verify this if we had an independent method for listing all curves of conductor N, up to isogeny. For example, this has been done

- when N is a power of 2 (Ogg) or of the form $2^a 3^b$ (Coghlan, see [2, Table 4]);
- when $N = 11$ (by Agrawal, Coates, Hunt and Van der Poorten, using the theory of Baker; and independently by Serre, using a variant of Faltings' method based on quartic fields [45]);
- for certain prime values of N (see [4]).

Our results are compatible with those of Brumer and Kramer in [4] for curves of prime conductor under 1000.

One way of proving that E_f and E'_f are isogenous (and hence isomorphic as above) is to use methods of Serre which make effective some of Faltings' finiteness results, for the 2-adic representation attached to E_f. Briefly, if E_1 and E_2 are elliptic curves over a number field K and both have a point of order 2, then E_1 and E_2 are isogenous over K provided that they have the same Trace of Frobenius at $\mathfrak{p}$ for a certain finite set of primes $\mathfrak{p}$ of K, depending only on the primes of bad reduction of E_1 and E_2. For $K = \mathbb{Q}$, the set S of primes must have the following property. Let X denote the group of all quadratic characters χ of conductor only divisible by the primes dividing $2N$. Then it is sufficient for S to contain primes p with each possible vector of values $(\chi(p) \mid \chi \in X)$. For all $N \leq 1000$ the set of all primes less than 1000 (for which we always checked that the a_p of E_f and E'_f agreed) satisfies this condition, with the following exceptions: when $105 \mid N$ we also need $p = 1009$; when $165 \mid N$ we also need $p = 1321$; and when $231 \mid N$ we also need $p = 1873$. Thus we can check isogenies between curves of conductor $N < 1000$ very easily with this method, provided that each has a point of order 2 (or equivalently that a_p is even for all p not dividing $2N$). The problem with applying this in our situation is twofold: first, it does not apply to curves with no point of order 2; second, it is not always easy to prove that the a_p are all even, though this should be true for all p once it is true for sufficiently many. We can do this easily in some cases: for instance, if $L(f,1)/\Omega(f)$ is non-zero with even denominator then the fact that a_p is even for all p not dividing $2N$ follows immediately from equation (2.8.3). In all these cases, therefore, we can assert that $E_f = E'_f$.

We do not have space here to go further into this question of deciding the equality of E_f and E'_f. The method we have sketched here is explained fully in two papers by Livne [29] and Scholl [42]. Of course, it is the curves E'_f which are listed in the tables, but we emphasise that we have not proved in all cases that these curves actually are modular. In principal, one could do this (in the cases not covered by our remarks in the preceding paragraph) using the methods to which we have referred, but we have not developed a systematic implementation of these, such as would be needed to apply them to such a large number of cases.

APPENDIX TO CHAPTER II

EXAMPLES

We give here some worked examples of the methods described in the preceding chapter, to illustrate and clarify the different situations which arise. The first example is $N = 11$, which is the first non-trivial level; here we give most detail. Then we consider $N = 33$, where we encounter oldforms and more complicated M-symbols, and $N = 37$, where there are two newforms, one of which has $L(f,1) = 0$, necessitating a different method of computing Hecke eigenvalues. Finally we look at a square level, $N = 49$, to illustrate the direct method of computing periods.

Example 1: $N = 11$

For simplicity we will only work in $H(11)$, rather than the smaller quotient space $H^+(11)$. The M-symbols for $N = 11$ are $(c : 1)$ for c modulo 11 and $(1 : 0)$, which we abbreviate as (c) and (∞) respectively, with $|c| \leq 5$. (Similarly with other prime levels). The 2-term and 3-term relations are as follows.

$$(0) + (\infty) = 0$$
$$(1) + (-1) = 0 \qquad (0) + (\infty) + (1) = 0$$
$$(2) + (5) = 0 \qquad (-1) + (2) + (-5) = 0$$
$$(-2) + (-5) = 0 \qquad (-2) + (-4) + (4) = 0$$
$$(3) + (-4) = 0 \qquad (3) + (-3) + (5) = 0$$
$$(-3) + (4) = 0$$

Solving these equations we can express all 12 symbols in terms of $A = (2)$, $B = (3)$ and $C = (0)$:

$$(0) = C$$
$$(\infty) = -C \qquad (3) = B$$
$$(1) = (-1) = 0 \qquad (-3) = A - B$$
$$(2) = (-2) = A \qquad (4) = B - A$$
$$(5) = (-5) = -A \qquad (-4) = -B$$

There are two classes of cusps, $[0]$ and $[\infty]$, with $[a/b] = [0]$ if $11 \nmid b$ and $[a/b] = [\infty]$ if $11 \mid b$. Hence $\delta((c)) = \delta(\{0, 1/c\}) = [1/c] - [0] = 0$ for $c \neq 0$. It follows that

$$H(11) = \ker(\delta) = \langle A, B \rangle,$$

EXAMPLE 1: $N = 11$

with $2g = \dim H(11) = 2$, so that the genus is 1. There is therefore one newform f. This makes the rest of the calculation simpler, as we do not have to find and split off eigenspaces.

The conjugation $*$ involution maps $(c) \mapsto (-c)$, so $A^* = A$ and $B^* = A - B$. This has matrix $\begin{pmatrix} 1 & 1 \\ 0 & -1 \end{pmatrix}$ with respect to the basis A, B. The $+1$- and -1-eigenspaces are generated by A and $A - 2B$ respectively, and we have left eigenvectors $v^+ = (2,1)$ and $v^- = (0,1)$. Thus the period lattice is non-rectangular, and $\Omega(f) = \Omega_0(f) = \langle A, f \rangle$.

If we had worked in $H^+(11)$, viewed as the quotient $H(11)/H^-(11)$, by including relations $(c) = (-c)$, the effect would be to identify (c) and $(-c)$. This gives a 1-dimensional space generated by $\overline{B}$ with $\overline{A} = 2\overline{B}$, where the bars denote the projections to the quotient. Notice that although $\overline{B}$ is a generator here, the integral of f over B is not a real period; its real part is half the real period. However we do still have $\Omega(f) = \langle B + B^*, f \rangle = 2\mathrm{Re}\,\langle B, f \rangle$, so we could compute $\Omega(f)$ in this context without actually knowing whether it was 1 or 2 times the smallest real period.

To compute Hecke eigenvalues we may work in the subspace $\langle A \rangle$; since this subspace is conjugation invariant (being the $+1$-eigenspace) we will have $T_p(A) = a_p A$ for all $p \neq 11$. We first compute T_2 explicitly, converting the M-symbol $A = (2 : 1)$ to the modular symbol $\{0, 1/2\}$:

$$
\begin{aligned}
T_2(A) = T_2\left(\left\{0, \frac{1}{2}\right\}\right) &= \{0,1\} + \left\{0, \frac{1}{4}\right\} + \left\{\frac{1}{2}, \frac{3}{4}\right\} \\
&= \{0,1\} + \left\{0, \frac{1}{4}\right\} + \left\{\frac{1}{2}, 1\right\} + \left\{1, \frac{3}{4}\right\} \\
&= (0:1) + (4:1) + (1:2) + (-4:1) \\
&= (0) + (4) + (-5) + (-4) \\
&= 0 + (B - A) + (-A) + (-B) = -2A,
\end{aligned}
$$

so that $a_2 = -2$. Now $(1 + 2 - a_2)L(f,1) = \langle \{0, 1/2\}, f \rangle = \langle A, f \rangle = \Omega(f)$, giving

$$\frac{L(f,1)}{\Omega(f)} = \frac{1}{5}.$$

For all primes $p \neq 11$ we will evaluate $\gamma_p = \sum_{a=0}^{p-1} \{0, a/p\} = n_p A$ for a certain integer n_p, since then also $1/5 = n_p/(1 + p - a_p)$, giving

$$a_p = 1 + p - 5n_p.$$

At this stage we already know that the corresponding elliptic curve has rank 0, and that $1 + p - a_p \equiv 0 \pmod{5}$ for all $p \neq 11$, so that it will possess a rational 5-isogeny.

To save time, we can use the fact that $\{0, a/p\}^* = \{0, -a/p\}$; thus for odd p we need only evaluate half the sum, say

$$\gamma'_p = \sum_{a=1}^{(p-1)/2} \left\{0, \frac{a}{p}\right\},$$

and then set $\gamma_p = \gamma_p' + (\gamma_p')^*$.

For $p = 3$, we have $\gamma_3' = \{0, 1/3\} = (3 : 1) = (3) = B$, so $\gamma_3 = B + B^* = A$, giving $n_3 = 1$ and $a_3 = 1 + 3 - 5n_3 = -1$.

For $p = 5$ we compute:

$$\left\{0, \frac{1}{5}\right\} = (5 : 1) = (5) = -A;$$

$$\left\{0, \frac{2}{5}\right\} = \left\{0, \frac{1}{2}\right\} + \left\{\frac{1}{2}, \frac{2}{5}\right\}$$

$$= (2 : 1) + (-5 : 2) = (2) + (3) = A + B;$$

$$\gamma_5' = (-A) + (A + B) = B;$$

$$\gamma_5 = B + B^* = A, \quad \text{so that } n_5 = 1;$$

$$a_5 = 1 + 5 - 5n_5 = 1.$$

Similarly, with $p = 7$ we have $n_7 = 2$, so that $a_7 = 1 + 7 - 5n_7 = -2$, and with $p = 13$ we have $n_{13} = 2$ so that $a_{13} = 4$.

For the 'bad prime' $q = 11$ we compute the involution W_{11} induced by the action of the matrix $\begin{pmatrix} 0 & -1 \\ 11 & 0 \end{pmatrix}$:

$$W_{11}(A) = \begin{pmatrix} 0 & -1 \\ 11 & 0 \end{pmatrix} \left\{0, \frac{1}{2}\right\} = \left\{\infty, \frac{-2}{11}\right\}$$

$$= \{\infty, 0\} + \left\{0, \frac{-1}{5}\right\} + \left\{\frac{-1}{5}, \frac{-2}{11}\right\}$$

$$= (1 : 0) + (-5 : 1) + (11 : 5)$$

$$= (\infty) + (-5) + (0)$$

$$= -A,$$

so that the eigenvalue ε_{11} of W_{11} is -1. In fact, this was implicit earlier, since $L(f, 1) \neq 0$ implies that the sign of the functional equation is $+1$, which is minus the eigenvalue of the Fricke involution W_{11}.

The Fourier coefficients $a(n) = a(n, f)$ for $1 \leq n \leq 16$ are now

n :	1	2	3	4	5	6	7	8	9	10	11	12	13	14	15	16
$a(n)$:	1	-2	-1	2	1	2	-2	0	-2	-2	1	-2	4	4	-1	-4

where we have used multiplicativity, and:

$$a(11) = -\varepsilon_{11} = +1;$$
$$a(4) = a(2)^2 - 2a(1) = 2;$$
$$a(8) = a(2)a(4) - 2a(2) = 0;$$
$$a(16) = a(2)a(8) - 2a(4) = -4;$$
$$a(9) = a(3)^2 - 3a(1) = -2.$$

We know that the period lattice Λ_f has a $\mathbb{Z}$-basis of the form $[\omega_1, \omega_2] = [2x, x+iy]$, where $\omega_1 = \langle A, f \rangle$ and $\omega_2 = \langle B, f \rangle$. We can compute the real period $\omega_1 = \Omega(f) = 5L(f, 1)$ by computing $L(f, 1)$:

$$L(f,1) = 2 \sum_{n=1}^{\infty} \frac{a(n)}{n} t^n$$

where $t = \exp(-2\pi/11) = 0.15\ldots$. Using the first 16 terms which we have already gives this to 13 decimal places:

$$L(f,1) = 0.2538418608559\ldots;$$

thus

$$\omega_1 = \Omega(f) = 1.269209304279\ldots.$$

For the imaginary period y we twist with a prime $l \equiv 3 \pmod 4$. Here $l = 3$ will do, since

$$\left\{0, \frac{1}{3}\right\} - \left\{0, \frac{-1}{3}\right\} = (3) - (-3) = 2B - A \neq 0.$$

To project onto the minus eigenspace we take the dot product of this cycle (expressed as a vector $(-1, 2)$) with $v^- = (0, 1)$ to get $m^-(3) = 2$. Hence

$$y = \frac{\sqrt{3}}{2} L(f \otimes 3, 1).$$

Summing the series for $L(f \otimes 3, 1)$ to 16 terms gives only 4 decimals:

$$L(f \otimes 3, 1) = 1.6845\ldots.$$

This is less accurate than $L(f, 1)$ since this series is a power series in $\exp(-2\pi/3\sqrt{11}) = 0.53\ldots$, compared with $0.15\ldots$. Hence $y = 1.4588\ldots$, so that

$$\omega_2 = 0.634604652139\ldots + 1.4588\ldots i.$$

So far we have only used the Hecke eigenvalues a_p for $p \leq 13$, and only 16 terms of each series. If we use these approximate values for the period lattice generators ω_1 and ω_2 we already find the approximate values $c_4 = 495.99$ and $c_6 = 20008.09$ which round to the integer values $c_4 = 496$ and $c_6 = 20008$. Taking the first 25 a_p and the first 100 terms of the series gives

$$c_4 = 495.9999999999954\ldots \quad \text{and} \quad c_6 = 20008.0000000085.$$

The exact values $c_4 = 496$ and $c_6 = 20008$ are the invariants of an elliptic curve of conductor 11, which is in fact the modular curve E_f:

$$y^2 + y = x^3 - x^2 - 10x - 20.$$

This is the first curve in the tables, with code 11A1 (or Antwerp code 11B). The value $L(f, 1)/\Omega(f) = 1/5$ agrees with the value predicted by the Birch–Swinnerton-Dyer conjecture for $L(E_f, 1)/\Omega(E_f)$, provided that E_f has trivial Tate–Shafarevich group.

Example 2: $N = 33$

Since $33 = 3 \cdot 11$, the number of M-symbols is $48 = 4 \cdot 12$, consisting of 33 symbols $(c) = (c:1)$, 13 symbols $(1:d)$ with $\gcd(d, 33) > 1$, and the symbols $(3:11)$ and $(11:3)$. (In fact, whenever N is a product pq of 2 distinct primes, the M-symbols have this form, with exactly two symbols, $(p:q)$ and $(q:p)$ not of the form $(c:1)$ or $(1:d)$).

There are four cusp classes represented by 0, $1/3$, $1/11$ and ∞, with the class of a cusp a/b being determined by $\gcd(b, 33)$. (Similarly, whenever N is square-free, the cusp classes are in one-one correspondence with the divisors of N).

Using the two-term and three-term relations, and including the relations $(c:d) = (-c:d)$, we can express all the M-symbols in terms of six of them, and $\ker(\delta^+) = \langle (7), (2), (15) - (9) \rangle$. Hence $H^+(33)$ is three-dimensional. We know there will be a two-dimensional oldclass coming from the newform at level 11, so there will also be a single newform f at this level.

If we compute the images of the basis modular symbols $\{0, 1/7\}$, $\{0, 1/2\}$ and $\{1/9, 1/15\}$ under T_2 and W_{33}, we find that they have matrices

$$T_2 = \begin{pmatrix} -2 & 0 & 0 \\ 0 & 1 & 2 \\ 0 & 0 & -2 \end{pmatrix} \quad \text{and} \quad W_{33} = \begin{pmatrix} 1 & 0 & 0 \\ 0 & -1 & 0 \\ 1 & 0 & -1 \end{pmatrix}.$$

T_2 has a double eigenvalue of -2, coming from the oldforms, which we ignore, and also the new eigenvalue $a_2 = 1$ with left eigenvector $v = (0, 1, 0)$. The corresponding eigenvalue for W_{33} is $\varepsilon_{33} = -1$. Hence the sign of the functional equation is $+$, and the analytic rank is even. Moreover since the eigencycle for a_2 is the second basis element, which is $\{0, 1/2\} = \gamma_2$, we have $2(1 + 2 - a_2)L(f, 1) = \Omega(f)$, so that

$$\frac{L(f, 1)}{\Omega(f)} = \frac{1}{4}.$$

In particular, $L(f, 1) \neq 0$, so that the analytic rank is 0. Note that because we have factored out the pure imaginary component, we do not usually know at this stage whether the least real period $\Omega_0(f)$ is equal to $\Omega(f)$ or half this; all we can say is that $\Omega(f)/2 = \text{Re}\,\langle\{0, 1/2\}, f\rangle$ is the least real part of a period (up to sign). But in this case, $\{0, 1/2\}$ is certainly an integral cycle, and since $\langle\{0, 1/2\}, f\rangle$ is real, we can in fact deduce already that the period lattice is rectangular with $\Omega(f) = 2\Omega_0(f)$.

To compute more a_p we express each cycle γ_p as a linear combination of the basis and project to the eigenspace by taking the dot product with the left eigenvector v, which just amounts in this case to taking the second component. In this way we find $a_5 = -2$, $a_7 = 4$, $a_{13} = -2$, and so on. For the involutions W_3 and W_{11} we can either compute their 3×3 matrices or just apply them directly to the eigencycle $\{0, 1/2\}$, and we find that $\varepsilon_3 = +1$ and $\varepsilon_{11} = -1$. In fact we already knew that the product of these was $\varepsilon_{33} = -1$, so we need not have computed ε_{11} directly, though doing so serves as a check.

Now we go back and compute the full space $H(33)$, which is six-dimensional, with basis

$$\left\{0, \frac{1}{7}\right\}, \left\{0, \frac{1}{4}\right\}, \left\{0, \frac{-1}{4}\right\}, \left\{\frac{1}{12}, \frac{-1}{6}\right\}, \left\{\frac{1}{12}, \frac{-1}{3}\right\}, \left\{0, \frac{1}{10}\right\}.$$

By computing the 6×6 matrices of conjugation and T_2, we may pick out the left eigenvectors

$$v^+ = (0, 1, -1, 1, 2, 0) \quad \text{and} \quad v^- = (-1, 0, 0, 2, 1, 1).$$

Since these vectors are independent modulo 2, it follows that the period lattice is rectangular, with a $\mathbb{Z}$-basis of the form $[\omega_1, \omega_2] = [x, yi]$.

Firstly, $x = \Omega_0(f) = \Omega(f)/2 = 2L(f,1)$. Summing the series for $L(f,1)$ we obtain $L(f,1) = 0.74734\ldots$, so that $\omega_1 = x = 1.49468\ldots$ and $\Omega(f) = 2x = 2.98936\ldots$. Then we use the twisting prime $l = 7$: the twisting cycle

$$\sum_{a=1}^{6} \left(\frac{a}{7}\right) \left\{0, \frac{a}{7}\right\}$$

is evaluated in terms of our basis to be $(2, 2, 0, -2, 0, 0)$, whose dot product with v^- is -6. Hence $y = \sqrt{7}L(f \otimes 7, 1)/6$. The value of $L(f \otimes 7, 1)$ is determined by summing the series to be $3.11212\ldots$, so that $y = 1.37232\ldots$ and $\omega_2 = 1.37232\ldots i$. If we evaluate these from the first 100 terms of the series, using a_p for $p < 100$, we find the approximate values $c_4 = 552.99999\ldots$ and $c_6 = -4084.99947\ldots$. These round to $c_4 = 553$ and $c_6 = -4085$, which are the invariants of the curve 33A1: $y^2 + xy = x^3 + x^2 - 11x$. Notice that this curve has four rational points, which we could have predicted since the ratio $L(f,1)/\Omega(f) = 1/4$ implies that $1 + p - a_p \equiv 0 \pmod 4$ for all $p \neq 2, 3, 11$.

Example 3: $N = 37$

Since 37 is prime the M-symbols are simple here, as for $N = 11$. We find that $H^+(37)$ is two-dimensional, generated by $A = (8)$ and $B = (13)$. With this basis the matrices of T_2 and W_{37} are

$$T_2 = \begin{pmatrix} -2 & 0 \\ 0 & 0 \end{pmatrix} \quad \text{and} \quad W_{37} = \begin{pmatrix} 1 & 0 \\ 0 & -1 \end{pmatrix}.$$

Thus we have two one-dimensional eigenspaces, generated by A and B respectively, with eigenvalues $(a_2 = -2, \varepsilon_{37} = +1)$ for A and $(a_2 = 0, \varepsilon_{37} = -1)$ for B. The left eigenvectors are simply $v_1 = (1, 0)$ and $v_2 = (0, 1)$. Let us denote the corresponding newforms by f and g respectively. Now $\{0, 1/2\} = 2B$, so

$$\frac{L(f,1)}{\Omega(f)} = 0 \quad \text{and} \quad \frac{L(g,1)}{\Omega(g)} = \frac{1}{3}.$$

This implies that f has odd analytic rank.

To compute Hecke eigenvalues, the method we used previously would only work for g, so instead we use the variation discussed in Chapter 2, section 9. The cycle $\{1/5, \infty\}$ projects non-trivially onto both eigenspaces. In fact $(1 + 2 - T_2)\{1/5, \infty\} = -5A - B$, so the components in the two eigenspaces are $(-5)/(1 + 2 - (-2)) = -1$ and $(-1)/(1 + 2 - 0) = -1/3$. Hence by computing $(1 + p - T_p)\{1/5, \infty\} = n_1(p)A + n_2(p)B$ for other primes $p \neq 37$, we may deduce that

$$a_p(f) = 1 + p + n_1(p) \quad \text{and} \quad a_p(g) = 1 + p - 3n_2(p).$$

In this way we find that the first few Hecke eigenvalues are as follows:

p	:	2	3	5	7	11	13	17	19	...
$a_p(f)$	:	-2	-3	-2	-1	-5	-2	0	0	...
$a_p(g)$	:	0	1	0	-1	3	-4	6	2	...

Two things can be noticed here: the preponderance of negative values amongst the first few $a_p(f)$ means that the curve E_f has many points modulo p for small p, which we might expect heuristically since we know that its analytic rank is odd, and hence positive. Secondly, since $1 + p - a_p(g) \equiv 0 \pmod{3}$ for all $p \neq 37$, we know that E_g will have a rational 3-isogeny.

Turning to the full space $H(37)$, we find that it has basis $\langle(8),(16),(20),(28)\rangle$. Conjugation and W_{37} have matrices

$$\begin{pmatrix} 0 & -1 & 0 & 0 \\ -1 & 0 & 0 & 0 \\ 0 & 1 & 0 & 1 \\ 1 & 0 & 1 & 0 \end{pmatrix} \quad \text{and} \quad \begin{pmatrix} 0 & -1 & 0 & 0 \\ -1 & 0 & 0 & 0 \\ 1 & 0 & 0 & -1 \\ 0 & -1 & -1 & 0 \end{pmatrix}$$

respectively.

For the A eigenspace corresponding to f we find left eigenvectors $v_1^+ = (-1, 1, 0, 0)$ and $v_1^- = (-1, 0, -1, 1)$. These are independent modulo 2, so the period lattice is rectangular, say $[x, yi]$. To find x we must twist by a real quadratic character, using a prime $l \equiv 1 \pmod{4}$. Here $l = 5$ will do: the twisting cycle is $\{0, 1/5\} - \{0, 2/5\} - \{0, 3/5\} + \{0, 4/5\} = (2, -2, 0, 2)$, whose dot product with v_1^+ is -4, so that $x = \sqrt{5}L(f \otimes 5, 1)/4$. For the imaginary period we use $l = 3$ with twisting cycle $(0, 0, -1, 1)$ and a dot product of 2 with v_1^-, so that $y = \sqrt{3}L(f \otimes 3, 1)/2$. Evaluating numerically, using 100 terms of the series and a_p for $p < 100$, we find the values

$$L(f \otimes 5, 1) = 5.35486\ldots, \quad \text{so that} \quad x = 2.99346\ldots;$$
$$L(f \otimes 3, 1) = 2.83062\ldots, \quad \text{so that} \quad y = 2.45139\ldots;$$

and finally,

$$c_4 = 47.9999999996\ldots,$$
$$c_6 = -216.000000004\ldots.$$

The rounded values $c_4 = 48$ and $c_6 = -216$ are those of the curve 37A1, with equation $y^2 + y = x^3 - x$. This curve does have rank 1. We may also check that the analytic rank is 1 by computing $L'(f, 1)$ by summing the series given in Chapter 2 section 13: we find that $L'(f, 1) = 0.306\ldots$, which is certainly non-zero.

The B eigenspace is handled similarly to the example at level 33. We find $v_2^+ = (0, 1, 1, 1)$ and $v_2^- = (1, 1, 0, 0)$. The period lattice is $[x, iy]$ with $x = 3L(g, 1)/2$ and $y = \sqrt{19}L(g \otimes 19, 1)/4$. The latter needs more terms to compute to sufficient accuracy, as 19 is larger than the twisting primes we have previously used. Using $p < 100$ as before we find $c_4 = 1119.878\ldots$, which rounds to the correct (with hindsight) value 1120, but for c_6 we get 36304.495, and neither

36304 nor 36305 is correct. Going back to compute a_p for $100 < p < 200$ we reevaluate the series to 200 terms, and find

$$L(g,1) = 0.72568\ldots, \quad \text{so that} \quad x = 1.08852\ldots;$$
$$L(g \otimes 19, 1) = 1.62207\ldots, \quad \text{so that} \quad y = 1.76761\ldots;$$

and hence

$$c_4 = 1120.000008\ldots, \quad \text{and} \quad c_6 = 36295.99943\ldots.$$

Now the rounded values $c_4 = 1120$ and $c_6 = 36296$ are the invariants of the curve 37B1 with equation $y^2 + y = x^3 + x^2 - 23x - 50$. As expected, this curve does admit a rational 3-isogeny.

Example 4: $N = 49$

$H(49)$ is two-dimensional, with a basis consisting of the M-symbols (11), (2). Hence there is a unique newform f at this level, which must be its own -7-twist, or in other words have complex multiplication by -7. The conjugation matrix with respect to this basis is $\begin{pmatrix} -1 & 0 \\ -1 & 1 \end{pmatrix}$, so we take $v^+ = (1,-2)$ and $v^- = (1,0)$. Hence the period lattice has the form $[2x, x+yi]$ with $2x = \Omega_0(f) = \Omega(f)$. Also $a_2 = 1$, so we have $L(f,1)/\Omega(f) = 1/2$. Hence we may compute the real period via $L(f,1)$ as before, and find $L(f,1) = 0.96666\ldots$, so that $\Omega(f) = 1.9333\ldots$. But the method we have used in the earlier examples to find the imaginary period will not work here, since for every prime $l \equiv 3 \pmod{4}$, $l \neq 7$, we have $L(f \otimes l, 1) = 0$, since $\chi(-49) = \chi(-1) = -1$ where χ is the associated quadratic character modulo l.

Instead, we compute periods directly, as in Chapter 2 section 10. The cycle $(5) = \{0, 1/5\}$ is equal to $(11) + (2)$, from which it follows that $\langle (5), f \rangle = -x + yi$; the coefficients are the dot products of the vector $(1,1)$ with $v^\pm$. Now $\{0, 1/5\} = \{0, g(0)\}$ with $g = \begin{pmatrix} 10 & 1 \\ 49 & 5 \end{pmatrix}$. Hence the formula from Chapter 2 gives

$$\left\langle \left\{0, \frac{1}{5}\right\}, f \right\rangle = -x + yi = \sum_{n=1}^{\infty} \frac{a(n)}{n} e^{-2\pi n/49} \left(e^{2\pi i n x_2} - e^{2\pi i n x_1} \right)$$

where $x_1 = -5/49$ and $x_2 = 10/49$. Summing the first 100 terms as before, we find the values

$$x = 0.96666\ldots \quad \text{and} \quad y = 2.557536\ldots.$$

Of course, the value of x merely confirms the value we had previously obtained a different way. These values give, in turn,

$$c_4 = 104.99992\ldots \quad \text{and} \quad c_6 = 1322.9994\ldots,$$

which round to the exact invariants $c_4 = 105$ and $c_6 = 1323$ of the curve 49A1, which has equation $y^2 + xy = x^3 - x^2 - 2x - 1$.

In this computation, we have not exploited the presence of complex multiplication. Notice that, in fact, $y/x = \sqrt{7}$. Obviously if we had known this it would have given us an easier way of computing y from x, and hence from $L(f,1)$. However not all newforms at square levels have complex multiplication. Some are twists of forms at lower levels (for example, 100A is the 5-twist of 20A, and 144B is the -3-twist of 48A), which means that we could find the associated curves more easily by twisting the earlier curve. Others first appear at the square level in pairs which are twists of each other (for example, 121A and 121C are -11-twists of each other, and 196B is the -7-twist of 196A). One could probably find both periods of all such forms by looking at suitable twists to moduli not coprime to the level, but we have not done this systematically, as the more direct method was adequate in all the cases we came across in compiling the tables.

In practice we always computed the Hecke eigenvalues for $p < 1000$ at least, with a larger bound for higher levels. In some cases, particularly when the target values of c_4 or (more usually) c_6 were large, and especially when a large twisting prime was needed, we needed to sum the series to several thousand terms before obtaining the vales of c_4 and c_6 to sufficient accuracy.

These four examples exhibit essentially all the variations which can occur. The only problem with the larger levels is one of scale, as the number of symbols and the dimensions of the spaces grow. A large proportion of the computation time, in practice, is taken up with Gaussian elimination. This is why we have tried wherever possible to reduce the size of the matrices which occur: first by carefully using the 2-term symbol relations to identify symbols in pairs as early as possible, and secondly by working in $H^+(N)$ during the stage where we are searching for Hecke eigenvalues. The symbol relation matrices are very sparse (three entries per row), and it is likely that sparse matrix techniques could help here, but we have not implemented these: we use a completely general purpose exact Gaussian elimination procedure.

The second time-consuming stage is when we are computing a large number of Hecke eigenvalues, where we call a very large number of times the procedures to convert rational numbers (cusps) to M-symbols and look these up in tables to find their coordinates with respect to the symbol basis. It is vital that these procedures are written efficiently; during the preparation of the tables, many great improvements in the efficiency of the program were achieved over a period of several months.

CHAPTER III

ELLIPTIC CURVE ALGORITHMS

3.1 Terminology and notation

For reference in the following sections, we collect here the notation, terminology and formulae concerning elliptic curves which we will use throughout this chapter.

An elliptic curve E defined over $\mathbb{Q}$ has an equation or *model* of the form

$$(3.1.1) \qquad E: \qquad y^2 + a_1 xy + a_3 y = x^3 + a_2 x^2 + a_4 x + a_6,$$

where the coefficients $a_i \in \mathbb{Q}$. We denote this model by $[a_1, a_2, a_3, a_4, a_6]$. From these coefficients we derive the auxiliary quantities

$$b_2 = a_1^2 + 4a_2,$$
$$b_4 = a_1 a_3 + 2a_4,$$
$$b_6 = a_3^2 + 4a_6,$$
$$b_8 = a_1^2 a_6 - a_1 a_3 a_4 + 4a_2 a_6 + a_2 a_3^2 - a_4^2,$$

the *invariants*

$$c_4 = b_2^2 - 24 b_4,$$
$$c_6 = -b_2^3 + 36 b_2 b_4 - 216 b_6,$$

the *discriminant*

$$\Delta = -b_2^2 b_8 - 8 b_4^3 - 27 b_6^2 + 9 b_2 b_4 b_6,$$

and the *j-invariant*

$$j = c_4^3/\Delta,$$

which are related by the identities

$$4 b_8 = b_2 b_6 - b_4^2 \qquad \text{and} \qquad 1728 \Delta = c_4^3 - c_6^2.$$

The discriminant Δ must be non-zero for the curve defined by equation (3.1.1) to be non-singular and hence an elliptic curve. The j-invariant is (as its name suggests) invariant under isomorphism; elliptic curves with the same j are called *twists*: they are isomorphic over an algebraic extension, but not necessarily over $\mathbb{Q}$. The invariants c_4 and c_6 are sufficient to determine E up to isomorphism (over $\mathbb{Q}$) since E is isomorphic to

$$Y^2 = X^3 - 27 c_4 X - 54 c_6.$$

The most general isomorphism from E to a second curve E' given by an equation of the form (3.1.1), which we usually think of as a change of coordinates on E itself, is $T(r,s,t,u)$, given by

$$x = u^2 x' + r$$
(3.1.2)
$$y = u^3 y' + s u^2 x' + t$$

where $r, s, t \in \mathbb{Q}$ and $u \in \mathbb{Q}^*$. The effect of $T(r,s,t,u)$ on the coefficients a_i is given by

(3.1.3)
$$ua'_1 = a_1 + 2s$$
$$u^2 a'_2 = a_2 - sa_1 + 3r - s^2$$
$$u^3 a'_3 = a_3 + ra_1 + 2t$$
$$u^4 a'_4 = a_4 - sa_3 + 2ra_2 - (t + rs)a_1 + 3r^2 - 2st$$
$$u^6 a'_6 = a_6 + ra_4 + r^2 a_2 + r^3 - ta_3 - t^2 - rta_1$$

so that

$$u^4 c'_4 = c_4, \quad u^6 c'_6 = c_6, \quad u^{12}\Delta' = \Delta \quad \text{and} \quad j' = j.$$

The transformations $T(0,0,0,u)$ we will refer to as *scaling transformations*; these have the effect of dividing each coefficient a_i by u^i, and similarly for each of the other quantities, according to its weight. Here a_i, b_i and c_i have weight i, while Δ has weight 12 and j has weight 0. By applying $T(0,0,0,u)$ for suitable u we can always transform to a model with coefficients in $\mathbb{Z}$; all the other invariants are then integral, including Δ, but j will still be rational in general. Among such integral models, those for which $|\Delta|$ is minimal are called *global minimal models* for E. We will give in the next section a simple algorithm for finding such a model, given the invariants c_4 and c_6 of any model. Clearly isomorphisms between minimal models must have $u = \pm 1$ and $r, s, t \in \mathbb{Z}$. We may normalise so that $a_1, a_3 \in \{0, 1\}$ and $a_2 \in \{-1, 0, 1\}$, by suitable choice of s, r and t (in that order), as may be seen from (3.1.3). Such an equation will be called *reduced*, and it is not hard to see that it is unique (the only other candidate for a reduced model being a scaling by -1). Thus every elliptic curve E defined over $\mathbb{Q}$ has a unique reduced minimal model. This fact makes it very easy to recognise curves: in Table 1 we give the coefficients of such a model for each of the curves there.

Given integers c_4 and c_6, two questions arise: is there a curve over $\mathbb{Q}$ with these invariants, and is it minimal? Clearly we must have $c_4^3 - c_6^2 = 1728\Delta$ with $\Delta \neq 0$. A solution to both problems is given in the unpublished lecture notes [9]. For the first, we have the following.

Proposition 3.1.1. *Let c_4, c_6 be integers such that $\Delta = (c_4^3 - c_6^2)/1728$ is a non-zero integer. In order for there to exist an elliptic curve E with invariants c_4 and c_6 it is necessary and sufficient that*
(1) $c_6 \not\equiv \pm 9 \pmod{27}$;
(2) *either* $c_6 \equiv -1 \pmod 4$, *or* $c_4 \equiv 0 \pmod{16}$ *and* $c_6 \equiv 0, 8 \pmod{32}$.

In the following section we answer the second question by giving an algorithm for computing the reduced coefficients of a minimal model for any curve E, given integral invariants satisfying this Proposition. First we determine the maximal integer u such that $c_4' = c_4/u^4$ and $c_6' = c_6/u^6$ satisfy the conditions of the proposition, and then compute the reduced coefficients a_i' of an equation with these invariants. As with many questions concerning elliptic curves, most of the work goes into determining the powers of 2 and 3 which divide u.

We will assume without further discussion that on any given curve E, points may be added and multiples taken, using standard formulae. The Mordell–Weil group of all rational points on E will be denoted $E(\mathbb{Q})$ as usual. If n is a positive integer, we denote by $E(\mathbb{Q})[n]$ the subgroup of rational points of order dividing n, which is the kernel of the multiplication map from E to itself.

3.2 The Kraus–Laska–Connell algorithm and Tate's algorithm

In this section we give two algorithms. The first was originally given by Laska in [26], and finds a minimal model for a curve E, starting from an integral equation. Essentially the algorithm was to test all positive integers u such that $u^{-4}c_4$ and $u^{-6}c_6$ are integral, to see if they are the invariants of a curve defined over $\mathbb{Z}$. More recently, using Kraus's results in [22], this procedure could be simplified, since it became possible to compute in advance the exponent d_p of each prime p in the minimal discriminant, and hence compute u at the start. Our formulation of the resulting algorithm over $\mathbb{Z}$ comes from [9], where more general rings are considered: in particular an explicit algorithm is given there for finding local minimal models over arbitrary number fields, and hence global minimal models where they exist. Over $\mathbb{Z}$, the algorithm is extremely simple.

In the pseudocode below,

`ord(p,n)` gives the power of the prime p which divides the non-zero integer n;

`floor(x)` gives the integral part of the real number x.

`a mod p` gives the residue of a modulo p lying in the range $\frac{1}{2}p < a \leq \frac{1}{2}p$; in particular, when $p = 2$ or 3 this gives a residue in $\{0,1\}$ or $\{-1,0,1\}$ respectively. Also `inv(a,p)` gives the inverse of a modulo p, assuming that `gcd(a,p)=1`.

The Laska–Kraus–Connell Algorithm

```
INPUT:        c4, c6 (integer invariants of an elliptic curve E).
OUTPUT:       a1, a2, a3, a4, a6 (coefficients of a reduced minimal model for E).
1.  BEGIN
2.     Δ=(c4³-c6²)/1728;
```
(*Compute scaling factor u*)
```
3.     u=1; g=gcd(c6²,Δ);
4.     p_list=prime_divisors(6*g);
5.     FOR p IN p_list DO
6.     BEGIN
7.         d=floor(ord(p,g)/12); u*=p^d;
8.         IF p=2 THEN
9.             a=c4/2^(4*d); b=c6/2^(6*d)
```

```
10.            IF a≡1 (mod 2) AND b≡-1 (mod 4) THEN t=-(b+1)/4
11.            ELIF a≡0 (mod 16) AND (b≡0 (mod 16) OR b≡8 (mod 16)) THEN t=b/8
12.            ELSE u/=2; t=0
13.            FI
14.        ELIF p=3 THEN IF ord(3,c6)=6*d+2 THEN u/=3 FI
15.        FI
16.    END
```

(*Compute minimal equation*)

```
17.    c4/=u^4;  c6/=u^6
18.    a1=c4 mod 2
19.    a2=-(a1+c6) mod 3
20.    a3=(t+a1*a2) mod 2
21.    b2=a1+4*a2
22.    a4=(b2^3-c4-24*a1*a3)/48
23.    a6=(36*b2*(a1*a3+2*a4)-b2^3-c4-216*a3)/864
24. END
```

Next we turn to Tate's algorithm itself. The standard reference for this is Tate's 'letter to Cassels' [51], which appeared in the Antwerp IV volume [2]. It may be applied to an integral model of a curve E and a prime p, to give the following data:

• The exponent f_p of p in the conductor N of E (see below);

• the Kodaira symbol of E at p, which classifies the type of reduction of E at p (see [38]); these are: I_0 for good reduction; I_n ($n > 0$) for bad multiplicative reduction; and types I_n^*, II, III, IV, II*, III* and IV* for bad additive reduction.

• the local index $c_p = [E(\mathbb{Q}_p) : E^0(\mathbb{Q}_p)]$, where $E^0(\mathbb{Q}_p)$ is the subgroup of the group $E(\mathbb{Q}_p)$ of p-adic points of E whose reduction modulo p is non-singular. (That this index is finite is implied by the correctness of the algorithm, as observed by Tate in [51].)

In addition, the algorithm detects whether the given model is non-minimal at p, and if so, returns a model which is minimal at p. Thus by applying it in succession with all the primes dividing the discriminant of the original model, one can compute a minimal model at the same time as computing the conductor and the other local reduction data. In practice this makes the Laska–Kraus–Connell algorithm redundant, though much simpler to implement and use if all one needs is the standard model for a curve E.

The conductor N of an elliptic curve E defined over $\mathbb{Q}$ is defined to be

$$N = \prod_p p^{f_p}$$

where $f_p = \mathrm{ord}_p(\Delta) + 1 - n_p$ and n_p is the number of irreducible components on the special fibre of the minimal Néron model of E at p. This Néron model is a more sophisticated object than we wish to discuss here (see [38] for details): one has to consider E as a scheme over $\mathrm{Spec}(\mathbb{Z}_p)$, and then resolve the singularity at p, to obtain a scheme whose generic fibre is $E/\mathbb{Q}_p$

and whose special fibre is a union of curves over $\mathbb{Z}/p\mathbb{Z}$. In terms of a minimal model for E over $\mathbb{Z}$, all may be computed very simply except when $p = 2$ or $p = 3$ as follows.

$f_p = 0$ if $p \nmid \Delta$;

$f_p = 1$ if $p \mid \Delta$ and $p \nmid c_4$ (then $n_p = \operatorname{ord}_p(\Delta)$);

$f_p \geq 2$ if $p \mid \Delta$ and $p \mid c_4$; moreover, $f_p = 2$ in this case when $p \neq 2, 3$.

To obtain the value of f_p in the remaining cases, and to obtain the Kodaira symbol and the local index c_p, we use Tate's algorithm itself.

In [51], the algorithm is given for curves defined over an arbitrary discrete valuation ring. To apply it to a curve defined over the ring of integers R of a number field K at a prime ideal $\mathfrak{p}$, one would in general have to work in the localisation of R at $\mathfrak{p}$; here we can work entirely over $\mathbb{Z}$, since $\mathbb{Z}$ is a principal ideal domain. We have added to the presentation in [51] the explicit coordinate transformations $T(r, s, t, u)$ which are required during the course of the algorithm to achieve divisibility of the coefficients a_i by various power of p. In practice one would ignore the transformations which had taken place while processing each p, unless a scaling by p had taken place on discovering that the model was non-minimal. The most complicated part of the algorithm is the branch for reduction type I_m^*, where one successively refines the model p-adically until certain auxiliary quadratics have distinct roots modulo p. This requires careful book-keeping. The presentation given here closely follows our own implementation of the algorithm, which in turn owes much to an earlier Fortran program written by Pinch. The following sub-procedures are used:

compute_invariants computes the b_i, c_i and Δ from the coefficients a_i. Note that c_4, c_6 and Δ do not change unless a scaling is required, since all other transformations have $u = 1$.

transcoord(r,s,t,u) applies the coordinate transformation formulae of the previous section to obtain new values for the a_i and other quantities. All calls to this procedure have $u = 1$ except when rescaling a non-minimal equation. In each case we first compute suitable values of r, s and t; usually this requires a separate branch if $p = 2$ or $p = 3$.

quadroots(a,b,c,p) returns TRUE if the quadratic congruence $ax^2 + bx + c \equiv 0 \pmod{p}$ has a solution, and FALSE otherwise. This is used in determining the value of the index c_p.

nrootscubic(b,c,d,p) returns the number of roots of the cubic congruence $x^3 + bx^2 + cx + d \equiv 0 \pmod{p}$.

Tate's Algorithm

INPUT:	a1, a2, a3, a4, a6 (integer coefficients of E); p (prime).
OUTPUT:	Kp (Kodaira symbol)
	fp (Exponent of p in conductor)
	cp (Local index)

1. BEGIN
2. compute_invariants(b2,b4,b6,b8,c4,c6,Δ);
3. n=ord(p,Δ);

(*Test for type I_0*)

4.   IF n=0 THEN Kp="I0"; fp=0; cp=1; EXIT FI;

(*Change coordinates so that $p \mid a_3, a_4, a_6$*)

```
 5.   IF p=2 THEN
 6.        IF p|b2
 7.        THEN r=a4 mod p; t=r*(1+a2+a4)+a6 mod p
 8.        ELSE r=a3 mod p; t=r+a4 mod p
 9.        FI
10.   ELIF p=3 THEN
11.        IF p|b2 THEN r=-b6 mod p ELSE r=-b2*b4 mod p FI;
12.        t=a1*r+a3 mod p
13.   ELSE
14.        IF p|c4 THEN r=-inv(12,p)*b2 ELSE r=-inv(12*c4,p)*(c6+b2*c4) FI;
15.        t=-inv(2,p)*(a1*r+a3);
16.        r=r mod p; t=t mod p
17.   FI
18.   transcoord(r,0,t,1);
```

(*Test for types* I_n, *II*, *III*, *IV*)

```
19.   IF p∤c4 THEN
20.        IF quadroots(1,a1,-a2,p) THEN cp=n ELIF 2|n THEN cp=2 ELSE cp=1 FI;
21.        Kp="In"; fp=1; EXIT
22.   FI;
23.   IF p²∤a6 THEN Kp="II"; fp=n; cp=1; EXIT;
24.   IF p³∤b8 THEN Kp="III"; fp=n-1; cp=2; EXIT;
25.   IF p³∤b6 THEN
26.        IF quadroots(1,a3/p,-a6/p²,p) THEN cp=3 ELSE cp=1 FI;
27.        Kp="IV"; fp=n-2; EXIT
28.   FI;
```

(*Change coordinates so that* $p \mid a_1, a_2$; $p^2 \mid a_3, a_4$; $p^3 \mid a_6$)

```
29.   IF p=2
30.   THEN s=a2 mod 2; t=2*(a6/4 mod 2)
31.   ELSE s=-a1*inv(2,p); t=-a3*inv(2,p)
32.   FI;
33.   transcoord(0,s,t,1);
```

(*Set up auxiliary cubic* $T^3 + bT^2 + cT + d$)

```
34.   b=a2/p; c=a4/p²; d=a6/p³;
35.   w=27*d²-b²*c²+4*b³*d-18*b*c*d+4*c³;
36.   x=3*c-b²;
```

(*Test for distinct roots: type* I_0^*)

```
37.   IF p∤w THEN Kp="I*0"; fp=n-4; cp=1+nrootscubic(b,c,d,p); EXIT
```

(*Test for double root: type* I_m^*)

```
38.   ELIF p∤x THEN
```

(*Change coordinates so that the double root is* $T \equiv 0$)

```
39.        IF p=2 THEN r=c ELIF p=3 THEN r=b*c ELSE r=(b*c-9*d)*inv(2*x,p) FI;
40.        r=p*(r mod p);
41.        transcoord(r,0,0,1);
```

(*Make a_3, a_4, a_6 repeatedly more divisible by p*)

```
42.        m=1; mx=p²; my=p²; cp=0;
43.        WHILE cp=0 DO
44.        BEGIN
45.            xa2=a2/p; xa3=a3/my; xa4=a4/(p*mx); xa6=a6/(mx*my);
46.            IF p∤(xa3²+4*xa6) THEN
47.                IF quadroots(1,xa3,-xa6,p) THEN cp=4 ELSE cp=2 FI
48.            ELSE
49.                IF p=2 THEN t=my*xa6 ELSE t=my*((-xa3*inv(2,p)) mod p) FI;
50.                transcoord(0,0,t,1);
51.                my*=p; m+=1;
52.                xa2=a2/p; xa3=a3/my; xa4=a4/(p*mx); xa6=a6/(mx*my);
53.                IF p∤(xa4²-4*xa2*xa6) THEN
54.                    IF quadroots(xa2,xa4,xa6,p) THEN cp=4 ELSE cp=2 FI
55.                ELSE
56.                    IF p=2 THEN r=mx*(xa6*xa2 mod 2)
57.                    ELSE r=mx*(-xa4*inv(2*xa2,p) mod p)
58.                    FI;
59.                    transcoord(r,0,0,1);
60.                    mx*=p; m+=1
61.                FI
62.            FI
63.        END;
64.        fp=n-m-4; Kp="I*m"; EXIT
65. ELSE
```

(*Triple root case: types II*, III*, IV* or non-minimal*)
(*Change coordinates so that the triple root is $T \equiv 0$*)

```
66.        IF p=3 THEN rp=-d ELSE rp=-b*inv(3,p) FI;
67.        r=p*(rp mod p);
68.        transcoord(r,0,0,1);
69.        x3=a3/p²; x6=a6/p⁴;
```

(*Test for type IV**)

```
70.        IF p∤(x3²+4*x6) THEN
71.            IF quadroots(1,x3,-x6,p) THEN cp=3 ELSE cp=1 FI;
72.            Kp="IV*"; fp=n-6; EXIT
73.        ELSE
```

(*Change coordinates so that $p^3 \mid a_3$, $p^5 \mid a_6$*)

```
74.            IF p=2 THEN t=x6 ELSE t=x3*inv(2,p) FI;
```

```
75.            t=-p^2*(t mod p);
76.            transcoord(0,0,t,1);
```
(*Test for types III*, II**)
```
77.            IF p^4|a4 THEN Kp="III*"; fp=n-7; cp=2; EXIT
78.            ELIF p^6|a6 THEN Kp="II*"; fp=n-8; cp=1; EXIT
79.            ELSE
```
(*Equation non-minimal: divide each a_i by p^i and start again*)
```
80.               transcoord(0,0,0,p); restart
81.            FI
82.     FI
83. END
```

In Table 1 we will give the local reduction data for each curve at each 'bad' prime (dividing the discriminant of the minimal model). We also give the factorisation of the minimal discriminant and of the denominator of j, as in the earlier tables. To save space we omit the c_4 and c_6 invariants, which are easily computable from the coefficients a_i.

3.3 Computing the Mordell–Weil group I: finding torsion points

In this and the next 3 sections we will discuss the question of determining the Mordell–Weil group $E(\mathbb{Q})$ of rational points on an elliptic curve E defined over $\mathbb{Q}$. This group is finitely generated, by Mordell's Theorem, and hence has the structure

$$E(\mathbb{Q}) = T \times F$$

where T is the finite torsion subgroup of $E(\mathbb{Q})$ consisting of the points of finite order, and F is free abelian of some rank $r \geq 0$:

$$F \cong \mathbb{Z}^r.$$

The problem of computing $E(\mathbb{Q})$ thus subdivides into several parts:
- computing the torsion T;
- computing the rank r;
- finding r independent points of infinite order;
- computing a $\mathbb{Z}$-basis for the free part F.

A related task is to compute the regulator $R(E(\mathbb{Q}))$ (defined below); for this and for the latter two steps we will also need to compute the canonical height $\hat{h}(P)$ of points $P \in E(\mathbb{Q})$, and hence the height pairing $\hat{h}(P,Q)$.

In this section we will treat the easiest of these problems, that of finding the torsion points. Using the fact that $E(\mathbb{R})$ is isomorphic either to the circle group S^1 (when $\Delta < 0$) or to $S^1 \times C_2$ (when $\Delta > 0$), where C_k denotes a cyclic group of order k, together with the fact that all finite subgroups of S^1 are cyclic, we see that T is isomorphic either to C_k or to $C_{2k} \times C_2$ for some

$k \geq 1$, the latter only being possible when Δ is positive. The number of possible values of k is finite: by a theorem of Mazur [32],[33], a complete list of possible structures of T is

$$C_k \quad \text{for} \quad 1 \leq k \leq 10 \quad \text{or} \quad k = 12;$$
$$C_{2k} \times C_2 \quad \text{for} \quad 1 \leq k \leq 4.$$

To determine the torsion subgroup of an elliptic curve defined over $\mathbb{Q}$, we may use a form of the Lutz–Nagell Theorem. (The situation is more complicated over number fields other than $\mathbb{Q}$, on account of the ramified primes.) The first step is to find a model for the curve in which all torsion points are integral. For this it suffices to complete the square (if necessary) to eliminate the xy and y terms, at the expense of a scaling by $u = 2$. Then for $P = (x, y)$ a torsion point, we can use the fact that both P and $2P$ are integral to bound y. For the first step, the following result may be found in [25, Chapter III §1]. The original form of this result, due independently to Lutz [28] and Nagell [Nag], was for curves of the form $y^2 = x^3 + ax + b$, with no x^2 term. While such an equation may be obtained by completing the cube, this would involve a further scaling of coordinates, and so would lead to larger numbers. If $a_1 = a_2 = 0$ we can apply the following result directly; otherwise, put $a = b_2$, $b = 8b_4$ and $c = 16b_6$.

Proposition 3.3.1. *Let E be an elliptic curve defined over $\mathbb{Q}$, given by an equation*

(3.3.1) $$y^2 = f(x) = x^3 + ax^2 + bx + c$$

where $a, b, c \in \mathbb{Z}$. If $P = (x, y) \in E(\mathbb{Q})$ has finite order, then $x, y \in \mathbb{Z}$.

Next we bound the y coordinate of a torsion point $P = (x, y)$ (see [25, Theorem 1.4]).

Proposition 3.3.2. *Let E be as in Proposition 3.3.1. If $P = (x_1, y_1)$ has finite order in $E(\mathbb{Q})$ then either $y_1 = 0$ or $y_1^2 \mid \Delta_0$, where*

$$\Delta_0 = 27c^2 + 4a^3c + 4b^3 - a^2b^2 - 18abc.$$

Proof. If $2P = 0$ then $y_1 = 0$, since $-P = (x_1, -y_1)$. Otherwise $2P = (x_2, y_2)$ with $x_2, y_2 \in \mathbb{Z}$ by Proposition 3.3.1. Using the addition formula on E we find that $2x_1 + x_2 = m^2 - a$ where $m = f'(x_1)/2y_1$ is the slope of the tangent to E at P. Hence $m \in \mathbb{Z}$, so that $y_1 \mid f'(x_1)$. Using $y_1^2 = f(x_1)$, this implies that $y_1^2 \mid \Delta_0$, since

$$\Delta_0 = (-27f(x) + 54c + 4a^3 - 18ab)f(x) + (f'(x) + 3b - a^2)f'(x)^2. \quad \square$$

This gives us a finite number of values of y to check; for each, we attempt to solve the cubic for $x \in \mathbb{Z}$, to obtain all torsion points on E. Note that we are actually determining all points P such that both P and $2P$ are integral (in the possibly scaled model for E), which includes all torsion points, but may also include points of infinite order. To determine whether a given integral point has finite or infinite order, we simply compute multiples mP successively until either $mP = 0$, in which case P has order m, or mP is not integral, in which case P has infinite order. This does not take long, as the maximum possible order for a torsion point is 12 by

Mazur's theorem. If we find points of infinite order at this stage we keep a note of them for later use (see Section 3.5).

If we want to know the structure of T and not just its order, note that from Mazur's theorem the only ambiguous cases are when T has order $4k = 4, 8, 12$ or 16; we can always tell apart the groups C_{4k} and $C_2 \times C_{2k}$ as the former has only one element of order 2 while the latter has 3, and this number is the number of rational (integer) roots of $f(x)$.

To solve the cubic equations $f(x) = y^2$ for x, given y, we use the classical formula of Cardano (see any algebra textbook) to find the complex roots (which we also need in computing the periods in section 3.7 below), and if any of these are real and close to integers we check them using exact integer arithmetic. Testing all divisors of the constant term can be too time-consuming, as it involves factorisation of the numbers $y^2 - c$ which may be very large.

Here is the algorithm in pseudocode; for simplicity we only give it for curves with no xy or y terms; in the general case, one works internally with points on a scaled model (including the calculation of the order), converting back to the original model on output. Since we know in advance that no point will have order greater than 12, when computing the order of a point we simply use repeated addition until we reach a non-integral point or the identity O. The subroutine `order(P)` returns 0 for a point of infinite order. Also: `square_part(`Δ`)` returns the largest integer whose square divides Δ; `integer_roots` returns a list of the integer roots of a cubic with integral coefficients; and `integral(x)` tests whether its (rational) argument is integral.

Algorithm for finding all torsion points

```
INPUT:          a,b,c (integer coefficients of a nonsingular cubic).
OUTPUT:         A list of all torsion points on y²=x³+ax²+bx+c, with orders.
 1.  BEGIN
 2.  Δ=27c²+4a³c+4b³-a²b²-18abc;
 3.  y_list=positive_divisors(square_part(Δ)) ∪ {0};
 4.  FOR y IN y_list DO
 5.  BEGIN
 6.      x_list=integer_roots(x³+ax²+bx+c-y²);
 7.      FOR x IN x_list DO
 8.      BEGIN
 9.          P=point(x,y);
10.          n=order(P);
11.          IF n>0 THEN OUTPUT P,n FI
12.      END
13.  END
14.  END
```

(Subroutine to compute order of a point)

```
SUBROUTINE order(P)
 1.  BEGIN
 2.  n=1; Q=P;
```

```
3.    WHILE integral(x(Q)) AND Q≠0 DO
4.    BEGIN
5.         n+=1; Q+=P
6.    END;
7.    IF Q≠0 THEN n=0 FI;
8.    RETURN n
9.    END
```

3.4 Heights and the height pairing

In this section we will show how to compute the canonical height $\hat{h}(P)$ of a point $P \in E(\mathbb{Q})$, and hence the height pairing

$$\hat{h}(P, Q) = \frac{1}{2}(\hat{h}(P + Q) - \hat{h}(P) - \hat{h}(Q)).$$

We will use this in the following section to find dependence relations among finite sets of points of infinite order, when we are computing a $\mathbb{Z}$-basis $\{P_1, \ldots, P_r\}$ for the free abelian group $E(\mathbb{Q})/T$. Also, the regulator $R(E)$ is given by the determinant

$$R(E) = \left|\det(\hat{h}(P_i, P_j))\right|.$$

The canonical height $\hat{h}$ is a real-valued quadratic form on $E(\mathbb{Q})$. It differs by a bounded amount (with a bound dependent on E but not on the point P) from the naive or Weil height $h(P)$. For a point $P = (x, y) = (a/c^2, b/c^3) \in E(\mathbb{Q})$ with $a, b, c \in \mathbb{Z}$ and $\gcd(a, c) = 1 = \gcd(b, c)$, the latter is defined to be

$$h(P) = \log \max\{|a|, |c^2|\}.$$

Now the canonical height may be defined as $\hat{h}(P) = \lim_{n \to \infty} 4^{-n} h(2^n P)$, but this is not practical for computational purposes. For the theory of heights on elliptic curves, see [47, Chapter VIII]. Later (in the next section) we will need an explicit bound on the difference between $\hat{h}(P)$ and $h(P)$.

The height algorithm in this section is taken from Silverman's paper [48]. The 'global height' $\hat{h}(P)$ is defined as a sum of 'local heights':

$$\hat{h}(P) = \sum_{p \leq \infty} \hat{h}_p(P).$$

Here the sum is over all finite primes p and the 'infinite prime' ∞ coming from the real embedding of $\mathbb{Q}$. (Over a general number field, there would in general be several of these infinite primes, including complex ones, and the local heights need to be multiplied by certain multiplicities: see [48]).

A remark about normalisation[1]: the canonical height must be suitably normalised. In the literature there are two normalisations used, one of which is double the other and is the one

---
[1] I am grateful to Gross for explaining this to me, after I found that apparently the two sides of the Birch–Swinnerton-Dyer conjecture disagreed by a factor of 2^r!

appropriate for the Birch–Swinnerton-Dyer conjecture (resulting in a regulator 2^r times as large). In Silverman's paper he uses the other (smaller) normalisation. Thus all the formulae here are double those in the paper [48].

For each point P, the local height $\hat{h}_p(P) = 0$ for almost all primes p. As will be apparent from the formula for $\hat{h}_p$ which we give below, $\hat{h}_p(P) = 0$ if the curve has good reduction at p and also p does not divide the denominator of the x-coordinate of the point P. In all cases, $\hat{h}_p(P)$ is a rational multiple of $\log(p)$.

The following proposition, which is Theorem 5.2 of [48] (for curves over general number fields) specialised to the case of a curve defined over $\mathbb{Q}$, also applies to a curve defined over $\mathbb{Q}_p$ and to a point $P = (x,y) \in E(\mathbb{Q}_p)$. In the proposition, we refer to the functions ψ_2 and ψ_3 defined on E by

$$\psi_2(P) = 2y + a_1 x + a_3, \quad \text{and} \quad \psi_3(P) = 3x^4 + b_2 x^3 + 3b_4 x^2 + 3b_6 x + b_8;$$

thus, ψ_2 vanishes at the 2-torsion points of E and ψ_3 at the 3-torsion.

Proposition 3.4.1. *Let E be an elliptic curve defined over $\mathbb{Q}$ given by a standard Weierstrass equation which is minimal at p, and let $P = (x,y) \in E(\mathbb{Q})$.*
(a) *If*

$$\mathrm{ord}_p(3x^2 + 2a_2 x + a_4 - a_1 y) \leq 0 \quad \text{or} \quad \mathrm{ord}_p(2y + a_1 x + a_3) \leq 0$$

then

$$\hat{h}_p(P) = \max\{0, -\mathrm{ord}_p(x)\} \log p.$$

(b) *Otherwise, if $\mathrm{ord}_p(c_4) = 0$ then set $N = \mathrm{ord}_p(\Delta)$ and $M = \min\{\mathrm{ord}_p(\psi_2(P)), \frac{1}{2}N\}$; then*

$$\hat{h}_p(P) = \frac{M(M-N)}{N} \log p.$$

(c) *Otherwise, if $\mathrm{ord}_p(\psi_3(P)) \geq 3\mathrm{ord}_p(\psi_2(P))$ then*

$$\hat{h}_p(P) = -\frac{2}{3}\mathrm{ord}_p(\psi_2(P)) \log p.$$

(d) *Otherwise*

$$\hat{h}_p(P) = -\frac{1}{4}\mathrm{ord}_p(\psi_3(P)) \log p.$$

The four cases in Proposition 3.4.1 correspond to good reduction of E at p, multiplicative reduction, additive reduction of types IV or IV* and additive reduction of types III, III* and I_m^* respectively.

As an algorithm we obtain the following:

Silverman's algorithm for computing local heights: finite primes

---

INPUT: a1, a2, a3, a4, a6 (integer coefficients of a minimal model for E).
         x,y (rational coordinates of a point P on E).
         p (a prime).

3.4 HEIGHTS AND THE HEIGHT PAIRING

```
OUTPUT:    the local height of P at p.
 1.  BEGIN
 2.  compute_invariants(b2,b4,b6,b8,c4,Δ);
 3.  N=ord(p,Δ);
 4.  A=ord(p,3*x^2+2*a2*x+a4-a1*y);
 5.  B=ord(p,2*y+a1*x+a3);
 6.  C=ord(p,3*x^4+b2*x^3+3*b4*x^2+3*b6*x+b8);
 7.  M=min(B,N/2);
 8.  IF A ≤ 0 OR B ≤ 0 THEN L=max(0,-ord(p,x))
 9.  ELSE IF ord(p,c4)=0 THEN L=M*(M-N)/N
10.  ELSE IF C ≥ 3*B THEN L=-2*B/3
11.  ELSE L=-C/4
12.  FI;
13.  RETURN L*log(p)
14.  END
```

Now we must compute the local component of the height at the infinite prime, $\hat{h}_\infty(P)$. The method here originated with Tate, but was amended by Silverman in [48] to improve convergence, and to apply also to complex valuations. Tate in [52] expressed $\hat{h}_\infty(P)$ as a series

$$\hat{h}_\infty(P) = \log|x| + \frac{1}{4}\sum_{n=0}^{\infty} 4^{-n} c_n$$

where the coefficients c_n are bounded provided that no point on $E(\mathbb{R})$ has x-coordinate zero. Of course, over $\mathbb{R}$ one can shift coordinates to ensure that this condition holds, but the resulting series can have poor convergence properties, and this trick will not work over $\mathbb{C}$. Silverman's solution is to use alternately the parameters x and $x' = x + 1$, switching between them (and between the two associated series c_n and c'_n) whenever $|x|$ or $|x'|$ becomes small (less than $1/2$). The series of coefficients c_n is obtained by repeated doubling of the point P, working with $t = 1/x$ or $t' = 1/x'$ as local parameter. The result is a new series of the above type in which the error in truncating before the Nth term is $O(4^{-N})$, with an explicit constant. In fact (see [48, Theorem 4.2]) the error is less than $\frac{1}{2}10^{-d}$, giving a result correct to d decimal places, if

$$N \geq \frac{5}{3}d + \frac{1}{2} + \frac{3}{4}\log(7 + \frac{4}{3}\log H + \frac{1}{3}\log\max\{1, |\Delta|^{-1}\})$$

where

$$H = \max\{4, |b_2|, 2|b_4|, 2|b_6|, |b_8|\}.$$

The last term vanishes for curves defined over $\mathbb{Z}$, since then we have $|\Delta| > 1$.

In the algorithm which we now give, the quantities b2', b4', b6' and b8' are those associated with the shifted model of E with $x' = x + 1$; the switching flag beta indicates which model we are currently working on; mu holds the current partial sum; f holds the negative power of 4.

Silverman's algorithm for computing local heights: real component

```
INPUT:     a1, a2, a3, a4, a6 (integer coefficients of a minimal model for E).
           x (x-coordinate of a point P on E).
           d (number of decimal places required).
OUTPUT:    the real local height of P.
  1.  BEGIN
  2.  compute_invariants(b2,b4,b6,b8);
  3.  H = max(4,|b2|,2*|b4|,2*|b6|,|b8|);
  4.  b2'=b2-12; b4'=b4-b2+6; b6'=b6-2*b4+b2-4; b8'=b8-3*b6+3*b4-b2+3;
  5.  N = ceiling((5/3)*d + (1/2) + (3/4)*log(7+(4/3)*H));
  6.  IF |x|<0.5 THEN t=1/(x+1); beta=0 ELSE t=1/x; beta=1 FI;
  7.  mu=-log|t|; f=1;
  8.  FOR n=0 TO N DO
  9.  BEGIN
 10.      f=f/4;
 11.      IF beta=1 THEN
 12.          w=b6*t^4+2*b4*t^3+b2*t^2+4t;
 13.          z=1-b4*t^2-2*b6*t^3-b8*t^4;
 14.          zw=z+w
 15.      ELSE
 16.          w=b6'*t^4+2*b4'*t^3+b2'*t^2+4t;
 17.          z=1-b4'*t^2-2*b6'*t^3-b8'*t^4;
 18.          zw=z-w
 19.      FI;
 20.      IF |w| ≤ 2*|z|
 21.      THEN mu=mu+f*log|z|; t=w/z
 22.      ELSE mu=mu+f*log|zw|; t=w/zw; beta=1-beta
 23.      FI
 24.  END;
 25.  RETURN mu
 26.  END
```

Finally, to compute the global height $\hat{h}(P)$, we simply add to the infinite local height the finite local heights $\hat{h}_p(P)$ for all primes p dividing either Δ or the denominator of $x(P)$.

3.5 The Mordell–Weil group II: generators

In this section we will show how we look for rational points of infinite order on elliptic curve E. In compiling the tables, we usually knew the rank r in advance so that we knew how many independent points to expect to find (and only looked for such points when we knew that $r > 0$); however, this procedure is also useful as an open-ended search when we do not know the rank, as obviously it can provide us with a lower bound for r.

The procedure divides into two parts. First, we have a searching routine which looks for points up to some bound on the naive height (equivalently, some bound on the numerator and denominator of the x-coordinate). As this routine finds points, it gives them to the second routine, which has at each stage a $\mathbb{Z}$-basis for a subgroup A of $E(\mathbb{Q})/T$: initially $A = 0$. This second routine uses the height pairing to determine one of three possibilities: the new point P may be independent of those already found and can then be added to our cumulative list of independent points; the rank of A is thus increased by 1. Secondly, P may be an integral combination of the current basis (modulo torsion) and can then be ignored. Finally, if a multiple kP of P is an integral combination of the current basis for some $k > 1$, we can find a basis for a new subgroup A which contains the old A with index k. Even when we know the rank r in advance, we do not stop as soon as we have a subgroup A of rank r, since A might still have finite index in $E(\mathbb{Q})/T$. To close this final gap we can use Silverman's result (Proposition 3.5.1 below) which bounds the difference between the naive and canonical heights explicitly.

The algorithm we use for the second procedure is a very general one, which can be used in many other similar situations; for example, as part of an algorithm for finding the unit group of a number field, where the first routine somehow finds units. Our algorithm is essentially the same as the 'Algorithm for enlarging sublattices' in the book by Pohst and Zassenhaus [41, Chapter 3.3].

A rational point P on E (given by a standard Weierstrass equation) may be written uniquely as $P = (x, y) = (a/c^2, b/c^3)$ with integers a, b, and c satisfying $\gcd(a, c) = \gcd(b, c) = 1$ and $c \geq 1$. The naive or Weil height of P is $h(P) = \log \max\{|a|, c^2\}$. Initially, we find the point of order 2 in $E(\mathbb{R})$ with minimal x-coordinate x_0; this gives a lower bound for the x-coordinates of all real points on E. We then search for points P with naive height up to some bound B by looping through positive integers $c \leq \exp(B/2)$ and through a coprime to c in the range $\max(c^2 x_0, -\exp(B)) \leq a \leq \exp(B)$. Given a and c, we attempt to solve the appropriate quadratic equation for $b \in \mathbb{Z}$. To speed up this procedure, for each denominator c we precompute for about 10 auxiliary primes p the residue classes modulo p to which a must belong if the equation for b is to be soluble modulo p. Each candidate value of a can then first be checked to see if it is admissible modulo each auxiliary prime before the more time-consuming step of attempting to solve for b. This improvement to the search resulted in a major time saving in some cases, though for most of the curves on which we expected to find points of infinite order, such a point was found very quickly anyway. (In some cases we had already found such a point during the search for torsion points.)

Each point P found by this search is passed to the second procedure, which tests whether it has infinite order (discarding it if not) and computing its canonical height $\hat{h}(P)$. At the general stage we will have k independent points P_i for $1 \leq i \leq k$ (initially $k = 0$) which generate a subgroup A, and will have stored the $k \times k$ height pairing matrix $M = (h(P_i, P_j))$ and its determinant R. Now we set $P_{k+1} = P$ and compute $\hat{h}(P_i, P)$ for $i \leq k$ to obtain a new height pairing matrix of order $k + 1$. If the determinant of this new matrix is non-zero, the new point is independent of the previous ones and we add it to the current list of generators, increment k, replace R by the new determinant, and go on with the point search. If the new determinant is zero, however, we use the values $h(P_i, P)$ to express P_{k+1} as a linear combination of the

P_i for $i \leq k$, with approximate real coefficients. Next we use continued fractions to find rational approximations to these floating-point coefficients, and clear denominators to obtain an equation of the form

$$a_1 P_1 + a_2 P_2 + \ldots + a_k P_k + a_{k+1} P_{k+1} = 0 \quad \text{(modulo torsion)}$$

with coprime integer coefficients a_i, which we can check holds exactly. In this relation we have $a_{k+1} \neq 0$, since the first k points were independent. The simplest case now is when $a_{k+1} = \pm 1$, for then P_{k+1} is redundant and can be discarded. Similarly, if $a_i = \pm 1$ for some $i \leq k$, then we may discard P_i, replacing it by P_{k+1}, and gaining index $|a_{k+1}|$. In general let a_i be the minimal non-zero coefficient (in absolute value); if $|a_i| \neq 1$ we find a coefficient a_j not divisible by a_i (which must exist since the coefficients are coprime) and write $a_j = a_i q + r$ where $0 < r < |a_i|$. Now since

$$a_i P_i + a_j P_j = a_i P_i + (a_i q + r) P_j = a_i (P_i + q P_j) + r P_j$$

we may replace the generator P_i by $P_i + q P_j$, replace the coefficient a_j by r (which is smaller than $|a_i|$), and replace i by j. After a finite number of steps we obtain a minimal coefficient $a_i = 1$ and can discard the current generator P_i, leaving a new set of k independent generators which generate a group larger than before by a finite index equal to the original value of $|a_{k+1}|$.

In this way we will be able to find a $\mathbb{Z}$-basis for the subgroup $A(B)$ of the Mordell–Weil group (modulo torsion) which is generated by the points of naive height less than B. Usually we know the rank r of our curve in advance, so that we can increase B until this subgroup has rank r. There then remains the problem of ensuring that B is large enough that $A(B) = E(\mathbb{Q})/T$. For this we use Silverman's result which bounds explicitly the difference between the naive and canonical heights of points on $E(\mathbb{Q})$. In the following proposition, the height of a rational number a/b with $\gcd(a,b) = 1$ is $h(a/b) = \log \max\{|a|, |b|\}$, and $\log^+(x) = \max\{1, \log|x|\}$ for $x \in \mathbb{R}$.

Proposition 3.5.1. *Let E be an elliptic curve defined by a standard Weierstrass equation over $\mathbb{Z}$, with discriminant Δ and j-invariant j. Set $2^* = 2$ if $b_2 \neq 0$, or $2^* = 1$ if $b_2 = 0$. Define*

$$\mu(E) = \frac{1}{6} \left(\log(|\Delta| + \log^+(j)) \right) + \log^+(b_2/12) + \log(2^*).$$

Then for all $P \in E(\mathbb{Q})$,

$$-\frac{1}{12} h(j) - \mu(E) - 1.946 \leq \hat{h}(P) - h(P) \leq \mu(E) + 2.14.$$

This result is easiest to apply in the rank 1 case, as follows. Suppose we have a rational point P of infinite order on E, of height $\hat{h}(P)$. If P is not a generator it is a multiple $P = kQ$ (modulo torsion) of some generator Q, where $k \geq 2$, so that $\hat{h}(Q) \leq \frac{1}{4}\hat{h}(P)$. By the preceding proposition we can bound the naive height of Q and adjust the bound B in our search accordingly. If a further search up to this bound finds no more points, then P was a generator after all; otherwise we are sure to find a generator.

We may also remark that since P has finite order if and only if $\hat{h}(P) = 0$, the proposition implies that all torsion points have naive height $h(P) \leq \frac{1}{12}h(j) + \mu(E) + 1.946$, giving us another way of finding all the rational torsion points.

For the general case, the following simple result[2] may be used.

Lemma 3.5.2. *Let $B > 0$ be such that*

$$S = \{P \in E(\mathbb{Q}) \mid \hat{h}(P) \leq B\}$$

contains a complete set of coset representatives for $2E(\mathbb{Q})$ in $E(\mathbb{Q})$. Then S generates $E(\mathbb{Q})$.

Proof. Let A be the subgroup of $E(\mathbb{Q})$ modulo torsion generated by the points in S. Suppose that A is a proper subgroup; then we may choose $Q \in E(\mathbb{Q}) - A$ with $\hat{h}(Q)$ minimal, since $\hat{h}$ takes a discrete set of values. By hypothesis, there exist $P \in A$ and R such that $Q = P + 2R$; certainly $R \notin A$, so that $\hat{h}(R) \geq \hat{h}(Q)$ by minimality. Now using the fact that $\hat{h}$ is quadratic and non-negative we obtain

$$\hat{h}(P) = \frac{1}{2}(\hat{h}(Q+P) + \hat{h}(Q-P)) - \hat{h}(Q)$$
$$\geq \frac{1}{2}\hat{h}(2R) - \hat{h}(Q)$$
$$= 2\hat{h}(R) - \hat{h}(Q) \geq \hat{h}(Q) > B,$$

contradiction. □

We have two ways of using this in practice. First of all, it is possible to obtain from the two-descent procedure which we use to determine the rank (see the next section), a set of coset representatives for $E(\mathbb{Q})$ modulo $2E(\mathbb{Q})$. Computing the heights of these points we can find a B for which the Lemma holds, to which we add the maximum difference between naive and canonical heights from the preceding proposition to get a bound on the naive heights of a set of generators.

Alternatively, assuming that we know the rank r, we first run our search until we find r independent points P_i. Now it is easy to check whether a point P is twice another: if any subset of the P_i sums to $2Q$ for some Q we replace one of the P_i in the sum by Q and gain index 2. After a finite number of steps (since we are in a finitely-generated group) we obtain independent points which are independent modulo 2, and proceed as before.

Putting the pieces together, we can determine a set of generators for $E(\mathbb{Q})$ modulo torsion, and then compute the regulator, provided that we know its rank. If we do not know the rank, we at least can obtain lower bounds for the rank. Together with the torsion points found in section 3.3, we will have determined the Mordell–Weil group $E(\mathbb{Q})$ explicitly. Computing the rank is the subject of the next section.

---

[2] Attributed in [49] to Zagier, but surely known to Mordell; it is also exercise 5 on page 84 of Cassels' book [8].

3.6 The Mordell–Weil group III: the rank

For an elliptic curve defined over the rationals, the rank of the Mordell–Weil group is by far the hardest of the elementary quantities associated with E to compute, both theoretically and in terms of implementation. Strictly speaking, the 'two-descent' algorithms we will describe are not algorithms at all, as they are not guaranteed to terminate in all cases. One part of the procedure involves establishing whether or not certain equations (curves of genus 1) have rational solutions, when they are known to have solutions everywhere locally (that is, in $\mathbb{R}$ and in the p-adic field $\mathbb{Q}_p$ for all primes p): there is no known algorithm to decide this in general. Moreover, even without this difficulty, for curves with large coefficients and no rational points of order two the general two-descent algorithm takes too long to run in practice. For simplicity, we will refer to the procedures as 'rank algorithms', although their output in certain cases will be a bound on the rank rather than its actual value.

We originally decided to implement a general two-descent procedure in order to check that the modular curves we had computed did have their rank equal to the 'analytic rank' which we knew, as described in the previous chapter. This was a somewhat thankless task, as it involved a large programming effort, and a large amount of computer time to run the resulting program, in order to verify that approximately 2500 numbers did in fact have the values 0, 1 or 2 which we were already sure were correct. Since the project started, the major theoretical advances by Kolyvagin, Rubin and others meant that all the cases of rank 0 or 1 were known anyway, which left just 18 cases of conjectured rank 2 to verify. In the end we were able to verify these cases, and to check all but a few dozen of the rank 0 or 1 curves; we also obtained extra information by the two-descent procedure, such as the 2-rank of the Tate–Shafarevich group III, and a set of coset representatives for $E(\mathbb{Q})/2E(\mathbb{Q})$.

We will not describe here the theory of two-descent, which is the basis of the algorithm, in any detail. Roughly speaking one has an injective homomorphism from $E(\mathbb{Q})/2E(\mathbb{Q})$ into a finite elementary abelian 2-group, the 2-Selmer group, and attempts to determine the image; if this has order 2^t then the rank of $E(\mathbb{Q})$ is t, $t-1$ or $t-2$ according to whether the number of points of order 2 in $E(\mathbb{Q})$ is 0, 1 or 3 (respectively). When E has a rational point P of order two, and hence a rational 2-isogeny $\phi: E \to E' = E/\langle P \rangle$, we may proceed differently: we embed each of $E'/\phi(E)$ and $E/\widehat{\phi}(E')$ into finite subgroups of $\mathbb{Q}^*/(\mathbb{Q}^*)^2$, which are easy to write down. This is in contrast to the first procedure, where one has to work hard to find the Selmer group itself. A complete description of two-descent can be found in the standard references such as the books by Silverman [47], Husemoller [20], or Cassels [8], but the description given there is only easy to apply when E has all its 2-torsion rational. For the general case where there are no rational points of order 2, the best reference is one of the original papers [3] by Birch and Swinnerton–Dyer on their Conjecture, and we followed that paper closely in writing our program. As there seems to be no other reference to their algorithm, we will give it in some detail, although it is quite complicated.

We will now describe these two algorithms. The first may be used when E has a rational point of order 2, and works simultaneously with E and the 2-isogenous curve E'; the second works in the general case, but we use it only when there is no point of order 2 and the first method does not apply. The situation is not appreciably simpler when E has all three of its points of order two rational than when there is just one rational point of order two, and so we will not bother to consider this case separately.

Method 1: descent using 2-isogeny.

First consider the case where E has a rational point P of order 2. By a change of coordinates we may assume that E has equation

$$E: \quad y^2 = x(x^2 + cx + d)$$

where $P = (0,0)$, and $c, d \in \mathbb{Z}$. Explicitly, in terms of a Weierstrass equation, let x_0 be a root of the cubic $x^3 + b_2 x^2 + 8b_4 x + 16b_6$, and set $c = 3x_0 + b_2$, $d = (a + b_2)x_0 + 8b_4$. If $a_1 = a_3 = 0$, then we can avoid a scaling factor of 2 by letting x_0 be a root of $x^3 + a_2 x^2 + a_4 x + a_6$ and setting $c = 3x_0 + a_2$, $d = (a + a_2)x_0 + a_4$. The 2-isogenous curve $E' = \phi(E) = E/\langle P \rangle$ has equation

$$E': \quad y^2 = x(x^2 + c'x + d')$$

where

$$c' = -2c \quad \text{and} \quad d' = c^2 - 4d.$$

The nonsingularity condition on E is equivalent to $dd' \neq 0$. Let $n_1 = n_1(c, d)$ be the number of factorisations $d = d_1 d_2$, with d_1 square-free, such that the equation

$$H(d_1, c, d_2): \quad y^2 = d_1 x^4 + cx^2 + d_2$$

has a rational point (x, y), and $n_2 = n_2(c, d)$ the number for which the equation has a point everywhere locally (in $\mathbb{R}$ and in $\mathbb{Q}_p$ for all primes p). Define $n'_1 = n_1(c', d')$ and $n'_2 = n_2(c', d')$ similarly. Then it is not hard to show by rather explicit calculation (see the references given) that $E(\mathbb{Q})/\widehat{\phi}(E'(\mathbb{Q}))$ is isomorphic to the subgroup of $\mathbb{Q}^*/(\mathbb{Q}^*)^2$ generated by the cosets of the factors d_1 for which $H(d_1, c, d_2)$ has a rational point, so that

$$\left| E(\mathbb{Q})/\widehat{\phi}(E'(\mathbb{Q})) \right| = n_1$$

which must therefore be a power of 2, say $n_1 = 2^{e_1}$; similarly,

$$|E'(\mathbb{Q})/\phi(E(\mathbb{Q}))| = n'_1 = 2^{e'_1}.$$

It then follows (see below) that

$$\operatorname{rank}(E(\mathbb{Q})) = \operatorname{rank}(E'(\mathbb{Q})) = e_1 + e'_1 - 2.$$

To determine n_1 (and n'_1 similarly) there is currently no known algorithm; however, in practice one can look for a rational point (x, y) on the curve $H(d_1, c, d_2)$ by a search procedure rather similar to the one outlined in the previous section. There is an algorithm, however, for determining the local solubility, and hence for finding n_2 (and n'_2). So in practice, with each factor d_1, one can proceed as follows: first look for a rational point in a small search region; if none is found, check local solubility (see below); if the curve has points everywhere locally, look again for a rational point, using as large a search region as one has time for. With luck one will find rational points on all the curves which have them everywhere locally: then $n_1 = n_2$ and there is no ambiguity in the result. However there will be cases in which $n_1 < n_2$, in which case we will only have upper and lower bounds for n_1. The curves H which have points everywhere locally but not globally come from elements of order 2 in the Tate–Shafarevich group $\Sha(E/\mathbb{Q})$ (or $\Sha(E'/\mathbb{Q})$). Thus the result is only ambiguous when either $\Sha(E/\mathbb{Q})[2]$ or $\Sha(E'/\mathbb{Q})[2]$ is non-trivial. This is rare for the curves in the tables, but obviously must be taken into account. A typical situation is to have $n_2 n_2' = 16$ and $n_1 n_1' \geq 4$, when one suspects that $r = 0$ with $\Sha(E/\mathbb{Q})[2] = 4$ or $\Sha(E'/\mathbb{Q})[2] = 4$, but where it is possible instead that $r = 2$ and $\Sha(E/\mathbb{Q})[2] = \Sha(E'/\mathbb{Q})[2] = 1$. Curves 960D and 960N in the tables are examples of this, although in these cases since the curves are modular and we know that $L(E, 1) \neq 0$, they must have rank 0 by the result of Kolyvagin mentioned earlier.

Local solvability of $H(d_1, c, d_2)$ is automatic for all primes p which do not divide $2dd'$; for those p which do divide $2dd'$ we may apply the more general criteria of Birch and Swinnerton-Dyer (see below) to decide. Local solvability in $\mathbb{R}$ is easy to decide, of course: if $d' < 0$ then we require $d_1 > 0$, while if $d' > 0$ then d_1 must have the same sign as $-c + \sqrt{d'}$.

Each rational point $(u/w, v/w^2)$ on $H(d_1, c, d_2)$ corresponds to the point

$$\left(\frac{d_1 u^2}{w^2}, \frac{d_1 uv}{w^3} \right)$$

on E. Similarly a rational point $(u/w, v/w^2)$ on $H(d_1', c', d_2')$ corresponds to a point on E', and hence via the dual isogeny $\hat{\phi}$ to the point

$$\left(\frac{v^2}{4u^2 w^2}, \frac{v(d_1' u^4 - d_2' w^4)}{8u^3 w^3} \right)$$

on E. The set of $n_1 n_1'$ points on E thus determined cover the cosets of $E/2E$, either once each (when $|E[2]| = 4$) or twice when $|E[2]| = 2$. Thus when $|E[2]| = 2$ we have

$$\frac{n_1 n_1'}{2} = |E/2E| = 2^{r+1},$$

while if $|E[2]| = 4$ we have

$$n_1 n_1' = |E/2E| = 2^{r+2};$$

hence $2^r = n_1 n_1'/4$ in both cases.

Here is the pseudo-code which implements the algorithm just described. The main routine aborts if either the input curve is singular (this is useful if one wants to apply the algorithm systematically to a range of inputs) or if there is no point of order two. The latter is detected in lines 6–7, where an integer root to a monic cubic with integer coefficients is found (if it exists). Most of the work is done in the subroutine count(c,d,p_list) which determines $n_2(c, d)$ and, as far as possible, $n_1(c, d)$. Here p_list is the set of 'bad' primes dividing $2dd'$ where local solvability needs to be checked, which we only compute once to save time. There are two calls to the subroutine rational_point(a,b,c,d,e,k1,k2), which seeks a rational u/w with

$k_1 \leq |u| + w \leq k_2$ such that $g(u/w)$ is a rational square, where $g(x) = ax^4 + bx^3 + cx^2 + dx + e$. (Here $w > 0$ and $\gcd(u, w) = 1$.) This routine will also be used in the general two-descent, where in general there will be x^3 and x terms in $g(x)$. In the first call we carry out a quick check for 'small' points; then we look further, having first checked for everywhere local solubility. The philosophy here is that there is no point in looking hard for rational points unless one is sure of local solubility, but also that there is no point in checking local solubility when there is an obvious global point. The particular parameters lim1, lim2 for the search will probably be decided at run time. The subroutine Qp_soluble will also be used in the general algorithm later.

Algorithm for computing rank: rational 2-torsion case

```
INPUT:        a1, a2, a3, a4, a6    (coefficients of E).
OUTPUT:       r                     (rank of E)
              s,s'                  (lower bounds for #III(E)[2] and #III(E')[2]).
```
1. BEGIN
2. IF a1=a3=0
3. THEN s2=a2; s4=a4; s6=a6
4. ELSE s2=a1*a1+4*a2; s4=8*(a1*a3+2*a4); s6=16*(a3*a3+4*a6)
5. FI;
6. x0 = root(x^3+s2*x^2+s4*x+s6=0);
7. IF NOT integral(x0) THEN abort FI;
8. c=3*x0+s2; d=(c+s2)*x0 + s4;
9. c'=-2*c; d'=c^2-4*d;
10. IF d*d'=0 THEN abort FI;
11. p_list=prime_divisors(2*d*d');
12. (n1,n2)=count(c,d,p_list);
13. (n1',n2')=count(c',d',p_list);
14. e1=log_2(n1); e2=log_2(n2); e1'=log_2(n1'); e2'=log_2(n2');
15. RETURN e1+e1'-2, n2'/n1', n2/n1
16. END

Subroutines

(Main counting subroutine)

SUBROUTINE count(c,d,p_list)
1. BEGIN
2. n1=n2=1; d'=c^2-4*d;
3. d1_list=squarefree_divisors(d);
4. FOR d1 IN d1_list DO
5. BEGIN
6.   IF rational_point(d1,0,c,0,d/d1,1,lim1)
7.   THEN n1=n1+1; n2=n2+1
8.   ELSE

```
 9.                  IF everywhere_locally_soluble(c,d,d',d1,p_list)
10.                  THEN
11.                       IF rational_point(d1,0,c,0,d/d1,lim1+1,lim2)
12.                       THEN n1=n1+1; n2=n2+1
13.                       ELSE n2=n2+1
14.                       FI
15.                  FI
16.         FI
17. END;
18. RETURN n1 n2
19. END
```

(*Subroutine to look for a rational point*)

```
SUBROUTINE rational_point(a,b,c,d,e,k1,k2)
 1. BEGIN
 2. FOR n=k1 TO k2 DO
 3. BEGIN
 4.      IF n=1 THEN
 5.           IF square(a) RETURN TRUE FI;
 6.           IF square(e) RETURN TRUE FI
 7.      ELSE
 8.           FOR u=1 TO n-1 DO
 9.           BEGIN
10.                IF gcd(u,n)=1
11.                THEN
12.                     w=n-u;
13.                     IF square(a*u^4+b*u^3*w+c*u^2*w^2+d*u*w^3+e*w^4) RETURN TRUE FI;
14.                     IF square(a*u^4-b*u^3*w+c*u^2*w^2-d*u*w^3+e*w^4) RETURN TRUE FI
15.                FI
16.           END
17.      FI
18. END;
19. RETURN FALSE
20. END
```

(*Subroutine to check for everywhere local solubility*)

```
 1. SUBROUTINE everywhere_locally_soluble(c,d,d',d1,p_list)
 2. BEGIN
 3. IF d'<0 AND d1<0 THEN RETURN FALSE FI;
 4. IF d'>0 AND d1*(-c+sqrt(d'))<0 THEN RETURN FALSE FI;
 5. FOR p IN p_list DO
 6. BEGIN
 7.      IF NOT Qp_soluble(d1,0,c,0,d/d1,p) THEN RETURN FALSE FI
 8. END;
```

9. RETURN TRUE
10. END

Now we come to the algorithm for determining the local solubility in $\mathbb{Q}_p$ of an equation of the form $y^2 = g(x) = ax^4 + bx^3 + cx^2 + dx + e$. Again, this general form will be used later. It suffices to determine solubility in $\mathbb{Z}_p$ for either $g(x)$ or $g^*(x) = ex^4 + dx^3 + cx^2 + bx + a$, and in the latter case we may assume $x \in p\mathbb{Z}_p$. Given x_k modulo p^k, one tries to lift to a p-adic point (x, y) with $x \equiv x_k \pmod{p^k}$. In [3], conditions are given for this to be possible; more precisely, one of three possibilities may occur (given x_k): either a lifting is definitely possible, or it is definitely not possible, or it is not possible to decide without considering x_k modulo a higher power of p. This leads to a recursive algorithm which is guaranteed to terminate since in any given case there is an exponent k such that it is possible to determine p-adic solubility by considering solubility modulo p^k. All this is an exercise in Hensel's Lemma; the prime $p = 2$ needs to be considered separately. For the details, we refer to the pseudocode below, or to [3].

Algorithm for determining p-adic solubility

```
SUBROUTINE Qp_soluble(a,b,c,d,e,p)
INPUT:         a, b, c, d, e   (integer coefficients of a quartic g(x)).
               p               (a prime)
OUTPUT:        TRUE/FALSE      (solubility of y^2=g(x) in Q_p).

1.  BEGIN
2.  IF Zp_soluble(a,b,c,d,e,0,p,0) THEN RETURN TRUE FI;
3.  IF Zp_soluble(e,d,c,b,a,0,p,1) THEN RETURN TRUE FI;
4.  RETURN FALSE
5.  END
```

($\mathbb{Z}_p$-solubility subroutine)

```
SUBROUTINE Zp_soluble(a,b,c,d,e,x_k,p,k)
INPUT:         a, b, c, d, e   (integer coefficients of a quartic g(x)).
               p               (a prime)
               x_k             (an integer)
OUTPUT:        TRUE/FALSE      (solubility of y^2=g(x) in Z_p, with x≡x_k (mod p^k)).

1.  BEGIN
2.  IF p=2
3.  THEN code=lemma7(a,b,c,d,e,x_k,k)
4.  ELSE code=lemma6(a,b,c,d,e,x_k,p,k)
5.  FI;
6.  IF code=+1 THEN RETURN TRUE FI;
7.  IF code=-1 THEN RETURN FALSE FI;
8.  FOR t=0 TO p-1 DO
9.  BEGIN
10.     IF Zp_soluble(a,b,c,d,e,x_k+t*p^k,p,k+1) THEN RETURN TRUE FI
11. END
```

```
12.  RETURN FALSE
13.  END
```

($\mathbb{Z}_p$ *lifting subroutine: odd p*)

```
SUBROUTINE lemma6(a,b,c,d,e,p,n,x)
  1.  BEGIN
  2.    gx=a*x^4+b*x^3+c*x^2+d*x+e;
  3.    IF p_adic_square(gx,p) THEN RETURN +1 FI;
  4.    gdx=4*a*x^3+3*b*x^2+2*c*x+d;
  5.    l=ord(p,gx); m=ord(p,gdx);
  6.    IF (l≥m+n) AND (n>m) THEN RETURN +1 FI;
  7.    IF (l≥2*n) AND (m≥n) THEN RETURN 0 FI;
  8.    RETURN -1
  9.  END
```

($\mathbb{Z}_2$ *lifting subroutine*)

```
SUBROUTINE lemma7(a,b,c,d,e,n,x)
  1.  BEGIN
  2.    gx=a*x^4+b*x^3+c*x^2+d*x+e;
  3.    IF p_adic_square(gx,2) THEN RETURN +1 FI;
  4.    gdx=4*a*x^3+3*b*x^2+2*c*x+d;
  5.    l=ord(p,gx); m=ord(p,gdx);
  6.    gxodd=gx; WHILE even(gxodd) DO gxodd=gxodd/2;
  7.    gxodd=gxodd (mod 4);
  8.    IF (l≥m+n) AND (n>m) THEN RETURN +1 FI;
  9.    IF (n>m) AND (l=m+n-1) AND even(l) THEN RETURN +1 FI;
 10.    IF (n>m) AND (l=m+n-2) AND (gxodd=1) THEN RETURN +1 FI;
 11.    IF (m≥n) AND (l≥2*n) THEN RETURN 0 FI;
 12.    IF (m≥n) AND (l=2*n-2) THEN RETURN 0 FI;
 13.    RETURN -1
 14.  END
```

Method 2: general two-descent.

In the general case of two-descent, which applies whether or not E has a rational point of order 2, the basic idea is to associate to to E a collection of 2-covering curves (or homogeneous spaces) H. Explicitly, these homogeneous spaces are given by equations of the form

$$H: \quad y^2 = g(x) = ax^4 + bx^3 + cx^2 + dx + e$$

with $a, b, c, d, e \in \mathbb{Q}$, such that the *invariants*

$$I = 12ae - 3bd + c^2 \quad \text{and} \quad J = 72ace + 9bcd - 27ad^2 - 27eb^2 - 2c^3$$

are related to the c_4 and c_6 invariants of E via

$$I = \lambda^4 c_4 \quad \text{and} \quad J = 2\lambda^6 c_6$$

for some $\lambda \in \mathbb{Q}^*$. We will refer to the homogeneous spaces as 'quartics' for brevity. Two such quartics $g_1(x)$, $g_2(x)$ are equivalent if

$$g_2(x) = \mu^2(\gamma x + \delta)^4 g_1\left(\frac{\alpha x + \beta}{\gamma x + \delta}\right)$$

for some α, β, γ, δ and $\mu \in \mathbb{Q}$, with μ and $\alpha\delta - \beta\gamma$ non-zero. The invariants of $g_1(x)$ and $g_2(x)$ are then related by the scaling factor $\lambda = \mu(\alpha\delta - \beta\gamma)$:

$$I(g_2) = \mu^4(\alpha\delta - \beta\gamma)^4 I(g_1),$$
$$J(g_2) = \mu^6(\alpha\delta - \beta\gamma)^6 J(g_1).$$

In particular, we may assume that the invariants I and J are integral. The number of equivalence classes of homogeneous spaces with given invariants (determined up to a scaling factor λ) is finite.

Each homogeneous space H is classified as follows:
- those in which $g(x)$ has a rational root are 'trivial': these form one equivalence class and are elliptic curves isomorphic to E over $\mathbb{Q}$;
- those which have a rational point: these are elliptic curves, which if non-trivial are twists of E;
- those which have points everywhere locally (in $\mathbb{R}$ and in $\mathbb{Q}_p$ for all p);
- those which fail to have points everywhere locally.

Let the number of inequivalent homogeneous spaces in the first three sets be $n_0 = 1$, n_1 and n_2. Those in the last set will not be used.

The set of homogeneous spaces which are everywhere locally soluble can be given a group structure, with respect to which they form a finite elementary abelian 2-group: this is the Selmer group $S_2(E)$. Its order n_2 must therefore be a power of 2, say $n_2 = 2^{e_2}$. A fairly simple criterion, which we give below, can decide whether a given H is everywhere locally soluble; as usual, one only has to check the primes of bad reduction (and the infinite prime). In fact we do not use the group structure of the Selmer group in practice, but it serves as a check on the computation that the number of such H is a power of 2. The spaces with rational points form a subgroup of the Selmer group, isomorphic to $E(\mathbb{Q})/2E(\mathbb{Q})$: thus n_1 is also a power of 2, say $n_1 = 2^{e_1}$. Indeed, one can very explicitly determine from each point P on $E(\mathbb{Q})$ a space H in $S_2(E)$ together with a rational point, such that H is trivial if and only if $P \in 2E(\mathbb{Q})$; one can also carry this out in reverse, and determine a set of coset representatives for $E(\mathbb{Q})$ modulo $2E(\mathbb{Q})$ explicitly from a complete list of inequivalent homogeneous spaces with rational points.

The quotient of $S_2(E)$ by this subgroup is isomorphic to $\text{III}(E/\mathbb{Q})[2]$, the 2-torsion subgroup of the Tate–Shafarevich group $\text{III} = \text{III}(E/\mathbb{Q})$. Thus it is the points of order 2 in III, if any, which account for the possible existence of homogeneous spaces which have points everywhere locally but not globally. As before, the potential practical difficulty lies in determining whether H has a rational point, as there is no known algorithm to do this in general. In practice we merely search for 'small' points, using a search procedure similar to the one described in section 3.5. Again, for the vast majority of the modular curves in the tables, we found a rational point easily on each space which was everywhere locally soluble, which not only determined the rank of E, but also implied that the Tate–Shafarevich group had no 2-torsion.

The steps of the algorithm are as follows: first we determine the pair or pairs of invariants (I, J) such that every quartic associated with our curve E is equivalent to one with these invariants. In each case there will be either one or two such pairs. For each pair (I, J), we find a finite set of quartics with invariants (I, J) such that every quartic with these invariants is equivalent to one in the list. This is the most time-consuming step, as the search region can be very large when I and J are large. Now we must test the quartics in our list pairwise for equivalence, discarding those equivalent to earlier ones; look for rational points; and test everywhere local solubility. Again, there may be quartics where we do not find rational points despite their having points everywhere locally, so that although we can always (given enough time) determine n_2, we may in some cases only find bounds on n_1. Since $n_1 = |E(\mathbb{Q})/2E(\mathbb{Q})|$, we can then compute the rank r, or a bound on the rank. Usually, E will have no rational 2-torsion (or we would probably be using the easier method described previously), and then simply $2^r = n_1$.

Step 1: Determining the invariants (I, J).

Initially, we set $I = c_4$ and $J = 2c_6$, and define the discriminant to be $\Delta = 4I^3 - J^2$ (this is $2^8 3^3$ times the discriminant of E). Ideally we would like to divide out by any prime p such that $p^4 \mid I$ and $p^6 \mid J$, replacing the quartic $g(x)$ by an equivalent one with integer coefficients and smaller invariants $(p^{-4}I, p^{-6}J)$, but unfortunately this is not always possible.

A quartic with invariants (I, J) will be called p-reduced if $p^4 \nmid I$ or $p^6 \nmid J$. Lemma 3 of [3] states that if $y^2 = g(x)$ is p-adically soluble and $p \geq 5$, then $g(x)$ is equivalent to some $g^*(x)$ which is p-reduced.

For the prime 3 the situation is nearly as good [3, Lemma 4]: we can divide by 3 (replacing I by $3^{-4}I$ and J by $3^{-6}J$) if either $3^5 \mid I$ and $3^9 \mid J$, or if $3^4 \| I$, $3^6 \| J$ and $3^{15} \mid \Delta$; but if these conditions fail then we cannot divide by 3. Thus apart from the prime 2, we can always reduce to a unique pair of invariants (I, J) which is p-reduced for $p \geq 5$ and either 3-reduced or almost 3-reduced in the above sense.

For $p = 2$, the best we can do, according to [3, Lemma 5] is to divide out by 2 when $2^6 \mid I$, $2^9 \mid J$ and $2^{10} \mid (8I + J)$. This reduces (I, J) to a pair which is either 2-reduced or almost 2-reduced. However there is no converse as for $p = 3$, and in general there are two pairs (I, J) such that every quartic associated with the given curve E is equivalent to one with integral coefficients and that pair of invariants.

The result of this step is then to produce either one or two pairs of invariants (I, J). In the latter case, the following steps must be carried out with both pairs separately, except that when we are testing pairs of forms for equivalence we must test equivalence of forms with either set of invariants.

Starting with a curve E given by a standard minimal equation, we set $I = c_4$, $J = 2c_6$ and $\Delta = 4I^3 - J^2$ as above; divide I by 3^4 and J by 3^6 if $3^4 \mid I$, $3^6 \mid J$ and $3^{15} \mid \Delta$; and then use also the pair $(16I, 64J)$ unless $4 \mid I$, $8 \mid J$ and $16 \mid (2I + J)$.

Step 2: Finding the quartics.

Given a pair of invariants (I, J) with $\Delta = 4I^3 - J^2$, we classify the quartics $g(x)$ with these invariants into types, according as $g(x)$ has no real roots (type 1), four real roots (type 2) or two real roots (type 3). When $\Delta < 0$ only type 3 is possible, while if $\Delta > 0$, only types 1 and 2 are possible. For each type, we now determine a finite list of quartics of that type with the given invariants such that every quartic with these invariants is equivalent to one on the list. We can ignore quartics which are negative definite, since they will not be soluble over $\mathbb{R}$.

The method which is developed in [3] involves using the auxiliary (resolvent) cubic

$$(3.6.1) \qquad \phi^3 - 3I\phi + J = 0$$

which will have one real root (type 3) or three real roots (types 1 and 2), since its discriminant is 27Δ. Using these roots we can bound the coefficients a, b and c of $g(x)$, giving a finite search region; for each set a, b, c we solve for d, e and see if the resulting values are close to integers. If so, we check that the quartic we have found does have the correct invariants and is of the right type. The latter test may seem redundant, but rounding error can lead to a quartic being 'found' with the wrong type, which will cause it to be counted twice. (This rare possibility did actually occur with our program, after it had been quite thoroughly tested.)

Write

$$g(x) = a(x^2 + px + q)(x^2 + p'x + q');$$

for uniqueness when there are four real roots, we choose the factorisation in which one pair of roots separates the other; and we also impose the conditions $4q - p^2 \geq 4q' - p'^2$ (interchanging the factors if necessary) and $p' \geq p$ (replacing x by $-x$ if necessary). These quantities satisfy the relations

$$p + p' = \frac{b}{a}, \qquad pp' = \frac{2c - \phi}{3a}, \qquad pq' + p'q = \frac{d}{a}, \qquad q + q' = \frac{c + \phi}{3a}, \qquad qq' = \frac{e}{a}.$$

First consider type 1, where $g(x)$ has no real roots and (3.6.1) three real roots. Here we may assume $a > 0$ for real solubility. Order the three real roots of (3.6.1) as $\phi_1 > \phi_2 > \phi_3$, and set $K = (4I - \phi_1^2)/3$. Then the bounds on a, b, c are

$$0 < a \leq \frac{K + K^{\frac{1}{2}}\phi_1}{3K^{\frac{1}{2}} + \phi_1 + 2\phi_2};$$

$$-2a < b \leq 2a;$$

$$\frac{1}{2}\phi_2 + \frac{b^2}{8a} \leq c \leq \frac{1}{2}\phi_1 + \frac{b^2}{8a}.$$

Now $\lambda^2 = 4q - p^2$ and λ'^2 are the roots Λ of

$$3a^2\Lambda^2 - H\Lambda + 3K = 0$$

where $\phi = \phi_1$ and $H = 8ac - 3b^2 + 2a\phi$. We can now solve in turn for p, p', q, q', d and e:

$$\lambda^2 = \left(H + \sqrt{H^2 - 36a^2 K}\right)/6a^2,$$
$$\lambda^{2\prime} = \left(H - \sqrt{H^2 - 36a^2 K}\right)/6a^2,$$
$$p = (3b + \sqrt{9b^2 + 12a\phi - 24ac}/6a,$$
$$p' = (3b - \sqrt{9b^2 + 12a\phi - 24ac}/6a,$$
$$q = (\lambda^2 + p^2)/4, \qquad q' = (\lambda^{2\prime} + p^{2\prime})/4,$$
$$d = a(pq' + p'q) \quad \text{and} \quad e = aqq'.$$

If d and e are integers, we have found a quartic to add to the list.

Type 2 subdivides into subtypes according as $a > 0$ or $a < 0$. For $a > 0$ we take $\phi_1 > \phi_2 > \phi_3$ and search the region

$$0 < a \leq \frac{I - \phi_2^2}{3(\phi_2 - \phi_3)};$$
$$-2a < b \leq 2a;$$
$$\frac{4a\phi_2 - \frac{4}{3}(I - \phi_2^2) + 3b^2}{8a} \leq c \leq \frac{4a\phi_3 + 3b^2}{8a}.$$

Then for $a < 0$ we take $\phi_1 < \phi_2 < \phi_3$ and search over

$$0 < -a \leq \frac{I - \phi_2^2}{3(\phi_3 - \phi_2)};$$
$$-2|a| < b \leq 2|a|;$$
$$\frac{4a\phi_2 - \frac{4}{3}(I - \phi_2^2) + 3b^2}{8a} \geq c \geq \frac{4a\phi_3 + 3b^2}{8a}.$$

In each case we solve for d and e as before, with $\phi = \phi_2$.

For type 3 we let ϕ be the unique real root of (3.6.1), and search

$$\frac{1}{3}\phi - \sqrt{\frac{4}{27}(\phi^2 - I)} < a \leq \frac{1}{3}\phi + \sqrt{\frac{4}{27}(\phi^2 - I)};$$
$$-2|a| < b \leq 2|a|;$$
$$\frac{9a^2 - 2a\phi + \frac{1}{3}(4I - \phi^2) + 3b^2}{8|a|} \leq c.\text{sign}(a) \leq \frac{4a\phi + 3b^2}{8|a|}.$$

Again we solve for d and e as before.

We will not give here a pseudo-code algorithm for this search, as it straightforward in principle, although in practice it needs careful book-keeping. As this is the most time-consuming part of the whole procedure, particularly when the second, larger, pair of invariants must be used, it is important to make the implementation code as efficient as possible. Some refinements are possible, and even desirable, in which congruence conditions on a, b and c are used to speed up the search. For brevity we will omit these, as they are not hard to determine. At the end of this step we will have a list of quartics with the desired invariants. We now discard any which are equivalent to earlier ones, or are not locally soluble at some prime p, and try to find rational roots on the remainder. In practice we may choose to apply these tests in a different order, such as not bothering to check equivalences between quartics which are not locally soluble, but we will ignore such possibilities here for the sake of simplicity.

Step 3: Testing equivalence.

With each quartic we find with the right invariants, we store its coefficients, type, and roots. The latter are easily obtained as roots of the quadratics $x^2 + px + q$ and $x^2 + p'x + q'$. When testing equivalence of one quartic with invariants (I, J) and another with invariants $(16I, 64J)$ and the same type, we first scale the first up by a factor of 2, replacing (a, b, c, d, e) by $(a, 2b, 4c, 8d, 16e)$. Thus we may assume that the invariants and type are the same.

Let the first be $g(x)$ with roots $x_1, \ldots, x_4$ and the second be $g^*(x)$ with roots x_i^*. We are seeking a linear fractional transformation $x \mapsto (\alpha x + \beta)/(\gamma x + \delta)$, with integer coefficients, which transforms $g(x)$ into $g^*(x)$. Since the invariants are equal the transformation should be unimodular: that is, of the simpler form

$$g_2(x) = \frac{(\gamma x + \delta)^4}{(\alpha\delta - \beta\gamma)^2} g_1\left(\frac{\alpha x + \beta}{\gamma x + \delta}\right)$$

Clearly the roots x_i must transform to the x_j^* (in some order). We test all 24 permutations of the x_j^* in turn, at least if all roots are real; when there are complex roots we only need look at orderings which match, in the sense that real roots must transform to real roots, and similarly with conjugate complex pairs. We first compare the cross-ratios of the x_i and x_i^*; if they are equal, then there is a linear fractional transformation from $g(x)$ to $g^*(x)$ over $\mathbb{C}$, defined up to a non-zero scaling of its coefficients. Next we check to see if the coefficients can be scaled to be real, and do so if possible. Finally we wish to see if they are rational and then scale them to be integral and coprime. This last condition implies that $(\alpha\delta - \beta\gamma)^2 \mid \Delta$; thus we can reduce to a finite number of possible scalings, one for each Δ_0 whose square divides Δ. For each such Δ_0, we scale the coefficients so that $\alpha\delta - \beta\gamma = \Delta_0$, and then test whether the scaled values are integral. As always, in practice this means testing whether the values are approximately integral, and if so, rounding them and testing whether the rounded values do indeed give a transformation which works.

Algorithm for determining equivalence of quartics

```
INPUT:        g1, g2           (integer quartics).
OUTPUT:       TRUE/FALSE       (equivalence or not of g1 and g2).
1.  BEGIN
2.  type = type_of(g1); IF type_of(g2)≠type THEN RETURN FALSE FI;
3.  I = I_invariant(g1); IF I_invariant(g2)≠I THEN RETURN FALSE FI;
4.  J = J_invariant(g1); IF J_invariant(g2)≠J THEN RETURN FALSE FI;
5.  D = 4I^3-J^2;
```

```
 6.    d_list = positive_divisors(square_part(D));
 7.    (a1,b1,c1,d1,e1) = coefficients(g1); x=roots_of(g1);
 8.    (a2,b2,c2,d2,e2) = coefficients(g2); z=roots_of(g2);
 9.    xratio=((x1-x3)*(x2-x4)) / ((x1-x4)*(x2-x3));
10.    FOR sigma IN permutations({1,2,3,4}) DO
11.    BEGIN
12.        y=sigma(z);
13.        yratio=((y1-y3)*(y2-y4)) / ((y1-y4)*(y2-y3));
14.        IF xratio=yratio THEN
15.            alpha = x1*y1*(y2-y3) + x2*y2*(y3-y1) + x3*y3*(y1-y2);
16.            beta = x1*y1*(x2*y3-x3*y2) + x2*y2*(y1*x3-x1*y3)
                         + x3*y3*(x1*y2-y1*x2);
17.            gamma = (y1*x3-x1*y3) + (x1*y2-y1*x2) + (x2*y3-x3*y2);
18.            delta = x1*y1*(x2-x3) + x2*y2*(x3-x13) + x3*y3*(x1-x2);
19.            scale=alpha;
20.            IF scale=0 THEN scale=beta FI;
21.            IF scale=0 THEN scale=gamma FI;
22.            IF scale=0 THEN scale=delta FI;
23.            alpha/=scale; beta/=scale; gamma/=scale; delta/=scale;
24.            IF real(alpha) AND real(beta) AND real(gamma) AND real(delta) THEN
25.                det = alpha*delta-beta*gamma;
26.                FOR d0 in d_list DO
27.                BEGIN
28.                    scale=sqrt(d0/det); t=alpha*scale;
29.                    u=beta*scale; v=gamma*scale; w=delta*scale;
30.                    IF integral(t,u,v,w) THEN
31.                        (a3,b3,c3,d3,e3) = transform(a2,b2,c2,d2,e2,t,u,v,w);
32.                        IF a3=d0²*a1 AND b3=d0²*b1 AND c3=d0²*c1
                              AND d3=d0²*d1 AND e3=d0²*e1 THEN RETURN TRUE FI
33.                    FI
34.                END
35.            FI
36.        FI
37.    END;
38.    RETURN FALSE
39.    END
```

(*Transformation subroutine*)

```
SUBROUTINE transform(a,b,c,d,e,t,u,v,w)
1.  BEGIN
2.  a' = v⁴ * e + t*v³ * d + t²*v² * c + t³*v * b + t⁴ * a;
3.  b' = 4*v³*w * e + (3*t*v²*w+u*v³) * d + 2*(t²*v*w+t*u*v²) * c
           + ( 3*t²*u*v+t³*w) * b + 4*t³*u * a;
```

4. c' = 6*v^2*w^2 * e + 3*(u*v^2*w+t*v*w^2) * d + (u^2*v^2+4*t*u*v*w+t^2*w^2) * c
       + 3*(t*u^2*v+t^2*u*w) * b + 6*t^2*u^2 * a;
5. d' = 4*t*w^3 * e + (3*u*v*w^2+t*w^3) * d + 2*(u^2*v*w+t*u*w^2) * c
       + (u^2*v+ 3 *t*u^2*w) * b + 4*t*u^3 * a;
6. e' = w^4 * e + u*w^3 * d + u^2*w^2 * c + u^3*w * b + u^4 * a;
7. RETURN (a',b',c',d',e')
8. END

Step 4: Testing triviality.

For each quartic $g(x)$ in the list, we already know its real roots x (if any) to reasonable precision. If x is rational, then ax is integral, which we can test. If we suspect that ax is equal to an integer n to within some working tolerance, we can check whether n/a is a root of $g(x)$ using exact arithmetic. Here is the pseudo-code: note that in practice we will already know the roots and which (if any) are real.

Algorithm for determining triviality

```
INPUT:           a, b, c, d, e   (integer coefficients of a quartic g(x)).
OUTPUT:          TRUE/FALSE      (according to solubility or not of g(x)=0 in Q.
  1.   BEGIN
  2.      type = type_of(g); x_list=roots_of(g);
  3.      FOR x in x_list DO
  4.      BEGIN
  5.         IF real(x) THEN
  6.            n=round(a*x)
  7.            IF integral(n) THEN
  8.               IF a*n^4+b*n^3*a+c*n^2*a^2+d*n*a^3+e*a^4 = 0 THEN RETURN TRUE FI
  9.            FI
 10.         FI
 11.      END
 12.      RETURN FALSE
 13.   END
```

Step 5: Testing local and global solubility. This is carried out using the same procedures and strategy as in the first method, where the algorithms given were for general quartics.

Step 6: Recovering points on E.

Finally, we show how to recover points on the curve E, given a homogeneous space $y^2 = g(x)$ and a rational point on it. The formulae here come from [10]. The formulae we present will usually give points on non-minimal models for E. In practice one would wish to apply the Laska–Kraus–Connell algorithm of section 2 to find explicit transformations from the various models obtained here to the minimal model for E.

Suppose we have a quartic

$$H: \quad g(x) = ax^4 + bx^3 + cx^2 + dx + e$$

with rational coefficients, $a \neq 0$, and invariants I and J. We asume that the discriminant $4I^3 - J^2$ is non-zero, so that H has genus 1. If there is a rational point on H, then H is birationally equivalent over $\mathbb{Q}$ to an elliptic curve in standard Weierstrass form.

Suppose that the rational point is finite, say (p, q) with $q^2 = g(p)$. Replacing x by $x - p$ we may assume that $p = 0$ and that $g(0) = e = q^2$. (If a is a square, then the points at infinity are rational, and we may reduce to this case by setting $x = 1/x_1$ and $y = y_1/x_1^2$.) Now if $q = 0$, then we set $X = d/x$ and $Y = dy/x^2$, which satisfy

$$Y^2 = X^3 + cX^2 + bdX + ad^2,$$

which is in standard form. This case will only occur when H is trivial as a homogeneous space. When $q \neq 0$, we obtain a birational correspondence to a model for E as follows: set

$$X = (2q(y + q) + dx)/x^2,$$
$$Y = (4q^2(y + q) + 2q(dx + cx^2) - d^2x^2/2q)/x^3;$$
$$A_1 = d/q,$$
$$A_2 = c - d^2/4q^2,$$
$$A_3 = 2qb,$$
$$A_4 = -4q^2a, \quad \text{and}$$
$$A_6 = A_2 A_4 = a(d^2 - 4q^2c).$$

Then we have
$$Y^2 + A_1 XY + A_3 Y = X^3 + A_2 X^2 + A_4 X + A_6,$$

a model in standard form (though not, in general, integral). The invariants of this model are $16I$ and $32J$. The image of the point $(0, q)$ on H is the point at infinity on this model, while the image of $(0, -q)$ is $(-A_2, 0) = -c + d^2/(4q^2)$. The latter gives us the point we need, after we change coordinates back to the original minimal model for E.

If we apply these formulae to all the inequivalent quartics with rational points which we found in computing the rank of E, we will have a complete set of coset representatives for $2E(\mathbb{Q})$ in $E(\mathbb{Q})$.

3.7 The period lattice

In this section we show how to compute the complex periods for an elliptic curve defined over the complex numbers. We used this in our investigation of modular curves to check that the exact integral equations we found (after rounding the approximate computed values of c_4 and c_6) did have the correct periods; and also in our method for computing isogenous curves, which we describe in the following section.

Let E be an elliptic curve defined over the complex numbers $\mathbb{C}$, given by a Weierstrass equation. We wish to compute periods λ_1 and λ_2 which are a $\mathbb{Z}$-basis for the period lattice

Λ of E. We do this using Gauss' arithmetic–geometric mean (AGM) algorithm. Write the equation for E in the form

$$\left(y + \frac{a_1 x + a_3}{2}\right)^2 = x^3 + \frac{b_2}{4}x^2 + \frac{b_4}{2}x + \frac{b_6}{4} = (x - e_1)(x - e_2)(x - e_3),$$

where the roots e_i are found as complex floating-point approximations (using Cardano's formula, say). Then the periods are given by

(3.7.1)
$$\lambda_1 = \frac{\pi}{\text{AGM}(\sqrt{e_3 - e_1}, \sqrt{e_3 - e_2})},$$
$$\lambda_2 = \frac{\pi i}{\text{AGM}(\sqrt{e_3 - e_1}, \sqrt{e_2 - e_1})}.$$

Notice that in general this involves the AGM of pairs of complex numbers. This is a multivalued function: at each stage of the agm algorithm we replace the pair (z, w) by $(\sqrt{zw}, \frac{1}{2}(z + w))$, and must make a choice of complex square root. It follows from work of Cox (see [11]) that while a different set of choices does lead to a different value for the AGM, the periods we obtain this way will nevertheless always be a $\mathbb{Z}$-basis for the full period lattice Λ. We have found this to be the case in practice, where we always choose a square root with positive real part, or with positive imaginary part when the real part is zero. The computation of λ_1 and λ_2 by this method is very fast, as the AGM algorithm converges extremely quickly, even in its complex form. As a check on the values obtained, in each case we recomputed the invariants c_4 and c_6 of each curve from these computed periods λ_1 and λ_2, using the standard formulae given in Chapter II; in every case we obtained the correct values (known exactly from the coefficients of the minimal Weierstrass equation) to within computational accuracy.

If the curve is defined over $\mathbb{R}$, we can avoid the use of the complex AGM, and also arrange that λ_1 is a positive real period, as follows. First suppose that all three roots e_i are real; order the roots so that $e_3 > e_2 > e_1$, and take the positive square root in the above formulae. Then we may use the usual AGM of positive reals in (3.7.1), and thus obtain a positive real value for λ_1 and a pure imaginary value for λ_2. This is the case where the discriminant $\Delta > 0$ and the period lattice is rectangular. When $\Delta < 0$ there is one real root, say e_3, and $e_2 = \overline{e_1}$. If $\sqrt{e_3 - e_1} = z = s + it$ with $s > 0$ then $\sqrt{e_3 - e_1} = \overline{z} = s - it$, so that $\lambda_1 = \pi/\text{AGM}(z, \overline{z}) = \pi/\text{AGM}(|z|, s)$ which is also real and positive.

3.8 Finding isogenous curves

Given an elliptic curve E defined over $\mathbb{Q}$, we now wish to find all curves E' isogenous to E over $\mathbb{Q}$. The set of all such curves is finite (up to isomorphism), and any two curves in the isogeny class are linked by a chain of isogenies of prime degree l. Thus it suffices to be able to compute l-isogenies for prime l, if we can determine those l for which rational l-isogenies exist. The latter question can be rather delicate in general, and we have to have a completely automatic algorithmic procedure if are to apply it to several thousand curves, such as we had to when preparing the tables.

When the conductor N of E is square-free, so that E has good or multiplicative reduction at all primes, E is called semi-stable. In this case, a result of Serre (see [44]) says that either E or the isogenous curve E' has a rational point of order l, and so by Mazur's result already mentioned, l can only be 2, 3, 5 or 7. Moreover, if a curve E possesses a rational point of order l, then the congruence $1 + p - a_p \equiv 0 \pmod{l}$ holds for all primes p not dividing Nl, so the presence of such a point is easy to determine, even if it is not E itself but the isogenous curve E' which possesses the rational l-torsion, since the trace of Frobenius a_p is isogeny-invariant.

If E is not semi-stable we argue as follows. The existence of a rational l-isogeny is purely a function of the j-invariant j of E: in fact, pairs (E, E') of l-isogenous curves parametrise the modular curve $X_0(l)$ whose non-cuspidal points are given by the pairs $(j(E), j(E'))$. For $l = 2$, 3, 5, 7 or 13 the genus of $X_0(l)$ is zero, and infinitely many rational j occur. The only other values of l for which rational l-isogenies occur are $l = 11, 17, 19, 37, 43, 67$, and 163, and these occur for only a small finite number of j-invariants (see below). The fact that no other l occur is a theorem of Mazur (see [32] and [33]), related to the theorem limiting the rational torsion which we quoted earlier in section 3.3 of this chapter. These extra values occur only for curves of complex multiplication (see the next section), apart from $l = 17$ (where $X_0(l)$ has genus 1) and the exotic case $l = 37$ studied by Mazur and Swinnerton–Dyer in [34] (where $X_0(l)$ has genus 2).

For isogenies of non-prime degree m, the degrees which occur are: $m \leq 10$, and $m = 12, 16$, 18, and 25 (where $X_0(l)$ has genus 0, infinitely many cases); and finally $m = 14, 15, 21$, and 27. The latter occur first for conductors $N = 49$ (with CM), $N = 50$, $N = 162$ and $N = 27$ (with CM) respectively. See [2, pages 78–80] for more details.

Thus our procedure is:
- If N is square-free, try $l = 2, 3, 5, 7$ only;
- else try $l = 2, 3, 5, 7$ and 13 in all cases; and
- if $j(E) = -2^{15}$, -11^2, or $-11 \cdot 131^3$, try also $l = 11$;
- if $j(E) = -17^2 \cdot 101^3/2$ or $-17 \cdot 373^3/2^{17}$, try also $l = 17$;
- if $j(E) = -96^3$, try also $l = 19$;
- if $j(E) = -7 \cdot 11^3$ or $-7 \cdot 137^3 \cdot 2083^3$, try also $l = 37$;
- if $j(E) = -960^3$, try also $l = 43$;
- if $j(E) = -5280^3$, try also $l = 67$;
- if $j(E) = -640320^3$, try also $l = 163$.

Now we turn to the question of finding all curves (if any) which are l-isogenous to our given curve E for a specific prime l. The kernel of the isogeny is a subgroup A of $E(\overline{\mathbb{Q}})$ which is defined over $\mathbb{Q}$, but the points of A may not be individually rational points. If we have the coordinates of the points of a subgroup of E of order l defined over K, we may use Vélu's formulae in [54] to find the corresponding l-isogenous curve. Finding such coordinates by algebraic means is troublesome, except when the subgroup is pointwise defined over K, and instead we resort to a floating-point method.

The case $l = 2$ is simpler to describe separately. Obviously in this case the subgroup of order 2 defined over $\mathbb{Q}$ must consist of a single rational point $P = (x, y)$ of order 2 together with the identity. We have already found such points, if any, in computing the torsion: there will be 0, 1 or 3 of them according to the number of rational roots x of the cubic $4x^3 +$

$b_2 x^2 + 2b_4 x + b_6$. As a special case of Vélu's formulae we find that the isogenous curve E' has coefficients $[a'_1, a'_2, a'_3, a'_4, a'_6] = [a_1, a_2, a_3, a_4 - 5t, a_6 - b_2 t - 7w]$ where

$$t = 3x^2 + a_2 x + a_4 - a_1 y \quad \text{and} \quad w = 4x^3 + b_2 x^2 + 2b_4 x + b_6 + xt$$

Note that the point (x, y) need not be integral even when E has integral coefficients a_i, but that $4x$ and $8y$ are certainly integral, by the results of section 2; thus the model just given for the isogenous curve may need scaling by a factor of 2 to make it integral.

The simpler formula for a curve in the form $y^2 = x^3 + ax^2 + bx$ and the point $P = (0,0)$ was given in the previous section: the formulae just given take the curve $[0, a, 0, b, 0]$ to $[0, a, 0, -4b, -4ab]$, which transforms to $[0, -2a, 0, a^2 - 4b, 0]$ after replacing x by $x - a$. Similar formulae for $l = 3$, 5 and 7 will be given below.

Now we turn to the case of an odd prime l. Let $P = (x_1, y_1)$ be a point of order l in $E(\overline{\mathbb{Q}})$, and set $kP = (x_k, y_k)$ for $1 \leq k \leq (l-1)/2$. Define

$$t_k = 6x_k^2 + b_2 x_k + b_4 \quad \text{and} \quad u_k = 4x_k^3 + b_2 x_k^2 + 2b_4 x_k + b_6,$$

and then

$$t = \sum_{k=1}^{(l-1)/2} t_k \quad \text{and} \quad w = \sum_{k=1}^{(l-1)/2} (u_k + x_k t_k).$$

Then the isogenous curve E' has coefficients $[a_1, a_2, a_3, a_4 - 5t, a_6 - b_2 t - 7w]$ as before. Again, these may not be integral, even when the original coefficients were; but since the x_k are the roots of a polynomial of degree $(l-1)/2$ with integral coefficients and leading coefficient l^2 (the so-called l-division equation), we must have $l^2 x_k$ integral. Thus a scaling factor of l will certainly produce an integral equation.

We make these remarks on integrality as our method is to find the coordinates x_k and y_k as real floating-point approximations, and thus to determine the coefficients of any curves l-isogenous to E over $\mathbb{R}$; there will always be exactly two such curves over $\mathbb{R}$, but of course they will not necessarily be defined over $\mathbb{Q}$. As we will only know the coefficients a'_i of the isogenous curves approximately, we wish to ensure that if they are rational then they will in fact be integral, so that we will be able to recognise them as such.

First we find the period lattice Λ of E, as described in the previous section. The $\mathbb{Z}$-basis $[\lambda_1, \lambda_2]$ of Λ is normalised as follows: there are two cases to consider, according as $\Delta > 0$ (first or 'harmonic' case) or $\Delta < 0$ (second or 'anharmonic' case). In both cases λ_1 is real (the least positive real period); in the first case, λ_2 is pure imaginary, while in the second case, $2\lambda_1 - \lambda_2$ is pure imaginary. We can also ensure that $\tau = \lambda_2/\lambda_1$ is in the usual fundamental region for $SL(2, \mathbb{Z})$ in the upper half-plane.

Of the $l+1$ subgroups of $\mathbb{C}/\Lambda$ of order l, the two defined over $\mathbb{R}$ are the one generated by $z = \lambda_1/l$ (in both cases), and in the first case, the one generated by $z = \lambda_2/l$, or in the second case, the one generated by $z = (\lambda_1 - 2\lambda_2)/l$. Thus z/λ_1 is either $1/l$, τ/l, or $(1 - 2\tau)/l$. Let $\wp(z; \tau)$ denote the Weierstrass $\wp$-function relative to the lattice $[1, \tau]$. Then we have

$$x_k = \wp(kz\lambda_1^{-1}; \tau)\lambda_1^{-2} - \frac{1}{12} b_4,$$

$$y_k = \frac{1}{2}\left(\wp'(kz\lambda_1^{-1}; \tau)\lambda_1^{-3} - a_1 x_k - a_3\right).$$

Here we have had to take account of the lattice scaling $[\lambda_1, \lambda_2] = \lambda_1[1, \tau]$, and also of the fact that $(\wp(z), \wp'(z))$ is a point on the model of E of the form $y^2 = 4x^3 - g_2 x - g_3 = 4x^3 - (c_4/12)x - (c_6/216)$ rather than a standard model where the coefficient of x^3 is 1.

We evaluate these real points of order l numerically for $k = 1, 2, \ldots, (l-1)/2$, for each of the two values of z (depending on whether we are in case 1 or case 2). Substituting into Vélu's formulae, we obtain in each case the real coefficients a_i' of a curve which is l-isogenous to E over $\mathbb{R}$. If these coefficients are close to integers we round them and check that the resulting curve over $\mathbb{Q}$ has the same conductor N as the original curve E. If not, we also test the curve with coefficients $l^i a_i'$.

The resulting program finds l-isogenous curves very quickly for any given prime l. We run it for all primes l in the set determined previously, applying it recursively to each new curve found until we have a set of curves closed under l-isogeny for these values of l.

Some care needs to be taken with a method of computation such as this, where we use floating-point arithmetic to find integers. The series we use to compute the periods and the Weierstrass function and its derivative all converge very quickly, so that we can compute the a_i' to whatever precision is available, though of course in practice some rounding error is bound to arise. When we test whether a floating-point number is 'approximately an integer' in the program, we must make a judgement on how close is close enough. With too relaxed a test, we will find too many curves are 'approximately integral'; usually these will fail the next hurdle, where we test the conductor, but this takes time to check (using Tate's algorithm). On the other hand, too strict a test might mean that we miss some rational isogenies altogether, which is far more serious. In compiling the tables, there was only one case which caused trouble after the program had been finely tuned. The resulting error resulted in a curve (916B1) being erroneously listed as 3-isogenous to itself in the first edition of the tables (circulated informally); this is possible only when a curve has complex multiplication, which is not the case here, though it does not often occur even in the complex multiplication case (see below). Unfortunately the error was not noticed in the automatic generation of the typeset tables, and I am grateful to Elkies for spotting it. The curve $E = [0, 0, 0, -1013692, 392832257]$ has three real points of order 2, two of which are equal to seven significant figures; the period ratio is approximately $7i$. One of the curves 2-isogenous to E over $\mathbb{R}$ has coefficients $[0, 0, 0, -1013691.999999999992, 392832257.000000006]$, which are extremely close to those of E itself. Thus this new curve, which is not defined over $\mathbb{Q}$, passed both our original tests (the coefficients are extremely close to integers, and the rounded coefficients are those of a curve of the right conductor, namely E itself). After this example was discovered, we inserted an extra line in the program, to print a warning whenever a supposedly isogenous curve was the original curve itself, and reran the program on all 2447 isogeny classes (which only takes a few minutes of machine time). The result was that expected, namely that 916B1 is the only curve for which this phenomenon occurs within the range of the tables[3]. There is no example of a curve actually l-isogenous to itself with conductor less than 1000.

When we were initially persuaded to extend the tables to include isogenous curves as well as the modular curves themselves, we were afraid that the total number of resulting curves

---

[3] However, Elkies has warned that an even worse example of the same type occurs for conductor 1342, where the period ratio is approximately $9.5i$.

would be rather larger than it turned out to be. On average, we found that the number of curves per isogeny class was 5089/2447, or just under 2.08. We do not know of any asymptotic analysis, or even a heuristic argument, which would predict an average number of two curves per class. However, it is dangerous to generalise from the limited amount of data which we have available.

For reference we give here simple algebraic formulae for l-isogenies for $l = 3$ and $l = 5$, from Laska's book [27]. In each case we assume that the curve E is given by an equation of the form $y^2 = x^3 + ax + b$, and the isogenous curve E' by $y^2 = x^3 + Ax + B$. Each subgroup of E of order l is determined by a rational factor of degree $(l-1)/2$ of the l-division polynomial of degree $(l^2-1)/2$, whose roots are the x-coordinates of the points in the subgroup. The simplest case is $l = 3$, where there is just one x-coordinate, which must be rational.

$l = 3$. Let ξ be a root of the 3-division polynomial $3x^4 + 6ax^2 + 12bx - a^2$. Then the 3-isogenous curve E' is given by

$$A = -3(3a + 10\xi^2)$$
$$B = -(70\xi^3 + 42a\xi + 27b).$$

$l = 5$. Let $x^2 + h_1 x + h_2$ be a rational factor of the 5-division polynomial $5x^{12} + 62ax^{10} + 380bx^9 - 105a^2 x^8 + 240abx^7 - (300a^3 + 240b^2)x^6 - 696a^2 bx^5 - (125a^4 + 1920ab^2)x^4 - (1600b^3 + 80a^3 b)x^3 - (50a^5 + 240a^2 b^2)x^2 - (100a^4 b + 640ab^3)x + (a^6 - 32a^3 b^2 - 256b^4)$. Then the 5-isogenous curve E' is given by

$$A = -19a - 30(h_1^2 - 2h_2)$$
$$B = -55b - 14(15h_1 h_2 - 5h_1^3 - 3ah_1).$$

A similar formula is given in [27] for $l = 7$, where A and B are given in terms of a, b and the coefficients of a factor $x^3 + h_1 x^2 + h_2 x + h_3$ of the 7-division polynomial. Rather than take up space by giving the latter here, we refer the reader to [27, page 72].

3.9 Twists and complex multiplication

Traces of Frobenius.

If E is given by a standard minimal Weierstrass equation over $\mathbb{Z}$, then for all primes p of good reduction the trace of Frobenius a_p is given by

$$a_p = 1 + p - |E(\mathbb{F}_p)|.$$

If E has bad reduction at p, this same formula gives the correct value for the pth Fourier coefficient of the L-series of E.

Since in our applications we never needed to compute a_p for large primes p, we used a very simple method to count the number of points on E modulo p. First, for all primes p in the desired range (say $3 \leq p \leq 1000$; $p = 2$ would be dealt with separately), we precompute the number $n(t,p)$ of solutions to the congruence $s^2 \equiv t \pmod{p}$. Then we simply compute

$$a_p = p - \sum_{x=0}^{p-1} n(4x^3 + b_2 x^2 + 2b_4 x + b_6, p).$$

This was sufficient for us to compute a_p for all $p < 1000$ for all the curves in the table, which we did to compare with the corresponding Hecke eigenvalues. For large p, there are far more efficient methods, such as the baby-step giant-step method or Schoof's algorithm. See [43] for details of these. Very recently (1992), even better algorithms are in the process of being developed, by Atkin, Elkies and others. For example, Atkin has successfully computed the number of points on a curve over $\mathbb{F}_p$ for $p = 10^{99} + 289$, the smallest prime with 100 decimal digits (reported via electronic mail received February 24, 1992), using ideas of Elkies.

Twists.

Recall that a twist of a curve E over $\mathbb{Q}$ is an elliptic curve defined over $\mathbb{Q}$ and isomorphic to E over $\overline{\mathbb{Q}}$ but not necessarily over $\mathbb{Q}$ itself. Thus the set of all twists of E is the set of all curves with the same j-invariant as E. These can be simply described, as follows.

First suppose that $c_4 \neq 0$ and $c_6 \neq 0$; equivalently, $j \neq 1728$ and $j \neq 0$ (respectively). Then the twists of E are all quadratic, in that they become isomorphic to E over a quadratic extension of $\mathbb{Q}$. For each integer d (square-free, not 0 or 1), there is a twisted curve $E * d$ with invariants $d^2 c_4$ and $d^3 c_6$, which is isomorphic to E over $\mathbb{Q}(\sqrt{d})$. If E has a model of the form $y^2 = f(x)$ with $f(x)$ cubic, then $E * d$ has equation $dy^2 = f(x)$. A minimal model for $E * d$ may be found easily by the Laska–Kraus–Connell algorithm. The conductor of $E * d$ is only divisible by primes dividing ND, where D is the discriminant of $\mathbb{Q}(\sqrt{d})$. The simplest case is when $\gcd(D, N) = 1$; then $E * d$ has conductor ND^2. More generally, if $D^2 \nmid N$ then $E * d$ has conductor $\text{lcm}(N, D^2)$, but if $D^2 \mid N$ then the conductor may be smaller (for example, $(E * d) * d$ is isomorphic to E, so has conductor N again).

Twisting commutes with isogenies, in the sense that if two curves E, F are l-isogenous then so are their twists $E * d$, $F * d$. If E has no complex multiplication (see below), then the structure of the isogeny class of E is a function of $j(E)$ alone.

The trace of Frobenius of $E * d$ at a prime p not dividing N is $\chi(p) a_p$, where χ is the quadratic character associated to $\mathbb{Q}(\sqrt{d})$ and a_p is the trace of Frobenius of E. Thus if E is modular, attached to the newform f, then $E * d$ is also modular and attached to the twisted form $f \otimes \chi$, in the notation of Chapter 2.

When $j = 0$ (or equivalently $c_4 = 0$), E has an equation of the form $y^2 = x^3 + k$ with $k \in \mathbb{Z}$ non-zero and free of sixth powers. Such curves have complex multiplication by $\mathbb{Z}[(1 + \sqrt{-3})/2]$. Two such curves with parameters k, k' are isomorphic over $\mathbb{Q}(\sqrt[6]{k/k'})$.

Similarly, when $j = 1728$ (or equivalently $c_6 = 0$), E has an equation of the form $y^2 = x^3 + kx$ with $k \in \mathbb{Z}$ non-zero and free of fourth powers. Such curves have complex multiplication by $\mathbb{Z}[\sqrt{-1}]$. Two such curves with parameters k, k' are isomorphic over $\mathbb{Q}(\sqrt[4]{k/k'})$.

Complex multiplication.

Each of the 13 imaginary quadratic orders $\mathfrak{O}$ of class number 1 has a rational value of $j(\mathfrak{O}) = j(\omega_1/\omega_2)$, where $\mathfrak{O} = \mathbb{Z}\omega_1 + \mathbb{Z}\omega_2$. Elliptic curves E with $j(E) = j(\mathfrak{O})$ have complex multiplication: their ring of endomorphisms defined over $\mathbb{C}$ is isomorphic to $\mathfrak{O}$. In all other cases the endomorphism ring of an elliptic curve defined over $\mathbb{Q}$ is isomorphic to $\mathbb{Z}$, since an elliptic curve with complex multiplication by an order of class number $h > 1$ has a j-invariant which is not rational, but algebraic of degree h over $\mathbb{Q}$.

We give here a table of triples (D, j, N) where $j = j(\mathfrak{O})$ for an order of discriminant D, and N is the smallest conductor of an elliptic curve defined over $\mathbb{Q}$ with this j-invariant. All but the last three values ($D = -43, -67, -163$) have $N < 1000$ and so occur in the tables.

D	-4	-16	-8	-3	-12	-27	-7	-28	-11	-19	-43	-67	-163
j	12^3	66^3	20^3	0	$2 \cdot 30^3$	$-3 \cdot 160^3$	-15^3	255^3	-32^3	-96^3	-960^3	-5280^3	-640320^3
N	32	32	256	27	36	27	49	49	121	361	43^2	67^2	163^2

If E has complex multiplication by the order $\mathfrak{O}$ of discriminant D, then the twist $E * D$ is isogenous to E, though not usually isomorphic to E (over $\mathbb{Q}$). Indeed, the only cases where E is isomorphic to $E * D$ are $D = -4$ and $D = -16$ with $j(E) = 1728$: the curves $y^2 = x^3 + 16kx$ and $y^2 + 256kx$ are twists of, and isomorphic to, $y^2 = x^3 + kx$. Since curves are isogenous if and only if they have the same L-series by Falting's Theorem (see [16]), this implies that E has complex multiplication if and only if $a_p = \chi(p) a_p$ for all primes p, where χ is the quadratic character as above. Thus $a_p = 0$ for half the primes p, namely those for which $\chi(p) = -1$. This gives an alternative way of recognising a curve with complex multiplication, from its traces of Frobenius. This is particularly convenient in the case of modular curves, where we compute the a_p first, and will always know when a newform f, and hence the associated curve E_f, has complex multiplication. For, in such a case, we must have $D^2 \mid N$ and $f = f \otimes \chi$, which we may easily check from the tables.

CHAPTER IV

THE TABLES

Introduction to the tables.

Table 1. In Table 1 we give details of each computed elliptic curve E of conductor N for $N \leq 1000$, arranged by conductor and isogeny class. The first curve in each class is the 'strong Weil curve' E_f computed from the periods of the newforms f, and it is followed by the isogenous curves, if any. There are 2447 isogeny classes, and 5089 curves in all.

The table contains the coefficients of minimal models of all the curves. Each curve has a code of the form NXi, where N is the conductor, X is the letter code for the corresponding newform or isogeny class, and i is the number of the curve in its class. The order of the isogeny classes for each N is the order in which the corresponding newforms were found. (Roughly speaking this is in lexicographic order of the vector of Hecke eigenvalues, but we claim no uniformity here; as the program evolved its strategy changed at least twice: once when we first started using the W operators, and again when we changed the order of searching for eigenvalues of T_p from $\ldots, -2, -1, 0, 1, 2, \ldots$ to $0, 1, -1, 2, -2, \ldots$, after realising that small values of a_p were more likely to occur.)

After the first curve in each class, the other curves in the class (if any) are listed in the order in which they were found by the isogeny program, as described in Chapter 3 section 8. The isogeny information given in the last column was also recorded by that program. For each curve for $N \leq 200$ we also give in parentheses the Antwerp code of each, as in [2]. Thus curves 11A1, 11A2 and 11A3 are the Antwerp curves 11B, 11C and 11A in that order. We hope that this new system of identifying codes will not cause confusion; it was the most natural, given the way the curves were found.

The other data in this table is, for each curve: the rank and number of torsion points; the factorisation of the discriminant and j-invariant; the local index c_p and the Kodaira symbol at each bad prime p; and the isogenies of primes degree.

When the number of torsion points is of the form $4k$, one can tell whether the torsion subgroup is cyclic (C_{4k}) or not ($C_{2k} \times C_2$) by seeing whether the number of 2-isogenies is 1 or 3 (respectively), since this number is the same as the number of points of order 2.

We have not indicated on this table either the presence of complex multiplication, or when a curve is a twist of one elsewhere in the table. These omissions were made to save space. Complex multiplication may be determined most easily by referring to the table in Chapter 3 section 9, where a complete list of the rational j-invariants of curves with complex multiplication was given. For example, the isogeny class 49A1-2-3-4 consists of four complex multiplication curves; 49A1,3 have $j = -3375 = -15^3$ and CM by -7, while 49A2,4 have $j = 16581375 = 255^3 = 3^3 5^3 17^3$ and CM by -28. All other curves with these complex multiplications are twists of these. Within the range of the tables here we find their -3-twists at 441D1-2-3-4 and their -4-twists at 784H1-2-3-4. As remarked earlier, complex multiplication can also be spotted in Table 3, where half the Hecke eigenvalues will be zero.

In the non-complex multiplication case, unless N is divisible by D^2 the twist with discriminant D of a (non-complex multiplication) newform at level N will have level $\text{lcm}(N, D^2) > N$; thus a necessary condition for a newform to have a twist earlier in the table is that its level should be divisible by a square. It is then usually easy to see which newform at a lower level is the twist. Table 3 can help here, since twisted newforms have the same Hecke eigenvalues a_p up to sign. Thus we can determine when two isogeny classes of curves are twists of each other, since each class corresponds to a newform. Once two isogeny classes have been identified as twists of each other, one can determine which curves in the first class are twist of which in the second by comparing j-invariants.

For example, consider level $N = 704 = 2^6 \cdot 11$. At this level three twists operate, with $D = -4, -8$ and $+8$. The 12 newforms form 6 pairs which are -4-twists of each other: A–K, B–C, D–F, E–I, G–J and H–L. Their ± 8-twists, however, are all at lower levels. 704A and 704K are ± 8 twists of 11A and 176B; 704D and 704F of 44A and 176C; 704E and 704I of 88A and 176A; 704G and 704J of 352A and 352C; 704B and 704C of 352B and 352D; and 704L and 704H of 352E and 352F (respectively). Thus of the 24 newforms, we only have 6 up to twists, whose first representatives are 11A, 44A, 88A, 352A, 352B and 352E. The first of the corresponding sets of isogeny classes consists of three curves each, linked by 5-isogenies: 11A3-1-2; 176B1-2-3; 704A1-2-3; 704K1-2-3 (respectively). (Note that in order to keep to our convention that the first curve in each class is the 'strong Weil curve', we were not able to number the curves in the classes in such a way that the numbers in twisted classes correspond: being the 'strong' curve is not preserved under twisting, as this example shows.) Also the classes 44A, 176C, 704D, 704F each consist of a pair of curves linked by 3-isogeny: in this case the first curves do all correspond under twisting. All the other isogeny classes consist of a single curve.

Table 2. The second table contains generators for the Mordell–Weil group (modulo torsion) of the first curve in each isogeny class. In the case of rank 1 curves, this generator P is unique up to replacing P by $\pm P + Q$ where Q is a torsion point; in rank 2, the given generators P_1, P_2 could be replaced by $aP_1 + bP_2 + Q_1$ and $cP_1 + dP_2 + Q_2$ where $ad - bc = \pm 1$ and Q_1, Q_2 are torsion.

To save space, we only list generators for the first curve in each isogeny class. Thus the entry labelled 65A refers to curve 65A1 of Table 1, and so on. As in Table 1, for $N \leq 200$ we give in brackets the Antwerp code of the curve.

For $N \leq 200$ there are some discrepancies with Table 2 of [2]: the generators for 143A and 154C are omitted there; the point $(0,2)$ on 155D has order 5, with $(2,5)$ being a generator of infinite order; and on 170A, a generator is $P = (0,2)$, and the point $(2,1)$ given in [2] is $-2P$.

Table 3. In Table 3 we give the Hecke eigenvalues for all the rational newforms at all levels up to $N = 1000$. As in [2], we give the eigenvalue a_p for all $p < 100$ not dividing N, and the W_q eigenvalue ε_q for all primes q dividing N.

Almost all of these numbers could be computed from the modular curves themselves, as listed in Table 1, by the formulae of Chapter 2 section 6. For $p \nmid N$, the eigenvalue a_p is equal to the trace of Frobenius of the curve, which is easily computed as in Chapter 3 section 9. When $q \parallel N$, we have $-\varepsilon_q = a_q = 1 + q - |E(\mathbb{F}_q)|$. However when $q^2 \mid N$ we cannot recover ε_q this way, since then $a_q = 1 + q - |E(\mathbb{F}_q)| = 0$. We did in fact check in each case that the Hecke eigenvalues and traces of Frobenius agreed for all $p < 1000$.

Each newform is identified by its level N and a letter, as in Table 1. Thus 50A is the newform corresponding to the curve 50A1 (and by isogeny to 50A2,3,4), while 50B corresponds to curves 50B1,2,3,4. As in Table 1, for $N \leq 200$ we give in brackets the Antwerp codes, for ease of cross-reference.

Table 4. In this table we present the data pertaining to the Birch–Swinnerton-Dyer conjectures for the modular curves $E = E_f$ of conductor N up to 1000 attached to rational newforms f in $S_2(N)$. In each case we list the following quantities:

- the rank r

- the period $\Omega(f) = \Omega(E)$;
- the value of $L^{(r)}(E,1) = L^{(r)}(f,1)$;
- the regulator R of $E(\mathbb{Q})$;
- the ratio $L^{(r)}(E,1)/\Omega R$;
- and finally the quantity S defined as

$$S = \frac{L^{(r)}(f,1)}{\Omega(f)} \bigg/ \frac{(\prod c_p)R}{|E_{\text{tor}}(\mathbb{Q})|^2}.$$

Note that some of these quantities are computed from the newform f, while others are computed from the curve E. Some can be obtained from either: for example, we know that the analytic rank is in each case equal to the Mordell–Weil rank. When the rank is 0, we use the exact value of the ratio ratio $L(f,1)/\Omega(f)$ obtained via modular symbols; dividing by the rational number $\prod c_p / |E_{\text{tor}}(\mathbb{Q})|^2$ we thus obtain an exact rational value for S. This was equal to 1 in all but four cases: $S = 4$ for 571A1, 960D1 and 960N1, and $S = 9$ for 681B1. These are consistent with the data concerning the order of $\Sha(E/\mathbb{Q})$ coming from the two-descent which we carried out: in the three cases 571A1, 960D1 and 960N1 and in no other cases there are homogeneous spaces (2-coverings of E) which have points everywhere locally, but on which we could find no rational point. If these curves were not modular, we would only be able to conclude that their rank was 0 or 2; but since we know that $L(E,1) \neq 0$ in each case, we know that the rank is in fact 0 (by Kolyvagin's result), so that $|\Sha[2]| = 4$ in each case. For the Birch–Swinnerton-Dyer conjecture to hold we would need to establish $|\Sha| = 4$. This should be possible using the methods of Rubin and Kolyvagin.

When the rank is positive the ratio is computed from three approximations to the values of $L^{(r)}(f,1)$, R and $\Omega(E)$. Thus in these cases we only compute an approximation to the value of S; but in all cases in the tables this value was equal to 1 to within the accuracy of the computation. These values are listed as 1.0 in the table to emphasise the fact that they were obtained as approximations.

Some remarks on the computations.

We have implemented the algorithms described in Chapter 2 and run them for all N up to 1000 (as well as several higher values of N). In the first phase of the computation for each N we worked in the smaller space $H^+(N)$ and found rational newforms, storing in a data file the number of forms, and for each, the rational number $L(f,1)/\Omega(f)$ and a certain number of Hecke eigenvalues including all the W_q eigenvalues. We also stored enough modular symbol information that if we needed more Hecke eigenvalues later we could resume the calculation with the minimum of repetition. At this stage we already had all the data given in Table 3 below, and knew the sign of the functional equation (and hence the parity of the analytic rank) and whether or not $L(f,1) = 0$. Thus we had enough to guess the analytic rank as 0, 1 or 2; and in each case this preliminary estimate turned out to be correct, since no curves of rank greater than 2 were found.

The second phase was to work in $H(N)$, using the eigenvalues already known, to find the period lattices, the approximate c_4 and c_6 invariants of the modular curves, and hence their (rounded) coefficients. These coefficients were stored. We also stored information about the twisting primes l used to evaluate the periods. In some cases the first pass through this phase did not produce c_4 and c_6 to sufficient precision; this tended to happen when their values were large and when the auxiliary primes l were also large. In such cases we went back to phase 1 to compute more eigenvalues, so that we could evaluate more terms of the relevant series. The re-evaluation of the periods given more a_p was then very fast, as we had all the relevant information stored and merely had to sum the series. In very few cases did we need to use a_p

for $p > 5000$. We also tended to need more a_p when N was a perfect square, since then we had to use the direct method for computing the periods. Occasionally in such cases we could see that the curve whose periods we were trying to compute was a twist of one we already knew, and then we 'cheated' and instead of finding the curves the hard way, we just twisted the known one.

We then implemented and ran the algorithms of Chapter 3 on the resulting curves, including finding all curves isogenous to them. Checking that the c_4 and c_6 invariants were indeed those of a minimal model of a curve of conductor N was in fact done by the program which computed them in the first place, so that we could tell when sufficient accuracy had been obtained. Starting from a file containing the coefficients of the original 'strong' curves E_f, we ran the isogeny program to produce a larger file with the complete list of curves, together with information on the degrees of the isogenies linking them. This file was then used by a program which produced the TEX source code for Table 1, with all the other data there being recomputed or (in the case of the rank) read from files.

The number of torsion points was computed as in Chapter 3 section 3.

The rank was first guessed as the smallest possible value consistent with the Birch–Swinnerton-Dyer conjecture, given that we knew whether $L(E, 1)$ was zero and the sign of the functional equation; this value $r = 0, 1$ or 2 was then confirmed as the analytic rank by the computation of $L^{(r)}(f, 1)$. When $r = 0$ or 1 it then follows that the Mordell–Weil rank of $E(\mathbb{Q})$ is also r by Kolyvagin's reults. In almost all cases, including all of those where $r = 2$, we verified this using our two-descent rank programs. The exceptional cases were for curves with no rational two-torsion and very large coefficients, where the two-descent would have taken too long. In these cases we did know (independently of Kolyvagin) that the given value of r was a lower bound, since we always found that number of independent generators of infinite order.

The case $r = 2$ occurs only 18 times, with the following curves: 389A, 433A, 446D, 563A, 571B, 643A, 655A, 664A, 681C, 707A, 709A, 718B, 794A, 817A, 916C, 944E, 997B and 997C. In each case, there are no isogenous curves.

Apart from the rank, all the other data in Table 1 was computed by our implementation of Tate's algorithm.

The generators given in Table 2 were obtained by the methods of Chapter 3, section 5, where we first searched for the expected number of independent points of infinite order, and then refined these where necessary to be sure we had generators of the curves (modulo torsion), and not of a subgroup of finite index. In most cases the generators were found immediately; the hard ones to find were those with most digits, and particularly those which are not integral. For the last few to be found, the modular refinements mentioned in Chapter 3 were essential. (For the record, the generator of 873C1 was first found not by search, but via Heegner points, during the July 1989 Durham meeting on L-series; by day we learned about the latest results of Rubin and Kolyvagin, and about Heegner points, while by night we applied some of these ideas in a new program, which eventually came up with the elusive point.) We have only looked for generators on the 'strong' curve in each class; in principle we could use Vélu's isogeny formulae to transfer our generators to the other curves, but we have not done so.

Finally, Table 4 was produced by a program which took as data the Hecke eigenvalues, sign of functional equation (and hence the analytic rank) of the newform f; the coefficients of the curve E_f attached to f; and the generators. Then the value $L^{(r)}(f, 1)$ was computed from the eigenvalues as in Chapter 2 section 13; the period Ω using the arithmetic–geometric mean as in Chapter 3 section 7; and the regulator from the heights of the generators as in Chapter 3 section 4. We also recomputed the local factors c_p and number of torsion points, and from all these could obtain the conjectured value S of the order of the Tate–Shafarevich group III.

All the tables were produced as follows, to minimise the risk of transcription error. The programs which computed the numbers themselves wrote the results to data files; separate programs read in this data and added the TeX formatting characters, producing the TeX source files, which were then processed in the usual way. Thus none of the numbers in the tables was typed by human hand at any stage. Many consistency checks were applied along the way. Almost all the errors in the earlier versions of the tables arose as a result of using old versions of data files by mistake, rather than from errors in the programs. We sincerely hope that all such slips have been avoided here.

More details of the specific layout of each of the four sets of tables is given immediately before each set below.

TABLE 1

ELLIPTIC CURVES

The table is aranged in blocks by conductor. Each conductor is given in factorised form at the top of its block (repeated, if necessary, on continuation pages), together with the number of isogeny classes of curves with that conductor. Each block is subdivided into isogeny classes by a row of dashes.

The columns of the table give the following data for each curve E:

(1) an identifying letter (A, B, C, ...) for each isogeny class of curves with the same conductor, choosing consecutive letters for the curves in the order in which they were computed. Within each isogeny class we also number the curves in that class, with curve 1 being the "strong Weil curve". For ease of reference, when $N \leq 200$ we also give the identifying letter of each curve as given in Table 1 of [2].

(2) The integer coefficients a_1, a_2, a_3, a_4 and a_6 of a minimal equation for E.

(3) The rank r of $E(\mathbb{Q})$.

(4) The order $|T|$ of the torsion subgroup T of $E(\mathbb{Q})$.

(5) The sign of the discriminant Δ of E, and its factorization.

(6) The prime factorization of the denominator of $j(E)$.

(7) The local indices c_p for the primes of bad reduction.

(8) The Kodaira symbols for E at each prime of bad reduction.

(9) The curves isogenous to E via an isogeny of prime degree, with the degree l in bold face. For example, the entry "**2**: 3; **3**: 2, 6" for curve 448C4 indicates it is 2-isogenous to 448C3 and 3-isogenous to both 448C2 and 448C6. From these entries it is easy to draw isogeny diagrams for each isogeny class in the manner of the Antwerp tables [2]. We regret that we could not persuade Birch to draw little diagrams for us in this column, as he did for [2].

For convenience, we give the factorisation of N at the head of each section of the table. This order of the 'bad' prime factors $p_1, \ldots, p_k$ of N is used within the table itself. We give the discriminant $\Delta = \pm p_1^{e_1} \ldots p_k^{e_k}$ in factorised form as $\pm, e_1, \ldots, e_k$ in the columns headed s, ord(Δ). The column headed ord$_-(j)$ contains the exponents of these same primes in the denominator of the j-invariant, as in [2]. Finally the local factors c_p, and then the Kodaira symbols, are given for each of these primes in order.

TABLE 1: ELLIPTIC CURVES 11A–21A

	a_1	a_2	a_3	a_4	a_6	r	$|T|$	s	ord(Δ)	ord$_-(j)$	c_p	Kodaira	Isogenies

11 — $N = 11 = 11$ (1 isogeny class)

	a_1	a_2	a_3	a_4	a_6	r	$|T|$	s	ord(Δ)	ord$_-(j)$	c_p	Kodaira	Isogenies
A1(B)	0	−1	1	−10	−20	0	5	−	5	5	5	I_5	**5** : 2,3
A2(C)	0	−1	1	−7820	−263580	0	1	−	1	1	1	I_1	**5** : 1
A3(A)	0	−1	1	0	0	0	5	−	1	1	1	I_1	**5** : 1

14 — $N = 14 = 2 \cdot 7$ (1 isogeny class)

	a_1	a_2	a_3	a_4	a_6	r	$|T|$	s	ord(Δ)	ord$_-(j)$	c_p	Kodaira	Isogenies
A1(C)	1	0	1	4	−6	0	6	−	6,3	6,3	2,3	I_6,I_3	**2** : 2; **3** : 3,4
A2(D)	1	0	1	−36	−70	0	6	+	3,6	3,6	1,6	I_3,I_6	**2** : 1; **3** : 5,6
A3(E)	1	0	1	−171	−874	0	2	−	18,1	18,1	2,1	I_{18},I_1	**2** : 5; **3** : 1
A4(A)	1	0	1	−1	0	0	6	−	2,1	2,1	2,1	I_2,I_1	**2** : 6; **3** : 1
A5(F)	1	0	1	−2731	−55146	0	2	+	9,2	9,2	1,2	I_9,I_2	**2** : 3; **3** : 2
A6(B)	1	0	1	−11	12	0	6	+	1,2	1,2	1,2	I_1,I_2	**2** : 4; **3** : 2

15 — $N = 15 = 3 \cdot 5$ (1 isogeny class)

	a_1	a_2	a_3	a_4	a_6	r	$|T|$	s	ord(Δ)	ord$_-(j)$	c_p	Kodaira	Isogenies
A1(C)	1	1	1	−10	−10	0	8	+	4,4	4,4	2,4	I_4,I_4	**2** : 2,3,4
A2(E)	1	1	1	−135	−660	0	4	+	8,2	8,2	2,2	I_8,I_2	**2** : 1,5,6
A3(B)	1	1	1	−5	2	0	8	+	2,2	2,2	2,2	I_2,I_2	**2** : 1,7,8
A4(F)	1	1	1	35	−28	0	8	−	2,8	2,8	2,8	I_2,I_8	**2** : 1
A5(H)	1	1	1	−2160	−39540	0	2	+	4,1	4,1	2,1	I_4,I_1	**2** : 2
A6(G)	1	1	1	−110	−880	0	2	−	16,1	16,1	2,1	I_{16},I_1	**2** : 2
A7(D)	1	1	1	−80	242	0	4	+	1,1	1,1	1,1	I_1,I_1	**2** : 3
A8(A)	1	1	1	0	0	0	4	−	1,1	1,1	1,1	I_1,I_1	**2** : 3

17 — $N = 17 = 17$ (1 isogeny class)

	a_1	a_2	a_3	a_4	a_6	r	$|T|$	s	ord(Δ)	ord$_-(j)$	c_p	Kodaira	Isogenies
A1(C)	1	−1	1	−1	−14	0	4	−	4	4	4	I_4	**2** : 2
A2(B)	1	−1	1	−6	−4	0	4	+	2	2	2	I_2	**2** : 1,3,4
A3(D)	1	−1	1	−91	−310	0	2	+	1	1	1	I_1	**2** : 2
A4(A)	1	−1	1	−1	0	0	4	+	1	1	1	I_1	**2** : 2

19 — $N = 19 = 19$ (1 isogeny class)

	a_1	a_2	a_3	a_4	a_6	r	$|T|$	s	ord(Δ)	ord$_-(j)$	c_p	Kodaira	Isogenies
A1(B)	0	1	1	−9	−15	0	3	−	3	3	3	I_3	**3** : 2,3
A2(C)	0	1	1	−769	−8470	0	1	−	1	1	1	I_1	**3** : 1
A3(A)	0	1	1	1	0	0	3	−	1	1	1	I_1	**3** : 1

20 — $N = 20 = 2^2 \cdot 5$ (1 isogeny class)

	a_1	a_2	a_3	a_4	a_6	r	$|T|$	s	ord(Δ)	ord$_-(j)$	c_p	Kodaira	Isogenies
A1(B)	0	1	0	4	4	0	6	−	8,2	0,2	3,2	IV^*,I_2	**2** : 2; **3** : 3
A2(A)	0	1	0	−1	0	0	6	+	4,1	0,1	3,1	IV,I_1	**2** : 1; **3** : 4
A3(D)	0	1	0	−36	−140	0	2	−	8,6	0,6	1,2	IV^*,I_6	**2** : 4; **3** : 1
A4(C)	0	1	0	−41	−116	0	2	+	4,3	0,3	1,1	IV,I_3	**2** : 3; **3** : 2

21 — $N = 21 = 3 \cdot 7$ (1 isogeny class)

	a_1	a_2	a_3	a_4	a_6	r	$|T|$	s	ord(Δ)	ord$_-(j)$	c_p	Kodaira	Isogenies
A1(B)	1	0	0	−4	−1	0	8	+	4,2	4,2	4,2	I_4,I_2	**2** : 2,3,4
A2(D)	1	0	0	−49	−136	0	4	+	2,4	2,4	2,2	I_2,I_4	**2** : 1,5,6
A3(C)	1	0	0	−39	90	0	8	+	8,1	8,1	8,1	I_8,I_1	**2** : 1
A4(A)	1	0	0	1	0	0	4	−	2,1	2,1	2,1	I_2,I_1	**2** : 1
A5(F)	1	0	0	−784	−8515	0	2	+	1,2	1,2	1,2	I_1,I_2	**2** : 2
A6(E)	1	0	0	−34	−217	0	2	−	1,8	1,8	1,2	I_1,I_8	**2** : 2

TABLE 1: ELLIPTIC CURVES 24A–34A

	a_1	a_2	a_3	a_4	a_6	r	$|T|$	s	$\mathrm{ord}(\Delta)$	$\mathrm{ord}_-(j)$	c_p	Kodaira	Isogenies

24

$N = 24 = 2^3 \cdot 3$ (1 isogeny class)

	a_1	a_2	a_3	a_4	a_6	r	$|T|$	s	$\mathrm{ord}(\Delta)$	$\mathrm{ord}_-(j)$	c_p	Kodaira	Isogenies
A1(B)	0	−1	0	−4	4	0	8	+	8,2	0,2	4,2	I_1^*, I_2	**2** : 2,3,4
A2(C)	0	−1	0	−24	−36	0	4	+	10,4	0,4	2,2	III^*, I_4	**2** : 1,5,6
A3(D)	0	−1	0	−64	220	0	4	+	10,1	0,1	2,1	III^*, I_1	**2** : 1
A4(A)	0	−1	0	1	0	0	4	−	4,1	0,1	2,1	III, I_1	**2** : 1
A5(F)	0	−1	0	−384	−2772	0	2	+	11,2	0,2	1,2	II^*, I_2	**2** : 2
A6(E)	0	−1	0	16	−180	0	2	−	11,8	0,8	1,2	II^*, I_8	**2** : 2

26

$N = 26 = 2 \cdot 13$ (2 isogeny classes)

	a_1	a_2	a_3	a_4	a_6	r	$|T|$	s	$\mathrm{ord}(\Delta)$	$\mathrm{ord}_-(j)$	c_p	Kodaira	Isogenies
A1(B)	1	0	1	−5	−8	0	3	−	3,3	3,3	1,3	I_3, I_3	**3** : 2,3
A2(C)	1	0	1	−460	−3830	0	1	−	9,1	9,1	1,1	I_9, I_1	**3** : 1
A3(A)	1	0	1	0	0	0	3	−	1,1	1,1	1,1	I_1, I_1	**3** : 1
B1(D)	1	−1	1	−3	3	0	7	−	7,1	7,1	7,1	I_7, I_1	**7** : 2
B2(E)	1	−1	1	−213	−1257	0	1	−	1,7	1,7	1,1	I_1, I_7	**7** : 1

27

$N = 27 = 3^3$ (1 isogeny class)

	a_1	a_2	a_3	a_4	a_6	r	$|T|$	s	$\mathrm{ord}(\Delta)$	$\mathrm{ord}_-(j)$	c_p	Kodaira	Isogenies
A1(B)	0	0	1	0	−7	0	3	−	9	0	3	IV^*	**3** : 2,3
A2(D)	0	0	1	−270	−1708	0	1	−	11	0	1	II^*	**3** : 1
A3(A)	0	0	1	0	0	0	3	−	3	0	1	II	**3** : 1,4
A4(C)	0	0	1	−30	63	0	3	−	5	0	1	IV	**3** : 3

30

$N = 30 = 2 \cdot 3 \cdot 5$ (1 isogeny class)

	a_1	a_2	a_3	a_4	a_6	r	$|T|$	s	$\mathrm{ord}(\Delta)$	$\mathrm{ord}_-(j)$	c_p	Kodaira	Isogenies
A1(A)	1	0	1	1	2	0	6	−	4,3,1	4,3,1	2,3,1	I_4, I_3, I_1	**2** : 2; **3** : 3
A2(B)	1	0	1	−19	26	0	12	+	2,6,2	2,6,2	2,6,2	I_2, I_6, I_2	**2** : 1,4,5; **3** : 6
A3(C)	1	0	1	−14	−64	0	2	−	12,1,3	12,1,3	2,1,1	I_{12}, I_1, I_3	**2** : 6; **3** : 1
A4(D)	1	0	1	−69	−194	0	6	+	1,12,1	1,12,1	1,12,1	I_1, I_{12}, I_1	**2** : 2; **3** : 7
A5(E)	1	0	1	−289	1862	0	6	+	1,3,4	1,3,4	1,3,2	I_1, I_3, I_4	**2** : 2; **3** : 8
A6(F)	1	0	1	−334	−2368	0	4	+	6,2,6	6,2,6	2,2,2	I_6, I_2, I_6	**2** : 3,7,8; **3** : 2
A7(G)	1	0	1	−5334	−150368	0	2	+	3,4,3	3,4,3	1,4,1	I_3, I_4, I_3	**2** : 6; **3** : 4
A8(H)	1	0	1	−454	−544	0	2	+	3,1,12	3,1,12	1,1,2	I_3, I_1, I_{12}	**2** : 6; **3** : 5

32

$N = 32 = 2^5$ (1 isogeny class)

	a_1	a_2	a_3	a_4	a_6	r	$|T|$	s	$\mathrm{ord}(\Delta)$	$\mathrm{ord}_-(j)$	c_p	Kodaira	Isogenies
A1(B)	0	0	0	4	0	0	4	−	12	0	4	I_3^*	**2** : 2
A2(A)	0	0	0	−1	0	0	4	+	6	0	2	III	**2** : 1,3,4
A3(C)	0	0	0	−11	−14	0	2	+	9	0	1	I_0^*	**2** : 2
A4(D)	0	0	0	−11	14	0	4	+	9	0	2	I_0^*	**2** : 2

33

$N = 33 = 3 \cdot 11$ (1 isogeny class)

	a_1	a_2	a_3	a_4	a_6	r	$|T|$	s	$\mathrm{ord}(\Delta)$	$\mathrm{ord}_-(j)$	c_p	Kodaira	Isogenies
A1(B)	1	1	0	−11	0	0	4	+	6,2	6,2	2,2	I_6, I_2	**2** : 2,3,4
A2(A)	1	1	0	−6	−9	0	2	+	3,1	3,1	1,1	I_3, I_1	**2** : 1
A3(D)	1	1	0	−146	621	0	4	+	3,4	3,4	1,4	I_3, I_4	**2** : 1
A4(C)	1	1	0	44	55	0	2	−	12,1	12,1	2,1	I_{12}, I_1	**2** : 1

34

$N = 34 = 2 \cdot 17$ (1 isogeny class)

	a_1	a_2	a_3	a_4	a_6	r	$|T|$	s	$\mathrm{ord}(\Delta)$	$\mathrm{ord}_-(j)$	c_p	Kodaira	Isogenies
A1(A)	1	0	0	−3	1	0	6	+	6,1	6,1	6,1	I_6, I_1	**2** : 2; **3** : 3
A2(B)	1	0	0	−43	105	0	6	+	3,2	3,2	3,2	I_3, I_2	**2** : 1; **3** : 4
A3(C)	1	0	0	−103	−411	0	2	+	2,3	2,3	2,1	I_2, I_3	**2** : 4; **3** : 1
A4(D)	1	0	0	−113	−329	0	2	+	1,6	1,6	1,2	I_1, I_6	**2** : 3; **3** : 2

TABLE 1: ELLIPTIC CURVES 35A–43A

	a_1 a_2 a_3	a_4	a_6	r	$|T|$	s	$\mathrm{ord}(\Delta)$	$\mathrm{ord}_-(j)$	c_p	Kodaira	Isogenies

35 $N = 35 = 5 \cdot 7$ (1 isogeny class)   35

	a_1 a_2 a_3	a_4	a_6	r	$|T|$	s	$\mathrm{ord}(\Delta)$	$\mathrm{ord}_-(j)$	c_p	Kodaira	Isogenies
A1(B)	0 1 1	9	1	0	3	−	3,3	3,3	1,3	I_3,I_3	**3** : 2, 3
A2(C)	0 1 1	−131	−650	0	1	−	9,1	9,1	1,1	I_9,I_1	**3** : 1
A3(A)	0 1 1	−1	0	0	3	−	1,1	1,1	1,1	I_1,I_1	**3** : 1

36 $N = 36 = 2^2 \cdot 3^2$ (1 isogeny class)   36

	a_1 a_2 a_3	a_4	a_6	r	$|T|$	s	$\mathrm{ord}(\Delta)$	$\mathrm{ord}_-(j)$	c_p	Kodaira	Isogenies
A1(A)	0 0 0	0	1	0	6	−	4,3	0,0	3,2	IV,III	**2** : 2; **3** : 3
A2(B)	0 0 0	−15	22	0	6	+	8,3	0,0	3,2	IV^*,III	**2** : 1; **3** : 4
A3(C)	0 0 0	0	−27	0	2	−	4,9	0,0	1,2	IV,III^*	**2** : 4; **3** : 1
A4(D)	0 0 0	−135	−594	0	2	+	8,9	0,0	1,2	IV^*,III^*	**2** : 3; **3** : 2

37 $N = 37 = 37$ (2 isogeny classes)   37

	a_1 a_2 a_3	a_4	a_6	r	$|T|$	s	$\mathrm{ord}(\Delta)$	$\mathrm{ord}_-(j)$	c_p	Kodaira	Isogenies
A1(A)	0 0 1	−1	0	1	1	+	1	1	1	I_1	
B1(C)	0 1 1	−23	−50	0	3	+	3	3	3	I_3	**3** : 2, 3
B2(D)	0 1 1	−1873	−31833	0	1	+	1	1	1	I_1	**3** : 1
B3(B)	0 1 1	−3	1	0	3	+	1	1	1	I_1	**3** : 1

38 $N = 38 = 2 \cdot 19$ (2 isogeny classes)   38

	a_1 a_2 a_3	a_4	a_6	r	$|T|$	s	$\mathrm{ord}(\Delta)$	$\mathrm{ord}_-(j)$	c_p	Kodaira	Isogenies
A1(D)	1 0 1	9	90	0	3	−	9,3	9,3	1,3	I_9,I_3	**3** : 2, 3
A2(E)	1 0 1	−86	−2456	0	1	−	27,1	27,1	1,1	I_{27},I_1	**3** : 1
A3(C)	1 0 1	−16	22	0	3	−	3,1	3,1	1,1	I_3,I_1	**3** : 1
B1(A)	1 1 1	0	1	0	5	−	5,1	5,1	5,1	I_5,I_1	**5** : 2
B2(B)	1 1 1	−70	−279	0	1	−	1,5	1,5	1,1	I_1,I_5	**5** : 1

39 $N = 39 = 3 \cdot 13$ (1 isogeny class)   39

	a_1 a_2 a_3	a_4	a_6	r	$|T|$	s	$\mathrm{ord}(\Delta)$	$\mathrm{ord}_-(j)$	c_p	Kodaira	Isogenies
A1(B)	1 1 0	−4	−5	0	4	+	2,2	2,2	2,2	I_2,I_2	**2** : 2, 3, 4
A2(C)	1 1 0	−69	−252	0	2	+	4,1	4,1	2,1	I_4,I_1	**2** : 1
A3(D)	1 1 0	−19	22	0	4	+	1,4	1,4	1,4	I_1,I_4	**2** : 1
A4(A)	1 1 0	1	0	0	2	−	1,1	1,1	1,1	I_1,I_1	**2** : 1

40 $N = 40 = 2^3 \cdot 5$ (1 isogeny class)   40

	a_1 a_2 a_3	a_4	a_6	r	$|T|$	s	$\mathrm{ord}(\Delta)$	$\mathrm{ord}_-(j)$	c_p	Kodaira	Isogenies
A1(B)	0 0 0	−7	−6	0	4	+	8,2	0,2	2,2	I_1^*,I_2	**2** : 2, 3, 4
A2(D)	0 0 0	−107	−426	0	2	+	10,1	0,1	2,1	III^*,I_1	**2** : 1
A3(A)	0 0 0	−2	1	0	4	+	4,1	0,1	2,1	III,I_1	**2** : 1
A4(C)	0 0 0	13	−34	0	4	−	10,4	0,4	2,4	III^*,I_4	**2** : 1

42 $N = 42 = 2 \cdot 3 \cdot 7$ (1 isogeny class)   42

	a_1 a_2 a_3	a_4	a_6	r	$|T|$	s	$\mathrm{ord}(\Delta)$	$\mathrm{ord}_-(j)$	c_p	Kodaira	Isogenies
A1(A)	1 1 1	−4	5	0	8	−	8,2,1	8,2,1	8,2,1	I_8,I_2,I_1	**2** : 2
A2(B)	1 1 1	−84	261	0	8	+	4,4,2	4,4,2	4,2,2	I_4,I_4,I_2	**2** : 1, 3, 4
A3(C)	1 1 1	−104	101	0	4	+	2,8,4	2,8,4	2,2,2	I_2,I_8,I_4	**2** : 2, 5, 6
A4(D)	1 1 1	−1344	18405	0	4	+	2,2,1	2,2,1	2,2,1	I_2,I_2,I_1	**2** : 2
A5(F)	1 1 1	−914	−10915	0	2	+	1,4,8	1,4,8	1,2,2	I_1,I_4,I_8	**2** : 3
A6(E)	1 1 1	386	1277	0	2	−	1,16,2	1,16,2	1,2,2	I_1,I_{16},I_2	**2** : 3

43 $N = 43 = 43$ (1 isogeny class)   43

	a_1 a_2 a_3	a_4	a_6	r	$|T|$	s	$\mathrm{ord}(\Delta)$	$\mathrm{ord}_-(j)$	c_p	Kodaira	Isogenies
A1(A)	0 1 1	0	0	1	1	−	1	1	1	I_1	

TABLE 1: ELLIPTIC CURVES 44A–52A

	a_1	a_2	a_3	a_4	a_6	r	$|T|$	s	ord(Δ)	ord$_-(j)$	c_p	Kodaira	Isogenies
44					$N = 44 = 2^2 \cdot 11$			(1 isogeny class)					**44**
A1(A)	0	1	0	3	-1	0	3	$-$	8,1	0,1	3,1	IV*,I$_1$	**3** : 2
A2(B)	0	1	0	-77	-289	0	1	$-$	8,3	0,3	1,1	IV*,I$_3$	**3** : 1
45					$N = 45 = 3^2 \cdot 5$			(1 isogeny class)					**45**
A1(A)	1	-1	0	0	-5	0	2	$-$	7,1	1,1	2,1	I$_1^*$,I$_1$	**2** : 2
A2(B)	1	-1	0	-45	-104	0	4	$+$	8,2	2,2	4,2	I$_2^*$,I$_2$	**2** : 1,3,4
A3(D)	1	-1	0	-720	-7259	0	2	$+$	7,1	1,1	4,1	I$_1^*$,I$_1$	**2** : 2
A4(C)	1	-1	0	-90	175	0	4	$+$	10,4	4,4	4,2	I$_4^*$,I$_4$	**2** : 2,5,6
A5(E)	1	-1	0	-1215	16600	0	4	$+$	14,2	8,2	4,2	I$_8^*$,I$_2$	**2** : 4,7,8
A6(F)	1	-1	0	315	1066	0	2	$-$	8,8	2,8	2,2	I$_2^*$,I$_8$	**2** : 4
A7(H)	1	-1	0	-19440	1048135	0	2	$+$	10,1	4,1	2,1	I$_4^*$,I$_1$	**2** : 5
A8(G)	1	-1	0	-990	22765	0	2	$-$	22,1	16,1	4,1	I$_{16}^*$,I$_1$	**2** : 5
46					$N = 46 = 2 \cdot 23$			(1 isogeny class)					**46**
A1(A)	1	-1	0	-10	-12	0	2	$-$	10,1	10,1	2,1	I$_{10}$,I$_1$	**2** : 2
A2(B)	1	-1	0	-170	-812	0	2	$+$	5,2	5,2	1,2	I$_5$,I$_2$	**2** : 1
48					$N = 48 = 2^4 \cdot 3$			(1 isogeny class)					**48**
A1(B)	0	1	0	-4	-4	0	4	$+$	8,2	0,2	2,2	I$_0^*$,I$_2$	**2** : 2,3,4
A2(D)	0	1	0	-64	-220	0	2	$+$	10,1	0,1	2,1	I$_2^*$,I$_1$	**2** : 1
A3(C)	0	1	0	-24	36	0	8	$+$	10,4	0,4	4,4	I$_2^*$,I$_4$	**2** : 1,5,6
A4(A)	0	1	0	1	0	0	2	$-$	4,1	0,1	1,1	II,I$_1$	**2** : 1
A5(F)	0	1	0	-384	2772	0	4	$+$	11,2	0,2	2,2	I$_3^*$,I$_2$	**2** : 3
A6(E)	0	1	0	16	180	0	8	$-$	11,8	0,8	4,8	I$_3^*$,I$_8$	**2** : 3
49					$N = 49 = 7^2$			(1 isogeny class)					**49**
A1(A)	1	-1	0	-2	-1	0	2	$-$	3	0	2	III	**2** : 2; **7** : 3
A2(B)	1	-1	0	-37	-78	0	2	$+$	3	0	2	III	**2** : 1; **7** : 4
A3(C)	1	-1	0	-107	552	0	2	$-$	9	0	2	III*	**2** : 4; **7** : 1
A4(D)	1	-1	0	-1822	30393	0	2	$+$	9	0	2	III*	**2** : 3; **7** : 2
50					$N = 50 = 2 \cdot 5^2$			(2 isogeny classes)					**50**
A1(E)	1	0	1	-1	-2	0	3	$-$	1,4	1,0	1,3	I$_1$,IV	**3** : 2; **5** : 3
A2(F)	1	0	1	-126	-552	0	1	$-$	3,4	3,0	1,1	I$_3$,IV	**3** : 1; **5** : 4
A3(G)	1	0	1	-76	298	0	3	$-$	5,8	5,0	1,3	I$_5$,IV*	**3** : 4; **5** : 1
A4(H)	1	0	1	549	-2202	0	1	$-$	15,8	15,0	1,1	I$_{15}$,IV*	**3** : 3; **5** : 2
B1(A)	1	1	1	-3	1	0	5	$-$	5,2	5,0	5,1	I$_5$,II	**3** : 2; **5** : 3
B2(B)	1	1	1	22	-9	0	5	$-$	15,2	15,0	15,1	I$_{15}$,II	**3** : 1; **5** : 4
B3(C)	1	1	1	-13	-219	0	1	$-$	1,10	1,0	1,1	I$_1$,II*	**3** : 4; **5** : 1
B4(D)	1	1	1	-3138	-68969	0	1	$-$	3,10	3,0	3,1	I$_3$,II*	**3** : 3; **5** : 2
51					$N = 51 = 3 \cdot 17$			(1 isogeny class)					**51**
A1(A)	0	1	1	1	-1	0	3	$-$	3,1	3,1	3,1	I$_3$,I$_1$	**3** : 2
A2(B)	0	1	1	-59	-196	0	1	$-$	1,3	1,3	1,1	I$_1$,I$_3$	**3** : 1
52					$N = 52 = 2^2 \cdot 13$			(1 isogeny class)					**52**
A1(B)	0	0	0	1	-10	0	2	$-$	8,2	0,2	1,2	IV*,I$_2$	**2** : 2
A2(A)	0	0	0	-4	-3	0	2	$+$	4,1	0,1	1,1	IV,I$_1$	**2** : 1

TABLE 1: ELLIPTIC CURVES 53A–62A

	a_1	a_2	a_3	a_4	a_6	r	$|T|$	s	ord(Δ)	ord$_-(j)$	c_p	Kodaira	Isogenies

53 $N = 53 = 53$ (1 isogeny class)

	a_1	a_2	a_3	a_4	a_6	r	$|T|$	s	ord(Δ)	ord$_-(j)$	c_p	Kodaira	Isogenies
A1(A)	1	−1	1	0	0	1	1	−	1	1	1	I_1	

54 $N = 54 = 2 \cdot 3^3$ (2 isogeny classes)

	a_1	a_2	a_3	a_4	a_6	r	$|T|$	s	ord(Δ)	ord$_-(j)$	c_p	Kodaira	Isogenies
A1(E)	1	−1	0	12	8	0	3	−	3,9	3,0	1,3	I_3,IV^*	**3** : 2,3
A2(F)	1	−1	0	−123	−667	0	1	−	9,11	9,0	1,1	I_9,II^*	**3** : 1
A3(D)	1	−1	0	−3	3	0	3	−	1,3	1,0	1,1	I_1,II	**3** : 1
B1(A)	1	−1	1	1	−1	0	3	−	3,3	3,0	3,1	I_3,II	**3** : 2,3
B2(C)	1	−1	1	−29	−53	0	1	−	1,9	1,0	1,1	I_1,IV^*	**3** : 1
B3(B)	1	−1	1	−14	29	0	9	−	9,5	9,0	9,3	I_9,IV	**3** : 1

55 $N = 55 = 5 \cdot 11$ (1 isogeny class)

	a_1	a_2	a_3	a_4	a_6	r	$|T|$	s	ord(Δ)	ord$_-(j)$	c_p	Kodaira	Isogenies
A1(B)	1	−1	0	−4	3	0	4	+	2,2	2,2	2,2	I_2,I_2	**2** : 2,3,4
A2(D)	1	−1	0	−29	−52	0	2	+	1,4	1,4	1,2	I_1,I_4	**2** : 1
A3(C)	1	−1	0	−59	190	0	4	+	4,1	4,1	4,1	I_4,I_1	**2** : 1
A4(A)	1	−1	0	1	0	0	2	−	1,1	1,1	1,1	I_1,I_1	**2** : 1

56 $N = 56 = 2^3 \cdot 7$ (2 isogeny classes)

	a_1	a_2	a_3	a_4	a_6	r	$|T|$	s	ord(Δ)	ord$_-(j)$	c_p	Kodaira	Isogenies
A1(C)	0	0	0	1	2	0	4	−	8,1	0,1	4,1	I_1^*,I_1	**2** : 2
A2(D)	0	0	0	−19	30	0	4	+	10,2	0,2	2,2	III^*,I_2	**2** : 1,3,4
A3(E)	0	0	0	−59	−138	0	2	+	11,4	0,4	1,2	II^*,I_4	**2** : 2
A4(F)	0	0	0	−299	1990	0	2	+	11,1	0,1	1,1	II^*,I_1	**2** : 2
B1(A)	0	−1	0	0	−4	0	2	−	10,1	0,1	2,1	III^*,I_1	**2** : 2
B2(B)	0	−1	0	−40	−84	0	2	+	11,2	0,2	1,2	II^*,I_2	**2** : 1

57 $N = 57 = 3 \cdot 19$ (3 isogeny classes)

	a_1	a_2	a_3	a_4	a_6	r	$|T|$	s	ord(Δ)	ord$_-(j)$	c_p	Kodaira	Isogenies
A1(E)	0	−1	1	−2	2	1	1	−	2,1	2,1	2,1	I_2,I_1	
B1(B)	1	0	1	−7	5	0	4	+	2,2	2,2	2,2	I_2,I_2	**2** : 2,3,4
B2(A)	1	0	1	−2	−1	0	2	+	1,1	1,1	1,1	I_1,I_1	**2** : 1
B3(C)	1	0	1	−102	385	0	4	+	4,1	4,1	4,1	I_4,I_1	**2** : 1
B4(D)	1	0	1	8	29	0	2	−	1,4	1,4	1,2	I_1,I_4	**2** : 1
C1(F)	0	1	1	20	−32	0	5	−	10,1	10,1	10,1	I_{10},I_1	**5** : 2
C2(G)	0	1	1	−4390	−113432	0	1	−	2,5	2,5	2,1	I_2,I_5	**5** : 1

58 $N = 58 = 2 \cdot 29$ (2 isogeny classes)

	a_1	a_2	a_3	a_4	a_6	r	$|T|$	s	ord(Δ)	ord$_-(j)$	c_p	Kodaira	Isogenies
A1(A)	1	−1	0	−1	1	1	1	−	2,1	2,1	2,1	I_2,I_1	
B1(B)	1	1	1	5	9	0	5	−	10,1	10,1	10,1	I_{10},I_1	**5** : 2
B2(C)	1	1	1	−455	−3951	0	1	−	2,5	2,5	2,1	I_2,I_5	**5** : 1

61 $N = 61 = 61$ (1 isogeny class)

	a_1	a_2	a_3	a_4	a_6	r	$|T|$	s	ord(Δ)	ord$_-(j)$	c_p	Kodaira	Isogenies
A1(A)	1	0	0	−2	1	1	1	−	1	1	1	I_1	

62 $N = 62 = 2 \cdot 31$ (1 isogeny class)

	a_1	a_2	a_3	a_4	a_6	r	$|T|$	s	ord(Δ)	ord$_-(j)$	c_p	Kodaira	Isogenies
A1(A)	1	−1	1	−1	1	0	4	−	4,1	4,1	4,1	I_4,I_1	**2** : 2
A2(B)	1	−1	1	−21	41	0	4	+	2,2	2,2	2,2	I_2,I_2	**2** : 1,3,4
A3(C)	1	−1	1	−31	5	0	2	+	1,4	1,4	1,2	I_1,I_4	**2** : 2
A4(D)	1	−1	1	−331	2397	0	2	+	1,1	1,1	1,1	I_1,I_1	**2** : 2

TABLE 1: ELLIPTIC CURVES 63A–70A

	a_1	a_2	a_3	a_4	a_6	r	$|T|$	s	$\text{ord}(\Delta)$	$\text{ord}_-(j)$	c_p	Kodaira	Isogenies

63 — $N = 63 = 3^2 \cdot 7$ (1 isogeny class)

	a_1	a_2	a_3	a_4	a_6	r	$|T|$	s	$\text{ord}(\Delta)$	$\text{ord}_-(j)$	c_p	Kodaira	Isogenies
A1(A)	1	−1	0	9	0	0	2	−	8,1	2,1	2,1	I_2^*,I_1	**2** : 2
A2(B)	1	−1	0	−36	27	0	4	+	10,2	4,2	4,2	I_4^*,I_2	**2** : 1,3,4
A3(C)	1	−1	0	−351	−2430	0	2	+	14,1	8,1	4,1	I_8^*,I_1	**2** : 2
A4(D)	1	−1	0	−441	3672	0	4	+	8,4	2,4	4,2	I_2^*,I_4	**2** : 2,5,6
A5(F)	1	−1	0	−7056	229905	0	4	+	7,2	1,2	4,2	I_1^*,I_2	**2** : 4
A6(E)	1	−1	0	−306	5859	0	2	−	7,8	1,8	2,2	I_1^*,I_8	**2** : 4

64 — $N = 64 = 2^6$ (1 isogeny class)

	a_1	a_2	a_3	a_4	a_6	r	$|T|$	s	$\text{ord}(\Delta)$	$\text{ord}_-(j)$	c_p	Kodaira	Isogenies
A1(B)	0	0	0	−4	0	0	4	+	12	0	4	I_2^*	**2** : 2,3,4
A2(C)	0	0	0	−44	−112	0	2	+	15	0	2	I_5^*	**2** : 1
A3(D)	0	0	0	−44	112	0	4	+	15	0	4	I_5^*	**2** : 1
A4(A)	0	0	0	1	0	0	2	−	6	0	1	II	**2** : 1

65 — $N = 65 = 5 \cdot 13$ (1 isogeny class)

	a_1	a_2	a_3	a_4	a_6	r	$|T|$	s	$\text{ord}(\Delta)$	$\text{ord}_-(j)$	c_p	Kodaira	Isogenies
A1(A)	1	0	0	−1	0	1	2	+	1,1	1,1	1,1	I_1,I_1	**2** : 2
A2(B)	1	0	0	4	1	1	2	−	2,2	2,2	2,2	I_2,I_2	**2** : 1

66 — $N = 66 = 2 \cdot 3 \cdot 11$ (3 isogeny classes)

	a_1	a_2	a_3	a_4	a_6	r	$|T|$	s	$\text{ord}(\Delta)$	$\text{ord}_-(j)$	c_p	Kodaira	Isogenies
A1(A)	1	0	1	−6	4	0	6	+	2,3,1	2,3,1	2,3,1	I_2,I_3,I_1	**2** : 2; **3** : 3
A2(B)	1	0	1	4	20	0	6	−	1,6,2	1,6,2	1,6,2	I_1,I_6,I_2	**2** : 1; **3** : 4
A3(C)	1	0	1	−81	−284	0	2	+	6,1,3	6,1,3	2,1,1	I_6,I_1,I_3	**2** : 4; **3** : 1
A4(D)	1	0	1	−41	−556	0	2	−	3,2,6	3,2,6	1,2,2	I_3,I_2,I_6	**2** : 3; **3** : 2
B1(E)	1	1	1	−2	−1	0	4	+	4,1,1	4,1,1	4,1,1	I_4,I_1,I_1	**2** : 2
B2(F)	1	1	1	−22	−49	0	4	+	2,2,2	2,2,2	2,2,2	I_2,I_2,I_2	**2** : 1,3,4
B3(H)	1	1	1	−352	−2689	0	2	+	1,1,1	1,1,1	1,1,1	I_1,I_1,I_1	**2** : 2
B4(G)	1	1	1	−12	−81	0	2	−	1,4,4	1,4,4	1,2,2	I_1,I_4,I_4	**2** : 2
C1(I)	1	0	0	−45	81	0	10	+	10,5,1	10,5,1	10,5,1	I_{10},I_5,I_1	**2** : 2; **5** : 3
C2(J)	1	0	0	115	561	0	10	−	5,10,2	5,10,2	5,10,2	I_5,I_{10},I_2	**2** : 1; **5** : 4
C3(L)	1	0	0	−10065	−389499	0	2	+	2,1,5	2,1,5	2,1,5	I_2,I_1,I_5	**2** : 4; **5** : 1
C4(K)	1	0	0	−10055	−390309	0	2	−	1,2,10	1,2,10	1,2,10	I_1,I_2,I_{10}	**2** : 3; **5** : 2

67 — $N = 67 = 67$ (1 isogeny class)

	a_1	a_2	a_3	a_4	a_6	r	$|T|$	s	$\text{ord}(\Delta)$	$\text{ord}_-(j)$	c_p	Kodaira	Isogenies
A1(A)	0	1	1	−12	−21	0	1	−	1	1	1	I_1	

69 — $N = 69 = 3 \cdot 23$ (1 isogeny class)

	a_1	a_2	a_3	a_4	a_6	r	$|T|$	s	$\text{ord}(\Delta)$	$\text{ord}_-(j)$	c_p	Kodaira	Isogenies
A1(A)	1	0	1	−1	−1	0	2	−	2,1	2,1	2,1	I_2,I_1	**2** : 2
A2(B)	1	0	1	−16	−25	0	2	+	1,2	1,2	1,2	I_1,I_2	**2** : 1

70 — $N = 70 = 2 \cdot 5 \cdot 7$ (1 isogeny class)

	a_1	a_2	a_3	a_4	a_6	r	$|T|$	s	$\text{ord}(\Delta)$	$\text{ord}_-(j)$	c_p	Kodaira	Isogenies
A1(A)	1	−1	1	2	−3	0	4	−	4,2,1	4,2,1	4,2,1	I_4,I_2,I_1	**2** : 2
A2(B)	1	−1	1	−18	−19	0	4	+	2,4,2	2,4,2	2,2,2	I_2,I_4,I_2	**2** : 1,3,4
A3(D)	1	−1	1	−268	−1619	0	2	+	1,2,4	1,2,4	1,2,2	I_1,I_2,I_4	**2** : 2
A4(C)	1	−1	1	−88	317	0	2	+	1,8,1	1,8,1	1,2,1	I_1,I_8,I_1	**2** : 2

TABLE 1: ELLIPTIC CURVES 72A–79A

	a_1	a_2	a_3	a_4	a_6	r	$|T|$	s	$\mathrm{ord}(\Delta)$	$\mathrm{ord}_-(j)$	c_p	Kodaira	Isogenies

72 $N = 72 = 2^3 \cdot 3^2$ (1 isogeny class)

	a_1	a_2	a_3	a_4	a_6	r	$|T|$	s	$\mathrm{ord}(\Delta)$	$\mathrm{ord}_-(j)$	c_p	Kodaira	Isogenies
A1(A)	0	0	0	6	-7	0	4	$-$	4,7	0,1	2,4	III,I_1^*	$\mathbf{2:2}$
A2(B)	0	0	0	-39	-70	0	4	$+$	8,8	0,2	2,4	I_1^*,I_2^*	$\mathbf{2:1,3,4}$
A3(D)	0	0	0	-579	-5362	0	2	$+$	10,7	0,1	2,2	III^*,I_1^*	$\mathbf{2:2}$
A4(C)	0	0	0	-219	1190	0	4	$+$	10,10	0,4	2,4	III^*,I_4^*	$\mathbf{2:2,5,6}$
A5(F)	0	0	0	-3459	78302	0	2	$+$	11,8	0,2	1,2	II^*,I_2^*	$\mathbf{2:4}$
A6(E)	0	0	0	141	4718	0	2	$-$	11,14	0,8	1,4	II^*,I_8^*	$\mathbf{2:4}$

73 $N = 73 = 73$ (1 isogeny class)

	a_1	a_2	a_3	a_4	a_6	r	$|T|$	s	$\mathrm{ord}(\Delta)$	$\mathrm{ord}_-(j)$	c_p	Kodaira	Isogenies
A1(B)	1	-1	0	4	-3	0	2	$-$	2	2	2	I_2	$\mathbf{2:2}$
A2(A)	1	-1	0	-1	0	0	2	$+$	1	1	1	I_1	$\mathbf{2:1}$

75 $N = 75 = 3 \cdot 5^2$ (3 isogeny classes)

	a_1	a_2	a_3	a_4	a_6	r	$|T|$	s	$\mathrm{ord}(\Delta)$	$\mathrm{ord}_-(j)$	c_p	Kodaira	Isogenies
A1(A)	0	-1	1	-8	-7	0	1	$-$	1,4	1,0	1,1	I_1,IV	$\mathbf{5:2}$
A2(B)	0	-1	1	42	443	0	1	$-$	5,8	5,0	1,1	I_5,IV^*	$\mathbf{5:1}$
B1(E)	1	0	1	-1	23	0	2	$-$	1,7	1,1	1,2	I_1,I_1^*	$\mathbf{2:2}$
B2(F)	1	0	1	-126	523	0	4	$+$	2,8	2,2	2,4	I_2,I_2^*	$\mathbf{2:1,3,4}$
B3(G)	1	0	1	-251	-727	0	4	$+$	4,10	4,4	4,4	I_4,I_4^*	$\mathbf{2:2,5,6}$
B4(H)	1	0	1	-2001	34273	0	2	$+$	1,7	1,1	1,2	I_1,I_1^*	$\mathbf{2:2}$
B5(I)	1	0	1	-3376	-75727	0	4	$+$	8,8	8,2	8,4	I_8,I_2^*	$\mathbf{2:3,7,8}$
B6(J)	1	0	1	874	-5227	0	2	$-$	2,14	2,8	2,4	I_2,I_8^*	$\mathbf{2:3}$
B7(L)	1	0	1	-54001	-4834477	0	2	$+$	4,7	4,1	4,4	I_4,I_1^*	$\mathbf{2:5}$
B8(K)	1	0	1	-2751	-104477	0	4	$-$	16,7	16,1	16,4	I_{16},I_1^*	$\mathbf{2:5}$
C1(C)	0	1	1	2	4	0	5	$-$	5,2	5,0	5,1	I_5,II	$\mathbf{5:2}$
C2(D)	0	1	1	-208	-1256	0	1	$-$	1,10	1,0	1,1	I_1,II^*	$\mathbf{5:1}$

76 $N = 76 = 2^2 \cdot 19$ (1 isogeny class)

	a_1	a_2	a_3	a_4	a_6	r	$|T|$	s	$\mathrm{ord}(\Delta)$	$\mathrm{ord}_-(j)$	c_p	Kodaira	Isogenies
A1(A)	0	-1	0	-21	-31	0	1	$-$	8,1	0,1	1,1	IV^*,I_1	

77 $N = 77 = 7 \cdot 11$ (3 isogeny classes)

	a_1	a_2	a_3	a_4	a_6	r	$|T|$	s	$\mathrm{ord}(\Delta)$	$\mathrm{ord}_-(j)$	c_p	Kodaira	Isogenies
A1(F)	0	0	1	2	0	1	1	$-$	2,1	2,1	2,1	I_2,I_1	
B1(D)	0	1	1	-49	600	0	3	$-$	6,3	6,3	6,1	I_6,I_3	$\mathbf{3:2,3}$
B2(E)	0	1	1	441	-15815	0	1	$-$	2,9	2,9	2,1	I_2,I_9	$\mathbf{3:1}$
B3(C)	0	1	1	-89	295	0	3	$-$	2,1	2,1	2,1	I_2,I_1	$\mathbf{3:1}$
C1(A)	1	1	0	4	11	0	2	$-$	3,2	3,2	1,2	I_3,I_2	$\mathbf{2:2}$
C2(B)	1	1	0	-51	110	0	2	$+$	6,1	6,1	2,1	I_6,I_1	$\mathbf{2:1}$

78 $N = 78 = 2 \cdot 3 \cdot 13$ (1 isogeny class)

	a_1	a_2	a_3	a_4	a_6	r	$|T|$	s	$\mathrm{ord}(\Delta)$	$\mathrm{ord}_-(j)$	c_p	Kodaira	Isogenies
A1(A)	1	1	0	-19	685	0	2	$-$	16,5,1	16,5,1	2,1,1	I_{16},I_5,I_1	$\mathbf{2:2}$
A2(B)	1	1	0	-1299	17325	0	4	$+$	8,10,2	8,10,2	2,2,2	I_8,I_{10},I_2	$\mathbf{2:1,3,4}$
A3(C)	1	1	0	-2339	-15747	0	2	$+$	4,20,1	4,20,1	2,2,1	I_4,I_{20},I_1	$\mathbf{2:2}$
A4(D)	1	1	0	-20739	1140957	0	4	$+$	4,5,4	4,5,4	2,1,4	I_4,I_5,I_4	$\mathbf{2:2}$

79 $N = 79 = 79$ (1 isogeny class)

	a_1	a_2	a_3	a_4	a_6	r	$|T|$	s	$\mathrm{ord}(\Delta)$	$\mathrm{ord}_-(j)$	c_p	Kodaira	Isogenies
A1(A)	1	1	1	-2	0	1	1	$+$	1	1	1	I_1	

TABLE 1: ELLIPTIC CURVES 80A–90B

	a_1	a_2	a_3	a_4	a_6	r	$|T|$	s	ord(Δ)	ord$_-(j)$	c_p	Kodaira	Isogenies
80					$N=80=2^4 \cdot 5$			(2 isogeny classes)					**80**
A1(F)	0	0	0	-7	6	0	4	$+$	8,2	0,2	2,2	I_0^*,I_2	**2** : 2,3,4
A2(E)	0	0	0	-2	-1	0	2	$+$	4,1	0,1	1,1	II,I_1	**2** : 1
A3(H)	0	0	0	-107	426	0	4	$+$	10,1	0,1	4,1	I_2^*,I_1	**2** : 1
A4(G)	0	0	0	13	34	0	4	$-$	10,4	0,4	2,4	I_2^*,I_4	**2** : 1
B1(B)	0	-1	0	4	-4	0	2	$-$	8,2	0,2	1,2	I_0^*,I_2	**2** : 2; **3** : 3
B2(A)	0	-1	0	-1	0	0	2	$+$	4,1	0,1	1,1	II,I_1	**2** : 1; **3** : 4
B3(D)	0	-1	0	-36	140	0	2	$-$	8,6	0,6	1,2	I_0^*,I_6	**2** : 4; **3** : 1
B4(C)	0	-1	0	-41	116	0	2	$+$	4,3	0,3	1,1	II,I_3	**2** : 3; **3** : 2
82					$N=82=2 \cdot 41$			(1 isogeny class)					**82**
A1(A)	1	0	1	-2	0	1	2	$+$	2,1	2,1	2,1	I_2,I_1	**2** : 2
A2(B)	1	0	1	-12	-16	1	2	$+$	1,2	1,2	1,2	I_1,I_2	**2** : 1
83					$N=83=83$			(1 isogeny class)					**83**
A1(A)	1	1	1	1	0	1	1	$-$	1	1	1	I_1	
84					$N=84=2^2 \cdot 3 \cdot 7$			(2 isogeny classes)					**84**
A1(C)	0	1	0	7	0	0	6	$-$	4,3,2	0,3,2	3,3,2	IV,I_3,I_2	**2** : 2; **3** : 3
A2(D)	0	1	0	-28	-28	0	6	$+$	8,6,1	0,6,1	3,6,1	IV^*,I_6,I_1	**2** : 1; **3** : 4
A3(E)	0	1	0	-113	-516	0	2	$-$	4,1,6	0,1,6	1,1,6	IV,I_1,I_6	**2** : 4; **3** : 1
A4(F)	0	1	0	-1828	-30700	0	2	$+$	8,2,3	0,2,3	1,2,3	IV^*,I_2,I_3	**2** : 3; **3** : 2
B1(A)	0	-1	0	-1	-2	0	2	$-$	4,1,2	0,1,2	1,1,2	IV,I_1,I_2	**2** : 2
B2(B)	0	-1	0	-36	-72	0	2	$+$	8,2,1	0,2,1	1,2,1	IV^*,I_2,I_1	**2** : 1
85					$N=85=5 \cdot 17$			(1 isogeny class)					**85**
A1(A)	1	1	0	-8	-13	0	2	$+$	2,1	2,1	2,1	I_2,I_1	**2** : 2
A2(B)	1	1	0	-3	-22	0	2	$-$	4,2	4,2	2,2	I_4,I_2	**2** : 1
88					$N=88=2^3 \cdot 11$			(1 isogeny class)					**88**
A1(A)	0	0	0	-4	4	1	1	$-$	8,1	0,1	4,1	I_1^*,I_1	
89					$N=89=89$			(2 isogeny classes)					**89**
A1(C)	1	1	1	-1	0	1	1	$-$	1	1	1	I_1	
B1(A)	1	1	0	4	5	0	2	$-$	2	2	2	I_2	**2** : 2
B2(B)	1	1	0	-1	0	0	2	$+$	1	1	1	I_1	**2** : 1
90					$N=90=2 \cdot 3^2 \cdot 5$			(3 isogeny classes)					**90**
A1(M)	1	-1	0	6	0	0	6	$-$	2,3,3	2,0,3	2,2,3	I_2,III,I_3	**2** : 2; **3** : 3
A2(N)	1	-1	0	-24	18	0	6	$+$	1,3,6	1,0,6	1,2,6	I_1,III,I_6	**2** : 1; **3** : 4
A3(O)	1	-1	0	-69	-235	0	2	$-$	6,9,1	6,0,1	2,2,1	I_6,III^*,I_1	**2** : 4; **3** : 1
A4(P)	1	-1	0	-1149	-14707	0	2	$+$	3,9,2	3,0,2	1,2,2	I_3,III^*,I_2	**2** : 3; **3** : 2
B1(A)	1	-1	1	-8	11	0	6	$-$	6,3,1	6,0,1	6,2,1	I_6,III,I_1	**2** : 2; **3** : 3
B2(B)	1	-1	1	-128	587	0	6	$+$	3,3,2	3,0,2	3,2,2	I_3,III,I_2	**2** : 1; **3** : 4
B3(C)	1	-1	1	52	-53	0	2	$-$	2,9,3	2,0,3	2,2,1	I_2,III^*,I_3	**2** : 4; **3** : 1
B4(D)	1	-1	1	-218	-269	0	2	$+$	1,9,6	1,0,6	1,2,2	I_1,III^*,I_6	**2** : 3; **3** : 2

TABLE 1: ELLIPTIC CURVES 90C–99A

	$a_1\ a_2\ a_3$	a_4	a_6	r	$|T|$	s	ord(Δ)	ord$_{-}(j)$	c_p	Kodaira	Isogenies

90
$N = 90 = 2 \cdot 3^2 \cdot 5$ (continued)

	$a_1\ a_2\ a_3$	a_4	a_6	r	$|T|$	s	ord(Δ)	ord$_{-}(j)$	c_p	Kodaira	Isogenies
C1(E)	1 −1 1	13	−61	0	4	−	4,9,1	4,3,1	4,4,1	I_4,I_3^*,I_1	**2** : 2; **3** : 3
C2(F)	1 −1 1	−167	−709	0	4	+	2,12,2	2,6,2	2,4,2	I_2,I_6^*,I_2	**2** : 1,4,5; **3** : 6
C3(G)	1 −1 1	−122	1721	0	12	−	12,7,3	12,1,3	12,4,3	I_{12},I_1^*,I_3	**2** : 6; **3** : 1
C4(I)	1 −1 1	−2597	−50281	0	2	+	1,9,4	1,3,4	1,2,4	I_1,I_3^*,I_4	**2** : 2; **3** : 7
C5(H)	1 −1 1	−617	5231	0	2	+	1,18,1	1,12,1	1,4,1	I_1,I_{12}^*,I_1	**2** : 2; **3** : 8
C6(J)	1 −1 1	−3002	63929	0	12	+	6,8,6	6,2,6	6,4,6	I_6,I_2^*,I_6	**2** : 3,7,8; **3** : 2
C7(L)	1 −1 1	−4082	14681	0	6	+	3,7,12	3,1,12	3,2,12	I_3,I_1^*,I_{12}	**2** : 6; **3** : 4
C8(K)	1 −1 1	−48002	4059929	0	6	+	3,10,3	3,4,3	3,4,3	I_3,I_4^*,I_3	**2** : 6; **3** : 5

91
$N = 91 = 7 \cdot 13$ (2 isogeny classes)

	$a_1\ a_2\ a_3$	a_4	a_6	r	$|T|$	s	ord(Δ)	ord$_{-}(j)$	c_p	Kodaira	Isogenies
A1(A)	0 0 1	1	0	1	1	−	1,1	1,1	1,1	I_1,I_1	
B1(B)	0 1 1	−7	5	1	3	−	1,1	1,1	1,1	I_1,I_1	**3** : 2
B2(C)	0 1 1	13	42	1	3	−	3,3	3,3	3,3	I_3,I_3	**3** : 1,3
B3(D)	0 1 1	−117	−1245	1	1	−	9,1	9,1	9,1	I_9,I_1	**3** : 2

92
$N = 92 = 2^2 \cdot 23$ (2 isogeny classes)

	$a_1\ a_2\ a_3$	a_4	a_6	r	$|T|$	s	ord(Δ)	ord$_{-}(j)$	c_p	Kodaira	Isogenies
A1(A)	0 1 0	2	1	0	3	−	4,1	0,1	3,1	IV,I_1	**3** : 2
A2(B)	0 1 0	−18	−43	0	1	−	4,3	0,3	1,1	IV,I_3	**3** : 1
B1(C)	0 0 0	−1	1	1	1	−	4,1	0,1	3,1	IV,I_1	

94
$N = 94 = 2 \cdot 47$ (1 isogeny class)

	$a_1\ a_2\ a_3$	a_4	a_6	r	$|T|$	s	ord(Δ)	ord$_{-}(j)$	c_p	Kodaira	Isogenies
A1(A)	1 −1 1	0	−1	0	2	−	2,1	2,1	2,1	I_2,I_1	**2** : 2
A2(B)	1 −1 1	−10	−9	0	2	+	1,2	1,2	1,2	I_1,I_2	**2** : 1

96
$N = 96 = 2^5 \cdot 3$ (2 isogeny classes)

	$a_1\ a_2\ a_3$	a_4	a_6	r	$|T|$	s	ord(Δ)	ord$_{-}(j)$	c_p	Kodaira	Isogenies
A1(E)	0 1 0	−2	0	0	4	+	6,2	0,2	2,2	III,I_2	**2** : 2,3,4
A2(F)	0 1 0	−17	−33	0	2	+	12,1	0,1	2,1	I_3^*,I_1	**2** : 1
A3(H)	0 1 0	−32	60	0	2	+	9,1	0,1	1,1	I_0^*,I_1	**2** : 1
A4(G)	0 1 0	8	8	0	4	−	9,4	0,4	2,4	I_0^*,I_4	**2** : 1
B1(A)	0 −1 0	−2	0	0	4	+	6,2	0,2	2,2	III,I_2	**2** : 2,3,4
B2(D)	0 −1 0	−32	−60	0	2	+	9,1	0,1	2,1	I_0^*,I_1	**2** : 1
B3(B)	0 −1 0	−17	33	0	4	+	12,1	0,1	4,1	I_3^*,I_1	**2** : 1
B4(C)	0 −1 0	8	−8	0	2	−	9,4	0,4	1,2	I_0^*,I_4	**2** : 1

98
$N = 98 = 2 \cdot 7^2$ (1 isogeny class)

	$a_1\ a_2\ a_3$	a_4	a_6	r	$|T|$	s	ord(Δ)	ord$_{-}(j)$	c_p	Kodaira	Isogenies
A1(B)	1 1 0	−25	−111	0	2	−	2,7	2,1	2,2	I_2,I_1^*	**2** : 2; **3** : 3
A2(A)	1 1 0	−515	−4717	0	2	+	1,8	1,2	1,4	I_1,I_2^*	**2** : 1; **3** : 4
A3(D)	1 1 0	220	2192	0	2	−	6,9	6,3	2,2	I_6,I_3^*	**2** : 4; **3** : 1,5
A4(C)	1 1 0	−1740	22184	0	2	+	3,12	3,6	1,4	I_3,I_6^*	**2** : 3; **3** : 2,6
A5(F)	1 1 0	−8355	291341	0	2	−	18,7	18,1	2,2	I_{18},I_1^*	**2** : 6; **3** : 3
A6(E)	1 1 0	−133795	18781197	0	2	+	9,8	9,2	1,4	I_9,I_2^*	**2** : 5; **3** : 4

99
$N = 99 = 3^2 \cdot 11$ (4 isogeny classes)

	$a_1\ a_2\ a_3$	a_4	a_6	r	$|T|$	s	ord(Δ)	ord$_{-}(j)$	c_p	Kodaira	Isogenies
A1(A)	1 −1 1	−2	0	1	2	+	3,1	0,1	2,1	III,I_1	**2** : 2
A2(B)	1 −1 1	−17	30	1	2	+	3,2	0,2	2,2	III,I_2	**2** : 1

TABLE 1: ELLIPTIC CURVES 99B–106B

	a_1	a_2	a_3	a_4	a_6	r	$\|T\|$	s	ord(Δ)	ord$_-(j)$	c_p	Kodaira	Isogenies

99 — $N = 99 = 3^2 \cdot 11$ (continued)

	a_1	a_2	a_3	a_4	a_6	r	$\|T\|$	s	ord(Δ)	ord$_-(j)$	c_p	Kodaira	Isogenies
B1(H)	1	−1	1	−59	186	0	4	+	9,1	3,1	4,1	I_3^*,I_1	**2** : 2
B2(I)	1	−1	1	−104	−102	0	4	+	12,2	6,2	4,2	I_6^*,I_2	**2** : 1,3,4
B3(K)	1	−1	1	−1319	−18084	0	2	+	9,4	3,4	2,2	I_3^*,I_4	**2** : 2
B4(J)	1	−1	1	391	−1092	0	2	−	18,1	12,1	4,1	I_{12}^*,I_1	**2** : 2
C1(F)	1	−1	0	−15	8	0	2	+	9,1	0,1	2,1	III^*,I_1	**2** : 2
C2(G)	1	−1	0	−150	−667	0	2	+	9,2	0,2	2,2	III^*,I_2	**2** : 1
D1(C)	0	0	1	−3	−5	0	1	−	6,1	0,1	1,1	I_0^*,I_1	**5** : 2
D2(D)	0	0	1	−93	625	0	1	−	6,5	0,5	1,1	I_0^*,I_5	**5** : 1,3
D3(E)	0	0	1	−70383	7187035	0	1	−	6,1	0,1	1,1	I_0^*,I_1	**5** : 2

100 — $N = 100 = 2^2 \cdot 5^2$ (1 isogeny class)

	a_1	a_2	a_3	a_4	a_6	r	$\|T\|$	s	ord(Δ)	ord$_-(j)$	c_p	Kodaira	Isogenies
A1(A)	0	−1	0	−33	62	0	2	+	4,7	0,1	1,2	IV,I_1^*	**2** : 2; **3** : 3
A2(B)	0	−1	0	92	312	0	2	−	8,8	0,2	1,4	IV^*,I_2^*	**2** : 1; **3** : 4
A3(C)	0	−1	0	−1033	−12438	0	2	+	4,9	0,3	3,2	IV,I_3^*	**2** : 4; **3** : 1
A4(D)	0	−1	0	−908	−15688	0	2	−	8,12	0,6	3,4	IV^*,I_6^*	**2** : 3; **3** : 2

101 — $N = 101 = 101$ (1 isogeny class)

	a_1	a_2	a_3	a_4	a_6	r	$\|T\|$	s	ord(Δ)	ord$_-(j)$	c_p	Kodaira	Isogenies
A1(A)	0	1	1	−1	−1	1	1	+	1	1	1	I_1	

102 — $N = 102 = 2 \cdot 3 \cdot 17$ (3 isogeny classes)

	a_1	a_2	a_3	a_4	a_6	r	$\|T\|$	s	ord(Δ)	ord$_-(j)$	c_p	Kodaira	Isogenies
A1(E)	1	1	0	−2	0	1	2	+	2,2,1	2,2,1	2,2,1	I_2,I_2,I_1	**2** : 2
A2(F)	1	1	0	8	10	1	2	−	1,4,2	1,4,2	1,2,2	I_1,I_4,I_2	**2** : 1
B1(G)	1	0	0	−34	68	0	8	+	8,4,1	8,4,1	8,4,1	I_8,I_4,I_1	**2** : 2
B2(H)	1	0	0	−114	−396	0	8	+	4,8,2	4,8,2	4,8,2	I_4,I_8,I_2	**2** : 1,3,4
B3(J)	1	0	0	−1734	−27936	0	4	+	2,4,4	2,4,4	2,4,4	I_2,I_4,I_4	**2** : 2,5,6
B4(I)	1	0	0	226	−2232	0	4	−	2,16,1	2,16,1	2,16,1	I_2,I_{16},I_1	**2** : 2
B5(L)	1	0	0	−27744	−1781010	0	2	+	1,2,2	1,2,2	1,2,2	I_1,I_2,I_2	**2** : 3
B6(K)	1	0	0	−1644	−30942	0	2	−	1,2,8	1,2,8	1,2,8	I_1,I_2,I_8	**2** : 3
C1(A)	1	0	1	−256	1550	0	6	+	6,6,1	6,6,1	2,6,1	I_6,I_6,I_1	**2** : 2; **3** : 3
C2(B)	1	0	1	−216	2062	0	6	−	3,12,2	3,12,2	1,12,2	I_3,I_{12},I_2	**2** : 1; **3** : 4
C3(C)	1	0	1	−751	−6046	0	2	+	18,2,3	18,2,3	2,2,1	I_{18},I_2,I_3	**2** : 4; **3** : 1
C4(D)	1	0	1	1809	−37790	0	2	−	9,4,6	9,4,6	1,4,2	I_9,I_4,I_6	**2** : 3; **3** : 2

104 — $N = 104 = 2^3 \cdot 13$ (1 isogeny class)

	a_1	a_2	a_3	a_4	a_6	r	$\|T\|$	s	ord(Δ)	ord$_-(j)$	c_p	Kodaira	Isogenies
A1(A)	0	1	0	−16	−32	0	1	−	11,1	0,1	1,1	II^*,I_1	

105 — $N = 105 = 3 \cdot 5 \cdot 7$ (1 isogeny class)

	a_1	a_2	a_3	a_4	a_6	r	$\|T\|$	s	ord(Δ)	ord$_-(j)$	c_p	Kodaira	Isogenies
A1(A)	1	0	1	−3	1	0	2	+	1,1,1	1,1,1	1,1,1	I_1,I_1,I_1	**2** : 2
A2(B)	1	0	1	−8	−7	0	4	+	2,2,2	2,2,2	2,2,2	I_2,I_2,I_2	**2** : 1,3,4
A3(D)	1	0	1	−113	−469	0	2	+	1,4,1	1,4,1	1,4,1	I_1,I_4,I_1	**2** : 2
A4(C)	1	0	1	17	−37	0	4	−	4,1,4	4,1,4	4,1,4	I_4,I_1,I_4	**2** : 2

106 — $N = 106 = 2 \cdot 53$ (4 isogeny classes)

	a_1	a_2	a_3	a_4	a_6	r	$\|T\|$	s	ord(Δ)	ord$_-(j)$	c_p	Kodaira	Isogenies
A1(B)	1	0	0	1	1	0	3	−	3,1	3,1	3,1	I_3,I_1	**3** : 2
A2(C)	1	0	0	−9	−29	0	1	−	1,3	1,3	1,1	I_1,I_3	**3** : 1
B1(A)	1	1	0	−7	5	1	1	−	4,1	4,1	2,1	I_4,I_1	

TABLE 1: ELLIPTIC CURVES 106C–114B

	a_1	a_2	a_3	a_4	a_6	r	$|T|$	s	ord(Δ)	ord$_-(j)$	c_p	Kodaira	Isogenies

106

$N = 106 = 2 \cdot 53$ (continued)

	a_1	a_2	a_3	a_4	a_6	r	$|T|$	s	ord(Δ)	ord$_-(j)$	c_p	Kodaira	Isogenies
C1(E)	1	0	0	-283	-2351	0	3	$-$	24,1	24,1	24,1	I_{24},I_1	**3** : 2
C2(F)	1	0	0	-24603	-1487407	0	1	$-$	8,3	8,3	8,1	I_8,I_3	**3** : 1
D1(D)	1	1	0	-27	-67	0	1	$-$	5,1	5,1	1,1	I_5,I_1	

108

$N = 108 = 2^2 \cdot 3^3$ (1 isogeny class)

	a_1	a_2	a_3	a_4	a_6	r	$|T|$	s	ord(Δ)	ord$_-(j)$	c_p	Kodaira	Isogenies
A1(A)	0	0	0	0	4	0	3	$-$	8,3	0,0	3,1	IV*,II	**3** : 2
A2(B)	0	0	0	0	-108	0	1	$-$	8,9	0,0	1,1	IV*,IV*	**3** : 1

109

$N = 109 = 109$ (1 isogeny class)

	a_1	a_2	a_3	a_4	a_6	r	$|T|$	s	ord(Δ)	ord$_-(j)$	c_p	Kodaira	Isogenies
A1(A)	1	-1	0	-8	-7	0	1	$-$	1	1	1	I_1	

110

$N = 110 = 2 \cdot 5 \cdot 11$ (3 isogeny classes)

	a_1	a_2	a_3	a_4	a_6	r	$|T|$	s	ord(Δ)	ord$_-(j)$	c_p	Kodaira	Isogenies
A1(C)	1	1	1	10	-45	0	5	$-$	5,5,1	5,5,1	5,5,1	I_5,I_5,I_1	**5** : 2
A2(D)	1	1	1	-5940	-178685	0	1	$-$	1,1,5	1,1,5	1,1,5	I_1,I_1,I_5	**5** : 1
B1(A)	1	0	0	-1	1	0	3	$-$	3,1,1	3,1,1	3,1,1	I_3,I_1,I_1	**3** : 2
B2(B)	1	0	0	9	-25	0	1	$-$	1,3,3	1,3,3	1,1,1	I_1,I_3,I_3	**3** : 1
C1(E)	1	0	1	-89	316	0	3	$-$	7,1,3	7,1,3	1,1,3	I_7,I_1,I_3	**3** : 2
C2(F)	1	0	1	296	1702	0	1	$-$	21,3,1	21,3,1	1,1,1	I_{21},I_3,I_1	**3** : 1

112

$N = 112 = 2^4 \cdot 7$ (3 isogeny classes)

	a_1	a_2	a_3	a_4	a_6	r	$|T|$	s	ord(Δ)	ord$_-(j)$	c_p	Kodaira	Isogenies
A1(K)	0	1	0	0	4	1	2	$-$	10,1	0,1	4,1	I_2^*,I_1	**2** : 2
A2(L)	0	1	0	-40	84	1	2	$+$	11,2	0,2	4,2	I_3^*,I_2	**2** : 1
B1(A)	0	0	0	1	-2	0	2	$-$	8,1	0,1	2,1	I_0^*,I_1	**2** : 2
B2(B)	0	0	0	-19	-30	0	4	$+$	10,2	0,2	4,2	I_2^*,I_2	**2** : 1,3,4
B3(D)	0	0	0	-299	-1990	0	2	$+$	11,1	0,1	4,1	I_3^*,I_1	**2** : 2
B4(C)	0	0	0	-59	138	0	4	$+$	11,4	0,4	2,4	I_3^*,I_4	**2** : 2
C1(E)	0	-1	0	-8	-16	0	2	$-$	14,1	2,1	4,1	I_6^*,I_1	**2** : 2; **3** : 3
C2(F)	0	-1	0	-168	-784	0	2	$+$	13,2	1,2	2,2	I_5^*,I_2	**2** : 1; **3** : 4
C3(G)	0	-1	0	72	368	0	2	$-$	18,3	6,3	4,1	I_{10}^*,I_3	**2** : 4; **3** : 1,5
C4(H)	0	-1	0	-568	4464	0	2	$+$	15,6	3,6	2,2	I_7^*,I_6	**2** : 3; **3** : 2,6
C5(I)	0	-1	0	-2728	55920	0	2	$-$	30,1	18,1	4,1	I_{22}^*,I_1	**2** : 6; **3** : 3
C6(J)	0	-1	0	-43688	3529328	0	2	$+$	21,2	9,2	2,2	I_{13}^*,I_2	**2** : 5; **3** : 4

113

$N = 113 = 113$ (1 isogeny class)

	a_1	a_2	a_3	a_4	a_6	r	$|T|$	s	ord(Δ)	ord$_-(j)$	c_p	Kodaira	Isogenies
A1(B)	1	1	1	3	-4	0	2	$-$	2	2	2	I_2	**2** : 2
A2(A)	1	1	1	-2	-2	0	2	$+$	1	1	1	I_1	**2** : 1

114

$N = 114 = 2 \cdot 3 \cdot 19$ (3 isogeny classes)

	a_1	a_2	a_3	a_4	a_6	r	$|T|$	s	ord(Δ)	ord$_-(j)$	c_p	Kodaira	Isogenies
A1(A)	1	0	0	-8	0	0	6	$+$	6,3,1	6,3,1	6,3,1	I_6,I_3,I_1	**2** : 2; **3** : 3
A2(B)	1	0	0	32	8	0	6	$-$	3,6,2	3,6,2	3,6,2	I_3,I_6,I_2	**2** : 1; **3** : 4
A3(C)	1	0	0	-428	-3444	0	2	$+$	2,1,3	2,1,3	2,1,3	I_2,I_1,I_3	**2** : 4; **3** : 1
A4(D)	1	0	0	-418	-3610	0	2	$-$	1,2,6	1,2,6	1,2,6	I_1,I_2,I_6	**2** : 3; **3** : 2
B1(E)	1	1	0	-95	-399	0	2	$+$	2,5,1	2,5,1	2,1,1	I_2,I_5,I_1	**2** : 2
B2(F)	1	1	0	-85	-473	0	2	$-$	1,10,2	1,10,2	1,2,2	I_1,I_{10},I_2	**2** : 1

TABLE 1: ELLIPTIC CURVES 114C–121B

	a_1	a_2	a_3	a_4	a_6	r	$|T|$	s	ord(Δ)	ord$_-(j)$	c_p	Kodaira	Isogenies
114					$N = 114 = 2 \cdot 3 \cdot 19$			(continued)					**114**
C1(G)	1	1	1	-352	-2431	0	4	$+$ 20,3,1	20,3,1	20,1,1	I_{20},I_3,I_1	**2 : 2**
C2(H)	1	1	1	-5472	-158079	0	4	$+$ 10,6,2	10,6,2	10,2,2	I_{10},I_6,I_2	**2 : 1,3,4**
C3(J)	1	1	1	-87552	-10007679	0	2	$+$ 5,3,1	5,3,1	5,1,1	I_5,I_3,I_1	**2 : 2**
C4(I)	1	1	1	-5312	-167551	0	2	$-$ 5,12,4	5,12,4	5,2,2	I_5,I_{12},I_4	**2 : 2**
115					$N = 115 = 5 \cdot 23$			(1 isogeny class)					**115**
A1(A)	0	0	1	7	-11	0	1	$-$ 5,1	5,1	1,1	I_5,I_1	
116					$N = 116 = 2^2 \cdot 29$			(3 isogeny classes)					**116**
A1(E)	0	0	0	-4831	-129242	0	1	$-$ 8,1	0,1	3,1	IV^*,I_1	
B1(A)	0	1	0	-4	4	0	3	$-$ 8,1	0,1	3,1	IV^*,I_1	**3 : 2**
B2(B)	0	1	0	36	-76	0	1	$-$ 8,3	0,3	1,1	IV^*,I_3	**3 : 1**
C1(D)	0	-1	0	-4	24	0	2	$-$ 8,2	0,2	1,2	IV^*,I_2	**2 : 2**
C2(C)	0	-1	0	-9	14	0	2	$+$ 4,1	0,1	1,1	IV,I_1	**2 : 1**
117					$N = 117 = 3^2 \cdot 13$			(1 isogeny class)					**117**
A1(A)	1	-1	1	4	6	1	4	$-$ 7,1	1,1	4,1	I_1^*,I_1	**2 : 2**
A2(B)	1	-1	1	-41	96	1	4	$+$ 8,2	2,2	4,2	I_2^*,I_2	**2 : 1,3,4**
A3(D)	1	-1	1	-176	-768	1	2	$+$ 7,4	1,4	2,4	I_1^*,I_4	**2 : 2**
A4(C)	1	-1	1	-626	6180	1	2	$+$ 10,1	4,1	4,1	I_4^*,I_1	**2 : 2**
118					$N = 118 = 2 \cdot 59$			(4 isogeny classes)					**118**
A1(A)	1	1	0	1	1	1	1	$-$ 2,1	2,1	2,1	I_2,I_1	
B1(B)	1	1	1	-25	39	0	5	$-$ 10,1	10,1	10,1	I_{10},I_1	**5 : 2**
B2(C)	1	1	1	115	-2481	0	1	$-$ 2,5	2,5	2,1	I_2,I_5	**5 : 1**
C1(D)	1	1	1	-4	-5	0	1	$-$ 1,1	1,1	1,1	I_1,I_1	
D1(E)	1	1	0	56	-192	0	1	$-$ 19,1	19,1	1,1	I_{19},I_1	
120					$N = 120 = 2^3 \cdot 3 \cdot 5$			(2 isogeny classes)					**120**
A1(E)	0	1	0	-15	18	0	4	$+$ 4,2,1	0,2,1	2,2,1	III,I_2,I_1	**2 : 2**
A2(F)	0	1	0	-20	0	0	8	$+$ 8,4,2	0,4,2	4,4,2	I_1^*,I_4,I_2	**2 : 1,3,4**
A3(H)	0	1	0	-200	-1152	0	4	$+$ 10,2,4	0,2,4	2,2,4	III^*,I_2,I_4	**2 : 2,5,6**
A4(G)	0	1	0	80	80	0	4	$-$ 10,8,1	0,8,1	2,8,1	III^*,I_8,I_1	**2 : 2**
A5(J)	0	1	0	-3200	-70752	0	2	$+$ 11,1,2	0,1,2	1,1,2	II^*,I_1,I_2	**2 : 3**
A6(I)	0	1	0	-80	-2400	0	2	$-$ 11,1,8	0,1,8	1,1,8	II^*,I_1,I_8	**2 : 3**
B1(A)	0	1	0	4	0	0	2	$-$ 8,1,1	0,1,1	2,1,1	I_1^*,I_1,I_1	**2 : 2**
B2(B)	0	1	0	-16	-16	0	4	$+$ 10,2,2	0,2,2	2,2,2	III^*,I_2,I_2	**2 : 1,3,4**
B3(C)	0	1	0	-216	-1296	0	2	$+$ 11,4,1	0,4,1	1,4,1	II^*,I_4,I_1	**2 : 2**
B4(D)	0	1	0	-136	560	0	2	$+$ 11,1,4	0,1,4	1,1,2	II^*,I_1,I_4	**2 : 2**
121					$N = 121 = 11^2$			(4 isogeny classes)					**121**
A1(H)	1	1	1	-30	-76	0	1	$-$ 2	0	1	II	**11 : 2**
A2(I)	1	1	1	-305	7888	0	1	$-$ 10	0	1	II^*	**11 : 1**
B1(D)	0	-1	1	-7	10	1	1	$-$ 3	0	2	III	**11 : 2**
B2(E)	0	-1	1	-887	-10143	1	1	$-$ 9	0	2	III^*	**11 : 1**

TABLE 1: ELLIPTIC CURVES 121C–129A

	a_1	a_2	a_3	a_4	a_6	r	$\|T\|$	s	$\mathrm{ord}(\Delta)$	$\mathrm{ord}_-(j)$	c_p	Kodaira	Isogenies
121					$N=121=11^2$			(continued)					**121**
C1(F)	1	1	0	-2	-7	0	1	$-$	4	0	1	IV	**11** : 2
C2(G)	1	1	0	-3632	82757	0	1	$-$	8	0	1	IV*	**11** : 1
D1(A)	0	-1	1	-40	-221	0	1	$-$	7	1	2	I_1^*	**5** : 2
D2(B)	0	-1	1	-1250	31239	0	1	$-$	11	5	2	I_5^*	**5** : 1, 3
D3(C)	0	-1	1	-946260	354609639	0	1	$-$	7	1	2	I_1^*	**5** : 2
122					$N=122=2\cdot 61$			(1 isogeny class)					**122**
A1(A)	1	0	1	2	0	1	1	$-$	4,1	4,1	2,1	I_4,I_1	
123					$N=123=3\cdot 41$			(2 isogeny classes)					**123**
A1(A)	0	1	1	-10	10	1	5	$-$	5,1	5,1	5,1	I_5,I_1	**5** : 2
A2(B)	0	1	1	20	-890	1	1	$-$	1,5	1,5	1,5	I_1,I_5	**5** : 1
B1(C)	0	-1	1	1	-1	1	1	$-$	1,1	1,1	1,1	I_1,I_1	
124					$N=124=2^2\cdot 31$			(2 isogeny classes)					**124**
A1(B)	0	1	0	-2	1	1	3	$-$	4,1	0,1	3,1	IV,I_1	**3** : 2
A2(C)	0	1	0	18	-11	1	1	$-$	4,3	0,3	1,3	IV,I_3	**3** : 1
B1(A)	0	0	0	-17	-27	0	1	$-$	4,1	0,1	1,1	IV,I_1	
126					$N=126=2\cdot 3^2\cdot 7$			(2 isogeny classes)					**126**
A1(A)	1	-1	1	-5	-7	0	2	$-$	2,6,1	2,0,1	2,2,1	I_2,I_0^*,I_1	**2** : 2; **3** : 3
A2(B)	1	-1	1	-95	-331	0	2	$+$	1,6,2	1,0,2	1,2,2	I_1,I_0^*,I_2	**2** : 1; **3** : 4
A3(C)	1	-1	1	40	155	0	6	$-$	6,6,3	6,0,3	6,2,3	I_6,I_0^*,I_3	**2** : 4; **3** : 1, 5
A4(D)	1	-1	1	-320	1883	0	6	$+$	3,6,6	3,0,6	3,2,6	I_3,I_0^*,I_6	**2** : 3; **3** : 2, 6
A5(E)	1	-1	1	-1535	23591	0	6	$-$	18,6,1	18,0,1	18,2,1	I_{18},I_0^*,I_1	**2** : 6; **3** : 3
A6(F)	1	-1	1	-24575	1488935	0	6	$+$	9,6,2	9,0,2	9,2,2	I_9,I_0^*,I_2	**2** : 5; **3** : 4
B1(G)	1	-1	0	-36	-176	0	2	$-$	8,8,1	8,2,1	2,2,1	I_8,I_2^*,I_1	**2** : 2
B2(H)	1	-1	0	-756	-7808	0	4	$+$	4,10,2	4,4,2	2,4,2	I_4,I_4^*,I_2	**2** : 1, 3, 4
B3(J)	1	-1	0	-12096	-509036	0	2	$+$	2,8,1	2,2,1	2,4,1	I_2,I_2^*,I_1	**2** : 2
B4(I)	1	-1	0	-936	-3668	0	4	$+$	2,14,4	2,8,4	2,4,2	I_2,I_8^*,I_4	**2** : 2, 5, 6
B5(L)	1	-1	0	-8226	286474	0	2	$+$	1,10,8	1,4,8	1,2,2	I_1,I_4^*,I_8	**2** : 4
B6(K)	1	-1	0	3474	-31010	0	2	$-$	1,22,2	1,16,2	1,4,2	I_1,I_{16}^*,I_2	**2** : 4
128					$N=128=2^7$			(4 isogeny classes)					**128**
A1(C)	0	1	0	1	1	1	2	$-$	8	0	2	III	**2** : 2
A2(D)	0	1	0	-9	7	1	2	$+$	13	0	4	I_2^*	**2** : 1
B1(F)	0	1	0	3	-5	0	2	$-$	14	0	2	III*	**2** : 2
B2(E)	0	1	0	-2	-2	0	2	$+$	7	0	1	II	**2** : 1
C1(A)	0	-1	0	1	-1	0	2	$-$	8	0	2	III	**2** : 2
C2(B)	0	-1	0	-9	-7	0	2	$+$	13	0	2	I_2^*	**2** : 1
D1(G)	0	-1	0	3	5	0	2	$-$	14	0	2	III*	**2** : 2
D2(H)	0	-1	0	-2	2	0	2	$+$	7	0	1	II	**2** : 1
129					$N=129=3\cdot 43$			(2 isogeny classes)					**129**
A1(E)	0	-1	1	-19	39	1	1	$-$	4,1	4,1	2,1	I_4,I_1	

TABLE 1: ELLIPTIC CURVES 129B–138C

	a_1	a_2	a_3	a_4	a_6	r	$|T|$	s	ord(Δ)	ord$_-(j)$	c_p	Kodaira	Isogenies
129					$N = 129 = 3 \cdot 43$			(continued)					**129**
B1(B)	1	0	1	-30	-29	0	4	$+$	6,2	6,2	6,2	I_6,I_2	**2** : 2,3,4
B2(A)	1	0	1	-25	-49	0	2	$+$	3,1	3,1	3,1	I_3,I_1	**2** : 1
B3(C)	1	0	1	-245	1433	0	4	$+$	12,1	12,1	12,1	I_{12},I_1	**2** : 1
B4(D)	1	0	1	105	-191	0	2	$-$	3,4	3,4	3,2	I_3,I_4	**2** : 1
130					$N = 130 = 2 \cdot 5 \cdot 13$			(3 isogeny classes)					**130**
A1(E)	1	0	1	-33	68	1	6	$+$	4,3,1	4,3,1	2,3,1	I_4,I_3,I_1	**2** : 2; **3** : 3
A2(F)	1	0	1	-13	156	1	6	$-$	2,6,2	2,6,2	2,6,2	I_2,I_6,I_2	**2** : 1; **3** : 4
A3(G)	1	0	1	-208	-1122	1	2	$+$	12,1,3	12,1,3	2,1,3	I_{12},I_1,I_3	**2** : 4; **3** : 1
A4(H)	1	0	1	112	-4194	1	2	$-$	6,2,6	6,2,6	2,2,6	I_6,I_2,I_6	**2** : 3; **3** : 2
B1(A)	1	-1	1	-7	-1	0	4	$+$	8,1,1	8,1,1	8,1,1	I_8,I_1,I_1	**2** : 2
B2(B)	1	-1	1	-87	-289	0	4	$+$	4,2,2	4,2,2	4,2,2	I_4,I_2,I_2	**2** : 1,3,4
B3(D)	1	-1	1	-1387	-19529	0	2	$+$	2,1,1	2,1,1	2,1,1	I_2,I_1,I_1	**2** : 2
B4(C)	1	-1	1	-67	-441	0	4	$-$	2,4,4	2,4,4	2,4,4	I_2,I_4,I_4	**2** : 2
C1(J)	1	1	1	-841	-9737	0	2	$+$	8,5,1	8,5,1	8,1,1	I_8,I_5,I_1	**2** : 2
C2(I)	1	1	1	-761	-11561	0	2	$-$	4,10,2	4,10,2	4,2,2	I_4,I_{10},I_2	**2** : 1
131					$N = 131 = 131$			(1 isogeny class)					**131**
A1(A)	0	-1	1	1	0	1	1	$-$	1	1	1	I_1	
132					$N = 132 = 2^2 \cdot 3 \cdot 11$			(2 isogeny classes)					**132**
A1(A)	0	1	0	3	0	0	2	$-$	4,2,1	0,2,1	1,2,1	IV,I_2,I_1	**2** : 2
A2(B)	0	1	0	-12	-12	0	2	$+$	8,1,2	0,1,2	1,1,2	IV*,I_1,I_2	**2** : 1
B1(C)	0	-1	0	-77	330	0	2	$-$	4,10,1	0,10,1	1,2,1	IV,I_{10},I_1	**2** : 2
B2(D)	0	-1	0	-1292	18312	0	2	$+$	8,5,2	0,5,2	1,1,2	IV*,I_5,I_2	**2** : 1
135					$N = 135 = 3^3 \cdot 5$			(2 isogeny classes)					**135**
A1(A)	0	0	1	-3	4	1	1	$-$	5,2	0,2	3,2	IV,I_2	
B1(B)	0	0	1	-27	-115	0	1	$-$	11,2	0,2	1,2	II*,I_2	
136					$N = 136 = 2^3 \cdot 17$			(2 isogeny classes)					**136**
A1(A)	0	1	0	-4	0	1	2	$+$	8,1	0,1	4,1	I_1^*,I_1	**2** : 2
A2(B)	0	1	0	16	16	1	2	$-$	10,2	0,2	2,2	III*,I_2	**2** : 1
B1(C)	0	-1	0	-8	-4	0	2	$+$	10,1	0,1	2,1	III*,I_1	**2** : 2
B2(D)	0	-1	0	-48	140	0	2	$+$	11,2	0,2	1,2	II*,I_2	**2** : 1
138					$N = 138 = 2 \cdot 3 \cdot 23$			(3 isogeny classes)					**138**
A1(E)	1	1	0	-1	1	1	2	$-$	2,2,1	2,2,1	2,2,1	I_2,I_2,I_1	**2** : 2
A2(F)	1	1	0	-31	55	1	2	$+$	1,1,2	1,1,2	1,1,2	I_1,I_1,I_2	**2** : 1
B1(G)	1	0	1	-36	82	0	6	$-$	4,6,1	4,6,1	2,6,1	I_4,I_6,I_1	**2** : 2; **3** : 3
B2(H)	1	0	1	-576	5266	0	6	$+$	2,3,2	2,3,2	2,3,2	I_2,I_3,I_2	**2** : 1; **3** : 4
B3(I)	1	0	1	189	190	0	2	$-$	12,2,3	12,2,3	2,2,1	I_{12},I_2,I_3	**2** : 4; **3** : 1
B4(J)	1	0	1	-771	1342	0	2	$+$	6,1,6	6,1,6	2,1,2	I_6,I_1,I_6	**2** : 3; **3** : 2
C1(A)	1	1	1	3	3	0	4	$-$	4,2,1	4,2,1	4,2,1	I_4,I_2,I_1	**2** : 2
C2(B)	1	1	1	-17	11	0	4	$+$	2,4,2	2,4,2	2,2,2	I_2,I_4,I_2	**2** : 1,3,4
C3(D)	1	1	1	-107	-457	0	2	$+$	1,2,4	1,2,4	1,2,2	I_1,I_2,I_4	**2** : 2
C4(C)	1	1	1	-247	1391	0	2	$+$	1,8,1	1,8,1	1,2,1	I_1,I_8,I_1	**2** : 2

TABLE 1: ELLIPTIC CURVES 139A–145A

	a_1	a_2	a_3	a_4	a_6	r	$|T|$	s	ord(Δ)	ord$_-(j)$	c_p	Kodaira	Isogenies
139					$N = 139 = 139$		(1 isogeny class)						**139**
A1(A)	1	1	0	-3	-4	0	1	$-$	1	1	1	I_1	
140					$N = 140 = 2^2 \cdot 5 \cdot 7$		(2 isogeny classes)						**140**
A1(A)	0	1	0	-5	-25	0	3	$-$	8,3,1	0,3,1	3,3,1	IV*,I_3,I_1	**3** : 2
A2(B)	0	1	0	-805	-9065	0	1	$-$	8,1,3	0,1,3	1,1,3	IV*,I_1,I_3	**3** : 1
B1(C)	0	0	0	32	212	0	1	$-$	8,1,5	0,1,5	1,1,1	IV*,I_1,I_5	
141					$N = 141 = 3 \cdot 47$		(5 isogeny classes)						**141**
A1(E)	0	1	1	-12	2	1	1	$+$	7,1	7,1	7,1	I_7,I_1	
B1(G)	1	1	1	-8	-16	0	2	$-$	6,1	6,1	2,1	I_6,I_1	**2** : 2
B2(F)	1	1	1	-143	-718	0	2	$+$	3,2	3,2	1,2	I_3,I_2	**2** : 1
C1(A)	1	0	0	-2	3	0	4	$-$	4,1	4,1	4,1	I_4,I_1	**2** : 2
C2(B)	1	0	0	-47	120	0	4	$+$	2,2	2,2	2,2	I_2,I_2	**2** : 1,3,4
C3(C)	1	0	0	-62	33	0	2	$+$	1,4	1,4	1,2	I_1,I_4	**2** : 2
C4(D)	1	0	0	-752	7875	0	2	$+$	1,1	1,1	1,1	I_1,I_1	**2** : 2
D1(I)	0	-1	1	-1	0	1	1	$+$	1,1	1,1	1,1	I_1,I_1	
E1(H)	0	1	1	-26	-61	0	1	$+$	1,1	1,1	1,1	I_1,I_1	
142					$N = 142 = 2 \cdot 71$		(5 isogeny classes)						**142**
A1(F)	1	-1	1	-12	15	1	1	$+$	9,1	9,1	9,1	I_9,I_1	
B1(E)	1	1	0	-1	-1	1	1	$+$	1,1	1,1	1,1	I_1,I_1	
C1(A)	1	-1	0	-1	-3	0	2	$-$	6,1	6,1	2,1	I_6,I_1	**2** : 2
C2(B)	1	-1	0	-41	-91	0	2	$+$	3,2	3,2	1,2	I_3,I_2	**2** : 1
D1(C)	1	0	0	-8	8	0	3	$+$	3,1	3,1	3,1	I_3,I_1	**3** : 2
D2(D)	1	0	0	-58	-170	0	1	$+$	1,3	1,3	1,1	I_1,I_3	**3** : 1
E1(G)	1	-1	0	-2626	52244	0	1	$+$	27,1	27,1	1,1	I_{27},I_1	
143					$N = 143 = 11 \cdot 13$		(1 isogeny class)						**143**
A1(A)	0	-1	1	-1	-2	1	1	$-$	1,2	1,2	1,2	I_1,I_2	
144					$N = 144 = 2^4 \cdot 3^2$		(2 isogeny classes)						**144**
A1(A)	0	0	0	0	-1	0	2	$-$	4,3	0,0	1,2	II,III	**2** : 2; **3** : 3
A2(B)	0	0	0	-15	-22	0	2	$+$	8,3	0,0	1,2	I_0^*,III	**2** : 1; **3** : 4
A3(C)	0	0	0	0	27	0	2	$-$	4,9	0,0	1,2	II,III*	**2** : 4; **3** : 1
A4(D)	0	0	0	-135	594	0	2	$+$	8,9	0,0	1,2	I_0^*,III*	**2** : 3; **3** : 2
B1(E)	0	0	0	6	7	0	2	$-$	4,7	0,1	1,2	II,I_1^*	**2** : 2
B2(F)	0	0	0	-39	70	0	4	$+$	8,8	0,2	2,4	I_0^*,I_2^*	**2** : 1,3,4
B3(G)	0	0	0	-219	-1190	0	4	$+$	10,10	0,4	4,4	I_2^*,I_4^*	**2** : 2,5,6
B4(H)	0	0	0	-579	5362	0	4	$+$	10,7	0,1	2,4	I_2^*,I_1^*	**2** : 2
B5(J)	0	0	0	-3459	-78302	0	2	$+$	11,8	0,2	4,2	I_3^*,I_2^*	**2** : 3
B6(I)	0	0	0	141	-4718	0	2	$-$	11,14	0,8	2,4	I_3^*,I_8^*	**2** : 3
145					$N = 145 = 5 \cdot 29$		(1 isogeny class)						**145**
A1(A)	1	-1	1	-3	2	1	2	$+$	1,1	1,1	1,1	I_1,I_1	**2** : 2
A2(B)	1	-1	1	2	6	1	2	$-$	2,2	2,2	2,2	I_2,I_2	**2** : 1

TABLE 1: ELLIPTIC CURVES 147A–153D

	$a_1\ a_2\ a_3$	a_4	a_6	r	$\|T\|$	s	$\text{ord}(\Delta)$	$\text{ord}_-(j)$	c_p	Kodaira	Isogenies

147

$N = 147 = 3 \cdot 7^2$ (3 isogeny classes)

	$a_1\ a_2\ a_3$	a_4	a_6	r	$\|T\|$	s	$\text{ord}(\Delta)$	$\text{ord}_-(j)$	c_p	Kodaira	Isogenies
A1(C)	1 1 1	48	48	0	4	−	2,7	2,1	2,4	I_2,I_1^*	**2** : 2
A2(D)	1 1 1	−197	146	0	4	+	4,8	4,2	2,4	I_4,I_2^*	**2** : 1,3,4
A3(E)	1 1 1	−1912	−32782	0	2	+	8,7	8,1	2,2	I_8,I_1^*	**2** : 2
A4(F)	1 1 1	−2402	44246	0	4	+	2,10	2,4	2,4	I_2,I_4^*	**2** : 2,5,6
A5(H)	1 1 1	−38417	2882228	0	2	+	1,8	1,2	1,2	I_1,I_2^*	**2** : 4
A6(G)	1 1 1	−1667	72764	0	2	−	1,14	1,8	1,4	I_1,I_8^*	**2** : 4
B1(I)	0 1 1	−114	473	0	1	−	1,8	1,0	1,1	I_1,IV^*	**13** : 2
B2(J)	0 1 1	−44704	−3655907	0	1	−	13,8	13,0	13,1	I_{13},IV^*	**13** : 1
C1(A)	0 −1 1	−2	−1	0	1	−	1,2	1,0	1,1	I_1,II	**13** : 2
C2(B)	0 −1 1	−912	10919	0	1	−	13,2	13,0	1,1	I_{13},II	**13** : 1

148

$N = 148 = 2^2 \cdot 37$ (1 isogeny class)

	$a_1\ a_2\ a_3$	a_4	a_6	r	$\|T\|$	s	$\text{ord}(\Delta)$	$\text{ord}_-(j)$	c_p	Kodaira	Isogenies
A1(A)	0 −1 0	−5	1	1	1	+	8,1	0,1	3,1	IV^*,I_1	

150

$N = 150 = 2 \cdot 3 \cdot 5^2$ (3 isogeny classes)

	$a_1\ a_2\ a_3$	a_4	a_6	r	$\|T\|$	s	$\text{ord}(\Delta)$	$\text{ord}_-(j)$	c_p	Kodaira	Isogenies
A1(A)	1 0 0	−3	−3	0	2	−	2,1,3	2,1,0	2,1,2	I_2,I_1,III	**2** : 2; **5** : 3
A2(B)	1 0 0	−53	−153	0	2	+	1,2,3	1,2,0	1,2,2	I_1,I_2,III	**2** : 1; **5** : 4
A3(C)	1 0 0	−28	272	0	10	−	10,5,3	10,5,0	10,5,2	I_{10},I_5,III	**2** : 4; **5** : 1
A4(D)	1 0 0	−828	9072	0	10	+	5,10,3	5,10,0	5,10,2	I_5,I_{10},III	**2** : 3; **5** : 2
B1(G)	1 1 0	−75	−375	0	2	−	2,1,9	2,1,0	2,1,2	I_2,I_1,III^*	**2** : 2; **5** : 3
B2(H)	1 1 0	−1325	−19125	0	2	+	1,2,9	1,2,0	1,2,2	I_1,I_2,III^*	**2** : 1; **5** : 4
B3(E)	1 1 0	−700	34000	0	2	−	10,5,9	10,5,0	2,1,2	I_{10},I_5,III^*	**2** : 4; **5** : 1
B4(F)	1 1 0	−20700	1134000	0	2	+	5,10,9	5,10,0	1,2,2	I_5,I_{10},III^*	**2** : 3; **5** : 2
C1(I)	1 1 1	37	281	0	4	−	4,3,7	4,3,1	4,1,4	I_4,I_3,I_1^*	**2** : 2; **3** : 3
C2(J)	1 1 1	−463	3281	0	4	+	2,6,8	2,6,2	2,2,4	I_2,I_6,I_2^*	**2** : 1,4,5; **3** : 6
C3(K)	1 1 1	−338	−7969	0	4	−	12,1,9	12,1,3	12,1,4	I_{12},I_1,I_3^*	**2** : 6; **3** : 1
C4(L)	1 1 1	−1713	−24219	0	2	+	1,12,7	1,12,1	1,2,4	I_1,I_{12},I_1^*	**2** : 2; **3** : 7
C5(M)	1 1 1	−7213	232781	0	2	+	1,3,10	1,3,4	1,1,4	I_1,I_3,I_4^*	**2** : 2; **3** : 8
C6(N)	1 1 1	−8338	−295969	0	4	+	6,2,12	6,2,6	6,2,4	I_6,I_2,I_6^*	**2** : 3,7,8; **3** : 2
C7(O)	1 1 1	−133338	−18795969	0	2	+	3,4,9	3,4,3	3,2,4	I_3,I_4,I_3^*	**2** : 6; **3** : 4
C8(P)	1 1 1	−11338	−67969	0	2	+	3,1,18	3,1,12	3,1,4	I_3,I_1,I_{12}^*	**2** : 6; **3** : 5

152

$N = 152 = 2^3 \cdot 19$ (2 isogeny classes)

	$a_1\ a_2\ a_3$	a_4	a_6	r	$\|T\|$	s	$\text{ord}(\Delta)$	$\text{ord}_-(j)$	c_p	Kodaira	Isogenies
A1(A)	0 1 0	−1	3	1	1	−	8,1	0,1	4,1	I_1^*,I_1	
B1(B)	0 1 0	−8	−16	0	1	−	11,1	0,1	1,1	II^*,I_1	

153

$N = 153 = 3^2 \cdot 17$ (4 isogeny classes)

	$a_1\ a_2\ a_3$	a_4	a_6	r	$\|T\|$	s	$\text{ord}(\Delta)$	$\text{ord}_-(j)$	c_p	Kodaira	Isogenies
A1(C)	0 0 1	−3	2	1	1	−	3,1	0,1	2,1	III,I_1	
B1(A)	0 0 1	6	27	1	1	−	9,1	3,1	4,1	I_3^*,I_1	**3** : 2
B2(B)	0 0 1	−534	4752	1	3	−	7,3	1,3	4,3	I_1^*,I_3	**3** : 1
C1(E)	1 −1 0	−6	−1	0	2	+	6,1	0,1	2,1	I_0^*,I_1	**2** : 2
C2(F)	1 −1 0	−51	152	0	4	+	6,2	0,2	4,2	I_0^*,I_2	**2** : 1,3,4
C3(H)	1 −1 0	−816	9179	0	2	+	6,1	0,1	2,1	I_0^*,I_1	**2** : 2
C4(G)	1 −1 0	−6	377	0	2	−	6,4	0,4	2,2	I_0^*,I_4	**2** : 2
D1(D)	0 0 1	−27	−61	0	1	−	9,1	0,1	2,1	III^*,I_1	

TABLE 1: ELLIPTIC CURVES 154A–161A

	a_1	a_2	a_3	a_4	a_6	r	$|T|$	s	$\text{ord}(\Delta)$	$\text{ord}_-(j)$	c_p	Kodaira	Isogenies
154					$N = 154 = 2 \cdot 7 \cdot 11$			(3 isogeny classes)					**154**
A1(C)	1	−1	0	−29	69	1	2	−	6,1,2	6,1,2	2,1,2	I_6,I_1,I_2	**2** : 2
A2(D)	1	−1	0	−469	4029	1	2	+	3,2,1	3,2,1	1,2,1	I_3,I_2,I_1	**2** : 1
B1(E)	1	−1	1	−4	−89	0	4	−	12,1,2	12,1,2	12,1,2	I_{12},I_1,I_2	**2** : 2
B2(F)	1	−1	1	−324	−2137	0	4	+	6,2,4	6,2,4	6,2,2	I_6,I_2,I_4	**2** : 1, 3, 4
B3(G)	1	−1	1	−5164	−141529	0	2	+	3,4,2	3,4,2	3,2,2	I_3,I_4,I_2	**2** : 2
B4(H)	1	−1	1	−604	2343	0	2	+	3,1,8	3,1,8	3,1,2	I_3,I_1,I_8	**2** : 2
C1(A)	1	1	0	−14	−28	0	2	−	4,1,2	4,1,2	2,1,2	I_4,I_1,I_2	**2** : 2
C2(B)	1	1	0	−234	−1480	0	2	+	2,2,1	2,2,1	2,2,1	I_2,I_2,I_1	**2** : 1
155					$N = 155 = 5 \cdot 31$			(3 isogeny classes)					**155**
A1(D)	0	−1	1	10	6	1	5	−	5,1	5,1	5,1	I_5,I_1	**5** : 2
A2(E)	0	−1	1	−840	−9114	1	1	−	1,5	1,5	1,5	I_1,I_5	**5** : 1
B1(A)	1	1	1	−1	−2	0	2	−	2,1	2,1	2,1	I_2,I_1	**2** : 2
B2(B)	1	1	1	−26	−62	0	2	+	1,2	1,2	1,2	I_1,I_2	**2** : 1
C1(C)	0	−1	1	−1	1	1	1	−	1,1	1,1	1,1	I_1,I_1	
156					$N = 156 = 2^2 \cdot 3 \cdot 13$			(2 isogeny classes)					**156**
A1(E)	0	−1	0	−5	6	1	2	+	4,2,1	0,2,1	3,2,1	IV,I_2,I_1	**2** : 2
A2(F)	0	−1	0	−20	−24	1	2	+	8,1,2	0,1,2	3,1,2	IV^*,I_1,I_2	**2** : 1
B1(A)	0	1	0	−13	−4	0	6	+	4,6,1	0,6,1	3,6,1	IV,I_6,I_1	**2** : 2; **3** : 3
B2(B)	0	1	0	−148	644	0	6	+	8,3,2	0,3,2	3,3,2	IV^*,I_3,I_2	**2** : 1; **3** : 4
B3(C)	0	1	0	−733	−7888	0	2	+	4,2,3	0,2,3	1,2,3	IV,I_2,I_3	**2** : 4; **3** : 1
B4(D)	0	1	0	−748	−7564	0	2	+	8,1,6	0,1,6	1,1,6	IV^*,I_1,I_6	**2** : 3; **3** : 2
158					$N = 158 = 2 \cdot 79$			(5 isogeny classes)					**158**
A1(E)	1	−1	1	−9	9	1	1	+	8,1	8,1	8,1	I_8,I_1	
B1(D)	1	1	0	−3	1	1	1	+	2,1	2,1	2,1	I_2,I_1	
C1(H)	1	1	1	−420	3109	0	5	+	20,1	20,1	20,1	I_{20},I_1	**5** : 2
C2(I)	1	1	1	−23380	−1385691	0	1	+	4,5	4,5	4,1	I_4,I_5	**5** : 1
D1(B)	1	0	1	−82	−92	0	3	+	6,3	6,3	2,3	I_6,I_3	**3** : 2, 3
D2(C)	1	0	1	−5217	−145452	0	1	+	18,1	18,1	2,1	I_{18},I_1	**3** : 1
D3(A)	1	0	1	−47	118	0	3	+	2,1	2,1	2,1	I_2,I_1	**3** : 1
E1(F)	1	1	1	1	1	0	2	−	2,1	2,1	2,1	I_2,I_1	**2** : 2
E2(G)	1	1	1	−9	5	0	2	+	1,2	1,2	1,2	I_1,I_2	**2** : 1
160					$N = 160 = 2^5 \cdot 5$			(2 isogeny classes)					**160**
A1(A)	0	1	0	−6	4	1	2	+	6,1	0,1	2,1	III,I_1	**2** : 2
A2(B)	0	1	0	−1	15	1	2	−	12,2	0,2	4,2	I_3^*,I_2	**2** : 1
B1(D)	0	−1	0	−6	−4	0	2	+	6,1	0,1	2,1	III,I_1	**2** : 2
B2(C)	0	−1	0	−1	−15	0	2	−	12,2	0,2	2,2	I_3^*,I_2	**2** : 1
161					$N = 161 = 7 \cdot 23$			(1 isogeny class)					**161**
A1(B)	1	−1	1	−9	8	0	4	+	2,2	2,2	2,2	I_2,I_2	**2** : 2, 3, 4
A2(A)	1	−1	1	−4	−2	0	2	+	1,1	1,1	1,1	I_1,I_1	**2** : 1
A3(C)	1	−1	1	−124	560	0	4	+	4,1	4,1	4,1	I_4,I_1	**2** : 1
A4(D)	1	−1	1	26	36	0	2	−	1,4	1,4	1,2	I_1,I_4	**2** : 1

TABLE 1: ELLIPTIC CURVES 162A–170E

	a_1	a_2	a_3	a_4	a_6	r	$\lvert T\rvert$	s	$\mathrm{ord}(\Delta)$	$\mathrm{ord}_-(j)$	c_p	Kodaira	Isogenies

162 $\qquad N = 162 = 2 \cdot 3^4$ (4 isogeny classes)

	a_1	a_2	a_3	a_4	a_6	r	$\lvert T\rvert$	s	$\mathrm{ord}(\Delta)$	$\mathrm{ord}_-(j)$	c_p	Kodaira	Isogenies
A1(K)	1	−1	0	−6	8	1	3	−	2,6	2,0	2,3	I_2,IV	**3** : 2
A2(L)	1	−1	0	39	−19	1	1	−	6,10	6,0	2,3	I_6,IV*	**3** : 1
B1(G)	1	−1	1	−5	5	0	3	−	3,4	3,0	3,1	I_3,II	**3** : 2; **7** : 3
B2(H)	1	−1	1	25	1	0	1	−	1,12	1,0	1,1	I_1,II*	**3** : 1; **7** : 4
B3(I)	1	−1	1	−95	−697	0	3	−	21,4	21,0	21,1	I_{21},II	**3** : 4; **7** : 1
B4(J)	1	−1	1	−9695	−364985	0	1	−	7,12	7,0	7,1	I_7,II*	**3** : 3; **7** : 2
C1(A)	1	−1	0	3	−1	0	3	−	1,6	1,0	1,3	I_1,IV	**3** : 2; **7** : 3
C2(B)	1	−1	0	−42	−100	0	1	−	3,10	3,0	1,1	I_3,IV*	**3** : 1; **7** : 4
C3(D)	1	−1	0	−1077	13877	0	3	−	7,6	7,0	1,3	I_7,IV	**3** : 4; **7** : 1
C4(C)	1	−1	0	−852	19664	0	1	−	21,10	21,0	1,1	I_{21},IV*	**3** : 3; **7** : 2
D1(E)	1	−1	1	4	−1	0	3	−	6,4	6,0	6,1	I_6,II	**3** : 2
D2(F)	1	−1	1	−56	−161	0	1	−	2,12	2,0	2,1	I_2,II*	**3** : 1

163 $\qquad N = 163 = 163$ (1 isogeny class)

	a_1	a_2	a_3	a_4	a_6	r	$\lvert T\rvert$	s	$\mathrm{ord}(\Delta)$	$\mathrm{ord}_-(j)$	c_p	Kodaira	Isogenies
A1(A)	0	0	1	−2	1	1	1	−	1	1	1	I_1	

166 $\qquad N = 166 = 2 \cdot 83$ (1 isogeny class)

	a_1	a_2	a_3	a_4	a_6	r	$\lvert T\rvert$	s	$\mathrm{ord}(\Delta)$	$\mathrm{ord}_-(j)$	c_p	Kodaira	Isogenies
A1(A)	1	1	0	−6	4	1	1	−	4,1	4,1	2,1	I_4,I_1	

168 $\qquad N = 168 = 2^3 \cdot 3 \cdot 7$ (2 isogeny classes)

	a_1	a_2	a_3	a_4	a_6	r	$\lvert T\rvert$	s	$\mathrm{ord}(\Delta)$	$\mathrm{ord}_-(j)$	c_p	Kodaira	Isogenies
A1(B)	0	1	0	−7	−10	0	2	+	4,1,1	0,1,1	2,1,1	III,I_1,I_1	**2** : 2
A2(A)	0	1	0	−12	0	0	4	+	8,2,2	0,2,2	2,2,2	I_1^*,I_2,I_2	**2** : 1,3,4
A3(C)	0	1	0	−152	672	0	4	+	10,4,1	0,4,1	2,4,1	III*,I_4,I_1	**2** : 2
A4(D)	0	1	0	48	48	0	2	−	10,1,4	0,1,4	2,1,2	III*,I_1,I_4	**2** : 2
B1(E)	0	−1	0	−7	52	0	4	−	4,3,4	0,3,4	2,1,4	III,I_3,I_4	**2** : 2
B2(F)	0	−1	0	−252	1620	0	4	+	8,6,2	0,6,2	2,2,2	I_1^*,I_6,I_2	**2** : 1,3,4
B3(G)	0	−1	0	−392	−228	0	2	+	10,12,1	0,12,1	2,2,1	III*,I_{12},I_1	**2** : 2
B4(H)	0	−1	0	−4032	99900	0	2	+	10,3,1	0,3,1	2,1,1	III*,I_3,I_1	**2** : 2

170 $\qquad N = 170 = 2 \cdot 5 \cdot 17$ (5 isogeny classes)

	a_1	a_2	a_3	a_4	a_6	r	$\lvert T\rvert$	s	$\mathrm{ord}(\Delta)$	$\mathrm{ord}_-(j)$	c_p	Kodaira	Isogenies
A1(A)	1	0	1	−8	6	1	2	+	4,2,1	4,2,1	2,2,1	I_4,I_2,I_1	**2** : 2
A2(B)	1	0	1	12	38	1	2	−	2,4,2	2,4,2	2,4,2	I_2,I_4,I_2	**2** : 1
B1(H)	1	0	1	−2554	49452	0	6	+	8,2,3	8,2,3	2,2,3	I_8,I_2,I_3	**2** : 2; **3** : 3
B2(I)	1	0	1	−2474	52716	0	6	−	4,4,6	4,4,6	2,2,6	I_4,I_4,I_6	**2** : 1; **3** : 4
B3(J)	1	0	1	−4169	−20724	0	2	+	24,6,1	24,6,1	2,2,1	I_{24},I_6,I_1	**2** : 4; **3** : 1
B4(K)	1	0	1	16311	−159988	0	2	−	12,12,2	12,12,2	2,2,2	I_{12},I_{12},I_2	**2** : 3; **3** : 2
C1(F)	1	0	0	399	−919	0	3	−	21,3,1	21,3,1	21,1,1	I_{21},I_3,I_1	**3** : 2
C2(G)	1	0	0	−6641	−215575	0	1	−	7,9,3	7,9,3	7,1,1	I_7,I_9,I_3	**3** : 1
D1(D)	1	0	1	−3	6	0	3	−	3,3,1	3,3,1	1,3,1	I_3,I_3,I_1	**3** : 2
D2(E)	1	0	1	22	−164	0	1	−	9,1,3	9,1,3	1,1,1	I_9,I_1,I_3	**3** : 1
E1(C)	1	−1	0	−10	−10	0	1	−	1,1,1	1,1,1	1,1,1	I_1,I_1,I_1	

TABLE 1: ELLIPTIC CURVES 171A–176C

	a_1	a_2	a_3	a_4	a_6	r	$|T|$	s	$\text{ord}(\Delta)$	$\text{ord}_-(j)$	c_p	Kodaira	Isogenies

171

$N = 171 = 3^2 \cdot 19$ (4 isogeny classes)

	a_1	a_2	a_3	a_4	a_6	r	$|T|$	s	$\text{ord}(\Delta)$	$\text{ord}_-(j)$	c_p	Kodaira	Isogenies
A1(D)	1	−1	1	−14	20	0	4	+	7,1	1,1	4,1	I_1^*,I_1	2 : 2
A2(E)	1	−1	1	−59	−142	0	4	+	8,2	2,2	4,2	I_2^*,I_2	2 : 1,3,4
A3(F)	1	−1	1	−914	−10402	0	2	+	10,1	4,1	4,1	I_4^*,I_1	2 : 2
A4(G)	1	−1	1	76	−790	0	2	−	7,4	1,4	2,2	I_1^*,I_4	2 : 2
B1(A)	0	0	1	6	0	1	1	−	6,1	0,1	2,1	I_0^*,I_1	3 : 2
B2(B)	0	0	1	−84	315	1	3	−	6,3	0,3	2,3	I_0^*,I_3	3 : 1,3
B3(C)	0	0	1	−6924	221760	1	3	−	6,1	0,1	2,1	I_0^*,I_1	3 : 2
C1(I)	0	0	1	177	1035	0	1	−	16,1	10,1	2,1	I_{10}^*,I_1	5 : 2
C2(J)	0	0	1	−39513	3023145	0	1	−	8,5	2,5	2,1	I_2^*,I_5	5 : 1
D1(H)	0	0	1	−21	−41	0	1	−	8,1	2,1	2,1	I_2^*,I_1	

172

$N = 172 = 2^2 \cdot 43$ (1 isogeny class)

	a_1	a_2	a_3	a_4	a_6	r	$|T|$	s	$\text{ord}(\Delta)$	$\text{ord}_-(j)$	c_p	Kodaira	Isogenies
A1(A)	0	1	0	−13	15	1	3	−	8,1	0,1	3,1	IV^*,I_1	3 : 2
A2(B)	0	1	0	67	79	1	1	−	8,3	0,3	1,3	IV^*,I_3	3 : 1

174

$N = 174 = 2 \cdot 3 \cdot 29$ (5 isogeny classes)

	a_1	a_2	a_3	a_4	a_6	r	$|T|$	s	$\text{ord}(\Delta)$	$\text{ord}_-(j)$	c_p	Kodaira	Isogenies
A1(I)	1	0	1	−7705	1226492	0	3	−	11,21,1	11,21,1	1,21,1	I_{11},I_{21},I_1	3 : 2
A2(J)	1	0	1	68840	−31810330	0	1	−	33,7,3	33,7,3	1,7,1	I_{33},I_7,I_3	3 : 1
B1(G)	1	0	0	−1	137	0	7	−	7,7,1	7,7,1	7,7,1	I_7,I_7,I_1	7 : 2
B2(H)	1	0	0	−6511	−203353	0	1	−	1,1,7	1,1,7	1,1,7	I_1,I_1,I_7	7 : 1
C1(F)	1	1	1	−5	−7	0	1	−	1,3,1	1,3,1	1,1,1	I_1,I_3,I_1	
D1(A)	1	0	1	0	−2	0	2	−	4,1,1	4,1,1	2,1,1	I_4,I_1,I_1	2 : 2
D2(B)	1	0	1	−20	−34	0	4	+	2,2,2	2,2,2	2,2,2	I_2,I_2,I_2	2 : 1,3,4
D3(C)	1	0	1	−310	−2122	0	2	+	1,4,1	1,4,1	1,4,1	I_1,I_4,I_1	2 : 2
D4(D)	1	0	1	−50	86	0	2	+	1,1,4	1,1,4	1,1,2	I_1,I_1,I_4	2 : 2
E1(E)	1	1	0	−56	−192	0	1	−	13,1,1	13,1,1	1,1,1	I_{13},I_1,I_1	

175

$N = 175 = 5^2 \cdot 7$ (3 isogeny classes)

	a_1	a_2	a_3	a_4	a_6	r	$|T|$	s	$\text{ord}(\Delta)$	$\text{ord}_-(j)$	c_p	Kodaira	Isogenies
A1(B)	0	−1	1	2	−2	1	1	−	3,1	0,1	2,1	III,I_1	5 : 2
A2(A)	0	−1	1	−148	748	1	5	−	3,5	0,5	2,5	III,I_5	5 : 1
B1(C)	0	−1	1	−33	93	1	1	−	7,1	1,1	4,1	I_1^*,I_1	3 : 2
B2(D)	0	−1	1	217	−282	1	1	−	9,3	3,3	4,1	I_3^*,I_3	3 : 1,3
B3(E)	0	−1	1	−3283	−74657	1	1	−	15,1	9,1	4,1	I_9^*,I_1	3 : 2
C1(F)	0	1	1	42	−131	0	1	−	9,1	0,1	2,1	III^*,I_1	5 : 2
C2(G)	0	1	1	−3708	86119	0	1	−	9,5	0,5	2,1	III^*,I_5	5 : 1

176

$N = 176 = 2^4 \cdot 11$ (3 isogeny classes)

	a_1	a_2	a_3	a_4	a_6	r	$|T|$	s	$\text{ord}(\Delta)$	$\text{ord}_-(j)$	c_p	Kodaira	Isogenies
A1(C)	0	0	0	−4	−4	0	1	−	8,1	0,1	1,1	I_0^*,I_1	
B1(D)	0	1	0	−5	−13	0	1	−	12,1	0,1	1,1	II^*,I_1	5 : 2
B2(E)	0	1	0	−165	1427	0	1	−	12,5	0,5	1,1	II^*,I_5	5 : 1,3
B3(F)	0	1	0	−125125	16994227	0	1	−	12,1	0,1	1,1	II^*,I_1	5 : 2
C1(A)	0	−1	0	3	1	1	1	−	8,1	0,1	2,1	I_0^*,I_1	3 : 2
C2(B)	0	−1	0	−77	289	1	1	−	8,3	0,3	2,3	I_0^*,I_3	3 : 1

TABLE 1: ELLIPTIC CURVES 178A–186C

	a_1	a_2	a_3	a_4	a_6	r	$|T|$	s	ord(Δ)	ord$_-(j)$	c_p	Kodaira	Isogenies

178 $N = 178 = 2 \cdot 89$ (2 isogeny classes)

	a_1	a_2	a_3	a_4	a_6	r	$|T|$	s	ord(Δ)	ord$_-(j)$	c_p	Kodaira	Isogenies
A1(A)	1	0	0	6	-28	0	3	$-$	12,1	12,1	12,1	I_{12},I_1	**3** : 2
A2(B)	1	0	0	-554	-5068	0	1	$-$	4,3	4,3	4,1	I_4,I_3	**3** : 1
B1(C)	1	1	0	-44	80	0	2	$+$	14,1	14,1	2,1	I_{14},I_1	**2** : 2
B2(D)	1	1	0	-684	6608	0	2	$+$	7,2	7,2	1,2	I_7,I_2	**2** : 1

179 $N = 179 = 179$ (1 isogeny class)

	a_1	a_2	a_3	a_4	a_6	r	$|T|$	s	ord(Δ)	ord$_-(j)$	c_p	Kodaira	Isogenies
A1(A)	0	0	1	-1	-1	0	1	$-$	1	1	1	I_1	

180 $N = 180 = 2^2 \cdot 3^2 \cdot 5$ (1 isogeny class)

	a_1	a_2	a_3	a_4	a_6	r	$|T|$	s	ord(Δ)	ord$_-(j)$	c_p	Kodaira	Isogenies
A1(A)	0	0	0	-12	-11	0	2	$+$	4,6,1	0,0,1	1,2,1	IV,I_0^*,I_1	**2** : 2; **3** : 3
A2(B)	0	0	0	33	-74	0	2	$-$	8,6,2	0,0,2	1,2,2	IV$^*,I_0^*,I_2$	**2** : 1; **3** : 4
A3(C)	0	0	0	-372	2761	0	6	$+$	4,6,3	0,0,3	3,2,3	IV,I_0^*,I_3	**2** : 4; **3** : 1
A4(D)	0	0	0	-327	3454	0	6	$-$	8,6,6	0,0,6	3,2,6	IV$^*,I_0^*,I_6$	**2** : 3; **3** : 2

182 $N = 182 = 2 \cdot 7 \cdot 13$ (5 isogeny classes)

	a_1	a_2	a_3	a_4	a_6	r	$|T|$	s	ord(Δ)	ord$_-(j)$	c_p	Kodaira	Isogenies
A1(E)	1	-1	1	866	6445	0	4	$-$	20,3,2	20,3,2	20,1,2	I_{20},I_3,I_2	**2** : 2
A2(F)	1	-1	1	-4254	59693	0	4	$+$	10,6,4	10,6,4	10,2,2	I_{10},I_6,I_4	**2** : 1, 3, 4
A3(G)	1	-1	1	-31294	-2081875	0	2	$+$	5,12,2	5,12,2	5,2,2	I_5,I_{12},I_2	**2** : 2
A4(H)	1	-1	1	-59134	5547693	0	2	$+$	5,3,8	5,3,8	5,1,2	I_5,I_3,I_8	**2** : 2
B1(A)	1	0	0	7	-7	0	3	$-$	9,1,1	9,1,1	9,1,1	I_9,I_1,I_1	**3** : 2
B2(B)	1	0	0	-193	-1055	0	3	$-$	3,3,3	3,3,3	3,3,3	I_3,I_3,I_3	**3** : 1, 3
B3(C)	1	0	0	-15663	-755809	0	1	$-$	1,1,1	1,1,1	1,1,1	I_1,I_1,I_1	**3** : 2
C1(J)	1	0	1	-4609	120244	0	1	$-$	11,7,1	11,7,1	1,1,1	I_{11},I_7,I_1	
D1(D)	1	-1	1	3	-5	0	1	$-$	1,3,1	1,3,1	1,1,1	I_1,I_3,I_1	
E1(I)	1	-1	0	-22	884	0	1	$-$	7,1,5	7,1,5	1,1,1	I_7,I_1,I_5	

184 $N = 184 = 2^3 \cdot 23$ (4 isogeny classes)

	a_1	a_2	a_3	a_4	a_6	r	$|T|$	s	ord(Δ)	ord$_-(j)$	c_p	Kodaira	Isogenies
A1(C)	0	-1	0	0	1	1	1	$-$	4,1	0,1	2,1	III,I_1	
B1(B)	0	-1	0	-4	5	1	1	$-$	4,1	0,1	2,1	III,I_1	
C1(D)	0	0	0	5	6	0	2	$-$	10,1	0,1	2,1	III$^*,I_1$	**2** : 2
C2(E)	0	0	0	-35	62	0	2	$+$	11,2	0,2	1,2	II$^*,I_2$	**2** : 1
D1(A)	0	0	0	-55	-157	0	1	$-$	4,1	0,1	2,1	III,I_1	

185 $N = 185 = 5 \cdot 37$ (3 isogeny classes)

	a_1	a_2	a_3	a_4	a_6	r	$|T|$	s	ord(Δ)	ord$_-(j)$	c_p	Kodaira	Isogenies
A1(D)	0	1	1	-156	700	1	1	$+$	4,1	4,1	2,1	I_4,I_1	
B1(A)	0	-1	1	-5	6	1	1	$+$	2,1	2,1	2,1	I_2,I_1	
C1(B)	1	0	1	-4	-3	1	2	$+$	1,1	1,1	1,1	I_1,I_1	**2** : 2
C2(C)	1	0	1	1	-9	1	2	$-$	2,2	2,2	2,2	I_2,I_2	**2** : 1

186 $N = 186 = 2 \cdot 3 \cdot 31$ (3 isogeny classes)

	a_1	a_2	a_3	a_4	a_6	r	$|T|$	s	ord(Δ)	ord$_-(j)$	c_p	Kodaira	Isogenies
A1(D)	1	1	0	-83	-369	0	1	$-$	1,11,1	1,11,1	1,1,1	I_1,I_{11},I_1	
B1(B)	1	0	0	15	9	0	5	$-$	5,5,1	5,5,1	5,5,1	I_5,I_5,I_1	**5** : 2
B2(C)	1	0	0	-1395	-20181	0	1	$-$	1,1,5	1,1,5	1,1,5	I_1,I_1,I_5	**5** : 1
C1(A)	1	0	1	-17	-28	0	1	$-$	7,1,1	7,1,1	1,1,1	I_7,I_1,I_1	

TABLE 1: ELLIPTIC CURVES 187A–194A

	a_1	a_2	a_3	a_4	a_6	r	$|T|$	s	$\text{ord}(\Delta)$	$\text{ord}_-(j)$	c_p	Kodaira	Isogenies
187				$N = 187 = 11 \cdot 17$				(2 isogeny classes)					**187**
A1(A)	0	1	1	11	30	0	3	−	3,2	3,2	3,2	I_3,I_2	**3** : 2
A2(B)	0	1	1	−99	−905	0	1	−	1,6	1,6	1,2	I_1,I_6	**3** : 1
B1(C)	0	0	1	7	1	0	1	−	3,1	3,1	1,1	I_3,I_1	
189				$N = 189 = 3^3 \cdot 7$				(4 isogeny classes)					**189**
A1(A)	0	0	1	−3	0	1	1	+	5,1	0,1	3,1	IV,I_1	
B1(C)	0	0	1	−24	45	1	3	+	3,1	0,1	1,1	II,I_1	**3** : 2
B2(D)	0	0	1	−54	−88	1	3	+	9,3	0,3	3,3	IV^*,I_3	**3** : 1,3
B3(E)	0	0	1	−3834	−91375	1	1	+	11,1	0,1	1,1	II^*,I_1	**3** : 2
C1(F)	0	0	1	−6	3	0	3	+	3,3	0,3	1,3	II,I_3	**3** : 2,3
C2(G)	0	0	1	−216	−1222	0	1	+	9,1	0,1	1,1	IV^*,I_1	**3** : 1
C3(H)	0	0	1	−426	3384	0	3	+	5,1	0,1	3,1	IV,I_1	**3** : 1
D1(B)	0	0	1	−27	−7	0	1	+	11,1	0,1	1,1	II^*,I_1	
190				$N = 190 = 2 \cdot 5 \cdot 19$				(3 isogeny classes)					**190**
A1(D)	1	−1	1	−48	147	1	1	−	11,2,1	11,2,1	11,2,1	I_{11},I_2,I_1	
B1(C)	1	1	0	2	2	1	1	−	1,2,1	1,2,1	1,2,1	I_1,I_2,I_1	
C1(A)	1	0	0	−30	−100	0	3	−	3,6,1	3,6,1	3,6,1	I_3,I_6,I_1	**3** : 2
C2(B)	1	0	0	−2780	−56650	0	1	−	1,2,3	1,2,3	1,2,3	I_1,I_2,I_3	**3** : 1
192				$N = 192 = 2^6 \cdot 3$				(4 isogeny classes)					**192**
A1(Q)	0	−1	0	−4	−2	1	2	+	6,1	0,1	1,1	II,I_1	**2** : 2
A2(R)	0	−1	0	−9	9	1	4	+	12,2	0,2	4,2	I_2^*,I_2	**2** : 1,3,4
A3(T)	0	−1	0	−129	609	1	4	+	15,1	0,1	4,1	I_5^*,I_1	**2** : 2
A4(S)	0	−1	0	31	33	1	2	−	15,4	0,4	4,2	I_5^*,I_4	**2** : 2
B1(A)	0	1	0	−4	2	0	2	+	6,1	0,1	1,1	II,I_1	**2** : 2
B2(B)	0	1	0	−9	−9	0	4	+	12,2	0,2	4,2	I_2^*,I_2	**2** : 1,3,4
B3(D)	0	1	0	−129	−609	0	2	+	15,1	0,1	4,1	I_5^*,I_1	**2** : 2
B4(C)	0	1	0	31	−33	0	4	−	15,4	0,4	4,4	I_5^*,I_4	**2** : 2
C1(K)	0	1	0	3	3	0	2	−	10,1	0,1	2,1	I_0^*,I_1	**2** : 2
C2(L)	0	1	0	−17	15	0	4	+	14,2	0,2	4,2	I_4^*,I_2	**2** : 1,3,4
C3(M)	0	1	0	−97	−385	0	4	+	16,4	0,4	4,4	I_6^*,I_4	**2** : 2,5,6
C4(N)	0	1	0	−257	1503	0	2	+	16,1	0,1	2,1	I_6^*,I_1	**2** : 2
C5(P)	0	1	0	−1537	−23713	0	2	+	17,2	0,2	4,2	I_7^*,I_2	**2** : 3
C6(O)	0	1	0	63	−1377	0	4	−	17,8	0,8	4,8	I_7^*,I_8	**2** : 3
D1(E)	0	−1	0	3	−3	0	2	−	10,1	0,1	2,1	I_0^*,I_1	**2** : 2
D2(F)	0	−1	0	−17	−15	0	4	+	14,2	0,2	4,2	I_4^*,I_2	**2** : 1,3,4
D3(H)	0	−1	0	−257	−1503	0	2	+	16,1	0,1	4,1	I_6^*,I_1	**2** : 2
D4(G)	0	−1	0	−97	385	0	4	+	16,4	0,4	4,2	I_6^*,I_4	**2** : 2,5,6
D5(J)	0	−1	0	−1537	23713	0	4	+	17,2	0,2	4,2	I_7^*,I_2	**2** : 4
D6(I)	0	−1	0	63	1377	0	2	−	17,8	0,8	2,2	I_7^*,I_8	**2** : 4
194				$N = 194 = 2 \cdot 97$				(1 isogeny class)					**194**
A1(A)	1	−1	1	−3	−1	0	2	+	2,1	2,1	2,1	I_2,I_1	**2** : 2
A2(B)	1	−1	1	−13	19	0	2	+	1,2	1,2	1,2	I_1,I_2	**2** : 1

TABLE 1: ELLIPTIC CURVES 195A–200A

	a_1 a_2 a_3	a_4	a_6	r	$|T|$	s	ord(Δ)	ord$_-(j)$	c_p	Kodaira	Isogenies

195 $\qquad N = 195 = 3 \cdot 5 \cdot 13$ (4 isogeny classes)

A1(A)	1 0 0	−110	435	0	4	+	4,1,1	4,1,1	4,1,1	I_4,I_1,I_1	2 : 2
A2(B)	1 0 0	−115	392	0	8	+	8,2,2	8,2,2	8,2,2	I_8,I_2,I_2	2 : 1, 3, 4
A3(D)	1 0 0	−520	−4225	0	8	+	4,4,4	4,4,4	4,4,4	I_4,I_4,I_4	2 : 2, 5, 6
A4(C)	1 0 0	210	2277	0	4	−	16,1,1	16,1,1	16,1,1	I_{16},I_1,I_1	2 : 2
A5(E)	1 0 0	−8125	−282568	0	4	+	2,8,2	2,8,2	2,8,2	I_2,I_8,I_2	2 : 3, 7, 8
A6(F)	1 0 0	605	−19750	0	4	−	2,2,8	2,2,8	2,2,8	I_2,I_2,I_8	2 : 3
A7(H)	1 0 0	−130000	−18051943	0	2	+	1,4,1	1,4,1	1,4,1	I_1,I_4,I_1	2 : 5
A8(G)	1 0 0	−7930	−296725	0	2	−	1,16,1	1,16,1	1,16,1	I_1,I_{16},I_1	2 : 5
B1(I)	0 1 1	0	−1	0	1	−	1,1,1	1,1,1	1,1,1	I_1,I_1,I_1	
C1(K)	0 1 1	−66	−349	0	1	−	3,7,1	3,7,1	3,1,1	I_3,I_7,I_1	
D1(J)	0 −1 1	−190	1101	0	1	−	7,1,3	7,1,3	1,1,1	I_7,I_1,I_3	

196 $\qquad N = 196 = 2^2 \cdot 7^2$ (2 isogeny classes)

A1(A)	0 −1 0	−2	1	1	1	+	4,2	0,0	3,1	IV,II	3 : 2
A2(B)	0 −1 0	−142	701	1	1	+	4,2	0,0	1,1	IV,II	3 : 1
B1(C)	0 1 0	−114	−127	0	3	+	4,8	0,0	3,3	IV,IV*	3 : 2
B2(D)	0 1 0	−6974	−226507	0	1	+	4,8	0,0	1,3	IV,IV*	3 : 1

197 $\qquad N = 197 = 197$ (1 isogeny class)

| A1(A) | 0 0 1 | −5 | 4 | 1 | 1 | + | 1 | 1 | 1 | I_1 | |

198 $\qquad N = 198 = 2 \cdot 3^2 \cdot 11$ (5 isogeny classes)

A1(I)	1 −1 0	−18	4	1	2	+	4,7,1	4,1,1	2,4,1	I_4,I_1^*,I_1	2 : 2
A2(J)	1 −1 0	−198	1120	1	4	+	2,8,2	2,2,2	2,4,2	I_2,I_2^*,I_2	2 : 1, 3, 4
A3(L)	1 −1 0	−3168	69430	1	2	+	1,7,1	1,1,1	1,2,1	I_1,I_1^*,I_1	2 : 2
A4(K)	1 −1 0	−108	2074	1	2	−	1,10,4	1,4,4	1,4,4	I_1,I_4^*,I_4	2 : 2
B1(E)	1 −1 1	−50	−115	0	2	+	2,9,1	2,3,1	2,2,1	I_2,I_3^*,I_1	2 : 2; 3 : 3
B2(F)	1 −1 1	40	−547	0	2	−	1,12,2	1,6,2	1,4,2	I_1,I_6^*,I_2	2 : 1; 3 : 4
B3(G)	1 −1 1	−725	7661	0	6	+	6,7,3	6,1,3	6,2,3	I_6,I_1^*,I_3	2 : 4; 3 : 1
B4(H)	1 −1 1	−365	15005	0	6	−	3,8,6	3,2,6	3,4,6	I_3,I_2^*,I_6	2 : 3; 3 : 2
C1(M)	1 −1 1	−65	209	0	6	+	12,3,1	12,0,1	12,2,1	I_{12},III,I_1	2 : 2; 3 : 3
C2(N)	1 −1 1	−1025	12881	0	6	+	6,3,2	6,0,2	6,2,2	I_6,III,I_2	2 : 1; 3 : 4
C3(O)	1 −1 1	−785	−8207	0	2	+	4,9,3	4,0,3	4,2,1	I_4,III^*,I_3	2 : 4; 3 : 1
C4(P)	1 −1 1	−1325	4969	0	2	+	2,9,6	2,0,6	2,2,2	I_2,III^*,I_6	2 : 3; 3 : 2
D1(A)	1 −1 0	−87	333	0	6	+	4,3,3	4,0,3	2,2,3	I_4,III,I_3	2 : 2; 3 : 3
D2(B)	1 −1 0	−147	−135	0	6	+	2,3,6	2,0,6	2,2,6	I_2,III,I_6	2 : 1; 3 : 4
D3(C)	1 −1 0	−582	−5068	0	2	+	12,9,1	12,0,1	2,2,1	I_{12},III^*,I_1	2 : 4; 3 : 1
D4(D)	1 −1 0	−9222	−338572	0	2	+	6,9,2	6,0,2	2,2,2	I_6,III^*,I_2	2 : 3; 3 : 2
E1(Q)	1 −1 0	−405	−2187	0	2	+	10,11,1	10,5,1	2,2,1	I_{10},I_5^*,I_1	2 : 2; 5 : 3
E2(R)	1 −1 0	1035	−15147	0	2	−	5,16,2	5,10,2	1,4,2	I_5,I_{10}^*,I_2	2 : 1; 5 : 4
E3(S)	1 −1 0	−90585	10516473	0	2	+	2,7,5	2,1,5	2,2,1	I_2,I_1^*,I_5	2 : 4; 5 : 1
E4(T)	1 −1 0	−90495	10538343	0	2	−	1,8,10	1,2,10	1,4,2	I_1,I_2^*,I_{10}	2 : 3; 5 : 2

200 $\qquad N = 200 = 2^3 \cdot 5^2$ (5 isogeny classes)

| A1(B) | 0 0 0 | 125 | −1250 | 0 | 1 | − | 11,8 | 0,0 | 1,1 | II*,IV* | |

	a_1	a_2	a_3	a_4	a_6	r	$|T|$	s	ord(Δ)	ord$_-(j)$	c_p	Kodaira	Isogenies
200					$N = 200 = 2^3 \cdot 5^2$				(continued)				**200**
B1(C)	0	1	0	−3	−2	1	2	+	4,3	0,0	2,2	III,III	**2** : 2
B2(D)	0	1	0	−28	48	1	2	+	8,3	0,0	4,2	I_1^*,III	**2** : 1
C1(G)	0	0	0	−50	125	0	4	+	4,7	0,1	2,4	III,I_1^*	**2** : 2
C2(H)	0	0	0	−175	−750	0	4	+	8,8	0,2	4,4	I_1^*,I_2^*	**2** : 1,3,4
C3(J)	0	0	0	−2675	−53250	0	2	+	10,7	0,1	2,4	III*,I_1^*	**2** : 2
C4(I)	0	0	0	325	−4250	0	2	−	10,10	0,4	2,4	III*,I_4^*	**2** : 2
D1(E)	0	−1	0	−83	−88	0	2	+	4,9	0,0	2,2	III,III*	**2** : 2
D2(F)	0	−1	0	−708	7412	0	2	+	8,9	0,0	2,2	I_1^*,III*	**2** : 1
E1(A)	0	0	0	5	−10	0	1	−	11,2	0,0	1,1	II*,II	
201					$N = 201 = 3 \cdot 67$				(3 isogeny classes)				**201**
A1	0	−1	1	2	0	1	1	−	2,1	2,1	2,1	I_2,I_1	
B1	1	0	0	−1	2	1	1	−	3,1	3,1	3,1	I_3,I_1	
C1	1	1	0	−794	8289	1	1	−	5,1	5,1	1,1	I_5,I_1	
202					$N = 202 = 2 \cdot 101$				(1 isogeny class)				**202**
A1	1	−1	0	4	−176	0	1	−	17,1	17,1	1,1	I_{17},I_1	
203					$N = 203 = 7 \cdot 29$				(3 isogeny classes)				**203**
A1	0	−1	1	20	−8	0	5	−	5,1	5,1	5,1	I_5,I_1	**5** : 2
A2	0	−1	1	−2150	−37668	0	1	−	1,5	1,5	1,1	I_1,I_5	**5** : 1
B1	1	1	1	0	−2	1	1	−	2,1	2,1	2,1	I_2,I_1	
C1	1	1	0	−9	8	0	2	−	1,2	1,2	1,2	I_1,I_2	**2** : 2
C2	1	1	0	−154	675	0	2	+	2,1	2,1	2,1	I_2,I_1	**2** : 1
204					$N = 204 = 2^2 \cdot 3 \cdot 17$				(2 isogeny classes)				**204**
A1	0	−1	0	−1621	−24623	0	1	−	8,11,1	0,11,1	3,1,1	IV*,I_{11},I_1	
B1	0	1	0	−5	−9	0	1	−	8,1,1	0,1,1	1,1,1	IV*,I_1,I_1	
205					$N = 205 = 5 \cdot 41$				(3 isogeny classes)				**205**
A1	1	−1	1	−22	44	1	4	+	2,1	2,1	2,1	I_2,I_1	**2** : 2
A2	1	−1	1	−27	26	1	4	+	4,2	4,2	4,2	I_4,I_2	**2** : 1,3,4
A3	1	−1	1	−232	−1286	1	2	+	8,1	8,1	8,1	I_8,I_1	**2** : 2
A4	1	−1	1	98	126	1	4	−	2,4	2,4	2,4	I_2,I_4	**2** : 2
B1	1	1	1	−21	−46	0	2	+	2,1	2,1	2,1	I_2,I_1	**2** : 2
B2	1	1	1	−16	−62	0	2	−	4,2	4,2	2,2	I_4,I_2	**2** : 1
C1	1	1	0	−2	−1	0	2	+	2,1	2,1	2,1	I_2,I_1	**2** : 2
C2	1	1	0	−27	44	0	2	+	1,2	1,2	1,2	I_1,I_2	**2** : 1
206					$N = 206 = 2 \cdot 103$				(1 isogeny class)				**206**
A1	1	1	0	2	0	0	2	−	2,1	2,1	2,1	I_2,I_1	**2** : 2
A2	1	1	0	−8	−10	0	2	+	1,2	1,2	1,2	I_1,I_2	**2** : 1
207					$N = 207 = 3^2 \cdot 23$				(1 isogeny class)				**207**
A1	1	−1	1	−5	20	1	2	−	8,1	2,1	4,1	I_2^*,I_1	**2** : 2
A2	1	−1	1	−140	668	1	2	+	7,2	1,2	4,2	I_1^*,I_2	**2** : 1

TABLE 1: ELLIPTIC CURVES 208A–210D

	$a_1\ a_2\ a_3$	a_4	a_6	r	$|T|$	s	$\text{ord}(\Delta)$	$\text{ord}_-(j)$	c_p	Kodaira	Isogenies

208 $N = 208 = 2^4 \cdot 13$ (4 isogeny classes)   208

	$a_1\ a_2\ a_3$	a_4	a_6	r	$|T|$	s	$\text{ord}(\Delta)$	$\text{ord}_-(j)$	c_p	Kodaira	Isogenies
A1	0 −1 0	8	−16	1	1	−	13,1	1,1	4,1	I_5^*, I_1	**3** : 2
A2	0 −1 0	−72	496	1	1	−	15,3	3,3	4,3	I_7^*, I_3	**3** : 1,3
A3	0 −1 0	−7352	245104	1	1	−	21,1	9,1	4,1	I_{13}^*, I_1	**3** : 2
B1	0 −1 0	−16	32	1	1	−	11,1	0,1	4,1	I_3^*, I_1	
C1	0 0 0	1	10	0	2	−	8,2	0,2	1,2	I_0^*, I_2	**2** : 2
C2	0 0 0	−4	3	0	2	+	4,1	0,1	1,1	II, I_1	**2** : 1
D1	0 0 0	−43	−166	0	1	−	19,1	7,1	2,1	I_{11}^*, I_1	**7** : 2
D2	0 0 0	−3403	83834	0	1	−	13,7	1,7	2,1	I_5^*, I_7	**7** : 1

209 $N = 209 = 11 \cdot 19$ (1 isogeny class)   209

	$a_1\ a_2\ a_3$	a_4	a_6	r	$|T|$	s	$\text{ord}(\Delta)$	$\text{ord}_-(j)$	c_p	Kodaira	Isogenies
A1	0 1 1	−27	55	1	3	−	3,2	3,2	3,2	I_3, I_2	**3** : 2
A2	0 1 1	193	−308	1	1	−	1,6	1,6	1,6	I_1, I_6	**3** : 1

210 $N = 210 = 2 \cdot 3 \cdot 5 \cdot 7$ (5 isogeny classes)   210

	$a_1\ a_2\ a_3$	a_4	a_6	r	$|T|$	s	$\text{ord}(\Delta)$	$\text{ord}_-(j)$	c_p	Kodaira	Isogenies
A1	1 0 0	−41	−39	0	6	+	12,3,1,1	12,3,1,1	12,3,1,1	I_{12},I_3,I_1,I_1	**2** : 2; **3** : 3
A2	1 0 0	−361	2585	0	12	+	6,6,2,2	6,6,2,2	6,6,2,2	I_6,I_6,I_2,I_2	**2** : 1,4,5; **3** : 6
A3	1 0 0	−2681	−53655	0	2	+	4,1,3,3	4,1,3,3	4,1,3,3	I_4,I_1,I_3,I_3	**2** : 6; **3** : 1
A4	1 0 0	−5761	167825	0	6	+	3,3,1,4	3,3,1,4	3,3,1,4	I_3,I_3,I_1,I_4	**2** : 2; **3** : 7
A5	1 0 0	−81	6561	0	6	−	3,12,4,1	3,12,4,1	3,12,2,1	I_3,I_{12},I_4,I_1	**2** : 2; **3** : 8
A6	1 0 0	−2701	−52819	0	4	+	2,2,6,6	2,2,6,6	2,2,2,6	I_2,I_2,I_6,I_6	**2** : 3,7,8; **3** : 2
A7	1 0 0	−6451	124931	0	2	+	1,1,3,12	1,1,3,12	1,1,1,12	I_1,I_1,I_3,I_{12}	**2** : 6; **3** : 4
A8	1 0 0	729	−176985	0	2	−	1,4,12,3	1,4,12,3	1,4,2,3	I_1,I_4,I_{12},I_3	**2** : 6; **3** : 5
B1	1 0 1	−498	4228	0	6	+	8,3,3,1	8,3,3,1	2,3,3,1	I_8,I_3,I_3,I_1	**2** : 2; **3** : 3
B2	1 0 1	−578	2756	0	12	+	4,6,6,2	4,6,6,2	2,6,6,2	I_4,I_6,I_6,I_2	**2** : 1,4,5; **3** : 6
B3	1 0 1	−1473	−16652	0	2	+	24,1,1,3	24,1,1,3	2,1,1,3	I_{24},I_1,I_1,I_3	**2** : 6; **3** : 1
B4	1 0 1	−4358	−109132	0	6	+	2,3,12,1	2,3,12,1	2,3,12,1	I_2,I_3,I_{12},I_1	**2** : 2; **3** : 7
B5	1 0 1	1922	20756	0	12	−	2,12,3,4	2,12,3,4	2,12,3,4	I_2,I_{12},I_3,I_4	**2** : 2; **3** : 8
B6	1 0 1	−21953	−1253644	0	4	+	12,2,2,6	12,2,2,6	2,2,2,6	I_{12},I_2,I_2,I_6	**2** : 3,7,8; **3** : 2
B7	1 0 1	−351233	−80149132	0	2	+	6,1,4,3	6,1,4,3	2,1,4,3	I_6,I_1,I_4,I_3	**2** : 6; **3** : 4
B8	1 0 1	−20353	−1443724	0	4	−	6,4,1,12	6,4,1,12	2,4,1,12	I_6,I_4,I_1,I_{12}	**2** : 6; **3** : 5
C1	1 1 1	10	−13	0	4	−	8,1,1,2	8,1,1,2	8,1,1,2	I_8,I_1,I_1,I_2	**2** : 2
C2	1 1 1	−70	−205	0	8	+	4,2,2,4	4,2,2,4	4,2,2,4	I_4,I_2,I_2,I_4	**2** : 1,3,4
C3	1 1 1	−1050	−13533	0	4	+	2,4,4,2	2,4,4,2	2,4,4,2	I_2,I_4,I_4,I_2	**2** : 2,5,6
C4	1 1 1	−370	2435	0	4	+	2,1,1,8	2,1,1,8	2,1,1,8	I_2,I_1,I_1,I_8	**2** : 2
C5	1 1 1	−16800	−845133	0	2	+	1,2,2,1	1,2,2,1	1,2,2,1	I_1,I_2,I_2,I_1	**2** : 3
C6	1 1 1	−980	−15325	0	2	−	1,8,8,1	1,8,8,1	1,2,8,1	I_1,I_8,I_8,I_1	**2** : 3
D1	1 1 0	−3	−3	1	2	+	4,1,1,1	4,1,1,1	2,1,1,1	I_4,I_1,I_1,I_1	**2** : 2
D2	1 1 0	−23	33	1	4	+	2,2,2,2	2,2,2,2	2,2,2,2	I_2,I_2,I_2,I_2	**2** : 1,3,4
D3	1 1 0	−373	2623	1	2	+	1,4,1,1	1,4,1,1	1,2,1,1	I_1,I_4,I_1,I_1	**2** : 2
D4	1 1 0	7	147	1	2	−	1,1,4,4	1,1,4,4	1,1,2,2	I_1,I_1,I_4,I_4	**2** : 2

	a_1 a_2 a_3	a_4	a_6	r	$|T|$	s	ord(Δ)	ord$_-(j)$	c_p	Kodaira	Isogenies
210			$N = 210 = 2 \cdot 3 \cdot 5 \cdot 7$ (continued)								**210**
E1	1 0 0	210	900	0	8	$-$	16,4,2,1	16,4,2,1	16,4,2,1	I_{16},I_4,I_2,I_1	**2** : 2
E2	1 0 0	-1070	7812	0	16	$+$	8,8,4,2	8,8,4,2	8,8,4,2	I_8,I_8,I_4,I_2	**2** : 1,3,4
E3	1 0 0	-7550	-247500	0	8	$+$	4,4,8,4	4,4,8,4	4,4,8,2	I_4,I_4,I_8,I_4	**2** : 2,5,6
E4	1 0 0	-15070	710612	0	8	$+$	4,16,2,1	4,16,2,1	4,16,2,1	I_4,I_{16},I_2,I_1	**2** : 2
E5	1 0 0	-120050	-16020000	0	4	$+$	2,2,4,8	2,2,4,8	2,2,4,2	I_2,I_2,I_4,I_8	**2** : 3,7,8
E6	1 0 0	1270	-789048	0	4	$-$	2,2,16,2	2,2,16,2	2,2,16,2	I_2,I_2,I_{16},I_2	**2** : 3
E7	1 0 0	-1920800	-1024800150	0	2	$+$	1,1,2,4	1,1,2,4	1,1,2,2	I_1,I_1,I_2,I_4	**2** : 5
E8	1 0 0	-119300	-16229850	0	2	$-$	1,1,2,16	1,1,2,16	1,1,2,2	I_1,I_1,I_2,I_{16}	**2** : 5
212			$N = 212 = 2^2 \cdot 53$ (2 isogeny classes)								**212**
A1	0 -1 0	-4	8	1	1	$-$	8,1	0,1	3,1	IV*,I_1	
B1	0 -1 0	-12	-40	0	2	$-$	8,2	0,2	3,2	IV*,I_2	**2** : 2
B2	0 -1 0	-17	-22	0	2	$+$	4,1	0,1	3,1	IV,I_1	**2** : 1
213			$N = 213 = 3 \cdot 71$ (1 isogeny class)								**213**
A1	1 0 1	0	1	0	2	$-$	2,1	2,1	2,1	I_2,I_1	**2** : 2
A2	1 0 1	-15	19	0	2	$+$	1,2	1,2	1,2	I_1,I_2	**2** : 1
214			$N = 214 = 2 \cdot 107$ (4 isogeny classes)								**214**
A1	1 0 0	-12	16	1	1	$-$	7,1	7,1	7,1	I_7,I_1	
B1	1 0 1	1	0	1	1	$-$	1,1	1,1	1,1	I_1,I_1	
C1	1 0 1	-193	1012	1	1	$-$	10,1	10,1	2,1	I_{10},I_1	
D1	1 0 0	2	4	0	3	$-$	6,1	6,1	6,1	I_6,I_1	**3** : 2
D2	1 0 0	-18	-112	0	1	$-$	2,3	2,3	2,1	I_2,I_3	**3** : 1
215			$N = 215 = 5 \cdot 43$ (1 isogeny class)								**215**
A1	0 0 1	-8	-12	1	1	$-$	4,1	4,1	2,1	I_4,I_1	
216			$N = 216 = 2^3 \cdot 3^3$ (4 isogeny classes)								**216**
A1	0 0 0	-12	20	1	1	$-$	8,5	0,0	4,3	I_1^*,IV	
B1	0 0 0	-3	-34	0	1	$-$	11,5	0,0	1,1	II*,IV	
C1	0 0 0	-27	918	0	1	$-$	11,11	0,0	1,1	II*,II*	
D1	0 0 0	-108	-540	0	1	$-$	8,11	0,0	2,1	I_1^*,II*	
218			$N = 218 = 2 \cdot 109$ (1 isogeny class)								**218**
A1	1 0 0	-2	4	1	3	$-$	6,1	6,1	6,1	I_6,I_1	**3** : 2
A2	1 0 0	18	-104	1	1	$-$	2,3	2,3	2,3	I_2,I_3	**3** : 1
219			$N = 219 = 3 \cdot 73$ (3 isogeny classes)								**219**
A1	0 -1 1	-6	8	1	1	$-$	1,1	1,1	1,1	I_1,I_1	
B1	0 1 1	3	2	1	3	$-$	3,1	3,1	3,1	I_3,I_1	**3** : 2
B2	0 1 1	-27	-85	1	1	$-$	1,3	1,3	1,3	I_1,I_3	**3** : 1
C1	1 1 0	-82	-305	1	2	$+$	10,1	10,1	2,1	I_{10},I_1	**2** : 2
C2	1 1 0	-1297	-18530	1	2	$+$	5,2	5,2	1,2	I_5,I_2	**2** : 1

TABLE 1: ELLIPTIC CURVES 220A–225D

	a_1	a_2	a_3	a_4	a_6	r	$|T|$	s	$\mathrm{ord}(\Delta)$	$\mathrm{ord}_-(j)$	c_p	Kodaira	Isogenies

220 $\qquad N = 220 = 2^2 \cdot 5 \cdot 11$ (2 isogeny classes) **220**

A1	0	1	0	-45	100	1	6	$+$	4,3,2	0,3,2	3,3,2	IV,I_3,I_2	**2** : 2; **3** : 3
A2	0	1	0	-100	-252	1	6	$+$	8,6,1	0,6,1	3,6,1	IV*,I_6,I_1	**2** : 1; **3** : 4
A3	0	1	0	-445	-3720	1	2	$+$	4,1,6	0,1,6	1,1,2	IV,I_1,I_6	**2** : 4; **3** : 1
A4	0	1	0	-7100	-232652	1	2	$+$	8,2,3	0,2,3	1,2,1	IV*,I_2,I_3	**2** : 3; **3** : 2
B1	0	-1	0	-5	2	0	2	$+$	4,1,2	0,1,2	1,1,2	IV,I_1,I_2	**2** : 2
B2	0	-1	0	-60	200	0	2	$+$	8,2,1	0,2,1	1,2,1	IV*,I_2,I_1	**2** : 1

221 $\qquad N = 221 = 13 \cdot 17$ (2 isogeny classes) **221**

A1	1	-1	1	-733	7804	0	2	$+$	6,1	6,1	2,1	I_6,I_1	**2** : 2
A2	1	-1	1	-11718	491144	0	2	$+$	3,2	3,2	1,2	I_3,I_2	**2** : 1
B1	1	1	0	-59	152	0	2	$+$	2,1	2,1	2,1	I_2,I_1	**2** : 2
B2	1	1	0	-54	185	0	2	$-$	4,2	4,2	2,2	I_4,I_2	**2** : 1

222 $\qquad N = 222 = 2 \cdot 3 \cdot 37$ (5 isogeny classes) **222**

A1	1	0	0	2	-4	0	3	$-$	3,3,1	3,3,1	3,3,1	I_3,I_3,I_1	**3** : 2
A2	1	0	0	-148	-706	0	1	$-$	1,1,3	1,1,3	1,1,3	I_1,I_1,I_3	**3** : 1
B1	1	1	1	17	179	0	1	$-$	1,11,1	1,11,1	1,1,1	I_1,I_{11},I_1	
C1	1	1	0	16	0	0	2	$-$	8,3,1	8,3,1	2,1,1	I_8,I_3,I_1	**2** : 2
C2	1	1	0	-64	-80	0	4	$+$	4,6,2	4,6,2	2,2,2	I_4,I_6,I_2	**2** : 1,3,4
C3	1	1	0	-804	-9108	0	2	$+$	2,12,1	2,12,1	2,2,1	I_2,I_{12},I_1	**2** : 2
C4	1	1	0	-604	5428	0	4	$+$	2,3,4	2,3,4	2,1,4	I_2,I_3,I_4	**2** : 2
D1	1	0	1	1	-46	0	1	$-$	13,1,1	13,1,1	1,1,1	I_{13},I_1,I_1	
E1	1	1	0	-182317	29887645	0	1	$-$	23,9,1	23,9,1	1,1,1	I_{23},I_9,I_1	

224 $\qquad N = 224 = 2^5 \cdot 7$ (2 isogeny classes) **224**

A1	0	1	0	2	0	1	2	$-$	6,1	0,1	2,1	III,I_1	**2** : 2
A2	0	1	0	-8	-8	1	2	$+$	9,2	0,2	2,2	I_0^*,I_2	**2** : 1
B1	0	-1	0	2	0	0	2	$-$	6,1	0,1	2,1	III,I_1	**2** : 2
B2	0	-1	0	-8	8	0	2	$+$	9,2	0,2	1,2	I_0^*,I_2	**2** : 1

225 $\qquad N = 225 = 3^2 \cdot 5^2$ (5 isogeny classes) **225**

A1	0	0	1	0	1	1	1	$-$	3,2	0,0	2,1	III,II	**3** : 2
A2	0	0	1	0	-34	1	1	$-$	9,2	0,0	2,1	III*,II	**3** : 1
B1	0	0	1	0	156	0	3	$-$	3,8	0,0	2,3	III,IV*	**3** : 2
B2	0	0	1	0	-4219	0	1	$-$	9,8	0,0	2,1	III*,IV*	**3** : 1
C1	1	-1	1	-5	-628	0	4	$-$	7,7	1,1	4,4	I_1^*,I_1^*	**2** : 2
C2	1	-1	1	-1130	-14128	0	4	$+$	8,8	2,2	4,4	I_2^*,I_2^*	**2** : 1,3,4
C3	1	-1	1	-18005	-925378	0	2	$+$	7,7	1,1	2,4	I_1^*,I_1^*	**2** : 2
C4	1	-1	1	-2255	19622	0	4	$+$	10,10	4,4	4,4	I_4^*,I_4^*	**2** : 2,5,6
C5	1	-1	1	-30380	2044622	0	4	$+$	14,8	8,2	4,4	I_8^*,I_2^*	**2** : 4,7,8
C6	1	-1	1	7870	141122	0	2	$-$	8,14	2,8	2,4	I_2^*,I_8^*	**2** : 4
C7	1	-1	1	-486005	130530872	0	2	$+$	10,7	4,1	2,2	I_4^*,I_1^*	**2** : 5
C8	1	-1	1	-24755	2820872	0	2	$-$	22,7	16,1	4,2	I_{16}^*,I_1^*	**2** : 5
D1	0	0	1	15	-99	0	1	$-$	11,2	5,0	2,1	I_5^*,II	**5** : 2
D2	0	0	1	-1875	32031	0	1	$-$	7,10	1,0	2,1	I_1^*,II*	**5** : 1

	a_1	a_2	a_3	a_4	a_6	r	$|T|$	s	ord(Δ)	ord$_-(j)$	c_p	Kodaira	Isogenies

225 $N = 225 = 3^2 \cdot 5^2$ (continued)   **225**

	a_1	a_2	a_3	a_4	a_6	r	$|T|$	s	ord(Δ)	ord$_-(j)$	c_p	Kodaira	Isogenies
E1	0	0	1	-75	256	1	1	$-$	7, 4	1, 0	4, 3	I_1^*, IV	**5** : 2
E2	0	0	1	375	-12344	1	1	$-$	11, 8	5, 0	4, 3	I_5^*, IV*	**5** : 1

226 $N = 226 = 2 \cdot 113$ (1 isogeny class)   **226**

	a_1	a_2	a_3	a_4	a_6	r	$|T|$	s	ord(Δ)	ord$_-(j)$	c_p	Kodaira	Isogenies
A1	1	0	0	-5	1	1	2	$+$	6, 1	6, 1	6, 1	I_6, I_1	**2** : 2
A2	1	0	0	-45	-119	1	2	$+$	3, 2	3, 2	3, 2	I_3, I_2	**2** : 1

228 $N = 228 = 2^2 \cdot 3 \cdot 19$ (2 isogeny classes)   **228**

	a_1	a_2	a_3	a_4	a_6	r	$|T|$	s	ord(Δ)	ord$_-(j)$	c_p	Kodaira	Isogenies
A1	0	-1	0	3	18	0	2	$-$	4, 3, 2	0, 3, 2	1, 1, 2	IV, I_3, I_2	**2** : 2
A2	0	-1	0	-92	360	0	2	$+$	8, 6, 1	0, 6, 1	1, 2, 1	IV*, I_6, I_1	**2** : 1
B1	0	-1	0	3	9	1	1	$-$	8, 2, 1	0, 2, 1	3, 2, 1	IV*, I_2, I_1	

229 $N = 229 = 229$ (1 isogeny class)   **229**

	a_1	a_2	a_3	a_4	a_6	r	$|T|$	s	ord(Δ)	ord$_-(j)$	c_p	Kodaira	Isogenies
A1	1	0	0	-2	-1	1	1	$+$	1	1	1	I_1	

231 $N = 231 = 3 \cdot 7 \cdot 11$ (1 isogeny class)   **231**

	a_1	a_2	a_3	a_4	a_6	r	$|T|$	s	ord(Δ)	ord$_-(j)$	c_p	Kodaira	Isogenies
A1	1	1	1	-34	62	0	4	$+$	1, 2, 1	1, 2, 1	1, 2, 1	I_1, I_2, I_1	**2** : 2
A2	1	1	1	-39	36	0	8	$+$	2, 4, 2	2, 4, 2	2, 4, 2	I_2, I_4, I_2	**2** : 1, 3, 4
A3	1	1	1	-284	-1924	0	4	$+$	4, 2, 4	4, 2, 4	2, 2, 2	I_4, I_2, I_4	**2** : 2, 5, 6
A4	1	1	1	126	432	0	4	$-$	1, 8, 1	1, 8, 1	1, 8, 1	I_1, I_8, I_1	**2** : 2
A5	1	1	1	-4519	-118810	0	2	$+$	8, 1, 2	8, 1, 2	2, 1, 2	I_8, I_1, I_2	**2** : 3
A6	1	1	1	31	-5578	0	2	$-$	2, 1, 8	2, 1, 8	2, 1, 2	I_2, I_1, I_8	**2** : 3

232 $N = 232 = 2^3 \cdot 29$ (2 isogeny classes)   **232**

	a_1	a_2	a_3	a_4	a_6	r	$|T|$	s	ord(Δ)	ord$_-(j)$	c_p	Kodaira	Isogenies
A1	0	-1	0	8	-4	1	1	$-$	10, 1	0, 1	2, 1	III*, I_1	
B1	0	1	0	-80	-304	0	1	$-$	10, 1	0, 1	2, 1	III*, I_1	

233 $N = 233 = 233$ (1 isogeny class)   **233**

	a_1	a_2	a_3	a_4	a_6	r	$|T|$	s	ord(Δ)	ord$_-(j)$	c_p	Kodaira	Isogenies
A1	1	0	1	0	11	0	2	$-$	2	2	2	I_2	**2** : 2
A2	1	0	1	-5	3	0	2	$+$	1	1	1	I_1	**2** : 1

234 $N = 234 = 2 \cdot 3^2 \cdot 13$ (5 isogeny classes)   **234**

	a_1	a_2	a_3	a_4	a_6	r	$|T|$	s	ord(Δ)	ord$_-(j)$	c_p	Kodaira	Isogenies
A1	1	-1	0	-24	-64	0	1	$-$	7, 6, 1	7, 0, 1	1, 1, 1	I_7, I_0^*, I_1	**7** : 2
A2	1	-1	0	-1914	35846	0	1	$-$	1, 6, 7	1, 0, 7	1, 1, 1	I_1, I_0^*, I_7	**7** : 1
B1	1	-1	1	-29	-107	0	2	$-$	4, 9, 1	4, 0, 1	4, 2, 1	I_4, III*, I_1	**2** : 2
B2	1	-1	1	-569	-5075	0	2	$+$	2, 9, 2	2, 0, 2	2, 2, 2	I_2, III*, I_2	**2** : 1
C1	1	-1	0	-3	5	1	2	$-$	4, 3, 1	4, 0, 1	2, 2, 1	I_4, III, I_1	**2** : 2
C2	1	-1	0	-63	209	1	2	$+$	2, 3, 2	2, 0, 2	2, 2, 2	I_2, III, I_2	**2** : 1
D1	1	-1	1	-176	-18669	0	4	$-$	16, 11, 1	16, 5, 1	16, 4, 1	I_{16}, I_5^*, I_1	**2** : 2
D2	1	-1	1	-11696	-479469	0	4	$+$	8, 16, 2	8, 10, 2	8, 4, 2	I_8, I_{10}^*, I_2	**2** : 1, 3, 4
D3	1	-1	1	-186656	-30992493	0	2	$+$	4, 11, 4	4, 5, 4	4, 2, 4	I_4, I_5^*, I_4	**2** : 2
D4	1	-1	1	-21056	404115	0	2	$+$	4, 26, 1	4, 20, 1	4, 4, 1	I_4, I_{20}^*, I_1	**2** : 2
E1	1	-1	1	4	-7	0	1	$-$	1, 6, 1	1, 0, 1	1, 1, 1	I_1, I_0^*, I_1	**3** : 2
E2	1	-1	1	-41	209	0	3	$-$	3, 6, 3	3, 0, 3	3, 1, 3	I_3, I_0^*, I_3	**3** : 1, 3
E3	1	-1	1	-4136	103403	0	3	$-$	9, 6, 1	9, 0, 1	9, 1, 1	I_9, I_0^*, I_1	**3** : 2

TABLE 1: ELLIPTIC CURVES 235A–240C

	a_1	a_2	a_3	a_4	a_6	r	$|T|$	s	ord(Δ)	ord$_-(j)$	c_p	Kodaira	Isogenies

235 $N = 235 = 5 \cdot 47$ (3 isogeny classes)

	a_1	a_2	a_3	a_4	a_6	r	$|T|$	s	ord(Δ)	ord$_-(j)$	c_p	Kodaira	Isogenies
A1	1	1	1	-5	0	1	1	$+$	3,1	3,1	3,1	I_3, I_1	
B1	1	1	1	-3551	-82926	0	1	$+$	9,1	9,1	1,1	I_9, I_1	
C1	0	-1	1	4	1	0	1	$-$	3,1	3,1	1,1	I_3, I_1	

236 $N = 236 = 2^2 \cdot 59$ (2 isogeny classes)

	a_1	a_2	a_3	a_4	a_6	r	$|T|$	s	ord(Δ)	ord$_-(j)$	c_p	Kodaira	Isogenies
A1	0	-1	0	-1	2	1	1	$-$	4,1	0,1	3,1	IV, I_1	
B1	0	1	0	-9	8	0	3	$-$	4,1	0,1	3,1	IV, I_1	**3** : 2
B2	0	1	0	31	68	0	1	$-$	4,3	0,3	1,1	IV, I_3	**3** : 1

238 $N = 238 = 2 \cdot 7 \cdot 17$ (5 isogeny classes)

	a_1	a_2	a_3	a_4	a_6	r	$|T|$	s	ord(Δ)	ord$_-(j)$	c_p	Kodaira	Isogenies
A1	1	0	0	-60	16	1	2	$+$	14,2,1	14,2,1	14,2,1	I_{14}, I_2, I_1	**2** : 2
A2	1	0	0	-700	7056	1	2	$+$	7,4,2	7,4,2	7,4,2	I_7, I_4, I_2	**2** : 1
B1	1	-1	0	2	0	1	2	$-$	2,1,1	2,1,1	2,1,1	I_2, I_1, I_1	**2** : 2
B2	1	-1	0	-8	6	1	2	$+$	1,2,2	1,2,2	1,2,2	I_1, I_2, I_2	**2** : 1
C1	1	-1	1	-19	35	0	4	$+$	4,2,1	4,2,1	4,2,1	I_4, I_2, I_1	**2** : 2
C2	1	-1	1	-39	-37	0	4	$+$	2,4,2	2,4,2	2,4,2	I_2, I_4, I_2	**2** : 1, 3, 4
C3	1	-1	1	-529	-4545	0	2	$+$	1,2,4	1,2,4	1,2,4	I_1, I_2, I_4	**2** : 2
C4	1	-1	1	131	-377	0	2	$-$	1,8,1	1,8,1	1,8,1	I_1, I_8, I_1	**2** : 2
D1	1	1	1	-18	-37	0	2	$+$	2,2,1	2,2,1	2,2,1	I_2, I_2, I_1	**2** : 2
D2	1	1	1	-28	-5	0	2	$+$	1,4,2	1,4,2	1,2,2	I_1, I_4, I_2	**2** : 1
E1	1	1	0	32	0	0	2	$-$	10,1,2	10,1,2	2,1,2	I_{10}, I_1, I_2	**2** : 2
E2	1	1	0	-128	-160	0	2	$+$	5,2,4	5,2,4	1,2,2	I_5, I_2, I_4	**2** : 1

240 $N = 240 = 2^4 \cdot 3 \cdot 5$ (4 isogeny classes)

	a_1	a_2	a_3	a_4	a_6	r	$|T|$	s	ord(Δ)	ord$_-(j)$	c_p	Kodaira	Isogenies
A1	0	-1	0	-15	-18	0	2	$+$	4,2,1	0,2,1	1,2,1	II, I_2, I_1	**2** : 2
A2	0	-1	0	-20	0	0	4	$+$	8,4,2	0,4,2	2,2,2	I_0^*, I_4, I_2	**2** : 1, 3, 4
A3	0	-1	0	-200	1152	0	8	$+$	10,2,4	0,2,4	4,2,4	I_2^*, I_2, I_4	**2** : 2, 5, 6
A4	0	-1	0	80	-80	0	2	$-$	10,8,1	0,8,1	2,2,1	I_2^*, I_8, I_1	**2** : 2
A5	0	-1	0	-3200	70752	0	4	$+$	11,1,2	0,1,2	4,1,2	I_3^*, I_1, I_2	**2** : 3
A6	0	-1	0	-80	2400	0	4	$-$	11,1,8	0,1,8	2,1,8	I_3^*, I_1, I_8	**2** : 3
B1	0	-1	0	24	-144	0	2	$-$	16,3,1	4,3,1	4,1,1	I_8^*, I_3, I_1	**2** : 2; **3** : 3
B2	0	-1	0	-296	-1680	0	4	$+$	14,6,2	2,6,2	4,2,2	I_6^*, I_6, I_2	**2** : 1, 4, 5; **3** : 6
B3	0	-1	0	-216	4080	0	2	$-$	24,1,3	12,1,3	4,1,1	I_{16}^*, I_1, I_3	**2** : 6; **3** : 1
B4	0	-1	0	-4616	-119184	0	2	$+$	13,3,4	1,3,4	4,1,2	I_5^*, I_3, I_4	**2** : 2; **3** : 7
B5	0	-1	0	-1096	12400	0	2	$+$	13,12,1	1,12,1	2,2,1	I_5^*, I_{12}, I_1	**2** : 2; **3** : 8
B6	0	-1	0	-5336	151536	0	4	$-$	18,2,6	6,2,6	4,2,2	I_{10}^*, I_2, I_6	**2** : 3, 7, 8; **3** : 2
B7	0	-1	0	-7256	34800	0	2	$+$	15,1,12	3,1,12	4,1,2	I_7^*, I_1, I_{12}	**2** : 6; **3** : 4
B8	0	-1	0	-85336	9623536	0	2	$+$	15,4,3	3,4,3	2,2,1	I_7^*, I_4, I_3	**2** : 6; **3** : 5
C1	0	-1	0	4	0	1	2	$-$	8,1,1	0,1,1	2,1,1	I_0^*, I_1, I_1	**2** : 2
C2	0	-1	0	-16	16	1	4	$+$	10,2,2	0,2,2	4,2,2	I_2^*, I_2, I_2	**2** : 1, 3, 4
C3	0	-1	0	-136	-560	1	2	$+$	11,1,4	0,1,4	2,1,2	I_3^*, I_1, I_4	**2** : 2
C4	0	-1	0	-216	1296	1	2	$+$	11,4,1	0,4,1	4,2,1	I_3^*, I_4, I_1	**2** : 2

TABLE 1: ELLIPTIC CURVES 240D–246G

	a_1	a_2	a_3	a_4	a_6	r	$|T|$	s	$\mathrm{ord}(\Delta)$	$\mathrm{ord}_-(j)$	c_p	Kodaira	Isogenies
240					$N = 240 = 2^4 \cdot 3 \cdot 5$ (continued)								**240**
D1	0	1	0	0	-12	0	2	$-$	12,1,1	0,1,1	4,1,1	I_4^*,I_1,I_1	**2** : 2
D2	0	1	0	-80	-300	0	4	$+$	12,2,2	0,2,2	4,2,2	I_4^*,I_2,I_2	**2** : 1,3,4
D3	0	1	0	-1280	-18060	0	2	$+$	12,1,1	0,1,1	2,1,1	I_4^*,I_1,I_1	**2** : 2
D4	0	1	0	-160	308	0	8	$+$	12,4,4	0,4,4	4,4,4	I_4^*,I_4,I_4	**2** : 2,5,6
D5	0	1	0	-2160	37908	0	8	$+$	12,8,2	0,8,2	4,8,2	I_4^*,I_8,I_2	**2** : 4,7,8
D6	0	1	0	560	2900	0	4	$-$	12,2,8	0,2,8	2,2,8	I_4^*,I_2,I_8	**2** : 4
D7	0	1	0	-34560	2461428	0	4	$+$	12,4,1	0,4,1	4,4,1	I_4^*,I_4,I_1	**2** : 5
D8	0	1	0	-1760	52788	0	4	$-$	12,16,1	0,16,1	2,16,1	I_4^*,I_{16},I_1	**2** : 5
242					$N = 242 = 2 \cdot 11^2$ (2 isogeny classes)								**242**
A1	1	0	0	3	1	1	1	$-$	4,2	4,0	4,1	I_4,II	**3** : 2
A2	1	0	0	-52	144	1	1	$-$	12,2	12,0	12,1	I_{12},II	**3** : 1
B1	1	0	1	360	-970	0	3	$-$	4,8	4,0	2,3	I_4,IV^*	**3** : 2
B2	1	0	1	-6295	-197958	0	1	$-$	12,8	12,0	2,1	I_{12},IV^*	**3** : 1
243					$N = 243 = 3^5$ (2 isogeny classes)								**243**
A1	0	0	1	0	-1	1	1	$-$	5	0	1	II	**3** : 2
A2	0	0	1	0	20	1	3	$-$	11	0	3	IV^*	**3** : 1
B1	0	0	1	0	2	0	3	$-$	7	0	3	IV	**3** : 2
B2	0	0	1	0	-61	0	1	$-$	13	0	1	II^*	**3** : 1
244					$N = 244 = 2^2 \cdot 61$ (1 isogeny class)								**244**
A1	0	0	0	1	6	1	1	$-$	8,1	0,1	3,1	IV^*,I_1	
245					$N = 245 = 5 \cdot 7^2$ (3 isogeny classes)								**245**
A1	0	0	1	-7	12	1	1	$-$	3,3	3,0	3,2	I_3,III	
B1	0	0	1	-343	-4202	0	1	$-$	3,9	3,0	1,2	I_3,III^*	
C1	0	-1	1	-65	-204	1	1	$-$	1,7	1,1	1,4	I_1,I_1^*	**3** : 2
C2	0	-1	1	425	433	1	1	$-$	3,9	3,3	3,4	I_3,I_3^*	**3** : 1,3
C3	0	-1	1	-6435	210006	1	1	$-$	9,7	9,1	9,4	I_9,I_1^*	**3** : 2
246					$N = 246 = 2 \cdot 3 \cdot 41$ (7 isogeny classes)								**246**
A1	1	1	1	-270	-1821	0	1	$-$	3,7,1	3,7,1	3,1,1	I_3,I_7,I_1	
B1	1	0	0	-175	-27847	0	5	$-$	25,5,1	25,5,1	25,5,1	I_{25},I_5,I_1	**5** : 2
B2	1	0	0	-579535	-169860007	0	1	$-$	5,1,5	5,1,5	5,1,5	I_5,I_1,I_5	**5** : 1
C1	1	0	1	-453897	-117739700	0	2	$+$	14,12,1	14,12,1	2,12,1	I_{14},I_{12},I_1	**2** : 2
C2	1	0	1	-453257	-118088116	0	2	$-$	7,24,2	7,24,2	1,24,2	I_7,I_{24},I_2	**2** : 1
D1	1	1	0	-66	180	1	2	$+$	6,4,1	6,4,1	2,2,1	I_6,I_4,I_1	**2** : 2
D2	1	1	0	-26	444	1	2	$-$	3,8,2	3,8,2	1,2,2	I_3,I_8,I_2	**2** : 1
E1	1	0	0	-9	9	0	4	$+$	4,2,1	4,2,1	4,2,1	I_4,I_2,I_1	**2** : 2
E2	1	0	0	-29	-51	0	4	$+$	2,4,2	2,4,2	2,4,2	I_2,I_4,I_2	**2** : 1,3,4
E3	1	0	0	-439	-3577	0	2	$+$	1,8,1	1,8,1	1,8,1	I_1,I_8,I_1	**2** : 2
E4	1	0	0	61	-285	0	2	$-$	1,2,4	1,2,4	1,2,4	I_1,I_2,I_4	**2** : 2
F1	1	0	1	-2	2	0	3	$-$	1,3,1	1,3,1	1,3,1	I_1,I_3,I_1	**3** : 2
F2	1	0	1	13	-58	0	1	$-$	3,1,3	3,1,3	1,1,1	I_3,I_1,I_3	**3** : 1
G1	1	1	0	-41	-123	0	1	$-$	11,1,1	11,1,1	1,1,1	I_{11},I_1,I_1	

TABLE 1: ELLIPTIC CURVES 248A–258C

	a_1	a_2	a_3	a_4	a_6	r	$|T|$	s	ord(Δ)	ord$_-(j)$	c_p	Kodaira	Isogenies
248				$N = 248 = 2^3 \cdot 31$				(3 isogeny classes)					**248**
A1	0	1	0	0	1	1	1	−	4,1	0,1	2,1	III,I_1	
B1	0	1	0	8	0	0	2	−	10,1	0,1	2,1	III*,I_1	**2**:**2**
B2	0	1	0	−32	−32	0	2	+	11,2	0,2	1,2	II*,I_2	**2**:**1**
C1	0	0	0	1	−1	1	1	−	4,1	0,1	2,1	III,I_1	
249				$N = 249 = 3 \cdot 83$				(2 isogeny classes)					**249**
A1	1	1	1	−55	134	1	1	−	3,1	3,1	1,1	I_3,I_1	
B1	1	1	0	2	1	1	1	−	1,1	1,1	1,1	I_1,I_1	
252				$N = 252 = 2^2 \cdot 3^2 \cdot 7$				(2 isogeny classes)					**252**
A1	0	0	0	60	61	0	2	−	4,9,2	0,3,2	1,2,2	IV,I_3^*,I_2	**2**:**2**;**3**:**3**
A2	0	0	0	−255	502	0	2	+	8,12,1	0,6,1	1,4,1	IV*,I_6^*,I_1	**2**:**1**;**3**:**4**
A3	0	0	0	−1020	12913	0	6	−	4,7,6	0,1,6	3,2,6	IV,I_1^*,I_6	**2**:**4**;**3**:**1**
A4	0	0	0	−16455	812446	0	6	+	8,8,3	0,2,3	3,4,3	IV*,I_2^*,I_3	**2**:**3**;**3**:**2**
B1	0	0	0	−12	65	1	2	−	4,7,2	0,1,2	3,4,2	IV,I_1^*,I_2	**2**:**2**
B2	0	0	0	−327	2270	1	2	+	8,8,1	0,2,1	3,4,1	IV*,I_2^*,I_1	**2**:**1**
254				$N = 254 = 2 \cdot 127$				(4 isogeny classes)					**254**
A1	1	0	0	−22	36	1	3	+	9,1	9,1	9,1	I_9,I_1	**3**:**2**
A2	1	0	0	−302	−2036	1	3	+	3,3	3,3	3,3	I_3,I_3	**3**:**1**,**3**
A3	1	0	0	−24432	−1471934	1	1	+	1,1	1,1	1,1	I_1,I_1	**3**:**2**
B1	1	0	0	2	0	0	2	−	2,1	2,1	2,1	I_2,I_1	**2**:**2**
B2	1	0	0	−8	−2	0	2	+	1,2	1,2	1,2	I_1,I_2	**2**:**1**
C1	1	−1	0	−5	−3	1	1	+	3,1	3,1	1,1	I_3,I_1	
D1	1	−1	1	−19	51	0	4	−	12,1	12,1	12,1	I_{12},I_1	**2**:**2**
D2	1	−1	1	−339	2483	0	4	+	6,2	6,2	6,2	I_6,I_2	**2**:**1**,**3**,**4**
D3	1	−1	1	−379	1891	0	2	+	3,4	3,4	3,2	I_3,I_4	**2**:**2**
D4	1	−1	1	−5419	154883	0	2	+	3,1	3,1	3,1	I_3,I_1	**2**:**2**
256				$N = 256 = 2^8$				(4 isogeny classes)					**256**
A1	0	1	0	−3	1	1	2	+	9	0	2	III	**2**:**2**
A2	0	1	0	−13	−21	1	2	+	15	0	2	III*	**2**:**1**
B1	0	0	0	−2	0	1	2	+	9	0	2	III	**2**:**2**
B2	0	0	0	8	0	1	2	−	15	0	2	III*	**2**:**1**
C1	0	0	0	2	0	0	2	−	9	0	2	III	**2**:**2**
C2	0	0	0	−8	0	0	2	+	15	0	2	III*	**2**:**1**
D1	0	−1	0	−3	−1	0	2	+	9	0	2	III	**2**:**2**
D2	0	−1	0	−13	21	0	2	+	15	0	2	III*	**2**:**1**
258				$N = 258 = 2 \cdot 3 \cdot 43$				(7 isogeny classes)					**258**
A1	1	1	0	3	−3	1	1	−	6,1,1	6,1,1	2,1,1	I_6,I_1,I_1	
B1	1	1	0	−1916	31440	0	2	+	14,7,1	14,7,1	2,1,1	I_{14},I_7,I_1	**2**:**2**
B2	1	1	0	−1276	53584	0	2	−	7,14,2	7,14,2	1,2,2	I_7,I_{14},I_2	**2**:**1**
C1	1	0	1	−15	22	1	1	−	2,5,1	2,5,1	2,5,1	I_2,I_5,I_1	

TABLE 1: ELLIPTIC CURVES 258D–267B

	a_1	a_2	a_3	a_4	a_6	r	$|T|$	s	$\operatorname{ord}(\Delta)$	$\operatorname{ord}_-(j)$	c_p	Kodaira	Isogenies

258

$N = 258 = 2 \cdot 3 \cdot 43$ (continued)

	a_1	a_2	a_3	a_4	a_6	r	$|T|$	s	$\operatorname{ord}(\Delta)$	$\operatorname{ord}_-(j)$	c_p	Kodaira	Isogenies
D1	1	1	1	-24	-39	0	4	$+$	12,1,1	12,1,1	12,1,1	I_{12},I_1,I_1	**2** : 2
D2	1	1	1	-344	-2599	0	4	$+$	6,2,2	6,2,2	6,2,2	I_6,I_2,I_2	**2** : 1,3,4
D3	1	1	1	-5504	-159463	0	2	$+$	3,1,1	3,1,1	3,1,1	I_3,I_1,I_1	**2** : 2
D4	1	1	1	-304	-3175	0	2	$-$	3,4,4	3,4,4	3,2,2	I_3,I_4,I_4	**2** : 2
E1	1	1	1	-44124	3549153	0	1	$-$	2,19,1	2,19,1	2,1,1	I_2,I_{19},I_1	
F1	1	0	0	159	1737	0	7	$-$	14,7,1	14,7,1	14,7,1	I_{14},I_7,I_1	**7** : 2
F2	1	0	0	-59901	-5648523	0	1	$-$	2,1,7	2,1,7	2,1,7	I_2,I_1,I_7	**7** : 1
G1	1	0	0	-2	0	0	2	$+$	2,1,1	2,1,1	2,1,1	I_2,I_1,I_1	**2** : 2
G2	1	0	0	8	2	0	2	$-$	1,2,2	1,2,2	1,2,2	I_1,I_2,I_2	**2** : 1

259

$N = 259 = 7 \cdot 37$ (1 isogeny class)

	a_1	a_2	a_3	a_4	a_6	r	$|T|$	s	$\operatorname{ord}(\Delta)$	$\operatorname{ord}_-(j)$	c_p	Kodaira	Isogenies
A1	1	-1	0	-5	-32	0	2	$-$	3,2	3,2	3,2	I_3,I_2	**2** : 2
A2	1	-1	0	-190	-957	0	2	$+$	6,1	6,1	6,1	I_6,I_1	**2** : 1

260

$N = 260 = 2^2 \cdot 5 \cdot 13$ (1 isogeny class)

	a_1	a_2	a_3	a_4	a_6	r	$|T|$	s	$\operatorname{ord}(\Delta)$	$\operatorname{ord}_-(j)$	c_p	Kodaira	Isogenies
A1	0	-1	0	-281	1910	0	2	$+$	4,1,2	0,1,2	1,1,2	IV,I_1,I_2	**2** : 2
A2	0	-1	0	-276	1976	0	2	$-$	8,2,4	0,2,4	1,2,2	IV^*,I_2,I_4	**2** : 1

262

$N = 262 = 2 \cdot 131$ (2 isogeny classes)

	a_1	a_2	a_3	a_4	a_6	r	$|T|$	s	$\operatorname{ord}(\Delta)$	$\operatorname{ord}_-(j)$	c_p	Kodaira	Isogenies
A1	1	0	0	1	25	1	1	$-$	11,1	11,1	11,1	I_{11},I_1	
B1	1	-1	0	-2	2	1	1	$-$	1,1	1,1	1,1	I_1,I_1	

264

$N = 264 = 2^3 \cdot 3 \cdot 11$ (4 isogeny classes)

	a_1	a_2	a_3	a_4	a_6	r	$|T|$	s	$\operatorname{ord}(\Delta)$	$\operatorname{ord}_-(j)$	c_p	Kodaira	Isogenies
A1	0	1	0	-8	0	0	2	$+$	10,1,1	0,1,1	2,1,1	III^*,I_1,I_1	**2** : 2
A2	0	1	0	32	32	0	2	$-$	11,2,2	0,2,2	1,2,2	II^*,I_2,I_2	**2** : 1
B1	0	-1	0	-12	-12	0	2	$+$	8,1,1	0,1,1	2,1,1	I_1^*,I_1,I_1	**2** : 2
B2	0	-1	0	-32	60	0	4	$+$	10,2,2	0,2,2	2,2,2	III^*,I_2,I_2	**2** : 1,3,4
B3	0	-1	0	-472	4108	0	2	$+$	11,4,1	0,4,1	1,2,1	II^*,I_4,I_1	**2** : 2
B4	0	-1	0	88	300	0	2	$-$	11,1,4	0,1,4	1,1,4	II^*,I_1,I_4	**2** : 2
C1	0	1	0	1	6	0	4	$-$	4,4,1	0,4,1	2,4,1	III,I_4,I_1	**2** : 2
C2	0	1	0	-44	96	0	4	$+$	8,2,2	0,2,2	2,2,2	I_1^*,I_2,I_2	**2** : 1,3,4
C3	0	1	0	-104	-288	0	2	$+$	10,1,4	0,1,4	2,1,2	III^*,I_1,I_4	**2** : 2
C4	0	1	0	-704	6960	0	2	$+$	10,1,1	0,1,1	2,1,1	III^*,I_1,I_1	**2** : 2
D1	0	1	0	-8016	-278928	0	2	$+$	10,7,1	0,7,1	2,7,1	III^*,I_7,I_1	**2** : 2
D2	0	1	0	-7976	-281808	0	2	$-$	11,14,2	0,14,2	1,14,2	II^*,I_{14},I_2	**2** : 1

265

$N = 265 = 5 \cdot 53$ (1 isogeny class)

	a_1	a_2	a_3	a_4	a_6	r	$|T|$	s	$\operatorname{ord}(\Delta)$	$\operatorname{ord}_-(j)$	c_p	Kodaira	Isogenies
A1	1	-1	1	-138	656	1	2	$+$	3,1	3,1	1,1	I_3,I_1	**2** : 2
A2	1	-1	1	-133	702	1	2	$-$	6,2	6,2	2,2	I_6,I_2	**2** : 1

267

$N = 267 = 3 \cdot 89$ (2 isogeny classes)

	a_1	a_2	a_3	a_4	a_6	r	$|T|$	s	$\operatorname{ord}(\Delta)$	$\operatorname{ord}_-(j)$	c_p	Kodaira	Isogenies
A1	0	1	1	-3	2	0	3	$-$	3,1	3,1	3,1	I_3,I_1	**3** : 2
A2	0	1	1	27	-37	0	1	$-$	1,3	1,3	1,1	I_1,I_3	**3** : 1
B1	0	-1	1	-441	6419	0	1	$-$	17,1	17,1	1,1	I_{17},I_1	

TABLE 1: ELLIPTIC CURVES 268A–275A

	a_1	a_2	a_3	a_4	a_6	r	$|T|$	s	$\mathrm{ord}(\Delta)$	$\mathrm{ord}_-(j)$	c_p	Kodaira	Isogenies
268					$N = 268 = 2^2 \cdot 67$				(1 isogeny class)				**268**
A1	0	−1	0	3	−7	0	1	−	8,1	0,1	1,1	IV*,I_1	
269					$N = 269 = 269$				(1 isogeny class)				**269**
A1	0	0	1	−2	−1	1	1	+	1	1	1	I_1	
270					$N = 270 = 2 \cdot 3^3 \cdot 5$				(4 isogeny classes)				**270**
A1	1	−1	0	−15	35	0	3	−	1,9,1	1,0,1	1,3,1	I_1,IV*,I_1	**3** : 2
A2	1	−1	0	120	−424	0	1	−	3,11,3	3,0,3	1,1,1	I_3,II*,I_3	**3** : 1
B1	1	−1	1	7	−103	0	3	−	15,3,1	15,0,1	15,1,1	I_{15},II,I_1	**3** : 2
B2	1	−1	1	−1433	−20519	0	1	−	5,9,3	5,0,3	5,1,1	I_5,IV*,I_3	**3** : 1
C1	1	−1	1	−2	−1	0	1	−	1,3,1	1,0,1	1,1,1	I_1,II,I_1	**3** : 2
C2	1	−1	1	13	11	0	3	−	3,5,3	3,0,3	3,1,3	I_3,IV,I_3	**3** : 1
D1	1	−1	0	−159	813	0	3	−	5,3,3	5,0,3	1,1,3	I_5,II,I_3	**3** : 2
D2	1	−1	0	66	2708	0	1	−	15,9,1	15,0,1	1,1,1	I_{15},IV*,I_1	**3** : 1
272					$N = 272 = 2^4 \cdot 17$				(4 isogeny classes)				**272**
A1	0	1	0	−8	4	1	2	+	10,1	0,1	4,1	I_2^*,I_1	**2** : 2
A2	0	1	0	−48	−140	1	2	+	11,2	0,2	2,2	I_3^*,I_2	**2** : 1
B1	0	0	0	−11	−6	1	2	+	12,1	0,1	4,1	I_4^*,I_1	**2** : 2
B2	0	0	0	−91	330	1	4	+	12,2	0,2	4,2	I_4^*,I_2	**2** : 1,3,4
B3	0	0	0	−1451	21274	1	4	+	12,1	0,1	4,1	I_4^*,I_1	**2** : 2
B4	0	0	0	−11	890	1	4	−	12,4	0,4	2,4	I_4^*,I_4	**2** : 2
C1	0	−1	0	−4	0	0	2	+	8,1	0,1	2,1	I_0^*,I_1	**2** : 2
C2	0	−1	0	16	−16	0	2	−	10,2	0,2	2,2	I_2^*,I_2	**2** : 1
D1	0	−1	0	−48	−64	0	2	+	18,1	6,1	4,1	I_{10}^*,I_1	**2** : 2; **3** : 3
D2	0	−1	0	−688	−6720	0	2	+	15,2	3,2	4,2	I_7^*,I_2	**2** : 1; **3** : 4
D3	0	−1	0	−1648	26304	0	2	+	14,3	2,3	4,1	I_6^*,I_3	**2** : 4; **3** : 1
D4	0	−1	0	−1808	21056	0	2	+	13,6	1,6	4,2	I_5^*,I_6	**2** : 3; **3** : 2
273					$N = 273 = 3 \cdot 7 \cdot 13$				(2 isogeny classes)				**273**
A1	0	−1	1	−26	68	1	1	−	4,3,1	4,3,1	2,3,1	I_4,I_3,I_1	
B1	0	1	1	2540	−157433	0	1	−	8,7,3	8,7,3	8,1,1	I_8,I_7,I_3	
274					$N = 274 = 2 \cdot 137$				(3 isogeny classes)				**274**
A1	1	0	0	−7	9	1	1	−	7,1	7,1	7,1	I_7,I_1	
B1	1	−1	0	−2846	59156	1	1	−	11,1	11,1	1,1	I_{11},I_1	
C1	1	−1	0	−2	0	1	2	+	2,1	2,1	2,1	I_2,I_1	**2** : 2
C2	1	−1	0	8	−6	1	2	−	1,2	1,2	1,2	I_1,I_2	**2** : 1
275					$N = 275 = 5^2 \cdot 11$				(2 isogeny classes)				**275**
A1	1	−1	1	20	22	1	4	−	7,1	1,1	4,1	I_1^*,I_1	**2** : 2
A2	1	−1	1	−105	272	1	4	+	8,2	2,2	4,2	I_2^*,I_2	**2** : 1,3,4
A3	1	−1	1	−730	−7228	1	2	+	7,4	1,4	4,2	I_1^*,I_4	**2** : 2
A4	1	−1	1	−1480	22272	1	2	+	10,1	4,1	4,1	I_4^*,I_1	**2** : 2

	a_1	a_2	a_3	a_4	a_6	r	$|T|$	s	$\operatorname{ord}(\Delta)$	$\operatorname{ord}_-(j)$	c_p	Kodaira	Isogenies

275 $N = 275 = 5^2 \cdot 11$ (continued)

	a_1	a_2	a_3	a_4	a_6	r	$|T|$	s	$\operatorname{ord}(\Delta)$	$\operatorname{ord}_-(j)$	c_p	Kodaira	Isogenies
B1	0	1	1	-8	19	0	1	$-$	6,1	0,1	1,1	I_0^*,I_1	**5** : 2
B2	0	1	1	-258	-2981	0	1	$-$	6,5	0,5	1,5	I_0^*,I_5	**5** : 1,3
B3	0	1	1	-195508	-33338481	0	1	$-$	6,1	0,1	1,1	I_0^*,I_1	**5** : 2

277 $N = 277 = 277$ (1 isogeny class)

	a_1	a_2	a_3	a_4	a_6	r	$|T|$	s	$\operatorname{ord}(\Delta)$	$\operatorname{ord}_-(j)$	c_p	Kodaira	Isogenies
A1	1	0	1	0	-1	1	1	$-$	1	1	1	I_1	

278 $N = 278 = 2 \cdot 139$ (2 isogeny classes)

	a_1	a_2	a_3	a_4	a_6	r	$|T|$	s	$\operatorname{ord}(\Delta)$	$\operatorname{ord}_-(j)$	c_p	Kodaira	Isogenies
A1	1	0	0	-1	9	1	1	$-$	8,1	8,1	8,1	I_8,I_1	
B1	1	0	1	-537	6908	0	3	$-$	12,3	12,3	2,3	I_{12},I_3	**3** : 2,3
B2	1	0	1	4328	-100122	0	1	$-$	36,1	36,1	2,1	I_{36},I_1	**3** : 1
B3	1	0	1	-602	5628	0	3	$-$	4,1	4,1	2,1	I_4,I_1	**3** : 1

280 $N = 280 = 2^3 \cdot 5 \cdot 7$ (2 isogeny classes)

	a_1	a_2	a_3	a_4	a_6	r	$|T|$	s	$\operatorname{ord}(\Delta)$	$\operatorname{ord}_-(j)$	c_p	Kodaira	Isogenies
A1	0	-1	0	-1	5	1	1	$-$	8,1,1	0,1,1	4,1,1	I_1^*,I_1,I_1	
B1	0	0	0	-412	3316	1	1	$-$	8,5,3	0,5,3	4,5,3	I_1^*,I_5,I_3	

282 $N = 282 = 2 \cdot 3 \cdot 47$ (2 isogeny classes)

	a_1	a_2	a_3	a_4	a_6	r	$|T|$	s	$\operatorname{ord}(\Delta)$	$\operatorname{ord}_-(j)$	c_p	Kodaira	Isogenies
A1	1	1	1	58	-61	0	4	$-$	12,4,1	12,4,1	12,2,1	I_{12},I_4,I_1	**2** : 2
A2	1	1	1	-262	-829	0	4	$+$	6,8,2	6,8,2	6,2,2	I_6,I_8,I_2	**2** : 1,3,4
A3	1	1	1	-3502	-81181	0	2	$+$	3,4,4	3,4,4	3,2,2	I_3,I_4,I_4	**2** : 2
A4	1	1	1	-2142	36771	0	2	$+$	3,16,1	3,16,1	3,2,1	I_3,I_{16},I_1	**2** : 2
B1	1	1	1	-15	21	1	2	$-$	8,2,1	8,2,1	8,2,1	I_8,I_2,I_1	**2** : 2
B2	1	1	1	-255	1461	1	2	$+$	4,1,2	4,1,2	4,1,2	I_4,I_1,I_2	**2** : 1

285 $N = 285 = 3 \cdot 5 \cdot 19$ (3 isogeny classes)

	a_1	a_2	a_3	a_4	a_6	r	$|T|$	s	$\operatorname{ord}(\Delta)$	$\operatorname{ord}_-(j)$	c_p	Kodaira	Isogenies
A1	1	0	0	19	0	1	2	$-$	5,1,2	5,1,2	5,1,2	I_5,I_1,I_2	**2** : 2
A2	1	0	0	-76	-19	1	2	$+$	10,2,1	10,2,1	10,2,1	I_{10},I_2,I_1	**2** : 1
B1	1	1	0	2	-17	1	2	$-$	1,3,2	1,3,2	1,1,2	I_1,I_3,I_2	**2** : 2
B2	1	1	0	-93	-378	1	2	$+$	2,6,1	2,6,1	2,2,1	I_2,I_6,I_1	**2** : 1
C1	1	1	0	23	-176	0	2	$-$	8,3,1	8,3,1	2,3,1	I_8,I_3,I_1	**2** : 2
C2	1	1	0	-382	-2849	0	4	$+$	4,6,2	4,6,2	2,6,2	I_4,I_6,I_2	**2** : 1,3,4
C3	1	1	0	-6007	-181724	0	2	$+$	2,3,4	2,3,4	2,3,2	I_2,I_3,I_4	**2** : 2
C4	1	1	0	-1237	13054	0	4	$+$	2,12,1	2,12,1	2,12,1	I_2,I_{12},I_1	**2** : 2

286 $N = 286 = 2 \cdot 11 \cdot 13$ (6 isogeny classes)

	a_1	a_2	a_3	a_4	a_6	r	$|T|$	s	$\operatorname{ord}(\Delta)$	$\operatorname{ord}_-(j)$	c_p	Kodaira	Isogenies
A1	1	0	1	-7	42	0	3	$-$	5,1,3	5,1,3	1,1,3	I_5,I_1,I_3	**3** : 2
A2	1	0	1	58	-1128	0	1	$-$	15,3,1	15,3,1	1,1,1	I_{15},I_3,I_1	**3** : 1
B1	1	1	1	13	177	1	1	$-$	13,2,1	13,2,1	13,2,1	I_{13},I_2,I_1	
C1	1	1	0	-33	61	1	1	$-$	3,2,1	3,2,1	1,2,1	I_3,I_2,I_1	
D1	1	1	1	280	393	0	5	$-$	5,2,5	5,2,5	5,2,5	I_5,I_2,I_5	**5** : 2
D2	1	1	1	-27930	-1808687	0	1	$-$	1,10,1	1,10,1	1,10,1	I_1,I_{10},I_1	**5** : 1
E1	1	1	1	-66	-313	0	1	$-$	3,5,1	3,5,1	3,1,1	I_3,I_5,I_1	
F1	1	1	1	0	-1	0	1	$-$	1,1,1	1,1,1	1,1,1	I_1,I_1,I_1	

TABLE 1: ELLIPTIC CURVES 288A–294B

	a_1	a_2	a_3	a_4	a_6	r	$|T|$	s	ord(Δ)	ord$_-(j)$	c_p	Kodaira	Isogenies

288 $N = 288 = 2^5 \cdot 3^2$ (5 isogeny classes)

	a_1	a_2	a_3	a_4	a_6	r	$|T|$	s	ord(Δ)	ord$_-(j)$	c_p	Kodaira	Isogenies
A1	0	0	0	3	0	1	2	$-$	6,3	0,0	2,2	III,III	**2**:2
A2	0	0	0	-12	0	1	2	$+$	12,3	0,0	4,2	I_3^*,III	**2**:1
B1	0	0	0	-21	-20	1	4	$+$	6,8	0,2	2,4	III,I_2^*	**2**:2,3,4
B2	0	0	0	-291	-1910	1	2	$+$	9,7	0,1	1,2	I_0^*,I_1^*	**2**:1
B3	0	0	0	-156	736	1	4	$+$	12,7	0,1	4,4	I_3^*,I_1^*	**2**:1
B4	0	0	0	69	-146	1	2	$-$	9,10	0,4	2,4	I_0^*,I_4^*	**2**:1
C1	0	0	0	-21	20	0	4	$+$	6,8	0,2	2,4	III,I_2^*	**2**:2,3,4
C2	0	0	0	-156	-736	0	2	$+$	12,7	0,1	2,2	I_3^*,I_1^*	**2**:1
C3	0	0	0	-291	1910	0	4	$+$	9,7	0,1	2,4	I_0^*,I_1^*	**2**:1
C4	0	0	0	69	146	0	2	$-$	9,10	0,4	1,4	I_0^*,I_4^*	**2**:1
D1	0	0	0	-9	0	0	4	$+$	6,6	0,0	2,4	III,I_0^*	**2**:2,3,4
D2	0	0	0	-99	-378	0	2	$+$	9,6	0,0	2,2	I_0^*,I_0^*	**2**:1
D3	0	0	0	-99	378	0	2	$+$	9,6	0,0	1,2	I_0^*,I_0^*	**2**:1
D4	0	0	0	36	0	0	2	$-$	12,6	0,0	2,2	I_3^*,I_0^*	**2**:1
E1	0	0	0	27	0	0	2	$-$	6,9	0,0	2,2	III,III*	**2**:2
E2	0	0	0	-108	0	0	2	$+$	12,9	0,0	2,2	I_3^*,III*	**2**:1

289 $N = 289 = 17^2$ (1 isogeny class)

	a_1	a_2	a_3	a_4	a_6	r	$|T|$	s	ord(Δ)	ord$_-(j)$	c_p	Kodaira	Isogenies
A1	1	-1	1	-199	510	1	4	$+$	7	1	4	I_1^*	**2**:2
A2	1	-1	1	-1644	-24922	1	4	$+$	8	2	4	I_2^*	**2**:1,3,4
A3	1	-1	1	-26209	-1626560	1	2	$+$	7	1	4	I_1^*	**2**:2
A4	1	-1	1	-199	-68272	1	2	$-$	10	4	4	I_4^*	**2**:2

290 $N = 290 = 2 \cdot 5 \cdot 29$ (1 isogeny class)

	a_1	a_2	a_3	a_4	a_6	r	$|T|$	s	ord(Δ)	ord$_-(j)$	c_p	Kodaira	Isogenies
A1	1	-1	0	-70	-204	1	2	$+$	8,3,1	8,3,1	2,1,1	I_8,I_3,I_1	**2**:2
A2	1	-1	0	10	-700	1	2	$-$	4,6,2	4,6,2	2,2,2	I_4,I_6,I_2	**2**:1

291 $N = 291 = 3 \cdot 97$ (4 isogeny classes)

	a_1	a_2	a_3	a_4	a_6	r	$|T|$	s	ord(Δ)	ord$_-(j)$	c_p	Kodaira	Isogenies
A1	0	-1	1	-2174	151262	0	1	$-$	23,1	23,1	1,1	I_{23},I_1	
B1	1	1	1	-169	686	0	4	$+$	8,2	8,2	2,2	I_8,I_2	**2**:2,3,4
B2	1	1	1	-654	-5910	0	2	$+$	16,1	16,1	2,1	I_{16},I_1	**2**:1
B3	1	1	1	-164	740	0	4	$+$	4,1	4,1	2,1	I_4,I_1	**2**:1
B4	1	1	1	236	3926	0	4	$-$	4,4	4,4	2,4	I_4,I_4	**2**:1
C1	1	1	1	-3	0	1	2	$+$	2,1	2,1	2,1	I_2,I_1	**2**:2
C2	1	1	1	-18	-36	1	2	$+$	1,2	1,2	1,2	I_1,I_2	**2**:1
D1	0	-1	1	0	-1	0	1	$-$	1,1	1,1	1,1	I_1,I_1	

294 $N = 294 = 2 \cdot 3 \cdot 7^2$ (7 isogeny classes)

	a_1	a_2	a_3	a_4	a_6	r	$|T|$	s	ord(Δ)	ord$_-(j)$	c_p	Kodaira	Isogenies
A1	1	1	1	-50	293	0	1	$-$	1,1,8	1,1,0	1,1,1	I_1,I_1,IV*	**7**:2
A2	1	1	1	-6910	-232261	0	1	$-$	7,7,8	7,7,0	7,1,1	I_7,I_7,IV*	**7**:1
B1	1	0	0	-1	-1	0	1	$-$	1,1,2	1,1,0	1,1,1	I_1,I_1,II	**7**:2
B2	1	0	0	-141	657	0	7	$-$	7,7,2	7,7,0	7,7,1	I_7,I_7,II	**7**:1

TABLE 1: ELLIPTIC CURVES 294C–302C

	a_1	a_2	a_3	a_4	a_6	r	$\lvert T\rvert$	s	$\mathrm{ord}(\Delta)$	$\mathrm{ord}_{-}(j)$	c_p	Kodaira	Isogenies
294					$N = 294 = 2 \cdot 3 \cdot 7^2$ (continued)								**294**
C1	1	0	0	-197	-2367	0	4	$-$	8,2,7	8,2,1	8,2,4	I_8,I_2,I_1^*	**2** : 2
C2	1	0	0	-4117	-101935	0	4	$+$	4,4,8	4,4,2	4,4,4	I_4,I_4,I_2^*	**2** : 1,3,4
C3	1	0	0	-65857	-6510547	0	2	$+$	2,2,7	2,2,1	2,2,2	I_2,I_2,I_1^*	**2** : 2
C4	1	0	0	-5097	-49995	0	4	$+$	2,8,10	2,8,4	2,8,4	I_2,I_8,I_4^*	**2** : 2,5,6
C5	1	0	0	-44787	3609423	0	2	$+$	1,4,14	1,4,8	1,4,4	I_1,I_4,I_8^*	**2** : 4
C6	1	0	0	18913	-381333	0	2	$-$	1,16,8	1,16,2	1,16,2	I_1,I_{16},I_2^*	**2** : 4
D1	1	0	1	23	-52	0	3	$-$	5,3,4	5,3,0	1,3,3	I_5,I_3,IV	**3** : 2
D2	1	0	1	-712	-7402	0	1	$-$	15,1,4	15,1,0	1,1,3	I_{15},I_1,IV	**3** : 1
E1	1	1	0	1151	18901	0	1	$-$	5,3,10	5,3,0	1,1,1	I_5,I_3,II^*	**3** : 2
E2	1	1	0	-34864	2503936	0	1	$-$	15,1,10	15,1,0	1,1,1	I_{15},I_1,II^*	**3** : 1
F1	1	1	0	122	-10940	0	2	$-$	4,4,9	4,4,0	2,2,2	I_4,I_4,III^*	**2** : 2
F2	1	1	0	-6738	-209880	0	2	$+$	2,8,9	2,8,0	2,2,2	I_2,I_8,III^*	**2** : 1
G1	1	0	1	2	32	1	2	$-$	4,4,3	4,4,0	2,4,2	I_4,I_4,III	**2** : 2
G2	1	0	1	-138	592	1	2	$+$	2,8,3	2,8,0	2,8,2	I_2,I_8,III	**2** : 1
296					$N = 296 = 2^3 \cdot 37$ (2 isogeny classes)								**296**
A1	0	-1	0	-9	13	1	1	$+$	8,1	0,1	4,1	I_1^*,I_1	
B1	0	-1	0	-33	85	1	1	$+$	8,1	0,1	2,1	I_1^*,I_1	
297					$N = 297 = 3^3 \cdot 11$ (4 isogeny classes)								**297**
A1	0	0	1	-81	290	1	1	$-$	9,2	0,2	3,2	IV^*,I_2	
B1	1	-1	1	1	0	1	1	$-$	3,1	0,1	1,1	II,I_1	
C1	1	-1	0	12	-19	1	1	$-$	9,1	0,1	3,1	IV^*,I_1	
D1	0	0	1	-9	-11	0	1	$-$	3,2	0,2	1,2	II,I_2	
298					$N = 298 = 2 \cdot 149$ (2 isogeny classes)								**298**
A1	1	0	0	-19	33	1	1	$-$	9,1	9,1	9,1	I_9,I_1	
B1	1	-1	0	1	-1	1	1	$-$	1,1	1,1	1,1	I_1,I_1	
300					$N = 300 = 2^2 \cdot 3 \cdot 5^2$ (4 isogeny classes)								**300**
A1	0	-1	0	-13	-23	0	1	$-$	8,3,2	0,3,0	1,1,1	IV^*,I_3,II	**3** : 2
A2	0	-1	0	-1213	-15863	0	1	$-$	8,1,2	0,1,0	3,1,1	IV^*,I_1,II	**3** : 1
B1	0	1	0	-333	-3537	0	3	$-$	8,3,8	0,3,0	3,3,3	IV^*,I_3,IV^*	**3** : 2
B2	0	1	0	-30333	-2043537	0	1	$-$	8,1,8	0,1,0	1,1,1	IV^*,I_1,IV^*	**3** : 1
C1	0	1	0	-333	2088	0	2	$+$	4,2,9	0,2,0	1,2,2	IV,I_2,III^*	**2** : 2
C2	0	1	0	292	9588	0	2	$-$	8,4,9	0,4,0	1,4,2	IV^*,I_4,III^*	**2** : 1
D1	0	-1	0	-13	22	1	2	$+$	4,2,3	0,2,0	3,2,2	IV,I_2,III	**2** : 2
D2	0	-1	0	12	72	1	2	$-$	8,4,3	0,4,0	3,2,2	IV^*,I_4,III	**2** : 1
302					$N = 302 = 2 \cdot 151$ (3 isogeny classes)								**302**
A1	1	1	1	-230	1251	1	5	$-$	15,1	15,1	15,1	I_{15},I_1	**5** : 2
A2	1	1	1	1650	-27389	1	1	$-$	3,5	3,5	3,5	I_3,I_5	**5** : 1
B1	1	1	0	1	5	0	2	$-$	6,1	6,1	2,1	I_6,I_1	**2** : 2
B2	1	1	0	-39	77	0	2	$+$	3,2	3,2	1,2	I_3,I_2	**2** : 1
C1	1	-1	1	0	3	1	1	$-$	5,1	5,1	5,1	I_5,I_1	

TABLE 1: ELLIPTIC CURVES 303A–309A

	a_1	a_2	a_3	a_4	a_6	r	$|T|$	s	ord(Δ)	ord$_-(j)$	c_p	Kodaira	Isogenies
303					$N = 303 = 3 \cdot 101$			(2 isogeny classes)					**303**
A1	0	1	1	-197	-208	1	1	$+$	14,1	14,1	14,1	I_{14},I_1	
B1	0	1	1	-6	2	1	1	$+$	4,1	4,1	4,1	I_4,I_1	
304					$N = 304 = 2^4 \cdot 19$			(6 isogeny classes)					**304**
A1	0	1	0	0	-76	1	1	$-$	17,1	5,1	4,1	I_9^*,I_1	$\mathbf{5:2}$
A2	0	1	0	-1120	15604	1	1	$-$	13,5	1,5	4,5	I_5^*,I_5	$\mathbf{5:1}$
B1	0	-1	0	-248	-1424	0	1	$-$	15,1	3,1	2,1	I_7^*,I_1	$\mathbf{3:2}$
B2	0	-1	0	152	-5776	0	1	$-$	21,3	9,3	2,1	I_{13}^*,I_3	$\mathbf{3:1,3}$
B3	0	-1	0	-1368	157168	0	1	$-$	39,1	27,1	2,1	I_{31}^*,I_1	$\mathbf{3:2}$
C1	0	-1	0	-8	16	1	1	$-$	11,1	0,1	4,1	I_3^*,I_1	
D1	0	-1	0	-1	-3	0	1	$-$	8,1	0,1	1,1	I_0^*,I_1	
E1	0	-1	0	11	-3	0	1	$-$	12,1	0,1	1,1	II^*,I_1	$\mathbf{3:2}$
E2	0	-1	0	-149	797	0	1	$-$	12,3	0,3	1,1	II^*,I_3	$\mathbf{3:1,3}$
E3	0	-1	0	-12309	529757	0	1	$-$	12,1	0,1	1,1	II^*,I_1	$\mathbf{3:2}$
F1	0	1	0	-21	31	1	1	$-$	8,1	0,1	2,1	I_0^*,I_1	
306					$N = 306 = 2 \cdot 3^2 \cdot 17$			(4 isogeny classes)					**306**
A1	1	-1	1	-2300	-41857	0	2	$+$	6,12,1	6,6,1	6,2,1	I_6,I_6^*,I_1	$\mathbf{2:2;3:3}$
A2	1	-1	1	-1940	-55681	0	2	$-$	3,18,2	3,12,2	3,4,2	I_3,I_{12}^*,I_2	$\mathbf{2:1;3:4}$
A3	1	-1	1	-6755	163235	0	6	$+$	18,8,3	18,2,3	18,2,3	I_{18},I_2^*,I_3	$\mathbf{2:4;3:1}$
A4	1	-1	1	16285	1020323	0	6	$-$	9,10,6	9,4,6	9,4,6	I_9,I_4^*,I_6	$\mathbf{2:3;3:2}$
B1	1	-1	0	-27	-27	1	2	$+$	6,6,1	6,0,1	2,2,1	I_6,I_0^*,I_1	$\mathbf{2:2;3:3}$
B2	1	-1	0	-387	-2835	1	2	$+$	3,6,2	3,0,2	1,2,2	I_3,I_0^*,I_2	$\mathbf{2:1;3:4}$
B3	1	-1	0	-927	11097	1	6	$+$	2,6,3	2,0,3	2,2,3	I_2,I_0^*,I_3	$\mathbf{2:4;3:1}$
B4	1	-1	0	-1017	8883	1	6	$+$	1,6,6	1,0,6	1,2,6	I_1,I_0^*,I_6	$\mathbf{2:3;3:2}$
C1	1	-1	0	-306	-1836	0	2	$+$	8,10,1	8,4,1	2,2,1	I_8,I_4^*,I_1	$\mathbf{2:2}$
C2	1	-1	0	-1026	10692	0	4	$+$	4,14,2	4,8,2	2,4,2	I_4,I_8^*,I_2	$\mathbf{2:1,3,4}$
C3	1	-1	0	-15606	754272	0	4	$+$	2,10,4	2,4,4	2,4,2	I_2,I_4^*,I_4	$\mathbf{2:2,5,6}$
C4	1	-1	0	2034	60264	0	2	$-$	2,22,1	2,16,1	2,4,1	I_2,I_{16}^*,I_1	$\mathbf{2:2}$
C5	1	-1	0	-249696	48087270	0	2	$+$	1,8,2	1,2,2	1,2,2	I_1,I_2^*,I_2	$\mathbf{2:3}$
C6	1	-1	0	-14796	835434	0	2	$-$	1,8,8	1,2,8	1,4,2	I_1,I_2^*,I_8	$\mathbf{2:3}$
D1	1	-1	1	-23	-21	0	2	$+$	2,8,1	2,2,1	2,2,1	I_2,I_2^*,I_1	$\mathbf{2:2}$
D2	1	-1	1	67	-201	0	2	$-$	1,10,2	1,4,2	1,4,2	I_1,I_4^*,I_2	$\mathbf{2:1}$
307					$N = 307 = 307$			(4 isogeny classes)					**307**
A1	0	0	1	-8	-9	0	1	$-$	1	1	1	I_1	
B1	1	1	0	0	-1	0	1	$-$	1	1	1	I_1	
C1	0	0	1	1	-1	0	1	$-$	1	1	1	I_1	
D1	0	-1	1	2	-1	0	1	$-$	1	1	1	I_1	
308					$N = 308 = 2^2 \cdot 7 \cdot 11$			(1 isogeny class)					**308**
A1	0	-1	0	-21	49	1	1	$-$	8,2,1	0,2,1	3,2,1	IV^*,I_2,I_1	
309					$N = 309 = 3 \cdot 103$			(1 isogeny class)					**309**
A1	1	0	0	-6	9	1	1	$-$	5,1	5,1	5,1	I_5,I_1	

TABLE 1: ELLIPTIC CURVES 310A–318C

	a_1	a_2	a_3	a_4	a_6	r	$|T|$	s	$\mathrm{ord}(\Delta)$	$\mathrm{ord}_-(j)$	c_p	Kodaira	Isogenies
310					$N = 310 = 2 \cdot 5 \cdot 31$				(2 isogeny classes)				**310**
A1	1	1	1	-66	-241	0	2	$-$	6,4,1	6,4,1	6,2,1	I_6,I_4,I_1	**2** : 2
A2	1	1	1	-1066	-13841	0	2	$+$	3,2,2	3,2,2	3,2,2	I_3,I_2,I_2	**2** : 1
B1	1	0	0	-106	420	1	6	$-$	12,2,1	12,2,1	12,2,1	I_{12},I_2,I_1	**2** : 2; **3** : 3
B2	1	0	0	-1706	26980	1	6	$+$	6,1,2	6,1,2	6,1,2	I_6,I_1,I_2	**2** : 1; **3** : 4
B3	1	0	0	454	1876	1	2	$-$	4,6,3	4,6,3	4,2,3	I_4,I_6,I_3	**2** : 4; **3** : 1
B4	1	0	0	-2046	15376	1	2	$+$	2,3,6	2,3,6	2,1,6	I_2,I_3,I_6	**2** : 3; **3** : 2
312					$N = 312 = 2^3 \cdot 3 \cdot 13$				(6 isogeny classes)				**312**
A1	0	1	0	-3	-6	0	2	$-$	4,1,2	0,1,2	2,1,2	III,I_1,I_2	**2** : 2
A2	0	1	0	-68	-240	0	2	$+$	8,2,1	0,2,1	2,2,1	I_1^*,I_2,I_1	**2** : 1
B1	0	-1	0	-3	0	1	2	$+$	4,2,1	0,2,1	2,2,1	III,I_2,I_1	**2** : 2
B2	0	-1	0	12	-12	1	2	$-$	8,1,2	0,1,2	2,1,2	I_1^*,I_1,I_2	**2** : 1
C1	0	1	0	-7	2	0	4	$+$	4,4,1	0,4,1	2,4,1	III,I_4,I_1	**2** : 2
C2	0	1	0	-52	-160	0	4	$+$	8,2,2	0,2,2	4,2,2	I_1^*,I_2,I_2	**2** : 1,3,4
C3	0	1	0	-832	-9520	0	2	$+$	10,1,1	0,1,1	2,1,1	III^*,I_1,I_1	**2** : 2
C4	0	1	0	8	-448	0	2	$-$	10,1,4	0,1,4	2,1,4	III^*,I_1,I_4	**2** : 2
D1	0	-1	0	-39	108	0	4	$+$	4,2,1	0,2,1	2,2,1	III,I_2,I_1	**2** : 2
D2	0	-1	0	-44	84	0	4	$+$	8,4,2	0,4,2	2,2,2	I_1^*,I_4,I_2	**2** : 1,3,4
D3	0	-1	0	-304	-1892	0	2	$+$	10,8,1	0,8,1	2,2,1	III^*,I_8,I_1	**2** : 2
D4	0	-1	0	136	444	0	4	$-$	10,2,4	0,2,4	2,2,4	III^*,I_2,I_4	**2** : 2
E1	0	-1	0	-651	6228	0	2	$+$	4,10,3	0,10,3	2,2,1	III,I_{10},I_3	**2** : 2
E2	0	-1	0	564	25668	0	2	$-$	8,5,6	0,5,6	4,1,2	I_1^*,I_5,I_6	**2** : 1
F1	0	1	0	5	14	1	2	$-$	4,3,2	0,3,2	2,3,2	III,I_3,I_2	**2** : 2
F2	0	1	0	-60	144	1	2	$+$	8,6,1	0,6,1	4,6,1	I_1^*,I_6,I_1	**2** : 1
314					$N = 314 = 2 \cdot 157$				(1 isogeny class)				**314**
A1	1	-1	0	13	-11	1	1	$-$	10,1	10,1	2,1	I_{10},I_1	
315					$N = 315 = 3^2 \cdot 5 \cdot 7$				(2 isogeny classes)				**315**
A1	0	0	1	-12	-18	0	1	$-$	6,1,1	0,1,1	1,1,1	I_0^*,I_1,I_1	**3** : 2
A2	0	0	1	78	45	0	3	$-$	6,3,3	0,3,3	1,3,3	I_0^*,I_3,I_3	**3** : 1,3
A3	0	0	1	-1182	16362	0	3	$-$	6,9,1	0,9,1	1,9,1	I_0^*,I_9,I_1	**3** : 2
B1	1	-1	1	-23	-34	1	2	$+$	7,1,1	1,1,1	2,1,1	I_1^*,I_1,I_1	**2** : 2
B2	1	-1	1	-68	182	1	4	$+$	8,2,2	2,2,2	4,2,2	I_2^*,I_2,I_2	**2** : 1,3,4
B3	1	-1	1	-1013	12656	1	2	$+$	7,4,1	1,4,1	4,2,1	I_1^*,I_4,I_1	**2** : 2
B4	1	-1	1	157	992	1	2	$-$	10,1,4	4,1,4	4,1,4	I_4^*,I_1,I_4	**2** : 2
316					$N = 316 = 2^2 \cdot 79$				(2 isogeny classes)				**316**
A1	0	-1	0	-180	-872	0	1	$+$	8,1	0,1	1,1	IV^*,I_1	
B1	0	0	0	-7	-2	1	1	$+$	8,1	0,1	3,1	IV^*,I_1	
318					$N = 318 = 2 \cdot 3 \cdot 53$				(5 isogeny classes)				**318**
A1	1	1	1	2	-7	0	1	$-$	1,5,1	1,5,1	1,1,1	I_1,I_5,I_1	
B1	1	0	1	-61	176	0	3	$-$	3,3,1	3,3,1	1,3,1	I_3,I_3,I_1	**3** : 2
B2	1	0	1	44	722	0	1	$-$	9,1,3	9,1,3	1,1,1	I_9,I_1,I_3	**3** : 1
C1	1	1	0	7	-9	1	1	$-$	1,6,1	1,6,1	1,2,1	I_1,I_6,I_1	

TABLE 1: ELLIPTIC CURVES 318D–324B

	a_1	a_2	a_3	a_4	a_6	r	$|T|$	s	$\mathrm{ord}(\Delta)$	$\mathrm{ord}_-(j)$	c_p	Kodaira	Isogenies
318					$N=318=2\cdot 3\cdot 53$				(continued)				
D1	1	1	1	−12	45	1	1	−	11,2,1	11,2,1	11,2,1	I_{11},I_2,I_1	
E1	1	1	0	142	180	0	1	−	17,3,1	17,3,1	1,1,1	I_{17},I_3,I_1	
319					$N=319=11\cdot 29$			(1 isogeny class)					
A1	0	0	1	−37	−87	0	1	−	1,2	1,2	1,2	I_1,I_2	
320					$N=320=2^6\cdot 5$			(6 isogeny classes)					
A1	0	0	0	−8	−8	0	2	+	10,1	0,1	2,1	I_0^*,I_1	**2**:2
A2	0	0	0	−28	48	0	4	+	14,2	0,2	4,2	I_4^*,I_2	**2**:1,3,4
A3	0	0	0	−428	3408	0	2	+	16,1	0,1	2,1	I_6^*,I_1	**2**:2
A4	0	0	0	52	272	0	2	−	16,4	0,4	2,2	I_6^*,I_4	**2**:2
B1	0	0	0	−8	8	1	2	+	10,1	0,1	2,1	I_0^*,I_1	**2**:2
B2	0	0	0	−28	−48	1	4	+	14,2	0,2	4,2	I_4^*,I_2	**2**:1,3,4
B3	0	0	0	−428	−3408	1	2	+	16,1	0,1	2,1	I_6^*,I_1	**2**:2
B4	0	0	0	52	−272	1	2	−	16,4	0,4	4,2	I_6^*,I_4	**2**:2
C1	0	−1	0	−5	5	0	2	+	10,1	0,1	2,1	I_0^*,I_1	**2**:2; **3**:3
C2	0	−1	0	15	17	0	2	−	14,2	0,2	2,2	I_4^*,I_2	**2**:1; **3**:4
C3	0	−1	0	−165	−763	0	2	+	10,3	0,3	2,3	I_0^*,I_3	**2**:4; **3**:1
C4	0	−1	0	−145	−975	0	2	−	14,6	0,6	2,6	I_4^*,I_6	**2**:3; **3**:2
D1	0	−1	0	0	2	0	2	−	6,2	0,2	1,2	II,I_2	**2**:2
D2	0	−1	0	−25	57	0	2	+	12,1	0,1	2,1	I_2^*,I_1	**2**:1
E1	0	1	0	0	−2	0	2	−	6,2	0,2	1,2	II,I_2	**2**:2
E2	0	1	0	−25	−57	0	2	+	12,1	0,1	2,1	I_2^*,I_1	**2**:1
F1	0	1	0	−5	−5	1	2	+	10,1	0,1	2,1	I_0^*,I_1	**2**:2; **3**:3
F2	0	1	0	15	−17	1	2	−	14,2	0,2	4,2	I_4^*,I_2	**2**:1; **3**:4
F3	0	1	0	−165	763	1	2	+	10,3	0,3	2,3	I_0^*,I_3	**2**:4; **3**:1
F4	0	1	0	−145	975	1	2	−	14,6	0,6	4,6	I_4^*,I_6	**2**:3; **3**:2
322					$N=322=2\cdot 7\cdot 23$			(4 isogeny classes)					
A1	1	−1	0	−8	44	1	2	−	2,3,2	2,3,2	2,3,2	I_2,I_3,I_2	**2**:2
A2	1	−1	0	−238	1470	1	2	+	1,6,1	1,6,1	1,6,1	I_1,I_6,I_1	**2**:1
B1	1	1	0	35	381	0	2	−	14,1,2	14,1,2	2,1,2	I_{14},I_1,I_2	**2**:2
B2	1	1	0	−605	5117	0	2	+	7,2,4	7,2,4	1,2,2	I_7,I_2,I_4	**2**:1
C1	1	1	1	−4	1	0	2	+	2,1,1	2,1,1	2,1,1	I_2,I_1,I_1	**2**:2
C2	1	1	1	−14	−23	0	2	+	1,2,2	1,2,2	1,2,2	I_1,I_2,I_2	**2**:1
D1	1	0	0	−14	4	1	2	+	10,1,1	10,1,1	10,1,1	I_{10},I_1,I_1	**2**:2
D2	1	0	0	−174	868	1	2	+	5,2,2	5,2,2	5,2,2	I_5,I_2,I_2	**2**:1
323					$N=323=17\cdot 19$			(1 isogeny class)					
A1	0	0	1	−46	277	0	1	−	5,1	5,1	1,1	I_5,I_1	
324					$N=324=2^2\cdot 3^4$			(4 isogeny classes)					
A1	0	0	0	−21	37	0	3	+	4,4	0,0	3,1	IV,II	**3**:2
A2	0	0	0	−81	−243	0	1	+	4,12	0,0	1,1	IV,II^*	**3**:1
B1	0	0	0	9	−18	0	3	−	8,6	0,0	3,3	IV^*,IV	**3**:2
B2	0	0	0	−351	−2538	0	1	−	8,10	0,0	1,3	IV^*,IV^*	**3**:1

TABLE 1: ELLIPTIC CURVES 324C–330A

	a_1	a_2	a_3	a_4	a_6	r	$|T|$	s	$\mathrm{ord}(\Delta)$	$\mathrm{ord}_-(j)$	c_p	Kodaira	Isogenies

324 $N = 324 = 2^2 \cdot 3^4$ (continued)

C1	0	0	0	-9	9	1	3	+	4, 6	0, 0	3, 3	IV,IV	**3 : 2**
C2	0	0	0	-189	-999	1	1	+	4, 10	0, 0	1, 1	IV,IV*	**3 : 1**
D1	0	0	0	-39	94	0	3	$-$	8, 4	0, 0	3, 1	IV*,II	**3 : 2**
D2	0	0	0	81	486	0	1	$-$	8, 12	0, 0	1, 1	IV*,II*	**3 : 1**

325 $N = 325 = 5^2 \cdot 13$ (5 isogeny classes)

A1	0	1	1	-83	244	1	3	+	8, 1	0, 1	3, 1	IV*,I_1	**3 : 2**
A2	0	1	1	-1333	-19131	1	1	+	8, 3	0, 3	1, 3	IV*,I_3	**3 : 1**
B1	0	-1	1	-3	3	1	1	+	2, 1	0, 1	1, 1	II,I_1	**3 : 2**
B2	0	-1	1	-53	-132	1	1	+	2, 3	0, 3	1, 1	II,I_3	**3 : 1**
C1	1	1	0	-25	0	0	2	+	7, 1	1, 1	4, 1	I_1^*,I_1	**2 : 2**
C2	1	1	0	100	125	0	2	$-$	8, 2	2, 2	4, 2	I_2^*,I_2	**2 : 1**
D1	0	1	1	-508	-4581	0	1	+	4, 1	0, 1	3, 1	IV,I_1	**5 : 2**
D2	0	1	1	-2458	42369	0	1	+	8, 5	0, 5	3, 1	IV*,I_5	**5 : 1**
E1	0	-1	1	-98	378	0	5	+	2, 5	0, 5	1, 5	II,I_5	**5 : 2**
E2	0	-1	1	-12708	-547182	0	1	+	10, 1	0, 1	1, 1	II*,I_1	**5 : 1**

326 $N = 326 = 2 \cdot 163$ (3 isogeny classes)

A1	1	-1	0	-80	-256	1	1	+	9, 1	9, 1	1, 1	I_9,I_1	
B1	1	0	0	-6	4	1	1	+	5, 1	5, 1	5, 1	I_5,I_1	
C1	1	0	1	-355	1182	0	3	+	9, 3	9, 3	1, 3	I_9,I_3	**3 : 2, 3**
C2	1	0	1	-14210	-653100	0	1	+	27, 1	27, 1	1, 1	I_{27},I_1	**3 : 1**
C3	1	0	1	-300	1970	0	3	+	3, 1	3, 1	1, 1	I_3,I_1	**3 : 1**

327 $N = 327 = 3 \cdot 109$ (1 isogeny class)

| A1 | 1 | 0 | 0 | 4 | -3 | 1 | 1 | $-$ | 4, 1 | 4, 1 | 4, 1 | I_4,I_1 | |

328 $N = 328 = 2^3 \cdot 41$ (2 isogeny classes)

A1	0	0	0	-11	-10	1	2	+	10, 1	0, 1	2, 1	III*,I_1	**2 : 2**
A2	0	0	0	29	-66	1	2	$-$	11, 2	0, 2	1, 2	II*,I_2	**2 : 1**
B1	0	-1	0	-12	20	0	2	+	8, 1	0, 1	2, 1	I_1^*,I_1	**2 : 2**
B2	0	-1	0	8	60	0	2	$-$	10, 2	0, 2	2, 2	III*,I_2	**2 : 1**

329 $N = 329 = 7 \cdot 47$ (1 isogeny class)

| A1 | 1 | 1 | 1 | 246 | -1376 | 0 | 1 | $-$ | 9, 1 | 9, 1 | 1, 1 | I_9,I_1 | |

330 $N = 330 = 2 \cdot 3 \cdot 5 \cdot 11$ (5 isogeny classes)

A1	1	1	0	-1393	-20603	0	2	+	4, 5, 2, 1	4, 5, 2, 1	2, 1, 2, 1	I_4,I_5,I_2,I_1	**2 : 2**
A2	1	1	0	-1413	-20007	0	4	+	2, 10, 4, 2	2, 10, 4, 2	2, 2, 2, 2	I_2,I_{10},I_4,I_2	**2 : 1, 3, 4**
A3	1	1	0	-4163	77343	0	2	+	1, 20, 2, 1	1, 20, 2, 1	1, 2, 2, 1	I_1,I_{20},I_2,I_1	**2 : 2**
A4	1	1	0	1017	-78813	0	2	$-$	1, 5, 8, 4	1, 5, 8, 4	1, 1, 2, 4	I_1,I_5,I_8,I_4	**2 : 2**

TABLE 1: ELLIPTIC CURVES 330B–336A

	$a_1\ a_2\ a_3$	a_4	a_6	r	$\|T\|$	s	$\mathrm{ord}(\Delta)$	$\mathrm{ord}_-(j)$	c_p	Kodaira	Isogenies

330 $N = 330 = 2 \cdot 3 \cdot 5 \cdot 11$ (continued) **330**

	$a_1\ a_2\ a_3$	a_4	a_6	r	$\|T\|$	s	$\mathrm{ord}(\Delta)$	$\mathrm{ord}_-(j)$	c_p	Kodaira	Isogenies
B1	1 0 0	5	17	0	4	−	8,2,1,1	8,2,1,1	8,2,1,1	I_8,I_2,I_1,I_1	**2** : 2
B2	1 0 0	−75	225	0	8	+	4,4,2,2	4,4,2,2	4,4,2,2	I_4,I_4,I_2,I_2	**2** : 1,3,4
B3	1 0 0	−255	−1323	0	4	+	2,2,4,4	2,2,4,4	2,2,4,2	I_2,I_2,I_4,I_4	**2** : 2,5,6
B4	1 0 0	−1175	15405	0	4	+	2,8,1,1	2,8,1,1	2,8,1,1	I_2,I_8,I_1,I_1	**2** : 2
B5	1 0 0	−3885	−93525	0	2	+	1,1,8,2	1,1,8,2	1,1,8,2	I_1,I_1,I_8,I_2	**2** : 3
B6	1 0 0	495	−7473	0	2	−	1,1,2,8	1,1,2,8	1,1,2,2	I_1,I_1,I_2,I_8	**2** : 3
C1	1 1 1	255	255	0	4	−	16,3,1,2	16,3,1,2	16,1,1,2	I_{16},I_3,I_1,I_2	**2** : 2
C2	1 1 1	−1025	767	0	8	+	8,6,2,4	8,6,2,4	8,2,2,4	I_8,I_6,I_2,I_4	**2** : 1,3,4
C3	1 1 1	−10705	−429025	0	4	+	4,12,4,2	4,12,4,2	4,2,4,2	I_4,I_{12},I_4,I_2	**2** : 2,5,6
C4	1 1 1	−11825	488927	0	4	+	4,3,1,8	4,3,1,8	4,1,1,8	I_4,I_3,I_1,I_8	**2** : 2
C5	1 1 1	−171085	−27308713	0	2	+	2,6,8,1	2,6,8,1	2,2,8,1	I_2,I_6,I_8,I_1	**2** : 3
C6	1 1 1	−5205	−862425	0	2	−	2,24,2,1	2,24,2,1	2,2,2,1	I_2,I_{24},I_2,I_1	**2** : 3
D1	1 1 1	−40266	2921559	0	4	+	28,5,4,1	28,5,4,1	28,1,2,1	I_{28},I_5,I_4,I_1	**2** : 2
D2	1 1 1	−122186	−12872617	0	4	+	14,10,8,2	14,10,8,2	14,2,2,2	I_{14},I_{10},I_8,I_2	**2** : 1,3,4
D3	1 1 1	−1832906	−955821481	0	2	+	7,5,16,1	7,5,16,1	7,1,2,1	I_7,I_5,I_{16},I_1	**2** : 2
D4	1 1 1	277814	−791126617	0	2	−	7,20,4,4	7,20,4,4	7,2,2,2	I_7,I_{20},I_4,I_4	**2** : 2
E1	1 1 0	−22	−44	1	2	+	8,1,2,1	8,1,2,1	2,1,2,1	I_8,I_1,I_2,I_1	**2** : 2
E2	1 1 0	−102	324	1	4	+	4,2,4,2	4,2,4,2	2,2,4,2	I_4,I_2,I_4,I_2	**2** : 1,3,4
E3	1 1 0	−1602	24024	1	4	+	2,1,2,4	2,1,2,4	2,1,2,4	I_2,I_1,I_2,I_4	**2** : 2
E4	1 1 0	118	1776	1	2	−	2,4,8,1	2,4,8,1	2,2,8,1	I_2,I_4,I_8,I_1	**2** : 2

331 $N = 331 = 331$ (1 isogeny class) **331**

	$a_1\ a_2\ a_3$	a_4	a_6	r	$\|T\|$	s	$\mathrm{ord}(\Delta)$	$\mathrm{ord}_-(j)$	c_p	Kodaira	Isogenies
A1	1 0 0	−5	4	1	1	−	1	1	1	I_1	

333 $N = 333 = 3^2 \cdot 37$ (4 isogeny classes) **333**

	$a_1\ a_2\ a_3$	a_4	a_6	r	$\|T\|$	s	$\mathrm{ord}(\Delta)$	$\mathrm{ord}_-(j)$	c_p	Kodaira	Isogenies
A1	0 0 1	−30	−63	1	1	+	6,1	0,1	1,1	I_0^*,I_1	**3** : 2
A2	0 0 1	−210	1134	1	3	+	6,3	0,3	1,3	I_0^*,I_3	**3** : 1,3
A3	0 0 1	−16860	842625	1	3	+	6,1	0,1	1,1	I_0^*,I_1	**3** : 2
B1	1 −1 0	12	35	1	2	−	9,1	0,1	2,1	III^*,I_1	**2** : 2
B2	1 −1 0	−123	494	1	2	+	9,2	0,2	2,2	III^*,I_2	**2** : 1
C1	1 −1 1	1	−2	1	2	−	3,1	0,1	2,1	III,I_1	**2** : 2
C2	1 −1 1	−14	−14	1	2	+	3,2	0,2	2,2	III,I_2	**2** : 1
D1	0 0 1	−9	−7	0	1	+	6,1	0,1	1,1	I_0^*,I_1	

334 $N = 334 = 2 \cdot 167$ (1 isogeny class) **334**

	$a_1\ a_2\ a_3$	a_4	a_6	r	$\|T\|$	s	$\mathrm{ord}(\Delta)$	$\mathrm{ord}_-(j)$	c_p	Kodaira	Isogenies
A1	1 −1 1	−1	−1	0	1	−	1,1	1,1	1,1	I_1,I_1	

335 $N = 335 = 5 \cdot 67$ (1 isogeny class) **335**

	$a_1\ a_2\ a_3$	a_4	a_6	r	$\|T\|$	s	$\mathrm{ord}(\Delta)$	$\mathrm{ord}_-(j)$	c_p	Kodaira	Isogenies
A1	0 0 1	−2	2	1	1	−	2,1	2,1	2,1	I_2,I_1	

336 $N = 336 = 2^4 \cdot 3 \cdot 7$ (6 isogeny classes) **336**

	$a_1\ a_2\ a_3$	a_4	a_6	r	$\|T\|$	s	$\mathrm{ord}(\Delta)$	$\mathrm{ord}_-(j)$	c_p	Kodaira	Isogenies
A1	0 −1 0	7	0	0	2	−	4,3,2	0,3,2	1,1,2	II,I_3,I_2	**2** : 2; **3** : 3
A2	0 −1 0	−28	28	0	2	+	8,6,1	0,6,1	1,2,1	I_0^*,I_6,I_1	**2** : 1; **3** : 4
A3	0 −1 0	−113	516	0	2	−	4,1,6	0,1,6	1,1,2	II,I_1,I_6	**2** : 4; **3** : 1
A4	0 −1 0	−1828	30700	0	2	+	8,2,3	0,2,3	1,2,1	I_0^*,I_2,I_3	**2** : 3; **3** : 2

TABLE 1: ELLIPTIC CURVES 336B–340A

	a_1	a_2	a_3	a_4	a_6	r	$|T|$	s	ord(Δ)	ord$_-(j)$	c_p	Kodaira	Isogenies
336					$N = 336 = 2^4 \cdot 3 \cdot 7$				(continued)				**336**
B1	0	-1	0	-7	10	0	2	+	4,1,1	0,1,1	1,1,1	II,I_1,I_1	2 : 2
B2	0	-1	0	-12	0	0	4	+	8,2,2	0,2,2	2,2,2	I_0^*,I_2,I_2	2 : 1,3,4
B3	0	-1	0	-152	-672	0	2	+	10,4,1	0,4,1	2,2,1	I_2^*,I_4,I_1	2 : 2
B4	0	-1	0	48	-48	0	4	$-$	10,1,4	0,1,4	4,1,4	I_2^*,I_1,I_4	2 : 2
C1	0	1	0	-7	-52	0	2	$-$	4,3,4	0,3,4	1,3,2	II,I_3,I_4	2 : 2
C2	0	1	0	-252	-1620	0	4	+	8,6,2	0,6,2	2,6,2	I_0^*,I_6,I_2	2 : 1,3,4
C3	0	1	0	-4032	-99900	0	2	+	10,3,1	0,3,1	4,3,1	I_2^*,I_3,I_1	2 : 2
C4	0	1	0	-392	228	0	4	+	10,12,1	0,12,1	2,12,1	I_2^*,I_{12},I_1	2 : 2
D1	0	1	0	-64	-460	0	2	$-$	20,2,1	8,2,1	4,2,1	I_{12}^*,I_2,I_1	2 : 2
D2	0	1	0	-1344	-19404	0	4	+	16,4,2	4,4,2	4,4,2	I_8^*,I_4,I_2	2 : 1,3,4
D3	0	1	0	-21504	-1220940	0	2	+	14,2,1	2,2,1	2,2,1	I_6^*,I_2,I_1	2 : 2
D4	0	1	0	-1664	-9804	0	8	+	14,8,4	2,8,4	4,8,4	I_6^*,I_8,I_4	2 : 2,5,6
D5	0	1	0	-14624	669300	0	8	+	13,4,8	1,4,8	4,4,8	I_5^*,I_4,I_8	2 : 4
D6	0	1	0	6176	-69388	0	4	$-$	13,16,2	1,16,2	2,16,2	I_5^*,I_{16},I_2	2 : 4
E1	0	-1	0	16	0	1	2	$-$	12,2,1	0,2,1	4,2,1	I_4^*,I_2,I_1	2 : 2
E2	0	-1	0	-64	64	1	4	+	12,4,2	0,4,2	4,4,2	I_4^*,I_4,I_2	2 : 1,3,4
E3	0	-1	0	-624	-5760	1	2	+	12,8,1	0,8,1	2,2,1	I_4^*,I_8,I_1	2 : 2
E4	0	-1	0	-784	8704	1	8	+	12,2,4	0,2,4	4,2,4	I_4^*,I_2,I_4	2 : 2,5,6
E5	0	-1	0	-12544	544960	1	4	+	12,1,2	0,1,2	2,1,2	I_4^*,I_1,I_2	2 : 4
E6	0	-1	0	-544	13888	1	4	$-$	12,1,8	0,1,8	4,1,8	I_4^*,I_1,I_8	2 : 4
F1	0	1	0	-1	2	0	2	$-$	4,1,2	0,1,2	1,1,2	II,I_1,I_2	2 : 2
F2	0	1	0	-36	72	0	2	+	8,2,1	0,2,1	1,2,1	I_0^*,I_2,I_1	2 : 1
338					$N = 338 = 2 \cdot 13^2$				(6 isogeny classes)				**338**
A1	1	-1	0	1	1	1	1	$-$	2,2	2,0	2,1	I_2,II	7 : 2
A2	1	-1	0	-389	-2859	1	1	$-$	14,2	14,0	2,1	I_{14},II	7 : 1
B1	1	-1	1	137	2643	0	1	$-$	2,8	2,0	2,1	I_2,IV*	7 : 2
B2	1	-1	1	-65773	-6478507	0	1	$-$	14,8	14,0	14,1	I_{14},IV*	7 : 1
C1	1	0	0	81	467	0	1	$-$	1,7	1,1	1,2	I_1,I_1^*	3 : 2
C2	1	0	0	-764	-16264	0	1	$-$	3,9	3,3	3,2	I_3,I_3^*	3 : 1,3
C3	1	0	0	-77659	-8336303	0	1	$-$	9,7	9,1	9,2	I_9,I_1^*	3 : 2
D1	1	1	0	504	-13112	0	1	$-$	3,9	3,0	1,2	I_3,III*	5 : 2
D2	1	1	0	-54421	4945517	0	1	$-$	15,9	15,0	1,2	I_{15},III*	5 : 1
E1	1	1	1	3	-5	1	1	$-$	3,3	3,0	3,2	I_3,III	5 : 2
E2	1	1	1	-322	2127	1	1	$-$	15,3	15,0	15,2	I_{15},III	5 : 1
F1	1	-1	0	-454	5812	1	1	$-$	7,7	7,1	1,4	I_7,I_1^*	7 : 2
F2	1	-1	0	-35944	-2868878	1	1	$-$	1,13	1,7	1,4	I_1,I_7^*	7 : 1
339					$N = 339 = 3 \cdot 113$				(3 isogeny classes)				**339**
A1	0	1	1	-441	3422	1	1	$-$	9,1	9,1	9,1	I_9,I_1	
B1	0	-1	1	-112	501	0	1	$-$	9,1	9,1	1,1	I_9,I_1	
C1	0	1	1	-2	2	1	1	$-$	3,1	3,1	3,1	I_3,I_1	
340					$N = 340 = 2^2 \cdot 5 \cdot 17$				(1 isogeny class)				**340**
A1	0	0	0	-28	57	1	2	+	4,1,1	0,1,1	3,1,1	IV,I_1,I_1	2 : 2
A2	0	0	0	-23	78	1	2	$-$	8,2,2	0,2,2	3,2,2	IV*,I_2,I_2	2 : 1

TABLE 1: ELLIPTIC CURVES 342A–347A

	a_1	a_2	a_3	a_4	a_6	r	$|T|$	s	ord(Δ)	ord$_-(j)$	c_p	Kodaira	Isogenies

342
$N = 342 = 2 \cdot 3^2 \cdot 19$ (7 isogeny classes)

	a_1	a_2	a_3	a_4	a_6	r	$|T|$	s	ord(Δ)	ord$_-(j)$	c_p	Kodaira	Isogenies
A1	1	−1	1	−140	−601	0	1	−	3,6,1	3,0,1	3,1,1	I_3, I_0^*, I_1	**3** : 2
A2	1	−1	1	85	−2437	0	3	−	9,6,3	9,0,3	9,1,3	I_9, I_0^*, I_3	**3** : 1,3
A3	1	−1	1	−770	66305	0	3	−	27,6,1	27,0,1	27,1,1	I_{27}, I_0^*, I_1	**3** : 2
B1	1	−1	1	−860	9915	0	2	+	2,11,1	2,5,1	2,2,1	I_2, I_5^*, I_1	**2** : 2
B2	1	−1	1	−770	12003	0	2	−	1,16,2	1,10,2	1,4,2	I_1, I_{10}^*, I_2	**2** : 1
C1	1	−1	0	−72	0	1	2	+	6,9,1	6,3,1	2,4,1	I_6, I_3^*, I_1	**2** : 2; **3** : 3
C2	1	−1	0	288	−216	1	2	−	3,12,2	3,6,2	1,4,2	I_3, I_6^*, I_2	**2** : 1; **3** : 4
C3	1	−1	0	−3852	92988	1	6	+	2,7,3	2,1,3	2,4,3	I_2, I_1^*, I_3	**2** : 4; **3** : 1
C4	1	−1	0	−3762	97470	1	6	−	1,8,6	1,2,6	1,4,6	I_1, I_2^*, I_6	**2** : 3; **3** : 2
D1	1	−1	1	−29	1	0	2	+	2,9,1	2,0,1	2,2,1	I_2, III^*, I_1	**2** : 2
D2	1	−1	1	−299	2053	0	2	+	1,9,2	1,0,2	1,2,2	I_1, III^*, I_2	**2** : 1
E1	1	−1	0	−3	1	1	2	+	2,3,1	2,0,1	2,2,1	I_2, III, I_1	**2** : 2
E2	1	−1	0	−33	−65	1	2	+	1,3,2	1,0,2	1,2,2	I_1, III, I_2	**2** : 1
F1	1	−1	0	−3168	62464	0	2	+	20,9,1	20,3,1	2,2,1	I_{20}, I_3^*, I_1	**2** : 2
F2	1	−1	0	−49248	4218880	0	4	+	10,12,2	10,6,2	2,4,2	I_{10}, I_6^*, I_2	**2** : 1,3,4
F3	1	−1	0	−787968	269419360	0	2	+	5,9,1	5,3,1	1,4,1	I_5, I_3^*, I_1	**2** : 2
F4	1	−1	0	−47808	4476064	0	2	−	5,18,4	5,12,4	1,4,2	I_5, I_{12}^*, I_4	**2** : 2
G1	1	−1	0	0	−32	0	1	−	5,6,1	5,0,1	1,1,1	I_5, I_0^*, I_1	**5** : 2
G2	1	−1	0	−630	6898	0	1	−	1,6,5	1,0,5	1,1,1	I_1, I_0^*, I_5	**5** : 1

344
$N = 344 = 2^3 \cdot 43$ (1 isogeny class)

	a_1	a_2	a_3	a_4	a_6	r	$|T|$	s	ord(Δ)	ord$_-(j)$	c_p	Kodaira	Isogenies
A1	0	0	0	4	4	1	1	−	8,1	0,1	2,1	I_1^*, I_1	

345
$N = 345 = 3 \cdot 5 \cdot 23$ (6 isogeny classes)

	a_1	a_2	a_3	a_4	a_6	r	$|T|$	s	ord(Δ)	ord$_-(j)$	c_p	Kodaira	Isogenies
A1	0	−1	1	−731	−7369	0	1	−	2,5,1	2,5,1	2,1,1	I_2, I_5, I_1	
B1	0	1	1	−1	1	1	1	−	2,1,1	2,1,1	2,1,1	I_2, I_1, I_1	
C1	1	0	1	456	2401	0	2	−	5,3,4	5,3,4	5,1,2	I_5, I_3, I_4	**2** : 2
C2	1	0	1	−2189	20387	0	4	+	10,6,2	10,6,2	10,2,2	I_{10}, I_6, I_2	**2** : 1,3,4
C3	1	0	1	−16564	−807613	0	2	+	20,3,1	20,3,1	20,1,1	I_{20}, I_3, I_1	**2** : 2
C4	1	0	1	−30134	2010071	0	2	+	5,12,1	5,12,1	5,2,1	I_5, I_{12}, I_1	**2** : 2
D1	1	0	0	9	0	0	4	−	4,2,1	4,2,1	4,2,1	I_4, I_2, I_1	**2** : 2
D2	1	0	0	−36	−9	0	4	+	2,4,2	2,4,2	2,2,2	I_2, I_4, I_2	**2** : 1,3,4
D3	1	0	0	−411	−3234	0	2	+	1,2,4	1,2,4	1,2,2	I_1, I_2, I_4	**2** : 2
D4	1	0	0	−381	2820	0	2	+	1,8,1	1,8,1	1,2,1	I_1, I_8, I_1	**2** : 2
E1	0	−1	1	30	−97	0	1	−	4,1,3	4,1,3	2,1,1	I_4, I_1, I_3	
F1	0	1	1	−100	406	1	1	−	8,3,1	8,3,1	8,3,1	I_8, I_3, I_1	

346
$N = 346 = 2 \cdot 173$ (2 isogeny classes)

	a_1	a_2	a_3	a_4	a_6	r	$|T|$	s	ord(Δ)	ord$_-(j)$	c_p	Kodaira	Isogenies
A1	1	0	0	−16	−26	0	1	+	1,1	1,1	1,1	I_1, I_1	
B1	1	1	1	−7	−3	1	1	+	7,1	7,1	7,1	I_7, I_1	

347
$N = 347 = 347$ (1 isogeny class)

	a_1	a_2	a_3	a_4	a_6	r	$|T|$	s	ord(Δ)	ord$_-(j)$	c_p	Kodaira	Isogenies
A1	0	1	1	2	0	1	1	−	1	1	1	I_1	

TABLE 1: ELLIPTIC CURVES 348A–354D

	a_1	a_2	a_3	a_4	a_6	r	$|T|$	s	ord(Δ)	ord$_-(j)$	c_p	Kodaira	Isogenies

348 $N = 348 = 2^2 \cdot 3 \cdot 29$ (4 isogeny classes)

	a_1	a_2	a_3	a_4	a_6	r	$|T|$	s	ord(Δ)	ord$_-(j)$	c_p	Kodaira	Isogenies
A1	0	-1	0	2	1	1	1	$-$	4,1,1	0,1,1	3,1,1	IV,I_1,I_1	
B1	0	1	0	-2	-3	0	1	$-$	4,1,1	0,1,1	1,1,1	IV,I_1,I_1	
C1	0	-1	0	-94	3973	0	1	$-$	4,15,1	0,15,1	1,1,1	IV,I_{15},I_1	
D1	0	1	0	-50	129	1	1	$-$	4,7,1	0,7,1	3,7,1	IV,I_7,I_1	

350 $N = 350 = 2 \cdot 5^2 \cdot 7$ (6 isogeny classes)

	a_1	a_2	a_3	a_4	a_6	r	$|T|$	s	ord(Δ)	ord$_-(j)$	c_p	Kodaira	Isogenies
A1	1	-1	0	58	-284	0	2	$-$	4,8,1	4,2,1	2,2,1	I_4,I_2^*,I_1	**2** : 2
A2	1	-1	0	-442	-2784	0	4	$+$	2,10,2	2,4,2	2,4,2	I_2,I_4^*,I_2	**2** : 1,3,4
A3	1	-1	0	-6692	-209034	0	2	$+$	1,8,4	1,2,4	1,2,4	I_1,I_2^*,I_4	**2** : 2
A4	1	-1	0	-2192	37466	0	2	$+$	1,14,1	1,8,1	1,4,1	I_1,I_8^*,I_1	**2** : 2
B1	1	0	0	112	392	0	3	$-$	3,8,2	3,0,2	3,3,2	I_3,IV^*,I_2	**3** : 2
B2	1	0	0	-1138	-20858	0	1	$-$	1,8,6	1,0,6	1,1,6	I_1,IV^*,I_6	**3** : 1
C1	1	1	0	5	5	1	1	$-$	3,2,2	3,0,2	1,1,2	I_3,II,I_2	**3** : 2
C2	1	1	0	-45	-185	1	1	$-$	1,2,6	1,0,6	1,1,2	I_1,II,I_6	**3** : 1
D1	1	1	1	-13	31	0	2	$-$	2,6,1	2,0,1	2,2,1	I_2,I_0^*,I_1	**2** : 2; **3** : 3
D2	1	1	1	-263	1531	0	2	$+$	1,6,2	1,0,2	1,2,2	I_1,I_0^*,I_2	**2** : 1; **3** : 4
D3	1	1	1	112	-719	0	2	$-$	6,6,3	6,0,3	6,2,1	I_6,I_0^*,I_3	**2** : 4; **3** : 1,5
D4	1	1	1	-888	-8719	0	2	$+$	3,6,6	3,0,6	3,2,2	I_3,I_0^*,I_6	**2** : 3; **3** : 2,6
D5	1	1	1	-4263	-109219	0	2	$-$	18,6,1	18,0,1	18,2,1	I_{18},I_0^*,I_1	**2** : 6; **3** : 3
D6	1	1	1	-68263	-6893219	0	2	$+$	9,6,2	9,0,2	9,2,2	I_9,I_0^*,I_2	**2** : 5; **3** : 4
E1	1	-1	0	-4492	126416	0	1	$-$	11,10,2	11,0,2	1,1,2	I_{11},II^*,I_2	
F1	1	-1	1	-180	1047	1	1	$-$	11,4,2	11,0,2	11,3,2	I_{11},IV,I_2	

352 $N = 352 = 2^5 \cdot 11$ (6 isogeny classes)

	a_1	a_2	a_3	a_4	a_6	r	$|T|$	s	ord(Δ)	ord$_-(j)$	c_p	Kodaira	Isogenies
A1	0	1	0	-45	-133	0	1	$-$	12,1	0,1	2,1	III^*,I_1	
B1	0	1	0	3	11	1	1	$-$	12,1	0,1	2,1	III^*,I_1	
C1	0	-1	0	-45	133	1	1	$-$	12,1	0,1	2,1	III^*,I_1	
D1	0	-1	0	3	-11	1	1	$-$	12,1	0,1	2,1	III^*,I_1	
E1	0	0	0	8	-112	0	1	$-$	12,3	0,3	2,1	III^*,I_3	
F1	0	0	0	8	112	1	1	$-$	12,3	0,3	2,3	III^*,I_3	

353 $N = 353 = 353$ (1 isogeny class)

	a_1	a_2	a_3	a_4	a_6	r	$|T|$	s	ord(Δ)	ord$_-(j)$	c_p	Kodaira	Isogenies
A1	1	1	1	-2	16	0	2	$-$	2	2	2	I_2	**2** : 2
A2	1	1	1	-7	4	0	2	$+$	1	1	1	I_1	**2** : 1

354 $N = 354 = 2 \cdot 3 \cdot 59$ (6 isogeny classes)

	a_1	a_2	a_3	a_4	a_6	r	$|T|$	s	ord(Δ)	ord$_-(j)$	c_p	Kodaira	Isogenies
A1	1	1	1	-3	-3	0	2	$+$	2,1,1	2,1,1	2,1,1	I_2,I_1,I_1	**2** : 2
A2	1	1	1	7	-7	0	2	$-$	1,2,2	1,2,2	1,2,2	I_1,I_2,I_2	**2** : 1
B1	1	0	1	9	-8	0	3	$-$	1,6,1	1,6,1	1,6,1	I_1,I_6,I_1	**3** : 2
B2	1	0	1	-216	-1250	0	1	$-$	3,2,3	3,2,3	1,2,1	I_3,I_2,I_3	**3** : 1
C1	1	1	0	-715	7069	1	1	$-$	5,6,1	5,6,1	1,2,1	I_5,I_6,I_1	
D1	1	1	0	-34	-92	0	2	$+$	4,3,1	4,3,1	2,1,1	I_4,I_3,I_1	**2** : 2
D2	1	1	0	-54	0	0	4	$+$	2,6,2	2,6,2	2,2,2	I_2,I_6,I_2	**2** : 1,3,4
D3	1	1	0	-644	6018	0	2	$+$	1,12,1	1,12,1	1,2,1	I_1,I_{12},I_1	**2** : 2
D4	1	1	0	216	270	0	2	$-$	1,3,4	1,3,4	1,1,4	I_1,I_3,I_4	**2** : 2

TABLE 1: ELLIPTIC CURVES 354E–360E

	a_1	a_2	a_3	a_4	a_6	r	$|T|$	s	$\text{ord}(\Delta)$	$\text{ord}_-(j)$	c_p	Kodaira	Isogenies

354 $N = 354 = 2 \cdot 3 \cdot 59$ (continued)

	a_1	a_2	a_3	a_4	a_6	r	$|T|$	s	$\text{ord}(\Delta)$	$\text{ord}_-(j)$	c_p	Kodaira	Isogenies
E1	1	1	1	-23511	-1393299	0	2	$+$	22,9,1	22,9,1	22,1,1	I_{22},I_9,I_1	**2** : 2
E2	1	1	1	-13271	-2601619	0	2	$-$	11,18,2	11,18,2	11,2,2	I_{11},I_{18},I_2	**2** : 1
F1	1	1	1	-5	11	1	1	$-$	7,2,1	7,2,1	7,2,1	I_7,I_2,I_1	

355 $N = 355 = 5 \cdot 71$ (1 isogeny class)

	a_1	a_2	a_3	a_4	a_6	r	$|T|$	s	$\text{ord}(\Delta)$	$\text{ord}_-(j)$	c_p	Kodaira	Isogenies
A1	0	1	1	5	-1	0	3	$-$	3,1	3,1	3,1	I_3,I_1	**3** : 2
A2	0	1	1	-95	-396	0	1	$-$	1,3	1,3	1,1	I_1,I_3	**3** : 1

356 $N = 356 = 2^2 \cdot 89$ (1 isogeny class)

	a_1	a_2	a_3	a_4	a_6	r	$|T|$	s	$\text{ord}(\Delta)$	$\text{ord}_-(j)$	c_p	Kodaira	Isogenies
A1	0	-1	0	4	-8	1	1	$-$	8,1	0,1	3,1	IV^*,I_1	

357 $N = 357 = 3 \cdot 7 \cdot 17$ (4 isogeny classes)

	a_1	a_2	a_3	a_4	a_6	r	$|T|$	s	$\text{ord}(\Delta)$	$\text{ord}_-(j)$	c_p	Kodaira	Isogenies
A1	0	-1	1	3565	72914	0	1	$-$	17,4,1	17,4,1	1,2,1	I_{17},I_4,I_1	
B1	0	-1	1	-5	-16	1	1	$-$	1,4,1	1,4,1	1,4,1	I_1,I_4,I_1	
C1	0	1	1	20	-17	0	1	$-$	1,2,3	1,2,3	1,2,1	I_1,I_2,I_3	
D1	0	1	1	-42	110	1	1	$-$	7,2,1	7,2,1	7,2,1	I_7,I_2,I_1	

358 $N = 358 = 2 \cdot 179$ (2 isogeny classes)

	a_1	a_2	a_3	a_4	a_6	r	$|T|$	s	$\text{ord}(\Delta)$	$\text{ord}_-(j)$	c_p	Kodaira	Isogenies
A1	1	1	0	55	197	0	1	$-$	17,1	17,1	1,1	I_{17},I_1	
B1	1	0	0	-18	28	0	3	$-$	3,1	3,1	3,1	I_3,I_1	**3** : 2
B2	1	0	0	32	150	0	1	$-$	1,3	1,3	1,1	I_1,I_3	**3** : 1

359 $N = 359 = 359$ (2 isogeny classes)

	a_1	a_2	a_3	a_4	a_6	r	$|T|$	s	$\text{ord}(\Delta)$	$\text{ord}_-(j)$	c_p	Kodaira	Isogenies
A1	1	0	1	-23	39	1	1	$+$	1	1	1	I_1	
B1	1	-1	1	-7	8	1	1	$+$	1	1	1	I_1	

360 $N = 360 = 2^3 \cdot 3^2 \cdot 5$ (5 isogeny classes)

	a_1	a_2	a_3	a_4	a_6	r	$|T|$	s	$\text{ord}(\Delta)$	$\text{ord}_-(j)$	c_p	Kodaira	Isogenies
A1	0	0	0	-138	-623	0	2	$+$	4,8,1	0,2,1	2,2,1	III,I_2^*,I_1	**2** : 2
A2	0	0	0	-183	-182	0	4	$+$	8,10,2	0,4,2	2,4,2	I_1^*,I_4^*,I_2	**2** : 1,3,4
A3	0	0	0	-1803	29302	0	4	$+$	10,8,4	0,2,4	2,4,2	III^*,I_2^*,I_4	**2** : 2,5,6
A4	0	0	0	717	-1442	0	2	$-$	10,14,1	0,8,1	2,4,1	III^*,I_8^*,I_1	**2** : 2
A5	0	0	0	-28803	1881502	0	2	$+$	11,7,2	0,1,2	1,2,2	II^*,I_1^*,I_2	**2** : 3
A6	0	0	0	-723	64078	0	2	$-$	11,7,8	0,1,8	1,4,2	II^*,I_1^*,I_8	**2** : 3
B1	0	0	0	-3	-18	0	2	$-$	10,3,1	0,0,1	2,2,1	III^*,III,I_1	**2** : 2
B2	0	0	0	-123	-522	0	2	$+$	11,3,2	0,0,2	1,2,2	II^*,III,I_2	**2** : 1
C1	0	0	0	-27	486	0	2	$-$	10,9,1	0,0,1	2,2,1	III^*,III^*,I_1	**2** : 2
C2	0	0	0	-1107	14094	0	2	$+$	11,9,2	0,0,2	1,2,2	II^*,III^*,I_2	**2** : 1
D1	0	0	0	33	34	0	4	$-$	8,7,1	0,1,1	4,4,1	I_1^*,I_1^*,I_1	**2** : 2
D2	0	0	0	-147	286	0	4	$+$	10,8,2	0,2,2	2,4,2	III^*,I_2^*,I_2	**2** : 1,3,4
D3	0	0	0	-1227	-16346	0	2	$+$	11,7,4	0,1,4	1,2,4	II^*,I_1^*,I_4	**2** : 2
D4	0	0	0	-1947	33046	0	2	$+$	11,10,1	0,4,1	1,4,1	II^*,I_4^*,I_1	**2** : 2
E1	0	0	0	-18	-27	1	2	$+$	4,6,1	0,0,1	2,2,1	III,I_0^*,I_1	**2** : 2
E2	0	0	0	-63	162	1	4	$+$	8,6,2	0,0,2	4,4,2	I_1^*,I_0^*,I_2	**2** : 1,3,4
E3	0	0	0	-963	11502	1	2	$+$	10,6,1	0,0,1	2,2,1	III^*,I_0^*,I_1	**2** : 2
E4	0	0	0	117	918	1	2	$-$	10,6,4	0,0,4	2,2,2	III^*,I_0^*,I_4	**2** : 2

TABLE 1: ELLIPTIC CURVES 361A–368E

	a_1	a_2	a_3	a_4	a_6	r	$|T|$	s	$\mathrm{ord}(\Delta)$	$\mathrm{ord}_-(j)$	c_p	Kodaira	Isogenies

361 $N = 361 = 19^2$ (2 isogeny classes)

	a_1	a_2	a_3	a_4	a_6	r	$|T|$	s	$\mathrm{ord}(\Delta)$	$\mathrm{ord}_-(j)$	c_p	Kodaira	Isogenies
A1	0	0	1	-38	90	1	1	$-$	3	0	2	III	**19** : 2
A2	0	0	1	-13718	-619025	1	1	$-$	9	0	2	III*	**19** : 1
B1	0	-1	1	241	-17	0	1	$-$	7	1	2	I_1^*	**3** : 2
B2	0	-1	1	-3369	81208	0	1	$-$	9	3	2	I_3^*	**3** : 1,3
B3	0	-1	1	-277729	56427893	0	1	$-$	7	1	2	I_1^*	**3** : 2

362 $N = 362 = 2 \cdot 181$ (2 isogeny classes)

	a_1	a_2	a_3	a_4	a_6	r	$|T|$	s	$\mathrm{ord}(\Delta)$	$\mathrm{ord}_-(j)$	c_p	Kodaira	Isogenies
A1	1	1	0	-4	2	1	1	$-$	1,1	1,1	1,1	I_1,I_1	
B1	1	1	1	6	7	1	1	$-$	7,1	7,1	7,1	I_7,I_1	

363 $N = 363 = 3 \cdot 11^2$ (3 isogeny classes)

	a_1	a_2	a_3	a_4	a_6	r	$|T|$	s	$\mathrm{ord}(\Delta)$	$\mathrm{ord}_-(j)$	c_p	Kodaira	Isogenies
A1	1	1	1	-789	8130	0	4	$+$	3,7	3,1	1,4	I_3,I_1^*	**2** : 2
A2	1	1	1	-1394	-6874	0	4	$+$	6,8	6,2	2,4	I_6,I_2^*	**2** : 1,3,4
A3	1	1	1	-17729	-915100	0	2	$+$	3,10	3,4	1,4	I_3,I_4^*	**2** : 2
A4	1	1	1	5261	-46804	0	2	$-$	12,7	12,1	2,2	I_{12},I_1^*	**2** : 2
B1	0	-1	1	4	-1	0	1	$-$	3,2	3,0	1,1	I_3,II	
C1	0	-1	1	444	-826	0	1	$-$	3,8	3,0	1,1	I_3,IV^*	

364 $N = 364 = 2^2 \cdot 7 \cdot 13$ (2 isogeny classes)

	a_1	a_2	a_3	a_4	a_6	r	$|T|$	s	$\mathrm{ord}(\Delta)$	$\mathrm{ord}_-(j)$	c_p	Kodaira	Isogenies
A1	0	0	0	-584	5444	1	1	$-$	8,5,1	0,5,1	3,5,1	IV^*,I_5,I_1	
B1	0	1	0	-5	7	1	1	$-$	8,1,1	0,1,1	3,1,1	IV^*,I_1,I_1	

366 $N = 366 = 2 \cdot 3 \cdot 61$ (7 isogeny classes)

	a_1	a_2	a_3	a_4	a_6	r	$|T|$	s	$\mathrm{ord}(\Delta)$	$\mathrm{ord}_-(j)$	c_p	Kodaira	Isogenies
A1	1	0	0	-205	-1147	0	1	$-$	2,2,1	2,2,1	2,2,1	I_2,I_2,I_1	
B1	1	0	0	-5	33	0	5	$-$	5,5,1	5,5,1	5,5,1	I_5,I_5,I_1	**5** : 2
B2	1	0	0	-515	-5697	0	1	$-$	1,1,5	1,1,5	1,1,5	I_1,I_1,I_5	**5** : 1
C1	1	0	1	-913	-10780	0	1	$-$	19,3,1	19,3,1	1,3,1	I_{19},I_3,I_1	
D1	1	1	1	-7096	-233095	0	1	$-$	7,13,1	7,13,1	7,1,1	I_7,I_{13},I_1	
E1	1	1	0	-1	-11	0	2	$-$	8,1,1	8,1,1	2,1,1	I_8,I_1,I_1	**2** : 2
E2	1	1	0	-81	-315	0	4	$+$	4,2,2	4,2,2	2,2,2	I_4,I_2,I_2	**2** : 1,3,4
E3	1	1	0	-1301	-18615	0	2	$+$	2,4,1	2,4,1	2,2,1	I_2,I_4,I_1	**2** : 2
E4	1	1	0	-141	129	0	4	$+$	2,1,4	2,1,4	2,1,4	I_2,I_1,I_4	**2** : 2
F1	1	0	1	-5	20	1	3	$-$	2,6,1	2,6,1	2,6,1	I_2,I_6,I_1	**3** : 2
F2	1	0	1	40	-538	1	1	$-$	6,2,3	6,2,3	2,2,3	I_6,I_2,I_3	**3** : 1
G1	1	1	1	-32	65	1	1	$-$	10,2,1	10,2,1	10,2,1	I_{10},I_2,I_1	

368 $N = 368 = 2^4 \cdot 23$ (7 isogeny classes)

	a_1	a_2	a_3	a_4	a_6	r	$|T|$	s	$\mathrm{ord}(\Delta)$	$\mathrm{ord}_-(j)$	c_p	Kodaira	Isogenies
A1	0	0	0	5	-6	1	2	$-$	10,1	0,1	4,1	I_2^*,I_1	**2** : 2
A2	0	0	0	-35	-62	1	2	$+$	11,2	0,2	4,2	I_3^*,I_2	**2** : 1
B1	0	0	0	-163	930	0	2	$-$	22,1	10,1	4,1	I_{14}^*,I_1	**2** : 2
B2	0	0	0	-2723	54690	0	2	$+$	17,2	5,2	2,2	I_9^*,I_2	**2** : 1
C1	0	1	0	-4	-5	0	1	$-$	4,1	0,1	1,1	II,I_1	
D1	0	1	0	0	-1	1	1	$-$	4,1	0,1	1,1	II,I_1	
E1	0	-1	0	2	-1	1	1	$-$	4,1	0,1	1,1	II,I_1	**3** : 2
E2	0	-1	0	-18	43	1	1	$-$	4,3	0,3	1,3	II,I_3	**3** : 1

	a_1	a_2	a_3	a_4	a_6	r	$|T|$	s	ord(Δ)	ord$_-(j)$	c_p	Kodaira	Isogenies

368
$N = 368 = 2^4 \cdot 23$ (continued)

	a_1	a_2	a_3	a_4	a_6	r	$|T|$	s	ord(Δ)	ord$_-(j)$	c_p	Kodaira	Isogenies
F1	0	0	0	-1	-1	0	1	$-$	4,1	0,1	1,1	II,I$_1$	
G1	0	0	0	-55	157	1	1	$-$	4,1	0,1	1,1	II,I$_1$	

369
$N = 369 = 3^2 \cdot 41$ (2 isogeny classes)

	a_1	a_2	a_3	a_4	a_6	r	$|T|$	s	ord(Δ)	ord$_-(j)$	c_p	Kodaira	Isogenies
A1	0	0	1	6	13	1	1	$-$	7,1	1,1	2,1	I$_1^*$,I$_1$	
B1	0	0	1	-93	-369	0	1	$-$	11,1	5,1	4,1	I$_5^*$,I$_1$	**5** : 2
B2	0	0	1	177	24201	0	1	$-$	7,5	1,5	4,1	I$_1^*$,I$_5$	**5** : 1

370
$N = 370 = 2 \cdot 5 \cdot 37$ (4 isogeny classes)

	a_1	a_2	a_3	a_4	a_6	r	$|T|$	s	ord(Δ)	ord$_-(j)$	c_p	Kodaira	Isogenies
A1	1	-1	0	-5	5	1	2	$+$	4,1,1	4,1,1	2,1,1	I$_4$,I$_1$,I$_1$	**2** : 2
A2	1	-1	0	-25	-39	1	4	$+$	2,2,2	2,2,2	2,2,2	I$_2$,I$_2$,I$_2$	**2** : 1,3,4
A3	1	-1	0	-395	-2925	1	2	$+$	1,4,1	1,4,1	1,2,1	I$_1$,I$_4$,I$_1$	**2** : 2
A4	1	-1	0	25	-209	1	2	$-$	1,1,4	1,1,4	1,1,2	I$_1$,I$_1$,I$_4$	**2** : 2
B1	1	1	0	13	-19	0	1	$-$	11,1,1	11,1,1	1,1,1	I$_{11}$,I$_1$,I$_1$	
C1	1	0	1	-19	342	0	3	$-$	3,3,3	3,3,3	1,1,3	I$_3$,I$_3$,I$_3$	**3** : 2,3
C2	1	0	1	166	-9204	0	1	$-$	9,9,1	9,9,1	1,1,1	I$_9$,I$_9$,I$_1$	**3** : 1
C3	1	0	1	-54	146	0	3	$-$	1,1,1	1,1,1	1,1,1	I$_1$,I$_1$,I$_1$	**3** : 1
D1	1	0	0	-75	-143	0	6	$+$	12,3,1	12,3,1	12,3,1	I$_{12}$,I$_3$,I$_1$	**2** : 2; **3** : 3
D2	1	0	0	245	-975	0	6	$-$	6,6,2	6,6,2	6,6,2	I$_6$,I$_6$,I$_2$	**2** : 1; **3** : 4
D3	1	0	0	-5275	-147903	0	2	$+$	4,1,3	4,1,3	4,1,3	I$_4$,I$_1$,I$_3$	**2** : 4; **3** : 1
D4	1	0	0	-5255	-149075	0	2	$-$	2,2,6	2,2,6	2,2,6	I$_2$,I$_2$,I$_6$	**2** : 3; **3** : 2

371
$N = 371 = 7 \cdot 53$ (2 isogeny classes)

	a_1	a_2	a_3	a_4	a_6	r	$|T|$	s	ord(Δ)	ord$_-(j)$	c_p	Kodaira	Isogenies
A1	1	1	0	-35	-98	1	1	$-$	4,1	4,1	2,1	I$_4$,I$_1$	
B1	0	0	1	-31	-67	0	1	$-$	3,1	3,1	3,1	I$_3$,I$_1$	

372
$N = 372 = 2^2 \cdot 3 \cdot 31$ (4 isogeny classes)

	a_1	a_2	a_3	a_4	a_6	r	$|T|$	s	ord(Δ)	ord$_-(j)$	c_p	Kodaira	Isogenies
A1	0	-1	0	-6	9	1	1	$-$	4,2,1	0,2,1	3,2,1	IV,I$_2$,I$_1$	
B1	0	1	0	-9	12	0	2	$-$	4,1,2	0,1,2	1,1,2	IV,I$_1$,I$_2$	**2** : 2
B2	0	1	0	-164	756	0	2	$+$	8,2,1	0,2,1	1,2,1	IV*,I$_2$,I$_1$	**2** : 1
C1	0	1	0	-3054	-69327	0	3	$-$	4,18,1	0,18,1	3,18,1	IV,I$_{18}$,I$_1$	**3** : 2
C2	0	1	0	-250914	-48460347	0	1	$-$	4,6,3	0,6,3	1,6,3	IV,I$_6$,I$_3$	**3** : 1
D1	0	1	0	-2	9	1	1	$-$	4,4,1	0,4,1	3,4,1	IV,I$_4$,I$_1$	

373
$N = 373 = 373$ (1 isogeny class)

	a_1	a_2	a_3	a_4	a_6	r	$|T|$	s	ord(Δ)	ord$_-(j)$	c_p	Kodaira	Isogenies
A1	0	1	1	-2	-2	1	1	$+$	1	1	1	I$_1$	

374
$N = 374 = 2 \cdot 11 \cdot 17$ (1 isogeny class)

	a_1	a_2	a_3	a_4	a_6	r	$|T|$	s	ord(Δ)	ord$_-(j)$	c_p	Kodaira	Isogenies
A1	1	-1	0	-32	0	1	2	$+$	10,2,1	10,2,1	2,2,1	I$_{10}$,I$_2$,I$_1$	**2** : 2
A2	1	-1	0	128	-96	1	2	$-$	5,4,2	5,4,2	1,2,2	I$_5$,I$_4$,I$_2$	**2** : 1

377
$N = 377 = 13 \cdot 29$ (1 isogeny class)

	a_1	a_2	a_3	a_4	a_6	r	$|T|$	s	ord(Δ)	ord$_-(j)$	c_p	Kodaira	Isogenies
A1	1	-1	0	-8	11	1	2	$+$	1,1	1,1	1,1	I$_1$,I$_1$	**2** : 2
A2	1	-1	0	-13	0	1	4	$+$	2,2	2,2	2,2	I$_2$,I$_2$	**2** : 1,3,4
A3	1	-1	0	-158	-725	1	2	$+$	4,1	4,1	4,1	I$_4$,I$_1$	**2** : 2
A4	1	-1	0	52	-39	1	4	$-$	1,4	1,4	1,4	I$_1$,I$_4$	**2** : 2

TABLE 1: ELLIPTIC CURVES 378A–384H

	a_1	a_2	a_3	a_4	a_6	r	$|T|$	s	ord(Δ)	ord$_-(j)$	c_p	Kodaira	Isogenies
378				$N = 378 = 2 \cdot 3^3 \cdot 7$				(8 isogeny classes)					**378**
A1	1	−1	1	10	5	0	3	−	9,3,1	9,0,1	9,1,1	I_9,II,I_1	**3** : 2
A2	1	−1	1	−110	−539	0	3	−	3,9,3	3,0,3	3,3,3	I_3,IV^*,I_3	**3** : 1,3
A3	1	−1	1	−9560	−357371	0	1	−	1,11,1	1,0,1	1,1,1	I_1,II^*,I_1	**3** : 2
B1	1	−1	0	−12	24	0	3	−	3,3,3	3,0,3	1,1,3	I_3,II,I_3	**3** : 2,3
B2	1	−1	0	93	−235	0	1	−	9,9,1	9,0,1	1,1,1	I_9,IV^*,I_1	**3** : 1
B3	1	−1	0	−1062	13590	0	3	−	1,5,1	1,0,1	1,3,1	I_1,IV,I_1	**3** : 1
C1	1	−1	1	−2	−107	0	1	−	2,11,1	2,0,1	2,1,1	I_2,II^*,I_1	
D1	1	−1	0	0	4	1	1	−	2,5,1	2,0,1	2,3,1	I_2,IV,I_1	
E1	1	−1	1	−11	−37	0	3	−	6,3,3	6,0,3	6,1,3	I_6,II,I_3	**3** : 2,3
E2	1	−1	1	−1271	−17117	0	1	−	2,9,1	2,0,1	2,3,1	I_2,IV^*,I_1	**3** : 1
E3	1	−1	1	94	929	0	3	−	18,5,1	18,0,1	18,1,1	I_{18},IV,I_1	**3** : 1
F1	1	−1	0	−141	681	1	3	−	2,3,1	2,0,1	2,1,1	I_2,II,I_1	**3** : 2
F2	1	−1	0	−96	1088	1	3	−	6,9,3	6,0,3	2,3,3	I_6,IV^*,I_3	**3** : 1,3
F3	1	−1	0	849	−25939	1	1	−	18,11,1	18,0,1	2,1,1	I_{18},II^*,I_1	**3** : 2
G1	1	−1	1	3967	38449	0	1	−	5,11,7	5,0,7	5,1,1	I_5,II^*,I_7	
H1	1	−1	0	441	−1571	0	1	−	5,5,7	5,0,7	1,1,1	I_5,IV,I_7	
380				$N = 380 = 2^2 \cdot 5 \cdot 19$				(2 isogeny classes)					**380**
A1	0	0	0	−8	−3	1	2	+	4,1,2	0,1,2	1,1,2	IV,I_1,I_2	**2** : 2
A2	0	0	0	−103	−402	1	2	+	8,2,1	0,2,1	1,2,1	IV^*,I_2,I_1	**2** : 1
B1	0	−1	0	−921	10346	0	2	+	4,5,4	0,5,4	3,1,2	IV,I_5,I_4	**2** : 2
B2	0	−1	0	884	44280	0	2	−	8,10,2	0,10,2	3,2,2	IV^*,I_{10},I_2	**2** : 1
381				$N = 381 = 3 \cdot 127$				(2 isogeny classes)					**381**
A1	0	1	1	−11	−16	1	1	+	5,1	5,1	5,1	I_5,I_1	
B1	0	1	1	−4	−5	0	1	+	1,1	1,1	1,1	I_1,I_1	
384				$N = 384 = 2^7 \cdot 3$				(8 isogeny classes)					**384**
A1	0	1	0	−3	−3	0	2	+	8,1	0,1	2,1	III,I_1	**2** : 2
A2	0	1	0	7	−9	0	2	−	13,2	0,2	2,2	I_2^*,I_2	**2** : 1
B1	0	−1	0	2	−2	0	2	−	7,2	0,2	1,2	II,I_2	**2** : 2
B2	0	−1	0	−13	−11	0	2	+	14,1	0,1	2,1	III^*,I_1	**2** : 1
C1	0	1	0	2	2	0	2	−	7,2	0,2	1,2	II,I_2	**2** : 2
C2	0	1	0	−13	11	0	2	+	14,1	0,1	2,1	III^*,I_1	**2** : 1
D1	0	−1	0	−3	3	1	2	+	8,1	0,1	2,1	III,I_1	**2** : 2
D2	0	−1	0	7	9	1	2	−	13,2	0,2	4,2	I_2^*,I_2	**2** : 1
E1	0	1	0	−6	−18	0	2	−	7,6	0,6	1,6	II,I_6	**2** : 2
E2	0	1	0	−141	−693	0	2	+	14,3	0,3	2,3	III^*,I_3	**2** : 1
F1	0	−1	0	−6	18	0	2	−	7,6	0,6	1,2	II,I_6	**2** : 2
F2	0	−1	0	−141	693	0	2	+	14,3	0,3	2,1	III^*,I_3	**2** : 1
G1	0	−1	0	−35	−69	0	2	+	8,3	0,3	2,1	III,I_3	**2** : 2
G2	0	−1	0	−25	−119	0	2	−	13,6	0,6	2,2	I_2^*,I_6	**2** : 1
H1	0	1	0	−35	69	1	2	+	8,3	0,3	2,3	III,I_3	**2** : 2
H2	0	1	0	−25	119	1	2	−	13,6	0,6	4,6	I_2^*,I_6	**2** : 1

TABLE 1: ELLIPTIC CURVES 385A–390F

	$a_1\ a_2\ a_3$	a_4	a_6	r	$|T|$	s	$\mathrm{ord}(\Delta)$	$\mathrm{ord}_-(j)$	c_p	Kodaira	Isogenies

385 $N = 385 = 5 \cdot 7 \cdot 11$ (2 isogeny classes)

	$a_1\ a_2\ a_3$	a_4	a_6	r	$|T|$	s	$\mathrm{ord}(\Delta)$	$\mathrm{ord}_-(j)$	c_p	Kodaira	Isogenies
A1	1 −1 1	−37	124	1	4	−	2,1,4	2,1,4	2,1,4	I_2,I_1,I_4	2 : 2
A2	1 −1 1	−642	6416	1	4	+	4,2,2	4,2,2	4,2,2	I_4,I_2,I_2	2 : 1,3,4
A3	1 −1 1	−697	5294	1	2	+	8,4,1	8,4,1	8,2,1	I_8,I_4,I_1	2 : 2
A4	1 −1 1	−10267	402966	1	2	+	2,1,1	2,1,1	2,1,1	I_2,I_1,I_1	2 : 2
B1	1 0 0	0	7	1	2	−	2,1,2	2,1,2	2,1,2	I_2,I_1,I_2	2 : 2
B2	1 0 0	−55	150	1	2	+	4,2,1	4,2,1	4,2,1	I_4,I_2,I_1	2 : 1

387 $N = 387 = 3^2 \cdot 43$ (5 isogeny classes)

	$a_1\ a_2\ a_3$	a_4	a_6	r	$|T|$	s	$\mathrm{ord}(\Delta)$	$\mathrm{ord}_-(j)$	c_p	Kodaira	Isogenies
A1	0 0 1	−174	−887	0	1	−	10,1	4,1	2,1	I_4^*,I_1	
B1	1 −1 0	−15	−46	1	1	−	9,1	0,1	2,1	III^*,I_1	
C1	1 −1 1	−2	2	1	1	−	3,1	0,1	2,1	III,I_1	
D1	1 −1 1	−221	1316	0	4	+	9,1	3,1	4,1	I_3^*,I_1	2 : 2
D2	1 −1 1	−266	776	0	4	+	12,2	6,2	4,2	I_6^*,I_2	2 : 1,3,4
D3	1 −1 1	−2201	−38698	0	2	+	18,1	12,1	4,1	I_{12}^*,I_1	2 : 2
D4	1 −1 1	949	5150	0	2	−	9,4	3,4	2,2	I_3^*,I_4	2 : 2
E1	0 0 1	−3	−9	0	1	−	6,1	0,1	2,1	I_0^*,I_1	

389 $N = 389 = 389$ (1 isogeny class)

	$a_1\ a_2\ a_3$	a_4	a_6	r	$|T|$	s	$\mathrm{ord}(\Delta)$	$\mathrm{ord}_-(j)$	c_p	Kodaira	Isogenies
A1	0 1 1	−2	0	2	1	+	1	1	1	I_1	

390 $N = 390 = 2 \cdot 3 \cdot 5 \cdot 13$ (7 isogeny classes)

	$a_1\ a_2\ a_3$	a_4	a_6	r	$|T|$	s	$\mathrm{ord}(\Delta)$	$\mathrm{ord}_-(j)$	c_p	Kodaira	Isogenies
A1	1 1 0	−13	13	1	2	+	4,2,1,1	4,2,1,1	2,2,1,1	I_4,I_2,I_1,I_1	2 : 2
A2	1 1 0	−33	−63	1	4	+	2,4,2,2	2,4,2,2	2,2,2,2	I_2,I_4,I_2,I_2	2 : 1,3,4
A3	1 1 0	−483	−4293	1	2	+	1,2,1,4	1,2,1,4	1,2,1,2	I_1,I_2,I_1,I_4	2 : 2
A4	1 1 0	97	−297	1	2	−	1,8,4,1	1,8,4,1	1,2,2,1	I_1,I_8,I_4,I_1	2 : 2
B1	1 1 1	15	15	0	4	−	8,1,2,1	8,1,2,1	8,1,2,1	I_8,I_1,I_2,I_1	2 : 2
B2	1 1 1	−65	47	0	8	+	4,2,4,2	4,2,4,2	4,2,4,2	I_4,I_2,I_4,I_2	2 : 1,3,4
B3	1 1 1	−565	−5353	0	4	+	2,4,2,4	2,4,2,4	2,2,2,4	I_2,I_4,I_2,I_4	2 : 2,5,6
B4	1 1 1	−845	9095	0	4	+	2,1,8,1	2,1,8,1	2,1,8,1	I_2,I_1,I_8,I_1	2 : 2
B5	1 1 1	−9015	−333213	0	2	+	1,8,1,2	1,8,1,2	1,2,1,2	I_1,I_8,I_1,I_2	2 : 3
B6	1 1 1	−115	−13093	0	2	−	1,2,1,8	1,2,1,8	1,2,1,8	I_1,I_2,I_1,I_8	2 : 3
C1	1 0 0	−6	36	0	6	−	6,3,2,1	6,3,2,1	6,3,2,1	I_6,I_3,I_2,I_1	2 : 2; 3 : 3
C2	1 0 0	−206	1116	0	6	+	3,6,1,2	3,6,1,2	3,6,1,2	I_3,I_6,I_1,I_2	2 : 1; 3 : 4
C3	1 0 0	54	−960	0	2	−	2,1,6,3	2,1,6,3	2,1,2,3	I_2,I_1,I_6,I_3	2 : 4; 3 : 1
C4	1 0 0	−1196	−15210	0	2	+	1,2,3,6	1,2,3,6	1,2,1,6	I_1,I_2,I_3,I_6	2 : 3; 3 : 2
D1	1 0 1	3997	3998	0	6	−	10,9,6,1	10,9,6,1	2,9,6,1	I_{10},I_9,I_6,I_1	2 : 2; 3 : 3
D2	1 0 1	−16003	27998	0	6	+	5,18,3,2	5,18,3,2	1,18,3,2	I_5,I_{18},I_3,I_2	2 : 1; 3 : 4
D3	1 0 1	−53378	−5124652	0	2	−	30,3,2,3	30,3,2,3	2,3,2,3	I_{30},I_3,I_2,I_3	2 : 4; 3 : 1
D4	1 0 1	−872578	−313799212	0	2	+	15,6,1,6	15,6,1,6	1,6,1,6	I_{15},I_6,I_1,I_6	2 : 3; 3 : 2
E1	1 1 1	4	−7	0	2	−	2,3,2,1	2,3,2,1	2,1,2,1	I_2,I_3,I_2,I_1	2 : 2
E2	1 1 1	−46	−127	0	2	+	1,6,1,2	1,6,1,2	1,2,1,2	I_1,I_6,I_1,I_2	2 : 1
F1	1 1 0	−52	−176	0	2	−	10,1,2,1	10,1,2,1	2,1,2,1	I_{10},I_1,I_2,I_1	2 : 2
F2	1 1 0	−852	−9936	0	2	+	5,2,1,2	5,2,1,2	1,2,1,2	I_5,I_2,I_1,I_2	2 : 1

TABLE 1: ELLIPTIC CURVES 390G–399C

	a_1	a_2	a_3	a_4	a_6	r	$\|T\|$	s	ord(Δ)	ord$_-(j)$	c_p	Kodaira	Isogenies

390 $N = 390 = 2 \cdot 3 \cdot 5 \cdot 13$ (continued)

	a_1	a_2	a_3	a_4	a_6	r	$\|T\|$	s	ord(Δ)	ord$_-(j)$	c_p	Kodaira	Isogenies
G1	1	0	1	-289	3092	0	2	$-$	20,1,1,2	20,1,1,2	2,1,1,2	I_{20},I_1,I_1,I_2	2 : 2
G2	1	0	1	-5409	152596	0	4	$+$	10,2,2,4	10,2,2,4	2,2,2,2	I_{10},I_2,I_2,I_4	2 : 1,3,4
G3	1	0	1	-6209	104276	0	2	$+$	5,4,1,8	5,4,1,8	1,4,1,2	I_5,I_4,I_1,I_8	2 : 2
G4	1	0	1	-86529	9789652	0	2	$+$	5,1,4,2	5,1,4,2	1,1,2,2	I_5,I_1,I_4,I_2	2 : 2

392 $N = 392 = 2^3 \cdot 7^2$ (6 isogeny classes)

	a_1	a_2	a_3	a_4	a_6	r	$\|T\|$	s	ord(Δ)	ord$_-(j)$	c_p	Kodaira	Isogenies
A1	0	0	0	49	-686	1	4	$-$	8,7	0,1	4,4	I_1^*,I_1^*	2 : 2
A2	0	0	0	-931	-10290	1	4	$+$	10,8	0,2	2,4	III^*,I_2^*	2 : 1,3,4
A3	0	0	0	-14651	-682570	1	2	$+$	11,7	0,1	1,2	II^*,I_1^*	2 : 2
A4	0	0	0	-2891	47334	1	2	$+$	11,10	0,4	1,4	II^*,I_4^*	2 : 2
B1	0	1	0	-800	-8359	0	1	$+$	4,10	0,0	2,1	III,II^*	
C1	0	-1	0	-16	29	1	1	$+$	4,4	0,0	2,3	III,IV	
D1	0	1	0	-16	1392	0	2	$-$	10,7	0,1	2,2	III^*,I_1^*	2 : 2
D2	0	1	0	-1976	32752	0	2	$+$	11,8	0,2	1,4	II^*,I_2^*	2 : 1
E1	0	0	0	-343	-2401	0	1	$+$	4,8	0,0	2,1	III,IV^*	
F1	0	0	0	-7	7	1	1	$+$	4,2	0,0	2,1	III,II	

395 $N = 395 = 5 \cdot 79$ (3 isogeny classes)

	a_1	a_2	a_3	a_4	a_6	r	$\|T\|$	s	ord(Δ)	ord$_-(j)$	c_p	Kodaira	Isogenies
A1	1	-1	1	-7	14	0	4	$-$	4,1	4,1	4,1	I_4,I_1	2 : 2
A2	1	-1	1	-132	614	0	4	$+$	2,2	2,2	2,2	I_2,I_2	2 : 1,3,4
A3	1	-1	1	-157	384	0	2	$+$	1,4	1,4	1,2	I_1,I_4	2 : 2
A4	1	-1	1	-2107	37744	0	2	$+$	1,1	1,1	1,1	I_1,I_1	2 : 2
B1	1	1	1	-40	-128	0	2	$-$	6,1	6,1	6,1	I_6,I_1	2 : 2
B2	1	1	1	-665	-6878	0	2	$+$	3,2	3,2	3,2	I_3,I_2	2 : 1
C1	0	-1	1	-50	156	0	5	$-$	5,1	5,1	5,1	I_5,I_1	5 : 2
C2	0	-1	1	300	-5724	0	1	$-$	1,5	1,5	1,1	I_1,I_5	5 : 1

396 $N = 396 = 2^2 \cdot 3^2 \cdot 11$ (3 isogeny classes)

	a_1	a_2	a_3	a_4	a_6	r	$\|T\|$	s	ord(Δ)	ord$_-(j)$	c_p	Kodaira	Isogenies
A1	0	0	0	-696	-8215	0	2	$-$	4,16,1	0,10,1	3,4,1	IV,I_{10}^*,I_1	2 : 2
A2	0	0	0	-11631	-482794	0	2	$+$	8,11,2	0,5,2	3,2,2	IV^*,I_5^*,I_2	2 : 1
B1	0	0	0	24	25	1	2	$-$	4,8,1	0,2,1	3,4,1	IV,I_2^*,I_1	2 : 2
B2	0	0	0	-111	214	1	2	$+$	8,7,2	0,1,2	3,4,2	IV^*,I_1^*,I_2	2 : 1
C1	0	0	0	24	52	0	1	$-$	8,6,1	0,0,1	1,1,1	IV^*,I_0^*,I_1	3 : 2
C2	0	0	0	-696	7108	0	3	$-$	8,6,3	0,0,3	3,1,3	IV^*,I_0^*,I_3	3 : 1

398 $N = 398 = 2 \cdot 199$ (1 isogeny class)

	a_1	a_2	a_3	a_4	a_6	r	$\|T\|$	s	ord(Δ)	ord$_-(j)$	c_p	Kodaira	Isogenies
A1	1	1	0	-6	20	0	2	$-$	10,1	10,1	2,1	I_{10},I_1	2 : 2
A2	1	1	0	-166	756	0	2	$+$	5,2	5,2	1,2	I_5,I_2	2 : 1

399 $N = 399 = 3 \cdot 7 \cdot 19$ (3 isogeny classes)

	a_1	a_2	a_3	a_4	a_6	r	$\|T\|$	s	ord(Δ)	ord$_-(j)$	c_p	Kodaira	Isogenies
A1	1	1	0	-210	-441	1	2	$+$	5,6,1	5,6,1	1,2,1	I_5,I_6,I_1	2 : 2
A2	1	1	0	-1925	31458	1	2	$+$	10,3,2	10,3,2	2,1,2	I_{10},I_3,I_2	2 : 1
B1	1	1	1	-13	-22	1	2	$+$	3,2,1	3,2,1	1,2,1	I_3,I_2,I_1	2 : 2
B2	1	1	1	-48	90	1	2	$+$	6,1,2	6,1,2	2,1,2	I_6,I_1,I_2	2 : 1
C1	1	0	0	-431	3408	0	2	$+$	1,2,3	1,2,3	1,2,1	I_1,I_2,I_3	2 : 2
C2	1	0	0	-466	2813	0	2	$+$	2,1,6	2,1,6	2,1,2	I_2,I_1,I_6	2 : 1

TABLE 1: ELLIPTIC CURVES 400A–405B

	a_1	a_2	a_3	a_4	a_6	r	$|T|$	s	ord(Δ)	ord$_-(j)$	c_p	Kodaira	Isogenies

400 — $N = 400 = 2^4 \cdot 5^2$ (8 isogeny classes)

	a_1	a_2	a_3	a_4	a_6	r	$|T|$	s	ord(Δ)	ord$_-(j)$	c_p	Kodaira	Isogenies
A1	0	0	0	-50	-125	1	2	$+$	4, 7	0, 1	1, 4	II,I_1^*	**2** : 2
A2	0	0	0	-175	750	1	4	$+$	8, 8	0, 2	2, 4	I_0^*,I_2^*	**2** : 1, 3, 4
A3	0	0	0	-2675	53250	1	4	$+$	10, 7	0, 1	4, 4	I_2^*,I_1^*	**2** : 2
A4	0	0	0	325	4250	1	2	$-$	10, 10	0, 4	2, 4	I_2^*,I_4^*	**2** : 2
B1	0	1	0	-48	-172	0	1	$-$	17, 2	5, 0	2, 1	I_9^*,II	**3** : 2; **5** : 3
B2	0	1	0	352	1268	0	1	$-$	27, 2	15, 0	2, 1	I_{19}^*,II	**3** : 1; **5** : 4
B3	0	1	0	-208	13588	0	1	$-$	13, 10	1, 0	2, 1	I_5^*,II*	**3** : 4; **5** : 1
B4	0	1	0	-50208	4313588	0	1	$-$	15, 10	3, 0	2, 1	I_7^*,II*	**3** : 3; **5** : 2
C1	0	-1	0	-8	112	1	1	$-$	13, 4	1, 0	4, 3	I_5^*,IV	**3** : 2; **5** : 3
C2	0	-1	0	-2008	35312	1	1	$-$	15, 4	3, 0	4, 1	I_7^*,IV	**3** : 1; **5** : 4
C3	0	-1	0	-1208	-19088	1	1	$-$	17, 8	5, 0	4, 3	I_9^*,IV*	**3** : 4; **5** : 1
C4	0	-1	0	8792	140912	1	1	$-$	27, 8	15, 0	4, 1	I_{19}^*,IV*	**3** : 3; **5** : 2
D1	0	-1	0	-3	2	0	2	$+$	4, 3	0, 0	1, 2	II,III	**2** : 2
D2	0	-1	0	-28	-48	0	2	$+$	8, 3	0, 0	2, 2	I_0^*,III	**2** : 1
E1	0	1	0	-33	-62	0	2	$+$	4, 7	0, 1	1, 2	II,I_1^*	**2** : 2; **3** : 3
E2	0	1	0	92	-312	0	2	$-$	8, 8	0, 2	1, 4	I_0^*,I_2^*	**2** : 1; **3** : 4
E3	0	1	0	-1033	12438	0	2	$+$	4, 9	0, 3	1, 2	II,I_3^*	**2** : 4; **3** : 1
E4	0	1	0	-908	15688	0	2	$-$	8, 12	0, 6	1, 4	I_0^*,I_6^*	**2** : 3; **3** : 2
F1	0	1	0	-83	88	0	2	$+$	4, 9	0, 0	1, 2	II,III*	**2** : 2
F2	0	1	0	-708	-7412	0	2	$+$	8, 9	0, 0	2, 2	I_0^*,III*	**2** : 1
G1	0	0	0	125	1250	0	1	$-$	11, 8	0, 0	2, 1	I_3^*,IV*	
H1	0	0	0	5	10	1	1	$-$	11, 2	0, 0	4, 1	I_3^*,II	

402 — $N = 402 = 2 \cdot 3 \cdot 67$ (4 isogeny classes)

	a_1	a_2	a_3	a_4	a_6	r	$|T|$	s	ord(Δ)	ord$_-(j)$	c_p	Kodaira	Isogenies
A1	1	1	0	-2	-12	1	1	$-$	8, 1, 1	8, 1, 1	2, 1, 1	I_8,I_1,I_1	
B1	1	0	1	-10	-4	0	2	$+$	8, 1, 1	8, 1, 1	2, 1, 1	I_8,I_1,I_1	**2** : 2
B2	1	0	1	-90	316	0	4	$+$	4, 2, 2	4, 2, 2	2, 2, 2	I_4,I_2,I_2	**2** : 1, 3, 4
B3	1	0	1	-1430	20684	0	4	$+$	2, 4, 1	2, 4, 1	2, 4, 1	I_2,I_4,I_1	**2** : 2
B4	1	0	1	-30	748	0	2	$-$	2, 1, 4	2, 1, 4	2, 1, 2	I_2,I_1,I_4	**2** : 2
C1	1	1	1	-37	71	0	2	$+$	2, 3, 1	2, 3, 1	2, 1, 1	I_2,I_3,I_1	**2** : 2
C2	1	1	1	-27	123	0	2	$-$	1, 6, 2	1, 6, 2	1, 2, 2	I_1,I_6,I_2	**2** : 1
D1	1	0	1	-145	692	1	3	$-$	4, 9, 1	4, 9, 1	2, 9, 1	I_4,I_9,I_1	**3** : 2
D2	1	0	1	800	1070	1	3	$-$	12, 3, 3	12, 3, 3	2, 3, 3	I_{12},I_3,I_3	**3** : 1, 3
D3	1	0	1	-10255	-438718	1	1	$-$	36, 1, 1	36, 1, 1	2, 1, 1	I_{36},I_1,I_1	**3** : 2

404 — $N = 404 = 2^2 \cdot 101$ (2 isogeny classes)

	a_1	a_2	a_3	a_4	a_6	r	$|T|$	s	ord(Δ)	ord$_-(j)$	c_p	Kodaira	Isogenies
A1	0	0	0	-8	4	1	1	$+$	8, 1	0, 1	3, 1	IV*,I_1	
B1	0	1	0	-69	199	0	3	$+$	8, 1	0, 1	3, 1	IV*,I_1	**3** : 2
B2	0	1	0	-229	-1161	0	1	$+$	8, 3	0, 3	1, 1	IV*,I_3	**3** : 1

405 — $N = 405 = 3^4 \cdot 5$ (6 isogeny classes)

	a_1	a_2	a_3	a_4	a_6	r	$|T|$	s	ord(Δ)	ord$_-(j)$	c_p	Kodaira	Isogenies
A1	0	0	1	-12	15	0	3	$+$	4, 3	0, 3	1, 3	II,I_3	**3** : 2
A2	0	0	1	-162	-790	0	1	$+$	12, 1	0, 1	1, 1	II*,I_1	**3** : 1
B1	0	0	1	-18	29	1	3	$+$	6, 1	0, 1	3, 1	IV,I_1	**3** : 2
B2	0	0	1	-108	-412	1	1	$+$	10, 3	0, 3	3, 1	IV*,I_3	**3** : 1

TABLE 1: ELLIPTIC CURVES 405C–414A

	a_1	a_2	a_3	a_4	a_6	r	$\lvert T\rvert$	s	$\text{ord}(\Delta)$	$\text{ord}_-(j)$	c_p	Kodaira	Isogenies

405 $N = 405 = 3^4 \cdot 5$ (continued)

	a_1	a_2	a_3	a_4	a_6	r	$\lvert T\rvert$	s	$\text{ord}(\Delta)$	$\text{ord}_-(j)$	c_p	Kodaira	Isogenies
C1	1	−1	0	0	1	1	1	−	4,1	0,1	1,1	II,I_1	**7 : 2**
C2	1	−1	0	−225	−1250	1	1	−	4,7	0,7	1,1	II,I_7	**7 : 1**
D1	1	−1	1	−2	−26	1	1	−	10,1	0,1	3,1	IV*,I_1	**7 : 2**
D2	1	−1	1	−2027	35776	1	1	−	10,7	0,7	3,7	IV*,I_7	**7 : 1**
E1	0	0	1	−27	47	0	1	+	10,1	0,1	1,1	IV*,I_1	
F1	0	0	1	−3	−2	1	1	+	4,1	0,1	1,1	II,I_1	

406 $N = 406 = 2 \cdot 7 \cdot 29$ (4 isogeny classes)

	a_1	a_2	a_3	a_4	a_6	r	$\lvert T\rvert$	s	$\text{ord}(\Delta)$	$\text{ord}_-(j)$	c_p	Kodaira	Isogenies
A1	1	−1	0	−302	2260	1	2	−	10,3,2	10,3,2	2,1,2	I_{10},I_3,I_2	**2 : 2**
A2	1	−1	0	−4942	134964	1	2	+	5,6,1	5,6,1	1,2,1	I_5,I_6,I_1	**2 : 1**
B1	1	0	1	−15	210	1	3	−	4,2,3	4,2,3	2,2,3	I_4,I_2,I_3	**3 : 2**
B2	1	0	1	130	−5648	1	1	−	12,6,1	12,6,1	2,6,1	I_{12},I_6,I_1	**3 : 1**
C1	1	1	1	−102	355	1	1	−	8,2,1	8,2,1	8,2,1	I_8,I_2,I_1	
D1	1	1	0	−2124	−60592	0	2	−	16,5,2	16,5,2	2,5,2	I_{16},I_5,I_2	**2 : 2**
D2	1	1	0	−39244	−3007920	0	2	+	8,10,1	8,10,1	2,10,1	I_8,I_{10},I_1	**2 : 1**

408 $N = 408 = 2^3 \cdot 3 \cdot 17$ (4 isogeny classes)

	a_1	a_2	a_3	a_4	a_6	r	$\lvert T\rvert$	s	$\text{ord}(\Delta)$	$\text{ord}_-(j)$	c_p	Kodaira	Isogenies
A1	0	1	0	−48	−144	0	2	+	10,2,1	0,2,1	2,2,1	III*,I_2,I_1	**2 : 2**
A2	0	1	0	−8	−336	0	2	−	11,4,2	0,4,2	1,4,2	II*,I_4,I_2	**2 : 1**
B1	0	1	0	−52	128	0	4	+	8,2,1	0,2,1	4,2,1	I_1^*,I_2,I_1	**2 : 2**
B2	0	1	0	−72	0	0	4	+	10,4,2	0,4,2	2,4,2	III*,I_4,I_2	**2 : 1,3,4**
B3	0	1	0	−752	−8160	0	2	+	11,8,1	0,8,1	1,8,1	II*,I_8,I_1	**2 : 2**
B4	0	1	0	288	288	0	2	−	11,2,4	0,2,4	1,2,4	II*,I_2,I_4	**2 : 2**
C1	0	−1	0	511	−1899	0	1	−	8,3,5	0,3,5	2,1,1	I_1^*,I_3,I_5	
D1	0	1	0	−17	51	1	1	−	8,5,1	0,5,1	4,5,1	I_1^*,I_5,I_1	

410 $N = 410 = 2 \cdot 5 \cdot 41$ (4 isogeny classes)

	a_1	a_2	a_3	a_4	a_6	r	$\lvert T\rvert$	s	$\text{ord}(\Delta)$	$\text{ord}_-(j)$	c_p	Kodaira	Isogenies
A1	1	−1	0	−14	20	1	2	+	6,2,1	6,2,1	2,2,1	I_6,I_2,I_1	**2 : 2**
A2	1	−1	0	−214	1260	1	2	+	3,1,2	3,1,2	1,1,2	I_3,I_1,I_2	**2 : 1**
B1	1	−1	1	−1387	−18501	0	4	+	24,2,1	24,2,1	24,2,1	I_{24},I_2,I_1	**2 : 2**
B2	1	−1	1	−21867	−1239109	0	4	+	12,4,2	12,4,2	12,4,2	I_{12},I_4,I_2	**2 : 1,3,4**
B3	1	−1	1	−349867	−79565509	0	2	+	6,2,1	6,2,1	6,2,1	I_6,I_2,I_1	**2 : 2**
B4	1	−1	1	−21547	−1277381	0	4	−	6,8,4	6,8,4	6,8,4	I_6,I_8,I_4	**2 : 2**
C1	1	0	1	−168	806	0	6	+	4,6,1	4,6,1	2,6,1	I_4,I_6,I_1	**2 : 2; 3 : 3**
C2	1	0	1	−2668	52806	0	6	+	2,3,2	2,3,2	2,3,2	I_2,I_3,I_2	**2 : 1; 3 : 4**
C3	1	0	1	−1543	−23094	0	2	+	12,2,3	12,2,3	2,2,1	I_{12},I_2,I_3	**2 : 4; 3 : 1**
C4	1	0	1	−3143	32586	0	2	+	6,1,6	6,1,6	2,1,2	I_6,I_1,I_6	**2 : 3; 3 : 2**
D1	1	0	0	−16	0	1	2	+	8,2,1	8,2,1	8,2,1	I_8,I_2,I_1	**2 : 2**
D2	1	0	0	64	16	1	2	−	4,4,2	4,4,2	4,2,2	I_4,I_4,I_2	**2 : 1**

414 $N = 414 = 2 \cdot 3^2 \cdot 23$ (4 isogeny classes)

	a_1	a_2	a_3	a_4	a_6	r	$\lvert T\rvert$	s	$\text{ord}(\Delta)$	$\text{ord}_-(j)$	c_p	Kodaira	Isogenies
A1	1	−1	1	−320	−2221	0	2	−	4,12,1	4,6,1	4,4,1	I_4,I_6^*,I_1	**2 : 2; 3 : 3**
A2	1	−1	1	−5180	−142189	0	2	+	2,9,2	2,3,2	2,4,2	I_2,I_3^*,I_2	**2 : 1; 3 : 4**
A3	1	−1	1	1705	−5137	0	6	−	12,8,3	12,2,3	12,4,3	I_{12},I_2^*,I_3	**2 : 4; 3 : 1**
A4	1	−1	1	−6935	−36241	0	6	+	6,7,6	6,1,6	6,4,6	I_6,I_1^*,I_6	**2 : 3; 3 : 2**

TABLE 1: ELLIPTIC CURVES 414B–423B

	a_1	a_2	a_3	a_4	a_6	r	$|T|$	s	$\mathrm{ord}(\Delta)$	$\mathrm{ord}_-(j)$	c_p	Kodaira	Isogenies
414					$N = 414 = 2 \cdot 3^2 \cdot 23$				(continued)				**414**
B1	1	−1	1	−14	−39	0	2	−	2,8,1	2,2,1	2,4,1	I_2,I_2^*,I_1	2 : 2
B2	1	−1	1	−284	−1767	0	2	+	1,7,2	1,1,2	1,4,2	I_1,I_1^*,I_2	2 : 1
C1	1	−1	0	27	−59	1	2	−	4,8,1	4,2,1	2,4,1	I_4,I_2^*,I_1	2 : 2
C2	1	−1	0	−153	−455	1	4	+	2,10,2	2,4,2	2,4,2	I_2,I_4^*,I_2	2 : 1, 3, 4
C3	1	−1	0	−2223	−39785	1	2	+	1,14,1	1,8,1	1,4,1	I_1,I_8^*,I_1	2 : 2
C4	1	−1	0	−963	11371	1	2	+	1,8,4	1,2,4	1,2,4	I_1,I_2^*,I_4	2 : 2
D1	1	−1	1	−92	415	1	2	−	10,6,1	10,0,1	10,4,1	I_{10},I_0^*,I_1	2 : 2
D2	1	−1	1	−1532	23455	1	2	+	5,6,2	5,0,2	5,2,2	I_5,I_0^*,I_2	2 : 1
415					$N = 415 = 5 \cdot 83$				(1 isogeny class)				**415**
A1	1	−1	0	−109	−412	0	1	−	4,1	4,1	4,1	I_4,I_1	
416					$N = 416 = 2^5 \cdot 13$				(2 isogeny classes)				**416**
A1	0	1	0	0	−4	0	1	−	9,1	0,1	1,1	I_0^*,I_1	
B1	0	−1	0	0	4	1	1	−	9,1	0,1	2,1	I_0^*,I_1	
417					$N = 417 = 3 \cdot 139$				(1 isogeny class)				**417**
A1	1	1	0	26	73	0	1	−	9,1	9,1	1,1	I_9,I_1	
418					$N = 418 = 2 \cdot 11 \cdot 19$				(3 isogeny classes)				**418**
A1	1	−1	1	−4	3	0	2	+	2,1,1	2,1,1	2,1,1	I_2,I_1,I_1	2 : 2
A2	1	−1	1	6	11	0	2	−	1,2,2	1,2,2	1,2,2	I_1,I_2,I_2	2 : 1
B1	1	1	1	66	−5	1	1	−	13,2,1	13,2,1	13,2,1	I_{13},I_2,I_1	
C1	1	−1	1	−6	−5	0	1	−	1,2,1	1,2,1	1,2,1	I_1,I_2,I_1	
420					$N = 420 = 2^2 \cdot 3 \cdot 5 \cdot 7$				(4 isogeny classes)				**420**
A1	0	−1	0	−4061	67590	0	2	+	4,7,10,1	0,7,10,1	3,1,2,1	IV,I_7,I_{10},I_1	2 : 2
A2	0	−1	0	11564	448840	0	2	−	8,14,5,2	0,14,5,2	3,2,1,2	IV^*,I_{14},I_5,I_2	2 : 1
B1	0	−1	0	−565	5362	0	2	+	4,5,2,1	0,5,2,1	1,1,2,1	IV,I_5,I_2,I_1	2 : 2
B2	0	−1	0	−540	5832	0	2	−	8,10,1,2	0,10,1,2	1,2,1,2	IV^*,I_{10},I_1,I_2	2 : 1
C1	0	1	0	−61	164	0	6	+	4,3,2,1	0,3,2,1	3,3,2,1	IV,I_3,I_2,I_1	2 : 2; 3 : 3
C2	0	1	0	−36	324	0	6	−	8,6,1,2	0,6,1,2	3,6,1,2	IV^*,I_6,I_1,I_2	2 : 1; 3 : 4
C3	0	1	0	−301	−1960	0	2	+	4,1,6,3	0,1,6,3	1,1,2,3	IV,I_1,I_6,I_3	2 : 4; 3 : 1
C4	0	1	0	324	−8460	0	2	−	8,2,3,6	0,2,3,6	1,2,1,6	IV^*,I_2,I_3,I_6	2 : 3; 3 : 2
D1	0	1	0	−5	0	0	2	+	4,1,2,1	0,1,2,1	1,1,2,1	IV,I_1,I_2,I_1	2 : 2
D2	0	1	0	20	20	0	2	−	8,2,1,2	0,2,1,2	1,2,1,2	IV^*,I_2,I_1,I_2	2 : 1
422					$N = 422 = 2 \cdot 211$				(1 isogeny class)				**422**
A1	1	−1	0	1	−3	1	1	−	4,1	4,1	2,1	I_4,I_1	
423					$N = 423 = 3^2 \cdot 47$				(7 isogeny classes)				**423**
A1	0	0	1	−12	4	1	1	+	7,1	1,1	4,1	I_1^*,I_1	
B1	1	−1	0	−72	355	0	2	−	12,1	6,1	4,1	I_6^*,I_1	2 : 2
B2	1	−1	0	−1287	18094	0	2	+	9,2	3,2	2,2	I_3^*,I_2	2 : 1

TABLE 1: ELLIPTIC CURVES 423C–429B

	a_1	a_2	a_3	a_4	a_6	r	$|T|$	s	$\mathrm{ord}(\Delta)$	$\mathrm{ord}_-(j)$	c_p	Kodaira	Isogenies
423					$N = 423 = 3^2 \cdot 47$			(continued)					**423**
C1	1	−1	0	−18	−81	1	2	−	10,1	4,1	4,1	I_4^*,I_1	**2** : 2
C2	1	−1	0	−423	−3240	1	4	+	8,2	2,2	4,2	I_2^*,I_2	**2** : 1,3,4
C3	1	−1	0	−6768	−212625	1	2	+	7,1	1,1	2,1	I_1^*,I_1	**2** : 2
C4	1	−1	0	−558	−891	1	4	+	7,4	1,4	4,4	I_1^*,I_4	**2** : 2
D1	0	0	1	−81	−277	0	1	+	9,1	0,1	2,1	III^*,I_1	
E1	0	0	1	−111	−171	0	1	+	13,1	7,1	2,1	I_7^*,I_1	
F1	0	0	1	−237	1404	1	1	+	7,1	1,1	2,1	I_1^*,I_1	
G1	0	0	1	−9	10	1	1	+	3,1	0,1	2,1	III,I_1	
425					$N = 425 = 5^2 \cdot 17$			(4 isogeny classes)					**425**
A1	1	−1	0	−17	16	1	2	+	6,1	0,1	2,1	I_0^*,I_1	**2** : 2
A2	1	−1	0	−142	−609	1	4	+	6,2	0,2	4,2	I_0^*,I_2	**2** : 1,3,4
A3	1	−1	0	−2267	−40984	1	2	+	6,1	0,1	2,1	I_0^*,I_1	**2** : 2
A4	1	−1	0	−17	−1734	1	2	−	6,4	0,4	4,2	I_0^*,I_4	**2** : 2
B1	1	1	0	−75	250	1	1	−	8,1	0,1	3,1	IV^*,I_1	
C1	1	0	0	−3	2	1	1	−	2,1	0,1	1,1	II,I_1	
D1	1	0	0	−213	−1208	1	2	+	8,1	2,1	2,1	I_2^*,I_1	**2** : 2
D2	1	0	0	−88	−2583	1	2	−	10,2	4,2	4,2	I_4^*,I_2	**2** : 1
426					$N = 426 = 2 \cdot 3 \cdot 71$			(3 isogeny classes)					**426**
A1	1	0	0	−20	48	0	5	−	5,5,1	5,5,1	5,5,1	I_5,I_5,I_1	**5** : 2
A2	1	0	0	−230	−5202	0	1	−	1,1,5	1,1,5	1,1,5	I_1,I_1,I_5	**5** : 1
B1	1	1	0	−286	1780	1	2	−	10,6,1	10,6,1	2,2,1	I_{10},I_6,I_1	**2** : 2
B2	1	1	0	−4606	118420	1	2	+	5,3,2	5,3,2	1,1,2	I_5,I_3,I_2	**2** : 1
C1	1	0	1	−23007	1341682	0	3	−	9,15,1	9,15,1	1,15,1	I_9,I_{15},I_1	**3** : 2
C2	1	0	1	14658	5154352	0	1	−	27,5,3	27,5,3	1,5,1	I_{27},I_5,I_3	**3** : 1
427					$N = 427 = 7 \cdot 61$			(3 isogeny classes)					**427**
A1	0	−1	1	−1	−1	0	1	−	1,1	1,1	1,1	I_1,I_1	
B1	1	0	1	−8	7	1	1	+	1,1	1,1	1,1	I_1,I_1	
C1	1	0	0	−28	−59	1	1	+	3,1	3,1	1,1	I_3,I_1	
428					$N = 428 = 2^2 \cdot 107$			(2 isogeny classes)					**428**
A1	0	1	0	−157	−812	0	1	−	4,1	0,1	3,1	IV,I_1	
B1	0	−1	0	3	−2	1	1	−	4,1	0,1	3,1	IV,I_1	
429					$N = 429 = 3 \cdot 11 \cdot 13$			(2 isogeny classes)					**429**
A1	1	1	1	2	2	1	2	−	2,1,1	2,1,1	2,1,1	I_2,I_1,I_1	**2** : 2
A2	1	1	1	−13	8	1	2	+	1,2,2	1,2,2	1,2,2	I_1,I_2,I_2	**2** : 1
B1	1	0	0	−24	63	1	4	−	8,1,1	8,1,1	8,1,1	I_8,I_1,I_1	**2** : 2
B2	1	0	0	−429	3384	1	8	+	4,2,2	4,2,2	4,2,2	I_4,I_2,I_2	**2** : 1,3,4
B3	1	0	0	−474	2619	1	4	+	2,4,4	2,4,4	2,2,4	I_2,I_4,I_4	**2** : 2,5,6
B4	1	0	0	−6864	218313	1	4	+	2,1,1	2,1,1	2,1,1	I_2,I_1,I_1	**2** : 2
B5	1	0	0	−3009	−61770	1	2	+	1,8,2	1,8,2	1,2,2	I_1,I_8,I_2	**2** : 3
B6	1	0	0	1341	18228	1	2	−	1,2,8	1,2,8	1,2,8	I_1,I_2,I_8	**2** : 3

TABLE 1: ELLIPTIC CURVES 430A–434E

	a_1	a_2	a_3	a_4	a_6	r	$|T|$	s	$\mathrm{ord}(\Delta)$	$\mathrm{ord}_-(j)$	c_p	Kodaira	Isogenies

430

$N = 430 = 2 \cdot 5 \cdot 43$ (4 isogeny classes)

	a_1	a_2	a_3	a_4	a_6	r	$|T|$	s	$\mathrm{ord}(\Delta)$	$\mathrm{ord}_-(j)$	c_p	Kodaira	Isogenies
A1	1	−1	0	−20	40	1	1	−	3,1,1	3,1,1	1,1,1	I_3,I_1,I_1	
B1	1	−1	0	16	−10	1	1	−	1,5,1	1,5,1	1,5,1	I_1,I_5,I_1	
C1	1	0	0	4	16	1	3	−	9,1,1	9,1,1	9,1,1	I_9,I_1,I_1	**3** : 2
C2	1	0	0	−36	−440	1	3	−	3,3,3	3,3,3	3,1,3	I_3,I_3,I_3	**3** : 1,3
C3	1	0	0	−5626	−162894	1	1	−	1,9,1	1,9,1	1,1,1	I_1,I_9,I_1	**3** : 2
D1	1	0	0	−1415	20617	1	1	−	15,5,1	15,5,1	15,5,1	I_{15},I_5,I_1	

431

$N = 431 = 431$ (2 isogeny classes)

	a_1	a_2	a_3	a_4	a_6	r	$|T|$	s	$\mathrm{ord}(\Delta)$	$\mathrm{ord}_-(j)$	c_p	Kodaira	Isogenies
A1	1	0	0	0	−1	1	1	−	1	1	1	I_1	
B1	1	−1	1	−9	−8	0	1	−	1	1	1	I_1	

432

$N = 432 = 2^4 \cdot 3^3$ (8 isogeny classes)

	a_1	a_2	a_3	a_4	a_6	r	$|T|$	s	$\mathrm{ord}(\Delta)$	$\mathrm{ord}_-(j)$	c_p	Kodaira	Isogenies
A1	0	0	0	0	−16	0	1	−	12,3	0,0	1,1	II^*,II	**3** : 2,3
A2	0	0	0	−480	−4048	0	1	−	12,5	0,0	1,3	II^*,IV	**3** : 1
A3	0	0	0	0	432	0	1	−	12,9	0,0	1,1	II^*,IV^*	**3** : 1,4
A4	0	0	0	−4320	109296	0	1	−	12,11	0,0	1,1	II^*,II^*	**3** : 3
B1	0	0	0	0	−4	1	1	−	8,3	0,0	2,1	I_0^*,II	**3** : 2
B2	0	0	0	0	108	1	1	−	8,9	0,0	2,3	I_0^*,IV^*	**3** : 1
C1	0	0	0	−27	−918	0	1	−	11,11	0,0	2,1	I_3^*,II^*	
D1	0	0	0	−3	34	1	1	−	11,5	0,0	4,3	I_3^*,IV	
E1	0	0	0	−51	−142	0	1	−	13,3	1,0	2,1	I_5^*,II	**3** : 2
E2	0	0	0	189	−702	0	1	−	15,9	3,0	2,1	I_7^*,IV^*	**3** : 1,3
E3	0	0	0	−1971	44658	0	1	−	21,11	9,0	2,1	I_{13}^*,II^*	**3** : 2
F1	0	0	0	21	26	1	1	−	15,3	3,0	4,1	I_7^*,II	**3** : 2,3
F2	0	0	0	−219	−1654	1	1	−	21,5	9,0	4,1	I_{13}^*,IV	**3** : 1
F3	0	0	0	−459	3834	1	1	−	13,9	1,0	4,3	I_5^*,IV^*	**3** : 1
G1	0	0	0	−108	540	0	1	−	8,11	0,0	1,1	I_0^*,II^*	
H1	0	0	0	−12	−20	0	1	−	8,5	0,0	1,1	I_0^*,IV	

433

$N = 433 = 433$ (1 isogeny class)

	a_1	a_2	a_3	a_4	a_6	r	$|T|$	s	$\mathrm{ord}(\Delta)$	$\mathrm{ord}_-(j)$	c_p	Kodaira	Isogenies
A1	1	0	0	0	1	2	1	−	1	1	1	I_1	

434

$N = 434 = 2 \cdot 7 \cdot 31$ (5 isogeny classes)

	a_1	a_2	a_3	a_4	a_6	r	$|T|$	s	$\mathrm{ord}(\Delta)$	$\mathrm{ord}_-(j)$	c_p	Kodaira	Isogenies
A1	1	−1	0	−7	−3	1	2	+	6,1,1	6,1,1	2,1,1	I_6,I_1,I_1	**2** : 2
A2	1	−1	0	−47	133	1	2	+	3,2,2	3,2,2	1,2,2	I_3,I_2,I_2	**2** : 1
B1	1	0	0	−4	16	0	3	−	9,1,1	9,1,1	9,1,1	I_9,I_1,I_1	**3** : 2
B2	1	0	0	36	−424	0	3	−	3,3,3	3,3,3	3,3,3	I_3,I_3,I_3	**3** : 1,3
B3	1	0	0	−3374	−75754	0	1	−	1,9,1	1,9,1	1,9,1	I_1,I_9,I_1	**3** : 2
C1	1	1	1	−32	61	0	2	−	2,4,1	2,4,1	2,2,1	I_2,I_4,I_1	**2** : 2
C2	1	1	1	−522	4373	0	2	+	1,2,2	1,2,2	1,2,2	I_1,I_2,I_2	**2** : 1
D1	1	0	0	21	49	1	2	−	10,2,1	10,2,1	10,2,1	I_{10},I_2,I_1	**2** : 2
D2	1	0	0	−139	465	1	2	+	5,4,2	5,4,2	5,4,2	I_5,I_4,I_2	**2** : 1
E1	1	−1	1	−2364	−43641	0	1	−	3,1,1	3,1,1	3,1,1	I_3,I_1,I_1	

TABLE 1: ELLIPTIC CURVES 435A–440B

	a_1	a_2	a_3	a_4	a_6	r	$|T|$	s	ord(Δ)	ord$_-(j)$	c_p	Kodaira	Isogenies

435 $N = 435 = 3 \cdot 5 \cdot 29$ (4 isogeny classes)

	a_1	a_2	a_3	a_4	a_6	r	$|T|$	s	ord(Δ)	ord$_-(j)$	c_p	Kodaira	Isogenies
A1	0	1	1	−11	11	0	3	−	3,1,1	3,1,1	3,1,1	I_3,I_1,I_1	**3** : 2
A2	0	1	1	49	80	0	1	−	1,3,3	1,3,3	1,1,1	I_1,I_3,I_3	**3** : 1
B1	0	−1	1	79	−1123	0	1	−	5,7,1	5,7,1	1,1,1	I_5,I_7,I_1	
C1	1	0	1	−28	53	0	2	+	2,1,1	2,1,1	2,1,1	I_2,I_1,I_1	**2** : 2
C2	1	0	1	−33	31	0	4	+	4,2,2	4,2,2	4,2,2	I_4,I_2,I_2	**2** : 1,3,4
C3	1	0	1	−258	−1589	0	2	+	2,1,4	2,1,4	2,1,4	I_2,I_1,I_4	**2** : 2
C4	1	0	1	112	263	0	4	−	8,4,1	8,4,1	8,4,1	I_8,I_4,I_1	**2** : 2
D1	1	0	0	−30	−45	0	4	+	8,1,1	8,1,1	8,1,1	I_8,I_1,I_1	**2** : 2
D2	1	0	0	−435	−3528	0	4	+	4,2,2	4,2,2	4,2,2	I_4,I_2,I_2	**2** : 1,3,4
D3	1	0	0	−6960	−224073	0	2	+	2,1,1	2,1,1	2,1,1	I_2,I_1,I_1	**2** : 2
D4	1	0	0	−390	−4275	0	4	−	2,4,4	2,4,4	2,4,4	I_2,I_4,I_4	**2** : 2

437 $N = 437 = 19 \cdot 23$ (2 isogeny classes)

	a_1	a_2	a_3	a_4	a_6	r	$|T|$	s	ord(Δ)	ord$_-(j)$	c_p	Kodaira	Isogenies
A1	0	−1	1	19	100	1	1	−	1,4	1,4	1,4	I_1,I_4	
B1	0	−1	1	0	−5	0	1	−	1,2	1,2	1,2	I_1,I_2	

438 $N = 438 = 2 \cdot 3 \cdot 73$ (7 isogeny classes)

	a_1	a_2	a_3	a_4	a_6	r	$|T|$	s	ord(Δ)	ord$_-(j)$	c_p	Kodaira	Isogenies
A1	1	0	0	−938	−9564	0	6	+	18,6,1	18,6,1	18,6,1	I_{18},I_6,I_1	**2** : 2; **3** : 3
A2	1	0	0	1622	−52060	0	6	−	9,12,2	9,12,2	9,12,2	I_9,I_{12},I_2	**2** : 1; **3** : 4
A3	1	0	0	−72938	−7587996	0	2	+	6,2,3	6,2,3	6,2,3	I_6,I_2,I_3	**2** : 4; **3** : 1
A4	1	0	0	−72898	−7596724	0	2	−	3,4,6	3,4,6	3,4,6	I_3,I_4,I_6	**2** : 3; **3** : 2
B1	1	0	0	−13	−19	0	2	+	2,2,1	2,2,1	2,2,1	I_2,I_2,I_1	**2** : 2
B2	1	0	0	−3	−45	0	2	−	1,4,2	1,4,2	1,4,2	I_1,I_4,I_2	**2** : 1
C1	1	1	0	−5	−3	1	2	+	4,2,1	4,2,1	2,2,1	I_4,I_2,I_1	**2** : 2
C2	1	1	0	−65	−231	1	2	+	2,1,2	2,1,2	2,1,2	I_2,I_1,I_2	**2** : 1
D1	1	0	1	−1946	32780	1	6	+	6,12,1	6,12,1	2,12,1	I_6,I_{12},I_1	**2** : 2; **3** : 3
D2	1	0	1	−31106	2108972	1	6	+	3,6,2	3,6,2	1,6,2	I_3,I_6,I_2	**2** : 1; **3** : 4
D3	1	0	1	−9641	−337876	1	2	+	18,4,3	18,4,3	2,4,3	I_{18},I_4,I_3	**2** : 4; **3** : 1
D4	1	0	1	−32681	1883180	1	2	+	9,2,6	9,2,6	1,2,6	I_9,I_2,I_6	**2** : 3; **3** : 2
E1	1	0	1	−130	−556	0	2	+	14,2,1	14,2,1	2,2,1	I_{14},I_2,I_1	**2** : 2
E2	1	0	1	−2050	−35884	0	2	+	7,1,2	7,1,2	1,1,2	I_7,I_1,I_2	**2** : 1
F1	1	1	1	−19	17	1	4	+	8,2,1	8,2,1	8,2,1	I_8,I_2,I_1	**2** : 2
F2	1	1	1	−99	−399	1	4	+	4,4,2	4,4,2	4,2,2	I_4,I_4,I_2	**2** : 1,3,4
F3	1	1	1	−1559	−24343	1	2	+	2,8,1	2,8,1	2,2,1	I_2,I_8,I_1	**2** : 2
F4	1	1	1	81	−1479	1	4	−	2,2,4	2,2,4	2,2,4	I_2,I_2,I_4	**2** : 2
G1	1	0	1	−8	2	1	2	+	2,4,1	2,4,1	2,4,1	I_2,I_4,I_1	**2** : 2
G2	1	0	1	−98	362	1	2	+	1,2,2	1,2,2	1,2,2	I_1,I_2,I_2	**2** : 1

440 $N = 440 = 2^3 \cdot 5 \cdot 11$ (4 isogeny classes)

	a_1	a_2	a_3	a_4	a_6	r	$|T|$	s	ord(Δ)	ord$_-(j)$	c_p	Kodaira	Isogenies
A1	0	0	0	−38	−87	1	2	+	4,3,2	0,3,2	2,1,2	III,I_3,I_2	**2** : 2
A2	0	0	0	17	−318	1	2	−	8,6,1	0,6,1	2,2,1	I_1^*,I_6,I_1	**2** : 1
B1	0	0	0	2	−3	1	2	−	4,2,1	0,2,1	2,2,1	III,I_2,I_1	**2** : 2
B2	0	0	0	−23	−38	1	2	+	8,1,2	0,1,2	4,1,2	I_1^*,I_1,I_2	**2** : 1

TABLE 1: ELLIPTIC CURVES 440C–443C

	a_1 a_2 a_3	a_4	a_6	r	$|T|$	s ord(Δ)	ord$_-(j)$	c_p	Kodaira	Isogenies

440

$N = 440 = 2^3 \cdot 5 \cdot 11$ (continued)

	a_1 a_2 a_3	a_4	a_6	r	$|T|$	s ord(Δ)	ord$_-(j)$	c_p	Kodaira	Isogenies
C1	0 0 0	-5042	137801	0	4	$+$ 4,3,2	0,3,2	2,3,2	III,I_3,I_2	**2** : 2
C2	0 0 0	-5047	137514	0	4	$+$ 8,6,4	0,6,4	2,6,2	I_1^*,I_6,I_4	**2** : 1,3,4
C3	0 0 0	-7547	-12986	0	2	$+$ 10,3,8	0,3,8	2,3,2	III*,I_3,I_8	**2** : 2
C4	0 0 0	-2627	269646	0	4	$-$ 10,12,2	0,12,2	2,12,2	III*,I_{12},I_2	**2** : 2
D1	0 0 0	-67	-226	0	1	$-$ 11,3,1	0,3,1	1,3,1	II*,I_3,I_1	

441

$N = 441 = 3^2 \cdot 7^2$ (6 isogeny classes)

	a_1 a_2 a_3	a_4	a_6	r	$|T|$	s ord(Δ)	ord$_-(j)$	c_p	Kodaira	Isogenies
A1	0 0 1	0	-4202	0	1	$-$ 3,10	0,0	2,1	III,II*	**3** : 2
A2	0 0 1	0	113447	0	1	$-$ 9,10	0,0	2,1	III*,II*	**3** : 1
B1	0 0 1	0	12	1	3	$-$ 3,4	0,0	2,3	III,IV	**3** : 2
B2	0 0 1	0	-331	1	1	$-$ 9,4	0,0	2,3	III*,IV	**3** : 1
C1	1 -1 0	432	-869	1	2	$-$ 8,7	2,1	2,4	I_2^*,I_1^*	**2** : 2
C2	1 -1 0	-1773	-5720	1	4	$+$ 10,8	4,2	4,4	I_4^*,I_2^*	**2** : 1,3,4
C3	1 -1 0	-21618	-1216265	1	4	$+$ 8,10	2,4	4,4	I_2^*,I_4^*	**2** : 2,5,6
C4	1 -1 0	-17208	867901	1	2	$+$ 14,7	8,1	4,2	I_8^*,I_1^*	**2** : 2
C5	1 -1 0	-345753	-78165914	1	2	$+$ 7,8	1,2	2,2	I_1^*,I_2^*	**2** : 3
C6	1 -1 0	-15003	-1979636	1	2	$-$ 7,14	1,8	4,4	I_1^*,I_8^*	**2** : 3
D1	1 -1 1	-20	46	1	2	$-$ 6,3	0,0	2,2	I_0^*,III	**2** : 2; **7** : 3
D2	1 -1 1	-335	2440	1	2	$+$ 6,3	0,0	4,2	I_0^*,III	**2** : 1; **7** : 4
D3	1 -1 1	-965	-13940	1	2	$-$ 6,9	0,0	2,2	I_0^*,III*	**2** : 4; **7** : 1
D4	1 -1 1	-16400	-804212	1	2	$+$ 6,9	0,0	4,2	I_0^*,III*	**2** : 3; **7** : 2
E1	0 0 1	-1029	-13806	0	1	$-$ 7,8	1,0	2,1	I_1^*,IV*	**13** : 2
E2	0 0 1	-402339	98307144	0	1	$-$ 19,8	13,0	2,1	I_{13}^*,IV*	**13** : 1
F1	0 0 1	-21	40	1	1	$-$ 7,2	1,0	4,1	I_1^*,II	**13** : 2
F2	0 0 1	-8211	-286610	1	1	$-$ 19,2	13,0	4,1	I_{13}^*,II	**13** : 1

442

$N = 442 = 2 \cdot 13 \cdot 17$ (5 isogeny classes)

	a_1 a_2 a_3	a_4	a_6	r	$|T|$	s ord(Δ)	ord$_-(j)$	c_p	Kodaira	Isogenies
A1	1 -1 1	-94	361	0	2	$+$ 2,2,3	2,2,3	2,2,1	I_2,I_2,I_3	**2** : 2
A2	1 -1 1	36	1193	0	2	$-$ 1,1,6	1,1,6	1,1,2	I_1,I_1,I_6	**2** : 1
B1	1 -1 1	-172	-465	1	2	$+$ 8,2,3	8,2,3	8,2,3	I_8,I_2,I_3	**2** : 2
B2	1 -1 1	-1212	16175	1	2	$+$ 4,1,6	4,1,6	4,1,6	I_4,I_1,I_6	**2** : 1
C1	1 1 0	-54	-172	0	2	$+$ 8,2,1	8,2,1	2,2,1	I_8,I_2,I_1	**2** : 2
C2	1 1 0	26	-540	0	2	$-$ 4,4,2	4,4,2	2,2,2	I_4,I_4,I_2	**2** : 1
D1	1 1 1	-9	-13	0	2	$+$ 2,2,1	2,2,1	2,2,1	I_2,I_2,I_1	**2** : 2
D2	1 1 1	-139	-689	0	2	$+$ 1,1,2	1,1,2	1,1,2	I_1,I_1,I_2	**2** : 1
E1	1 1 1	-144951	7520141	0	2	$+$ 22,4,5	22,4,5	22,2,1	I_{22},I_4,I_5	**2** : 2
E2	1 1 1	-1875511	987017101	0	2	$+$ 11,2,10	11,2,10	11,2,2	I_{11},I_2,I_{10}	**2** : 1

443

$N = 443 = 443$ (3 isogeny classes)

	a_1 a_2 a_3	a_4	a_6	r	$|T|$	s ord(Δ)	ord$_-(j)$	c_p	Kodaira	Isogenies
A1	0 1 1	1	1	1	1	$-$ 1	1	1	I_1	
B1	1 0 0	-3	-2	1	1	$+$ 1	1	1	I_1	
C1	1 0 1	-84	-301	0	1	$+$ 1	1	1	I_1	

TABLE 1: ELLIPTIC CURVES 444A–448H

	a_1	a_2	a_3	a_4	a_6	r	$|T|$	s	ord(Δ)	ord$_-(j)$	c_p	Kodaira	Isogenies

444 $N = 444 = 2^2 \cdot 3 \cdot 37$ (2 isogeny classes)

	a_1	a_2	a_3	a_4	a_6	r	$|T|$	s	ord(Δ)	ord$_-(j)$	c_p	Kodaira	Isogenies
A1	0	−1	0	−13	−14	0	2	+	4,2,1	0,2,1	1,2,1	IV,I_2,I_1	**2** : 2
A2	0	−1	0	−28	40	0	2	+	8,1,2	0,1,2	1,1,2	IV*,I_1,I_2	**2** : 1
B1	0	1	0	−9	0	1	2	+	4,4,1	0,4,1	3,4,1	IV,I_4,I_1	**2** : 2
B2	0	1	0	36	36	1	2	−	8,2,2	0,2,2	3,2,2	IV*,I_2,I_2	**2** : 1

446 $N = 446 = 2 \cdot 223$ (4 isogeny classes)

	a_1	a_2	a_3	a_4	a_6	r	$|T|$	s	ord(Δ)	ord$_-(j)$	c_p	Kodaira	Isogenies
A1	1	1	0	−30	52	1	1	+	6,1	6,1	2,1	I_6,I_1	
B1	1	1	1	−39	−35	1	1	+	14,1	14,1	14,1	I_{14},I_1	
C1	1	1	1	2	−5	0	2	−	6,1	6,1	6,1	I_6,I_1	**2** : 2
C2	1	1	1	−38	−101	0	2	+	3,2	3,2	3,2	I_3,I_2	**2** : 1
D1	1	−1	0	−4	4	2	1	+	2,1	2,1	2,1	I_2,I_1	

448 $N = 448 = 2^6 \cdot 7$ (8 isogeny classes)

	a_1	a_2	a_3	a_4	a_6	r	$|T|$	s	ord(Δ)	ord$_-(j)$	c_p	Kodaira	Isogenies
A1	0	0	0	4	16	1	2	−	14,1	0,1	4,1	I_4^*,I_1	**2** : 2
A2	0	0	0	−76	240	1	4	+	16,2	0,2	4,2	I_6^*,I_2	**2** : 1,3,4
A3	0	0	0	−236	−1104	1	2	+	17,4	0,4	4,2	I_7^*,I_4	**2** : 2
A4	0	0	0	−1196	15920	1	4	+	17,1	0,1	4,1	I_7^*,I_1	**2** : 2
B1	0	0	0	4	−16	1	2	−	14,1	0,1	4,1	I_4^*,I_1	**2** : 2
B2	0	0	0	−76	−240	1	4	+	16,2	0,2	4,2	I_6^*,I_2	**2** : 1,3,4
B3	0	0	0	−1196	−15920	1	2	+	17,1	0,1	2,1	I_7^*,I_1	**2** : 2
B4	0	0	0	−236	1104	1	4	+	17,4	0,4	4,4	I_7^*,I_4	**2** : 2
C1	0	−1	0	−33	161	0	2	−	20,1	2,1	4,1	I_{10}^*,I_1	**2** : 2; **3** : 3
C2	0	−1	0	−673	6945	0	2	+	19,2	1,2	2,2	I_9^*,I_2	**2** : 1; **3** : 4
C3	0	−1	0	287	−3231	0	2	−	24,3	6,3	4,3	I_{14}^*,I_3	**2** : 4; **3** : 1,5
C4	0	−1	0	−2273	−33439	0	2	+	21,6	3,6	2,6	I_{11}^*,I_6	**2** : 3; **3** : 2,6
C5	0	−1	0	−10913	−436447	0	2	−	36,1	18,1	4,1	I_{26}^*,I_1	**2** : 6; **3** : 3
C6	0	−1	0	−174753	−28059871	0	2	+	27,2	9,2	2,2	I_{17}^*,I_2	**2** : 5; **3** : 4
D1	0	−1	0	7	−7	0	2	−	12,1	0,1	4,1	I_2^*,I_1	**2** : 2
D2	0	−1	0	−33	−31	0	2	+	15,2	0,2	2,2	I_5^*,I_2	**2** : 1
E1	0	−1	0	−1	33	0	2	−	16,1	0,1	4,1	I_6^*,I_1	**2** : 2
E2	0	−1	0	−161	833	0	2	+	17,2	0,2	2,2	I_7^*,I_2	**2** : 1
F1	0	1	0	−33	−161	0	2	−	20,1	2,1	4,1	I_{10}^*,I_1	**2** : 2; **3** : 3
F2	0	1	0	−673	−6945	0	2	+	19,2	1,2	2,2	I_9^*,I_2	**2** : 1; **3** : 4
F3	0	1	0	287	3231	0	2	−	24,3	6,3	4,1	I_{14}^*,I_3	**2** : 4; **3** : 1,5
F4	0	1	0	−2273	33439	0	2	+	21,6	3,6	2,2	I_{11}^*,I_6	**2** : 3; **3** : 2,6
F5	0	1	0	−10913	436447	0	2	−	36,1	18,1	4,1	I_{26}^*,I_1	**2** : 6; **3** : 3
F6	0	1	0	−174753	28059871	0	2	+	27,2	9,2	2,2	I_{17}^*,I_2	**2** : 5; **3** : 4
G1	0	1	0	7	7	1	2	−	12,1	0,1	4,1	I_2^*,I_1	**2** : 2
G2	0	1	0	−33	31	1	2	+	15,2	0,2	4,2	I_5^*,I_2	**2** : 1
H1	0	1	0	−1	−33	0	2	−	16,1	0,1	4,1	I_6^*,I_1	**2** : 2
H2	0	1	0	−161	−833	0	2	+	17,2	0,2	2,2	I_7^*,I_2	**2** : 1

TABLE 1: ELLIPTIC CURVES 450A–455B

	$a_1\ a_2\ a_3$	a_4	a_6	r	$|T|$	s	$\mathrm{ord}(\Delta)$	$\mathrm{ord}_-(j)$	c_p	Kodaira	Isogenies

450 $N = 450 = 2 \cdot 3^2 \cdot 5^2$ (7 isogeny classes)

	$a_1\ a_2\ a_3$	a_4	a_6	r	$|T|$	s	$\mathrm{ord}(\Delta)$	$\mathrm{ord}_-(j)$	c_p	Kodaira	Isogenies
A1	1 −1 1	−680	9447	0	2	−	2, 7, 9	2, 1, 0	2, 2, 2	I_2, I_1^*, III^*	**2** : 2; **5** : 3
A2	1 −1 1	−11930	504447	0	2	+	1, 8, 9	1, 2, 0	1, 4, 2	I_1, I_2^*, III^*	**2** : 1; **5** : 4
A3	1 −1 1	−6305	−924303	0	2	−	10, 11, 9	10, 5, 0	10, 2, 2	I_{10}, I_5^*, III^*	**2** : 4; **5** : 1
A4	1 −1 1	−186305	−30804303	0	2	+	5, 16, 9	5, 10, 0	5, 4, 2	I_5, I_{10}^*, III^*	**2** : 3; **5** : 2
B1	1 −1 1	−5	47	0	1	−	1, 6, 4	1, 0, 0	1, 1, 1	I_1, I_0^*, IV	**3** : 2; **5** : 3
B2	1 −1 1	−1130	14897	0	3	−	3, 6, 4	3, 0, 0	3, 1, 3	I_3, I_0^*, IV	**3** : 1; **5** : 4
B3	1 −1 1	−680	−8053	0	1	−	5, 6, 8	5, 0, 0	5, 1, 1	I_5, I_0^*, IV^*	**3** : 4; **5** : 1
B4	1 −1 1	4945	59447	0	3	−	15, 6, 8	15, 0, 0	15, 1, 3	I_{15}, I_0^*, IV^*	**3** : 3; **5** : 2
C1	1 −1 0	−27	81	1	2	−	2, 7, 3	2, 1, 0	2, 4, 2	I_2, I_1^*, III	**2** : 2; **5** : 3
C2	1 −1 0	−477	4131	1	2	+	1, 8, 3	1, 2, 0	1, 4, 2	I_1, I_2^*, III	**2** : 1; **5** : 4
C3	1 −1 0	−252	−7344	1	2	−	10, 11, 3	10, 5, 0	2, 4, 2	I_{10}, I_5^*, III	**2** : 4; **5** : 1
C4	1 −1 0	−7452	−244944	1	2	+	5, 16, 3	5, 10, 0	1, 4, 2	I_5, I_{10}^*, III	**2** : 3; **5** : 2
D1	1 −1 0	−27	−59	0	1	−	5, 6, 2	5, 0, 0	1, 1, 1	I_5, I_0^*, II	**3** : 2; **5** : 3
D2	1 −1 0	198	436	0	1	−	15, 6, 2	15, 0, 0	1, 1, 1	I_{15}, I_0^*, II	**3** : 1; **5** : 4
D3	1 −1 0	−117	5791	0	1	−	1, 6, 10	1, 0, 0	1, 1, 1	I_1, I_0^*, II^*	**3** : 4; **5** : 1
D4	1 −1 0	−28242	1833916	0	1	−	3, 6, 10	3, 0, 0	1, 1, 1	I_3, I_0^*, II^*	**3** : 3; **5** : 2
E1	1 −1 1	145	147	0	2	−	2, 3, 9	2, 0, 3	2, 2, 2	I_2, III, I_3^*	**2** : 2; **3** : 3
E2	1 −1 1	−605	1647	0	2	+	1, 3, 12	1, 0, 6	1, 2, 4	I_1, III, I_6^*	**2** : 1; **3** : 4
E3	1 −1 1	−1730	−31103	0	2	−	6, 9, 7	6, 0, 1	6, 2, 2	I_6, III^*, I_1^*	**2** : 4; **3** : 1
E4	1 −1 1	−28730	−1867103	0	2	+	3, 9, 8	3, 0, 2	3, 2, 4	I_3, III^*, I_2^*	**2** : 3; **3** : 2
F1	1 −1 0	−192	1216	1	2	−	6, 3, 7	6, 0, 1	2, 2, 4	I_6, III, I_1^*	**2** : 2; **3** : 3
F2	1 −1 0	−3192	70216	1	2	+	3, 3, 8	3, 0, 2	1, 2, 4	I_3, III, I_2^*	**2** : 1; **3** : 4
F3	1 −1 0	1308	−5284	1	2	−	2, 9, 9	2, 0, 3	2, 2, 4	I_2, III^*, I_3^*	**2** : 4; **3** : 1
F4	1 −1 0	−5442	−39034	1	2	+	1, 9, 12	1, 0, 6	1, 2, 4	I_1, III^*, I_6^*	**2** : 3; **3** : 2
G1	1 −1 0	333	−7259	0	2	−	4, 9, 7	4, 3, 1	2, 2, 2	I_4, I_3^*, I_1^*	**2** : 2; **3** : 3
G2	1 −1 0	−4167	−92759	0	4	+	2, 12, 8	2, 6, 2	2, 4, 4	I_2, I_6^*, I_2^*	**2** : 1, 4, 5; **3** : 6
G3	1 −1 0	−3042	212116	0	2	−	12, 7, 9	12, 1, 3	2, 2, 2	I_{12}, I_1^*, I_3^*	**2** : 6; **3** : 1
G4	1 −1 0	−64917	−6350009	0	2	+	1, 9, 10	1, 3, 4	1, 4, 4	I_1, I_3^*, I_4^*	**2** : 2; **3** : 7
G5	1 −1 0	−15417	638491	0	2	+	1, 18, 7	1, 12, 1	1, 4, 2	I_1, I_{12}^*, I_1^*	**2** : 2; **3** : 8
G6	1 −1 0	−75042	7916116	0	4	+	6, 8, 12	6, 2, 6	2, 4, 4	I_6, I_2^*, I_6^*	**2** : 3, 7, 8; **3** : 2
G7	1 −1 0	−102042	1733116	0	2	+	3, 7, 18	3, 1, 12	1, 4, 4	I_3, I_1^*, I_{12}^*	**2** : 6; **3** : 4
G8	1 −1 0	−1200042	506291116	0	2	+	3, 10, 9	3, 4, 3	1, 4, 2	I_3, I_4^*, I_3^*	**2** : 6; **3** : 5

451 $N = 451 = 11 \cdot 41$ (1 isogeny class)

	$a_1\ a_2\ a_3$	a_4	a_6	r	$|T|$	s	$\mathrm{ord}(\Delta)$	$\mathrm{ord}_-(j)$	c_p	Kodaira	Isogenies
A1	0 1 1	3	7	1	1	−	1, 2	1, 2	1, 2	I_1, I_2	

455 $N = 455 = 5 \cdot 7 \cdot 13$ (2 isogeny classes)

	$a_1\ a_2\ a_3$	a_4	a_6	r	$|T|$	s	$\mathrm{ord}(\Delta)$	$\mathrm{ord}_-(j)$	c_p	Kodaira	Isogenies
A1	1 −1 0	−50	111	1	2	+	3, 4, 1	3, 4, 1	1, 2, 1	I_3, I_4, I_1	**2** : 2
A2	1 −1 0	−295	−1800	1	4	+	6, 2, 2	6, 2, 2	2, 2, 2	I_6, I_2, I_2	**2** : 1, 3, 4
A3	1 −1 0	−4670	−121675	1	2	+	3, 1, 4	3, 1, 4	1, 1, 2	I_3, I_1, I_4	**2** : 2
A4	1 −1 0	160	−7169	1	2	−	12, 1, 1	12, 1, 1	2, 1, 1	I_{12}, I_1, I_1	**2** : 2
B1	1 −1 1	−67	226	1	4	+	1, 2, 1	1, 2, 1	1, 2, 1	I_1, I_2, I_1	**2** : 2
B2	1 −1 1	−72	194	1	4	+	2, 4, 2	2, 4, 2	2, 2, 2	I_2, I_4, I_2	**2** : 1, 3, 4
B3	1 −1 1	−397	−2796	1	2	+	1, 8, 1	1, 8, 1	1, 2, 1	I_1, I_8, I_1	**2** : 2
B4	1 −1 1	173	1076	1	4	−	4, 2, 4	4, 2, 4	4, 2, 4	I_4, I_2, I_4	**2** : 2

TABLE 1: ELLIPTIC CURVES 456A–462D

	a_1 a_2 a_3	a_4	a_6	r	$|T|$	s	ord(Δ)	ord$_-(j)$	c_p	Kodaira	Isogenies
456			$N = 456 = 2^3 \cdot 3 \cdot 19$			(4 isogeny classes)					**456**
A1	0 −1 0	−16	28	0	2	+	10,1,1	0,1,1	2,1,1	III*,I_1,I_1	**2** : 2
A2	0 −1 0	24	108	0	2	−	11,2,2	0,2,2	1,2,2	II*,I_2,I_2	**2** : 1
B1	0 1 0	−172	−928	0	2	+	8,3,1	0,3,1	2,3,1	I_1^*,I_3,I_1	**2** : 2
B2	0 1 0	−192	−720	0	4	+	10,6,2	0,6,2	2,6,2	III*,I_6,I_2	**2** : 1,3,4
B3	0 1 0	−1272	16560	0	2	+	11,3,4	0,3,4	1,3,2	II*,I_3,I_4	**2** : 2
B4	0 1 0	568	−4368	0	2	−	11,12,1	0,12,1	1,12,1	II*,I_{12},I_1	**2** : 2
C1	0 1 0	−57	171	1	1	−	8,6,1	0,6,1	4,6,1	I_1^*,I_6,I_1	
D1	0 −1 0	55	93	1	1	−	8,2,3	0,2,3	2,2,3	I_1^*,I_2,I_3	
458			$N = 458 = 2 \cdot 229$			(2 isogeny classes)					**458**
A1	1 −1 0	−19	37	1	1	+	4,1	4,1	2,1	I_4,I_1	
B1	1 1 1	−16	−15	1	1	+	10,1	10,1	10,1	I_{10},I_1	
459			$N = 459 = 3^3 \cdot 17$			(8 isogeny classes)					**459**
A1	1 −1 0	0	−1	1	1	−	3,1	0,1	1,1	II,I_1	
B1	0 0 1	3	−4	1	1	−	3,2	0,2	1,2	II,I_2	
C1	0 0 1	−6	−6	0	1	−	3,1	0,1	1,1	II,I_1	**3** : 2
C2	0 0 1	24	−27	0	3	−	5,3	0,3	3,3	IV,I_3	**3** : 1
D1	0 0 1	−351	2531	0	1	−	9,1	0,1	1,1	IV*,I_1	
E1	0 0 1	27	101	0	1	−	9,2	0,2	1,2	IV*,I_2	
F1	0 0 1	−54	155	0	3	−	9,1	0,1	3,1	IV*,I_1	**3** : 2
F2	0 0 1	216	722	0	1	−	11,3	0,3	1,1	II*,I_3	**3** : 1
G1	0 0 1	−39	−94	0	1	−	3,1	0,1	1,1	II,I_1	
H1	1 −1 1	−2	28	1	1	−	9,1	0,1	3,1	IV*,I_1	
460			$N = 460 = 2^2 \cdot 5 \cdot 23$			(4 isogeny classes)					**460**
A1	0 0 0	−8	−12	0	1	−	8,1,1	0,1,1	1,1,1	IV*,I_1,I_1	
B1	0 0 0	−73	2453	0	1	−	4,2,5	0,2,5	1,2,1	IV,I_2,I_5	
C1	0 1 0	−46	529	1	3	−	4,4,3	0,4,3	3,2,3	IV,I_4,I_3	**3** : 2
C2	0 1 0	414	−13915	1	1	−	4,12,1	0,12,1	1,2,1	IV,I_{12},I_1	**3** : 1
D1	0 −1 0	−10	17	1	1	−	4,2,1	0,2,1	3,2,1	IV,I_2,I_1	
462			$N = 462 = 2 \cdot 3 \cdot 7 \cdot 11$			(7 isogeny classes)					**462**
A1	1 1 0	5	−23	1	2	−	2,4,1,2	2,4,1,2	2,2,1,2	I_2,I_4,I_1,I_2	**2** : 2
A2	1 1 0	−105	−441	1	2	+	1,8,2,1	1,8,2,1	1,2,2,1	I_1,I_8,I_2,I_1	**2** : 1
B1	1 1 0	−644	−2352	0	2	+	20,3,2,1	20,3,2,1	2,1,2,1	I_{20},I_3,I_2,I_1	**2** : 2
B2	1 1 0	−5764	164560	0	4	+	10,6,4,2	10,6,4,2	2,2,2,2	I_{10},I_6,I_4,I_2	**2** : 1,3,4
B3	1 1 0	−92004	10703088	0	2	+	5,12,2,1	5,12,2,1	1,2,2,1	I_5,I_{12},I_2,I_1	**2** : 2
B4	1 1 0	−1444	410800	0	2	−	5,3,8,4	5,3,8,4	1,1,2,4	I_5,I_3,I_8,I_4	**2** : 2
C1	1 1 0	4	0	1	2	−	4,1,1,1	4,1,1,1	2,1,1,1	I_4,I_1,I_1,I_1	**2** : 2
C2	1 1 0	−16	−20	1	4	+	2,2,2,2	2,2,2,2	2,2,2,2	I_2,I_2,I_2,I_2	**2** : 1,3,4
C3	1 1 0	−226	−1406	1	2	+	1,1,1,4	1,1,1,4	1,1,1,4	I_1,I_1,I_1,I_4	**2** : 2
C4	1 1 0	−126	486	1	2	+	1,4,4,1	1,4,4,1	1,2,4,1	I_1,I_4,I_4,I_1	**2** : 2
D1	1 0 1	−1676	5058506	0	2	−	26,4,5,2	26,4,5,2	2,4,1,2	I_{26},I_4,I_5,I_2	**2** : 2
D2	1 0 1	−452236	115355594	0	2	+	13,8,10,1	13,8,10,1	1,8,2,1	I_{13},I_8,I_{10},I_1	**2** : 1

TABLE 1: ELLIPTIC CURVES 462E–468B

	a_1	a_2	a_3	a_4	a_6	r	$|T|$	s	ord(Δ)	ord$_-(j)$	c_p	Kodaira	Isogenies

462

$N = 462 = 2 \cdot 3 \cdot 7 \cdot 11$ (continued)

	a_1	a_2	a_3	a_4	a_6	r	$|T|$	s	ord(Δ)	ord$_-(j)$	c_p	Kodaira	Isogenies
E1	1	1	1	-405	4731	1	2	$-$	14,2,3,2	14,2,3,2	14,2,3,2	I_{14},I_2,I_3,I_2	**2** : 2
E2	1	1	1	-7445	244091	1	2	$+$	7,4,6,1	7,4,6,1	7,2,6,1	I_7,I_4,I_6,I_1	**2** : 1
F1	1	0	0	-97	1337	0	4	$-$	4,2,3,4	4,2,3,4	4,2,1,4	I_4,I_2,I_3,I_4	**2** : 2
F2	1	0	0	-2517	48285	0	4	$+$	2,4,6,2	2,4,6,2	2,4,2,2	I_2,I_4,I_6,I_2	**2** : 1,3,4
F3	1	0	0	-3507	6507	0	2	$+$	1,2,12,1	1,2,12,1	1,2,2,1	I_1,I_2,I_{12},I_1	**2** : 2
F4	1	0	0	-40247	3104415	0	2	$+$	1,8,3,1	1,8,3,1	1,8,1,1	I_1,I_8,I_3,I_1	**2** : 2
G1	1	0	0	77	161	0	6	$-$	6,6,1,2	6,6,1,2	6,6,1,2	I_6,I_6,I_1,I_2	**2** : 2; **3** : 3
G2	1	0	0	-363	1305	0	6	$+$	3,12,2,1	3,12,2,1	3,12,2,1	I_3,I_{12},I_2,I_1	**2** : 1; **3** : 4
G3	1	0	0	-823	-11611	0	2	$-$	2,2,3,6	2,2,3,6	2,2,3,2	I_2,I_2,I_3,I_6	**2** : 4; **3** : 1
G4	1	0	0	-14133	-647829	0	2	$+$	1,4,6,3	1,4,6,3	1,4,6,1	I_1,I_4,I_6,I_3	**2** : 3; **3** : 2

464

$N = 464 = 2^4 \cdot 29$ (7 isogeny classes)

	a_1	a_2	a_3	a_4	a_6	r	$|T|$	s	ord(Δ)	ord$_-(j)$	c_p	Kodaira	Isogenies
A1	0	1	0	8	4	1	1	$-$	10,1	0,1	2,1	I_2^*,I_1	
B1	0	-1	0	-80	304	1	1	$-$	10,1	0,1	2,1	I_2^*,I_1	
C1	0	1	0	80	-428	0	1	$-$	22,1	10,1	2,1	I_{14}^*,I_1	**5** : 2
C2	0	1	0	-7280	238292	0	1	$-$	14,5	2,5	2,1	I_6^*,I_5	**5** : 1
D1	0	-1	0	-4	-4	0	1	$-$	8,1	0,1	1,1	I_0^*,I_1	**3** : 2
D2	0	-1	0	36	76	0	1	$-$	8,3	0,3	1,1	I_0^*,I_3	**3** : 1
E1	0	1	0	-4	-24	0	2	$-$	8,2	0,2	1,2	I_0^*,I_2	**2** : 2
E2	0	1	0	-9	-14	0	2	$+$	4,1	0,1	1,1	II,I_1	**2** : 1
F1	0	0	0	-4831	129242	0	1	$-$	8,1	0,1	1,1	I_0^*,I_1	
G1	0	0	0	-19	-46	0	1	$-$	14,1	2,1	2,1	I_6^*,I_1	

465

$N = 465 = 3 \cdot 5 \cdot 31$ (2 isogeny classes)

	a_1	a_2	a_3	a_4	a_6	r	$|T|$	s	ord(Δ)	ord$_-(j)$	c_p	Kodaira	Isogenies
A1	1	1	0	-7	16	1	2	$-$	3,1,2	3,1,2	1,1,2	I_3,I_1,I_2	**2** : 2
A2	1	1	0	-162	729	1	2	$+$	6,2,1	6,2,1	2,2,1	I_6,I_2,I_1	**2** : 1
B1	1	0	0	-10	-13	1	2	$+$	1,1,1	1,1,1	1,1,1	I_1,I_1,I_1	**2** : 2
B2	1	0	0	-15	0	1	4	$+$	2,2,2	2,2,2	2,2,2	I_2,I_2,I_2	**2** : 1,3,4
B3	1	0	0	-170	837	1	4	$+$	4,4,1	4,4,1	4,4,1	I_4,I_4,I_1	**2** : 2
B4	1	0	0	60	15	1	2	$-$	1,1,4	1,1,4	1,1,2	I_1,I_1,I_4	**2** : 2

466

$N = 466 = 2 \cdot 233$ (2 isogeny classes)

	a_1	a_2	a_3	a_4	a_6	r	$|T|$	s	ord(Δ)	ord$_-(j)$	c_p	Kodaira	Isogenies
A1	1	1	0	-5	-7	0	2	$+$	2,1	2,1	2,1	I_2,I_1	**2** : 2
A2	1	1	0	-15	11	0	2	$+$	1,2	1,2	1,2	I_1,I_2	**2** : 1
B1	1	0	0	-23	41	0	3	$-$	6,1	6,1	6,1	I_6,I_1	**3** : 2
B2	1	0	0	77	229	0	1	$-$	2,3	2,3	2,1	I_2,I_3	**3** : 1

467

$N = 467 = 467$ (1 isogeny class)

	a_1	a_2	a_3	a_4	a_6	r	$|T|$	s	ord(Δ)	ord$_-(j)$	c_p	Kodaira	Isogenies
A1	0	0	1	-4	3	1	1	$-$	1	1	1	I_1	

468

$N = 468 = 2^2 \cdot 3^2 \cdot 13$ (5 isogeny classes)

	a_1	a_2	a_3	a_4	a_6	r	$|T|$	s	ord(Δ)	ord$_-(j)$	c_p	Kodaira	Isogenies
A1	0	0	0	-168	-855	0	2	$-$	4,3,4	0,0,4	3,2,2	IV,III,I_4	**2** : 2
A2	0	0	0	-2703	-54090	0	2	$+$	8,3,2	0,0,2	3,2,2	IV^*,III,I_2	**2** : 1
B1	0	0	0	-1512	23085	0	2	$-$	4,9,4	0,0,4	1,2,2	IV,III^*,I_4	**2** : 2
B2	0	0	0	-24327	1460430	0	2	$+$	8,9,2	0,0,2	1,2,2	IV^*,III^*,I_2	**2** : 1

TABLE 1: ELLIPTIC CURVES 468C–475A

	a_1	a_2	a_3	a_4	a_6	r	$|T|$	s	ord(Δ)	ord$_-(j)$	c_p	Kodaira	Isogenies

468 $\qquad N = 468 = 2^2 \cdot 3^2 \cdot 13$ (continued)

	a_1	a_2	a_3	a_4	a_6	r	$|T|$	s	ord(Δ)	ord$_-(j)$	c_p	Kodaira	Isogenies
C1	0	0	0	-36	81	1	2	+	4,6,1	0,0,1	3,4,1	IV,I_0^*,I_1	**2:2**
C2	0	0	0	9	270	1	2	$-$	8,6,2	0,0,2	3,2,2	IV*,I_0^*,I_2	**2:1**
D1	0	0	0	-120	-11	0	2	+	4,12,1	0,6,1	1,4,1	IV,I_6^*,I_1	**2:2**;**3:3**
D2	0	0	0	-1335	-18722	0	2	+	8,9,2	0,3,2	1,4,2	IV*,I_3^*,I_2	**2:1**;**3:4**
D3	0	0	0	-6600	206377	0	6	+	4,8,3	0,2,3	3,4,3	IV,I_2^*,I_3	**2:4**;**3:1**
D4	0	0	0	-6735	197494	0	6	+	8,7,6	0,1,6	3,4,6	IV*,I_1^*,I_6	**2:3**;**3:2**
E1	0	0	0	-48	-115	0	2	+	4,8,1	0,2,1	1,4,1	IV,I_2^*,I_1	**2:2**
E2	0	0	0	-183	830	0	2	+	8,7,2	0,1,2	1,2,2	IV*,I_1^*,I_2	**2:1**

469 $\qquad N = 469 = 7 \cdot 67$ (2 isogeny classes)

	a_1	a_2	a_3	a_4	a_6	r	$|T|$	s	ord(Δ)	ord$_-(j)$	c_p	Kodaira	Isogenies
A1	1	0	1	-80	-275	1	1	+	5,1	5,1	1,1	I_5,I_1	
B1	1	-1	1	-12	18	1	1	+	1,1	1,1	1,1	I_1,I_1	

470 $\qquad N = 470 = 2 \cdot 5 \cdot 47$ (6 isogeny classes)

	a_1	a_2	a_3	a_4	a_6	r	$|T|$	s	ord(Δ)	ord$_-(j)$	c_p	Kodaira	Isogenies
A1	1	0	1	-44	106	1	1	+	8,1,1	8,1,1	2,1,1	I_8,I_1,I_1	
B1	1	0	1	-5773	168328	0	3	+	8,3,1	8,3,1	2,3,1	I_8,I_3,I_1	**3:2**
B2	1	0	1	-6348	132618	0	1	+	24,1,3	24,1,3	2,1,1	I_{24},I_1,I_3	**3:1**
C1	1	1	0	-97	281	1	1	+	2,7,1	2,7,1	2,7,1	I_2,I_7,I_1	
D1	1	0	0	-36	80	0	3	+	6,1,1	6,1,1	6,1,1	I_6,I_1,I_1	**3:2**
D2	1	0	0	-176	-844	0	1	+	2,3,3	2,3,3	2,1,1	I_2,I_3,I_3	**3:1**
E1	1	1	1	-11	9	1	1	+	4,1,1	4,1,1	4,1,1	I_4,I_1,I_1	
F1	1	-1	1	-117	141	1	1	+	14,3,1	14,3,1	14,3,1	I_{14},I_3,I_1	

471 $\qquad N = 471 = 3 \cdot 157$ (1 isogeny class)

	a_1	a_2	a_3	a_4	a_6	r	$|T|$	s	ord(Δ)	ord$_-(j)$	c_p	Kodaira	Isogenies
A1	1	1	1	1	2	1	1	$-$	2,1	2,1	2,1	I_2,I_1	

472 $\qquad N = 472 = 2^3 \cdot 59$ (5 isogeny classes)

	a_1	a_2	a_3	a_4	a_6	r	$|T|$	s	ord(Δ)	ord$_-(j)$	c_p	Kodaira	Isogenies
A1	0	0	0	2	1	1	1	$-$	4,1	0,1	2,1	III,I_1	
B1	0	-1	0	-276	-1676	0	1	$-$	8,1	0,1	2,1	I_1^*,I_1	
C1	0	-1	0	8	12	0	1	$-$	11,1	0,1	1,1	II*,I_1	
D1	0	0	0	-19	-34	0	1	$-$	10,1	0,1	2,1	III*,I_1	
E1	0	-1	0	4	4	1	1	$-$	8,1	0,1	4,1	I_1^*,I_1	

473 $\qquad N = 473 = 11 \cdot 43$ (1 isogeny class)

	a_1	a_2	a_3	a_4	a_6	r	$|T|$	s	ord(Δ)	ord$_-(j)$	c_p	Kodaira	Isogenies
A1	0	1	1	-1006	11952	1	1	$-$	3,2	3,2	1,2	I_3,I_2	

474 $\qquad N = 474 = 2 \cdot 3 \cdot 79$ (2 isogeny classes)

	a_1	a_2	a_3	a_4	a_6	r	$|T|$	s	ord(Δ)	ord$_-(j)$	c_p	Kodaira	Isogenies
A1	1	1	0	81	-27	1	1	$-$	14,3,1	14,3,1	2,1,1	I_{14},I_3,I_1	
B1	1	0	1	-7	14	1	1	$-$	2,5,1	2,5,1	2,5,1	I_2,I_5,I_1	

475 $\qquad N = 475 = 5^2 \cdot 19$ (3 isogeny classes)

	a_1	a_2	a_3	a_4	a_6	r	$|T|$	s	ord(Δ)	ord$_-(j)$	c_p	Kodaira	Isogenies
A1	0	-1	1	17	-7	0	1	$-$	6,1	0,1	1,1	I_0^*,I_1	**3:2**
A2	0	-1	1	-233	-1382	0	1	$-$	6,3	0,3	1,3	I_0^*,I_3	**3:1,3**
A3	0	-1	1	-19233	-1020257	0	1	$-$	6,1	0,1	1,1	I_0^*,I_1	**3:2**

TABLE 1: ELLIPTIC CURVES 475B–481A

	a_1	a_2	a_3	a_4	a_6	r	$|T|$	s	ord(Δ)	ord$_-(j)$	c_p	Kodaira	Isogenies

475

$N = 475 = 5^2 \cdot 19$ (continued)

	a_1	a_2	a_3	a_4	a_6	r	$|T|$	s	ord(Δ)	ord$_-(j)$	c_p	Kodaira	Isogenies
B1	1	−1	0	8	291	1	2	−	9,1	0,1	2,1	III*,I_1	**2** : 2
B2	1	−1	0	−617	5916	1	2	+	9,2	0,2	2,2	III*,I_2	**2** : 1
C1	1	−1	1	0	2	1	2	−	3,1	0,1	2,1	III,I_1	**2** : 2
C2	1	−1	1	−25	52	1	2	+	3,2	0,2	2,2	III,I_2	**2** : 1

477

$N = 477 = 3^2 \cdot 53$ (1 isogeny class)

	a_1	a_2	a_3	a_4	a_6	r	$|T|$	s	ord(Δ)	ord$_-(j)$	c_p	Kodaira	Isogenies
A1	1	−1	0	3	−10	1	1	−	6,1	0,1	1,1	I_0^*,I_1	

480

$N = 480 = 2^5 \cdot 3 \cdot 5$ (8 isogeny classes)

	a_1	a_2	a_3	a_4	a_6	r	$|T|$	s	ord(Δ)	ord$_-(j)$	c_p	Kodaira	Isogenies
A1	0	−1	0	−6	0	1	4	+	6,2,2	0,2,2	2,2,2	III,I_2,I_2	**2** : 2,3,4
A2	0	−1	0	−81	−255	1	2	+	12,1,1	0,1,1	2,1,1	I_3^*,I_1,I_1	**2** : 1
A3	0	−1	0	−56	180	1	2	+	9,4,1	0,4,1	2,2,1	I_0^*,I_4,I_1	**2** : 1
A4	0	−1	0	24	−24	1	2	−	9,1,4	0,1,4	1,1,2	I_0^*,I_1,I_4	**2** : 1
B1	0	−1	0	−10	−8	0	4	+	6,2,2	0,2,2	2,2,2	III,I_2,I_2	**2** : 2,3,4
B2	0	−1	0	−160	−728	0	2	+	9,1,1	0,1,1	1,1,1	I_0^*,I_1,I_1	**2** : 1
B3	0	−1	0	−40	100	0	4	+	9,1,4	0,1,4	2,1,4	I_0^*,I_1,I_4	**2** : 1
B4	0	−1	0	15	−63	0	2	−	12,4,1	0,4,1	2,2,1	I_3^*,I_4,I_1	**2** : 1
C1	0	1	0	−6	0	0	4	+	6,2,2	0,2,2	2,2,2	III,I_2,I_2	**2** : 2,3,4
C2	0	1	0	−56	−180	0	2	+	9,4,1	0,4,1	1,4,1	I_0^*,I_4,I_1	**2** : 1
C3	0	1	0	−81	255	0	2	+	12,1,1	0,1,1	2,1,1	I_3^*,I_1,I_1	**2** : 1
C4	0	1	0	24	24	0	2	−	9,1,4	0,1,4	2,1,2	I_0^*,I_1,I_4	**2** : 1
D1	0	1	0	−226	−1360	0	4	+	6,6,4	0,6,4	2,6,2	III,I_6,I_4	**2** : 2,3,4
D2	0	1	0	−3601	−84385	0	2	+	12,3,2	0,3,2	2,3,2	I_3^*,I_3,I_2	**2** : 1
D3	0	1	0	−496	2204	0	2	+	9,3,8	0,3,8	1,3,2	I_0^*,I_3,I_8	**2** : 1
D4	0	1	0	24	−3960	0	4	−	9,12,2	0,12,2	2,12,2	I_0^*,I_{12},I_2	**2** : 1
E1	0	−1	0	−226	1360	0	4	+	6,6,4	0,6,4	2,2,2	III,I_6,I_4	**2** : 2,3,4
E2	0	−1	0	−496	−2204	0	2	+	9,3,8	0,3,8	2,1,2	I_0^*,I_3,I_8	**2** : 1
E3	0	−1	0	−3601	84385	0	4	+	12,3,2	0,3,2	4,1,2	I_3^*,I_3,I_2	**2** : 1
E4	0	−1	0	24	3960	0	2	−	9,12,2	0,12,2	1,2,2	I_0^*,I_{12},I_2	**2** : 1
F1	0	−1	0	−30	72	1	4	+	6,4,2	0,4,2	2,2,2	III,I_4,I_2	**2** : 2,3,4
F2	0	−1	0	−80	−168	1	2	+	9,8,1	0,8,1	1,2,1	I_0^*,I_8,I_1	**2** : 1
F3	0	−1	0	−480	4212	1	4	+	9,2,1	0,2,1	2,2,1	I_0^*,I_2,I_1	**2** : 1
F4	0	−1	0	15	225	1	4	−	12,2,4	0,2,4	4,2,4	I_3^*,I_2,I_4	**2** : 1
G1	0	1	0	−10	8	0	4	+	6,2,2	0,2,2	2,2,2	III,I_2,I_2	**2** : 2,3,4
G2	0	1	0	−40	−100	0	2	+	9,1,4	0,1,4	1,1,4	I_0^*,I_1,I_4	**2** : 1
G3	0	1	0	−160	728	0	2	+	9,1,1	0,1,1	2,1,1	I_0^*,I_1,I_1	**2** : 1
G4	0	1	0	15	63	0	4	−	12,4,1	0,4,1	4,4,1	I_3^*,I_4,I_1	**2** : 1
H1	0	1	0	−30	−72	0	4	+	6,4,2	0,4,2	2,4,2	III,I_4,I_2	**2** : 2,3,4
H2	0	1	0	−480	−4212	0	2	+	9,2,1	0,2,1	1,2,1	I_0^*,I_2,I_1	**2** : 1
H3	0	1	0	−80	168	0	4	+	9,8,1	0,8,1	2,8,1	I_0^*,I_8,I_1	**2** : 1
H4	0	1	0	15	−225	0	4	−	12,2,4	0,2,4	4,2,4	I_3^*,I_2,I_4	**2** : 1

481

$N = 481 = 13 \cdot 37$ (1 isogeny class)

	a_1	a_2	a_3	a_4	a_6	r	$|T|$	s	ord(Δ)	ord$_-(j)$	c_p	Kodaira	Isogenies
A1	1	−1	0	−1693	27240	1	2	+	3,1	3,1	1,1	I_3,I_1	**2** : 2
A2	1	−1	0	−1688	27405	1	2	−	6,2	6,2	2,2	I_6,I_2	**2** : 1

TABLE 1: ELLIPTIC CURVES 482A–490G

	a_1	a_2	a_3	a_4	a_6	r	$|T|$	s	ord(Δ)	ord$_-(j)$	c_p	Kodaira	Isogenies

482 $N = 482 = 2 \cdot 241$ (1 isogeny class)

| A1 | 1 | 0 | 1 | -44 | -150 | 1 | 1 | $-$ | 14,1 | 14,1 | 2,1 | I_{14}, I_1 | |

483 $N = 483 = 3 \cdot 7 \cdot 23$ (2 isogeny classes)

| A1 | 0 | 1 | 1 | -96 | -457 | 0 | 1 | $-$ | 5,1,3 | 5,1,3 | 5,1,1 | I_5, I_1, I_3 | |
| B1 | 0 | 1 | 1 | 2 | 1 | 0 | 1 | $-$ | 1,1,1 | 1,1,1 | 1,1,1 | I_1, I_1, I_1 | |

484 $N = 484 = 2^2 \cdot 11^2$ (1 isogeny class)

| A1 | 0 | 1 | 0 | 323 | 2671 | 1 | 1 | $-$ | 8,7 | 0,1 | 1,4 | IV^*, I_1^* | **3** : 2 |
| A2 | 0 | 1 | 0 | -9357 | 347279 | 1 | 1 | $-$ | 8,9 | 0,3 | 3,4 | IV^*, I_3^* | **3** : 1 |

485 $N = 485 = 5 \cdot 97$ (2 isogeny classes)

A1	0	1	1	-121	-64	0	3	$+$	3,3	3,3	1,3	I_3, I_3	**3** : 2,3
A2	0	1	1	-6911	-223455	0	1	$+$	9,1	9,1	1,1	I_9, I_1	**3** : 1
A3	0	1	1	-81	255	0	3	$+$	1,1	1,1	1,1	I_1, I_1	**3** : 1
B1	0	0	1	-2	0	1	1	$+$	1,1	1,1	1,1	I_1, I_1	

486 $N = 486 = 2 \cdot 3^5$ (6 isogeny classes)

A1	1	-1	0	3	5	1	1	$-$	6,5	6,0	2,1	I_6, II	**3** : 2
A2	1	-1	0	-177	953	1	3	$-$	2,11	2,0	2,3	I_2, IV^*	**3** : 1
B1	1	-1	0	-6	-4	1	1	$+$	3,5	3,0	1,1	I_3, II	**3** : 2
B2	1	-1	0	-96	386	1	3	$+$	1,11	1,0	1,3	I_1, IV^*	**3** : 1
C1	1	-1	0	-123	557	0	3	$+$	3,7	3,0	1,3	I_3, IV	**3** : 2
C2	1	-1	0	-258	-748	0	1	$+$	9,13	9,0	1,1	I_9, II^*	**3** : 1
D1	1	-1	1	-20	-29	0	1	$-$	2,5	2,0	2,1	I_2, II	**3** : 2
D2	1	-1	1	25	-161	0	3	$-$	6,11	6,0	6,3	I_6, IV^*	**3** : 1
E1	1	-1	1	-11	-11	0	1	$+$	1,5	1,0	1,1	I_1, II	**3** : 2
E2	1	-1	1	-56	163	0	3	$+$	3,11	3,0	3,3	I_3, IV^*	**3** : 1
F1	1	-1	1	-29	37	1	3	$+$	9,7	9,0	9,3	I_9, IV	**3** : 2
F2	1	-1	1	-1109	-13931	1	1	$+$	3,13	3,0	3,1	I_3, II^*	**3** : 1

490 $N = 490 = 2 \cdot 5 \cdot 7^2$ (11 isogeny classes)

A1	1	0	1	121	46	1	3	$-$	2,1,8	2,1,0	2,1,3	I_2, I_1, IV^*	**3** : 2
A2	1	0	1	-1594	-26708	1	1	$-$	6,3,8	6,3,0	2,1,3	I_6, I_3, IV^*	**3** : 1
B1	1	1	0	17	-27	0	1	$-$	7,3,2	7,3,0	1,1,1	I_7, I_3, II	**3** : 2
B2	1	1	0	-158	1268	0	1	$-$	21,1,2	21,1,0	1,1,1	I_{21}, I_1, II	**3** : 1
C1	1	0	1	807	11708	0	3	$-$	7,3,8	7,3,0	1,3,3	I_7, I_3, IV^*	**3** : 2
C2	1	0	1	-7768	-458202	0	1	$-$	21,1,8	21,1,0	1,1,3	I_{21}, I_1, IV^*	**3** : 1
D1	1	1	0	3	1	1	1	$-$	2,1,2	2,1,0	2,1,1	I_2, I_1, II	**3** : 2
D2	1	1	0	-32	64	1	1	$-$	6,3,2	6,3,0	2,3,1	I_6, I_3, II	**3** : 1
E1	1	0	0	-1	-15	0	3	$-$	3,1,4	3,1,0	3,1,3	I_3, I_1, IV	**3** : 2
E2	1	0	0	-491	-4229	0	1	$-$	1,3,4	1,3,0	1,1,3	I_1, I_3, IV	**3** : 1
F1	1	-1	1	-6453	201121	0	1	$-$	2,1,8	2,1,0	2,1,1	I_2, I_1, IV^*	**7** : 2
F2	1	-1	1	44997	-1904213	0	1	$-$	14,7,8	14,7,0	14,1,1	I_{14}, I_7, IV^*	**7** : 1
G1	1	0	0	-71	265	1	2	$-$	10,2,3	10,2,0	10,2,2	I_{10}, I_2, III	**2** : 2
G2	1	0	0	-1191	15721	1	2	$+$	5,4,3	5,4,0	5,2,2	I_5, I_4, III	**2** : 1

TABLE 1: ELLIPTIC CURVES 490H–496E

	a_1	a_2	a_3	a_4	a_6	r	$|T|$	s	ord(Δ)	ord$_{-}(j)$	c_p	Kodaira	Isogenies

490

$N = 490 = 2 \cdot 5 \cdot 7^2$ (continued)

	a_1	a_2	a_3	a_4	a_6	r	$|T|$	s	ord(Δ)	ord$_{-}(j)$	c_p	Kodaira	Isogenies
H1	1	−1	1	113	711	0	4	−	4,2,7	4,2,1	4,2,4	I_4,I_2,I_1^*	2 : 2
H2	1	−1	1	−867	8159	0	4	+	2,4,8	2,4,2	2,4,4	I_2,I_4,I_2^*	2 : 1,3,4
H3	1	−1	1	−4297	−100229	0	2	+	1,8,7	1,8,1	1,8,2	I_1,I_8,I_1^*	2 : 2
H4	1	−1	1	−13117	581459	0	2	+	1,2,10	1,2,4	1,2,4	I_1,I_2,I_4^*	2 : 2
I1	1	1	1	−50	5095	0	1	−	3,1,10	3,1,0	3,1,1	I_3,I_1,II^*	3 : 2
I2	1	1	1	−24060	1426487	0	1	−	1,3,10	1,3,0	1,3,1	I_1,I_3,II^*	3 : 1
J1	1	1	1	−3480	−94375	0	2	−	10,2,9	10,2,0	10,2,2	I_{10},I_2,III^*	2 : 2
J2	1	1	1	−58360	−5450663	0	2	+	5,4,9	5,4,0	5,4,2	I_5,I_4,III^*	2 : 1
K1	1	−1	1	−132	−549	0	1	−	2,1,2	2,1,0	2,1,1	I_2,I_1,II	7 : 2
K2	1	−1	1	918	5289	0	7	−	14,7,2	14,7,0	14,7,1	I_{14},I_7,II	7 : 1

492

$N = 492 = 2^2 \cdot 3 \cdot 41$ (2 isogeny classes)

	a_1	a_2	a_3	a_4	a_6	r	$|T|$	s	ord(Δ)	ord$_{-}(j)$	c_p	Kodaira	Isogenies
A1	0	−1	0	−13	25	1	1	−	8,1,1	0,1,1	3,1,1	IV^*,I_1,I_1	
B1	0	1	0	11	695	1	1	−	8,9,1	0,9,1	3,9,1	IV^*,I_9,I_1	

493

$N = 493 = 17 \cdot 29$ (2 isogeny classes)

	a_1	a_2	a_3	a_4	a_6	r	$|T|$	s	ord(Δ)	ord$_{-}(j)$	c_p	Kodaira	Isogenies
A1	1	−1	1	−7741	801682	0	1	−	1,9	1,9	1,1	I_1,I_9	
B1	1	−1	1	−57	222	1	1	−	2,3	2,3	2,3	I_2,I_3	

494

$N = 494 = 2 \cdot 13 \cdot 19$ (4 isogeny classes)

	a_1	a_2	a_3	a_4	a_6	r	$|T|$	s	ord(Δ)	ord$_{-}(j)$	c_p	Kodaira	Isogenies
A1	1	1	0	13	13	1	1	−	5,1,2	5,1,2	1,1,2	I_5,I_1,I_2	
B1	1	−1	0	4	0	0	2	−	4,1,1	4,1,1	2,1,1	I_4,I_1,I_1	2 : 2
B2	1	−1	0	−16	12	0	4	+	2,2,2	2,2,2	2,2,2	I_2,I_2,I_2	2 : 1,3,4
B3	1	−1	0	−146	−638	0	2	+	1,1,4	1,1,4	1,1,4	I_1,I_1,I_4	2 : 2
B4	1	−1	0	−206	1190	0	2	+	1,4,1	1,4,1	1,2,1	I_1,I_4,I_1	2 : 2
C1	1	−1	0	−61	−169	0	1	−	1,1,2	1,1,2	1,1,2	I_1,I_1,I_2	
D1	1	1	1	−1001	12375	1	1	−	13,3,2	13,3,2	13,3,2	I_{13},I_3,I_2	

495

$N = 495 = 3^2 \cdot 5 \cdot 11$ (1 isogeny class)

	a_1	a_2	a_3	a_4	a_6	r	$|T|$	s	ord(Δ)	ord$_{-}(j)$	c_p	Kodaira	Isogenies
A1	1	−1	1	7	−8	1	2	−	6,1,1	0,1,1	2,1,1	I_0^*,I_1,I_1	2 : 2
A2	1	−1	1	−38	−44	1	4	+	6,2,2	0,2,2	4,2,2	I_0^*,I_2,I_2	2 : 1,3,4
A3	1	−1	1	−533	−4598	1	2	+	6,4,1	0,4,1	2,2,1	I_0^*,I_4,I_1	2 : 2
A4	1	−1	1	−263	1666	1	2	+	6,1,4	0,1,4	2,1,4	I_0^*,I_1,I_4	2 : 2

496

$N = 496 = 2^4 \cdot 31$ (6 isogeny classes)

	a_1	a_2	a_3	a_4	a_6	r	$|T|$	s	ord(Δ)	ord$_{-}(j)$	c_p	Kodaira	Isogenies
A1	0	0	0	1	1	1	1	−	4,1	0,1	1,1	II,I_1	
B1	0	−1	0	0	−1	0	1	−	4,1	0,1	1,1	II,I_1	
C1	0	−1	0	8	0	0	2	−	10,1	0,1	4,1	I_2^*,I_1	2 : 2
C2	0	−1	0	−32	32	0	2	+	11,2	0,2	2,2	I_3^*,I_2	2 : 1
D1	0	−1	0	−2	−1	0	1	−	4,1	0,1	1,1	II,I_1	3 : 2
D2	0	−1	0	18	11	0	1	−	4,3	0,3	1,1	II,I_3	3 : 1
E1	0	0	0	−17	27	1	1	−	4,1	0,1	1,1	II,I_1	

TABLE 1: ELLIPTIC CURVES 496F–504H

	a_1	a_2	a_3	a_4	a_6	r	$|T|$	s	$\text{ord}(\Delta)$	$\text{ord}_-(j)$	c_p	Kodaira	Isogenies
496					$N = 496 = 2^4 \cdot 31$ (continued)								**496**
F1	0	0	0	-11	-70	1	2	$-$	16, 1	4, 1	4, 1	I_8^*, I_1	**2** : 2
F2	0	0	0	-331	-2310	1	4	$+$	14, 2	2, 2	4, 2	I_6^*, I_2	**2** : 1, 3, 4
F3	0	0	0	-5291	-148134	1	2	$+$	13, 1	1, 1	2, 1	I_5^*, I_1	**2** : 2
F4	0	0	0	-491	154	1	4	$+$	13, 4	1, 4	4, 4	I_5^*, I_4	**2** : 2
497					$N = 497 = 7 \cdot 71$ (1 isogeny class)								**497**
A1	1	1	0	25	-14	1	1	$-$	5, 1	5, 1	5, 1	I_5, I_1	
498					$N = 498 = 2 \cdot 3 \cdot 83$ (2 isogeny classes)								**498**
A1	1	0	1	-5	-4	0	2	$+$	2, 1, 1	2, 1, 1	2, 1, 1	I_2, I_1, I_1	**2** : 2
A2	1	0	1	5	-16	0	2	$-$	1, 2, 2	1, 2, 2	1, 2, 2	I_1, I_2, I_2	**2** : 1
B1	1	0	1	-9	28	1	1	$-$	4, 5, 1	4, 5, 1	2, 5, 1	I_4, I_5, I_1	
501					$N = 501 = 3 \cdot 167$ (1 isogeny class)								**501**
A1	1	1	0	3	0	0	2	$-$	2, 1	2, 1	2, 1	I_2, I_1	**2** : 2
A2	1	1	0	-12	-15	0	2	$+$	1, 2	1, 2	1, 2	I_1, I_2	**2** : 1
503					$N = 503 = 503$ (3 isogeny classes)								**503**
A1	1	0	1	-32	-71	1	1	$-$	1	1	1	I_1	
B1	1	-1	0	2	-1	0	1	$-$	1	1	1	I_1	
C1	1	0	0	-210	-1189	0	1	$-$	1	1	1	I_1	
504					$N = 504 = 2^3 \cdot 3^2 \cdot 7$ (8 isogeny classes)								**504**
A1	0	0	0	-6	9	1	2	$-$	4, 3, 2	0, 0, 2	2, 2, 2	III, III, I_2	**2** : 2
A2	0	0	0	-111	450	1	2	$+$	8, 3, 1	0, 0, 1	2, 2, 1	I_1^*, III, I_1	**2** : 1
B1	0	0	0	-54	-135	0	2	$+$	4, 9, 1	0, 0, 1	2, 2, 1	III, III^*, I_1	**2** : 2
B2	0	0	0	81	-702	0	2	$-$	8, 9, 2	0, 0, 2	2, 2, 2	I_1^*, III^*, I_2	**2** : 1
C1	0	0	0	9	-54	0	2	$-$	8, 6, 1	0, 0, 1	2, 2, 1	I_1^*, I_0^*, I_1	**2** : 2
C2	0	0	0	-171	-810	0	4	$+$	10, 6, 2	0, 0, 2	2, 4, 2	III^*, I_0^*, I_2	**2** : 1, 3, 4
C3	0	0	0	-2691	-53730	0	2	$+$	11, 6, 1	0, 0, 1	1, 2, 1	II^*, I_0^*, I_1	**2** : 2
C4	0	0	0	-531	3726	0	2	$+$	11, 6, 4	0, 0, 4	1, 2, 2	II^*, I_0^*, I_4	**2** : 2
D1	0	0	0	-54	-243	0	2	$-$	4, 9, 2	0, 0, 2	2, 2, 2	III, III^*, I_2	**2** : 2
D2	0	0	0	-999	-12150	0	2	$+$	8, 9, 1	0, 0, 1	4, 2, 1	I_1^*, III^*, I_1	**2** : 1
E1	0	0	0	-6	5	1	2	$+$	4, 3, 1	0, 0, 1	2, 2, 1	III, III, I_1	**2** : 2
E2	0	0	0	9	26	1	2	$-$	8, 3, 2	0, 0, 2	4, 2, 2	I_1^*, III, I_2	**2** : 1
F1	0	0	0	-66	205	1	4	$+$	4, 7, 1	0, 1, 1	2, 4, 1	III, I_1^*, I_1	**2** : 2
F2	0	0	0	-111	-110	1	4	$+$	8, 8, 2	0, 2, 2	4, 4, 2	I_1^*, I_2^*, I_2	**2** : 1, 3, 4
F3	0	0	0	-1371	-19514	1	2	$+$	10, 10, 1	0, 4, 1	2, 4, 1	III^*, I_4^*, I_1	**2** : 2
F4	0	0	0	429	-866	1	2	$-$	10, 7, 4	0, 1, 4	2, 2, 2	III^*, I_1^*, I_4	**2** : 2
G1	0	0	0	-66	-1339	0	4	$-$	4, 9, 4	0, 3, 4	2, 4, 4	III, I_3^*, I_4	**2** : 2
G2	0	0	0	-2271	-41470	0	4	$+$	8, 12, 2	0, 6, 2	4, 4, 2	I_1^*, I_6^*, I_2	**2** : 1, 3, 4
G3	0	0	0	-36291	-2661010	0	2	$+$	10, 9, 1	0, 3, 1	2, 2, 1	III^*, I_3^*, I_1	**2** : 2
G4	0	0	0	-3531	9686	0	2	$+$	10, 18, 1	0, 12, 1	2, 4, 1	III^*, I_{12}^*, I_1	**2** : 2
H1	0	0	0	-3	110	0	2	$-$	10, 6, 1	0, 0, 1	2, 2, 1	III^*, I_0^*, I_1	**2** : 2
H2	0	0	0	-363	2630	0	2	$+$	11, 6, 2	0, 0, 2	1, 2, 2	II^*, I_0^*, I_2	**2** : 1

TABLE 1: ELLIPTIC CURVES 505A–510F

	a_1 a_2 a_3	a_4	a_6	r	$|T|$	s	$\mathrm{ord}(\Delta)$	$\mathrm{ord}_-(j)$	c_p	Kodaira	Isogenies

505 $N = 505 = 5 \cdot 101$ (1 isogeny class)

	a_1 a_2 a_3	a_4	a_6	r	$|T|$	s	$\mathrm{ord}(\Delta)$	$\mathrm{ord}_-(j)$	c_p	Kodaira	Isogenies
A1	1 −1 0	−10	15	1	2	+	1,1	1,1	1,1	I_1,I_1	**2 : 2**
A2	1 −1 0	−5	26	1	2	−	2,2	2,2	2,2	I_2,I_2	**2 : 1**

506 $N = 506 = 2 \cdot 11 \cdot 23$ (6 isogeny classes)

	a_1 a_2 a_3	a_4	a_6	r	$|T|$	s	$\mathrm{ord}(\Delta)$	$\mathrm{ord}_-(j)$	c_p	Kodaira	Isogenies
A1	1 0 1	−48	−130	1	1	+	7,1,1	7,1,1	1,1,1	I_7,I_1,I_1	
B1	1 −1 0	−290561	60356981	0	1	+	3,7,1	3,7,1	1,1,1	I_3,I_7,I_1	
C1	1 0 1	−12	8	0	3	+	1,3,1	1,3,1	1,3,1	I_1,I_3,I_1	**3 : 2**
C2	1 0 1	−397	−3072	0	1	+	3,1,3	3,1,3	1,1,1	I_3,I_1,I_3	**3 : 1**
D1	1 −1 0	−935	11229	1	1	+	5,5,1	5,5,1	1,5,1	I_5,I_5,I_1	
E1	1 −1 1	−4	−1	1	1	+	3,1,1	3,1,1	3,1,1	I_3,I_1,I_1	
F1	1 0 0	−86	292	1	1	+	13,1,1	13,1,1	13,1,1	I_{13},I_1,I_1	

507 $N = 507 = 3 \cdot 13^2$ (3 isogeny classes)

	a_1 a_2 a_3	a_4	a_6	r	$|T|$	s	$\mathrm{ord}(\Delta)$	$\mathrm{ord}_-(j)$	c_p	Kodaira	Isogenies
A1	1 1 0	−1693	26434	1	1	−	2,8	2,0	2,3	I_2,IV^*	**7 : 2**
A2	1 1 0	−12678	−3060351	1	1	−	14,8	14,0	2,3	I_{14},IV^*	**7 : 1**
B1	1 1 1	−10	8	1	1	−	2,2	2,0	2,1	I_2,II	**7 : 2**
B2	1 1 1	−75	−1422	1	1	−	14,2	14,0	2,1	I_{14},II	**7 : 1**
C1	1 1 1	81	−564	1	4	−	1,7	1,1	1,4	I_1,I_1^*	**2 : 2**
C2	1 1 1	−764	−7324	1	4	+	2,8	2,2	2,4	I_2,I_2^*	**2 : 1,3,4**
C3	1 1 1	−11749	−495058	1	2	+	4,7	4,1	2,4	I_4,I_1^*	**2 : 2**
C4	1 1 1	−3299	64670	1	2	+	1,10	1,4	1,4	I_1,I_4^*	**2 : 2**

510 $N = 510 = 2 \cdot 3 \cdot 5 \cdot 17$ (7 isogeny classes)

	a_1 a_2 a_3	a_4	a_6	r	$|T|$	s	$\mathrm{ord}(\Delta)$	$\mathrm{ord}_-(j)$	c_p	Kodaira	Isogenies
A1	1 1 0	−2673	67797	0	2	−	18,7,1,2	18,7,1,2	2,1,1,2	I_{18},I_7,I_1,I_2	**2 : 2**
A2	1 1 0	−46193	3801813	0	2	+	9,14,2,1	9,14,2,1	1,2,2,1	I_9,I_{14},I_2,I_1	**2 : 1**
B1	1 0 1	−723	−7634	0	2	−	14,3,1,2	14,3,1,2	2,3,1,2	I_{14},I_3,I_1,I_2	**2 : 2**
B2	1 0 1	−11603	−482002	0	2	+	7,6,2,1	7,6,2,1	1,6,2,1	I_7,I_6,I_2,I_1	**2 : 1**
C1	1 1 1	14	59	0	2	−	2,5,1,2	2,5,1,2	2,1,1,2	I_2,I_5,I_1,I_2	**2 : 2**
C2	1 1 1	−156	603	0	2	+	1,10,2,1	1,10,2,1	1,2,2,1	I_1,I_{10},I_2,I_1	**2 : 1**
D1	1 1 1	−101	299	1	4	+	12,2,2,1	12,2,2,1	12,2,2,1	I_{12},I_2,I_2,I_1	**2 : 2**
D2	1 1 1	−421	−3157	1	4	+	6,4,4,2	6,4,4,2	6,2,2,2	I_6,I_4,I_4,I_2	**2 : 1,3,4**
D3	1 1 1	−6541	−206341	1	2	+	3,2,8,1	3,2,8,1	3,2,2,1	I_3,I_2,I_8,I_1	**2 : 2**
D4	1 1 1	579	−14757	1	2	−	3,8,2,4	3,8,2,4	3,2,2,4	I_3,I_8,I_2,I_4	**2 : 2**
E1	1 1 1	−80	305	0	4	−	16,1,1,1	16,1,1,1	16,1,1,1	I_{16},I_1,I_1,I_1	**2 : 2**
E2	1 1 1	−1360	18737	0	8	+	8,2,2,2	8,2,2,2	8,2,2,2	I_8,I_2,I_2,I_2	**2 : 1,3,4**
E3	1 1 1	−1440	16305	0	8	+	4,4,4,4	4,4,4,4	4,2,4,4	I_4,I_4,I_4,I_4	**2 : 2,5,6**
E4	1 1 1	−21760	1226417	0	4	+	4,1,1,1	4,1,1,1	4,1,1,1	I_4,I_1,I_1,I_1	**2 : 2**
E5	1 1 1	−7220	−224143	0	4	+	2,8,8,2	2,8,8,2	2,2,8,2	I_2,I_8,I_8,I_2	**2 : 3,7,8**
E6	1 1 1	3060	102705	0	4	−	2,2,2,8	2,2,2,8	2,2,2,8	I_2,I_2,I_2,I_8	**2 : 3**
E7	1 1 1	−113470	−14759143	0	2	+	1,16,4,1	1,16,4,1	1,2,4,1	I_1,I_{16},I_4,I_1	**2 : 5**
E8	1 1 1	6550	−962215	0	2	−	1,4,16,1	1,4,16,1	1,2,16,1	I_1,I_4,I_{16},I_1	**2 : 5**
F1	1 0 0	4	0	0	2	−	4,1,1,1	4,1,1,1	4,1,1,1	I_4,I_1,I_1,I_1	**2 : 2**
F2	1 0 0	−16	−4	0	4	+	2,2,2,2	2,2,2,2	2,2,2,2	I_2,I_2,I_2,I_2	**2 : 1,3,4**
F3	1 0 0	−186	−990	0	2	+	1,4,4,1	1,4,4,1	1,4,2,1	I_1,I_4,I_4,I_1	**2 : 2**
F4	1 0 0	−166	806	0	2	+	1,1,1,4	1,1,1,4	1,1,1,4	I_1,I_1,I_1,I_4	**2 : 2**

TABLE 1: ELLIPTIC CURVES 510G–522D

	a_1	a_2	a_3	a_4	a_6	r	$|T|$	s	ord(Δ)	ord$_-(j)$	c_p	Kodaira	Isogenies

510 $\qquad N = 510 = 2 \cdot 3 \cdot 5 \cdot 17$ (continued) **510**

	a_1	a_2	a_3	a_4	a_6	r	$|T|$	s	ord(Δ)	ord$_-(j)$	c_p	Kodaira	Isogenies
G1	1	0	0	25	-375	0	6	$-$	6,3,3,2	6,3,3,2	6,3,3,2	I_6, I_3, I_3, I_2	**2** : 2; **3** : 3
G2	1	0	0	-655	-6223	0	6	$+$	3,6,6,1	3,6,6,1	3,6,6,1	I_3, I_6, I_6, I_1	**2** : 1; **3** : 4
G3	1	0	0	-3275	-72435	0	2	$-$	2,1,1,6	2,1,1,6	2,1,1,2	I_2, I_1, I_1, I_6	**2** : 4; **3** : 1
G4	1	0	0	-52405	-4621873	0	2	$+$	1,2,2,3	1,2,2,3	1,2,2,1	I_1, I_2, I_2, I_3	**2** : 3; **3** : 2

513 $\qquad N = 513 = 3^3 \cdot 19$ (2 isogeny classes) **513**

	a_1	a_2	a_3	a_4	a_6	r	$|T|$	s	ord(Δ)	ord$_-(j)$	c_p	Kodaira	Isogenies
A1	1	-1	0	-42	-127	1	1	$-$	11,1	0,1	1,1	II*, I_1	
B1	1	-1	1	-5	6	1	1	$-$	5,1	0,1	3,1	IV, I_1	

514 $\qquad N = 514 = 2 \cdot 257$ (2 isogeny classes) **514**

	a_1	a_2	a_3	a_4	a_6	r	$|T|$	s	ord(Δ)	ord$_-(j)$	c_p	Kodaira	Isogenies
A1	1	-1	1	-91	-245	1	4	$+$	16,1	16,1	16,1	I_{16}, I_1	**2** : 2
A2	1	-1	1	-1371	-19189	1	4	$+$	8,2	8,2	8,2	I_8, I_2	**2** : 1,3,4
A3	1	-1	1	-21931	-1244565	1	2	$+$	4,1	4,1	4,1	I_4, I_1	**2** : 2
A4	1	-1	1	-1291	-21589	1	4	$-$	4,4	4,4	4,4	I_4, I_4	**2** : 2
B1	1	0	0	-4	0	1	2	$+$	4,1	4,1	4,1	I_4, I_1	**2** : 2
B2	1	0	0	16	4	1	2	$-$	2,2	2,2	2,2	I_2, I_2	**2** : 1

516 $\qquad N = 516 = 2^2 \cdot 3 \cdot 43$ (4 isogeny classes) **516**

	a_1	a_2	a_3	a_4	a_6	r	$|T|$	s	ord(Δ)	ord$_-(j)$	c_p	Kodaira	Isogenies
A1	0	-1	0	-4	-8	0	1	$-$	8,1,1	0,1,1	1,1,1	IV*, I_1, I_1	
B1	0	-1	0	11	-47	1	1	$-$	8,4,1	0,4,1	3,2,1	IV*, I_4, I_1	
C1	0	1	0	-13	-28	0	2	$-$	4,1,2	0,1,2	3,1,2	IV, I_1, I_2	**2** : 2
C2	0	1	0	-228	-1404	0	2	$+$	8,2,1	0,2,1	3,2,1	IV*, I_2, I_1	**2** : 1
D1	0	1	0	-44	-732	0	3	$-$	8,9,1	0,9,1	3,9,1	IV*, I_9, I_1	**3** : 2
D2	0	1	0	-7604	-257772	0	1	$-$	8,3,3	0,3,3	1,3,3	IV*, I_3, I_3	**3** : 1

517 $\qquad N = 517 = 11 \cdot 47$ (3 isogeny classes) **517**

	a_1	a_2	a_3	a_4	a_6	r	$|T|$	s	ord(Δ)	ord$_-(j)$	c_p	Kodaira	Isogenies
A1	0	-1	1	36	-3	0	1	$-$	3,2	3,2	1,2	I_3, I_2	
B1	0	0	1	-16	-26	0	1	$-$	1,2	1,2	1,2	I_1, I_2	
C1	0	-1	1	-52	-3863	1	1	$-$	3,4	3,4	3,4	I_3, I_4	

520 $\qquad N = 520 = 2^3 \cdot 5 \cdot 13$ (2 isogeny classes) **520**

	a_1	a_2	a_3	a_4	a_6	r	$|T|$	s	ord(Δ)	ord$_-(j)$	c_p	Kodaira	Isogenies
A1	0	0	0	-23	42	1	2	$+$	8,1,1	0,1,1	2,1,1	I_1^*, I_1, I_1	**2** : 2
A2	0	0	0	-43	-42	1	4	$+$	10,2,2	0,2,2	2,2,2	III*, I_2, I_2	**2** : 1,3,4
A3	0	0	0	-563	-5138	1	2	$+$	11,4,1	0,4,1	1,2,1	II*, I_4, I_1	**2** : 2
A4	0	0	0	157	-322	1	2	$-$	11,1,4	0,1,4	1,1,2	II*, I_1, I_4	**2** : 2
B1	0	-1	0	-20	-28	0	2	$+$	8,1,1	0,1,1	4,1,1	I_1^*, I_1, I_1	**2** : 2
B2	0	-1	0	0	-100	0	2	$-$	10,2,2	0,2,2	2,2,2	III*, I_2, I_2	**2** : 1

522 $\qquad N = 522 = 2 \cdot 3^2 \cdot 29$ (13 isogeny classes) **522**

	a_1	a_2	a_3	a_4	a_6	r	$|T|$	s	ord(Δ)	ord$_-(j)$	c_p	Kodaira	Isogenies
A1	1	-1	0	12	-208	1	1	$-$	5,9,1	5,0,1	1,2,1	I_5, III*, I_1	
B1	1	-1	0	-2046	36244	0	2	$-$	22,3,1	22,0,1	2,2,1	I_{22}, III, I_1	**2** : 2
B2	1	-1	0	-32766	2291092	0	2	$+$	11,3,2	11,0,2	1,2,2	I_{11}, III, I_2	**2** : 1
C1	1	-1	0	-6	-54	0	3	$-$	1,3,3	1,0,3	1,2,3	I_1, III, I_3	**3** : 2
C2	1	-1	0	-1311	-17947	0	1	$-$	3,9,1	3,0,1	1,2,1	I_3, III*, I_1	**3** : 1
D1	1	-1	0	-9	-3699	0	1	$-$	7,13,1	7,7,1	1,2,1	I_7, I_7^*, I_1	**7** : 2
D2	1	-1	0	-58599	5490531	0	1	$-$	1,7,7	1,1,7	1,2,1	I_1, I_1^*, I_7	**7** : 1

TABLE 1: ELLIPTIC CURVES 522E–528C

	a_1 a_2 a_3	a_4	a_6	r	$|T|$	s	ord(Δ)	ord$_-(j)$	c_p	Kodaira	Isogenies
522			$N = 522 = 2 \cdot 3^2 \cdot 29$			(continued)					**522**
E1	1 −1 0	−45	139	1	1	−	1,9,1	1,3,1	1,4,1	I_1, I_3^*, I_1	
F1	1 −1 0	45	−203	1	1	−	10,6,1	10,0,1	2,1,1	I_{10}, I_0^*, I_1	**5 : 2**
F2	1 −1 0	−4095	102577	1	1	−	2,6,5	2,0,5	2,1,5	I_2, I_0^*, I_5	**5 : 1**
G1	1 −1 1	−18416	−960173	0	2	−	22,9,1	22,0,1	22,2,1	I_{22}, III^*, I_1	**2 : 2**
G2	1 −1 1	−294896	−61564589	0	2	+	11,9,2	11,0,2	11,2,2	I_{11}, III^*, I_2	**2 : 1**
H1	1 −1 1	−146	713	0	3	−	3,3,1	3,0,1	3,2,1	I_3, III, I_1	**3 : 2**
H2	1 −1 1	−56	1513	0	1	−	1,9,3	1,0,3	1,2,1	I_1, III^*, I_3	**3 : 1**
I1	1 −1 1	1	7	1	1	−	5,3,1	5,0,1	5,2,1	I_5, III, I_1	
J1	1 −1 1	−509	4677	1	1	−	13,7,1	13,1,1	13,4,1	I_{13}, I_1^*, I_1	
K1	1 −1 1	4	47	0	4	−	4,7,1	4,1,1	4,4,1	I_4, I_1^*, I_1	**2 : 2**
K2	1 −1 1	−176	911	0	4	+	2,8,2	2,2,2	2,4,2	I_2, I_2^*, I_2	**2 : 1, 3, 4**
K3	1 −1 1	−446	−2329	0	2	+	1,7,4	1,1,4	1,2,4	I_1, I_1^*, I_4	**2 : 2**
K4	1 −1 1	−2786	57287	0	2	+	1,10,1	1,4,1	1,4,1	I_1, I_4^*, I_1	**2 : 2**
L1	1 −1 1	−11	−17	0	1	−	2,6,1	2,0,1	2,1,1	I_2, I_0^*, I_1	
M1	1 −1 1	−69341	−33115291	0	1	−	11,27,1	11,21,1	11,2,1	I_{11}, I_{21}^*, I_1	**3 : 2**
M2	1 −1 1	619564	858878903	0	3	−	33,13,3	33,7,3	33,2,3	I_{33}, I_7^*, I_3	**3 : 1**
524			$N = 524 = 2^2 \cdot 131$			(1 isogeny class)					**524**
A1	0 1 0	−309	1991	1	1	−	8,1	0,1	1,1	IV^*, I_1	
525			$N = 525 = 3 \cdot 5^2 \cdot 7$			(4 isogeny classes)					**525**
A1	1 1 1	−63	156	1	4	+	1,7,1	1,1,1	1,4,1	I_1, I_1^*, I_1	**2 : 2**
A2	1 1 1	−188	−844	1	4	+	2,8,2	2,2,2	2,4,2	I_2, I_2^*, I_2	**2 : 1, 3, 4**
A3	1 1 1	−2813	−58594	1	2	+	1,10,1	1,4,1	1,4,1	I_1, I_4^*, I_1	**2 : 2**
A4	1 1 1	437	−4594	1	2	−	4,7,4	4,1,4	2,4,2	I_4, I_1^*, I_4	**2 : 2**
B1	1 1 0	25	0	0	2	−	2,6,1	2,0,1	2,2,1	I_2, I_0^*, I_1	**2 : 2**
B2	1 1 0	−100	−125	0	4	+	4,6,2	4,0,2	2,4,2	I_4, I_0^*, I_2	**2 : 1, 3, 4**
B3	1 1 0	−1225	−17000	0	4	+	2,6,4	2,0,4	2,4,4	I_2, I_0^*, I_4	**2 : 2, 5, 6**
B4	1 1 0	−975	11250	0	2	+	8,6,1	8,0,1	2,2,1	I_8, I_0^*, I_1	**2 : 2**
B5	1 1 0	−19600	−1064375	0	2	+	1,6,2	1,0,2	1,2,2	I_1, I_0^*, I_2	**2 : 3**
B6	1 1 0	−850	−27125	0	2	−	1,6,8	1,0,8	1,2,8	I_1, I_0^*, I_8	**2 : 3**
C1	1 1 0	−450	3375	1	2	+	3,9,1	3,0,1	1,2,1	I_3, III^*, I_1	**2 : 2**
C2	1 1 0	175	12750	1	2	−	6,9,2	6,0,2	2,2,2	I_6, III^*, I_2	**2 : 1**
D1	1 0 0	−18	27	1	2	+	3,3,1	3,0,1	3,2,1	I_3, III, I_1	**2 : 2**
D2	1 0 0	7	102	1	2	−	6,3,2	6,0,2	6,2,2	I_6, III, I_2	**2 : 1**
528			$N = 528 = 2^4 \cdot 3 \cdot 11$			(10 isogeny classes)					**528**
A1	0 −1 0	−8	0	1	2	+	10,1,1	0,1,1	4,1,1	I_2^*, I_1, I_1	**2 : 2**
A2	0 −1 0	32	−32	1	2	−	11,2,2	0,2,2	4,2,2	I_3^*, I_2, I_2	**2 : 1**
B1	0 −1 0	1	−6	0	2	−	4,4,1	0,4,1	1,2,1	II, I_4, I_1	**2 : 2**
B2	0 −1 0	−44	−96	0	4	+	8,2,2	0,2,2	2,2,2	I_0^*, I_2, I_2	**2 : 1, 3, 4**
B3	0 −1 0	−704	−6960	0	2	+	10,1,1	0,1,1	4,1,1	I_2^*, I_1, I_1	**2 : 2**
B4	0 −1 0	−104	288	0	4	+	10,1,4	0,1,4	2,1,4	I_2^*, I_1, I_4	**2 : 2**
C1	0 −1 0	−8016	278928	0	2	+	10,7,1	0,7,1	4,1,1	I_2^*, I_7, I_1	**2 : 2**
C2	0 −1 0	−7976	281808	0	2	−	11,14,2	0,14,2	2,2,2	I_3^*, I_{14}, I_2	**2 : 1**

TABLE 1: ELLIPTIC CURVES 528D–537C

	a_1	a_2	a_3	a_4	a_6	r	$|T|$	s	ord(Δ)	ord$_-(j)$	c_p	Kodaira	Isogenies

528 — $N = 528 = 2^4 \cdot 3 \cdot 11$ (continued)

	a_1	a_2	a_3	a_4	a_6	r	$|T|$	s	ord(Δ)	ord$_-(j)$	c_p	Kodaira	Isogenies
D1	0	1	0	-12	12	0	2	$+$	8,1,1	0,1,1	2,1,1	I_0^*,I_1,I_1	**2** : **2**
D2	0	1	0	-32	-60	0	4	$+$	10,2,2	0,2,2	4,2,2	I_2^*,I_2,I_2	**2** : **1**, **3**, **4**
D3	0	1	0	-472	-4108	0	2	$+$	11,4,1	0,4,1	2,4,1	I_3^*,I_4,I_1	**2** : **2**
D4	0	1	0	88	-300	0	2	$-$	11,1,4	0,1,4	4,1,2	I_3^*,I_1,I_4	**2** : **2**
E1	0	-1	0	3	0	0	2	$-$	4,2,1	0,2,1	1,2,1	II,I_2,I_1	**2** : **2**
E2	0	-1	0	-12	12	0	2	$+$	8,1,2	0,1,2	1,1,2	I_0^*,I_1,I_2	**2** : **1**
F1	0	-1	0	-720	-5184	0	2	$+$	22,5,1	10,5,1	4,1,1	I_{14}^*,I_5,I_1	**2** : **2**; **5** : **3**
F2	0	-1	0	1840	-35904	0	2	$-$	17,10,2	5,10,2	2,2,2	I_9^*,I_{10},I_2	**2** : **1**; **5** : **4**
F3	0	-1	0	-161040	24927936	0	2	$+$	14,1,5	2,1,5	4,1,1	I_6^*,I_1,I_5	**2** : **4**; **5** : **1**
F4	0	-1	0	-160880	24979776	0	2	$-$	13,2,10	1,2,10	2,2,2	I_5^*,I_2,I_{10}	**2** : **3**; **5** : **2**
G1	0	-1	0	-88	-272	1	2	$+$	14,3,1	2,3,1	4,1,1	I_6^*,I_3,I_1	**2** : **2**; **3** : **3**
G2	0	-1	0	72	-1296	1	2	$-$	13,6,2	1,6,2	4,2,2	I_5^*,I_6,I_2	**2** : **1**; **3** : **4**
G3	0	-1	0	-1288	18160	1	2	$+$	18,1,3	6,1,3	4,1,3	I_{10}^*,I_1,I_3	**2** : **4**; **3** : **1**
G4	0	-1	0	-648	35568	1	2	$-$	15,2,6	3,2,6	4,2,6	I_7^*,I_2,I_6	**2** : **3**; **3** : **2**
H1	0	1	0	-104	372	1	2	$+$	12,3,1	0,3,1	4,3,1	I_4^*,I_3,I_1	**2** : **2**
H2	0	1	0	-184	-364	1	4	$+$	12,6,2	0,6,2	4,6,2	I_4^*,I_6,I_2	**2** : **1**, **3**, **4**
H3	0	1	0	-2344	-44428	1	2	$+$	12,3,4	0,3,4	2,3,2	I_4^*,I_3,I_4	**2** : **2**
H4	0	1	0	696	-2124	1	4	$-$	12,12,1	0,12,1	4,12,1	I_4^*,I_{12},I_1	**2** : **2**
I1	0	1	0	-77	-330	0	2	$-$	4,10,1	0,10,1	1,10,1	II,I_{10},I_1	**2** : **2**
I2	0	1	0	-1292	-18312	0	2	$+$	8,5,2	0,5,2	1,5,2	I_0^*,I_5,I_2	**2** : **1**
J1	0	1	0	-32	-12	0	2	$+$	16,1,1	4,1,1	4,1,1	I_8^*,I_1,I_1	**2** : **2**
J2	0	1	0	-352	2420	0	4	$+$	14,2,2	2,2,2	4,2,2	I_6^*,I_2,I_2	**2** : **1**, **3**, **4**
J3	0	1	0	-5632	160820	0	2	$+$	13,1,1	1,1,1	4,1,1	I_5^*,I_1,I_1	**2** : **2**
J4	0	1	0	-192	4788	0	4	$-$	13,4,4	1,4,4	2,4,4	I_5^*,I_4,I_4	**2** : **2**

530 — $N = 530 = 2 \cdot 5 \cdot 53$ (4 isogeny classes)

	a_1	a_2	a_3	a_4	a_6	r	$|T|$	s	ord(Δ)	ord$_-(j)$	c_p	Kodaira	Isogenies
A1	1	0	1	-14	-188	0	3	$-$	2,2,3	2,2,3	2,2,3	I_2,I_2,I_3	**3** : **2**
A2	1	0	1	-2929	-61244	0	1	$-$	6,6,1	6,6,1	2,2,1	I_6,I_6,I_1	**3** : **1**
B1	1	-1	0	-4	0	1	2	$+$	4,1,1	4,1,1	2,1,1	I_4,I_1,I_1	**2** : **2**
B2	1	-1	0	16	-12	1	2	$-$	2,2,2	2,2,2	2,2,2	I_2,I_2,I_2	**2** : **1**
C1	1	-1	0	1226	30580	1	1	$-$	10,10,1	10,10,1	2,10,1	I_{10},I_{10},I_1	
D1	1	1	1	9	13	1	1	$-$	6,2,1	6,2,1	6,2,1	I_6,I_2,I_1	

532 — $N = 532 = 2^2 \cdot 7 \cdot 19$ (1 isogeny class)

	a_1	a_2	a_3	a_4	a_6	r	$|T|$	s	ord(Δ)	ord$_-(j)$	c_p	Kodaira	Isogenies
A1	0	0	0	4	5	0	2	$-$	4,2,1	0,2,1	1,2,1	IV,I_2,I_1	**2** : **2**
A2	0	0	0	-31	54	0	2	$+$	8,1,2	0,1,2	1,1,2	IV^*,I_1,I_2	**2** : **1**

534 — $N = 534 = 2 \cdot 3 \cdot 89$ (1 isogeny class)

	a_1	a_2	a_3	a_4	a_6	r	$|T|$	s	ord(Δ)	ord$_-(j)$	c_p	Kodaira	Isogenies
A1	1	1	1	-14	11	1	2	$+$	6,2,1	6,2,1	6,2,1	I_6,I_2,I_1	**2** : **2**
A2	1	1	1	26	107	1	2	$-$	3,4,2	3,4,2	3,2,2	I_3,I_4,I_2	**2** : **1**

537 — $N = 537 = 3 \cdot 179$ (5 isogeny classes)

	a_1	a_2	a_3	a_4	a_6	r	$|T|$	s	ord(Δ)	ord$_-(j)$	c_p	Kodaira	Isogenies
A1	1	1	0	-120	909	0	1	$-$	13,1	13,1	1,1	I_{13},I_1	
B1	0	1	1	-75	-277	0	1	$-$	2,1	2,1	2,1	I_2,I_1	
C1	0	1	1	13	5	0	3	$-$	6,1	6,1	6,1	I_6,I_1	**3** : **2**
C2	0	1	1	-167	-958	0	1	$-$	2,3	2,3	2,1	I_2,I_3	**3** : **1**

TABLE 1: ELLIPTIC CURVES 537D–544E

	a_1	a_2	a_3	a_4	a_6	r	$|T|$	s	ord(Δ)	ord$_-(j)$	c_p	Kodaira	Isogenies
537					$N = 537 = 3 \cdot 179$			(continued)					**537**
D1	1	0	1	1	-1	0	1	$-$	1,1	1,1	1,1	I_1,I_1	
E1	0	1	1	-340	2308	0	5	$-$	10,1	10,1	10,1	I_{10},I_1	**5 : 2**
E2	0	1	1	2450	-39812	0	1	$-$	2,5	2,5	2,1	I_2,I_5	**5 : 1**
539					$N = 539 = 7^2 \cdot 11$			(4 isogeny classes)					**539**
A1	0	-1	1	-4377	-110013	0	1	$-$	8,1	2,1	2,1	I_2^*,I_1	**3 : 2**
A2	0	-1	1	-2417	-210708	0	1	$-$	12,3	6,3	2,1	I_6^*,I_3	**3 : 1, 3**
A3	0	-1	1	21593	5467657	0	1	$-$	8,9	2,9	2,1	I_2^*,I_9	**3 : 2**
B1	0	0	1	98	-86	0	1	$-$	8,1	2,1	2,1	I_2^*,I_1	
C1	1	0	1	170	-3237	1	2	$-$	9,2	3,2	4,2	I_3^*,I_2	**2 : 2**
C2	1	0	1	-2525	-45279	1	2	$+$	12,1	6,1	4,1	I_6^*,I_1	**2 : 1**
D1	0	1	1	-16	-66	1	1	$-$	6,1	0,1	2,1	I_0^*,I_1	**5 : 2**
D2	0	1	1	-506	7774	1	1	$-$	6,5	0,5	2,5	I_0^*,I_5	**5 : 1, 3**
D3	0	1	1	-383196	91174234	1	1	$-$	6,1	0,1	2,1	I_0^*,I_1	**5 : 2**
540					$N = 540 = 2^2 \cdot 3^3 \cdot 5$			(6 isogeny classes)					**540**
A1	0	0	0	-33	73	0	3	$-$	4,3,1	0,0,1	3,1,1	IV,II,I_1	**3 : 2**
A2	0	0	0	27	297	0	1	$-$	4,9,3	0,0,3	1,1,1	IV,IV*,I_3	**3 : 1**
B1	0	0	0	3	1	1	1	$-$	4,3,1	0,0,1	1,1,1	IV,II,I_1	**3 : 2**
B2	0	0	0	-57	169	1	3	$-$	4,5,3	0,0,3	3,3,3	IV,IV,I_3	**3 : 1**
C1	0	0	0	-648	6372	1	3	$-$	8,9,2	0,0,2	3,3,2	IV*,IV*,I_2	**3 : 2**
C2	0	0	0	1512	33588	1	1	$-$	8,11,6	0,0,6	1,1,2	IV*,II*,I_6	**3 : 1**
D1	0	0	0	27	-27	1	3	$-$	4,9,1	0,0,1	3,3,1	IV,IV*,I_1	**3 : 2**
D2	0	0	0	-513	-4563	1	1	$-$	4,11,3	0,0,3	1,1,1	IV,II*,I_3	**3 : 1**
E1	0	0	0	-72	-236	0	1	$-$	8,3,2	0,0,2	1,1,2	IV*,II,I_2	**3 : 2**
E2	0	0	0	168	-1244	0	3	$-$	8,5,6	0,0,6	3,1,6	IV*,IV,I_6	**3 : 1**
F1	0	0	0	3	-11	0	3	$-$	4,3,3	0,0,3	3,1,3	IV,II,I_3	**3 : 2**
F2	0	0	0	-297	-1971	0	1	$-$	4,9,1	0,0,1	1,3,1	IV,IV*,I_1	**3 : 1**
542					$N = 542 = 2 \cdot 271$			(2 isogeny classes)					**542**
A1	1	1	1	-37	-149	0	2	$-$	14,1	14,1	14,1	I_{14},I_1	**2 : 2**
A2	1	1	1	-677	-7061	0	2	$+$	7,2	7,2	7,2	I_7,I_2	**2 : 1**
B1	1	1	1	-8	9	1	1	$-$	7,1	7,1	7,1	I_7,I_1	
544					$N = 544 = 2^5 \cdot 17$			(6 isogeny classes)					**544**
A1	0	0	0	-5	4	1	2	$+$	6,1	0,1	2,1	III,I_1	**2 : 2**
A2	0	0	0	5	18	1	2	$-$	9,2	0,2	1,2	I_0^*,I_2	**2 : 1**
B1	0	-1	0	-22	48	0	2	$+$	6,1	0,1	2,1	III,I_1	**2 : 2**
B2	0	-1	0	-17	65	0	2	$-$	12,2	0,2	2,2	I_3^*,I_2	**2 : 1**
C1	0	1	0	-22	-48	0	2	$+$	6,1	0,1	2,1	III,I_1	**2 : 2**
C2	0	1	0	-17	-65	0	2	$-$	12,2	0,2	2,2	I_3^*,I_2	**2 : 1**
D1	0	0	0	-5	-4	0	2	$+$	6,1	0,1	2,1	III,I_1	**2 : 2**
D2	0	0	0	5	-18	0	2	$-$	9,2	0,2	2,2	I_0^*,I_2	**2 : 1**
E1	0	-1	0	-6	8	0	2	$+$	6,1	0,1	2,1	III,I_1	**2 : 2**
E2	0	-1	0	-16	-12	0	2	$+$	9,2	0,2	2,2	I_0^*,I_2	**2 : 1**

TABLE 1: ELLIPTIC CURVES 544F–550E

	a_1	a_2	a_3	a_4	a_6	r	$|T|$	s	$\mathrm{ord}(\Delta)$	$\mathrm{ord}_-(j)$	c_p	Kodaira	Isogenies

544

$N = 544 = 2^5 \cdot 17$ (continued)

	a_1	a_2	a_3	a_4	a_6	r	$|T|$	s	$\mathrm{ord}(\Delta)$	$\mathrm{ord}_-(j)$	c_p	Kodaira	Isogenies
F1	0	1	0	-6	-8	0	2	$+$	6,1	0,1	2,1	$\mathrm{III},\mathrm{I}_1$	2 : 2
F2	0	1	0	-16	12	0	2	$+$	9,2	0,2	1,2	$\mathrm{I}_0^*,\mathrm{I}_2$	2 : 1

545

$N = 545 = 5 \cdot 109$ (1 isogeny class)

	a_1	a_2	a_3	a_4	a_6	r	$|T|$	s	$\mathrm{ord}(\Delta)$	$\mathrm{ord}_-(j)$	c_p	Kodaira	Isogenies
A1	1	-1	0	-284	1915	1	2	$+$	3,1	3,1	3,1	$\mathrm{I}_3,\mathrm{I}_1$	2 : 2
A2	1	-1	0	-289	1848	1	4	$+$	6,2	6,2	6,2	$\mathrm{I}_6,\mathrm{I}_2$	2 : 1,3,4
A3	1	-1	0	-914	-8277	1	2	$+$	3,4	3,4	3,4	$\mathrm{I}_3,\mathrm{I}_4$	2 : 2
A4	1	-1	0	256	7625	1	4	$-$	12,1	12,1	12,1	$\mathrm{I}_{12},\mathrm{I}_1$	2 : 2

546

$N = 546 = 2 \cdot 3 \cdot 7 \cdot 13$ (7 isogeny classes)

	a_1	a_2	a_3	a_4	a_6	r	$|T|$	s	$\mathrm{ord}(\Delta)$	$\mathrm{ord}_-(j)$	c_p	Kodaira	Isogenies
A1	1	1	0	-108	-486	0	1	$-$	1,5,3,1	1,5,3,1	1,1,1,1	$\mathrm{I}_1,\mathrm{I}_5,\mathrm{I}_3,\mathrm{I}_1$	
B1	1	0	1	-8	-10	0	1	$-$	5,1,1,1	5,1,1,1	1,1,1,1	$\mathrm{I}_5,\mathrm{I}_1,\mathrm{I}_1,\mathrm{I}_1$	
C1	1	0	1	-57	-164	1	2	$+$	8,3,1,1	8,3,1,1	2,3,1,1	$\mathrm{I}_8,\mathrm{I}_3,\mathrm{I}_1,\mathrm{I}_1$	2 : 2
C2	1	0	1	-137	380	1	4	$+$	4,6,2,2	4,6,2,2	2,6,2,2	$\mathrm{I}_4,\mathrm{I}_6,\mathrm{I}_2,\mathrm{I}_2$	2 : 1,3,4
C3	1	0	1	-1957	33140	1	4	$+$	2,12,1,1	2,12,1,1	2,12,1,1	$\mathrm{I}_2,\mathrm{I}_{12},\mathrm{I}_1,\mathrm{I}_1$	2 : 2
C4	1	0	1	403	2756	1	2	$-$	2,3,4,4	2,3,4,4	2,3,2,4	$\mathrm{I}_2,\mathrm{I}_3,\mathrm{I}_4,\mathrm{I}_4$	2 : 2
D1	1	0	1	13	182	0	3	$-$	3,9,1,1	3,9,1,1	1,9,1,1	$\mathrm{I}_3,\mathrm{I}_9,\mathrm{I}_1,\mathrm{I}_1$	3 : 2
D2	1	0	1	-122	-4948	0	3	$-$	9,3,3,3	9,3,3,3	1,3,3,3	$\mathrm{I}_9,\mathrm{I}_3,\mathrm{I}_3,\mathrm{I}_3$	3 : 1,3
D3	1	0	1	-26057	-1621108	0	1	$-$	27,1,1,1	27,1,1,1	1,1,1,1	$\mathrm{I}_{27},\mathrm{I}_1,\mathrm{I}_1,\mathrm{I}_1$	3 : 2
E1	1	1	1	-100484	-12372091	0	1	$-$	17,7,1,5	17,7,1,5	17,1,1,1	$\mathrm{I}_{17},\mathrm{I}_7,\mathrm{I}_1,\mathrm{I}_5$	
F1	1	0	0	714	-82908	0	7	$-$	7,7,7,1	7,7,7,1	7,7,7,1	$\mathrm{I}_7,\mathrm{I}_7,\mathrm{I}_7,\mathrm{I}_1$	7 : 2
F2	1	0	0	-3674496	-2711401518	0	1	$-$	1,1,1,7	1,1,1,7	1,1,1,1	$\mathrm{I}_1,\mathrm{I}_1,\mathrm{I}_1,\mathrm{I}_7$	7 : 1
G1	1	0	0	-7	-7	0	2	$+$	4,1,1,1	4,1,1,1	4,1,1,1	$\mathrm{I}_4,\mathrm{I}_1,\mathrm{I}_1,\mathrm{I}_1$	2 : 2
G2	1	0	0	-27	45	0	4	$+$	2,2,2,2	2,2,2,2	2,2,2,2	$\mathrm{I}_2,\mathrm{I}_2,\mathrm{I}_2,\mathrm{I}_2$	2 : 1,3,4
G3	1	0	0	-417	3243	0	2	$+$	1,1,4,1	1,1,4,1	1,1,4,1	$\mathrm{I}_1,\mathrm{I}_1,\mathrm{I}_4,\mathrm{I}_1$	2 : 2
G4	1	0	0	43	255	0	2	$-$	1,4,1,4	1,4,1,4	1,4,1,2	$\mathrm{I}_1,\mathrm{I}_4,\mathrm{I}_1,\mathrm{I}_4$	2 : 2

549

$N = 549 = 3^2 \cdot 61$ (3 isogeny classes)

	a_1	a_2	a_3	a_4	a_6	r	$|T|$	s	$\mathrm{ord}(\Delta)$	$\mathrm{ord}_-(j)$	c_p	Kodaira	Isogenies
A1	1	-1	0	3	0	1	2	$-$	3,1	0,1	2,1	$\mathrm{III},\mathrm{I}_1$	2 : 2
A2	1	-1	0	-12	9	1	2	$+$	3,2	0,2	2,2	$\mathrm{III},\mathrm{I}_2$	2 : 1
B1	1	-1	1	25	-26	1	2	$-$	9,1	0,1	2,1	$\mathrm{III}^*,\mathrm{I}_1$	2 : 2
B2	1	-1	1	-110	-134	1	2	$+$	9,2	0,2	2,2	$\mathrm{III}^*,\mathrm{I}_2$	2 : 1
C1	1	-1	0	-18	-27	0	1	$-$	6,1	0,1	2,1	$\mathrm{I}_0^*,\mathrm{I}_1$	

550

$N = 550 = 2 \cdot 5^2 \cdot 11$ (13 isogeny classes)

	a_1	a_2	a_3	a_4	a_6	r	$|T|$	s	$\mathrm{ord}(\Delta)$	$\mathrm{ord}_-(j)$	c_p	Kodaira	Isogenies
A1	1	1	0	-25	125	1	1	$-$	3,7,1	3,1,1	1,4,1	$\mathrm{I}_3,\mathrm{I}_1^*,\mathrm{I}_1$	3 : 2
A2	1	1	0	225	-3125	1	1	$-$	1,9,3	1,3,3	1,4,1	$\mathrm{I}_1,\mathrm{I}_3^*,\mathrm{I}_3$	3 : 1
B1	1	0	1	249	-6102	0	1	$-$	5,11,1	5,5,1	1,2,1	$\mathrm{I}_5,\mathrm{I}_5^*,\mathrm{I}_1$	5 : 2
B2	1	0	1	-148501	-22038602	0	1	$-$	1,7,5	1,1,5	1,2,5	$\mathrm{I}_1,\mathrm{I}_1^*,\mathrm{I}_5$	5 : 1
C1	1	0	1	-206	-1152	0	1	$-$	11,2,1	11,0,1	1,1,1	$\mathrm{I}_{11},\mathrm{II},\mathrm{I}_1$	
D1	1	0	1	49	48	0	3	$-$	1,8,1	1,0,1	1,3,1	$\mathrm{I}_1,\mathrm{IV}^*,\mathrm{I}_1$	3 : 2
D2	1	0	1	-576	-6202	0	1	$-$	3,8,3	3,0,3	1,1,1	$\mathrm{I}_3,\mathrm{IV}^*,\mathrm{I}_3$	3 : 1
E1	1	-1	0	-367	10541	0	1	$-$	11,9,1	11,0,1	1,2,1	$\mathrm{I}_{11},\mathrm{III}^*,\mathrm{I}_1$	

TABLE 1: ELLIPTIC CURVES 550F–555B

	a_1	a_2	a_3	a_4	a_6	r	$|T|$	s	ord(Δ)	ord$_-(j)$	c_p	Kodaira	Isogenies

550 $N = 550 = 2 \cdot 5^2 \cdot 11$ (continued)   **550**

	a_1	a_2	a_3	a_4	a_6	r	$|T|$	s	ord(Δ)	ord$_-(j)$	c_p	Kodaira	Isogenies
F1	1	0	1	−701	−7202	1	1	−	1,9,1	1,0,1	1,2,1	I_1,III*,I_1	**5 : 2**
F2	1	0	1	4924	75298	1	1	−	5,9,5	5,0,5	1,2,5	I_5,III*,I_5	**5 : 1, 3**
F3	1	0	1	−758201	254051548	1	1	−	25,9,1	25,0,1	1,2,1	I_{25},III*,I_1	**5 : 2**
G1	1	0	1	−6	8	1	2	−	4,3,1	4,0,1	2,2,1	I_4,III,I_1	**2 : 2**
G2	1	0	1	−106	408	1	2	+	2,3,2	2,0,2	2,2,2	I_2,III,I_2	**2 : 1**
H1	1	1	1	2	1	0	1	−	1,2,1	1,0,1	1,1,1	I_1,II,I_1	**3 : 2**
H2	1	1	1	−23	−59	0	1	−	3,2,3	3,0,3	3,1,1	I_3,II,I_3	**3 : 1**
I1	1	1	1	−2213	39531	1	1	−	7,7,3	7,1,3	7,4,3	I_7,I_1^*,I_3	**3 : 2**
I2	1	1	1	7412	212781	1	1	−	21,9,1	21,3,1	21,4,1	I_{21},I_3^*,I_1	**3 : 1**
J1	1	−1	1	−15	87	1	1	−	11,3,1	11,0,1	11,2,1	I_{11},III,I_1	
K1	1	1	1	−28	−69	0	1	−	1,3,1	1,0,1	1,2,1	I_1,III,I_1	**5 : 2**
K2	1	1	1	197	681	0	5	−	5,3,5	5,0,5	5,2,5	I_5,III,I_5	**5 : 1, 3**
K3	1	1	1	−30328	2020281	0	5	−	25,3,1	25,0,1	25,2,1	I_{25},III,I_1	**5 : 2**
L1	1	1	1	−138	1031	0	2	−	4,9,1	4,0,1	4,2,1	I_4,III*,I_1	**2 : 2**
L2	1	1	1	−2638	51031	0	2	+	2,9,2	2,0,2	2,2,2	I_2,III*,I_2	**2 : 1**
M1	1	1	1	−5138	−143969	0	1	−	11,8,1	11,0,1	11,1,1	I_{11},IV*,I_1	

551 $N = 551 = 19 \cdot 29$ (4 isogeny classes)   **551**

	a_1	a_2	a_3	a_4	a_6	r	$|T|$	s	ord(Δ)	ord$_-(j)$	c_p	Kodaira	Isogenies
A1	1	0	1	1	−5	1	1	−	2,1	2,1	2,1	I_2,I_1	
B1	1	0	0	−11	14	1	1	−	2,1	2,1	2,1	I_2,I_1	
C1	0	1	1	−2376	−61851	1	1	−	7,2	7,2	7,2	I_7,I_2	
D1	0	1	1	−116	444	1	1	−	1,2	1,2	1,2	I_1,I_2	

552 $N = 552 = 2^3 \cdot 3 \cdot 23$ (5 isogeny classes)   **552**

	a_1	a_2	a_3	a_4	a_6	r	$|T|$	s	ord(Δ)	ord$_-(j)$	c_p	Kodaira	Isogenies
A1	0	−1	0	−64	−260	1	2	−	10,6,1	0,6,1	2,2,1	III*,I_6,I_1	**2 : 2**
A2	0	−1	0	−1144	−14516	1	2	+	11,3,2	0,3,2	1,1,2	II*,I_3,I_2	**2 : 1**
B1	0	−1	0	−2908	61876	0	2	−	8,14,1	0,14,1	2,2,1	I_1^*,I_{14},I_1	**2 : 2**
B2	0	−1	0	−46648	3893500	0	2	+	10,7,2	0,7,2	2,1,2	III*,I_7,I_2	**2 : 1**
C1	0	−1	0	4	−12	0	2	−	8,2,1	0,2,1	2,2,1	I_1^*,I_2,I_1	**2 : 2**
C2	0	−1	0	−56	−132	0	2	+	10,1,2	0,1,2	2,1,2	III*,I_1,I_2	**2 : 1**
D1	0	−1	0	−207	−1080	1	2	+	4,3,1	0,3,1	2,1,1	III,I_3,I_1	**2 : 2**
D2	0	−1	0	−212	−1020	1	4	+	8,6,2	0,6,2	4,2,2	I_1^*,I_6,I_2	**2 : 1, 3, 4**
D3	0	−1	0	−752	6972	1	4	+	10,3,4	0,3,4	2,1,4	III*,I_3,I_4	**2 : 2**
D4	0	−1	0	248	−5252	1	2	−	10,12,1	0,12,1	2,2,1	III*,I_{12},I_1	**2 : 2**
E1	0	1	0	−4	32	1	4	−	8,4,1	0,4,1	4,4,1	I_1^*,I_4,I_1	**2 : 2**
E2	0	1	0	−184	896	1	4	+	10,2,2	0,2,2	2,2,2	III*,I_2,I_2	**2 : 1, 3, 4**
E3	0	1	0	−304	−544	1	2	+	11,1,4	0,1,4	1,1,2	II*,I_1,I_4	**2 : 2**
E4	0	1	0	−2944	60512	1	2	+	11,1,1	0,1,1	1,1,1	II*,I_1,I_1	**2 : 2**

555 $N = 555 = 3 \cdot 5 \cdot 37$ (2 isogeny classes)   **555**

	a_1	a_2	a_3	a_4	a_6	r	$|T|$	s	ord(Δ)	ord$_-(j)$	c_p	Kodaira	Isogenies
A1	0	1	1	−1	−29	0	1	−	1,5,1	1,5,1	1,1,1	I_1,I_5,I_1	
B1	0	1	1	−2405	−47869	0	3	−	15,3,1	15,3,1	15,3,1	I_{15},I_3,I_1	**3 : 2**
B2	0	1	1	−196805	−33670564	0	1	−	5,1,3	5,1,3	5,1,3	I_5,I_1,I_3	**3 : 1**

	a_1	a_2	a_3	a_4	a_6	r	$|T|$	s	ord(Δ)	ord$_-(j)$	c_p	Kodaira	Isogenies

556 $N = 556 = 2^2 \cdot 139$ (1 isogeny class)

| A1 | 0 | 0 | 0 | -8 | 9 | 1 | 1 | $-$ | 4,1 | 0,1 | 3,1 | IV,I_1 | |

557 $N = 557 = 557$ (2 isogeny classes)

| A1 | 1 | 1 | 0 | 0 | 1 | 1 | 1 | $-$ | 1 | 1 | 1 | I_1 | |
| B1 | 0 | -1 | 1 | -268 | 1781 | 0 | 1 | $+$ | 1 | 1 | 1 | I_1 | |

558 $N = 558 = 2 \cdot 3^2 \cdot 31$ (8 isogeny classes)

A1	1	-1	0	0	2	1	1	$-$	1,3,1	1,0,1	1,2,1	I_1,III,I_1	
B1	1	-1	0	-48	288	0	3	$-$	5,3,3	5,0,3	1,2,3	I_5,III,I_3	**3 : 2**
B2	1	-1	0	417	-6067	0	1	$-$	15,9,1	15,0,1	1,2,1	I_{15},III*,I_1	**3 : 1**
C1	1	-1	0	-6	-28	0	2	$-$	4,6,1	4,0,1	2,2,1	I_4,I_0^*,I_1	**2 : 2**
C2	1	-1	0	-186	-928	0	4	$+$	2,6,2	2,0,2	2,4,2	I_2,I_0^*,I_2	**2 : 1,3,4**
C3	1	-1	0	-2976	-61750	0	2	$+$	1,6,1	1,0,1	1,2,1	I_1,I_0^*,I_1	**2 : 2**
C4	1	-1	0	-276	134	0	2	$+$	1,6,4	1,0,4	1,2,2	I_1,I_0^*,I_4	**2 : 2**
D1	1	-1	0	135	-243	1	1	$-$	5,11,1	5,5,1	1,4,1	I_5,I_5^*,I_1	**5 : 2**
D2	1	-1	0	-12555	544887	1	1	$-$	1,7,5	1,1,5	1,4,5	I_1,I_1^*,I_5	**5 : 1**
E1	1	-1	1	-2	-53	0	1	$-$	1,9,1	1,0,1	1,2,1	I_1,III*,I_1	
F1	1	-1	1	46	209	1	3	$-$	15,3,1	15,0,1	15,2,1	I_{15},III,I_1	**3 : 2**
F2	1	-1	1	-434	-7343	1	1	$-$	5,9,3	5,0,3	5,2,3	I_5,III*,I_3	**3 : 1**
G1	1	-1	1	-149	749	1	1	$-$	7,7,1	7,1,1	7,4,1	I_7,I_1^*,I_1	
H1	1	-1	1	-752	9213	0	1	$-$	1,17,1	1,11,1	1,2,1	I_1,I_{11}^*,I_1	

560 $N = 560 = 2^4 \cdot 5 \cdot 7$ (6 isogeny classes)

A1	0	1	0	-1	-5	0	1	$-$	8,1,1	0,1,1	1,1,1	I_0^*,I_1,I_1	
B1	0	0	0	-412	-3316	0	1	$-$	8,5,3	0,5,3	1,5,1	I_0^*,I_5,I_3	
C1	0	-1	0	-21	-35	0	1	$-$	12,1,1	0,1,1	1,1,1	II*,I_1,I_1	**3 : 2**
C2	0	-1	0	139	61	0	1	$-$	12,3,3	0,3,3	1,1,1	II*,I_3,I_3	**3 : 1,3**
C3	0	-1	0	-2101	39485	0	1	$-$	12,9,1	0,9,1	1,1,1	II*,I_9,I_1	**3 : 2**
D1	0	0	0	37	138	1	2	$-$	16,2,1	4,2,1	4,2,1	I_8^*,I_2,I_1	**2 : 2**
D2	0	0	0	-283	1482	1	4	$+$	14,4,2	2,4,2	4,2,2	I_6^*,I_4,I_2	**2 : 1,3,4**
D3	0	0	0	-1403	-18902	1	2	$+$	13,8,1	1,8,1	2,2,1	I_5^*,I_8,I_1	**2 : 2**
D4	0	0	0	-4283	107882	1	4	$+$	13,2,4	1,2,4	4,2,4	I_5^*,I_2,I_4	**2 : 2**
E1	0	0	0	32	-212	1	1	$-$	8,1,5	0,1,5	2,1,5	I_0^*,I_1,I_5	
F1	0	-1	0	-5	25	1	1	$-$	8,3,1	0,3,1	2,3,1	I_0^*,I_3,I_1	**3 : 2**
F2	0	-1	0	-805	9065	1	1	$-$	8,1,3	0,1,3	2,1,1	I_0^*,I_1,I_3	**3 : 1**

561 $N = 561 = 3 \cdot 11 \cdot 17$ (4 isogeny classes)

A1	0	-1	1	-3729	-86416	0	1	$-$	10,1,1	10,1,1	2,1,1	I_{10},I_1,I_1	
B1	0	1	1	-269	1628	1	1	$-$	2,5,1	2,5,1	2,5,1	I_2,I_5,I_1	
C1	0	1	1	-8	8	1	1	$-$	4,1,1	4,1,1	4,1,1	I_4,I_1,I_1	
D1	1	0	0	-12	15	0	2	$+$	1,1,1	1,1,1	1,1,1	I_1,I_1,I_1	**2 : 2**
D2	1	0	0	-17	0	0	4	$+$	2,2,2	2,2,2	2,2,2	I_2,I_2,I_2	**2 : 1,3,4**
D3	1	0	0	-182	-957	0	2	$+$	1,1,4	1,1,4	1,1,4	I_1,I_1,I_4	**2 : 2**
D4	1	0	0	68	17	0	4	$-$	4,4,1	4,4,1	4,4,1	I_4,I_4,I_1	**2 : 2**

TABLE 1: ELLIPTIC CURVES 562A–570F

	$a_1\ a_2\ a_3$	a_4	a_6	r	$|T|$	s	$\text{ord}(\Delta)$	$\text{ord}_-(j)$	c_p	Kodaira	Isogenies

562 $N = 562 = 2 \cdot 281$ (1 isogeny class)   562

	$a_1\ a_2\ a_3$	a_4	a_6	r	$|T|$	s	$\text{ord}(\Delta)$	$\text{ord}_-(j)$	c_p	Kodaira	Isogenies
A1	1 1 0	−4	0	0	2	+	4,1	4,1	2,1	I_4,I_1	2 : 2
A2	1 1 0	16	20	0	2	−	2,2	2,2	2,2	I_2,I_2	2 : 1

563 $N = 563 = 563$ (1 isogeny class)   563

	$a_1\ a_2\ a_3$	a_4	a_6	r	$|T|$	s	$\text{ord}(\Delta)$	$\text{ord}_-(j)$	c_p	Kodaira	Isogenies
A1	1 1 1	−15	16	2	1	−	1	1	1	I_1	

564 $N = 564 = 2^2 \cdot 3 \cdot 47$ (2 isogeny classes)   564

	$a_1\ a_2\ a_3$	a_4	a_6	r	$|T|$	s	$\text{ord}(\Delta)$	$\text{ord}_-(j)$	c_p	Kodaira	Isogenies
A1	0 −1 0	−221	−1191	1	1	+	8,5,1	0,5,1	1,1,1	IV^*,I_5,I_1	
B1	0 1 0	−37	71	1	3	+	8,3,1	0,3,1	3,3,1	IV^*,I_3,I_1	3 : 2
B2	0 1 0	−517	−4681	1	1	+	8,1,3	0,1,3	1,1,1	IV^*,I_1,I_3	3 : 1

565 $N = 565 = 5 \cdot 113$ (1 isogeny class)   565

	$a_1\ a_2\ a_3$	a_4	a_6	r	$|T|$	s	$\text{ord}(\Delta)$	$\text{ord}_-(j)$	c_p	Kodaira	Isogenies
A1	1 0 1	−19	−33	0	1	−	3,1	3,1	1,1	I_3,I_1	

566 $N = 566 = 2 \cdot 283$ (2 isogeny classes)   566

	$a_1\ a_2\ a_3$	a_4	a_6	r	$|T|$	s	$\text{ord}(\Delta)$	$\text{ord}_-(j)$	c_p	Kodaira	Isogenies
A1	1 −1 0	−2	4	1	1	−	4,1	4,1	2,1	I_4,I_1	
B1	1 0 0	1	−1	0	1	−	1,1	1,1	1,1	I_1,I_1	

567 $N = 567 = 3^4 \cdot 7$ (2 isogeny classes)   567

	$a_1\ a_2\ a_3$	a_4	a_6	r	$|T|$	s	$\text{ord}(\Delta)$	$\text{ord}_-(j)$	c_p	Kodaira	Isogenies
A1	1 −1 0	0	−3	1	1	−	4,2	0,2	1,2	II,I_2	
B1	1 −1 1	−2	82	1	1	−	10,2	0,2	3,2	IV^*,I_2	

568 $N = 568 = 2^3 \cdot 71$ (1 isogeny class)   568

	$a_1\ a_2\ a_3$	a_4	a_6	r	$|T|$	s	$\text{ord}(\Delta)$	$\text{ord}_-(j)$	c_p	Kodaira	Isogenies
A1	0 −1 0	−72	−212	0	1	+	11,1	0,1	1,1	II^*,I_1	

570 $N = 570 = 2 \cdot 3 \cdot 5 \cdot 19$ (13 isogeny classes)   570

	$a_1\ a_2\ a_3$	a_4	a_6	r	$|T|$	s	$\text{ord}(\Delta)$	$\text{ord}_-(j)$	c_p	Kodaira	Isogenies
A1	1 1 0	−98	372	1	2	−	8,3,1,2	8,3,1,2	2,1,1,2	I_8,I_3,I_1,I_2	2 : 2
A2	1 1 0	−1618	24388	1	2	+	4,6,2,1	4,6,2,1	2,2,2,1	I_4,I_6,I_2,I_1	2 : 1
B1	1 1 0	−78	−972	0	2	−	14,2,3,1	14,2,3,1	2,2,1,1	I_{14},I_2,I_3,I_1	2 : 2
B2	1 1 0	−1998	−35148	0	2	+	7,1,6,2	7,1,6,2	1,1,2,2	I_7,I_1,I_6,I_2	2 : 1
C1	1 1 0	−17	69	1	2	−	4,1,3,2	4,1,3,2	2,1,3,2	I_4,I_1,I_3,I_2	2 : 2
C2	1 1 0	−397	2881	1	2	+	2,2,6,1	2,2,6,1	2,2,6,1	I_2,I_2,I_6,I_1	2 : 1
D1	1 0 1	3676	−514654	0	2	−	28,5,1,2	28,5,1,2	2,5,1,2	I_{28},I_5,I_1,I_2	2 : 2
D2	1 0 1	−78244	−7985758	0	4	+	14,10,2,4	14,10,2,4	2,10,2,2	I_{14},I_{10},I_2,I_4	2 : 1, 3, 4
D3	1 0 1	−1233444	−527363678	0	2	+	7,20,1,2	7,20,1,2	1,20,1,2	I_7,I_{20},I_1,I_2	2 : 2
D4	1 0 1	−233764	33569186	0	2	+	7,5,4,8	7,5,4,8	1,5,2,2	I_7,I_5,I_4,I_8	2 : 2
E1	1 0 1	12	−14	1	2	−	8,2,1,1	8,2,1,1	2,2,1,1	I_8,I_2,I_1,I_1	2 : 2
E2	1 0 1	−68	−142	1	4	+	4,4,2,2	4,4,2,2	2,4,2,2	I_4,I_4,I_2,I_2	2 : 1, 3, 4
E3	1 0 1	−968	−11662	1	2	+	2,2,1,4	2,2,1,4	2,2,1,2	I_2,I_2,I_1,I_4	2 : 2
E4	1 0 1	−448	3506	1	4	+	2,8,4,1	2,8,4,1	2,8,4,1	I_2,I_8,I_4,I_1	2 : 2
F1	1 0 1	−23	506	0	6	−	6,6,3,1	6,6,3,1	2,6,3,1	I_6,I_6,I_3,I_1	2 : 2; 3 : 3
F2	1 0 1	−1103	13898	0	6	+	3,3,6,2	3,3,6,2	1,3,6,2	I_3,I_3,I_6,I_2	2 : 1; 3 : 4
F3	1 0 1	202	−13624	0	2	−	18,2,1,3	18,2,1,3	2,2,1,3	I_{18},I_2,I_1,I_3	2 : 4; 3 : 1
F4	1 0 1	−7478	−240952	0	2	+	9,1,2,6	9,1,2,6	1,1,2,6	I_9,I_1,I_2,I_6	2 : 3; 3 : 2

TABLE 1: ELLIPTIC CURVES 570G–574C

	a_1	a_2	a_3	a_4	a_6	r	$|T|$	s	$\text{ord}(\Delta)$	$\text{ord}_-(j)$	c_p	Kodaira	Isogenies
570					$N = 570 = 2 \cdot 3 \cdot 5 \cdot 19$				(continued)				**570**
G1	1	1	1	-31	53	0	4	$+$	4,1,2,1	4,1,2,1	4,1,2,1	I_4, I_1, I_2, I_1	**2** : 2
G2	1	1	1	-51	-51	0	4	$+$	2,2,4,2	2,2,4,2	2,2,2,2	I_2, I_2, I_4, I_2	**2** : 1,3,4
G3	1	1	1	-621	-6207	0	2	$+$	1,1,8,1	1,1,8,1	1,1,2,1	I_1, I_1, I_8, I_1	**2** : 2
G4	1	1	1	199	-151	0	2	$-$	1,4,2,4	1,4,2,4	1,2,2,2	I_1, I_4, I_2, I_4	**2** : 2
H1	1	1	1	0	-3	0	2	$-$	2,2,1,1	2,2,1,1	2,2,1,1	I_2, I_2, I_1, I_1	**2** : 2
H2	1	1	1	-30	-75	0	2	$+$	1,1,2,2	1,1,2,2	1,1,2,2	I_1, I_1, I_2, I_2	**2** : 1
I1	1	1	1	-1900	32525	0	4	$-$	8,5,1,4	8,5,1,4	8,1,1,4	I_8, I_5, I_1, I_4	**2** : 2
I2	1	1	1	-30780	2065677	0	4	$+$	4,10,2,2	4,10,2,2	4,2,2,2	I_4, I_{10}, I_2, I_2	**2** : 1,3,4
I3	1	1	1	-31160	2011565	0	2	$+$	2,20,4,1	2,20,4,1	2,2,4,1	I_2, I_{20}, I_4, I_1	**2** : 2
I4	1	1	1	-492480	132819117	0	2	$+$	2,5,1,1	2,5,1,1	2,1,1,1	I_2, I_5, I_1, I_1	**2** : 2
J1	1	0	0	-1456	-21604	0	2	$-$	2,14,1,1	2,14,1,1	2,14,1,1	I_2, I_{14}, I_1, I_1	**2** : 2
J2	1	0	0	-23326	-1373170	0	2	$+$	1,7,2,2	1,7,2,2	1,7,2,2	I_1, I_7, I_2, I_2	**2** : 1
K1	1	0	0	-25871	1614201	0	6	$-$	24,3,3,2	24,3,3,2	24,3,1,2	I_{24}, I_3, I_3, I_2	**2** : 2; **3** : 3
K2	1	0	0	-414991	102863225	0	6	$+$	12,6,6,1	12,6,6,1	12,6,2,1	I_{12}, I_6, I_6, I_1	**2** : 1; **3** : 4
K3	1	0	0	85489	8420985	0	2	$-$	8,1,9,6	8,1,9,6	8,1,1,6	I_8, I_1, I_9, I_6	**2** : 4; **3** : 1
K4	1	0	0	-463231	77449961	0	2	$+$	4,2,18,3	4,2,18,3	4,2,2,3	I_4, I_2, I_{18}, I_3	**2** : 3; **3** : 2
L1	1	0	0	9335	-737383	0	10	$-$	20,5,5,2	20,5,5,2	20,5,5,2	I_{20}, I_5, I_5, I_2	**2** : 2; **5** : 3
L2	1	0	0	-87945	-8655975	0	10	$+$	10,10,10,1	10,10,10,1	10,10,10,1	$I_{10}, I_{10}, I_{10}, I_1$	**2** : 1; **5** : 4
L3	1	0	0	-3301465	-2309192023	0	2	$-$	4,1,1,10	4,1,1,10	4,1,1,2	I_4, I_1, I_1, I_{10}	**2** : 4; **5** : 1
L4	1	0	0	-52823445	-147775056075	0	2	$+$	2,2,2,5	2,2,2,5	2,2,2,1	I_2, I_2, I_2, I_5	**2** : 3; **5** : 2
M1	1	0	0	-10	20	0	4	$-$	4,4,1,1	4,4,1,1	4,4,1,1	I_4, I_4, I_1, I_1	**2** : 2
M2	1	0	0	-190	992	0	4	$+$	2,2,2,2	2,2,2,2	2,2,2,2	I_2, I_2, I_2, I_2	**2** : 1,3,4
M3	1	0	0	-220	650	0	2	$+$	1,1,4,4	1,1,4,4	1,1,4,2	I_1, I_1, I_4, I_4	**2** : 2
M4	1	0	0	-3040	64262	0	2	$+$	1,1,1,1	1,1,1,1	1,1,1,1	I_1, I_1, I_1, I_1	**2** : 2
571					$N = 571 = 571$			(2 isogeny classes)					**571**
A1	0	-1	1	-929	-10595	0	1	$-$	1	1	1	I_1	
B1	0	1	1	-4	2	2	1	$-$	1	1	1	I_1	
572					$N = 572 = 2^2 \cdot 11 \cdot 13$			(1 isogeny class)					**572**
A1	0	1	0	91	-121	0	3	$-$	8,3,2	0,3,2	3,3,2	IV^*, I_3, I_2	**3** : 2
A2	0	1	0	-1669	-27401	0	1	$-$	8,1,6	0,1,6	1,1,6	IV^*, I_1, I_6	**3** : 1
573					$N = 573 = 3 \cdot 191$			(3 isogeny classes)					**573**
A1	1	0	0	3	0	0	2	$-$	2,1	2,1	2,1	I_2, I_1	**2** : 2
A2	1	0	0	-12	-3	0	2	$+$	1,2	1,2	1,2	I_1, I_2	**2** : 1
B1	0	1	1	-1422	-21121	0	1	$+$	5,1	5,1	5,1	I_5, I_1	
C1	0	1	1	-4	-2	1	1	$+$	3,1	3,1	3,1	I_3, I_1	
574					$N = 574 = 2 \cdot 7 \cdot 41$			(10 isogeny classes)					**574**
A1	1	1	0	-2	-2	1	1	$+$	1,1,1	1,1,1	1,1,1	I_1, I_1, I_1	
B1	1	1	0	-2061	35165	1	2	$+$	10,4,1	10,4,1	2,2,1	I_{10}, I_4, I_1	**2** : 2
B2	1	1	0	-2221	29181	1	2	$+$	5,8,2	5,8,2	1,2,2	I_5, I_8, I_2	**2** : 1
C1	1	1	0	-84	80	0	2	$+$	14,2,1	14,2,1	2,2,1	I_{14}, I_2, I_1	**2** : 2
C2	1	1	0	-724	-7728	0	2	$+$	7,4,2	7,4,2	1,4,2	I_7, I_4, I_2	**2** : 1

TABLE 1: ELLIPTIC CURVES 574D–576F

574 $N = 574 = 2 \cdot 7 \cdot 41$ (continued)

	a_1	a_2	a_3	a_4	a_6	r	$|T|$	s ord(Δ)	ord$_-(j)$	c_p	Kodaira	Isogenies
D1	1	0	1	-31679	5254674	0	2	$-$ 34,3,2	34,3,2	2,3,2	I_{34},I_3,I_2	**2 : 2**
D2	1	0	1	-687039	218902034	0	2	$+$ 17,6,4	17,6,4	1,6,2	I_{17},I_6,I_4	**2 : 1**
E1	1	-1	0	-40	-88	0	1	$+$ 3,1,1	3,1,1	1,1,1	I_3,I_1,I_1	
F1	1	0	1	-80	190	1	3	$+$ 5,1,3	5,1,3	1,1,3	I_5,I_1,I_3	**3 : 2**
F2	1	0	1	-2335	-43598	1	1	$+$ 15,3,1	15,3,1	1,3,1	I_{15},I_3,I_1	**3 : 1**
G1	1	1	1	-21	-5	1	1	$+$ 11,1,1	11,1,1	11,1,1	I_{11},I_1,I_1	
H1	1	-1	1	3	5	1	2	$-$ 6,1,1	6,1,1	6,1,1	I_6,I_1,I_1	**2 : 2**
H2	1	-1	1	-37	85	1	2	$+$ 3,2,2	3,2,2	3,2,2	I_3,I_2,I_2	**2 : 1**
I1	1	-1	1	-19353	958713	1	7	$+$ 21,7,1	21,7,1	21,7,1	I_{21},I_7,I_1	**7 : 2**
I2	1	-1	1	-9611313	-11466507927	1	1	$+$ 3,1,7	3,1,7	3,1,1	I_3,I_1,I_7	**7 : 1**
J1	1	1	1	-175	789	0	5	$+$ 5,5,1	5,5,1	5,5,1	I_5,I_5,I_1	**5 : 2**
J2	1	1	1	-15785	-769911	0	1	$+$ 1,1,5	1,1,5	1,1,5	I_1,I_1,I_5	**5 : 1**

575 $N = 575 = 5^2 \cdot 23$ (5 isogeny classes)

	a_1	a_2	a_3	a_4	a_6	r	$|T|$	s ord(Δ)	ord$_-(j)$	c_p	Kodaira	Isogenies
A1	1	-1	0	-2	1	1	1	$+$ 2,1	0,1	1,1	II,I_1	
B1	0	0	1	175	-1344	1	1	$-$ 11,1	5,1	4,1	I_5^*,I_1	
C1	0	-1	1	-458	3943	0	1	$-$ 9,1	0,1	2,1	III^*,I_1	
D1	1	-1	1	-55	72	1	1	$+$ 8,1	0,1	3,1	IV^*,I_1	
E1	0	1	1	-18	24	1	1	$-$ 3,1	0,1	2,1	III,I_1	

576 $N = 576 = 2^6 \cdot 3^2$ (9 isogeny classes)

	a_1	a_2	a_3	a_4	a_6	r	$|T|$	s ord(Δ)	ord$_-(j)$	c_p	Kodaira	Isogenies
A1	0	0	0	0	8	1	2	$-$ 10,3	0,0	2,2	I_0^*,III	**2 : 2; 3 : 3**
A2	0	0	0	-60	176	1	2	$+$ 14,3	0,0	4,2	I_4^*,III	**2 : 1; 3 : 4**
A3	0	0	0	0	-216	1	2	$-$ 10,9	0,0	2,2	I_0^*,III^*	**2 : 4; 3 : 1**
A4	0	0	0	-540	-4752	1	2	$+$ 14,9	0,0	4,2	I_4^*,III^*	**2 : 3; 3 : 2**
B1	0	0	0	-39	-92	0	2	$+$ 6,7	0,1	1,4	II,I_1^*	**2 : 2**
B2	0	0	0	-84	160	0	4	$+$ 12,8	0,2	4,4	I_2^*,I_2^*	**2 : 1,3,4**
B3	0	0	0	-1164	15280	0	2	$+$ 15,7	0,1	2,2	I_5^*,I_1^*	**2 : 2**
B4	0	0	0	276	1168	0	2	$-$ 15,10	0,4	2,4	I_5^*,I_4^*	**2 : 2**
C1	0	0	0	-39	92	0	2	$+$ 6,7	0,1	1,2	II,I_1^*	**2 : 2**
C2	0	0	0	-84	-160	0	4	$+$ 12,8	0,2	4,4	I_2^*,I_2^*	**2 : 1,3,4**
C3	0	0	0	-1164	-15280	0	2	$+$ 15,7	0,1	2,4	I_5^*,I_1^*	**2 : 2**
C4	0	0	0	276	-1168	0	2	$-$ 15,10	0,4	2,4	I_5^*,I_4^*	**2 : 2**
D1	0	0	0	24	-56	0	2	$-$ 10,7	0,1	2,2	I_0^*,I_1^*	**2 : 2**
D2	0	0	0	-156	-560	0	4	$+$ 14,8	0,2	4,4	I_4^*,I_2^*	**2 : 1,3,4**
D3	0	0	0	-2316	-42896	0	2	$+$ 16,7	0,1	2,4	I_6^*,I_1^*	**2 : 2**
D4	0	0	0	-876	9520	0	4	$+$ 16,10	0,4	4,4	I_6^*,I_4^*	**2 : 2,5,6**
D5	0	0	0	-13836	626416	0	2	$+$ 17,8	0,2	2,4	I_7^*,I_2^*	**2 : 4**
D6	0	0	0	564	37744	0	2	$-$ 17,14	0,8	2,4	I_7^*,I_8^*	**2 : 4**
E1	0	0	0	0	-8	0	2	$-$ 10,3	0,0	2,2	I_0^*,III	**2 : 2; 3 : 3**
E2	0	0	0	-60	-176	0	2	$+$ 14,3	0,0	2,2	I_4^*,III	**2 : 1; 3 : 4**
E3	0	0	0	0	216	0	2	$-$ 10,9	0,0	2,2	I_0^*,III^*	**2 : 4; 3 : 1**
E4	0	0	0	-540	4752	0	2	$+$ 14,9	0,0	2,2	I_4^*,III^*	**2 : 3; 3 : 2**
F1	0	0	0	-3	0	0	2	$+$ 6,3	0,0	1,2	II,III	**2 : 2**
F2	0	0	0	12	0	0	2	$-$ 12,3	0,0	2,2	I_2^*,III	**2 : 1**

TABLE 1: ELLIPTIC CURVES 576G–583C

	a_1	a_2	a_3	a_4	a_6	r	$|T|$	s	ord(Δ)	ord$_-(j)$	c_p	Kodaira	Isogenies

576
$N = 576 = 2^6 \cdot 3^2$ (continued)

	a_1	a_2	a_3	a_4	a_6	r	$|T|$	s	ord(Δ)	ord$_-(j)$	c_p	Kodaira	Isogenies
G1	0	0	0	-27	0	0	2	$+$	6, 9	0, 0	1, 2	II,III*	**2** : 2
G2	0	0	0	108	0	0	2	$-$	12, 9	0, 0	2, 2	I_2^*,III*	**2** : 1
H1	0	0	0	9	0	1	2	$-$	6, 6	0, 0	1, 2	II,I_0^*	**2** : 2
H2	0	0	0	-36	0	1	4	$+$	12, 6	0, 0	4, 4	I_2^*,I_0^*	**2** : 1, 3, 4
H3	0	0	0	-396	-3024	1	2	$+$	15, 6	0, 0	2, 2	I_5^*,I_0^*	**2** : 2
H4	0	0	0	-396	3024	1	2	$+$	15, 6	0, 0	4, 2	I_5^*,I_0^*	**2** : 2
I1	0	0	0	24	56	1	2	$-$	10, 7	0, 1	2, 4	I_0^*,I_1^*	**2** : 2
I2	0	0	0	-156	560	1	4	$+$	14, 8	0, 2	4, 4	I_4^*,I_2^*	**2** : 1, 3, 4
I3	0	0	0	-876	-9520	1	4	$+$	16, 10	0, 4	4, 4	I_6^*,I_4^*	**2** : 2, 5, 6
I4	0	0	0	-2316	42896	1	2	$+$	16, 7	0, 1	4, 2	I_6^*,I_1^*	**2** : 2
I5	0	0	0	-13836	-626416	1	2	$+$	17, 8	0, 2	2, 2	I_7^*,I_2^*	**2** : 3
I6	0	0	0	564	-37744	1	2	$-$	17, 14	0, 8	4, 4	I_7^*,I_8^*	**2** : 3

578
$N = 578 = 2 \cdot 17^2$ (1 isogeny class)

	a_1	a_2	a_3	a_4	a_6	r	$|T|$	s	ord(Δ)	ord$_-(j)$	c_p	Kodaira	Isogenies
A1	1	1	1	-873	5783	0	2	$+$	6, 7	6, 1	6, 2	I_6,I_1^*	**2** : 2; **3** : 3
A2	1	1	1	-12433	528295	0	2	$+$	3, 8	3, 2	3, 4	I_3,I_2^*	**2** : 1; **3** : 4
A3	1	1	1	-29773	-1989473	0	2	$+$	2, 9	2, 3	2, 2	I_2,I_3^*	**2** : 4; **3** : 1
A4	1	1	1	-32663	-1583717	0	2	$+$	1, 12	1, 6	1, 4	I_1,I_6^*	**2** : 3; **3** : 2

579
$N = 579 = 3 \cdot 193$ (2 isogeny classes)

	a_1	a_2	a_3	a_4	a_6	r	$|T|$	s	ord(Δ)	ord$_-(j)$	c_p	Kodaira	Isogenies
A1	0	-1	1	-2	11	0	1	$-$	5, 1	5, 1	1, 1	I_5,I_1	
B1	1	0	0	-3	0	1	2	$+$	2, 1	2, 1	2, 1	I_2,I_1	**2** : 2
B2	1	0	0	12	3	1	2	$-$	1, 2	1, 2	1, 2	I_1,I_2	**2** : 1

580
$N = 580 = 2^2 \cdot 5 \cdot 29$ (2 isogeny classes)

	a_1	a_2	a_3	a_4	a_6	r	$|T|$	s	ord(Δ)	ord$_-(j)$	c_p	Kodaira	Isogenies
A1	0	0	0	-8	-7	1	2	$+$	4, 2, 1	0, 2, 1	3, 2, 1	IV,I_2,I_1	**2** : 2
A2	0	0	0	17	-42	1	2	$-$	8, 1, 2	0, 1, 2	3, 1, 2	IV*,I_1,I_2	**2** : 1
B1	0	0	0	-32	-31	1	2	$+$	4, 3, 2	0, 3, 2	3, 3, 2	IV,I_3,I_2	**2** : 2
B2	0	0	0	113	-234	1	2	$-$	8, 6, 1	0, 6, 1	3, 6, 1	IV*,I_6,I_1	**2** : 1

582
$N = 582 = 2 \cdot 3 \cdot 97$ (4 isogeny classes)

	a_1	a_2	a_3	a_4	a_6	r	$|T|$	s	ord(Δ)	ord$_-(j)$	c_p	Kodaira	Isogenies
A1	1	1	0	-15	-27	1	2	$+$	6, 2, 1	6, 2, 1	2, 2, 1	I_6,I_2,I_1	**2** : 2
A2	1	1	0	25	-99	1	2	$-$	3, 4, 2	3, 4, 2	1, 2, 2	I_3,I_4,I_2	**2** : 1
B1	1	1	1	-46658	-3898033	0	2	$+$	12, 14, 1	12, 14, 1	12, 2, 1	I_{12},I_{14},I_1	**2** : 2
B2	1	1	1	-746498	-248562097	0	2	$+$	6, 7, 2	6, 7, 2	6, 1, 2	I_6,I_7,I_2	**2** : 1
C1	1	1	1	-34	47	1	2	$+$	10, 2, 1	10, 2, 1	10, 2, 1	I_{10},I_2,I_1	**2** : 2
C2	1	1	1	-514	4271	1	2	$+$	5, 1, 2	5, 1, 2	5, 1, 2	I_5,I_1,I_2	**2** : 1
D1	1	0	0	-14	-12	0	4	$+$	4, 4, 1	4, 4, 1	4, 4, 1	I_4,I_4,I_1	**2** : 2
D2	1	0	0	-194	-1056	0	4	$+$	2, 2, 2	2, 2, 2	2, 2, 2	I_2,I_2,I_2	**2** : 1, 3, 4
D3	1	0	0	-3104	-66822	0	2	$+$	1, 1, 1	1, 1, 1	1, 1, 1	I_1,I_1,I_1	**2** : 2
D4	1	0	0	-164	-1386	0	2	$-$	1, 1, 4	1, 1, 4	1, 1, 4	I_1,I_1,I_4	**2** : 2

583
$N = 583 = 11 \cdot 53$ (3 isogeny classes)

	a_1	a_2	a_3	a_4	a_6	r	$|T|$	s	ord(Δ)	ord$_-(j)$	c_p	Kodaira	Isogenies
A1	0	1	1	6	-5	0	1	$-$	1, 2	1, 2	1, 2	I_1,I_2	
B1	1	1	0	-358	-3595	0	1	$-$	4, 3	4, 3	4, 1	I_4,I_3	
C1	0	0	1	491	-2603	0	1	$-$	3, 4	3, 4	3, 2	I_3,I_4	

TABLE 1: ELLIPTIC CURVES 585A–590A

	a_1	a_2	a_3	a_4	a_6	r	$\|T\|$	s	ord(Δ)	ord$_-(j)$	c_p	Kodaira	Isogenies

585 $N = 585 = 3^2 \cdot 5 \cdot 13$ (9 isogeny classes)   **585**

	a_1	a_2	a_3	a_4	a_6	r	$\|T\|$	s	ord(Δ)	ord$_-(j)$	c_p	Kodaira	Isogenies
A1	1	−1	1	−218	1432	1	2	−	9,4,1	0,4,1	2,2,1	III*,I_4,I_1	**2** : 2
A2	1	−1	1	−3593	83782	1	2	+	9,2,2	0,2,2	2,2,2	III*,I_2,I_2	**2** : 1
B1	0	0	1	12	−21	0	3	−	3,1,3	0,1,3	2,1,3	III,I_1,I_3	**3** : 2
B2	0	0	1	−378	−2842	0	1	−	9,3,1	0,3,1	2,1,1	III*,I_3,I_1	**3** : 1
C1	1	−1	0	−24	−45	0	2	−	3,4,1	0,4,1	2,4,1	III,I_4,I_1	**2** : 2
C2	1	−1	0	−399	−2970	0	2	+	3,2,2	0,2,2	2,2,2	III,I_2,I_2	**2** : 1
D1	0	0	1	−42	105	1	3	−	3,3,1	0,3,1	2,3,1	III,I_3,I_1	**3** : 2
D2	0	0	1	108	560	1	1	−	9,1,3	0,1,3	2,1,3	III*,I_1,I_3	**3** : 1
E1	0	0	1	−1713	−28022	0	1	−	13,1,3	7,1,3	2,1,1	I_7^*,I_1,I_3	
F1	1	−1	0	−990	−11745	1	2	+	10,1,1	4,1,1	2,1,1	I_4^*,I_1,I_1	**2** : 2
F2	1	−1	0	−1035	−10584	1	4	+	14,2,2	8,2,2	4,2,2	I_8^*,I_2,I_2	**2** : 1,3,4
F3	1	−1	0	−4680	114075	1	4	+	10,4,4	4,4,4	4,2,4	I_4^*,I_4,I_4	**2** : 2,5,6
F4	1	−1	0	1890	−61479	1	2	−	22,1,1	16,1,1	4,1,1	I_{16}^*,I_1,I_1	**2** : 2
F5	1	−1	0	−73125	7629336	1	4	+	8,8,2	2,8,2	4,2,2	I_2^*,I_8,I_2	**2** : 3,7,8
F6	1	−1	0	5445	533250	1	2	−	8,2,8	2,2,8	2,2,8	I_2^*,I_2,I_8	**2** : 3
F7	1	−1	0	−1170000	487402461	1	2	+	7,4,1	1,4,1	4,2,1	I_1^*,I_4,I_1	**2** : 5
F8	1	−1	0	−71370	8011575	1	2	−	7,16,1	1,16,1	2,2,1	I_1^*,I_{16},I_1	**2** : 5
G1	0	0	1	−3	18	1	1	−	7,1,1	1,1,1	4,1,1	I_1^*,I_1,I_1	
H1	1	−1	0	−9	0	1	2	+	6,1,1	0,1,1	2,1,1	I_0^*,I_1,I_1	**2** : 2
H2	1	−1	0	36	−27	1	2	−	6,2,2	0,2,2	2,2,2	I_0^*,I_2,I_2	**2** : 1
I1	0	0	1	−597	8820	1	1	−	9,7,1	3,7,1	4,7,1	I_3^*,I_7,I_1	

586 $N = 586 = 2 \cdot 293$ (3 isogeny classes)   **586**

	a_1	a_2	a_3	a_4	a_6	r	$\|T\|$	s	ord(Δ)	ord$_-(j)$	c_p	Kodaira	Isogenies
A1	1	1	0	−1	−3	0	1	−	3,1	3,1	1,1	I_3,I_1	
B1	1	1	1	−18	415	1	1	−	18,1	18,1	18,1	I_{18},I_1	
C1	1	1	1	−9	7	1	1	−	4,1	4,1	4,1	I_4,I_1	

588 $N = 588 = 2^2 \cdot 3 \cdot 7^2$ (6 isogeny classes)   **588**

	a_1	a_2	a_3	a_4	a_6	r	$\|T\|$	s	ord(Δ)	ord$_-(j)$	c_p	Kodaira	Isogenies
A1	0	−1	0	131	−167	0	1	−	8,5,4	0,5,0	1,1,1	IV*,I_5,IV	
B1	0	−1	0	327	666	1	2	−	4,3,8	0,3,2	3,1,4	IV,I_3,I_2^*	**2** : 2; **3** : 3
B2	0	−1	0	−1388	6840	1	2	+	8,6,7	0,6,1	3,2,4	IV*,I_6,I_1^*	**2** : 1; **3** : 4
B3	0	−1	0	−5553	165894	1	2	−	4,1,12	0,1,6	1,1,4	IV,I_1,I_6^*	**2** : 4; **3** : 1
B4	0	−1	0	−89588	10350936	1	2	+	8,2,9	0,2,3	1,2,4	IV*,I_2,I_3^*	**2** : 3; **3** : 2
C1	0	−1	0	−9	−6	1	2	+	4,1,3	0,1,0	3,1,2	IV,I_1,III	**2** : 2
C2	0	−1	0	−44	120	1	2	+	8,2,3	0,2,0	3,2,2	IV*,I_2,III	**2** : 1
D1	0	1	0	6403	44463	0	1	−	8,5,10	0,5,0	1,5,1	IV*,I_5,II*	
E1	0	1	0	−457	2960	0	2	+	4,1,9	0,1,0	3,1,2	IV,I_1,III*	**2** : 2
E2	0	1	0	−2172	−36828	0	2	+	8,2,9	0,2,0	3,2,2	IV*,I_2,III*	**2** : 1
F1	0	1	0	−65	804	0	2	−	4,1,8	0,1,2	1,1,4	IV,I_1,I_2^*	**2** : 2
F2	0	1	0	−1780	28244	0	2	+	8,2,7	0,2,1	1,2,2	IV*,I_2,I_1^*	**2** : 1

590 $N = 590 = 2 \cdot 5 \cdot 59$ (4 isogeny classes)   **590**

	a_1	a_2	a_3	a_4	a_6	r	$\|T\|$	s	ord(Δ)	ord$_-(j)$	c_p	Kodaira	Isogenies
A1	1	0	1	156	176	0	3	−	1,4,3	1,4,3	1,2,3	I_1,I_4,I_3	**3** : 2
A2	1	0	1	−1909	−36168	0	1	−	3,12,1	3,12,1	1,2,1	I_3,I_{12},I_1	**3** : 1

TABLE 1: ELLIPTIC CURVES 590B–598B

	a_1	a_2	a_3	a_4	a_6	r	$|T|$	s	ord(Δ)	ord$_-(j)$	c_p	Kodaira	Isogenies
590					$N = 590 = 2 \cdot 5 \cdot 59$			(continued)					
B1	1	−1	0	1	13	0	2	−	8,1,1	8,1,1	2,1,1	I_8,I_1,I_1	**2 : 2**
B2	1	−1	0	−79	285	0	4	+	4,2,2	4,2,2	2,2,2	I_4,I_2,I_2	**2 : 1,3,4**
B3	1	−1	0	−179	−495	0	2	+	2,1,4	2,1,4	2,1,2	I_2,I_1,I_4	**2 : 2**
B4	1	−1	0	−1259	17513	0	4	+	2,4,1	2,4,1	2,4,1	I_2,I_4,I_1	**2 : 2**
C1	1	−1	0	1	5	1	1	−	3,2,1	3,2,1	1,2,1	I_3,I_2,I_1	
D1	1	0	0	−350	2500	1	1	−	9,4,1	9,4,1	9,4,1	I_9,I_4,I_1	
591					$N = 591 = 3 \cdot 197$			(1 isogeny class)					
A1	0	−1	1	−3	2	1	1	+	2,1	2,1	2,1	I_2,I_1	
592					$N = 592 = 2^4 \cdot 37$			(5 isogeny classes)					
A1	0	1	0	−9	−13	1	1	+	8,1	0,1	1,1	I_0^*,I_1	
B1	0	1	0	−33	−85	0	1	+	8,1	0,1	1,1	I_0^*,I_1	
C1	0	0	0	−16	−16	0	1	+	12,1	0,1	1,1	II^*,I_1	
D1	0	1	0	−5	−1	1	1	+	8,1	0,1	2,1	I_0^*,I_1	
E1	0	−1	0	−53	−131	1	1	+	12,1	0,1	1,1	II^*,I_1	**3 : 2**
E2	0	−1	0	−373	2813	1	1	+	12,3	0,3	1,3	II^*,I_3	**3 : 1,3**
E3	0	−1	0	−29973	2007325	1	1	+	12,1	0,1	1,1	II^*,I_1	**3 : 2**
593					$N = 593 = 593$			(2 isogeny classes)					
A1	1	0	1	−2	1	1	1	−	1	1	1	I_1	
B1	1	0	0	−7	−30	0	2	−	2	2	2	I_2	**2 : 2**
B2	1	0	0	−12	−17	0	2	+	1	1	1	I_1	**2 : 1**
594					$N = 594 = 2 \cdot 3^3 \cdot 11$			(8 isogeny classes)					
A1	1	−1	0	−18	36	1	1	−	4,5,1	4,0,1	2,3,1	I_4,IV,I_1	
B1	1	−1	0	−9	−9	0	1	−	1,5,1	1,0,1	1,1,1	I_1,IV,I_1	
C1	1	−1	0	−4146	103796	0	3	−	5,9,1	5,0,1	1,3,1	I_5,IV^*,I_1	**3 : 2**
C2	1	−1	0	−3201	151613	0	1	−	15,11,3	15,0,3	1,1,1	I_{15},II^*,I_3	**3 : 1**
D1	1	−1	0	−153	4909	1	1	−	8,5,5	8,0,5	2,1,5	I_8,IV,I_5	
E1	1	−1	1	−1379	−131165	0	1	−	8,11,5	8,0,5	8,1,1	I_8,II^*,I_5	
F1	1	−1	1	−83	325	0	1	−	1,11,1	1,0,1	1,1,1	I_1,II^*,I_1	
G1	1	−1	1	−164	−809	0	1	−	4,11,1	4,0,1	4,1,1	I_4,II^*,I_1	
H1	1	−1	1	−461	−3691	0	1	−	5,3,1	5,0,1	5,1,1	I_5,II,I_1	**3 : 2**
H2	1	−1	1	−356	−5497	0	3	−	15,5,3	15,0,3	15,1,3	I_{15},IV,I_3	**3 : 1**
595					$N = 595 = 5 \cdot 7 \cdot 17$			(3 isogeny classes)					
A1	0	−1	1	−9996	388876	0	1	−	11,3,1	11,3,1	1,1,1	I_{11},I_3,I_1	
B1	0	−1	1	434	−9589	0	1	−	5,7,1	5,7,1	1,7,1	I_5,I_7,I_1	
C1	0	−1	1	0	1	0	1	−	1,1,1	1,1,1	1,1,1	I_1,I_1,I_1	
598					$N = 598 = 2 \cdot 13 \cdot 23$			(4 isogeny classes)					
A1	1	−1	0	−112	492	1	2	−	2,4,1	2,4,1	2,4,1	I_2,I_4,I_1	**2 : 2**
A2	1	−1	0	−1802	29898	1	2	+	1,2,2	1,2,2	1,2,2	I_1,I_2,I_2	**2 : 1**
B1	1	−1	0	44	496	1	1	−	5,1,4	5,1,4	1,1,4	I_5,I_1,I_4	

TABLE 1: ELLIPTIC CURVES 598C–603F

	a_1	a_2	a_3	a_4	a_6	r	$|T|$	s	ord(Δ)	ord$_-(j)$	c_p	Kodaira	Isogenies
598					$N = 598 = 2 \cdot 13 \cdot 23$			(continued)					
C1	1	1	1	-14	-27	0	1	$-$	1,1,2	1,1,2	1,1,2	I_1,I_1,I_2	
D1	1	1	1	4	-1443	1	1	$-$	17,1,2	17,1,2	17,1,2	I_{17},I_1,I_2	
600					$N = 600 = 2^3 \cdot 3 \cdot 5^2$			(9 isogeny classes)					
A1	0	-1	0	-383	3012	1	4	$+$	4,2,7	0,2,1	2,2,4	III,I_2,I_1^*	**2**:2
A2	0	-1	0	-508	1012	1	4	$+$	8,4,8	0,4,2	2,2,4	I_1^*,I_4,I_2^*	**2**:1,3,4
A3	0	-1	0	-5008	-133988	1	4	$+$	10,2,10	0,2,4	2,2,4	III*,I_2,I_4^*	**2**:2,5,6
A4	0	-1	0	1992	6012	1	2	$-$	10,8,7	0,8,1	2,2,4	III*,I_8,I_1^*	**2**:2
A5	0	-1	0	-80008	-8683988	1	2	$+$	11,1,8	0,1,2	1,1,4	II*,I_1,I_2^*	**2**:3
A6	0	-1	0	-2008	-295988	1	2	$-$	11,1,14	0,1,8	1,1,4	II*,I_1,I_8^*	**2**:3
B1	0	-1	0	7	-3	1	1	$-$	8,1,2	0,1,0	4,1,1	I_1^*,I_1,II	
C1	0	-1	0	32	-68	0	2	$-$	10,3,3	0,3,0	2,1,2	III*,I_3,III	**2**:2
C2	0	-1	0	-168	-468	0	2	$+$	11,6,3	0,6,0	1,2,2	II*,I_6,III	**2**:1
D1	0	1	0	17	38	0	2	$-$	4,1,6	0,1,0	2,1,2	III,I_1,I_0^*	**2**:2
D2	0	1	0	-108	288	0	4	$+$	8,2,6	0,2,0	2,2,4	I_1^*,I_2,I_0^*	**2**:1,3,4
D3	0	1	0	-608	-5712	0	4	$+$	10,4,6	0,4,0	2,4,4	III*,I_4,I_0^*	**2**:2,5,6
D4	0	1	0	-1608	24288	0	2	$+$	10,1,6	0,1,0	2,1,2	III*,I_1,I_0^*	**2**:2
D5	0	1	0	-9608	-365712	0	2	$+$	11,2,6	0,2,0	1,2,2	II*,I_2,I_0^*	**2**:3
D6	0	1	0	392	-21712	0	2	$-$	11,8,6	0,8,0	1,8,2	II*,I_8,I_0^*	**2**:3
E1	0	1	0	-233	1563	1	1	$-$	8,7,4	0,7,0	4,7,3	I_1^*,I_7,IV	
F1	0	-1	0	92	-188	0	4	$-$	8,1,7	0,1,1	4,1,4	I_1^*,I_1,I_1^*	**2**:2
F2	0	-1	0	-408	-1188	0	4	$+$	10,2,8	0,2,2	2,2,4	III*,I_2,I_2^*	**2**:1,3,4
F3	0	-1	0	-5408	-151188	0	2	$+$	11,4,7	0,4,1	1,2,4	II*,I_4,I_1^*	**2**:2
F4	0	-1	0	-3408	76812	0	2	$+$	11,1,10	0,1,4	1,1,4	II*,I_1,I_4^*	**2**:2
G1	0	-1	0	-5833	207037	0	1	$-$	8,7,10	0,7,0	2,1,1	I_1^*,I_7,II*	
H1	0	1	0	792	-6912	0	2	$-$	10,3,9	0,3,0	2,3,2	III*,I_3,III*	**2**:2
H2	0	1	0	-4208	-66912	0	2	$+$	11,6,9	0,6,0	1,6,2	II*,I_6,III*	**2**:1
I1	0	1	0	167	-37	0	1	$-$	8,1,8	0,1,0	2,1,1	I_1^*,I_1,IV*	
602					$N = 602 = 2 \cdot 7 \cdot 43$			(3 isogeny classes)					
A1	1	-1	0	121	-4291	0	2	$-$	8,5,2	8,5,2	2,1,2	I_8,I_5,I_2	**2**:2
A2	1	-1	0	-3319	-69651	0	2	$+$	4,10,1	4,10,1	2,2,1	I_4,I_{10},I_1	**2**:1
B1	1	1	0	-22564	1295312	0	1	$-$	17,5,1	17,5,1	1,1,1	I_{17},I_5,I_1	
C1	1	-1	0	-1	-1	0	1	$-$	1,1,1	1,1,1	1,1,1	I_1,I_1,I_1	
603					$N = 603 = 3^2 \cdot 67$			(6 isogeny classes)					
A1	1	-1	0	-3	0	0	2	$+$	3,1	0,1	2,1	III,I_1	**2**:2
A2	1	-1	0	12	-9	0	2	$-$	3,2	0,2	2,2	III,I_2	**2**:1
B1	1	-1	1	-29	28	0	2	$+$	9,1	0,1	2,1	III*,I_1	**2**:2
B2	1	-1	1	106	136	0	2	$-$	9,2	0,2	2,2	III*,I_2	**2**:1
C1	1	-1	1	-7151	-230952	0	1	$-$	11,1	5,1	4,1	I_5^*,I_1	
D1	0	0	1	15	-23	0	1	$-$	8,1	2,1	2,1	I_2^*,I_1	
E1	1	-1	0	-9	-54	1	1	$-$	9,1	3,1	2,1	I_3^*,I_1	
F1	0	0	1	-111	450	1	1	$-$	6,1	0,1	2,1	I_0^*,I_1	

TABLE 1: ELLIPTIC CURVES 605A–610C

	a_1	a_2	a_3	a_4	a_6	r	$\|T\|$	s	ord(Δ)	ord$_-(j)$	c_p	Kodaira	Isogenies
605					$N = 605 = 5 \cdot 11^2$		(3 isogeny classes)						**605**
A1	1	−1	0	−1414	−44027	1	1	−	5,8	5,0	5,3	I_5, IV^*	
B1	1	−1	1	98	−316	1	4	−	1,7	1,1	1,4	I_1, I_1^*	**2** : 2
B2	1	−1	1	−507	−2494	1	4	+	2,8	2,2	2,4	I_2, I_2^*	**2** : 1,3,4
B3	1	−1	1	−7162	−231426	1	2	+	4,7	4,1	4,2	I_4, I_1^*	**2** : 2
B4	1	−1	1	−3532	79786	1	2	+	1,10	1,4	1,4	I_1, I_4^*	**2** : 2
C1	1	−1	1	−12	36	1	1	−	5,2	5,0	5,1	I_5, II	
606					$N = 606 = 2 \cdot 3 \cdot 101$		(6 isogeny classes)						**606**
A1	1	0	1	35	−136	0	2	−	12,3,1	12,3,1	2,3,1	I_{12}, I_3, I_1	**2** : 2
A2	1	0	1	−285	−1544	0	4	+	6,6,2	6,6,2	2,6,2	I_6, I_6, I_2	**2** : 1,3,4
A3	1	0	1	−4325	−109816	0	2	+	3,12,1	3,12,1	1,12,1	I_3, I_{12}, I_1	**2** : 2
A4	1	0	1	−1365	17896	0	2	+	3,3,4	3,3,4	1,3,2	I_3, I_3, I_4	**2** : 2
B1	1	0	1	4	2	1	1	−	3,2,1	3,2,1	1,2,1	I_3, I_2, I_1	
C1	1	1	1	−33	−87	0	1	−	1,2,1	1,2,1	1,2,1	I_1, I_2, I_1	
D1	1	1	1	−1314	−65361	0	1	−	7,17,1	7,17,1	7,1,1	I_7, I_{17}, I_1	
E1	1	0	0	−120	576	1	1	−	9,6,1	9,6,1	9,6,1	I_9, I_6, I_1	
F1	1	0	0	−90	324	0	5	−	5,5,1	5,5,1	5,5,1	I_5, I_5, I_1	**5** : 2
F2	1	0	0	600	−10626	0	1	−	1,1,5	1,1,5	1,1,5	I_1, I_1, I_5	**5** : 1
608					$N = 608 = 2^5 \cdot 19$		(6 isogeny classes)						**608**
A1	0	0	0	−8	−16	1	1	−	12,1	0,1	2,1	III^*, I_1	
B1	0	0	0	−56	4848	0	1	−	12,5	0,5	2,1	III^*, I_5	
C1	0	0	0	5	2	0	1	−	9,1	0,1	1,1	I_0^*, I_1	
D1	0	0	0	−8	16	1	1	−	12,1	0,1	2,1	III^*, I_1	
E1	0	0	0	−56	−4848	1	1	−	12,5	0,5	2,5	III^*, I_5	
F1	0	0	0	5	−2	1	1	−	9,1	0,1	2,1	I_0^*, I_1	
609					$N = 609 = 3 \cdot 7 \cdot 29$		(2 isogeny classes)						**609**
A1	1	1	0	0	3	1	2	−	1,2,1	1,2,1	1,2,1	I_1, I_2, I_1	**2** : 2
A2	1	1	0	−35	66	1	2	+	2,1,2	2,1,2	2,1,2	I_2, I_1, I_2	**2** : 1
B1	1	1	1	−784	8720	1	4	−	3,8,1	3,8,1	1,8,1	I_3, I_8, I_1	**2** : 2
B2	1	1	1	−12789	551346	1	8	+	6,4,2	6,4,2	2,4,2	I_6, I_4, I_2	**2** : 1,3,4
B3	1	1	1	−13034	528806	1	4	+	12,2,4	12,2,4	2,2,4	I_{12}, I_2, I_4	**2** : 2,5,6
B4	1	1	1	−204624	35542050	1	4	+	3,2,1	3,2,1	1,2,1	I_3, I_2, I_1	**2** : 2
B5	1	1	1	−42469	−2756140	1	2	+	24,1,2	24,1,2	2,1,2	I_{24}, I_1, I_2	**2** : 3
B6	1	1	1	12481	2376092	1	2	−	6,1,8	6,1,8	2,1,8	I_6, I_1, I_8	**2** : 3
610					$N = 610 = 2 \cdot 5 \cdot 61$		(3 isogeny classes)						**610**
A1	1	−1	0	−35	−75	0	1	−	5,3,1	5,3,1	1,1,1	I_5, I_3, I_1	
B1	1	−1	0	−164	848	1	2	+	8,3,1	8,3,1	2,3,1	I_8, I_3, I_1	**2** : 2
B2	1	−1	0	−244	0	1	4	+	4,6,2	4,6,2	2,6,2	I_4, I_6, I_2	**2** : 1,3,4
B3	1	−1	0	−2744	−54500	1	2	+	2,3,4	2,3,4	2,3,4	I_2, I_3, I_4	**2** : 2
B4	1	−1	0	976	−732	1	4	−	2,12,1	2,12,1	2,12,1	I_2, I_{12}, I_1	**2** : 2
C1	1	1	1	−5	−5	0	2	+	4,1,1	4,1,1	4,1,1	I_4, I_1, I_1	**2** : 2
C2	1	1	1	15	−13	0	2	−	2,2,2	2,2,2	2,2,2	I_2, I_2, I_2	**2** : 1

TABLE 1: ELLIPTIC CURVES 611A–618G

	a_1	a_2	a_3	a_4	a_6	r	$\lvert T\rvert$	s	ord(Δ)	ord$_-(j)$	c_p	Kodaira	Isogenies

611 $N = 611 = 13 \cdot 47$ (1 isogeny class)

	a_1	a_2	a_3	a_4	a_6	r	$\lvert T\rvert$	s	ord(Δ)	ord$_-(j)$	c_p	Kodaira	Isogenies
A1	0	0	1	-1	1	0	1	$-$	1,1	1,1	1,1	I_1,I_1	

612 $N = 612 = 2^2 \cdot 3^2 \cdot 17$ (4 isogeny classes)

	a_1	a_2	a_3	a_4	a_6	r	$\lvert T\rvert$	s	ord(Δ)	ord$_-(j)$	c_p	Kodaira	Isogenies
A1	0	0	0	-456	3748	0	3	$-$	8,3,1	0,0,1	3,2,1	IV^*,III,I_1	**3 : 2**
A2	0	0	0	-216	7668	0	1	$-$	8,9,3	0,0,3	1,2,1	IV^*,III^*,I_3	**3 : 1**
B1	0	0	0	-24	-284	1	3	$-$	8,3,3	0,0,3	3,2,3	IV^*,III,I_3	**3 : 2**
B2	0	0	0	-4104	-101196	1	1	$-$	8,9,1	0,0,1	1,2,1	IV^*,III^*,I_1	**3 : 1**
C1	0	0	0	-48	196	1	1	$-$	8,7,1	0,1,1	3,4,1	IV^*,I_1^*,I_1	
D1	0	0	0	-14592	679412	0	1	$-$	8,17,1	0,11,1	1,2,1	IV^*,I_{11}^*,I_1	

614 $N = 614 = 2 \cdot 307$ (2 isogeny classes)

	a_1	a_2	a_3	a_4	a_6	r	$\lvert T\rvert$	s	ord(Δ)	ord$_-(j)$	c_p	Kodaira	Isogenies
A1	1	-1	1	-61	197	1	1	$-$	6,1	6,1	6,1	I_6,I_1	
B1	1	0	0	27	1	1	3	$-$	12,1	12,1	12,1	I_{12},I_1	**3 : 2**
B2	1	0	0	-373	-2991	1	1	$-$	4,3	4,3	4,3	I_4,I_3	**3 : 1**

615 $N = 615 = 3 \cdot 5 \cdot 41$ (2 isogeny classes)

	a_1	a_2	a_3	a_4	a_6	r	$\lvert T\rvert$	s	ord(Δ)	ord$_-(j)$	c_p	Kodaira	Isogenies
A1	1	1	1	-6	-6	1	2	$+$	2,2,1	2,2,1	2,2,1	I_2,I_2,I_1	**2 : 2**
A2	1	1	1	19	-16	1	2	$-$	4,1,2	4,1,2	2,1,2	I_4,I_1,I_2	**2 : 1**
B1	0	1	1	79	-214	1	1	$-$	7,4,1	7,4,1	7,2,1	I_7,I_4,I_1	

616 $N = 616 = 2^3 \cdot 7 \cdot 11$ (5 isogeny classes)

	a_1	a_2	a_3	a_4	a_6	r	$\lvert T\rvert$	s	ord(Δ)	ord$_-(j)$	c_p	Kodaira	Isogenies
A1	0	0	0	85	86	1	2	$-$	10,3,2	0,3,2	2,1,2	III^*,I_3,I_2	**2 : 2**
A2	0	0	0	-355	702	1	2	$+$	11,6,1	0,6,1	1,2,1	II^*,I_6,I_1	**2 : 1**
B1	0	-1	0	3828	95348	0	2	$-$	8,5,6	0,5,6	2,5,2	I_1^*,I_5,I_6	**2 : 2**
B2	0	-1	0	-22792	936540	0	2	$+$	10,10,3	0,10,3	2,10,1	III^*,I_{10},I_3	**2 : 1**
C1	0	1	0	-12	-32	0	2	$-$	8,1,2	0,1,2	2,1,2	I_1^*,I_1,I_2	**2 : 2**
C2	0	1	0	-232	-1440	0	2	$+$	10,2,1	0,2,1	2,2,1	III^*,I_2,I_1	**2 : 1**
D1	0	-1	0	-1	197	1	1	$-$	8,2,3	0,2,3	4,2,3	I_1^*,I_2,I_3	
E1	0	0	0	-26	-51	1	2	$+$	4,1,1	0,1,1	2,1,1	III,I_1,I_1	**2 : 2**
E2	0	0	0	-31	-30	1	4	$+$	8,2,2	0,2,2	4,2,2	I_1^*,I_2,I_2	**2 : 1,3,4**
E3	0	0	0	-251	1510	1	4	$+$	10,4,1	0,4,1	2,4,1	III^*,I_4,I_1	**2 : 2**
E4	0	0	0	109	-226	1	2	$-$	10,1,4	0,1,4	2,1,2	III^*,I_1,I_4	**2 : 2**

618 $N = 618 = 2 \cdot 3 \cdot 103$ (7 isogeny classes)

	a_1	a_2	a_3	a_4	a_6	r	$\lvert T\rvert$	s	ord(Δ)	ord$_-(j)$	c_p	Kodaira	Isogenies
A1	1	1	0	2	4	1	1	$-$	4,1,1	4,1,1	2,1,1	I_4,I_1,I_1	
B1	1	1	0	-2819	-58803	1	1	$-$	19,1,1	19,1,1	1,1,1	I_{19},I_1,I_1	
C1	1	0	1	-21	34	1	3	$-$	1,3,1	1,3,1	1,3,1	I_1,I_3,I_1	**3 : 2**
C2	1	0	1	54	196	1	1	$-$	3,1,3	3,1,3	1,1,3	I_3,I_1,I_3	**3 : 1**
D1	1	0	1	325	-7018	1	3	$-$	4,15,1	4,15,1	2,15,1	I_4,I_{15},I_1	**3 : 2**
D2	1	0	1	-20330	-1118500	1	1	$-$	12,5,3	12,5,3	2,5,3	I_{12},I_5,I_3	**3 : 1**
E1	1	1	1	1	5	1	1	$-$	5,1,1	5,1,1	5,1,1	I_5,I_1,I_1	
F1	1	0	0	-185	1401	1	1	$-$	11,7,1	11,7,1	11,7,1	I_{11},I_7,I_1	
G1	1	0	0	-1484	-22128	0	1	$-$	8,1,1	8,1,1	8,1,1	I_8,I_1,I_1	

	a_1	a_2	a_3	a_4	a_6	r	$|T|$	s	ord(Δ)	ord$_-(j)$	c_p	Kodaira	Isogenies

620

$N = 620 = 2^2 \cdot 5 \cdot 31$ (3 isogeny classes)

	a_1	a_2	a_3	a_4	a_6	r	$|T|$	s	ord(Δ)	ord$_-(j)$	c_p	Kodaira	Isogenies
A1	0	1	0	−101	359	1	3	−	8,1,1	0,1,1	3,1,1	IV*,I_1,I_1	3 : 2
A2	0	1	0	59	1495	1	1	−	8,3,3	0,3,3	1,1,3	IV*,I_3,I_3	3 : 1
B1	0	0	0	−1052	13129	1	2	+	4,5,2	0,5,2	3,5,2	IV,I_5,I_2	2 : 2
B2	0	0	0	−1207	9006	1	2	+	8,10,1	0,10,1	3,10,1	IV*,I_{10},I_1	2 : 1
C1	0	0	0	8	4	1	1	−	8,1,1	0,1,1	3,1,1	IV*,I_1,I_1	

621

$N = 621 = 3^3 \cdot 23$ (2 isogeny classes)

	a_1	a_2	a_3	a_4	a_6	r	$|T|$	s	ord(Δ)	ord$_-(j)$	c_p	Kodaira	Isogenies
A1	1	−1	0	−123	548	0	1	+	11,1	0,1	1,1	II*,I_1	
B1	1	−1	1	−14	−16	1	1	+	5,1	0,1	1,1	IV,I_1	

622

$N = 622 = 2 \cdot 311$ (1 isogeny class)

	a_1	a_2	a_3	a_4	a_6	r	$|T|$	s	ord(Δ)	ord$_-(j)$	c_p	Kodaira	Isogenies
A1	1	−1	1	8	−5	1	1	−	7,1	7,1	7,1	I_7,I_1	

623

$N = 623 = 7 \cdot 89$ (1 isogeny class)

	a_1	a_2	a_3	a_4	a_6	r	$|T|$	s	ord(Δ)	ord$_-(j)$	c_p	Kodaira	Isogenies
A1	1	1	0	28	157	1	1	−	6,1	6,1	6,1	I_6,I_1	

624

$N = 624 = 2^4 \cdot 3 \cdot 13$ (10 isogeny classes)

	a_1	a_2	a_3	a_4	a_6	r	$|T|$	s	ord(Δ)	ord$_-(j)$	c_p	Kodaira	Isogenies
A1	0	−1	0	−3	6	1	2	−	4,1,2	0,1,2	1,1,2	II,I_1,I_2	2 : 2
A2	0	−1	0	−68	240	1	2	+	8,2,1	0,2,1	2,2,1	I_0^*,I_2,I_1	2 : 1
B1	0	−1	0	5	−14	1	2	−	4,3,2	0,3,2	1,1,2	II,I_3,I_2	2 : 2
B2	0	−1	0	−60	−144	1	2	+	8,6,1	0,6,1	2,2,1	I_0^*,I_6,I_1	2 : 1
C1	0	−1	0	−7	−2	0	2	+	4,4,1	0,4,1	1,2,1	II,I_4,I_1	2 : 2
C2	0	−1	0	−52	160	0	4	+	8,2,2	0,2,2	2,2,2	I_0^*,I_2,I_2	2 : 1,3,4
C3	0	−1	0	−832	9520	0	2	+	10,1,1	0,1,1	2,1,1	I_2^*,I_1,I_1	2 : 2
C4	0	−1	0	8	448	0	4	−	10,1,4	0,1,4	4,1,4	I_2^*,I_1,I_4	2 : 2
D1	0	1	0	−3	0	0	2	+	4,2,1	0,2,1	1,2,1	II,I_2,I_1	2 : 2
D2	0	1	0	12	12	0	2	−	8,1,2	0,1,2	2,1,2	I_0^*,I_1,I_2	2 : 1
E1	0	1	0	−651	−6228	0	2	+	4,10,3	0,10,3	1,10,1	II,I_{10},I_3	2 : 2
E2	0	1	0	564	−25668	0	2	−	8,5,6	0,5,6	2,5,2	I_0^*,I_5,I_6	2 : 1
F1	0	1	0	−39	−108	1	2	+	4,2,1	0,2,1	1,2,1	II,I_2,I_1	2 : 2
F2	0	1	0	−44	−84	1	4	+	8,4,2	0,4,2	2,4,2	I_0^*,I_4,I_2	2 : 1,3,4
F3	0	1	0	−304	1892	1	4	+	10,8,1	0,8,1	4,8,1	I_2^*,I_8,I_1	2 : 2
F4	0	1	0	136	−444	1	4	−	10,2,4	0,2,4	2,2,4	I_2^*,I_2,I_4	2 : 2
G1	0	−1	0	−13	4	1	2	+	4,6,1	0,6,1	1,2,1	II,I_6,I_1	2 : 2; 3 : 3
G2	0	−1	0	−148	−644	1	2	+	8,3,2	0,3,2	1,1,2	I_0^*,I_3,I_2	2 : 1; 3 : 4
G3	0	−1	0	−733	7888	1	2	+	4,2,3	0,2,3	1,2,3	II,I_2,I_3	2 : 4; 3 : 1
G4	0	−1	0	−748	7564	1	2	+	8,1,6	0,1,6	1,1,6	I_0^*,I_1,I_6	2 : 3; 3 : 2
H1	0	1	0	8	20	0	2	−	12,1,1	0,1,1	4,1,1	I_4^*,I_1,I_1	2 : 2
H2	0	1	0	−72	180	0	4	+	12,2,2	0,2,2	4,2,2	I_4^*,I_2,I_2	2 : 1,3,4
H3	0	1	0	−312	−2028	0	2	+	12,1,4	0,1,4	2,1,4	I_4^*,I_1,I_4	2 : 2
H4	0	1	0	−1112	13908	0	4	+	12,4,1	0,4,1	4,4,1	I_4^*,I_4,I_1	2 : 2
I1	0	1	0	−312	−44460	0	2	−	28,5,1	16,5,1	4,5,1	I_{20}^*,I_5,I_1	2 : 2
I2	0	1	0	−20792	−1150380	0	4	+	20,10,2	8,10,2	4,10,2	I_{12}^*,I_{10},I_2	2 : 1,3,4
I3	0	1	0	−331832	−73684908	0	2	+	16,5,4	4,5,4	2,5,4	I_8^*,I_5,I_4	2 : 2
I4	0	1	0	−37432	932948	0	4	+	16,20,1	4,20,1	4,20,1	I_8^*,I_{20},I_1	2 : 2

624

$N = 624 = 2^4 \cdot 3 \cdot 13$ (continued)

	$a_1\ a_2\ a_3$	a_4	a_6	r	$|T|$	s	ord(Δ)	ord$_-(j)$	c_p	Kodaira	Isogenies
J1	0 1 0	-5	-6	0	2	+	4,2,1	0,2,1	1,2,1	II,I_2,I_1	**2** : 2
J2	0 1 0	-20	24	0	2	+	8,1,2	0,1,2	1,1,2	I_0^*,I_1,I_2	**2** : 1

626

$N = 626 = 2 \cdot 313$ (2 isogeny classes)

	$a_1\ a_2\ a_3$	a_4	a_6	r	$|T|$	s	ord(Δ)	ord$_-(j)$	c_p	Kodaira	Isogenies
A1	1 -1 0	-7	9	1	2	+	2,1	2,1	2,1	I_2,I_1	**2** : 2
A2	1 -1 0	-17	-13	1	2	+	1,2	1,2	1,2	I_1,I_2	**2** : 1
B1	1 0 1	-2210	39796	0	1	$-$	19,1	19,1	1,1	I_{19},I_1	

627

$N = 627 = 3 \cdot 11 \cdot 19$ (2 isogeny classes)

	$a_1\ a_2\ a_3$	a_4	a_6	r	$|T|$	s	ord(Δ)	ord$_-(j)$	c_p	Kodaira	Isogenies
A1	0 1 1	-1	-2	0	1	$-$	1,1,1	1,1,1	1,1,1	I_1,I_1,I_1	
B1	0 1 1	-363	-2995	0	3	$-$	9,3,1	9,3,1	9,3,1	I_9,I_3,I_1	**3** : 2
B2	0 1 1	-30063	-2016358	0	1	$-$	3,1,3	3,1,3	3,1,3	I_3,I_1,I_3	**3** : 1

628

$N = 628 = 2^2 \cdot 157$ (1 isogeny class)

	$a_1\ a_2\ a_3$	a_4	a_6	r	$|T|$	s	ord(Δ)	ord$_-(j)$	c_p	Kodaira	Isogenies
A1	0 -1 0	4	8	0	1	$-$	8,1	0,1	1,1	IV*,I_1	

629

$N = 629 = 17 \cdot 37$ (4 isogeny classes)

	$a_1\ a_2\ a_3$	a_4	a_6	r	$|T|$	s	ord(Δ)	ord$_-(j)$	c_p	Kodaira	Isogenies
A1	1 -1 0	11	-18	1	1	$-$	3,1	3,1	1,1	I_3,I_1	
B1	0 0 1	-211	1165	0	1	+	2,3	2,3	2,1	I_2,I_3	
C1	0 0 1	-40	48	1	1	+	4,1	4,1	4,1	I_4,I_1	
D1	1 -1 1	-171	1904	1	1	$-$	1,5	1,5	1,5	I_1,I_5	

630

$N = 630 = 2 \cdot 3^2 \cdot 5 \cdot 7$ (10 isogeny classes)

	$a_1\ a_2\ a_3$	a_4	a_6	r	$|T|$	s	ord(Δ)	ord$_-(j)$	c_p	Kodaira	Isogenies
A1	1 -1 0	-105	441	0	6	+	2,3,1,3	2,0,1,3	2,2,1,3	I_2,III,I_1,I_3	**2** : 2; **3** : 3
A2	1 -1 0	-75	675	0	6	$-$	1,3,2,6	1,0,2,6	1,2,2,6	I_1,III,I_2,I_6	**2** : 1; **3** : 4
A3	1 -1 0	-420	-2800	0	2	+	6,9,3,1	6,0,3,1	2,2,1,1	I_6,III*,I_3,I_1	**2** : 4; **3** : 1
A4	1 -1 0	660	-15544	0	2	$-$	3,9,6,2	3,0,6,2	1,2,2,2	I_3,III*,I_6,I_2	**2** : 3; **3** : 2
B1	1 -1 0	-5124	142160	0	2	+	14,3,1,5	14,0,1,5	2,2,1,1	I_{14},III,I_1,I_5	**2** : 2
B2	1 -1 0	-3204	248528	0	2	$-$	7,3,2,10	7,0,2,10	1,2,2,2	I_7,III,I_2,I_{10}	**2** : 1
C1	1 -1 0	1890	-24300	0	2	$-$	16,10,2,1	16,4,2,1	2,2,2,1	I_{16},I_4^*,I_2,I_1	**2** : 2
C2	1 -1 0	-9630	-210924	0	4	+	8,14,4,2	8,8,4,2	2,4,2,2	I_8,I_8^*,I_4,I_2	**2** : 1,3,4
C3	1 -1 0	-135630	-19186524	0	2	+	4,22,2,1	4,16,2,1	2,4,2,1	I_4,I_{16}^*,I_2,I_1	**2** : 2
C4	1 -1 0	-67950	6682500	0	4	+	4,10,8,4	4,4,8,4	2,4,2,2	I_4,I_4^*,I_8,I_4	**2** : 2,5,6
C5	1 -1 0	-1080450	432540000	0	4	+	2,8,4,8	2,2,4,8	2,4,2,2	I_2,I_2^*,I_4,I_8	**2** : 4,7,8
C6	1 -1 0	11430	21304296	0	2	$-$	2,8,16,2	2,2,16,2	2,2,2,2	I_2,I_2^*,I_{16},I_2	**2** : 4
C7	1 -1 0	-17287200	27669604050	0	2	+	1,7,2,4	1,1,2,4	1,2,2,2	I_1,I_1^*,I_2,I_4	**2** : 5
C8	1 -1 0	-1073700	438205950	0	2	$-$	1,7,2,16	1,1,2,16	1,4,2,2	I_1,I_1^*,I_2,I_{16}	**2** : 5
D1	1 -1 0	90	436	1	2	$-$	8,7,1,2	8,1,1,2	2,2,1,2	I_8,I_1^*,I_1,I_2	**2** : 2
D2	1 -1 0	-630	4900	1	4	+	4,8,2,4	4,2,2,4	2,4,2,4	I_4,I_2^*,I_2,I_4	**2** : 1,3,4
D3	1 -1 0	-3330	-69080	1	2	+	2,7,1,8	2,1,1,8	2,4,1,8	I_2,I_1^*,I_1,I_8	**2** : 2
D4	1 -1 0	-9450	355936	1	4	+	2,10,4,2	2,4,4,2	2,4,2,2	I_2,I_4^*,I_4,I_2	**2** : 2,5,6
D5	1 -1 0	-151200	22667386	1	2	+	1,8,2,1	1,2,2,1	1,2,2,1	I_1,I_2^*,I_2,I_1	**2** : 4
D6	1 -1 0	-8820	404950	1	2	$-$	1,14,8,1	1,8,8,1	1,4,2,1	I_1,I_8^*,I_8,I_1	**2** : 4

TABLE 1: ELLIPTIC CURVES 630E–637A

	$a_1\ a_2\ a_3$	a_4	a_6	r	$|T|$	s	ord(Δ)	ord$_-(j)$	c_p	Kodaira	Isogenies

630

$N = 630 = 2 \cdot 3^2 \cdot 5 \cdot 7$ (continued)

	$a_1\ a_2\ a_3$	a_4	a_6	r	$|T|$	s	ord(Δ)	ord$_-(j)$	c_p	Kodaira	Isogenies
E1	1 −1 0	21	53	1	2	−	4,6,2,1	4,0,2,1	2,2,2,1	I_4,I_0^*,I_2,I_1	2 : 2
E2	1 −1 0	−159	665	1	4	+	2,6,4,2	2,0,4,2	2,4,4,2	I_2,I_0^*,I_4,I_2	2 : 1,3,4
E3	1 −1 0	−789	−7777	1	2	+	1,6,8,1	1,0,8,1	1,2,8,1	I_1,I_0^*,I_8,I_1	2 : 2
E4	1 −1 0	−2409	46115	1	2	+	1,6,2,4	1,0,2,4	1,2,2,2	I_1,I_0^*,I_2,I_4	2 : 2
F1	1 −1 0	−369	1053	0	2	+	12,9,1,1	12,3,1,1	2,2,1,1	I_{12},I_3^*,I_1,I_1	2 : 2; 3 : 3
F2	1 −1 0	−3249	−69795	0	4	+	6,12,2,2	6,6,2,2	2,4,2,2	I_6,I_6^*,I_2,I_2	2 : 1,4,5; 3 : 6
F3	1 −1 0	−24129	1448685	0	6	+	4,7,3,3	4,1,3,3	2,2,3,3	I_4,I_1^*,I_3,I_3	2 : 6; 3 : 1
F4	1 −1 0	−51849	−4531275	0	2	+	3,9,1,4	3,3,1,4	1,4,1,4	I_3,I_3^*,I_1,I_4	2 : 2; 3 : 7
F5	1 −1 0	−729	−177147	0	2	−	3,18,4,1	3,12,4,1	1,4,4,1	I_3,I_{12}^*,I_4,I_1	2 : 2; 3 : 8
F6	1 −1 0	−24309	1426113	0	12	+	2,8,6,6	2,2,6,6	2,4,6,6	I_2,I_2^*,I_6,I_6	2 : 3,7,8; 3 : 2
F7	1 −1 0	−58059	−3373137	0	6	+	1,7,3,12	1,1,3,12	1,4,3,12	I_1,I_1^*,I_3,I_{12}	2 : 6; 3 : 4
F8	1 −1 0	6561	4778595	0	6	−	1,10,12,3	1,4,12,3	1,4,12,3	I_1,I_4^*,I_{12},I_3	2 : 6; 3 : 5
G1	1 −1 1	−46118	−3792203	0	2	+	14,9,1,5	14,0,1,5	14,2,1,1	I_{14},III^*,I_1,I_5	2 : 2
G2	1 −1 1	−28838	−6681419	0	2	−	7,9,2,10	7,0,2,10	7,2,2,2	I_7,III^*,I_2,I_{10}	2 : 1
H1	1 −1 1	−47	119	0	6	+	6,3,3,1	6,0,3,1	6,2,3,1	I_6,III,I_3,I_1	2 : 2; 3 : 3
H2	1 −1 1	73	551	0	6	−	3,3,6,2	3,0,6,2	3,2,6,2	I_3,III,I_6,I_2	2 : 1; 3 : 4
H3	1 −1 1	−947	−10961	0	2	+	2,9,1,3	2,0,1,3	2,2,1,3	I_2,III^*,I_1,I_3	2 : 4; 3 : 1
H4	1 −1 1	−677	−17549	0	2	−	1,9,2,6	1,0,2,6	1,2,2,6	I_1,III^*,I_2,I_6	2 : 3; 3 : 2
I1	1 −1 1	−4478	−114163	0	2	+	8,9,3,1	8,3,3,1	8,2,1,1	I_8,I_3^*,I_3,I_1	2 : 2; 3 : 3
I2	1 −1 1	−5198	−74419	0	4	+	4,12,6,2	4,6,6,2	4,4,2,2	I_4,I_6^*,I_6,I_2	2 : 1,4,5; 3 : 6
I3	1 −1 1	−13253	449597	0	6	+	24,7,1,3	24,1,1,3	24,2,1,3	I_{24},I_1^*,I_1,I_3	2 : 6; 3 : 1
I4	1 −1 1	−39218	2946557	0	2	+	2,9,12,1	2,3,12,1	2,4,2,1	I_2,I_3^*,I_{12},I_1	2 : 2; 3 : 7
I5	1 −1 1	17302	−560419	0	2	−	2,18,3,4	2,12,3,4	2,4,1,4	I_2,I_{12}^*,I_3,I_4	2 : 2; 3 : 8
I6	1 −1 1	−197573	33848381	0	12	+	12,8,2,6	12,2,2,6	12,4,2,6	I_{12},I_2^*,I_2,I_6	2 : 3,7,8; 3 : 2
I7	1 −1 1	−3161093	2164026557	0	6	+	6,7,4,3	6,1,4,3	6,4,2,3	I_6,I_1^*,I_4,I_3	2 : 6; 3 : 4
I8	1 −1 1	−183173	38980541	0	6	−	6,10,1,12	6,4,1,12	6,4,1,12	I_6,I_4^*,I_1,I_{12}	2 : 6; 3 : 5
J1	1 −1 1	−32	51	0	4	+	4,7,1,1	4,1,1,1	4,4,1,1	I_4,I_1^*,I_1,I_1	2 : 2
J2	1 −1 1	−212	−1101	0	4	+	2,8,2,2	2,2,2,2	2,4,2,2	I_2,I_2^*,I_2,I_2	2 : 1,3,4
J3	1 −1 1	−3362	−74181	0	2	+	1,10,1,1	1,4,1,1	1,4,1,1	I_1,I_4^*,I_1,I_1	2 : 2
J4	1 −1 1	58	−3909	0	2	−	1,7,4,4	1,1,4,4	1,2,4,2	I_1,I_1^*,I_4,I_4	2 : 2

632

$N = 632 = 2^3 \cdot 79$ (1 isogeny class)

	$a_1\ a_2\ a_3$	a_4	a_6	r	$|T|$	s	ord(Δ)	ord$_-(j)$	c_p	Kodaira	Isogenies
A1	0 1 0	−16	16	1	1	+	10,1	0,1	2,1	III^*,I_1	

633

$N = 633 = 3 \cdot 211$ (1 isogeny class)

	$a_1\ a_2\ a_3$	a_4	a_6	r	$|T|$	s	ord(Δ)	ord$_-(j)$	c_p	Kodaira	Isogenies
A1	1 1 1	−17	−70	1	1	−	8,1	8,1	2,1	I_8,I_1	

635

$N = 635 = 5 \cdot 127$ (2 isogeny classes)

	$a_1\ a_2\ a_3$	a_4	a_6	r	$|T|$	s	ord(Δ)	ord$_-(j)$	c_p	Kodaira	Isogenies
A1	0 1 1	5	6	1	3	−	3,1	3,1	3,1	I_3,I_1	3 : 2
A2	0 1 1	−45	−209	1	1	−	1,3	1,3	1,3	I_1,I_3	3 : 1
B1	0 −1 1	−10	16	1	1	−	1,1	1,1	1,1	I_1,I_1	

637

$N = 637 = 7^2 \cdot 13$ (4 isogeny classes)

	$a_1\ a_2\ a_3$	a_4	a_6	r	$|T|$	s	ord(Δ)	ord$_-(j)$	c_p	Kodaira	Isogenies
A1	1 −1 0	−107	454	1	1	−	4,1	0,1	1,1	IV,I_1	7 : 2
A2	1 −1 0	628	−17823	1	1	−	4,7	0,7	1,1	IV,I_7	7 : 1

TABLE 1: ELLIPTIC CURVES 637B–644B

	a_1	a_2	a_3	a_4	a_6	r	$|T|$	s	ord(Δ)	ord$_-(j)$	c_p	Kodaira	Isogenies

637 $N = 637 = 7^2 \cdot 13$ (continued)

	a_1	a_2	a_3	a_4	a_6	r	$|T|$	s	ord(Δ)	ord$_-(j)$	c_p	Kodaira	Isogenies
B1	0	−1	1	−359	−2507	0	1	−	7,1	1,1	4,1	I_1^*,I_1	**3** : 2
B2	0	−1	1	621	−13238	0	1	−	9,3	3,3	4,1	I_3^*,I_3	**3** : 1,3
B3	0	−1	1	−5749	415463	0	1	−	15,1	9,1	4,1	I_9^*,I_1	**3** : 2
C1	1	−1	0	−5252	−145223	1	1	−	10,1	0,1	1,1	II^*,I_1	**7** : 2
C2	1	−1	0	30763	6051758	1	1	−	10,7	0,7	1,7	II^*,I_7	**7** : 1
D1	0	0	1	49	−86	1	1	−	7,1	1,1	2,1	I_1^*,I_1	

639 $N = 639 = 3^2 \cdot 71$ (1 isogeny class)

	a_1	a_2	a_3	a_4	a_6	r	$|T|$	s	ord(Δ)	ord$_-(j)$	c_p	Kodaira	Isogenies
A1	1	−1	1	4	−34	1	2	−	8,1	2,1	4,1	I_2^*,I_1	**2** : 2
A2	1	−1	1	−131	−520	1	2	+	7,2	1,2	4,2	I_1^*,I_2	**2** : 1

640 $N = 640 = 2^7 \cdot 5$ (8 isogeny classes)

	a_1	a_2	a_3	a_4	a_6	r	$|T|$	s	ord(Δ)	ord$_-(j)$	c_p	Kodaira	Isogenies
A1	0	0	0	−13	−18	1	2	+	7,1	0,1	1,1	II,I_1	**2** : 2
A2	0	0	0	−8	−32	1	2	−	14,2	0,2	2,2	III^*,I_2	**2** : 1
B1	0	0	0	−13	18	1	2	+	7,1	0,1	1,1	II,I_1	**2** : 2
B2	0	0	0	−8	32	1	2	−	14,2	0,2	2,2	III^*,I_2	**2** : 1
C1	0	0	0	−2	−4	0	2	−	8,2	0,2	2,2	III,I_2	**2** : 2
C2	0	0	0	−52	−144	0	2	+	13,1	0,1	4,1	I_2^*,I_1	**2** : 1
D1	0	−1	0	−15	−25	0	2	−	8,4	0,4	2,4	III,I_4	**2** : 2
D2	0	−1	0	−265	−1575	0	2	+	13,2	0,2	4,2	I_2^*,I_2	**2** : 1
E1	0	−1	0	−66	230	0	2	+	7,2	0,2	1,2	II,I_2	**2** : 2
E2	0	−1	0	−61	261	0	2	−	14,4	0,4	2,2	III^*,I_4	**2** : 1
F1	0	1	0	−66	−230	0	2	+	7,2	0,2	1,2	II,I_2	**2** : 2
F2	0	1	0	−61	−261	0	2	−	14,4	0,4	2,2	III^*,I_4	**2** : 1
G1	0	0	0	−2	4	1	2	−	8,2	0,2	2,2	III,I_2	**2** : 2
G2	0	0	0	−52	144	1	2	+	13,1	0,1	2,1	I_2^*,I_1	**2** : 1
H1	0	1	0	−15	25	1	2	−	8,4	0,4	2,4	III,I_4	**2** : 2
H2	0	1	0	−265	1575	1	2	+	13,2	0,2	2,2	I_2^*,I_2	**2** : 1

642 $N = 642 = 2 \cdot 3 \cdot 107$ (3 isogeny classes)

	a_1	a_2	a_3	a_4	a_6	r	$|T|$	s	ord(Δ)	ord$_-(j)$	c_p	Kodaira	Isogenies
A1	1	1	0	−49	85	0	2	+	10,3,1	10,3,1	2,1,1	I_{10},I_3,I_1	**2** : 2
A2	1	1	0	111	693	0	2	−	5,6,2	5,6,2	1,2,2	I_5,I_6,I_2	**2** : 1
B1	1	0	1	140	−790	0	3	−	3,12,1	3,12,1	1,12,1	I_3,I_{12},I_1	**3** : 2
B2	1	0	1	−4315	−109978	0	1	−	9,4,3	9,4,3	1,4,1	I_9,I_4,I_3	**3** : 1
C1	1	1	1	79	335	1	1	−	13,4,1	13,4,1	13,2,1	I_{13},I_4,I_1	

643 $N = 643 = 643$ (1 isogeny class)

	a_1	a_2	a_3	a_4	a_6	r	$|T|$	s	ord(Δ)	ord$_-(j)$	c_p	Kodaira	Isogenies
A1	1	0	0	−4	3	2	1	−	1	1	1	I_1	

644 $N = 644 = 2^2 \cdot 7 \cdot 23$ (2 isogeny classes)

	a_1	a_2	a_3	a_4	a_6	r	$|T|$	s	ord(Δ)	ord$_-(j)$	c_p	Kodaira	Isogenies
A1	0	1	0	6	−43	1	1	−	4,4,1	0,4,1	1,2,1	IV,I_4,I_1	
B1	0	−1	0	2	−7	1	1	−	4,2,1	0,2,1	3,2,1	IV,I_2,I_1	

TABLE 1: ELLIPTIC CURVES 645A–650E

	a_1	a_2	a_3	a_4	a_6	r	$\|T\|$	s	ord(Δ)	ord$_-(j)$	c_p	Kodaira	Isogenies
645					$N = 645 = 3 \cdot 5 \cdot 43$		(6 isogeny classes)						
A1	1	1	0	2	7	0	2	−	4,1,1	4,1,1	2,1,1	I_4,I_1,I_1	**2** : 2
A2	1	1	0	−43	88	0	4	+	2,2,2	2,2,2	2,2,2	I_2,I_2,I_2	**2** : 1,3,4
A3	1	1	0	−118	−407	0	2	+	1,1,4	1,1,4	1,1,4	I_1,I_1,I_4	**2** : 2
A4	1	1	0	−688	6667	0	2	+	1,4,1	1,4,1	1,2,1	I_1,I_4,I_1	**2** : 2
B1	1	1	0	−22	31	0	2	+	3,2,1	3,2,1	1,2,1	I_3,I_2,I_1	**2** : 2
B2	1	1	0	3	126	0	2	−	6,1,2	6,1,2	2,1,2	I_6,I_1,I_2	**2** : 1
C1	0	−1	1	−16780	855303	0	1	−	14,2,3	14,2,3	2,2,1	I_{14},I_2,I_3	
D1	0	−1	1	−18000	−923542	0	1	−	6,2,1	6,2,1	2,2,1	I_6,I_2,I_1	
E1	0	1	1	1815	141239	1	1	−	12,8,1	12,8,1	12,8,1	I_{12},I_8,I_1	
F1	0	1	1	10	44	1	1	−	6,2,1	6,2,1	6,2,1	I_6,I_2,I_1	
646					$N = 646 = 2 \cdot 17 \cdot 19$		(5 isogeny classes)						
A1	1	−1	0	−125	−507	0	2	+	6,1,2	6,1,2	2,1,2	I_6,I_1,I_2	**2** : 2
A2	1	−1	0	−85	−867	0	2	−	3,2,4	3,2,4	1,2,4	I_3,I_2,I_4	**2** : 1
B1	1	1	1	−77	−77	0	2	+	4,3,2	4,3,2	4,1,2	I_4,I_3,I_2	**2** : 2
B2	1	1	1	303	−229	0	2	−	2,6,1	2,6,1	2,2,1	I_2,I_6,I_1	**2** : 1
C1	1	0	0	−241	1413	0	2	+	2,1,4	2,1,4	2,1,2	I_2,I_1,I_4	**2** : 2
C2	1	0	0	−3851	91663	0	2	+	1,2,2	1,2,2	1,2,2	I_1,I_2,I_2	**2** : 1
D1	1	−1	1	−406	3237	1	2	+	12,1,2	12,1,2	12,1,2	I_{12},I_1,I_2	**2** : 2
D2	1	−1	1	−6486	202661	1	2	+	6,2,1	6,2,1	6,2,1	I_6,I_2,I_1	**2** : 1
E1	1	0	0	−153	505	0	6	+	6,3,2	6,3,2	6,3,2	I_6,I_3,I_2	**2** : 2; **3** : 3
E2	1	0	0	−913	−10287	0	6	+	3,6,1	3,6,1	3,6,1	I_3,I_6,I_1	**2** : 1; **3** : 4
E3	1	0	0	−4573	−119379	0	2	+	2,1,6	2,1,6	2,1,6	I_2,I_1,I_6	**2** : 4; **3** : 1
E4	1	0	0	−73163	−7623125	0	2	+	1,2,3	1,2,3	1,2,3	I_1,I_2,I_3	**2** : 3; **3** : 2
648					$N = 648 = 2^3 \cdot 3^4$		(4 isogeny classes)						
A1	0	0	0	−3	14	1	1	−	10,4	0,0	2,1	III^*,II	
B1	0	0	0	−3	−1	1	1	+	4,4	0,0	2,1	III,II	
C1	0	0	0	−27	−378	0	1	−	10,10	0,0	2,1	III^*,IV^*	
D1	0	0	0	−27	27	1	1	+	4,10	0,0	2,3	III,IV^*	
649					$N = 649 = 11 \cdot 59$		(1 isogeny class)						
A1	1	0	0	−1	4	1	1	−	2,1	2,1	2,1	I_2,I_1	
650					$N = 650 = 2 \cdot 5^2 \cdot 13$		(13 isogeny classes)						
A1	1	−1	0	−167	−259	1	2	+	8,7,1	8,1,1	2,2,1	I_8,I_1^*,I_1	**2** : 2
A2	1	−1	0	−2167	−38259	1	4	+	4,8,2	4,2,2	2,4,2	I_4,I_2^*,I_2	**2** : 1,3,4
A3	1	−1	0	−34667	−2475759	1	2	+	2,7,1	2,1,1	2,2,1	I_2,I_1^*,I_1	**2** : 2
A4	1	−1	0	−1667	−56759	1	2	−	2,10,4	2,4,4	2,4,2	I_2,I_4^*,I_4	**2** : 2
B1	1	1	0	−130	−780	1	1	−	18,2,1	18,0,1	2,1,1	I_{18},II,I_1	**3** : 2
B2	1	1	0	−11330	−468940	1	1	−	6,2,3	6,0,3	2,1,1	I_6,II,I_3	**3** : 1
C1	1	−1	0	−22	46	1	1	−	1,2,2	1,0,2	1,1,2	I_1,II,I_2	
D1	1	0	1	299	22048	0	1	−	7,10,2	7,0,2	1,1,2	I_7,II^*,I_2	
E1	1	0	1	−21026	−1175052	0	2	+	8,11,1	8,5,1	2,4,1	I_8,I_5^*,I_1	**2** : 2
E2	1	0	1	−19026	−1407052	0	2	−	4,16,2	4,10,2	2,4,2	I_4,I_{10}^*,I_2	**2** : 1

TABLE 1: ELLIPTIC CURVES 650F–656B

	a_1	a_2	a_3	a_4	a_6	r	$|T|$	s	$\text{ord}(\Delta)$	$\text{ord}_-(j)$	c_p	Kodaira	Isogenies
650					$N = 650 = 2 \cdot 5^2 \cdot 13$				(continued)				**650**
F1	1	−1	0	−67	341	0	1	−	7,6,1	7,0,1	1,1,1	I_7, I_0^*, I_1	**7 : 2**
F2	1	−1	0	−5317	−162409	0	1	−	1,6,7	1,0,7	1,1,7	I_1, I_0^*, I_7	**7 : 1**
G1	1	0	1	−26	48	1	3	−	2,4,1	2,0,1	2,3,1	I_2, IV, I_1	**3 : 2**
G2	1	0	1	99	248	1	1	−	6,4,3	6,0,3	2,1,3	I_6, IV, I_3	**3 : 1**
H1	1	1	1	12	31	0	1	−	1,6,1	1,0,1	1,1,1	I_1, I_0^*, I_1	**3 : 2**
H2	1	1	1	−113	−969	0	1	−	3,6,3	3,0,3	3,1,1	I_3, I_0^*, I_3	**3 : 1, 3**
H3	1	1	1	−11488	−478719	0	1	−	9,6,1	9,0,1	9,1,1	I_9, I_0^*, I_1	**3 : 2**
I1	1	1	1	−638	6031	0	1	−	2,10,1	2,0,1	2,1,1	I_2, II^*, I_1	**3 : 2**
I2	1	1	1	2487	31031	0	1	−	6,10,3	6,0,3	6,1,1	I_6, II^*, I_3	**3 : 1**
J1	1	1	1	−813	8531	0	2	+	4,9,1	4,3,1	4,2,1	I_4, I_3^*, I_1	**2 : 2; 3 : 3**
J2	1	1	1	−313	19531	0	2	−	2,12,2	2,6,2	2,4,2	I_2, I_6^*, I_2	**2 : 1; 3 : 4**
J3	1	1	1	−5188	−140219	0	2	+	12,7,3	12,1,3	12,2,1	I_{12}, I_1^*, I_3	**2 : 4; 3 : 1**
J4	1	1	1	2812	−524219	0	2	−	6,8,6	6,2,6	6,4,2	I_6, I_2^*, I_6	**2 : 3; 3 : 2**
K1	1	1	1	12	181	1	1	−	7,4,2	7,0,2	7,3,2	I_7, IV, I_2	
L1	1	0	0	−3263	−90983	0	3	−	18,8,1	18,0,1	18,3,1	I_{18}, IV^*, I_1	**3 : 2**
L2	1	0	0	−283263	−58050983	0	1	−	6,8,3	6,0,3	6,1,3	I_6, IV^*, I_3	**3 : 1**
M1	1	−1	1	−555	5197	0	1	−	1,8,2	1,0,2	1,1,2	I_1, IV^*, I_2	
651					$N = 651 = 3 \cdot 7 \cdot 31$				(5 isogeny classes)				**651**
A1	1	1	0	−5596	−164045	0	2	−	2,10,1	2,10,1	2,10,1	I_2, I_{10}, I_1	**2 : 2**
A2	1	1	0	−89631	−10365894	0	2	+	4,5,2	4,5,2	2,5,2	I_4, I_5, I_2	**2 : 1**
B1	1	1	0	−3	0	0	2	+	2,1,1	2,1,1	2,1,1	I_2, I_1, I_1	**2 : 2**
B2	1	1	0	12	15	0	2	−	1,2,2	1,2,2	1,2,2	I_1, I_2, I_2	**2 : 1**
C1	1	0	1	3	−5	1	2	−	2,2,1	2,2,1	2,2,1	I_2, I_2, I_1	**2 : 2**
C2	1	0	1	−32	−61	1	2	+	4,1,2	4,1,2	4,1,2	I_4, I_1, I_2	**2 : 1**
D1	1	0	0	36	−81	1	4	−	4,4,1	4,4,1	4,4,1	I_4, I_4, I_1	**2 : 2**
D2	1	0	0	−209	−816	1	4	+	8,2,2	8,2,2	8,2,2	I_8, I_2, I_2	**2 : 1, 3, 4**
D3	1	0	0	−3044	−64887	1	2	+	4,1,4	4,1,4	4,1,2	I_4, I_1, I_4	**2 : 2**
D4	1	0	0	−1294	17195	1	2	+	16,1,1	16,1,1	16,1,1	I_{16}, I_1, I_1	**2 : 2**
E1	0	1	1	23	−83	0	3	−	9,1,1	9,1,1	9,1,1	I_9, I_1, I_1	**3 : 2**
E2	0	1	1	−1057	−13610	0	3	−	3,3,3	3,3,3	3,3,3	I_3, I_3, I_3	**3 : 1, 3**
E3	0	1	1	−85687	−9682913	0	1	−	1,1,1	1,1,1	1,1,1	I_1, I_1, I_1	**3 : 2**
654					$N = 654 = 2 \cdot 3 \cdot 109$				(2 isogeny classes)				**654**
A1	1	0	1	−174	880	1	1	−	4,8,1	4,8,1	2,8,1	I_4, I_8, I_1	
B1	1	1	1	−56	1145	1	1	−	16,4,1	16,4,1	16,2,1	I_{16}, I_4, I_1	
655					$N = 655 = 5 \cdot 131$				(1 isogeny class)				**655**
A1	0	0	1	−13	18	2	1	−	2,1	2,1	2,1	I_2, I_1	
656					$N = 656 = 2^4 \cdot 41$				(3 isogeny classes)				**656**
A1	0	0	0	−11	10	1	2	+	10,1	0,1	4,1	I_2^*, I_1	**2 : 2**
A2	0	0	0	29	66	1	2	−	11,2	0,2	2,2	I_3^*, I_2	**2 : 1**
B1	0	1	0	−12	−20	0	2	+	8,1	0,1	2,1	I_0^*, I_1	**2 : 2**
B2	0	1	0	8	−60	0	2	−	10,2	0,2	2,2	I_2^*, I_2	**2 : 1**

656

$N = 656 = 2^4 \cdot 41$ (continued)

	a_1 a_2 a_3	a_4	a_6	r	$|T|$	s	ord(Δ)	ord$_-(j)$	c_p	Kodaira	Isogenies
C1	0 −1 0	−24	−16	0	2	+	14,1	2,1	4,1	I_6^*,I_1	2 : 2
C2	0 −1 0	−184	1008	0	2	+	13,2	1,2	2,2	I_5^*,I_2	2 : 1

657

$N = 657 = 3^2 \cdot 73$ (4 isogeny classes)

	a_1 a_2 a_3	a_4	a_6	r	$|T|$	s	ord(Δ)	ord$_-(j)$	c_p	Kodaira	Isogenies
A1	1 −1 1	−743	7494	0	2	+	16,1	10,1	4,1	I_{10}^*,I_1	2 : 2
A2	1 −1 1	−11678	488634	0	2	+	11,2	5,2	2,2	I_5^*,I_2	2 : 1
B1	0 0 1	−57	−167	0	1	−	7,1	1,1	4,1	I_1^*,I_1	
C1	0 0 1	24	−36	1	1	−	9,1	3,1	2,1	I_3^*,I_1	3 : 2
C2	0 0 1	−246	2043	1	3	−	7,3	1,3	2,3	I_1^*,I_3	3 : 1
D1	1 −1 1	−11	10	1	2	+	6,1	0,1	4,1	I_0^*,I_1	2 : 2
D2	1 −1 1	34	46	1	2	−	6,2	0,2	2,2	I_0^*,I_2	2 : 1

658

$N = 658 = 2 \cdot 7 \cdot 47$ (6 isogeny classes)

	a_1 a_2 a_3	a_4	a_6	r	$|T|$	s	ord(Δ)	ord$_-(j)$	c_p	Kodaira	Isogenies
A1	1 1 0	−117008	18214144	0	1	−	30,7,1	30,7,1	2,1,1	I_{30},I_7,I_1	
B1	1 1 0	−9	5	0	2	+	6,1,1	6,1,1	2,1,1	I_6,I_1,I_1	2 : 2
B2	1 1 0	−49	−147	0	2	+	3,2,2	3,2,2	1,2,2	I_3,I_2,I_2	2 : 1
C1	1 0 1	3	12	0	3	−	2,3,1	2,3,1	2,3,1	I_2,I_3,I_1	3 : 2
C2	1 0 1	−32	−338	0	1	−	6,1,3	6,1,3	2,1,1	I_6,I_1,I_3	3 : 1
D1	1 1 1	24	−23	1	1	−	12,1,1	12,1,1	12,1,1	I_{12},I_1,I_1	
E1	1 −1 1	1668	19775	1	2	−	22,4,1	22,4,1	22,4,1	I_{22},I_4,I_1	2 : 2
E2	1 −1 1	−8572	183615	1	2	+	11,8,2	11,8,2	11,8,2	I_{11},I_8,I_2	2 : 1
F1	1 −1 1	−18	33	1	1	−	4,1,1	4,1,1	4,1,1	I_4,I_1,I_1	

659

$N = 659 = 659$ (2 isogeny classes)

	a_1 a_2 a_3	a_4	a_6	r	$|T|$	s	ord(Δ)	ord$_-(j)$	c_p	Kodaira	Isogenies
A1	1 1 0	−79	−306	1	1	+	1	1	1	I_1	
B1	0 1 1	−372	2641	0	1	−	1	1	1	I_1	

660

$N = 660 = 2^2 \cdot 3 \cdot 5 \cdot 11$ (4 isogeny classes)

	a_1 a_2 a_3	a_4	a_6	r	$|T|$	s	ord(Δ)	ord$_-(j)$	c_p	Kodaira	Isogenies
A1	0 −1 0	−21	−54	0	2	−	4,2,4,1	0,2,4,1	1,2,2,1	IV,I_2,I_4,I_1	2 : 2
A2	0 −1 0	−396	−2904	0	2	+	8,1,2,2	0,1,2,2	1,1,2,2	IV*,I_1,I_2,I_2	2 : 1
B1	0 −1 0	−1	10	1	2	−	4,2,2,1	0,2,2,1	3,2,2,1	IV,I_2,I_2,I_1	2 : 2
B2	0 −1 0	−76	280	1	2	+	8,1,1,2	0,1,1,2	3,1,1,2	IV*,I_1,I_1,I_2	2 : 1
C1	0 1 0	−41	120	1	6	−	4,6,2,1	0,6,2,1	3,6,2,1	IV,I_6,I_2,I_1	2 : 2; 3 : 3
C2	0 1 0	−716	7140	1	6	+	8,3,1,2	0,3,1,2	3,3,1,2	IV*,I_3,I_1,I_2	2 : 1; 3 : 4
C3	0 1 0	319	−1356	1	2	−	4,2,6,3	0,2,6,3	1,2,2,1	IV,I_2,I_6,I_3	2 : 4; 3 : 1
C4	0 1 0	−1556	−13356	1	2	+	8,1,3,6	0,1,3,6	1,1,1,2	IV*,I_1,I_3,I_6	2 : 3; 3 : 2
D1	0 1 0	219	−4500	0	6	−	4,6,4,3	0,6,4,3	3,6,2,3	IV,I_6,I_4,I_3	2 : 2; 3 : 3
D2	0 1 0	−3156	−63900	0	6	+	8,3,2,6	0,3,2,6	3,3,2,6	IV*,I_3,I_2,I_6	2 : 1; 3 : 4
D3	0 1 0	−15621	−757296	0	2	−	4,2,12,1	0,2,12,1	1,2,2,1	IV,I_2,I_{12},I_1	2 : 4; 3 : 1
D4	0 1 0	−249996	−48194796	0	2	+	8,1,6,2	0,1,6,2	1,1,2,2	IV*,I_1,I_6,I_2	2 : 3; 3 : 2

662

$N = 662 = 2 \cdot 331$ (1 isogeny class)

	a_1 a_2 a_3	a_4	a_6	r	$|T|$	s	ord(Δ)	ord$_-(j)$	c_p	Kodaira	Isogenies
A1	1 0 1	32	−210	1	1	−	16,1	16,1	2,1	I_{16},I_1	

TABLE 1: ELLIPTIC CURVES 663A–670A

	a_1 a_2 a_3	a_4	a_6	r	$|T|$	s	ord(Δ)	ord$_-(j)$	c_p	Kodaira	Isogenies

663 $N = 663 = 3 \cdot 13 \cdot 17$ (3 isogeny classes)

	a_1 a_2 a_3	a_4	a_6	r	$|T|$	s	ord(Δ)	ord$_-(j)$	c_p	Kodaira	Isogenies
A1	1 1 0	-262	-1745	0	2	+	6,2,1	6,2,1	2,2,1	I_6,I_2,I_1	**2** : 2
A2	1 1 0	-327	-900	0	2	+	12,1,2	12,1,2	2,1,2	I_{12},I_1,I_2	**2** : 1
B1	1 1 1	-539	4592	1	4	+	2,2,1	2,2,1	2,2,1	I_2,I_2,I_1	**2** : 2
B2	1 1 1	-544	4496	1	8	+	4,4,2	4,4,2	2,4,2	I_4,I_4,I_2	**2** : 1,3,4
B3	1 1 1	-1389	-14094	1	4	+	8,2,4	8,2,4	2,2,4	I_8,I_2,I_4	**2** : 2,5,6
B4	1 1 1	221	17042	1	4	$-$	2,8,1	2,8,1	2,8,1	I_2,I_8,I_1	**2** : 2
B5	1 1 1	-20174	-1111138	1	2	+	16,1,2	16,1,2	2,1,2	I_{16},I_1,I_2	**2** : 3
B6	1 1 1	3876	-89910	1	2	$-$	4,1,8	4,1,8	2,1,8	I_4,I_1,I_8	**2** : 3
C1	1 0 0	-33	-72	1	2	+	4,2,1	4,2,1	4,2,1	I_4,I_2,I_1	**2** : 2
C2	1 0 0	-98	279	1	2	+	8,1,2	8,1,2	8,1,2	I_8,I_1,I_2	**2** : 1

664 $N = 664 = 2^3 \cdot 83$ (3 isogeny classes)

	a_1 a_2 a_3	a_4	a_6	r	$|T|$	s	ord(Δ)	ord$_-(j)$	c_p	Kodaira	Isogenies
A1	0 0 0	-7	10	2	1	$-$	8,1	0,1	4,1	I_1^*,I_1	
B1	0 1 0	1	2	1	1	$-$	4,1	0,1	2,1	III,I_1	
C1	0 -1 0	-3	4	1	1	$-$	4,1	0,1	2,1	III,I_1	

665 $N = 665 = 5 \cdot 7 \cdot 19$ (5 isogeny classes)

	a_1 a_2 a_3	a_4	a_6	r	$|T|$	s	ord(Δ)	ord$_-(j)$	c_p	Kodaira	Isogenies
A1	1 1 1	64	258	1	1	$-$	3,5,1	3,5,1	1,5,1	I_3,I_5,I_1	
B1	1 -1 0	-14	-17	1	2	+	1,1,1	1,1,1	1,1,1	I_1,I_1,I_1	**2** : 2
B2	1 -1 0	-19	0	1	4	+	2,2,2	2,2,2	2,2,2	I_2,I_2,I_2	**2** : 1,3,4
B3	1 -1 0	-194	1085	1	4	+	1,1,4	1,1,4	1,1,4	I_1,I_1,I_4	**2** : 2
B4	1 -1 0	76	-57	1	2	$-$	4,4,1	4,4,1	4,2,1	I_4,I_4,I_1	**2** : 2
C1	1 1 0	-2	1	1	1	$-$	1,1,1	1,1,1	1,1,1	I_1,I_1,I_1	
D1	0 -1 1	-210	6798	1	5	$-$	5,5,2	5,5,2	5,5,2	I_5,I_5,I_2	**5** : 2
D2	0 -1 1	-16660	-1081562	1	1	$-$	1,1,10	1,1,10	1,1,2	I_1,I_1,I_{10}	**5** : 1
E1	0 0 1	-97	-368	0	1	$-$	1,1,2	1,1,2	1,1,2	I_1,I_1,I_2	

666 $N = 666 = 2 \cdot 3^2 \cdot 37$ (7 isogeny classes)

	a_1 a_2 a_3	a_4	a_6	r	$|T|$	s	ord(Δ)	ord$_-(j)$	c_p	Kodaira	Isogenies
A1	1 -1 0	-231	-1315	0	1	$-$	5,9,1	5,0,1	1,2,1	I_5,III^*,I_1	
B1	1 -1 0	153	-4685	0	1	$-$	1,17,1	1,11,1	1,2,1	I_1,I_{11}^*,I_1	
C1	1 -1 0	18	108	1	1	$-$	3,9,1	3,3,1	1,4,1	I_3,I_3^*,I_1	**3** : 2
C2	1 -1 0	-1332	19062	1	3	$-$	1,7,3	1,1,3	1,4,3	I_1,I_1^*,I_3	**3** : 1
D1	1 -1 1	-26	57	1	1	$-$	5,3,1	5,0,1	5,2,1	I_5,III,I_1	
E1	1 -1 1	13	1235	1	1	$-$	13,7,1	13,1,1	13,4,1	I_{13},I_1^*,I_1	
F1	1 -1 1	139	141	0	4	$-$	8,9,1	8,3,1	8,4,1	I_8,I_3^*,I_1	**2** : 2
F2	1 -1 1	-581	1581	0	4	+	4,12,2	4,6,2	4,4,2	I_4,I_6^*,I_2	**2** : 1,3,4
F3	1 -1 1	-5441	-151995	0	2	+	2,9,4	2,3,4	2,2,4	I_2,I_3^*,I_4	**2** : 2
F4	1 -1 1	-7241	238677	0	2	+	2,18,1	2,12,1	2,4,1	I_2,I_{12}^*,I_1	**2** : 2
G1	1 -1 1	-1640858	-808607271	0	1	$-$	23,15,1	23,9,1	23,2,1	I_{23},I_9^*,I_1	

669 $N = 669 = 3 \cdot 223$ (1 isogeny class)

	a_1 a_2 a_3	a_4	a_6	r	$|T|$	s	ord(Δ)	ord$_-(j)$	c_p	Kodaira	Isogenies
A1	1 1 0	-1	-2	1	1	$-$	1,1	1,1	1,1	I_1,I_1	

670 $N = 670 = 2 \cdot 5 \cdot 67$ (4 isogeny classes)

	a_1 a_2 a_3	a_4	a_6	r	$|T|$	s	ord(Δ)	ord$_-(j)$	c_p	Kodaira	Isogenies
A1	1 -1 0	-524	-8920	1	1	$-$	3,11,1	3,11,1	1,11,1	I_3,I_{11},I_1	

TABLE 1: ELLIPTIC CURVES 670B–675C

	a_1	a_2	a_3	a_4	a_6	r	$|T|$	s	ord(Δ)	ord$_-(j)$	c_p	Kodaira	Isogenies

670 $N = 670 = 2 \cdot 5 \cdot 67$ (continued)

	a_1	a_2	a_3	a_4	a_6	r	$|T|$	s	ord(Δ)	ord$_-(j)$	c_p	Kodaira	Isogenies
B1	1	0	1	2	6	1	3	–	1,3,1	1,3,1	1,3,1	I_1,I_3,I_1	**3** : 2
B2	1	0	1	–23	–174	1	1	–	3,1,3	3,1,3	1,1,3	I_3,I_1,I_3	**3** : 1
C1	1	–1	1	–13	21	1	1	–	5,1,1	5,1,1	5,1,1	I_5,I_1,I_1	
D1	1	0	0	44	–624	1	1	–	19,1,1	19,1,1	19,1,1	I_{19},I_1,I_1	

672 $N = 672 = 2^5 \cdot 3 \cdot 7$ (8 isogeny classes)

	a_1	a_2	a_3	a_4	a_6	r	$|T|$	s	ord(Δ)	ord$_-(j)$	c_p	Kodaira	Isogenies
A1	0	–1	0	2	4	1	2	–	6,1,2	0,1,2	2,1,2	III,I_1,I_2	**2** : 2
A2	0	–1	0	–33	81	1	2	+	12,2,1	0,2,1	4,2,1	I_3^*,I_2,I_1	**2** : 1
B1	0	1	0	210	1764	1	2	–	6,5,6	0,5,6	2,5,6	III,I_5,I_6	**2** : 2
B2	0	1	0	–1505	17199	1	2	+	12,10,3	0,10,3	4,10,3	I_3^*,I_{10},I_3	**2** : 1
C1	0	–1	0	–22	40	0	4	+	6,4,2	0,4,2	2,2,2	III,I_4,I_2	**2** : 2,3,4
C2	0	–1	0	–112	–392	0	2	+	9,2,4	0,2,4	1,2,2	I_0^*,I_2,I_4	**2** : 1
C3	0	–1	0	–337	2497	0	4	+	12,2,1	0,2,1	4,2,1	I_3^*,I_2,I_1	**2** : 1
C4	0	–1	0	48	180	0	2	–	9,8,1	0,8,1	2,2,1	I_0^*,I_8,I_1	**2** : 1
D1	0	–1	0	210	–1764	0	2	–	6,5,6	0,5,6	2,1,2	III,I_5,I_6	**2** : 2
D2	0	–1	0	–1505	–17199	0	2	+	12,10,3	0,10,3	2,2,1	I_3^*,I_{10},I_3	**2** : 1
E1	0	–1	0	–14	24	1	4	+	6,2,2	0,2,2	2,2,2	III,I_2,I_2	**2** : 2,3,4
E2	0	–1	0	–49	–95	1	2	+	12,4,1	0,4,1	4,2,1	I_3^*,I_4,I_1	**2** : 1
E3	0	–1	0	–224	1368	1	2	+	9,1,1	0,1,1	1,1,1	I_0^*,I_1,I_1	**2** : 1
E4	0	–1	0	16	84	1	4	–	9,1,4	0,1,4	2,1,4	I_0^*,I_1,I_4	**2** : 1
F1	0	1	0	–14	–24	1	4	+	6,2,2	0,2,2	2,2,2	III,I_2,I_2	**2** : 2,3,4
F2	0	1	0	–224	–1368	1	2	+	9,1,1	0,1,1	2,1,1	I_0^*,I_1,I_1	**2** : 1
F3	0	1	0	–49	95	1	4	+	12,4,1	0,4,1	4,4,1	I_3^*,I_4,I_1	**2** : 1
F4	0	1	0	16	–84	1	2	–	9,1,4	0,1,4	1,1,2	I_0^*,I_1,I_4	**2** : 1
G1	0	1	0	2	–4	0	2	–	6,1,2	0,1,2	2,1,2	III,I_1,I_2	**2** : 2
G2	0	1	0	–33	–81	0	2	+	12,2,1	0,2,1	2,2,1	I_3^*,I_2,I_1	**2** : 1
H1	0	1	0	–22	–40	0	4	+	6,4,2	0,4,2	2,4,2	III,I_4,I_2	**2** : 2,3,4
H2	0	1	0	–337	–2497	0	2	+	12,2,1	0,2,1	4,2,1	I_3^*,I_2,I_1	**2** : 1
H3	0	1	0	–112	392	0	4	+	9,2,4	0,2,4	2,2,4	I_0^*,I_2,I_4	**2** : 1
H4	0	1	0	48	–180	0	2	–	9,8,1	0,8,1	1,8,1	I_0^*,I_8,I_1	**2** : 1

674 $N = 674 = 2 \cdot 337$ (3 isogeny classes)

	a_1	a_2	a_3	a_4	a_6	r	$|T|$	s	ord(Δ)	ord$_-(j)$	c_p	Kodaira	Isogenies
A1	1	0	1	3	0	1	1	–	3,1	3,1	1,1	I_3,I_1	
B1	1	–1	1	–6	5	1	2	+	4,1	4,1	4,1	I_4,I_1	**2** : 2
B2	1	–1	1	14	21	1	2	–	2,2	2,2	2,2	I_2,I_2	**2** : 1
C1	1	–1	1	2064	18771	1	1	–	31,1	31,1	31,1	I_{31},I_1	

675 $N = 675 = 3^3 \cdot 5^2$ (9 isogeny classes)

	a_1	a_2	a_3	a_4	a_6	r	$|T|$	s	ord(Δ)	ord$_-(j)$	c_p	Kodaira	Isogenies
A1	0	0	1	0	31	1	1	–	3,6	0,0	1,2	II,I_0^*	**3** : 2,3
A2	0	0	1	0	–844	1	1	–	9,6	0,0	1,2	IV^*,I_0^*	**3** : 1,4
A3	0	0	1	–750	7906	1	1	–	5,6	0,0	3,2	IV,I_0^*	**3** : 1
A4	0	0	1	–6750	–213469	1	1	–	11,6	0,0	1,2	II^*,I_0^*	**3** : 2
B1	1	–1	1	–5	2	1	1	+	5,2	0,0	3,1	IV,II	
C1	0	0	1	0	6	0	3	–	3,4	0,0	1,3	II,IV	**3** : 2
C2	0	0	1	0	–169	0	1	–	9,4	0,0	1,1	IV^*,IV	**3** : 1

TABLE 1: ELLIPTIC CURVES 675D–680C

	a_1	a_2	a_3	a_4	a_6	r	$|T|$	s	ord(Δ)	ord$_-(j)$	c_p	Kodaira	Isogenies
675					$N = 675 = 3^3 \cdot 5^2$			(continued)					
D1	1	−1	1	−1055	−3428	0	1	+	11,8	0,0	1,1	II*,IV*	
E1	0	0	1	0	781	0	1	−	3,10	0,0	1,1	II,II*	**3** : 2
E2	0	0	1	0	−21094	0	1	−	9,10	0,0	3,1	IV*,II*	**3** : 1
F1	1	−1	0	−42	−19	0	1	+	11,2	0,0	1,1	II*,II	
G1	0	0	1	−75	531	0	1	−	5,8	0,2	1,2	IV,I$_2^*$	
H1	0	0	1	−675	−14344	0	1	−	11,8	0,2	1,2	II*,I$_2^*$	
I1	1	−1	0	−117	166	1	1	+	5,8	0,0	1,3	IV,IV*	
676					$N = 676 = 2^2 \cdot 13^2$			(5 isogeny classes)					
A1	0	0	0	−676	−6591	0	2	+	4,7	0,1	3,2	IV,I$_1^*$	**2** : 2
A2	0	0	0	169	−21970	0	2	−	8,8	0,2	3,4	IV*,I$_2^*$	**2** : 1
B1	0	1	0	−4	−12	0	1	−	8,2	0,0	1,1	IV*,II	**3** : 2
B2	0	1	0	−524	−4796	0	1	−	8,2	0,0	3,1	IV*,II	**3** : 1
C1	0	1	0	−732	−23516	0	3	−	8,8	0,0	3,3	IV*,IV*	**3** : 2
C2	0	1	0	−88612	−10182444	0	1	−	8,8	0,0	1,3	IV*,IV*	**3** : 1
D1	0	0	0	−169	845	0	1	+	4,4	0,0	1,1	IV,IV	
E1	0	0	0	−28561	1856465	0	1	+	4,10	0,0	3,1	IV,II*	
677					$N = 677 = 677$			(1 isogeny class)					
A1	1	1	1	2	0	1	1	−	1	1	1	I$_1$	
678					$N = 678 = 2 \cdot 3 \cdot 113$			(6 isogeny classes)					
A1	1	1	0	−12	12	1	1	−	2,1,1	2,1,1	2,1,1	I$_2$,I$_1$,I$_1$	
B1	1	0	1	6	−20	1	1	−	6,3,1	6,3,1	2,3,1	I$_6$,I$_3$,I$_1$	
C1	1	1	1	−148	−427	1	2	+	14,4,1	14,4,1	14,2,1	I$_{14}$,I$_4$,I$_1$	**2** : 2
C2	1	1	1	492	−2475	1	2	−	7,8,2	7,8,2	7,2,2	I$_7$,I$_8$,I$_2$	**2** : 1
D1	1	0	0	−1661	26097	0	7	−	14,7,1	14,7,1	14,7,1	I$_{14}$,I$_7$,I$_1$	**7** : 2
D2	1	0	0	−7121	−2567403	0	1	−	2,1,7	2,1,7	2,1,7	I$_2$,I$_1$,I$_7$	**7** : 1
E1	1	0	0	−192	1008	0	4	+	4,4,1	4,4,1	4,4,1	I$_4$,I$_4$,I$_1$	**2** : 2
E2	1	0	0	−212	780	0	4	+	2,8,2	2,8,2	2,8,2	I$_2$,I$_8$,I$_2$	**2** : 1,3,4
E3	1	0	0	−1342	−18430	0	2	+	1,16,1	1,16,1	1,16,1	I$_1$,I$_{16}$,I$_1$	**2** : 2
E4	1	0	0	598	5478	0	2	−	1,4,4	1,4,4	1,4,4	I$_1$,I$_4$,I$_4$	**2** : 2
F1	1	0	0	−190	−1024	0	2	+	2,4,1	2,4,1	2,4,1	I$_2$,I$_4$,I$_1$	**2** : 2
F2	1	0	0	−180	−1134	0	2	−	1,8,2	1,8,2	1,8,2	I$_1$,I$_8$,I$_2$	**2** : 1
680					$N = 680 = 2^3 \cdot 5 \cdot 17$			(3 isogeny classes)					
A1	0	0	0	−143	658	1	4	+	8,2,1	0,2,1	4,2,1	I$_1^*$,I$_2$,I$_1$	**2** : 2
A2	0	0	0	−163	462	1	4	+	10,4,2	0,4,2	2,2,2	III*,I$_4$,I$_2$	**2** : 1,3,4
A3	0	0	0	−1163	−14938	1	2	+	11,2,4	0,2,4	1,2,4	II*,I$_2$,I$_4$	**2** : 2
A4	0	0	0	517	3318	1	2	−	11,8,1	0,8,1	1,2,1	II*,I$_8$,I$_1$	**2** : 2
B1	0	−1	0	0	−20	0	1	−	11,1,1	0,1,1	1,1,1	II*,I$_1$,I$_1$	
C1	0	−1	0	−3540	−79900	0	2	+	8,4,1	0,4,1	4,4,1	I$_1^*$,I$_4$,I$_1$	**2** : 2
C2	0	−1	0	−3520	−80868	0	2	−	10,8,2	0,8,2	2,8,2	III*,I$_8$,I$_2$	**2** : 1

TABLE 1: ELLIPTIC CURVES 681A–690D

	$a_1\ a_2\ a_3$	a_4	a_6	r	$|T|$	s	ord(Δ)	ord$_-(j)$	c_p	Kodaira	Isogenies

681 $N = 681 = 3 \cdot 227$ (5 isogeny classes)

	$a_1\ a_2\ a_3$	a_4	a_6	r	$|T|$	s	ord(Δ)	ord$_-(j)$	c_p	Kodaira	Isogenies
A1	0 −1 1	−13	24	1	1	−	4,1	4,1	2,1	I_4,I_1	
B1	1 1 0	−1154	−15345	0	4	+	10,2	10,2	2,2	I_{10},I_2	**2** : 2,3,4
B2	1 1 0	−1149	−15480	0	2	+	5,1	5,1	1,1	I_5,I_1	**2** : 1
B3	1 1 0	−2369	20862	0	4	+	5,4	5,4	1,4	I_5,I_4	**2** : 1
B4	1 1 0	−19	−42812	0	2	−	20,1	20,1	2,1	I_{20},I_1	**2** : 1
C1	0 −1 1	0	2	2	1	−	2,1	2,1	2,1	I_2,I_1	
D1	0 1 1	−431	−3592	0	1	−	4,1	4,1	4,1	I_4,I_1	
E1	0 1 1	−179	881	1	1	−	10,1	10,1	10,1	I_{10},I_1	

682 $N = 682 = 2 \cdot 11 \cdot 31$ (2 isogeny classes)

	$a_1\ a_2\ a_3$	a_4	a_6	r	$|T|$	s	ord(Δ)	ord$_-(j)$	c_p	Kodaira	Isogenies
A1	1 0 0	−33	73	1	3	−	9,1,1	9,1,1	9,1,1	I_9,I_1,I_1	**3** : 2
A2	1 0 0	167	225	1	3	−	3,3,3	3,3,3	3,1,3	I_3,I_3,I_3	**3** : 1,3
A3	1 0 0	−2003	−39269	1	1	−	1,9,1	1,9,1	1,1,1	I_1,I_9,I_1	**3** : 2
B1	1 −1 1	359	−6663	1	1	−	19,3,1	19,3,1	19,3,1	I_{19},I_3,I_1	

684 $N = 684 = 2^2 \cdot 3^2 \cdot 19$ (3 isogeny classes)

	$a_1\ a_2\ a_3$	a_4	a_6	r	$|T|$	s	ord(Δ)	ord$_-(j)$	c_p	Kodaira	Isogenies
A1	0 0 0	−192	1028	1	1	−	8,6,1	0,0,1	3,2,1	IV^*,I_0^*,I_1	
B1	0 0 0	24	−511	1	2	−	4,9,2	0,3,2	3,4,2	IV,I_3^*,I_2	**2** : 2
B2	0 0 0	−831	−8890	1	2	+	8,12,1	0,6,1	3,4,1	IV^*,I_6^*,I_1	**2** : 1
C1	0 0 0	24	−268	0	1	−	8,8,1	0,2,1	1,2,1	IV^*,I_2^*,I_1	

685 $N = 685 = 5 \cdot 137$ (1 isogeny class)

	$a_1\ a_2\ a_3$	a_4	a_6	r	$|T|$	s	ord(Δ)	ord$_-(j)$	c_p	Kodaira	Isogenies
A1	1 −1 0	−5	6	1	1	−	1,1	1,1	1,1	I_1,I_1	

688 $N = 688 = 2^4 \cdot 43$ (3 isogeny classes)

	$a_1\ a_2\ a_3$	a_4	a_6	r	$|T|$	s	ord(Δ)	ord$_-(j)$	c_p	Kodaira	Isogenies
A1	0 0 0	4	−4	1	1	−	8,1	0,1	1,1	I_0^*,I_1	
B1	0 −1 0	−13	−15	0	1	−	8,1	0,1	2,1	I_0^*,I_1	**3** : 2
B2	0 −1 0	67	−79	0	1	−	8,3	0,3	2,1	I_0^*,I_3	**3** : 1
C1	0 −1 0	−5	−19	1	1	−	12,1	0,1	1,1	II^*,I_1	

689 $N = 689 = 13 \cdot 53$ (1 isogeny class)

	$a_1\ a_2\ a_3$	a_4	a_6	r	$|T|$	s	ord(Δ)	ord$_-(j)$	c_p	Kodaira	Isogenies
A1	1 0 0	−14	19	1	2	+	1,1	1,1	1,1	I_1,I_1	**2** : 2
A2	1 0 0	−9	34	1	2	−	2,2	2,2	2,2	I_2,I_2	**2** : 1

690 $N = 690 = 2 \cdot 3 \cdot 5 \cdot 23$ (11 isogeny classes)

	$a_1\ a_2\ a_3$	a_4	a_6	r	$|T|$	s	ord(Δ)	ord$_-(j)$	c_p	Kodaira	Isogenies
A1	1 1 0	172	−1968	1	2	−	14,2,4,1	14,2,4,1	2,2,2,1	I_{14},I_2,I_4,I_1	**2** : 2
A2	1 1 0	−1748	−25392	1	2	+	7,1,8,2	7,1,8,2	1,1,2,2	I_7,I_1,I_8,I_2	**2** : 1
B1	1 1 0	167	−347	0	2	−	6,7,1,2	6,7,1,2	2,1,1,2	I_6,I_7,I_1,I_2	**2** : 2
B2	1 1 0	−753	−3843	0	2	+	3,14,2,1	3,14,2,1	1,2,2,1	I_3,I_{14},I_2,I_1	**2** : 1
C1	1 1 0	−22777	−90852059	0	2	−	10,18,8,1	10,18,8,1	2,2,8,1	I_{10},I_{18},I_8,I_1	**2** : 2
C2	1 1 0	−3172057	−2148591611	0	2	+	5,9,16,2	5,9,16,2	1,1,16,2	I_5,I_9,I_{16},I_2	**2** : 1
D1	1 1 0	−12	−36	0	2	−	2,3,1,2	2,3,1,2	2,1,1,2	I_2,I_3,I_1,I_2	**2** : 2
D2	1 1 0	−242	−1554	0	2	+	1,6,2,1	1,6,2,1	1,2,2,1	I_1,I_6,I_2,I_1	**2** : 1

TABLE 1: ELLIPTIC CURVES 690E–696B

	a_1	a_2	a_3	a_4	a_6	r	$|T|$	s	$\mathrm{ord}(\Delta)$	$\mathrm{ord}_-(j)$	c_p	Kodaira	Isogenies
690					$N = 690 = 2 \cdot 3 \cdot 5 \cdot 23$				(continued)				**690**
E1	1	0	1	-604	-5734	1	2	$+$	12,5,1,1	12,5,1,1	2,5,1,1	I_{12},I_5,I_1,I_1	**2** : 2
E2	1	0	1	-924	922	1	4	$+$	6,10,2,2	6,10,2,2	2,10,2,2	I_6,I_{10},I_2,I_2	**2** : 1,3,4
E3	1	0	1	-10644	420826	1	2	$+$	3,5,4,4	3,5,4,4	1,5,2,4	I_3,I_5,I_4,I_4	**2** : 2
E4	1	0	1	3676	8282	1	2	$-$	3,20,1,1	3,20,1,1	1,20,1,1	I_3,I_{20},I_1,I_1	**2** : 2
F1	1	0	1	-13	8	0	2	$+$	8,1,1,1	8,1,1,1	2,1,1,1	I_8,I_1,I_1,I_1	**2** : 2
F2	1	0	1	-93	-344	0	4	$+$	4,2,2,2	4,2,2,2	2,2,2,2	I_4,I_2,I_2,I_2	**2** : 1,3,4
F3	1	0	1	-1473	-21872	0	2	$+$	2,1,4,1	2,1,4,1	2,1,4,1	I_2,I_1,I_4,I_1	**2** : 2
F4	1	0	1	7	-1024	0	4	$-$	2,4,1,4	2,4,1,4	2,4,1,4	I_2,I_4,I_1,I_4	**2** : 2
G1	1	1	1	-4491	-207687	0	4	$-$	28,4,2,1	28,4,2,1	28,2,2,1	I_{28},I_4,I_2,I_1	**2** : 2
G2	1	1	1	-86411	-9808711	0	4	$+$	14,8,4,2	14,8,4,2	14,2,2,2	I_{14},I_8,I_4,I_2	**2** : 1,3,4
G3	1	1	1	-1382411	-626186311	0	2	$+$	7,4,2,4	7,4,2,4	7,2,2,2	I_7,I_4,I_2,I_4	**2** : 2
G4	1	1	1	-101131	-6258247	0	2	$+$	7,16,8,1	7,16,8,1	7,2,2,1	I_7,I_{16},I_8,I_1	**2** : 2
H1	1	1	1	4	29	1	2	$-$	6,2,2,1	6,2,2,1	6,2,2,1	I_6,I_2,I_2,I_1	**2** : 2
H2	1	1	1	-116	413	1	2	$+$	3,1,4,2	3,1,4,2	3,1,2,2	I_3,I_1,I_4,I_2	**2** : 1
I1	1	0	0	134	-604	0	2	$-$	6,1,5,2	6,1,5,2	6,1,1,2	I_6,I_1,I_5,I_2	**2** : 2
I2	1	0	0	-786	-5940	0	2	$+$	3,2,10,1	3,2,10,1	3,2,2,1	I_3,I_2,I_{10},I_1	**2** : 1
J1	1	0	0	-245	-1503	0	2	$-$	10,1,1,2	10,1,1,2	10,1,1,2	I_{10},I_1,I_1,I_2	**2** : 2
J2	1	0	0	-3925	-94975	0	2	$+$	5,2,2,1	5,2,2,1	5,2,2,1	I_5,I_2,I_2,I_1	**2** : 1
K1	1	0	0	-420	3600	0	8	$-$	8,8,2,1	8,8,2,1	8,8,2,1	I_8,I_8,I_2,I_1	**2** : 2
K2	1	0	0	-6900	220032	0	8	$+$	4,4,4,2	4,4,4,2	4,4,4,2	I_4,I_4,I_4,I_2	**2** : 1,3,4
K3	1	0	0	-7080	207900	0	4	$+$	2,2,8,4	2,2,8,4	2,2,8,2	I_2,I_2,I_8,I_4	**2** : 2,5,6
K4	1	0	0	-110400	14109732	0	4	$+$	2,2,2,1	2,2,2,1	2,2,2,1	I_2,I_2,I_2,I_1	**2** : 2
K5	1	0	0	-25830	-1370850	0	2	$+$	1,1,4,8	1,1,4,8	1,1,4,2	I_1,I_1,I_4,I_8	**2** : 3
K6	1	0	0	8790	1010922	0	2	$-$	1,1,16,2	1,1,16,2	1,1,16,2	I_1,I_1,I_{16},I_2	**2** : 3
692					$N = 692 = 2^2 \cdot 173$				(1 isogeny class)				**692**
A1	0	1	0	-52	180	0	2	$-$	8,2	0,2	1,2	IV^*,I_2	**2** : 2
A2	0	1	0	-57	148	0	2	$+$	4,1	0,1	1,1	IV,I_1	**2** : 1
693					$N = 693 = 3^2 \cdot 7 \cdot 11$				(4 isogeny classes)				**693**
A1	1	-1	1	31	-264	0	2	$-$	6,3,2	0,3,2	2,1,2	I_0^*,I_3,I_2	**2** : 2
A2	1	-1	1	-464	-3432	0	2	$+$	6,6,1	0,6,1	2,2,1	I_0^*,I_6,I_1	**2** : 1
B1	0	0	1	18	-7	1	1	$-$	6,2,1	0,2,1	1,2,1	I_0^*,I_2,I_1	
C1	0	0	1	-804	-8775	0	1	$-$	6,2,1	0,2,1	1,2,1	I_0^*,I_2,I_1	**3** : 2
C2	0	0	1	-444	-16650	0	3	$-$	6,6,3	0,6,3	1,6,3	I_0^*,I_6,I_3	**3** : 1,3
C3	0	0	1	3966	430965	0	3	$-$	6,2,9	0,2,9	1,2,9	I_0^*,I_2,I_9	**3** : 2
D1	1	-1	0	-306	-1985	0	2	$+$	7,2,1	1,2,1	4,2,1	I_1^*,I_2,I_1	**2** : 2
D2	1	-1	0	-351	-1328	0	4	$+$	8,4,2	2,4,2	4,4,2	I_2^*,I_4,I_2	**2** : 1,3,4
D3	1	-1	0	-2556	49387	0	4	$+$	10,2,4	4,2,4	4,2,4	I_4^*,I_2,I_4	**2** : 2,5,6
D4	1	-1	0	1134	-10535	0	2	$-$	7,8,1	1,8,1	2,8,1	I_1^*,I_8,I_1	**2** : 2
D5	1	-1	0	-40671	3167194	0	2	$+$	14,1,2	8,1,2	4,1,2	I_8^*,I_1,I_2	**2** : 3
D6	1	-1	0	279	150880	0	2	$-$	8,1,8	2,1,8	2,1,8	I_2^*,I_1,I_8	**2** : 3
696					$N = 696 = 2^3 \cdot 3 \cdot 29$				(7 isogeny classes)				**696**
A1	0	-1	0	-88	349	1	1	$-$	4,3,1	0,3,1	2,1,1	III,I_3,I_1	
B1	0	1	0	8	-16	0	1	$-$	11,1,1	0,1,1	1,1,1	II^*,I_1,I_1	

TABLE 1: ELLIPTIC CURVES 696C–704F

	a_1	a_2	a_3	a_4	a_6	r	$|T|$	s	ord(Δ)	ord$_-(j)$	c_p	Kodaira	Isogenies
696					$N = 696 = 2^3 \cdot 3 \cdot 29$				(continued)				**696**
C1	0	1	0	12	9	1	1	−	4,5,1	0,5,1	2,5,1	III,I_5,I_1	
D1	0	−1	0	−5920	177388	0	1	−	11,5,3	0,5,3	1,1,1	II*,I_5,I_3	
E1	0	−1	0	−36	−87	0	1	−	4,1,3	0,1,3	2,1,1	III,I_1,I_3	
F1	0	−1	0	56	−1415	1	1	−	4,7,3	0,7,3	2,1,3	III,I_7,I_3	
G1	0	1	0	−4	5	1	1	−	4,3,1	0,3,1	2,3,1	III,I_3,I_1	
699					$N = 699 = 3 \cdot 233$			(1 isogeny class)					**699**
A1	0	1	1	−10	−17	0	1	−	3,1	3,1	3,1	I_3,I_1	
700					$N = 700 = 2^2 \cdot 5^2 \cdot 7$			(10 isogeny classes)					**700**
A1	0	−1	0	−133	−2863	0	1	−	8,9,1	0,3,1	1,2,1	IV*,I_3^*,I_1	**3** : 2
A2	0	−1	0	−20133	−1092863	0	1	−	8,7,3	0,1,3	3,2,1	IV*,I_1^*,I_3	**3** : 1
B1	0	−1	0	2	−3	0	1	−	4,2,1	0,0,1	1,1,1	IV,II,I_1	**3** : 2
B2	0	−1	0	−98	−343	0	1	−	4,2,3	0,0,3	3,1,1	IV,II,I_3	**3** : 1
C1	0	0	0	−5	5	1	1	−	4,2,1	0,0,1	3,1,1	IV,II,I_1	
D1	0	0	0	800	26500	1	1	−	8,7,5	0,1,5	3,4,5	IV*,I_1^*,I_5	
E1	0	0	0	−2000	−34375	1	2	+	4,9,2	0,0,2	3,2,2	IV,III*,I_2	**2** : 2
E2	0	0	0	−1375	−56250	1	2	−	8,9,4	0,0,4	3,2,2	IV*,III*,I_4	**2** : 1
F1	0	0	0	−125	625	1	1	−	4,8,1	0,0,1	1,3,1	IV,IV*,I_1	
G1	0	0	0	−40	100	1	1	−	8,3,1	0,0,1	3,2,1	IV*,III,I_1	
H1	0	0	0	−80	−275	0	2	+	4,3,2	0,0,2	1,2,2	IV,III,I_2	**2** : 2
H2	0	0	0	−55	−450	0	2	−	8,3,4	0,0,4	1,2,4	IV*,III,I_4	**2** : 1
I1	0	1	0	42	−287	0	3	−	4,8,1	0,0,1	3,3,1	IV,IV*,I_1	**3** : 2
I2	0	1	0	−2458	−47787	0	1	−	4,8,3	0,0,3	1,1,3	IV,IV*,I_3	**3** : 1
J1	0	0	0	−1000	12500	0	1	−	8,9,1	0,0,1	1,2,1	IV*,III*,I_1	
701					$N = 701 = 701$			(1 isogeny class)					**701**
A1	0	−1	1	−2	1	0	1	+	1	1	1	I_1	
703					$N = 703 = 19 \cdot 37$			(2 isogeny classes)					**703**
A1	0	0	1	−736	1057	0	1	+	2,5	2,5	2,1	I_2,I_5	
B1	0	0	1	1	−8	1	1	−	1,2	1,2	1,2	I_1,I_2	
704					$N = 704 = 2^6 \cdot 11$			(12 isogeny classes)					**704**
A1	0	1	0	−1	1	1	1	−	6,1	0,1	1,1	II,I_1	**5** : 2
A2	0	1	0	−41	−199	1	1	−	6,5	0,5	1,1	II,I_5	**5** : 1,3
A3	0	1	0	−31281	−2139919	1	1	−	6,1	0,1	1,1	II,I_1	**5** : 2
B1	0	−1	0	1	1	1	1	−	6,1	0,1	1,1	II,I_1	
C1	0	1	0	1	−1	0	1	−	6,1	0,1	1,1	II,I_1	
D1	0	−1	0	11	−19	0	1	−	14,1	0,1	1,1	II*,I_1	**3** : 2
D2	0	−1	0	−309	−2003	0	1	−	14,3	0,3	1,3	II*,I_3	**3** : 1
E1	0	0	0	−16	32	0	1	−	14,1	0,1	1,1	II*,I_1	
F1	0	1	0	11	19	0	1	−	14,1	0,1	1,1	II*,I_1	**3** : 2
F2	0	1	0	−309	2003	0	1	−	14,3	0,3	1,1	II*,I_3	**3** : 1

TABLE 1: ELLIPTIC CURVES 704G–710D

	a_1	a_2	a_3	a_4	a_6	r	$|T|$	s	ord(Δ)	ord$_-(j)$	c_p	Kodaira	Isogenies
704					$N = 704 = 2^6 \cdot 11$			(continued)					
G1	0	−1	0	−11	−11	0	1	−	6,1	0,1	1,1	II,I_1	
H1	0	0	0	2	14	0	1	−	6,3	0,3	1,1	II,I_3	
I1	0	0	0	−16	−32	0	1	−	14,1	0,1	1,1	II*,I_1	
J1	0	1	0	−11	11	1	1	−	6,1	0,1	1,1	II,I_1	
K1	0	−1	0	−1	−1	1	1	−	6,1	0,1	1,1	II,I_1	**5** : 2
K2	0	−1	0	−41	199	1	1	−	6,5	0,5	1,5	II,I_5	**5** : 1,3
K3	0	−1	0	−31281	2139919	1	1	−	6,1	0,1	1,1	II,I_1	**5** : 2
L1	0	0	0	2	−14	1	1	−	6,3	0,3	1,3	II,I_3	
705					$N = 705 = 3 \cdot 5 \cdot 47$			(6 isogeny classes)					
A1	0	−1	1	−5781	175862	1	1	−	14,5,1	14,5,1	2,1,1	I_{14},I_5,I_1	
B1	1	1	1	−120	42282	1	1	−	3,3,5	3,3,5	1,3,5	I_3,I_3,I_5	
C1	0	1	1	9	20	0	3	−	6,1,1	6,1,1	6,1,1	I_6,I_1,I_1	**3** : 2
C2	0	1	1	−81	−619	0	1	−	2,3,3	2,3,3	2,1,1	I_2,I_3,I_3	**3** : 1
D1	1	0	1	6	1	1	1	−	1,3,1	1,3,1	1,1,1	I_1,I_3,I_1	
E1	1	0	0	−36	81	1	1	−	5,1,1	5,1,1	5,1,1	I_5,I_1,I_1	
F1	1	0	1	−368	2681	0	2	+	1,3,1	1,3,1	1,3,1	I_1,I_3,I_1	**2** : 2
F2	1	0	1	−373	2603	0	4	+	2,6,2	2,6,2	2,6,2	I_2,I_6,I_2	**2** : 1,3,4
F3	1	0	1	−1078	−10369	0	2	+	1,12,1	1,12,1	1,12,1	I_1,I_{12},I_1	**2** : 2
F4	1	0	1	252	10603	0	4	−	4,3,4	4,3,4	4,3,4	I_4,I_3,I_4	**2** : 2
706					$N = 706 = 2 \cdot 353$			(4 isogeny classes)					
A1	1	1	0	1	−1	1	1	−	1,1	1,1	1,1	I_1,I_1	
B1	1	−1	1	−118	2693	1	1	−	23,1	23,1	23,1	I_{23},I_1	
C1	1	−1	1	−7	−5	1	2	+	2,1	2,1	2,1	I_2,I_1	**2** : 2
C2	1	−1	1	3	−25	1	2	−	1,2	1,2	1,2	I_1,I_2	**2** : 1
D1	1	0	0	−18	4	1	2	+	10,1	10,1	10,1	I_{10},I_1	**2** : 2
D2	1	0	0	−178	−924	1	2	+	5,2	5,2	5,2	I_5,I_2	**2** : 1
707					$N = 707 = 7 \cdot 101$			(1 isogeny class)					
A1	0	1	1	−12	12	2	1	+	2,1	2,1	2,1	I_2,I_1	
708					$N = 708 = 2^2 \cdot 3 \cdot 59$			(1 isogeny class)					
A1	0	−1	0	11	34	0	2	−	4,6,1	0,6,1	1,2,1	IV,I_6,I_1	**2** : 2
A2	0	−1	0	−124	520	0	2	+	8,3,2	0,3,2	1,1,2	IV*,I_3,I_2	**2** : 1
709					$N = 709 = 709$			(1 isogeny class)					
A1	0	−1	1	−2	0	2	1	+	1	1	1	I_1	
710					$N = 710 = 2 \cdot 5 \cdot 71$			(4 isogeny classes)					
A1	1	1	0	−27	−59	1	1	+	3,4,1	3,4,1	1,4,1	I_3,I_4,I_1	
B1	1	1	1	−416	3009	1	1	+	17,2,1	17,2,1	17,2,1	I_{17},I_2,I_1	
C1	1	1	1	−70	195	1	1	+	7,2,1	7,2,1	7,2,1	I_7,I_2,I_1	
D1	1	1	1	−1105	11727	0	5	+	5,10,1	5,10,1	5,10,1	I_5,I_{10},I_1	**5** : 2
D2	1	1	1	−181355	−29801973	0	1	+	1,2,5	1,2,5	1,2,5	I_1,I_2,I_5	**5** : 1

TABLE 1: ELLIPTIC CURVES 711A–718C

	$a_1\ a_2\ a_3$	a_4	a_6	r	$\|T\|$	s	$\mathrm{ord}(\Delta)$	$\mathrm{ord}_-(j)$	c_p	Kodaira	Isogenies

711 $N = 711 = 3^2 \cdot 79$ (3 isogeny classes)

	$a_1\ a_2\ a_3$	a_4	a_6	r	$\|T\|$	s	$\mathrm{ord}(\Delta)$	$\mathrm{ord}_-(j)$	c_p	Kodaira	Isogenies
A1	1 −1 0	3	−2	1	1	−	3, 1	0, 1	2, 1	$\mathrm{III}, \mathrm{I}_1$	
B1	1 −1 1	25	28	1	1	−	9, 1	0, 1	2, 1	$\mathrm{III}^*, \mathrm{I}_1$	
C1	1 −1 0	−18	−23	0	1	+	6, 1	0, 1	1, 1	$\mathrm{I}_0^*, \mathrm{I}_1$	

712 $N = 712 = 2^3 \cdot 89$ (1 isogeny class)

	$a_1\ a_2\ a_3$	a_4	a_6	r	$\|T\|$	s	$\mathrm{ord}(\Delta)$	$\mathrm{ord}_-(j)$	c_p	Kodaira	Isogenies
A1	0 1 0	−32	−80	0	2	+	10, 1	0, 1	2, 1	$\mathrm{III}^*, \mathrm{I}_1$	**2 : 2**
A2	0 1 0	−72	112	0	2	+	11, 2	0, 2	1, 2	$\mathrm{II}^*, \mathrm{I}_2$	**2 : 1**

713 $N = 713 = 23 \cdot 31$ (1 isogeny class)

	$a_1\ a_2\ a_3$	a_4	a_6	r	$\|T\|$	s	$\mathrm{ord}(\Delta)$	$\mathrm{ord}_-(j)$	c_p	Kodaira	Isogenies
A1	1 0 1	−1	1	1	1	−	1, 1	1, 1	1, 1	$\mathrm{I}_1, \mathrm{I}_1$	

714 $N = 714 = 2 \cdot 3 \cdot 7 \cdot 17$ (9 isogeny classes)

	$a_1\ a_2\ a_3$	a_4	a_6	r	$\|T\|$	s	$\mathrm{ord}(\Delta)$	$\mathrm{ord}_-(j)$	c_p	Kodaira	Isogenies
A1	1 1 0	−3334	81940	1	2	−	14, 8, 3, 1	14, 8, 3, 1	2, 2, 1, 1	$\mathrm{I}_{14},\mathrm{I}_8,\mathrm{I}_3,\mathrm{I}_1$	**2 : 2**
A2	1 1 0	−55174	4965268	1	2	+	7, 4, 6, 2	7, 4, 6, 2	1, 2, 2, 2	$\mathrm{I}_7,\mathrm{I}_4,\mathrm{I}_6,\mathrm{I}_2$	**2 : 1**
B1	1 1 0	−37	−107	0	1	−	3, 5, 1, 1	3, 5, 1, 1	1, 1, 1, 1	$\mathrm{I}_3,\mathrm{I}_5,\mathrm{I}_1,\mathrm{I}_1$	
C1	1 1 0	−14597	−686643	0	1	−	17, 3, 5, 1	17, 3, 5, 1	1, 1, 5, 1	$\mathrm{I}_{17},\mathrm{I}_3,\mathrm{I}_5,\mathrm{I}_1$	
D1	1 1 0	−21	45	1	2	−	6, 4, 1, 1	6, 4, 1, 1	2, 2, 1, 1	$\mathrm{I}_6,\mathrm{I}_4,\mathrm{I}_1,\mathrm{I}_1$	**2 : 2**
D2	1 1 0	−381	2709	1	2	+	3, 2, 2, 2	3, 2, 2, 2	1, 2, 2, 2	$\mathrm{I}_3,\mathrm{I}_2,\mathrm{I}_2,\mathrm{I}_2$	**2 : 1**
E1	1 1 1	−2204	−41731	0	1	−	7, 3, 1, 5	7, 3, 1, 5	7, 1, 1, 1	$\mathrm{I}_7,\mathrm{I}_3,\mathrm{I}_1,\mathrm{I}_5$	
F1	1 1 1	1	101	1	4	−	12, 2, 1, 1	12, 2, 1, 1	12, 2, 1, 1	$\mathrm{I}_{12},\mathrm{I}_2,\mathrm{I}_1,\mathrm{I}_1$	**2 : 2**
F2	1 1 1	−319	2021	1	4	+	6, 4, 2, 2	6, 4, 2, 2	6, 2, 2, 2	$\mathrm{I}_6,\mathrm{I}_4,\mathrm{I}_2,\mathrm{I}_2$	**2 : 1, 3, 4**
F3	1 1 1	−679	−3883	1	2	+	3, 2, 4, 4	3, 2, 4, 4	3, 2, 2, 4	$\mathrm{I}_3,\mathrm{I}_2,\mathrm{I}_4,\mathrm{I}_4$	**2 : 2**
F4	1 1 1	−5079	137205	1	2	+	3, 8, 1, 1	3, 8, 1, 1	3, 2, 1, 1	$\mathrm{I}_3,\mathrm{I}_8,\mathrm{I}_1,\mathrm{I}_1$	**2 : 2**
G1	1 1 1	−70244	7127525	0	8	+	24, 4, 4, 1	24, 4, 4, 1	24, 2, 4, 1	$\mathrm{I}_{24},\mathrm{I}_4,\mathrm{I}_4,\mathrm{I}_1$	**2 : 2**
G2	1 1 1	−90724	2605541	0	8	+	12, 8, 8, 2	12, 8, 8, 2	12, 2, 8, 2	$\mathrm{I}_{12},\mathrm{I}_8,\mathrm{I}_8,\mathrm{I}_2$	**2 : 1, 3, 4**
G3	1 1 1	−859044	−304722459	0	4	+	6, 16, 4, 4	6, 16, 4, 4	6, 2, 4, 4	$\mathrm{I}_6,\mathrm{I}_{16},\mathrm{I}_4,\mathrm{I}_4$	**2 : 2, 5, 6**
G4	1 1 1	349916	20936165	0	4	−	6, 4, 16, 1	6, 4, 16, 1	6, 2, 16, 1	$\mathrm{I}_6,\mathrm{I}_4,\mathrm{I}_{16},\mathrm{I}_1$	**2 : 2**
G5	1 1 1	−13718604	−19563199515	0	2	+	3, 8, 2, 8	3, 8, 2, 8	3, 2, 2, 8	$\mathrm{I}_3,\mathrm{I}_8,\mathrm{I}_2,\mathrm{I}_8$	**2 : 3**
G6	1 1 1	−292604	−699871003	0	2	−	3, 32, 2, 2	3, 32, 2, 2	3, 2, 2, 2	$\mathrm{I}_3,\mathrm{I}_{32},\mathrm{I}_2,\mathrm{I}_2$	**2 : 3**
H1	1 1 1	1	−1	0	1	−	1, 1, 1, 1	1, 1, 1, 1	1, 1, 1, 1	$\mathrm{I}_1,\mathrm{I}_1,\mathrm{I}_1,\mathrm{I}_1$	
I1	1 0 0	108	11664	0	9	−	9, 9, 3, 1	9, 9, 3, 1	9, 9, 3, 1	$\mathrm{I}_9,\mathrm{I}_9,\mathrm{I}_3,\mathrm{I}_1$	**3 : 2**
I2	1 0 0	−972	−315144	0	3	−	3, 3, 9, 3	3, 3, 9, 3	3, 3, 9, 1	$\mathrm{I}_3,\mathrm{I}_3,\mathrm{I}_9,\mathrm{I}_3$	**3 : 1, 3**
I3	1 0 0	−381702	−90803346	0	1	−	1, 1, 3, 9	1, 1, 3, 9	1, 1, 3, 1	$\mathrm{I}_1,\mathrm{I}_1,\mathrm{I}_3,\mathrm{I}_9$	**3 : 2**

715 $N = 715 = 5 \cdot 11 \cdot 13$ (2 isogeny classes)

	$a_1\ a_2\ a_3$	a_4	a_6	r	$\|T\|$	s	$\mathrm{ord}(\Delta)$	$\mathrm{ord}_-(j)$	c_p	Kodaira	Isogenies
A1	0 1 1	−5	6	1	3	−	3, 1, 1	3, 1, 1	3, 1, 1	$\mathrm{I}_3,\mathrm{I}_1,\mathrm{I}_1$	**3 : 2**
A2	0 1 1	45	−129	1	1	−	1, 3, 3	1, 3, 3	1, 1, 3	$\mathrm{I}_1,\mathrm{I}_3,\mathrm{I}_3$	**3 : 1**
B1	0 0 1	43	−2088	1	1	−	7, 1, 3	7, 1, 3	7, 1, 3	$\mathrm{I}_7,\mathrm{I}_1,\mathrm{I}_3$	

718 $N = 718 = 2 \cdot 359$ (3 isogeny classes)

	$a_1\ a_2\ a_3$	a_4	a_6	r	$\|T\|$	s	$\mathrm{ord}(\Delta)$	$\mathrm{ord}_-(j)$	c_p	Kodaira	Isogenies
A1	1 −1 0	−17	−163	0	1	−	15, 1	15, 1	1, 1	$\mathrm{I}_{15},\mathrm{I}_1$	
B1	1 0 1	−5	0	2	1	+	4, 1	4, 1	2, 1	$\mathrm{I}_4,\mathrm{I}_1$	
C1	1 −1 1	−514	4609	1	1	+	12, 1	12, 1	12, 1	$\mathrm{I}_{12},\mathrm{I}_1$	

TABLE 1: ELLIPTIC CURVES 720A–720J

	$a_1\ a_2\ a_3$	a_4	a_6	r	$|T|$	s	ord(Δ)	ord$_-(j)$	c_p	Kodaira	Isogenies

720 $\qquad N = 720 = 2^4 \cdot 3^2 \cdot 5$ (10 isogeny classes)

	$a_1\ a_2\ a_3$	a_4	a_6	r	$|T|$	s	ord(Δ)	ord$_-(j)$	c_p	Kodaira	Isogenies
A1	0 0 0	-3	18	1	2	$-$ 10,3,1	0,0,1	4,2,1	I_2^*,III,I_1	**2** : **2**
A2	0 0 0	-123	522	1	2	$+$ 11,3,2	0,0,2	4,2,2	I_3^*,III,I_2	**2** : **1**
B1	0 0 0	-27	-486	0	2	$-$ 10,9,1	0,0,1	4,2,1	I_2^*,III*,I_1	**2** : **2**
B2	0 0 0	-1107	-14094	0	2	$+$ 11,9,2	0,0,2	2,2,2	I_3^*,III*,I_2	**2** : **1**
C1	0 0 0	-138	623	0	2	$+$ 4,8,1	0,2,1	1,2,1	II,I_2^*,I_1	**2** : **2**
C2	0 0 0	-183	182	0	4	$+$ 8,10,2	0,4,2	2,4,2	I_0^*,I_4^*,I_2	**2** : **1,3,4**
C3	0 0 0	-1803	-29302	0	4	$+$ 10,8,4	0,2,4	4,4,2	I_2^*,I_2^*,I_4	**2** : **2,5,6**
C4	0 0 0	717	1442	0	2	$-$ 10,14,1	0,8,1	2,4,1	I_2^*,I_8^*,I_1	**2** : **2**
C5	0 0 0	-28803	-1881502	0	2	$+$ 11,7,2	0,1,2	4,2,2	I_3^*,I_1^*,I_2	**2** : **3**
C6	0 0 0	-723	-64078	0	2	$-$ 11,7,8	0,1,8	4,2,2	I_3^*,I_1^*,I_8	**2** : **3**
D1	0 0 0	-18	27	0	2	$+$ 4,6,1	0,0,1	1,2,1	II,I_0^*,I_1	**2** : **2**
D2	0 0 0	-63	-162	0	4	$+$ 8,6,2	0,0,2	2,4,2	I_0^*,I_0^*,I_2	**2** : **1,3,4**
D3	0 0 0	-963	-11502	0	2	$+$ 10,6,1	0,0,1	4,2,1	I_2^*,I_0^*,I_1	**2** : **2**
D4	0 0 0	117	-918	0	2	$-$ 10,6,4	0,0,4	2,2,2	I_2^*,I_0^*,I_4	**2** : **2**
E1	0 0 0	33	-34	1	2	$-$ 8,7,1	0,1,1	2,2,1	I_0^*,I_1^*,I_1	**2** : **2**
E2	0 0 0	-147	-286	1	4	$+$ 10,8,2	0,2,2	4,4,2	I_2^*,I_2^*,I_2	**2** : **1,3,4**
E3	0 0 0	-1947	-33046	1	2	$+$ 11,10,1	0,4,1	4,2,1	I_3^*,I_4^*,I_1	**2** : **2**
E4	0 0 0	-1227	16346	1	4	$+$ 11,7,4	0,1,4	4,4,4	I_3^*,I_1^*,I_4	**2** : **2**
F1	0 0 0	-123	-598	0	2	$-$ 18,3,1	6,0,1	4,2,1	I_{10}^*,III,I_1	**2** : **2**; **3** : **3**
F2	0 0 0	-2043	-35542	0	2	$+$ 15,3,2	3,0,2	2,2,2	I_7^*,III,I_2	**2** : **1**; **3** : **4**
F3	0 0 0	837	2538	0	2	$-$ 14,9,3	2,0,3	4,2,1	I_6^*,III*,I_3	**2** : **4**; **3** : **1**
F4	0 0 0	-3483	20682	0	2	$+$ 13,9,6	1,0,6	2,2,2	I_5^*,III*,I_6	**2** : **3**; **3** : **2**
G1	0 0 0	93	-94	1	2	$-$ 14,3,3	2,0,3	4,2,3	I_6^*,III,I_3	**2** : **2**; **3** : **3**
G2	0 0 0	-387	-766	1	2	$+$ 13,3,6	1,0,6	4,2,6	I_5^*,III,I_6	**2** : **1**; **3** : **4**
G3	0 0 0	-1107	16146	1	2	$-$ 18,9,1	6,0,1	4,2,1	I_{10}^*,III*,I_1	**2** : **4**; **3** : **1**
G4	0 0 0	-18387	959634	1	2	$+$ 15,9,2	3,0,2	4,2,2	I_7^*,III*,I_2	**2** : **3**; **3** : **2**
H1	0 0 0	-3	322	1	2	$-$ 12,7,1	0,1,1	4,4,1	I_4^*,I_1^*,I_1	**2** : **2**
H2	0 0 0	-723	7378	1	4	$+$ 12,8,2	0,2,2	4,4,2	I_4^*,I_2^*,I_2	**2** : **1,3,4**
H3	0 0 0	-1443	-9758	1	4	$+$ 12,10,4	0,4,4	4,4,4	I_4^*,I_4^*,I_4	**2** : **2,5,6**
H4	0 0 0	-11523	476098	1	2	$+$ 12,7,1	0,1,1	2,2,1	I_4^*,I_1^*,I_1	**2** : **2**
H5	0 0 0	-19443	-1042958	1	4	$+$ 12,14,2	0,8,2	4,4,2	I_4^*,I_8^*,I_2	**2** : **3,7,8**
H6	0 0 0	5037	-73262	1	2	$-$ 12,8,8	0,2,8	2,2,2	I_4^*,I_2^*,I_8	**2** : **3**
H7	0 0 0	-311043	-66769598	1	2	$+$ 12,10,1	0,4,1	4,2,1	I_4^*,I_4^*,I_1	**2** : **5**
H8	0 0 0	-15843	-1441118	1	2	$-$ 12,22,1	0,16,1	2,4,1	I_4^*,I_{16}^*,I_1	**2** : **5**
I1	0 0 0	-12	11	0	2	$+$ 4,6,1	0,0,1	1,2,1	II,I_0^*,I_1	**2** : **2**; **3** : **3**
I2	0 0 0	33	74	0	2	$-$ 8,6,2	0,0,2	1,2,2	I_0^*,I_0^*,I_2	**2** : **1**; **3** : **4**
I3	0 0 0	-372	-2761	0	2	$+$ 4,6,3	0,0,3	1,2,3	II,I_0^*,I_3	**2** : **4**; **3** : **1**
I4	0 0 0	-327	-3454	0	2	$-$ 8,6,6	0,0,6	1,2,6	I_0^*,I_0^*,I_6	**2** : **3**; **3** : **2**
J1	0 0 0	213	3674	0	2	$-$ 16,9,1	4,3,1	4,2,1	I_8^*,I_3^*,I_1	**2** : **2**; **3** : **3**
J2	0 0 0	-2667	48026	0	4	$+$ 14,12,2	2,6,2	4,4,2	I_6^*,I_6^*,I_2	**2** : **1,4,5**; **3** : **6**
J3	0 0 0	-1947	-108214	0	2	$-$ 24,7,3	12,1,3	4,2,3	I_{16}^*,I_1^*,I_3	**2** : **6**; **3** : **1**
J4	0 0 0	-9867	-324934	0	2	$+$ 13,18,1	1,12,1	4,4,1	I_5^*,I_{12}^*,I_1	**2** : **2**; **3** : **7**
J5	0 0 0	-41547	3259514	0	4	$+$ 13,9,4	1,3,4	2,4,4	I_5^*,I_3^*,I_4	**2** : **2**; **3** : **8**
J6	0 0 0	-48027	-4043446	0	4	$+$ 18,8,6	6,2,6	4,4,6	I_{10}^*,I_2^*,I_6	**2** : **3,7,8**; **3** : **2**
J7	0 0 0	-768027	-259067446	0	2	$+$ 15,10,3	3,4,3	4,4,3	I_7^*,I_4^*,I_3	**2** : **6**; **3** : **4**
J8	0 0 0	-65307	-874294	0	4	$+$ 15,7,12	3,1,12	2,4,12	I_7^*,I_1^*,I_{12}	**2** : **6**; **3** : **5**

TABLE 1: ELLIPTIC CURVES 722A–728A

	a_1	a_2	a_3	a_4	a_6	r	$\|T\|$	s	ord(Δ)	ord$_-(j)$	c_p	Kodaira	Isogenies

722 $N = 722 = 2 \cdot 19^2$ (6 isogeny classes)

	a_1	a_2	a_3	a_4	a_6	r	$\|T\|$	s	ord(Δ)	ord$_-(j)$	c_p	Kodaira	Isogenies
A1	1	0	1	714	−16080	1	3	−	3,8	3,0	1,3	I_3,IV^*	**3** : 2
A2	1	0	1	−33581	−2375576	1	1	−	9,8	9,0	1,3	I_9,IV^*	**3** : 1
B1	1	−1	0	−1	−11	1	1	−	3,3	3,0	1,2	I_3,III	
C1	1	0	1	−8	−8138	0	1	−	5,7	5,1	1,2	I_5,I_1^*	**5** : 2
C2	1	0	1	−25278	1710222	0	1	−	1,11	1,5	1,2	I_1,I_5^*	**5** : 1
D1	1	−1	1	−429	77485	0	1	−	3,9	3,0	3,2	I_3,III^*	
E1	1	1	1	−5603	−163815	1	1	−	3,7	3,1	3,4	I_3,I_1^*	**3** : 2
E2	1	1	1	3422	−612177	1	1	−	9,9	9,3	9,4	I_9,I_3^*	**3** : 1, 3
E3	1	1	1	−30873	16782247	1	1	−	27,7	27,1	27,4	I_{27},I_1^*	**3** : 2
F1	1	1	1	2	3	1	1	−	3,2	3,0	3,1	I_3,II	**3** : 2
F2	1	1	1	−93	307	1	1	−	9,2	9,0	9,1	I_9,II	**3** : 1

723 $N = 723 = 3 \cdot 241$ (2 isogeny classes)

	a_1	a_2	a_3	a_4	a_6	r	$\|T\|$	s	ord(Δ)	ord$_-(j)$	c_p	Kodaira	Isogenies
A1	1	1	1	−4	−4	1	2	+	2,1	2,1	2,1	I_2,I_1	**2** : 2
A2	1	1	1	11	−10	1	2	−	1,2	1,2	1,2	I_1,I_2	**2** : 1
B1	0	1	1	−3	−4	1	1	−	1,1	1,1	1,1	I_1,I_1	

725 $N = 725 = 5^2 \cdot 29$ (1 isogeny class)

	a_1	a_2	a_3	a_4	a_6	r	$\|T\|$	s	ord(Δ)	ord$_-(j)$	c_p	Kodaira	Isogenies
A1	1	−1	0	−67	216	1	2	+	7,1	1,1	2,1	I_1^*,I_1	**2** : 2
A2	1	−1	0	58	841	1	2	−	8,2	2,2	4,2	I_2^*,I_2	**2** : 1

726 $N = 726 = 2 \cdot 3 \cdot 11^2$ (9 isogeny classes)

	a_1	a_2	a_3	a_4	a_6	r	$\|T\|$	s	ord(Δ)	ord$_-(j)$	c_p	Kodaira	Isogenies
A1	1	1	0	−35	−51	1	2	+	6,3,3	6,3,0	2,1,2	I_6,I_3,III	**2** : 2
A2	1	1	0	−475	−4187	1	2	+	3,6,3	3,6,0	1,2,2	I_3,I_6,III	**2** : 1
B1	1	1	0	21657	−1855179	0	1	−	10,4,10	10,4,0	2,2,1	I_{10},I_4,II^*	
C1	1	1	0	−244	−128	0	2	+	4,1,7	4,1,1	2,1,2	I_4,I_1,I_1^*	**2** : 2
C2	1	1	0	−2664	51660	0	4	+	2,2,8	2,2,2	2,2,4	I_2,I_2,I_2^*	**2** : 1, 3, 4
C3	1	1	0	−42594	3365850	0	2	+	1,1,7	1,1,1	1,1,4	I_1,I_1,I_1^*	**2** : 2
C4	1	1	0	−1454	100302	0	2	−	1,4,10	1,4,4	1,2,4	I_1,I_4,I_4^*	**2** : 2
D1	1	0	1	−14	20	1	1	−	2,4,2	2,4,0	2,4,1	I_2,I_4,II	
E1	1	0	1	−5448	−113258	1	2	+	10,5,7	10,5,1	2,5,4	I_{10},I_5,I_1^*	**2** : 2; **5** : 3
E2	1	0	1	13912	−732778	1	2	−	5,10,8	5,10,2	1,10,4	I_5,I_{10},I_2^*	**2** : 1; **5** : 4
E3	1	0	1	−1217868	517205302	1	2	+	2,1,11	2,1,5	2,1,4	I_2,I_1,I_5^*	**2** : 4; **5** : 1
E4	1	0	1	−1216658	518284622	1	2	−	1,2,16	1,2,10	1,2,4	I_1,I_2,I_{10}^*	**2** : 3; **5** : 2
F1	1	1	1	−4298	46487	0	2	+	6,3,9	6,3,0	6,1,2	I_6,I_3,III^*	**2** : 2
F2	1	1	1	−57538	5285303	0	2	+	3,6,9	3,6,0	3,2,2	I_3,I_6,III^*	**2** : 1
G1	1	1	1	179	1475	1	1	−	10,4,4	10,4,0	10,2,3	I_{10},I_4,IV	
H1	1	0	0	−668	−6324	0	2	+	2,3,7	2,3,1	2,3,2	I_2,I_3,I_1^*	**2** : 2; **3** : 3
H2	1	0	0	542	−26410	0	2	−	1,6,8	1,6,2	1,6,4	I_1,I_6,I_2^*	**2** : 1; **3** : 4
H3	1	0	0	−9743	367929	0	2	+	6,1,9	6,1,3	6,1,2	I_6,I_1,I_3^*	**2** : 4; **3** : 1
H4	1	0	0	−4903	734801	0	2	−	3,2,12	3,2,6	3,2,4	I_3,I_2,I_6^*	**2** : 3; **3** : 2
I1	1	0	0	−1636	−28588	0	1	−	2,4,8	2,4,0	2,4,1	I_2,I_4,IV^*	

728 $N = 728 = 2^3 \cdot 7 \cdot 13$ (4 isogeny classes)

	a_1	a_2	a_3	a_4	a_6	r	$\|T\|$	s	ord(Δ)	ord$_-(j)$	c_p	Kodaira	Isogenies
A1	0	−1	0	−8	−20	0	1	−	11,1,1	0,1,1	1,1,1	II^*,I_1,I_1	

TABLE 1: ELLIPTIC CURVES 728B–735B

	a_1	a_2	a_3	a_4	a_6	r	$|T|$	s	ord(Δ)	ord$_-(j)$	c_p	Kodaira	Isogenies
728					$N = 728 = 2^3 \cdot 7 \cdot 13$ (continued)								**728**
B1	0	−1	0	1071	8501	0	1	−	8,1,7	0,1,7	4,1,1	I_1^*,I_1,I_7	
C1	0	0	0	−68	−236	1	1	−	8,1,3	0,1,3	2,1,3	I_1^*,I_1,I_3	
D1	0	1	0	−1	51	1	1	−	8,3,1	0,3,1	2,3,1	I_1^*,I_3,I_1	
730					$N = 730 = 2 \cdot 5 \cdot 73$ (11 isogeny classes)								**730**
A1	1	−1	0	−865	−9219	0	2	+	16,4,1	16,4,1	2,2,1	I_{16},I_4,I_1	**2** : 2
A2	1	−1	0	415	−35075	0	2	−	8,8,2	8,8,2	2,2,2	I_8,I_8,I_2	**2** : 1
B1	1	0	1	96	−658	0	3	−	7,1,3	7,1,3	1,1,3	I_7,I_1,I_3	**3** : 2
B2	1	0	1	−3919	−94974	0	1	−	21,3,1	21,3,1	1,1,1	I_{21},I_3,I_1	**3** : 1
C1	1	−1	0	−2440	47006	0	1	+	1,7,1	1,7,1	1,1,1	I_1,I_7,I_1	
D1	1	1	0	−1897	29189	0	1	+	27,1,1	27,1,1	1,1,1	I_{27},I_1,I_1	
E1	1	1	0	−2	−4	0	1	−	3,1,1	3,1,1	1,1,1	I_3,I_1,I_1	
F1	1	−1	0	−949	11493	1	2	+	4,4,1	4,4,1	2,4,1	I_4,I_4,I_1	**2** : 2
F2	1	−1	0	−929	11985	1	2	−	2,8,2	2,8,2	2,8,2	I_2,I_8,I_2	**2** : 1
G1	1	−1	0	−4	−2	1	1	+	1,1,1	1,1,1	1,1,1	I_1,I_1,I_1	
H1	1	0	0	19	−5	0	1	−	1,5,1	1,5,1	1,1,1	I_1,I_5,I_1	
I1	1	1	1	−26	39	1	1	+	7,1,1	7,1,1	7,1,1	I_7,I_1,I_1	
J1	1	1	1	−405	−1925	1	1	+	9,7,1	9,7,1	9,7,1	I_9,I_7,I_1	
K1	1	0	0	−15	17	0	3	+	3,3,1	3,3,1	3,3,1	I_3,I_3,I_1	**3** : 2
K2	1	0	0	−365	−2713	0	1	+	1,1,3	1,1,3	1,1,3	I_1,I_1,I_3	**3** : 1
731					$N = 731 = 17 \cdot 43$ (1 isogeny class)								**731**
A1	1	0	1	−539	4765	1	1	−	3,1	3,1	1,1	I_3,I_1	
732					$N = 732 = 2^2 \cdot 3 \cdot 61$ (3 isogeny classes)								**732**
A1	0	−1	0	−17	30	0	2	+	4,4,1	0,4,1	1,2,1	IV,I_4,I_1	**2** : 2
A2	0	−1	0	28	120	0	2	−	8,2,2	0,2,2	1,2,2	IV^*,I_2,I_2	**2** : 1
B1	0	−1	0	−100	424	1	1	−	8,4,1	0,4,1	3,2,1	IV^*,I_4,I_1	
C1	0	1	0	−29	36	1	2	+	4,6,1	0,6,1	3,6,1	IV,I_6,I_1	**2** : 2
C2	0	1	0	−164	−828	1	2	+	8,3,2	0,3,2	3,3,2	IV^*,I_3,I_2	**2** : 1
733					$N = 733 = 733$ (1 isogeny class)								**733**
A1	1	1	0	−75	−284	0	1	+	1	1	1	I_1	
734					$N = 734 = 2 \cdot 367$ (1 isogeny class)								**734**
A1	1	1	1	−3	−31	0	2	−	10,1	10,1	10,1	I_{10},I_1	**2** : 2
A2	1	1	1	−163	−863	0	2	+	5,2	5,2	5,2	I_5,I_2	**2** : 1
735					$N = 735 = 3 \cdot 5 \cdot 7^2$ (6 isogeny classes)								**735**
A1	1	1	0	−123	−552	0	2	+	1,1,7	1,1,1	1,1,4	I_1,I_1,I_1^*	**2** : 2
A2	1	1	0	−368	1947	0	4	+	2,2,8	2,2,2	2,2,4	I_2,I_2,I_2^*	**2** : 1, 3, 4
A3	1	1	0	−5513	155268	0	2	+	1,4,7	1,4,1	1,2,2	I_1,I_4,I_1^*	**2** : 2
A4	1	1	0	857	13462	0	2	−	4,1,10	4,1,4	2,1,4	I_4,I_1,I_4^*	**2** : 2
B1	0	−1	1	−15206	−1184338	0	1	−	7,4,10	7,4,0	1,2,1	I_7,I_4,II^*	

TABLE 1: ELLIPTIC CURVES 735C–740C

	a_1	a_2	a_3	a_4	a_6	r	$\|T\|$	s	$\mathrm{ord}(\Delta)$	$\mathrm{ord}_-(j)$	c_p	Kodaira	Isogenies
735					$N = 735 = 3 \cdot 5 \cdot 7^2$ (continued)								**735**
C1	0	-1	1	5	6	1	1	$-$	3,2,2	3,2,0	1,2,1	I_3,I_2,II	**3** : 2
C2	0	-1	1	-205	1203	1	1	$-$	1,6,2	1,6,0	1,6,1	I_1,I_6,II	**3** : 1
D1	0	1	1	229	-2614	0	3	$-$	3,2,8	3,2,0	3,2,3	I_3,I_2,IV^*	**3** : 2
D2	0	1	1	-10061	-392605	0	1	$-$	1,6,8	1,6,0	1,2,3	I_1,I_6,IV^*	**3** : 1
E1	1	0	0	-1	-64	1	2	$-$	1,1,6	1,1,0	1,1,2	I_1,I_1,I_0^*	**2** : 2
E2	1	0	0	-246	-1485	1	4	$+$	2,2,6	2,2,0	2,2,4	I_2,I_2,I_0^*	**2** : 1, 3, 4
E3	1	0	0	-3921	-94830	1	2	$+$	1,1,6	1,1,0	1,1,4	I_1,I_1,I_0^*	**2** : 2
E4	1	0	0	-491	1896	1	4	$+$	4,4,6	4,4,0	4,2,4	I_4,I_4,I_0^*	**2** : 2, 5, 6
E5	1	0	0	-6616	206471	1	4	$+$	8,2,6	8,2,0	8,2,4	I_8,I_2,I_0^*	**2** : 4, 7, 8
E6	1	0	0	1714	14685	1	2	$-$	2,8,6	2,8,0	2,2,2	I_2,I_8,I_0^*	**2** : 4
E7	1	0	0	-105841	13244636	1	2	$+$	4,1,6	4,1,0	4,1,2	I_4,I_1,I_0^*	**2** : 5
E8	1	0	0	-5391	285606	1	2	$-$	16,1,6	16,1,0	16,1,4	I_{16},I_1,I_0^*	**2** : 5
F1	0	1	1	-310	3364	1	1	$-$	7,4,4	7,4,0	7,4,3	I_7,I_4,IV	
737				$N = 737 = 11 \cdot 67$	(1 isogeny class)								**737**
A1	0	-1	1	406	-686	1	1	$-$	4,3	4,3	4,3	I_4,I_3	
738				$N = 738 = 2 \cdot 3^2 \cdot 41$	(10 isogeny classes)								**738**
A1	1	-1	0	66	116	1	1	$-$	5,9,1	5,0,1	1,2,1	I_5,III^*,I_1	
B1	1	-1	0	-1575	751869	0	1	$-$	25,11,1	25,5,1	1,2,1	I_{25},I_5^*,I_1	**5** : 2
B2	1	-1	0	-5215815	4586220189	0	1	$-$	5,7,5	5,1,5	1,2,1	I_5,I_1^*,I_5	**5** : 1
C1	1	-1	0	-81	-243	0	2	$+$	4,8,1	4,2,1	2,2,1	I_4,I_2^*,I_1	**2** : 2
C2	1	-1	0	-261	1377	0	4	$+$	2,10,2	2,4,2	2,4,2	I_2,I_4^*,I_2	**2** : 1, 3, 4
C3	1	-1	0	-3951	96579	0	2	$+$	1,14,1	1,8,1	1,4,1	I_1,I_8^*,I_1	**2** : 2
C4	1	-1	0	549	7695	0	2	$-$	1,8,4	1,2,4	1,4,2	I_1,I_2^*,I_4	**2** : 2
D1	1	-1	0	-2430	46732	1	1	$-$	3,13,1	3,7,1	1,4,1	I_3,I_7^*,I_1	
E1	1	-1	1	7	-7	1	1	$-$	5,3,1	5,0,1	5,2,1	I_5,III,I_1	
F1	1	-1	1	-374	2949	1	1	$-$	11,7,1	11,1,1	11,4,1	I_{11},I_1^*,I_1	
G1	1	-1	1	-599	-5457	0	2	$+$	6,10,1	6,4,1	6,2,1	I_6,I_4^*,I_1	**2** : 2
G2	1	-1	1	-239	-12225	0	2	$-$	3,14,2	3,8,2	3,4,2	I_3,I_8^*,I_2	**2** : 1
H1	1	-1	1	-4085069	3178971893	0	2	$+$	14,18,1	14,12,1	14,2,1	I_{14},I_{12}^*,I_1	**2** : 2
H2	1	-1	1	-4079309	3188379125	0	2	$-$	7,30,2	7,24,2	7,4,2	I_7,I_{24}^*,I_2	**2** : 1
I1	1	-1	1	-14	-7	0	2	$+$	2,6,1	2,0,1	2,2,1	I_2,I_0^*,I_1	**2** : 2
I2	1	-1	1	-104	425	0	2	$+$	1,6,2	1,0,2	1,2,2	I_1,I_0^*,I_2	**2** : 1
J1	1	-1	1	-14	-61	0	1	$-$	1,9,1	1,3,1	1,2,1	I_1,I_3^*,I_1	**3** : 2
J2	1	-1	1	121	1559	0	3	$-$	3,7,3	3,1,3	3,2,3	I_3,I_1^*,I_3	**3** : 1
739				$N = 739 = 739$	(1 isogeny class)								**739**
A1	0	0	1	1	1	0	1	$-$	1	1	1	I_1	
740				$N = 740 = 2^2 \cdot 5 \cdot 37$	(3 isogeny classes)								**740**
A1	0	0	0	-219448	39364772	0	1	$+$	8,8,5	0,8,5	3,2,1	IV^*,I_8,I_5	
B1	0	1	0	-181	-425	1	3	$+$	8,2,3	0,2,3	3,2,3	IV^*,I_2,I_3	**3** : 2
B2	0	1	0	-12021	-511321	1	1	$+$	8,6,1	0,6,1	1,2,1	IV^*,I_6,I_1	**3** : 1
C1	0	-1	0	-45	25	1	1	$+$	8,4,1	0,4,1	3,4,1	IV^*,I_4,I_1	

TABLE 1: ELLIPTIC CURVES 741A–749A

	a_1 a_2 a_3	a_4	a_6	r	$|T|$	s	$\mathrm{ord}(\Delta)$	$\mathrm{ord}_-(j)$	c_p	Kodaira	Isogenies

741 $N = 741 = 3 \cdot 13 \cdot 19$ (5 isogeny classes)   741

	a_1 a_2 a_3	a_4	a_6	r	$|T|$	s	$\mathrm{ord}(\Delta)$	$\mathrm{ord}_-(j)$	c_p	Kodaira	Isogenies
A1	1 1 0	-2	-3	0	1	$-$	1,1,1	1,1,1	1,1,1	I_1,I_1,I_1	
B1	1 1 0	5571	-41634	0	1	$-$	7,3,5	7,3,5	1,3,1	I_7,I_3,I_5	
C1	1 0 1	-5227	-155497	0	1	$-$	11,5,1	11,5,1	11,1,1	I_{11},I_5,I_1	
D1	0 1 1	101470	57781877	0	1	$-$	10,4,7	10,4,7	10,2,1	I_{10},I_4,I_7	
E1	0 1 1	-5	23	1	1	$-$	4,2,1	4,2,1	4,2,1	I_4,I_2,I_1	

742 $N = 742 = 2 \cdot 7 \cdot 53$ (7 isogeny classes)   742

	a_1 a_2 a_3	a_4	a_6	r	$|T|$	s	$\mathrm{ord}(\Delta)$	$\mathrm{ord}_-(j)$	c_p	Kodaira	Isogenies
A1	1 -1 0	-5	7	1	1	$-$	1,2,1	1,2,1	1,2,1	I_1,I_2,I_1	
B1	1 1 0	-63	245	0	2	$-$	4,3,2	4,3,2	2,1,2	I_4,I_3,I_2	**2 : 2**
B2	1 1 0	-1123	14025	0	2	$+$	2,6,1	2,6,1	2,2,1	I_2,I_6,I_1	**2 : 1**
C1	1 -1 0	727	11853	0	1	$-$	25,2,1	25,2,1	1,2,1	I_{25},I_2,I_1	
D1	1 -1 0	3668	-767536	0	1	$-$	8,4,5	8,4,5	2,4,1	I_8,I_4,I_5	
E1	1 1 0	-29612	2027600	1	2	$-$	10,5,4	10,5,4	2,5,4	I_{10},I_5,I_4	**2 : 2**
E2	1 1 0	-479052	127421360	1	2	$+$	5,10,2	5,10,2	1,10,2	I_5,I_{10},I_2	**2 : 1**
F1	1 -1 1	-81	11797	0	1	$-$	2,10,1	2,10,1	2,2,1	I_2,I_{10},I_1	
G1	1 1 1	-14	75	1	1	$-$	10,2,1	10,2,1	10,2,1	I_{10},I_2,I_1	

744 $N = 744 = 2^3 \cdot 3 \cdot 31$ (7 isogeny classes)   744

	a_1 a_2 a_3	a_4	a_6	r	$|T|$	s	$\mathrm{ord}(\Delta)$	$\mathrm{ord}_-(j)$	c_p	Kodaira	Isogenies
A1	0 -1 0	4	-3	1	1	$-$	4,2,1	0,2,1	2,2,1	III,I_2,I_1	
B1	0 1 0	-279	-1890	0	2	$+$	4,3,1	0,3,1	2,3,1	III,I_3,I_1	**2 : 2**
B2	0 1 0	-284	-1824	0	4	$+$	8,6,2	0,6,2	2,6,2	I_1^*,I_6,I_2	**2 : 1,3,4**
B3	0 1 0	-904	8096	0	4	$+$	10,12,1	0,12,1	2,12,1	III^*,I_{12},I_1	**2 : 2**
B4	0 1 0	256	-7440	0	2	$-$	10,3,4	0,3,4	2,3,2	III^*,I_3,I_4	**2 : 2**
C1	0 1 0	8	89	1	1	$-$	4,8,1	0,8,1	2,8,1	III,I_8,I_1	
D1	0 -1 0	936	-25839	0	1	$-$	4,6,5	0,6,5	2,2,1	III,I_6,I_5	
E1	0 -1 0	-32	-84	0	1	$-$	11,3,1	0,3,1	1,1,1	II^*,I_3,I_1	
F1	0 -1 0	-140	753	1	1	$-$	4,4,3	0,4,3	2,2,3	III,I_4,I_3	
G1	0 1 0	-96	333	1	1	$-$	4,6,1	0,6,1	2,6,1	III,I_6,I_1	

747 $N = 747 = 3^2 \cdot 83$ (5 isogeny classes)   747

	a_1 a_2 a_3	a_4	a_6	r	$|T|$	s	$\mathrm{ord}(\Delta)$	$\mathrm{ord}_-(j)$	c_p	Kodaira	Isogenies
A1	1 -1 1	-56	-134	1	2	$+$	9,1	0,1	2,1	III^*,I_1	**2 : 2**
A2	1 -1 1	-191	892	1	2	$+$	9,2	0,2	2,2	III^*,I_2	**2 : 1**
B1	1 -1 0	-6	7	0	2	$+$	3,1	0,1	2,1	III,I_1	**2 : 2**
B2	1 -1 0	-21	-26	0	2	$+$	3,2	0,2	2,2	III,I_2	**2 : 1**
C1	1 -1 0	-495	-4118	1	1	$-$	9,1	3,1	2,1	I_3^*,I_1	
D1	1 -1 0	9	4	1	1	$-$	6,1	0,1	1,1	I_0^*,I_1	
E1	1 -1 1	13	-12	1	1	$-$	7,1	1,1	2,1	I_1^*,I_1	

748 $N = 748 = 2^2 \cdot 11 \cdot 17$ (1 isogeny class)   748

	a_1 a_2 a_3	a_4	a_6	r	$|T|$	s	$\mathrm{ord}(\Delta)$	$\mathrm{ord}_-(j)$	c_p	Kodaira	Isogenies
A1	0 0 0	-496	-4252	0	1	$-$	8,1,2	0,1,2	3,1,2	IV^*,I_1,I_2	

749 $N = 749 = 7 \cdot 107$ (1 isogeny class)   749

	a_1 a_2 a_3	a_4	a_6	r	$|T|$	s	$\mathrm{ord}(\Delta)$	$\mathrm{ord}_-(j)$	c_p	Kodaira	Isogenies
A1	1 0 0	-4	-5	1	1	$-$	2,1	2,1	2,1	I_2,I_1	

TABLE 1: ELLIPTIC CURVES 752A–759A

	a_1	a_2	a_3	a_4	a_6	r	$|T|$	s	$\text{ord}(\Delta)$	$\text{ord}_-(j)$	c_p	Kodaira	Isogenies

752
$N = 752 = 2^4 \cdot 47$ (1 isogeny class)

	a_1	a_2	a_3	a_4	a_6	r	$|T|$	s	$\text{ord}(\Delta)$	$\text{ord}_-(j)$	c_p	Kodaira	Isogenies
A1	0	0	0	5	42	1	2	−	14,1	2,1	4,1	I_6^*,I_1	2 : 2
A2	0	0	0	−155	714	1	2	+	13,2	1,2	4,2	I_5^*,I_2	2 : 1

753
$N = 753 = 3 \cdot 251$ (3 isogeny classes)

	a_1	a_2	a_3	a_4	a_6	r	$|T|$	s	$\text{ord}(\Delta)$	$\text{ord}_-(j)$	c_p	Kodaira	Isogenies
A1	0	−1	1	−4	−3	0	1	−	2,1	2,1	2,1	I_2,I_1	
B1	0	1	1	−9	20	0	3	−	6,1	6,1	6,1	I_6,I_1	3 : 2
B2	0	1	1	81	−475	0	1	−	2,3	2,3	2,1	I_2,I_3	3 : 1
C1	0	1	1	5	7	1	1	−	4,1	4,1	4,1	I_4,I_1	

754
$N = 754 = 2 \cdot 13 \cdot 29$ (4 isogeny classes)

	a_1	a_2	a_3	a_4	a_6	r	$|T|$	s	$\text{ord}(\Delta)$	$\text{ord}_-(j)$	c_p	Kodaira	Isogenies
A1	1	0	1	−377	2782	0	3	−	1,3,2	1,3,2	1,3,2	I_1,I_3,I_2	3 : 2
A2	1	0	1	338	11752	0	1	−	3,1,6	3,1,6	1,1,2	I_3,I_1,I_6	3 : 1
B1	1	0	1	−10758	428760	1	1	−	13,1,4	13,1,4	1,1,4	I_{13},I_1,I_4	
C1	1	0	1	−7	−6	1	2	+	4,1,1	4,1,1	2,1,1	I_4,I_1,I_1	2 : 2
C2	1	0	1	13	−30	1	2	−	2,2,2	2,2,2	2,2,2	I_2,I_2,I_2	2 : 1
D1	1	0	0	43	−31	1	1	−	9,1,2	9,1,2	9,1,2	I_9,I_1,I_2	

755
$N = 755 = 5 \cdot 151$ (6 isogeny classes)

	a_1	a_2	a_3	a_4	a_6	r	$|T|$	s	$\text{ord}(\Delta)$	$\text{ord}_-(j)$	c_p	Kodaira	Isogenies
A1	0	0	1	2	−1	1	1	−	1,1	1,1	1,1	I_1,I_1	
B1	1	0	1	1	1	1	1	−	1,1	1,1	1,1	I_1,I_1	
C1	1	0	1	1	−3	0	2	−	2,1	2,1	2,1	I_2,I_1	2 : 2
C2	1	0	1	−24	−43	0	2	+	1,2	1,2	1,2	I_1,I_2	2 : 1
D1	0	1	1	0	1	0	1	−	1,1	1,1	1,1	I_1,I_1	
E1	0	0	1	−7	7	0	1	−	1,1	1,1	1,1	I_1,I_1	
F1	0	0	1	−56917	−5226543	0	1	−	13,1	13,1	13,1	I_{13},I_1	

756
$N = 756 = 2^2 \cdot 3^3 \cdot 7$ (6 isogeny classes)

	a_1	a_2	a_3	a_4	a_6	r	$|T|$	s	$\text{ord}(\Delta)$	$\text{ord}_-(j)$	c_p	Kodaira	Isogenies
A1	0	0	0	−432	3348	0	1	+	8,11,1	0,0,1	1,1,1	IV^*,II^*,I_1	
B1	0	0	0	−24	−44	1	1	+	8,3,1	0,0,1	1,1,1	IV^*,II,I_1	3 : 2
B2	0	0	0	−264	1636	1	3	+	8,5,3	0,0,3	3,3,3	IV^*,IV,I_3	3 : 1
C1	0	0	0	−48	−124	1	1	+	8,5,1	0,0,1	3,1,1	IV^*,IV,I_1	
D1	0	0	0	−216	1188	0	3	+	8,9,1	0,0,1	3,3,1	IV^*,IV^*,I_1	3 : 2
D2	0	0	0	−2376	−44172	0	1	+	8,11,3	0,0,3	1,1,3	IV^*,II^*,I_3	3 : 1
E1	0	0	0	9	−2	0	1	−	8,3,1	0,0,1	1,1,1	IV^*,II,I_1	3 : 2
E2	0	0	0	−111	502	0	3	−	8,5,3	0,0,3	3,1,3	IV^*,IV,I_3	3 : 1
F1	0	0	0	81	54	0	3	−	8,9,1	0,0,1	3,3,1	IV^*,IV^*,I_1	3 : 2
F2	0	0	0	−999	−13554	0	1	−	8,11,3	0,0,3	1,1,3	IV^*,II^*,I_3	3 : 1

758
$N = 758 = 2 \cdot 379$ (2 isogeny classes)

	a_1	a_2	a_3	a_4	a_6	r	$|T|$	s	$\text{ord}(\Delta)$	$\text{ord}_-(j)$	c_p	Kodaira	Isogenies
A1	1	0	1	11	0	1	1	−	8,1	8,1	2,1	I_8,I_1	
B1	1	1	1	−44	−131	0	1	−	4,1	4,1	4,1	I_4,I_1	

759
$N = 759 = 3 \cdot 11 \cdot 23$ (2 isogeny classes)

	a_1	a_2	a_3	a_4	a_6	r	$|T|$	s	$\text{ord}(\Delta)$	$\text{ord}_-(j)$	c_p	Kodaira	Isogenies
A1	1	1	1	−23	−628	1	2	−	10,2,1	10,2,1	2,2,1	I_{10},I_2,I_1	2 : 2
A2	1	1	1	−1238	−17152	1	2	+	5,4,2	5,4,2	1,4,2	I_5,I_4,I_2	2 : 1

TABLE 1: ELLIPTIC CURVES 759B–766A

	a_1 a_2 a_3	a_4	a_6	r	$|T|$	s	ord(Δ)	ord$_-(j)$	c_p	Kodaira	Isogenies

759 $N = 759 = 3 \cdot 11 \cdot 23$ (continued)

	a_1 a_2 a_3	a_4	a_6	r	$|T|$	s	ord(Δ)	ord$_-(j)$	c_p	Kodaira	Isogenies
B1	1 0 0	31	−192	1	4	−	8,2,1	8,2,1	8,2,1	I_8,I_2,I_1	**2** : 2
B2	1 0 0	−374	−2541	1	8	+	4,4,2	4,4,2	4,4,2	I_4,I_4,I_2	**2** : 1,3,4
B3	1 0 0	−5819	−171336	1	4	+	2,2,4	2,2,4	2,2,2	I_2,I_2,I_4	**2** : 2,5,6
B4	1 0 0	−1409	17538	1	4	+	2,8,1	2,8,1	2,8,1	I_2,I_8,I_1	**2** : 2
B5	1 0 0	−93104	−10942305	1	2	+	1,1,2	1,1,2	1,1,2	I_1,I_1,I_2	**2** : 3
B6	1 0 0	−5654	−181467	1	2	−	1,1,8	1,1,8	1,1,2	I_1,I_1,I_8	**2** : 3

760 $N = 760 = 2^3 \cdot 5 \cdot 19$ (5 isogeny classes)

	a_1 a_2 a_3	a_4	a_6	r	$|T|$	s	ord(Δ)	ord$_-(j)$	c_p	Kodaira	Isogenies
A1	0 −1 0	5	0	0	2	−	4,2,1	0,2,1	2,2,1	III,I_2,I_1	**2** : 2
A2	0 −1 0	−20	20	0	2	+	8,1,2	0,1,2	2,1,2	I_1^*,I_1,I_2	**2** : 1
B1	0 1 0	−26035	−1626942	0	2	−	4,14,1	0,14,1	2,14,1	III,I_{14},I_1	**2** : 2
B2	0 1 0	−416660	−103658192	0	2	+	8,7,2	0,7,2	2,7,2	I_1^*,I_7,I_2	**2** : 1
C1	0 0 0	−67	926	0	1	−	11,2,3	0,2,3	1,2,1	II^*,I_2,I_3	
D1	0 1 0	−35	58	1	2	+	4,3,2	0,3,2	2,3,2	III,I_3,I_2	**2** : 2
D2	0 1 0	60	400	1	2	−	8,6,1	0,6,1	2,6,1	I_1^*,I_6,I_1	**2** : 1
E1	0 0 0	−2	21	1	4	−	4,4,1	0,4,1	2,4,1	III,I_4,I_1	**2** : 2
E2	0 0 0	−127	546	1	4	+	8,2,2	0,2,2	4,2,2	I_1^*,I_2,I_2	**2** : 1,3,4
E3	0 0 0	−227	−434	1	2	+	10,1,4	0,1,4	2,1,2	III^*,I_1,I_4	**2** : 2
E4	0 0 0	−2027	35126	1	2	+	10,1,1	0,1,1	2,1,1	III^*,I_1,I_1	**2** : 2

762 $N = 762 = 2 \cdot 3 \cdot 127$ (7 isogeny classes)

	a_1 a_2 a_3	a_4	a_6	r	$|T|$	s	ord(Δ)	ord$_-(j)$	c_p	Kodaira	Isogenies
A1	1 0 1	−6	−8	0	1	−	5,1,1	5,1,1	1,1,1	I_5,I_1,I_1	
B1	1 0 1	−17677	−9208	0	1	+	35,4,1	35,4,1	1,4,1	I_{35},I_4,I_1	
C1	1 0 1	−10	−10	1	1	+	1,4,1	1,4,1	1,4,1	I_1,I_4,I_1	
D1	1 1 1	−21	27	1	1	+	5,2,1	5,2,1	5,2,1	I_5,I_2,I_1	
E1	1 0 0	−267	1521	1	1	+	11,6,1	11,6,1	11,6,1	I_{11},I_6,I_1	
F1	1 0 0	−8	−216	0	3	−	3,9,1	3,9,1	3,9,1	I_3,I_9,I_1	**3** : 2
F2	1 0 0	−2978	−62802	0	1	−	1,3,3	1,3,3	1,3,3	I_1,I_3,I_3	**3** : 1
G1	1 0 0	−101946	12401892	0	7	+	21,14,1	21,14,1	21,14,1	I_{21},I_{14},I_1	**7** : 2
G2	1 0 0	−22361106	−40701264948	0	1	+	3,2,7	3,2,7	3,2,7	I_3,I_2,I_7	**7** : 1

763 $N = 763 = 7 \cdot 109$ (1 isogeny class)

	a_1 a_2 a_3	a_4	a_6	r	$|T|$	s	ord(Δ)	ord$_-(j)$	c_p	Kodaira	Isogenies
A1	0 0 1	−5	10	1	1	−	3,1	3,1	3,1	I_3,I_1	

765 $N = 765 = 3^2 \cdot 5 \cdot 17$ (3 isogeny classes)

	a_1 a_2 a_3	a_4	a_6	r	$|T|$	s	ord(Δ)	ord$_-(j)$	c_p	Kodaira	Isogenies
A1	1 −1 0	−150	791	0	2	−	9,1,2	0,1,2	2,1,2	III^*,I_1,I_2	**2** : 2
A2	1 −1 0	−2445	47150	0	2	+	9,2,1	0,2,1	2,2,1	III^*,I_2,I_1	**2** : 1
B1	1 −1 1	−17	−24	0	2	−	3,1,2	0,1,2	2,1,2	III,I_1,I_2	**2** : 2
B2	1 −1 1	−272	−1656	0	2	+	3,2,1	0,2,1	2,2,1	III,I_2,I_1	**2** : 1
C1	1 −1 1	−77	276	1	2	+	6,2,1	0,2,1	2,2,1	I_0^*,I_2,I_1	**2** : 2
C2	1 −1 1	−32	564	1	2	−	6,4,2	0,4,2	2,4,2	I_0^*,I_4,I_2	**2** : 1

766 $N = 766 = 2 \cdot 383$ (1 isogeny class)

	a_1 a_2 a_3	a_4	a_6	r	$|T|$	s	ord(Δ)	ord$_-(j)$	c_p	Kodaira	Isogenies
A1	1 1 0	11	45	0	1	−	11,1	11,1	1,1	I_{11},I_1	

TABLE 1: ELLIPTIC CURVES 768A–770F

	a_1 a_2 a_3	a_4	a_6	r	$|T|$	s	ord(Δ)	ord$_-(j)$	c_p	Kodaira	Isogenies

768 $N = 768 = 2^8 \cdot 3$ (8 isogeny classes)   **768**

	a_1 a_2 a_3	a_4	a_6	r	$|T|$	s	ord(Δ)	ord$_-(j)$	c_p	Kodaira	Isogenies
A1	0 −1 0	−23	51	1	2	+	9, 2	0, 2	2, 2	III,I_2	2 : 2
A2	0 −1 0	−13	85	1	2	−	15, 4	0, 4	2, 2	III*,I_4	2 : 1
B1	0 −1 0	1	3	1	2	−	9, 2	0, 2	2, 2	III,I_2	2 : 2; 5 : 3
B2	0 −1 0	−29	69	1	2	+	15, 1	0, 1	2, 1	III*,I_1	2 : 1; 5 : 4
B3	0 −1 0	−159	−765	1	2	−	9, 10	0, 10	2, 2	III,I_{10}	2 : 4; 5 : 1
B4	0 −1 0	−2589	−49851	1	2	+	15, 5	0, 5	2, 1	III*,I_5	2 : 3; 5 : 2
C1	0 1 0	−23	−51	0	2	+	9, 2	0, 2	2, 2	III,I_2	2 : 2
C2	0 1 0	−13	−85	0	2	−	15, 4	0, 4	2, 4	III*,I_4	2 : 1
D1	0 1 0	−7	5	0	2	+	9, 1	0, 1	2, 1	III,I_1	2 : 2; 5 : 3
D2	0 1 0	3	27	0	2	−	15, 2	0, 2	2, 2	III*,I_2	2 : 1; 5 : 4
D3	0 1 0	−647	−6555	0	2	+	9, 5	0, 5	2, 5	III,I_5	2 : 4; 5 : 1
D4	0 1 0	−637	−6757	0	2	−	15, 10	0, 10	2, 10	III*,I_{10}	2 : 3; 5 : 2
E1	0 −1 0	−3	−9	0	2	−	9, 4	0, 4	2, 2	III,I_4	2 : 2
E2	0 −1 0	−93	−315	0	2	+	15, 2	0, 2	2, 2	III*,I_2	2 : 1
F1	0 −1 0	−7	−5	0	2	+	9, 1	0, 1	2, 1	III,I_1	2 : 2; 5 : 3
F2	0 −1 0	3	−27	0	2	−	15, 2	0, 2	2, 2	III*,I_2	2 : 1; 5 : 4
F3	0 −1 0	−647	6555	0	2	+	9, 5	0, 5	2, 1	III,I_5	2 : 4; 5 : 1
F4	0 −1 0	−637	6757	0	2	−	15, 10	0, 10	2, 2	III*,I_{10}	2 : 3; 5 : 2
G1	0 1 0	−3	9	1	2	−	9, 4	0, 4	2, 4	III,I_4	2 : 2
G2	0 1 0	−93	315	1	2	+	15, 2	0, 2	2, 2	III*,I_2	2 : 1
H1	0 1 0	1	−3	1	2	−	9, 2	0, 2	2, 2	III,I_2	2 : 2; 5 : 3
H2	0 1 0	−29	−69	1	2	+	15, 1	0, 1	2, 1	III*,I_1	2 : 1; 5 : 4
H3	0 1 0	−159	765	1	2	−	9, 10	0, 10	2, 10	III,I_{10}	2 : 4; 5 : 1
H4	0 1 0	−2589	49851	1	2	+	15, 5	0, 5	2, 5	III*,I_5	2 : 3; 5 : 2

770 $N = 770 = 2 \cdot 5 \cdot 7 \cdot 11$ (7 isogeny classes)   **770**

	a_1 a_2 a_3	a_4	a_6	r	$|T|$	s	ord(Δ)	ord$_-(j)$	c_p	Kodaira	Isogenies
A1	1 1 0	−3	−7	0	2	−	2,1,2,1	2,1,2,1	2,1,2,1	I_2,I_1,I_2,I_1	2 : 2
A2	1 1 0	−73	−273	0	2	+	1,2,1,2	1,2,1,2	1,2,1,2	I_1,I_2,I_1,I_2	2 : 1
B1	1 0 1	−914	10596	0	6	−	6,1,6,1	6,1,6,1	2,1,6,1	I_6,I_1,I_6,I_1	2 : 2; 3 : 3
B2	1 0 1	−14634	680132	0	6	+	3,2,3,2	3,2,3,2	1,2,3,2	I_3,I_2,I_3,I_2	2 : 1; 3 : 4
B3	1 0 1	2271	56852	0	2	−	18,3,2,3	18,3,2,3	2,1,2,1	I_{18},I_3,I_2,I_3	2 : 4; 3 : 1
B4	1 0 1	−15649	580116	0	2	+	9,6,1,6	9,6,1,6	1,2,1,2	I_9,I_6,I_1,I_6	2 : 3; 3 : 2
C1	1 −1 0	−12089	−612755	0	2	−	8,5,8,1	8,5,8,1	2,5,2,1	I_8,I_5,I_8,I_1	2 : 2
C2	1 −1 0	−204169	−35456067	0	4	+	4,10,4,2	4,10,4,2	2,10,2,2	I_4,I_{10},I_4,I_2	2 : 1, 3, 4
C3	1 −1 0	−3266669	−2271693567	0	2	+	2,5,2,4	2,5,2,4	2,5,2,2	I_2,I_5,I_2,I_4	2 : 2
C4	1 −1 0	−214949	−31495495	0	4	+	2,20,2,1	2,20,2,1	2,20,2,1	I_2,I_{20},I_2,I_1	2 : 2
D1	1 0 1	32	558	1	2	−	8,4,1,2	8,4,1,2	2,4,1,2	I_8,I_4,I_1,I_2	2 : 2
D2	1 0 1	−848	9006	1	2	+	4,8,2,1	4,8,2,1	2,8,2,1	I_4,I_8,I_2,I_1	2 : 1
E1	1 −1 0	−29	−635	1	2	−	16,1,2,1	16,1,2,1	2,1,2,1	I_{16},I_1,I_2,I_1	2 : 2
E2	1 −1 0	−1309	−17787	1	4	+	8,2,4,2	8,2,4,2	2,2,4,2	I_8,I_2,I_4,I_2	2 : 1, 3, 4
E3	1 −1 0	−20909	−1158507	1	2	+	4,1,2,4	4,1,2,4	2,1,2,2	I_4,I_1,I_2,I_4	2 : 2
E4	1 −1 0	−2189	9845	1	4	+	4,4,8,1	4,4,8,1	2,4,8,1	I_4,I_4,I_8,I_1	2 : 2
F1	1 0 0	−56	3136	1	6	−	12,2,3,2	12,2,3,2	12,2,3,2	I_{12},I_2,I_3,I_2	2 : 2; 3 : 3
F2	1 0 0	−3576	81280	1	6	+	6,4,6,1	6,4,6,1	6,2,6,1	I_6,I_4,I_6,I_1	2 : 1; 3 : 4
F3	1 0 0	504	−84560	1	2	−	4,6,1,6	4,6,1,6	4,2,1,2	I_4,I_6,I_1,I_6	2 : 4; 3 : 1
F4	1 0 0	−26116	−1580604	1	2	+	2,12,2,3	2,12,2,3	2,2,2,1	I_2,I_{12},I_2,I_3	2 : 3; 3 : 2

TABLE 1: ELLIPTIC CURVES 770G–777C

	a_1 a_2 a_3	a_4	a_6	r	$|T|$	s	ord(Δ)	ord$_-(j)$	c_p	Kodaira	Isogenies

770
$N = 770 = 2 \cdot 5 \cdot 7 \cdot 11$ (continued)

	a_1 a_2 a_3	a_4	a_6	r	$|T|$	s	ord(Δ)	ord$_-(j)$	c_p	Kodaira	Isogenies
G1	1 0 0	10	100	0	6	−	6,3,2,1	6,3,2,1	6,3,2,1	I_6,I_3,I_2,I_1	**2 : 2; 3 : 3**
G2	1 0 0	−270	1612	0	6	+	3,6,1,2	3,6,1,2	3,6,1,2	I_3,I_6,I_1,I_2	**2 : 1; 3 : 4**
G3	1 0 0	−90	−2720	0	2	−	2,1,6,3	2,1,6,3	2,1,6,1	I_2,I_1,I_6,I_3	**2 : 4; 3 : 1**
G4	1 0 0	−3520	−80238	0	2	+	1,2,3,6	1,2,3,6	1,2,3,2	I_1,I_2,I_3,I_6	**2 : 3; 3 : 2**

774
$N = 774 = 2 \cdot 3^2 \cdot 43$ (9 isogeny classes)

	a_1 a_2 a_3	a_4	a_6	r	$|T|$	s	ord(Δ)	ord$_-(j)$	c_p	Kodaira	Isogenies
A1	1 −1 0	57	−243	0	3	−	4,3,3	4,0,3	2,2,3	I_4,III,I_3	**3 : 2**
A2	1 −1 0	−1878	−30988	0	1	−	12,9,1	12,0,1	2,2,1	I_{12},III^*,I_1	**3 : 1**
B1	1 −1 0	−216	832	0	2	+	12,7,1	12,1,1	2,2,1	I_{12},I_1^*,I_1	**2 : 2**
B2	1 −1 0	−3096	67072	0	4	+	6,8,2	6,2,2	2,4,2	I_6,I_2^*,I_2	**2 : 1,3,4**
B3	1 −1 0	−49536	4255960	0	2	+	3,7,1	3,1,1	1,4,1	I_3,I_1^*,I_1	**2 : 2**
B4	1 −1 0	−2736	82984	0	2	−	3,10,4	3,4,4	1,4,2	I_3,I_4^*,I_4	**2 : 2**
C1	1 −1 0	−397116	−96224252	0	1	−	2,25,1	2,19,1	2,4,1	I_2,I_{19}^*,I_1	
D1	1 −1 0	1431	−46899	1	1	−	14,13,1	14,7,1	2,2,1	I_{14},I_7^*,I_1	**7 : 2**
D2	1 −1 0	−539109	152510121	1	1	−	2,7,7	2,1,7	2,2,7	I_2,I_1^*,I_7	**7 : 1**
E1	1 −1 0	−18	0	1	2	+	2,7,1	2,1,1	2,4,1	I_2,I_1^*,I_1	**2 : 2**
E2	1 −1 0	72	−54	1	2	−	1,8,2	1,2,2	1,4,2	I_1,I_2^*,I_2	**2 : 1**
F1	1 −1 1	−209	1217	1	3	−	12,3,1	12,0,1	12,2,1	I_{12},III,I_1	**3 : 2**
F2	1 −1 1	511	6049	1	1	−	4,9,3	4,0,3	4,2,3	I_4,III^*,I_3	**3 : 1**
G1	1 −1 1	22	105	1	1	−	6,7,1	6,1,1	6,4,1	I_6,I_1^*,I_1	
H1	1 −1 1	−17249	−866127	0	2	+	14,13,1	14,7,1	14,2,1	I_{14},I_7^*,I_1	**2 : 2**
H2	1 −1 1	−11489	−1458255	0	2	−	7,20,2	7,14,2	7,4,2	I_7,I_{14}^*,I_2	**2 : 1**
I1	1 −1 1	−131	−601	0	1	−	2,11,1	2,5,1	2,2,1	I_2,I_5^*,I_1	

775
$N = 775 = 5^2 \cdot 31$ (3 isogeny classes)

	a_1 a_2 a_3	a_4	a_6	r	$|T|$	s	ord(Δ)	ord$_-(j)$	c_p	Kodaira	Isogenies
A1	0 1 1	−33	94	1	1	−	7,1	1,1	2,1	I_1^*,I_1	
B1	1 0 1	−26	−177	0	2	−	8,1	2,1	4,1	I_2^*,I_1	**2 : 2**
B2	1 0 1	−651	−6427	0	2	+	7,2	1,2	2,2	I_1^*,I_2	**2 : 1**
C1	0 1 1	242	1269	0	1	−	11,1	5,1	4,1	I_5^*,I_1	**5 : 2**
C2	0 1 1	−21008	−1181231	0	1	−	7,5	1,5	4,5	I_1^*,I_5	**5 : 1**

776
$N = 776 = 2^3 \cdot 97$ (1 isogeny class)

	a_1 a_2 a_3	a_4	a_6	r	$|T|$	s	ord(Δ)	ord$_-(j)$	c_p	Kodaira	Isogenies
A1	0 0 0	−31	66	1	2	+	8,1	0,1	4,1	I_1^*,I_1	**2 : 2**
A2	0 0 0	−11	150	1	2	−	10,2	0,2	2,2	III^*,I_2	**2 : 1**

777
$N = 777 = 3 \cdot 7 \cdot 37$ (7 isogeny classes)

	a_1 a_2 a_3	a_4	a_6	r	$|T|$	s	ord(Δ)	ord$_-(j)$	c_p	Kodaira	Isogenies
A1	1 1 0	−16	19	0	2	+	1,1,1	1,1,1	1,1,1	I_1,I_1,I_1	**2 : 2**
A2	1 1 0	−21	0	0	4	+	2,2,2	2,2,2	2,2,2	I_2,I_2,I_2	**2 : 1,3,4**
A3	1 1 0	−206	−1221	0	2	+	4,4,1	4,4,1	2,2,1	I_4,I_4,I_1	**2 : 2**
A4	1 1 0	84	105	0	4	−	1,1,4	1,1,4	1,1,4	I_1,I_1,I_4	**2 : 2**
B1	0 −1 1	−2531950	1551713040	0	1	−	10,13,1	10,13,1	2,1,1	I_{10},I_{13},I_1	
C1	0 −1 1	−169	−792	0	1	−	4,1,1	4,1,1	2,1,1	I_4,I_1,I_1	

TABLE 1: ELLIPTIC CURVES 777D–784D

	a_1	a_2	a_3	a_4	a_6	r	$|T|$	s	ord(Δ)	ord$_-(j)$	c_p	Kodaira	Isogenies
777					$N = 777 = 3\cdot 7\cdot 37$			(continued)					**777**
D1	1	1	1	-14	26	1	4	$-$	1,4,1	1,4,1	1,4,1	I_1,I_4,I_1	2:2
D2	1	1	1	-259	1496	1	4	$+$	2,2,2	2,2,2	2,2,2	I_2,I_2,I_2	2:1,3,4
D3	1	1	1	-294	1020	1	2	$+$	4,1,4	4,1,4	2,1,4	I_4,I_1,I_4	2:2
D4	1	1	1	-4144	100952	1	2	$+$	1,1,1	1,1,1	1,1,1	I_1,I_1,I_1	2:2
E1	1	0	1	-1312	-18391	1	2	$+$	5,1,1	5,1,1	5,1,1	I_5,I_1,I_1	2:2
E2	1	0	1	-1317	-18245	1	4	$+$	10,2,2	10,2,2	10,2,2	I_{10},I_2,I_2	2:1,3,4
E3	1	0	1	-2612	23195	1	4	$+$	20,1,1	20,1,1	20,1,1	I_{20},I_1,I_1	2:2
E4	1	0	1	-102	-50321	1	2	$-$	5,4,4	5,4,4	5,2,4	I_5,I_4,I_4	2:2
F1	0	1	1	0	2	1	1	$-$	2,1,1	2,1,1	2,1,1	I_2,I_1,I_1	
G1	0	1	1	9	344	1	1	$-$	4,5,1	4,5,1	4,5,1	I_4,I_5,I_1	
780					$N = 780 = 2^2\cdot 3\cdot 5\cdot 13$			(4 isogeny classes)					**780**
A1	0	-1	0	-105	450	1	2	$+$	4,4,2,1	0,4,2,1	3,2,2,1	IV,I_4,I_2,I_1	2:2
A2	0	-1	0	-60	792	1	2	$-$	8,2,4,2	0,2,4,2	3,2,4,2	IV*,I_2,I_4,I_2	2:1
B1	0	-1	0	195	-195975	0	1	$-$	8,13,5,1	0,13,5,1	1,1,5,1	IV*,I_{13},I_5,I_1	
C1	0	1	0	-81	0	1	2	$+$	4,8,2,1	0,8,2,1	3,8,2,1	IV,I_8,I_2,I_1	2:2
C2	0	1	0	324	324	1	2	$-$	8,4,4,2	0,4,4,2	3,4,2,2	IV*,I_4,I_4,I_2	2:1
D1	0	1	0	19	15	0	3	$-$	8,3,1,1	0,3,1,1	3,3,1,1	IV*,I_3,I_1,I_1	3:2
D2	0	1	0	-221	-1521	0	1	$-$	8,1,3,3	0,1,3,3	1,1,1,3	IV*,I_1,I_3,I_3	3:1
781					$N = 781 = 11\cdot 71$			(2 isogeny classes)					**781**
A1	0	0	1	-1378	347	0	1	$+$	9,1	9,1	1,1	I_9,I_1	
B1	0	0	1	-808	8840	1	1	$+$	3,1	3,1	3,1	I_3,I_1	
782					$N = 782 = 2\cdot 17\cdot 23$			(5 isogeny classes)					**782**
A1	1	0	1	5	6	1	2	$-$	6,1,1	6,1,1	2,1,1	I_6,I_1,I_1	2:2
A2	1	0	1	-35	54	1	2	$+$	3,2,2	3,2,2	1,2,2	I_3,I_2,I_2	2:1
B1	1	0	0	-60	-184	0	1	$-$	3,1,1	3,1,1	3,1,1	I_3,I_1,I_1	
C1	1	0	0	-99153	-12025559	0	2	$+$	14,1,4	14,1,4	14,1,2	I_{14},I_1,I_4	2:2
C2	1	0	0	-99793	-11862615	0	2	$+$	7,2,8	7,2,8	7,2,2	I_7,I_2,I_8	2:1
D1	1	-1	1	0	1	0	1	$-$	1,1,1	1,1,1	1,1,1	I_1,I_1,I_1	
E1	1	-1	1	-529	385	0	4	$+$	20,1,2	20,1,2	20,1,2	I_{20},I_1,I_2	2:2
E2	1	-1	1	-5649	-161407	0	4	$+$	10,2,4	10,2,4	10,2,4	I_{10},I_2,I_4	2:1,3,4
E3	1	-1	1	-90289	-10419775	0	2	$+$	5,4,2	5,4,2	5,4,2	I_5,I_4,I_2	2:2
E4	1	-1	1	-2929	-319167	0	2	$-$	5,1,8	5,1,8	5,1,8	I_5,I_1,I_8	2:2
784					$N = 784 = 2^4\cdot 7^2$			(10 isogeny classes)					**784**
A1	0	1	0	-16	-29	1	1	$+$	4,4	0,0	1,1	II,IV	
B1	0	0	0	-343	2401	1	1	$+$	4,8	0,0	1,3	II,IV*	
C1	0	0	0	49	686	0	2	$-$	8,7	0,1	2,2	I_0^*,I_1^*	2:2
C2	0	0	0	-931	10290	0	4	$+$	10,8	0,2	4,4	I_2^*,I_2^*	2:1,3,4
C3	0	0	0	-2891	-47334	0	2	$+$	11,10	0,4	2,4	I_3^*,I_4^*	2:2
C4	0	0	0	-14651	682570	0	4	$+$	11,7	0,1	4,4	I_3^*,I_1^*	2:2
D1	0	-1	0	-800	8359	0	1	$+$	4,10	0,0	1,1	II,II*	

TABLE 1: ELLIPTIC CURVES 784E–790A

	a_1	a_2	a_3	a_4	a_6	r	$|T|$	s	$\text{ord}(\Delta)$	$\text{ord}_-(j)$	c_p	Kodaira	Isogenies

784

$N = 784 = 2^4 \cdot 7^2$ (continued)

	a_1	a_2	a_3	a_4	a_6	r	$|T|$	s	$\text{ord}(\Delta)$	$\text{ord}_-(j)$	c_p	Kodaira	Isogenies
E1	0	−1	0	−16	−1392	0	2	−	10, 7	0, 1	4, 4	I_2^*, I_1^*	**2 : 2**
E2	0	−1	0	−1976	−32752	0	2	+	11, 8	0, 2	4, 4	I_3^*, I_2^*	**2 : 1**
F1	0	0	0	−7	−7	0	1	+	4, 2	0, 0	1, 1	II,II	
G1	0	−1	0	−114	127	0	1	+	4, 8	0, 0	1, 1	II,IV*	**3 : 2**
G2	0	−1	0	−6974	226507	0	1	+	4, 8	0, 0	1, 1	II,IV*	**3 : 1**
H1	0	0	0	−35	98	1	2	−	12, 3	0, 0	4, 2	I_4^*,III	**2 : 2; 7 : 3**
H2	0	0	0	−595	5586	1	2	+	12, 3	0, 0	2, 2	I_4^*,III	**2 : 1; 7 : 4**
H3	0	0	0	−1715	−33614	1	2	−	12, 9	0, 0	4, 2	I_4^*,III*	**2 : 4; 7 : 1**
H4	0	0	0	−29155	−1915998	1	2	+	12, 9	0, 0	2, 2	I_4^*,III*	**2 : 3; 7 : 2**
I1	0	1	0	−2	−1	1	1	+	4, 2	0, 0	1, 1	II,II	**3 : 2**
I2	0	1	0	−142	−701	1	1	+	4, 2	0, 0	1, 1	II,II	**3 : 1**
J1	0	1	0	−408	6292	1	2	−	14, 7	2, 1	4, 4	I_6^*, I_1^*	**2 : 2; 3 : 3**
J2	0	1	0	−8248	285396	1	2	+	13, 8	1, 2	2, 4	I_5^*, I_2^*	**2 : 1; 3 : 4**
J3	0	1	0	3512	−133260	1	2	−	18, 9	6, 3	4, 4	I_{10}^*, I_3^*	**2 : 4; 3 : 1, 5**
J4	0	1	0	−27848	−1475468	1	2	+	15, 12	3, 6	2, 4	I_7^*, I_6^*	**2 : 3; 3 : 2, 6**
J5	0	1	0	−133688	−18913196	1	2	−	30, 7	18, 1	4, 4	I_{22}^*, I_1^*	**2 : 6; 3 : 3**
J6	0	1	0	−2140728	−1206278060	1	2	+	21, 8	9, 2	2, 4	I_{13}^*, I_2^*	**2 : 5; 3 : 4**

786

$N = 786 = 2 \cdot 3 \cdot 131$ (13 isogeny classes)

	a_1	a_2	a_3	a_4	a_6	r	$|T|$	s	$\text{ord}(\Delta)$	$\text{ord}_-(j)$	c_p	Kodaira	Isogenies
A1	1	1	0	−8	6	1	1	+	1, 1, 1	1, 1, 1	1, 1, 1	I_1, I_1, I_1	
B1	1	1	0	−281	1701	1	1	−	6, 3, 1	6, 3, 1	2, 1, 1	I_6, I_3, I_1	
C1	1	1	0	1217	6622405	1	1	−	9, 24, 1	9, 24, 1	1, 2, 1	I_9, I_{24}, I_1	
D1	1	1	0	−3418	−78356	0	1	+	3, 7, 1	3, 7, 1	1, 1, 1	I_3, I_7, I_1	
E1	1	1	0	−29	−3	0	2	+	12, 1, 1	12, 1, 1	2, 1, 1	I_{12}, I_1, I_1	**2 : 2**
E2	1	1	0	−349	2365	0	4	+	6, 2, 2	6, 2, 2	2, 2, 2	I_6, I_2, I_2	**2 : 1, 3, 4**
E3	1	1	0	−5589	158517	0	2	+	3, 4, 1	3, 4, 1	1, 2, 1	I_3, I_4, I_1	**2 : 2**
E4	1	1	0	−229	4165	0	2	−	3, 1, 4	3, 1, 4	1, 1, 4	I_3, I_1, I_4	**2 : 2**
F1	1	0	1	−40	92	0	3	+	1, 3, 1	1, 3, 1	1, 3, 1	I_1, I_3, I_1	**3 : 2**
F2	1	0	1	−145	−580	0	1	+	3, 1, 3	3, 1, 3	1, 1, 1	I_3, I_1, I_3	**3 : 1**
G1	1	0	1	−103	−406	1	1	+	11, 1, 1	11, 1, 1	1, 1, 1	I_{11}, I_1, I_1	
H1	1	0	1	−17	56	1	1	−	2, 7, 1	2, 7, 1	2, 7, 1	I_2, I_7, I_1	
I1	1	1	1	−71	−259	0	2	+	6, 3, 1	6, 3, 1	6, 1, 1	I_6, I_3, I_1	**2 : 2**
I2	1	1	1	−31	−499	0	2	−	3, 6, 2	3, 6, 2	3, 2, 2	I_3, I_6, I_2	**2 : 1**
J1	1	1	1	−861	9267	1	1	+	21, 1, 1	21, 1, 1	21, 1, 1	I_{21}, I_1, I_1	
K1	1	1	1	10	11	1	1	−	3, 4, 1	3, 4, 1	3, 2, 1	I_3, I_4, I_1	
L1	1	0	0	−42	36	1	1	+	7, 5, 1	7, 5, 1	7, 5, 1	I_7, I_5, I_1	
M1	1	0	0	−2135	35913	0	5	+	5, 15, 1	5, 15, 1	5, 15, 1	I_5, I_{15}, I_1	**5 : 2**
M2	1	0	0	−227045	−41659377	0	1	+	1, 3, 5	1, 3, 5	1, 3, 5	I_1, I_3, I_5	**5 : 1**

790

$N = 790 = 2 \cdot 5 \cdot 79$ (1 isogeny class)

	a_1	a_2	a_3	a_4	a_6	r	$|T|$	s	$\text{ord}(\Delta)$	$\text{ord}_-(j)$	c_p	Kodaira	Isogenies
A1	1	0	0	−25	57	1	2	−	8, 2, 1	8, 2, 1	8, 2, 1	I_8, I_2, I_1	**2 : 2**
A2	1	0	0	−425	3337	1	2	+	4, 1, 2	4, 1, 2	4, 1, 2	I_4, I_1, I_2	**2 : 1**

TABLE 1: ELLIPTIC CURVES 791A–795A

	a_1	a_2	a_3	a_4	a_6	r	$|T|$	s	ord(Δ)	ord$_-(j)$	c_p	Kodaira	Isogenies

791 $N = 791 = 7 \cdot 113$ (3 isogeny classes)

	a_1	a_2	a_3	a_4	a_6	r	$|T|$	s	ord(Δ)	ord$_-(j)$	c_p	Kodaira	Isogenies
A1	1	0	1	-31	117	0	2	$-$	3,2	3,2	1,2	I_3,I_2	**2 : 2**
A2	1	0	1	-596	5541	0	2	$+$	6,1	6,1	2,1	I_6,I_1	**2 : 1**
B1	1	0	1	-38	-93	0	2	$-$	1,2	1,2	1,2	I_1,I_2	**2 : 2**
B2	1	0	1	-603	-5743	0	2	$+$	2,1	2,1	2,1	I_2,I_1	**2 : 1**
C1	1	-1	1	-19	-14	1	4	$+$	4,1	4,1	4,1	I_4,I_1	**2 : 2**
C2	1	-1	1	-264	-1582	1	4	$+$	2,2	2,2	2,2	I_2,I_2	**2 : 1,3,4**
C3	1	-1	1	-4219	-104412	1	2	$+$	1,1	1,1	1,1	I_1,I_1	**2 : 2**
C4	1	-1	1	-229	-2044	1	2	$-$	1,4	1,4	1,4	I_1,I_4	**2 : 2**

792 $N = 792 = 2^3 \cdot 3^2 \cdot 11$ (7 isogeny classes)

	a_1	a_2	a_3	a_4	a_6	r	$|T|$	s	ord(Δ)	ord$_-(j)$	c_p	Kodaira	Isogenies
A1	0	0	0	-135	-486	1	2	$+$	8,9,1	0,0,1	2,2,1	I_1^*,III^*,I_1	**2 : 2**
A2	0	0	0	-675	6318	1	2	$+$	10,9,2	0,0,2	2,2,2	III^*,III^*,I_2	**2 : 1**
B1	0	0	0	-75	-74	0	2	$+$	10,7,1	0,1,1	2,2,1	III^*,I_1^*,I_1	**2 : 2**
B2	0	0	0	285	-578	0	2	$-$	11,8,2	0,2,2	1,4,2	II^*,I_2^*,I_2	**2 : 1**
C1	0	0	0	-15	18	1	2	$+$	8,3,1	0,0,1	4,2,1	I_1^*,III,I_1	**2 : 2**
C2	0	0	0	-75	-234	1	2	$+$	10,3,2	0,0,2	2,2,2	III^*,III,I_2	**2 : 1**
D1	0	0	0	-111	434	1	4	$+$	8,7,1	0,1,1	4,4,1	I_1^*,I_1^*,I_1	**2 : 2**
D2	0	0	0	-291	-1330	1	4	$+$	10,8,2	0,2,2	2,4,2	III^*,I_2^*,I_2	**2 : 1,3,4**
D3	0	0	0	-4251	-106666	1	2	$+$	11,10,1	0,4,1	1,4,1	II^*,I_4^*,I_1	**2 : 2**
D4	0	0	0	789	-8890	1	2	$-$	11,7,4	0,1,4	1,2,2	II^*,I_1^*,I_4	**2 : 2**
E1	0	0	0	6	-155	0	2	$-$	4,10,1	0,4,1	2,4,1	III,I_4^*,I_1	**2 : 2**
E2	0	0	0	-399	-2990	0	4	$+$	8,8,2	0,2,2	4,4,2	I_1^*,I_2^*,I_2	**2 : 1,3,4**
E3	0	0	0	-6339	-194258	0	2	$+$	10,7,1	0,1,1	2,2,1	III^*,I_1^*,I_1	**2 : 2**
E4	0	0	0	-939	6838	0	4	$+$	10,7,4	0,1,4	2,4,4	III^*,I_1^*,I_4	**2 : 2**
F1	0	0	0	-36	-108	0	1	$-$	8,6,1	0,0,1	2,1,1	I_1^*,I_0^*,I_1	
G1	0	0	0	-72147	7458910	0	2	$+$	10,13,1	0,7,1	2,2,1	III^*,I_7^*,I_1	**2 : 2**
G2	0	0	0	-71787	7537030	0	2	$-$	11,20,2	0,14,2	1,4,2	II^*,I_{14}^*,I_2	**2 : 1**

793 $N = 793 = 13 \cdot 61$ (1 isogeny class)

	a_1	a_2	a_3	a_4	a_6	r	$|T|$	s	ord(Δ)	ord$_-(j)$	c_p	Kodaira	Isogenies
A1	1	-1	0	-16	-21	1	2	$+$	1,1	1,1	1,1	I_1,I_1	**2 : 2**
A2	1	-1	0	-11	-38	1	2	$-$	2,2	2,2	2,2	I_2,I_2	**2 : 1**

794 $N = 794 = 2 \cdot 397$ (4 isogeny classes)

	a_1	a_2	a_3	a_4	a_6	r	$|T|$	s	ord(Δ)	ord$_-(j)$	c_p	Kodaira	Isogenies
A1	1	0	1	-3	2	2	1	$-$	2,1	2,1	2,1	I_2,I_1	
B1	1	0	0	-57	161	1	3	$-$	3,1	3,1	3,1	I_3,I_1	**3 : 2**
B2	1	0	0	13	539	1	1	$-$	1,3	1,3	1,3	I_1,I_3	**3 : 1**
C1	1	1	1	4	-3	1	1	$-$	5,1	5,1	5,1	I_5,I_1	
D1	1	0	0	47	-471	1	3	$-$	18,1	18,1	18,1	I_{18},I_1	**3 : 2**
D2	1	0	0	-3473	-79127	1	3	$-$	6,3	6,3	6,3	I_6,I_3	**3 : 1,3**
D3	1	0	0	-281373	-57471035	1	1	$-$	2,1	2,1	2,1	I_2,I_1	**3 : 2**

795 $N = 795 = 3 \cdot 5 \cdot 53$ (4 isogeny classes)

	a_1	a_2	a_3	a_4	a_6	r	$|T|$	s	ord(Δ)	ord$_-(j)$	c_p	Kodaira	Isogenies
A1	1	1	0	-8	3	1	2	$+$	4,1,1	4,1,1	2,1,1	I_4,I_1,I_1	**2 : 2**
A2	1	1	0	-53	-168	1	4	$+$	2,2,2	2,2,2	2,2,2	I_2,I_2,I_2	**2 : 1,3,4**
A3	1	1	0	-848	-9867	1	2	$+$	1,4,1	1,4,1	1,2,1	I_1,I_4,I_1	**2 : 2**
A4	1	1	0	22	-513	1	2	$-$	1,1,4	1,1,4	1,1,2	I_1,I_1,I_4	**2 : 2**

TABLE 1: ELLIPTIC CURVES 795B–799B

	$a_1\ a_2\ a_3$	a_4	a_6	r	$|T|$	s	$\mathrm{ord}(\Delta)$	$\mathrm{ord}_-(j)$	c_p	Kodaira	Isogenies
795			$N = 795 = 3 \cdot 5 \cdot 53$ (continued)								**795**
B1	0 −1 1	−221	−1198	0	1	−	3,5,1	3,5,1	1,1,1	I_3,I_5,I_1	
C1	0 1 1	−491	15251	0	3	−	15,3,1	15,3,1	15,1,1	I_{15},I_3,I_1	**3** : 2
C2	0 1 1	4369	−387400	0	1	−	5,9,3	5,9,3	5,1,1	I_5,I_9,I_3	**3** : 1
D1	1 0 1	21	−23	0	2	−	3,4,1	3,4,1	3,2,1	I_3,I_4,I_1	**2** : 2
D2	1 0 1	−104	−223	0	4	+	6,2,2	6,2,2	6,2,2	I_6,I_2,I_2	**2** : 1,3,4
D3	1 0 1	−1429	−20893	0	2	+	12,1,1	12,1,1	12,1,1	I_{12},I_1,I_1	**2** : 2
D4	1 0 1	−779	8147	0	2	+	3,1,4	3,1,4	3,1,2	I_3,I_1,I_4	**2** : 2
797			$N = 797 = 797$ (1 isogeny class)								**797**
A1	1 0 0	2	1	1	1	−	1	1	1	I_1	
798			$N = 798 = 2 \cdot 3 \cdot 7 \cdot 19$ (9 isogeny classes)								**798**
A1	1 1 0	−10	4	1	2	+	4,1,2,1	4,1,2,1	2,1,2,1	I_4,I_1,I_2,I_1	**2** : 2
A2	1 1 0	−150	648	1	2	+	2,2,1,2	2,2,1,2	2,2,1,2	I_2,I_2,I_1,I_2	**2** : 1
B1	1 0 1	−80	−226	0	2	+	12,1,2,1	12,1,2,1	2,1,2,1	I_{12},I_1,I_2,I_1	**2** : 2
B2	1 0 1	−400	2846	0	4	+	6,2,4,2	6,2,4,2	2,2,2,2	I_6,I_2,I_4,I_2	**2** : 1,3,4
B3	1 0 1	−6280	191006	0	2	+	3,1,2,4	3,1,2,4	1,1,2,2	I_3,I_1,I_2,I_4	**2** : 2
B4	1 0 1	360	12574	0	2	−	3,4,8,1	3,4,8,1	1,4,2,1	I_3,I_4,I_8,I_1	**2** : 2
C1	1 0 1	−92	326	1	2	+	2,5,2,1	2,5,2,1	2,5,2,1	I_2,I_5,I_2,I_1	**2** : 2
C2	1 0 1	−22	830	1	2	−	1,10,1,2	1,10,1,2	1,10,1,2	I_1,I_{10},I_1,I_2	**2** : 1
D1	1 0 1	−162	−476	1	2	+	4,5,4,1	4,5,4,1	2,5,4,1	I_4,I_5,I_4,I_1	**2** : 2
D2	1 0 1	−1142	14420	1	4	+	2,10,2,2	2,10,2,2	2,10,2,2	I_2,I_{10},I_2,I_2	**2** : 1,3,4
D3	1 0 1	−18152	939764	1	2	+	1,5,1,4	1,5,1,4	1,5,1,2	I_1,I_5,I_1,I_4	**2** : 2
D4	1 0 1	188	46340	1	2	−	1,20,1,1	1,20,1,1	1,20,1,1	I_1,I_{20},I_1,I_1	**2** : 2
E1	1 0 1	−7801	264524	0	6	+	4,9,2,1	4,9,2,1	2,9,2,1	I_4,I_9,I_2,I_1	**2** : 2; **3** : 3
E2	1 0 1	−7941	254500	0	6	+	2,18,1,2	2,18,1,2	2,18,1,2	I_2,I_{18},I_1,I_2	**2** : 1; **3** : 4
E3	1 0 1	−11176	13046	0	6	+	12,3,6,3	12,3,6,3	2,3,6,3	I_{12},I_3,I_6,I_3	**2** : 4; **3** : 1,5
E4	1 0 1	−120936	−16143626	0	6	+	6,6,3,6	6,6,3,6	2,6,3,6	I_6,I_6,I_3,I_6	**2** : 3; **3** : 2,6
E5	1 0 1	−611671	−184179718	0	2	+	36,1,2,1	36,1,2,1	2,1,2,1	I_{36},I_1,I_2,I_1	**2** : 6; **3** : 3
E6	1 0 1	−9786711	−11785100294	0	2	+	18,2,1,2	18,2,1,2	2,2,1,2	I_{18},I_2,I_1,I_2	**2** : 5; **3** : 4
F1	1 0 1	−39	−86	0	2	+	8,1,2,1	8,1,2,1	2,1,2,1	I_8,I_1,I_2,I_1	**2** : 2
F2	1 0 1	−599	−5686	0	2	+	4,2,1,2	4,2,1,2	2,2,1,2	I_4,I_2,I_1,I_2	**2** : 1
G1	1 1 1	−354	−2193	1	2	+	10,1,2,3	10,1,2,3	10,1,2,3	I_{10},I_1,I_2,I_3	**2** : 2
G2	1 1 1	766	−12049	1	2	−	5,2,1,6	5,2,1,6	5,2,1,6	I_5,I_2,I_1,I_6	**2** : 1
H1	1 0 0	−1015	11561	1	2	+	12,7,2,1	12,7,2,1	12,7,2,1	I_{12},I_7,I_2,I_1	**2** : 2
H2	1 0 0	−3255	−57879	1	2	+	6,14,1,2	6,14,1,2	6,14,1,2	I_6,I_{14},I_1,I_2	**2** : 1
I1	1 0 0	3	−15	0	2	−	8,1,1,1	8,1,1,1	8,1,1,1	I_8,I_1,I_1,I_1	**2** : 2
I2	1 0 0	−77	−255	0	4	+	4,2,2,2	4,2,2,2	4,2,2,2	I_4,I_2,I_2,I_2	**2** : 1,3,4
I3	1 0 0	−1217	−16443	0	2	+	2,1,4,1	2,1,4,1	2,1,2,1	I_2,I_1,I_4,I_1	**2** : 2
I4	1 0 0	−217	893	0	4	+	2,4,1,4	2,4,1,4	2,4,1,4	I_2,I_4,I_1,I_4	**2** : 2
799			$N = 799 = 17 \cdot 47$ (2 isogeny classes)								**799**
A1	1 1 1	−16	16	0	2	+	1,2	1,2	1,2	I_1,I_2	**2** : 2
A2	1 1 1	−251	1426	0	2	+	2,1	2,1	2,1	I_2,I_1	**2** : 1
B1	1 1 1	−118	418	1	2	+	3,2	3,2	3,2	I_3,I_2	**2** : 2
B2	1 1 1	−353	−2120	1	2	+	6,1	6,1	6,1	I_6,I_1	**2** : 1

TABLE 1: ELLIPTIC CURVES 800A–805C

	a_1	a_2	a_3	a_4	a_6	r	$|T|$	s	ord(Δ)	ord$_-(j)$	c_p	Kodaira	Isogenies

800 $N = 800 = 2^5 \cdot 5^2$ (9 isogeny classes)

	a_1	a_2	a_3	a_4	a_6	r	$|T|$	s	ord(Δ)	ord$_-(j)$	c_p	Kodaira	Isogenies
A1	0	0	0	-25	0	1	4	$+$	6,6	0,0	2,4	III,I_0^*	2:2,3,4
A2	0	0	0	-275	-1750	1	2	$+$	9,6	0,0	1,2	I_0^*,I_0^*	2:1
A3	0	0	0	-275	1750	1	2	$+$	9,6	0,0	2,2	I_0^*,I_0^*	2:1
A4	0	0	0	100	0	1	2	$-$	12,6	0,0	2,4	I_3^*,I_0^*	2:1
B1	0	1	0	-8	8	1	1	$-$	9,2	0,0	2,1	I_0^*,II	
C1	0	1	0	-158	-812	1	2	$+$	6,7	0,1	2,2	III,I_1^*	2:2
C2	0	1	0	-33	-1937	1	2	$-$	12,8	0,2	4,4	I_3^*,I_2^*	2:1
D1	0	0	0	-125	0	0	2	$+$	6,9	0,0	2,2	III,III*	2:2
D2	0	0	0	500	0	0	2	$-$	12,9	0,0	4,2	I_3^*,III*	2:1
E1	0	1	0	-208	-1412	0	1	$-$	9,8	0,0	1,3	I_0^*,IV*	
F1	0	-1	0	-8	-8	0	1	$-$	9,2	0,0	1,1	I_0^*,II	
G1	0	-1	0	-158	812	0	2	$+$	6,7	0,1	2,2	III,I_1^*	2:2
G2	0	-1	0	-33	1937	0	2	$-$	12,8	0,2	2,4	I_3^*,I_2^*	2:1
H1	0	0	0	-5	0	1	2	$+$	6,3	0,0	2,2	III,III	2:2
H2	0	0	0	20	0	1	2	$-$	12,3	0,0	2,2	I_3^*,III	2:1
I1	0	-1	0	-208	1412	1	1	$-$	9,8	0,0	2,3	I_0^*,IV*	

801 $N = 801 = 3^2 \cdot 89$ (4 isogeny classes)

	a_1	a_2	a_3	a_4	a_6	r	$|T|$	s	ord(Δ)	ord$_-(j)$	c_p	Kodaira	Isogenies
A1	0	0	1	-3972	-169349	0	1	$-$	23,1	17,1	2,1	I_{17}^*,I_1	
B1	1	-1	1	-14	-12	0	2	$+$	6,1	0,1	2,1	I_0^*,I_1	2:2
B2	1	-1	1	31	-102	0	2	$-$	6,2	0,2	2,2	I_0^*,I_2	2:1
C1	0	0	1	-30	-90	1	1	$-$	9,1	3,1	4,1	I_3^*,I_1	3:2
C2	0	0	1	240	1233	1	3	$-$	7,3	1,3	4,3	I_1^*,I_3	3:1
D1	1	-1	0	-9	-14	1	1	$-$	6,1	0,1	1,1	I_0^*,I_1	

802 $N = 802 = 2 \cdot 401$ (2 isogeny classes)

	a_1	a_2	a_3	a_4	a_6	r	$|T|$	s	ord(Δ)	ord$_-(j)$	c_p	Kodaira	Isogenies
A1	1	-1	1	2	-1	0	1	$-$	1,1	1,1	1,1	I_1,I_1	
B1	1	0	0	-9	-11	0	2	$+$	2,1	2,1	2,1	I_2,I_1	2:2
B2	1	0	0	-19	15	0	2	$+$	1,2	1,2	1,2	I_1,I_2	2:1

804 $N = 804 = 2^2 \cdot 3 \cdot 67$ (4 isogeny classes)

	a_1	a_2	a_3	a_4	a_6	r	$|T|$	s	ord(Δ)	ord$_-(j)$	c_p	Kodaira	Isogenies
A1	0	-1	0	59	-122	0	2	$-$	4,5,2	0,5,2	3,1,2	IV,I_5,I_2	2:2
A2	0	-1	0	-276	-792	0	2	$+$	8,10,1	0,10,1	3,2,1	IV$^*,I_{10},I_1$	2:1
B1	0	-1	0	-1373	-19191	1	1	$-$	8,10,1	0,10,1	3,2,1	IV$^*,I_{10},I_1$	
C1	0	-1	0	-12	24	1	1	$-$	8,1,1	0,1,1	3,1,1	IV$^*,I_1,I_1$	
D1	0	1	0	84	36	1	1	$-$	8,7,1	0,7,1	3,7,1	IV$^*,I_7,I_1$	

805 $N = 805 = 5 \cdot 7 \cdot 23$ (4 isogeny classes)

	a_1	a_2	a_3	a_4	a_6	r	$|T|$	s	ord(Δ)	ord$_-(j)$	c_p	Kodaira	Isogenies
A1	0	-1	1	23004	2393001	1	1	$-$	5,11,2	5,11,2	1,1,2	I_5,I_{11},I_2	
B1	1	-1	1	-163	-758	0	2	$+$	2,3,1	2,3,1	2,1,1	I_2,I_3,I_1	2:2
B2	1	-1	1	-138	-1018	0	2	$-$	1,6,2	1,6,2	1,2,2	I_1,I_6,I_2	2:1
C1	1	-1	1	2	2356	0	4	$-$	2,3,4	2,3,4	2,1,4	I_2,I_3,I_4	2:2
C2	1	-1	1	-2643	52082	0	4	$+$	4,6,2	4,6,2	2,2,2	I_4,I_6,I_2	2:1,3,4
C3	1	-1	1	-5518	-79018	0	2	$+$	2,12,1	2,12,1	2,2,1	I_2,I_{12},I_1	2:2
C4	1	-1	1	-42088	3333906	0	2	$+$	8,3,1	8,3,1	2,1,1	I_8,I_3,I_1	2:2

TABLE 1: ELLIPTIC CURVES 805D–812B

	a_1	a_2	a_3	a_4	a_6	r	$|T|$	s	ord(Δ)	ord$_-(j)$	c_p	Kodaira	Isogenies

805 $N = 805 = 5 \cdot 7 \cdot 23$ (continued)

| D1 | 0 | 0 | 1 | -13 | 49 | 0 | 1 | $-$ | 1,3,2 | 1,3,2 | 1,1,2 | I_1,I_3,I_2 | |

806 $N = 806 = 2 \cdot 13 \cdot 31$ (6 isogeny classes)

A1	1	0	1	-3	30	1	1	$-$	5,1,2	5,1,2	1,1,2	I_5,I_1,I_2	
B1	1	1	0	52	-176	1	1	$-$	11,1,2	11,1,2	1,1,2	I_{11},I_1,I_2	
C1	1	0	0	-97	361	1	1	$-$	5,1,2	5,1,2	5,1,2	I_5,I_1,I_2	
D1	1	-1	1	318	-2367	1	1	$-$	11,3,2	11,3,2	11,3,2	I_{11},I_3,I_2	
E1	1	0	0	2511	39401	0	3	$-$	27,1,2	27,1,2	27,1,2	I_{27},I_1,I_2	**3** : 2
E2	1	0	0	-25649	-2195479	0	3	$-$	9,3,6	9,3,6	9,3,6	I_9,I_3,I_6	**3** : 1,3
E3	1	0	0	-2293609	-1337178239	0	1	$-$	3,9,2	3,9,2	3,9,2	I_3,I_9,I_2	**3** : 2
F1	1	1	1	-14105	638919	0	5	$-$	5,5,2	5,5,2	5,5,2	I_5,I_5,I_2	**5** : 2
F2	1	1	1	66885	2264179	0	1	$-$	1,1,10	1,1,10	1,1,10	I_1,I_1,I_{10}	**5** : 1

807 $N = 807 = 3 \cdot 269$ (1 isogeny class)

| A1 | 0 | 1 | 1 | -49 | 115 | 0 | 3 | $+$ | 6,1 | 6,1 | 6,1 | I_6,I_1 | **3** : 2 |
| A2 | 0 | 1 | 1 | -409 | -3260 | 0 | 1 | $+$ | 2,3 | 2,3 | 2,1 | I_2,I_3 | **3** : 1 |

808 $N = 808 = 2^3 \cdot 101$ (2 isogeny classes)

| A1 | 0 | 0 | 0 | -11 | -26 | 0 | 1 | $-$ | 11,1 | 0,1 | 1,1 | II^*,I_1 | |
| B1 | 0 | -1 | 0 | -129 | -523 | 0 | 1 | $+$ | 8,1 | 0,1 | 2,1 | I_1^*,I_1 | |

810 $N = 810 = 2 \cdot 3^4 \cdot 5$ (8 isogeny classes)

A1	1	-1	0	-9	15	0	3	$-$	1,4,3	1,0,3	1,1,3	I_1,II,I_3	**3** : 2
A2	1	-1	0	66	-100	0	1	$-$	3,12,1	3,0,1	1,1,1	I_3,II^*,I_1	**3** : 1
B1	1	-1	0	36	120	0	3	$-$	3,4,6	3,0,6	1,1,6	I_3,II,I_6	**3** : 2
B2	1	-1	0	-339	-4555	0	1	$-$	9,12,2	9,0,2	1,1,2	I_9,II^*,I_2	**3** : 1
C1	1	-1	0	-114	-10252	0	3	$-$	5,6,9	5,0,9	1,3,9	I_5,IV,I_9	**3** : 2
C2	1	-1	0	-39489	-3010627	0	1	$-$	15,10,3	15,0,3	1,3,3	I_{15},IV^*,I_3	**3** : 1
D1	1	-1	0	-24	80	1	3	$-$	4,6,3	4,0,3	2,3,3	I_4,IV,I_3	**3** : 2
D2	1	-1	0	201	-1315	1	1	$-$	12,10,1	12,0,1	2,1,1	I_{12},IV^*,I_1	**3** : 1
E1	1	-1	1	7	1	0	3	$-$	3,6,1	3,0,1	3,3,1	I_3,IV,I_1	**3** : 2
E2	1	-1	1	-83	-323	0	1	$-$	1,10,3	1,0,3	1,3,1	I_1,IV^*,I_3	**3** : 1
F1	1	-1	1	22	41	0	3	$-$	12,4,1	12,0,1	12,1,1	I_{12},II,I_1	**3** : 2
F2	1	-1	1	-218	-1943	0	1	$-$	4,12,3	4,0,3	4,1,1	I_4,II^*,I_3	**3** : 1
G1	1	-1	1	-4388	112967	0	3	$-$	15,4,3	15,0,3	15,1,1	I_{15},II,I_3	**3** : 2
G2	1	-1	1	-1028	277831	0	1	$-$	5,12,9	5,0,9	5,1,1	I_5,II^*,I_9	**3** : 1
H1	1	-1	1	-38	181	1	3	$-$	9,6,2	9,0,2	9,3,2	I_9,IV,I_2	**3** : 2
H2	1	-1	1	322	-3563	1	1	$-$	3,10,6	3,0,6	3,1,2	I_3,IV^*,I_6	**3** : 1

811 $N = 811 = 811$ (1 isogeny class)

| A1 | 0 | 0 | 1 | -2 | -2 | 1 | 1 | $-$ | 1 | 1 | 1 | I_1 | |

812 $N = 812 = 2^2 \cdot 7 \cdot 29$ (2 isogeny classes)

| A1 | 0 | 0 | 0 | -40 | -124 | 0 | 1 | $-$ | 8,3,1 | 0,3,1 | 3,1,1 | IV^*,I_3,I_1 | |
| B1 | 0 | -1 | 0 | -36 | 232 | 1 | 1 | $-$ | 8,4,1 | 0,4,1 | 3,4,1 | IV^*,I_4,I_1 | |

TABLE 1: ELLIPTIC CURVES 813A–817B

	a_1	a_2	a_3	a_4	a_6	r	$|T|$	s	ord(Δ)	ord$_-(j)$	c_p	Kodaira	Isogenies

813 $N = 813 = 3 \cdot 271$ (2 isogeny classes)

	a_1	a_2	a_3	a_4	a_6	r	$|T|$	s	ord(Δ)	ord$_-(j)$	c_p	Kodaira	Isogenies
A1	0	1	1	-2	-1	0	1	+	1,1	1,1	1,1	I_1,I_1	
B1	0	1	1	-73	190	1	3	+	9,1	9,1	9,1	I_9,I_1	**3 : 2**
B2	0	1	1	-1423	-21113	1	3	+	3,3	3,3	3,3	I_3,I_3	**3 : 1,3**
B3	0	1	1	-115243	-15096572	1	1	+	1,1	1,1	1,1	I_1,I_1	**3 : 2**

814 $N = 814 = 2 \cdot 11 \cdot 37$ (2 isogeny classes)

	a_1	a_2	a_3	a_4	a_6	r	$|T|$	s	ord(Δ)	ord$_-(j)$	c_p	Kodaira	Isogenies
A1	1	0	1	5	30	1	3	$-$	3,3,1	3,3,1	1,3,1	I_3,I_3,I_1	**3 : 2**
A2	1	0	1	-50	-828	1	1	$-$	9,1,3	9,1,3	1,1,3	I_9,I_1,I_3	**3 : 1**
B1	1	-1	1	-28	63	1	1	$-$	5,1,1	5,1,1	5,1,1	I_5,I_1,I_1	

815 $N = 815 = 5 \cdot 163$ (1 isogeny class)

	a_1	a_2	a_3	a_4	a_6	r	$|T|$	s	ord(Δ)	ord$_-(j)$	c_p	Kodaira	Isogenies
A1	0	1	1	15	-69	1	3	$-$	6,1	6,1	6,1	I_6,I_1	**3 : 2**
A2	0	1	1	-985	-12244	1	1	$-$	2,3	2,3	2,3	I_2,I_3	**3 : 1**

816 $N = 816 = 2^4 \cdot 3 \cdot 17$ (10 isogeny classes)

	a_1	a_2	a_3	a_4	a_6	r	$|T|$	s	ord(Δ)	ord$_-(j)$	c_p	Kodaira	Isogenies
A1	0	-1	0	-48	144	1	2	+	10,2,1	0,2,1	4,2,1	I_2^*,I_2,I_1	**2 : 2**
A2	0	-1	0	-8	336	1	2	$-$	11,4,2	0,4,2	2,2,2	I_3^*,I_4,I_2	**2 : 1**
B1	0	-1	0	-52	-128	0	2	+	8,2,1	0,2,1	2,2,1	I_0^*,I_2,I_1	**2 : 2**
B2	0	-1	0	-72	0	0	4	+	10,4,2	0,4,2	4,2,2	I_2^*,I_4,I_2	**2 : 1,3,4**
B3	0	-1	0	-752	8160	0	2	+	11,8,1	0,8,1	2,2,1	I_3^*,I_8,I_1	**2 : 2**
B4	0	-1	0	288	-288	0	4	$-$	11,2,4	0,2,4	4,2,4	I_3^*,I_2,I_4	**2 : 2**
C1	0	-1	0	-17	-51	0	1	$-$	8,5,1	0,5,1	1,1,1	I_0^*,I_5,I_1	
D1	0	1	0	511	1899	0	1	$-$	8,3,5	0,3,5	1,3,1	I_0^*,I_3,I_5	
E1	0	-1	0	-4088	-99216	0	2	+	18,6,1	6,6,1	4,2,1	I_{10}^*,I_6,I_1	**2 : 2; 3 : 3**
E2	0	-1	0	-3448	-131984	0	2	$-$	15,12,2	3,12,2	4,2,2	I_7^*,I_{12},I_2	**2 : 1; 3 : 4**
E3	0	-1	0	-12008	386928	0	2	+	30,2,3	18,2,3	4,2,1	I_{22}^*,I_2,I_3	**2 : 4; 3 : 1**
E4	0	-1	0	28952	2418544	0	2	$-$	21,4,6	9,4,6	4,2,2	I_{13}^*,I_4,I_6	**2 : 3; 3 : 2**
F1	0	-1	0	11	61	0	1	$-$	12,3,1	0,3,1	1,1,1	II^*,I_3,I_1	**3 : 2**
F2	0	-1	0	-949	11581	0	1	$-$	12,1,3	0,1,3	1,1,1	II^*,I_1,I_3	**3 : 1**
G1	0	-1	0	-5	9	1	1	$-$	8,1,1	0,1,1	2,1,1	I_0^*,I_1,I_1	
H1	0	-1	0	-544	-4352	1	2	+	20,4,1	8,4,1	4,2,1	I_{12}^*,I_4,I_1	**2 : 2**
H2	0	-1	0	-1824	25344	1	4	+	16,8,2	4,8,2	4,2,2	I_8^*,I_8,I_2	**2 : 1,3,4**
H3	0	-1	0	-27744	1787904	1	8	+	14,4,4	2,4,4	4,2,4	I_6^*,I_4,I_4	**2 : 2,5,6**
H4	0	-1	0	3616	142848	1	2	$-$	14,16,1	2,16,1	2,2,1	I_6^*,I_{16},I_1	**2 : 2**
H5	0	-1	0	-443904	113984640	1	4	+	13,2,2	1,2,2	4,2,2	I_5^*,I_2,I_2	**2 : 3**
H6	0	-1	0	-26304	1980288	1	4	$-$	13,2,8	1,2,8	2,2,8	I_5^*,I_2,I_8	**2 : 3**
I1	0	1	0	-1621	24623	1	1	$-$	8,11,1	0,11,1	2,11,1	I_0^*,I_{11},I_1	
J1	0	1	0	-40	-76	1	2	+	14,2,1	2,2,1	4,2,1	I_6^*,I_2,I_1	**2 : 2**
J2	0	1	0	120	-396	1	2	$-$	13,4,2	1,4,2	4,4,2	I_5^*,I_4,I_2	**2 : 1**

817 $N = 817 = 19 \cdot 43$ (2 isogeny classes)

	a_1	a_2	a_3	a_4	a_6	r	$|T|$	s	ord(Δ)	ord$_-(j)$	c_p	Kodaira	Isogenies
A1	0	1	1	1	6	2	1	$-$	2,1	2,1	2,1	I_2,I_1	
B1	0	1	1	-16649	821406	1	1	$-$	2,5	2,5	2,5	I_2,I_5	

TABLE 1: ELLIPTIC CURVES 819A–828A

	a_1	a_2	a_3	a_4	a_6	r	$\|T\|$	s	ord(Δ)	ord$_-(j)$	c_p	Kodaira	Isogenies
819					$N = 819 = 3^2 \cdot 7 \cdot 13$			(6 isogeny classes)					
A1	1	−1	0	−42	−73	1	2	+	9,1,1	0,1,1	2,1,1	III*,I$_1$,I$_1$	**2** : 2
A2	1	−1	0	93	−532	1	2	−	9,2,2	0,2,2	2,2,2	III*,I$_2$,I$_2$	**2** : 1
B1	1	−1	1	−5	4	1	2	+	3,1,1	0,1,1	2,1,1	III,I$_1$,I$_1$	**2** : 2
B2	1	−1	1	10	16	1	2	−	3,2,2	0,2,2	2,2,2	III,I$_2$,I$_2$	**2** : 1
C1	0	0	1	9	−7	0	1	−	6,1,1	0,1,1	2,1,1	I$_0^*$,I$_1$,I$_1$	
D1	0	0	1	22857	4273542	0	1	−	14,7,3	8,7,3	2,1,1	I$_8^*$,I$_7$,I$_3$	
E1	0	0	1	−66	−207	0	1	−	6,1,1	0,1,1	2,1,1	I$_0^*$,I$_1$,I$_1$	**3** : 2
E2	0	0	1	114	−1026	0	3	−	6,3,3	0,3,3	2,3,3	I$_0^*$,I$_3$,I$_3$	**3** : 1,3
E3	0	0	1	−1056	32553	0	3	−	6,9,1	0,9,1	2,9,1	I$_0^*$,I$_9$,I$_1$	**3** : 2
F1	0	0	1	−237	−1607	0	1	−	10,3,1	4,3,1	2,3,1	I$_4^*$,I$_3$,I$_1$	
822					$N = 822 = 2 \cdot 3 \cdot 137$			(6 isogeny classes)					
A1	1	1	0	−3	−9	1	1	−	1,4,1	1,4,1	1,2,1	I$_1$,I$_4$,I$_1$	
B1	1	0	1	−18716	−987046	0	2	+	10,8,1	10,8,1	2,8,1	I$_{10}$,I$_8$,I$_1$	**2** : 2
B2	1	0	1	−18556	−1004710	0	2	−	5,16,2	5,16,2	1,16,2	I$_5$,I$_{16}$,I$_2$	**2** : 1
C1	1	0	1	−1122	14548	0	3	−	5,12,1	5,12,1	1,12,1	I$_5$,I$_{12}$,I$_1$	**3** : 2
C2	1	0	1	4143	72868	0	1	−	15,4,3	15,4,3	1,4,1	I$_{15}$,I$_4$,I$_3$	**3** : 1
D1	1	0	1	31	20	1	1	−	6,5,1	6,5,1	2,5,1	I$_6$,I$_5$,I$_1$	
E1	1	0	0	−47	57	0	4	+	12,2,1	12,2,1	12,2,1	I$_{12}$,I$_2$,I$_1$	**2** : 2
E2	1	0	0	−367	−2695	0	4	+	6,4,2	6,4,2	6,4,2	I$_6$,I$_4$,I$_2$	**2** : 1,3,4
E3	1	0	0	−5847	−172575	0	2	+	3,8,1	3,8,1	3,8,1	I$_3$,I$_8$,I$_1$	**2** : 2
E4	1	0	0	−7	−7663	0	2	−	3,2,4	3,2,4	3,2,4	I$_3$,I$_2$,I$_4$	**2** : 2
F1	1	0	0	−4	−4	0	1	−	2,1,1	2,1,1	2,1,1	I$_2$,I$_1$,I$_1$	
825					$N = 825 = 3 \cdot 5^2 \cdot 11$			(3 isogeny classes)					
A1	0	−1	1	−23	53	1	1	−	3,2,2	3,0,2	1,1,2	I$_3$,II,I$_2$	**3** : 2
A2	0	−1	1	127	38	1	1	−	1,2,6	1,0,6	1,1,2	I$_1$,II,I$_6$	**3** : 1
B1	1	0	0	−163	−808	1	2	+	3,6,1	3,0,1	3,2,1	I$_3$,I$_0^*$,I$_1$	**2** : 2
B2	1	0	0	−288	567	1	4	+	6,6,2	6,0,2	6,4,2	I$_6$,I$_0^*$,I$_2$	**2** : 1,3,4
B3	1	0	0	−3663	84942	1	2	+	3,6,4	3,0,4	3,2,4	I$_3$,I$_0^*$,I$_4$	**2** : 2
B4	1	0	0	1087	4692	1	2	−	12,6,1	12,0,1	12,4,1	I$_{12}$,I$_0^*$,I$_1$	**2** : 2
C1	0	1	1	−583	5494	1	3	−	3,8,2	3,0,2	3,3,2	I$_3$,IV*,I$_2$	**3** : 2
C2	0	1	1	3167	11119	1	1	−	1,8,6	1,0,6	1,1,2	I$_1$,IV*,I$_6$	**3** : 1
826					$N = 826 = 2 \cdot 7 \cdot 59$			(2 isogeny classes)					
A1	1	1	0	21	−49	0	1	−	1,5,1	1,5,1	1,1,1	I$_1$,I$_5$,I$_1$	
B1	1	1	0	−136	−672	0	1	−	5,3,1	5,3,1	1,3,1	I$_5$,I$_3$,I$_1$	
827					$N = 827 = 827$			(1 isogeny class)					
A1	0	0	1	−10	12	1	1	−	1	1	1	I$_1$	
828					$N = 828 = 2^2 \cdot 3^2 \cdot 23$			(4 isogeny classes)					
A1	0	0	0	−24	45	0	2	+	4,3,1	0,0,1	1,2,1	IV,III,I$_1$	**2** : 2
A2	0	0	0	−39	−18	0	2	+	8,3,2	0,0,2	1,2,2	IV*,III,I$_2$	**2** : 1

TABLE 1: ELLIPTIC CURVES 828B–833A

	a_1	a_2	a_3	a_4	a_6	r	$|T|$	s	ord(Δ)	ord_(j)	c_p	Kodaira	Isogenies

828 $N = 828 = 2^2 \cdot 3^2 \cdot 23$ (continued)

	a_1	a_2	a_3	a_4	a_6	r	$|T|$	s	ord(Δ)	ord_(j)	c_p	Kodaira	Isogenies
B1	0	0	0	−216	−1215	1	2	+	4,9,1	0,0,1	3,2,1	IV,III*,I_1	2:2
B2	0	0	0	−351	486	1	2	+	8,9,2	0,0,2	3,2,2	IV*,III*,I_2	2:1
C1	0	0	0	−9	−27	1	1	−	4,6,1	0,0,1	1,1,1	IV,I_0^*,I_1	
D1	0	0	0	15	−11	0	1	−	4,6,1	0,0,1	1,1,1	IV,I_0^*,I_1	3:2
D2	0	0	0	−165	997	0	3	−	4,6,3	0,0,3	3,1,3	IV,I_0^*,I_3	3:1

829 $N = 829 = 829$ (1 isogeny class)

	a_1	a_2	a_3	a_4	a_6	r	$|T|$	s	ord(Δ)	ord_(j)	c_p	Kodaira	Isogenies
A1	0	0	1	−4	−3	1	1	+	1	1	1	I_1	

830 $N = 830 = 2 \cdot 5 \cdot 83$ (3 isogeny classes)

	a_1	a_2	a_3	a_4	a_6	r	$|T|$	s	ord(Δ)	ord_(j)	c_p	Kodaira	Isogenies
A1	1	0	1	37	−62	0	3	−	2,6,1	2,6,1	2,6,1	I_2,I_6,I_1	3:2
A2	1	0	1	−838	−9512	0	1	−	6,2,3	6,2,3	2,2,1	I_6,I_2,I_3	3:1
B1	1	1	1	−11185	456015	1	1	−	16,8,1	16,8,1	16,8,1	I_{16},I_8,I_1	
C1	1	−1	1	3	69	1	1	−	10,2,1	10,2,1	10,2,1	I_{10},I_2,I_1	

831 $N = 831 = 3 \cdot 277$ (1 isogeny class)

	a_1	a_2	a_3	a_4	a_6	r	$|T|$	s	ord(Δ)	ord_(j)	c_p	Kodaira	Isogenies
A1	1	0	0	−68	285	1	1	−	10,1	10,1	10,1	I_{10},I_1	

832 $N = 832 = 2^6 \cdot 13$ (10 isogeny classes)

	a_1	a_2	a_3	a_4	a_6	r	$|T|$	s	ord(Δ)	ord_(j)	c_p	Kodaira	Isogenies
A1	0	1	0	−1	31	1	1	−	15,1	0,1	4,1	I_5^*,I_1	
B1	0	−1	0	−1	−31	1	1	−	15,1	0,1	4,1	I_5^*,I_1	
C1	0	−1	0	31	97	1	1	−	19,1	1,1	4,1	I_9^*,I_1	3:2
C2	0	−1	0	−289	−3679	1	1	−	21,3	3,3	4,1	I_{11}^*,I_3	3:1,3
C3	0	−1	0	−29409	−1931423	1	1	−	27,1	9,1	4,1	I_{17}^*,I_1	3:2
D1	0	0	0	−16	−24	0	2	+	10,1	0,1	2,1	I_0^*,I_1	2:2
D2	0	0	0	4	−80	0	2	−	14,2	0,2	2,2	I_4^*,I_2	2:1
E1	0	−1	0	−65	−191	0	1	−	17,1	0,1	2,1	I_7^*,I_1	
F1	0	0	0	−172	1328	0	1	−	25,1	7,1	2,1	I_{15}^*,I_1	7:2
F2	0	0	0	−13612	−670672	0	1	−	19,7	1,7	2,7	I_9^*,I_7	7:1
G1	0	1	0	31	−97	0	1	−	19,1	1,1	2,1	I_9^*,I_1	3:2
G2	0	1	0	−289	3679	0	1	−	21,3	3,3	2,1	I_{11}^*,I_3	3:1,3
G3	0	1	0	−29409	1931423	0	1	−	27,1	9,1	2,1	I_{17}^*,I_1	3:2
H1	0	0	0	−16	24	1	2	+	10,1	0,1	2,1	I_0^*,I_1	2:2
H2	0	0	0	4	80	1	2	−	14,2	0,2	4,2	I_4^*,I_2	2:1
I1	0	1	0	−65	191	1	1	−	17,1	0,1	4,1	I_7^*,I_1	
J1	0	0	0	−172	−1328	1	1	−	25,1	7,1	4,1	I_{15}^*,I_1	7:2
J2	0	0	0	−13612	670672	1	1	−	19,7	1,7	4,7	I_9^*,I_7	7:1

833 $N = 833 = 7^2 \cdot 17$ (1 isogeny class)

	a_1	a_2	a_3	a_4	a_6	r	$|T|$	s	ord(Δ)	ord_(j)	c_p	Kodaira	Isogenies
A1	1	−1	1	−34	−24	0	2	+	6,1	0,1	2,1	I_0^*,I_1	2:2
A2	1	−1	1	−279	1838	0	4	+	6,2	0,2	4,2	I_0^*,I_2	2:1,3,4
A3	1	−1	1	−4444	115126	0	2	+	6,1	0,1	2,1	I_0^*,I_1	2:2
A4	1	−1	1	−34	4778	0	2	−	6,4	0,4	2,2	I_0^*,I_4	2:2

TABLE 1: ELLIPTIC CURVES 834A–840F

	$a_1\ a_2\ a_3$	a_4	a_6	r	$|T|$	s	$\mathrm{ord}(\Delta)$	$\mathrm{ord}_-(j)$	c_p	Kodaira	Isogenies

834 $N = 834 = 2 \cdot 3 \cdot 139$ (7 isogeny classes)

	$a_1\ a_2\ a_3$	a_4	a_6	r	$|T|$	s	$\mathrm{ord}(\Delta)$	$\mathrm{ord}_-(j)$	c_p	Kodaira	Isogenies
A1	1 0 1	−11795	−233746	0	2	+	28,7,1	28,7,1	2,7,1	I_{28},I_7,I_1	2 : 2
A2	1 0 1	−93715	10874606	0	4	+	14,14,2	14,14,2	2,14,2	I_{14},I_{14},I_2	2 : 1,3,4
A3	1 0 1	−1493395	702316526	0	2	+	7,7,4	7,7,4	1,7,2	I_7,I_7,I_4	2 : 2
A4	1 0 1	−4755	30694894	0	2	−	7,28,1	7,28,1	1,28,1	I_7,I_{28},I_1	2 : 2
B1	1 0 1	−60	−182	0	1	−	4,1,1	4,1,1	2,1,1	I_4,I_1,I_1	
C1	1 0 1	0	10	1	1	−	2,4,1	2,4,1	2,4,1	I_2,I_4,I_1	
D1	1 1 1	−8	5	0	2	+	2,1,1	2,1,1	2,1,1	I_2,I_1,I_1	2 : 2
D2	1 1 1	2	29	0	2	−	1,2,2	1,2,2	1,2,2	I_1,I_2,I_2	2 : 1
E1	1 1 1	2	−1	1	1	−	2,1,1	2,1,1	2,1,1	I_2,I_1,I_1	
F1	1 1 1	−1027	12257	1	1	−	14,4,1	14,4,1	14,2,1	I_{14},I_4,I_1	
G1	1 0 0	−70	356	1	5	−	10,5,1	10,5,1	10,5,1	I_{10},I_5,I_1	5 : 2
G2	1 0 0	−1090	−40504	1	1	−	2,1,5	2,1,5	2,1,1	I_2,I_1,I_5	5 : 1

836 $N = 836 = 2^2 \cdot 11 \cdot 19$ (2 isogeny classes)

	$a_1\ a_2\ a_3$	a_4	a_6	r	$|T|$	s	$\mathrm{ord}(\Delta)$	$\mathrm{ord}_-(j)$	c_p	Kodaira	Isogenies
A1	0 −1 0	−5	−47	1	1	−	8,1,2	0,1,2	1,1,2	IV^*,I_1,I_2	
B1	0 −1 0	3	−10	0	2	−	4,2,1	0,2,1	3,2,1	IV,I_2,I_1	2 : 2
B2	0 −1 0	−52	−120	0	2	+	8,1,2	0,1,2	3,1,2	IV^*,I_1,I_2	2 : 1

840 $N = 840 = 2^3 \cdot 3 \cdot 5 \cdot 7$ (10 isogeny classes)

	$a_1\ a_2\ a_3$	a_4	a_6	r	$|T|$	s	$\mathrm{ord}(\Delta)$	$\mathrm{ord}_-(j)$	c_p	Kodaira	Isogenies
A1	0 −1 0	−316	−2060	1	2	+	8,3,1,1	0,3,1,1	2,1,1,1	I_1^*,I_3,I_1,I_1	2 : 2
A2	0 −1 0	−336	−1764	1	4	+	10,6,2,2	0,6,2,2	2,2,2,2	III^*,I_6,I_2,I_2	2 : 1,3,4
A3	0 −1 0	−1736	26796	1	2	+	11,12,1,1	0,12,1,1	1,2,1,1	II^*,I_{12},I_1,I_1	2 : 2
A4	0 −1 0	744	−11700	1	2	−	11,3,4,4	0,3,4,4	1,1,2,2	II^*,I_3,I_4,I_4	2 : 2
B1	0 −1 0	9	−84	0	4	−	4,1,2,4	0,1,2,4	2,1,2,4	III,I_1,I_2,I_4	2 : 2
B2	0 −1 0	−236	−1260	0	4	+	8,2,4,2	0,2,4,2	2,2,2,2	I_1^*,I_2,I_4,I_2	2 : 1,3,4
B3	0 −1 0	−3736	−86660	0	2	+	10,4,2,1	0,4,2,1	2,2,2,1	III^*,I_4,I_2,I_1	2 : 2
B4	0 −1 0	−656	4956	0	2	+	10,1,8,1	0,1,8,1	2,1,2,1	III^*,I_1,I_8,I_1	2 : 2
C1	0 −1 0	−15	12	0	4	+	4,1,4,1	0,1,4,1	2,1,4,1	III,I_1,I_4,I_1	2 : 2
C2	0 −1 0	−140	−588	0	4	+	8,2,2,2	0,2,2,2	2,2,2,2	I_1^*,I_2,I_2,I_2	2 : 1,3,4
C3	0 −1 0	−2240	−40068	0	2	+	10,1,1,1	0,1,1,1	2,1,1,1	III^*,I_1,I_1,I_1	2 : 2
C4	0 −1 0	−40	−1508	0	2	−	10,4,1,4	0,4,1,4	2,2,1,2	III^*,I_4,I_1,I_4	2 : 2
D1	0 1 0	−27991	−1811530	0	2	+	4,5,8,3	0,5,8,3	2,5,2,1	III,I_5,I_8,I_3	2 : 2
D2	0 1 0	−31116	−1385280	0	4	+	8,10,4,6	0,10,4,6	2,10,2,2	I_1^*,I_{10},I_4,I_6	2 : 1,3,4
D3	0 1 0	−202616	34012320	0	4	+	10,20,2,3	0,20,2,3	2,20,2,1	III^*,I_{20},I_2,I_3	2 : 2
D4	0 1 0	90384	−9452880	0	2	−	10,5,2,12	0,5,2,12	2,5,2,2	III^*,I_5,I_2,I_{12}	2 : 2
E1	0 −1 0	9	0	1	2	−	4,4,1,1	0,4,1,1	2,2,1,1	III,I_4,I_1,I_1	2 : 2
E2	0 −1 0	−36	36	1	4	+	8,2,2,2	0,2,2,2	4,2,2,2	I_1^*,I_2,I_2,I_2	2 : 1,3,4
E3	0 −1 0	−336	−2244	1	2	+	10,1,1,4	0,1,1,4	2,1,1,4	III^*,I_1,I_1,I_4	2 : 2
E4	0 −1 0	−456	3900	1	2	+	10,1,4,1	0,1,4,1	2,1,2,1	III^*,I_1,I_4,I_1	2 : 2
F1	0 −1 0	−175	952	1	4	+	4,1,2,1	0,1,2,1	2,1,2,1	III,I_1,I_2,I_1	2 : 2
F2	0 −1 0	−180	900	1	8	+	8,2,4,2	0,2,4,2	4,2,4,2	I_1^*,I_2,I_4,I_2	2 : 1,3,4
F3	0 −1 0	−680	−5700	1	4	+	10,4,2,4	0,4,2,4	2,2,2,2	III^*,I_4,I_2,I_4	2 : 2,5,6
F4	0 −1 0	240	4092	1	4	−	10,1,8,1	0,1,8,1	2,1,8,1	III^*,I_1,I_8,I_1	2 : 2
F5	0 −1 0	−10480	−409460	1	2	+	11,8,1,2	0,8,1,2	1,2,1,2	II^*,I_8,I_1,I_2	2 : 3
F6	0 −1 0	1120	−32340	1	2	−	11,2,1,8	0,2,1,8	1,2,1,2	II^*,I_2,I_1,I_8	2 : 3

TABLE 1: ELLIPTIC CURVES 840G–847B

840 $N = 840 = 2^3 \cdot 3 \cdot 5 \cdot 7$ (continued)

	a_1	a_2	a_3	a_4	a_6	r	$|T|$	s	ord(Δ)	ord$_-(j)$	c_p	Kodaira	Isogenies
G1	0	−1	0	−735	7920	0	4	+	4,2,1,2	0,2,1,2	2,2,1,2	III,I_2,I_1,I_2	**2** : 2
G2	0	−1	0	−740	7812	0	8	+	8,4,2,4	0,4,2,4	4,2,2,4	I_1^*,I_4,I_2,I_4	**2** : 1,3,4
G3	0	−1	0	−1720	−16100	0	4	+	10,8,4,2	0,8,4,2	2,2,4,2	III*,I_8,I_4,I_2	**2** : 2,5,6
G4	0	−1	0	160	24732	0	4	−	10,2,1,8	0,2,1,8	2,2,1,8	III*,I_2,I_1,I_8	**2** : 2
G5	0	−1	0	−24400	−1458548	0	2	+	11,4,8,1	0,4,8,1	1,2,8,1	II*,I_4,I_8,I_1	**2** : 3
G6	0	−1	0	5280	−119700	0	2	−	11,16,2,1	0,16,2,1	1,2,2,1	II*,I_{16},I_2,I_1	**2** : 3
H1	0	1	0	−71	−246	1	2	+	4,3,4,1	0,3,4,1	2,3,2,1	III,I_3,I_4,I_1	**2** : 2
H2	0	1	0	−196	704	1	4	+	8,6,2,2	0,6,2,2	4,6,2,2	I_1^*,I_6,I_2,I_2	**2** : 1,3,4
H3	0	1	0	−2896	59024	1	2	+	10,3,1,4	0,3,1,4	2,3,1,2	III*,I_3,I_1,I_4	**2** : 2
H4	0	1	0	504	5184	1	2	−	10,12,1,1	0,12,1,1	2,12,1,1	III*,I_{12},I_1,I_1	**2** : 2
I1	0	1	0	−36	−96	0	2	+	8,1,1,1	0,1,1,1	4,1,1,1	I_1^*,I_1,I_1,I_1	**2** : 2
I2	0	1	0	−56	0	0	4	+	10,2,2,2	0,2,2,2	2,2,2,2	III*,I_2,I_2,I_2	**2** : 1,3,4
I3	0	1	0	−656	6240	0	2	+	11,1,1,4	0,1,1,4	1,1,1,4	II*,I_1,I_1,I_4	**2** : 2
I4	0	1	0	224	224	0	2	−	11,4,4,1	0,4,4,1	1,4,2,1	II*,I_4,I_4,I_1	**2** : 2
J1	0	1	0	−15	90	0	4	−	4,8,1,1	0,8,1,1	2,8,1,1	III,I_8,I_1,I_1	**2** : 2
J2	0	1	0	−420	3168	0	8	+	8,4,2,2	0,4,2,2	4,4,2,2	I_1^*,I_4,I_2,I_2	**2** : 1,3,4
J3	0	1	0	−600	0	0	4	+	10,2,4,4	0,2,4,4	2,2,4,2	III*,I_2,I_4,I_4	**2** : 2,5,6
J4	0	1	0	−6720	209808	0	4	+	10,2,1,1	0,2,1,1	2,2,1,1	III*,I_2,I_1,I_1	**2** : 2
J5	0	1	0	−6480	−202272	0	2	+	11,1,8,2	0,1,8,2	1,1,8,2	II*,I_1,I_8,I_2	**2** : 3
J6	0	1	0	2400	2400	0	2	−	11,1,2,8	0,1,2,8	1,1,2,2	II*,I_1,I_2,I_8	**2** : 3

842 $N = 842 = 2 \cdot 421$ (2 isogeny classes)

	a_1	a_2	a_3	a_4	a_6	r	$|T|$	s	ord(Δ)	ord$_-(j)$	c_p	Kodaira	Isogenies
A1	1	0	1	−10	−12	1	1	+	3,1	3,1	1,1	I_3,I_1	
B1	1	0	0	−59	145	1	1	+	13,1	13,1	13,1	I_{13},I_1	

843 $N = 843 = 3 \cdot 281$ (1 isogeny class)

	a_1	a_2	a_3	a_4	a_6	r	$|T|$	s	ord(Δ)	ord$_-(j)$	c_p	Kodaira	Isogenies
A1	1	1	0	5	4	1	1	−	3,1	3,1	1,1	I_3,I_1	

845 $N = 845 = 5 \cdot 13^2$ (1 isogeny class)

	a_1	a_2	a_3	a_4	a_6	r	$|T|$	s	ord(Δ)	ord$_-(j)$	c_p	Kodaira	Isogenies
A1	1	0	1	−173	171	0	2	+	1,7	1,1	1,4	I_1,I_1^*	**2** : 2
A2	1	0	1	672	1523	0	2	−	2,8	2,2	2,4	I_2,I_2^*	**2** : 1

846 $N = 846 = 2 \cdot 3^2 \cdot 47$ (3 isogeny classes)

	a_1	a_2	a_3	a_4	a_6	r	$|T|$	s	ord(Δ)	ord$_-(j)$	c_p	Kodaira	Isogenies
A1	1	−1	0	−135	−707	0	2	−	8,8,1	8,2,1	2,4,1	I_8,I_2^*,I_1	**2** : 2
A2	1	−1	0	−2295	−41747	0	2	+	4,7,2	4,1,2	2,2,2	I_4,I_1^*,I_2	**2** : 1
B1	1	−1	0	3	17	1	2	−	2,6,1	2,0,1	2,4,1	I_2,I_0^*,I_1	**2** : 2
B2	1	−1	0	−87	323	1	2	+	1,6,2	1,0,2	1,2,2	I_1,I_0^*,I_2	**2** : 1
C1	1	−1	0	522	2164	1	2	−	12,10,1	12,4,1	2,4,1	I_{12},I_4^*,I_1	**2** : 2
C2	1	−1	0	−2358	20020	1	4	+	6,14,2	6,8,2	2,4,2	I_6,I_8^*,I_2	**2** : 1,3,4
C3	1	−1	0	−19278	−1012100	1	2	+	3,22,1	3,16,1	1,4,1	I_3,I_{16}^*,I_1	**2** : 2
C4	1	−1	0	−31518	2160364	1	2	+	3,10,4	3,4,4	1,2,4	I_3,I_4^*,I_4	**2** : 2

847 $N = 847 = 7 \cdot 11^2$ (3 isogeny classes)

	a_1	a_2	a_3	a_4	a_6	r	$|T|$	s	ord(Δ)	ord$_-(j)$	c_p	Kodaira	Isogenies
A1	0	1	1	−10809	−436166	0	1	−	2,7	2,1	2,4	I_2,I_1^*	**3** : 2
A2	0	1	1	−5969	−822761	0	1	−	6,9	6,3	2,4	I_6,I_3^*	**3** : 1,3
A3	0	1	1	53321	21262764	0	1	−	2,15	2,9	2,4	I_2,I_9^*	**3** : 2
B1	0	0	1	242	−333	1	1	−	2,7	2,1	2,4	I_2,I_1^*	

TABLE 1: ELLIPTIC CURVES 847C–851A

	a_1	a_2	a_3	a_4	a_6	r	$|T|$	s	ord(Δ)	ord$_-(j)$	c_p	Kodaira	Isogenies

847
$N = 847 = 7 \cdot 11^2$ (continued)

	a_1	a_2	a_3	a_4	a_6	r	$|T|$	s	ord(Δ)	ord$_-(j)$	c_p	Kodaira	Isogenies
C1	1	1	1	421	-12440	1	2	$-$	3,8	3,2	3,4	I_3,I_2^*	2 : 2
C2	1	1	1	-6234	-177484	1	2	$+$	6,7	6,1	6,4	I_6,I_1^*	2 : 1

848
$N = 848 = 2^4 \cdot 53$ (7 isogeny classes)

	a_1	a_2	a_3	a_4	a_6	r	$|T|$	s	ord(Δ)	ord$_-(j)$	c_p	Kodaira	Isogenies
A1	0	1	0	-120	-556	0	1	$-$	16,1	4,1	2,1	I_8^*,I_1	
B1	0	-1	0	-4528	150464	0	1	$-$	36,1	24,1	2,1	I_{28}^*,I_1	3 : 2
B2	0	-1	0	-393648	95194048	0	1	$-$	20,3	8,3	2,1	I_{12}^*,I_3	3 : 1
C1	0	-1	0	16	-64	0	1	$-$	15,1	3,1	2,1	I_7^*,I_1	3 : 2
C2	0	-1	0	-144	1856	0	1	$-$	13,3	1,3	2,1	I_5^*,I_3	3 : 1
D1	0	1	0	-12	40	0	2	$-$	8,2	0,2	1,2	I_0^*,I_2	2 : 2
D2	0	1	0	-17	22	0	2	$+$	4,1	0,1	1,1	II,I_1	2 : 1
E1	0	0	0	5	-22	0	1	$-$	12,1	0,1	2,1	I_4^*,I_1	
F1	0	1	0	-4	-8	1	1	$-$	8,1	0,1	1,1	I_0^*,I_1	
G1	0	1	0	-440	3412	1	1	$-$	17,1	5,1	4,1	I_9^*,I_1	

849
$N = 849 = 3 \cdot 283$ (1 isogeny class)

	a_1	a_2	a_3	a_4	a_6	r	$|T|$	s	ord(Δ)	ord$_-(j)$	c_p	Kodaira	Isogenies
A1	1	1	1	5	-4	1	1	$-$	4,1	4,1	2,1	I_4,I_1	

850
$N = 850 = 2 \cdot 5^2 \cdot 17$ (12 isogeny classes)

	a_1	a_2	a_3	a_4	a_6	r	$|T|$	s	ord(Δ)	ord$_-(j)$	c_p	Kodaira	Isogenies
A1	1	1	0	9975	-114875	0	1	$-$	21,9,1	21,3,1	1,2,1	I_{21},I_3^*,I_1	3 : 2
A2	1	1	0	-166025	-26946875	0	1	$-$	7,15,3	7,9,3	1,2,3	I_7,I_9^*,I_3	3 : 1
B1	1	1	0	-75	125	0	2	$+$	6,6,1	6,0,1	2,2,1	I_6,I_0^*,I_1	2 : 2; 3 : 3
B2	1	1	0	-1075	13125	0	2	$+$	3,6,2	3,0,2	1,2,2	I_3,I_0^*,I_2	2 : 1; 3 : 4
B3	1	1	0	-2575	-51375	0	2	$+$	2,6,3	2,0,3	2,2,3	I_2,I_0^*,I_3	2 : 4; 3 : 1
B4	1	1	0	-2825	-41125	0	2	$+$	1,6,6	1,0,6	1,2,6	I_1,I_0^*,I_6	2 : 3; 3 : 2
C1	1	0	1	-451	4798	1	1	$-$	7,9,1	7,0,1	1,2,1	I_7,III^*,I_1	
D1	1	0	1	33924	-387702	1	1	$-$	4,8,7	4,0,7	2,1,7	I_4,IV^*,I_7	
E1	1	-1	0	8	16	1	1	$-$	4,4,1	4,0,1	2,3,1	I_4,IV,I_1	
F1	1	1	1	1357	-2559	0	1	$-$	4,2,7	4,0,7	4,1,1	I_4,II,I_7	
G1	1	1	1	-188	781	0	2	$+$	4,8,1	4,2,1	4,2,1	I_4,I_2^*,I_1	2 : 2
G2	1	1	1	312	4781	0	2	$-$	2,10,2	2,4,2	2,4,2	I_2,I_4^*,I_2	2 : 1
H1	1	1	1	-63838	6181531	0	2	$+$	8,8,3	8,2,3	8,2,1	I_8,I_2^*,I_3	2 : 2; 3 : 3
H2	1	1	1	-61838	6589531	0	2	$-$	4,10,6	4,4,6	4,4,2	I_4,I_4^*,I_6	2 : 1; 3 : 4
H3	1	1	1	-104213	-2590469	0	2	$+$	24,12,1	24,6,1	24,2,1	I_{24},I_6^*,I_1	2 : 4; 3 : 1
H4	1	1	1	407787	-19998469	0	2	$-$	12,18,2	12,12,2	12,4,2	I_{12},I_{12}^*,I_2	2 : 3; 3 : 2
I1	1	-1	1	195	2197	0	1	$-$	4,10,1	4,0,1	4,1,1	I_4,II^*,I_1	
J1	1	-1	1	-255	-1503	0	1	$-$	1,7,1	1,1,1	1,2,1	I_1,I_1^*,I_1	
K1	1	1	1	-63	781	1	1	$-$	3,9,1	3,3,1	3,4,1	I_3,I_3^*,I_1	3 : 2
K2	1	1	1	562	-20469	1	1	$-$	9,7,3	9,1,3	9,4,3	I_9,I_1^*,I_3	3 : 1
L1	1	1	1	-18	31	1	1	$-$	7,3,1	7,0,1	7,2,1	I_7,III,I_1	

851
$N = 851 = 23 \cdot 37$ (1 isogeny class)

	a_1	a_2	a_3	a_4	a_6	r	$|T|$	s	ord(Δ)	ord$_-(j)$	c_p	Kodaira	Isogenies
A1	0	1	1	-28	48	1	1	$+$	2,1	2,1	2,1	I_2,I_1	

TABLE 1: ELLIPTIC CURVES 854A–858G

	a_1	a_2	a_3	a_4	a_6	r	$|T|$	s	ord(Δ)	ord$_-(j)$	c_p	Kodaira	Isogenies

854 $N = 854 = 2 \cdot 7 \cdot 61$ (4 isogeny classes)

	a_1	a_2	a_3	a_4	a_6	r	$|T|$	s	ord(Δ)	ord$_-(j)$	c_p	Kodaira	Isogenies
A1	1	0	1	-722	7396	1	1	+	10,3,1	10,3,1	2,1,1	I_{10},I_3,I_1	
B1	1	0	1	-2706	53940	1	3	+	4,1,1	4,1,1	2,1,1	I_4,I_1,I_1	**3**:2
B2	1	0	1	-2801	49924	1	3	+	12,3,3	12,3,3	2,3,3	I_{12},I_3,I_3	**3**:1,3
B3	1	0	1	-56176	-5122754	1	1	+	36,1,1	36,1,1	2,1,1	I_{36},I_1,I_1	**3**:2
C1	1	1	1	-13	3	1	1	+	8,1,1	8,1,1	8,1,1	I_8,I_1,I_1	
D1	1	1	1	-399	1237	1	1	+	6,7,1	6,7,1	6,7,1	I_6,I_7,I_1	

855 $N = 855 = 3^2 \cdot 5 \cdot 19$ (3 isogeny classes)

	a_1	a_2	a_3	a_4	a_6	r	$|T|$	s	ord(Δ)	ord$_-(j)$	c_p	Kodaira	Isogenies
A1	1	-1	1	202	4956	0	2	$-$	14,3,1	8,3,1	4,1,1	I_8^*,I_3,I_1	**2**:2
A2	1	-1	1	-3443	73482	0	4	+	10,6,2	4,6,2	4,2,2	I_4^*,I_6,I_2	**2**:1,3,4
A3	1	-1	1	-11138	-363594	0	2	+	8,12,1	2,12,1	4,2,1	I_2^*,I_{12},I_1	**2**:2
A4	1	-1	1	-54068	4852482	0	2	+	8,3,4	2,3,4	2,1,2	I_2^*,I_3,I_4	**2**:2
B1	1	-1	1	13	474	1	2	$-$	7,3,2	1,3,2	2,3,2	I_1^*,I_3,I_2	**2**:2
B2	1	-1	1	-842	9366	1	2	+	8,6,1	2,6,1	4,6,1	I_2^*,I_6,I_1	**2**:1
C1	1	-1	0	171	0	0	2	$-$	11,1,2	5,1,2	4,1,2	I_5^*,I_1,I_2	**2**:2
C2	1	-1	0	-684	513	0	2	+	16,2,1	10,2,1	4,2,1	I_{10}^*,I_2,I_1	**2**:1

856 $N = 856 = 2^3 \cdot 107$ (4 isogeny classes)

	a_1	a_2	a_3	a_4	a_6	r	$|T|$	s	ord(Δ)	ord$_-(j)$	c_p	Kodaira	Isogenies
A1	0	1	0	-3	2	1	1	$-$	4,1	0,1	2,1	III,I_1	
B1	0	1	0	0	-16	1	1	$-$	10,1	0,1	2,1	III*,I_1	
C1	0	-1	0	-28	68	1	1	$-$	8,1	0,1	4,1	I_1^*,I_1	
D1	0	-1	0	-432	-3316	1	1	$-$	11,1	0,1	1,1	II*,I_1	

858 $N = 858 = 2 \cdot 3 \cdot 11 \cdot 13$ (13 isogeny classes)

	a_1	a_2	a_3	a_4	a_6	r	$|T|$	s	ord(Δ)	ord$_-(j)$	c_p	Kodaira	Isogenies
A1	1	1	0	6	-108	0	2	$-$	12,2,1,1	12,2,1,1	2,2,1,1	I_{12},I_2,I_1,I_1	**2**:2
A2	1	1	0	-314	-2220	0	4	+	6,4,2,2	6,4,2,2	2,2,2,2	I_6,I_4,I_2,I_2	**2**:1,3,4
A3	1	1	0	-4994	-137940	0	2	+	3,2,4,1	3,2,4,1	1,2,4,1	I_3,I_2,I_4,I_1	**2**:2
A4	1	1	0	-754	4732	0	2	+	3,8,1,4	3,8,1,4	1,2,1,2	I_3,I_8,I_1,I_4	**2**:2
B1	1	0	1	359	1916	1	6	$-$	8,6,1,3	8,6,1,3	2,6,1,3	I_8,I_6,I_1,I_3	**2**:2;**3**:3
B2	1	0	1	-1801	16604	1	6	+	4,3,2,6	4,3,2,6	2,3,2,6	I_4,I_3,I_2,I_6	**2**:1;**3**:4
B3	1	0	1	-3736	-117658	1	2	$-$	24,2,3,1	24,2,3,1	2,2,1,1	I_{24},I_2,I_3,I_1	**2**:4;**3**:1
B4	1	0	1	-65176	-6409114	1	2	+	12,1,6,2	12,1,6,2	2,1,2,2	I_{12},I_1,I_6,I_2	**2**:3;**3**:2
C1	1	0	1	-7	-10	0	2	$-$	2,1,2,1	2,1,2,1	2,1,2,1	I_2,I_1,I_2,I_1	**2**:2
C2	1	0	1	-117	-494	0	2	+	1,2,1,2	1,2,1,2	1,2,1,2	I_1,I_2,I_1,I_2	**2**:1
D1	1	0	1	-103987	12897998	0	3	$-$	13,6,3,1	13,6,3,1	1,6,3,1	I_{13},I_6,I_3,I_1	**3**:2
D2	1	0	1	-80722	18827108	0	1	$-$	39,2,1,3	39,2,1,3	1,2,1,3	I_{39},I_2,I_1,I_3	**3**:1
E1	1	1	1	-1067	12953	0	4	+	12,3,1,2	12,3,1,2	12,1,1,2	I_{12},I_3,I_1,I_2	**2**:2
E2	1	1	1	-1387	4121	0	4	+	6,6,2,4	6,6,2,4	6,2,2,2	I_6,I_6,I_2,I_4	**2**:1,3,4
E3	1	1	1	-13267	-589879	0	2	+	3,3,1,8	3,3,1,8	3,1,1,2	I_3,I_3,I_1,I_8	**2**:2
E4	1	1	1	5373	39273	0	2	$-$	3,12,4,2	3,12,4,2	3,2,2,2	I_3,I_{12},I_4,I_2	**2**:2
F1	1	1	1	-572	118685	1	1	$-$	11,6,1,5	11,6,1,5	11,2,1,5	I_{11},I_6,I_1,I_5	
G1	1	1	1	-46	107	1	1	$-$	9,2,1,1	9,2,1,1	9,2,1,1	I_9,I_2,I_1,I_1	

TABLE 1: ELLIPTIC CURVES 858H–864H

	a_1	a_2	a_3	a_4	a_6	r	$|T|$	s	ord(Δ)	ord$_-(j)$	c_p	Kodaira	Isogenies

858 $N = 858 = 2 \cdot 3 \cdot 11 \cdot 13$ (continued)   **858**

	a_1	a_2	a_3	a_4	a_6	r	$|T|$	s	ord(Δ)	ord$_-(j)$	c_p	Kodaira	Isogenies
H1	1	1	1	−154	791	0	4	−	4,3,4,1	4,3,4,1	4,1,4,1	I_4,I_3,I_4,I_1	2:2
H2	1	1	1	−2574	49191	0	4	+	2,6,2,2	2,6,2,2	2,2,2,2	I_2,I_6,I_2,I_2	2:1,3,4
H3	1	1	1	−2684	44615	0	2	+	1,12,1,4	1,12,1,4	1,2,1,4	I_1,I_{12},I_1,I_4	2:2
H4	1	1	1	−41184	3199767	0	2	+	1,3,1,1	1,3,1,1	1,1,1,1	I_1,I_3,I_1,I_1	2:2
I1	1	1	1	−2301	−43629	0	2	−	16,6,1,1	16,6,1,1	16,2,1,1	I_{16},I_6,I_1,I_1	2:2
I2	1	1	1	−36861	−2739309	0	2	+	8,3,2,2	8,3,2,2	8,1,2,2	I_8,I_3,I_2,I_2	2:1
J1	1	0	0	13	−39	0	3	−	3,6,1,1	3,6,1,1	3,6,1,1	I_3,I_6,I_1,I_1	3:2
J2	1	0	0	−617	−5961	0	1	−	1,2,3,3	1,2,3,3	1,2,1,3	I_1,I_2,I_3,I_3	3:1
K1	1	0	0	−5774401	5346023177	0	7	−	7,14,7,3	7,14,7,3	7,14,7,1	I_7,I_{14},I_7,I_3	7:2
K2	1	0	0	16353089	−335543012233	0	1	−	1,2,1,21	1,2,1,21	1,2,1,1	I_1,I_2,I_1,I_{21}	7:1
L1	1	0	0	−332	−6000	0	2	−	14,1,2,3	14,1,2,3	14,1,2,1	I_{14},I_1,I_2,I_3	2:2
L2	1	0	0	−7372	−243952	0	2	+	7,2,1,6	7,2,1,6	7,2,1,2	I_7,I_2,I_1,I_6	2:1
M1	1	0	0	−1	−7	0	2	−	4,2,1,1	4,2,1,1	4,2,1,1	I_4,I_2,I_1,I_1	2:2
M2	1	0	0	−61	−187	0	2	+	2,1,2,2	2,1,2,2	2,1,2,2	I_2,I_1,I_2,I_2	2:1

861 $N = 861 = 3 \cdot 7 \cdot 41$ (4 isogeny classes)   **861**

	a_1	a_2	a_3	a_4	a_6	r	$|T|$	s	ord(Δ)	ord$_-(j)$	c_p	Kodaira	Isogenies
A1	1	1	1	3	−6	0	2	−	4,1,1	4,1,1	2,1,1	I_4,I_1,I_1	2:2
A2	1	1	1	−42	−114	0	4	+	2,2,2	2,2,2	2,2,2	I_2,I_2,I_2	2:1,3,4
A3	1	1	1	−657	−6756	0	2	+	1,4,1	1,4,1	1,4,1	I_1,I_4,I_1	2:2
A4	1	1	1	−147	516	0	2	+	1,1,4	1,1,4	1,1,2	I_1,I_1,I_4	2:2
B1	1	0	1	706	−64375	1	1	−	17,3,1	17,3,1	17,1,1	I_{17},I_3,I_1	
C1	1	0	0	2941	18606	1	1	−	7,1,5	7,1,5	7,1,5	I_7,I_1,I_5	
D1	1	0	0	−7	14	1	1	−	5,1,1	5,1,1	5,1,1	I_5,I_1,I_1	

862 $N = 862 = 2 \cdot 431$ (6 isogeny classes)   **862**

	a_1	a_2	a_3	a_4	a_6	r	$|T|$	s	ord(Δ)	ord$_-(j)$	c_p	Kodaira	Isogenies
A1	1	0	1	1	−2	1	1	−	2,1	2,1	2,1	I_2,I_1	
B1	1	−1	0	−70	244	1	1	−	6,1	6,1	2,1	I_6,I_1	
C1	1	−1	1	6	−7	0	2	−	6,1	6,1	6,1	I_6,I_1	2:2
C2	1	−1	1	−34	−39	0	2	+	3,2	3,2	3,2	I_3,I_2	2:1
D1	1	0	0	8	64	0	3	−	12,1	12,1	12,1	I_{12},I_1	3:2
D2	1	0	0	−72	−1744	0	1	−	4,3	4,3	4,1	I_4,I_3	3:1
E1	1	1	1	−2460	45949	1	5	−	20,1	20,1	20,1	I_{20},I_1	5:2
E2	1	1	1	15380	−102531	1	1	−	4,5	4,5	4,5	I_4,I_5	5:1
F1	1	1	1	−2	15	1	1	−	8,1	8,1	8,1	I_8,I_1	

864 $N = 864 = 2^5 \cdot 3^3$ (12 isogeny classes)   **864**

	a_1	a_2	a_3	a_4	a_6	r	$|T|$	s	ord(Δ)	ord$_-(j)$	c_p	Kodaira	Isogenies
A1	0	0	0	−3	6	1	1	−	9,3	0,0	2,1	I_0^*,II	
B1	0	0	0	−24	48	1	1	−	12,3	0,0	2,1	III^*,II	
C1	0	0	0	24	−16	1	1	−	12,5	0,0	2,3	III^*,IV	
D1	0	0	0	−3	−6	0	1	−	9,3	0,0	1,1	I_0^*,II	
E1	0	0	0	216	−432	0	1	−	12,11	0,0	2,1	III^*,II^*	
F1	0	0	0	−24	−48	0	1	−	12,3	0,0	2,1	III^*,II	
G1	0	0	0	−27	162	0	1	−	9,9	0,0	1,1	I_0^*,IV^*	
H1	0	0	0	216	432	0	1	−	12,11	0,0	2,1	III^*,II^*	

TABLE 1: ELLIPTIC CURVES 864I–870D

	a_1 a_2 a_3	a_4	a_6	r	$|T|$	s	ord(Δ)	ord$_-(j)$	c_p	Kodaira	Isogenies

864 $N = 864 = 2^5 \cdot 3^3$ (continued)

	a_1 a_2 a_3	a_4	a_6	r	$|T|$	s	ord(Δ)	ord$_-(j)$	c_p	Kodaira	Isogenies
I1	0 0 0	-216	-1296	0	1	$-$	12, 9	0, 0	2, 1	III*,IV*	
J1	0 0 0	-27	-162	1	1	$-$	9, 9	0, 0	2, 3	I_0^*,IV*	
K1	0 0 0	24	16	1	1	$-$	12, 5	0, 0	2, 1	III*,IV	
L1	0 0 0	-216	1296	1	1	$-$	12, 9	0, 0	2, 3	III*,IV*	

866 $N = 866 = 2 \cdot 433$ (1 isogeny class)

	a_1 a_2 a_3	a_4	a_6	r	$|T|$	s	ord(Δ)	ord$_-(j)$	c_p	Kodaira	Isogenies
A1	1 0 0	-8	64	1	3	$-$	12, 1	12, 1	12, 1	I_{12},I_1	3 : 2
A2	1 0 0	72	-1712	1	1	$-$	4, 3	4, 3	4, 3	I_4,I_3	3 : 1

867 $N = 867 = 3 \cdot 17^2$ (5 isogeny classes)

	a_1 a_2 a_3	a_4	a_6	r	$|T|$	s	ord(Δ)	ord$_-(j)$	c_p	Kodaira	Isogenies
A1	0 -1 1	193	-5023	1	1	$-$	3, 7	3, 1	1, 4	I_3,I_1^*	3 : 2
A2	0 -1 1	-17147	-859018	1	1	$-$	1, 9	1, 3	1, 4	I_1,I_3^*	3 : 1
B1	1 1 1	-23	20	1	2	$+$	4, 3	4, 0	2, 2	I_4,III	2 : 2
B2	1 1 1	62	224	1	2	$-$	8, 3	8, 0	2, 2	I_8,III	2 : 1
C1	0 -1 1	1638	-13693	1	1	$-$	1, 9	1, 0	1, 2	I_1,III*	5 : 2
C2	0 -1 1	-244012	-46313805	1	1	$-$	5, 9	5, 0	1, 2	I_5,III*	5 : 1
D1	1 0 0	-6653	145704	0	2	$+$	4, 9	4, 0	4, 2	I_4,III*	2 : 2
D2	1 0 0	17912	976001	0	2	$-$	8, 9	8, 0	8, 2	I_8,III*	2 : 1
E1	0 1 1	6	-1	0	1	$-$	1, 3	1, 0	1, 2	I_1,III	5 : 2
E2	0 1 1	-844	-9725	0	1	$-$	5, 3	5, 0	5, 2	I_5,III	5 : 1

869 $N = 869 = 11 \cdot 79$ (4 isogeny classes)

	a_1 a_2 a_3	a_4	a_6	r	$|T|$	s	ord(Δ)	ord$_-(j)$	c_p	Kodaira	Isogenies
A1	1 0 1	-138	609	1	1	$+$	2, 1	2, 1	2, 1	I_2,I_1	
B1	0 1 1	10	-2	1	1	$-$	1, 2	1, 2	1, 2	I_1,I_2	
C1	1 0 0	-2	-5	0	2	$-$	2, 1	2, 1	2, 1	I_2,I_1	2 : 2
C2	1 0 0	-57	-170	0	2	$+$	1, 2	1, 2	1, 2	I_1,I_2	2 : 1
D1	1 1 0	-512	4237	1	1	$+$	2, 3	2, 3	2, 3	I_2,I_3	

870 $N = 870 = 2 \cdot 3 \cdot 5 \cdot 29$ (9 isogeny classes)

	a_1 a_2 a_3	a_4	a_6	r	$|T|$	s	ord(Δ)	ord$_-(j)$	c_p	Kodaira	Isogenies
A1	1 1 0	-87	261	1	2	$+$	4, 4, 3, 1	4, 4, 3, 1	2, 2, 3, 1	I_4,I_4,I_3,I_1	2 : 2
A2	1 1 0	-267	-1431	1	4	$+$	2, 2, 6, 2	2, 2, 6, 2	2, 2, 6, 2	I_2,I_2,I_6,I_2	2 : 1, 3, 4
A3	1 1 0	-4017	-99681	1	2	$+$	1, 1, 3, 4	1, 1, 3, 4	1, 1, 3, 4	I_1,I_1,I_3,I_4	2 : 2
A4	1 1 0	603	-7869	1	2	$-$	1, 1, 12, 1	1, 1, 12, 1	1, 1, 12, 1	I_1,I_1,I_{12},I_1	2 : 2
B1	1 0 1	-2829	55816	1	6	$+$	10, 6, 1, 3	10, 6, 1, 3	2, 6, 1, 3	I_{10},I_6,I_1,I_3	2 : 2; 3 : 3
B2	1 0 1	-7149	-156728	1	6	$+$	5, 3, 2, 6	5, 3, 2, 6	1, 3, 2, 6	I_5,I_3,I_2,I_6	2 : 1; 3 : 4
B3	1 0 1	-32844	-2275958	1	2	$+$	30, 2, 3, 1	30, 2, 3, 1	2, 2, 1, 1	I_{30},I_2,I_3,I_1	2 : 4; 3 : 1
B4	1 0 1	-524364	-146193014	1	2	$+$	15, 1, 6, 2	15, 1, 6, 2	1, 1, 2, 2	I_{15},I_1,I_6,I_2	2 : 3; 3 : 2
C1	1 0 1	-58	56	1	6	$+$	2, 6, 3, 1	2, 6, 3, 1	2, 6, 3, 1	I_2,I_6,I_3,I_1	2 : 2; 3 : 3
C2	1 0 1	212	488	1	6	$-$	1, 3, 6, 2	1, 3, 6, 2	1, 3, 6, 2	I_1,I_3,I_6,I_2	2 : 1; 3 : 4
C3	1 0 1	-2533	-49264	1	2	$+$	6, 2, 1, 3	6, 2, 1, 3	2, 2, 1, 1	I_6,I_2,I_1,I_3	2 : 4; 3 : 1
C4	1 0 1	-2413	-54112	1	2	$-$	3, 1, 2, 6	3, 1, 2, 6	1, 1, 2, 2	I_3,I_1,I_2,I_6	2 : 3; 3 : 2
D1	1 0 1	-113	-124	0	2	$+$	16, 2, 1, 1	16, 2, 1, 1	2, 2, 1, 1	I_{16},I_2,I_1,I_1	2 : 2
D2	1 0 1	-1393	-20092	0	4	$+$	8, 4, 2, 2	8, 4, 2, 2	2, 4, 2, 2	I_8,I_4,I_2,I_2	2 : 1, 3, 4
D3	1 0 1	-22273	-1281244	0	2	$+$	4, 2, 4, 1	4, 2, 4, 1	2, 2, 4, 1	I_4,I_2,I_4,I_1	2 : 2
D4	1 0 1	-993	-31772	0	4	$-$	4, 8, 1, 4	4, 8, 1, 4	2, 8, 1, 4	I_4,I_8,I_1,I_4	2 : 2

TABLE 1: ELLIPTIC CURVES 870E–876B

	$a_1\ a_2\ a_3$	a_4	a_6	r	$|T|$	s	$\text{ord}(\Delta)$	$\text{ord}_-(j)$	c_p	Kodaira	Isogenies

870 $N = 870 = 2 \cdot 3 \cdot 5 \cdot 29$ (continued)

	$a_1\ a_2\ a_3$	a_4	a_6	r	$|T|$	s	$\text{ord}(\Delta)$	$\text{ord}_-(j)$	c_p	Kodaira	Isogenies
E1	1 1 1	-11	-7	1	2	+	6,2,1,1	6,2,1,1	6,2,1,1	I_6,I_2,I_1,I_1	**2 : 2**
E2	1 1 1	-131	-631	1	2	+	3,1,2,2	3,1,2,2	3,1,2,2	I_3,I_1,I_2,I_2	**2 : 1**
F1	1 1 1	-1760	27137	1	2	+	14,2,5,1	14,2,5,1	14,2,5,1	I_{14},I_2,I_5,I_1	**2 : 2**
F2	1 1 1	160	85505	1	2	$-$	7,1,10,2	7,1,10,2	7,1,10,2	I_7,I_1,I_{10},I_2	**2 : 1**
G1	1 1 1	-250	1415	0	4	+	8,4,1,1	8,4,1,1	8,2,1,1	I_8,I_4,I_1,I_1	**2 : 2**
G2	1 1 1	-330	327	0	4	+	4,8,2,2	4,8,2,2	4,2,2,2	I_4,I_8,I_2,I_2	**2 : 1,3,4**
G3	1 1 1	-3230	-71593	0	2	+	2,16,1,1	2,16,1,1	2,2,1,1	I_2,I_{16},I_1,I_1	**2 : 2**
G4	1 1 1	1290	4215	0	4	$-$	2,4,4,4	2,4,4,4	2,2,4,4	I_2,I_4,I_4,I_4	**2 : 2**
H1	1 0 0	-5	-3	0	2	+	2,2,1,1	2,2,1,1	2,2,1,1	I_2,I_2,I_1,I_1	**2 : 2**
H2	1 0 0	-35	75	0	2	+	1,1,2,2	1,1,2,2	1,1,2,2	I_1,I_1,I_2,I_2	**2 : 1**
I1	1 0 0	-4480	-25600	0	10	+	10,10,5,1	10,10,5,1	10,10,5,1	I_{10},I_{10},I_5,I_1	**2 : 2; 5 : 3**
I2	1 0 0	-43360	3450272	0	10	+	5,5,10,2	5,5,10,2	5,5,10,2	I_5,I_5,I_{10},I_2	**2 : 1; 5 : 4**
I3	1 0 0	-2136580	-1202240020	0	2	+	2,2,1,5	2,2,1,5	2,2,1,1	I_2,I_2,I_1,I_5	**2 : 4; 5 : 1**
I4	1 0 0	-2136610	-1202204578	0	2	+	1,1,2,10	1,1,2,10	1,1,2,2	I_1,I_1,I_2,I_{10}	**2 : 3; 5 : 2**

871 $N = 871 = 13 \cdot 67$ (1 isogeny class)

	$a_1\ a_2\ a_3$	a_4	a_6	r	$|T|$	s	$\text{ord}(\Delta)$	$\text{ord}_-(j)$	c_p	Kodaira	Isogenies
A1	0 -1 1	-42	139	0	1	$-$	4,1	4,1	2,1	I_4,I_1	

872 $N = 872 = 2^3 \cdot 109$ (1 isogeny class)

	$a_1\ a_2\ a_3$	a_4	a_6	r	$|T|$	s	$\text{ord}(\Delta)$	$\text{ord}_-(j)$	c_p	Kodaira	Isogenies
A1	0 1 0	0	16	1	1	$-$	10,1	0,1	2,1	III^*,I_1	

873 $N = 873 = 3^2 \cdot 97$ (4 isogeny classes)

	$a_1\ a_2\ a_3$	a_4	a_6	r	$|T|$	s	$\text{ord}(\Delta)$	$\text{ord}_-(j)$	c_p	Kodaira	Isogenies
A1	1 -1 0	-27	-32	0	2	+	8,1	2,1	4,1	I_2^*,I_1	**2 : 2**
A2	1 -1 0	-162	805	0	2	+	7,2	1,2	2,2	I_1^*,I_2	**2 : 1**
B1	1 -1 0	-1476	-21461	1	2	+	10,1	4,1	4,1	I_4^*,I_1	**2 : 2**
B2	1 -1 0	-1521	-20048	1	4	+	14,2	8,2	4,2	I_8^*,I_2	**2 : 1,3,4**
B3	1 -1 0	-5886	153679	1	2	+	22,1	16,1	4,1	I_{16}^*,I_1	**2 : 2**
B4	1 -1 0	2124	-103883	1	2	$-$	10,4	4,4	2,4	I_4^*,I_4	**2 : 2**
C1	0 0 1	-19569	-4064513	1	1	$-$	29,1	23,1	4,1	I_{23}^*,I_1	
D1	0 0 1	-3	22	1	1	$-$	7,1	1,1	4,1	I_1^*,I_1	

874 $N = 874 = 2 \cdot 19 \cdot 23$ (6 isogeny classes)

	$a_1\ a_2\ a_3$	a_4	a_6	r	$|T|$	s	$\text{ord}(\Delta)$	$\text{ord}_-(j)$	c_p	Kodaira	Isogenies
A1	1 -1 0	-19	-13	0	1	+	1,3,1	1,3,1	1,1,1	I_1,I_3,I_1	
B1	1 -1 0	-13189	575701	0	1	+	25,3,1	25,3,1	1,1,1	I_{25},I_3,I_1	
C1	1 1 0	-38	76	1	1	+	3,1,1	3,1,1	1,1,1	I_3,I_1,I_1	
D1	1 0 0	-12	-16	1	1	+	5,1,1	5,1,1	5,1,1	I_5,I_1,I_1	
E1	1 1 1	-410	903	1	5	+	5,1,5	5,1,5	5,1,5	I_5,I_1,I_5	**5 : 2**
E2	1 1 1	-142320	-20724857	1	1	+	1,5,1	1,5,1	1,1,1	I_1,I_5,I_1	**5 : 1**
F1	1 0 0	-7929	-270343	0	3	+	21,1,3	21,1,3	21,1,3	I_{21},I_1,I_3	**3 : 2**
F2	1 0 0	-640889	-197533063	0	1	+	7,3,1	7,3,1	7,3,1	I_7,I_3,I_1	**3 : 1**

876 $N = 876 = 2^2 \cdot 3 \cdot 73$ (2 isogeny classes)

	$a_1\ a_2\ a_3$	a_4	a_6	r	$|T|$	s	$\text{ord}(\Delta)$	$\text{ord}_-(j)$	c_p	Kodaira	Isogenies
A1	0 -1 0	-48885	4176513	1	1	$-$	8,11,1	0,11,1	1,1,1	IV^*,I_{11},I_1	
B1	0 1 0	-61	191	1	1	$-$	8,5,1	0,5,1	3,5,1	IV^*,I_5,I_1	

TABLE 1: ELLIPTIC CURVES 880A–882G

	a_1	a_2	a_3	a_4	a_6	r	$|T|$	s	ord(Δ)	ord$_-(j)$	c_p	Kodaira	Isogenies
880				$N = 880 = 2^4 \cdot 5 \cdot 11$				(10 isogeny classes)					
A1	0	0	0	2	3	1	2	−	4,2,1	0,2,1	1,2,1	II,I_2,I_1	**2** : 2
A2	0	0	0	−23	38	1	2	+	8,1,2	0,1,2	2,1,2	I_0^*,I_1,I_2	**2** : 1
B1	0	0	0	−38	87	0	2	+	4,3,2	0,3,2	1,1,2	II,I_3,I_2	**2** : 2
B2	0	0	0	17	318	0	2	−	8,6,1	0,6,1	2,2,1	I_0^*,I_6,I_1	**2** : 1
C1	0	0	0	−5042	−137801	1	2	+	4,3,2	0,3,2	1,3,2	II,I_3,I_2	**2** : 2
C2	0	0	0	−5047	−137514	1	4	+	8,6,4	0,6,4	2,6,4	I_0^*,I_6,I_4	**2** : 1,3,4
C3	0	0	0	−7547	12986	1	4	+	10,3,8	0,3,8	4,3,8	I_2^*,I_3,I_8	**2** : 2
C4	0	0	0	−2627	−269646	1	4	−	10,12,2	0,12,2	2,12,2	I_2^*,I_{12},I_2	**2** : 2
D1	0	0	0	−67	226	1	1	−	11,3,1	0,3,1	4,3,1	I_3^*,I_3,I_1	
E1	0	−1	0	−1416	−20240	0	1	−	19,1,3	7,1,3	2,1,1	I_{11}^*,I_1,I_3	**3** : 2
E2	0	−1	0	4744	−108944	0	1	−	33,3,1	21,3,1	2,1,1	I_{25}^*,I_3,I_1	**3** : 1
F1	0	−1	0	−16	−64	1	1	−	15,1,1	3,1,1	4,1,1	I_7^*,I_1,I_1	**3** : 2
F2	0	−1	0	144	1600	1	1	−	13,3,3	1,3,3	4,1,3	I_5^*,I_3,I_3	**3** : 1
G1	0	1	0	160	3188	1	1	−	17,5,1	5,5,1	4,5,1	I_9^*,I_5,I_1	**5** : 2
G2	0	1	0	−95040	11245748	1	1	−	13,1,5	1,1,5	4,1,1	I_5^*,I_1,I_5	**5** : 1
H1	0	1	0	−5	−2	1	2	+	4,1,2	0,1,2	1,1,2	II,I_1,I_2	**2** : 2
H2	0	1	0	−60	−200	1	2	+	8,2,1	0,2,1	1,2,1	I_0^*,I_2,I_1	**2** : 1
I1	0	0	0	13	−14	0	2	−	12,1,1	0,1,1	4,1,1	I_4^*,I_1,I_1	**2** : 2
I2	0	0	0	−67	−126	0	4	+	12,2,2	0,2,2	4,2,2	I_4^*,I_2,I_2	**2** : 1,3,4
I3	0	0	0	−947	−11214	0	2	+	12,4,1	0,4,1	2,4,1	I_4^*,I_4,I_1	**2** : 2
I4	0	0	0	−467	3794	0	4	+	12,1,4	0,1,4	4,1,4	I_4^*,I_1,I_4	**2** : 2
J1	0	−1	0	−45	−100	0	2	+	4,3,2	0,3,2	1,3,2	II,I_3,I_2	**2** : 2; **3** : 3
J2	0	−1	0	−100	252	0	2	+	8,6,1	0,6,1	1,6,1	I_0^*,I_6,I_1	**2** : 1; **3** : 4
J3	0	−1	0	−445	3720	0	2	+	4,1,6	0,1,6	1,1,6	II,I_1,I_6	**2** : 4; **3** : 1
J4	0	−1	0	−7100	232652	0	2	+	8,2,3	0,2,3	1,2,3	I_0^*,I_2,I_3	**2** : 3; **3** : 2
882				$N = 882 = 2 \cdot 3^2 \cdot 7^2$				(12 isogeny classes)					
A1	1	−1	0	−4566	119916	1	3	−	3,3,8	3,0,0	1,2,3	I_3,III,IV*	**3** : 2
A2	1	−1	0	579	366533	1	1	−	9,9,8	9,0,0	1,2,3	I_9,III*,IV*	**3** : 1
B1	1	−1	0	−93	−323	0	1	−	3,3,2	3,0,0	1,2,1	I_3,III,II	**3** : 2
B2	1	−1	0	12	−1072	0	1	−	9,9,2	9,0,0	1,2,1	I_9,III*,II	**3** : 1
C1	1	−1	0	−450	−8366	0	1	−	1,7,8	1,1,0	1,2,1	I_1,I_1^*,IV*	**7** : 2
C2	1	−1	0	−62190	6208852	0	1	−	7,13,8	7,7,0	1,2,1	I_7,I_7^*,IV*	**7** : 1
D1	1	−1	0	−9	27	1	1	−	1,7,2	1,1,0	1,4,1	I_1,I_1^*,II	**7** : 2
D2	1	−1	0	−1269	−17739	1	1	−	7,13,2	7,7,0	1,4,1	I_7,I_7^*,II	**7** : 1
E1	1	−1	0	−1773	63909	1	2	−	8,8,7	8,2,1	2,2,4	I_8,I_2^*,I_1^*	**2** : 2
E2	1	−1	0	−37053	2752245	1	4	+	4,10,8	4,4,2	2,4,4	I_4,I_4^*,I_2^*	**2** : 1,3,4
E3	1	−1	0	−45873	1349865	1	4	+	2,14,10	2,8,4	2,4,4	I_2,I_8^*,I_4^*	**2** : 2,5,6
E4	1	−1	0	−592713	175784769	1	2	+	2,8,7	2,2,1	2,4,2	I_2,I_2^*,I_1^*	**2** : 2
E5	1	−1	0	−403083	−97454421	1	2	+	1,10,14	1,4,8	1,2,4	I_1,I_4^*,I_8^*	**2** : 3
E6	1	−1	0	170217	10295991	1	2	−	1,22,8	1,16,2	1,4,2	I_1,I_{16}^*,I_2^*	**2** : 3
F1	1	−1	1	64	−13597	0	3	−	9,3,8	9,0,0	9,2,3	I_9,III,IV*	**3** : 2
F2	1	−1	1	−41096	−3196637	0	1	−	3,9,8	3,0,0	3,2,3	I_3,III*,IV*	**3** : 1
G1	1	−1	1	1	39	1	1	−	9,3,2	9,0,0	9,2,1	I_9,III,II	**3** : 2
G2	1	−1	1	−839	9559	1	1	−	3,9,2	3,0,0	3,2,1	I_3,III*,II	**3** : 1

TABLE 1: ELLIPTIC CURVES 882H–888D

	a_1 a_2 a_3	a_4	a_6	r	$|T|$	s	ord(Δ)	ord$_-(j)$	c_p	Kodaira	Isogenies

882 $N = 882 = 2 \cdot 3^2 \cdot 7^2$ (continued)   **882**

	a_1 a_2 a_3	a_4	a_6	r	$|T|$	s	ord(Δ)	ord$_-(j)$	c_p	Kodaira	Isogenies
H1	1 −1 1	211	1397	1	1	−	5, 9, 4	5, 3, 0	5, 4, 3	I_5, I_3^*, IV	**3** : 2
H2	1 −1 1	−6404	199847	1	3	−	15, 7, 4	15, 1, 0	15, 4, 3	I_{15}, I_1^*, IV	**3** : 1
I1	1 −1 1	−230	2769	0	2	−	2, 6, 7	2, 0, 1	2, 2, 2	I_2, I_0^*, I_1^*	**2** : 2; **3** : 3
I2	1 −1 1	−4640	122721	0	2	+	1, 6, 8	1, 0, 2	1, 2, 4	I_1, I_0^*, I_2^*	**2** : 1; **3** : 4
I3	1 −1 1	1975	−57207	0	2	−	6, 6, 9	6, 0, 3	6, 2, 2	I_6, I_0^*, I_3^*	**2** : 4; **3** : 1, 5
I4	1 −1 1	−15665	−614631	0	2	+	3, 6, 12	3, 0, 6	3, 2, 4	I_3, I_0^*, I_6^*	**2** : 3; **3** : 2, 6
I5	1 −1 1	−75200	−7941405	0	2	−	18, 6, 7	18, 0, 1	18, 2, 2	I_{18}, I_0^*, I_1^*	**2** : 6; **3** : 3
I6	1 −1 1	−1204160	−508296477	0	2	+	9, 6, 8	9, 0, 2	9, 2, 4	I_9, I_0^*, I_2^*	**2** : 5; **3** : 4
J1	1 −1 1	10354	−499971	0	1	−	5, 9, 10	5, 3, 0	5, 2, 1	I_5, I_3^*, II^*	**3** : 2
J2	1 −1 1	−313781	−67920051	0	1	−	15, 7, 10	15, 1, 0	15, 2, 1	I_{15}, I_1^*, II^*	**3** : 1
K1	1 −1 1	22	−871	0	2	−	4, 10, 3	4, 4, 0	4, 2, 2	I_4, I_4^*, III	**2** : 2
K2	1 −1 1	−1238	−15991	0	2	+	2, 14, 3	2, 8, 0	2, 4, 2	I_2, I_8^*, III	**2** : 1
L1	1 −1 1	1093	296475	0	2	−	4, 10, 9	4, 4, 0	4, 2, 2	I_4, I_4^*, III^*	**2** : 2
L2	1 −1 1	−60647	5606115	0	2	+	2, 14, 9	2, 8, 0	2, 4, 2	I_2, I_8^*, III^*	**2** : 1

885 $N = 885 = 3 \cdot 5 \cdot 59$ (4 isogeny classes)   **885**

	a_1 a_2 a_3	a_4	a_6	r	$|T|$	s	ord(Δ)	ord$_-(j)$	c_p	Kodaira	Isogenies
A1	0 −1 1	−126	587	0	1	+	7, 1, 1	7, 1, 1	1, 1, 1	I_7, I_1, I_1	
B1	1 1 0	−92	−381	1	2	+	1, 2, 1	1, 2, 1	1, 2, 1	I_1, I_2, I_1	**2** : 2
B2	1 1 0	−97	−344	1	4	+	2, 4, 2	2, 4, 2	2, 4, 2	I_2, I_4, I_2	**2** : 1, 3, 4
B3	1 1 0	−472	3481	1	4	+	1, 2, 4	1, 2, 4	1, 2, 4	I_1, I_2, I_4	**2** : 2
B4	1 1 0	198	−1701	1	2	−	4, 8, 1	4, 8, 1	2, 8, 1	I_4, I_8, I_1	**2** : 2
C1	0 1 1	−5	−4	1	1	+	3, 1, 1	3, 1, 1	3, 1, 1	I_3, I_1, I_1	
D1	0 1 1	−280	1684	1	5	+	5, 5, 1	5, 5, 1	5, 5, 1	I_5, I_5, I_1	**5** : 2
D2	0 1 1	−19330	−1040876	1	1	+	1, 1, 5	1, 1, 5	1, 1, 1	I_1, I_1, I_5	**5** : 1

886 $N = 886 = 2 \cdot 443$ (5 isogeny classes)   **886**

	a_1 a_2 a_3	a_4	a_6	r	$|T|$	s	ord(Δ)	ord$_-(j)$	c_p	Kodaira	Isogenies
A1	1 −1 0	−14	24	1	1	+	2, 1	2, 1	2, 1	I_2, I_1	
B1	1 0 1	−1203	15950	1	1	−	9, 1	9, 1	1, 1	I_9, I_1	
C1	1 1 0	−283	−1635	0	1	+	20, 1	20, 1	2, 1	I_{20}, I_1	
D1	1 −1 1	−241390	45705725	1	1	+	38, 1	38, 1	38, 1	I_{38}, I_1	
E1	1 −1 1	−4	7	1	1	−	5, 1	5, 1	5, 1	I_5, I_1	

888 $N = 888 = 2^3 \cdot 3 \cdot 37$ (4 isogeny classes)   **888**

	a_1 a_2 a_3	a_4	a_6	r	$|T|$	s	ord(Δ)	ord$_-(j)$	c_p	Kodaira	Isogenies
A1	0 −1 0	−200	−1044	0	1	−	11, 5, 1	0, 5, 1	1, 1, 1	II^*, I_5, I_1	
B1	0 1 0	−39	−18	1	4	+	4, 8, 1	0, 8, 1	2, 8, 1	III, I_8, I_1	**2** : 2
B2	0 1 0	−444	−3744	1	4	+	8, 4, 2	0, 4, 2	2, 4, 2	I_1^*, I_4, I_2	**2** : 1, 3, 4
B3	0 1 0	−7104	−232848	1	2	+	10, 2, 1	0, 2, 1	2, 2, 1	III^*, I_2, I_1	**2** : 2
B4	0 1 0	−264	−6624	1	4	−	10, 2, 4	0, 2, 4	2, 2, 4	III^*, I_2, I_4	**2** : 2
C1	0 −1 0	−3	−36	1	2	−	4, 3, 2	0, 3, 2	2, 1, 2	III, I_3, I_2	**2** : 2
C2	0 −1 0	−188	−924	1	2	+	8, 6, 1	0, 6, 1	4, 2, 1	I_1^*, I_6, I_1	**2** : 1
D1	0 1 0	−11	−18	0	2	+	4, 2, 1	0, 2, 1	2, 2, 1	III, I_2, I_1	**2** : 2
D2	0 1 0	4	−48	0	2	−	8, 1, 2	0, 1, 2	4, 1, 2	I_1^*, I_1, I_2	**2** : 1

	a_1	a_2	a_3	a_4	a_6	r	$|T|$	s	ord(Δ)	ord$_-(j)$	c_p	Kodaira	Isogenies
890				$N = 890 = 2 \cdot 5 \cdot 89$					(8 isogeny classes)				**890**
A1	1	−1	0	−5	1	1	2	+	2,2,1	2,2,1	2,2,1	I_2,I_2,I_1	**2 : 2**
A2	1	−1	0	−55	171	1	2	+	1,1,2	1,1,2	1,1,2	I_1,I_1,I_2	**2 : 1**
B1	1	0	1	−9	−4	1	2	+	4,2,1	4,2,1	2,2,1	I_4,I_2,I_1	**2 : 2**
B2	1	0	1	−109	−444	1	2	+	2,1,2	2,1,2	2,1,2	I_2,I_1,I_2	**2 : 1**
C1	1	1	0	−418	3072	0	2	+	2,8,1	2,8,1	2,2,1	I_2,I_8,I_1	**2 : 2**
C2	1	1	0	−6668	206822	0	2	+	1,4,2	1,4,2	1,2,2	I_1,I_4,I_2	**2 : 1**
D1	1	0	1	−13	16	1	1	−	3,1,1	3,1,1	1,1,1	I_3,I_1,I_1	
E1	1	0	1	−1138	−14844	1	2	+	12,4,1	12,4,1	2,4,1	I_{12},I_4,I_1	**2 : 2**
E2	1	0	1	−818	−23292	1	2	−	6,8,2	6,8,2	2,8,2	I_6,I_8,I_2	**2 : 1**
F1	1	−1	1	12	87	1	1	−	13,1,1	13,1,1	13,1,1	I_{13},I_1,I_1	
G1	1	1	1	10	147	1	5	−	5,5,1	5,5,1	5,5,1	I_5,I_5,I_1	**5 : 2**
G2	1	1	1	−2040	−38093	1	1	−	1,1,5	1,1,5	1,1,1	I_1,I_1,I_5	**5 : 1**
H1	1	−1	1	−52	151	0	4	+	8,2,1	8,2,1	8,2,1	I_8,I_2,I_1	**2 : 2**
H2	1	−1	1	−132	−361	0	4	+	4,4,2	4,4,2	4,4,2	I_4,I_4,I_2	**2 : 1,3,4**
H3	1	−1	1	−1912	−31689	0	2	+	2,8,1	2,8,1	2,8,1	I_2,I_8,I_1	**2 : 2**
H4	1	−1	1	368	−2761	0	4	−	2,2,4	2,2,4	2,2,4	I_2,I_2,I_4	**2 : 2**
891				$N = 891 = 3^4 \cdot 11$					(8 isogeny classes)				**891**
A1	1	−1	1	7	10	1	1	−	6,2	0,2	1,2	IV,I_2	
B1	0	0	1	6	−15	0	3	−	4,3	0,3	1,3	II,I_3	**3 : 2**
B2	0	0	1	−324	−2248	0	1	−	12,1	0,1	1,1	II*,I_1	**3 : 1**
C1	1	−1	0	66	−343	0	1	−	12,2	0,2	1,2	II*,I_2	
D1	1	−1	0	−339	2492	0	1	−	12,1	0,1	1,1	II*,I_1	**7 : 2**
D2	1	−1	0	876	−154729	0	1	−	12,7	0,7	1,7	II*,I_7	**7 : 1**
E1	0	0	1	−81	−304	0	1	−	12,1	0,1	1,1	II*,I_1	
F1	0	0	1	−36	83	0	3	−	6,1	0,1	3,1	IV,I_1	**3 : 2**
F2	0	0	1	54	398	0	1	−	10,3	0,3	1,1	IV*,I_3	**3 : 1**
G1	1	−1	1	−38	−80	0	1	−	6,1	0,1	1,1	IV,I_1	**7 : 2**
G2	1	−1	1	97	5698	0	1	−	6,7	0,7	1,1	IV,I_7	**7 : 1**
H1	0	0	1	−9	11	0	1	−	6,1	0,1	1,1	IV,I_1	
892				$N = 892 = 2^2 \cdot 223$					(3 isogeny classes)				**892**
A1	0	0	0	−415	3254	0	1	+	8,1	0,1	1,1	IV*,I_1	
B1	0	1	0	−188	932	1	3	+	8,1	0,1	3,1	IV*,I_1	**3 : 2**
B2	0	1	0	−388	−1580	1	1	+	8,3	0,3	1,3	IV*,I_3	**3 : 1**
C1	0	−1	0	−12	−8	1	1	+	8,1	0,1	3,1	IV*,I_1	
894				$N = 894 = 2 \cdot 3 \cdot 149$					(7 isogeny classes)				**894**
A1	1	1	0	−18630	971028	1	1	−	13,8,1	13,8,1	1,2,1	I_{13},I_8,I_1	
B1	1	1	0	−59	−201	1	1	+	1,5,1	1,5,1	1,1,1	I_1,I_5,I_1	
C1	1	0	1	−407	−268	0	3	+	1,15,1	1,15,1	1,15,1	I_1,I_{15},I_1	**3 : 2**
C2	1	0	1	−23492	−1387798	0	1	+	3,5,3	3,5,3	1,5,1	I_3,I_5,I_3	**3 : 1**
D1	1	0	1	−13	−16	1	1	+	3,3,1	3,3,1	1,3,1	I_3,I_3,I_1	
E1	1	1	1	−38	−15325	1	1	−	23,4,1	23,4,1	23,2,1	I_{23},I_4,I_1	

TABLE 1: ELLIPTIC CURVES 894F–898D

894

$N = 894 = 2 \cdot 3 \cdot 149$ (continued)

	a_1	a_2	a_3	a_4	a_6	r	$|T|$	s	ord(Δ)	ord$_-(j)$	c_p	Kodaira	Isogenies
F1	1	1	1	-42	87	1	1	+	5,1,1	5,1,1	5,1,1	I_5,I_1,I_1	
G1	1	0	0	-247	809	1	1	+	11,7,1	11,7,1	11,7,1	I_{11},I_7,I_1	

895

$N = 895 = 5 \cdot 179$ (2 isogeny classes)

	a_1	a_2	a_3	a_4	a_6	r	$|T|$	s	ord(Δ)	ord$_-(j)$	c_p	Kodaira	Isogenies
A1	1	0	0	-6	5	1	1	+	1,1	1,1	1,1	I_1,I_1	
B1	1	-1	1	-183	352	0	1	+	9,1	9,1	1,1	I_9,I_1	

896

$N = 896 = 2^7 \cdot 7$ (4 isogeny classes)

	a_1	a_2	a_3	a_4	a_6	r	$|T|$	s	ord(Δ)	ord$_-(j)$	c_p	Kodaira	Isogenies
A1	0	0	0	-10	-12	1	2	+	8,1	0,1	2,1	III,I_1	2:2
A2	0	0	0	-20	16	1	2	+	13,2	0,2	2,2	I_2^*,I_2	2:1
B1	0	0	0	-5	2	1	2	+	7,2	0,2	1,2	II,I_2	2:2
B2	0	0	0	-40	-96	1	2	+	14,1	0,1	2,1	III^*,I_1	2:1
C1	0	0	0	-5	-2	0	2	+	7,2	0,2	1,2	II,I_2	2:2
C2	0	0	0	-40	96	0	2	+	14,1	0,1	2,1	III^*,I_1	2:1
D1	0	0	0	-10	12	1	2	+	8,1	0,1	2,1	III,I_1	2:2
D2	0	0	0	-20	-16	1	2	+	13,2	0,2	4,2	I_2^*,I_2	2:1

897

$N = 897 = 3 \cdot 13 \cdot 23$ (6 isogeny classes)

	a_1	a_2	a_3	a_4	a_6	r	$|T|$	s	ord(Δ)	ord$_-(j)$	c_p	Kodaira	Isogenies
A1	1	1	0	-97	5560	0	2	$-$	8,2,3	8,2,3	2,2,1	I_8,I_2,I_3	2:2
A2	1	1	0	-5362	147715	0	2	+	4,1,6	4,1,6	2,1,2	I_4,I_1,I_6	2:1
B1	1	1	1	-52	164	0	4	$-$	2,4,1	2,4,1	2,4,1	I_2,I_4,I_1	2:2
B2	1	1	1	-897	9966	0	4	+	4,2,2	4,2,2	2,2,2	I_4,I_2,I_2	2:1,3,4
B3	1	1	1	-962	8354	0	2	+	8,1,4	8,1,4	2,1,2	I_8,I_1,I_4	2:2
B4	1	1	1	-14352	655806	0	2	+	2,1,1	2,1,1	2,1,1	I_2,I_1,I_1	2:2
C1	1	1	1	-19	-40	1	2	+	1,1,1	1,1,1	1,1,1	I_1,I_1,I_1	2:2
C2	1	1	1	-24	-24	1	4	+	2,2,2	2,2,2	2,2,2	I_2,I_2,I_2	2:1,3,4
C3	1	1	1	-219	1146	1	4	+	1,1,4	1,1,4	1,1,4	I_1,I_1,I_4	2:2
C4	1	1	1	91	-70	1	2	$-$	4,4,1	4,4,1	2,4,1	I_4,I_4,I_1	2:2
D1	1	0	1	130884	-59725523	1	2	$-$	12,10,1	12,10,1	12,10,1	I_{12},I_{10},I_1	2:2
D2	1	0	1	-1725581	-795628249	1	2	+	24,5,2	24,5,2	24,5,2	I_{24},I_5,I_2	2:1
E1	1	0	0	-19602	1069443	1	4	$-$	20,2,1	20,2,1	20,2,1	I_{20},I_2,I_1	2:2
E2	1	0	0	-314847	67971960	1	4	+	10,4,2	10,4,2	10,4,2	I_{10},I_4,I_2	2:1,3,4
E3	1	0	0	-316062	67420593	1	2	+	5,8,4	5,8,4	5,8,2	I_5,I_8,I_4	2:2
E4	1	0	0	-5037552	4351465395	1	2	+	5,2,1	5,2,1	5,2,1	I_5,I_2,I_1	2:2
F1	1	0	0	0	-9	1	2	$-$	2,2,1	2,2,1	2,2,1	I_2,I_2,I_1	2:2
F2	1	0	0	-65	-204	1	2	+	4,1,2	4,1,2	4,1,2	I_4,I_1,I_2	2:1

898

$N = 898 = 2 \cdot 449$ (4 isogeny classes)

	a_1	a_2	a_3	a_4	a_6	r	$|T|$	s	ord(Δ)	ord$_-(j)$	c_p	Kodaira	Isogenies
A1	1	0	1	-202	1084	1	1	+	7,1	7,1	1,1	I_7,I_1	
B1	1	1	0	-451	3789	0	1	$-$	21,1	21,1	1,1	I_{21},I_1	
C1	1	1	1	-12	-19	0	2	+	6,1	6,1	6,1	I_6,I_1	2:2
C2	1	1	1	-52	109	0	2	+	3,2	3,2	3,2	I_3,I_2	2:1
D1	1	1	1	-4	-3	1	1	+	3,1	3,1	3,1	I_3,I_1	

TABLE 1: ELLIPTIC CURVES 899A–903A

	a_1	a_2	a_3	a_4	a_6	r	$\|T\|$	s	ord(Δ)	ord$_-(j)$	c_p	Kodaira	Isogenies

899 $N = 899 = 29 \cdot 31$ (2 isogeny classes)

	a_1	a_2	a_3	a_4	a_6	r	$\|T\|$	s	ord(Δ)	ord$_-(j)$	c_p	Kodaira	Isogenies
A1	1	0	1	-3	-1	1	1	$+$	1,1	1,1	1,1	I_1,I_1	
B1	0	1	1	-2	1	0	1	$-$	1,1	1,1	1,1	I_1,I_1	

900 $N = 900 = 2^2 \cdot 3^2 \cdot 5^2$ (8 isogeny classes)

	a_1	a_2	a_3	a_4	a_6	r	$\|T\|$	s	ord(Δ)	ord$_-(j)$	c_p	Kodaira	Isogenies
A1	0	0	0	0	12500	0	1	$-$	8,3,10	0,0,0	1,2,1	IV*,III,II*	**3** : 2
A2	0	0	0	0	-337500	0	1	$-$	8,9,10	0,0,0	3,2,1	IV*,III*,II*	**3** : 1
B1	0	0	0	0	125	0	2	$-$	4,3,6	0,0,0	1,2,2	IV,III,I_0^*	**2** : 2; **3** : 3
B2	0	0	0	-375	2750	0	2	$+$	8,3,6	0,0,0	1,2,2	IV*,III,I_0^*	**2** : 1; **3** : 4
B3	0	0	0	0	-3375	0	2	$-$	4,9,6	0,0,0	3,2,2	IV,III*,I_0^*	**2** : 4; **3** : 1
B4	0	0	0	-3375	-74250	0	2	$+$	8,9,6	0,0,0	3,2,2	IV*,III*,I_0^*	**2** : 3; **3** : 2
C1	0	0	0	0	100	1	3	$-$	8,3,4	0,0,0	3,2,3	IV*,III,IV	**3** : 2
C2	0	0	0	0	-2700	1	1	$-$	8,9,4	0,0,0	1,2,1	IV*,III*,IV	**3** : 1
D1	0	0	0	-120	740	1	1	$-$	8,9,2	0,3,0	3,4,1	IV*,I_3^*,II	**3** : 2
D2	0	0	0	-10920	439220	1	1	$-$	8,7,2	0,1,0	1,4,1	IV*,I_1^*,II	**3** : 1
E1	0	0	0	-300	-1375	1	2	$+$	4,6,7	0,0,1	3,2,4	IV,I_0^*,I_1^*	**2** : 2; **3** : 3
E2	0	0	0	825	-9250	1	2	$-$	8,6,8	0,0,2	3,2,4	IV*,I_0^*,I_2^*	**2** : 1; **3** : 4
E3	0	0	0	-9300	345125	1	2	$+$	4,6,9	0,0,3	1,2,4	IV,I_0^*,I_3^*	**2** : 4; **3** : 1
E4	0	0	0	-8175	431750	1	2	$-$	8,6,12	0,0,6	1,2,4	IV*,I_0^*,I_6^*	**2** : 3; **3** : 2
F1	0	0	0	-3000	92500	0	1	$-$	8,9,8	0,3,0	1,2,1	IV*,I_3^*,IV*	**3** : 2
F2	0	0	0	-273000	54902500	0	3	$-$	8,7,8	0,1,0	3,2,3	IV*,I_1^*,IV*	**3** : 1
G1	0	0	0	-3000	-59375	0	2	$+$	4,8,9	0,2,0	3,2,2	IV,I_2^*,III*	**2** : 2
G2	0	0	0	2625	-256250	0	2	$-$	8,10,9	0,4,0	3,4,2	IV*,I_4^*,III*	**2** : 1
H1	0	0	0	-120	-475	0	2	$+$	4,8,3	0,2,0	1,2,2	IV,I_2^*,III	**2** : 2
H2	0	0	0	105	-2050	0	2	$-$	8,10,3	0,4,0	1,4,2	IV*,I_4^*,III	**2** : 1

901 $N = 901 = 17 \cdot 53$ (6 isogeny classes)

	a_1	a_2	a_3	a_4	a_6	r	$\|T\|$	s	ord(Δ)	ord$_-(j)$	c_p	Kodaira	Isogenies
A1	1	-1	1	-85	-220	1	2	$+$	3,2	3,2	1,2	I_3,I_2	**2** : 2
A2	1	-1	1	180	-1492	1	2	$-$	6,1	6,1	2,1	I_6,I_1	**2** : 1
B1	1	1	1	-29598	1947602	1	2	$+$	5,2	5,2	1,2	I_5,I_2	**2** : 2
B2	1	1	1	-29863	1910608	1	2	$+$	10,1	10,1	2,1	I_{10},I_1	**2** : 1
C1	0	1	1	-17	7	0	3	$+$	3,1	3,1	3,1	I_3,I_1	**3** : 2
C2	0	1	1	-697	-7320	0	1	$+$	1,3	1,3	1,1	I_1,I_3	**3** : 1
D1	1	-1	1	-346	-68922	0	1	$-$	3,5	3,5	3,1	I_3,I_5	
E1	0	0	1	-1507	4209	1	1	$+$	5,3	5,3	5,3	I_5,I_3	
F1	0	-1	1	-4	-2	1	1	$+$	1,1	1,1	1,1	I_1,I_1	

902 $N = 902 = 2 \cdot 11 \cdot 41$ (2 isogeny classes)

	a_1	a_2	a_3	a_4	a_6	r	$\|T\|$	s	ord(Δ)	ord$_-(j)$	c_p	Kodaira	Isogenies
A1	1	0	1	-2382	77312	1	1	$-$	18,5,1	18,5,1	2,1,1	I_{18},I_5,I_1	
B1	1	0	0	-64	192	0	3	$-$	6,1,1	6,1,1	6,1,1	I_6,I_1,I_1	**3** : 2
B2	1	0	0	76	892	0	1	$-$	2,3,3	2,3,3	2,1,1	I_2,I_3,I_3	**3** : 1

903 $N = 903 = 3 \cdot 7 \cdot 43$ (2 isogeny classes)

	a_1	a_2	a_3	a_4	a_6	r	$\|T\|$	s	ord(Δ)	ord$_-(j)$	c_p	Kodaira	Isogenies
A1	0	1	1	7	2	1	1	$-$	2,2,1	2,2,1	2,2,1	I_2,I_2,I_1	

TABLE 1: ELLIPTIC CURVES 903B–910D

	$a_1\ a_2\ a_3$	a_4	a_6	r	$|T|$	s	ord(Δ)	ord$_-(j)$	c_p	Kodaira	Isogenies

903 $N = 903 = 3 \cdot 7 \cdot 43$ (continued)

	$a_1\ a_2\ a_3$	a_4	a_6	r	$|T|$	s	ord(Δ)	ord$_-(j)$	c_p	Kodaira	Isogenies
B1	0 1 1	-43	-43484	0	3	$-$	18,2,1	18,2,1	18,2,1	I_{18},I_2,I_1	3 : 2
B2	0 1 1	-94813	-11269355	0	3	$-$	6,6,3	6,6,3	6,6,3	I_6,I_6,I_3	3 : 1, 3
B3	0 1 1	-7680013	-8194581338	0	1	$-$	2,2,1	2,2,1	2,2,1	I_2,I_2,I_1	3 : 2

904 $N = 904 = 2^3 \cdot 113$ (1 isogeny class)

	$a_1\ a_2\ a_3$	a_4	a_6	r	$|T|$	s	ord(Δ)	ord$_-(j)$	c_p	Kodaira	Isogenies
A1	0 0 0	-35	78	1	2	$+$	10,1	0,1	2,1	III^*,I_1	2 : 2
A2	0 0 0	5	246	1	2	$-$	11,2	0,2	1,2	II^*,I_2	2 : 1

905 $N = 905 = 5 \cdot 181$ (2 isogeny classes)

	$a_1\ a_2\ a_3$	a_4	a_6	r	$|T|$	s	ord(Δ)	ord$_-(j)$	c_p	Kodaira	Isogenies
A1	1 1 0	-18	23	1	2	$+$	1,1	1,1	1,1	I_1,I_1	2 : 2
A2	1 1 0	-13	42	1	2	$-$	2,2	2,2	2,2	I_2,I_2	2 : 1
B1	1 0 1	-388	-2969	0	1	$-$	5,1	5,1	5,1	I_5,I_1	

906 $N = 906 = 2 \cdot 3 \cdot 151$ (9 isogeny classes)

	$a_1\ a_2\ a_3$	a_4	a_6	r	$|T|$	s	ord(Δ)	ord$_-(j)$	c_p	Kodaira	Isogenies
A1	1 1 0	3395	-211907	1	1	$-$	26,7,1	26,7,1	2,1,1	I_{26},I_7,I_1	
B1	1 1 0	-16	-32	1	1	$+$	5,1,1	5,1,1	1,1,1	I_5,I_1,I_1	
C1	1 0 1	54	64	1	3	$-$	2,9,1	2,9,1	2,9,1	I_2,I_9,I_1	3 : 2
C2	1 0 1	-621	-7064	1	3	$-$	6,3,3	6,3,3	2,3,3	I_6,I_3,I_3	3 : 1, 3
C3	1 0 1	-52716	-4662998	1	1	$-$	18,1,1	18,1,1	2,1,1	I_{18},I_1,I_1	3 : 2
D1	1 0 1	-1715	27182	1	3	$+$	5,3,1	5,3,1	1,3,1	I_5,I_3,I_1	3 : 2
D2	1 0 1	-1970	18500	1	1	$+$	15,1,3	15,1,3	1,1,3	I_{15},I_1,I_3	3 : 1
E1	1 1 1	-40466325	99063769563	0	1	$+$	5,7,1	5,7,1	5,1,1	I_5,I_7,I_1	
F1	1 1 1	-11	-19	0	1	$-$	2,1,1	2,1,1	2,1,1	I_2,I_1,I_1	
G1	1 1 1	-21	-45	1	1	$+$	3,3,1	3,3,1	3,1,1	I_3,I_3,I_1	
H1	1 0 0	-152	576	1	1	$+$	11,5,1	11,5,1	11,5,1	I_{11},I_5,I_1	
I1	1 0 0	-6	-6	0	1	$+$	1,1,1	1,1,1	1,1,1	I_1,I_1,I_1	

909 $N = 909 = 3^2 \cdot 101$ (3 isogeny classes)

	$a_1\ a_2\ a_3$	a_4	a_6	r	$|T|$	s	ord(Δ)	ord$_-(j)$	c_p	Kodaira	Isogenies
A1	0 0 1	-1776	3834	0	1	$+$	20,1	14,1	2,1	I_{14}^*,I_1	
B1	0 0 1	-57	-117	0	1	$+$	10,1	4,1	2,1	I_4^*,I_1	
C1	0 0 1	-12	9	1	1	$+$	6,1	0,1	2,1	I_0^*,I_1	

910 $N = 910 = 2 \cdot 5 \cdot 7 \cdot 13$ (11 isogeny classes)

	$a_1\ a_2\ a_3$	a_4	a_6	r	$|T|$	s	ord(Δ)	ord$_-(j)$	c_p	Kodaira	Isogenies
A1	1 -1 0	-2000	32000	0	2	$+$	20,3,2,1	20,3,2,1	2,1,2,1	I_{20},I_3,I_2,I_1	2 : 2
A2	1 -1 0	-7120	-194304	0	4	$+$	10,6,4,2	10,6,4,2	2,2,4,2	I_{10},I_6,I_4,I_2	2 : 1, 3, 4
A3	1 -1 0	-109040	-13831200	0	2	$+$	5,12,2,1	5,12,2,1	1,2,2,1	I_5,I_{12},I_2,I_1	2 : 2
A4	1 -1 0	12880	-1102304	0	2	$-$	5,3,8,4	5,3,8,4	1,1,8,2	I_5,I_3,I_8,I_4	2 : 2
B1	1 0 1	6	42	1	3	$-$	1,2,1,3	1,2,1,3	1,2,1,3	I_1,I_2,I_1,I_3	3 : 2
B2	1 0 1	-59	-1154	1	1	$-$	3,6,3,1	3,6,3,1	1,2,3,1	I_3,I_6,I_3,I_1	3 : 1
C1	1 0 1	-234	1352	1	6	$+$	2,1,2,3	2,1,2,3	2,1,2,3	I_2,I_1,I_2,I_3	2 : 2; 3 : 3
C2	1 0 1	-304	456	1	6	$+$	1,2,1,6	1,2,1,6	1,2,1,6	I_1,I_2,I_1,I_6	2 : 1; 3 : 4
C3	1 0 1	-949	-9984	1	2	$+$	6,3,6,1	6,3,6,1	2,1,6,1	I_6,I_3,I_6,I_1	2 : 4; 3 : 1
C4	1 0 1	-14669	-685008	1	2	$+$	3,6,3,2	3,6,3,2	1,2,3,2	I_3,I_6,I_3,I_2	2 : 3; 3 : 2
D1	1 -1 0	-29	-47	1	2	$+$	2,3,2,1	2,3,2,1	2,3,2,1	I_2,I_3,I_2,I_1	2 : 2
D2	1 -1 0	41	-285	1	2	$-$	1,6,1,2	1,6,1,2	1,6,1,2	I_1,I_6,I_1,I_2	2 : 1

TABLE 1: ELLIPTIC CURVES 910E–912J

910

$N = 910 = 2 \cdot 5 \cdot 7 \cdot 13$ (continued)

	$a_1\ a_2\ a_3$	a_4	a_6	r	$|T|$	s	ord(Δ)	ord$_-(j)$	c_p	Kodaira	Isogenies
E1	1 0 1	-578448	183565278	0	3	$-$	7,18,3,1	7,18,3,1	1,18,3,1	I_7,I_{18},I_3,I_1	3 : 2
E2	1 0 1	3562177	-168122222	0	3	$-$	21,6,9,3	21,6,9,3	1,6,9,3	I_{21},I_6,I_9,I_3	3 : 1, 3
E3	1 0 1	-50503198	-146507820272	0	1	$-$	63,2,3,1	63,2,3,1	1,2,3,1	I_{63},I_2,I_3,I_1	3 : 2
F1	1 -1 1	-33898	2219177	1	2	$+$	22,1,2,5	22,1,2,5	22,1,2,5	I_{22},I_1,I_2,I_5	2 : 2
F2	1 -1 1	37782	10304681	1	2	$-$	11,2,1,10	11,2,1,10	11,2,1,10	I_{11},I_2,I_1,I_{10}	2 : 1
G1	1 -1 1	-33	81	1	1	$-$	5,2,1,1	5,2,1,1	5,2,1,1	I_5,I_2,I_1,I_1	
H1	1 1 1	-196	5829	1	1	$-$	17,2,3,1	17,2,3,1	17,2,3,1	I_{17},I_2,I_3,I_1	
I1	1 1 1	-6	-1	0	2	$+$	2,1,2,1	2,1,2,1	2,1,2,1	I_2,I_1,I_2,I_1	2 : 2
I2	1 1 1	-76	223	0	2	$+$	1,2,1,2	1,2,1,2	1,2,1,2	I_1,I_2,I_1,I_2	2 : 1
J1	1 0 0	-1196	15760	0	6	$+$	18,1,2,1	18,1,2,1	18,1,2,1	I_{18},I_1,I_2,I_1	2 : 2; 3 : 3
J2	1 0 0	-19116	1015696	0	6	$+$	9,2,1,2	9,2,1,2	9,2,1,2	I_9,I_2,I_1,I_2	2 : 1; 3 : 4
J3	1 0 0	-6636	-196784	0	6	$+$	6,3,6,3	6,3,6,3	6,1,6,3	I_6,I_3,I_6,I_3	2 : 4; 3 : 1, 5
J4	1 0 0	-20356	876120	0	6	$+$	3,6,3,6	3,6,3,6	3,2,3,6	I_3,I_6,I_3,I_6	2 : 3; 3 : 2, 6
J5	1 0 0	-528976	-148126020	0	2	$+$	2,9,2,1	2,9,2,1	2,1,2,1	I_2,I_9,I_2,I_1	2 : 6; 3 : 3
J6	1 0 0	-529046	-148084874	0	2	$+$	1,18,1,2	1,18,1,2	1,2,1,2	I_1,I_{18},I_1,I_2	2 : 5; 3 : 4
K1	1 0 0	-1145	12025	1	2	$+$	14,5,2,1	14,5,2,1	14,5,2,1	I_{14},I_5,I_2,I_1	2 : 2
K2	1 0 0	-5625	-151943	1	2	$+$	7,10,1,2	7,10,1,2	7,10,1,2	I_7,I_{10},I_1,I_2	2 : 1

912

$N = 912 = 2^4 \cdot 3 \cdot 19$ (12 isogeny classes)

	$a_1\ a_2\ a_3$	a_4	a_6	r	$|T|$	s	ord(Δ)	ord$_-(j)$	c_p	Kodaira	Isogenies
A1	0 -1 0	-57	-171	1	1	$-$	8,6,1	0,6,1	1,2,1	I_0^*,I_6,I_1	
B1	0 -1 0	-172	928	0	2	$+$	8,3,1	0,3,1	2,1,1	I_0^*,I_3,I_1	2 : 2
B2	0 -1 0	-192	720	0	4	$+$	10,6,2	0,6,2	4,2,2	I_2^*,I_6,I_2	2 : 1, 3, 4
B3	0 -1 0	-1272	-16560	0	2	$+$	11,3,4	0,3,4	2,1,4	I_3^*,I_3,I_4	2 : 2
B4	0 -1 0	568	4368	0	2	$-$	11,12,1	0,12,1	4,2,1	I_3^*,I_{12},I_1	2 : 2
C1	0 1 0	55	-93	0	1	$-$	8,2,3	0,2,3	1,2,1	I_0^*,I_2,I_3	
D1	0 1 0	-16	-28	0	2	$+$	10,1,1	0,1,1	4,1,1	I_2^*,I_1,I_1	2 : 2
D2	0 1 0	24	-108	0	2	$-$	11,2,2	0,2,2	2,2,2	I_3^*,I_2,I_2	2 : 1
E1	0 -1 0	-128	0	0	2	$+$	18,3,1	6,3,1	4,1,1	I_{10}^*,I_3,I_1	2 : 2; 3 : 3
E2	0 -1 0	512	-512	0	2	$-$	15,6,2	3,6,2	2,2,2	I_7^*,I_6,I_2	2 : 1; 3 : 4
E3	0 -1 0	-6848	220416	0	2	$+$	14,1,3	2,1,3	4,1,1	I_6^*,I_1,I_3	2 : 4; 3 : 1
E4	0 -1 0	-6688	231040	0	2	$-$	13,2,6	1,2,6	2,2,2	I_5^*,I_2,I_6	2 : 3; 3 : 2
F1	0 -1 0	315	2349	1	1	$-$	12,10,1	0,10,1	1,2,1	II^*,I_{10},I_1	5 : 2
F2	0 -1 0	-70245	7189389	1	1	$-$	12,2,5	0,2,5	1,2,5	II^*,I_2,I_5	5 : 1
G1	0 -1 0	-24	48	1	2	$+$	12,1,1	0,1,1	4,1,1	I_4^*,I_1,I_1	2 : 2
G2	0 -1 0	-104	-336	1	4	$+$	12,2,2	0,2,2	4,2,2	I_4^*,I_2,I_2	2 : 1, 3, 4
G3	0 -1 0	-1624	-24656	1	2	$+$	12,4,1	0,4,1	2,2,1	I_4^*,I_4,I_1	2 : 2
G4	0 -1 0	136	-1872	1	4	$-$	12,1,4	0,1,4	4,1,4	I_4^*,I_1,I_4	2 : 2
H1	0 1 0	-1528	22484	1	2	$+$	14,5,1	2,5,1	4,5,1	I_6^*,I_5,I_1	2 : 2
H2	0 1 0	-1368	27540	1	2	$-$	13,10,2	1,10,2	4,10,2	I_5^*,I_{10},I_2	2 : 1
I1	0 1 0	3	-9	1	1	$-$	8,2,1	0,2,1	2,2,1	I_0^*,I_2,I_1	
J1	0 1 0	3	-18	0	2	$-$	4,3,2	0,3,2	1,3,2	II,I_3,I_2	2 : 2
J2	0 1 0	-92	-360	0	2	$+$	8,6,1	0,6,1	1,6,1	I_0^*,I_6,I_1	2 : 1

TABLE 1: ELLIPTIC CURVES 912K–918F

	a_1	a_2	a_3	a_4	a_6	r	$|T|$	s ord(Δ)	ord$_-(j)$	c_p	Kodaira	Isogenies

912 $N = 912 = 2^4 \cdot 3 \cdot 19$ (continued)

	a_1	a_2	a_3	a_4	a_6	r	$|T|$	s ord(Δ)	ord$_-(j)$	c_p	Kodaira	Isogenies
K1	0	1	0	-5632	144308	0	2	$+$ 32, 3, 1	20, 3, 1	4, 3, 1	I_{24}^*, I_3, I_1	**2 : 2**
K2	0	1	0	-87552	9941940	0	4	$+$ 22, 6, 2	10, 6, 2	4, 6, 2	I_{14}^*, I_6, I_2	**2 : 1, 3, 4**
K3	0	1	0	-1400832	637689780	0	2	$+$ 17, 3, 1	5, 3, 1	4, 3, 1	I_9^*, I_3, I_1	**2 : 2**
K4	0	1	0	-84992	10553268	0	4	$-$ 17, 12, 4	5, 12, 4	2, 12, 4	I_9^*, I_{12}, I_4	**2 : 2**
L1	0	1	0	-37	-109	0	1	$-$ 12, 2, 1	0, 2, 1	1, 2, 1	II^*, I_2, I_1	

913 $N = 913 = 11 \cdot 83$ (2 isogeny classes)

	a_1	a_2	a_3	a_4	a_6	r	$|T|$	s ord(Δ)	ord$_-(j)$	c_p	Kodaira	Isogenies
A1	1	-1	1	-115	-476	0	1	$-$ 5, 1	5, 1	1, 1	I_5, I_1	
B1	0	0	1	-1	13	0	1	$-$ 1, 2	1, 2	1, 2	I_1, I_2	

914 $N = 914 = 2 \cdot 457$ (2 isogeny classes)

	a_1	a_2	a_3	a_4	a_6	r	$|T|$	s ord(Δ)	ord$_-(j)$	c_p	Kodaira	Isogenies
A1	1	-1	0	-52	-48	1	2	$+$ 14, 1	14, 1	2, 1	I_{14}, I_1	**2 : 2**
A2	1	-1	0	-692	-6832	1	2	$+$ 7, 2	7, 2	1, 2	I_7, I_2	**2 : 1**
B1	1	0	1	-2	-2	0	1	$-$ 1, 1	1, 1	1, 1	I_1, I_1	

915 $N = 915 = 3 \cdot 5 \cdot 61$ (4 isogeny classes)

	a_1	a_2	a_3	a_4	a_6	r	$|T|$	s ord(Δ)	ord$_-(j)$	c_p	Kodaira	Isogenies
A1	0	-1	1	-460	-11577	0	1	$-$ 1, 7, 3	1, 7, 3	1, 7, 1	I_1, I_7, I_3	
B1	1	1	0	-57	144	1	2	$+$ 2, 1, 1	2, 1, 1	2, 1, 1	I_2, I_1, I_1	**2 : 2**
B2	1	1	0	-62	111	1	4	$+$ 4, 2, 2	4, 2, 2	2, 2, 2	I_4, I_2, I_2	**2 : 1, 3, 4**
B3	1	1	0	-367	-2756	1	2	$+$ 8, 4, 1	8, 4, 1	2, 4, 1	I_8, I_4, I_1	**2 : 2**
B4	1	1	0	163	966	1	4	$-$ 2, 1, 4	2, 1, 4	2, 1, 4	I_2, I_1, I_4	**2 : 2**
C1	0	1	1	-6	-25	0	1	$-$ 3, 3, 1	3, 3, 1	3, 1, 1	I_3, I_3, I_1	
D1	1	0	0	50	107	1	2	$-$ 3, 3, 2	3, 3, 2	3, 3, 2	I_3, I_3, I_2	**2 : 2**
D2	1	0	0	-255	900	1	2	$+$ 6, 6, 1	6, 6, 1	6, 6, 1	I_6, I_6, I_1	**2 : 1**

916 $N = 916 = 2^2 \cdot 229$ (5 isogeny classes)

	a_1	a_2	a_3	a_4	a_6	r	$|T|$	s ord(Δ)	ord$_-(j)$	c_p	Kodaira	Isogenies
A1	0	0	0	-71	-290	0	2	$-$ 8, 2	0, 2	3, 2	IV^*, I_2	**2 : 2**
A2	0	0	0	-76	-255	0	2	$+$ 4, 1	0, 1	3, 1	IV, I_1	**2 : 1**
B1	0	0	0	-1013692	392832257	0	1	$+$ 4, 1	0, 1	3, 1	IV, I_1	**3 : 1**
C1	0	0	0	-4	1	2	1	$+$ 4, 1	0, 1	3, 1	IV, I_1	
D1	0	1	0	-77	236	1	3	$+$ 4, 1	0, 1	3, 1	IV, I_1	**3 : 2**
D2	0	1	0	-157	-416	1	1	$+$ 4, 3	0, 3	1, 3	IV, I_3	**3 : 1**
E1	0	-1	0	-5	-2	1	1	$+$ 4, 1	0, 1	3, 1	IV, I_1	

918 $N = 918 = 2 \cdot 3^3 \cdot 17$ (12 isogeny classes)

	a_1	a_2	a_3	a_4	a_6	r	$|T|$	s ord(Δ)	ord$_-(j)$	c_p	Kodaira	Isogenies
A1	1	-1	0	-24990	1526804	1	1	$-$ 8, 11, 1	8, 0, 1	2, 1, 1	I_8, II^*, I_1	
B1	1	-1	0	0	-18	1	1	$-$ 1, 5, 2	1, 0, 2	1, 3, 2	I_1, IV, I_2	
C1	1	-1	0	-771	-8875	1	1	$-$ 11, 11, 1	11, 0, 1	1, 1, 1	I_{11}, II^*, I_1	
D1	1	-1	0	-48	-768	0	1	$-$ 15, 3, 2	15, 0, 2	1, 1, 2	I_{15}, II, I_2	**3 : 2**
D2	1	-1	0	432	20448	0	3	$-$ 5, 5, 6	5, 0, 6	1, 3, 6	I_5, IV, I_6	**3 : 1**
E1	1	-1	0	3	-3	1	1	$-$ 3, 3, 1	3, 0, 1	1, 1, 1	I_3, II, I_1	**3 : 2**
E2	1	-1	0	-27	99	1	3	$-$ 1, 5, 3	1, 0, 3	1, 1, 3	I_1, IV, I_3	**3 : 1**
F1	1	-1	0	24	48	1	3	$-$ 4, 3, 3	4, 0, 3	2, 1, 3	I_4, II, I_3	**3 : 2**
F2	1	-1	0	-231	-2179	1	1	$-$ 12, 9, 1	12, 0, 1	2, 3, 1	I_{12}, IV^*, I_1	**3 : 1**

TABLE 1: ELLIPTIC CURVES 918G–925B

	a_1 a_2 a_3	a_4	a_6	r	$|T|$	s	ord(Δ)	ord$_-(j)$	c_p	Kodaira	Isogenies
918			$N = 918 = 2 \cdot 3^3 \cdot 17$			(continued)					**918**
G1	1 −1 1	−26	89	0	3	−	12,3,1	12,0,1	12,1,1	I_{12},II,I_1	**3** : 2
G2	1 −1 1	214	−1511	0	1	−	4,9,3	4,0,3	4,1,1	I_4,IV*,I_3	**3** : 1
H1	1 −1 1	−86	357	1	1	−	11,5,1	11,0,1	11,3,1	I_{11},IV,I_1	
I1	1 −1 1	25	55	1	3	−	3,9,1	3,0,1	3,3,1	I_3,IV*,I_1	**3** : 2
I2	1 −1 1	−245	−2429	1	1	−	1,11,3	1,0,3	1,1,1	I_1,II*,I_3	**3** : 1
J1	1 −1 1	−434	21169	1	3	−	15,9,2	15,0,2	15,3,2	I_{15},IV*,I_2	**3** : 2
J2	1 −1 1	3886	−555983	1	1	−	5,11,6	5,0,6	5,1,2	I_5,II*,I_6	**3** : 1
K1	1 −1 1	−2777	−55623	0	1	−	8,5,1	8,0,1	8,1,1	I_8,IV,I_1	
L1	1 −1 1	−2	487	0	1	−	1,11,2	1,0,2	1,1,2	I_1,II*,I_2	
920			$N = 920 = 2^3 \cdot 5 \cdot 23$			(4 isogeny classes)					**920**
A1	0 0 0	1468	−2844	1	1	−	8,3,5	0,3,5	4,3,5	I_1^*,I_3,I_5	
B1	0 0 0	−187	991	1	1	−	4,6,1	0,6,1	2,6,1	III,I_6,I_1	
C1	0 1 0	4	5	1	1	−	4,2,1	0,2,1	2,2,1	III,I_2,I_1	
D1	0 −1 0	0	−23	1	1	−	4,4,1	0,4,1	2,4,1	III,I_4,I_1	
921			$N = 921 = 3 \cdot 307$			(2 isogeny classes)					**921**
A1	0 −1 1	−3058	−64080	0	1	−	6,1	6,1	2,1	I_6,I_1	
B1	0 1 1	−23	41	1	3	−	6,1	6,1	6,1	I_6,I_1	**3** : 2
B2	0 1 1	157	−130	1	1	−	2,3	2,3	2,3	I_2,I_3	**3** : 1
922			$N = 922 = 2 \cdot 461$			(1 isogeny class)					**922**
A1	1 0 0	−2	−2	0	1	−	1,1	1,1	1,1	I_1,I_1	
923			$N = 923 = 13 \cdot 71$			(1 isogeny class)					**923**
A1	0 0 1	−4	19	0	1	−	3,1	3,1	1,1	I_3,I_1	
924			$N = 924 = 2^2 \cdot 3 \cdot 7 \cdot 11$			(8 isogeny classes)					**924**
A1	0 −1 0	25158	−775719	0	1	−	4,5,5,7	0,5,5,7	3,1,1,1	IV,I_5,I_5,I_7	
B1	0 −1 0	14	1057	1	1	−	4,3,1,5	0,3,1,5	3,1,1,5	IV,I_3,I_1,I_5	
C1	0 −1 0	14	−11	1	1	−	4,1,3,1	0,1,3,1	1,1,3,1	IV,I_1,I_3,I_1	
D1	0 −1 0	−470	−4311	0	1	−	4,13,1,1	0,13,1,1	3,1,1,1	IV,I_{13},I_1,I_1	
E1	0 1 0	−22	41	1	1	−	4,5,1,1	0,5,1,1	3,5,1,1	IV,I_5,I_1,I_1	
F1	0 1 0	−1706	−27699	0	1	−	4,5,3,1	0,5,3,1	1,5,1,1	IV,I_5,I_3,I_1	
G1	0 1 0	6	9	0	3	−	4,3,1,1	0,3,1,1	3,3,1,1	IV,I_3,I_1,I_1	**3** : 2
G2	0 1 0	−54	−291	0	1	−	4,1,3,3	0,1,3,3	1,1,3,3	IV,I_1,I_3,I_3	**3** : 1
H1	0 1 0	−17242	875009	1	3	−	4,9,5,3	0,9,5,3	3,9,5,3	IV,I_9,I_5,I_3	**3** : 2
H2	0 1 0	59978	4520981	1	1	−	4,3,15,1	0,3,15,1	1,3,15,1	IV,I_3,I_{15},I_1	**3** : 1
925			$N = 925 = 5^2 \cdot 37$			(5 isogeny classes)					**925**
A1	0 1 1	−133	519	1	1	+	8,1	2,1	2,1	I_2^*,I_1	
B1	0 −1 1	−83	318	1	1	+	6,1	0,1	2,1	I_0^*,I_1	**3** : 2
B2	0 −1 1	−583	−5057	1	1	+	6,3	0,3	2,1	I_0^*,I_3	**3** : 1,3
B3	0 −1 1	−46833	−3885432	1	1	+	6,1	0,1	2,1	I_0^*,I_1	**3** : 2

TABLE 1: ELLIPTIC CURVES 925C–930M

	$a_1\ a_2\ a_3$	a_4	a_6	r	$|T|$	s	$\text{ord}(\Delta)$	$\text{ord}_-(j)$	c_p	Kodaira	Isogenies

925
$N = 925 = 5^2 \cdot 37$ (continued)

C1	1 1 1	-88	-344	0	2	$+$	7,1	1,1	4,1	I_1^*,I_1	2 : 2
C2	1 1 1	37	-1094	0	2	$-$	8,2	2,2	4,2	I_2^*,I_2	2 : 1
D1	0 -1 1	-3908	95343	0	1	$+$	10,1	4,1	2,1	I_4^*,I_1	
E1	0 0 1	-25	31	0	1	$+$	6,1	0,1	2,1	I_0^*,I_1	

926
$N = 926 = 2 \cdot 463$ (1 isogeny class)

A1	1 1 1	7	7	0	2	$-$	6,1	6,1	6,1	I_6,I_1	2 : 2
A2	1 1 1	-33	23	0	2	$+$	3,2	3,2	3,2	I_3,I_2	2 : 1

927
$N = 927 = 3^2 \cdot 103$ (1 isogeny class)

A1	1 -1 0	-54	-243	1	1	$-$	11,1	5,1	2,1	I_5^*,I_1	

928
$N = 928 = 2^5 \cdot 29$ (2 isogeny classes)

A1	0 1 0	-1	-17	1	1	$-$	12,1	0,1	4,1	I_3^*,I_1	
B1	0 -1 0	-1	17	1	1	$-$	12,1	0,1	4,1	I_3^*,I_1	

930
$N = 930 = 2 \cdot 3 \cdot 5 \cdot 31$ (15 isogeny classes)

A1	1 1 0	-108	-432	1	2	$+$	12,3,1,1	12,3,1,1	2,1,1,1	I_{12},I_3,I_1,I_1	2 : 2
A2	1 1 0	-428	2832	1	4	$+$	6,6,2,2	6,6,2,2	2,2,2,2	I_6,I_6,I_2,I_2	2 : 1,3,4
A3	1 1 0	-6628	204952	1	2	$+$	3,12,1,1	3,12,1,1	1,2,1,1	I_3,I_{12},I_1,I_1	2 : 2
A4	1 1 0	652	16008	1	2	$-$	3,3,4,4	3,3,4,4	1,1,2,2	I_3,I_3,I_4,I_4	2 : 2
B1	1 1 0	-203	-1347	0	1	$-$	9,1,5,1	9,1,5,1	1,1,1,1	I_9,I_1,I_5,I_1	
C1	1 1 0	98	244	0	1	$-$	11,5,1,1	11,5,1,1	1,1,1,1	I_{11},I_5,I_1,I_1	
D1	1 1 0	2238	181236	1	2	$-$	16,1,7,2	16,1,7,2	2,1,7,2	I_{16},I_1,I_7,I_2	2 : 2
D2	1 1 0	-37442	2585844	1	2	$+$	8,2,14,1	8,2,14,1	2,2,14,1	I_8,I_2,I_{14},I_1	2 : 1
E1	1 1 0	3	9	1	2	$-$	2,2,2,1	2,2,2,1	2,2,2,1	I_2,I_2,I_2,I_1	2 : 2
E2	1 1 0	-47	99	1	2	$+$	1,4,1,2	1,4,1,2	1,2,1,2	I_1,I_4,I_1,I_2	2 : 1
F1	1 0 1	-10400749	13377941672	0	1	$-$	23,11,3,5	23,11,3,5	1,11,1,1	I_{23},I_{11},I_3,I_5	
G1	1 0 1	-244	1442	0	2	$+$	4,1,3,1	4,1,3,1	2,1,1,1	I_4,I_1,I_3,I_1	2 : 2
G2	1 0 1	-264	1186	0	4	$+$	2,2,6,2	2,2,6,2	2,2,2,2	I_2,I_2,I_6,I_2	2 : 1,3,4
G3	1 0 1	-1514	-21814	0	2	$+$	1,4,3,4	1,4,3,4	1,4,1,2	I_1,I_4,I_3,I_4	2 : 2
G4	1 0 1	666	7882	0	2	$-$	1,1,12,1	1,1,12,1	1,1,2,1	I_1,I_1,I_{12},I_1	2 : 2
H1	1 0 1	467	-1432	1	2	$-$	8,5,3,2	8,5,3,2	2,5,3,2	I_8,I_5,I_3,I_2	2 : 2
H2	1 0 1	-2013	-12344	1	2	$+$	4,10,6,1	4,10,6,1	2,10,6,1	I_4,I_{10},I_6,I_1	2 : 1
I1	1 0 1	2	-22	0	3	$-$	1,3,3,1	1,3,3,1	1,3,3,1	I_1,I_3,I_3,I_1	3 : 2
I2	1 0 1	-523	-4642	0	1	$-$	3,1,1,3	3,1,1,3	1,1,1,3	I_3,I_1,I_1,I_3	3 : 1
J1	1 0 1	-13648	613406	0	2	$-$	26,2,2,1	26,2,2,1	2,2,2,1	I_{26},I_2,I_2,I_1	2 : 2
J2	1 0 1	-218448	39279646	0	2	$+$	13,4,1,2	13,4,1,2	1,4,1,2	I_{13},I_4,I_1,I_2	2 : 1
K1	1 1 1	-41	-121	0	2	$-$	4,1,1,2	4,1,1,2	4,1,1,2	I_4,I_1,I_1,I_2	2 : 2
K2	1 1 1	-661	-6817	0	2	$+$	2,2,2,1	2,2,2,1	2,2,2,1	I_2,I_2,I_2,I_1	2 : 1
L1	1 1 1	-23051	1344449	0	1	$-$	3,3,13,1	3,3,13,1	3,1,1,1	I_3,I_3,I_{13},I_1	
M1	1 1 1	39	39	1	2	$-$	6,4,2,1	6,4,2,1	6,2,2,1	I_6,I_4,I_2,I_1	2 : 2
M2	1 1 1	-161	119	1	2	$+$	3,8,1,2	3,8,1,2	3,2,1,2	I_3,I_8,I_1,I_2	2 : 1

930

	a_1 a_2 a_3	a_4	a_6	r	$|T|$	s	ord(Δ)	ord$_-(j)$	c_p	Kodaira	Isogenies

$N = 930 = 2 \cdot 3 \cdot 5 \cdot 31$ (continued)

	a_1 a_2 a_3	a_4	a_6	r	$|T|$	s	ord(Δ)	ord$_-(j)$	c_p	Kodaira	Isogenies
N1	1 0 0	1389	−22239	0	6	−	12,9,1,2	12,9,1,2	12,9,1,2	I_{12},I_9,I_1,I_2	2 : 2; 3 : 3
N2	1 0 0	−8531	−218655	0	6	+	6,18,2,1	6,18,2,1	6,18,2,1	I_6,I_{18},I_2,I_1	2 : 1; 3 : 4
N3	1 0 0	−39651	−3060495	0	2	−	4,3,3,6	4,3,3,6	4,3,1,6	I_4,I_3,I_3,I_6	2 : 4; 3 : 1
N4	1 0 0	−635471	−195033699	0	2	+	2,6,6,3	2,6,6,3	2,6,2,3	I_2,I_6,I_6,I_3	2 : 3; 3 : 2
O1	1 0 0	60	−1008	0	4	−	16,2,2,1	16,2,2,1	16,2,2,1	I_{16},I_2,I_2,I_1	2 : 2
O2	1 0 0	−1220	−15600	0	8	+	8,4,4,2	8,4,4,2	8,4,4,2	I_8,I_4,I_4,I_2	2 : 1, 3, 4
O3	1 0 0	−19220	−1027200	0	4	+	4,2,2,4	4,2,2,4	4,2,2,2	I_4,I_2,I_2,I_4	2 : 2, 5, 6
O4	1 0 0	−3700	67232	0	8	+	4,8,8,1	4,8,8,1	4,8,8,1	I_4,I_8,I_8,I_1	2 : 2
O5	1 0 0	−307520	−65664060	0	2	+	2,1,1,2	2,1,1,2	2,1,1,2	I_2,I_1,I_1,I_2	2 : 3
O6	1 0 0	−18920	−1060740	0	2	−	2,1,1,8	2,1,1,8	2,1,1,2	I_2,I_1,I_1,I_8	2 : 3

931

$N = 931 = 7^2 \cdot 19$ (3 isogeny classes)

	a_1 a_2 a_3	a_4	a_6	r	$|T|$	s	ord(Δ)	ord$_-(j)$	c_p	Kodaira	Isogenies
A1	0 −1 1	−114	727	0	1	−	8,1	0,1	3,1	IV*,I_1	
B1	0 −1 1	33	−8	0	1	−	6,1	0,1	1,1	I_0^*,I_1	3 : 2
B2	0 −1 1	−457	4157	0	1	−	6,3	0,3	1,1	I_0^*,I_3	3 : 1, 3
B3	0 −1 1	−37697	2829742	0	1	−	6,1	0,1	1,1	I_0^*,I_1	3 : 2
C1	0 1 1	−2	−3	0	1	−	2,1	0,1	1,1	II,I_1	

933

$N = 933 = 3 \cdot 311$ (2 isogeny classes)

	a_1 a_2 a_3	a_4	a_6	r	$|T|$	s	ord(Δ)	ord$_-(j)$	c_p	Kodaira	Isogenies
A1	0 −1 1	−3	−1	1	1	+	1,1	1,1	1,1	I_1,I_1	
B1	0 1 1	−399	−3184	1	1	+	11,1	11,1	11,1	I_{11},I_1	

934

$N = 934 = 2 \cdot 467$ (3 isogeny classes)

	a_1 a_2 a_3	a_4	a_6	r	$|T|$	s	ord(Δ)	ord$_-(j)$	c_p	Kodaira	Isogenies
A1	1 0 1	−3	0	1	1	+	1,1	1,1	1,1	I_1,I_1	
B1	1 0 0	−129	521	0	3	+	15,1	15,1	15,1	I_{15},I_1	3 : 2
B2	1 0 0	−1889	−31639	0	1	+	5,3	5,3	5,1	I_5,I_3	3 : 1
C1	1 −1 1	−183	−905	0	1	+	3,1	3,1	3,1	I_3,I_1	

935

$N = 935 = 5 \cdot 11 \cdot 17$ (2 isogeny classes)

	a_1 a_2 a_3	a_4	a_6	r	$|T|$	s	ord(Δ)	ord$_-(j)$	c_p	Kodaira	Isogenies
A1	0 1 1	−1	−4	1	1	−	2,1,1	2,1,1	2,1,1	I_2,I_1,I_1	
B1	0 1 1	−13155	576381	0	3	−	6,3,1	6,3,1	6,1,1	I_6,I_3,I_1	3 : 2
B2	0 1 1	−9655	893306	0	1	−	2,9,3	2,9,3	2,1,1	I_2,I_9,I_3	3 : 1

936

$N = 936 = 2^3 \cdot 3^2 \cdot 13$ (9 isogeny classes)

	a_1 a_2 a_3	a_4	a_6	r	$|T|$	s	ord(Δ)	ord$_-(j)$	c_p	Kodaira	Isogenies
A1	0 0 0	9	10	1	2	−	8,3,1	0,0,1	2,2,1	I_1^*,III,I_1	2 : 2
A2	0 0 0	−51	94	1	2	+	10,3,2	0,0,2	2,2,2	III*,III,I_2	2 : 1
B1	0 0 0	−147	718	0	1	−	11,6,1	0,0,1	1,1,1	II*,I_0^*,I_1	
C1	0 0 0	42	−335	0	2	−	4,9,2	0,3,2	2,2,2	III,I_3^*,I_2	2 : 2
C2	0 0 0	−543	−4430	0	2	+	8,12,1	0,6,1	2,4,1	I_1^*,I_6^*,I_1	2 : 1
D1	0 0 0	−5862	−162295	0	2	+	4,16,3	0,10,3	2,4,1	III,I_{10}^*,I_3	2 : 2
D2	0 0 0	5073	−698110	0	2	−	8,11,6	0,5,6	2,4,2	I_1^*,I_5^*,I_6	2 : 1
E1	0 0 0	−66	−119	1	2	+	4,10,1	0,4,1	2,4,1	III,I_4^*,I_1	2 : 2
E2	0 0 0	−471	3850	1	4	+	8,8,2	0,2,2	2,4,2	I_1^*,I_2^*,I_2	2 : 1, 3, 4
E3	0 0 0	−7491	249550	1	4	+	10,7,1	0,1,1	2,4,1	III*,I_1^*,I_1	2 : 2
E4	0 0 0	69	12166	1	2	−	10,7,4	0,1,4	2,2,4	III*,I_1^*,I_4	2 : 2

TABLE 1: ELLIPTIC CURVES 936F–943A

	a_1 a_2 a_3	a_4	a_6	r	$|T|$	s	ord(Δ)	ord$_-(j)$	c_p	Kodaira	Isogenies

936

$N = 936 = 2^3 \cdot 3^2 \cdot 13$ (continued)

	$a_1\ a_2\ a_3$	a_4	a_6	r	$|T|$	s	ord(Δ)	ord$_-(j)$	c_p	Kodaira	Isogenies
F1	0 0 0	81	-270	0	2	$-$	8,9,1	0,0,1	4,2,1	I_1^*,III^*,I_1	2 : 2
F2	0 0 0	-459	-2538	0	2	$+$	10,9,2	0,0,2	2,2,2	III^*,III^*,I_2	2 : 1
G1	0 0 0	-30	133	1	2	$-$	4,7,2	0,1,2	2,2,2	III,I_1^*,I_2	2 : 2
G2	0 0 0	-615	5866	1	2	$+$	8,8,1	0,2,1	4,4,1	I_1^*,I_2^*,I_1	2 : 1
H1	0 0 0	-30	29	1	2	$+$	4,8,1	0,2,1	2,4,1	III,I_2^*,I_1	2 : 2
H2	0 0 0	105	218	1	2	$-$	8,7,2	0,1,2	4,4,2	I_1^*,I_1^*,I_2	2 : 1
I1	0 0 0	-354	-2563	0	2	$+$	4,8,1	0,2,1	2,4,1	III,I_2^*,I_1	2 : 2
I2	0 0 0	-399	-1870	0	4	$+$	8,10,2	0,4,2	4,4,2	I_1^*,I_4^*,I_2	2 : 1,3,4
I3	0 0 0	-2739	53822	0	2	$+$	10,14,1	0,8,1	2,4,1	III^*,I_8^*,I_1	2 : 2
I4	0 0 0	1221	-13210	0	2	$-$	10,8,4	0,2,4	2,2,4	III^*,I_2^*,I_4	2 : 2

938

$N = 938 = 2 \cdot 7 \cdot 67$ (4 isogeny classes)

	$a_1\ a_2\ a_3$	a_4	a_6	r	$|T|$	s	ord(Δ)	ord$_-(j)$	c_p	Kodaira	Isogenies
A1	1 0 1	-4	-2	1	1	$+$	2,1,1	2,1,1	2,1,1	I_2,I_1,I_1	
B1	1 0 1	-365	13608	1	2	$-$	10,5,2	10,5,2	2,5,2	I_{10},I_5,I_2	2 : 2
B2	1 0 1	-11085	446696	1	2	$+$	5,10,1	5,10,1	1,10,1	I_5,I_{10},I_1	2 : 1
C1	1 1 1	-56	-135	1	1	$+$	8,3,1	8,3,1	8,3,1	I_8,I_3,I_1	
D1	1 0 0	-179	737	0	3	$+$	18,1,1	18,1,1	18,1,1	I_{18},I_1,I_1	3 : 2
D2	1 0 0	-4339	-110303	0	3	$+$	6,3,3	6,3,3	6,3,3	I_6,I_3,I_3	3 : 1,3
D3	1 0 0	-351399	-80206123	0	1	$+$	2,1,1	2,1,1	2,1,1	I_2,I_1,I_1	3 : 2

939

$N = 939 = 3 \cdot 313$ (3 isogeny classes)

	$a_1\ a_2\ a_3$	a_4	a_6	r	$|T|$	s	ord(Δ)	ord$_-(j)$	c_p	Kodaira	Isogenies
A1	0 -1 1	-321	-9817	1	1	$-$	17,1	17,1	1,1	I_{17},I_1	
B1	1 0 1	-6	-5	1	2	$+$	2,1	2,1	2,1	I_2,I_1	2 : 2
B2	1 0 1	9	-23	1	2	$-$	1,2	1,2	1,2	I_1,I_2	2 : 1
C1	0 1 1	4	14	1	1	$-$	5,1	5,1	5,1	I_5,I_1	

940

$N = 940 = 2^2 \cdot 5 \cdot 47$ (5 isogeny classes)

	$a_1\ a_2\ a_3$	a_4	a_6	r	$|T|$	s	ord(Δ)	ord$_-(j)$	c_p	Kodaira	Isogenies
A1	0 1 0	21619	-57905	0	1	$-$	8,1,7	0,1,7	3,1,1	IV^*,I_1,I_7	
B1	0 0 0	-103	398	0	1	$+$	8,3,1	0,3,1	1,1,1	IV^*,I_3,I_1	
C1	0 1 0	-7076	226340	1	3	$+$	8,5,3	0,5,3	3,1,3	IV^*,I_5,I_3	3 : 2
C2	0 1 0	-31516	-1956716	1	1	$+$	8,15,1	0,15,1	1,1,1	IV^*,I_{15},I_1	3 : 1
D1	0 -1 0	-20	40	1	1	$+$	8,1,1	0,1,1	3,1,1	IV^*,I_1,I_1	
E1	0 -1 0	-45	-103	0	1	$-$	8,1,1	0,1,1	3,1,1	IV^*,I_1,I_1	

942

$N = 942 = 2 \cdot 3 \cdot 157$ (4 isogeny classes)

	$a_1\ a_2\ a_3$	a_4	a_6	r	$|T|$	s	ord(Δ)	ord$_-(j)$	c_p	Kodaira	Isogenies
A1	1 0 1	15	4	0	1	$-$	9,1,1	9,1,1	1,1,1	I_9,I_1,I_1	
B1	1 1 1	-215539	-38605903	0	1	$-$	8,18,1	8,18,1	8,2,1	I_8,I_{18},I_1	
C1	1 0 0	146	37508	1	1	$-$	16,10,1	16,10,1	16,10,1	I_{16},I_{10},I_1	
D1	1 0 0	-65	201	1	1	$-$	6,4,1	6,4,1	6,4,1	I_6,I_4,I_1	

943

$N = 943 = 23 \cdot 41$ (1 isogeny class)

	$a_1\ a_2\ a_3$	a_4	a_6	r	$|T|$	s	ord(Δ)	ord$_-(j)$	c_p	Kodaira	Isogenies
A1	1 -1 0	-13	24	0	2	$-$	1,2	1,2	1,2	I_1,I_2	2 : 2
A2	1 -1 0	-218	1295	0	2	$+$	2,1	2,1	2,1	I_2,I_1	2 : 1

TABLE 1: ELLIPTIC CURVES 944A–954A

	a_1	a_2	a_3	a_4	a_6	r	$|T|$	s	ord(Δ)	ord$_-(j)$	c_p	Kodaira	Isogenies
944					$N = 944 = 2^4 \cdot 59$			(11 isogeny classes)					
A1	0	1	0	4	-4	1	1	$-$	8,1	0,1	2,1	I_0^*, I_1	
B1	0	1	0	-276	1676	1	1	$-$	8,1	0,1	2,1	I_0^*, I_1	
C1	0	1	0	8	-12	1	1	$-$	11,1	0,1	4,1	I_3^*, I_1	
D1	0	0	0	2	-1	0	1	$-$	4,1	0,1	1,1	II, I_1	
E1	0	0	0	-19	34	2	1	$-$	10,1	0,1	4,1	I_2^*, I_1	
F1	0	1	0	-1	-2	0	1	$-$	4,1	0,1	1,1	II, I_1	
G1	0	1	0	888	14068	0	1	$-$	31,1	19,1	2,1	I_{23}^*, I_1	
H1	0	1	0	-400	-3308	1	1	$-$	22,1	10,1	4,1	I_{14}^*, I_1	**5** : 2
H2	0	1	0	1840	162452	1	1	$-$	14,5	2,5	4,5	I_6^*, I_5	**5** : 1
I1	0	1	0	8	-44	1	1	$-$	14,1	2,1	4,1	I_6^*, I_1	
J1	0	-1	0	-9	-8	1	1	$-$	4,1	0,1	1,1	II, I_1	**3** : 2
J2	0	-1	0	31	-68	1	1	$-$	4,3	0,3	1,3	II, I_3	**3** : 1
K1	0	1	0	-64	180	1	1	$-$	13,1	1,1	4,1	I_5^*, I_1	
946					$N = 946 = 2 \cdot 11 \cdot 43$			(3 isogeny classes)					
A1	1	-1	0	-11	-11	0	2	$+$	4,1,1	4,1,1	2,1,1	I_4, I_1, I_1	**2** : 2
A2	1	-1	0	-31	57	0	4	$+$	2,2,2	2,2,2	2,2,2	I_2, I_2, I_2	**2** : 1, 3, 4
A3	1	-1	0	-461	3927	0	2	$+$	1,4,1	1,4,1	1,2,1	I_1, I_4, I_1	**2** : 2
A4	1	-1	0	79	299	0	2	$-$	1,1,4	1,1,4	1,1,4	I_1, I_1, I_4	**2** : 2
B1	1	0	1	14	-8	1	3	$-$	2,3,1	2,3,1	2,3,1	I_2, I_3, I_1	**3** : 2
B2	1	0	1	-261	-1680	1	1	$-$	6,1,3	6,1,3	2,1,3	I_6, I_1, I_3	**3** : 1
C1	1	0	0	-1806	-29692	0	1	$-$	10,1,1	10,1,1	10,1,1	I_{10}, I_1, I_1	
948					$N = 948 = 2^2 \cdot 3 \cdot 79$			(3 isogeny classes)					
A1	0	-1	0	-17	-78	0	2	$-$	4,3,2	0,3,2	3,1,2	IV, I_3, I_2	**2** : 2
A2	0	-1	0	-412	-3080	0	2	$+$	8,6,1	0,6,1	3,2,1	IV^*, I_6, I_1	**2** : 1
B1	0	-1	0	-796	8968	0	1	$-$	8,9,1	0,9,1	1,1,1	IV^*, I_9, I_1	
C1	0	1	0	12	36	0	3	$-$	8,3,1	0,3,1	3,3,1	IV^*, I_3, I_1	**3** : 2
C2	0	1	0	-108	-1068	0	1	$-$	8,1,3	0,1,3	1,1,3	IV^*, I_1, I_3	**3** : 1
950					$N = 950 = 2 \cdot 5^2 \cdot 19$			(5 isogeny classes)					
A1	1	0	1	-1	148	1	1	$-$	5,6,1	5,0,1	1,2,1	I_5, I_0^*, I_1	**5** : 2
A2	1	0	1	-1751	-31352	1	1	$-$	1,6,5	1,0,5	1,2,1	I_1, I_0^*, I_5	**5** : 1
B1	1	1	0	-750	-12500	0	1	$-$	3,12,1	3,6,1	1,2,1	I_3, I_6^*, I_1	**3** : 2
B2	1	1	0	-69500	-7081250	0	1	$-$	1,8,3	1,2,3	1,2,3	I_1, I_2^*, I_3	**3** : 1
C1	1	-1	0	-1192	17216	0	1	$-$	11,8,1	11,2,1	1,2,1	I_{11}, I_2^*, I_1	
D1	1	0	0	37	167	0	1	$-$	1,8,1	1,2,1	1,2,1	I_1, I_2^*, I_1	
E1	1	1	1	-388	2781	1	1	$-$	3,6,1	3,0,1	3,2,1	I_3, I_0^*, I_1	**3** : 2
E2	1	1	1	237	11281	1	1	$-$	9,6,3	9,0,3	9,2,3	I_9, I_0^*, I_3	**3** : 1, 3
E3	1	1	1	-2138	-306969	1	1	$-$	27,6,1	27,0,1	27,2,1	I_{27}, I_0^*, I_1	**3** : 2
954					$N = 954 = 2 \cdot 3^2 \cdot 53$			(13 isogeny classes)					
A1	1	-1	0	-96	-640	1	1	$-$	7,9,1	7,0,1	1,2,1	I_7, III^*, I_1	

TABLE 1: ELLIPTIC CURVES 954B–960C

	a_1	a_2	a_3	a_4	a_6	r	$\|T\|$	s	$\mathrm{ord}(\Delta)$	$\mathrm{ord}_-(j)$	c_p	Kodaira	Isogenies

954 $N = 954 = 2 \cdot 3^2 \cdot 53$ (continued)

	a_1	a_2	a_3	a_4	a_6	r	$\|T\|$	s	$\mathrm{ord}(\Delta)$	$\mathrm{ord}_-(j)$	c_p	Kodaira	Isogenies
B1	1	−1	0	12	−100	0	2	−	2,9,1	2,0,1	2,2,1	I_2,III^*,I_1	**2 : 2**
B2	1	−1	0	−258	−1450	0	2	+	1,9,2	1,0,2	1,2,2	I_1,III^*,I_2	**2 : 1**
C1	1	−1	0	−108	−1328	0	1	−	11,8,1	11,2,1	1,2,1	I_{11},I_2^*,I_1	
D1	1	−1	0	18	202	1	1	−	1,11,1	1,5,1	1,4,1	I_1,I_5^*,I_1	
E1	1	−1	0	−2547	63477	1	1	−	24,6,1	24,0,1	2,1,1	I_{24},I_0^*,I_1	**3 : 2**
E2	1	−1	0	−221427	40159989	1	3	−	8,6,3	8,0,3	2,1,3	I_8,I_0^*,I_3	**3 : 1**
F1	1	−1	0	9	−27	1	1	−	3,6,1	3,0,1	1,2,1	I_3,I_0^*,I_1	**3 : 2**
F2	1	−1	0	−81	783	1	3	−	1,6,3	1,0,3	1,2,3	I_1,I_0^*,I_3	**3 : 1**
G1	1	−1	1	1	3	0	2	−	2,3,1	2,0,1	2,2,1	I_2,III,I_1	**2 : 2**
G2	1	−1	1	−29	63	0	2	+	1,3,2	1,0,2	1,2,2	I_1,III,I_2	**2 : 1**
H1	1	−1	1	−11	27	1	1	−	7,3,1	7,0,1	7,2,1	I_7,III,I_1	
I1	1	−1	1	−248	1563	1	1	−	5,6,1	5,0,1	5,2,1	I_5,I_0^*,I_1	
J1	1	−1	1	1273	−3585	1	1	−	17,9,1	17,3,1	17,4,1	I_{17},I_3^*,I_1	
K1	1	−1	1	−545	−4759	0	1	−	3,9,1	3,3,1	3,2,1	I_3,I_3^*,I_1	**3 : 2**
K2	1	−1	1	400	−19501	0	3	−	9,7,3	9,1,3	9,2,3	I_9,I_1^*,I_3	**3 : 1**
L1	1	−1	1	58	303	0	1	−	1,12,1	1,6,1	1,2,1	I_1,I_6^*,I_1	
M1	1	−1	1	−68	−201	0	1	−	4,6,1	4,0,1	4,1,1	I_4,I_0^*,I_1	

955 $N = 955 = 5 \cdot 191$ (1 isogeny class)

	a_1	a_2	a_3	a_4	a_6	r	$\|T\|$	s	$\mathrm{ord}(\Delta)$	$\mathrm{ord}_-(j)$	c_p	Kodaira	Isogenies
A1	1	−1	1	−1038	13292	0	2	−	10,1	10,1	2,1	I_{10},I_1	**2 : 2**
A2	1	−1	1	−16663	832042	0	2	+	5,2	5,2	1,2	I_5,I_2	**2 : 1**

956 $N = 956 = 2^2 \cdot 239$ (1 isogeny class)

	a_1	a_2	a_3	a_4	a_6	r	$\|T\|$	s	$\mathrm{ord}(\Delta)$	$\mathrm{ord}_-(j)$	c_p	Kodaira	Isogenies
A1	0	0	0	−1	−3	0	1	−	4,1	0,1	1,1	IV,I_1	

957 $N = 957 = 3 \cdot 11 \cdot 29$ (1 isogeny class)

	a_1	a_2	a_3	a_4	a_6	r	$\|T\|$	s	$\mathrm{ord}(\Delta)$	$\mathrm{ord}_-(j)$	c_p	Kodaira	Isogenies
A1	1	1	0	−491	3984	0	2	+	7,1,2	7,1,2	1,1,2	I_7,I_1,I_2	**2 : 2**
A2	1	1	0	−346	6565	0	2	−	14,2,1	14,2,1	2,2,1	I_{14},I_2,I_1	**2 : 1**

960 $N = 960 = 2^6 \cdot 3 \cdot 5$ (16 isogeny classes)

	a_1	a_2	a_3	a_4	a_6	r	$\|T\|$	s	$\mathrm{ord}(\Delta)$	$\mathrm{ord}_-(j)$	c_p	Kodaira	Isogenies
A1	0	−1	0	4	6	1	2	−	6,4,1	0,4,1	1,2,1	II,I_4,I_1	**2 : 2**
A2	0	−1	0	−41	105	1	4	+	12,2,2	0,2,2	4,2,2	I_2^*,I_2,I_2	**2 : 1, 3, 4**
A3	0	−1	0	−161	−639	1	2	+	15,1,4	0,1,4	2,1,2	I_5^*,I_1,I_4	**2 : 2**
A4	0	−1	0	−641	6465	1	2	+	15,1,1	0,1,1	2,1,1	I_5^*,I_1,I_1	**2 : 2**
B1	0	−1	0	−61	205	1	2	+	10,2,1	0,2,1	2,2,1	I_0^*,I_2,I_1	**2 : 2**
B2	0	−1	0	−81	81	1	4	+	14,4,2	0,4,2	4,2,2	I_4^*,I_4,I_2	**2 : 1, 3, 4**
B3	0	−1	0	−801	−8415	1	4	+	16,2,4	0,2,4	4,2,2	I_6^*,I_2,I_4	**2 : 2, 5, 6**
B4	0	−1	0	319	321	1	2	−	16,8,1	0,8,1	2,2,1	I_6^*,I_8,I_1	**2 : 2**
B5	0	−1	0	−12801	−553215	1	2	+	17,1,2	0,1,2	2,1,2	I_7^*,I_1,I_2	**2 : 3**
B6	0	−1	0	−321	−18879	1	2	−	17,1,8	0,1,8	2,1,2	I_7^*,I_1,I_8	**2 : 3**
C1	0	−1	0	15	−15	0	2	−	14,1,1	0,1,1	4,1,1	I_4^*,I_1,I_1	**2 : 2**
C2	0	−1	0	−65	−63	0	4	+	16,2,2	0,2,2	4,2,2	I_6^*,I_2,I_2	**2 : 1, 3, 4**
C3	0	−1	0	−865	−9503	0	2	+	17,4,1	0,4,1	4,2,1	I_7^*,I_4,I_1	**2 : 2**
C4	0	−1	0	−545	5025	0	4	+	17,1,4	0,1,4	4,1,4	I_7^*,I_1,I_4	**2 : 2**

960

$N = 960 = 2^6 \cdot 3 \cdot 5$ (continued)

	$a_1\ a_2\ a_3$	a_4	a_6	r	$|T|$	s	ord(Δ)	ord$_-(j)$	c_p	Kodaira	Isogenies
D1	0 −1 0	−900	−10098	0	2	+	6, 3, 2	0, 3, 2	1, 1, 2	II, I_3, I_2	**2** : 2
D2	0 −1 0	−905	−9975	0	4	+	12, 6, 4	0, 6, 4	4, 2, 4	I_2^*, I_6, I_4	**2** : 1, 3, 4
D3	0 −1 0	−1985	19617	0	4	+	15, 3, 8	0, 3, 8	4, 1, 8	I_5^*, I_3, I_8	**2** : 2
D4	0 −1 0	95	−31775	0	2	−	15, 12, 2	0, 12, 2	4, 2, 2	I_5^*, I_{12}, I_2	**2** : 2
E1	0 −1 0	95	1057	0	2	−	22, 3, 1	4, 3, 1	4, 1, 1	I_{12}^*, I_3, I_1	**2** : 2; **3** : 3
E2	0 −1 0	−1185	14625	0	4	+	20, 6, 2	2, 6, 2	4, 2, 2	I_{10}^*, I_6, I_2	**2** : 1, 4, 5; **3** : 6
E3	0 −1 0	−865	−31775	0	2	−	30, 1, 3	12, 1, 3	4, 1, 3	I_{20}^*, I_1, I_3	**2** : 6; **3** : 1
E4	0 −1 0	−4385	−94815	0	2	+	19, 12, 1	1, 12, 1	4, 2, 1	I_9^*, I_{12}, I_1	**2** : 2; **3** : 7
E5	0 −1 0	−18465	971937	0	4	+	19, 3, 4	1, 3, 4	4, 1, 4	I_9^*, I_3, I_4	**2** : 2; **3** : 8
E6	0 −1 0	−21345	−1190943	0	4	+	24, 2, 6	6, 2, 6	4, 2, 6	I_{14}^*, I_2, I_6	**2** : 3, 7, 8; **3** : 2
E7	0 −1 0	−341345	−76646943	0	2	+	21, 4, 3	3, 4, 3	4, 2, 3	I_{11}^*, I_4, I_3	**2** : 6; **3** : 4
E8	0 −1 0	−29025	−249375	0	4	+	21, 1, 12	3, 1, 12	4, 1, 12	I_{11}^*, I_1, I_{12}	**2** : 6; **3** : 5
F1	0 1 0	4	−6	0	2	−	6, 4, 1	0, 4, 1	1, 4, 1	II, I_4, I_1	**2** : 2
F2	0 1 0	−41	−105	0	4	+	12, 2, 2	0, 2, 2	4, 2, 2	I_2^*, I_2, I_2	**2** : 1, 3, 4
F3	0 1 0	−641	−6465	0	2	+	15, 1, 1	0, 1, 1	2, 1, 1	I_5^*, I_1, I_1	**2** : 2
F4	0 1 0	−161	639	0	2	+	15, 1, 4	0, 1, 4	2, 1, 2	I_5^*, I_1, I_4	**2** : 2
G1	0 1 0	−1	95	0	2	−	18, 1, 1	0, 1, 1	4, 1, 1	I_8^*, I_1, I_1	**2** : 2
G2	0 1 0	−321	2079	0	4	+	18, 2, 2	0, 2, 2	4, 2, 2	I_8^*, I_2, I_2	**2** : 1, 3, 4
G3	0 1 0	−641	−3105	0	4	+	18, 4, 4	0, 4, 4	4, 4, 2	I_8^*, I_4, I_4	**2** : 2, 5, 6
G4	0 1 0	−5121	139359	0	2	+	18, 1, 1	0, 1, 1	4, 1, 1	I_8^*, I_1, I_1	**2** : 2
G5	0 1 0	−8641	−311905	0	4	+	18, 8, 2	0, 8, 2	4, 8, 2	I_8^*, I_8, I_2	**2** : 3, 7, 8
G6	0 1 0	2239	−20961	0	2	−	18, 2, 8	0, 2, 8	4, 2, 2	I_8^*, I_2, I_8	**2** : 3
G7	0 1 0	−138241	−19829665	0	2	+	18, 4, 1	0, 4, 1	2, 4, 1	I_8^*, I_4, I_1	**2** : 5
G8	0 1 0	−7041	−429345	0	2	−	18, 16, 1	0, 16, 1	2, 16, 1	I_8^*, I_{16}, I_1	**2** : 5
H1	0 1 0	−900	10098	1	2	+	6, 3, 2	0, 3, 2	1, 3, 2	II, I_3, I_2	**2** : 2
H2	0 1 0	−905	9975	1	4	+	12, 6, 4	0, 6, 4	4, 6, 4	I_2^*, I_6, I_4	**2** : 1, 3, 4
H3	0 1 0	−1985	−19617	1	2	+	15, 3, 8	0, 3, 8	4, 3, 8	I_5^*, I_3, I_8	**2** : 2
H4	0 1 0	95	31775	1	4	−	15, 12, 2	0, 12, 2	4, 12, 2	I_5^*, I_{12}, I_2	**2** : 2
I1	0 −1 0	−1	−95	0	2	−	18, 1, 1	0, 1, 1	4, 1, 1	I_8^*, I_1, I_1	**2** : 2
I2	0 −1 0	−321	−2079	0	4	+	18, 2, 2	0, 2, 2	4, 2, 2	I_8^*, I_2, I_2	**2** : 1, 3, 4
I3	0 −1 0	−5121	−139359	0	2	+	18, 1, 1	0, 1, 1	2, 1, 1	I_8^*, I_1, I_1	**2** : 2
I4	0 −1 0	−641	3105	0	4	+	18, 4, 4	0, 4, 4	4, 2, 2	I_8^*, I_4, I_4	**2** : 2, 5, 6
I5	0 −1 0	−8641	311905	0	4	+	18, 8, 2	0, 8, 2	4, 2, 2	I_8^*, I_8, I_2	**2** : 4, 7, 8
I6	0 −1 0	2239	20961	0	2	−	18, 2, 8	0, 2, 8	2, 2, 2	I_8^*, I_2, I_8	**2** : 4
I7	0 −1 0	−138241	19829665	0	2	+	18, 4, 1	0, 4, 1	2, 2, 1	I_8^*, I_4, I_1	**2** : 5
I8	0 −1 0	−7041	429345	0	2	−	18, 16, 1	0, 16, 1	4, 2, 1	I_8^*, I_{16}, I_1	**2** : 5
J1	0 −1 0	4	−30	0	2	−	6, 2, 4	0, 2, 4	1, 2, 2	II, I_2, I_4	**2** : 2
J2	0 −1 0	−121	−455	0	4	+	12, 4, 2	0, 4, 2	4, 2, 2	I_2^*, I_4, I_2	**2** : 1, 3, 4
J3	0 −1 0	−1921	−31775	0	2	+	15, 2, 1	0, 2, 1	4, 2, 1	I_5^*, I_2, I_1	**2** : 2
J4	0 −1 0	−321	1665	0	2	+	15, 8, 1	0, 8, 1	2, 2, 1	I_5^*, I_8, I_1	**2** : 2
K1	0 −1 0	−20	42	1	2	+	6, 1, 1	0, 1, 1	1, 1, 1	II, I_1, I_1	**2** : 2
K2	0 −1 0	−25	25	1	4	+	12, 2, 2	0, 2, 2	4, 2, 2	I_2^*, I_2, I_2	**2** : 1, 3, 4
K3	0 −1 0	−225	−1215	1	2	+	15, 4, 1	0, 4, 1	2, 2, 1	I_5^*, I_4, I_1	**2** : 2
K4	0 −1 0	95	97	1	4	−	15, 1, 4	0, 1, 4	4, 1, 4	I_5^*, I_1, I_4	**2** : 2

TABLE 1: ELLIPTIC CURVES 960L–966D

960

$N = 960 = 2^6 \cdot 3 \cdot 5$ (continued)

	$a_1\ a_2\ a_3$	a_4	a_6	r	$|T|$	s	$\text{ord}(\Delta)$	$\text{ord}_-(j)$	c_p	Kodaira	Isogenies
L1	0 1 0	-61	-205	1	2	$+$	10,2,1	0,2,1	2,2,1	I_0^*,I_2,I_1	2 : 2
L2	0 1 0	-81	-81	1	4	$+$	14,4,2	0,4,2	4,4,2	I_4^*,I_4,I_2	2 : 1, 3, 4
L3	0 1 0	-801	8415	1	4	$+$	16,2,4	0,2,4	4,2,2	I_6^*,I_2,I_4	2 : 2, 5, 6
L4	0 1 0	319	-321	1	2	$-$	16,8,1	0,8,1	4,8,1	I_6^*,I_8,I_1	2 : 2
L5	0 1 0	-12801	553215	1	2	$+$	17,1,2	0,1,2	4,1,2	I_7^*,I_1,I_2	2 : 3
L6	0 1 0	-321	18879	1	2	$-$	17,1,8	0,1,8	2,1,2	I_7^*,I_1,I_8	2 : 3
M1	0 1 0	4	30	1	2	$-$	6,2,4	0,2,4	1,2,2	II,I_2,I_4	2 : 2
M2	0 1 0	-121	455	1	4	$+$	12,4,2	0,4,2	4,4,2	I_2^*,I_4,I_2	2 : 1, 3, 4
M3	0 1 0	-321	-1665	1	2	$+$	15,8,1	0,8,1	4,8,1	I_5^*,I_8,I_1	2 : 2
M4	0 1 0	-1921	31775	1	2	$+$	15,2,1	0,2,1	2,2,1	I_5^*,I_2,I_1	2 : 2
N1	0 1 0	-20	-42	0	2	$+$	6,1,1	0,1,1	1,1,1	II,I_1,I_1	2 : 2
N2	0 1 0	-25	-25	0	4	$+$	12,2,2	0,2,2	4,2,2	I_2^*,I_2,I_2	2 : 1, 3, 4
N3	0 1 0	-225	1215	0	4	$+$	15,4,1	0,4,1	4,4,1	I_5^*,I_4,I_1	2 : 2
N4	0 1 0	95	-97	0	2	$-$	15,1,4	0,1,4	2,1,4	I_5^*,I_1,I_4	2 : 2
O1	0 1 0	95	-1057	0	2	$-$	22,3,1	4,3,1	4,3,1	I_{12}^*,I_3,I_1	2 : 2; 3 : 3
O2	0 1 0	-1185	-14625	0	4	$+$	20,6,2	2,6,2	4,6,2	I_{10}^*,I_6,I_2	2 : 1, 4, 5; 3 : 6
O3	0 1 0	-865	31775	0	2	$-$	30,1,3	12,1,3	4,1,3	I_{20}^*,I_1,I_3	2 : 6; 3 : 1
O4	0 1 0	-18465	-971937	0	2	$+$	19,3,4	1,3,4	2,3,4	I_9^*,I_3,I_4	2 : 2; 3 : 7
O5	0 1 0	-4385	94815	0	4	$+$	19,12,1	1,12,1	4,12,1	I_9^*,I_{12},I_1	2 : 2; 3 : 8
O6	0 1 0	-21345	1190943	0	4	$+$	24,2,6	6,2,6	4,2,6	I_{14}^*,I_2,I_6	2 : 3, 7, 8; 3 : 2
O7	0 1 0	-29025	249375	0	2	$+$	21,1,12	3,1,12	2,1,12	I_{11}^*,I_1,I_{12}	2 : 6; 3 : 4
O8	0 1 0	-341345	76646943	0	4	$+$	21,4,3	3,4,3	4,4,3	I_{11}^*,I_4,I_3	2 : 6; 3 : 5
P1	0 1 0	15	15	0	2	$-$	14,1,1	0,1,1	4,1,1	I_4^*,I_1,I_1	2 : 2
P2	0 1 0	-65	63	0	4	$+$	16,2,2	0,2,2	4,2,2	I_6^*,I_2,I_2	2 : 1, 3, 4
P3	0 1 0	-545	-5025	0	2	$+$	17,1,4	0,1,4	2,1,4	I_7^*,I_1,I_4	2 : 2
P4	0 1 0	-865	9503	0	4	$+$	17,4,1	0,4,1	4,4,1	I_7^*,I_4,I_1	2 : 2

962

$N = 962 = 2 \cdot 13 \cdot 37$ (1 isogeny class)

	$a_1\ a_2\ a_3$	a_4	a_6	r	$|T|$	s	$\text{ord}(\Delta)$	$\text{ord}_-(j)$	c_p	Kodaira	Isogenies
A1	1 -1 1	-9	-7	0	2	$+$	4,1,1	4,1,1	4,1,1	I_4,I_1,I_1	2 : 2
A2	1 -1 1	11	-47	0	2	$-$	2,2,2	2,2,2	2,2,2	I_2,I_2,I_2	2 : 1

964

$N = 964 = 2^2 \cdot 241$ (1 isogeny class)

	$a_1\ a_2\ a_3$	a_4	a_6	r	$|T|$	s	$\text{ord}(\Delta)$	$\text{ord}_-(j)$	c_p	Kodaira	Isogenies
A1	0 1 0	-20	-44	0	1	$-$	8,1	0,1	1,1	IV^*,I_1	

965

$N = 965 = 5 \cdot 193$ (1 isogeny class)

	$a_1\ a_2\ a_3$	a_4	a_6	r	$|T|$	s	$\text{ord}(\Delta)$	$\text{ord}_-(j)$	c_p	Kodaira	Isogenies
A1	1 -1 0	-100	411	0	2	$+$	2,1	2,1	2,1	I_2,I_1	2 : 2
A2	1 -1 0	-95	450	0	2	$-$	4,2	4,2	2,2	I_4,I_2	2 : 1

966

$N = 966 = 2 \cdot 3 \cdot 7 \cdot 23$ (11 isogeny classes)

	$a_1\ a_2\ a_3$	a_4	a_6	r	$|T|$	s	$\text{ord}(\Delta)$	$\text{ord}_-(j)$	c_p	Kodaira	Isogenies
A1	1 1 0	334	5556	1	2	$-$	10,4,3,2	10,4,3,2	2,2,1,2	I_{10},I_4,I_3,I_2	2 : 2
A2	1 1 0	-3346	63700	1	2	$+$	5,8,6,1	5,8,6,1	1,2,2,1	I_5,I_8,I_6,I_1	2 : 1
B1	1 1 0	-5131	-144323	0	1	$-$	13,3,5,1	13,3,5,1	1,1,5,1	I_{13},I_3,I_5,I_1	
C1	1 1 0	-14744	836928	1	2	$-$	22,8,1,2	22,8,1,2	2,2,1,2	I_{22},I_8,I_1,I_2	2 : 2
C2	1 1 0	-250264	48082240	1	2	$+$	11,16,2,1	11,16,2,1	1,2,2,1	I_{11},I_{16},I_2,I_1	2 : 1
D1	1 1 0	18	0	1	2	$-$	2,4,2,1	2,4,2,1	2,2,2,1	I_2,I_4,I_2,I_1	2 : 2
D2	1 1 0	-72	-90	1	2	$+$	1,2,4,2	1,2,4,2	1,2,4,2	I_1,I_2,I_4,I_2	2 : 1

TABLE 1: ELLIPTIC CURVES 966E–972D

	$a_1\ a_2\ a_3$	a_4	a_6	r	$|T|$	s	$\mathrm{ord}(\Delta)$	$\mathrm{ord}_-(j)$	c_p	Kodaira	Isogenies
966			$N = 966 = 2 \cdot 3 \cdot 7 \cdot 23$				(continued)				**966**
E1	1 0 1	-1	116	1	2	$-$	6,4,2,1	6,4,2,1	2,4,2,1	I_6,I_4,I_2,I_1	**2 : 2**
E2	1 0 1	-361	2564	1	2	$+$	3,2,4,2	3,2,4,2	1,2,2,2	I_3,I_2,I_4,I_2	**2 : 1**
F1	1 0 1	4644	858394	0	6	$-$	10,12,2,3	10,12,2,3	2,12,2,3	I_{10},I_{12},I_2,I_3	**2 : 2; 3 : 3**
F2	1 0 1	-111996	13735450	0	6	$+$	5,6,4,6	5,6,4,6	1,6,4,6	I_5,I_6,I_4,I_6	**2 : 1; 3 : 4**
F3	1 0 1	-41931	-23576714	0	2	$-$	30,4,6,1	30,4,6,1	2,4,6,1	I_{30},I_4,I_6,I_1	**2 : 4; 3 : 1**
F4	1 0 1	-1516491	-715440266	0	2	$+$	15,2,12,2	15,2,12,2	1,2,12,2	I_{15},I_2,I_{12},I_2	**2 : 3; 3 : 2**
G1	1 1 1	126	1167	1	4	$-$	16,2,2,1	16,2,2,1	16,2,2,1	I_{16},I_2,I_2,I_1	**2 : 2**
G2	1 1 1	-1154	12431	1	8	$+$	8,4,4,2	8,4,4,2	8,2,4,2	I_8,I_4,I_4,I_2	**2 : 1, 3, 4**
G3	1 1 1	-5074	-128689	1	4	$+$	4,8,2,4	4,8,2,4	4,2,2,2	I_4,I_8,I_2,I_4	**2 : 2, 5, 6**
G4	1 1 1	-17714	900047	1	8	$+$	4,2,8,1	4,2,8,1	4,2,8,1	I_4,I_2,I_8,I_1	**2 : 2**
G5	1 1 1	-79134	-8601153	1	2	$+$	2,16,1,2	2,16,1,2	2,2,1,2	I_2,I_{16},I_1,I_2	**2 : 3**
G6	1 1 1	6266	-609505	1	2	$-$	2,4,1,8	2,4,1,8	2,2,1,2	I_2,I_4,I_1,I_8	**2 : 3**
H1	1 1 1	-615	-6147	0	1	$-$	5,9,1,1	5,9,1,1	5,1,1,1	I_5,I_9,I_1,I_1	
I1	1 0 0	-599	-9255	0	4	$-$	4,6,1,4	4,6,1,4	4,6,1,4	I_4,I_6,I_1,I_4	**2 : 2**
I2	1 0 0	-11179	-455731	0	4	$+$	2,12,2,2	2,12,2,2	2,12,2,2	I_2,I_{12},I_2,I_2	**2 : 1, 3, 4**
I3	1 0 0	-178849	-29127301	0	2	$+$	1,6,4,1	1,6,4,1	1,6,2,1	I_1,I_6,I_4,I_1	**2 : 2**
I4	1 0 0	-12789	-316305	0	2	$+$	1,24,1,1	1,24,1,1	1,24,1,1	I_1,I_{24},I_1,I_1	**2 : 2**
J1	1 0 0	9096	224832	0	1	$-$	9,1,11,1	9,1,11,1	9,1,1,1	I_9,I_1,I_{11},I_1	
K1	1 0 0	3	9	0	3	$-$	3,3,1,1	3,3,1,1	3,3,1,1	I_3,I_3,I_1,I_1	**3 : 2**
K2	1 0 0	-27	-249	0	1	$-$	1,1,3,3	1,1,3,3	1,1,3,1	I_1,I_1,I_3,I_3	**3 : 1**
968			$N = 968 = 2^3 \cdot 11^2$				(5 isogeny classes)				**968**
A1	0 1 0	15	-13	1	1	$-$	8,3	0,0	4,2	I_1^*,III	
B1	0 0 0	-1331	-29282	0	1	$-$	10,8	0,0	2,3	III^*,IV^*	
C1	0 1 0	1775	24451	0	1	$-$	8,9	0,0	2,2	I_1^*,III^*	
D1	0 0 0	-11	22	1	1	$-$	10,2	0,0	2,1	III^*,II	
E1	0 0 0	-484	-5324	1	1	$-$	8,7	0,1	2,4	I_1^*,I_1^*	
969			$N = 969 = 3 \cdot 17 \cdot 19$				(1 isogeny class)				**969**
A1	1 0 1	-10	-1	0	2	$+$	2,1,2	2,1,2	2,1,2	I_2,I_1,I_2	**2 : 2**
A2	1 0 1	-105	-419	0	2	$+$	4,2,1	4,2,1	4,2,1	I_4,I_2,I_1	**2 : 1**
970			$N = 970 = 2 \cdot 5 \cdot 97$				(2 isogeny classes)				**970**
A1	1 0 1	-21444	1420226	0	1	$-$	11,13,1	11,13,1	1,1,1	I_{11},I_{13},I_1	
B1	1 0 0	-5	-5	0	1	$-$	1,1,1	1,1,1	1,1,1	I_1,I_1,I_1	
972			$N = 972 = 2^2 \cdot 3^5$				(4 isogeny classes)				**972**
A1	0 0 0	0	-12	0	1	$-$	8,5	0,0	1,1	IV^*,II	**3 : 2**
A2	0 0 0	0	324	0	3	$-$	8,11	0,0	3,3	IV^*,IV^*	**3 : 1**
B1	0 0 0	0	-3	0	1	$-$	4,5	0,0	1,1	IV,II	**3 : 2**
B2	0 0 0	0	81	0	3	$-$	4,11	0,0	3,3	IV,IV^*	**3 : 1**
C1	0 0 0	0	9	1	3	$-$	4,7	0,0	3,3	IV,IV	**3 : 2**
C2	0 0 0	0	-243	1	1	$-$	4,13	0,0	1,1	IV,II^*	**3 : 1**
D1	0 0 0	0	36	1	3	$-$	8,7	0,0	3,3	IV^*,IV	**3 : 2**
D2	0 0 0	0	-972	1	1	$-$	8,13	0,0	1,1	IV^*,II^*	**3 : 1**

TABLE 1: ELLIPTIC CURVES 973A–976C

	a_1	a_2	a_3	a_4	a_6	r	$|T|$	s	ord(Δ)	ord$_-(j)$	c_p	Kodaira	Isogenies
973				$N = 973 = 7 \cdot 139$				(2 isogeny classes)					**973**
A1	0	1	1	-26	43	0	1	$+$	1,1	1,1	1,1	I_1,I_1	
B1	0	1	1	-203	1048	1	3	$+$	1,1	1,1	1,1	I_1,I_1	**3** : 2
B2	0	1	1	-253	441	1	3	$+$	3,3	3,3	3,3	I_3,I_3	**3** : 1,3
B3	0	1	1	-11373	-470630	1	1	$+$	9,1	9,1	9,1	I_9,I_1	**3** : 2
974				$N = 974 = 2 \cdot 487$				(8 isogeny classes)					**974**
A1	1	-1	0	-13	-27	0	1	$-$	9,1	9,1	1,1	I_9,I_1	
B1	1	1	0	-9421	-355915	0	1	$-$	3,1	3,1	1,1	I_3,I_1	
C1	1	1	0	8	0	0	2	$-$	6,1	6,1	2,1	I_6,I_1	**2** : 2
C2	1	1	0	-32	-40	0	2	$+$	3,2	3,2	1,2	I_3,I_2	**2** : 1
D1	1	-1	0	-178	980	0	1	$-$	15,1	15,1	1,1	I_{15},I_1	
E1	1	1	1	-5	3	1	1	$-$	3,1	3,1	3,1	I_3,I_1	
F1	1	1	1	-91	297	1	1	$-$	9,1	9,1	9,1	I_9,I_1	
G1	1	-1	1	3	-3	1	1	$-$	3,1	3,1	3,1	I_3,I_1	
H1	1	-1	1	51	117	1	1	$-$	15,1	15,1	15,1	I_{15},I_1	
975				$N = 975 = 3 \cdot 5^2 \cdot 13$				(11 isogeny classes)					**975**
A1	1	1	0	-2750	54375	1	2	$+$	4,7,1	4,1,1	2,2,1	I_4,I_1^*,I_1	**2** : 2
A2	1	1	0	-2875	49000	1	4	$+$	8,8,2	8,2,2	2,4,2	I_8,I_2^*,I_2	**2** : 1,3,4
A3	1	1	0	-13000	-528125	1	4	$+$	4,10,4	4,4,4	2,4,2	I_4,I_4^*,I_4	**2** : 2,5,6
A4	1	1	0	5250	284625	1	2	$-$	16,7,1	16,1,1	2,2,1	I_{16},I_1^*,I_1	**2** : 2
A5	1	1	0	-203125	-35321000	1	4	$+$	2,14,2	2,8,2	2,4,2	I_2,I_8^*,I_2	**2** : 3,7,8
A6	1	1	0	15125	-2468750	1	2	$-$	2,8,8	2,2,8	2,4,2	I_2,I_2^*,I_8	**2** : 3
A7	1	1	0	-3250000	-2256492875	1	2	$+$	1,10,1	1,4,1	1,4,1	I_1,I_4^*,I_1	**2** : 5
A8	1	1	0	-198250	-37090625	1	2	$-$	1,22,1	1,16,1	1,4,1	I_1,I_{16}^*,I_1	**2** : 5
B1	0	-1	1	-8	-82	1	1	$-$	1,7,1	1,1,1	1,4,1	I_1,I_1^*,I_1	
C1	1	1	0	300	14625	0	1	$-$	6,10,1	6,0,1	2,1,1	I_6,II^*,I_1	
D1	0	-1	1	-1658	-40282	0	1	$-$	3,13,1	3,7,1	1,2,1	I_3,I_7^*,I_1	
E1	1	1	1	-1138	-15844	0	1	$-$	2,8,3	2,0,3	2,1,1	I_2,IV^*,I_3	
F1	0	-1	1	-83	3818	1	1	$-$	5,9,1	5,0,1	1,2,1	I_5,III^*,I_1	
G1	1	0	0	12	-33	0	2	$-$	1,6,1	1,0,1	1,4,1	I_1,I_0^*,I_1	**2** : 2
G2	1	0	0	-113	-408	0	4	$+$	2,6,2	2,0,2	2,4,2	I_2,I_0^*,I_2	**2** : 1,3,4
G3	1	0	0	-1738	-28033	0	2	$+$	4,6,1	4,0,1	4,2,1	I_4,I_0^*,I_1	**2** : 2
G4	1	0	0	-488	3717	0	2	$+$	1,6,4	1,0,4	1,2,2	I_1,I_0^*,I_4	**2** : 2
H1	1	0	1	-46	-127	1	1	$-$	2,2,3	2,0,3	2,1,3	I_2,II,I_3	
I1	0	1	1	-4758	128144	1	1	$-$	7,7,3	7,1,3	7,4,3	I_7,I_1^*,I_3	
J1	0	1	1	-3	29	1	1	$-$	5,3,1	5,0,1	5,2,1	I_5,III,I_1	
K1	1	0	0	12	117	1	1	$-$	6,4,1	6,0,1	6,3,1	I_6,IV,I_1	
976				$N = 976 = 2^4 \cdot 61$				(3 isogeny classes)					**976**
A1	0	-1	0	40	-16	0	1	$-$	16,1	4,1	2,1	I_8^*,I_1	
B1	0	-1	0	-32	-64	0	1	$-$	12,1	0,1	2,1	I_4^*,I_1	
C1	0	0	0	1	-6	1	1	$-$	8,1	0,1	1,1	I_0^*,I_1	

TABLE 1: ELLIPTIC CURVES 978A–984C

	a_1	a_2	a_3	a_4	a_6	r	$|T|$	s	$\mathrm{ord}(\Delta)$	$\mathrm{ord}_-(j)$	c_p	Kodaira	Isogenies
978					$N = 978 = 2 \cdot 3 \cdot 163$		(8 isogeny classes)						**978**
A1	1	1	0	-37670	2798484	0	1	$-$	19,5,1	19,5,1	1,1,1	I_{19},I_5,I_1	
B1	1	1	0	-9	-15	0	2	$+$	2,1,1	2,1,1	2,1,1	I_2,I_1,I_1	**2 : 2**
B2	1	1	0	1	-33	0	2	$-$	1,2,2	1,2,2	1,2,2	I_1,I_2,I_2	**2 : 1**
C1	1	1	0	-2188119	-1243572651	0	1	$+$	13,26,1	13,26,1	1,2,1	I_{13},I_{26},I_1	
D1	1	1	0	458	-2060	0	1	$-$	5,13,1	5,13,1	1,1,1	I_5,I_{13},I_1	
E1	1	0	1	-5	2	1	1	$+$	1,2,1	1,2,1	1,2,1	I_1,I_2,I_1	
F1	1	1	1	-121	455	1	1	$+$	11,2,1	11,2,1	11,2,1	I_{11},I_2,I_1	
G1	1	0	0	-132	144	1	1	$+$	7,8,1	7,8,1	7,8,1	I_7,I_8,I_1	
H1	1	0	0	-3	9	0	3	$-$	3,3,1	3,3,1	3,3,1	I_3,I_3,I_1	**3 : 2**
H2	1	0	0	27	-237	0	1	$-$	1,1,3	1,1,3	1,1,3	I_1,I_1,I_3	**3 : 1**
979					$N = 979 = 11 \cdot 89$		(2 isogeny classes)						**979**
A1	0	-1	1	1	-2	0	1	$-$	1,1	1,1	1,1	I_1,I_1	
B1	1	1	0	-14646	-688345	1	2	$+$	4,3	4,3	4,3	I_4,I_3	**2 : 2**
B2	1	1	0	-14041	-747030	1	2	$-$	2,6	2,6	2,6	I_2,I_6	**2 : 1**
980					$N = 980 = 2^2 \cdot 5 \cdot 7^2$		(9 isogeny classes)						**980**
A1	0	1	0	-996	11780	0	3	$-$	8,3,4	0,3,0	3,1,3	IV^*,I_3,IV	**3 : 2**
A2	0	1	0	964	51764	0	1	$-$	8,9,4	0,9,0	1,1,3	IV^*,I_9,IV	**3 : 1**
B1	0	0	0	-343	-4802	0	1	$-$	8,1,8	0,1,0	1,1,1	IV^*,I_1,IV^*	
C1	0	1	0	19	-1	1	1	$-$	8,1,3	0,1,0	1,1,2	IV^*,I_1,III	
D1	0	-1	0	-261	8065	1	1	$-$	8,3,7	0,3,1	3,1,4	IV^*,I_3,I_1^*	**3 : 2**
D2	0	-1	0	-39461	3030385	1	1	$-$	8,1,9	0,1,3	1,1,4	IV^*,I_1,I_3^*	**3 : 1**
E1	0	-1	0	915	2185	0	1	$-$	8,1,9	0,1,0	1,1,2	IV^*,I_1,III^*	
F1	0	-1	0	-48820	-4138168	0	1	$-$	8,3,10	0,3,0	3,3,1	IV^*,I_3,II^*	**3 : 2**
F2	0	-1	0	47220	-17660600	0	1	$-$	8,9,10	0,9,0	1,9,1	IV^*,I_9,II^*	**3 : 1**
G1	0	-1	0	-65	-118	0	2	$+$	4,1,6	0,1,0	3,1,2	IV,I_1,I_0^*	**2 : 2; 3 : 3**
G2	0	-1	0	180	-1000	0	2	$-$	8,2,6	0,2,0	3,2,2	IV^*,I_2,I_0^*	**2 : 1; 3 : 4**
G3	0	-1	0	-2025	35750	0	2	$+$	4,3,6	0,3,0	1,3,2	IV,I_3,I_0^*	**2 : 4; 3 : 1**
G4	0	-1	0	-1780	44472	0	2	$-$	8,6,6	0,6,0	1,6,2	IV^*,I_6,I_0^*	**2 : 3; 3 : 2**
H1	0	0	0	-7	14	0	1	$-$	8,1,2	0,1,0	1,1,1	IV^*,I_1,II	
I1	0	0	0	1568	-72716	0	1	$-$	8,1,11	0,1,5	1,1,2	IV^*,I_1,I_5^*	
981					$N = 981 = 3^2 \cdot 109$		(2 isogeny classes)						**981**
A1	1	-1	0	36	81	1	1	$-$	10,1	4,1	2,1	I_4^*,I_1	
B1	1	-1	1	-74	262	1	1	$-$	6,1	0,1	2,1	I_0^*,I_1	
982					$N = 982 = 2 \cdot 491$		(1 isogeny class)						**982**
A1	1	0	1	-22	40	1	1	$-$	8,1	8,1	2,1	I_8,I_1	
984					$N = 984 = 2^3 \cdot 3 \cdot 41$		(4 isogeny classes)						**984**
A1	0	-1	0	184	1644	0	1	$-$	11,9,1	0,9,1	1,1,1	II^*,I_9,I_1	
B1	0	-1	0	-577	-5147	0	1	$-$	8,3,1	0,3,1	4,1,1	I_1^*,I_3,I_1	
C1	0	-1	0	-369	4293	1	1	$-$	8,5,3	0,5,3	2,1,3	I_1^*,I_5,I_3	

TABLE 1: ELLIPTIC CURVES 984D–990B

	$a_1\ a_2\ a_3$	a_4	a_6	r	$\|T\|$	s	$\text{ord}(\Delta)$	$\text{ord}_-(j)$	c_p	Kodaira	Isogenies

984
$N = 984 = 2^3 \cdot 3 \cdot 41$ (continued)

	$a_1\ a_2\ a_3$	a_4	a_6	r	$\|T\|$	s	$\text{ord}(\Delta)$	$\text{ord}_-(j)$	c_p	Kodaira	Isogenies
D1	0 1 0	7	27	1	1	−	8,3,1	0,3,1	2,3,1	I_1^*,I_3,I_1	

985
$N = 985 = 5 \cdot 197$ (2 isogeny classes)

	$a_1\ a_2\ a_3$	a_4	a_6	r	$\|T\|$	s	$\text{ord}(\Delta)$	$\text{ord}_-(j)$	c_p	Kodaira	Isogenies
A1	1 −1 0	−89	−302	0	1	−	3,1	3,1	3,1	I_3,I_1	
B1	0 1 1	−20	24	1	1	+	4,1	4,1	4,1	I_4,I_1	

986
$N = 986 = 2 \cdot 17 \cdot 29$ (6 isogeny classes)

	$a_1\ a_2\ a_3$	a_4	a_6	r	$\|T\|$	s	$\text{ord}(\Delta)$	$\text{ord}_-(j)$	c_p	Kodaira	Isogenies
A1	1 0 1	9	−34	0	3	−	2,3,1	2,3,1	2,3,1	I_2,I_3,I_1	3 : 2
A2	1 0 1	−586	−5508	0	1	−	6,1,3	6,1,3	2,1,1	I_6,I_1,I_3	3 : 1
B1	1 1 0	−10407	−413003	1	1	−	12,2,1	12,2,1	2,2,1	I_{12},I_2,I_1	
C1	1 1 0	−276	1616	1	2	+	12,1,2	12,1,2	2,1,2	I_{12},I_1,I_2	2 : 2
C2	1 1 0	44	5520	1	2	−	6,2,4	6,2,4	2,2,4	I_6,I_2,I_4	2 : 1
D1	1 0 0	8	16	1	1	−	4,2,1	4,2,1	4,2,1	I_4,I_2,I_1	
E1	1 0 0	3467	−83679	1	1	−	14,1,5	14,1,5	14,1,5	I_{14},I_1,I_5	
F1	1 −1 1	−1	17	1	1	−	8,1,1	8,1,1	8,1,1	I_8,I_1,I_1	

987
$N = 987 = 3 \cdot 7 \cdot 47$ (5 isogeny classes)

	$a_1\ a_2\ a_3$	a_4	a_6	r	$\|T\|$	s	$\text{ord}(\Delta)$	$\text{ord}_-(j)$	c_p	Kodaira	Isogenies
A1	1 1 0	7	0	0	2	−	2,2,1	2,2,1	2,2,1	I_2,I_2,I_1	2 : 2
A2	1 1 0	−28	−35	0	2	+	4,1,2	4,1,2	2,1,2	I_4,I_1,I_2	2 : 1
B1	1 1 1	−62	−214	0	2	+	2,1,1	2,1,1	2,1,1	I_2,I_1,I_1	2 : 2
B2	1 1 1	−67	−184	0	4	+	4,2,2	4,2,2	2,2,2	I_4,I_2,I_2	2 : 1, 3, 4
B3	1 1 1	−382	2588	0	4	+	2,1,4	2,1,4	2,1,4	I_2,I_1,I_4	2 : 2
B4	1 1 1	168	−936	0	2	−	8,4,1	8,4,1	2,2,1	I_8,I_4,I_1	2 : 2
C1	0 −1 1	−208	1227	0	1	−	3,3,1	3,3,1	1,1,1	I_3,I_3,I_1	
D1	0 1 1	−2066	100013	0	1	−	7,5,3	7,5,3	7,1,1	I_7,I_5,I_3	
E1	1 0 0	1596	9783	1	2	−	10,2,3	10,2,3	10,2,3	I_{10},I_2,I_3	2 : 2
E2	1 0 0	−6909	79524	1	2	+	5,1,6	5,1,6	5,1,6	I_5,I_1,I_6	2 : 1

988
$N = 988 = 2^2 \cdot 13 \cdot 19$ (4 isogeny classes)

	$a_1\ a_2\ a_3$	a_4	a_6	r	$\|T\|$	s	$\text{ord}(\Delta)$	$\text{ord}_-(j)$	c_p	Kodaira	Isogenies
A1	0 −1 0	114	−247	0	1	−	4,5,1	0,5,1	3,1,1	IV,I_5,I_1	
B1	0 0 0	−362249	165197113	1	1	−	4,1,13	0,1,13	3,1,13	IV,I_1,I_{13}	
C1	0 0 0	16	36	1	1	−	8,2,1	0,2,1	3,2,1	IV^*,I_2,I_1	
D1	0 1 0	−18	−71	0	3	−	4,1,3	0,1,3	3,1,3	IV,I_1,I_3	3 : 2
D2	0 1 0	−1918	−32979	0	1	−	4,3,1	0,3,1	1,3,1	IV,I_3,I_1	3 : 1

989
$N = 989 = 23 \cdot 43$ (1 isogeny class)

	$a_1\ a_2\ a_3$	a_4	a_6	r	$\|T\|$	s	$\text{ord}(\Delta)$	$\text{ord}_-(j)$	c_p	Kodaira	Isogenies
A1	1 −1 0	−241	1502	0	1	−	1,1	1,1	1,1	I_1,I_1	

990
$N = 990 = 2 \cdot 3^2 \cdot 5 \cdot 11$ (12 isogeny classes)

	$a_1\ a_2\ a_3$	a_4	a_6	r	$\|T\|$	s	$\text{ord}(\Delta)$	$\text{ord}_-(j)$	c_p	Kodaira	Isogenies
A1	1 −1 0	−15	25	1	2	+	2,3,2,1	2,0,2,1	2,2,2,1	I_2,III,I_2,I_1	2 : 2
A2	1 −1 0	15	91	1	2	−	1,3,4,2	1,0,4,2	1,2,2,2	I_1,III,I_4,I_2	2 : 1
B1	1 −1 0	−10734	430740	0	6	+	6,3,6,1	6,0,6,1	2,2,6,1	I_6,III,I_6,I_1	2 : 2; 3 : 3
B2	1 −1 0	−10614	440748	0	6	−	3,3,12,2	3,0,12,2	1,2,12,2	I_3,III,I_{12},I_2	2 : 1; 3 : 4
B3	1 −1 0	−14109	140165	0	2	+	18,9,2,3	18,0,2,3	2,2,2,1	I_{18},III^*,I_2,I_3	2 : 4; 3 : 1
B4	1 −1 0	55011	1066373	0	2	−	9,9,4,6	9,0,4,6	1,2,4,2	I_9,III^*,I_4,I_6	2 : 3; 3 : 2

TABLE 1: ELLIPTIC CURVES 990C–994D

	$a_1\ a_2\ a_3$	a_4	a_6	r	$|T|$	s	ord(Δ)	ord$_-(j)$	c_p	Kodaira	Isogenies

990 $N = 990 = 2 \cdot 3^2 \cdot 5 \cdot 11$ (continued) **990**

	$a_1\ a_2\ a_3$	a_4	a_6	r	$|T|$	s	ord(Δ)	ord$_-(j)$	c_p	Kodaira	Isogenies
C1	1 −1 0	2295	−4595	0	2	−	16,9,1,2	16,3,1,2	2,2,1,2	I_{16},I_3^*,I_1,I_2	**2** : 2
C2	1 −1 0	−9225	−29939	0	4	+	8,12,2,4	8,6,2,4	2,4,2,2	I_8,I_6^*,I_2,I_4	**2** : 1,3,4
C3	1 −1 0	−106425	−13307459	0	2	+	4,9,1,8	4,3,1,8	2,4,1,2	I_4,I_3^*,I_1,I_8	**2** : 2
C4	1 −1 0	−96345	11487325	0	4	+	4,18,4,2	4,12,4,2	2,4,2,2	I_4,I_{12}^*,I_4,I_2	**2** : 2,5,6
C5	1 −1 0	−1539765	735795481	0	2	+	2,12,8,1	2,6,8,1	2,2,2,1	I_2,I_6^*,I_8,I_1	**2** : 4
C6	1 −1 0	−46845	23238625	0	2	−	2,30,2,1	2,24,2,1	2,4,2,1	I_2,I_{24}^*,I_2,I_1	**2** : 4
D1	1 −1 0	90	1300	0	1	−	5,6,5,1	5,0,5,1	1,1,1,1	I_5,I_0^*,I_5,I_1	**5** : 2
D2	1 −1 0	−53460	4771030	0	1	−	1,6,1,5	1,0,1,5	1,1,1,1	I_1,I_0^*,I_1,I_5	**5** : 1
E1	1 −1 0	45	−459	1	2	−	8,8,1,1	8,2,1,1	2,2,1,1	I_8,I_2^*,I_1,I_1	**2** : 2
E2	1 −1 0	−675	−6075	1	4	+	4,10,2,2	4,4,2,2	2,4,2,2	I_4,I_4^*,I_2,I_2	**2** : 1,3,4
E3	1 −1 0	−10575	−415935	1	2	+	2,14,1,1	2,8,1,1	2,4,1,1	I_2,I_8^*,I_1,I_1	**2** : 2
E4	1 −1 0	−2295	35721	1	4	+	2,8,4,4	2,2,4,4	2,4,2,4	I_2,I_2^*,I_4,I_4	**2** : 2,5,6
E5	1 −1 0	−34965	2525175	1	2	+	1,7,8,2	1,1,8,2	1,2,2,2	I_1,I_1^*,I_8,I_2	**2** : 4
E6	1 −1 0	4455	201771	1	2	−	1,7,2,8	1,1,2,8	1,4,2,8	I_1,I_1^*,I_2,I_8	**2** : 4
F1	1 −1 0	−9	−27	0	1	−	3,6,1,1	3,0,1,1	1,1,1,1	I_3,I_0^*,I_1,I_1	**3** : 2
F2	1 −1 0	81	675	0	3	−	1,6,3,3	1,0,3,3	1,1,3,3	I_1,I_0^*,I_3,I_3	**3** : 1
G1	1 −1 0	−362394	−79244492	0	2	+	28,11,4,1	28,5,4,1	2,4,4,1	I_{28},I_5^*,I_4,I_1	**2** : 2
G2	1 −1 0	−1099674	346460980	0	4	+	14,16,8,2	14,10,8,2	2,4,8,2	I_{14},I_{10}^*,I_8,I_2	**2** : 1,3,4
G3	1 −1 0	−164961542	5790683828	0	2	+	7,11,16,1	7,5,16,1	1,2,16,1	I_7,I_5^*,I_{16},I_1	**2** : 2
G4	1 −1 0	2500326	2138540980	0	2	−	7,26,4,4	7,20,4,4	1,4,4,4	I_7,I_{20}^*,I_4,I_4	**2** : 2
H1	1 −1 1	−96608	−11533373	1	2	+	6,9,6,1	6,0,6,1	6,2,2,1	I_6,III^*,I_6,I_1	**2** : 2; **3** : 3
H2	1 −1 1	−95528	−11804669	1	2	−	3,9,12,2	3,0,12,2	3,2,2,2	I_3,III^*,I_{12},I_2	**2** : 1; **3** : 4
H3	1 −1 1	−1568	−4669	1	6	+	18,3,2,3	18,0,2,3	18,2,2,3	I_{18},III,I_2,I_3	**2** : 4; **3** : 1
H4	1 −1 1	6112	−41533	1	6	−	9,3,4,6	9,0,4,6	9,2,2,6	I_9,III,I_4,I_6	**2** : 3; **3** : 2
I1	1 −1 1	−137	−539	0	2	+	2,9,2,1	2,0,2,1	2,2,2,1	I_2,III^*,I_2,I_1	**2** : 2
I2	1 −1 1	133	−2591	0	2	−	1,9,4,2	1,0,4,2	1,2,4,2	I_1,III^*,I_4,I_2	**2** : 1
J1	1 −1 1	−203	987	1	4	+	8,7,2,1	8,1,2,1	8,4,2,1	I_8,I_1^*,I_2,I_1	**2** : 2
J2	1 −1 1	−923	−9669	1	4	+	4,8,4,2	4,2,4,2	4,4,2,2	I_4,I_2^*,I_4,I_2	**2** : 1,3,4
J3	1 −1 1	−14423	−663069	1	2	+	2,7,2,4	2,1,2,4	2,2,2,2	I_2,I_1^*,I_2,I_4	**2** : 2
J4	1 −1 1	1057	−46893	1	2	−	2,10,8,1	2,4,8,1	2,4,2,1	I_2,I_4^*,I_8,I_1	**2** : 2
K1	1 −1 1	−12542	543741	0	4	+	4,11,2,1	4,5,2,1	4,4,2,1	I_4,I_5^*,I_2,I_1	**2** : 2
K2	1 −1 1	−12722	527469	0	4	+	2,16,4,2	2,10,4,2	2,4,4,2	I_2,I_{10}^*,I_4,I_2	**2** : 1,3,4
K3	1 −1 1	−37472	−2125731	0	2	+	1,26,2,1	1,20,2,1	1,4,2,1	I_1,I_{20}^*,I_2,I_1	**2** : 2
K4	1 −1 1	9148	2137101	0	2	−	1,11,8,4	1,5,8,4	1,2,8,2	I_1,I_5^*,I_8,I_4	**2** : 2
L1	1 −1 1	−797	−8539	0	1	−	7,6,1,3	7,0,1,3	7,1,1,1	I_7,I_0^*,I_1,I_3	**3** : 2
L2	1 −1 1	2668	−45961	0	3	−	21,6,3,1	21,0,3,1	21,1,3,1	I_{21},I_0^*,I_3,I_1	**3** : 1

994 $N = 994 = 2 \cdot 7 \cdot 71$ (7 isogeny classes) **994**

	$a_1\ a_2\ a_3$	a_4	a_6	r	$|T|$	s	ord(Δ)	ord$_-(j)$	c_p	Kodaira	Isogenies
A1	1 0 1	−1	4	1	1	−	4,1,1	4,1,1	2,1,1	I_4,I_1,I_1	
B1	1 0 1	255	−796	0	2	−	4,5,2	4,5,2	2,1,2	I_4,I_5,I_2	**2** : 2
B2	1 0 1	−1165	−7044	0	2	+	2,10,1	2,10,1	2,2,1	I_2,I_{10},I_1	**2** : 1
C1	1 1 0	−371	−3091	0	2	−	8,3,2	8,3,2	2,3,2	I_8,I_3,I_2	**2** : 2
C2	1 1 0	−6051	−183715	0	2	+	4,6,1	4,6,1	2,6,1	I_4,I_6,I_1	**2** : 1
D1	1 0 1	164	922	1	3	−	8,1,3	8,1,3	2,1,3	I_8,I_1,I_3	**3** : 2
D2	1 0 1	−1611	−39690	1	1	−	24,3,1	24,3,1	2,3,1	I_{24},I_3,I_1	**3** : 1

TABLE 1: ELLIPTIC CURVES 994E–999B

994 $N = 994 = 2 \cdot 7 \cdot 71$ (continued)

	a_1	a_2	a_3	a_4	a_6	r	$|T|$	s	ord(Δ)	ord$_-(j)$	c_p	Kodaira	Isogenies
E1	1	0	0	-11	13	0	2	$+$	2,1,1	2,1,1	2,1,1	I_2,I_1,I_1	**2** : 2
E2	1	0	0	-21	-17	0	2	$+$	1,2,2	1,2,2	1,2,2	I_1,I_2,I_2	**2** : 1
F1	1	-1	1	-16	-13	1	2	$+$	8,1,1	8,1,1	8,1,1	I_8,I_1,I_1	**2** : 2
F2	1	-1	1	-96	371	1	4	$+$	4,2,2	4,2,2	4,2,2	I_4,I_2,I_2	**2** : 1,3,4
F3	1	-1	1	-1516	23091	1	4	$+$	2,4,1	2,4,1	2,4,1	I_2,I_4,I_1	**2** : 2
F4	1	-1	1	44	1267	1	2	$-$	2,1,4	2,1,4	2,1,2	I_2,I_1,I_4	**2** : 2
G1	1	0	0	-678	-5660	1	6	$+$	18,3,1	18,3,1	18,3,1	I_{18},I_3,I_1	**2** : 2; **3** : 3
G2	1	0	0	-3238	65508	1	6	$+$	9,6,2	9,6,2	9,6,2	I_9,I_6,I_2	**2** : 1; **3** : 4
G3	1	0	0	-52198	-4594524	1	2	$+$	6,1,3	6,1,3	6,1,1	I_6,I_1,I_3	**2** : 4; **3** : 1
G4	1	0	0	-52238	-4587140	1	2	$+$	3,2,6	3,2,6	3,2,2	I_3,I_2,I_6	**2** : 3; **3** : 2

995 $N = 995 = 5 \cdot 199$ (2 isogeny classes)

	a_1	a_2	a_3	a_4	a_6	r	$|T|$	s	ord(Δ)	ord$_-(j)$	c_p	Kodaira	Isogenies
A1	1	0	1	2	3	0	2	$-$	2,1	2,1	2,1	I_2,I_1	**2** : 2
A2	1	0	1	-23	33	0	2	$+$	1,2	1,2	1,2	I_1,I_2	**2** : 1
B1	0	1	1	-15	19	1	3	$-$	3,1	3,1	3,1	I_3,I_1	**3** : 2
B2	0	1	1	85	64	1	1	$-$	1,3	1,3	1,3	I_1,I_3	**3** : 1

996 $N = 996 = 2^2 \cdot 3 \cdot 83$ (3 isogeny classes)

	a_1	a_2	a_3	a_4	a_6	r	$|T|$	s	ord(Δ)	ord$_-(j)$	c_p	Kodaira	Isogenies
A1	0	-1	0	19	-42	0	2	$-$	4,6,1	0,6,1	3,2,1	IV,I_6,I_1	**2** : 2
A2	0	-1	0	-116	-312	0	2	$+$	8,3,2	0,3,2	3,1,2	IV^*,I_3,I_2	**2** : 1
B1	0	1	0	164	-8764	1	1	$-$	8,13,1	0,13,1	3,13,1	IV^*,I_{13},I_1	
C1	0	1	0	-12	36	1	3	$-$	8,3,1	0,3,1	3,3,1	IV^*,I_3,I_1	**3** : 2
C2	0	1	0	108	-876	1	1	$-$	8,1,3	0,1,3	1,1,1	IV^*,I_1,I_3	**3** : 1

997 $N = 997 = 997$ (3 isogeny classes)

	a_1	a_2	a_3	a_4	a_6	r	$|T|$	s	ord(Δ)	ord$_-(j)$	c_p	Kodaira	Isogenies
A1	0	-1	1	-18	36	1	1	$+$	1	1	1	I_1	
B1	0	-1	1	-5	-3	2	1	$+$	1	1	1	I_1	
C1	0	-1	1	-24	54	2	1	$+$	1	1	1	I_1	

999 $N = 999 = 3^3 \cdot 37$ (2 isogeny classes)

	a_1	a_2	a_3	a_4	a_6	r	$|T|$	s	ord(Δ)	ord$_-(j)$	c_p	Kodaira	Isogenies
A1	1	-1	0	-69	-208	1	1	$-$	9,1	0,1	1,1	IV^*,I_1	
B1	1	-1	1	-8	10	1	1	$-$	3,1	0,1	1,1	II,I_1	

TABLE 2

MORDELL—WEIL GENERATORS

This table contains an entry for the first curve in each isogeny class, except for those of rank 0. For each we give the (x,y) coordinates of the generators of the Mordell–Weil group (modulo torsion) with respect to the minimal equation of Table 1. In a few cases the coordinates are not integral, in which case we give them in the form $(a/c^2, b/c^3)$ with $a, b, c \in \mathbb{Z}$ and $\gcd(a, b, c) = 1$.

TABLE 2: MORDELL–WEIL GENERATORS 37A–285B

Curve	x	y	Curve	x	y	Curve	x	y
37 A (A)	0	0	156 A (E)	1	1	224 A	1	2
43 A (A)	0	0	158 A (E)	−1	4	225 A	1	1
53 A (A)	0	0	158 B (D)	0	1	225 E	−5	22
57 A (E)	2	1	160 A (A)	0	2	226 A	0	1
58 A (A)	0	1	162 A (K)	2	0	228 B	3	6
61 A (A)	1	0	163 A (A)	1	0	229 A	−1	1
65 A (A)	1	0	166 A (A)	0	2	232 A	2	4
77 A (F)	2	3	170 A (A)	0	2	234 C	1	1
79 A (A)	0	0	171 B (A)	2	4	235 A	−2	3
82 A (A)	0	0	172 A (A)	2	1	236 A	1	1
83 A (A)	0	0	175 A (B)	2	−3	238 A	24	100
88 A (A)	2	2	175 B (C)	−3	12	238 B	1	1
89 A (C)	0	0	176 C (A)	1	2	240 C	1	2
91 A (A)	0	0	184 A (C)	0	1	242 A	0	1
91 B (B)	−1	3	184 B (B)	2	1	243 A	1	0
92 B (C)	1	1	185 A (D)	4	12	244 A	−1	2
99 A (A)	0	0	185 B (A)	0	2	245 A	7	17
101 A (A)	−1	0	185 C (B)	3	2	245 C	12	24
102 A (E)	−1	2	189 A (A)	−1	1	246 D	3	3
106 B (A)	2	1	189 B (C)	−3	9	248 A	0	1
112 A (K)	0	2	190 A (D)	13	33	248 C	1	1
117 A (A)	0	2	190 B (C)	1	2	249 A	4	−2
118 A (A)	0	1	192 A (Q)	3	2	249 B	0	1
121 B (D)	4	5	196 A (A)	0	1	252 B	−2	9
122 A (A)	1	1	197 A (A)	1	0	254 A	2	0
123 A (A)	1	1	198 A (I)	−1	5	254 C	−1	1
123 B (C)	1	0	200 B (C)	−1	1	256 A	0	1
124 A (B)	1	1	201 A	1	1	256 B	−1	1
128 A (C)	0	1	201 B	−1	2	258 A	2	3
129 A (E)	1	4	201 C	16	−7	258 C	5	6
130 A (E)	2	2	203 B	2	2	262 A	−2	5
131 A (A)	0	0	205 A	−1	8	262 B	1	0
135 A (A)	4	7	207 A	0	4	265 A	8	0
136 A (A)	−2	2	208 A	4	8	269 A	−1	0
138 A (E)	0	1	208 B	4	4	272 A	0	2
141 A (E)	−3	4	209 A	−5	9	272 B	−1	2
141 D (I)	0	0	210 D	−1	1	273 A	11	31
142 A (F)	1	1	212 A	2	2	274 A	2	1
142 B (E)	−1	1	214 A	0	4	274 B	31	−15
143 A (A)	4	6	214 B	0	0	274 C	−1	1
145 A (A)	0	1	214 C	11	10	275 A	8	21
148 A (A)	−1	2	215 A	6	12	277 A	1	0
152 A (A)	−1	2	216 A	−2	6	278 A	2	3
153 A (C)	0	1	218 A	−2	2	280 A	1	2
153 B (A)	5	13	219 A	2	0	280 B	−18	70
154 A (C)	2	3	219 B	2	4	282 B	3	2
155 A (D)	2	5	219 C	−6	7	285 A	1	4
155 C (C)	1	0	220 A	3	1	285 B	6	13

TABLE 2: MORDELL–WEIL GENERATORS 286B–423G

Curve	x	y
286 B	19	78
286 C	1	5
288 A	1	2
288 B	−3	4
289 A	−12	38
290 A	−5	4
291 C	0	0
294 G	1	5
296 A	1	2
296 B	3	2
297 A	15	49
297 B	0	0
297 C	4	7
298 A	2	1
298 B	1	0
300 D	1	3
302 A	7	3
302 C	1	1
303 A	−2	13
303 B	0	1
304 A	10	32
304 C	0	4
304 F	3	2
306 B	−2	5
308 A	7	14
309 A	3	3
310 B	6	0
312 B	−1	1
312 F	−1	3
314 A	6	13
315 B	−2	1
316 B	−1	2
318 C	5	11
318 D	1	5
320 B	1	1
320 F	−2	1
322 A	−2	8
322 D	0	2
324 C	1	1
325 A	2	9
325 B	1	0
326 A	−5	3
326 B	0	2
327 A	1	1
328 A	−2	2
330 E	−3	4
331 A	1	0
333 A	−3	0

Curve	x	y
333 B	2	7
333 C	2	1
335 A	2	2
336 E	2	6
338 A	0	1
338 E	5	10
338 F	23	73
339 A	18	40
339 C	1	1
340 A	4	3
342 C	−3	15
342 E	0	1
344 A	0	2
345 B	−1	1
345 F	5	7
346 B	−1	2
347 A	0	0
348 A	0	1
348 D	10	27
350 C	1	3
350 F	−1	35
352 B	1	4
352 C	3	4
352 D	3	4
352 F	12	44
354 C	13	7
354 F	3	4
356 A	2	2
357 B	4	3
357 D	0	10
359 A	3	−1
359 B	2	−1
360 E	−2	1
361 A	0	9
362 A	1	0
362 B	1	3
364 A	−8	98
364 B	1	2
366 F	3	4
366 G	−3	13
368 A	3	6
368 D	1	1
368 E	1	1
368 G	4	1
369 A	1	4
370 A	1	0
371 A	14	42
372 A	0	3

Curve	x	y
372 D	−2	3
373 A	−1	0
374 A	−1	6
377 A	−2	5
378 D	2	2
378 F	4	11
380 A	−1	2
381 A	−2	1
384 D	2	1
384 H	4	3
385 A	2	−9
385 B	−1	3
387 B	10	22
387 C	0	1
389 A	$\begin{cases} 0 \\ 1 \end{cases}$	$\begin{cases} 0 \\ 0 \end{cases}$
390 A	1	1
392 A	9	22
392 C	−2	7
392 F	1	1
396 B	2	9
399 A	−10	33
399 B	−2	1
400 A	15	50
400 C	12	40
400 H	1	4
402 A	4	6
402 D	7	2
404 A	0	2
405 B	1	3
405 C	0	1
405 D	4	2
405 F	−1	0
406 A	9	10
406 B	3	12
406 C	7	3
408 D	7	18
410 A	1	2
410 D	8	16
414 C	5	11
414 D	1	17
416 B	0	2
418 B	5	19
422 A	2	1
423 A	−2	4
423 C	18	63
423 F	8	4
423 G	1	1

TABLE 2: MORDELL–WEIL GENERATORS 425A–540B

Curve	x	y	Curve	x	y	Curve	x	y
425 A	0	4	455 B	14	36	493 B	40	226
425 B	10	20	456 C	3	6	494 A	3	8
425 C	1	0	456 D	23	114	494 D	45	224
425 D	-9	5	458 A	2	1	495 A	2	2
426 A	7	10	458 B	-3	5	496 A	0	1
427 B	1	0	459 A	2	1	496 E	2	1
427 C	-3	0	459 B	4	8	496 F	7	14
428 B	1	1	459 H	-2	5	497 A	2	6
429 A	0	1	460 C	-6	25	498 B	-1	6
429 B	6	-15	460 D	4	5	503 A	7	4
430 A	3	-1	462 A	4	7	504 A	0	3
430 B	1	2	462 C	1	2	504 E	2	1
430 C	-2	0	462 E	-17	92	504 F	6	5
430 D	-26	213	464 A	0	2	505 A	6	9
431 A	1	0	464 B	6	2	506 A	-4	2
432 B	2	2	465 A	0	-4	506 D	17	-3
432 D	5	12	465 B	7	13	506 E	-1	1
432 F	5	16	467 A	1	0	506 F	4	2
433 A	$\begin{cases} -1 \\ 0 \end{cases}$	$\begin{cases} 0 \\ 1 \end{cases}$	468 C	0	9	507 A	70	472
			469 A	-5	4	507 B	2	0
434 A	-1	2	469 B	2	-1	507 C	$85/3^2$	$913/3^3$
434 D	0	7	470 A	1	7	510 D	3	4
437 A	10	34	470 C	-8	29	513 A	8	-3
438 C	-1	2	470 E	1	0	513 B	2	-3
438 D	24	-20	470 F	-9	24	514 A	-7	6
438 F	1	0	471 A	0	1	514 B	2	0
438 G	0	1	472 A	0	1	516 B	7	-18
440 A	-4	1	472 E	0	2	517 C	$85/2^2$	$513/2^3$
440 B	2	3	473 A	15	21	520 A	-1	8
441 B	2	4	474 A	14	57	522 A	7	10
441 C	30	-211	474 B	1	2	522 E	-1	14
441 D	2	2	475 B	10	31	522 F	6	13
441 F	4	4	475 C	0	1	522 I	1	2
442 B	-9	21	477 A	2	0	522 J	11	-24
443 A	-1	0	480 A	-1	2	524 A	10	1
443 B	-1	1	480 F	-1	10	525 A	6	3
444 B	3	3	481 A	$87/2^2$	$63/2^3$	525 C	14	1
446 A	4	2	482 A	17	55	525 D	3	0
446 B	-5	10	484 A	18	121	528 A	-2	2
446 D	$\begin{cases} 0 \\ 1 \end{cases}$	$\begin{cases} 2 \\ 0 \end{cases}$	485 B	0	0	528 G	-6	2
			486 A	2	3	528 H	-2	24
448 A	0	4	486 B	-1	1	530 B	-1	2
448 B	4	8	486 F	1	2	530 C	156	1922
448 G	1	4	490 A	1	12	530 D	1	4
450 C	9	18	490 D	0	1	534 A	3	-5
450 F	-1	38	490 G	-2	21	539 C	123	1310
451 A	7	20	492 A	3	2	539 D	9	-25
455 A	2	-5	492 B	-7	18	540 B	0	1

TABLE 2: MORDELL–WEIL GENERATORS 540C–640H

Curve	x	y
540 C	16	10
540 D	1	1
542 B	1	1
544 A	0	2
545 A	6	17
546 C	-4	3
549 A	4	6
549 B	2	4
550 A	5	10
550 F	52	286
550 G	1	1
550 I	-35	-258
550 J	-1	10
551 A	7	15
551 B	5	7
551 C	$509/2^2$	$10465/2^3$
551 D	9	14
552 A	18	64
552 D	17	5
552 E	-1	6
556 A	2	1
557 A	0	1
558 A	1	1
558 D	9	-45
558 F	-3	7
558 G	9	4
560 D	-1	10
560 E	6	14
560 F	5	10
561 B	34	181
561 C	1	1
563 A	$\left\{\begin{array}{c}2\\4\end{array}\right.$	$\left.\begin{array}{c}-1\\4\end{array}\right\}$
564 A	-8	1
564 B	1	6
566 A	0	2
567 A	4	5
567 B	10	26
570 A	4	-10
570 C	-2	11
570 E	2	3
571 B	$\left\{\begin{array}{c}0\\1\end{array}\right.$	$\left.\begin{array}{c}1\\0\end{array}\right\}$
573 C	-1	1
574 A	-1	1
574 B	17	65
574 F	-2	19
574 G	-1	4

Curve	x	y
574 H	1	2
574 I	61	18
575 A	0	1
575 B	45	312
575 D	-6	15
575 E	3	-3
576 A	1	3
576 H	4	10
576 I	1	9
579 B	-1	2
580 A	-2	1
580 B	-2	5
582 A	-3	3
582 C	1	3
585 A	8	8
585 D	5	4
585 F	238	3513
585 G	-1	4
585 H	4	2
585 I	8	-68
586 B	-7	19
586 C	1	0
588 B	5	49
588 C	-1	1
590 C	1	2
590 D	10	-10
591 A	0	1
592 A	-2	1
592 D	-1	2
592 E	-4	1
593 A	1	0
594 A	0	6
594 D	18	79
598 A	1	19
598 B	-5	14
598 D	21	-103
600 A	11	3
600 B	1	2
600 E	43	270
603 E	6	6
603 F	5	4
605 A	212	2919
605 B	$84/5^2$	$563/5^3$
605 C	6	9
606 B	0	1
606 E	0	24
608 A	4	4
608 D	0	4

Curve	x	y
608 E	128	1444
608 F	1	2
609 A	$-1/2^2$	$15/2^3$
609 B	$211/2^2$	$2529/2^3$
610 B	7	-1
612 B	8	6
612 C	-4	18
614 A	5	-2
614 B	0	1
615 A	-2	2
615 B	22	112
616 A	10	44
616 D	29	154
616 E	6	3
618 A	0	2
618 B	61	-1
618 C	$11/2^2$	$-9/2^3$
618 D	15	28
618 E	-1	2
618 F	10	19
620 A	2	13
620 B	18	5
620 C	0	2
621 B	-2	1
622 A	1	1
623 A	12	43
624 A	2	2
624 B	6	14
624 F	12	36
624 G	0	2
626 A	1	1
629 A	2	2
629 C	-6	8
629 D	16	47
630 D	12	50
630 E	2	9
632 A	0	4
633 A	12	34
635 A	$-3/2^2$	$9/2^3$
635 B	2	0
637 A	6	-2
637 C	$4776/7^2$	$158761/7^3$
637 D	7	24
639 A	6	10
640 A	$17/2^2$	$15/2^3$
640 B	-2	6
640 G	0	2
640 H	0	5

TABLE 2: MORDELL–WEIL GENERATORS 642C–730J

Curve	x	y
642 C	15	64
643 A	$\begin{cases} 1 \\ 2 \end{cases}$	$\begin{cases} 0 \\ 1 \end{cases}$
644 A	13	49
644 B	4	7
645 E	51	607
645 F	1	7
646 D	9	11
648 A	-1	4
648 B	-1	1
648 D	-3	9
649 A	3	4
650 A	-2	9
650 B	84	726
650 C	5	4
650 G	3	-1
650 K	25	117
651 C	$11/2^2$	$27/2^3$
651 D	$15/2^2$	$69/2^3$
654 A	17	45
654 B	-3	37
655 A	$\begin{cases} 1 \\ 3 \end{cases}$	$\begin{cases} 2 \\ 2 \end{cases}$
656 A	3	2
657 C	2	4
657 D	4	2
658 D	5	13
658 E	5	165
658 F	3	-1
659 A	$-50/3^2$	$76/3^3$
660 B	1	3
660 C	-3	15
662 A	25	115
663 B	$51/2^2$	$-43/2^3$
663 C	-3	3
664 A	$\begin{cases} 2 \\ 1 \end{cases}$	$\begin{cases} 2 \\ 2 \end{cases}$
664 B	-1	1
664 C	1	1
665 A	4	22
665 B	$-119/8^2$	$527/8^3$
665 C	0	1
665 D	-18	66
666 C	3	12
666 D	5	3
666 E	27	130
669 A	2	2
670 A	31	47

Curve	x	y
670 B	$-5/2^2$	$11/2^3$
670 C	3	0
670 D	8	12
672 A	0	2
672 B	0	42
672 E	-1	6
672 F	6	12
674 A	0	0
674 B	3	1
674 C	157	1969
675 A	5	12
675 B	0	1
675 I	-6	28
677 A	0	0
678 A	2	0
678 B	5	9
678 C	29	129
680 A	6	4
681 A	4	4
681 C	$\begin{cases} -1 \\ 0 \end{cases}$	$\begin{cases} 0 \\ 1 \end{cases}$
681 E	7	4
682 A	-6	11
682 B	15	36
684 A	4	18
684 B	10	27
685 A	2	0
688 A	1	1
688 C	4	3
689 A	3	1
690 A	11	32
690 E	-14	11
690 H	-1	5
693 B	1	3
696 A	6	1
696 C	0	3
696 F	12	29
696 G	2	3
700 C	1	1
700 D	180	2450
700 E	-26	7
700 F	0	25
700 G	0	10
703 B	7	18
704 A	0	1
704 B	0	1
704 J	2	1
704 K	2	1

Curve	x	y
704 L	5	11
705 A	120	1093
705 B	312	5366
705 D	1	2
705 E	3	-3
706 A	1	1
706 B	41	-277
706 C	7	12
706 D	0	2
707 A	$\begin{cases} 3 \\ 0 \end{cases}$	$\begin{cases} 3 \\ 3 \end{cases}$
709 A	$\begin{cases} 0 \\ -1 \end{cases}$	$\begin{cases} 0 \\ 0 \end{cases}$
710 A	-3	4
710 B	-11	85
710 C	3	3
711 A	2	2
711 B	4	-16
713 A	-1	1
714 A	13	196
714 D	2	3
714 F	-1	10
715 A	-2	3
715 B	87	812
718 B	$\begin{cases} 0 \\ -1 \end{cases}$	$\begin{cases} 0 \\ 2 \end{cases}$
718 C	13	-5
720 A	1	4
720 E	5	16
720 G	7	-30
720 H	-1	18
722 A	$27444/13^2$	$4423160/13^3$
722 B	5	-12
722 E	93	314
722 F	-1	1
723 A	2	0
723 B	2	1
725 A	8	8
726 A	-2	5
726 D	3	1
726 E	-34	198
726 G	17	-108
728 C	12	26
728 D	5	14
730 F	17	-1
730 G	-1	1
730 I	1	3
730 J	-7	-22

TABLE 2: MORDELL–WEIL GENERATORS 731A–832A

Curve	x	y
731 A	13	-5
732 B	10	18
732 C	1	-3
735 C	0	2
735 E	13	40
735 F	-19	-53
737 A	106	1105
738 A	1	13
738 D	41	101
738 E	3	-8
738 F	-7	75
740 B	-3	10
740 C	-5	10
741 E	7	19
742 A	3	2
742 E	277	-4034
742 G	9	23
744 A	2	-3
744 C	8	27
744 F	44	279
744 G	6	3
747 A	-4	5
747 C	26	-4
747 D	0	2
747 E	2	3
749 A	3	2
752 A	-1	6
753 C	-1	1
754 B	60	-16
754 C	-2	1
754 D	14	51
755 A	1	1
755 B	1	1
756 B	-3	1
756 C	-4	2
758 A	3	-10
759 A	10	11
759 B	7	16
760 D	1	5
760 E	6	15
762 C	-2	2
762 D	1	2
762 E	6	-15
763 A	-2	3
765 C	-4	24
768 A	2	3
768 B	1	2
768 G	0	3

Curve	x	y
768 H	3	6
770 D	4	25
770 E	19	64
770 F	6	52
774 D	66	-609
774 E	-3	-3
774 F	9	-2
774 G	-1	9
775 A	-2	12
776 A	1	6
777 D	4	5
777 E	43	50
777 F	0	1
777 G	-6	10
780 A	5	5
780 C	-3	-15
781 B	14	16
782 A	0	2
784 A	-3	1
784 B	0	49
784 H	1	8
784 I	-1	1
784 J	-12	98
786 A	1	0
786 B	10	-1
786 C	12085	1322560
786 G	-6	4
786 H	-3	-8
786 J	-9	-124
786 K	3	7
786 L	0	6
790 A	2	3
791 C	68	522
792 A	-5	8
792 C	1	2
792 D	5	2
793 A	$82/3^2$	$497/3^3$
794 A	$\begin{cases} 0 \\ 1 \end{cases}$	$\begin{cases} 1 \\ 0 \end{cases}$
794 B	-8	15
794 C	1	1
794 D	6	3
795 A	-2	5
797 A	0	1
798 A	0	2
798 C	3	7
798 D	-4	12
798 G	-9	23

Curve	x	y
798 H	8	-67
799 B	-2	26
800 A	-4	6
800 B	2	2
800 C	-8	2
800 H	-1	2
800 I	-8	50
801 C	8	13
801 D	6	8
804 B	71	-486
804 C	2	2
804 D	12	54
805 A	$181/2^2$	$15015/2^3$
806 A	6	12
806 B	5	13
806 C	12	25
806 D	137	1543
810 D	4	4
810 H	5	7
811 A	2	1
812 B	-6	14
813 B	2	7
814 A	-2	4
814 B	3	-3
815 A	3	3
816 A	0	12
816 G	1	-2
816 H	-14	18
816 I	-1	162
816 J	-4	6
817 A	$\begin{cases} 4 \\ 2 \end{cases}$	$\begin{cases} 9 \\ 4 \end{cases}$
817 B	-2	924
819 A	14	37
819 B	2	-1
822 A	3	3
822 D	3	-14
825 A	1	5
825 B	-7	5
825 C	14	16
827 A	2	0
828 B	-8	1
828 C	4	1
829 A	-1	0
830 B	63	48
830 C	7	16
831 A	13	-47
832 A	3	8

TABLE 2: MORDELL–WEIL GENERATORS 832B–910F

Curve	x	y
832 B	5	8
832 C	9	32
832 H	1	3
832 I	-1	16
832 J	42	256
834 C	-1	3
834 E	1	1
834 F	35	126
834 G	2	14
836 A	8	19
840 A	54	368
840 E	1	3
840 F	17	51
840 H	-5	3
842 A	-2	1
842 B	-2	-15
843 A	0	2
846 B	1	4
846 C	-1	41
847 B	55	423
847 C	116	1212
848 F	3	4
848 G	6	32
849 A	2	-6
850 C	2	61
850 D	21	567
850 E	4	-12
850 K	25	112
850 L	5	7
851 A	6	11
854 A	13	9
854 B	-15	309
854 C	-1	4
854 D	-19	-40
855 B	2	21
856 A	1	1
856 B	4	8
856 C	4	2
856 D	137	1578
858 B	-2	35
858 F	-9	355
858 G	5	3
861 B	45	220
861 C	-5	64
861 D	-1	5
862 A	1	0
862 B	4	2
862 E	-11	273

Curve	x	y
862 F	1	3
864 A	1	2
864 B	4	4
864 C	4	-12
864 J	9	18
864 K	0	4
864 L	0	36
866 A	4	8
867 A	57	433
867 B	0	4
867 C	$301/6^2$	$4805/6^3$
869 A	9	6
869 B	11	39
869 D	-4	81
870 A	2	9
870 B	-14	311
870 C	0	7
870 E	-1	2
870 F	17	41
872 A	0	4
873 B	$275/2^2$	$3289/2^3$
873 C	$227473/16^2$	$106817593/16^3$
873 D	1	4
874 C	3	-1
874 D	-2	2
874 E	-3	47
876 A	128	1
876 B	5	-6
880 A	3	6
880 C	103	660
880 D	-3	-20
880 F	8	16
880 G	26	160
880 H	-2	2
882 A	39	-15
882 D	3	3
882 E	9	-225
882 G	-1	6
882 H	51	352
885 B	58	411
885 C	-2	1
885 D	1	37
886 A	2	0
886 B	20	-10
886 D	281	-77
886 E	1	1
888 B	-6	6
888 C	5	7

Curve	x	y
890 A	0	1
890 B	-1	2
890 D	2	-1
890 E	-20	12
890 F	5	-19
890 G	-5	3
891 A	2	-7
892 B	-16	10
892 C	-2	2
894 A	81	0
894 B	-5	3
894 D	-2	2
894 E	33	127
894 F	3	-1
894 G	2	17
895 A	1	0
896 A	6	12
896 B	-2	2
896 D	3	3
897 C	6	7
897 D	2987	-165762
897 E	63	261
897 F	3	3
898 A	8	-4
898 D	-1	1
899 A	-1	1
900 C	-4	6
900 D	16	54
900 E	-10	25
901 A	-4	8
901 B	90	106
901 E	$-23/2^2$	$897/2^3$
901 F	-1	0
902 A	5	253
903 A	4	10
904 A	2	4
905 A	$-1/2^2$	$43/2^3$
906 A	$394/3^2$	$3505/3^3$
906 B	-3	2
906 C	-1	3
906 D	12	85
906 G	-3	2
906 H	-8	-32
909 C	-1	4
910 B	6	14
910 C	-5	51
910 D	-3	4
910 F	137	295

TABLE 2: MORDELL–WEIL GENERATORS 910G–999B

Curve	x	y	Curve	x	y	Curve	x	y
910 G	5	-8	936 H	-2	9	974 G	1	0
910 H	9	-75	938 A	-1	1	974 H	-1	-8
910 K	10	35	938 B	3	110	975 A	26	23
912 A	12	27	938 C	-5	-5	975 B	7	12
912 F	36	243	939 A	29	66	975 F	-8	62
912 G	2	2	939 B	11	30	975 H	13	32
912 H	20	18	939 C	1	4	975 I	273	4387
912 I	3	-6	940 C	44	46	975 J	3	7
914 A	-1	2	940 D	2	2	975 K	-3	9
915 B	0	12	942 C	-28	122	976 C	2	2
915 D	-1	8	942 D	4	-5	978 E	0	1
916 C	$\begin{cases} 0 \\ -1 \end{cases}$	$\begin{cases} 1 \\ 2 \end{cases}$	944 A	2	4	978 F	-1	24
			944 B	10	4	978 G	-6	-24
916 D	8	14	944 C	2	4	979 B	1514	57983
916 E	-1	1	944 E	$\begin{cases} 3 \\ 1 \end{cases}$	$\begin{cases} 2 \\ -4 \end{cases}$	980 C	2	7
918 A	92	-38				980 D	-9	98
918 B	9	21	944 H	66	512	981 A	0	9
918 C	53	285	944 I	6	-16	981 B	4	2
918 E	1	0	944 J	4	2	982 A	5	5
918 F	4	12	944 K	2	8	984 C	-13	82
918 H	5	3	946 B	5	11	984 D	1	6
918 I	5	14	950 A	2	11	985 B	1	2
918 J	17	127	950 E	15	17	986 B	126	481
920 A	302	5290	954 A	13	7	986 C	-1	44
920 B	7	-5	954 D	11	35	986 D	6	14
920 C	2	5	954 E	166	1965	986 E	80	801
920 D	4	5	954 F	3	3	986 F	-1	4
921 B	-5	7	954 H	-1	6	987 E	-3	72
924 B	24	121	954 I	11	-15	988 B	18309	2476099
924 C	3	7	954 J	11	102	988 C	8	26
924 E	2	3	960 A	3	6	990 A	0	5
924 H	89	-231	960 B	1	12	990 E	15	51
925 A	3	12	960 H	21	30	990 H	793	19853
925 B	2	12	960 K	7	14	990 J	3	18
927 A	12	21	960 L	11	24	994 A	-1	2
928 A	3	4	960 M	1	6	994 D	65	503
928 B	1	4	966 A	11	98	994 F	-1	1
930 A	-7	10	966 C	-121	992	994 G	-16	42
930 D	-13	394	966 D	2	-8	995 B	7	17
930 E	0	3	966 E	-2	11	996 B	20	54
930 H	19	-130	966 G	1	35	996 C	3	6
930 M	1	8	968 A	7	22	997 A	3	0
933 A	-1	0	968 D	3	4	997 B	$\begin{cases} -1 \\ 5 \end{cases}$	$\begin{cases} 0 \\ 8 \end{cases}$
933 B	-12	4	968 E	44	242			
934 A	0	0	972 C	-2	1	997 C	$\begin{cases} 3 \\ 1 \end{cases}$	$\begin{cases} 0 \\ -6 \end{cases}$
935 A	2	2	972 D	-3	3			
936 A	2	6	973 B	$74/5^2$	$2682/5^3$	999 A	32	156
936 E	-4	9	974 E	1	0	999 B	2	-1
936 G	2	9	974 F	3	6			

TABLE 3

HECKE EIGENVALUES

This table is largely self-explanatory. There is one row for each rational newform f for $\Gamma_0(N)$ for $N \leq 1000$; forms at the same level are given an identifying letter as in Table 1, together with the Antwerp code for $N \leq 200$. The other columns contain the Hecke eigenvalues of f for primes up to 100: either T_p, when $p \nmid N$, or W_q when $q \mid N$. The latter are indicated in the table simply as $+$ or $-$ to distinguish them. Where the largest prime divisor q of N is greater than 100, the extra value ε_q is entered in the right-most column: there is only ever at most one such prime $q > 100$.

TABLE 3: HECKE EIGENVALUES 11A–66A

	2	3	5	7	11	13	17	19	23	29	31	37	41	43	47	53	59	61	67	71	73	79	83	89	97	W_q
11 A (B)	−2	−1	1	−2	−	4	−2	0	−1	0	7	3	−8	−6	8	−6	5	12	−7	−3	4	−10	−6	15	−7	
14 A (C)	+	−2	0	−	0	−4	6	2	0	−6	−4	2	6	8	−12	6	−6	8	−4	0	2	8	−6	−6	−10	
15 A (C)	−1	+	−	0	−4	−2	2	4	0	−2	0	−10	10	4	8	−10	−4	−2	12	−8	10	0	12	−6	2	
17 A (C)	−1	0	−2	4	0	−2	−	−4	4	6	4	−2	−6	4	0	6	−12	−10	4	−4	−6	12	−4	10	2	
19 A (B)	0	−2	3	−1	3	−4	−3	−	0	6	−4	2	−6	−1	−3	12	−6	−1	−4	6	−7	8	12	12	8	
20 A (B)	−	−2	+	2	0	2	−6	−4	6	6	−4	2	6	−10	−6	−6	12	2	2	−12	2	8	6	−6	2	
21 A (B)	−1	−	−2	+	4	−2	−6	4	0	−2	0	6	2	−4	0	6	12	−2	4	0	−6	−16	−12	−14	18	
24 A (B)	−	+	−2	0	4	−2	2	−4	−8	6	8	6	−6	4	0	−2	4	−2	−4	8	10	−8	−4	−6	2	
26 A (B)	+	1	−3	−1	6	−	−3	2	0	6	−4	−7	0	−1	3	0	−6	8	14	−3	2	8	12	−6	−10	
26 B (D)	−	−3	1	1	−2	+	−3	6	−4	2	4	3	0	−5	13	12	−10	−8	−2	−5	−10	−4	0	6	14	
27 A (B)	0	−	0	−1	0	5	0	−7	0	0	−4	11	0	8	0	0	−1	5	0	−7	17	0	0	−19		
30 A (A)	+	−	+	−4	0	2	6	−4	0	−6	8	2	−6	−4	0	−6	0	−10	−4	0	2	8	12	18	2	
32 A (B)	−	0	−2	0	0	6	2	0	0	−10	0	−2	10	0	0	14	0	−10	0	0	−6	0	0	10	18	
33 A (B)	1	+	−2	4	−	−2	−2	0	8	−6	−8	6	−2	0	8	6	−4	6	−4	0	−14	−4	12	−6	2	
34 A (A)	−	−2	0	−4	6	2	+	−4	0	0	−4	−4	6	8	0	−6	0	−4	8	0	2	8	0	−6	14	
35 A (B)	0	1	+	−	−3	5	3	2	−6	3	−4	2	−12	−10	9	12	0	8	−4	0	2	−1	12	−12	−1	
36 A (A)	−	+	0	−4	0	2	0	8	0	0	−4	−10	0	8	0	0	0	14	−16	0	−10	−4	0	0	14	
37 A (A)	−2	−3	−2	−1	−5	−2	0	0	2	6	−4	+	−9	2	−9	1	8	−8	8	9	−1	4	−15	4	4	
37 B (C)	0	1	0	−1	3	−4	6	2	6	−6	−4	−	−9	8	3	−3	12	8	−4	−15	11	−10	9	6	8	
38 A (D)	+	1	0	−1	−6	5	3	−	3	9	−4	2	0	8	0	−3	9	−10	5	−6	−7	−10	−6	−12	−10	
38 B (A)	−	−1	−4	3	2	−1	3	+	−1	−5	−8	−2	−8	4	8	−1	15	2	3	2	9	−10	−6	0	−2	
39 A (B)	1	+	2	−4	4	−	2	0	0	−10	4	−2	6	−12	0	6	12	−2	−8	0	2	8	4	−2	10	
40 A (B)	+	0	−	−4	4	−2	2	4	4	−2	−8	6	−6	−8	4	6	−4	−2	8	0	−6	0	−16	−6	−14	
42 A (A)	−	+	−2	+	−4	6	2	−4	8	−2	0	−10	−6	−4	0	6	4	6	4	8	10	0	−4	−6	−14	
43 A (A)	−2	−2	−4	0	3	−5	−3	−2	−1	−6	−1	0	5	+	4	−5	−12	2	−3	2	2	−8	15	−4	7	
44 A (A)	−	1	−3	2	+	−4	6	8	−3	0	5	−1	0	−10	0	−6	3	−4	−1	15	−4	2	6	−9	−7	
45 A (A)	1	−	+	0	4	−2	−2	4	0	2	0	−10	−10	4	−8	10	4	−2	12	8	10	0	−12	6	2	
46 A (A)	+	0	4	−4	2	−2	−2	−2	−	2	0	−4	6	10	0	−4	12	−8	−10	0	6	−12	14	−6	6	
48 A (B)	+	−	−2	0	−4	−2	2	4	8	6	−8	6	−6	−4	0	−2	−4	−2	4	−8	10	8	4	−6	2	
49 A (A)	1	0	0	−	4	0	0	0	8	2	0	−6	0	−12	0	−10	0	0	4	16	0	8	0	0	0	
50 A (E)	+	1	−	2	−3	−4	−3	5	6	0	2	2	−3	−4	12	6	0	2	−13	12	11	−10	−9	15	2	
50 B (A)	−	−1	+	−2	−3	4	3	5	−6	0	2	−2	−3	4	−12	−6	0	2	13	12	−11	−10	9	15	−2	
51 A (A)	0	−	3	−4	−3	−1	+	−1	9	6	2	−4	−3	−7	−6	−6	6	8	−4	12	2	−10	−6	0	−16	
52 A (B)	−	0	2	−2	−2	+	6	−6	8	2	10	−6	−6	4	−2	6	−10	−2	10	10	2	−4	−6	−6	2	
53 A (A)	−1	−3	0	−4	0	−3	−3	−5	7	−7	4	5	6	−2	−2	+	−2	−8	−12	1	−4	−1	−1	−14	1	
54 A (E)	+	−	3	−1	−3	−4	0	2	−6	6	5	2	−6	−10	6	9	12	8	14	0	−7	8	−3	−18	−1	
54 B (A)	−	+	−3	−1	3	−4	0	2	6	−6	5	2	6	−10	−6	−9	−12	8	14	0	−7	8	3	18	−1	
55 A (B)	1	0	−	0	+	2	6	−4	4	6	−8	−2	2	4	−12	−2	4	−10	−16	8	14	8	−4	10	10	
56 A (C)	−	0	2	+	−4	2	−6	8	0	6	8	−2	2	−4	−8	6	0	−6	−4	−8	10	16	8	−6	−6	
56 B (A)	+	2	−4	−	0	0	−2	−2	8	2	4	−6	−2	8	−4	−10	6	4	−12	0	−14	−8	6	10	−2	
57 A (E)	−2	+	−3	−5	1	2	−1	+	−4	−2	−6	0	0	−1	−9	10	−8	−1	8	−12	−11	16	12	−6	−10	
57 B (B)	1	−	−2	0	0	6	−6	+	4	2	8	−10	−2	−4	12	−6	−12	−2	−4	0	10	0	16	−2	10	
57 C (F)	−2	−	1	3	−3	−6	3	+	4	−10	2	8	−8	−1	3	−6	0	7	8	12	−11	0	4	10	−2	
58 A (A)	+	−3	−3	−2	−1	3	−4	−8	0	+	3	−8	−2	7	11	1	−4	4	−4	−2	−12	−7	0	−6	−6	
58 B (B)	−	−1	1	−2	−3	−1	8	0	4	+	−3	8	2	−11	13	−11	0	−8	−12	2	4	15	4	−10	−2	
61 A (A)	−1	−2	−3	1	−5	1	4	−4	−9	−6	0	8	5	−8	4	6	9	+	−7	−8	−11	3	4	−4	−14	
62 A (A)	−	0	−2	0	0	2	−6	4	8	2	+	10	−6	8	−8	−6	−12	−6	−12	8	10	−8	8	−6	2	
63 A (A)	1	−	2	+	−4	−2	6	4	0	2	0	6	−2	−4	0	−6	−12	−2	4	0	−6	−16	12	14	18	
64 A (B)	−	0	2	0	0	−6	2	0	0	10	0	2	10	0	0	−14	0	10	0	0	−6	0	0	10	18	
65 A (A)	−1	−2	+	−4	2	+	2	−6	−6	2	−10	−2	−6	10	4	2	6	2	−4	6	−6	−12	−16	2	−2	
66 A (A)	+	−	0	2	+	−4	−6	−4	6	6	8	−10	6	8	−6	0	0	8	−4	6	2	14	−12	−6	14	

TABLE 3: HECKE EIGENVALUES 66B–106C

	2	3	5	7	11	13	17	19	23	29	31	37	41	43	47	53	59	61	67	71	73	79	83	89	97	W_q
66 B (E)	−	+	2	−4	+	−6	2	4	4	6	0	6	−6	4	−12	2	12	−14	4	−12	−6	−4	4	10	−14	
66 C (I)	−	−	−4	−2	−	4	−2	0	−6	10	−8	−2	2	4	−2	4	0	−8	−12	2	−6	10	4	10	−2	
67 A (A)	2	−2	2	−2	−4	2	3	7	9	−5	−10	−1	0	−2	−1	10	9	−2	−	0	−7	−8	4	7	0	
69 A (A)	1	−	0	−2	4	−6	4	2	+	2	4	2	2	10	0	−12	−12	−6	−10	8	−14	10	12	−16	−10	
70 A (A)	−	0	+	+	4	−6	2	0	0	6	8	−10	2	4	8	−2	−8	−14	−12	−16	2	−8	8	10	2	
72 A (A)	+	−	2	0	−4	−2	−2	−4	8	−6	8	6	6	4	0	2	−4	−2	−4	−8	10	−8	4	6	2	
73 A (B)	1	0	2	2	−2	−6	2	8	4	2	−2	−6	6	−2	6	10	−6	−14	8	0	−	−4	−14	−6	−10	
75 A (A)	2	+	−	−3	2	1	2	−5	6	10	−3	2	−8	1	2	−4	−10	7	−3	−8	−14	0	6	0	17	
75 B (E)	1	−	+	0	−4	2	−2	4	0	−2	0	10	10	−4	−8	10	−4	−2	−12	−8	−10	0	−12	−6	−2	
75 C (C)	−2	−	+	3	2	−1	−2	−5	−6	10	−3	−2	−8	−1	−2	4	−10	7	3	−8	14	0	−6	0	−17	
76 A (A)	−	2	−1	−3	5	−4	−3	+	8	−2	4	10	10	1	−1	−4	6	−13	−12	2	9	8	−12	12	−8	
77 A (F)	0	−3	−1	+	+	−4	2	−6	−5	10	1	−5	−2	−8	8	−6	3	−2	−3	1	10	6	12	−15	−5	
77 B (D)	0	1	3	−	+	−4	−6	2	3	−6	5	11	6	8	0	−6	−9	−10	5	9	2	−10	12	−3	−1	
77 C (A)	1	2	−2	+	−	4	4	0	−4	−6	10	−6	4	12	−10	−6	2	0	8	−12	−8	8	0	−6	−10	
78 A (A)	+	+	2	4	−4	−	2	−8	0	6	−4	−2	−10	4	8	−10	4	−2	−16	−8	2	8	12	14	10	
79 A (A)	−1	−1	−3	−1	−2	3	−6	4	2	−6	−10	−2	−10	4	7	8	−3	−4	8	15	2	+	−6	−7	−19	
80 A (F)	+	0	−	4	−4	−2	2	−4	−4	−2	8	6	−6	8	−4	6	4	−2	−8	0	−6	0	16	−6	−14	
80 B (B)	−	2	+	−2	0	2	−6	4	−6	6	4	2	6	10	6	−6	−12	2	−2	12	2	−8	−6	−6	2	
82 A (A)	+	−2	−2	−4	−2	4	−2	6	−8	0	−8	2	+	−12	4	−4	8	−14	−2	8	10	4	12	−14	6	
83 A (A)	−1	−1	−2	−3	3	−6	5	2	−4	−7	5	−11	−2	−8	0	6	5	5	−2	2	0	14	+	0	−8	
84 A (C)	−	−	0	−	−6	2	0	−4	−6	6	8	2	12	−4	12	−6	0	−10	8	6	−10	−4	−12	12	−10	
84 B (A)	−	+	4	+	2	−6	−4	−4	2	−2	0	2	0	−4	12	−6	−8	6	−8	14	−2	12	−4	0	−2	
85 A (A)	1	2	+	−2	2	2	−	0	6	−6	−10	2	10	4	12	−10	8	−14	8	−2	−14	−14	4	6	2	
88 A (A)	+	−3	−3	−2	+	0	−6	4	1	−8	−7	−1	4	6	−8	2	−1	4	−5	3	16	2	−2	15	−7	
89 A (C)	−1	−1	−1	−4	−2	2	3	−5	7	0	−9	−2	0	−7	−12	−3	4	6	12	−10	7	−6	12	+	9	
89 B (A)	1	2	−2	2	−4	2	6	−2	2	−6	6	10	−6	2	12	−6	−10	−6	12	4	10	−12	−6	−	−18	
90 A (M)	+	+	−	2	6	−4	−6	−4	0	−6	−4	8	0	8	0	−6	6	2	−4	−12	−10	−4	12	12	2	
90 B (A)	−	+	+	2	−6	−4	6	−4	0	6	−4	8	0	8	0	6	−6	2	−4	12	−10	−4	−12	−12	2	
90 C (E)	−	−	−	−4	0	2	−6	−4	0	6	8	2	6	−4	0	6	0	−10	−4	0	2	8	−12	−18	2	
91 A (A)	−2	0	−3	+	−6	+	4	5	3	−5	−3	−4	−6	−1	7	−9	8	−10	−6	−8	−13	3	15	3	7	
91 B (B)	0	−2	−3	−	0	−	−6	−7	3	−9	5	2	−6	−1	3	−9	0	−10	14	−6	11	−1	3	15	−1	
92 A (A)	−	1	0	2	0	−1	−6	2	+	−3	5	8	3	8	9	6	−12	14	8	−15	−7	−10	6	0	−10	
92 B (C)	−	−3	−2	−4	2	−5	4	−2	−	−7	−3	2	−9	−8	9	2	0	−2	14	−3	−3	−6	8	12	0	
94 A (A)	−	0	0	0	2	−4	−2	−2	4	4	4	2	6	6	+	2	12	2	2	8	−14	−16	−16	−10	−14	
96 A (E)	+	−	2	−4	4	−2	−6	−4	0	2	4	−2	2	4	8	10	−4	6	4	−16	−6	4	12	10	−14	
96 B (A)	−	+	2	4	−4	−2	−6	4	0	2	−4	−2	2	−4	−8	10	4	6	−4	16	−6	−4	−12	10	−14	
98 A (B)	+	2	0	−	0	4	−6	−2	0	−6	4	2	−6	8	12	6	6	−8	−4	0	−2	8	6	6	10	
99 A (A)	−1	+	−4	−2	+	−2	2	−6	4	−6	4	−6	−10	6	−8	0	4	−6	8	0	−2	−10	12	0	2	
99 B (H)	−1	−	2	4	+	−2	2	0	−8	6	−8	6	2	0	−8	−6	4	6	−4	0	−14	−4	−12	6	2	
99 C (F)	1	+	4	−2	−	−2	−2	−6	−4	6	4	−6	10	6	8	0	−4	−6	8	0	−2	−10	−12	0	2	
99 D (C)	2	−	−1	−2	+	4	2	0	1	0	7	3	8	−6	−8	6	−5	12	−7	3	4	−10	6	−15	−7	
100 A (A)	−	2	+	0	2	2	8	2	0	10	4	6	12	16	12	14	20	14	14	8	12	20	14	16	18	
101 A (A)	0	−2	−1	−2	−2	1	3	−5	1	−4	−9	−2	8	−8	7	−2	−14	4	2	13	8	−9	−4	14	2	+
102 A (E)	+	+	−4	−2	0	−6	+	4	6	−4	−6	−4	−10	−4	4	−2	12	−4	−12	−6	2	10	−12	−2	6	
102 B (G)	−	−	−2	0	−4	−2	−	4	0	−10	8	−2	10	12	0	6	12	−10	−12	0	10	−8	4	−6	−14	
102 C (A)	+	−	0	2	0	2	+	−4	−6	0	−10	8	6	−4	12	6	−12	8	−4	6	2	−10	12	−18	14	
104 A (A)	−	1	−1	5	−2	+	−3	−2	4	−6	−4	11	8	−1	9	−12	6	0	6	7	−2	12	−16	−10	−10	
105 A (A)	1	−	−	−	0	−6	2	−8	8	−2	4	−2	6	−4	8	10	4	−2	4	−12	−2	8	−4	−6	−18	
106 A (B)	−	−2	3	2	−3	−4	3	−4	−9	6	5	−10	6	−1	0	+	15	−10	−4	12	8	11	−6	9	−13	
106 B (A)	+	−1	−4	0	−4	1	5	−7	1	5	−4	1	−10	−10	−6	+	−6	4	4	15	−8	1	−3	2	17	
106 C (E)	−	1	0	−4	0	5	−3	−1	3	9	−4	5	6	−10	6	+	6	8	−4	−3	−4	−13	3	18	−7	

TABLE 3: HECKE EIGENVALUES 106D–136B

	2	3	5	7	11	13	17	19	23	29	31	37	41	43	47	53	59	61	67	71	73	79	83	89	97	W_q
106 D (D)	+	2	1	−2	5	−4	3	−4	−3	−6	7	−6	2	7	4	−	7	2	16	12	−12	−7	−14	17	3	
108 A (A)	−	+	0	5	0	−7	0	−1	0	0	−4	−1	0	8	0	0	0	−13	11	0	17	−13	0	0	5	
109 A (A)	1	0	3	2	1	0	−8	−5	7	−5	6	2	2	−4	9	12	12	−5	−12	−6	−5	8	−2	1	1	−
110 A (C)	−	−1	−	3	−	−6	−7	5	−6	5	−3	3	2	4	−2	−1	−10	7	8	7	14	10	−6	−15	−12	
110 B (A)	−	1	+	−1	+	2	−3	−1	6	−9	5	5	−6	8	6	9	6	5	8	−9	−10	14	−6	−15	8	
110 C (E)	+	1	+	5	−	2	3	−7	−6	−3	−7	−7	6	8	6	−3	−6	−1	8	3	2	−10	−6	9	−4	
112 A (K)	+	−2	−4	+	0	0	−2	2	−8	2	−4	−6	−2	−8	4	−10	−6	4	12	0	−14	8	−6	10	−2	
112 B (A)	+	0	2	−	4	2	−6	−8	0	6	−8	−2	2	4	8	6	0	−6	4	8	10	−16	−8	−6	−6	
112 C (E)	−	2	0	+	0	−4	6	−2	0	−6	4	2	6	−8	12	6	6	8	4	0	2	−8	6	−6	−10	
113 A (B)	−1	2	2	0	0	2	−6	6	−6	−6	−4	2	−2	6	6	10	6	6	2	−6	2	10	−4	−14	−14	−
114 A (A)	−	−	0	−4	0	−4	6	−	−6	6	2	−4	6	−4	6	6	−12	14	8	0	14	−10	−12	−6	−10	
114 B (E)	+	+	0	4	4	0	−2	−	−2	−6	6	−8	10	−12	10	2	4	−10	0	−16	−2	10	−16	−2	−10	
114 C (G)	−	+	2	0	−4	2	−6	+	−4	−2	4	10	10	4	−4	−10	12	14	−12	8	−6	−4	12	−6	10	
115 A (A)	2	0	+	1	2	−2	3	−2	−	7	−5	11	1	0	0	11	−13	−8	5	5	6	−12	9	4	−14	
116 A (E)	−	−3	3	4	−1	−3	2	4	−6	+	9	−8	−8	−5	−7	−5	−10	10	8	−2	0	−1	6	12	0	
116 B (A)	−	1	3	−4	3	5	−6	−4	−6	+	5	8	0	−1	−3	3	6	2	8	6	−16	11	6	−12	8	
116 C (D)	−	2	−2	4	−6	2	2	−6	4	+	−6	2	2	10	−2	10	0	10	−12	8	10	−6	16	2	10	
117 A (A)	−1	−	−2	−4	−4	−	−2	0	0	10	4	−2	−6	−12	0	−6	−12	−2	−8	0	2	8	−4	2	10	
118 A (A)	+	−1	−3	−1	−2	−2	−2	3	0	−1	10	−12	7	−6	−6	−11	+	−12	10	4	12	−15	−14	4	0	
118 B (B)	−	−1	1	3	2	−6	−2	−5	4	−5	2	8	7	−6	−2	9	+	−8	−2	12	4	5	14	0	8	
118 C (D)	−	2	−2	−3	−1	−3	7	4	4	4	−4	−7	−11	9	10	0	+	−2	4	9	−14	11	−13	18	2	
118 D (E)	+	2	2	−3	1	3	−1	−8	8	−4	−4	−1	5	−9	2	12	−	10	4	−15	10	11	−11	−6	14	
120 A (E)	−	−	−	0	−4	6	−6	−4	0	−2	−8	−2	−6	12	8	6	12	14	4	8	−6	−8	−12	10	2	
120 B (A)	+	−	+	4	0	−6	−2	4	−8	−6	0	−6	10	−4	8	10	0	6	−4	0	−14	16	12	2	2	
121 A (H)	−1	2	1	2	−	−1	5	−6	2	−9	−2	−3	5	0	2	9	8	−6	2	12	2	10	−6	−9	−13	
121 B (D)	0	−1	−3	0	+	0	0	0	−9	0	−5	7	0	0	−12	6	−15	0	13	−3	0	0	0	−9	17	
121 C (F)	1	2	1	−2	−	1	−5	6	2	9	−2	−3	−5	0	2	9	8	6	2	12	−2	−10	6	−9	−13	
121 D (A)	2	−1	1	2	−	−4	2	0	−1	0	7	3	8	6	8	−6	5	−12	−7	−3	−4	10	6	15	−7	
122 A (A)	+	−2	1	−5	−3	−3	0	0	5	6	0	−12	−3	−8	12	−2	−9	+	7	−16	−3	1	−12	12	2	
123 A (A)	−2	−	−4	−2	−3	−6	3	0	−6	5	7	−7	−	−1	3	−6	0	−3	−2	−3	−11	10	−16	−10	−12	
123 B (C)	0	+	−2	−4	5	−4	−5	−2	4	1	−5	−7	+	7	7	−14	−12	−3	−2	−3	13	−2	−2	18	−14	
124 A (B)	−	−2	−3	−1	−6	2	6	−1	−6	0	−	−10	−9	8	0	0	−3	−10	−4	−15	14	8	6	12	−7	
124 B (A)	−	0	1	3	6	−4	0	−5	−4	2	+	−2	−9	2	4	12	9	12	−12	5	−14	10	2	6	−7	
126 A (A)	−	−	0	−	0	−4	−6	2	0	6	−4	2	−6	8	12	−6	6	8	−4	0	2	8	6	6	−10	
126 B (G)	+	−	2	+	4	6	−2	−4	−8	2	0	−10	6	−4	0	−6	−4	6	4	−8	10	0	4	6	−14	
128 A (C)	+	−2	−2	−4	2	−2	−2	−2	4	6	0	−10	−6	−6	−8	6	−14	−2	−10	12	14	−8	6	−2	−2	
128 B (F)	−	−2	2	4	2	2	−2	−2	−4	−6	0	10	−6	−6	8	−6	−14	2	−10	−12	14	8	6	−2	−2	
128 C (A)	−	2	−2	4	−2	−2	−2	2	−4	6	0	−10	−6	6	8	6	14	−2	10	−12	14	8	−6	−2	−2	
128 D (G)	−	2	2	−4	−2	2	−2	2	4	−6	0	10	−6	6	−8	−6	14	2	10	12	14	−8	−6	−2	−2	
129 A (E)	0	+	−2	−2	−5	3	−3	2	−1	0	−5	8	−7	+	−8	3	12	−8	−15	−14	12	−16	15	10	11	
129 B (B)	1	−	2	0	0	−2	−6	4	−4	−6	8	6	2	+	4	−2	0	14	12	8	2	−8	0	14	−14	
130 A (E)	+	−2	−	−4	−6	−	−6	2	6	−6	2	2	−6	2	−12	6	6	2	−4	−6	−10	−4	0	−6	2	
130 B (A)	−	0	−	0	0	−	2	−8	−4	−2	−4	6	10	0	8	6	8	−2	4	−12	10	−8	12	10	−14	
130 C (J)	−	2	+	−4	−2	+	2	6	6	2	−6	−2	10	−10	−12	2	10	2	−12	10	10	−4	0	−14	14	
131 A (A)	0	−1	−2	−1	0	−3	4	−2	−2	0	−2	−8	−3	3	10	−9	1	−15	−6	10	4	−8	4	−11	12	+
132 A (A)	−	−	2	−2	−	−2	4	−6	0	−8	−8	10	8	−2	−8	−2	12	10	12	8	6	−2	16	−14	−2	
132 B (C)	−	+	2	2	+	6	−4	−2	−8	0	0	−6	0	10	0	14	−12	−14	4	0	6	2	16	−14	−2	
135 A (A)	−2	+	+	−3	−2	−5	−8	1	6	2	0	5	−10	4	4	−2	−8	7	−9	2	−5	−3	6	−12	−13	
135 B (B)	2	+	−	−3	2	−5	8	1	−6	−2	0	5	10	4	−4	2	8	7	−9	−2	−5	−3	−6	12	−13	
136 A (A)	−	−2	−2	−2	−6	2	−	0	6	−10	2	6	−6	−8	0	−10	−8	14	4	2	−14	−10	8	−10	2	
136 B (C)	−	2	0	0	2	−6	+	4	4	0	−8	−4	6	8	−8	10	0	12	8	12	2	−4	16	10	−18	

TABLE 3: HECKE EIGENVALUES 138A–162B

	2	3	5	7	11	13	17	19	23	29	31	37	41	43	47	53	59	61	67	71	73	79	83	89	97	W_q
138 A (E)	+	+	−2	−2	−6	−2	0	0	+	6	8	0	10	−12	−8	2	−12	4	−12	0	−10	−6	14	0	−6	
138 B (G)	+	−	0	2	0	2	0	2	+	−6	−4	−10	−6	2	0	12	12	−10	14	0	2	−10	0	12	−10	
138 C (A)	−	+	2	0	0	−2	2	−8	+	−2	−8	2	10	8	8	2	−4	2	8	0	−6	8	−16	18	10	
139 A (A)	1	2	−1	3	5	−7	−6	−2	2	9	9	2	−6	−4	8	0	6	4	5	5	−6	−5	7	7	−12	−
140 A (A)	−	1	−	−	3	−1	−3	2	−6	−9	8	−10	0	2	−3	0	12	8	8	0	14	5	−12	12	17	
140 B (C)	−	3	+	+	−5	−3	−1	6	6	−9	−4	2	−4	10	−1	4	−8	−8	12	8	2	13	−4	4	−13	
141 A (E)	−2	−	−3	−3	−5	2	−6	−6	9	1	−2	1	6	2	−	0	−12	−2	2	−2	−2	−15	−4	10	1	
141 B (G)	−1	+	0	4	0	6	−6	2	4	8	6	−6	−8	−6	−	2	12	2	−2	0	−10	−4	4	−10	−18	
141 C (A)	−1	−	2	0	4	−2	2	0	0	−6	−4	−10	−2	8	+	−2	−4	14	−8	16	2	8	−4	18	−14	
141 D (I)	0	+	−1	−3	−3	−4	8	−6	3	−1	4	1	−10	−8	+	10	−10	2	4	−6	−8	−3	−18	−2	5	
141 E (H)	2	−	−1	−3	1	−2	2	6	3	3	2	−7	10	−10	+	4	8	−10	10	−14	−10	17	8	6	1	
142 A (F)	−	−	3	−4	−3	0	1	0	−5	−7	−8	7	4	4	−5	−13	−6	10	−2	−4	−	7	0	−4	−3	−4	
142 B (E)	+	−1	−2	−1	−2	−3	−6	5	−1	6	1	6	−6	5	−3	−6	2	−6	−14	+	−17	10	4	9	−6	
142 C (A)	+	0	2	0	6	4	6	−8	−4	−2	−8	10	−2	−8	−4	0	10	−8	2	−	−2	0	−4	6	14	
142 D (C)	−	1	0	−1	0	−1	0	−1	3	0	5	−4	0	−1	9	6	6	2	8	+	−1	8	12	−3	−16	
142 E (G)	+	3	2	−3	−6	−5	6	1	5	−2	−5	−2	10	1	−1	6	−2	−2	2	−	7	−6	−4	9	2	
143 A (A)	0	−1	−1	−2	+	+	−4	2	7	−2	−3	−11	10	−4	−4	2	−1	−2	−1	−9	−16	8	0	−7	−13	
144 A (A)	−	+	0	4	0	2	0	−8	0	0	4	−10	0	−8	0	0	0	14	16	0	−10	4	0	0	14	
144 B (E)	+	−	2	0	4	−2	−2	4	−8	−6	−8	6	6	−4	0	2	4	−2	4	8	10	8	−4	6	2	
145 A (A)	−1	0	+	−2	−6	2	−2	−2	2	+	2	10	2	8	−12	−6	−8	−6	2	−12	−6	−10	−14	18	2	
147 A (C)	−1	+	2	−	4	2	6	−4	0	−2	0	6	−2	−4	0	6	−12	2	4	0	6	−16	12	14	−18	
147 B (I)	2	−	−2	+	−2	1	0	1	0	4	9	3	−10	5	−6	12	−12	10	−5	−6	−3	−1	6	16	−6	
147 C (A)	2	+	2	−	−2	−1	0	−1	0	4	−9	3	10	5	6	12	12	−10	−5	−6	3	−1	−6	−16	6	
148 A (A)	−	−	1	−4	−3	5	0	−6	2	−6	−6	4	−	−9	4	−7	9	−4	−8	−12	3	−5	6	−1	2	0	
150 A (A)	−	−	−	−2	2	−6	−2	0	4	0	−8	−2	2	4	8	−6	10	2	8	12	4	0	4	−10	8	
150 B (G)	+	+	−	2	2	6	2	0	−4	0	−8	2	2	−4	−8	6	10	2	−8	12	−4	0	−4	−10	−8	
150 C (I)	−	+	+	4	0	−2	−6	−4	0	−6	8	−2	−6	4	0	6	0	−10	4	0	−2	8	−12	18	−2	
152 A (A)	+	−2	−1	−3	−3	−4	5	+	0	2	8	−10	6	−7	−9	−8	14	−5	0	−6	−15	−4	4	0	16	
152 B (B)	+	1	0	3	2	1	−5	−	−1	−3	4	2	−8	−8	−8	9	1	14	13	10	9	−10	10	−12	14	
153 A (C)	−2	+	−1	−2	−3	−5	+	−1	−7	6	4	10	9	1	−12	−12	6	2	4	−8	0	−6	4	2	8	
153 B (A)	0	−	−3	−4	3	−1	−	−1	−9	−6	2	−4	3	−7	6	6	−6	8	−4	−12	2	−10	6	0	−16	
153 C (E)	1	−	2	4	0	−2	+	−4	−4	−6	4	−2	6	4	0	−6	12	−10	4	4	−6	12	4	−10	2	
153 D (D)	2	+	1	−2	3	−5	−	−	1	7	−6	4	10	−9	1	12	12	−6	2	4	8	0	−6	−4	−2	8	
154 A (C)	+	0	−4	+	+	2	−4	−6	4	−2	−2	10	4	−8	2	6	−12	−14	−12	−8	4	0	−6	−6	−14	
154 B (E)	−	0	2	+	+	2	2	0	−8	−2	−8	−2	10	4	8	6	0	10	−12	16	−14	0	0	−6	10	
154 C (A)	+	2	2	+	−	−4	0	4	4	2	−10	−6	0	−4	10	−14	10	−8	8	−4	4	16	4	10	6	
155 A (D)	−2	−1	−	−	2	−6	−7	−5	4	0	−	−7	−3	9	−2	9	−5	−8	8	−3	−1	0	−11	10	18	
155 B (A)	−1	2	+	4	4	0	−8	4	2	−6	−	−4	−6	−6	8	−12	−4	10	8	0	−4	0	2	14	−18	
155 C (C)	0	−1	+	0	−4	−6	5	−1	8	−10	+	1	−3	−7	−6	5	11	−12	−2	9	−9	−10	9	0	−14	
156 A (E)	−	+	−4	−2	−4	−	2	−2	0	−6	−10	10	8	4	−4	−10	−8	−14	2	16	−10	−16	0	−4	−2	
156 B (A)	−	−	0	2	0	−	−6	2	0	−6	2	2	−12	−4	0	6	12	2	−10	12	14	8	12	0	−10	
158 A (E)	−	−3	−3	−3	−2	−5	6	0	−2	6	−10	−10	2	4	−3	−12	−1	12	−8	−3	−6	−	14	−7	−11	
158 B (D)	+	−1	−1	−3	4	−7	−4	−6	6	4	8	10	−8	−8	−3	2	1	0	−4	−11	−6	+	6	−15	1	
158 C (H)	−	−1	1	3	2	−1	−2	0	−6	−10	2	−2	2	4	3	4	5	12	8	−13	−6	+	−6	−15	13	
158 D (B)	+	1	3	−1	0	5	0	2	−6	0	−4	2	−12	8	−9	6	−9	8	−4	−9	2	−	18	9	17	
158 E (F)	−	2	−2	0	−4	2	−2	0	0	8	8	4	−10	−2	0	−8	14	0	8	8	6	+	12	6	10	
160 A (D)	+	−2	+	−2	−4	−6	2	8	−6	−2	4	2	−10	−2	−2	2	0	2	−6	−12	10	−8	−10	−6	10	
160 B (A)	−	2	+	2	4	−6	2	−8	6	−2	−4	2	−10	2	2	2	0	2	6	12	10	8	10	−6	10	
161 A (B)	−1	0	2	−	4	6	−2	4	+	−2	−4	−2	−6	12	−12	−10	0	2	12	8	−14	8	−4	6	−10	
162 A (K)	+	+	−3	−4	0	−1	−3	−4	0	9	−4	−1	6	8	−12	−6	0	−1	−4	−12	11	−16	−12	−3	2	
162 B (G)	−	+	0	2	−3	2	−3	−1	−6	6	−4	−4	9	−1	−6	12	3	8	5	−12	11	−4	12	6	5	

TABLE 3: HECKE EIGENVALUES 162C–189C

	2	3	5	7	11	13	17	19	23	29	31	37	41	43	47	53	59	61	67	71	73	79	83	89	97	W_q
162 C (A)	+	−	0	2	3	2	3	−1	6	−6	−4	−4	−9	−1	6	−12	−3	8	5	12	11	−4	−12	−6	5	
162 D (E)	−	+	3	−4	0	−1	3	−4	0	−9	−4	−1	−6	8	12	6	0	−1	−4	12	11	−16	12	3	2	
163 A (A)	0	0	−4	2	−6	4	0	−6	6	−4	−6	−8	3	7	1	−9	−2	3	−2	−5	−2	−8	5	−14	−11	+
166 A (A)	+	−1	−2	1	−5	−2	−3	−2	4	−3	1	1	6	8	12	−14	−3	−7	2	−14	−4	−6	+	4	12	
168 A (B)	+	−	2	+	0	−2	6	−4	−4	6	−8	−10	−10	12	−8	6	4	−10	12	4	2	8	4	6	10	
168 B (E)	+	+	2	−	0	6	−2	4	−4	−10	−8	6	−2	−4	8	−10	12	−2	12	−12	−14	−8	12	−2	10	
170 A (A)	+	−2	−	−2	−2	−6	−	−8	−2	6	−2	6	2	−4	4	−10	0	−10	8	14	10	−14	−4	6	−14	
170 B (H)	+	−2	+	2	6	2	−	8	−6	−6	2	2	−6	−4	12	6	0	2	8	−6	2	−10	12	6	2	
170 C (F)	−	1	+	2	0	−1	+	−1	−6	−3	5	8	6	−10	−3	−3	3	11	2	9	11	8	−12	15	−7	
170 D (D)	+	1	−	2	0	5	+	−1	6	−9	−1	−4	−6	2	−9	−9	3	−7	14	3	11	8	0	−9	−7	
170 E (C)	+	3	+	2	−4	−3	−	3	−6	9	−3	−8	−6	6	−13	−9	15	7	−2	9	−3	0	12	−9	7	
171 A (D)	−1	−	2	0	0	6	6	+	−4	−2	8	−10	2	−4	−12	6	12	−2	−4	0	10	0	−16	2	10	
171 B (A)	0	−	−3	−1	−3	−4	3	−	0	−6	−4	2	6	−1	3	−12	6	−1	−4	−6	−7	8	−12	−12	8	
171 C (I)	2	−	−1	3	3	−6	−3	+	−4	10	2	8	8	−1	−3	6	0	7	8	−12	−11	0	−4	−10	−2	
171 D (H)	2	−	3	−5	−1	2	1	+	4	2	−6	0	0	−1	9	−10	8	−1	8	12	−11	16	−12	6	−10	
172 A (A)	−	−2	0	−4	−3	−1	−3	2	−3	6	5	8	−3	−	−12	−9	−12	−10	11	6	−10	8	−15	0	−1	
174 A (I)	+	−	−3	5	6	−4	3	−1	0	+	−4	−1	−9	−7	−3	−6	3	−10	−4	12	2	14	0	−6	8	
174 B (G)	−	−	−1	1	−2	0	−3	−1	−4	−	4	3	−7	9	−1	−2	−3	6	12	16	−10	10	0	6	0	
174 C (F)	−	+	1	1	6	−4	−7	−3	4	+	0	−7	5	−5	−5	10	3	10	0	−4	10	−6	16	−10	−8	
174 D (A)	+	−	2	0	−4	6	−2	4	0	+	−4	−6	6	−12	−8	−6	8	10	−4	−8	2	4	0	14	18	
174 E (E)	+	+	3	−3	6	0	7	5	−8	−	−8	−3	−5	3	9	−2	−11	−6	0	0	−10	−2	0	10	0	
175 A (B)	−2	−1	−	−	−3	−1	−7	0	−6	−5	2	−2	2	4	3	−6	10	−8	−2	−8	−6	−5	4	0	−7	
175 B (C)	0	−1	+	+	−3	−5	−3	2	6	3	−4	−2	−12	10	−9	−12	0	8	4	0	−2	−1	−12	−12	1	
175 C (F)	2	1	−	+	−3	1	7	0	6	−5	2	2	2	−4	−3	6	10	−8	2	−8	6	−5	−4	0	7	
176 A (C)	+	3	−3	2	−	0	−6	−4	−1	−8	7	−1	4	−6	8	2	1	4	5	−3	16	−2	2	15	−7	
176 B (D)	−	1	1	2	+	4	−2	0	1	0	−7	3	−8	6	−8	−6	−5	12	7	3	4	10	6	15	−7	
176 C (A)	−	−1	−3	−2	−	−	4	6	−8	3	0	−5	−1	0	10	0	−6	−3	−4	1	−15	−4	−2	−6	−9	−7
178 A (A)	−	1	3	−4	−6	2	3	5	−3	0	5	−10	0	−1	12	9	12	−10	−4	−6	−1	−10	−12	+	17	
178 B (C)	+	2	2	0	0	−4	2	−2	8	0	0	0	−10	−2	−8	6	10	−4	−8	8	−2	8	14	−	−2	
179 A (A)	2	0	3	−4	4	−1	1	−3	6	3	−8	2	12	−11	1	0	−5	14	−9	0	10	10	17	−1	−14	−
180 A (A)	−	−	−	2	0	2	6	−4	−6	−6	−4	2	−6	−10	6	6	−12	2	2	12	2	8	−6	6	2	
182 A (E)	−	0	2	+	4	+	−6	0	8	−10	−8	6	−6	4	−8	6	8	10	4	−8	2	8	0	18	2	
182 B (A)	−	1	0	−	−3	−	0	2	−3	0	5	−7	3	8	−3	−12	6	−1	5	12	11	−1	12	−18	17	
182 C (J)	+	1	4	+	−1	−	4	2	−7	−8	3	7	−7	−8	3	0	−6	−13	7	4	9	−13	−16	−6	11	
182 D (D)	−	3	−4	+	1	+	0	−6	−7	−4	7	9	−3	4	7	0	−10	1	1	16	5	11	0	−6	−1	
182 E (I)	+	3	0	−	−5	+	−4	2	5	4	1	7	−9	−12	−7	−4	−6	13	11	0	7	−17	4	14	5	
184 A (C)	−	−1	−4	2	−4	−5	−2	6	−	1	−9	−4	3	8	−5	6	−4	−10	−4	−5	−15	−6	6	−8	10	
184 B (B)	+	−1	−2	−4	−2	7	−4	−6	+	5	3	2	−9	8	−1	−6	−8	−10	2	−13	−3	6	0	−4	−8	
184 C (D)	+	0	0	4	6	−2	6	−6	−	−6	0	−8	6	−2	−8	−8	4	−4	2	−8	6	12	10	10	−18	
184 D (A)	+	3	0	−2	0	−5	−6	6	−	9	3	−8	3	−8	7	−2	4	−10	8	7	9	−6	−14	16	6	
185 A (D)	−2	1	+	−5	3	−2	−4	−4	−2	2	0	+	7	−10	11	−3	0	−4	16	−15	11	−12	−3	−4	8	
185 B (A)	0	−1	−	−3	−5	4	−4	−8	4	4	2	−	−5	−6	9	3	−8	−10	−4	5	−15	−14	11	−2	10	
185 C (B)	1	−2	+	−2	0	−2	2	2	−8	2	−6	+	10	−4	−10	−6	−6	2	−14	0	2	−6	18	2	−10	
186 A (D)	+	+	−1	2	3	3	1	7	0	4	−	−10	−6	−5	−2	6	3	−3	7	−10	−1	17	6	5		
186 B (B)	−	−	1	−2	−3	−1	3	−5	4	0	−	−2	2	−6	−7	14	10	7	−7	−3	−6	15	−1	10	13	
186 C (A)	+	−	3	−2	5	−7	−1	7	4	−8	+	−6	−2	−10	−1	6	−10	1	−3	3	14	−11	7	−6	−3	
187 A (A)	0	1	3	2	−	2	+	2	−3	−6	−7	−7	12	−10	0	6	−3	8	−7	−9	2	8	6	15	11	
187 B (C)	2	0	4	−5	+	4	−	2	−2	−3	4	−2	−3	−2	3	9	−3	−10	7	2	−3	0	14	1	−10	
189 A (A)	−2	+	−1	+	−4	−2	3	−8	−6	−4	6	−3	1	11	9	6	−15	4	−8	−12	6	−1	−9	2	12	
189 B (C)	0	−	−3	−	−6	−4	−3	2	6	6	−4	−7	3	−1	−9	6	−9	−10	−4	0	2	−1	−3	−6	−10	
189 C (F)	0	+	3	−	6	−4	3	2	−6	−6	−4	−7	−3	−1	9	−6	9	−10	−4	0	2	−1	3	6	−10	

TABLE 3: HECKE EIGENVALUES 189D–212A

	2	3	5	7	11	13	17	19	23	29	31	37	41	43	47	53	59	61	67	71	73	79	83	89	97	W_q
189 D (B)	2	−	1	+	4	−2	−3	−8	6	4	6	−3	−1	11	−9	−6	15	4	−8	12	6	−1	9	−2	12	
190 A (D)	−	−3	+	−5	−4	−1	−3	−	7	−3	−2	−2	−6	6	0	−13	−9	−12	−3	0	11	−2	−10	2	−2	
190 B (C)	+	−1	+	−1	0	−3	−7	+	−5	−5	10	2	2	6	0	9	−7	−4	7	0	−9	−10	−2	−10	−18	
190 C (A)	−	1	−	−1	0	−1	−3	−	3	−3	2	−10	6	2	0	3	3	8	−7	12	−13	14	6	6	−10	
192 A (Q)	+	+	−2	−4	−4	2	−6	4	0	−2	4	2	2	−4	8	−10	4	−6	−4	−16	−6	4	−12	10	−14	
192 B (A)	+	−	−2	4	4	2	−6	−4	0	−2	−4	2	2	4	−8	−10	−4	−6	4	16	−6	−4	12	10	−14	
192 C (K)	+	−	2	0	−4	2	2	4	−8	−6	8	−6	−6	−4	0	2	−4	2	4	8	10	−8	4	−6	2	
192 D (E)	−	+	2	0	4	2	2	−4	8	−6	−8	−6	−6	4	0	2	4	2	−4	−8	10	8	−4	−6	2	
194 A (A)	−	0	4	−4	4	−4	6	−6	−4	0	0	−8	−2	−8	0	6	6	10	6	0	−10	8	−2	14	+	
195 A (A)	−1	−	−	0	4	−	2	−4	8	−2	−8	6	−6	−4	−8	6	−12	−2	−4	0	−6	16	−4	10	18	
195 B (I)	2	−	−	−3	−5	−	5	2	−1	10	−2	−3	−9	−4	10	9	0	−11	−4	15	6	−11	8	−11	−9	
195 C (K)	2	−	+	−1	5	+	−7	−6	3	2	2	7	9	−8	10	5	0	5	−4	9	−6	−3	−4	11	−11	
195 D (J)	2	+	−	3	−1	+	−1	−2	−3	−2	−6	11	−5	4	−10	11	8	13	12	−5	10	−3	−12	−15	17	
196 A (A)	−	−1	−3	−	−3	−2	−3	1	3	−6	7	−1	−6	−4	9	3	−9	1	−7	0	1	−13	−12	−15	10	
196 B (C)	−	1	3	+	−3	2	3	−1	3	−6	−7	−1	6	−4	−9	3	9	−1	−7	0	−1	−13	12	15	−10	
197 A (A)	−2	0	0	−3	4	−2	−8	−3	−3	7	−10	7	9	1	−11	10	0	5	−10	8	6	2	−7	−8	−2	+
198 A (I)	+	−	−2	−4	−	−6	−2	4	−4	−6	0	6	6	4	12	−2	−12	−14	4	12	−6	−4	−4	−10	−14	
198 B (E)	−	−	0	2	−	−4	6	−4	−6	−6	8	−10	−6	8	6	0	0	8	−4	−6	2	14	12	6	14	
198 C (M)	−	+	0	2	+	2	−6	2	0	−6	−4	2	6	−10	12	−12	12	−10	8	12	14	2	−12	0	2	
198 D (A)	+	+	0	2	−	2	6	2	0	6	−4	2	−6	−10	−12	12	−12	−10	8	−12	14	2	12	0	2	
198 E (Q)	+	−	4	−2	+	4	2	0	6	−10	−8	−2	−2	4	2	−4	0	−8	−12	−2	−6	10	−4	−10	−2	
200 A (B)	+	−3	−	2	1	4	5	1	−2	−8	10	−6	−3	4	4	6	8	10	−1	−12	3	6	−13	−9	−14	
200 B (C)	−	−2	−	−2	−4	−4	0	−4	2	2	0	−4	2	6	6	4	−12	−10	−14	8	−8	16	−2	6	−16	
200 C (G)	−	0	+	4	4	2	−2	4	−4	−2	−8	−6	−6	8	−4	−6	−4	−2	−8	0	6	0	16	−6	14	
200 D (E)	+	2	−	2	−4	4	0	−4	−2	2	0	4	2	−6	−6	−4	−12	−10	14	8	8	16	2	6	16	
200 E (A)	−	3	+	−2	1	−4	−5	1	2	−8	10	6	−3	−4	−4	−6	8	10	1	−12	−3	6	13	−9	14	
201 A	−2	+	0	0	−6	4	−7	−5	−1	1	−4	3	0	−6	9	10	3	2	+	−16	−7	8	−4	−15	4	
201 B	−1	−	−1	−5	−4	−4	6	−2	−3	4	−7	5	−3	7	8	−5	3	−2	−	−12	−13	−8	1	4	−12	
201 C	1	+	−3	−3	0	4	2	−2	−7	−8	−1	−3	−9	9	0	1	−9	14	+	−4	11	−16	5	0	16	
202 A	+	0	2	1	4	0	5	1	6	−5	0	−8	−4	−5	6	3	−12	−1	2	−10	−16	−2	16	0	13	−
203 A	−2	−1	−4	−	2	4	−2	5	9	+	−8	8	−3	−6	−7	9	0	2	3	7	−1	0	14	15	3	
203 B	−1	−1	1	−	−5	−5	−4	−4	6	−	7	−10	0	−9	7	3	0	14	−6	8	−16	−9	16	−6	0	
203 C	1	2	2	−	−4	−2	4	2	0	+	−2	2	0	0	−10	6	12	−4	12	−8	−4	12	−16	12	12	
204 A	−	+	−1	4	3	3	+	1	3	−10	6	−4	5	−1	−2	−14	−6	8	−12	12	2	−14	6	16	0	
204 B	−	−	1	0	5	−5	−	1	−3	2	2	−8	−5	−9	6	−6	6	−4	12	−12	−2	10	−2	12	16	
205 A	−1	0	−	−4	0	−2	−6	0	−8	6	0	6	−	4	−4	6	−4	14	−8	−12	−6	−4	4	−6	−6	
205 B	−1	2	+	2	6	2	2	−6	−4	10	0	−6	−	−4	−2	−14	12	−10	−2	−2	6	−2	0	10	10	
205 C	1	2	−	2	0	−4	4	0	−8	2	0	−6	+	8	2	8	−12	2	10	8	−6	−8	12	14	−8	
206 A	+	2	4	0	−6	−2	2	−4	0	−6	8	8	2	−8	−12	12	10	−2	0	10	0	−4	2	14		−
207 A	−1	−	0	−2	−4	−6	−4	2	−	−2	4	−2	10	0	12	−6	−10	−8	−14	10	−12	16	−10			
208 A	−	−1	−3	1	−6	−	−3	−2	0	6	4	−7	0	1	−3	0	6	8	−14	3	2	−8	−12	−6	−10	
208 B	+	−1	−1	−5	2	+	−3	2	−4	−6	4	11	8	1	−9	−12	−6	0	−6	−7	−2	−12	16	−10	−10	
208 C	−	0	2	2	2	+	6	6	−8	2	−10	−6	−6	−4	2	6	10	−2	−10	−10	2	4	6	−6	2	
208 D	−	3	−1	−1	2	+	−3	−6	4	2	−4	3	0	5	−13	12	10	−8	2	5	−10	4	0	6	14	
209 A	0	1	−3	−4	−	2	0	−	3	−6	−7	−7	0	−10	0	6	3	−10	11	15	8	−16	0	9	−1	
210 A	−	−	+	−	0	2	−6	−4	0	−6	−4	2	6	8	−12	6	−12	2	8	0	14	−16	12	6	14	
210 B	+	−	−	−	0	2	−6	8	0	6	−4	−10	−6	−4	0	−6	−12	−10	−4	12	−10	8	12	−6	−10	
210 C	−	+	−	−	4	−2	2	−4	−8	6	−8	−2	2	−12	−8	6	4	−2	12	8	−14	0	12	2	10	
210 D	+	+	+	+	−4	−2	−6	0	−8	10	−8	2	−2	8	4	10	4	−6	0	−12	−6	−8	−4	14	2	
210 E	−	−	−	+	−4	−2	2	4	−8	−2	0	6	−6	−4	0	−10	12	14	−12	−8	10	16	−12	10	2	
212 A	−	−1	−2	−2	2	−7	−3	5	−3	9	−8	−3	2	4	10	−	−2	−10	4	−9	−6	5	−11	−10	−3	+

TABLE 3: HECKE EIGENVALUES 212B–238B

	2	3	5	7	11	13	17	19	23	29	31	37	41	43	47	53	59	61	67	71	73	79	83	89	97	W_q
212 B	−	2	2	0	−4	−2	2	2	−2	2	2	10	2	−4	−12	+	−12	10	−2	6	10	10	−6	−10	14	
213 A	1	−	2	2	0	−2	0	0	0	−2	−10	−6	0	−4	12	−4	12	10	2	+	−10	4	−4	6	−2	
214 A	−	−2	−3	−4	−2	4	−2	−2	1	−4	−10	12	−11	1	−1	6	−5	4	−5	−12	−16	7	−16	9	12	−
214 B	+	−2	−1	4	−6	−4	−6	−2	5	0	−2	0	−11	−9	11	10	−3	−8	5	0	8	11	4	−15	−12	+
214 C	+	1	−4	−2	−3	−1	6	1	−7	−6	4	−9	−5	12	8	7	−6	1	−10	6	−4	−7	4	−15	−6	+
214 D	−	1	0	2	−3	−1	6	−7	9	−6	−4	−1	3	8	0	−9	6	−7	14	6	−4	−7	12	9	14	+
215 A	0	0	+	−2	−1	−1	−3	−2	−1	4	3	−8	5	+	0	−5	12	−4	−3	6	−8	0	−9	−6	−17	
216 A	+	+	−4	−3	−4	1	4	−1	−4	0	−4	−9	0	−8	12	8	−4	−5	11	−8	1	−5	−8	−12	5	
216 B	+	−	−1	3	5	4	−8	2	2	6	−7	−6	−6	−2	6	5	−4	−8	−10	−8	1	16	−11	6	−1	
216 C	−	+	1	3	−5	4	8	2	−2	−6	−7	−6	6	−2	−6	−5	4	−8	−10	8	1	16	11	−6	−1	
216 D	−	+	4	−3	4	1	−4	−1	4	0	−4	−9	0	−8	−12	−8	4	−5	11	8	1	−5	8	12	5	
218 A	−	−2	−3	−4	3	−4	−6	5	3	−3	−4	−4	0	−10	−3	12	12	−7	−4	−12	−1	−16	6	−3	−19	−
219 A	−2	+	−1	2	−4	−2	−3	−1	0	−10	−6	1	2	6	7	3	1	−5	−13	10	+	−1	−11	−2	−11	
219 B	0	−	−3	−4	0	−4	3	−1	6	−6	−10	−7	0	2	−3	9	−9	−1	−13	12	−	11	15	−18	5	
219 C	1	+	−4	2	−4	−2	0	−4	0	8	6	−2	−10	−6	−8	−12	4	−14	8	−8	+	8	16	−14	−2	
220 A	−	−2	−	−4	+	−4	0	−4	−6	−6	8	2	6	8	6	−6	−12	2	−10	−12	−16	8	0	6	14	
220 B	−	2	−	0	−	0	−4	−4	6	2	0	−6	−10	4	10	2	−4	−14	2	4	−4	−8	12	6	6	
221 A	−1	0	4	−2	6	+	−	8	4	−6	−2	−8	0	4	0	−6	0	−10	−8	2	0	0	−4	−2	−4	
221 B	1	2	2	2	−6	+	−	4	6	−6	−2	2	−6	0	−4	14	4	2	0	−10	10	14	12	−18	2	
222 A	−	−	0	−1	3	−1	−3	−7	3	0	2	−	−6	−4	6	9	0	−10	2	12	5	2	3	−3	2	
222 B	−	+	0	3	1	1	−3	3	−1	−4	−6	+	−10	12	−6	−1	0	2	2	0	−3	14	9	−3	−10	
222 C	+	+	2	0	−4	6	6	8	0	−6	4	−	−6	−8	8	6	−4	−2	−12	0	10	−12	−4	−10	−6	
222 D	+	−	4	−1	−1	−3	3	−5	5	4	−10	+	−6	4	2	−11	−12	10	14	0	−11	−10	−9	11	10	
222 E	+	+	−4	3	5	3	3	−7	9	0	−2	−	6	4	−10	3	−4	−2	6	−12	13	−6	5	11	6	
224 A	+	−2	0	+	−4	−4	−2	−6	8	2	−4	10	−10	4	4	−2	10	−8	−8	0	−6	−16	2	18	−2	
224 B	+	2	0	−	4	−4	−2	6	−8	2	4	10	−10	−4	−4	−2	−10	−8	8	0	−6	16	−2	18	−2	
225 A	0	+	+	−5	0	−5	0	−1	0	0	−7	10	0	−5	0	0	0	−13	−5	0	10	−4	0	0	−5	
225 B	0	+	−	5	0	5	0	−1	0	0	−7	−10	0	5	0	0	0	−13	5	0	−10	−4	0	0	5	
225 C	−1	−	+	0	4	2	2	4	0	2	0	10	−10	−4	8	−10	4	−2	−12	8	−10	0	12	6	−2	
225 D	2	−	+	3	−2	−1	2	−5	6	−10	−3	−2	8	−1	2	−4	10	7	3	8	14	0	6	0	−17	
225 E	−2	−	−	−3	−2	1	−2	−5	−6	−10	−3	2	8	1	−2	4	10	7	−3	8	−14	0	−6	0	17	
226 A	−	−2	−4	0	−4	−2	−2	−2	4	−4	8	−8	−6	6	−12	10	−6	−6	2	−8	−14	8	16	−14	−2	−
228 A	−	+	2	0	2	2	6	+	2	4	−8	−2	−8	−8	2	−4	0	2	12	−4	6	−16	6	0	−2	
228 B	−	+	−3	1	−5	−6	−5	−	4	6	6	−8	−8	9	1	2	−8	11	0	−4	−11	−8	−4	10	−10	
229 A	−1	1	−3	2	−3	−6	−7	3	4	−6	4	2	6	7	6	−10	4	5	−10	−9	−2	6	11	−18	−5	+
231 A	−1	+	−2	−	+	6	2	4	0	−2	8	6	10	−4	−8	6	4	−10	−12	0	2	16	4	18	2	
232 A	+	−1	−3	2	−3	−5	−4	0	0	+	9	8	−2	−11	−7	9	4	−12	12	2	−4	3	−16	2	−14	
232 B	−	1	1	2	3	−1	0	0	4	+	3	−8	−6	−5	3	5	−8	0	−12	6	−4	1	−12	6	14	
233 A	1	−2	2	4	6	6	−6	−4	0	−2	4	−6	2	−2	2	−6	−10	−6	10	−8	−14	2	2	10	10	−
234 A	+	−	1	1	2	+	3	6	4	−2	4	3	0	−5	−13	−12	10	−8	−2	5	−10	−4	0	−6	14	
234 B	−	+	2	−2	4	+	0	−6	−4	8	−2	6	−6	−8	−8	−12	−4	10	−2	16	14	−4	12	6	−10	
234 C	+	+	−2	−2	−4	+	0	−6	4	−8	−2	6	6	−8	8	12	4	10	−2	−16	14	−4	−12	−6	−10	
234 D	−	−	−2	4	4	−	−2	−8	0	−6	−4	−2	10	4	−8	10	−4	−2	−16	8	2	8	−12	−14	10	
234 E	−	−	3	−1	−6	−	3	2	0	−6	−4	−7	0	−1	−3	0	6	8	14	3	2	8	−12	6	−10	
235 A	−1	−1	−	1	−3	−3	−6	−7	4	−10	3	12	−8	0	−	−4	6	5	−8	12	5	14	−17	−10	0	
235 B	−1	−1	+	1	3	3	6	−1	4	2	−3	0	4	0	−	8	−6	5	4	0	−13	−10	7	14	12	
235 C	2	2	+	−2	0	3	0	−4	1	8	6	−6	−2	9	−	8	3	−1	−8	3	5	−13	−14	−1	12	
236 A	−	−1	−1	−3	−2	0	2	−5	−4	5	−4	8	−1	0	8	3	−	−2	−14	0	−2	−13	4	−18	2	
236 B	−	1	3	−1	6	−4	−6	5	0	9	−4	−4	−9	8	−12	−9	+	2	2	0	14	−7	0	−6	2	
238 A	−	−2	−4	−	−6	−2	+	0	−4	8	0	4	−2	−8	−8	−6	−4	−8	−16	4	10	−12	12	10	6	
238 B	+	0	−2	+	−2	0	+	−2	−8	0	8	−4	−6	4	8	−6	10	10	8	4	−10	−4	−6	−6	−14	

TABLE 3: HECKE EIGENVALUES 238C–264C

	2	3	5	7	11	13	17	19	23	29	31	37	41	43	47	53	59	61	67	71	73	79	83	89	97	W_q
238 C	−	0	2	−	0	−2	−	4	0	−6	0	−6	−6	−12	8	−2	4	2	12	0	2	−8	12	10	−14	
238 D	−	2	0	+	−2	−2	+	0	4	4	0	8	−2	0	0	2	4	−12	−8	12	−14	12	4	−6	6	
238 E	+	2	4	−	−4	−4	+	−6	0	6	4	−10	6	0	4	14	−6	−12	4	−8	2	0	10	10	6	
240 A	+	+	−	0	4	6	−6	4	0	−2	8	−2	−6	−12	−8	6	−12	14	−4	−8	−6	8	12	10	2	
240 B	−	+	+	4	0	2	6	4	0	−6	−8	2	−6	4	0	−6	0	−10	4	0	2	−8	−12	18	2	
240 C	+	+	+	−4	0	−6	−2	−4	8	−6	0	−6	10	4	−8	10	0	6	4	0	−14	−16	−12	2	2	
240 D	−	−	−	0	4	−2	2	−4	0	−2	0	−10	10	−4	−8	−10	4	−2	−12	8	10	0	−12	−6	2	
242 A	−	−2	−3	−2	−	−5	−3	−2	6	3	2	−7	−3	−8	6	−3	0	10	−10	12	−14	−2	−18	−9	11	
242 B	+	−2	−3	2	−	5	3	2	6	−3	2	−7	3	8	6	−3	0	−10	−10	12	14	2	18	−9	11	
243 A	0	+	0	−4	0	−7	0	−1	0	0	11	−10	0	5	0	0	0	−1	5	0	−7	−13	0	0	5	
243 B	0	−	0	5	0	2	0	8	0	0	−7	−1	0	−13	0	0	0	−1	5	0	−7	−4	0	0	14	
244 A	−	0	−3	−3	−1	1	−2	2	3	−8	0	−2	−3	8	−4	−10	9	−	13	−12	5	−17	12	−8	−18	
245 A	−2	−3	−	−	1	−3	3	−6	−4	−1	−6	0	−6	−6	9	−10	6	0	−14	−8	−6	−1	−12	−12	15	
245 B	−2	3	+	−	1	3	−3	6	−4	−1	6	0	6	−6	−9	−10	−6	0	−14	−8	6	−1	12	12	−15	
245 C	0	−1	−	−	−3	−5	−3	−2	−6	3	4	2	12	−10	−9	12	0	−8	−4	0	−2	−1	−12	12	1	
246 A	−	+	1	2	2	−7	7	7	−2	−8	−5	−10	+	−8	4	−2	9	6	1	15	1	−8	−11	3	10	
246 B	−	−	1	−2	2	−1	−7	5	−6	0	7	−2	−	4	−12	−6	5	2	3	−3	9	0	9	5	−2	
246 C	+	−	−2	2	4	4	−2	0	4	0	4	2	+	−12	−2	−4	−4	10	−8	−10	−2	−14	−12	10	−18	
246 D	+	+	−2	2	−4	−4	−2	−8	4	−8	4	2	+	4	−2	4	12	−6	16	6	−2	−14	4	−6	−2	
246 E	−	−	−2	4	−4	2	2	−4	0	−6	−8	−2	−	4	12	−6	−4	−10	12	−12	−6	12	12	2	10	
246 F	+	−	3	2	−6	−1	3	5	−6	0	−1	2	+	8	−12	6	−9	−10	−13	15	−7	−4	3	15	2	
246 G	+	+	3	−2	2	1	5	−1	6	8	3	−6	−	−4	−12	−14	3	10	−7	−3	1	12	7	−15	−10	
248 A	+	−2	1	−3	−2	−2	−6	1	−6	4	+	−2	7	4	8	8	3	−6	−12	3	−10	−12	2	−16	−7	
248 B	−	−2	2	0	2	4	6	4	0	−4	+	4	−10	−2	−8	4	0	0	12	0	2	12	−14	−14	14	
248 C	−	0	−3	−3	2	−4	0	1	4	−6	−	−10	7	−10	12	−4	3	12	−12	−13	2	6	6	−10	1	
249 A	−1	+	1	0	−3	−6	−4	−7	5	8	−10	7	−2	4	−12	9	−1	11	−5	−4	12	−4	+	−9	−2	
249 B	1	+	−1	−4	−3	2	4	−1	−3	4	−6	−9	−2	4	8	7	−9	−13	5	0	−12	−12	+	9	−6	
252 A	−	−	0	−	6	2	0	−4	6	−6	8	2	−12	−4	−12	6	0	−10	8	−6	−10	−4	12	−12	−10	
252 B	−	−	−4	+	−2	−6	4	−4	−2	2	0	2	0	−4	−12	6	8	6	−8	−14	−2	12	4	0	−2	
254 A	−	−2	−3	−1	−3	−4	3	−7	3	6	−4	2	9	−10	−6	3	0	−10	14	−12	2	−10	−12	0	8	−
254 B	−	−2	0	4	0	6	−6	8	4	−8	−8	−6	6	−6	−8	−4	−2	6	10	8	−6	−8	14	2	−2	+
254 C	+	0	−1	−3	1	−2	−1	−7	9	−6	−10	4	−3	12	10	−3	−4	10	−2	12	−14	−2	0	6	−8	+
254 D	−	0	2	0	4	−2	2	−4	0	−6	8	−2	−6	0	−8	−6	8	−2	−8	0	10	16	0	−6	10	+
256 A	+	−2	0	0	−6	0	−6	−2	0	0	0	0	6	10	0	0	−6	0	14	0	−2	0	−18	−18	10	
256 B	+	0	−4	0	0	−4	−2	0	0	−4	0	12	−10	0	0	−4	0	12	0	0	−6	0	0	10	−18	
256 C	−	0	4	0	0	4	−2	0	0	4	0	−12	−10	0	0	4	0	−12	0	0	−6	0	0	10	−18	
256 D	−	2	0	0	6	0	−6	2	0	0	0	0	6	−10	0	0	6	0	−14	0	−2	0	18	−18	10	
258 A	+	+	1	−5	1	−3	0	−7	−4	−3	−2	2	8	+	7	−12	12	4	6	−8	0	−10	−3	−14	−7	
258 B	+	+	−2	2	0	2	6	4	6	−2	4	4	−2	−	6	−4	−8	−12	4	0	−14	8	4	10	−2	
258 C	+	−	−3	−3	−5	−3	0	7	−4	1	−6	−6	0	−	−3	12	−4	12	10	8	−16	−14	−9	2	1	
258 D	−	+	−2	4	4	6	−6	−4	−4	6	−8	2	2	+	4	−6	−12	10	12	−8	−6	−16	−12	10	2	
258 E	−	+	3	−1	−1	1	4	1	−4	−9	2	2	−8	+	−11	4	−12	0	2	12	4	14	3	−10	17	
258 F	−	−	−1	1	5	−7	4	−1	−4	−5	−10	10	0	−	−1	12	4	−8	−2	−12	4	10	−7	6	−7	
258 G	−	−	2	−2	−4	2	−2	−4	2	10	−4	−8	6	−	2	−12	4	−8	4	0	10	−8	8	6	14	
259 A	1	0	4	−	4	4	0	−6	−4	−6	2	+	−6	−4	−12	10	−10	−8	−4	0	2	4	0	16	4	
260 A	−	2	+	2	4	+	2	0	−6	−10	0	10	−2	2	−6	2	−8	2	−6	−8	10	−16	6	10	2	
262 A	−	−2	−2	−3	−6	4	−4	3	−4	3	−4	−3	11	0	0	−12	6	8	−1	−8	4	−14	−15	−15	−8	−
262 B	+	0	0	−5	2	−2	−6	7	−6	−3	2	−1	−9	12	0	10	−4	−8	7	−10	6	−4	−11	13	−8	+
264 A	−	−	0	2	−	0	−2	8	−2	−6	0	−2	2	4	−6	−8	−8	−4	12	−10	−6	−10	−4	10	−2	
264 B	+	+	2	0	−	2	6	0	4	2	0	−10	6	−8	−4	−6	−12	2	4	12	−14	16	−12	10	−14	
264 C	+	−	−2	4	+	6	6	−8	0	−6	0	6	−10	−8	0	6	4	−2	−12	−8	2	−4	−12	−6	2	

TABLE 3: HECKE EIGENVALUES 264D–294C

	2	3	5	7	11	13	17	19	23	29	31	37	41	43	47	53	59	61	67	71	73	79	83	89	97	W_q
264 D	+	−	4	−2	+	0	−6	4	−6	6	0	6	−10	−8	6	−12	−8	4	−12	10	2	2	12	−6	14	
265 A	−1	0	+	2	0	−6	−6	−2	−8	2	10	2	−6	−2	−2	+	4	10	0	−2	14	−10	8	−2	10	
267 A	0	−	0	2	6	2	0	−4	3	−3	−4	−4	3	−4	6	0	9	8	−13	−6	−7	−1	−9	+	−1	
267 B	0	+	4	−2	2	6	4	−4	−3	3	8	−8	−11	8	−2	−8	−9	−12	3	10	1	−1	9	−	7	
268 A	−	2	2	2	−4	−6	3	1	3	−1	2	−5	8	10	−3	−6	7	−10	+	−8	−15	16	12	15	−8	
269 A	0	0	1	−4	−3	2	−4	2	−1	−2	−8	7	11	3	−9	9	4	−1	−5	−6	−14	−8	10	−5	−9	+
270 A	+	−	+	2	3	−1	3	8	−3	9	−7	2	12	−7	3	−12	−12	−10	−4	0	2	−1	−18	0	14	
270 B	−	+	+	2	3	5	−3	−4	−9	−3	5	−10	0	−1	9	−12	12	2	−4	12	−10	−13	6	−12	2	
270 C	−	−	−	2	−3	−1	−3	8	3	−9	−7	2	−12	−7	−3	12	12	−10	−4	0	2	−1	18	0	14	
270 D	+	+	−	2	−3	5	3	−4	9	3	5	−10	0	−1	−9	12	−12	2	−4	−12	−10	−13	−6	12	2	
272 A	+	−2	0	0	−2	−6	+	−4	−4	0	8	−4	6	−8	8	10	0	12	−8	−12	2	4	−16	10	−18	
272 B	−	0	−2	−4	0	−2	−	4	−4	6	−4	−2	−6	−4	0	6	12	−10	−4	4	−6	−12	4	10	2	
272 C	+	2	−2	2	6	2	−	0	−6	−10	−2	6	−6	8	0	−10	8	14	−4	−2	−14	10	−8	−10	2	
272 D	−	2	0	4	−6	2	+	4	0	0	4	−4	6	−8	0	−6	0	−4	−8	0	2	−8	0	−6	14	
273 A	−2	+	−1	−	−2	−	−4	3	−9	−1	−5	−8	6	−9	−3	3	0	10	−2	12	5	−13	−11	1	1	
273 B	2	−	1	+	−2	+	0	1	3	−5	9	0	2	−1	3	−9	0	−2	10	−12	15	11	3	−17	3	
274 A	−	−2	−3	0	−3	−6	1	−3	0	−3	7	10	−10	6	3	−11	−5	−8	2	−1	7	5	−14	−14	−10	−
274 B	+	0	−3	2	−1	−2	−7	−1	0	1	−11	4	0	6	−7	9	9	0	2	5	11	−5	6	−8	12	+
274 C	+	0	0	−4	−4	4	2	−4	−6	−8	10	−2	6	0	2	0	−12	6	8	−10	14	−14	12	−14	6	+
275 A	−1	0	+	0	+	−2	−6	−4	−4	6	−8	2	2	−4	12	2	4	−10	16	8	−14	8	4	10	−10	
275 B	2	1	+	2	−	−4	2	0	1	0	7	−3	−8	6	−8	6	5	12	7	−3	−4	−10	6	15	7	
277 A	1	−2	2	−4	1	−5	2	−6	0	5	−3	−4	7	−1	−2	2	4	6	−12	6	−8	−16	−16	−15	4	+
278 A	−	−2	−1	−5	−3	1	2	−2	−6	1	9	−6	−6	−4	0	12	10	−4	−11	−3	−10	−5	−1	−9	−16	−
278 B	+	−2	3	−1	−3	5	6	2	6	−3	5	2	−6	8	0	−12	6	8	5	−15	2	−1	−9	15	8	−
280 A	+	−1	+	+	−5	1	3	−6	−6	−9	0	6	8	6	3	−12	8	−4	−4	8	10	−3	−12	−16	7	
280 B	+	−3	−	−	−5	−5	−7	−2	−2	7	4	−6	−12	−2	1	0	−4	4	8	0	6	−3	−4	0	13	
282 A	−	+	2	0	0	2	2	0	0	2	−8	−2	2	−8	+	−2	−4	−10	−8	0	10	0	12	10	2	
282 B	−	+	−4	−4	0	−2	−6	6	−4	4	2	−6	−12	−2	−	−6	−4	2	10	8	−2	−12	12	−18	14	
285 A	−1	−	+	−2	−6	0	−6	−	−8	4	0	4	0	−2	−8	2	12	2	−8	16	14	8	0	0	−12	
285 B	1	+	+	−2	−2	−4	2	+	−4	4	0	0	0	−10	12	−2	4	2	−16	0	−2	−8	−12	0	−16	
285 C	1	+	−	4	4	2	2	+	−4	−2	0	−6	−6	8	−12	−14	4	14	−4	0	−14	16	0	−6	−10	
286 A	+	−2	3	−1	+	−	6	8	−3	9	2	−10	9	−1	0	6	−3	−7	−7	12	−1	−4	0	12	−4	
286 B	−	−1	−3	−5	+	−	7	0	−4	−8	0	−3	−8	−5	−3	2	−14	8	0	−5	16	−6	−4	0	0	
286 C	+	−1	−1	1	+	+	−1	−4	−8	−8	0	7	−8	11	−1	2	14	−8	8	9	−4	2	0	−4	8	
286 D	−	−1	1	3	−	−	3	0	4	0	−8	−7	−8	−1	−7	−6	10	−8	8	7	−16	10	4	0	8	
286 E	−	2	−1	1	+	+	2	−4	1	7	−6	−2	−5	5	8	2	5	7	−7	0	5	−4	0	−4	−16	
286 F	−	2	1	−3	−	−	−6	0	1	−3	10	2	7	−1	−4	6	−5	−11	−1	16	−7	4	4	12	−16	
288 A	+	+	−4	0	0	−6	−8	0	0	4	0	−2	8	0	0	4	0	−10	0	0	6	0	0	−16	−18	
288 B	−	−	−2	−4	−4	−2	6	−4	0	−2	4	−2	−2	4	−8	−10	4	6	4	16	−6	4	−12	−10	−14	
288 C	+	−	−2	4	4	−2	6	4	0	−2	−4	−2	−2	−4	8	−10	−4	6	−4	−16	−6	−4	12	−10	−14	
288 D	+	−	2	0	0	6	−2	0	0	10	0	−2	−10	0	0	−14	0	−10	0	0	−6	0	0	−10	18	
288 E	−	+	4	0	0	−6	8	0	0	−4	0	−2	−8	0	0	−4	0	−10	0	0	6	0	0	16	−18	
289 A	−1	0	2	−4	0	−2	+	−4	−4	−6	−4	2	6	4	0	6	−12	10	4	4	6	−12	−4	10	−2	
290 A	+	0	+	−2	2	−6	2	−2	−6	+	−6	−2	10	−8	−4	10	8	10	2	4	6	−10	−6	−6	6	
291 A	−2	+	3	−2	0	−4	6	6	0	7	7	4	5	1	−10	10	−5	5	−14	15	7	−5	−9	−8	−	
291 B	−1	+	−2	−4	4	6	2	−8	4	6	8	−2	10	−4	0	−10	8	14	8	−4	−6	−8	8	10	−	
291 C	−1	+	0	2	−4	−2	−8	−2	−4	0	8	10	−12	−8	8	−2	−8	−10	2	8	6	4	8	10	+	
291 D	2	+	1	2	4	0	2	−2	−8	−3	−1	4	7	−7	6	2	−7	5	−10	5	−9	−5	5	16	−	
294 A	−	+	1	+	5	0	−4	8	−4	−5	3	−4	0	2	−6	−9	−11	−6	−2	2	10	3	−7	−6	7	
294 B	−	−	−1	−	5	0	4	−8	−4	−5	−3	−4	0	2	6	−9	11	6	−2	2	−10	3	7	6	−7	
294 C	−	−	2	−	−4	−6	−2	4	8	−2	0	−10	6	−4	0	6	−4	−6	4	8	−10	0	4	6	14	

TABLE 3: HECKE EIGENVALUES 294D–318A

	2	3	5	7	11	13	17	19	23	29	31	37	41	43	47	53	59	61	67	71	73	79	83	89	97	W_q
294 D	+	−	3	+	3	−4	0	−4	0	9	−1	8	0	−10	−6	−3	3	−10	−10	−6	2	−1	−9	6	−1	
294 E	+	+	−3	−	3	4	0	4	0	9	1	8	0	−10	6	−3	−3	10	−10	−6	−2	−1	9	−6	1	
294 F	+	+	4	−	−4	4	0	4	0	2	8	−6	0	4	−8	−10	4	−4	4	8	−16	−8	−12	8	8	
294 G	+	−	−4	−	−4	−4	0	−4	0	2	−8	−6	0	4	8	−10	−4	4	4	8	16	−8	12	−8	−8	
296 A	+	−1	−2	1	1	−6	−4	−8	6	2	−4	+	7	2	9	−3	−12	4	0	7	7	0	3	−12	−8	
296 B	−	−1	0	−3	−3	0	2	−2	−6	−2	−4	−	7	4	1	9	8	−4	12	−5	−13	−10	−1	−2	−12	
297 A	−2	−	−2	1	−	−5	−2	3	−4	−6	−8	−9	4	0	−10	6	14	9	5	−12	7	11	−12	−6	−7	
297 B	−1	+	2	−5	+	−2	−7	0	1	−3	−8	−3	11	−9	1	12	−5	6	−4	0	4	5	6	6	11	
297 C	1	−	−2	−5	−	−2	7	0	−1	3	−8	−3	−11	−9	−1	−12	5	6	−4	0	4	5	−6	−6	11	
297 D	2	−	2	1	+	−5	2	3	4	6	−8	−9	−4	0	10	−6	−14	9	5	12	7	11	12	6	−7	
298 A	−	−2	−2	−2	0	−5	−7	1	−1	8	4	0	−6	8	−6	−10	4	6	3	−15	9	1	0	2	−8	−
298 B	+	0	−4	4	2	−5	−7	−7	3	−8	2	−4	0	4	−6	4	10	2	−5	13	−7	1	−4	−2	−10	+
300 A	−	+	+	1	6	−5	6	5	6	−6	−1	−2	0	1	−6	12	−6	−13	−11	0	−2	8	6	0	7	
300 B	−	−	−	−1	6	5	−6	5	−6	−6	−1	2	0	−1	6	−12	−6	−13	11	0	2	8	−6	0	−7	
300 C	−	−	−	4	−4	0	4	0	4	−6	4	−8	−10	4	−4	−12	4	2	−4	0	−8	−12	4	−10	8	
300 D	−	+	−	−4	−4	0	−4	0	−4	−6	4	8	−10	−4	4	12	4	2	4	0	8	−12	−4	−10	−8	
302 A	−	−1	−4	−2	2	−6	3	0	−6	0	−3	−2	12	−6	−7	9	−10	−13	−7	12	4	10	−11	0	−7	−
302 B	+	2	2	4	−4	0	−6	0	0	6	0	−2	6	0	8	−12	−4	8	2	−12	10	−8	−14	−6	2	−
302 C	−	−3	0	−2	−6	−2	−5	−8	6	8	9	2	0	−6	−3	−9	2	5	3	4	−8	10	−1	8	−15	−
303 A	0	−	−3	0	−2	−3	−7	−5	−5	6	7	10	6	4	−7	−4	−10	−2	10	−9	−8	7	2	−8	−10	−
303 B	−2	−	−1	−2	−6	1	−5	7	−3	−6	−1	−10	−2	−12	11	4	4	10	−2	1	2	11	8	14	−10	−
304 A	−	1	−4	−3	−2	−1	3	−	1	−5	8	−2	−8	−4	−8	−1	−15	2	−3	−2	9	10	6	0	−2	
304 B	−	−1	0	1	6	5	3	+	−3	9	4	2	0	−8	0	−3	−9	−10	−5	6	−7	10	6	−12	−10	
304 C	+	−1	0	−3	−2	1	−5	+	1	−3	−4	2	−8	8	8	9	−1	14	−13	−10	9	10	−10	−12	14	
304 D	+	2	−1	3	3	−4	5	−	0	2	−8	−10	6	7	9	−8	−14	−5	0	6	−15	4	−4	0	16	
304 E	−	2	3	1	−3	−4	−3	+	0	6	4	2	−6	1	3	12	6	−1	4	−6	−7	−8	−12	12	8	
304 F	−	−2	−1	3	−5	−4	−3	−	−8	−2	−4	10	10	−1	1	−4	−6	−13	12	−2	9	−8	12	12	−8	
306 A	−	−	0	2	0	2	−	−4	6	0	−10	8	−6	−4	−12	−6	12	8	−4	−6	2	−10	−12	18	14	
306 B	+	−	0	−4	−6	2	−	−4	0	0	−4	−4	−6	8	0	6	0	−4	8	0	2	8	0	6	14	
306 C	+	−	2	0	4	−2	+	4	0	10	8	−2	−10	12	0	−6	−12	−10	−12	0	10	−8	−4	6	−14	
306 D	−	−	4	−2	0	−6	−	4	−6	4	−6	−4	10	−4	−4	2	−12	−4	−12	6	2	10	12	2	6	
307 A	0	0	4	0	3	6	−1	−1	−2	0	4	3	5	−10	−6	−10	4	−8	−8	−15	2	−13	5	9	7	−
307 B	1	2	0	3	5	0	−5	−1	6	−6	−4	−9	−3	10	−4	5	6	−10	2	13	8	8	−16	6	−2	−
307 C	2	0	2	3	−4	0	3	1	2	6	−4	−6	2	−4	−10	−3	10	4	−4	−1	8	11	9	−3	11	−
307 D	2	2	0	−3	1	6	2	−4	−6	0	2	3	9	4	4	1	−12	14	2	8	−10	11	13	9	−5	−
308 A	−	−1	−1	+	−	−4	−6	−2	1	2	−1	−9	6	8	−8	10	1	−2	11	11	−14	−14	4	13	−9	
309 A	−1	−	−1	−2	−2	−5	0	−8	1	−2	5	2	8	−11	−2	10	−11	−5	11	16	12	6	1	−6	−7	−
310 A	−	2	+	0	2	0	2	−4	−4	−4	+	−8	6	2	0	8	8	0	4	0	6	−4	6	−6	−2	
310 B	−	−2	+	−4	0	−4	0	−4	−6	6	−	8	−6	−10	0	0	−12	14	8	0	−4	8	6	−18	−10	
312 A	+	−	0	0	6	+	2	0	4	−6	−4	−2	0	4	10	−10	−6	−6	−12	2	6	−16	6	4	14	
312 B	+	+	0	−4	−2	+	−6	−4	4	10	−8	−2	0	−4	2	−2	10	10	8	2	−10	8	6	−12	−2	
312 C	−	−	2	0	0	−	2	−4	0	6	0	−2	6	−12	−4	6	−8	−2	4	−12	−14	0	8	−18	−6	
312 D	+	+	−2	4	0	−	2	8	8	−2	4	−10	2	−4	−12	6	0	−2	8	−12	10	−8	0	−14	2	
312 E	−	+	4	0	−2	+	2	8	4	−6	−4	6	−12	4	−6	−2	−14	10	−4	2	−2	−8	14	0	−10	
312 F	−	−	−4	−4	−2	+	−6	4	4	−6	8	−10	−4	−4	−6	6	−6	−6	0	10	−2	0	−10	8	−10	
314 A	+	0	0	−3	−2	−1	3	−4	−1	0	−6	−1	0	1	0	12	−7	0	−2	10	12	−8	0	−3	−2	+
315 A	0	−	−	−	3	5	−3	2	6	−3	−4	2	12	−10	−9	−12	0	8	−4	0	2	−1	−12	12	−1	
315 B	−1	−	+	−	0	−6	−2	−8	−8	2	4	−2	6	4	−8	−10	−4	−2	4	12	−2	8	4	6	−18	
316 A	−	−1	1	3	2	−1	4	6	6	8	−4	−8	−10	4	−9	−2	5	−6	−10	−1	6	+	0	9	−11	
316 B	−	−3	1	1	−6	−1	−4	−6	2	−8	4	4	−6	4	−3	14	−9	6	−10	5	6	−	4	1	−11	
318 A	−	+	0	1	5	0	2	−1	3	−1	−4	0	−9	0	6	+	−4	−7	1	7	−14	−8	8	−12	13	

TABLE 3: HECKE EIGENVALUES 318B–338A

	2	3	5	7	11	13	17	19	23	29	31	37	41	43	47	53	59	61	67	71	73	79	83	89	97	W_q
318 B	+	−	0	5	−3	−4	6	5	−3	3	8	−4	−3	−4	6	+	−12	−1	−13	−15	2	−16	0	0	5	
318 C	+	+	−1	0	−1	−2	−7	2	−5	−4	−1	−2	−4	−1	6	+	9	10	−2	0	10	1	6	−1	−13	
318 D	−	+	−3	−4	−5	−2	5	6	−7	−8	1	2	4	−1	−6	−	−3	−2	−10	0	−6	15	−10	−5	19	
318 E	+	+	4	1	−1	−4	6	−1	9	−3	−8	12	5	−8	−2	−	4	−7	1	−3	6	−4	−8	−4	−3	
319 A	2	−3	1	4	+	6	4	−2	3	−	−7	−11	4	−4	8	2	−3	2	−15	−7	2	6	−6	9	−17	
320 A	−	0	+	4	4	2	2	4	−4	2	8	−6	−6	−8	−4	−6	−4	2	8	0	−6	0	−16	−6	−14	
320 B	+	0	+	−4	−4	2	2	−4	4	2	−8	−6	−6	8	4	−6	4	2	−8	0	−6	0	16	−6	−14	
320 C	+	2	−	2	0	−2	−6	4	6	−6	−4	−2	6	10	−6	6	−12	−2	−2	−12	2	8	−6	−6	2	
320 D	+	2	−	−2	4	6	2	−8	−6	2	4	−2	−10	2	−2	−2	0	−2	6	−12	10	−8	10	−6	10	
320 E	+	−2	−	2	−4	6	2	8	6	2	−4	−2	−10	−2	2	−2	0	−2	−6	12	10	8	−10	−6	10	
320 F	−	−2	−	−2	0	−2	−6	−4	−6	−6	4	−2	6	−10	6	6	12	−2	2	12	2	−8	6	−6	2	
322 A	+	0	−2	−	−4	4	−8	−2	−	2	−6	−10	6	−8	6	2	0	10	8	−12	6	0	2	12	12	
322 B	+	2	0	−	4	0	6	−6	+	10	4	−2	−10	−4	12	−6	−2	0	0	−8	−6	−8	−14	−14	−2	
322 C	−	2	−2	−	6	−4	−2	4	−	−10	−8	−8	−2	6	12	12	−6	−6	−2	16	2	0	4	−6	2	
322 D	−	−2	−2	+	−2	−4	−6	0	−	−2	4	0	6	6	0	−12	−10	2	−2	8	2	8	−16	6	−2	
323 A	0	3	−2	4	−2	6	+	−	0	−9	−9	2	−6	−1	−3	2	14	−6	−14	16	−2	8	−3	2	−7	
324 A	−	+	3	−1	3	−1	6	−4	−3	3	5	2	3	−1	−9	−6	−3	−13	−7	−12	−10	11	−9	6	11	
324 B	−	+	3	2	−6	5	−3	2	6	3	−4	5	−6	−10	0	−6	−12	5	2	6	−1	−10	0	−3	−10	
324 C	−	−	−3	−1	−3	−1	−6	−4	3	−3	5	2	−3	−1	9	6	3	−13	−7	12	−10	11	9	−6	11	
324 D	−	+	−3	2	6	5	3	2	−6	−3	−4	5	6	−10	0	6	12	5	2	−6	−1	−10	0	3	−10	
325 A	0	1	−	−4	−6	−	6	−4	3	−3	−4	2	6	−7	0	−9	−6	−1	14	−6	−4	11	−6	0	−10	
325 B	0	−1	+	4	−6	+	−6	−4	−3	−3	−4	−2	6	7	0	9	−6	−1	−14	−6	4	11	6	0	10	
325 C	1	2	+	4	2	−	−2	−6	6	2	−10	2	−6	−10	−4	−2	6	2	4	6	6	−12	16	2	2	
325 D	2	1	−	2	2	+	2	0	−9	5	2	−8	12	1	−8	11	0	−13	2	12	6	15	−4	−10	−8	
325 E	−2	−1	+	−2	2	−	−2	0	9	5	2	8	12	−1	8	−11	0	−13	−2	12	−6	15	4	−10	8	+
326 A	+	0	−1	−1	0	−5	6	−6	−3	−1	−3	−2	−3	1	10	−6	10	−12	10	−2	16	16	−1	−2	−5	+
326 B	−	−2	−1	−3	−4	−1	0	−2	−1	3	−9	6	1	7	−4	8	−6	−4	4	12	2	−16	5	0	−17	−
326 C	+	−2	−3	−1	0	5	0	2	−3	9	5	2	9	−1	−12	0	6	8	−4	−12	2	8	−3	12	−1	−
327 A	−1	−	−1	−2	−1	−4	−4	−7	1	7	−2	−6	−2	4	7	−4	4	11	−12	−10	11	8	14	5	−7	−
328 A	+	0	−2	−2	0	−4	−2	4	−4	0	4	−6	+	12	−6	−4	−4	10	12	−6	−2	−2	−4	−6	14	
328 B	+	2	2	−2	2	6	−6	−2	0	6	−8	10	−	0	−6	−2	−4	−2	−10	−2	−2	−2	12	10	−6	
329 A	−1	−1	3	+	3	−6	6	8	4	2	6	9	−5	−9	−	−1	3	−4	4	0	−13	8	7	−4	−6	
330 A	+	+	+	0	−	2	−2	8	4	2	8	−2	6	8	−4	2	4	−6	−12	−12	2	0	4	−6	−14	
330 B	−	−	−	0	+	−2	2	−4	0	−2	0	−2	2	−12	8	6	−12	6	4	0	−6	−16	4	10	2	
330 C	−	+	−	0	−	6	2	−4	0	−10	0	6	2	4	−8	−10	−4	−2	−4	−8	2	−8	−12	−6	18	
330 D	−	+	+	4	+	2	2	4	−4	6	0	−10	−6	−12	−4	−6	−4	10	−12	−4	10	4	4	10	18	
330 E	+	+	−	−4	−	−2	−2	−8	0	2	−8	−10	−10	0	0	14	−4	14	−4	8	10	12	4	−6	−14	
331 A	−1	−2	1	2	0	−4	1	−3	−8	−10	7	−8	0	11	−4	1	−10	−8	7	1	8	−9	−12	6	8	+
333 A	0	−	0	−1	−3	−4	−6	2	−6	6	−4	−	9	8	−3	3	−12	8	−4	15	11	−10	−9	−6	8	
333 B	1	+	−2	−4	4	−2	−6	−6	8	6	2	+	0	−10	−12	4	−4	10	−4	−12	−10	10	0	−2	−2	
333 C	−1	+	2	−4	−4	−2	6	−6	−8	−6	2	+	0	−10	12	−4	4	10	−4	12	−10	10	0	2	−2	
333 D	2	−	2	−1	5	−2	0	0	−2	−6	−4	+	9	2	9	−1	−8	−8	8	−9	−1	4	15	−4	4	
334 A	−	0	3	1	0	−2	−2	2	2	−4	1	−3	2	4	−1	−11	−3	−4	−3	6	−4	−12	7	3	7	+
335 A	0	0	−	−2	−2	−2	−3	−1	−1	−9	0	−3	−2	6	9	12	5	0	−	−4	−1	−4	−4	3	−14	
336 A	−	+	0	+	6	2	0	4	6	6	−8	2	12	4	−12	−6	0	−10	−8	−6	−10	4	12	12	−10	
336 B	+	+	2	−	0	−2	6	4	4	6	8	−10	−10	−12	8	6	−4	−10	−12	−4	2	−8	−4	6	10	
336 C	+	−	2	+	0	6	−2	−4	4	−10	8	6	−2	4	−8	−10	−12	−2	−12	12	−14	8	−12	−2	10	
336 D	−	−	−2	−	4	6	2	4	−8	−2	0	−10	−6	4	0	6	−4	6	−4	−8	10	0	4	−6	−14	
336 E	−	+	−2	−	−4	−2	−6	−4	0	−2	0	6	2	4	0	6	−12	−2	−4	0	−6	16	12	−14	18	
336 F	−	−	4	−	−2	−6	−4	4	−2	−2	0	2	0	4	−12	−6	8	6	8	−14	−2	−12	4	0	−2	
338 A	+	0	1	−4	−4	+	3	0	−4	−1	−4	−3	9	−8	8	−9	4	7	−4	8	−11	−4	0	6	−2	

TABLE 3: HECKE EIGENVALUES 338B–356A

	2	3	5	7	11	13	17	19	23	29	31	37	41	43	47	53	59	61	67	71	73	79	83	89	97	W_q
338 B	−	0	−1	4	4	+	3	0	−4	−1	4	3	−9	−8	−8	−9	−4	7	4	−8	11	−4	0	−6	2	
338 C	−	1	3	1	−6	+	−3	−2	0	6	4	7	0	−1	−3	0	6	8	−14	3	−2	8	−12	6	10	
338 D	+	−1	3	3	0	−	−3	6	6	0	0	3	0	1	3	−6	−6	−8	12	−15	6	10	−6	−6	12	
338 E	−	−1	−3	−3	0	−	−3	−6	6	0	0	−3	0	1	−3	−6	6	−8	−12	15	−6	10	6	6	−12	
338 F	+	−3	1	−1	2	+	−3	−6	−4	2	−4	−3	0	−5	−13	12	10	−8	2	5	10	−4	0	−6	−14	
339 A	0	−	−1	−3	−4	−2	−2	−2	1	−7	8	4	0	12	−9	−8	−3	−3	2	7	4	−4	−2	13	1	−
339 B	2	+	2	3	−6	5	3	0	3	−3	−7	2	−8	0	−9	4	−9	6	14	0	−10	−14	14	1	13	−
339 C	−2	−	−3	1	−2	−2	−2	0	−5	−5	−4	−4	4	−12	−3	6	−9	−3	16	1	14	2	6	3	1	−
340 A	−	0	+	−4	2	−6	−	0	0	−6	6	−2	−6	6	−10	−6	0	10	−2	6	6	6	6	−18	−14	
342 A	−	−	0	−1	6	5	−3	−	−3	−9	−4	2	0	8	0	3	−9	−10	5	6	−7	−10	6	12	−10	
342 B	−	−	0	4	−4	0	2	−	2	6	6	−8	−10	−12	−10	−2	−4	−10	0	16	−2	10	16	2	−10	
342 C	+	−	0	−4	0	−4	−6	−	6	−6	2	−4	−6	−4	−6	−6	12	14	8	0	14	−10	12	6	−10	
342 D	−	+	2	0	2	−4	0	+	8	−2	−2	−8	−2	4	−4	2	0	−10	0	−16	6	14	−6	−18	10	
342 E	+	+	−2	0	−2	−4	0	+	−8	2	−2	−8	2	4	4	−2	0	−10	0	16	6	14	6	18	10	
342 F	+	−	−2	0	4	2	6	+	4	2	4	10	−10	4	4	10	−12	14	−12	−8	−6	−4	−12	6	10	
342 G	+	−	4	3	−2	−1	−3	+	1	5	−8	−2	8	4	−8	1	−15	2	3	−2	9	−10	6	0	−2	
344 A	−	0	−2	−2	1	−1	−7	−6	9	4	1	−4	−11	−	0	11	12	0	7	−10	−4	−8	−3	6	3	
345 A	0	+	+	1	4	0	5	0	−	5	3	−5	3	−4	6	−3	9	10	−7	7	−12	8	−1	16	−6	
345 B	0	−	+	−3	−4	0	−3	−8	−	9	−5	−9	7	4	−2	13	−3	−14	13	−13	−4	0	−1	−8	10	
345 C	1	−	+	4	4	6	−2	−4	+	−10	−8	2	2	−8	0	−6	0	6	8	−4	10	16	−12	−10	−10	
345 D	−1	−	+	4	−4	−2	6	8	+	6	8	6	−6	−8	−8	2	−4	−10	8	0	−6	−4	−12	6	−14	
345 E	2	+	−	3	2	−2	5	−2	+	−5	3	−7	−11	−8	8	5	−1	−8	−9	1	10	0	15	0	−10	
345 F	−2	−	−	−5	−2	−6	1	2	+	−1	−5	−7	−7	−8	−12	9	3	12	−1	5	−2	−8	3	8	14	
346 A	−	1	−1	4	4	−6	−4	5	5	8	−7	−2	−5	−10	−3	−1	9	−15	−8	4	1	16	6	−6	−8	+
346 B	−	−1	−3	−2	−4	0	−2	7	−3	−4	−7	−4	3	6	9	−3	−9	3	2	−12	−7	10	6	−10	−6	−
347 A	−2	1	0	−2	−3	−2	4	−4	4	−9	8	−12	8	−7	−10	−6	8	5	−11	12	7	10	9	1	16	+
348 A	−	+	0	−3	−3	−3	1	−4	−2	−	−2	−6	10	0	−3	4	10	−6	3	6	14	4	−18	7	0	
348 B	−	−	2	1	1	−3	−3	2	8	−	−8	0	2	0	5	−2	−6	−12	3	4	−16	−2	−6	3	−6	
348 C	−	+	−2	1	3	5	−1	6	4	+	0	8	−10	4	7	−2	6	−8	3	−4	4	6	−14	−7	−2	
348 D	−	−	−4	−3	−1	−3	−5	4	−6	+	2	6	6	−12	7	−12	−10	10	−13	−2	14	−8	6	5	0	
350 A	+	0	+	−	4	6	−2	0	0	6	8	10	2	−4	−8	2	−8	−14	12	−16	−2	−8	−8	10	−2	
350 B	−	1	−	−	3	2	3	−7	0	−6	−4	8	−9	8	−6	−12	12	−10	−7	6	5	14	−9	−15	−10	
350 C	+	−1	+	+	3	−2	−3	−7	0	−6	−4	−8	−9	−8	6	12	12	−10	7	6	−5	14	9	−15	10	
350 D	−	2	+	+	0	4	−6	2	0	−6	−4	−2	6	−8	12	−6	−6	8	4	0	−2	8	6	−6	10	
350 E	+	3	+	−	−5	6	1	−3	0	−6	−4	−8	11	8	−2	−4	4	−2	−9	−10	7	−2	−11	−11	10	
350 F	−	−3	−	+	−5	−6	−1	−3	0	−6	−4	8	11	−8	2	4	4	−2	9	−10	−7	−2	11	−11	−10	
352 A	+	1	1	4	−	−2	0	−2	9	4	5	−9	2	−6	−4	−6	−5	0	−13	−1	14	−10	14	−13	−19	
352 B	−	1	−3	−4	−	−2	−8	6	5	4	1	3	−6	−6	−12	−6	3	0	11	−5	−10	−2	−2	−5	13	
352 C	+	−1	1	−4	+	−2	0	2	−9	4	−5	−9	2	6	4	−6	5	0	13	1	14	10	−14	−13	−19	
352 D	+	−1	−3	4	+	−2	−8	−6	−5	4	−1	3	−6	6	12	−6	−3	0	−11	5	−10	2	2	−5	13	
352 E	−	3	1	0	+	−6	−4	6	3	−4	−9	7	−2	6	12	2	9	8	−15	−3	−6	−6	−6	−5	−3	
352 F	−	−3	1	0	−	−6	−4	−6	−3	−4	9	7	−2	−6	−12	2	−9	8	15	3	−6	6	6	−5	−3	
353 A	−1	2	2	−2	4	2	2	0	4	2	2	2	−2	8	−4	−6	−2	2	2	6	−10	−10	−12	−14	−14	−
354 A	−	+	0	0	4	4	6	−4	−4	0	2	−8	6	4	−4	4	+	0	−16	−14	2	−8	−4	14	−10	
354 B	+	−	0	−1	3	5	−3	8	−6	6	8	5	−9	−1	0	12	+	−10	−4	−3	−16	5	−9	0	−4	
354 C	+	+	0	−1	−5	1	1	0	−6	−10	−8	9	−5	3	0	4	+	6	4	1	0	−3	7	16	−12	
354 D	+	+	2	0	4	−6	2	4	8	2	8	2	2	0	8	−6	−	10	−8	−12	−14	−16	4	6	2	
354 E	−	+	4	0	−4	0	−2	4	4	4	−10	−4	−2	−12	4	0	+	4	−8	6	−14	8	−4	−18	14	
354 F	−	+	−4	−1	−3	−1	−7	−4	2	−2	0	7	3	5	12	−8	−	−14	−4	−15	−4	5	1	4	−4	
355 A	0	−2	−	−1	0	5	6	−1	0	−3	2	8	6	2	3	−3	−6	2	−4	+	−4	−1	6	15	−7	
356 A	−	−1	−1	0	0	−4	−1	−5	−1	−6	3	−6	2	1	10	9	4	−4	−2	2	7	2	−4	−	1	

TABLE 3: HECKE EIGENVALUES 357A–377A

	2	3	5	7	11	13	17	19	23	29	31	37	41	43	47	53	59	61	67	71	73	79	83	89	97	W_q
357 A	0	+	1	+	3	3	−	3	7	−6	10	4	−9	9	6	−10	−2	0	−12	−12	6	10	10	−4	8	
357 B	0	+	1	−	−5	−5	−	−5	−1	−6	−6	4	7	−7	6	6	14	0	−12	4	6	−6	−6	12	8	
357 C	2	−	1	+	1	1	+	1	−3	−2	0	−6	−1	5	12	0	0	−2	−8	0	6	−4	6	16	−12	
357 D	−2	−	−3	−	−3	1	+	−7	1	−10	4	−10	3	−11	−8	−4	4	10	−8	8	−2	16	6	−8	−4	
358 A	+	2	0	−2	5	6	3	−2	2	2	5	−1	−6	−10	5	11	−12	−10	−8	12	8	−10	−2	−1	−2	−
358 B	−	−2	0	2	3	2	3	2	6	−6	5	−7	6	−10	−3	−3	0	2	−4	0	−4	−10	6	−9	2	+
359 A	1	−2	1	1	−2	−6	−3	−1	0	−4	−1	7	−2	1	0	4	11	2	12	−9	−7	−4	9	−6	−8	+
359 B	−1	0	1	−1	−2	0	−3	1	−6	−6	1	−9	6	−5	8	6	5	−4	−4	13	1	−14	15	−2	10	+
360 A	+	−	+	0	4	6	6	−4	0	2	−8	−2	6	12	−8	−6	−12	14	4	−8	−6	−8	12	−10	2	
360 B	−	+	+	2	2	4	−2	4	8	−10	4	0	0	−8	8	6	−14	−14	−4	12	6	−12	4	−12	−14	
360 C	+	+	−	2	−2	4	2	4	−8	10	4	0	0	−8	−8	−6	14	−14	−4	−12	6	−12	−4	12	−14	
360 D	−	−	−	4	0	−6	2	4	8	6	0	−6	−10	−4	−8	−10	0	6	−4	0	−14	16	−12	−2	2	
360 E	−	−	+	−4	−4	−2	−2	4	−4	2	−8	6	6	−8	−4	−6	4	−2	8	0	−6	0	16	6	−14	
361 A	0	0	−1	3	−5	0	−7	+	−4	0	0	0	0	−1	13	0	0	15	0	0	−11	0	−16	0	0	
361 B	0	2	3	−1	3	4	−3	−	0	−6	4	−2	6	−1	−3	−12	6	−1	4	−6	−7	−8	12	−12	−8	
362 A	+	−1	2	−4	−1	4	−6	−2	−3	4	−11	−12	4	−1	−11	6	9	5	12	3	−15	0	−2	16	−10	+
362 B	−	−1	−2	−4	−1	−4	2	6	−1	−8	−1	0	0	−1	−1	−6	9	−1	−12	9	−7	−8	10	0	−14	−
363 A	−1	+	−2	−4	−	2	2	0	8	6	−8	6	2	0	8	6	−4	−6	−4	0	14	4	−12	−6	2	
363 B	2	+	4	−1	−	2	−4	3	2	−6	−5	3	2	−12	2	6	−10	−3	−1	0	11	−11	−6	12	5	
363 C	−2	+	4	1	−	−2	4	−3	2	6	−5	3	−2	12	2	6	−10	3	−1	0	−11	11	6	12	5	
364 A	−	0	−3	−	−2	+	−4	−1	−7	7	−5	4	−6	9	−7	11	0	−2	−10	0	7	1	−11	−1	−13	
364 B	−	−2	1	+	−4	−	−2	−1	−7	−5	−9	−2	2	1	9	3	0	14	10	−14	3	5	5	−9	−1	
366 A	−	−	1	1	−1	−5	2	0	−3	8	4	−4	−9	−4	2	0	9	−	−9	0	−7	−5	14	−4	−2	
366 B	−	−	1	−2	2	4	−7	0	9	−10	−8	−7	12	−1	8	−6	0	−	−12	−3	−1	10	−1	5	−17	
366 C	+	−	1	−2	6	0	3	0	−1	6	0	3	12	1	−12	−2	0	+	4	−13	−9	−14	3	−9	−1	
366 D	−	+	−1	2	2	4	1	4	−3	−2	4	−1	−4	−3	0	−6	4	+	4	−15	−9	10	−3	−3	−1	
366 E	+	+	−2	4	−4	−2	6	4	8	10	4	6	2	−8	−8	−6	12	−	0	0	10	−12	−12	6	2	
366 F	+	−	−3	−1	−3	−1	−6	−4	3	0	−4	8	−9	−4	−6	12	3	−	5	0	−7	5	6	12	−10	
366 G	−	+	−3	−3	−1	−5	2	−8	5	0	−4	4	3	4	2	0	−7	−	−13	−16	9	−1	14	−4	14	
368 A	+	0	0	−4	−6	−2	6	6	+	−6	0	−8	6	2	8	−8	−4	−4	−2	8	6	−12	−10	10	−18	
368 B	−	0	4	4	−2	−2	−2	2	+	2	0	−4	6	−10	0	−4	−12	−8	10	0	6	12	−14	−6	6	
368 C	+	1	−2	4	2	7	−4	6	−	5	−3	2	−9	−8	1	−6	8	−10	−2	13	−3	−6	0	−4	−8	
368 D	+	1	−4	−2	4	−5	−2	−6	+	1	9	−4	3	−8	5	6	4	−10	4	5	−15	6	−6	−8	10	
368 E	−	−1	0	−2	0	−1	−6	−2	−	−3	−5	8	3	−8	−9	6	12	14	−8	15	−7	10	−6	0	−10	
368 F	−	3	−2	4	−2	−5	4	2	+	−7	3	2	−9	8	−9	2	0	−2	−14	3	−3	6	−8	12	0	
368 G	+	−3	0	2	0	−5	−6	−6	+	9	−3	−8	3	8	−7	−2	−4	−10	−8	−7	9	6	14	16	6	
369 A	0	−	2	−4	−5	−4	5	−2	−4	−1	−5	−7	−	7	−7	14	12	−3	−2	3	13	−2	2	−18	−14	
369 B	2	−	4	−2	3	−6	−3	0	6	−5	7	−7	+	−1	−3	6	0	−3	−2	3	−11	10	16	10	−12	
370 A	+	0	+	0	−4	2	−2	−4	0	−6	−4	+	−6	4	−8	10	4	10	−8	0	10	−4	0	2	6	
370 B	+	2	−	1	3	0	3	−6	2	−3	3	+	3	−1	4	13	0	−15	0	−2	0	−8	−4	−18	−7	
370 C	+	−2	+	−1	3	−4	3	2	6	3	5	−	3	−1	12	3	0	−1	−4	6	−16	8	−12	−6	17	
370 D	−	−2	−	2	0	2	6	2	0	6	−10	−	−6	−4	−6	6	−6	−10	2	0	2	−10	−6	−6	2	
371 A	1	−1	0	+	0	1	−7	−7	1	9	4	−3	−10	6	6	+	14	4	4	7	−8	1	−11	−6	−11	
371 B	2	0	3	−	3	−6	6	−5	4	5	−11	5	−9	4	4	+	−2	1	−12	4	−10	−10	5	16	10	
372 A	−	+	−1	−1	0	−6	−8	7	−6	−8	−	8	9	0	−8	4	3	0	12	−5	−4	14	2	−6	−7	
372 B	−	−	−2	4	0	2	0	4	4	0	−	−2	2	−12	−10	8	−14	−2	−4	6	6	0	−16	4	−2	
372 C	−	−	3	−1	0	2	0	−1	−6	0	−	8	−3	8	0	−12	−9	8	−4	−9	−4	−10	−6	−6	−7	
372 D	−	−	−3	−5	2	−4	−4	−5	4	10	+	−6	−5	2	−4	−12	5	−8	12	9	−10	−2	10	−6	−15	
373 A	−2	1	2	−4	−6	−1	−1	6	−4	2	−3	5	−5	2	−12	−8	−1	10	−2	5	3	−8	1	−3	14	+
374 A	+	0	0	−2	+	−2	+	−4	6	−4	−2	−4	−2	−4	0	2	4	0	12	2	2	−14	12	6	−2	
377 A	1	0	−2	0	−4	−	2	−4	8	−	−8	2	−10	−8	8	6	12	6	12	−16	−10	−12	−12	−10	14	

TABLE 3: HECKE EIGENVALUES 378A–399C

	2	3	5	7	11	13	17	19	23	29	31	37	41	43	47	53	59	61	67	71	73	79	83	89	97	W_q
378 A	−	−	0	−	0	5	3	2	−9	−3	5	2	−6	−1	−6	3	−3	−10	−13	9	2	−10	−12	15	8	
378 B	+	+	0	−	0	5	−3	2	9	3	5	2	6	−1	6	−3	3	−10	−13	−9	2	−10	12	−15	8	
378 C	−	+	1	+	5	0	2	−1	−1	4	−9	5	−9	−10	6	12	−14	0	−8	−13	−2	6	−4	−9	16	
378 D	+	+	−1	+	−5	0	−2	−1	1	−4	−9	5	9	−10	−6	−12	14	0	−8	13	−2	6	4	9	16	
378 E	−	−	3	−	−3	−4	6	−7	3	0	5	−7	9	−10	−6	−12	6	8	−4	−9	2	−10	0	−15	8	
378 F	+	−	−3	−	3	−4	−6	−7	−3	0	5	−7	−9	−10	6	12	−6	8	−4	9	2	−10	0	15	8	
378 G	−	+	4	+	−4	3	−7	2	−1	1	−9	2	6	11	−6	−9	−5	−6	7	−7	−14	−6	−4	−3	−8	
378 H	+	−	−4	+	4	3	7	2	1	−1	−9	2	−6	11	6	9	5	−6	7	7	−14	−6	4	3	−8	
380 A	−	0	+	−2	−4	−4	6	−	−2	−6	−8	4	6	−6	6	8	−12	6	0	0	−10	−8	14	14	16	
380 B	−	2	+	2	0	6	2	+	−2	−2	4	−10	−10	6	−6	6	−4	2	−2	12	−6	8	−2	2	−18	
381 A	0	−	−1	−2	−4	−3	0	−4	−3	5	−5	5	4	−4	12	−1	5	−5	−8	−6	−1	8	−3	7	4	−
381 B	2	−	3	−4	6	−7	−2	0	1	9	−5	−3	−6	4	2	−1	13	−5	−2	6	−1	0	−7	15	2	+
384 A	+	−	0	2	4	−6	6	0	4	−4	10	−2	−2	−8	−12	12	4	−2	−4	−4	−10	−6	−12	2	−6	
384 B	−	+	0	2	−4	6	6	0	4	4	10	2	−2	8	−12	−12	−4	2	4	−4	−10	−6	12	2	−6	
384 C	+	−	0	−2	4	6	6	0	−4	4	−10	2	−2	−8	12	−12	4	2	−4	4	−10	6	−12	2	−6	
384 D	+	+	0	−2	−4	−6	6	0	−4	−4	−10	−2	−2	8	12	12	−4	−2	4	4	−10	6	12	2	−6	
384 E	+	−	4	2	−4	−2	−2	−8	4	0	−6	2	6	0	4	0	4	−14	−4	12	−10	10	12	−14	10	
384 F	−	+	4	−2	4	−2	−2	8	−4	0	6	2	6	0	−4	0	−4	−14	4	−12	−10	−10	−12	−14	10	
384 G	−	+	−4	2	4	2	−2	8	4	0	−6	−2	6	0	4	0	−4	14	4	12	−10	10	−12	−14	10	
384 H	−	−	−4	−2	−4	2	−2	−8	−4	0	6	−2	6	0	−4	0	4	14	−4	−12	−10	−10	12	−14	10	
385 A	−1	0	−	+	−	−6	6	−4	−8	−10	−4	6	−10	4	−4	6	0	−6	4	0	6	−8	12	10	10	
385 B	−1	−2	−	−	+	4	−4	−8	0	−6	−6	−6	0	−4	−6	10	−14	12	12	−12	−8	8	−16	−14	−2	
387 A	0	−	2	−2	5	3	3	2	1	0	−5	8	7	+	8	−3	−12	−8	−15	14	12	−16	−15	−10	11	
387 B	1	+	−1	−3	−3	−5	6	1	8	−9	−4	−6	8	+	1	−8	0	−10	12	2	2	10	−15	2	−11	
387 C	−1	+	1	−3	3	−5	−6	1	−8	9	−4	−6	−8	+	−1	8	0	−10	12	−2	2	10	15	−2	−11	
387 D	−1	−	−2	0	0	−2	6	4	4	6	8	6	−2	+	−4	2	0	14	12	−8	2	−8	0	−14	−14	
387 E	2	−	4	0	−3	−5	3	−2	1	6	−1	0	−5	+	−4	5	12	2	−3	−2	2	−8	−15	4	7	
389 A	−2	−2	−3	−5	−4	−3	−6	5	−4	−6	4	−8	−3	12	−2	−6	3	−8	−5	−10	−7	−13	−12	−8	−9	−
390 A	+	+	+	0	0	+	−6	0	−4	−10	0	−6	2	−4	0	−6	0	6	4	16	−2	0	4	−6	14	
390 B	−	+	−	0	4	−	−6	4	8	6	−8	−10	−6	4	0	−10	4	−2	−12	16	2	−16	−12	10	−6	
390 C	−	−	+	2	0	−	0	2	−6	0	−4	2	−6	−4	0	−6	0	−10	8	0	8	8	−12	6	8	
390 D	+	−	−	2	0	−	0	2	−6	0	8	2	6	−4	0	−6	0	14	0	−4	−16	−12	−6	−4		
390 E	−	+	+	2	4	+	8	−6	6	−4	0	−2	−2	−4	0	−10	4	−10	12	−8	−8	8	12	−14	−16	
390 F	+	+	−	−2	4	+	4	−2	2	8	4	6	10	4	0	6	−12	−2	−8	0	0	−8	−12	−10	−8	
390 G	+	−	+	4	0	+	−2	4	8	2	−8	2	−6	12	0	10	0	−10	−4	−16	−6	−8	−4	−14	−6	
392 A	−	0	−2	−	−4	−2	6	−8	0	6	−8	−2	−2	−4	8	6	0	6	−4	−8	−10	16	−8	6	6	
392 B	+	1	1	−	3	6	5	−1	−7	2	5	3	2	−4	−5	−1	−15	5	−9	0	−7	1	−12	−7	2	
392 C	+	−1	−1	+	3	−6	−5	1	−7	2	−5	3	−2	−4	5	−1	15	−5	−9	0	7	1	12	7	−2	
392 D	+	−2	4	−	0	0	2	2	8	2	−4	−6	2	8	4	−10	−6	−4	−12	0	14	−8	−6	−10	2	
392 E	−	3	−1	+	−1	2	3	5	−3	−6	−1	−5	−10	−4	1	−9	3	3	11	16	7	−11	−4	−9	6	
392 F	−	−3	1	−	−1	−2	−3	−5	−3	−6	1	−5	10	−4	−1	−9	−3	−3	11	16	−7	−11	4	9	−6	
395 A	−1	0	−	−4	4	6	6	−4	0	6	0	10	2	8	12	−14	−4	−10	−4	−8	2	+	4	−6	10	
395 B	−1	2	−	2	4	−6	0	4	8	−6	8	4	−10	10	−2	8	−12	2	−4	0	−10	+	0	−10	−10	
395 C	−2	−1	−	3	−3	4	−2	0	4	0	7	3	12	4	−12	9	0	12	−2	−8	14	+	4	−10	8	
396 A	−	−	−2	2	−	6	4	−2	8	0	0	−6	0	10	0	−14	12	−14	4	0	6	2	−16	14	−2	
396 B	−	−	−2	−2	+	−2	−4	−6	0	8	−8	10	−8	−2	8	2	−12	10	12	−8	6	−2	−16	14	−2	
396 C	−	−	3	2	−	−4	6	8	3	0	5	−1	0	−10	0	6	−3	−4	−1	−15	−4	2	−6	9	−7	
398 A	+	2	−2	0	2	6	6	6	0	−6	8	−8	−2	0	−8	−2	10	10	2	−8	10	−16	−6	−6	14	−
399 A	1	+	0	+	−2	−4	−4	+	2	−2	0	6	−6	8	0	−2	4	−10	14	−12	10	10	−12	−6	−4	
399 B	−1	+	0	−	−2	0	−4	−	−6	−6	0	−2	−10	8	4	−6	−4	−2	−10	4	10	−6	0	−2	−8	
399 C	−1	−	4	+	−2	4	0	+	−6	10	0	6	−10	8	12	−6	−12	−2	−2	−12	−6	2	0	−2	−12	

TABLE 3: HECKE EIGENVALUES 400A–423C

	2	3	5	7	11	13	17	19	23	29	31	37	41	43	47	53	59	61	67	71	73	79	83	89	97	W_q
400 A	+	0	+	−4	−4	2	−2	−4	4	−2	8	−6	−6	−8	4	−6	4	−2	8	0	6	0	−16	−6	14	
400 B	−	1	+	2	3	4	3	−5	6	0	−2	−2	−3	−4	12	−6	0	2	−13	−12	−11	10	−9	15	−2	
400 C	−	−1	−	−2	3	−4	−3	−5	−6	0	−2	2	−3	4	−12	6	0	2	13	−12	11	10	9	15	2	
400 D	+	2	−	2	4	−4	0	4	−2	2	0	−4	2	−6	−6	4	12	−10	14	−8	−8	−16	2	6	−16	
400 E	−	−2	+	2	0	−2	6	4	6	6	4	−2	6	−10	−6	6	−12	2	2	12	−2	−8	6	−6	−2	
400 F	+	−2	−	−2	4	4	0	4	2	2	0	4	2	6	6	−4	12	−10	−14	−8	8	−16	−2	6	16	
400 G	+	3	−	−2	−1	4	5	−1	2	−8	−10	−6	−3	−4	−4	6	−8	10	1	12	3	−6	13	−9	−14	
400 H	+	−3	+	2	−1	−4	−5	−1	−2	−8	−10	6	−3	4	4	−6	−8	10	−1	12	−3	−6	−13	−9	14	
402 A	+	+	1	−3	0	−4	2	−2	−3	0	−9	−3	3	−7	−8	−3	3	6	+	4	11	0	9	16	0	
402 B	+	−	2	0	4	−2	2	−4	4	−2	0	6	−2	4	12	2	0	−10	+	−4	−6	0	−16	−6	−6	
402 C	−	+	2	2	−4	0	6	4	−6	8	2	−2	−10	4	−6	−6	−8	8	+	−14	−6	−2	−12	−6	−2	
402 D	+	−	−3	−1	0	−4	−6	2	−9	0	5	−7	3	−1	0	9	−3	−10	−	−12	11	8	15	0	8	
404 A	−	0	−1	−2	−2	−3	−1	1	3	−2	−3	−2	2	4	−3	0	12	−10	2	−1	2	1	4	−6	−2	−
404 B	−	−2	3	2	−6	5	3	5	3	0	5	−10	12	8	−3	−6	−6	8	−10	−9	−4	5	−12	6	2	+
405 A	0	+	−	2	3	−4	6	−1	6	9	−1	8	−3	−4	−12	−6	−3	−10	14	3	2	−16	12	−15	−4	
405 B	0	+	+	2	−3	−4	−6	−1	−6	−9	−1	8	3	−4	12	6	3	−10	14	−3	2	−16	−12	15	−4	
405 C	1	+	+	−3	−2	−2	4	−8	3	−1	0	−4	5	−8	7	−2	−14	7	−3	2	4	−6	9	−15	2	
405 D	−1	−	−	−3	2	−2	−4	−8	−3	1	0	−4	−5	−8	−7	2	14	7	−3	−2	4	−6	−9	15	2	
405 E	2	+	−	0	5	4	−4	−5	6	−5	−9	−10	7	−2	2	8	−1	−2	6	1	−8	12	6	−9	14	
405 F	−2	+	+	0	−5	4	4	−5	−6	5	−9	−10	−7	−2	−2	−8	1	−2	6	−1	−8	12	−6	9	14	
406 A	+	0	0	+	−4	0	−4	4	0	+	−6	−2	−8	4	2	−2	−10	−2	8	16	0	−4	−6	0	12	
406 B	+	1	−3	−	−3	−1	0	−4	−6	−	5	2	0	−7	−3	−9	12	−10	2	−12	8	5	12	6	8	
406 C	−	−1	−3	+	−1	−1	−4	−4	−2	−	−1	6	0	3	−9	3	0	6	2	−8	0	−13	0	−14	16	
406 D	+	2	2	−	4	−2	−4	2	0	+	−2	2	8	−8	6	6	−4	4	−4	8	−12	−12	0	4	4	
408 A	+	−	0	2	0	2	+	4	2	0	6	0	−10	4	−4	−2	−4	0	4	−2	−14	6	−12	−2	−2	
408 B	−	−	2	−4	4	6	−	4	−4	−6	−4	10	−6	4	−8	6	−4	−14	−12	−12	10	−4	4	−6	−6	
408 C	−	+	3	0	−1	3	+	1	7	6	−2	−4	9	−1	10	−2	−6	−12	−4	−12	−10	2	−14	4	12	
408 D	+	−	−3	−4	1	−5	−	−7	1	2	−6	8	7	−1	−6	−2	−10	8	−12	12	−14	10	−14	8	12	
410 A	+	0	−	−2	−6	−2	8	−6	0	−8	0	−6	−	−4	6	2	8	10	−8	−4	−6	−8	−4	−2	12	
410 B	−	0	−	4	0	−2	2	0	0	−2	0	6	−	−4	−12	−10	−4	−2	−8	−4	−6	4	−4	10	18	
410 C	+	−2	−	2	0	−4	0	8	0	6	8	2	+	8	−6	0	12	2	14	−12	2	−4	−12	6	−4	
410 D	−	−2	+	−2	2	−6	−6	−2	−4	−6	0	10	−	4	2	−6	12	−10	2	10	−10	−6	0	10	2	
414 A	−	−	0	2	0	2	0	2	−	6	−4	−10	6	2	0	−12	−12	−10	14	0	2	−10	0	−12	−10	
414 B	−	−	2	−2	6	−2	0	0	−	−6	8	0	−10	−12	8	−2	12	4	−12	0	−10	−6	−14	0	−6	
414 C	+	−	−2	0	0	−2	−2	−8	−	2	−8	2	−10	8	−8	−2	4	2	8	0	−6	8	16	−18	10	
414 D	−	−	−4	−4	−2	2	2	−2	+	−2	0	−4	−6	10	0	4	−12	−8	−10	0	6	−12	−14	6	6	
415 A	1	3	−	1	3	−6	−7	2	4	−7	5	−7	6	4	−4	−10	−3	5	2	14	−4	−14	+	12	8	
416 A	+	1	1	3	2	−	−3	2	4	2	4	5	−12	7	−9	4	6	−4	−10	−15	−2	−8	−4	2	10	
416 B	−	−1	1	−3	−2	−	−3	−2	−4	2	−4	5	−12	−7	9	4	−6	−4	10	15	−2	8	4	2	10	
417 A	1	+	2	0	5	5	−3	7	2	0	−6	−7	−6	11	11	9	−6	−8	−4	−16	−12	−8	4	4	−18	−
418 A	−	0	2	2	−	−2	6	−	−8	−6	6	8	6	−8	−2	12	0	−8	−8	−6	−14	−12	−12	2	−2	
418 B	−	−1	−2	−3	+	1	−7	−	−5	1	10	−6	6	−4	0	−1	3	−12	3	−10	3	8	8	−8	8	
418 C	−	3	−2	1	−	−7	−3	−	3	1	2	−6	−2	4	0	3	7	−12	15	6	−9	−8	16	−16	8	
420 A	−	+	+	+	2	4	6	6	−8	−2	10	2	10	−4	−8	4	−8	6	12	−6	−12	−8	−4	−10	8	
420 B	−	+	−	−	−2	4	2	2	4	6	−2	10	−10	12	−8	0	−8	−2	−12	−10	4	0	−12	2	−8	
420 C	−	−	+	−	6	−4	6	2	0	6	−10	2	−6	−4	0	−12	0	14	−4	6	−4	−16	−12	6	−16	
420 D	−	−	−	+	2	4	2	−2	4	−2	−6	−6	6	−4	0	8	0	−10	−12	−14	4	−8	12	−14	8	
422 A	+	0	1	−2	−3	−7	4	7	−6	−6	2	−7	2	−3	7	6	12	−8	−8	−9	−10	−3	16	16	−12	+
423 A	0	−	1	−3	3	−4	−8	−6	−3	1	4	1	10	−8	−	−10	10	2	4	6	−8	−3	18	2	5	
423 B	1	−	0	4	0	6	6	2	−4	−8	6	−6	8	−6	+	−2	−12	2	−2	0	−10	−4	−4	10	−18	
423 C	1	−	−2	0	−4	−2	−2	0	0	6	−4	−10	2	8	−	2	4	14	−8	−16	2	8	4	−18	−14	

TABLE 3: HECKE EIGENVALUES 423D–438G

	2	3	5	7	11	13	17	19	23	29	31	37	41	43	47	53	59	61	67	71	73	79	83	89	97	W_q
423 D	2	+	3	1	−3	0	0	−4	7	−1	0	−3	10	−12	−	2	−6	14	−14	6	−10	5	−2	2	9	
423 E	2	−	3	−3	5	2	6	−6	−9	−1	−2	1	−6	2	+	0	12	−2	2	2	−2	−15	4	−10	1	
423 F	−2	−	1	−3	−1	−2	−2	6	−3	−3	2	−7	−10	−10	−	−4	−8	−10	10	14	−10	17	−8	−6	1	
423 G	−2	+	−3	1	3	0	0	−4	−7	1	0	−3	−10	−12	+	−2	6	14	−14	−6	−10	5	2	−2	9	
425 A	1	0	+	−4	0	2	+	−4	−4	6	4	2	−6	−4	0	−6	−12	−10	−4	−4	6	12	4	10	−2	
425 B	1	−1	−	1	−4	−1	−	−6	0	0	−7	−4	−2	4	−6	11	8	10	8	7	4	−11	−8	−6	−16	
425 C	−1	1	+	−1	−4	1	+	−6	0	0	−7	4	−2	−4	6	−11	8	10	−8	7	−4	−11	8	−6	16	
425 D	−1	−2	+	2	2	−2	+	0	−6	−6	−10	−2	10	−4	−12	10	8	−14	−8	−2	14	−14	−4	6	−2	
426 A	−	−	1	3	−3	−6	−2	5	−6	5	7	8	7	−11	−12	−6	−5	−13	8	−	9	10	−6	−10	18	
426 B	+	+	−2	2	−2	0	0	−4	−4	−6	−2	−6	0	−4	0	6	−10	0	4	+	10	−8	−8	6	18	
426 C	+	−	3	−1	3	2	−6	5	−6	−9	11	−4	9	5	12	−6	−3	−1	−4	+	−7	−10	−6	−6	14	
427 A	0	2	4	−	−2	2	5	−8	−6	2	1	4	0	8	−8	−12	1	+	6	6	−10	−14	−2	10	−2	
427 B	1	1	−4	−	−3	−4	5	1	7	−10	−8	10	−6	−1	−9	−2	−6	−	3	−1	−2	−5	−15	5	14	
427 C	−1	1	0	+	−5	4	−5	−7	9	−6	0	2	−10	1	7	−6	−6	+	5	1	10	−3	1	−13	10	
428 A	−	1	2	4	−3	5	−6	1	−1	6	4	−3	−5	6	8	−11	0	−5	−10	6	−16	−1	4	−3	12	+
428 B	−	−1	2	−4	−5	1	2	−1	−3	−10	4	−7	3	−6	0	1	8	7	2	−6	−8	13	12	−3	−12	−
429 A	−1	+	0	0	−	−	−4	−8	0	4	−6	−6	6	−2	−8	6	0	−14	14	−4	6	−10	−12	12	−2	
429 B	−1	−	−2	0	+	−	−6	−4	−8	−10	0	6	10	4	8	−10	−12	14	−12	0	−6	8	12	2	−14	
430 A	+	0	+	1	−4	−1	0	1	−4	−5	−9	4	−7	+	6	−2	0	−7	15	−6	−5	9	0	0	−2	
430 B	+	0	−	−3	0	−3	−4	−1	0	−3	7	−8	−7	−	−6	−6	−4	7	5	2	−1	9	8	4	−2	
430 C	−	−2	+	−1	−6	5	−6	−7	−6	−3	5	2	−3	−	12	6	−12	−1	−13	12	11	−1	0	6	8	
430 D	−	−2	−	−5	−2	−5	2	3	−6	−1	−11	−10	5	+	4	10	8	−3	−3	−8	7	7	0	6	12	
431 A	−1	1	1	−2	−5	−2	−2	5	−1	−3	−4	4	2	−6	6	−9	15	−14	−2	−2	2	4	4	14	−13	+
431 B	−1	3	−3	2	1	−2	6	7	1	−7	4	4	2	6	−6	−13	−11	2	2	10	−6	4	12	−18	−5	−
432 A	−	+	0	1	0	5	0	7	0	0	4	11	0	−8	0	0	0	−1	−5	0	−7	−17	0	0	−19	
432 B	−	−	0	−5	0	−7	0	1	0	0	4	−1	0	−8	0	0	0	−13	−11	0	17	13	0	0	5	
432 C	+	−	1	−3	5	4	8	−2	2	−6	7	−6	6	2	6	−5	−4	−8	10	−8	1	−16	−11	−6	−1	
432 D	+	+	−1	−3	−5	4	−8	−2	−2	6	7	−6	−6	2	−6	5	4	−8	10	8	1	−16	11	6	−1	
432 E	−	+	3	1	3	−4	0	−2	6	6	−5	2	−6	10	−6	9	−12	8	−14	0	−7	−8	3	−18	−1	
432 F	−	−	−3	1	−3	−4	0	−2	−6	−6	−5	2	6	10	6	−9	12	8	−14	0	−7	−8	−3	18	−1	
432 G	+	−	4	3	−4	1	−4	1	−4	0	4	−9	0	8	12	−8	−4	−5	−11	−8	1	5	−8	12	5	
432 H	+	−	−4	3	4	1	4	1	4	0	4	−9	0	8	−12	8	4	−5	−11	8	1	5	8	−12	5	
433 A	−1	−2	−4	−3	−4	−5	−3	−4	8	2	−9	−3	−9	−7	9	−5	−8	−8	−7	−9	−2	10	9	0	−12	−
434 A	+	0	0	+	−2	−2	2	−6	0	8	+	−8	−10	−6	−4	4	6	6	−4	−8	14	−16	8	−6	14	
434 B	−	1	3	−	0	−4	−6	2	−3	3	−	2	12	−10	3	6	0	8	−13	−12	11	−1	−9	−9	8	
434 C	−	2	2	+	−6	4	2	−4	−4	0	+	8	−2	6	8	0	0	−8	4	−8	6	0	6	6	−2	
434 D	−	−2	−2	−	−2	−4	−2	−8	0	0	+	−8	6	2	8	0	12	−8	4	0	−14	4	2	−6	14	
434 E	−	−3	−3	+	4	4	2	6	−9	5	+	−2	8	6	−7	10	0	12	−1	−8	11	5	11	−9	8	
435 A	0	−	+	2	3	2	0	2	3	+	8	−1	−3	−1	−6	−3	−12	8	14	−6	−7	−4	9	−6	11	
435 B	0	+	+	−2	1	6	4	−2	3	−	−4	−3	7	5	6	13	0	0	−10	6	3	0	9	−10	17	
435 C	1	−	−	4	−4	6	6	−4	−4	−	−8	2	−6	4	0	−10	−12	−10	8	−8	−2	0	8	−6	−2	
435 D	−1	−	−	−4	0	6	2	8	−4	−	4	6	2	−4	0	6	−12	6	−8	16	−6	12	−16	2	−14	
437 A	0	2	−1	−5	−1	0	−7	−	−	6	4	2	−2	−5	−3	−4	6	11	−16	−10	−7	4	4	−16	−4	
437 B	2	2	1	−3	5	−2	3	+	−	4	−4	−8	0	−3	−3	12	4	5	12	12	1	−10	12	−6	10	
438 A	−	−	0	2	0	−4	6	−4	0	0	2	2	6	−4	−6	−12	0	−10	−4	12	−	−4	0	6	2	
438 B	−	−	0	−2	4	4	−2	4	0	0	−10	−6	−10	−8	6	4	12	−2	12	−12	−	−12	12	6	2	
438 C	+	+	0	−2	4	−6	0	−4	0	−4	2	−10	−2	2	−12	0	−4	−6	8	8	+	8	8	10	14	
438 D	+	−	0	−4	−6	−4	−6	8	0	8	2	−6	2	0	−12	6	−10	−4	0	−	−16	6	6	14		
438 E	+	−	2	−2	2	4	4	−4	0	6	−2	−6	6	8	8	6	−10	−2	−12	−8	+	0	−6	−6	2	
438 F	−	+	−2	−4	0	−2	−6	−4	0	6	−4	6	10	−8	4	−2	−8	−2	−4	8	−	−8	0	−6	−14	
438 G	+	−	−4	0	2	0	−6	−8	−8	−4	−4	2	10	−6	4	−8	14	−2	12	0	−	8	−18	6	−2	

259

TABLE 3: HECKE EIGENVALUES 440A–459C

	2	3	5	7	11	13	17	19	23	29	31	37	41	43	47	53	59	61	67	71	73	79	83	89	97	W_q
440 A	+	0	+	−2	+	0	0	−8	−8	10	8	−10	−2	−6	−8	14	−4	10	4	0	−8	−4	10	6	−10	
440 B	−	0	+	−2	−	−4	−4	0	0	−6	0	−2	6	2	0	−10	12	−6	−12	16	4	−4	2	6	−2	
440 C	+	0	−	4	+	6	−6	4	4	−2	8	−10	10	0	4	−10	−4	−2	−8	0	−14	−16	−8	−6	2	
440 D	+	3	−	1	+	−6	3	−5	−2	−5	5	−1	−2	12	−2	−13	2	1	16	15	10	2	−14	9	−16	
441 A	0	+	0	−	0	7	0	7	0	0	7	−1	0	5	0	0	0	−14	11	0	7	−13	0	0	−14	
441 B	0	+	0	+	0	−7	0	−7	0	0	−7	−1	0	5	0	0	0	14	11	0	−7	−13	0	0	14	
441 C	1	−	−2	−	−4	2	−6	−4	0	2	0	6	2	−4	0	−6	12	2	4	0	6	−16	−12	−14	−18	
441 D	−1	−	0	−	−4	0	0	0	−8	−2	0	−6	0	−12	0	10	0	0	4	−16	0	8	0	0	0	
441 E	−2	−	2	+	2	1	0	1	0	−4	9	3	10	5	6	−12	12	10	−5	6	−3	−1	−6	−16	−6	
441 F	−2	−	−2	−	2	−1	0	−1	0	−4	−9	3	−10	5	−6	−12	−12	−10	−5	6	3	−1	6	16	6	
442 A	−	0	2	4	−2	+	+	0	2	8	−8	−6	12	4	−8	−6	−4	−8	−8	−8	8	−10	0	6	−16	
442 B	−	0	−4	−2	−2	+	−	0	−4	2	−2	0	0	4	−8	−6	8	−2	16	−14	−16	8	−12	−18	−4	
442 C	+	2	2	2	2	+	−	−4	−2	2	−2	2	2	0	4	−2	12	−6	8	6	2	−10	−12	14	−6	
442 D	−	2	−2	2	4	+	+	−4	8	−8	10	−10	−8	−12	8	2	12	0	−4	−6	−4	−4	12	−2	12	
442 E	−	2	4	−4	−2	+	+	−4	−4	−8	4	8	10	0	8	2	0	12	8	0	−10	−4	0	−14	−6	
443 A	0	1	−2	2	−2	−3	−2	−8	6	−4	−10	7	10	4	−7	12	5	−10	8	9	4	−8	−18	−1	6	+
443 B	−1	−2	0	1	3	3	−5	−7	−3	0	7	−3	−6	−8	−2	4	6	−13	−8	16	−8	−2	−7	−1	−10	+
443 C	1	−2	4	−1	5	3	3	−1	3	4	−7	−3	10	−8	6	4	−10	−13	−8	4	−4	−2	−1	−9	6	−
444 A	−	+	0	0	4	−2	0	6	8	8	6	+	2	−6	0	2	0	2	8	0	−6	−10	−12	−12	−10	
444 B	−	−	−2	−4	−4	−6	6	−2	2	−2	2	+	6	−2	−4	10	−6	−14	−4	−12	−2	−10	0	−10	10	
446 A	+	−1	0	0	1	−2	1	−4	1	−3	−10	−3	−5	−6	6	−9	−1	4	9	4	−5	0	14	−5	2	+
446 B	−	−1	−2	−2	−3	0	1	−6	−3	5	2	−7	3	0	2	−1	3	6	−11	0	7	−8	−6	15	12	−
446 C	−	2	0	0	−2	4	−2	8	−8	−6	8	−6	10	−12	0	6	−10	4	−6	4	10	12	8	−2	−10	+
446 D	+	−3	−4	−4	−5	−6	1	0	−5	−3	2	5	−5	−6	−6	−1	−11	0	11	−12	−5	−8	−6	3	−18	−
448 A	+	0	−2	+	4	−2	−6	−8	0	−6	8	2	2	4	−8	−6	0	6	4	−8	10	16	−8	−6	−6	
448 B	−	0	−2	−	−4	−2	−6	8	0	−6	−8	2	2	−4	8	−6	0	6	−4	8	10	−16	8	−6	−6	
448 C	+	2	0	−	0	4	6	−2	0	6	−4	−2	6	−8	−12	−6	6	−8	4	0	2	8	6	−6	−10	
448 D	−	2	0	+	4	4	−2	6	8	−2	−4	−10	−10	−4	4	2	−10	8	8	0	−6	−16	−2	18	−2	
448 E	−	2	4	+	0	0	−2	−2	−8	−2	−4	6	−2	8	4	10	6	−4	−12	0	−14	8	6	10	−2	
448 F	−	−2	0	+	0	4	6	2	0	6	4	−2	6	8	12	−6	−6	−8	−4	0	2	−8	−6	−6	−10	
448 G	−	−2	0	−	−4	4	−2	−6	−8	−2	4	−10	−10	4	−4	2	10	8	−8	0	−6	16	2	18	−2	
448 H	+	−2	4	−	0	0	−2	2	8	−2	4	6	−2	−8	−4	10	−6	−4	12	0	−14	−8	−6	10	−2	
450 A	−	−	−	2	−2	6	−2	0	4	0	−8	2	−2	−4	8	−6	−10	2	−8	−12	−4	0	4	10	−8	
450 B	−	−	−	2	3	−4	3	5	−6	0	2	2	3	−4	−12	−6	0	2	−13	−12	11	−10	9	−15	2	
450 C	+	−	−	−2	−2	−6	2	0	−4	0	−8	−2	−2	4	−8	6	−10	2	8	−12	4	0	−4	10	8	
450 D	+	−	+	−2	3	4	−3	5	6	0	2	−2	3	4	12	6	0	2	13	−12	−11	−10	−9	−15	−2	
450 E	−	+	+	−2	6	4	6	−4	0	−6	−4	−8	0	−8	0	6	6	2	4	−12	10	−4	−12	12	−2	
450 F	+	+	+	−2	−6	4	−6	−4	0	6	−4	−8	0	−8	0	−6	−6	2	4	12	10	−4	12	−12	−2	
450 G	+	−	+	4	0	−2	6	−4	0	6	8	−2	6	4	0	−6	0	−10	4	0	−2	8	12	−18	−2	
451 A	0	1	−3	4	+	−6	2	−8	−5	−8	3	7	+	6	0	−2	9	12	−9	−13	6	10	−12	13	−5	
455 A	1	0	+	0	+	−2	−4	0	−2	0	2	6	−4	−8	6	−4	−10	12	4	−10	0	12	−18	−2		
455 B	−1	0	−	+	0	−	−6	0	−4	−2	−4	−10	2	−8	0	−2	0	−2	−4	12	−6	8	4	2	−14	
456 A	+	+	4	4	−4	−4	6	−	−6	2	2	4	−6	4	−2	−6	−4	−10	8	0	−2	14	−16	−18	14	
456 B	+	−	2	0	0	2	2	+	0	2	−4	2	6	−4	0	10	−4	−2	−12	0	−6	−4	−8	6	−14	
456 C	+	−	−3	−3	−1	−2	−5	−	−4	−6	−2	8	−8	13	13	−6	4	−13	4	−8	−3	−4	4	−6	2	
456 D	−	+	1	−3	−5	−2	−1	−	4	−6	−10	0	0	−11	9	10	4	−5	−4	8	13	4	−4	−6	2	
458 A	+	−3	1	−2	1	2	1	−1	−4	−2	−4	−6	−2	−5	−2	−2	0	−7	−14	15	−2	14	−9	18	3	+
458 B	−	−1	−1	−4	−1	−2	−3	1	2	−6	8	−6	0	1	−2	2	−2	−1	−10	−1	−4	4	5	12	3	−
459 A	1	+	−1	−2	0	−5	+	−1	−1	9	−8	−2	−3	7	6	6	0	−10	1	−11	6	0	4	2	2	
459 B	−2	+	−4	1	6	1	+	−7	−4	−6	−8	1	0	4	−6	0	−6	−7	1	4	3	−9	−14	14	−1	
459 C	0	+	3	2	−3	2	−	5	0	−3	8	8	6	−4	−6	12	−12	−10	5	−15	2	−10	−6	0	14	

TABLE 3: HECKE EIGENVALUES 498A–522G

	2	3	5	7	11	13	17	19	23	29	31	37	41	43	47	53	59	61	67	71	73	79	83	89	97	W_q
459 D	2	+	−2	4	3	7	−	−4	1	−9	−2	−8	−9	7	0	6	0	2	7	−7	6	−12	14	−8	−10	
459 E	2	+	4	1	−6	1	−	−7	4	6	−8	1	0	4	6	0	6	−7	1	−4	3	−9	14	−14	−1	
459 F	0	−	−3	2	3	2	+	5	0	3	8	8	−6	−4	6	−12	12	−10	5	15	2	−10	6	0	14	
459 G	−2	−	2	4	−3	7	+	−4	−1	9	−2	−8	9	7	0	−6	0	2	7	7	6	−12	−14	8	−10	
459 H	−1	−	1	−2	0	−5	−	−1	1	−9	−8	−2	3	7	−6	−6	0	−10	1	11	6	0	−4	−2	2	
460 A	−	0	+	−1	6	6	7	2	+	−5	1	−5	−7	8	8	3	13	−8	−9	7	−2	−12	−5	−12	2	
460 B	−	3	+	2	0	−3	4	−4	+	1	1	−8	11	−10	−1	−6	−8	−8	12	13	7	−12	16	−6	2	
460 C	−	1	+	−4	−6	−1	0	2	−	9	5	2	−9	−4	−3	−6	0	2	−10	−3	−7	−10	−12	0	8	
460 D	−	−1	−	−2	−4	1	0	−4	+	−7	−7	−4	3	6	−13	10	−8	0	8	13	11	4	−4	−6	−2	
462 A	+	+	0	+	+	−2	−4	6	−4	−10	6	−6	−12	−8	2	6	−8	6	−4	0	−12	0	14	10	10	
462 B	+	+	2	+	−	2	6	−8	4	2	8	6	6	8	4	10	4	−14	−4	−4	−14	−8	4	−14	18	
462 C	+	+	−2	−	−	2	−6	−4	−4	2	−4	−2	−6	0	−8	−14	12	−14	4	12	6	0	0	−6	−14	
462 D	+	−	0	+	+	6	4	6	−4	6	−2	10	−4	8	−6	−10	0	−2	−4	16	12	−16	−2	−6	−6	
462 E	−	+	−4	−	+	−6	−4	−2	−8	−6	6	−6	12	4	6	2	0	10	4	−12	0	−16	−14	−14	−14	
462 F	−	−	2	+	−	−2	−2	0	0	−2	4	−2	−10	4	4	−2	−12	−2	12	8	6	−8	−8	−14	−14	
462 G	−	−	0	−	+	2	0	2	0	−6	2	2	0	−4	−6	−6	0	2	−4	−12	−4	8	6	−6	2	
464 A	+	1	−3	−2	3	−5	−4	0	0	+	−9	8	−2	11	7	9	−4	−12	−12	−2	−4	−3	16	2	−14	
464 B	+	−1	1	−2	−3	−1	0	0	−4	+	−3	−8	−6	5	−3	5	8	0	12	−6	−4	−1	12	6	14	
464 C	−	1	1	2	3	−1	8	0	−4	+	3	8	2	11	−13	−11	0	−8	12	−2	4	−15	−4	−10	−2	
464 D	−	−1	3	4	−3	5	−6	4	6	+	−5	8	0	1	3	3	−6	2	−8	−6	−16	−11	−6	−12	8	
464 E	−	−2	−2	−4	6	2	2	6	−4	+	6	2	2	−10	2	10	0	10	12	−8	10	6	−16	2	10	
464 F	−	3	3	−4	1	−3	2	−4	6	+	−9	−8	−8	5	7	−5	10	10	−8	2	0	1	−6	12	0	
464 G	−	3	−3	2	1	3	−4	8	0	+	−3	−8	−2	−7	−11	1	4	4	4	2	−12	7	0	−6	−6	
465 A	1	+	−	−2	−4	0	2	−8	−8	0	−	8	−6	0	4	6	10	−14	2	6	−16	0	4	4	6	
465 B	−1	−	−	−4	−4	2	−6	−4	0	−6	+	10	−6	−12	0	−2	−8	6	8	−12	6	−8	12	6	−6	
466 A	+	2	0	0	2	2	6	0	8	−2	0	2	6	−10	0	0	−10	4	14	8	−6	−4	−6	6	−10	−
466 B	−	1	0	2	0	5	0	−4	6	3	−4	−7	−6	−1	9	6	3	−10	−7	−12	14	−13	−9	−3	14	+
467 A	0	−3	2	1	4	−6	−7	2	−7	−8	6	−2	6	−4	4	−9	−3	−10	−4	−12	14	−10	11	−2	9	+
468 A	−	+	4	4	−4	+	0	0	−8	−8	4	6	12	−8	−4	0	4	−2	−8	−4	−10	−4	12	−12	14	
468 B	−	+	−4	4	4	+	0	0	8	8	4	6	−12	−8	4	0	−4	−2	−8	4	−10	−4	−12	12	14	
468 C	−	−	−2	−2	2	+	−6	−6	−8	−2	10	−6	6	4	2	−6	10	−2	10	−10	2	−4	6	6	2	
468 D	−	−	0	2	0	−	6	2	0	6	2	2	12	−4	0	−6	−12	2	−10	−12	14	8	−12	0	−10	
468 E	−	−	4	−2	4	−	−2	−2	0	6	−10	10	−8	4	4	10	8	−14	2	−16	−10	−16	0	4	−2	
469 A	1	1	−3	+	0	−1	−8	8	3	−3	−1	−3	−9	4	10	6	−14	−6	+	−9	−14	14	10	0	−14	
469 B	−1	−3	1	+	0	3	0	−4	3	−3	−5	5	−5	0	−6	2	−6	−14	+	−9	14	14	−10	4	2	
470 A	+	1	+	−1	−3	−5	2	−7	8	−2	−5	−4	12	8	+	−4	−10	−11	−8	0	3	10	9	−18	12	
470 B	+	1	−	−1	3	5	6	−1	0	−6	5	8	0	8	+	0	−6	5	−4	−12	5	2	−15	6	−16	
470 C	+	−1	−	−1	1	−5	0	5	−6	−6	−11	−8	2	−2	−	−6	8	−5	2	12	−15	0	−1	14	6	
470 D	−	1	+	5	−3	5	0	−7	6	−6	5	8	−6	−10	+	−6	−12	−1	2	0	−13	−16	9	6	2	
470 E	−	−1	+	−3	−5	−1	2	−1	0	2	−7	0	−8	−4	−	12	6	−7	0	−16	11	10	−9	6	−16	
470 F	−	−3	−	−3	−1	−1	−8	−5	−2	−2	−5	−4	6	6	+	2	−12	11	14	−4	−11	−4	5	14	−14	
471 A	−1	+	−2	3	0	1	−3	−2	−9	0	−2	1	−2	1	0	−6	−1	8	2	−12	−14	−8	4	−13	0	+
472 A	+	−3	−1	3	−4	6	−6	−7	−6	−3	8	2	3	−12	−2	−5	+	−4	−8	8	−10	5	6	−4	−14	
472 B	+	−1	−1	1	4	2	2	3	6	5	4	−6	3	8	−2	11	−	0	−8	−8	−6	−1	6	−16	−10	
472 C	+	2	2	1	1	−1	−1	0	0	−4	4	3	−3	−1	10	−4	−	−6	4	13	−6	−1	−3	2	−10	
472 D	−	3	−3	3	6	−6	−2	−1	8	−1	−2	−4	−1	−10	6	5	+	−8	2	−4	−8	−11	−10	−16	−4	
472 E	−	−1	−1	1	0	−2	−6	3	−6	−3	−4	−2	−5	0	2	3	−	12	4	0	−6	15	−14	12	6	
473 A	−2	1	−1	0	+	−2	6	−8	−1	6	−1	−3	−4	+	−8	−14	9	−4	9	−13	−16	16	−6	−7	13	
474 A	+	+	2	−3	−5	−1	5	−6	3	−5	−4	−8	−2	−5	0	2	−2	−12	14	10	−9	+	9	−12	7	
474 B	+	−	−2	−1	−5	−1	−1	−2	−5	1	0	4	−6	1	4	−2	−6	0	−10	6	7	−	−15	4	−1	
475 A	0	2	+	1	3	4	3	−	0	6	−4	−2	−6	1	3	−12	−6	−1	4	6	7	8	−12	12	−8	

TABLE 3: HECKE EIGENVALUES 475B–497A

	2	3	5	7	11	13	17	19	23	29	31	37	41	43	47	53	59	61	67	71	73	79	83	89	97	W_q
475 B	1	0	−	−2	−4	2	−4	−	6	−6	−4	10	−10	−2	6	−10	0	2	−8	4	−4	4	18	−2	−6	
475 C	−1	0	−	2	−4	−2	4	−	−6	−6	−4	−10	−10	2	−6	10	0	2	8	4	4	4	−18	−2	6	
477 A	1	−	0	−4	0	−3	3	−5	−7	7	4	5	−6	−2	2	−	2	−8	−12	−1	−4	−1	1	14	1	
480 A	+	+	+	0	−4	2	−2	−8	−4	−6	0	2	−6	−4	12	−6	−12	14	12	0	2	8	4	2	−14	
480 B	+	+	−	0	0	2	6	−4	8	−2	4	10	2	−4	8	−2	8	−2	−12	8	−14	−12	−4	−14	2	
480 C	+	−	+	0	4	2	−2	8	4	−6	0	2	−6	4	−12	−6	12	14	−12	0	2	−8	−4	2	−14	
480 D	+	−	+	4	−4	6	2	−4	0	10	4	−10	2	4	−8	2	−12	−10	−12	0	10	4	−4	−6	−14	
480 E	−	+	+	−4	4	6	2	4	0	10	−4	−10	2	−4	8	2	12	−10	12	0	10	−4	4	−6	−14	
480 F	−	+	−	−4	0	−2	−6	0	−4	−2	−8	6	−6	12	−12	−10	8	−10	−12	8	10	16	12	−6	18	
480 G	−	−	−	0	0	2	6	4	−8	−2	−4	10	2	4	−8	−2	−8	−2	12	−8	−14	12	4	−14	2	
480 H	−	−	−	4	0	−2	−6	0	4	−2	8	6	−6	−12	12	−10	−8	−10	12	−8	10	−16	−12	−6	18	
481 A	1	0	−2	2	−2	+	−6	0	2	−6	8	+	−6	2	−6	10	−4	10	2	6	2	−2	6	−2	−14	
482 A	+	−2	−1	1	4	−2	4	−5	−9	9	−8	−8	−3	−7	−4	−11	10	7	−8	−13	14	−4	0	4	19	+
483 A	2	−	4	+	−5	−2	0	−5	+	−2	6	6	5	8	−9	9	9	−5	4	12	0	−10	−18	10	−18	
483 B	2	0	−	1	2	4	−3	−	−6	−2	−2	1	−8	−5	3	5	13	0	0	−16	−2	6	6	10		
484 A	−	1	−3	−2	−	4	−6	−8	−3	0	5	−1	0	10	0	−6	3	4	−1	15	4	−2	−6	−9	−7	
485 A	0	−2	+	−1	−3	5	−6	2	9	0	5	−7	−6	8	12	6	−6	−1	5	−6	2	−1	−12	9	−	
485 B	0	0	−	−1	1	1	−6	−8	−7	6	−7	1	−4	10	−4	−4	2	−1	13	0	8	−5	4	−7	−	
486 A	+	+	0	−1	−6	−1	−6	5	6	−6	−7	−7	0	5	6	6	−12	−10	−4	−6	2	11	6	12	−7	
486 B	+	+	−3	2	0	−4	6	−7	−9	−9	2	−4	6	−4	−3	3	0	−10	5	−3	−7	8	6	−12	−1	
486 C	+	−	3	−4	6	2	0	−1	3	−3	2	8	12	−4	−3	9	−6	8	−13	9	−7	−4	−12	0	−13	
486 D	−	+	0	−1	6	−1	6	5	−6	6	−7	−7	0	5	−6	−6	12	−10	−4	6	2	11	−6	−12	−7	
486 E	−	+	3	2	0	−4	−6	−7	9	9	2	−4	−6	−4	3	−3	0	−10	5	3	−7	8	−6	12	−1	
486 F	−	−	−3	−4	−6	2	0	−1	−3	3	2	8	−12	−4	3	−9	6	8	−13	−9	−7	−4	12	0	−13	
490 A	+	1	+	+	−6	−4	0	2	−3	−3	8	−4	9	−7	0	−6	−6	5	5	−6	−16	2	3	−15	14	
490 B	+	2	+	−	3	1	6	1	9	6	−8	−7	−3	2	−9	9	0	−8	8	0	4	−10	0	−6	10	
490 C	+	−2	−	+	3	−1	−6	−1	9	6	8	−7	3	2	9	9	0	8	8	0	−4	−10	0	6	−10	
490 D	+	−1	−	−	−6	4	0	−2	−3	−3	−8	−4	−9	−7	0	−6	6	−5	5	−6	16	2	−3	15	−14	
490 E	−	−2	+	+	3	5	6	−1	3	−6	−4	11	3	−10	3	3	0	−4	−4	12	−4	−10	−12	6	14	
490 F	−	3	+	+	−2	0	−4	−6	3	9	−4	−4	−7	−5	8	−2	10	1	−9	2	−4	10	−7	1	14	
490 G	−	−2	+	−	−4	−2	−8	6	−4	−6	−4	−10	−4	4	−4	10	14	10	−4	12	−4	4	2	−8	0	
490 H	−	0	−	−	4	6	−2	0	0	6	−8	−10	−2	4	−8	−2	8	14	−12	−16	−2	−8	−8	−10	−2	
490 I	−	2	−	−	3	−5	−6	1	3	−6	4	11	−3	−10	−3	3	0	4	−4	12	4	−10	12	−6	−14	
490 J	−	2	−	−	−4	2	8	−6	−4	−6	4	−10	4	4	4	10	−14	−10	−4	12	4	4	−2	8	0	
490 K	−	−3	−	−	−2	0	4	6	3	9	4	−4	7	−5	−8	−2	−10	−1	−9	2	4	10	7	−1	−14	
492 A	−	+	0	−2	−1	−2	−1	−4	−6	5	−3	−3	−	−7	−3	10	0	1	2	3	−11	6	4	6	8	
492 B	−	−	−2	−4	−5	4	−5	−6	4	−3	1	5	+	9	−11	2	−4	1	−14	−1	13	10	−6	−14	−6	
493 A	−1	0	−2	−5	0	7	−	5	4	+	4	−11	3	−5	9	−3	6	−1	4	5	3	−6	14	−8	2	
493 B	−1	−3	1	−2	3	1	−	−4	−2	−	1	−2	6	1	−9	−9	−6	8	−14	−10	0	3	8	16	2	
494 A	+	−1	1	−1	0	+	−3	+	6	−8	−8	−5	−2	−1	3	−2	−10	−14	−4	3	16	4	16	8	−10	
494 B	+	0	2	4	4	+	2	−	−8	2	0	10	−2	12	4	−6	−12	14	−12	8	2	−16	−12	6	−2	
494 C	+	3	−3	3	0	+	5	−	6	−8	8	−5	−10	7	−1	−10	6	−6	−4	−5	8	12	−8	0	−2	
494 D	−	−1	−1	−3	−4	−	−3	+	2	4	−8	1	10	−5	−7	2	−6	2	0	5	0	8	−12	0	−2	
495 A	−1	−	+	0	−	2	−6	−4	−4	−6	−8	−2	−2	4	12	2	−4	−10	−16	−8	14	8	4	−10	10	
496 A	+	0	−3	3	−2	−4	0	−1	−4	−6	+	−10	7	10	−12	−4	−3	12	12	13	2	−6	−6	−10	1	
496 B	+	2	1	3	2	−2	−6	−1	6	4	−	−2	7	−4	−8	8	−3	−6	12	−3	−10	12	−2	−16	−7	
496 C	+	2	2	0	−2	4	6	−4	0	−4	−	4	−10	2	8	4	0	0	−12	0	2	−12	14	−14	14	
496 D	−	2	−3	1	6	2	6	1	6	0	+	−10	−9	−8	0	0	3	−10	4	15	14	−8	−6	12	−7	
496 E	−	0	1	−3	−6	−4	0	5	4	2	−	−2	−9	−2	−4	12	−9	12	12	−5	−14	−10	−2	6	−7	
496 F	−	0	−2	0	0	2	−6	−4	−8	2	−	10	−6	−8	8	−6	12	−6	12	−8	10	8	−8	−6	2	
497 A	1	−1	0	−	1	−3	−2	−4	−9	−1	4	−3	9	0	0	2	−8	5	0	−	−4	−10	9	8	5	

TABLE 3: HECKE EIGENVALUES 459D–475A

	2	3	5	7	11	13	17	19	23	29	31	37	41	43	47	53	59	61	67	71	73	79	83	89	97	W_q
498 A	+	−	2	4	0	0	−2	0	−6	0	−4	10	−2	4	0	−14	12	−6	0	4	10	2	+	−6	−10	
498 B	+	−	−1	−4	3	−6	−4	−3	−1	4	−2	3	6	−12	0	−9	−7	−1	7	0	4	−4	−	5	10	
501 A	1	+	−4	4	4	6	0	4	−8	6	0	−6	0	−6	8	12	12	2	−2	−12	−2	−2	8	−6	10	−
503 A	1	1	−2	−3	1	1	0	−4	−3	0	10	−4	−2	5	−5	12	−4	−7	−11	0	−6	4	−3	0	10	+
503 B	1	3	−2	3	3	5	−8	4	−5	0	−2	4	−10	−1	−3	−12	12	−11	7	−8	−6	−4	15	0	−6	−
503 C	−1	1	−4	−3	5	1	0	8	9	−6	−2	2	−10	5	−1	−6	4	5	13	6	6	16	9	−6	10	−
504 A	+	+	−2	+	−2	2	−6	−4	−6	0	−4	10	−2	−4	−4	12	−12	6	−4	14	−2	−8	16	6	−18	
504 B	+	+	2	−	6	−6	−2	4	2	8	4	−6	10	−4	−4	−4	−12	−2	12	6	−2	−8	0	−14	−2	
504 C	+	−	−2	+	4	2	6	8	0	−6	8	−2	−2	−4	8	−6	0	−6	−4	8	10	16	−8	6	−6	
504 D	−	+	2	+	2	2	6	−4	6	0	−4	10	2	−4	4	−12	12	6	−4	−14	−2	−8	−16	−6	−18	
504 E	−	+	−2	−	−6	−6	2	4	−2	−8	4	−6	−10	−4	4	4	12	−2	12	−6	−2	−8	0	14	−2	
504 F	−	−	−2	+	0	−2	−6	−4	4	−6	−8	−10	10	12	8	−6	−4	−10	12	−4	2	8	−4	−6	10	
504 G	−	−	−2	−	0	6	2	4	4	10	−8	6	2	−4	−8	10	−12	−2	12	12	−14	−8	−12	2	10	
504 H	−	−	4	−	0	0	2	−2	−8	−2	4	−6	2	8	4	10	−6	4	−12	0	−14	−8	−6	−10	−2	
505 A	1	0	+	0	−2	2	−6	0	−6	−6	8	2	2	−6	6	6	−6	2	−4	−8	10	4	0	2	−6	+
506 A	+	−2	1	−1	+	3	3	−6	+	−1	−7	−5	−2	−8	−1	−6	−10	−8	7	−5	4	11	12	6	2	
506 B	+	0	−3	3	+	5	5	−2	−	9	7	3	−8	10	−7	10	12	6	−3	−7	−8	−5	14	8	−8	
506 C	+	−2	3	5	−	−1	−3	2	+	3	5	−7	−6	8	3	6	−6	8	−7	−9	−16	17	12	6	−10	
506 D	+	0	−1	1	−	−7	3	−2	−	−3	−5	1	−4	−10	5	6	−8	2	−5	5	−4	−7	−6	4	16	
506 E	−	0	−3	−3	+	−1	−1	−2	−	3	−5	3	4	−2	5	−14	0	−6	9	5	−8	−11	2	−4	−8	
506 F	−	−2	−1	−1	−	−3	−5	−6	+	−7	1	5	−6	8	−1	14	6	−8	−7	3	8	−5	12	−14	−10	
507 A	1	+	−1	2	−2	+	−7	−6	−6	−1	4	1	9	6	6	−9	0	1	−2	6	11	−4	−14	−14	−2	
507 B	−1	+	1	−2	2	+	−7	6	−6	−1	−4	−1	−9	6	−6	−9	0	1	2	−6	−11	−4	14	14	2	
507 C	−1	+	−2	4	−4	+	2	0	0	−10	−4	2	−6	−12	0	6	−12	−2	8	0	−2	8	−4	2	−10	
510 A	+	+	+	2	−4	4	−	−4	8	2	4	6	8	6	8	−2	−6	14	−2	2	4	0	−16	−2	0	
510 B	+	−	−	−2	4	0	−	4	4	6	−8	−6	8	2	−8	14	6	2	2	−10	4	4	−16	6	−8	
510 C	−	+	+	2	0	4	+	4	4	2	0	−2	−4	10	−8	2	−2	−14	2	−6	−4	−12	8	−10	8	
510 D	−	+	+	−4	−4	−2	−	−4	−4	2	4	−6	2	−12	8	−2	12	2	4	−4	−14	−12	−4	10	18	
510 E	−	+	−	0	4	−2	−	4	0	−2	8	6	−6	−4	0	−10	−4	−2	4	0	−6	8	−12	−6	−14	
510 F	−	−	+	0	4	2	−	−4	4	2	−4	−6	−10	−8	0	6	−8	10	−8	8	−2	4	4	−14	−10	
510 G	−	−	−	2	0	−4	+	−4	0	6	−4	2	0	2	0	−6	6	−10	2	−6	−16	8	0	6	−4	
513 A	1	+	0	−2	−5	−4	2	+	8	1	−3	0	−3	−10	−9	13	4	5	−1	−6	7	−11	15	−3	8	
513 B	−1	+	0	−2	5	−4	−2	+	−8	−1	−3	0	3	−10	9	−13	−4	5	−1	6	7	−11	−15	3	8	
514 A	−	0	−2	−4	−4	−2	2	0	8	−2	8	−2	−6	0	−12	−2	4	−2	−12	−12	−6	8	−8	−6	2	−
514 B	−	−2	−2	2	−4	−2	−2	−2	−8	−6	4	−2	2	−6	10	−10	0	10	12	6	6	4	2	−6	10	−
516 A	−	+	3	−1	−1	7	−2	−5	8	3	8	−4	4	+	7	4	12	0	−10	−6	−14	−4	−9	2	−7	
516 B	−	+	−2	2	−3	−1	−3	−2	−3	−8	1	−8	1	−	0	−1	4	0	7	6	4	8	1	−14	−5	
516 C	−	−	0	0	−2	6	6	4	2	−8	0	6	6	−	−6	−6	−10	6	4	−16	14	−8	−6	8	−2	
516 D	−	−	3	5	−3	−1	−6	−7	0	3	−4	8	−12	−	−3	12	−12	8	2	−6	−10	8	−3	−6	17	
517 A	2	−1	3	4	+	0	0	2	1	2	−3	3	−2	−12	−	−10	9	−10	−5	9	−4	−10	4	−13	−15	
517 B	0	3	3	−2	−	−2	4	4	−7	−6	5	3	−6	−6	+	−6	5	−14	15	5	0	−12	6	−1	1	
517 C	2	−1	−3	−2	−	0	−6	8	−5	−4	3	3	4	−6	−	2	−3	8	−11	−3	−4	2	−14	−1	−15	
520 A	+	0	+	0	−4	+	−6	4	0	−2	−4	−6	−6	8	0	2	4	−10	12	−4	14	−16	12	2	−2	
520 B	−	2	−	0	2	−	2	2	2	−6	2	−6	2	6	−8	−2	6	−14	0	10	−2	−4	12	−6	2	
522 A	+	+	3	−5	−4	−6	−1	−5	6	+	0	1	7	1	−13	−2	−13	−2	−4	10	−12	8	12	6	−12	
522 B	+	+	2	4	0	2	−2	0	−4	−	6	−4	−2	4	8	14	−6	−8	−12	16	−2	−6	2	−14	−14	
522 C	+	+	−3	−1	0	2	3	5	6	−	−4	11	3	−1	3	−6	9	2	8	6	8	−16	12	6	−4	
522 D	+	−	1	1	2	0	3	−1	4	+	4	3	7	9	1	2	3	6	12	−16	−10	10	0	−6	0	
522 E	+	−	−1	1	−6	−4	7	−3	−4	−	0	−7	−5	−5	5	−10	−3	10	0	4	10	−6	−16	10	−8	
522 F	+	−	−1	−2	3	−1	−8	0	−4	−	−3	8	−2	−11	−13	11	0	−8	−12	−2	4	15	−4	10	−2	
522 G	−	+	−2	4	0	2	2	0	4	+	6	−4	2	4	−8	−14	6	−8	−12	−16	−2	−6	−2	14	−14	

TABLE 3: HECKE EIGENVALUES 522H–545A

	2	3	5	7	11	13	17	19	23	29	31	37	41	43	47	53	59	61	67	71	73	79	83	89	97	W_q
522 H	−	+	3	−1	0	2	−3	5	−6	+	−4	11	−3	−1	−3	6	−9	2	8	−6	8	−16	−12	−6	−4	
522 I	−	+	−3	−5	4	−6	1	−5	−6	−	0	1	−7	1	13	2	13	−2	−4	−10	−12	8	−12	−6	−12	
522 J	−	−	−3	−3	−6	0	−7	5	8	+	−8	−3	5	3	−9	2	11	−6	0	0	−10	−2	0	−10	0	
522 K	−	−	−2	0	4	6	2	4	0	−	−4	−6	−6	−12	8	6	−8	10	−4	8	2	4	0	−14	18	
522 L	−	−	3	−2	1	3	4	−8	0	+	3	−8	2	7	−11	−1	4	4	−4	2	−12	−7	0	6	−6	
522 M	−	−	3	5	−6	−4	−3	−1	0	−	−4	−1	9	−7	3	6	−3	−10	−4	−12	2	14	0	6	8	
524 A	−	1	−2	−3	0	1	−4	−6	2	0	2	0	5	−3	6	3	−9	5	−10	−2	4	−8	12	−3	4	−
525 A	−1	+	+	+	0	6	−2	−8	−8	−2	4	2	−6	−4	−8	−10	4	−2	−4	−12	2	8	4	−6	18	
525 B	1	+	+	−	4	2	6	4	0	−2	0	−6	2	4	0	−6	12	−2	−4	0	6	−16	12	−14	−18	
525 C	1	+	−	−	−6	2	−4	6	0	0	−2	−10	4	2	4	0	−6	−8	−2	16	10	6	4	−8	6	2	
525 D	−1	−	−	+	−6	−2	4	−6	0	−2	−10	−4	2	−4	0	6	−8	−2	−16	10	−6	4	8	6	−2	
528 A	+	+	0	−2	+	0	−2	−8	2	−6	0	−2	2	−4	6	−8	8	−4	−12	10	−6	10	4	10	−2	
528 B	+	+	−2	−4	−	6	6	8	0	−6	0	6	−10	8	0	6	−4	−2	12	8	2	4	12	−6	2	
528 C	+	+	4	2	−	0	−6	−4	6	6	0	6	−10	8	−6	−12	8	4	12	−10	2	−2	−12	−6	14	
528 D	+	−	2	0	+	2	6	0	−4	2	0	−10	6	8	4	−6	12	2	−4	−12	−14	−16	12	10	−14	
528 E	−	+	2	2	+	−2	4	6	0	−8	8	10	8	2	8	−2	−12	10	−12	−8	6	2	−16	−14	−2	
528 F	−	+	−4	2	+	4	−2	0	6	10	8	−2	2	−4	2	4	0	−8	12	−2	−6	−10	−4	10	−2	
528 G	−	+	0	−2	−	−4	−6	4	−6	6	−8	−10	6	−8	6	0	0	8	4	−6	2	−14	12	−6	14	
528 H	−	−	−2	−4	+	−2	−2	0	−8	−6	8	6	−2	0	−8	6	4	6	4	0	−14	4	−12	−6	2	
528 I	−	−	2	−2	−	6	−4	2	8	0	0	−6	0	−10	0	14	12	−14	−4	0	6	−2	−16	−14	−2	
528 J	−	−	2	4	−	−6	2	−4	−4	6	0	6	−6	−4	12	2	−12	−14	−4	12	−6	4	−4	10	−14	
530 A	+	1	+	2	0	5	3	5	−3	3	8	−7	12	2	−6	−	0	8	−4	−3	2	−1	15	−6	−13	
530 B	+	0	−	−2	0	−2	−6	−2	0	2	−2	−2	10	−10	−6	−	−12	−2	−16	−6	10	10	8	14	−6	
530 C	+	−3	−	−2	0	1	3	1	−3	−1	−8	−11	−8	2	−6	−	12	−8	−4	−3	−2	−17	11	2	3	
530 D	−	−1	+	−2	−4	−3	−1	−1	7	−9	0	−7	0	−6	6	−	−4	4	12	3	10	−15	9	−6	−9	
532 A	−	0	−2	−	4	4	6	−	4	6	4	−10	4	−8	0	10	−4	14	−6	−6	−2	−10	−4	12	−12	
534 A	−	+	−2	−2	−4	0	−2	−4	−6	0	2	4	−2	8	−8	10	0	0	12	−8	−2	−4	0	−	10	
537 A	1	+	0	−1	6	7	−2	2	6	6	−2	4	−9	6	−9	−9	11	7	12	−4	10	−11	9	0	6	−
537 B	0	−	1	0	0	3	3	5	4	−3	0	4	12	−7	7	−10	1	−2	3	6	−16	−8	11	−3	2	+
537 C	0	−	−3	2	6	−1	3	−7	6	9	8	2	0	5	−9	12	−3	−10	−13	−6	2	8	−9	−3	−4	+
537 D	1	−	4	1	2	−1	−6	2	−2	2	−2	−4	−5	6	−3	11	−7	−1	−12	0	−2	−5	11	−12	−6	+
537 E	−2	−	1	−2	−2	1	3	5	4	5	−8	8	−8	9	3	14	5	2	3	12	4	10	−1	−15	−12	+
539 A	0	−1	−3	−	+	4	6	−2	3	−6	−5	11	−6	8	0	−6	9	10	5	9	−2	−10	−12	3	1	
539 B	0	3	1	−	+	4	−2	6	−5	10	−1	−5	2	−8	−8	−6	−3	2	−3	1	−10	6	−12	15	5	
539 C	1	−2	2	−	−	−4	−4	0	−4	−6	−10	−6	−4	12	10	−6	−2	0	8	−12	8	8	0	6	10	
539 D	−2	1	−1	−	−	−4	2	0	−1	0	−7	3	8	−6	−8	−6	−5	−12	−7	−3	−4	−10	6	−15	7	
540 A	−	+	+	2	0	2	3	5	−3	6	5	2	−12	8	12	3	−6	−7	2	−12	−16	−1	15	12	−16	
540 B	−	+	−	−4	−6	−4	3	−7	9	0	−7	2	−6	2	0	−9	12	−7	2	−6	2	−1	−9	6	8	
540 C	−	−	+	−1	−6	−1	0	−1	−6	−6	8	−7	6	−4	−12	6	0	11	−7	6	11	−1	−6	12	−13	
540 D	−	−	+	−4	6	−4	−3	−7	−9	0	−7	2	6	2	0	9	−12	−7	2	6	2	−1	9	−6	8	
540 E	−	−	−	−1	6	−1	0	−1	6	6	8	−7	−6	−4	12	−6	0	11	−7	−6	11	−1	6	−12	−13	
540 F	−	−	−	2	0	2	−3	5	3	−6	5	2	12	8	−12	−3	6	−7	2	12	−16	−1	−15	−12	−16	
542 A	−	2	2	0	−4	0	−2	6	−4	−8	0	2	6	2	12	−2	6	−2	8	−8	2	0	−4	10	−2	+
542 B	−	−1	0	−5	0	−1	−6	4	−8	10	−3	2	5	−7	−4	−2	−9	8	−2	−16	−4	−7	6	3	4	−
544 A	+	0	0	−2	−4	2	+	−4	−6	8	2	4	−2	4	−12	−6	−4	4	−4	6	−6	10	12	−10	−10	
544 B	+	2	2	2	−2	2	−	−4	2	2	−10	10	2	−4	0	6	−4	2	16	−10	−6	−6	4	6	−14	
544 C	+	−2	2	−2	2	2	−	4	−2	2	10	10	2	4	0	6	4	2	−16	10	−6	6	−4	6	−14	
544 D	−	0	0	2	4	2	+	4	6	8	−2	4	−2	−4	12	−6	4	4	4	−6	−6	−10	−12	−10	−10	
544 E	−	2	4	−4	2	2	+	8	−8	4	−4	−8	−2	−4	0	−6	4	8	4	−8	−6	0	−4	−6	−2	
544 F	−	−2	4	−2	2	+	−8	8	4	4	−8	−2	4	0	−6	−4	8	−4	8	−6	0	4	−6	−2	
545 A	1	0	−	−4	4	−6	−2	4	−8	−2	0	2	2	8	0	−6	−12	−2	−12	0	10	−16	−8	10	10	−

TABLE 3: HECKE EIGENVALUES 546A–560F

	2	3	5	7	11	13	17	19	23	29	31	37	41	43	47	53	59	61	67	71	73	79	83	89	97	W_q
546 A	+	+	−1	+	−1	−	−1	7	3	−3	8	7	8	7	8	−10	4	7	2	4	−1	2	−6	14	−14	
546 B	+	−	1	+	3	+	5	1	3	5	4	−5	−8	−1	8	6	0	13	−10	8	−15	6	−2	−2	−2	
546 C	+	−	−2	+	−4	−	−2	−4	−4	−2	0	−2	2	4	−12	6	0	−10	4	−8	−6	8	8	−6	2	
546 D	+	−	3	−	3	−	−3	−7	9	−9	−4	−7	12	−1	0	−6	12	−1	14	12	−7	−10	−6	−6	−10	
546 E	−	+	3	+	1	+	7	1	−7	3	0	−5	4	11	0	−14	4	1	−6	−12	5	−10	−14	−6	6	
546 F	−	−	−1	−	5	+	−3	−1	3	9	4	−11	0	−5	−8	−2	4	−15	−2	−12	11	10	−14	6	−14	
546 G	−	−	2	−	−4	+	6	−4	0	−6	−8	10	−6	4	4	10	4	−6	−8	0	−10	−8	4	−6	−2	
549 A	1	+	0	−2	−4	−2	2	−4	0	6	−6	2	4	−2	−4	−6	12	+	−10	8	10	−6	−4	−2	−2	
549 B	−1	+	0	−2	4	−2	−2	−4	0	−6	−6	2	−4	−2	4	6	−12	+	−10	−8	10	−6	4	2	−2	
549 C	1	−	3	1	5	1	−4	−4	9	6	0	8	−5	−8	−4	−6	−9	+	−7	8	−11	3	−4	4	−14	
550 A	+	−1	+	1	+	−2	3	−1	−6	−9	5	−5	−6	−8	−6	−9	6	5	−8	−9	10	14	6	−15	−8	
550 B	+	1	+	−3	−	6	7	5	6	5	−3	−3	2	−4	2	1	−10	7	−8	7	−14	10	6	−15	12	
550 C	+	−2	+	0	−	−3	4	−1	−3	5	−3	12	8	5	8	10	8	10	−14	−5	4	−8	9	3	−3	
550 D	+	−2	−	−4	+	5	0	−7	3	3	5	−4	12	5	0	6	12	−10	14	3	8	−4	−15	3	−13	
550 E	+	3	−	1	+	0	5	−7	8	3	−5	1	−8	−10	0	1	12	5	4	−7	−2	−4	0	−7	−8	
550 F	+	1	−	−3	−	−4	−3	−5	−4	5	7	7	−8	6	−8	−9	0	−13	12	−3	6	0	−4	−15	12	
550 G	+	−2	−	0	−	2	−6	4	2	−10	−8	−8	−2	0	−2	0	−12	−10	6	0	−6	12	−16	18	12	
550 H	−	2	+	4	+	−5	0	−7	−3	3	5	4	12	−5	0	−6	12	−10	−14	3	−8	−4	15	3	13	
550 I	−	−1	+	−5	−	−2	−3	−7	6	−3	−7	7	6	−8	−6	3	−6	−1	−8	3	−2	−10	6	9	4	
550 J	−	−3	−	−1	+	0	−5	−7	−8	3	−5	−1	−8	10	0	−1	12	5	−4	−7	2	−4	0	−7	8	
550 K	−	−1	−	3	−	4	3	−5	4	5	7	−7	−8	−6	8	9	0	−13	−12	−3	−6	0	4	−15	−12	
550 L	−	2	−	0	−	−2	6	4	−2	−10	−8	8	−2	0	2	0	−12	−10	−6	0	6	12	16	18	−12	
550 M	−	2	−	0	−	3	−4	−1	3	5	−3	−12	8	−5	−8	−10	8	10	14	−5	−4	−8	−9	3	3	
551 A	1	1	−1	−4	1	−1	0	−	−4	−	5	10	−6	−7	7	−3	−10	−8	10	0	−12	−9	−10	2	8	
551 B	−1	1	−1	2	−3	−5	2	−	0	−	−7	2	0	−11	−9	1	8	0	−4	0	2	3	4	0	4	
551 C	2	−2	−1	−1	−3	−2	−1	−	0	−	2	−4	−6	1	3	4	14	−3	2	0	11	−12	4	0	−8	
551 D	−2	−2	−1	−1	1	2	3	−	8	−	−10	−8	−6	5	7	−12	−10	1	−2	−12	−9	12	−4	8	8	
552 A	+	+	−2	2	−2	−2	−4	0	+	−10	0	−4	−6	−4	8	−6	4	8	−4	8	6	6	−6	−4	10	
552 B	+	+	0	−2	0	2	8	6	−	2	−4	6	10	6	0	12	4	−10	−6	0	2	−6	0	−12	6	
552 C	+	+	4	2	0	2	−4	−6	−	10	4	−2	−6	−6	8	8	−4	−2	6	0	−14	−10	16	0	−18	
552 D	−	+	2	−4	−4	−2	−2	0	−	−2	0	−10	−6	8	−8	−6	−4	14	8	−8	−6	12	−12	−2	10	
552 E	−	−	−2	−4	0	−2	−2	−4	+	−2	−8	2	10	−4	0	6	12	2	−12	−16	10	−4	0	6	−14	
555 A	0	−	+	−2	4	5	−2	6	6	3	−6	+	0	−11	9	3	−1	−2	−8	12	6	12	−1	1	2	
555 B	0	−	−	2	0	−1	6	2	−6	9	2	−	0	−1	9	3	−3	−10	−4	0	−10	−4	−9	3	−10	
556 A	−	0	−1	−1	1	−3	2	−6	−6	−3	5	10	−2	−8	−8	6	−4	12	1	−15	4	15	−9	3	10	−
557 A	1	−1	0	2	−3	2	−2	−8	0	−5	−9	4	8	0	9	−2	−4	−6	−4	8	9	−14	18	0	17	+
557 B	2	2	0	5	−6	−4	−1	4	0	5	0	10	−2	3	6	8	−11	−6	11	−5	6	−5	−9	0	−7	−
558 A	+	+	−1	0	−3	−1	−3	1	−2	−2	+	−2	0	−4	−7	0	6	−9	3	1	−8	1	−5	6	−7	
558 B	+	+	3	−4	3	5	3	−7	6	6	−	2	−12	8	−3	12	6	5	11	−3	−4	−13	−3	−6	−7	
558 C	+	−	2	0	0	2	6	4	−8	−2	+	10	6	8	8	6	12	−6	−12	−8	10	−8	−8	6	2	
558 D	+	−	−1	−2	3	−1	−3	−5	−4	0	−	−2	−2	−6	7	−14	−10	7	−7	3	−6	15	1	−10	13	
558 E	−	+	1	0	3	−1	3	1	2	2	+	−2	0	−4	7	0	−6	−9	3	−1	−8	1	5	−6	−7	
558 F	−	+	−3	−4	−3	5	−3	−7	−6	−6	−	2	12	8	3	−12	−6	5	11	3	−4	−13	3	6	−7	
558 G	−	−	−3	−2	−5	−7	1	7	−4	8	+	−6	2	−10	1	−6	10	1	−3	−3	14	−11	−7	6	−3	
558 H	−	−	1	2	−3	3	−1	7	0	−4	−	−10	6	6	5	2	−6	3	−3	−7	−10	−1	−17	−6	5	
560 A	+	1	+	−	5	1	3	6	6	−9	0	6	8	−6	−3	−12	−8	−4	4	−8	10	3	12	−16	7	
560 B	+	3	−	+	5	−5	−7	2	2	7	−4	−6	−12	2	−1	0	4	4	−8	0	6	3	4	0	13	
560 C	−	−1	+	−	3	5	3	−2	6	3	4	2	−12	10	−9	12	0	8	4	0	2	1	−12	−12	−1	
560 D	−	0	+	−	−4	−6	2	0	0	6	−8	−10	2	−4	−8	−2	8	−14	12	16	2	8	−8	10	2	
560 E	−	−3	+	−	5	−3	−1	−6	−6	−9	4	2	−4	−10	1	4	8	−8	−12	−8	2	−13	4	4	−13	
560 F	−	−1	−	+	−3	−1	−3	−2	6	−9	−8	−10	0	−2	3	0	−12	8	−8	0	14	−5	12	12	17	

TABLE 3: HECKE EIGENVALUES 561A–576C

	2	3	5	7	11	13	17	19	23	29	31	37	41	43	47	53	59	61	67	71	73	79	83	89	97	W_q
561 A	0	+	−2	−3	−	2	+	2	2	9	8	−12	−3	0	5	11	7	−2	3	−4	−13	8	16	15	16	
561 B	0	−	−2	1	−	−6	+	−6	−6	1	−8	−4	−3	8	9	−1	11	−2	11	12	7	0	−16	−5	−16	
561 C	−2	−	0	−3	−	−4	+	−2	6	−9	−4	2	−1	6	−9	13	−15	−14	−9	−14	−13	0	2	13	14	
561 D	−1	−	2	0	−	−2	−	8	−8	6	8	6	2	8	−4	6	−8	10	4	0	−10	0	12	−14	−14	
562 A	+	2	2	4	2	−2	2	−6	−2	−2	−4	−2	10	−4	−6	2	4	−10	2	14	2	16	6	−6	18	−
563 A	−1	−1	−4	−5	−4	2	−3	−3	−3	2	−2	−6	−10	−8	−3	2	−3	−1	−3	1	6	−12	−8	−14	−6	−
564 A	−	+	−1	−1	3	−2	−6	−6	5	−5	−10	−3	−6	10	−	12	8	−10	−2	−10	−2	3	0	6	17	
564 B	−	−	−3	−1	−3	−4	0	2	−9	−3	−4	5	−6	8	+	6	6	2	8	−6	−4	−1	6	−6	−19	
565 A	1	−2	+	1	4	4	1	−3	4	4	8	11	−11	−12	6	6	0	−3	−14	13	−1	8	15	−12	10	−
566 A	+	0	0	1	−3	−5	4	−4	−1	7	0	−12	3	−4	−2	−2	−11	−1	10	8	−2	4	0	−9	−7	+
566 B	−	1	−2	3	0	4	8	7	−4	−6	−6	3	−7	−5	0	5	−6	−2	−5	−12	7	10	−2	−6	7	+
567 A	1	+	−1	+	2	−5	−3	−2	−6	5	−6	−3	10	−4	6	6	−6	7	−2	12	−15	14	−18	5	−18	
567 B	−1	+	1	+	−2	−5	3	−2	6	−5	−6	−3	−10	−4	−6	−6	6	7	−2	−12	−15	14	18	−5	−18	
568 A	+	−1	2	5	2	−1	−2	−3	5	6	11	−2	−6	−11	7	6	6	−2	−14	−	−9	2	−12	−7	10	
570 A	+	+	+	2	−6	0	2	+	4	−8	−8	−4	−4	−6	−12	6	−4	2	−8	0	6	8	4	−4	12	
570 B	+	+	+	−2	4	−6	4	−	4	6	−6	10	4	12	4	−10	10	2	12	8	−2	10	2	−8	2	
570 C	+	+	−	−2	−2	0	−2	−	−8	0	0	4	−8	−6	−8	−2	−10	−8	2	0	8	−2	−8	−16	16	8
570 D	+	−	+	4	0	2	−2	+	0	10	0	2	2	−4	0	−6	8	6	12	0	−14	0	−12	10	2	
570 E	+	−	−	−4	−4	−6	−6	+	4	6	−8	2	10	−8	12	2	−4	−2	−12	−16	−14	8	0	−6	14	
570 F	+	−	−	2	0	2	0	−	0	−6	2	2	0	8	0	6	−6	2	−4	0	14	2	6	−12	−10	
570 G	−	+	+	0	4	2	2	+	4	6	4	−6	10	−4	−12	6	−12	−2	4	8	−6	−4	−12	10	2	
570 H	−	+	−	−2	0	6	8	−	−4	2	−2	−2	−12	4	12	10	6	−14	−12	−8	−10	14	2	0	2	
570 I	−	+	−	4	0	−6	2	−	8	2	−8	10	6	−8	0	−2	−12	−2	−12	−8	2	−16	−4	6	−10	
570 J	−	−	+	2	−4	6	4	−	0	−10	−2	−2	8	−8	0	−6	−2	2	4	0	−10	−2	−10	−12	−2	
570 K	−	−	+	2	6	−4	−6	−	0	0	8	8	−12	2	0	−6	−12	2	−16	0	−10	8	0	−12	8	
570 L	−	−	−	−2	2	4	−2	+	4	0	−8	8	−8	−6	−12	−6	0	2	8	−8	14	0	4	0	−12	
570 M	−	−	−	4	−4	−2	−2	+	−8	6	4	−10	−2	12	0	6	0	−10	−4	−8	2	−12	−8	6	18	
571 A	0	2	−2	2	5	3	0	0	4	9	5	−7	0	11	0	−12	9	−11	−16	2	−8	10	11	−4	1	−
571 B	−2	−2	−2	−4	−3	−5	−2	−2	−8	5	−7	−7	2	−1	6	2	−3	13	−14	10	2	0	−9	−12	−7	−
572 A	−	1	3	2	−	−	0	2	−3	−6	−1	−7	6	8	12	−6	9	2	−7	−3	8	−4	−12	−15	−13	
573 A	−1	−	2	2	0	2	−6	−2	8	8	−2	2	12	0	0	8	−4	−6	−8	12	−10	16	−4	−12	−6	+
573 B	2	−	2	2	−3	−1	0	−8	2	5	10	−4	−9	9	9	−7	−4	12	−5	9	−10	−17	8	6	−9	+
573 C	−2	−	−2	−2	−1	7	−4	0	−6	−1	−10	12	−3	−7	−13	−13	12	8	−5	3	−14	−9	0	2	−17	−
574 A	+	−1	1	+	0	2	−5	−4	6	−9	3	−8	+	7	−10	−13	−14	−5	4	−15	−6	−3	16	13	17	
574 B	+	2	−2	+	−6	−4	−2	2	0	0	0	10	+	4	8	−4	−8	10	−14	−12	−6	0	4	−14	−10	
574 C	+	2	2	−	−2	4	6	−6	8	−4	−8	10	+	−4	8	−8	−4	−10	−2	12	10	0	0	18	−10	
574 D	+	−2	4	−	4	4	−2	−6	−8	6	4	2	+	0	4	2	14	4	−8	8	−14	−8	6	10	6	
574 E	+	3	−1	−	4	−6	3	4	2	1	9	−8	+	−5	−6	−3	14	−11	−8	3	−14	7	16	5	1	
574 F	+	1	−3	−	0	2	−3	−4	−6	−3	−1	−4	−	−1	−6	9	−6	−1	8	3	−10	−1	−12	3	−1	
574 G	−	−1	−1	+	−6	−4	7	0	−8	1	5	−2	−	−5	−6	−3	−10	−3	14	3	8	7	−2	5	5	
574 H	−	0	−4	−	−2	−6	−6	4	8	−8	0	−2	+	−8	0	0	2	−8	10	−12	10	16	−2	−10	−2	
574 I	−	−3	−1	−	−2	0	−3	−8	−4	−5	−3	10	+	−5	6	−9	−10	13	−2	9	4	−11	−14	−1	7	
574 J	−	−1	1	−	2	4	3	0	4	−5	7	−2	−	−1	−2	−1	10	−13	−2	−3	4	−15	−6	−15	−7	
575 A	1	0	+	−1	−1	−1	0	−5	+	−5	−2	4	−5	9	6	−2	8	−8	−8	−10	3	−3	−3	10	2	
575 B	−2	0	+	−1	2	2	−3	−2	+	7	−5	−11	1	0	0	−11	−13	−8	−5	5	−6	−12	−9	4	14	
575 C	2	2	−	1	0	2	−5	8	+	−5	−5	7	−7	4	−2	−1	3	−6	13	13	8	−14	−3	−14	14	
575 D	−1	0	−	1	−1	1	0	−5	−	−5	−2	−4	−5	−9	−6	2	8	−8	8	−10	−3	−3	3	10	−2	
575 E	−2	−2	−	−1	0	−2	5	8	−	−5	−5	−7	−7	−4	2	1	3	−6	−13	13	−8	−14	3	−14	−14	
576 A	+	+	0	−4	0	−2	0	−8	0	0	−4	10	0	−8	0	0	0	−14	16	0	−10	−4	0	0	14	
576 B	+	−	2	4	−4	2	6	−4	0	2	−4	2	−2	4	8	10	4	−6	4	−16	−6	−4	−12	−10	−14	
576 C	+	−	2	−4	4	2	6	4	0	2	4	2	−2	−4	−8	10	−4	−6	−4	16	−6	4	12	−10	−14	

TABLE 3: HECKE EIGENVALUES 576D–594C

	2	3	5	7	11	13	17	19	23	29	31	37	41	43	47	53	59	61	67	71	73	79	83	89	97	W_q
576 D	+	−	−2	0	4	2	−2	4	8	6	8	−6	6	−4	0	−2	4	2	4	−8	10	−8	−4	6	2	
576 E	−	+	0	4	0	−2	0	8	0	0	4	10	0	8	0	0	0	−14	−16	0	−10	4	0	0	14	
576 F	−	+	4	0	0	6	−8	0	0	−4	0	2	8	0	0	−4	0	10	0	0	6	0	0	−16	−18	
576 G	−	+	−4	0	0	6	8	0	0	4	0	2	−8	0	0	4	0	10	0	0	6	0	0	16	−18	
576 H	−	−	−2	0	0	−6	−2	0	0	−10	0	2	−10	0	0	14	0	10	0	0	−6	0	0	−10	18	
576 I	−	−	−2	0	−4	2	−2	−4	−8	6	−8	−6	6	4	0	−2	−4	2	−4	8	10	8	4	6	2	
578 A	−	2	0	4	−6	2	+	−4	0	0	4	4	−6	8	0	−6	0	4	8	0	−2	−8	0	−6	−14	
579 A	2	+	2	1	−1	6	7	−6	4	−5	0	10	−6	1	−9	1	8	−10	−15	−13	14	−6	10	−5	−19	−
579 B	−1	−	0	0	−6	−6	4	0	0	0	0	−10	0	−4	−6	4	0	−10	4	14	−2	0	−4	4	−2	−
580 A	−	0	+	0	−2	−2	0	−2	−8	−	2	−4	−10	4	12	−6	−12	−10	12	12	12	2	−4	−10	8	
580 B	−	0	−	−2	−4	−6	−4	4	6	+	0	−8	−2	4	−4	−2	8	10	−10	−8	0	8	−6	6	−12	
582 A	+	+	0	−2	4	−4	−2	0	−2	4	−4	−8	−2	−4	0	−6	0	−14	4	−10	−6	8	4	−6	+	
582 B	−	+	0	−2	4	2	4	6	4	−8	8	−2	−8	8	0	6	−12	−2	10	−16	6	−4	4	18	+	
582 C	−	+	−2	−2	0	−4	−4	−4	0	2	−8	4	0	−4	0	10	10	10	−4	0	2	0	−14	2	−	
582 D	−	−	−2	0	4	2	6	0	4	−2	−8	−6	6	−4	−8	−10	4	6	−16	−4	10	8	4	−6	−	
583 A	2	1	3	0	+	4	0	−4	−3	6	−3	7	−2	−2	0	−	5	0	7	3	−2	6	−10	−1	−7	
583 B	1	−1	4	4	−	1	1	−3	5	−3	4	−3	10	−6	−10	+	−10	12	−4	3	−8	−7	−15	−6	−7	
583 C	2	3	−3	2	−	0	6	−8	−5	−4	−5	11	12	−2	−8	+	13	−8	−3	1	−4	−10	2	7	1	
585 A	−1	+	+	2	−4	+	−4	6	0	−4	−10	−2	−6	−8	−8	−4	12	2	−10	0	−6	12	−4	14	−14	
585 B	0	+	+	−1	3	−	3	−4	9	6	2	−1	3	2	6	−9	12	5	−4	−9	14	−7	0	−15	5	
585 C	1	+	−	2	4	+	4	6	0	4	−10	−2	6	−8	8	4	−12	2	−10	0	−6	12	4	−14	−14	
585 D	0	+	−	−1	−3	−	−3	−4	−9	−6	2	−1	−3	2	−6	9	−12	5	−4	9	14	−7	0	15	5	
585 E	−2	−	+	3	1	+	1	−2	3	2	−6	11	5	4	10	−11	−8	13	12	5	10	−3	12	15	17	
585 F	1	−	+	0	−4	−	−2	−4	−8	2	−8	6	6	−4	8	−6	12	−2	−4	0	−6	16	4	−10	18	
585 G	−2	−	+	−3	5	−	−5	2	1	−10	−2	−3	9	−4	−10	−9	0	−11	−4	−15	6	−11	−8	11	−9	
585 H	1	−	−	−4	−2	+	−2	−6	6	−2	−10	−2	6	10	−4	−2	−6	2	−4	−6	−6	−12	16	−2	−2	
585 I	−2	−	−	−1	−5	+	7	−6	−3	−2	2	7	−9	−8	−10	−5	0	5	−4	−9	−6	−3	4	−11	−11	
586 A	+	2	3	0	2	−1	1	6	−7	1	−2	−4	0	0	7	−6	9	2	−9	10	7	−5	0	0	−5	−
586 B	−	−1	0	−3	−4	−4	−2	3	5	−2	4	−1	−12	−6	1	3	6	−7	12	4	7	−8	−12	−12	13	−
586 C	−	−1	−2	−1	0	0	−2	−5	−9	−6	2	−3	10	12	3	−3	−4	3	−10	−6	7	12	16	−14	−7	−
588 A	−	+	−2	+	2	−3	8	−1	8	4	3	−1	6	11	6	−12	4	−6	13	−10	−11	−3	2	0	10	
588 B	−	+	0	−	−6	−2	0	4	−6	6	−8	2	−12	−4	−12	−6	0	10	8	6	10	−4	12	−12	10	
588 C	−	+	−2	−	2	4	−6	−8	−6	−10	−4	6	6	4	−8	2	4	8	−8	−10	−4	4	−12	14	−4	
588 D	−	−	2	−	2	3	−8	1	8	4	−3	−1	−6	11	−6	−12	−4	6	13	−10	11	−3	−2	0	−10	
588 E	−	−	2	−	2	−4	6	8	−6	−10	4	6	−6	4	8	2	−4	−8	−8	−10	4	4	12	−14	4	
588 F	−	−	−4	−	2	6	4	4	2	−2	0	2	0	−4	−12	−6	8	−6	−8	14	2	12	4	0	2	
590 A	+	−2	+	5	−3	−1	3	−4	0	0	8	11	−3	−1	6	12	−	2	−4	−3	2	−1	−3	6	2	
590 B	+	0	−	4	4	2	−6	4	0	−2	0	2	10	−4	0	6	+	14	4	0	−10	8	−12	−14	−10	
590 C	+	0	−	1	−5	−7	1	−2	4	6	−10	−7	−7	7	−4	12	−	−6	12	−13	−10	5	17	0	−12	
590 D	−	−2	−	−3	−5	1	3	−8	−4	−8	0	−3	−3	1	6	0	+	−10	12	5	−6	15	−5	−10	−2	
591 A	0	+	0	1	2	0	−4	−7	−5	−3	−4	−1	−1	1	11	−6	8	−7	−4	0	0	−8	−1	6	10	+
592 A	+	1	−2	−1	−1	−6	−4	8	−6	2	4	+	7	−2	−9	−3	12	4	0	−7	7	0	−3	−12	−8	
592 B	+	1	0	3	3	0	2	2	6	−2	4	−	7	−4	−1	9	−8	−4	−12	5	−13	10	1	−2	−12	
592 C	−	3	−2	1	5	−2	0	0	−2	6	4	+	−9	−2	9	1	−8	−8	−8	−9	−1	−4	15	4	4	
592 D	−	1	−4	3	−5	0	−6	−2	6	−6	−4	−	−9	−4	7	9	4	−8	12	−3	−5	−6	1	2	0	
592 E	−	−1	0	1	−3	−4	6	−2	−6	−6	4	−	−9	−8	−3	−3	−12	8	4	15	11	10	−9	6	8	
593 A	1	1	−2	−1	−4	6	1	−8	−6	10	−6	−3	8	1	8	9	−12	−8	4	8	7	−10	0	−6	2	+
593 B	−1	−2	2	2	−2	−6	2	4	0	2	0	6	10	10	10	−6	0	10	−2	4	−2	8	0	−6	14	−
594 A	+	+	−2	1	+	−2	−1	0	−3	−1	−8	1	−11	1	5	−4	3	−2	−12	−8	12	−17	14	2	−5	
594 B	+	−	1	4	+	1	5	0	−3	−10	10	4	7	−2	8	5	6	−5	−3	4	−6	−17	5	14	1	
594 C	+	−	−3	−4	+	5	−3	8	9	6	2	−4	−9	−10	0	9	6	−1	5	12	2	11	−3	6	−7	

TABLE 3: HECKE EIGENVALUES 594D–611A

	2	3	5	7	11	13	17	19	23	29	31	37	41	43	47	53	59	61	67	71	73	79	83	89	97	W_q
594 D	+	−	−2	−1	−	6	−5	−8	−1	−9	0	−3	9	−5	−9	4	−3	−2	4	0	−12	−7	2	2	19	
594 E	−	+	2	−1	+	6	5	−8	1	9	0	−3	−9	−5	9	−4	3	−2	4	0	−12	−7	−2	−2	19	
594 F	−	−	−1	4	−	1	−5	0	3	10	10	4	−7	−2	−8	−5	−6	−5	−3	−4	−6	−17	−5	−14	1	
594 G	−	−	2	1	−	−2	1	0	3	1	−8	1	11	1	−5	4	−3	−2	−12	8	12	−17	−14	−2	−5	
594 H	−	−	3	−4	−	5	3	8	−9	−6	2	−4	9	−10	0	−9	−6	−1	5	−12	2	11	3	−6	−7	
595 A	−2	2	+	+	2	−1	−	6	9	6	5	−7	−5	−8	9	2	14	13	2	−8	−8	16	1	−6	−16	
595 B	2	2	+	−	6	1	+	−6	−5	6	9	−5	−9	0	−1	−6	−6	−7	14	12	−8	0	15	−10	−4	
595 C	2	2	−	−	−2	−1	−	2	−1	2	−5	−1	−3	4	1	6	6	−5	−6	16	4	4	−15	14	−4	
598 A	+	0	0	0	−2	−	−2	−6	−	−6	8	8	−2	−6	−8	−12	−4	0	10	0	−10	4	−14	14	−14	
598 B	+	−3	−3	3	−2	−	1	6	−	−6	−4	−7	4	−9	−5	−12	14	0	−2	−3	−10	16	16	2	−14	
598 C	−	−1	3	3	2	+	−1	−4	+	0	8	3	−2	−1	−3	−2	0	−4	−10	3	−12	8	6	−14	−12	
598 D	−	−1	−1	−1	−6	+	3	−4	−	0	−8	7	−2	11	−11	−10	0	12	−2	−13	4	8	14	10	4	
600 A	+	+	+	0	−4	−6	6	−4	0	−2	−8	2	−6	−12	−8	−6	12	14	−4	8	6	−8	12	10	−2	
600 B	+	+	+	−3	2	3	−6	−7	−6	−2	−5	−10	12	−3	10	0	−6	−13	−7	−4	6	−8	6	16	7	
600 C	+	+	−	2	2	−2	−6	8	4	8	0	10	2	12	0	−10	−6	2	8	−4	−4	−8	−4	6	−8	
600 D	+	−	+	0	4	2	−2	−4	8	6	8	−6	−6	−4	0	2	4	−2	4	8	−10	−8	4	−6	−2	
600 E	+	−	−	−5	−6	−3	−2	1	−2	6	3	−6	4	11	−10	−8	−6	3	−1	−12	10	−8	−6	−16	−7	
600 F	−	+	+	−4	0	6	2	4	8	−6	0	6	10	4	−8	−10	0	6	4	0	14	16	−12	2	−2	
600 G	−	+	+	5	−6	3	2	1	2	6	3	6	4	−11	10	8	−6	3	1	−12	−10	−8	6	−16	7	
600 H	−	−	−	−2	2	2	6	8	−4	8	0	−10	2	−12	0	10	−6	2	−8	−4	4	−8	4	6	8	
600 I	−	−	−	3	2	−3	6	−7	6	−2	−5	10	12	3	−10	0	−6	−13	7	−4	−6	−8	−6	16	−7	
602 A	+	0	−4	+	0	2	6	4	0	2	2	2	−2	−	−6	−6	6	12	0	−8	4	4	18	−16	18	
602 B	+	−1	2	+	5	2	0	−3	6	−9	9	9	0	−	12	2	−4	2	15	3	14	−4	−4	−3	−4	
602 C	+	3	2	+	−3	2	0	1	6	−1	5	−7	−8	−	−12	−6	12	−6	15	−5	−2	4	−12	−7	12	
603 A	1	+	−2	4	4	2	0	4	6	−4	8	2	−6	4	−2	−10	6	−2	−	−6	−10	−8	2	−16	6	
603 B	−1	+	2	4	−4	2	0	4	−6	4	8	2	6	4	2	10	−6	−2	−	6	−10	−8	−2	16	6	
603 C	−1	−	3	−3	0	4	−2	−2	7	8	−1	−3	9	9	0	−1	9	14	+	4	11	−16	−5	0	16	
603 D	2	−	0	0	6	4	7	−5	1	−1	−4	3	0	−6	−9	−10	−3	2	+	16	−7	8	4	15	4	
603 E	1	−	1	−5	4	−4	−6	−2	3	−4	−7	5	3	7	−8	5	−3	−2	−	12	−13	−8	−1	−4	−12	
603 F	−2	−	−2	−2	4	2	−3	7	−9	5	−10	−1	0	−2	1	−10	−9	−2	−	0	−7	−8	−4	−7	0	
605 A	1	−3	−	3	−	−4	0	−4	−8	−6	−2	−8	5	−5	−3	4	−2	11	−13	2	8	−10	−4	1	−8	
605 B	−1	0	−	0	−	−2	−6	4	4	−6	−8	−2	−2	−4	−12	−2	4	10	−16	8	−14	−8	4	10	10	
605 C	−1	−3	−	−3	−	4	0	4	−8	6	−2	−8	−5	5	−3	4	−2	−11	−13	2	−8	10	4	1	−8	
606 A	+	−	2	4	4	−2	−6	4	−8	2	0	−2	−10	4	−8	10	4	10	−4	−8	2	0	−4	14	2	+
606 B	+	−	0	−3	−2	−6	−1	−5	4	3	−2	−2	−12	13	8	11	−10	−11	−8	6	−2	−14	−4	−8	−7	−
606 C	−	+	0	−1	2	2	3	7	8	−7	−2	2	0	1	8	1	6	−5	−12	6	−6	6	−16	0	−7	+
606 D	−	+	3	2	2	−4	−6	4	−4	8	7	−4	9	−8	8	−14	−6	−5	3	−6	−12	−3	14	9	−13	+
606 E	−	−	−4	−5	−2	−2	3	−5	4	−7	−6	−2	8	−11	4	1	10	−5	8	−2	−10	6	−16	−16	−7	+
606 F	−	−	1	−2	2	4	−2	0	4	0	7	−12	−3	4	−12	−6	−10	−3	13	2	4	5	−6	5	3	−
608 A	+	0	−1	1	−3	−4	−3	+	8	0	−2	−8	0	−11	7	2	−6	−1	10	−2	5	2	0	6	−12	
608 B	−	0	3	5	5	−4	−3	+	0	0	−10	8	0	5	−5	−6	10	−5	10	−10	−11	10	0	−10	−12	
608 C	−	3	0	−1	2	−1	3	+	3	3	8	−10	−12	8	−8	−9	−5	10	7	−10	1	−14	6	−4	−6	
608 D	−	0	−1	−1	3	−4	−3	−	−8	0	2	−8	0	11	−7	2	6	−1	−10	2	5	−2	0	6	−12	
608 E	−	0	3	−5	−5	−4	−3	−	0	0	10	8	0	−5	5	−6	−10	−5	−10	10	−11	−10	0	−10	−12	
608 F	−	−3	0	1	−2	−1	3	−	−3	3	−8	−10	−12	−8	8	−9	5	10	−7	10	1	14	−6	−4	−6	
609 A	1	+	0	−	0	−6	−2	0	−6	−	−4	6	−10	−10	8	10	−12	−8	12	14	16	−14	4	−6	−8	
609 B	−1	+	−2	−	4	−2	2	−4	0	−	−8	−10	−6	12	−8	6	12	−10	−12	−16	2	0	4	−6	−6	
610 A	+	0	+	0	2	1	7	−1	6	1	−3	4	9	−1	11	2	0	−	13	0	−4	7	−6	−2	−12	
610 B	+	0	−	0	−4	−2	−2	−4	0	−2	0	10	−6	−4	−4	2	−12	−	4	0	2	−8	0	−14	18	
610 C	−	2	−	0	−6	6	6	−4	4	−2	−10	2	−2	−12	−2	6	14	−	8	−10	−14	6	6	−6	10	
611 A	2	3	−2	2	−3	−	3	−4	−4	4	−5	8	7	−2	+	9	−14	6	3	−8	9	3	−18	−6	4	

TABLE 3: HECKE EIGENVALUES 612A–630E

	2	3	5	7	11	13	17	19	23	29	31	37	41	43	47	53	59	61	67	71	73	79	83	89	97	W_q
612 A	−	+	3	2	3	−1	+	−7	3	6	−4	2	9	−1	−12	12	−6	2	−4	0	8	14	−12	−6	−16	
612 B	−	+	−3	2	−3	−1	−	−7	−3	−6	−4	2	−9	−1	12	−12	6	2	−4	0	8	14	12	6	−16	
612 C	−	−	−1	0	−5	−5	+	1	3	−2	2	−8	5	−9	−6	6	−6	−4	12	12	−2	10	2	−12	16	
612 D	−	−	1	4	−3	3	−	1	−3	10	6	−4	−5	−1	2	14	6	8	−12	−12	2	−14	−6	−16	0	
614 A	−	0	−2	−3	−3	0	−1	−1	−2	6	−2	−3	5	2	6	−1	−8	−14	−8	3	14	−4	−4	−6	−2	−
614 B	−	−2	0	−1	−3	−4	3	−1	−6	−6	−4	11	−3	−10	−12	9	6	14	2	9	−4	−16	0	6	14	−
615 A	−1	+	+	0	2	0	0	2	−8	−10	4	2	+	−4	−12	0	0	2	−8	14	−6	10	−12	−18	−16	
615 B	0	−	+	0	−1	−4	−3	−6	0	−5	−5	−3	−	−5	1	6	0	13	2	7	−7	−6	14	6	−6	
616 A	+	0	0	+	+	−6	0	−2	4	−2	2	2	−8	0	−2	−10	−4	10	4	0	−8	8	−2	−6	2	
616 B	+	2	2	−	+	0	4	4	−4	2	−2	−6	4	−4	2	−6	4	0	−12	16	−8	−12	10	−2		
616 C	+	−2	2	−	+	4	0	−4	4	10	2	10	0	4	−2	2	6	0	−8	12	−12	16	−4	−6	−10	
616 D	+	−1	−1	−	−	0	−2	−2	−7	−10	7	−9	−2	−4	8	2	−15	−14	3	3	10	10	0	−11	7	
616 E	−	0	−2	−	+	2	−2	−4	−8	−2	−4	6	6	−4	−12	−10	8	10	4	−8	−2	−8	12	10	10	
618 A	+	+	−1	−2	6	−1	0	−8	3	−6	−5	6	4	−9	−10	−6	−5	15	−15	0	−16	6	−9	2	1	+
618 B	+	+	2	−2	−3	−4	0	1	−3	9	−5	−9	−2	−6	−4	6	−2	−12	−12	6	14	−6	−12	−7	7	+
618 C	+	−	0	−4	−3	2	−6	−1	−9	9	−1	5	0	2	−6	−12	−12	8	14	−12	−16	2	12	3	−1	−
618 D	+	−	−3	2	−6	−1	0	−4	3	−6	−7	−10	0	5	6	6	3	−1	−13	−12	−16	14	−9	6	17	−
618 E	+	−	−2	−2	1	−4	−4	−3	−5	3	−3	−11	6	6	0	6	6	4	8	2	−10	10	0	1	−17	−
618 F	−	−	−4	−4	−3	−6	2	3	1	−5	−3	11	−12	6	−10	−4	0	8	−2	0	−4	−14	0	−9	−17	+
618 G	−	−	3	−2	−2	3	0	0	−3	−2	−3	2	0	−3	−10	10	9	−5	−5	8	−4	−2	−3	10	−7	−
620 A	−	1	+	−4	0	2	−3	−7	0	−6	−	5	−3	−1	6	9	−3	−4	−10	3	−1	−10	−9	12	2	
620 B	−	0	−	−2	−4	−4	0	0	−4	2	+	8	6	−8	−6	−8	4	2	−2	0	−4	0	−8	6	−2	
620 C	−	−3	−	−2	2	2	−3	−3	−4	−4	+	−7	−3	−5	−6	1	−11	8	4	15	−13	−12	7	−18	10	
621 A	1	−	3	4	1	−3	1	2	+	8	1	−10	8	−8	−6	9	6	−6	2	−16	−17	4	0	−1	−4	
621 B	−1	−	−3	4	−1	−3	−1	2	−	−8	1	−10	−8	−8	6	−9	−6	−6	2	16	−17	4	0	1	−4	
622 A	−	0	−4	1	−1	−4	−8	8	−8	−3	6	−10	2	1	9	−8	5	−1	−4	6	1	−1	6	15	4	−
623 A	1	−1	1	−	−4	2	−3	−5	5	−6	−9	−8	−6	11	6	9	−4	−6	−6	−2	−11	12	12	−	3	
624 A	+	+	0	0	−6	+	2	0	−4	−6	4	−2	0	−4	−10	−10	6	−6	12	−2	6	16	−6	4	14	
624 B	+	+	−4	4	2	+	−6	−4	−4	−6	−8	−10	−4	4	6	6	6	−6	0	−10	−2	0	10	8	−10	
624 C	+	+	2	0	0	−	2	4	0	6	0	−2	6	12	4	6	8	−2	−4	12	−14	0	−8	−18	−6	
624 D	+	−	0	4	2	+	−6	4	−4	10	8	−2	0	4	−2	−2	−10	10	−8	−2	−10	−8	−6	−12	−2	
624 E	+	−	4	0	2	+	2	−8	−4	−6	4	6	−12	−4	6	−2	14	10	4	−2	−2	8	−14	0	−10	
624 F	+	−	−2	−4	0	−	2	−8	−8	−2	−4	−10	2	4	12	6	0	−2	−8	12	10	8	0	−14	2	
624 G	−	+	0	−2	0	−	−6	−2	0	−6	−2	2	−12	4	0	6	−12	2	10	−12	14	−8	−12	0	−10	
624 H	−	−	2	4	−4	−	2	0	0	−10	−4	−2	6	12	0	6	−12	−2	8	0	2	−8	−4	−2	10	
624 I	−	−	2	−4	4	−	2	8	0	6	4	−2	−10	−4	−8	−10	−4	−2	16	8	2	−8	−12	14	10	
624 J	−	−	−4	2	4	−	2	2	0	−6	10	10	8	−4	4	−10	8	−14	−2	−16	−10	16	0	−4	−2	
626 A	+	0	0	0	0	−2	−2	−4	0	6	−4	0	−2	−10	12	−4	−10	−8	2	−16	10	0	−12	10	2	+
626 B	+	1	2	5	−1	4	2	0	−1	−10	−8	7	−2	8	1	5	4	−13	−8	−8	14	8	15	−6	−11	−
627 A	0	−	4	2	+	1	−3	+	2	−4	−4	2	6	−4	6	1	11	10	−6	−3	0	−11	−13	−9	−6	
627 B	0	−	0	2	−	−1	3	−	6	0	8	2	6	8	−6	9	3	−10	−10	−3	−4	−13	−3	15	−10	
628 A	−	2	4	−1	0	1	−1	0	−3	0	−6	−3	−2	5	−6	6	−3	14	6	0	2	4	0	−7	−12	+
629 A	1	0	1	−1	−5	−2	+	3	2	3	−4	+	6	−1	−6	1	−7	1	14	−15	−10	4	−6	16	1	
629 B	2	3	−2	1	−3	4	−	2	−2	−6	−2	+	−3	4	3	−3	0	2	4	−13	9	0	5	16	8	
629 C	0	−3	0	3	−1	0	−	−2	−2	2	−8	−	3	−12	3	−11	−4	4	4	−3	−1	−2	1	6	0	
629 D	−1	0	3	−1	−5	−2	−	1	−6	1	4	−	−6	−11	−10	1	3	−5	−6	1	14	−8	6	0	−13	
630 A	+	+	+	−	0	2	0	2	0	6	8	−4	6	2	−6	6	12	8	2	6	2	−16	0	6	−10	
630 B	+	+	−	+	−4	6	4	6	0	−6	−4	8	10	−2	10	14	−4	−8	6	−2	−10	16	−8	2	2	
630 C	+	−	+	+	4	−2	−2	4	8	2	0	6	6	−4	0	10	−12	14	−12	8	10	16	12	−10	2	
630 D	+	−	+	−	−4	−2	−2	−4	8	−6	−8	−2	−2	−12	8	−6	−4	−2	12	−8	−14	0	−12	−2	10	
630 E	+	−	−	+	−4	−6	−2	0	0	−6	8	−10	−2	4	−8	2	8	−14	−12	16	2	−8	−8	−10	2	

TABLE 3: HECKE EIGENVALUES 630F–650G

	2	3	5	7	11	13	17	19	23	29	31	37	41	43	47	53	59	61	67	71	73	79	83	89	97	W_q
630 F	+	−	−	−	0	2	6	−4	0	6	−4	2	−6	8	12	−6	12	2	8	0	14	−16	−12	−6	14	
630 G	−	+	+	+	4	6	−4	6	0	6	−4	8	−10	−2	−10	−14	4	−8	6	2	−10	16	8	−2	2	
630 H	−	+	−	−	0	2	0	2	0	−6	8	−4	−6	2	6	−6	−12	8	2	−6	2	−16	0	−6	−10	
630 I	−	−	+	−	0	2	6	8	0	−6	−4	−10	6	−4	0	6	12	−10	−4	−12	−10	8	−12	6	−10	
630 J	−	−	−	+	4	−2	6	0	8	−10	−8	2	2	8	−4	−10	−4	−6	0	12	−6	−8	4	−14	2	
632 A	−	1	−1	−5	4	1	−8	2	−6	0	−4	−2	0	8	3	−10	15	−4	0	3	−14	−	6	9	−7	
633 A	−1	+	−3	2	5	−3	−4	7	−6	−10	6	−11	−6	5	3	6	−4	12	−8	−13	−2	−7	0	0	−8	+
635 A	0	1	−	−1	−3	−4	0	−4	−3	0	8	−4	−6	−1	6	−6	−12	5	−4	9	14	5	3	6	−10	−
635 B	−2	−1	−	1	−3	−2	4	0	7	−8	−4	−6	6	−11	−4	−6	−6	1	4	5	−16	5	−11	−12	2	−
637 A	1	0	0	+	−3	+	7	−7	−6	−5	0	8	0	2	7	−3	−7	−7	−3	−5	14	−6	0	0	−14	
637 B	0	2	3	−	0	+	6	7	3	−9	−5	2	6	−1	−3	−9	0	10	14	−6	−11	−1	−3	−15	1	
637 C	1	0	0	−	−3	−	−7	7	−6	−5	0	8	0	2	−7	−3	7	7	−3	−5	−14	−6	0	0	14	
637 D	−2	0	3	−	−6	−	−4	−5	3	−5	3	−4	6	−1	−7	−9	−8	10	−6	−8	13	3	−15	−3	−7	
639 A	−1	−	−2	2	0	−2	0	0	0	2	−10	−6	0	−4	−12	4	−12	10	2	−	−10	4	4	−6	−2	
640 A	+	0	+	2	−6	−2	−6	2	6	−6	4	−6	−2	−4	−10	−2	−10	10	4	16	−6	0	8	6	2	
640 B	+	0	+	−2	6	−2	−6	−2	−6	−6	−4	−6	−2	4	10	−2	10	10	−4	−16	−6	0	−8	6	2	
640 C	+	0	−	2	6	2	−6	−2	6	6	4	6	−2	4	−10	2	10	−10	−4	16	−6	0	−8	6	2	
640 D	+	2	−	0	2	−2	6	6	0	−10	8	−2	−6	−2	12	−10	−6	6	−14	4	−10	−8	10	14	6	
640 E	−	2	+	0	2	2	6	6	0	10	−8	2	−6	−2	−12	10	−6	−6	−14	−4	−10	8	10	14	6	
640 F	−	−2	+	0	−2	2	6	−6	0	10	8	2	−6	2	12	10	6	−6	14	4	−10	−8	−10	14	6	
640 G	−	0	−	−2	−6	2	−6	2	−6	6	−4	6	−2	−4	10	2	−10	−10	4	−16	−6	0	8	6	2	
640 H	−	−2	−	0	−2	−2	6	−6	0	−10	−8	−2	−6	2	−12	−10	6	6	14	−4	−10	8	−10	14	6	
642 A	+	+	2	2	4	−2	2	−4	6	−4	−2	2	6	12	6	4	−4	−2	−4	12	10	4	12	−6	−18	−
642 B	+	−	−3	2	0	2	0	2	3	6	2	8	9	−1	−3	6	−3	−10	5	6	2	5	−6	9	2	+
642 C	−	+	−1	−2	−4	−6	0	2	−1	−6	10	−4	−7	1	1	−6	−5	10	−5	6	14	9	−2	1	−10	−
643 A	−1	−2	−2	−3	−6	−4	−4	−4	−1	3	−3	6	2	0	−6	11	−4	−12	0	−6	−8	−16	9	−3	7	−
644 A	−	1	−2	+	−2	−1	0	−6	−	1	1	−6	3	0	−3	6	8	−10	−2	5	−7	14	−4	−12	−8	
644 B	−	−1	0	−	−2	−3	0	0	+	1	−5	−8	−7	−4	3	−12	4	−6	−12	13	3	4	16	4	10	
645 A	1	+	+	0	4	6	−2	0	4	2	8	2	10	−	−4	−14	−4	−2	−4	0	14	8	8	−10	−6	
645 B	1	+	−	4	−2	2	0	6	0	10	8	−4	−10	+	0	12	−6	−10	12	4	−8	−16	−12	−10	6	
645 C	2	+	−	0	5	1	5	4	3	−8	−9	8	−5	+	8	−13	8	−8	3	−8	4	0	−9	12	5	
645 D	−2	+	−	4	1	5	−3	0	3	−8	−1	8	−1	+	0	3	0	8	−9	4	4	8	15	−16	−15	
645 E	0	−	−	−2	−5	−5	5	−6	−9	8	−5	8	−7	+	−8	−5	−4	0	9	10	4	16	−9	−6	3	
645 F	−2	−	−	−4	−3	5	−7	0	−9	0	7	−8	3	+	−8	−1	−8	0	−9	−12	−4	−8	3	−8	9	
646 A	+	0	4	−2	4	6	+	−	−6	0	6	−4	6	−4	0	14	−4	0	4	10	10	−10	−12	14	−10	
646 B	−	2	2	0	−4	2	+	+	8	−8	−2	−8	4	4	8	2	−12	2	12	14	6	−10	−12	6	4	
646 C	−	−2	4	4	2	−6	+	+	0	−8	8	−4	10	0	−8	−6	0	−8	8	−12	−6	−4	8	18	2	
646 D	−	0	−2	−2	−2	−6	+	−	6	0	0	8	0	−4	−12	2	−4	6	4	−8	−2	−4	0	−10	8	
646 E	−	−2	0	2	0	2	−	−	6	6	8	2	0	−4	12	−6	0	−4	−4	12	−10	−16	−12	6	8	
648 A	+	+	−1	0	−4	−5	−5	8	−4	3	−4	3	−6	4	−12	−10	8	−5	8	16	−5	4	4	3	2	
648 B	+	+	−1	−3	5	−5	−2	−4	−1	−9	−1	−6	3	1	−3	2	11	7	−1	4	−2	1	1	−18	−13	
648 C	−	+	1	0	4	−5	5	8	4	−3	−4	3	6	4	12	10	−8	−5	8	−16	−5	4	−4	−3	2	
648 D	−	−	1	−3	−5	−5	2	−4	1	9	−1	−6	−3	1	3	−2	−11	7	−1	−4	−2	1	−1	18	−13	
649 A	−1	1	−1	1	−	−4	−2	−1	6	−9	2	−4	−3	6	−12	−13	−	8	10	0	−4	−1	−6	0	−2	
650 A	+	0	+	0	0	+	−2	−8	4	−2	−4	−6	10	0	−8	−6	8	−2	−4	−12	−10	−8	−12	10	14	
650 B	+	2	+	−5	−3	+	−3	−4	−6	9	5	−2	0	−2	9	9	−9	−1	−5	0	−14	−16	15	−6	−8	
650 C	+	−3	+	0	−3	+	7	1	4	4	−10	−12	−5	−12	4	−6	−4	4	5	0	11	4	−15	−11	2	
650 D	+	1	+	4	1	−	7	−3	0	−4	6	8	−5	4	−12	10	4	8	9	−8	−13	8	−3	−11	10	
650 E	+	−2	+	4	−2	−	−2	6	−6	2	−6	2	10	10	12	−2	10	2	12	10	−10	−4	0	−14	−14	
650 F	+	3	+	−1	−2	−	3	6	4	2	4	−3	0	5	−13	−12	−10	−8	2	−5	10	−4	0	6	−14	
650 G	+	−2	−	−1	3	−	3	−4	−6	−3	−1	2	0	−10	−3	3	−15	−13	−13	0	−10	−4	15	6	−4	

TABLE 3: HECKE EIGENVALUES 650H–666F

	2	3	5	7	11	13	17	19	23	29	31	37	41	43	47	53	59	61	67	71	73	79	83	89	97	W_q
650 H	−	−1	+	1	6	+	3	2	0	6	−4	7	0	1	−3	0	−6	8	−14	−3	−2	8	−12	−6	10	
650 I	−	2	+	1	3	+	−3	−4	6	−3	−1	−2	0	10	3	−3	−15	−13	13	0	10	−4	−15	6	4	
650 J	−	2	+	4	−6	+	6	2	−6	−6	2	−2	−6	−2	12	−6	6	2	4	−6	10	−4	0	−6	−2	
650 K	−	−1	−	−4	1	+	−7	−3	0	−4	6	−8	−5	−4	12	−10	4	8	−9	−8	13	8	3	−11	−10	
650 L	−	−2	−	5	−3	−	3	−4	6	9	5	2	0	2	−9	−9	−9	−1	5	0	14	−16	−15	−6	8	
650 M	−	3	−	0	−3	−	−7	1	−4	4	−10	12	−5	12	−4	6	−4	4	−5	0	−11	4	15	−11	−2	
651 A	1	+	−2	−	2	4	8	−4	6	6	+	6	−10	2	−8	10	12	−12	8	4	−4	−6	8	8	14	
651 B	1	+	4	−	2	−2	2	8	−6	0	+	6	8	−4	−2	4	−6	−6	−4	4	−10	12	−16	2	−10	
651 C	1	−	−2	+	−2	−4	0	−4	2	−2	−	−2	6	−2	−8	2	−4	−4	0	12	4	−2	8	0	−2	
651 D	−1	−	−2	−	0	−6	6	−4	−4	−2	+	−10	−6	−8	8	−2	−4	−6	−4	−8	14	4	−4	14	−6	
651 E	0	−	−3	−	0	5	0	2	3	3	−	2	9	8	0	−3	−12	−1	5	−6	−7	8	6	−12	−10	
654 A	+	−	−1	−2	−3	0	−4	−1	−1	−9	2	6	−2	0	1	−4	−4	−1	4	6	3	−8	−10	−15	1	−
654 B	−	+	−1	−2	−5	−4	4	−3	−3	−1	−2	2	6	−4	3	−4	−4	−5	−4	6	11	0	6	5	1	−
655 A	−2	−3	+	−3	−4	−5	−2	−6	−6	−6	−2	−8	5	1	−2	9	9	−7	−14	−8	16	−14	14	9	−10	−
656 A	+	0	−2	2	0	−4	−2	−4	4	0	−4	−6	+	−12	6	−4	4	10	−12	6	−2	2	4	−6	14	
656 B	+	−2	2	2	−2	6	−6	2	0	6	8	10	−	0	6	−2	4	−2	10	2	−2	2	−12	10	−6	
656 C	−	2	−2	4	2	4	−2	−6	8	0	8	2	+	12	−4	−4	−8	−14	2	−8	10	−4	−12	−14	6	
657 A	−1	−	4	2	4	−2	0	−4	0	−8	6	−2	10	−6	8	12	−4	−14	8	8	+	8	−16	14	−2	
657 B	2	−	1	2	4	−2	3	−1	0	10	−6	1	−2	6	−7	−3	−1	−5	−13	−10	+	−1	11	2	−11	
657 C	0	−	3	−4	0	−4	−3	−1	−6	6	−10	−7	0	2	3	−9	9	−1	−13	−12	−	11	−15	18	5	
657 D	−1	−	−2	2	2	−6	−2	8	−4	−2	−2	−6	−6	−2	−6	−10	6	−14	8	0	−	−4	14	6	−10	
658 A	+	−1	−1	+	1	2	0	−2	8	8	−4	−1	9	5	−	1	15	−12	16	−2	13	14	−1	0	−8	
658 B	+	2	2	+	−2	2	6	4	8	−4	8	−10	6	2	−	−14	−6	0	−14	16	−2	−16	14	−6	−2	
658 C	+	1	3	−	3	2	0	2	0	0	−4	−1	−3	−1	+	9	9	−4	8	−6	−7	2	9	0	−16	
658 D	−	−1	−1	+	−5	2	−6	4	−4	−10	2	5	3	−1	−	−5	3	−12	4	4	−5	−4	−1	12	−2	
658 E	−	0	−4	−	−2	0	−2	−6	−4	0	−4	−6	−2	10	+	10	−12	2	−2	0	2	16	0	6	2	
658 F	−	−3	−1	−	1	−6	−2	0	−4	−6	2	−3	−5	−11	+	−5	9	−4	4	0	11	16	−3	−12	2	
659 A	1	2	−3	−3	0	−1	−2	2	0	0	−3	−7	6	−1	−1	2	−6	1	11	3	7	−6	0	1	−12	+
659 B	2	1	2	0	1	5	6	−7	0	6	−6	−1	6	2	−12	−4	−12	−5	16	4	−1	0	6	1	12	−
660 A	−	+	+	−2	+	2	8	−2	8	0	0	2	0	6	8	6	−4	10	−12	8	10	−14	4	10	−18	
660 B	−	+	+	0	−	−4	−2	2	−8	−4	−4	−2	−12	8	−4	−10	4	6	12	0	−16	6	−2	18	−2	
660 C	−	−	+	−4	+	−4	−6	2	0	0	−4	−10	0	−4	12	6	12	−10	−4	0	8	−10	−6	−6	−10	
660 D	−	−	+	2	−	2	0	2	0	8	2	0	2	0	6	−12	2	−4	0	2	−10	−12	−6	14		
662 A	+	−2	1	−2	4	0	−7	5	0	2	−1	−8	−8	−5	0	1	−6	−12	−9	−7	−4	−1	4	6	−4	+
663 A	1	+	−4	2	6	+	−	4	0	−6	10	−4	0	12	8	2	−8	−10	12	2	4	−4	−12	−6	8	
663 B	−1	+	−2	0	4	−	−	−4	0	−2	−8	−2	2	−4	8	−10	4	14	−4	0	−14	−8	−4	−6	−6	
663 C	−1	−	0	−2	−2	+	−	0	−8	−6	6	4	−12	−4	0	−6	0	−2	0	10	−4	12	−4	−10	16	
664 A	−	−3	−4	−5	−3	−4	−3	−4	0	5	−5	−3	−2	−4	−2	−6	7	−15	−6	−6	−10	−8	+	−12	16	
664 B	−	1	−2	−1	−3	2	−3	−2	−4	−3	7	−7	−2	8	0	6	−5	1	10	6	−16	10	−	−8	0	
664 C	−	−1	0	1	−1	−4	−3	4	0	−3	−7	5	−10	−4	−6	−10	5	1	2	−2	14	0	−	0	−12	
665 A	−1	−1	+	−	4	0	−1	−	−3	−6	0	−11	5	−7	−8	−3	2	−8	2	1	−11	−12	0	10	−2	
665 B	1	0	−	+	−4	−2	2	−	−8	6	−8	−6	6	4	8	−6	−12	−2	4	−12	−6	12	−4	−10	2	
665 C	1	−1	−	−	0	−4	−3	+	1	−10	−8	3	1	−11	−4	−5	14	8	−6	−5	15	−12	4	−14	14	
665 D	−2	−1	−	−	−3	−1	3	+	4	5	−8	−12	−8	4	−7	4	−10	2	−12	−8	−6	−15	4	10	−7	
665 E	−2	3	−	−	−3	3	3	−	−4	1	8	−4	−8	−4	1	−12	6	−6	4	0	10	13	4	−6	5	
666 A	+	+	2	−3	5	−3	3	5	3	0	4	−	6	4	−4	−3	14	−14	12	12	13	6	−7	−1	−12	
666 B	+	−	0	3	−1	1	3	3	1	4	−6	+	10	12	6	1	0	2	2	0	−3	14	−9	3	−10	
666 C	+	−	0	−1	−3	−1	3	−7	−3	0	2	−	6	−4	−6	−9	0	−10	2	−12	5	2	−3	3	2	
666 D	−	+	−2	−3	−5	−3	−3	5	−3	0	4	−	−6	4	4	3	−14	−14	12	−12	13	6	7	1	−12	
666 E	−	−	−4	−1	1	−3	−3	−5	−5	−4	−10	+	6	4	−2	11	12	10	14	0	−11	−10	9	−11	10	
666 F	−	−	−2	0	4	6	−6	8	0	6	4	−	6	−8	−8	−6	4	−2	−12	0	10	−12	4	10	−6	

TABLE 3: HECKE EIGENVALUES 666G–684C

	2	3	5	7	11	13	17	19	23	29	31	37	41	43	47	53	59	61	67	71	73	79	83	89	97	W_q
666 G	−	−	4	3	−5	3	−3	−7	−9	0	−2	−	−6	4	10	−3	4	−2	6	12	13	−6	−5	−11	6	
669 A	1	+	3	−4	0	−4	−2	−8	6	8	−10	−5	−8	−8	1	2	0	−8	9	0	17	1	9	−4	16	+
670 A	+	0	−	1	−5	−2	−6	2	−4	0	0	3	10	−6	−6	−12	14	−15	−	5	−4	14	−7	−15	13	
670 B	+	−2	−	−1	3	−4	0	2	0	−6	2	−7	−12	−4	0	−6	−12	11	−	−9	−10	2	−3	−3	5	
670 C	−	0	+	−5	−3	6	−6	−2	−4	0	−4	7	−2	2	2	4	6	−13	−	−15	−8	−14	9	−15	3	
670 D	−	−2	+	1	−3	−4	4	−2	−8	−10	−10	1	8	4	−4	−6	0	−3	−	−9	14	6	5	13	19	
672 A	+	+	0	+	−2	−2	4	−4	−6	−2	0	−6	8	−8	−4	−6	0	−14	4	−2	−2	4	12	0	6	
672 B	+	−	−4	−	−2	−2	0	−4	−6	−10	−8	10	−4	−8	−4	10	8	−6	4	14	6	4	−12	4	−2	
672 C	−	+	2	+	0	2	2	4	0	6	0	6	−6	8	8	6	−12	10	16	−8	−6	8	−12	−14	−6	
672 D	−	+	−4	+	2	−2	0	4	6	−10	8	10	−4	8	4	10	−8	−6	−4	−14	6	−4	12	4	−2	
672 E	−	+	−2	−	4	−6	−2	−4	4	−2	−8	−10	−2	−8	0	−10	12	10	8	−12	2	0	−12	6	2	
672 F	−	−	−2	+	−4	−6	−2	4	−4	−2	8	−10	−2	8	0	−10	−12	10	−8	12	2	0	12	6	2	
672 G	−	−	0	−	2	−2	4	4	6	−2	0	−6	8	8	4	−6	0	−14	−4	2	−2	−4	−12	0	6	
672 H	−	−	2	−	0	2	2	−4	0	6	0	6	−6	−8	−8	6	12	10	−16	8	−6	−8	12	−14	−6	
674 A	+	1	−2	0	4	−6	−2	−2	5	−9	−3	−4	−5	5	2	9	12	−11	8	−16	−4	−8	−6	0	−18	+
674 B	−	0	−2	−4	2	2	−6	−2	−6	6	−6	−6	−10	8	12	14	−6	6	2	−2	−6	−8	14	−14	2	−
674 C	−	−3	−2	2	2	−4	0	−8	−3	−9	−3	0	−1	5	12	−7	−12	−3	2	4	0	−2	14	−8	−16	−
675 A	0	+	+	1	0	−5	0	−7	0	0	−4	−11	0	−8	0	0	0	−1	−5	0	7	17	0	0	19	
675 B	−1	+	+	0	−5	5	−4	−2	3	−10	6	−5	−10	−10	5	2	−5	−11	0	5	−10	12	−12	0	−5	
675 C	0	+	−	−4	0	5	0	8	0	0	11	−1	0	−13	0	0	0	14	5	0	17	−13	0	0	14	
675 D	−1	+	−	0	5	−5	−4	−2	3	10	6	5	10	10	5	2	5	−11	0	−5	10	12	−12	0	5	
675 E	0	−	+	4	0	−5	0	8	0	0	11	1	0	13	0	0	0	14	−5	0	−17	−13	0	0	−14	
675 F	1	−	+	0	5	5	4	−2	−3	10	6	−5	10	−10	−5	−2	5	−11	0	−5	−10	12	12	0	−5	
675 G	2	−	+	3	−2	5	8	1	−6	2	0	−5	−10	−4	−4	2	−8	7	9	2	5	−3	−6	−12	13	
675 H	−2	−	+	3	2	5	−8	1	6	−2	0	−5	10	−4	4	−2	8	7	9	−2	5	−3	6	12	13	
675 I	1	−	−	0	−5	−5	4	−2	−3	−10	6	5	−10	10	−5	−2	−5	−11	0	5	10	12	12	0	5	
676 A	−	0	−2	2	2	+	6	6	8	2	−10	6	6	4	2	6	10	−2	−10	−10	−2	−4	6	6	−2	
676 B	−	−2	3	4	0	+	3	−2	−6	9	−2	7	−3	−4	6	9	0	5	−2	6	1	−4	−12	−6	−14	
676 C	−	−2	−3	−4	0	+	3	2	−6	9	2	−7	3	−4	−6	9	0	5	2	−6	−1	−4	12	6	14	
676 D	−	3	2	1	−5	+	3	−3	−1	−1	−8	3	3	1	4	−6	5	−5	7	−11	14	−4	12	−9	−1	
676 E	−	3	−2	−1	5	+	3	3	−1	−1	8	−3	−3	1	−4	−6	−5	−5	−7	11	−14	−4	−12	9	1	
677 A	−1	−1	0	1	−3	6	6	−7	−4	8	−8	3	−11	0	−3	−8	0	−14	−7	−8	4	−2	7	12	−7	+
678 A	+	+	1	1	−6	−5	−1	6	1	−2	5	−8	−12	2	−8	−2	−5	−5	2	1	8	16	−16	18	−14	+
678 B	+	−	−1	−3	2	−5	1	−2	−5	2	−7	−8	0	6	0	−2	9	3	−10	−5	−8	8	−8	−2	10	−
678 C	−	+	0	−4	−4	−2	−2	0	−2	0	0	4	6	−8	−6	−6	−4	10	8	−6	2	2	−4	−6	−2	−
678 D	−	−	−1	1	−2	7	−3	6	3	2	−3	−4	0	2	−8	−2	−3	−1	−2	−5	4	−4	0	6	−14	−
678 E	−	−	2	0	4	−2	−6	−4	−4	10	0	10	−6	4	−4	−2	−4	−10	12	−12	−6	12	12	−6	18	−
678 F	−	−	−4	4	4	−2	6	0	−6	−4	0	8	6	8	−2	−14	−12	2	−8	−2	−14	−10	−12	−6	−2	−
680 A	−	0	+	0	0	−2	−	−4	−8	2	−8	2	2	−4	0	6	−4	−6	4	−8	2	0	4	−6	18	
680 B	−	−1	−	2	4	−1	−	−1	6	−5	3	4	6	10	5	−3	3	5	−6	−9	13	8	−8	−1	−1	
680 C	−	2	−	2	−2	2	−	8	−6	−2	6	−2	−6	−8	8	6	0	−10	12	6	−14	2	−8	−10	2	
681 A	0	+	0	1	1	0	0	−5	−5	−7	−6	2	10	−1	−12	−3	9	−10	2	11	3	−16	−6	1	−10	+
681 B	1	+	2	0	4	−2	6	4	0	6	4	−2	−2	12	0	−2	12	−10	−8	−8	−6	16	−12	2	2	−
681 C	−2	+	−4	−3	−5	−2	−6	−5	−3	−9	10	−2	−2	−9	0	−5	15	2	4	13	−9	−8	−6	−1	2	−
681 D	0	−	4	1	1	4	−8	−5	3	1	6	−10	6	7	4	−3	9	−10	−2	−5	3	8	−10	9	−2	+
681 E	0	−	−2	1	3	−6	−4	−1	−7	−9	0	4	−8	−1	8	−9	3	−2	16	−3	11	16	16	−1	−2	−
682 A	−	−2	0	−1	+	−4	−3	2	−3	−6	−	−7	0	−1	−6	−6	3	8	5	12	2	−10	15	0	17	
682 B	−	0	−2	−3	−	−4	3	−2	−7	−4	+	7	6	−1	4	−6	9	−6	3	−10	−2	10	−13	6	−7	
684 A	−	−	1	−3	−5	−4	3	+	−8	2	4	10	−10	1	1	4	−6	−13	−12	−2	9	8	12	−12	−8	
684 B	−	−	−2	0	−2	2	−6	+	−2	−4	−8	−2	8	−8	−2	4	0	2	12	4	6	−16	−6	0	−2	
684 C	−	−	3	1	5	−6	5	−	−4	−6	6	−8	8	9	−1	−2	8	11	0	4	−11	−8	4	−10	−10	

TABLE 3: HECKE EIGENVALUES 685A–704I

	2	3	5	7	11	13	17	19	23	29	31	37	41	43	47	53	59	61	67	71	73	79	83	89	97	W_q
685 A	1	0	+	3	−6	1	2	−6	−2	−8	−1	8	−6	2	−6	1	2	−5	12	−8	−10	7	0	14	7	+
688 A	+	0	−2	2	−1	−1	−7	6	−9	4	−1	−4	−11	+	0	11	−12	0	−7	10	−4	8	3	6	3	
688 B	−	2	0	4	3	−1	−3	−2	3	6	−5	8	−3	+	12	−9	12	−10	−11	−6	−10	−8	15	0	−1	
688 C	−	2	−4	0	−3	−5	−3	2	1	−6	1	0	5	−	−4	−5	12	2	3	−2	2	8	−15	−4	7	
689 A	−1	−2	−2	2	2	+	−2	4	6	6	−8	−6	−10	−12	6	+	−6	10	−8	−12	14	−10	12	10	−14	
690 A	+	+	+	−2	6	−2	0	−4	+	−2	−8	−4	2	−8	0	−2	−4	0	0	−8	6	−14	−6	−16	2	
690 B	+	+	+	4	−2	0	2	0	−	−4	0	10	6	2	12	6	12	−14	2	−2	6	8	8	−8	0	
690 C	+	+	−	−2	2	−2	0	8	+	−10	8	8	−6	12	8	10	4	12	−4	16	−10	10	−10	0	10	
690 D	+	+	−	4	2	4	−6	−4	+	8	8	−10	6	6	−4	−14	4	6	14	10	14	−8	−4	0	−8	
690 E	+	−	+	0	−4	−6	−6	4	−	−6	−8	6	10	4	−8	−14	0	10	4	8	2	−12	−16	−2	−14	
690 F	+	−	−	0	4	−2	2	0	−	6	0	2	2	−12	8	−2	0	6	12	12	−6	4	−4	−6	−10	
690 G	−	+	+	0	0	6	2	0	+	6	8	10	−6	−8	8	−6	−4	−6	8	−8	10	−8	−8	−6	18	
690 H	−	+	+	−2	−2	−6	−4	0	−	2	0	−8	−6	−4	0	6	0	−8	−4	16	6	14	14	−8	−6	
690 I	−	−	+	0	2	0	6	4	−	0	−8	−6	−2	−2	4	−2	0	−2	−2	−10	−10	0	−4	4	16	
690 J	−	−	−	0	−2	4	6	−8	+	4	0	−2	−2	2	−12	−6	8	2	−6	10	−2	−8	8	−12	−16	
690 K	−	−	−	0	4	−2	−6	4	+	−2	0	−2	10	−4	0	6	−4	−10	−12	−8	10	−8	−4	18	2	
692 A	−	−2	2	−2	−2	6	2	2	−4	2	8	−2	10	8	12	2	6	−6	4	−2	10	−2	0	−6	10	+
693 A	−1		2	+	+	4	−4	0	4	6	10	−6	−4	12	10	6	−2	0	8	12	−8	8	0	6	−10	
693 B	0	−	1	+	−	−4	−2	−6	5	−10	1	−5	2	−8	−8	6	−3	−2	−3	−1	10	6	−12	15	−5	
693 C	0	−	−3	−	−	−4	6	2	−3	6	5	11	−6	8	0	6	9	−10	5	−9	2	−10	−12	3	−1	
693 D	1	−	2	−	−	6	−2	4	0	2	8	6	−10	−4	8	−6	−4	−10	−12	0	2	16	−4	−18	2	
696 A	+	+	0	−1	−3	1	−1	0	−6	+	−6	2	−2	4	−7	0	−14	6	−3	−10	2	12	2	−7	4	
696 B	+	−	−3	1	−2	4	7	7	0	+	4	−5	3	9	5	−6	−9	−10	4	12	−6	−10	−8	10	16	
696 C	+	−	0	−5	−5	1	−3	−4	2	−	2	2	−6	−8	7	12	6	−6	−15	2	−10	−4	−6	3	8	
696 D	−	+	1	−3	−2	4	5	5	4	+	8	−3	9	−5	3	10	7	10	8	−4	−14	−14	8	6	−16	
696 E	−	+	4	3	1	1	−1	−4	−2	+	−10	6	6	4	−3	4	10	−14	−7	2	−2	16	2	9	−16	
696 F	−	+	−2	3	−5	1	−7	2	4	−	−4	−12	−6	−8	3	−14	−2	−8	5	8	4	−2	14	15	14	
696 G	−	−	−2	−1	−3	−7	3	−6	4	+	0	−8	6	4	−3	−10	10	0	9	−12	−4	10	6	−3	−10	
699 A	2	−	1	1	0	3	3	−4	−6	8	4	−6	7	4	−11	−6	−5	6	−14	2	4	−4	1	14	−8	+
700 A	−	−1	+	+	3	1	3	2	6	−9	8	10	0	−2	3	0	12	8	−8	0	−14	5	12	12	−17	
700 B	−	2	+	+	3	4	0	2	3	9	8	−5	−6	−11	−6	−6	0	−10	−5	15	10	−7	−12	−12	−8	
700 C	−	0	+	−	−5	−6	4	−6	3	−3	2	7	−4	−7	−2	−10	−14	4	3	−13	16	1	10	10	−2	
700 D	−	−3	+	−	−5	3	1	6	−6	−9	−4	−2	−4	−10	1	−4	−8	−8	−12	8	−2	13	4	4	13	
700 E	−	0	−	+	0	−4	−4	4	−8	2	−8	8	6	−8	−8	0	−4	−6	−8	12	4	−4	0	−10	12	
700 F	−	0	−	+	−5	6	−4	−6	−3	−3	2	−7	−4	7	2	10	−14	4	−3	−13	−16	1	−10	10	2	
700 G	−	−3	−	+	3	−1	5	−8	−2	−1	−2	−10	−6	4	−11	−6	−10	0	10	0	10	−7	−12	8	−3	
700 H	−	0	−	−	0	4	4	4	8	2	−8	−8	6	8	8	0	−4	−6	8	12	−4	−4	0	−10	−12	
700 I	−	−2	−	−	3	−4	0	2	−3	9	8	5	−6	11	6	6	0	−10	5	15	−10	−7	12	−12	8	
700 J	−	3	−	−	3	1	−5	−8	2	−1	−2	10	−6	−4	11	6	−10	0	−10	0	−10	−7	12	8	3	
701 A	2	2	2	−1	0	−3	7	−1	8	−3	−5	−2	−5	−11	10	12	−4	−8	16	−10	8	0	12	6	3	−
703 A	0	3	−2	−1	3	6	2	−	0	6	−4	+	9	4	−13	7	−6	4	−4	−9	3	−12	−3	2	−2	
703 B	−2	0	−3	3	−1	2	3	−	0	−4	0	−	−6	−3	−11	−2	−6	5	6	−10	−11	−14	−12	4	−14	
704 A	+	1	−1	−2	+	−4	−2	0	−1	0	7	−3	−8	6	8	6	−5	−12	7	−3	4	−10	6	15	−7	
704 B	+	−1	3	−4	+	2	−8	−6	5	−4	1	−3	−6	6	−12	6	−3	0	−11	−5	−10	−2	2	−5	13	
704 C	+	1	3	4	−	2	−8	6	−5	−4	−1	−3	−6	−6	12	6	3	0	11	5	−10	2	−2	−5	13	
704 D	+	−1	3	2	−	4	6	−8	−3	0	5	1	0	10	0	6	−3	4	1	15	−4	2	−6	−9	−7	
704 E	+	3	3	−2	−	0	−6	−4	1	8	−7	1	4	−6	−8	−2	1	−4	5	3	16	2	2	15	−7	
704 F	−	1	3	−2	+	4	6	8	3	0	−5	1	0	−10	0	6	3	4	−1	−15	−4	−2	6	−9	−7	
704 G	−	−1	−1	4	+	2	0	2	9	−4	5	9	2	6	−4	6	5	0	13	−1	14	−10	−14	−13	−19	
704 H	−	3	−1	0	+	6	−4	6	−3	4	9	−7	−2	6	−12	−2	9	−8	−15	3	−6	6	−6	−5	−3	
704 I	−	−3	3	2	+	0	−6	4	−1	8	7	1	4	6	8	−2	−1	−4	−5	−3	16	−2	−2	15	−7	

TABLE 3: HECKE EIGENVALUES 704J–722B

	2	3	5	7	11	13	17	19	23	29	31	37	41	43	47	53	59	61	67	71	73	79	83	89	97	W_q
704 J	−	1	−1	−4	−	2	0	−2	−9	−4	−5	9	2	−6	4	6	−5	0	−13	1	14	10	14	−13	−19	
704 K	−	−1	−1	2	−	−4	−2	0	1	0	−7	−3	−8	−6	−8	6	5	−12	−7	3	4	10	−6	15	−7	
704 L	−	−3	−1	0	−	6	−4	−6	3	4	−9	−7	−2	−6	12	−2	−9	−8	15	−3	−6	−6	6	−5	−3	
705 A	0	+	+	2	2	1	−2	−6	−7	−6	−6	−4	0	7	+	−10	5	7	4	−11	7	−13	−8	−7	10	
705 B	−1	+	−	−5	6	3	−3	−1	−5	−7	0	0	−5	−6	−	5	−9	−7	−8	−3	−10	−10	−8	14	12	
705 C	0	−	+	2	−6	5	6	2	9	−6	2	−4	0	11	+	6	9	−1	−4	−15	11	11	0	−3	2	
705 D	1	−	+	−3	−2	−1	3	−3	−9	−5	−8	4	9	2	−	3	−9	1	8	13	−2	−6	−4	10	−8	
705 E	−1	−	+	1	−2	−7	1	−1	−1	7	−8	0	−11	−10	−	−7	9	−15	4	−5	2	−10	12	−6	12	
705 F	1	−	−	0	4	2	6	0	0	−2	4	−2	−6	−4	−	−6	0	−2	−4	4	−2	0	−4	−14	10	
706 A	+	2	−3	0	−1	−5	−3	4	0	−10	−5	−1	−3	11	6	−6	8	2	2	−5	−3	4	9	−18	9	+
706 B	−	0	−1	−4	−1	−3	1	−4	2	0	5	−3	1	−1	10	−6	−10	0	14	−11	−11	−8	5	0	−7	−
706 C	−	0	−4	2	−4	0	−2	−4	−4	−6	2	0	10	−4	−8	0	8	−6	−4	−2	10	10	−4	−6	2	−
706 D	−	−2	0	0	−4	−4	−2	4	0	−6	−4	−4	−10	4	0	−4	−6	10	−14	12	6	16	8	10	18	−
707 A	−2	−2	−3	+	−4	−1	−7	−7	−3	−4	−7	10	−8	0	−7	−8	6	10	0	−3	10	−1	10	−12	−2	−
708 A	−	+	−2	0	−4	6	−2	4	4	10	2	2	10	6	−8	6	+	10	10	0	−2	−4	−4	0	14	
709 A	−2	−1	−3	−4	−1	−4	−4	−4	−2	1	−4	−6	4	−12	−3	−4	12	0	7	−8	6	4	6	8	−18	−
710 A	+	−1	−	1	−2	−1	−2	−7	9	−2	−5	−10	−6	−3	11	−10	−6	6	−14	−	3	−10	−4	−15	−18	
710 B	−	−1	+	−1	−2	−1	−4	−1	−5	4	−9	−8	8	−7	13	−6	−8	10	4	−	−7	6	−16	17	18	
710 C	−	−1	−	−3	−6	−3	0	−1	1	0	−3	4	0	1	−9	6	−4	−2	−12	+	9	−10	16	−15	2	
710 D	−	−1	−	3	2	−1	8	−5	−1	0	7	−12	12	9	−7	−6	0	2	8	−	−11	10	−16	−15	−2	
711 A	1	+	0	−1	−1	−3	−3	−2	1	−3	−4	−2	10	−5	−4	10	0	−4	2	6	−1	+	9	−8	−1	
711 B	−1	+	0	−1	1	−3	3	−2	−1	3	−4	−2	−10	−5	4	−10	0	−4	2	−6	−1	+	−9	8	−1	
711 C	1	−	3	−1	2	3	6	4	−2	6	−10	−2	10	4	−7	−8	3	−4	8	−15	2	+	6	7	−19	
712 A	+	−2	2	−4	0	4	2	2	4	−8	4	8	6	10	8	−2	−2	4	−8	8	−2	8	10	−	14	
713 A	1	1	0	−3	−4	2	3	−4	−	−6	−	6	−1	4	6	13	−14	5	−13	−14	0	−8	4	−2	−6	
714 A	+	+	2	+	−6	0	+	−2	0	−4	0	8	2	−4	−8	−14	−6	−10	0	−12	14	4	−6	−14	−6	
714 B	+	+	1	+	3	−3	−	6	−2	6	4	−11	12	3	12	5	4	−6	9	12	15	−11	7	−13	11	
714 C	+	+	1	−	5	−1	+	−6	6	6	4	11	0	−9	4	−7	12	6	13	4	−13	15	13	13	−9	
714 D	+	+	−2	−	−2	4	−	−2	−4	0	−8	−2	−4	0	−6	−10	−6	0	−8	−6	−12	6	6	14		
714 E	−	+	3	+	1	1	+	6	−2	−2	0	5	4	−9	0	11	4	6	−11	−12	−5	−15	1	9	−9	
714 F	−	+	−2	+	0	−6	−	0	−8	−6	−8	10	−6	12	0	−10	−8	6	12	0	−6	−8	16	2	2	
714 G	−	+	−2	−	4	−2	−	4	8	6	0	−2	10	−4	0	6	−4	6	−12	−8	−6	0	−12	−6	2	
714 H	−	+	3	−	−1	3	−	−6	−2	6	0	3	0	11	0	−9	−4	−14	−7	12	−1	−5	3	−1	−13	
714 I	−	−	−3	−	3	5	+	2	6	−6	−4	11	−12	−1	12	−9	−12	−10	5	0	−7	−1	−15	9	−19	
715 A	0	−2	−	2	+	−	−3	5	−6	−6	−10	−1	−9	−7	9	−12	0	−4	5	0	2	−10	6	0	17	
715 B	−2	0	−	0	+	−	−3	−1	−2	0	−2	1	−7	13	−9	4	−14	−10	−1	−10	−4	2	2	−14	−17	
718 A	+	0	0	−2	0	3	3	4	9	5	2	6	5	−5	−13	14	9	10	−3	4	1	−7	−3	8	4	−
718 B	+	−2	−3	−5	−6	−2	5	−7	4	−8	−11	−5	6	−1	0	0	5	−10	−4	−3	1	−8	7	−14	−4	−
718 C	−	0	−3	1	−6	0	−3	−5	6	2	−1	3	−10	1	8	−10	−9	4	12	−5	1	−10	−3	14	10	−
720 A	+	+	+	−2	−2	4	−2	−4	−8	−10	−4	0	0	8	−8	6	14	−14	4	−12	6	12	−4	−12	−14	
720 B	+	+	−	−2	2	4	2	−4	8	10	−4	0	0	8	8	−6	−14	−14	4	12	6	12	4	12	−14	
720 C	+	−	+	0	−4	6	6	4	0	2	8	−2	6	−12	8	−6	12	14	−4	8	−6	8	−12	−10	2	
720 D	+	−	+	4	4	−2	−2	−4	4	2	8	6	6	8	4	−6	−4	−2	−8	0	−6	0	−16	6	−14	
720 E	+	−	−	−4	0	−6	2	−4	−8	6	0	−6	−10	4	8	−10	0	6	4	0	−14	−16	12	−2	2	
720 F	−	+	+	−2	6	−4	6	4	0	6	4	8	0	−8	0	6	6	2	4	−12	−10	4	12	−12	2	
720 G	−	+	−	−2	−6	−4	−6	4	0	−6	4	8	0	−8	0	−6	−6	2	4	12	−10	4	−12	12	2	
720 H	−	−	+	0	−4	−2	−2	−4	0	2	0	−10	−10	−4	8	10	−4	−2	−12	−8	10	0	12	6	2	
720 I	−	−	−	−2	0	2	6	4	6	−6	4	2	−6	10	−6	6	12	2	−2	−12	2	−8	6	6	2	
720 J	−	−	−	4	0	2	−6	4	0	6	−8	2	6	4	0	6	0	−10	4	0	2	−8	12	−18	2	
722 A	+	1	0	−4	3	2	−6	+	−6	0	2	−10	9	−4	0	6	−9	−4	−7	−6	−1	−4	3	6	17	
722 B	+	−3	2	−3	−2	3	−1	+	5	3	6	−6	−12	−10	−8	3	−3	0	−15	0	−11	12	2	−6	−12	

TABLE 3: HECKE EIGENVALUES 722C–738G

	2	3	5	7	11	13	17	19	23	29	31	37	41	43	47	53	59	61	67	71	73	79	83	89	97	W_q
722 C	+	1	−4	3	2	1	3	−	−1	5	8	2	8	4	8	1	−15	2	−3	−2	9	10	−6	0	2	
722 D	−	3	2	−3	−2	−3	−1	+	5	−3	−6	6	12	−10	−8	−3	3	0	15	0	−11	−12	2	6	12	
722 E	−	−1	0	−1	−6	−5	3	−	3	−9	4	−2	0	8	0	3	−9	−10	−5	6	−7	10	−6	12	10	
722 F	−	−1	0	−4	3	−2	−6	−	−6	0	−2	10	−9	−4	0	−6	9	−4	7	6	−1	4	3	−6	−17	
723 A	−1	+	−2	0	2	2	0	4	−6	−6	−4	6	6	4	−12	−14	−4	−6	12	10	6	−8	−12	12	−2	+
723 B	0	−	0	−2	−1	0	−2	−2	−9	−6	2	−10	8	−6	8	−6	10	3	3	4	−6	3	4	−1	13	−
725 A	1	0	+	2	−6	−2	2	−2	−2	+	2	−10	2	−8	12	6	−8	−6	−2	−12	6	−10	14	18	−2	
726 A	+	+	0	0	+	−6	6	−6	6	−6	4	−2	−6	−6	6	−12	−12	−6	4	−6	12	−12	0	−6	−10	
726 B	+	+	−1	4	−	−3	1	8	−8	9	0	3	−3	8	12	11	0	2	4	0	6	4	−16	7	−5	
726 C	+	+	2	4	−	6	−2	−4	4	−6	0	6	6	−4	−12	2	12	14	4	−12	6	4	−4	10	−14	
726 D	+	−	−1	−4	−	5	−7	0	0	−7	−8	−5	−11	8	4	−5	0	2	12	−16	6	−4	8	−17	−5	
726 E	+	−	−4	2	−	−4	2	0	−6	−10	−8	−2	−2	−4	−2	4	0	8	−12	2	6	−10	−4	10	−2	
726 F	−	+	0	0	+	6	−6	6	6	6	4	−2	6	6	6	−12	−12	6	4	−6	−12	12	0	−6	−10	
726 G	−	+	−1	−4	−	3	−1	−8	−8	−9	0	3	3	−8	12	11	0	−2	4	0	−6	−4	16	7	−5	
726 H	−	−	0	−2	−	4	6	4	6	−6	8	−10	−6	−8	−6	0	0	−8	−4	6	−2	−14	12	−6	14	
726 I	−	−	−1	4	−	−5	7	0	0	7	−8	−5	11	−8	4	−5	0	−2	12	−16	−6	4	−8	−17	−5	
728 A	+	−1	0	−	3	+	4	2	1	4	9	3	−5	4	9	−4	10	5	11	−16	11	−5	−4	−2	−7	
728 B	+	2	3	−	0	+	−2	5	1	−5	−3	−6	−2	1	3	11	−8	−10	2	14	−7	13	−1	−11	5	
728 C	−	0	−1	+	2	−	0	−7	−3	−9	5	−8	−10	5	7	3	0	6	−10	4	−11	−11	11	−3	−15	
728 D	−	−2	−1	−	4	+	−6	1	1	3	−7	−10	−10	−7	−9	3	0	6	−6	10	−11	−3	11	−7	17	
730 A	+	0	+	−2	2	2	2	0	4	10	10	−6	6	−6	−6	2	6	2	8	16	−	4	6	−6	6	
730 B	+	−2	+	−4	0	−4	−3	5	3	−9	−7	−7	9	11	12	6	6	−4	2	−12	−	8	12	9	−16	
730 C	+	3	+	1	5	−4	2	0	−2	1	−2	3	9	6	−3	−4	−9	−4	−13	13	−	−17	12	9	−6	
730 D	+	−1	−	3	3	0	6	−4	−2	−1	−2	−1	1	6	7	12	9	0	7	5	+	−1	16	1	−14	
730 E	+	2	−	0	0	0	3	5	7	5	−5	5	1	−3	4	−6	6	−12	−2	−16	+	8	4	1	16	
730 F	+	0	−	2	−6	−2	−6	0	−4	6	−2	−6	6	10	−10	−10	−2	10	−8	0	−	−4	−2	10	−10	
730 G	+	−3	−	−1	−3	−2	6	6	−4	−3	4	−3	−3	−8	−13	8	−5	−8	−11	−3	−	11	−2	−11	8	
730 H	−	−2	+	4	0	−4	7	1	1	3	9	−1	9	−11	0	6	2	8	−2	−8	+	−4	−4	9	−16	
730 I	−	−1	+	−1	−1	−2	−2	−6	0	−1	−4	−9	−3	12	−5	0	−7	8	7	5	−	−5	−2	−11	12	
730 J	−	−1	−	−3	−3	−6	−6	2	4	5	4	−1	−11	−12	1	0	3	−12	7	5	+	11	10	13	−8	
730 K	−	1	−	5	3	−4	−6	−4	6	−9	2	−7	9	2	9	−12	9	−4	−7	−3	−	−1	12	−15	2	
731 A	1	1	−1	0	−6	1	+	−2	2	6	2	−3	−4	+	13	1	−3	−7	−9	11	−7	−8	−9	2	10	
732 A	−	+	2	2	2	−2	−2	4	6	−2	−2	2	2	6	12	6	10	+	−2	−6	6	−14	0	6	−10	
732 B	−	+	1	−5	5	1	−6	−2	−7	4	−8	6	−7	−8	−8	−6	3	−	3	−12	13	9	0	0	−10	
732 C	−	−	−2	−2	0	−6	0	0	−4	0	−6	−6	6	−2	0	4	0	+	−2	8	6	10	−12	12	2	
733 A	1	−1	0	2	0	6	5	3	4	0	5	1	5	−10	3	−1	7	15	−16	14	−6	1	3	−6	−5	−
734 A	−	2	0	0	−2	2	6	6	0	0	8	−6	−10	−10	−8	−6	4	10	−4	−12	14	−8	−4	10	−18	+
735 A	1	+	+	−	0	6	−2	8	8	−2	−4	−2	6	4	−8	10	−4	2	4	−12	2	8	4	6	18	
735 B	−2	+	+	−	−6	3	4	−1	−4	−8	−1	7	6	1	−2	4	8	14	7	6	−1	−1	−2	12	6	
735 C	0	+	−	−	0	1	−6	−5	6	−6	−5	−7	−12	−1	−6	0	6	−2	−7	12	−11	−13	12	−6	10	
735 D	0	−	+	+	0	−1	6	5	6	−6	5	−7	12	−1	6	0	−6	2	−7	12	11	−13	−12	6	−10	
735 E	−1	−	+	−	−4	2	−2	−4	0	−2	0	−10	−10	4	−8	−10	4	2	12	−8	−10	0	−12	6	−2	
735 F	−2	−	−	+	−6	−3	−4	1	−4	−8	1	7	−6	1	2	4	−8	−14	7	6	1	−1	2	−12	−6	
737 A	−2	2	−2	−2	−	−2	7	3	−7	−9	−2	−9	4	−6	−1	6	−7	6	−	0	−11	−16	12	15	−16	
738 A	+	+	1	−4	4	−5	1	−3	−8	0	7	−4	+	−6	−8	14	−7	−8	−5	−7	1	−14	−15	13	12	
738 B	+	−	−1	−2	−2	−1	7	5	6	0	7	−2	+	4	12	6	−5	2	3	3	9	0	−9	−5	−2	
738 C	+	−	2	4	4	2	−2	−4	0	6	−8	−2	+	4	−12	6	4	−10	12	12	−6	12	−12	−2	10	
738 D	+	−	−1	2	−2	−7	−7	7	2	8	−5	−10	−	−8	−4	2	−9	6	1	−15	1	−8	11	−3	10	
738 E	−	+	−1	−4	−4	−5	−1	−3	8	0	7	−4	−	−6	8	−14	7	−8	−5	7	1	−14	15	−13	12	
738 F	−	−	−3	−2	−2	1	−5	−1	−6	−8	3	−6	+	−4	12	14	−3	10	−7	3	1	12	−7	15	−10	
738 G	−	−	2	2	4	−4	2	−8	−4	8	4	2	−	4	2	−4	−12	−6	16	−6	−2	−14	−4	6	−2	

TABLE 3: HECKE EIGENVALUES 738H–756D

	2	3	5	7	11	13	17	19	23	29	31	37	41	43	47	53	59	61	67	71	73	79	83	89	97	W_q
738 H	−	−	2	2	−4	4	2	0	−4	0	4	2	−	−12	2	4	4	10	−8	10	−2	−14	12	−10	−18	
738 I	−	−	2	−4	2	4	2	6	8	0	−8	2	−	−12	−4	4	−8	−14	−2	−8	10	4	−12	14	6	
738 J	−	−	−3	2	6	−1	−3	5	6	0	−1	2	−	8	12	−6	9	−10	−13	−15	−7	−4	−3	−15	2	
739 A	2	0	2	2	3	2	1	2	6	−8	−4	3	−9	9	−2	14	−13	−10	−13	6	11	−11	−12	14	16	−
740 A	−	3	+	−3	5	2	4	−4	6	6	−4	+	−9	10	−11	−11	−8	−8	−8	3	7	8	−9	−16	12	
740 B	−	1	+	−1	−3	−4	0	−4	0	0	2	−	3	2	3	−9	0	2	−4	15	−7	−10	−3	6	−10	
740 C	−	−1	−	1	−3	−6	0	0	2	−6	0	+	−9	−10	1	1	0	−12	0	−5	3	16	11	0	8	
741 A	1	+	1	3	0	+	6	−	3	6	10	9	−10	−8	8	−1	3	9	2	−3	−8	−11	6	−18	−17	
741 B	1	+	−3	1	4	−	2	+	5	10	−6	3	6	8	0	1	7	−7	2	−15	−8	13	−6	18	5	
741 C	1	−	3	5	0	+	−6	+	−1	2	−2	5	−2	−4	−8	9	3	−7	−14	5	0	15	−14	−2	−5	
741 D	2	−	1	−1	5	+	7	+	−4	2	2	0	−12	−1	3	−2	0	−9	−4	−12	1	4	−4	18	10	
741 E	0	−	1	−3	−3	−	−3	+	−8	0	−6	4	−2	−9	3	8	8	−5	14	−8	−9	−14	−4	14	0	
742 A	+	0	−1	+	3	4	−3	0	−9	0	−5	0	−2	5	−12	+	7	−10	−8	−12	−14	11	0	−13	1	
742 B	+	2	4	+	−4	2	6	2	0	6	−2	−6	−4	4	−8	−	4	8	−8	−12	−12	8	−2	14	−18	
742 C	+	0	3	−	3	4	1	0	−1	0	−1	0	6	−11	4	+	3	6	8	4	10	−5	0	−9	5	
742 D	+	3	0	−	0	1	1	−3	5	9	−4	−3	6	−2	−2	+	−6	−12	−4	−5	−8	13	9	−6	5	
742 E	+	2	−4	−	0	−4	−2	6	−8	−6	−8	−6	2	−8	4	−	2	12	−4	−8	−2	8	6	2	−2	
742 F	−	3	−2	+	2	1	3	1	1	−9	0	−5	6	−6	0	+	−10	0	−4	−13	−12	1	−11	14	7	
742 G	−	−1	−2	−	−6	5	−1	−3	−7	−9	−8	3	−2	10	8	+	−2	0	−4	−13	4	−7	9	−2	−5	
744 A	+	+	−1	1	0	−6	0	−3	6	0	+	−8	−11	−8	0	4	−11	−8	12	−7	−4	10	14	10	1	
744 B	+	−	−2	0	4	−2	6	4	0	10	+	−2	10	4	−4	2	0	6	−12	−12	2	0	−4	−10	2	
744 C	+	−	−3	1	−6	0	−4	−3	0	−2	−	−2	−1	−6	4	−12	7	0	−4	15	2	2	6	−14	−7	
744 D	−	+	3	5	4	−2	−8	1	2	−4	+	−4	9	4	0	−12	−11	8	−4	−7	0	2	6	−6	17	
744 E	−	+	−3	2	−5	1	1	7	8	−4	+	2	6	10	9	6	10	−7	5	5	−6	5	−15	6	−19	
744 F	−	+	1	−3	−2	4	−4	−7	4	−6	−	6	3	−2	−12	4	7	−8	−4	−1	−2	−14	14	−6	−7	
744 G	−	−	−1	−3	−4	−2	0	1	−6	−4	+	4	5	4	−8	4	−15	0	12	−3	8	−6	−2	10	17	
747 A	−1	+	−2	0	0	6	−4	2	−4	−4	−4	−2	−8	−2	0	6	−4	2	−14	8	6	2	+	−6	−2	
747 B	1	+	2	0	0	6	4	2	4	4	−4	−2	8	−2	0	−6	4	2	−14	−8	6	2	−	6	−2	
747 C	1	−	−1	0	3	−6	4	−7	−5	−8	−10	7	2	4	12	−9	1	11	−5	4	12	−4	−	9	−2	
747 D	1	−	2	−3	−3	−6	−5	2	4	7	5	−11	2	−8	0	−6	−5	5	−2	−2	0	14	−	0	−8	
747 E	−1	−	1	−4	3	2	−4	−1	3	−4	−6	−9	2	4	−8	−7	9	−13	5	0	−12	−12	−	−9	−6	
748 A	−	3	3	−2	+	−2	+	2	3	−10	7	−7	4	2	0	−10	−5	0	−9	−7	14	4	18	−9	−17	
749 A	−1	1	−2	−	3	−1	0	−3	1	−10	6	−3	−11	−8	0	−3	12	−15	−14	12	4	1	12	3	−16	−
752 A	−	0	0	0	−2	−4	−2	2	−4	4	−4	2	6	−6	−	2	−12	2	−2	−8	−14	16	16	−10	−14	
753 A	2	+	3	−1	6	−2	5	−4	7	−4	3	−8	3	4	12	−12	0	−10	−7	4	−1	−17	9	−6	−12	−
753 B	0	−	3	−1	0	2	−3	8	3	0	−1	2	3	−4	6	6	6	−10	5	−6	11	−1	9	−6	−16	+
753 C	0	−	1	−5	6	−6	3	−6	−7	−6	−5	−2	−7	−6	0	10	6	4	5	14	−5	−5	−1	6	−10	−
754 A	+	1	3	−1	0	−	3	8	6	+	−4	5	−6	11	−3	0	12	2	−10	9	−16	2	−6	6	−10	
754 B	+	1	1	−1	−6	−	−7	−2	−4	−	4	9	12	−1	7	0	−10	−4	−2	−3	6	4	0	−14	6	
754 C	+	−2	−2	2	0	−	2	4	−4	−	−8	6	−6	2	−8	−6	−10	−10	−2	−6	6	−14	−6	10	18	
754 D	−	1	−3	−3	−4	+	−1	0	2	−	4	−1	−2	3	3	−4	−12	10	−2	−5	0	−10	−6	10	−18	
755 A	0	0	+	3	3	−3	0	−4	−9	1	−7	−2	−4	−2	−8	−2	9	−6	−5	−6	5	−10	15	8	2	+
755 B	1	1	+	0	−3	−3	−2	−1	3	−3	1	4	10	−10	2	−2	−5	0	−7	0	−7	10	−3	−2	10	+
755 C	1	−2	+	2	−4	4	6	4	−6	2	8	6	−2	4	−12	4	12	10	−2	0	0	12	−6	6	−6	−
755 D	2	1	−	3	0	6	−4	−1	−3	−3	7	−2	8	8	−8	−10	−4	0	−4	−12	−7	4	12	−4	16	+
755 E	2	3	−	−1	−3	−3	−2	5	0	−10	8	4	−6	−4	12	6	−1	6	1	6	10	−8	−15	0	−4	+
755 F	2	−3	−	−1	0	6	4	−1	9	5	−1	−2	0	8	0	6	−4	0	4	−12	13	4	−12	−12	−16	+
756 A	−	+	1	+	2	0	5	2	2	10	0	5	3	−7	−3	6	1	−6	4	8	10	−3	−13	−6	−14	
756 B	−	+	−3	−	0	2	−3	−4	−6	0	−10	−7	−9	5	−3	−6	9	8	8	12	−10	5	−9	−18	8	
756 C	−	−	−1	+	−2	0	−5	2	−2	−10	0	5	−3	−7	3	−6	−1	−6	4	−8	10	−3	13	6	−14	
756 D	−	−	3	−	0	2	3	−4	6	0	−10	−7	9	5	3	6	−9	8	8	−12	−10	5	9	18	8	

TABLE 3: HECKE EIGENVALUES 756E–776A

	2	3	5	7	11	13	17	19	23	29	31	37	41	43	47	53	59	61	67	71	73	79	83	89	97	W_q
756 E	−	−	3	−	3	2	−6	5	−9	6	−1	11	3	−4	−12	0	0	8	−10	3	8	−4	6	3	8	
756 F	−	−	−3	−	−3	2	6	5	9	−6	−1	11	−3	−4	12	0	0	8	−10	−3	8	−4	−6	−3	8	
758 A	+	−2	−1	−2	6	4	−4	−1	1	0	−4	−3	3	−6	0	−12	2	−3	−3	10	−12	−3	−15	−12	−2	+
758 B	−	2	3	−2	2	−4	0	−1	5	0	−8	1	3	−6	8	−12	14	−7	−11	6	4	1	9	4	6	+
759 A	−1	+	0	−2	−	2	0	2	−	−10	4	2	−2	2	−8	−4	−12	−6	2	0	−6	2	4	−8	−2	
759 B	−1	−	−2	0	−	−2	2	−4	+	−2	0	−10	−6	−12	0	14	−4	6	−4	−8	−6	8	4	−14	2	
760 A	+	2	−	4	−4	0	6	+	8	−6	−8	−8	−2	0	12	4	8	−14	−2	−8	−2	4	12	6	0	
760 B	+	−2	−	4	4	−4	−2	+	0	2	8	4	6	0	12	−8	0	2	−14	8	6	−4	4	14	−12	
760 C	+	3	−	−1	4	1	−7	+	−5	7	−2	−6	6	10	−8	−3	5	−8	11	−12	−9	6	14	−6	−2	
760 D	+	−2	−	0	−4	4	−2	−	−4	−6	−8	−4	−2	4	−8	0	−8	2	−14	−8	6	−4	16	−18	−4	
760 E	−	0	−	0	−4	−6	−6	+	8	−2	0	2	2	4	−8	−6	−4	−2	8	8	2	−8	4	−14	14	
762 A	+	−	0	1	4	−2	6	−7	4	6	8	4	0	−2	−7	0	5	8	10	−7	15	−8	11	−1	−12	+
762 B	+	−	3	1	1	−2	3	5	1	−6	−10	−8	9	4	2	9	8	−10	−2	−4	−6	10	8	−10	12	+
762 C	+	−	−3	3	−3	−6	−5	1	3	−2	2	−8	−7	−8	10	−9	4	−2	6	0	−14	−10	0	−6	−4	−
762 D	−	+	−1	−3	1	−4	−3	3	−9	−6	0	−4	7	−2	6	−3	10	−12	−2	12	6	−8	0	12	−10	−
762 E	−	−	−3	−5	−3	0	−3	−1	1	−2	4	−12	−9	6	−2	−1	10	12	−2	−16	6	4	8	−4	10	+
762 F	−	−	0	−1	0	2	6	5	0	6	−4	8	−12	−10	−9	0	9	−4	−10	15	−1	−16	−9	−9	8	−
762 G	−	−	−1	1	5	0	−3	−1	3	2	4	−4	7	2	6	5	−10	−8	−2	−12	−10	−4	0	−8	−14	−
763 A	−2	0	0	−	−2	3	−5	4	−2	7	−6	8	−10	−1	−3	−6	−9	4	−6	−9	−14	−4	4	−14	−8	−
765 A	1	+	+	4	2	2	−	0	0	6	8	8	−2	−2	0	−10	−4	10	2	−14	−8	−8	4	0	−16	
765 B	−1	+	−	4	−2	2	+	0	0	−6	8	8	2	−2	0	10	4	10	2	14	−8	−8	−4	0	−16	
765 C	−1	−	−	−2	−2	2	+	0	−6	6	−10	2	−10	4	−12	10	−8	−14	8	2	−14	−14	−4	−6	2	
766 A	+	2	2	3	−3	1	7	−2	3	6	−8	−5	−6	0	8	11	−11	−13	6	5	3	10	−12	−6	12	−
768 A	+	+	0	−4	4	4	−2	−4	−8	−8	−4	−4	6	4	−8	−8	−12	12	12	8	−6	−4	−4	−6	−2	
768 B	+	+	−2	2	0	−4	−2	4	−4	−6	2	−8	−2	4	−12	−6	−4	0	−12	−12	6	10	16	10	−2	
768 C	+	−	0	4	−4	4	−2	4	8	−8	4	−4	6	−4	8	−8	12	12	−12	−8	−6	4	4	−6	−2	
768 D	+	−	2	2	0	4	−2	−4	−4	6	2	8	−2	−4	−12	6	4	0	12	−12	6	10	−16	10	−2	
768 E	−	+	0	4	4	−4	−2	−4	8	8	4	4	6	4	8	8	−12	−12	12	−8	−6	4	−4	−6	−2	
768 F	−	+	2	−2	0	4	−2	4	4	6	−2	8	−2	4	12	6	−4	0	−12	12	6	−10	16	10	−2	
768 G	−	−	0	−4	−4	−4	−2	4	−8	8	−4	4	6	−4	−8	8	12	−12	−12	8	−6	−4	4	−6	−2	
768 H	−	−	−2	−2	0	−4	−2	−4	4	−6	−2	−8	−2	−4	12	−6	4	0	12	12	6	−10	−16	10	−2	
770 A	+	2	+	−	+	2	2	6	6	4	0	8	0	4	−4	−12	0	2	−8	−12	−6	10	−12	14	4	
770 B	+	−2	+	−	+	2	−6	2	−6	0	8	−4	12	−4	12	0	0	2	8	12	2	14	12	6	8	
770 C	+	0	−	+	+	2	6	4	4	−2	8	−10	−6	12	12	6	−12	6	8	−8	14	0	4	−6	−14	
770 D	+	−2	−	+	−	0	0	0	−4	2	−2	−6	8	−12	−6	−6	−10	−4	−8	−4	−4	−16	0	−6	14	
770 E	+	0	−	−	+	−6	−2	−4	−4	6	0	−2	−6	−4	4	−2	12	−2	−8	−8	−10	−8	−12	10	−6	
770 F	−	−2	+	−	+	−4	0	−4	0	−6	−10	2	−12	−4	6	−6	−6	−4	−4	12	−4	8	12	18	−10	
770 G	−	−2	−	−	+	2	6	2	−6	0	8	8	0	−4	0	12	12	−10	−4	−12	14	−10	0	−18	8	
774 A	+	+	3	−1	3	−1	6	−1	0	3	−4	2	0	−	3	0	0	14	−4	6	2	14	−9	18	5	
774 B	+	−	2	4	−4	6	6	−4	4	−6	−8	2	−2	+	−4	6	12	10	12	8	−6	−16	12	−10	2	
774 C	+	−	−3	−1	1	1	−4	1	4	9	2	2	8	+	11	−4	12	0	2	−12	4	14	−3	10	17	
774 D	+	−	1	1	−5	−7	−4	−1	4	5	−10	10	0	−	1	−12	−4	−8	−2	12	4	10	7	−6	−7	
774 E	+	−	−2	−2	4	2	2	−4	−2	−10	−4	−8	−6	−	−2	12	−4	−8	4	0	10	−8	−8	−6	14	
774 F	−	+	−3	−1	−3	−1	−6	−1	0	−3	−4	2	0	−	−3	0	0	14	−4	−6	2	14	9	−18	5	
774 G	−	−	−1	−5	−1	−3	0	−7	4	3	−2	2	−8	+	−7	12	−12	4	6	8	0	−10	3	14	−7	
774 H	−	−	2	2	0	2	−6	4	−6	2	4	4	2	−	−6	4	8	−12	4	0	−14	8	−4	−10	−2	
774 I	−	−	3	−3	5	−3	0	7	4	−1	−6	−6	0	−	3	−12	4	12	10	−8	−16	−14	9	−2	1	
775 A	0	1	+	0	−4	6	−5	−1	−8	−10	+	−1	−3	7	6	−5	11	−12	2	9	9	−10	−9	0	14	
775 B	1	−2	+	−4	4	0	8	4	−2	−6	−	4	−6	6	−8	12	−4	10	−8	0	4	0	−2	14	18	
775 C	2	1	+	2	2	6	7	−5	−4	0	−	7	−3	−9	2	−9	−5	−8	−8	−3	1	0	11	10	−18	
776 A	−	0	−2	2	0	−2	2	−6	−2	−2	−4	−2	10	−12	−8	2	−2	2	−6	10	−10	4	2	−2	−	

TABLE 3: HECKE EIGENVALUES 777A–792F

	2	3	5	7	11	13	17	19	23	29	31	37	41	43	47	53	59	61	67	71	73	79	83	89	97	W_q
777 A	1	+	−2	+	4	2	2	4	0	10	0	−	−6	8	0	14	−8	−14	−12	8	10	4	12	−14	6	
777 B	−2	+	1	+	1	−1	2	4	6	−8	−9	−	6	2	12	11	−5	−2	15	5	−8	10	0	13	9	
777 C	0	+	3	−	−1	−1	−2	4	4	0	3	+	−2	10	10	9	5	−2	3	15	2	−4	−2	7	−3	
777 D	−1	+	−2	−	0	2	−6	4	8	−2	0	−	−10	−8	−8	−2	−12	2	−4	−4	2	4	4	−6	6	
777 E	1	−	−2	+	0	−2	2	−4	−8	−6	−8	−	6	−4	8	6	0	−2	12	−12	2	16	12	10	−14	
777 F	−2	−	1	+	−3	−5	2	−4	−2	0	−5	−	6	2	−4	−9	3	−2	−9	9	8	−14	0	−11	−11	
777 G	0	−	−1	−	−1	−5	−2	−4	−4	8	−1	+	−10	−6	−6	−7	9	−2	−13	7	−14	12	14	11	17	
780 A	−	+	−	−2	−2	+	−2	−2	−4	2	−2	−6	−2	−8	−6	6	6	−2	−14	−6	−6	4	6	14	−14	
780 B	−	+	−	3	1	−	−3	−2	5	−6	10	5	3	4	6	5	−8	1	12	1	−10	−1	0	1	3	
780 C	−	−	+	−2	−6	+	−2	−2	−4	2	−2	2	−6	0	6	−2	−6	14	2	−10	−6	4	2	−14	18	
780 D	−	−	+	−1	3	−	3	2	3	6	2	−7	9	8	−6	3	0	−7	−4	3	−10	−1	0	3	−1	
781 A	0	0	−1	−3	+	7	3	−2	8	4	10	1	−11	−2	2	0	4	−11	8	−	16	6	14	−15	−10	
781 B	0	0	−1	3	−	1	−3	−2	−4	−8	−2	1	−5	−2	2	−12	4	−5	8	−	−8	6	−10	9	2	
782 A	+	−2	2	0	0	−6	+	6	+	−4	4	−2	−2	−10	−8	4	−8	−14	10	12	−14	−8	−6	2	−2	
782 B	−	1	−4	3	6	6	+	−3	+	2	4	−2	4	8	1	1	−8	−2	−11	−6	10	−11	−12	−10	−17	
782 C	−	−2	0	4	−2	2	+	4	+	8	4	12	6	0	0	−14	0	−4	16	−8	−14	16	8	−6	−18	
782 D	−	3	0	−1	−2	2	+	−1	+	−2	4	2	−4	0	5	−9	0	6	−9	2	6	1	−12	−6	7	
782 E	−	0	2	0	0	6	−	4	−	−6	8	−6	2	4	0	−10	4	2	−4	−8	−6	0	−4	10	2	
784 A	+	1	−1	+	−3	−6	−5	−1	7	2	5	3	−2	4	−5	−1	−15	−5	9	0	7	−1	−12	7	−2	
784 B	+	−3	−1	+	1	2	3	−5	3	−6	1	−5	−10	4	−1	−9	−3	3	−11	−16	7	11	4	−9	6	
784 C	+	0	−2	−	4	−2	6	8	0	6	8	−2	−2	4	−8	6	0	6	4	8	−10	−16	8	6	6	
784 D	+	−1	1	−	−3	6	5	1	7	2	−5	3	2	4	5	−1	15	5	9	0	−7	−1	12	−7	2	
784 E	+	2	4	−	0	0	2	−2	−8	2	4	−6	2	−8	−4	−10	6	−4	12	0	14	8	6	−10	2	
784 F	+	3	1	−	1	−2	−3	5	3	−6	−1	−5	10	4	1	−9	3	−3	−11	−16	−7	11	−4	9	−6	
784 G	−	−1	3	+	3	2	3	1	−3	−6	7	−1	6	4	9	3	−9	−1	7	0	−1	13	−12	15	−10	
784 H	−	0	0	−	−4	0	0	0	−8	2	0	−6	0	12	0	−10	0	0	−4	−16	0	−8	0	0	0	
784 I	−	1	−3	−	3	−2	−3	−1	−3	−6	−7	−1	−6	4	−9	3	9	1	7	0	1	13	12	−15	10	
784 J	−	−2	0	−	0	4	−6	2	0	−6	−4	2	−6	−8	−12	6	−6	−8	4	0	−2	−8	−6	6	10	
786 A	+	+	−1	−1	−1	4	3	0	−7	−8	−2	7	6	2	−3	−9	−13	−10	−7	−15	0	2	6	4	−10	+
786 B	+	+	−2	2	−3	3	−5	1	4	9	−5	−8	−12	−6	−8	12	−5	−3	0	−8	−2	−8	−14	−14	12	+
786 C	+	+	4	−1	−6	−6	−2	−5	−2	−3	−2	7	−9	12	−8	6	−8	0	3	10	10	−8	1	−11	0	+
786 D	+	+	−1	−3	1	−2	1	−4	9	2	10	−7	4	8	5	−5	9	6	−3	5	10	4	6	10	8	−
786 E	+	+	2	0	4	−2	−2	8	0	2	−8	2	10	−4	8	10	12	6	0	8	−14	16	12	−14	2	−
786 F	+	−	−3	5	3	2	−3	−4	−3	6	2	−1	12	8	9	9	3	−10	−13	−15	2	−4	6	6	−4	+
786 G	+	−	1	−5	−3	4	−5	−8	5	0	−10	1	6	−2	−7	1	9	−2	−13	5	−8	−6	6	−8	−6	−
786 H	+	−	−2	−2	3	−5	7	−5	−4	−3	−7	−8	−12	−2	8	4	−3	13	8	−16	−2	0	6	−14	12	−
786 I	−	+	4	−4	0	6	−2	4	4	−6	−2	−8	6	12	−8	12	−8	−6	−12	4	−14	10	4	10	6	+
786 J	−	+	−1	−3	1	−2	−5	−4	3	−10	−2	11	−8	−4	−1	−5	9	−6	15	−1	10	16	−6	−14	8	−
786 K	−	+	−4	3	−2	−2	−2	−7	−6	−1	−2	−7	−5	8	−4	−2	−12	12	−15	14	−2	4	15	1	−4	−
786 L	−	−	−3	−3	−5	−6	−1	−4	7	10	6	−3	−8	−4	3	9	−5	−14	−7	−5	−6	0	−6	6	12	+
786 M	−	−	1	3	−3	4	−7	0	−1	0	2	3	2	−6	3	9	−15	2	−7	7	4	10	−6	0	−2	−
790 A	−	−2	−	−2	−4	2	−4	−4	0	−6	−8	8	−2	−10	2	−12	−4	2	4	0	14	+	0	6	14	
791 A	1	−2	0	+	4	−2	4	6	−8	10	8	2	10	0	−6	6	6	−6	−8	−8	−4	−4	0	12	10	−
791 B	1	−2	−4	+	−4	6	8	−2	−4	−6	−8	2	2	−4	−6	−10	−2	2	12	12	16	8	16	0	10	−
791 C	−1	0	2	−	−4	−2	−2	0	0	6	0	−2	−6	−4	−4	−10	−8	−10	4	0	−10	0	−4	6	2	−
792 A	+	+	0	−2	+	−6	6	−2	−8	−2	−4	2	10	−6	4	−4	−4	−2	−8	−12	−2	14	4	0	2	
792 B	+	−	0	2	+	0	2	8	2	6	0	−2	−2	4	6	8	8	−4	12	10	−6	−10	4	−10	−2	
792 C	−	+	0	−2	−	−6	−6	−2	8	2	−4	2	−10	−6	−4	4	4	−2	−8	12	−2	14	−4	0	2	
792 D	−	−	−2	0	+	2	−6	0	−4	−2	0	−10	−6	−8	4	6	12	2	4	−12	−14	16	12	−10	−14	
792 E	−	−	2	4	−	6	−6	−8	0	6	0	6	10	−8	0	−6	−4	−2	−12	8	2	−4	12	6	2	
792 F	−	−	3	−2	−	0	6	4	−1	8	−7	−1	−4	6	8	−2	1	4	−5	−3	16	2	2	−15	−7	

TABLE 3: HECKE EIGENVALUES 792G–806F

	2	3	5	7	11	13	17	19	23	29	31	37	41	43	47	53	59	61	67	71	73	79	83	89	97	W_q
792 G	−	−	−4	−2	−	0	6	4	6	−6	0	6	10	−8	−6	12	8	4	−12	−10	2	2	−12	6	14	
793 A	1	0	2	−4	4	+	−6	−2	−6	10	−4	−10	2	−2	−2	10	−4	+	−8	12	−6	−2	10	10	−14	
794 A	+	−2	−4	−3	0	−4	−8	−6	−6	3	−4	5	0	8	−10	−12	1	−2	10	5	−13	6	−2	0	7	−
794 B	−	1	−3	−4	0	−1	0	−1	0	−6	−4	2	0	−1	0	−3	12	2	−4	−3	14	−4	9	0	−7	−
794 C	−	−1	−1	0	−4	1	−6	−3	2	6	−2	−8	−2	−11	6	3	4	2	−8	9	−10	0	11	−2	13	−
794 D	−	−2	0	−1	0	−4	0	2	−6	−9	−4	−7	0	8	6	0	−9	−10	14	−9	11	−10	−6	12	−1	−
795 A	1	+	+	4	−4	−2	−2	4	−8	−10	−8	−2	6	0	−8	+	4	−10	−12	12	6	−8	12	−6	18	
795 B	0	+	+	−2	−4	0	5	−4	−2	6	6	8	9	−6	−9	−	14	4	15	9	−5	−6	0	−6	−18	
795 C	0	−	+	2	0	−4	3	8	6	−6	2	8	−3	2	9	+	6	8	5	−3	−7	14	−12	−18	2	
795 D	1	−	+	0	4	6	6	0	−8	6	4	6	−2	−4	−4	+	−12	−2	−4	16	6	−4	−12	−6	2	
797 A	−1	1	0	0	2	−5	−6	7	−5	6	7	−10	−9	2	−7	0	5	−5	−2	−6	−14	5	4	−1	−16	+
798 A	+	+	0	+	2	−4	0	+	2	6	−4	−6	−6	0	−4	−10	−4	−2	−6	12	−14	−14	4	−14	−8	
798 B	+	−	2	+	0	2	2	+	8	2	4	2	6	−12	−8	10	−4	−10	4	8	10	−4	0	6	−6	
798 C	+	−	−2	+	−2	2	−4	−	0	−6	−10	0	−6	−4	6	−6	−12	10	−2	8	−6	16	−12	10	−12	
798 D	+	−	−2	−	−4	−2	−2	+	−4	2	4	−6	−10	−4	−8	10	12	−2	−8	−16	10	−8	0	−10	−2	
798 E	+	−	0	−	6	−4	0	−	6	6	−4	2	−6	8	12	6	−12	−10	14	−12	2	−10	12	18	8	
798 F	+	−	4	−	−2	0	8	−	−6	−2	−8	−10	2	−8	8	−2	12	6	−10	12	−6	−6	−4	2	16	
798 G	−	+	−2	+	2	−6	−4	−	−4	−2	−6	−4	6	−4	−6	6	4	−6	−14	8	10	0	8	6	16	
798 H	−	−	−4	+	−6	−4	−4	+	2	2	4	2	6	0	−8	−14	−4	−10	10	−4	−14	2	0	6	0	
798 I	−	−	2	+	0	2	−2	−	4	−2	0	−2	−6	4	0	−10	12	−10	−8	0	−6	−4	4	10	−2	
799 A	−1	2	4	−2	0	2	−	4	−4	8	8	−2	−8	−4	+	6	4	6	−4	−6	4	2	0	6	10	
799 B	−1	2	0	−2	0	−6	−	−4	4	−4	0	6	4	−12	−	−10	−12	14	4	−6	8	2	16	−10	−6	
800 A	+	0	+	0	0	−6	−2	0	0	−10	0	2	10	0	0	−14	0	−10	0	0	6	0	0	10	−18	
800 B	+	1	+	−2	−5	0	−5	−5	6	4	−10	10	5	4	−8	10	0	−10	3	0	5	−10	−1	−9	−10	
800 C	+	−2	+	−2	4	6	−2	−8	−6	−2	−4	−2	−10	−2	−2	−2	0	2	−6	12	−10	8	−10	−6	−10	
800 D	+	0	−	0	0	4	8	0	0	10	0	12	−10	0	0	−4	0	10	0	0	16	0	0	−10	−8	
800 E	+	1	−	−2	5	0	5	5	6	4	10	−10	5	4	−8	−10	0	−10	3	0	−5	10	−1	−9	10	
800 F	−	−1	+	2	5	0	−5	5	−6	4	10	10	5	−4	8	10	0	−10	−3	0	5	10	1	−9	−10	
800 G	−	2	+	2	−4	6	−2	8	6	−2	4	−2	−10	2	2	−2	0	2	6	−12	−10	−8	10	−6	−10	
800 H	−	0	−	0	0	−4	−8	0	0	10	0	−12	−10	0	0	4	0	10	0	0	−16	0	0	−10	8	
800 I	−	−1	−	2	−5	0	5	−5	−6	4	−10	−10	5	−4	8	−10	0	−10	−3	0	−5	−10	1	−9	10	
801 A	0	−	−4	−2	−2	6	−4	−4	3	−3	8	−8	11	8	2	8	9	−12	3	−10	1	−1	−9	+	7	
801 B	−1	−	2	2	4	2	−6	−2	−2	6	6	10	6	2	−12	6	10	−6	12	−4	10	−12	6	+	18	
801 C	0	−	0	2	−6	2	0	−4	−3	3	−4	−4	−3	−4	−6	0	−9	8	−13	6	−7	−1	9	−	−1	
801 D	1	−	1	−4	2	2	−3	−5	−7	0	−9	−2	0	−7	12	3	−4	6	12	10	7	−6	−12	−	9	
802 A	−	0	4	−2	3	1	4	4	−8	2	−5	−10	7	11	−6	7	−14	−15	10	−9	11	1	−15	−9	10	+
802 B	−	−2	−2	0	0	0	6	6	0	6	0	4	2	−4	0	12	6	8	−2	−8	14	−8	0	10	6	+
804 A	−	+	4	0	0	2	2	4	−6	−6	0	−6	12	−4	10	12	6	6	+	−2	2	0	−6	10	−18	
804 B	−	+	0	0	−2	−4	−3	5	1	−7	−4	7	−8	−2	7	−14	−15	−6	−	0	9	0	−4	5	12	
804 C	−	+	−3	3	−2	2	0	−4	−5	−4	5	−11	−5	−5	−8	1	9	−12	−	0	−9	0	−1	14	−6	
804 D	−	−	−1	−3	−2	−2	−4	−4	7	−8	3	−3	1	−11	0	11	−3	8	+	8	−9	0	11	−6	−6	
805 A	2	−1	+	+	−5	3	−5	0	+	3	6	−4	0	−2	−9	−6	−6	10	4	−8	10	−15	12	−10	7	
805 B	−1	0	+	+	2	4	−6	−8	−	10	10	8	−2	0	12	−4	14	−2	−4	8	0	6	−12	10	−2	
805 C	−1	0	+	+	−4	−2	6	4	−	−2	4	−10	10	12	−12	14	8	10	−4	8	−6	0	12	−2	−2	
805 D	2	3	+	+	−1	7	3	−8	−	−5	−2	−4	−8	6	3	2	2	−14	−4	8	−6	−3	12	−2	7	
806 A	+	1	1	−3	0	+	−5	−2	−2	−2	+	11	−6	−1	9	6	4	−14	4	−9	−10	−4	12	−4	−2	
806 B	+	−1	−1	1	2	+	7	−4	−6	−2	+	−7	10	1	1	−14	−6	−8	−8	−1	−10	−14	6	−12	4	
806 C	−	1	−3	−3	−4	−	3	−4	−4	6	+	−5	−4	−1	5	8	4	−2	2	7	−14	−2	−6	−2	16	
806 D	−	−3	1	−3	0	−	3	−8	−4	−10	+	7	−12	11	−11	0	0	−6	−6	−1	−14	10	14	6	−4	
806 E	−	1	3	−1	0	−	3	2	6	−6	−	−7	−6	−1	3	6	0	−10	−4	−3	2	8	0	0	−10	
806 F	−	−1	1	3	2	−	3	0	−6	10	−	3	2	9	3	−6	−10	−8	8	−3	−6	10	−6	0	−12	

TABLE 3: HECKE EIGENVALUES 807A–828B

	2	3	5	7	11	13	17	19	23	29	31	37	41	43	47	53	59	61	67	71	73	79	83	89	97	W_q
807 A	0	−	3	2	3	2	−6	−4	−3	6	2	11	−3	−1	9	3	0	−1	−13	0	2	−4	12	−15	−1	+
808 A	−	0	−2	−1	0	4	5	5	6	9	4	−8	0	−1	10	−7	4	−3	−2	6	−4	10	4	8	−11	+
808 B	−	2	3	2	−2	−3	3	5	3	−8	−3	−2	−4	−8	5	−2	10	12	−2	−1	4	13	0	−14	−14	+
810 A	+	+	−	−1	0	5	−6	5	3	0	8	2	3	−4	9	−9	15	−4	−4	6	14	14	−6	18	−16	
810 B	+	+	−	−4	3	−4	3	5	6	6	2	−4	−3	11	0	6	−3	−10	5	6	−7	14	12	6	11	
810 C	+	+	−	5	0	−1	6	5	−9	0	−4	−10	−3	8	−3	3	9	8	−4	6	2	2	6	6	−16	
810 D	+	−	−	−1	−6	2	0	−4	−9	−3	−4	8	3	8	3	−6	−6	−13	−13	6	−4	−10	9	−9	2	
810 E	−	+	+	−1	0	5	6	5	−3	0	8	2	−3	−4	−9	9	−15	−4	−4	−6	14	14	6	−18	−16	
810 F	−	+	+	−1	6	2	0	−4	9	3	−4	8	−3	8	−3	6	6	−13	−13	−6	−4	−10	−9	9	2	
810 G	−	+	+	5	0	−1	−6	5	9	0	−4	−10	3	8	3	−3	−9	8	−4	−6	2	2	−6	−6	−16	
810 H	−	−	+	−4	−3	−4	−3	5	−6	−6	2	−4	3	11	0	−6	3	−10	5	−6	−7	14	−12	−6	11	
811 A	0	0	1	0	4	−6	6	−5	−6	−1	−10	−7	9	4	−6	1	3	−10	11	−6	−9	−6	−12	9	2	+
812 A	−	3	0	+	2	0	2	1	3	+	0	4	7	−2	−7	−11	−4	−2	5	−11	−3	−4	−6	−3	9	
812 B	−	−1	−1	−	1	1	2	−4	−6	+	−5	−4	−4	−11	3	3	2	−2	−4	−10	0	−15	−6	4	4	
813 A	2	−	2	−1	6	−4	6	−8	5	−6	1	9	0	−8	3	−6	11	3	−9	−13	−12	−4	4	4	−2	+
813 B	0	−	0	−1	0	−4	−6	2	−3	−6	5	−7	6	−10	3	−6	3	−1	−13	15	2	8	−12	12	8	−
814 A	+	−2	−3	2	−	2	3	2	−6	6	−10	−	−12	8	3	−12	−12	8	−10	−3	−10	11	3	−12	−16	
814 B	−	0	−1	−4	+	4	−7	−4	2	4	−6	−	−2	2	−11	0	4	10	8	3	12	−13	1	−16	−10	
815 A	0	−2	−	2	0	−4	6	2	−6	−6	−4	−10	−9	5	−9	9	−12	−1	−4	3	−16	2	15	−12	11	−
816 A	+	+	0	−2	0	2	+	−4	−2	0	−6	0	−10	−4	4	−2	4	0	−4	2	−14	−6	12	−2	−2	
816 B	+	+	2	4	−4	6	−	−4	4	−6	4	10	−6	−4	8	6	4	−14	12	12	10	4	−4	−6	−6	
816 C	+	+	−3	4	−1	−5	−	7	−1	2	6	8	7	1	6	−2	10	8	12	−12	−14	−10	14	8	12	
816 D	+	−	3	0	1	3	+	−1	−7	6	2	−4	9	1	−10	−2	6	−12	4	12	−10	−2	14	4	12	
816 E	−	+	0	−2	0	2	+	4	6	0	10	8	6	4	−12	6	12	8	4	−6	2	10	−12	−18	14	
816 F	−	+	3	4	3	−1	+	1	−9	6	−2	−4	−3	7	6	−6	−6	8	4	−12	2	10	6	0	−16	
816 G	−	+	1	0	−5	−5	−	−1	3	2	−2	−8	−5	9	−6	−6	−6	−4	−12	12	−2	−10	2	12	16	
816 H	−	+	−2	0	4	−2	−	−4	0	−10	−8	−2	10	−12	0	6	−12	−10	12	0	10	8	−4	−6	−14	
816 I	−	−	−1	−4	−3	3	+	−1	−3	−10	−6	−4	5	1	2	−14	6	8	12	−12	2	14	−6	16	0	
816 J	−	−	−4	2	0	−6	+	−4	−6	−4	6	−4	−10	4	−4	−2	−12	−4	12	6	2	−10	12	−2	6	
817 A	0	−2	−2	−4	−5	−3	−3	+	3	−4	−3	−8	−5	−	8	−7	−4	2	7	4	−10	−4	3	−16	1	
817 B	0	−2	−2	4	3	1	−3	−	−5	−4	1	−8	−1	−	−8	−3	4	−6	11	−4	−2	−12	−13	−8	13	
819 A	1	+	0	+	0	+	−2	−4	−6	4	0	−10	−12	−4	10	12	14	−10	0	−8	2	0	6	0	−2	
819 B	−1	+	0	+	0	+	2	−4	6	−4	0	−10	12	−4	−10	−12	−14	−10	0	8	2	0	−6	0	−2	
819 C	2	−	3	+	6	+	−4	5	−3	5	−3	−4	6	−1	−7	9	−8	−10	−6	8	−13	3	−15	−3	7	
819 D	−2	−	−1	+	2	+	0	1	−3	5	9	0	−2	−1	−3	9	0	−2	10	12	15	11	−3	17	3	
819 E	0	−	3	−	0	−	6	−7	−3	9	5	2	6	−1	−3	9	0	−10	14	6	11	−1	−3	−15	−1	
819 F	2	−	1	−	2	−	4	3	9	1	−5	−8	−6	−9	3	−3	0	10	−2	−12	5	−13	11	−1	1	
822 A	+	+	−1	2	−5	2	−3	−1	8	−5	3	0	0	−10	−5	−5	−3	−8	−10	−1	−13	13	2	−12	0	+
822 B	+	−	0	4	−4	4	2	4	−2	8	−2	−10	6	4	−2	0	4	−2	4	−6	14	6	0	2	−10	+
822 C	+	−	3	2	3	2	−3	−1	0	−9	−1	8	0	−10	−9	−9	−3	8	14	3	11	−7	−6	12	8	+
822 D	+	−	−1	−3	2	−4	2	1	−5	−3	−8	−7	6	−4	−3	−2	4	−7	4	8	−3	−2	5	−7	−8	−
822 E	−	−	2	0	−4	2	2	4	4	−6	4	−10	−6	−4	12	−14	4	14	4	−4	−6	4	−4	2	10	−
822 F	−	−	3	−3	6	−4	2	−7	7	−7	4	−7	6	4	−7	6	−12	−15	4	8	−11	6	1	5	−4	−
825 A	0	+	−	1	+	1	6	−7	−6	−6	−7	−2	−6	1	0	6	0	5	−5	−12	−14	−4	6	6	−17	
825 B	−1	−	+	−4	−	2	2	0	−8	−6	−8	−6	−2	0	−8	−6	−4	6	4	0	14	−4	−12	−6	−2	
825 C	0	−	−	−1	+	−1	−6	−7	6	−6	−7	2	−6	−1	0	−6	0	5	5	−12	14	−4	−6	6	17	
826 A	+	2	−3	+	6	−2	4	2	3	6	6	9	10	−4	−8	2	−	−10	4	0	−10	6	9	−1	−1	
826 B	+	2	3	−	−2	−2	4	6	3	2	−2	−3	−2	0	0	−2	+	−6	4	4	−6	−6	7	−11	−3	
827 A	0	−3	0	0	3	0	−4	5	0	2	−5	−4	4	−2	2	−14	−12	6	8	12	−6	11	−9	−8	6	+
828 A	−	+	2	2	4	−2	2	−2	+	4	0	2	0	−2	12	−2	12	−14	2	0	6	6	4	−18	6	
828 B	−	+	−2	2	−4	−2	−2	−2	−	−4	0	2	0	−2	−12	2	−12	−14	2	0	6	6	−4	18	6	

TABLE 3: HECKE EIGENVALUES 828C–848D

	2	3	5	7	11	13	17	19	23	29	31	37	41	43	47	53	59	61	67	71	73	79	83	89	97	W_q
828 C	−	−	2	−4	−2	−5	−4	−2	+	7	−3	2	9	−8	−9	−2	0	−2	14	3	−3	−6	−8	−12	0	
828 D	−	−	0	2	0	−1	6	2	−	3	5	8	−3	8	−9	−6	12	14	8	15	−7	−10	−6	0	−10	
829 A	0	−3	−3	4	0	1	3	0	−8	−4	0	−4	2	8	10	−6	−3	5	−12	−8	−8	8	−6	−6	13	+
830 A	+	1	−	5	3	−4	3	8	0	−9	−1	−7	−6	2	12	0	−3	−1	14	−12	−4	14	+	−12	2	
830 B	−	−1	−	−3	−5	2	−3	−6	−4	9	−3	−3	−2	0	0	−10	13	5	−10	−6	−16	14	+	8	−8	
830 C	−	−3	−	−	3	−4	−1	0	−8	−5	−5	9	−6	−10	−8	0	−11	−13	10	0	16	2	+	16	2	
831 A	−1	−	0	−2	−3	3	−2	−2	0	3	−5	−10	−3	1	2	−12	10	−12	0	12	−10	−6	−2	3	−6	−
832 A	+	1	−1	−3	2	+	−3	2	−4	−2	−4	−5	−12	7	9	−4	6	4	−10	15	−2	8	−4	2	10	
832 B	+	−1	−1	3	−2	+	−3	−2	4	−2	4	−5	−12	−7	−9	−4	−6	4	10	−15	−2	−8	4	2	10	
832 C	+	−1	3	−1	−6	+	−3	−2	0	−6	−4	7	0	1	3	0	6	−8	−14	−3	2	8	−12	−6	−10	
832 D	+	0	−2	−2	2	−	6	6	8	−2	10	6	−6	−4	−2	−6	10	2	−10	10	2	−4	6	−6	2	
832 E	+	−1	1	5	2	−	−3	2	4	6	−4	−11	8	1	9	12	−6	0	−6	7	−2	12	16	−10	−10	
832 F	+	3	1	1	2	−	−3	−6	−4	−2	4	−3	0	5	13	−12	10	8	2	−5	−10	−4	0	6	14	
832 G	−	1	3	1	6	+	−3	2	0	−6	4	7	0	−1	−3	0	−6	−8	14	3	2	−8	12	−6	−10	
832 H	−	0	−2	2	−2	−	6	−6	−8	−2	−10	6	−6	4	2	−6	−10	2	10	−10	2	4	−6	−6	2	
832 I	−	1	1	−5	−2	−	−3	−2	−4	6	4	−11	8	−1	−9	12	6	0	6	−7	−2	−12	−16	−10	−10	
832 J	−	−3	1	−1	−2	−	−3	6	4	−2	−4	−3	0	−5	−13	−12	−10	8	−2	5	−10	4	0	6	14	
833 A	−1	0	2	−	0	2	+	4	4	6	−4	−2	6	4	0	6	12	10	4	−4	6	12	4	−10	−2	
834 A	+	−	2	0	0	−2	6	4	0	2	8	−10	2	−4	8	10	−4	−6	−4	8	2	16	0	−6	−14	+
834 B	+	−	2	0	3	1	−3	1	6	8	−10	5	2	5	−7	−11	14	0	−4	8	−4	−8	12	12	−2	+
834 C	+	−	−3	1	1	−5	−4	4	0	−9	−5	−2	−10	10	−4	6	−14	−14	13	7	−10	5	3	3	6	−
834 D	−	+	0	4	0	−2	−2	8	−4	8	8	−2	6	4	−10	6	−12	8	−4	2	10	−16	0	10	−18	+
834 E	−	+	0	−2	−5	−5	−3	1	8	−8	−2	−1	4	5	3	−9	−4	−4	−2	12	−14	−2	0	8	0	−
834 F	−	+	−3	1	1	−5	0	−8	−4	7	−5	−10	−2	−10	12	6	−10	−10	13	−9	10	13	3	−13	6	−
834 G	−	−	−4	−2	−3	−1	−7	−5	4	0	2	3	−8	−1	−7	−1	0	12	−2	12	14	−10	−16	0	−12	+
836 A	−	−1	1	0	+	−2	−4	−	1	−2	−5	−3	0	2	0	−10	−3	−6	−3	5	0	−4	−4	1	−1	
836 B	−	2	2	0	−	4	−2	−	−4	8	10	−6	12	−4	−12	−14	−6	6	6	10	6	−16	4	2	14	
840 A	+	+	+	+	4	−2	−6	0	0	−6	0	−6	−10	0	−12	−6	−4	2	8	−4	10	0	12	−10	−14	
840 B	+	+	+	−	0	−2	6	−4	4	6	0	6	6	−4	8	14	−4	−2	12	−12	10	8	−4	6	−14	
840 C	+	+	−	+	0	2	2	0	0	6	4	−2	10	4	0	2	4	6	−12	12	−2	0	4	10	−2	
840 D	+	−	+	+	0	6	−2	4	4	6	0	6	−2	−4	8	−2	−12	6	−4	−12	10	−8	−12	14	2	
840 E	−	+	+	−	−4	2	−2	0	−4	−2	−4	−10	6	−4	−8	−6	−12	6	−12	0	6	0	−12	6	−10	
840 F	−	+	−	+	−4	−2	2	−4	0	−10	0	6	−6	−4	−8	6	−4	−10	4	−16	−14	8	−4	10	10	
840 G	−	+	−	−	4	−2	−6	4	8	−2	0	−2	10	4	0	14	12	−2	−4	0	2	−8	−4	−6	−6	
840 H	−	−	+	+	−4	−6	−2	−8	4	6	4	−2	−2	−12	0	2	−4	6	−4	8	6	−16	−4	−18	6	
840 I	−	−	+	−	0	2	2	4	0	2	4	2	−2	8	−4	−2	12	−14	8	−8	−2	8	−4	−18	−2	
840 J	−	−	−	+	4	−2	2	4	0	−2	8	−2	2	4	0	−10	−12	6	12	0	−6	−8	4	2	−14	
842 A	+	−2	2	−3	2	3	−3	−1	−6	6	−1	7	−4	−1	−12	−7	5	−13	−14	−2	−6	−17	−4	6	−15	+
842 B	−	−2	−2	1	2	1	−3	−7	−6	2	−5	−11	0	1	−8	3	3	−7	10	14	−2	3	−4	6	−7	−
843 A	1	+	0	3	−5	−4	6	−4	3	−8	−9	−10	−3	13	−7	4	6	−12	4	−8	4	−5	3	6	−8	+
845 A	1	−2	−	4	−2	+	2	6	−6	2	10	2	6	10	−4	2	−6	2	4	−6	6	−12	16	−2	2	
846 A	+	−	4	−4	0	−2	6	6	4	−4	2	−6	12	−2	+	6	4	2	10	−8	−2	−12	−12	18	14	
846 B	+	−	0	0	−2	−4	2	−2	−4	−4	4	2	−6	6	−	−2	−12	2	2	−8	−14	−16	16	10	−14	
846 C	+	−	−2	0	0	2	−2	0	0	−2	−8	−2	−2	−8	−	2	4	−10	−8	0	10	0	−12	−10	2	
847 A	0	1	3	+	−	4	6	−2	3	6	5	11	−6	−8	0	−6	−9	10	5	9	−2	10	−12	−3	−1	
847 B	0	−3	−1	−	−	4	−2	6	−5	−10	1	−5	2	8	8	−6	3	2	−3	1	−10	−6	−12	−15	−5	
847 C	−1	2	−2	−	−	−4	−4	0	−4	6	10	−6	−4	−12	−10	−6	2	0	8	−12	8	−8	0	−6	−10	
848 A	−	1	−4	0	4	1	5	7	−1	5	4	1	−10	10	6	+	6	4	−4	−15	−8	−1	3	2	17	
848 B	−	−1	0	4	0	5	−3	1	−3	9	4	5	6	10	−6	+	−6	8	4	3	−4	13	−3	18	−7	
848 C	−	2	3	−2	3	−4	3	4	9	6	−5	−10	6	1	0	+	−15	−10	4	−12	8	−11	6	9	−13	
848 D	−	−2	2	0	4	−2	2	−2	2	2	−2	10	2	4	12	+	12	10	2	−6	10	−10	6	−10	14	

TABLE 3: HECKE EIGENVALUES 848E–862F

	2	3	5	7	11	13	17	19	23	29	31	37	41	43	47	53	59	61	67	71	73	79	83	89	97	W_q
848 E	−	3	0	4	0	−3	−3	5	−7	−7	−4	5	6	2	2	+	2	−8	12	−1	−4	1	1	−14	1	
848 F	−	1	−2	2	−2	−7	−3	−5	3	9	8	−3	2	−4	−10	−	2	−10	−4	9	−6	−5	11	−10	−3	
848 G	−	−2	1	2	−5	−4	3	4	3	−6	−7	−6	2	−7	−4	−	−7	2	−16	−12	−12	7	14	17	3	
849 A	−1	+	−4	1	5	−1	−4	4	3	−9	−4	8	−9	12	−6	−6	−3	−13	−6	8	−2	16	16	−5	−7	+
850 A	+	−1	+	−2	0	1	−	−1	6	−3	5	−8	6	10	3	3	3	11	−2	9	−11	8	12	15	7	
850 B	+	2	+	4	6	−2	−	−4	0	0	−4	4	6	−8	0	6	0	−4	−8	0	−2	8	0	−6	−14	
850 C	+	1	−	0	−6	3	−	−7	−8	−5	5	8	0	−4	3	9	5	−3	−2	−15	−11	8	4	−1	−9	
850 D	+	1	−	−5	4	3	−	−2	−8	0	−5	−12	−10	−4	−2	−1	0	2	8	5	4	−17	−16	−6	16	
850 E	+	−3	−	−1	−4	3	−	6	0	0	−9	4	6	12	−10	−9	0	−14	−8	−15	−12	3	0	−6	16	
850 F	−	−1	+	5	4	−3	+	−2	8	0	−5	12	−10	4	2	1	0	2	−8	5	−4	−17	16	−6	−16	
850 G	−	2	+	2	−2	6	+	−8	2	6	−2	−6	2	4	−4	10	0	−10	−8	14	−10	−14	4	6	14	
850 H	−	2	+	−2	6	−2	+	8	6	−6	2	−2	−6	4	−12	−6	0	2	−8	−6	−2	−10	−12	6	−2	
850 I	−	3	+	1	−4	−3	+	6	0	0	−9	−4	6	−12	10	9	0	−14	8	−15	12	3	0	−6	−16	
850 J	−	−3	+	−2	−4	3	+	3	6	9	−3	8	−6	−6	13	9	15	7	2	9	3	0	−12	−9	−7	
850 K	−	−1	+	−2	0	−5	−	−1	−6	−9	−1	4	−6	−2	9	9	3	−7	−14	3	−11	8	0	−9	7	
850 L	−	−1	−	0	−6	−3	+	−7	8	−5	5	−8	0	4	−3	−9	5	−3	2	−15	11	8	−4	−1	9	
851 A	−2	1	0	−3	1	4	0	2	+	−8	2	+	3	−6	−13	7	14	−10	−12	−7	−9	−10	11	−4	−16	
854 A	+	1	−2	+	3	0	3	−3	−1	−6	−6	−6	0	−11	−3	4	0	+	1	−1	0	−5	9	3	2	
854 B	+	1	0	−	−3	−4	−3	−7	3	6	−4	2	6	−1	3	−6	6	−	−13	3	2	−1	9	−3	−10	
854 C	−	−1	0	+	−5	0	−3	−1	1	−2	−4	−2	10	−7	−7	6	6	−	−11	−7	−2	−11	−1	13	10	
854 D	−	−1	−2	−	1	−4	−1	−5	−3	2	−2	−2	−12	−1	−5	0	4	+	3	−3	−4	1	7	7	−2	
855 A	−1	−	+	4	−4	2	−2	+	4	2	0	−6	6	8	12	14	−4	14	−4	0	−14	16	0	6	−10	
855 B	−1	−	−	−2	2	−4	−2	+	4	−4	0	0	0	−10	−12	2	−4	2	−16	0	−2	−8	12	0	−16	
855 C	1	−	−	−2	6	0	6	−	8	−4	0	4	0	−2	8	−2	−12	2	−8	−16	14	8	0	0	−12	
856 A	+	1	0	−4	−3	5	−4	5	−9	2	−10	−3	−1	6	8	−3	−2	−1	4	−8	14	−17	0	5	10	+
856 B	+	1	−4	2	5	−5	−6	1	−3	−6	−8	3	−5	0	8	−13	−6	−11	10	10	8	13	−12	1	18	+
856 C	−	−1	0	0	3	−3	0	−5	1	2	−2	−11	−9	6	0	−11	−14	15	8	−12	−6	9	0	−11	2	−
856 D	−	2	−3	0	−6	0	−6	−2	1	8	−2	4	−3	9	−9	−2	−5	0	11	0	−12	15	12	1	−16	−
858 A	+	+	2	0	−	+	2	4	8	−6	−4	−6	−2	8	12	14	12	2	12	4	6	−8	−12	10	2	
858 B	+	−	0	−4	+	−	0	−4	0	0	−10	2	−6	−10	0	6	0	2	2	12	−10	−10	−12	12	−10	
858 C	+	−	−2	4	−	−	0	2	−2	2	−2	12	6	0	0	4	12	−6	−4	4	4	−8	−12	10	2	
858 D	+	−	3	−1	−	−	0	2	3	−3	8	2	−9	5	0	−6	−3	−1	11	−6	−1	2	18	0	2	
858 E	−	+	2	4	+	+	2	−4	4	−2	0	−2	10	−4	−4	2	−4	10	−4	12	2	−4	−12	2	2	
858 F	−	+	−3	1	+	−	−8	−6	−1	1	0	6	−11	−11	−12	2	7	11	9	−2	−11	6	14	0	6	
858 G	−	+	−1	−3	−	+	−4	−2	−1	−9	−4	−6	1	11	0	−10	−3	5	3	10	9	10	−6	−8	2	
858 H	−	+	−2	0	−	−	6	0	4	6	4	2	10	−4	8	−6	4	−2	−4	−8	14	−8	4	−6	2	
858 I	−	+	4	0	−	−	0	0	−8	0	−2	2	−2	2	8	6	−8	10	2	4	−10	−14	4	0	−10	
858 J	−	−	−3	5	+	−	0	2	3	−3	8	−10	−3	5	12	−6	−9	−13	5	6	−7	−10	6	0	−10	
858 K	−	−	−1	1	−	+	4	6	3	−5	4	10	−7	−5	−8	−2	−3	13	−9	2	−3	10	−14	−8	−14	
858 L	−	−	2	4	−	+	−8	−6	−6	−2	−2	4	2	4	4	−8	12	−2	12	−16	0	−8	4	10	10	
858 M	−	−	4	−4	−	+	4	−4	8	0	−6	−10	−2	−10	12	−2	−8	−2	−14	−8	2	10	−4	12	6	
861 A	−1	+	2	−	0	2	−2	−4	8	−6	4	6	+	12	0	−6	12	14	−4	4	2	8	4	−10	6	
861 B	1	−	−1	+	−6	3	−6	6	−9	5	−8	−7	−	2	3	9	−12	6	13	−6	4	−11	2	−4	−9	
861 C	−1	−	3	+	−6	−7	−6	−6	5	3	0	1	−	6	−5	−9	−8	−2	9	−10	4	9	−2	16	13	
861 D	−1	−	−3	−	−2	5	−2	−2	−3	1	−8	1	+	−10	−9	−11	−4	2	−5	−6	4	11	14	8	1	
862 A	+	1	−1	−2	−1	6	−2	1	−3	−9	−2	−10	2	6	0	−3	−9	2	−8	0	4	6	−2	0	3	+
862 B	+	−3	−1	−2	3	−2	−2	5	9	−1	2	2	−6	6	−12	−11	−5	2	4	−12	0	10	2	−4	−5	+
862 C	−	0	2	4	0	4	−2	−4	0	2	−4	−4	6	6	0	−2	4	−10	−14	12	−6	4	2	2	−2	+
862 D	−	1	−3	2	3	2	6	5	3	9	−4	−4	−6	−10	6	3	−9	2	−10	−6	2	−4	12	6	−13	+
862 E	−	−1	1	−2	−3	−6	−2	−5	9	5	−8	8	2	−6	−2	−1	−15	2	−2	2	14	0	−16	10	3	−
862 F	−	−1	−3	2	5	−6	−6	−5	−3	1	8	−8	−6	−6	−10	−13	9	2	2	10	2	12	0	−14	19	−

TABLE 3: HECKE EIGENVALUES 864A–880F

	2	3	5	7	11	13	17	19	23	29	31	37	41	43	47	53	59	61	67	71	73	79	83	89	97	W_q
864 A	+	+	−1	−3	3	0	4	−6	−6	−2	−9	−2	−10	−6	−6	13	12	8	−6	−12	9	0	3	14	−9	
864 B	+	+	2	−3	−6	−3	−2	3	−6	−8	0	7	8	12	−6	4	−6	−1	3	−12	−15	−9	12	−10	9	
864 C	+	+	−2	1	−2	1	−6	−5	6	−8	8	−5	−8	−4	−10	−4	14	3	−13	−4	9	11	−12	2	1	
864 D	+	−	−1	3	−3	0	4	6	6	−2	9	−2	−10	6	6	13	−12	8	6	12	9	0	−3	14	−9	
864 E	+	−	2	−1	−2	1	6	5	6	8	−8	−5	8	4	−10	4	14	3	13	−4	9	−11	−12	−2	1	
864 F	+	−	2	3	6	−3	−2	−3	6	−8	0	7	8	−12	6	4	6	−1	−3	12	−15	9	−12	10	9	
864 G	−	+	1	3	3	0	−4	6	−6	2	9	−2	10	6	−6	−13	12	8	6	−12	9	0	3	−14	−9	
864 H	−	+	2	1	2	1	6	−5	−6	8	8	−5	8	−4	10	4	−14	3	−13	4	9	11	12	−2	1	
864 I	−	+	−2	−3	6	−3	2	3	6	8	0	7	−8	12	6	−4	6	−1	3	12	−15	−9	−12	10	9	
864 J	−	−	1	−3	−3	0	−4	−6	6	2	−9	−2	10	−6	6	−13	−12	8	−6	12	9	0	−3	−14	−9	
864 K	−	−	−2	−1	2	1	−6	5	−6	−8	−8	−5	−8	4	10	−4	−14	3	13	4	9	−11	12	2	1	
864 L	−	−	−2	3	−6	−3	2	−3	−6	8	0	7	−8	−12	−6	−4	−6	−1	−3	−12	−15	9	12	10	9	
866 A	−	−2	0	−1	0	−1	−3	−4	0	−6	5	−7	−9	−1	3	−9	0	−4	−1	−3	14	−10	15	12	8	−
867 A	0	+	−3	4	3	−1	+	−1	−9	−6	−2	4	3	−7	−6	−6	6	−8	−4	−12	−2	10	−6	0	16	
867 B	−1	+	0	−4	4	2	+	4	−4	0	4	−8	−8	4	−8	−6	12	−8	12	−12	0	−4	−12	−10	−16	
867 C	2	+	−3	2	−5	−1	+	−5	−1	−6	10	−2	−5	1	−2	6	0	10	−12	0	6	−4	6	−10	8	
867 D	−1	−	0	4	−2	2	+	4	4	0	−4	8	8	4	−8	−6	12	8	12	12	0	4	−12	−10	16	
867 E	2	−	3	−2	5	−1	+	−5	1	6	−10	2	5	1	−2	6	0	−10	−12	0	−6	4	6	−10	−8	
869 A	1	1	1	−5	+	5	0	−4	0	−6	−8	−4	0	4	1	−2	11	14	−6	−7	10	+	−6	−3	−7	
869 B	−2	1	1	−2	+	2	0	2	−9	0	−5	5	12	−8	4	−2	−13	−10	9	−1	−14	+	12	−9	−7	
869 C	−1	−2	2	4	−	2	0	−4	0	0	4	2	0	4	2	2	−2	−4	12	10	−2	+	12	−6	14	
869 D	1	−1	1	1	−	1	−8	0	−4	6	−8	0	−8	−12	−1	6	5	−6	2	−9	10	−	6	−3	17	
870 A	+	+	−	0	0	−6	−2	−4	4	−	4	−6	−2	−12	0	−2	4	−6	0	0	−10	4	−12	−2	6	
870 B	+	−	+	2	−6	−4	−6	−4	0	−	2	2	0	−4	0	6	−12	−4	8	0	2	−10	18	0	−10	
870 C	+	−	−	−4	0	−4	−6	2	−6	+	−4	2	−12	8	0	−6	12	−4	14	0	2	−4	−12	−12	−10	
870 D	+	−	−	0	0	−2	6	0	8	−	−4	2	2	4	0	6	−4	14	−12	0	−2	−4	12	−14	−2	
870 E	−	+	+	−2	−2	0	−2	−8	0	−	−10	6	−8	−4	0	−2	12	−12	8	0	6	−6	6	8	2	
870 F	−	+	−	−4	−4	−4	−2	2	−6	+	0	−2	0	0	0	10	−12	0	−10	16	−10	−16	−4	0	2	
870 G	−	+	−	4	0	−2	2	0	−4	−	4	6	−6	4	8	−10	4	−2	−8	0	10	−4	8	−6	2	
870 H	−	−	−	2	−2	−4	6	4	0	+	−2	−10	0	−4	−8	10	0	−8	8	8	10	10	−6	8	−18	
870 I	−	−	−	−2	2	4	−2	0	4	+	2	−2	−8	4	8	−6	0	−8	−12	−8	−6	−10	14	0	−2	
871 A	2	2	2	2	0	+	−5	−5	1	3	−2	11	−12	10	11	14	−3	10	−	−8	−11	−4	12	11	−8	
872 A	−	−2	1	0	−3	4	−2	−5	1	9	0	−8	−12	−10	−9	4	−4	5	−4	0	−9	−8	−6	13	5	−
873 A	1	−	0	2	4	−2	8	−2	4	0	8	10	12	−8	−8	2	8	−10	2	−8	6	4	−8	−10	+	
873 B	1	−	2	−4	−4	6	−2	−8	−4	−6	8	−2	−10	−4	0	10	−8	14	8	4	−6	−8	−8	−10	−	
873 C	2	−	−3	−2	0	−4	−6	6	0	−7	7	4	−5	1	10	−10	5	5	−14	−15	7	−5	9	8	−	
873 D	−2	−	−1	2	−4	0	−2	−2	8	3	−1	4	−7	−7	−6	−2	7	5	−10	−5	−9	−5	−5	−16	−	
874 A	+	3	1	2	−1	−2	4	+	−	−1	0	−4	6	1	3	−4	3	−2	−16	−12	3	−9	11	−3	9	
874 B	+	−3	1	2	5	−2	−2	+	−	−1	6	2	0	7	−3	2	9	10	2	12	−9	−15	17	9	−15	
874 C	+	−1	−1	−2	5	6	−4	−	−	−9	−8	8	−2	−5	−9	8	−9	2	−4	−16	11	−11	1	−13	−1	
874 D	−	1	−3	−2	−5	2	−4	+	−	−3	8	−4	2	5	−13	8	1	−2	8	0	11	−15	−9	3	−1	
874 E	−	−1	1	−2	−3	−6	−2	+	−	5	2	−2	−8	−1	13	−6	−5	2	−2	−8	−1	−5	9	−5	3	
874 F	−	1	3	2	−3	2	0	−	−	−3	−4	−4	6	−13	3	0	9	2	8	−12	11	−1	9	−3	17	
876 A	−	+	1	−4	0	4	3	−7	−6	−6	2	−3	−8	−2	7	−11	1	−5	5	−4	−	1	−15	−18	13	
876 B	−	−	−1	−2	−4	−2	1	−7	0	6	−2	−3	−6	2	−7	3	11	7	−3	−2	+	−3	−9	6	−19	
880 A	+	0	+	2	+	−4	−4	0	0	−6	0	−2	6	−2	0	−10	−12	−6	12	−16	4	4	−2	6	−2	
880 B	+	0	+	2	−	0	0	8	8	10	−8	−10	−2	6	8	14	4	10	−4	0	−8	4	−10	6	−10	
880 C	+	0	−	−4	−	6	−6	−4	−4	−2	−8	−10	10	0	−4	−10	4	−2	8	0	−14	16	8	−6	2	
880 D	+	−3	−	−1	−	−6	3	5	2	−5	−5	−1	−2	−12	2	−13	−2	1	−16	−15	10	−2	14	9	−16	
880 E	−	−1	+	−5	+	2	3	7	6	−3	7	−7	6	−8	−6	−3	6	−1	−8	−3	2	10	6	9	−4	
880 F	−	−1	+	1	−	2	−3	1	−6	−9	−5	5	−6	−8	−6	9	−6	5	−8	9	−10	−14	6	−15	8	

TABLE 3: HECKE EIGENVALUES 880G–894C

	2	3	5	7	11	13	17	19	23	29	31	37	41	43	47	53	59	61	67	71	73	79	83	89	97	W_q
880 G	−	1	−	−3	+	−6	−7	−5	6	5	3	3	2	−4	2	−1	10	7	−8	−7	14	−10	6	−15	−12	
880 H	−	−2	−	0	+	0	−4	4	−6	2	0	−6	−10	−4	−10	2	4	−14	−2	−4	−4	8	−12	6	6	
880 I	−	0	0	−	2	6	4	−4	6	8	−2	2	−4	12	−2	−4	−10	16	−8	14	−8	4	10	10		
880 J	−	2	−	4	−	−4	0	4	6	−6	−8	2	6	−8	−6	−6	12	2	10	12	−16	−8	0	6	14	
882 A	+	+	−3	+	3	2	−6	2	6	−9	−7	−10	0	−4	−12	3	3	−4	2	0	2	5	−9	6	−13	
882 B	+	+	3	−	3	−2	6	−2	6	−9	7	−10	0	−4	12	3	−3	4	2	0	−2	5	9	−6	13	
882 C	+	−	−1	+	−5	0	4	8	4	5	3	−4	0	2	6	9	11	−6	−2	−2	10	3	7	6	7	
882 D	+	−	1	−	−5	0	−4	−8	4	5	−3	−4	0	2	−6	9	−11	6	−2	−2	−10	3	−7	−6	−7	
882 E	+	−	−2	−	4	−6	2	4	−8	2	0	−10	−6	−4	0	−6	4	−6	4	−8	−10	0	−4	−6	14	
882 F	−	+	3	+	−3	2	6	2	−6	9	−7	−10	0	−4	12	−3	−3	−4	2	0	2	5	9	−6	−13	
882 G	−	+	−3	−	−3	−2	−6	−2	−6	9	7	−10	0	−4	−12	−3	3	4	2	0	−2	5	−9	6	13	
882 H	−	−	−3	+	−3	−4	0	−4	0	−9	−1	8	0	−10	6	3	−3	−10	−10	6	2	−1	9	−6	−1	
882 I	−	−	0	−	0	4	6	−2	0	6	4	2	6	8	−12	−6	−6	−8	−4	0	−2	8	−6	−6	10	
882 J	−	−	3	−	−3	4	0	4	0	−9	1	8	0	−10	−6	3	3	10	−10	6	−2	−1	−9	6	1	
882 K	−	−	4	−	4	−4	0	−4	0	−2	−8	−6	0	4	−8	10	4	4	4	−8	16	−8	−12	8	−8	
882 L	−	−	−4	−	4	4	0	4	0	−2	8	−6	0	4	8	10	−4	−4	4	−8	−16	−8	12	−8	8	
885 A	2	+	+	2	3	3	1	3	6	8	−4	−1	−2	−7	4	11	−	−8	−9	−12	3	11	−2	3	−18	
885 B	1	+	−	0	−4	6	−6	−4	−8	6	−4	−10	−6	0	−8	6	−	6	0	−8	10	0	12	−18	2	
885 C	0	−	−	0	−5	−5	−3	−5	2	−2	0	3	6	1	−12	−9	+	2	−9	8	−9	−9	10	−1	10	
885 D	−2	−	−	−2	−3	−1	3	−5	−6	0	−8	3	2	−11	8	9	+	−8	3	−8	−1	−5	−6	5	−2	
886 A	+	0	−4	3	3	1	3	1	−9	−6	−7	−1	6	−8	−8	−4	−6	−15	2	6	2	14	1	−17	8	+
886 B	+	−2	1	2	−5	0	−2	7	0	−10	2	−2	7	4	−1	−9	−4	−10	−16	3	−14	−17	12	−13	12	+
886 C	+	2	4	3	−3	−1	3	−1	7	−8	−11	1	−6	−8	2	4	6	−1	4	−8	8	−10	7	−1	10	−
886 D	−	0	0	−3	−3	−7	3	−1	1	2	−1	−1	6	8	0	12	−6	9	−14	−14	−14	−2	−9	−9	4	−
886 E	−	0	−3	0	3	−4	−6	−1	−2	−10	8	2	−9	−4	3	3	0	0	4	7	4	−5	12	−9	−8	−
888 A	+	+	−4	−1	−3	−5	7	5	1	−8	6	−	−2	12	−2	−1	−4	14	14	4	−11	10	5	−9	−10	
888 B	+	−	−2	0	−4	−2	−6	0	−4	6	4	−	−6	−8	−8	6	0	14	4	−16	−6	−4	−4	18	2	
888 C	−	+	0	0	0	−6	−4	4	6	−8	−4	−	10	−8	−8	−6	2	−10	−12	−8	−10	8	8	16	6	
888 D	−	−	4	0	0	2	0	0	−6	−4	0	−	2	−12	8	2	6	−10	−4	−8	6	4	8	12	−2	
890 A	+	0	+	2	4	−6	−6	−2	6	0	−4	−10	2	0	4	−10	−10	−4	4	8	−14	0	0	+	−10	
890 B	+	−2	+	−2	4	4	2	−4	−6	6	4	−12	−2	−6	−8	6	0	6	−8	0	−6	−8	−6	+	−10	
890 C	+	2	+	4	0	0	2	6	−4	4	4	−4	−2	6	0	14	−6	−8	−8	−16	14	0	6	−	−2	
890 D	+	1	−	−4	−1	4	0	−6	−4	−2	−8	−2	−4	2	11	−5	11	−12	−7	0	6	−12	−8	7	−	−8
890 E	+	−2	−	2	−4	−2	6	−6	2	−2	−2	−2	2	−10	4	2	−6	−10	−12	−12	−6	4	−2	−	−2	
890 F	−	−3	+	0	3	−4	−4	2	−4	2	−8	−10	−12	7	−3	1	0	−5	−4	−14	−4	12	11	−	16	
890 G	−	−1	−	−2	−3	−6	−2	0	4	−10	−8	8	2	9	3	−11	0	7	−2	−8	−16	0	9	+	−2	
890 H	−	0	−	4	−4	6	2	0	4	−2	−4	−2	−6	8	−8	6	−8	−2	4	0	10	8	0	−	2	
891 A	−1	+	−1	−2	+	7	−1	6	−8	−3	−2	−3	−10	0	4	−6	10	−9	2	0	−11	−4	6	−15	14	
891 B	0	+	−3	−4	−	2	−6	2	3	−6	8	2	0	8	3	3	0	8	−13	0	2	2	−18	3	2	
891 C	1	+	1	−2	−	7	1	6	8	3	−2	−3	10	0	−4	6	−10	−9	2	0	−11	−4	−6	15	14	
891 D	1	+	1	4	−	−2	4	6	−4	6	7	3	−2	6	−7	−9	−7	0	11	9	4	8	−12	6	−19	
891 E	−2	+	−2	4	−	4	4	−6	−1	0	1	3	−2	12	−7	3	11	0	−4	15	−8	−10	12	3	17	
891 F	0	−	3	−4	+	2	6	2	−3	6	8	2	0	8	−3	−3	0	8	−13	0	2	2	18	−3	2	
891 G	−1	−	−1	4	+	−2	−4	6	4	−6	7	3	2	6	7	9	7	0	11	−9	4	8	12	−6	−19	
891 H	2	−	2	4	+	4	−4	−6	1	0	1	3	2	12	7	−3	−11	0	−4	−15	−8	−10	−12	−3	17	
892 A	−	3	0	4	1	0	−3	−6	−1	−5	−8	−1	11	−6	8	9	11	8	−7	−12	−5	−4	0	−9	−12	+
892 B	−	1	0	−4	3	−4	−3	2	−3	3	−4	−1	3	−10	−12	9	9	8	11	−12	−13	−4	12	15	8	−
892 C	−	−1	2	−2	−3	6	−7	0	−9	7	−4	−1	−9	0	4	1	−9	6	−11	0	−5	4	−12	−9	−18	−
894 A	+	+	0	0	−2	−1	1	1	−1	−8	6	4	−12	12	−6	0	6	−14	−13	−7	−7	−11	−12	−10	18	+
894 B	+	+	−3	0	1	5	−2	1	2	−5	−6	−2	−3	−6	3	−6	−9	10	8	−4	−1	−17	9	−1	−18	+
894 C	+	−	3	2	−3	5	0	−1	6	−3	−10	8	−9	2	−9	6	−9	8	−4	6	11	17	−15	−3	−16	+

TABLE 3: HECKE EIGENVALUES 894D–906H

	2	3	5	7	11	13	17	19	23	29	31	37	41	43	47	53	59	61	67	71	73	79	83	89	97	W_q
894 D	+	−	1	−2	−3	−5	−4	−5	2	−1	−2	0	3	2	9	2	7	−12	12	−6	3	−5	9	−7	−8	−
894 E	−	+	0	−4	−2	1	−3	1	−3	−8	−10	−4	12	4	−6	12	−6	−10	11	−13	17	−5	−4	−18	6	−
894 F	−	+	−3	2	−5	1	0	−5	−6	−5	2	−4	−3	−2	−3	−6	9	8	−4	2	−13	1	−1	15	12	−
894 G	−	−	−3	−4	−1	−5	2	1	−6	−5	−2	2	−5	−10	11	10	1	−2	−8	0	−1	−7	15	9	6	+
895 A	−1	1	+	0	3	−2	0	−2	−2	3	−4	−5	−8	3	−3	−5	−14	9	−12	5	5	−11	4	−11	18	+
895 B	−1	3	+	−4	1	2	4	6	−6	3	4	11	0	1	7	3	10	−7	−12	−9	13	−17	−4	5	−14	−
896 A	+	0	0	+	2	−4	−2	4	−4	−6	−8	2	−2	10	0	−2	−8	−8	2	0	−14	−4	12	−6	6	
896 B	+	0	0	+	−2	4	−2	−4	−4	6	−8	−2	−2	−10	0	2	8	8	−2	0	−14	−4	−12	−6	6	
896 C	+	0	0	−	2	4	−2	4	4	6	8	−2	−2	10	0	2	−8	8	2	0	−14	4	12	−6	6	
896 D	−	0	0	−	−2	−4	−2	−4	4	−6	8	2	−2	−10	0	−2	8	−8	−2	0	−14	4	−12	−6	6	
897 A	1	+	−4	2	−2	−	2	6	+	2	4	4	−6	0	0	6	0	−2	−14	12	14	8	10	16	4	
897 B	−1	+	2	4	0	−	2	0	+	−2	8	−6	2	4	−8	6	−4	14	8	8	2	16	0	−10	−2	
897 C	−1	+	−2	0	0	−	6	−4	−	6	0	2	−6	−8	−8	2	12	−10	−4	−16	2	−4	0	−6	−10	
897 D	1	−	0	−2	−6	−	−6	2	+	2	4	−8	2	0	0	−2	8	14	−10	−12	6	0	−18	4	0	
897 E	−1	−	2	−4	−4	−	6	−8	+	−10	0	−2	2	8	−8	2	−12	−10	0	−8	10	−12	4	−2	−6	
897 F	−1	−	−4	2	2	−	−6	−2	+	2	0	−8	−10	8	−8	−10	0	−10	−6	4	−2	0	−2	−8	0	
898 A	+	1	−2	1	−4	6	0	−5	1	−6	−6	9	−9	−7	8	−10	−4	8	0	−10	2	2	11	−1	1	+
898 B	+	2	−2	0	3	1	2	0	8	10	0	1	7	8	1	6	−3	2	−13	5	−2	−11	−6	−5	17	−
898 C	−	2	2	0	0	4	−2	−6	−8	8	0	4	2	2	8	−6	0	−10	−4	−8	10	4	−6	14	2	+
898 D	−	−1	−2	3	−6	−2	2	−3	−1	−2	−6	1	−5	−1	−2	0	0	−10	2	−4	16	−2	−3	−17	5	−
899 A	1	−2	1	2	0	2	−3	−5	−1	+	+	−3	−10	−6	−9	−10	8	−7	−2	14	−11	4	9	13	2	
899 B	2	1	2	5	−3	2	−3	−2	4	−	+	−6	−2	0	6	−8	4	11	7	−8	1	−8	12	−7	8	
900 A	−	+	+	1	0	7	0	−7	0	0	11	10	0	13	0	0	0	−1	−11	0	10	−4	0	0	19	
900 B	−	+	+	4	0	−2	0	8	0	0	−4	10	0	−8	0	0	0	14	16	0	10	−4	0	0	−14	
900 C	−	+	−	−1	0	−7	0	−7	0	0	11	−10	0	−13	0	0	0	−1	11	0	−10	−4	0	0	−19	
900 D	−	−	+	1	−6	−5	−6	5	−6	6	−1	−2	0	1	6	−12	6	−13	−11	0	−2	8	−6	0	7	
900 E	−	−	+	−2	0	−2	−6	−4	6	−6	−4	−2	−6	10	−6	−6	−12	2	−2	12	−2	8	6	6	−2	
900 F	−	−	−	−1	−6	5	6	5	6	6	−1	2	0	−1	−6	12	6	−13	11	0	2	8	6	0	−7	
900 G	−	−	−	4	4	0	−4	0	−4	6	4	−8	10	4	4	12	−4	2	−4	0	−8	−12	−4	10	8	
900 H	−	−	−	−4	4	0	4	0	4	6	4	8	10	−4	−4	−12	−4	2	4	0	8	−12	4	10	−8	
901 A	−1	0	0	2	−6	6	+	4	−8	2	4	2	0	−8	−8	+	4	−8	−12	−8	−4	−4	−4	−14	−2	
901 B	−1	2	0	−4	0	2	+	0	2	−2	−6	−10	−4	−12	8	+	−12	−8	8	6	16	14	−16	6	6	
901 C	0	1	−3	−4	6	5	−	−4	0	0	8	8	−3	11	−3	+	12	−10	−4	3	11	−1	−6	15	2	
901 D	−1	0	3	−1	0	3	−	1	4	−4	4	8	−6	4	10	+	−2	10	9	16	−1	2	11	−5	−8	
901 E	2	−3	1	−2	0	1	−	−4	−8	−6	−8	4	−3	7	9	−	12	2	−14	−13	3	3	−4	7	8	
901 F	−2	−1	3	2	0	−7	−	0	−8	−10	0	8	7	−9	1	−	−12	−2	2	−15	1	17	−8	−9	0	
902 A	+	−2	3	1	+	−6	−7	1	7	−5	−3	7	+	−12	−6	−14	3	6	−12	8	0	4	12	16	−14	
902 B	−	−2	3	5	+	2	−3	5	−9	−9	5	−1	+	8	6	−6	3	−10	8	0	−4	−4	0	12	−10	
903 A	0	−	0	+	−3	1	1	−6	1	−10	−7	2	−7	−	8	−7	−8	−8	13	10	−6	−8	11	2	−11	
903 B	0	−	0	−	−3	5	−3	2	9	6	5	2	−3	−	0	9	0	8	5	−6	2	8	−9	−6	17	
904 A	−	0	0	−4	4	6	−2	−4	−6	0	−8	−4	−10	−12	−2	10	−8	10	12	6	2	−10	12	−6	−2	−
905 A	1	2	+	−4	0	−6	6	2	−4	−10	−2	10	−6	−6	8	−2	0	2	2	−14	2	16	0	−6	2	+
905 B	1	1	−	2	0	6	3	8	−2	−5	9	6	2	−4	−12	−9	−12	0	7	15	0	−6	−10	0	−3	+
906 A	+	+	0	−3	1	4	2	−6	4	−2	−8	7	−1	−8	−1	−9	9	−8	−3	−12	−2	−11	−8	10	−7	+
906 B	+	+	3	0	−5	−5	2	−6	−5	−5	1	−2	11	−2	8	12	−12	−14	−3	3	−8	−2	−8	−5	2	+
906 C	+	−	0	−1	−3	−4	−6	2	0	−6	−4	11	−3	8	−9	9	−3	8	−13	−12	2	−1	12	6	17	−
906 D	+	−	−3	2	−3	−1	0	−4	−3	−3	5	−4	−3	−10	0	−6	0	−10	5	9	2	−4	0	−3	−10	−
906 E	−	+	1	0	−3	3	6	6	−3	1	5	6	9	−2	−4	0	−4	2	9	5	4	−10	−16	9	2	+
906 F	−	+	4	−3	3	0	6	−6	0	10	−4	−9	−3	4	5	−3	11	−4	−3	8	−2	5	−4	−18	−7	+
906 G	−	+	−1	−2	−1	−3	0	0	−3	−9	−3	−8	−3	6	8	6	8	2	−1	−15	−14	−8	16	−3	14	−
906 H	−	−	−3	−4	−3	1	−6	2	−1	−3	−7	−2	−1	−2	8	−12	4	−2	15	−1	16	−6	−8	15	2	+

TABLE 3: HECKE EIGENVALUES 906I–918K

	2	3	5	7	11	13	17	19	23	29	31	37	41	43	47	53	59	61	67	71	73	79	83	89	97	W_q
906 I	−	−	−1	2	3	−5	0	8	7	−1	1	−4	−5	−10	12	2	0	6	−11	3	−2	4	−8	−5	−18	−
909 A	0	−	3	0	2	−3	7	−5	5	−6	7	10	−6	4	7	4	10	−2	10	9	−8	7	−2	8	−10	+
909 B	2	−	1	−2	6	1	5	7	3	6	−1	−10	2	−12	−11	−4	−4	10	−2	−1	2	11	−8	−14	−10	+
909 C	0	−	1	−2	2	1	−3	−5	−1	4	−9	−2	−8	−8	−7	2	14	4	2	−13	8	−9	4	−14	2	−
910 A	+	0	+	−	4	+	2	−4	8	−2	4	10	−6	0	8	2	12	−2	−4	12	−2	−8	4	2	14	
910 B	+	1	+	−	−3	−	−6	2	−3	−6	−7	5	9	2	−9	0	0	−13	−13	12	−13	5	6	18	5	
910 C	+	−2	+	−	0	−	0	2	−6	6	8	−10	−12	−4	0	−12	6	2	−4	−6	−10	−16	0	−12	2	
910 D	+	0	−	−	−2	+	−4	−4	−4	−2	−2	−2	0	6	8	−4	−12	−2	8	−12	−2	−8	4	−16	2	
910 E	+	1	−	−	−3	−	6	2	9	6	5	−7	9	−10	3	0	12	−1	−13	−12	11	17	−6	−6	−19	
910 F	−	0	+	+	−6	−	−8	0	0	6	−2	10	−8	−6	8	−12	−8	6	8	4	2	−8	−12	0	−18	
910 G	−	−3	+	+	3	−	−2	−6	−3	−6	−5	−5	7	−6	−7	−12	−8	15	−7	4	−7	1	6	6	15	
910 H	−	−1	+	−	−5	+	2	−6	−3	−10	9	−5	1	−10	−9	8	4	5	−3	−8	−5	5	−18	10	5	
910 I	−	2	+	−	4	−	0	−2	2	−2	0	2	0	−4	0	4	−6	6	4	−6	−14	−8	−12	0	−18	
910 J	−	−2	+	−	0	−	0	2	6	6	−4	2	0	8	0	12	6	−10	−4	6	2	8	12	0	−10	
910 K	−	−2	−	+	−4	+	0	−6	−2	6	−8	−6	−8	4	−8	0	−10	−14	−4	6	10	16	0	−16	14	
912 A	+	+	−3	3	1	−2	−5	+	4	−6	2	8	−8	−13	−13	−6	−4	−13	−4	8	−3	4	−4	−6	2	
912 B	+	+	2	0	0	2	2	−	0	2	4	2	6	4	0	10	4	−2	12	0	−6	4	8	6	−14	
912 C	+	−	1	3	5	−2	−1	+	−4	−6	10	0	0	11	−9	10	−4	−5	4	−8	13	−4	4	−6	2	
912 D	+	−	4	−4	4	−4	6	+	6	2	−2	4	−6	−4	2	−6	4	−10	−8	0	−2	−14	16	−18	14	
912 E	−	+	0	4	0	−4	6	+	6	6	−2	−4	6	4	−6	6	12	14	−8	0	14	10	12	−6	−10	
912 F	−	+	1	−3	3	−6	3	−	−4	−10	−2	8	−8	1	−3	−6	0	7	−8	−12	−11	0	−4	10	−2	
912 G	−	+	−2	0	0	6	−6	−	−4	2	−8	−10	−2	4	−12	−6	12	−2	4	0	10	0	−16	−2	10	
912 H	−	−	0	−4	−4	0	−2	+	2	−6	−6	−8	10	12	−10	2	−4	−10	0	16	−2	−10	16	−2	−10	
912 I	−	−	−3	−1	5	−6	−5	+	−4	6	−6	−8	−8	−9	−1	2	8	11	0	4	−11	8	4	10	−10	
912 J	−	−	2	0	−2	2	6	−	−2	4	8	−2	−8	8	−2	−4	0	2	−12	4	6	16	−6	0	−2	
912 K	−	−	2	0	4	2	−6	−	4	−2	−4	10	10	−4	4	−10	−12	14	12	−8	−6	4	−12	−6	10	
912 L	−	−	−3	5	−1	2	−1	−	4	−2	6	0	0	1	9	10	8	−1	−8	12	−11	−16	−12	−6	−10	
913 A	−1	0	0	−1	+	1	0	2	−2	10	4	7	−2	10	−8	8	12	−8	13	13	11	0	−	6	0	
913 B	2	3	3	−4	+	−2	6	2	7	4	−5	−5	−2	10	−8	14	−3	−2	−5	7	−4	12	−	−15	3	
914 A	+	0	0	0	2	0	−6	−4	−8	−6	0	−4	6	−6	−8	12	−10	8	−4	0	−6	−16	−10	10	−10	+
914 B	+	1	3	4	2	−1	6	−1	0	−4	−3	6	−10	−12	2	−11	−10	10	12	5	17	−4	4	0	−4	−
915 A	2	+	−	3	−4	4	8	7	−6	−5	0	11	−2	1	−1	2	−7	+	−12	13	−8	−12	9	−6	−4	
915 B	1	+	−	0	0	−2	−2	−4	0	−10	−4	2	−6	−4	8	−14	0	−	−4	4	2	4	4	10	2	
915 C	2	−	+	1	4	4	4	−1	−6	3	0	−7	2	−5	13	6	−15	+	−4	−11	−8	0	−5	2	−8	
915 D	−1	−	−	−2	−2	−2	−2	−4	0	0	0	−4	−10	10	−8	−6	6	+	−10	−14	−2	12	4	−16	10	
916 A	−	0	−2	−2	4	2	−2	8	2	10	2	6	10	−8	−2	10	−6	2	−2	0	−14	14	0	−6	6	+
916 B	−	3	1	4	−5	−4	1	5	2	4	−10	−6	−2	−11	10	−2	6	−7	−2	9	−8	8	9	−6	15	+
916 C	−	−3	−3	−4	−3	−4	−7	−5	−6	8	2	−6	10	−5	6	6	−14	−11	−2	−5	4	−4	−1	−6	−17	+
916 D	−	1	−3	2	−3	2	−3	−1	−6	0	−4	2	0	−1	−6	−6	0	−7	8	3	8	−4	3	6	−1	−
916 E	−	−1	1	2	−5	−2	−3	1	−2	0	8	−6	−12	1	−10	10	−4	5	−4	1	−16	4	−11	−18	−9	−
918 A	+	+	−1	−2	0	3	+	7	−9	−7	0	−10	5	−1	−2	−2	0	−10	9	−3	−10	−8	−12	10	−6	
918 B	+	+	−1	3	−5	−2	+	−8	6	−2	5	10	−10	−6	−12	3	0	−10	−6	12	−5	−8	−7	0	−11	
918 C	+	+	2	−2	0	−6	+	−8	3	−10	6	−7	11	2	10	−11	−3	2	−6	0	−4	10	−3	4	0	
918 D	+	+	3	−1	3	2	−	−4	6	6	−7	2	6	2	0	−9	0	2	2	−12	11	8	9	12	5	
918 E	+	−	0	−4	6	−4	−	2	−3	0	−10	5	−9	−4	−12	−3	3	2	2	12	−16	−10	15	−6	−10	
918 F	+	−	−3	2	0	−1	−	−1	−3	3	−4	−10	3	−1	−6	−6	−12	2	−7	−9	2	8	12	−6	2	
918 G	−	+	3	2	0	−1	+	−1	3	−3	−4	−10	−3	−1	6	6	12	2	−7	9	2	8	−12	6	2	
918 H	−	+	−2	−2	0	−6	−	−8	−3	10	6	−7	−11	2	−10	11	3	2	−6	0	−4	10	3	−4	0	
918 I	−	−	0	−4	−6	−4	+	2	3	0	−10	5	9	−4	12	3	−3	2	2	−12	−16	−10	−15	6	−10	
918 J	−	−	−3	−1	−3	2	+	−4	−6	−6	−7	2	−6	2	0	9	0	2	2	12	11	8	−9	−12	5	
918 K	−	−	1	−2	0	3	−	7	9	7	0	−10	−5	−1	2	2	0	−10	9	3	−10	−8	12	−10	−6	

TABLE 3: HECKE EIGENVALUES 918L–935B

	2	3	5	7	11	13	17	19	23	29	31	37	41	43	47	53	59	61	67	71	73	79	83	89	97	W_q
918 L	−	−	1	3	5	−2	−	−8	−6	2	5	10	10	−6	12	−3	0	−10	−6	−12	−5	−8	7	0	−11	
920 A	+	0	−	1	−6	−2	−3	−6	−	3	−3	1	9	−8	4	1	1	8	−7	−5	−6	0	−11	4	6	
920 B	+	−3	−	−2	0	1	0	0	−	−3	3	−8	3	−2	−11	−14	−8	−4	−4	7	−9	0	4	−2	18	
920 C	−	1	+	−2	0	1	−4	−4	−	−3	−1	−8	−5	−6	9	2	0	0	4	3	7	4	8	−14	−14	
920 D	−	−1	−	0	2	−5	−4	−2	+	−3	7	−2	−9	−4	−9	−6	0	2	−2	−1	1	−14	0	16	−4	
921 A	−2	+	0	0	5	0	1	−1	0	6	−4	3	3	4	−4	−10	6	14	2	7	−4	11	11	15	−5	−
921 B	0	−	0	−1	0	−4	−3	5	−6	−6	−10	2	6	2	0	−9	0	−10	−4	9	2	−13	15	15	11	−
922 A	−	−2	2	−1	−2	3	6	7	−6	6	−3	1	5	1	8	6	4	8	5	1	−3	8	−16	−9	5	+
923 A	0	3	2	0	0	+	0	4	2	1	7	−8	−5	1	5	0	7	4	−13	−	4	−15	2	−6	2	
924 A	−	+	−3	+	+	1	−4	3	2	5	0	9	0	10	5	−6	13	6	−1	0	−9	12	−4	−14	−2	
924 B	−	+	−1	+	−	−1	6	1	−8	−7	−10	−3	0	−4	7	4	7	−14	−13	−16	13	−8	−14	10	−12	
924 C	−	+	−1	−	+	−3	2	−5	4	3	−6	−3	0	−8	−9	−4	−9	−2	−5	0	−9	−4	−2	10	16	
924 D	−	+	1	−	−	−1	0	5	2	−1	8	1	0	6	1	−2	9	10	7	0	9	0	0	−6	−2	
924 E	−	−	−3	+	+	3	−2	−3	−4	−9	−2	−11	−4	−4	−3	−4	−3	10	11	4	9	−4	10	6	12	
924 F	−	−	−1	+	−	1	4	3	6	7	4	1	−4	−2	7	10	−9	−2	−9	−4	−9	16	4	−2	−14	
924 G	−	−	3	−	+	−1	0	5	6	−3	−4	−7	−12	2	3	6	3	2	−1	12	−7	−4	0	6	2	
924 H	−	−	−3	−	−	−7	−6	−1	0	−3	2	5	−12	8	−3	−12	−3	−10	−13	−12	11	8	6	6	8	
925 A	0	1	+	3	−5	−4	4	−8	−4	4	2	+	−5	6	−9	−3	−8	−10	4	5	15	−14	−11	−2	−10	
925 B	0	−1	+	1	3	4	−6	2	−6	−6	−4	+	−9	−8	−3	3	12	8	4	−15	−11	−10	−9	6	−8	
925 C	−1	2	+	2	0	2	−2	2	8	2	−6	−	10	4	10	6	−6	2	14	0	−2	−6	−18	2	10	
925 D	2	−1	+	5	3	2	4	−4	2	2	0	−	7	10	−11	3	0	−4	−16	−15	−11	−12	3	−4	−8	
925 E	2	3	+	1	−5	2	0	0	−2	6	−4	−	−9	−2	9	−1	8	−8	−8	9	1	4	15	4	−4	
926 A	−	2	0	0	2	0	2	6	−4	6	0	8	−2	−4	0	−12	−12	−2	−16	16	10	8	−6	6	−18	+
927 A	1	−	1	−2	2	−5	0	−8	−1	2	5	2	−8	−11	2	−10	11	−5	11	−16	12	6	−1	6	−7	−
928 A	+	1	−1	0	−5	1	−6	4	−6	+	9	0	−8	−1	9	−9	14	10	−4	−6	−4	−17	6	0	−4	
928 B	+	−1	−1	0	5	1	−6	−4	6	+	−9	0	−8	1	−9	−9	−14	10	4	6	−4	17	−6	0	−4	
930 A	+	+	+	0	−4	6	2	−4	−4	2	+	−2	−6	−4	0	2	−4	−6	16	−12	−6	−16	−12	−18	−14	
930 B	+	+	+	−3	3	−2	−4	−3	5	4	−	0	4	1	10	3	6	−2	2	7	5	−1	12	1	−10	
930 C	+	+	−	3	3	−2	8	−7	7	−8	+	−4	0	1	6	5	6	2	10	9	1	13	−16	−3	6	
930 D	+	+	−	2	−4	−4	−6	0	0	4	−	4	−6	−8	−12	−2	6	10	−10	−14	4	−8	−4	−8	−2	
930 E	+	+	−	−4	2	2	0	0	−6	−8	−	−2	6	4	−12	−2	−12	−8	−4	−8	4	4	−16	−2	−2	
930 F	+	−	+	1	5	2	−4	1	−5	4	+	12	4	11	−10	9	−10	10	6	15	−13	13	−8	3	−18	
930 G	+	−	+	4	−4	2	2	4	4	−2	+	−6	10	−4	8	−6	8	10	−12	0	14	−8	4	−6	−6	
930 H	+	−	−	−2	−4	−4	2	−8	−8	4	+	−12	10	8	−4	6	2	10	−6	6	−4	−8	4	0	−18	
930 I	+	−	−	−1	−3	2	0	5	9	0	−	8	0	11	−6	−9	6	−10	14	9	−1	−1	−12	−9	14	
930 J	+	−	−	4	2	2	0	−6	0	−	−2	−10	−4	4	6	−4	0	4	−16	4	4	8	6	14		
930 K	−	+	+	−2	0	4	6	0	0	8	+	4	10	8	−4	−14	14	−6	−10	6	−8	8	−12	16	−10	
930 L	−	+	+	3	5	−6	−4	5	5	8	+	4	0	−7	6	11	14	−6	10	−9	−3	−7	−12	−9	10	
930 M	−	+	+	0	−6	−2	−4	0	2	−8	−	−6	−2	4	4	−6	0	4	−4	−8	−4	−4	0	−2	14	
930 N	−	−	+	2	0	−4	6	8	0	0	−	−4	−6	8	−12	−6	−6	2	2	−6	8	8	12	0	−10	
930 O	−	−	−	0	−4	6	2	4	−8	6	+	−2	10	−4	0	−10	−12	−2	−4	0	2	0	4	−14	18	
931 A	2	2	3	+	4	−6	−7	−	3	0	0	−2	−4	5	4	6	8	−2	8	−2	10	12	−3	−8	4	
931 B	0	2	−3	−	3	4	3	+	0	6	4	2	6	−1	3	12	6	1	−4	6	7	8	−12	−12	−8	
931 C	2	−2	−3	−	4	6	7	+	3	0	0	−2	4	5	−4	6	−8	2	8	−2	−10	12	3	8	−4	
933 A	0	+	0	−1	4	1	−3	4	−9	1	−4	−6	−5	−2	−8	6	9	8	−12	3	−1	−12	2	−2	−16	+
933 B	0	−	−2	3	−4	1	−5	−2	−7	3	2	−4	9	−6	−12	−12	3	−14	−12	−3	11	8	6	−12	4	−
934 A	+	1	1	−2	0	−4	−2	2	−6	−2	−9	11	1	7	4	2	0	−7	2	−12	2	−9	15	−9	7	+
934 B	−	1	3	2	0	−4	6	2	−6	−6	5	−7	9	−1	−12	−6	0	11	−10	12	14	5	15	−9	−1	+
934 C	−	3	−1	−2	−2	6	2	2	2	−2	3	−11	9	−7	−2	−12	12	−13	−4	−6	−4	−13	5	7	3	+
935 A	0	−2	+	3	−	0	−	0	−2	3	−10	−4	−1	−8	−3	−9	1	2	−3	2	−11	0	6	−7	−12	
935 B	0	−2	−	5	+	−4	+	−4	6	−3	2	8	9	−4	−3	−9	9	14	5	6	11	8	6	9	−4	

TABLE 3: HECKE EIGENVALUES 936A–954C

	2	3	5	7	11	13	17	19	23	29	31	37	41	43	47	53	59	61	67	71	73	79	83	89	97	W_q
936 A	+	+	−2	2	−4	+	0	−2	−4	0	2	−10	−2	8	0	−12	−12	−6	−6	8	−2	12	4	−14	−10	
936 B	+	−	1	5	2	+	3	−2	−4	6	−4	11	−8	−1	−9	12	−6	0	6	−7	−2	12	16	10	−10	
936 C	+	−	4	−4	2	+	6	4	−4	6	8	−10	4	−4	6	−6	6	−6	0	−10	−2	0	10	−8	−10	
936 D	+	−	−4	0	2	+	−2	8	−4	6	−4	6	12	4	6	2	14	10	−4	−2	−2	−8	−14	0	−10	
936 E	+	−	−2	0	0	−	−2	−4	0	−6	0	−2	−6	−12	4	−6	8	−2	4	12	−14	0	−8	18	−6	
936 F	−	+	2	2	4	+	0	−2	4	0	2	−10	2	8	0	12	12	−6	−6	−8	−2	12	−4	14	−10	
936 G	−	−	0	0	−6	+	−2	0	−4	6	−4	−2	0	4	−10	10	6	−6	−12	−2	6	−16	−6	−4	14	
936 H	−	−	0	−4	2	+	6	−4	−4	−10	−8	−2	0	−4	−2	2	−10	10	8	−2	−10	8	−6	12	−2	
936 I	−	−	2	4	0	−	−2	8	−8	2	4	−10	−2	−4	12	−6	0	−2	8	12	10	−8	0	14	2	
938 A	+	1	−1	−	2	−7	−2	−2	1	−5	9	−9	3	−6	12	−10	−8	−2	−	9	−2	−8	2	2	−18	
938 B	+	−2	2	−	−4	2	−2	−8	4	10	0	−6	0	−12	−6	−10	4	−2	−	0	−2	−8	−16	2	0	
938 C	−	−1	−1	−	−4	−3	0	4	−9	5	−7	−11	5	−8	6	6	10	−10	+	−5	−6	−2	−6	−12	−2	
938 D	−	1	3	−	−6	5	6	2	−3	−9	5	11	3	−10	−12	−6	0	−10	−	−3	2	8	6	6	−10	
939 A	0	+	−1	4	−6	1	3	4	−4	−6	0	−2	−6	−12	8	−13	3	−8	−6	2	0	−9	−12	5	−7	+
939 B	1	−	0	−4	0	2	−4	−4	−2	−2	0	−2	−12	0	−6	0	6	6	12	12	−2	0	16	0	−14	−
939 C	−2	−	−1	−4	0	1	7	4	0	−8	−6	−8	6	−8	4	−13	−9	−12	0	14	−6	−1	8	−7	17	−
940 A	−	−2	+	2	0	−5	8	−4	−1	−8	10	2	6	11	+	8	5	−5	16	9	9	1	6	15	−12	
940 B	−	3	+	−3	5	5	−2	1	4	−8	−5	2	6	6	+	8	0	5	−4	−16	−11	−4	11	−10	−2	
940 C	−	1	+	−1	3	−7	−6	−1	0	0	5	2	−6	−10	−	12	−12	5	8	0	−7	8	−15	6	2	
940 D	−	−1	−	1	−1	−5	2	−5	−4	8	−7	−2	−10	2	+	−4	−12	13	−8	−12	11	−12	−1	−2	10	
940 E	−	2	−	2	4	1	0	−4	−3	0	−2	10	2	1	−	−12	5	−5	8	9	3	−15	2	−1	0	
942 A	+	−	2	2	3	2	4	−8	−1	4	1	−2	3	−3	−4	−8	−6	7	−2	14	−14	2	12	8	8	+
942 B	−	+	−2	−1	0	1	5	6	3	0	6	9	−2	5	0	−6	3	8	−6	−12	2	16	12	−13	0	+
942 C	−	−	−2	−5	0	−7	−7	6	3	0	−2	−7	6	9	−8	2	−13	0	2	−12	2	8	−4	−1	0	+
942 D	−	−	−4	−1	−6	−1	7	−8	−7	−8	−2	7	0	3	−4	4	−9	4	10	−10	4	8	0	17	−10	+
943 A	1	0	−2	2	2	6	8	−2	+	2	8	10	−	−8	12	−4	12	−6	−14	−8	−6	10	0	8	−16	
944 A	+	1	−1	−1	0	−2	−6	−3	6	−3	4	−2	−5	0	−2	3	+	12	−4	0	−6	−15	14	12	6	
944 B	+	1	−1	−1	−4	2	2	−3	−6	5	−4	−6	3	−8	2	11	+	0	8	8	−6	1	−6	−16	−10	
944 C	+	−2	2	−1	−1	−1	−1	0	0	−4	−4	3	−3	1	−10	−4	+	−6	−4	−13	−6	1	3	2	−10	
944 D	+	3	−1	−3	4	6	−6	7	6	−3	−8	2	3	12	2	−5	−	−4	8	−8	−10	−5	−6	−4	−14	
944 E	−	−3	−3	−3	−6	−6	−2	1	−8	−1	2	−4	−1	10	−6	5	−	−8	−2	4	−8	11	10	−16	−4	
944 F	−	1	−1	3	2	0	2	5	4	5	4	8	−1	0	−8	3	+	−2	14	0	−2	13	−4	−18	2	
944 G	−	−2	2	3	−1	3	−1	8	−8	−4	4	−1	5	9	−2	12	+	10	−4	15	10	−11	11	−6	14	
944 H	−	1	1	−3	−2	−6	−2	5	−4	−5	−2	8	7	6	2	9	−	−8	2	−12	4	−5	−14	0	8	
944 I	−	1	−3	1	2	−2	−2	−3	0	−1	−10	−12	7	6	6	−11	−	−12	−10	−4	12	15	14	4	0	
944 J	−	−1	3	1	−6	−4	−6	−5	0	9	4	−4	−9	−8	12	−9	−	2	−2	0	14	7	0	−6	2	
944 K	−	−2	−2	3	1	−3	7	−4	−4	4	4	−7	−11	−9	−10	0	−	−2	−4	−9	−14	−11	13	18	2	
946 A	+	0	2	0	+	2	2	4	8	2	0	2	10	−	0	−10	4	2	12	8	6	−4	12	−6	−14	
946 B	+	1	0	−4	−	2	6	2	−6	−9	−10	2	0	−	−6	−9	0	−1	−16	0	−1	−1	9	0	17	
946 C	−	1	4	0	+	−2	6	2	−6	1	−6	2	−4	+	2	−9	4	1	4	−8	9	1	−1	8	−7	
948 A	−	+	2	0	−2	2	8	0	−6	4	8	−2	4	4	12	−4	4	6	−4	4	6	+	6	6	10	
948 B	−	+	4	−3	−1	5	−5	6	9	−1	−10	4	2	1	−6	10	14	6	8	−4	3	+	9	−12	−17	
948 C	−	−	0	−1	3	5	−3	2	−3	9	2	8	6	11	−6	6	−6	−10	8	−12	11	−	−3	−12	−1	
950 A	+	1	+	−3	2	1	−3	+	1	−5	−8	2	−8	−4	−8	1	15	2	−3	2	−9	−10	6	0	2	
950 B	+	−1	+	1	0	1	3	−	−3	−3	2	10	6	−2	0	−3	3	8	7	12	13	14	−6	6	10	
950 C	+	3	+	5	−4	1	3	−	−7	−3	−2	2	−6	−6	0	13	−9	−12	3	0	−11	−2	10	2	2	
950 D	−	1	+	1	0	3	7	+	5	−5	10	−2	2	−6	0	−9	−7	−4	−7	0	9	−10	2	−10	18	
950 E	−	−1	+	1	−6	−5	−3	−	−3	9	−4	−2	0	−8	0	3	9	−10	−5	−6	7	−10	6	−12	10	
954 A	+	+	2	−3	−1	−2	2	−7	−5	5	−10	−2	−1	8	12	+	−12	−5	−5	−9	4	10	0	−16	−7	
954 B	+	+	−2	4	2	2	0	−4	0	6	−2	6	2	4	4	−	10	8	4	0	6	−10	−8	−4	6	
954 C	+	−	3	−4	5	−2	−5	6	7	8	1	2	−4	−1	6	+	3	−2	−10	0	−6	15	10	5	19	

TABLE 3: HECKE EIGENVALUES 954D–970B

	2	3	5	7	11	13	17	19	23	29	31	37	41	43	47	53	59	61	67	71	73	79	83	89	97	W_q
954 D	+	−	0	1	−5	0	−2	−1	−3	1	−4	0	9	0	−6	−	4	−7	1	−7	−14	−8	−8	12	13	
954 E	+	−	0	−4	0	5	3	−1	−3	−9	−4	5	−6	−10	−6	−	−6	8	−4	3	−4	−13	−3	−18	−7	
954 F	+	−	−3	2	3	−4	−3	−4	9	−6	5	−10	−6	−1	0	−	−15	−10	−4	−12	8	11	6	−9	−13	
954 G	−	+	2	4	−2	2	0	−4	0	−6	−2	6	−2	4	−4	+	−10	8	4	0	6	−10	8	4	6	
954 H	−	+	−2	−3	1	−2	−2	−7	5	−5	−10	−2	1	8	−12	−	12	−5	−5	9	4	10	0	16	−7	
954 I	−	−	−1	−2	−5	−4	−3	−4	3	6	7	−6	−2	7	−4	+	−7	2	16	−12	−12	−7	14	−17	3	
954 J	−	−	−4	1	1	−4	−6	−1	−9	3	−8	12	−5	−8	2	+	−4	−7	1	3	6	−4	8	4	−3	
954 K	−	−	0	5	3	−4	−6	5	3	−3	8	−4	3	−4	−6	−	12	−1	−13	15	2	−16	0	0	5	
954 L	−	−	1	0	1	−2	7	2	5	4	−1	−2	4	−1	−6	−	−9	10	−2	0	10	1	−6	1	−13	
954 M	−	−	4	0	4	1	−5	−7	−1	−5	−4	1	10	−10	6	−	6	4	4	−15	−8	1	3	−2	17	
955 A	−1	0	+	2	−4	2	2	−4	4	10	−4	−8	6	8	−2	4	12	10	8	16	16	−16	2	6	−10	−
956 A	−	0	3	−2	5	−2	3	4	6	5	1	−4	−2	−2	12	4	8	−7	−15	0	−10	10	11	8	−8	+
957 A	1	+	−2	−2	+	2	6	4	6	−	0	−2	2	4	−4	−10	10	−4	12	6	−4	4	12	0	2	
960 A	+	+	+	0	0	−2	6	−4	−8	2	−4	−10	2	−4	−8	2	8	2	−12	−8	−14	12	−4	−14	2	
960 B	+	+	+	0	4	−6	−6	4	0	2	−8	2	−6	−12	8	−6	−12	−14	−4	8	−6	−8	12	10	2	
960 C	+	+	−	4	0	6	−2	−4	−8	6	0	6	10	4	8	−10	0	−6	4	0	−14	16	−12	2	2	
960 D	+	+	−	4	4	−6	2	4	0	−10	4	10	2	−4	−8	−2	12	10	12	0	10	4	4	−6	−14	
960 E	+	+	−	−4	0	−2	6	4	0	6	8	−2	−6	4	0	6	0	10	4	0	2	8	−12	18	2	
960 F	+	−	+	0	0	−2	6	4	8	2	4	−10	2	4	8	2	−8	2	12	8	−14	−12	4	−14	2	
960 G	+	−	+	0	4	2	2	−4	0	2	0	10	10	−4	8	10	4	2	−12	−8	10	0	−12	−6	2	
960 H	+	−	−	−4	−4	−6	2	−4	0	−10	−4	10	2	4	8	−2	−12	10	−12	0	10	−4	−4	−6	−14	
960 I	−	+	+	0	−4	2	2	4	0	2	0	10	10	4	−8	10	−4	2	12	8	10	0	12	−6	2	
960 J	−	+	+	4	0	2	−6	0	4	2	8	−6	−6	12	12	10	8	10	−12	−8	10	−16	12	−6	18	
960 K	−	+	−	0	−4	−2	−2	−8	4	6	0	−2	−6	−4	−12	6	−12	−14	12	0	2	−8	4	2	−14	
960 L	−	−	+	0	−4	−6	−6	−4	0	2	8	2	−6	12	−8	−6	12	−14	4	−8	−6	8	−12	10	2	
960 M	−	−	+	−4	0	2	−6	0	−4	2	−6	−6	−12	−12	10	−8	10	12	8	10	16	−12	−6	18	
960 N	−	−	−	0	4	−2	−2	8	−4	6	0	−2	−6	4	12	6	12	−14	−12	0	2	8	−4	2	−14	
960 O	−	−	−	4	0	−2	6	−4	0	6	−8	−2	−6	−4	0	6	0	10	−4	0	2	−8	8	12	18	2	
960 P	−	−	−	−4	0	6	−2	4	8	6	0	6	10	−4	−8	−10	0	−6	−4	0	−14	−16	12	2	2	
962 A	−	0	2	−2	6	−	2	0	6	6	0	−	2	−6	−2	10	−4	−10	−14	−6	2	−6	6	−6	6	
964 A	−	−2	1	1	−4	4	2	1	3	3	−8	4	9	−1	10	11	2	13	−2	7	8	14	6	2	−17	+
965 A	1	0	+	4	2	2	2	6	0	2	4	10	2	−8	−6	2	4	2	−4	−2	2	2	−12	2	14	−
966 A	+	+	−2	+	0	4	0	6	+	−6	−10	−6	−2	12	10	−10	−12	−14	−12	−12	14	0	2	−12	12	
966 B	+	+	3	−	4	3	0	0	+	1	−2	−5	5	−7	−3	12	−2	−6	−12	10	0	4	4	10	19	
966 C	+	+	2	−	−4	−4	−4	−2	−	−6	6	−2	−10	8	10	−6	−12	−10	8	−4	−2	−8	−6	0	−8	
966 D	+	+	−4	−	2	2	2	−2	−	−6	0	4	−10	−10	−8	0	0	−4	2	8	−2	−8	−6	6	−2	
966 E	+	−	0	+	−2	−6	2	−6	−	−6	0	0	6	−6	8	−4	0	−8	−2	0	−2	8	−2	−2	14	
966 F	+	−	0	−	6	2	−6	2	−	−6	8	8	6	2	0	−12	0	8	−10	0	14	8	6	6	−10	
966 G	−	+	−2	−	−4	−2	−6	4	+	−2	−8	6	−6	−4	−8	6	4	−10	4	−8	−6	0	−12	2	10	
966 H	−	+	1	−	0	−1	4	4	−	−1	10	−5	7	−3	3	0	6	−6	4	−2	−4	12	4	−6	−1	
966 I	−	−	−2	+	4	2	6	0	−	−2	4	6	−6	12	−12	6	−4	−10	4	−16	2	8	−16	6	−2	
966 J	−	−	3	+	4	−3	−4	0	−	3	−6	−9	9	−3	−7	−4	6	10	4	−6	−8	8	4	−14	−7	
966 K	−	−	−3	−	0	5	0	8	+	3	2	−7	9	−1	−3	−12	−6	14	−4	6	−4	−16	−12	6	−1	
968 A	+	1	1	−4	+	−4	−4	4	−3	−8	9	−5	12	−8	4	−10	7	8	11	−9	−4	−8	0	−1	1	
968 B	+	0	3	4	−	3	3	4	−8	−5	−4	11	7	−12	−8	−1	−4	−2	4	12	10	8	4	3	−13	
968 C	−	1	1	4	+	4	4	−4	−3	8	9	−5	−12	8	4	−10	7	−8	11	−9	4	8	0	−1	1	
968 D	−	0	3	−4	−	−3	−3	−4	−8	5	−4	11	−7	12	−8	−1	−4	2	4	12	−10	−8	−4	3	−13	
968 E	−	−3	−3	2	−	0	6	−4	1	8	−7	−1	−4	−6	−8	2	−1	−4	−5	3	−16	−2	2	15	−7	
969 A	1	−	2	2	2	2	+	+	6	0	−8	12	−4	12	−8	6	−4	−6	12	−8	−10	−12	−4	−6	8	
970 A	+	−2	+	0	3	−2	−1	−4	−6	5	−2	−8	10	10	9	−9	6	10	3	5	4	2	11	13	−	
970 B	−	−2	−	−4	−1	6	3	0	6	3	−2	12	−6	−2	−1	−3	14	−10	11	−1	12	−6	−5	5	−	

TABLE 3: HECKE EIGENVALUES 972A–984A

	2	3	5	7	11	13	17	19	23	29	31	37	41	43	47	53	59	61	67	71	73	79	83	89	97	W_q
972 A	−	+	0	−1	0	2	0	8	0	0	11	11	0	5	0	0	0	−13	11	0	17	−4	0	0	14	
972 B	−	+	0	5	0	5	0	−7	0	0	11	−1	0	5	0	0	0	14	−16	0	−10	17	0	0	−19	
972 C	−	−	0	−1	0	−7	0	−1	0	0	−7	11	0	−13	0	0	0	14	−16	0	−10	−13	0	0	5	
972 D	−	−	0	−4	0	5	0	−7	0	0	−7	−10	0	−13	0	0	0	−13	11	0	17	17	0	0	−19	
973 A	2	1	4	−	4	−2	−1	−7	−4	−1	−2	−3	2	10	6	−6	12	3	7	−11	−6	−4	−12	0	13	+
973 B	0	1	0	−	0	−4	3	−7	6	−9	−4	−7	0	8	6	−6	−12	−1	−13	−3	2	8	6	−6	17	−
974 A	+	0	3	−4	3	−5	8	0	6	10	7	6	3	−7	2	−2	5	−8	−2	−7	9	−4	−12	5	7	−
974 B	+	−1	−2	−4	−5	1	−6	6	4	2	−4	6	7	−5	−12	−2	−3	0	2	−7	9	4	−4	17	−17	−
974 C	+	2	−4	−4	2	4	6	0	−4	10	8	0	2	10	−12	2	−6	6	8	−8	−6	4	4	10	10	−
974 D	+	3	−2	4	−1	5	2	−2	−4	−6	−4	6	7	−1	4	6	1	0	2	−15	9	4	4	−15	−17	−
974 E	−	−1	1	−4	1	−2	0	0	−8	−4	−7	6	−5	4	−6	10	3	0	−4	−16	6	−8	−4	2	7	−
974 F	−	−1	−1	2	−4	−5	0	−6	2	4	5	6	−10	−11	−6	−4	0	0	−10	13	−3	4	−14	13	−2	−
974 G	−	−3	1	−2	−4	5	−4	−2	2	0	−7	−6	−2	−1	−2	0	−8	−12	−10	9	−3	4	−2	−3	−2	−
974 H	−	−3	−3	2	3	−2	2	−6	0	−8	−5	−6	3	−4	−4	4	−7	10	10	−16	−6	−10	−6	2	7	−
975 A	1	+	+	0	4	+	−2	−4	−8	−2	−8	−6	−6	4	8	−6	−12	−2	4	0	6	16	4	10	−18	
975 B	−2	+	+	3	−5	+	−5	2	1	10	−2	3	−9	4	−10	−9	0	−11	4	15	−6	−11	−8	−11	9	
975 C	1	+	+	1	−1	−	7	0	0	5	−1	8	6	8	5	1	−3	−7	7	0	12	−12	−11	8	−10	
975 D	−2	+	+	1	5	−	7	−6	−3	2	2	−7	9	8	−10	−5	0	5	4	9	6	−3	4	11	11	
975 E	−1	+	−	3	−1	+	5	−8	0	1	3	8	−2	−8	11	11	5	1	−3	16	4	12	3	0	2	
975 F	0	+	−	1	−1	−	1	−4	3	−8	−4	−3	−9	8	−10	1	4	−11	4	−1	−14	1	−6	−15	15	
975 G	−1	−	+	4	4	+	−2	0	0	−10	4	2	6	12	0	−6	12	−2	8	0	−2	8	−4	−2	−10	
975 H	1	−	+	−3	−1	−	−5	−8	0	1	3	−8	−2	8	−11	−11	5	1	3	16	−4	12	−3	0	−2	
975 I	−2	−	+	−3	−1	−	1	−2	3	−2	−6	−11	−5	−4	10	−11	8	13	−12	−5	−10	−3	12	−15	−17	
975 J	0	−	−	−1	−1	+	−1	−4	−3	−8	−4	3	−9	−8	10	−1	4	−11	−4	−1	14	1	6	−15	−15	
975 K	−1	−	−	−1	−1	+	−7	0	0	5	−1	−8	6	−8	−5	−1	−3	−7	−7	0	−12	−12	11	8	10	
976 A	−	2	1	5	3	−3	0	0	−5	6	0	−12	−3	8	−12	−2	9	+	−7	16	−3	−1	12	12	2	
976 B	−	2	−3	−1	5	1	4	4	9	−6	0	8	5	8	−4	6	−9	+	7	8	−11	−3	−4	−4	−14	
976 C	−	0	−3	3	1	1	−2	−2	−3	−8	0	−2	−3	−8	4	−10	−9	−	−13	12	5	17	−12	−8	−18	
978 A	+	+	0	3	−3	2	1	6	2	−4	1	3	10	−11	7	−10	3	14	14	9	14	4	16	3	−7	−
978 B	+	+	2	2	4	4	−2	0	0	−2	2	4	−10	12	−6	4	4	−10	4	−6	2	14	0	10	14	−
978 C	+	+	−3	−3	−6	−1	−2	0	5	−7	7	−6	−5	7	4	14	−6	−10	14	−6	2	4	−5	0	−1	−
978 D	+	+	−4	5	1	−2	1	−6	−6	4	−1	1	2	9	9	10	7	2	−2	15	−10	−4	−12	−5	17	−
978 E	+	−	−3	1	2	−5	−2	0	−3	−7	11	−6	−9	−1	−12	−10	10	14	6	−14	−14	−4	15	−8	−17	−
978 F	−	+	−1	−1	−2	−3	−2	−4	−1	3	5	−10	−5	−1	4	−14	14	−2	−10	−2	10	−12	−5	12	7	−
978 G	−	−	−3	−3	−4	1	−6	−2	−1	−3	7	−6	5	−7	2	−6	−10	8	6	14	−4	8	−1	−10	11	+
978 H	−	−	0	−1	3	2	3	2	−6	0	5	11	6	−7	9	−6	−3	−10	−10	−9	2	−4	12	9	−7	
979 A	0	2	3	0	+	−1	6	4	0	7	8	2	5	−11	−11	−9	8	3	8	−8	6	16	−7	−	7	
979 B	1	2	−2	−2	−	−2	−2	−6	2	6	−2	−6	−2	6	−4	−6	14	6	−4	−12	10	−4	6	−	14	
980 A	−	1	+	+	6	2	−6	8	3	3	2	8	−3	5	0	12	0	−1	−7	0	−10	−4	3	−3	−10	
980 B	−	−3	+	+	−2	−6	2	0	−9	3	2	8	5	1	8	4	−8	7	−3	8	14	4	−1	13	−10	
980 C	−	1	+	−	−1	−5	1	−6	−4	3	2	8	−10	−2	−7	−2	14	−8	14	0	−10	−11	−4	4	−3	
980 D	−	−1	+	−	3	1	3	−2	−6	−9	−8	−10	0	2	3	0	−12	−8	8	0	−14	5	12	−12	−17	
980 E	−	−1	−	−	1	5	−1	6	−4	3	−2	8	10	−2	7	−2	−14	8	14	0	10	−11	4	−4	3	
980 F	−	−1	−	−	6	−2	6	−8	3	3	−2	8	3	5	0	12	0	1	−7	0	10	−4	−3	3	10	
980 G	−	2	−	−	0	−2	6	4	6	6	4	2	−6	−10	6	−6	−12	−2	2	−12	−2	8	−6	6	−2	
980 H	−	3	−	−	−2	6	−2	0	−9	3	−2	8	−5	1	−8	4	8	−7	−3	8	−14	4	1	−13	10	
980 I	−	−3	−	−	−5	3	1	−6	6	−9	4	2	4	10	1	4	8	8	12	8	−2	13	4	−4	13	
981 A	1	−	1	−2	1	−4	4	−7	−1	−7	−2	−6	2	4	−7	4	−4	11	−12	10	11	8	−14	−5	−7	−
981 B	−1	−	−3	2	−1	0	8	−5	−7	5	6	2	−2	−4	−9	−12	−12	−5	−12	6	−5	8	2	−1	1	−
982 A	+	1	−2	2	−3	3	−3	−6	8	−6	−7	5	−5	7	−8	4	−12	−2	2	−13	0	16	−15	10	7	+
984 A	+	+	−1	−2	2	−3	−3	7	6	0	7	10	−	−12	12	10	11	10	−7	1	1	4	15	1	−18	

TABLE 3: HECKE EIGENVALUES 984B–999B

	2	3	5	7	11	13	17	19	23	29	31	37	41	43	47	53	59	61	67	71	73	79	83	89	97	W_q
984 B	+	+	2	4	5	0	−3	−2	0	3	1	−11	−	9	3	−2	8	1	2	1	−11	−14	6	−2	6	
984 C	−	+	−2	0	1	4	−7	2	4	−9	−7	−3	−	1	−9	−2	−8	1	2	5	−11	10	2	−18	2	
984 D	−	−	0	−2	−3	−6	−7	0	2	3	1	5	+	−3	7	6	−12	−7	10	9	−11	−10	12	−6	−12	
985 A	1	0	−	3	4	1	1	6	−3	7	−7	10	3	1	4	4	0	−7	2	−7	−3	−13	−4	−2	−8	+
985 B	−2	−2	−	1	−6	4	0	1	−3	−1	2	3	5	1	−3	6	−8	1	−2	6	−8	−16	−15	−14	2	−
986 A	+	−2	0	5	0	5	−	−1	0	+	−4	5	−3	5	−3	−9	6	11	2	15	−7	8	12	6	−10	
986 B	+	−1	1	−2	1	5	−	−4	−6	−	−1	2	2	−9	−3	3	6	−12	10	−14	−8	−11	−12	−16	−2	
986 C	+	2	−2	−2	−2	2	−	−4	6	−	−10	−10	2	−12	−12	6	0	6	4	10	−14	10	0	14	10	
986 D	−	1	−3	−2	−1	−3	+	4	−6	−	−7	−6	6	−3	7	11	−2	−8	−2	−2	8	3	0	−4	18	
986 E	−	−2	0	1	−4	−3	+	1	0	−	−4	−9	−9	3	−5	−1	10	1	−2	−5	−13	−12	0	14	−6	
986 F	−	0	−2	−1	0	−1	−	−7	−4	+	4	−3	−5	−1	−3	−3	−2	15	4	9	3	−14	6	8	2	
987 A	1	+	4	+	2	0	6	−4	6	6	−4	−10	0	6	−	10	12	10	−14	−8	−4	−8	12	18	−14	
987 B	−1	+	2	+	0	2	2	−4	−4	6	0	6	6	8	−	−10	−4	6	8	16	14	0	−12	2	18	
987 C	2	+	0	+	3	6	3	5	1	2	9	3	−2	−6	−	2	−3	−10	−2	−6	11	−13	−11	−1	18	
987 D	2	−	4	+	1	−2	−3	1	3	−2	−3	3	−10	−10	+	−6	3	10	10	6	15	−13	3	1	6	
987 E	−1	−	−2	+	−2	4	6	−2	−6	−8	6	−6	−10	−4	−	−6	−12	−14	4	0	12	8	12	−14	−6	
988 A	−	2	4	2	0	+	−3	+	3	−2	−11	−5	−5	11	−6	−14	11	7	−7	12	4	−2	−2	2	17	
988 B	−	0	2	−2	−2	+	−7	−	−5	2	−3	7	7	−9	−2	6	3	11	−3	−16	2	−4	−6	−6	−11	
988 C	−	0	−3	3	3	+	−7	−	0	−8	2	−8	2	1	−7	−4	−12	−9	2	4	−13	6	4	−6	4	
988 D	−	−2	0	2	0	−	−3	−	3	6	−1	−7	9	11	6	6	9	−1	11	12	8	−10	−6	6	11	
989 A	1	3	2	2	3	−3	0	−6	+	−2	−4	3	−6	−	12	12	−10	−7	5	7	10	−15	−7	9	12	
990 A	+	+	+	0	+	0	−2	2	−6	−2	0	−6	−2	−2	2	−2	−8	4	−4	2	−10	4	−12	0	−18	
990 B	+	+	−	−4	+	−4	6	2	6	6	8	2	6	−10	6	−6	0	8	−4	6	14	−16	−12	0	14	
990 C	+	−	+	0	+	6	−2	−4	0	10	0	6	−2	4	8	10	4	−2	−4	8	2	−8	12	6	18	
990 D	+	−	+	3	+	−6	7	5	6	−5	−3	3	−2	4	2	1	10	7	8	−7	14	10	6	15	−12	
990 E	+	−	+	0	−	−2	−2	−4	0	2	0	−2	−2	−12	−8	−6	12	6	4	0	−6	−16	−4	−10	2	
990 F	+	−	−	−1	−	2	3	−1	−6	9	5	5	6	8	−6	−9	−6	5	8	9	−10	14	6	15	8	
990 G	+	−	−	4	−	2	−2	4	4	−6	0	−10	6	−12	4	6	4	10	−12	4	10	4	−4	−10	18	
990 H	−	+	+	−4	−	−4	−6	2	−6	−6	8	2	−6	−10	−6	6	0	8	−4	−6	14	−16	12	0	14	
990 I	−	+	−	0	−	0	2	2	6	2	0	−6	2	−2	−2	2	8	4	−4	−2	−10	4	12	0	−18	
990 J	−	−	+	−4	+	−2	2	−8	0	−2	−8	−10	10	0	0	−14	4	14	−4	−8	10	12	−4	6	−14	
990 K	−	−	−	0	+	2	2	8	−4	−2	8	−2	−6	8	4	−2	−4	−6	−12	12	2	0	−4	6	−14	
990 L	−	−	−	5	+	2	−3	−7	6	3	−7	−7	−6	8	−6	3	6	−1	8	−3	2	−10	6	−9	−4	
994 A	+	1	0	+	−5	5	−2	4	−7	−5	−4	1	5	−8	8	−6	−8	13	−8	+	−4	−6	−9	0	−7	
994 B	+	−2	2	+	4	0	−4	6	0	−2	0	−2	0	−4	4	6	8	8	12	−	2	4	6	14	−8	
994 C	+	2	−2	−	4	0	0	2	8	6	−8	6	12	−4	12	6	−4	0	4	+	−14	4	−14	6	−12	
994 D	+	1	0	−	−3	−1	−6	−4	3	−9	8	5	3	−4	−12	6	12	−1	8	−	−4	−10	−9	−12	−1	
994 E	−	−2	4	+	2	6	−2	−6	0	2	0	−2	6	−4	8	−12	4	14	−6	+	2	16	6	−14	−2	
994 F	−	0	−2	−	−4	−6	6	0	−8	−2	0	6	−10	−4	8	−2	12	10	−12	+	−6	−8	−16	2	14	
994 G	−	−2	0	−	−6	2	−6	2	0	−6	8	−10	−6	−4	0	−12	−12	2	2	+	2	8	6	−6	2	
995 A	1	−2	−	4	0	−2	0	4	0	2	0	4	6	8	0	6	0	6	2	−4	8	8	−14	−10	0	+
995 B	0	1	−	2	−6	−4	3	−4	0	−6	−7	2	−6	8	12	6	−6	−13	5	0	−13	8	−12	3	14	−
996 A	−	+	4	4	4	−2	6	−2	−8	−6	−8	−2	−6	2	−12	4	12	2	−10	−8	14	6	+	4	6	
996 B	−	−	−1	−2	−3	0	−8	3	−3	6	−4	−5	−8	4	0	7	−9	−9	9	−2	10	8	+	−15	8	
996 C	−	−	−3	2	−3	−4	0	−7	−3	−6	8	11	0	−4	−12	−3	−9	−1	−13	6	−10	8	+	3	8	
997 A	−2	−1	0	4	0	−5	−4	4	1	0	8	−2	−10	6	2	−11	−11	−8	−5	−9	10	5	−12	9	−6	+
997 B	0	−1	−4	−2	−2	−5	−2	−4	−3	2	−4	−10	−2	6	−6	9	−3	4	−9	−13	10	−11	12	−7	−18	−
997 C	−2	−1	−2	−4	−2	−1	−6	−4	1	−4	−8	4	−6	−12	8	1	−7	−10	3	11	−10	1	0	1	18	−
999 A	1	+	1	−1	−2	−2	−3	0	−1	−3	−4	+	0	−4	0	4	11	−8	−7	6	2	−2	−6	10	−8	
999 B	−1	+	−1	−1	2	−2	3	0	1	3	−4	+	0	−4	0	−4	−11	−8	−7	−6	2	−2	6	−10	−8	

TABLE 4

BIRCH—SWINNERTON–DYER DATA

In Table 4 we give the numbers relating to the Birch–Swinnerton-Dyer conjecture, for each "strong Weil" curve E_f, under the assumption that E_f and E'_f, the curve whose equation is listed in Table 1, are the same. Each curve is identified as before with a single letter X after the conductor, and is the curve NX1 of Table 1.

For each curve we first give the rank r, and then list (to 10 decimal places): the real period $\Omega(f)$, the value of $L^{(r)}(f,1)$, the regulator R of E'_f, and the ratio $L^{(r)}(f,1)/R\Omega$. For curves of rank 0 we obviously have $R = 1$; also the ratio $L(f,1)/\Omega(f)$ is known exactly in these cases, so we give it as an exact rational rather than as a decimal. Finally we give the value of

$$S = \frac{L^{(r)}(f,1)}{\Omega(f)} \bigg/ \frac{(\prod c_p)R}{|T|^2},$$

which according to the Birch–Swinnerton-Dyer conjecture should equal $|\text{III}|$, the order of the Tate–Shafarevich group of E_f. The value S is known exactly in case $r = 0$ and approximately in case $r > 0$; in each case it is a positive integer to within 10 decimal places, and is (to this precision) equal to 1 in all but 4 cases. The exceptions are

$$S = 4 \quad \text{for 571A, 960D, and 960N;}$$
$$S = 9 \quad \text{for 681B.}$$

These are all curves of rank 0, so that the value of S is exact.

TABLE 4: BIRCH–SWINNERTON-DYER DATA 11A–66A

Curve	r	Ω	$L^{(r)}(1)$	R	$L^{(r)}(1)/\Omega R$	S
11 A (B)	0	1.2692093043	0.2538418609	1.0000000000	1/5	1
14 A (C)	0	1.9813419561	0.3302236593	1.0000000000	1/6	1
15 A (C)	0	2.8012060847	0.3501507606	1.0000000000	1/8	1
17 A (C)	0	1.5470797536	0.3867699384	1.0000000000	1/4	1
19 A (B)	0	1.3597597335	0.4532532445	1.0000000000	1/3	1
20 A (B)	0	2.8243751420	0.4707291903	1.0000000000	1/6	1
21 A (B)	0	3.6089232431	0.4511154054	1.0000000000	1/8	1
24 A (B)	0	4.3130312950	0.5391289119	1.0000000000	1/8	1
26 A (B)	0	1.5467299538	0.5155766513	1.0000000000	1/3	1
26 B (D)	0	4.3467574468	0.6209653495	1.0000000000	1/7	1
27 A (B)	0	1.7666387503	0.5888795834	1.0000000000	1/3	1
30 A (A)	0	3.3519482592	0.5586580432	1.0000000000	1/6	1
32 A (B)	0	2.6220575543	0.6555143886	1.0000000000	1/4	1
33 A (B)	0	2.9893565910	0.7473391477	1.0000000000	1/4	1
34 A (A)	0	4.4956633263	0.7492772211	1.0000000000	1/6	1
35 A (B)	0	2.1087337174	0.7029112391	1.0000000000	1/3	1
36 A (A)	0	4.2065463160	0.7010910527	1.0000000000	1/6	1
37 A (A)	1	5.9869172925	0.3059997738	0.0511114082	1.0000000000	1.0
37 B (C)	0	2.1770431858	0.7256810619	1.0000000000	1/3	1
38 A (D)	0	1.8906322299	0.6302107433	1.0000000000	1/3	1
38 B (A)	0	4.0962281653	0.8192456331	1.0000000000	1/5	1
39 A (B)	0	3.3067514027	0.8266878507	1.0000000000	1/4	1
40 A (B)	0	2.9688249468	0.7422062367	1.0000000000	1/4	1
42 A (A)	0	3.4754474575	0.8688618644	1.0000000000	1/4	1
43 A (A)	1	5.4686895300	0.3435239746	0.0628165071	1.0000000000	1.0
44 A (A)	0	2.4139388627	0.8046462876	1.0000000000	1/3	1
45 A (A)	0	1.8431817533	0.9215908766	1.0000000000	1/2	1
46 A (A)	0	1.3218082226	0.6609041113	1.0000000000	1/2	1
48 A (B)	0	3.3715007096	0.8428751774	1.0000000000	1/4	1
49 A (A)	0	1.9333117056	0.9666558528	1.0000000000	1/2	1
50 A (E)	0	2.1394949443	0.7131649814	1.0000000000	1/3	1
50 B (A)	0	4.7840561329	0.9568112266	1.0000000000	1/5	1
51 A (A)	0	2.5801770484	0.8600590161	1.0000000000	1/3	1
52 A (B)	0	1.6909664173	0.8454832086	1.0000000000	1/2	1
53 A (A)	1	4.6876410489	0.4358638242	0.0929814846	1.0000000000	1.0
54 A (E)	0	2.1047244760	0.7015748253	1.0000000000	1/3	1
54 B (A)	0	3.0915655491	1.0305218497	1.0000000000	1/3	1
55 A (B)	0	4.1146794247	1.0286698562	1.0000000000	1/4	1
56 A (C)	0	3.4981932568	0.8745483142	1.0000000000	1/4	1
56 B (A)	0	1.8960382312	0.9480191156	1.0000000000	1/2	1
57 A (E)	1	5.5555045214	0.4174916397	0.0375745927	2.0000000000	1.0
57 B (B)	0	4.3412090891	1.0853022723	1.0000000000	1/4	1
57 C (F)	0	1.4662739791	0.5865095917	1.0000000000	2/5	1
58 A (A)	1	5.4655916989	0.4637041648	0.0424203078	2.0000000000	1.0
58 B (B)	0	2.5830187734	1.0332075094	1.0000000000	2/5	1
61 A (A)	1	6.1331931484	0.4856736514	0.0791877314	1.0000000000	1.0
62 A (A)	0	4.4349626414	1.1087406604	1.0000000000	1/4	1
63 A (A)	0	2.2066209287	1.1033104643	1.0000000000	1/2	1
64 A (B)	0	3.7081493546	0.9270373387	1.0000000000	1/4	1
65 A (A)	1	5.3828534706	0.5053343423	0.3755140987	0.2500000000	1.0
66 A (A)	0	4.7825487441	0.7970914573	1.0000000000	1/6	1

TABLE 4: BIRCH–SWINNERTON-DYER DATA 66B–106C

Curve	r	Ω	$L^{(r)}(1)$	R	$L^{(r)}(1)/\Omega R$	S
66 B (E)	0	4.4087701205	1.1021925301	1.0000000000	1/4	1
66 C (I)	0	2.3832296312	1.1916148156	1.0000000000	1/2	1
67 A (A)	0	1.2737700365	1.2737700365	1.0000000000	1	1
69 A (A)	0	2.4058638676	1.2029319338	1.0000000000	1/2	1
70 A (A)	0	2.3606086931	1.1803043466	1.0000000000	1/2	1
72 A (A)	0	1.9465368423	0.9732684211	1.0000000000	1/2	1
73 A (B)	0	2.3653209345	1.1826604672	1.0000000000	1/2	1
75 A (A)	0	1.4025399402	1.4025399402	1.0000000000	1	1
75 B (E)	0	2.5054748897	1.2527374449	1.0000000000	1/2	1
75 C (C)	0	3.1361746475	0.6272349295	1.0000000000	1/5	1
76 A (A)	0	1.1104197465	1.1104197465	1.0000000000	1	1
77 A (F)	1	3.1997813616	0.6273362019	0.0980279793	2.0000000000	1.0
77 B (D)	0	1.5489100656	1.0326067104	1.0000000000	2/3	1
77 C (A)	0	2.6516148585	1.3258074292	1.0000000000	1/2	1
78 A (A)	0	1.4504359262	0.7252179631	1.0000000000	1/2	1
79 A (A)	1	5.9508003526	0.5811802159	0.0976642101	1.0000000000	1.0
80 A (F)	0	4.0378116400	1.0094529100	1.0000000000	1/4	1
80 B (B)	0	2.2741651990	1.1370825995	1.0000000000	1/2	1
82 A (A)	1	5.1889950404	0.5830015595	0.2247069249	0.5000000000	1.0
83 A (A)	1	3.3744689001	0.5982673327	0.1772922941	1.0000000000	1.0
84 A (C)	0	2.1903171092	1.0951585546	1.0000000000	1/2	1
84 B (A)	0	1.9449239505	0.9724619753	1.0000000000	1/2	1
85 A (A)	0	2.7953844365	1.3976922183	1.0000000000	1/2	1
88 A (A)	1	4.2525295331	0.6849015939	0.0402643643	4.0000000000	1.0
89 A (C)	1	5.5526265646	0.6224765415	0.1121048812	1.0000000000	1.0
89 B (A)	0	2.8446096585	1.4223048292	1.0000000000	1/2	1
90 A (M)	0	2.4599353712	0.8199784571	1.0000000000	1/3	1
90 B (A)	0	3.9710942585	1.3236980862	1.0000000000	1/3	1
90 C (E)	0	1.3375959946	1.3375959946	1.0000000000	1	1
91 A (A)	1	3.8972609371	0.5549393665	0.1423921507	1.0000000000	1.0
91 B (B)	1	6.0394915365	0.7108113038	1.0592450864	0.1111111111	1.0
92 A (A)	0	3.4103924343	1.1367974781	1.0000000000	1/3	1
92 B (C)	1	4.7070877612	0.7033574920	0.0498083973	3.0000000000	1.0
94 A (A)	0	2.7134690132	1.3567345066	1.0000000000	1/2	1
96 A (E)	0	4.6856803366	1.1714200841	1.0000000000	1/4	1
96 B (A)	0	4.0043095218	1.0010773805	1.0000000000	1/4	1
98 A (B)	0	1.0019771958	1.0019771958	1.0000000000	1	1
99 A (A)	1	4.4984528866	0.6805515591	0.3025713846	0.5000000000	1.0
99 B (H)	0	3.1692296155	0.7923074039	1.0000000000	1/4	1
99 C (F)	0	2.7285845914	1.3642922957	1.0000000000	1/2	1
99 D (C)	0	1.6844963330	1.6844963330	1.0000000000	1	1
100 A (A)	0	2.5261979246	1.2630989623	1.0000000000	1/2	1
101 A (A)	1	4.5902472119	0.7560295657	0.1647034529	1.0000000000	1.0
102 A (E)	1	4.7278638235	0.6772848980	0.1432538929	1.0000000000	1.0
102 B (G)	0	2.9593558556	1.4796779278	1.0000000000	1/2	1
102 C (A)	0	2.7860649844	0.9286883281	1.0000000000	1/3	1
104 A (A)	0	1.1836111473	1.1836111473	1.0000000000	1	1
105 A (A)	0	5.8634534537	1.4658633634	1.0000000000	1/4	1
106 A (B)	0	3.7857830586	1.2619276862	1.0000000000	1/3	1
106 B (A)	1	5.0128820343	0.6909022751	0.0689126804	2.0000000000	1.0
106 C (E)	0	0.5717994122	1.5247984324	1.0000000000	8/3	1

TABLE 4: BIRCH–SWINNERTON-DYER DATA 106D–136B

Curve	r	Ω	$L^{(r)}(1)$	R	$L^{(r)}(1)/\Omega R$	S
106 D (D)	0	1.0421614431	1.0421614431	1.0000000000	1	1
108 A (A)	0	3.3387380236	1.1129126745	1.0000000000	1/3	1
109 A (A)	0	1.4110259162	1.4110259162	1.0000000000	1	1
110 A (C)	0	1.3595418147	1.3595418147	1.0000000000	1	1
110 B (A)	0	4.6222420328	1.5407473443	1.0000000000	1/3	1
110 C (E)	0	2.8261738995	0.9420579665	1.0000000000	1/3	1
112 A (K)	1	3.3732121966	0.8093007286	0.2399198987	1.0000000000	1.0
112 B (A)	0	2.2962114575	1.1481057287	1.0000000000	1/2	1
112 C (E)	0	1.3254912397	1.3254912397	1.0000000000	1	1
113 A (B)	0	2.0183698932	1.0091849466	1.0000000000	1/2	1
114 A (A)	0	3.1488707131	1.5744353566	1.0000000000	1/2	1
114 B (E)	0	1.5271441130	0.7635720565	1.0000000000	1/2	1
114 C (G)	0	1.1101789855	1.3877237318	1.0000000000	5/4	1
115 A (A)	0	1.8080388810	1.8080388810	1.0000000000	1	1
116 A (E)	0	0.2863256792	0.8589770377	1.0000000000	3	1
116 B (A)	0	3.8294768331	1.2764922777	1.0000000000	1/3	1
116 C (D)	0	2.6462381980	1.3231190990	1.0000000000	1/2	1
117 A (A)	1	2.6403251263	0.7461133887	1.1303356262	0.2500000000	1.0
118 A (A)	1	4.1584572190	0.7311083080	0.0879061957	2.0000000000	1.0
118 B (B)	0	3.4884515797	1.3953806319	1.0000000000	2/5	1
118 C (D)	0	1.6840974200	1.6840974200	1.0000000000	1	1
118 D (E)	0	1.0990077472	1.0990077472	1.0000000000	1	1
120 A (E)	0	5.0779771119	1.2694942780	1.0000000000	1/4	1
120 B (A)	0	2.4898202911	1.2449101455	1.0000000000	1/2	1
121 A (H)	0	1.0197948618	1.0197948618	1.0000000000	1	1
121 B (D)	1	4.8024213220	0.8623722967	0.0897851562	2.0000000000	1.0
121 C (F)	0	1.6661569204	1.6661569204	1.0000000000	1	1
121 D (A)	0	0.8796995193	1.7593990387	1.0000000000	2	1
122 A (A)	1	2.9660992729	0.7168659467	0.1208432154	2.0000000000	1.0
123 A (A)	1	3.9950826936	0.6715905138	0.8405214175	0.2000000000	1.0
123 B (C)	1	2.9874191593	0.8720710560	0.2919145287	1.0000000000	1.0
124 A (B)	1	4.9333272334	0.8559827493	0.5205306939	0.3333333333	1.0
124 B (A)	0	1.1755295616	1.1755295616	1.0000000000	1	1
126 A (A)	0	1.5305454481	1.5305454481	1.0000000000	1	1
126 B (G)	0	0.9104737369	0.9104737369	1.0000000000	1	1
128 A (C)	1	4.0364616539	0.8725440838	0.4323311646	0.5000000000	1.0
128 B (F)	0	1.9426724598	0.9713362299	1.0000000000	1/2	1
128 C (A)	0	2.7473537399	1.3736768699	1.0000000000	1/2	1
128 D (G)	0	2.8542094075	1.4271047037	1.0000000000	1/2	1
129 A (E)	1	4.4728045672	0.8941955093	0.0999591527	2.0000000000	1.0
129 B (B)	0	2.1455286131	1.6091464598	1.0000000000	3/4	1
130 A (E)	1	3.7842289994	0.7382173988	1.1704641536	0.1666666667	1.0
130 B (A)	0	3.1294275088	1.5647137544	1.0000000000	1/2	1
130 C (J)	0	0.8865474519	1.7730949038	1.0000000000	2	1
131 A (A)	1	4.1716092763	0.9014647353	0.2160951987	1.0000000000	1.0
132 A (A)	0	2.6563291575	1.3281645788	1.0000000000	1/2	1
132 B (C)	0	2.1888884346	1.0944442173	1.0000000000	1/2	1
135 A (A)	1	3.7814246602	0.6703486968	0.0295456852	6.0000000000	1.0
135 B (B)	0	0.9833356547	1.9666713094	1.0000000000	2	1
136 A (A)	1	3.8871054798	0.8998959875	0.2315079928	1.0000000000	1.0
136 B (C)	0	2.8672616758	1.4336308379	1.0000000000	1/2	1

TABLE 4: BIRCH–SWINNERTON-DYER DATA 138A–162B

Curve	r	Ω	$L^{(r)}(1)$	R	$L^{(r)}(1)/\Omega R$	S
138 A (E)	1	4.4583602683	0.7907712971	0.1773681913	1.0000000000	1.0
138 B (G)	0	3.0602034222	1.0200678074	1.0000000000	1/3	1
138 C (A)	0	2.9754615368	1.4877307684	1.0000000000	1/2	1
139 A (A)	0	1.7396869770	1.7396869770	1.0000000000	1	1
140 A (A)	0	1.3443015422	1.3443015422	1.0000000000	1	1
140 B (C)	0	1.5555116321	1.5555116321	1.0000000000	1	1
141 A (E)	1	2.9765040248	0.7185501725	0.0344867750	7.0000000000	1.0
141 B (G)	0	1.3805576056	0.6902788028	1.0000000000	1/2	1
141 C (A)	0	3.8499118765	0.9624779691	1.0000000000	1/4	1
141 D (I)	1	4.7295280333	0.9387887853	0.1984952365	1.0000000000	1.0
141 E (H)	0	2.1075355786	2.1075355786	1.0000000000	1	1
142 A (F)	1	3.4643325948	1.0535114537	0.0337891426	9.0000000000	1.0
142 B (E)	1	4.4304737755	0.8015334521	0.1809137110	1.0000000000	1.0
142 C (A)	0	1.8851444898	0.9425722449	1.0000000000	1/2	1
142 D (C)	0	5.2000441497	1.7333480499	1.0000000000	1/3	1
142 E (G)	0	1.3008551919	1.3008551919	1.0000000000	1	1
143 A (A)	1	1.9699231646	0.9456964112	0.2400338318	2.0000000000	1.0
144 A (A)	0	2.4286506479	1.2143253239	1.0000000000	1/2	1
144 B (E)	0	2.4901297792	1.2450648896	1.0000000000	1/2	1
145 A (A)	1	5.6915790981	0.8316217075	0.5844576299	0.2500000000	1.0
147 A (C)	0	1.4445724908	0.7222862454	1.0000000000	1/2	1
147 B (I)	0	2.1340337345	2.1340337345	1.0000000000	1	1
147 C (A)	0	1.9200537453	1.9200537453	1.0000000000	1	1
148 A (A)	1	3.3849941577	0.9773274900	0.0962411794	3.0000000000	1.0
150 A (A)	0	1.7692592483	1.7692592483	1.0000000000	1	1
150 B (G)	0	0.7912367898	0.7912367898	1.0000000000	1	1
150 C (I)	0	1.4990368329	1.4990368329	1.0000000000	1	1
152 A (A)	1	3.6456468990	0.9539180658	0.0654148696	4.0000000000	1.0
152 B (B)	0	1.3670652145	1.3670652145	1.0000000000	1	1
153 A (C)	1	5.0866355584	0.7068417367	0.0694802811	2.0000000000	1.0
153 B (A)	1	2.2547575497	1.0181559607	0.1128897385	4.0000000000	1.0
153 C (E)	0	3.1705064379	1.5852532190	1.0000000000	1/2	1
153 D (D)	0	1.0383987258	2.0767974516	1.0000000000	2	1
154 A (C)	1	3.5423530689	0.8716922254	0.2460771720	1.0000000000	1.0
154 B (E)	0	1.1263920237	1.6895880356	1.0000000000	3/2	1
154 C (A)	0	1.2199842863	1.2199842863	1.0000000000	1	1
155 A (D)	1	2.2165110787	0.6715528888	1.5148872822	0.2000000000	1.0
155 B (A)	0	2.1141393763	1.0570696881	1.0000000000	1/2	1
155 C (C)	1	5.3453690009	0.9843172157	0.1841439226	1.0000000000	1.0
156 A (E)	1	4.5382403755	1.0035030550	0.1474144120	1.5000000000	1.0
156 B (A)	0	2.7522991873	1.3761495936	1.0000000000	1/2	1
158 A (E)	1	3.5817087725	1.1172146322	0.0389902803	8.0000000000	1.0
158 B (D)	1	5.3375846274	0.8451399432	0.0791687629	2.0000000000	1.0
158 C (H)	0	1.9304530479	1.5443624383	1.0000000000	4/5	1
158 D (B)	0	1.6852937385	1.1235291590	1.0000000000	2/3	1
158 E (F)	0	3.8328305468	1.9164152734	1.0000000000	1/2	1
160 A (D)	1	5.4517057364	0.9777440810	0.3586929040	0.5000000000	1.0
160 B (A)	0	3.0115524554	1.5057762277	1.0000000000	1/2	1
161 A (B)	0	3.4513373072	0.8628343268	1.0000000000	1/4	1
162 A (K)	1	4.3954427629	0.8964795141	0.3059348839	0.6666666667	1.0
162 B (G)	0	5.0519074124	1.6839691375	1.0000000000	1/3	1

TABLE 4: BIRCH–SWINNERTON-DYER DATA 162C–189C

Curve	r	Ω	$L^{(r)}(1)$	R	$L^{(r)}(1)/\Omega R$	S
162 C (A)	0	2.8006777426	0.9335592475	1.0000000000	1/3	1
162 D (E)	0	2.6051702504	1.7367801669	1.0000000000	2/3	1
163 A (A)	1	5.5180730712	1.0479330218	0.1899092325	1.0000000000	1.0
166 A (A)	1	4.7801672708	0.8600170155	0.0899567909	2.0000000000	1.0
168 A (B)	0	2.9025247409	1.4512623705	1.0000000000	1/2	1
168 B (E)	0	2.3215093041	1.1607546520	1.0000000000	1/2	1
170 A (A)	1	4.0409291005	0.8289341482	0.2051345440	1.0000000000	1.0
170 B (H)	0	1.9117819746	0.6372606582	1.0000000000	1/3	1
170 C (F)	0	0.7915291521	1.8469013550	1.0000000000	7/3	1
170 D (D)	0	3.3291061788	1.1097020596	1.0000000000	1/3	1
170 E (C)	0	1.3360256749	1.3360256749	1.0000000000	1	1
171 A (D)	0	3.4734453619	0.8683613405	1.0000000000	1/4	1
171 B (A)	1	2.3827779033	1.0768577238	0.2259668688	2.0000000000	1.0
171 C (I)	0	1.0700870190	2.1401740379	1.0000000000	2	1
171 D (H)	0	1.1075480554	2.2150961108	1.0000000000	2	1
172 A (A)	1	4.0096273260	1.0159589215	0.7601396630	0.3333333333	1.0
174 A (I)	0	0.4362942674	1.0180199573	1.0000000000	7/3	1
174 B (G)	0	1.8598039585	1.8598039585	1.0000000000	1	1
174 C (F)	0	1.5847007717	1.5847007717	1.0000000000	1	1
174 D (A)	0	2.2764447598	1.1382223799	1.0000000000	1/2	1
174 E (E)	0	0.8687758077	0.8687758077	1.0000000000	1	1
175 A (B)	1	2.6245205399	0.6977340315	0.1329259994	2.0000000000	1.0
175 B (C)	1	2.8291631631	1.0476202635	0.0925733338	4.0000000000	1.0
175 C (F)	0	1.1737212671	2.3474425342	1.0000000000	2	1
176 A (C)	0	1.6554236532	1.6554236532	1.0000000000	1	1
176 B (D)	0	1.4588166169	1.4588166169	1.0000000000	1	1
176 C (A)	1	3.0540697209	1.0693142864	0.1750638303	2.0000000000	1.0
178 A (A)	0	1.4760248421	1.9680331227	1.0000000000	4/3	1
178 B (C)	0	2.5803848480	1.2901924240	1.0000000000	1/2	1
179 A (A)	0	2.2601982547	2.2601982547	1.0000000000	1	1
180 A (A)	0	2.6259797797	1.3129898898	1.0000000000	1/2	1
182 A (E)	0	0.7188679094	1.7971697734	1.0000000000	5/2	1
182 B (A)	0	1.9204065876	1.9204065876	1.0000000000	1	1
182 C (J)	0	1.2089756349	1.2089756349	1.0000000000	1	1
182 D (D)	0	2.1353664019	2.1353664019	1.0000000000	1	1
182 E (I)	0	1.3931977005	1.3931977005	1.0000000000	1	1
184 A (C)	1	4.4163757466	1.0875847398	0.1231309112	2.0000000000	1.0
184 B (B)	1	5.3243221525	1.0975263443	0.1030672368	2.0000000000	1.0
184 C (D)	0	2.5979495920	1.2989747960	1.0000000000	1/2	1
184 D (A)	0	0.8765533735	1.7531067469	1.0000000000	2	1
185 A (D)	1	3.5930803975	0.8196298176	0.1140567044	2.0000000000	1.0
185 B (A)	1	4.8983715401	1.0803747090	0.1102789672	2.0000000000	1.0
185 C (B)	1	3.4935106383	1.2447948639	1.4252652907	0.2500000000	1.0
186 A (D)	0	0.7823354594	0.7823354594	1.0000000000	1	1
186 B (B)	0	1.9528976690	1.9528976690	1.0000000000	1	1
186 C (A)	0	1.1823572975	1.1823572975	1.0000000000	1	1
187 A (A)	0	2.1146369273	1.4097579516	1.0000000000	2/3	1
187 B (C)	0	2.3270976414	2.3270976414	1.0000000000	1	1
189 A (A)	1	4.0550955533	0.7689943976	0.0632121888	3.0000000000	1.0
189 B (C)	1	5.4604576374	1.1304624983	1.8632435522	0.1111111111	1.0
189 C (F)	0	3.7360320500	1.2453440167	1.0000000000	1/3	1

TABLE 4: BIRCH–SWINNERTON-DYER DATA 189D–212A

Curve	r	Ω	$L^{(r)}(1)$	R	$L^{(r)}(1)/\Omega R$	S
189 D (B)	0	2.2649180731	2.2649180731	1.0000000000	1	1
190 A (D)	1	2.7276120737	1.2342342404	0.0205680115	22.000000000	1.0
190 B (C)	1	3.4751792755	0.9162065638	0.1318214819	2.0000000000	1.0
190 C (A)	0	0.9862313357	1.9724626715	1.0000000000	2	1
192 A (Q)	1	3.3132763405	1.1195591687	1.3516037344	0.2500000000	1.0
192 B (A)	0	5.6629488337	1.4157372084	1.0000000000	1/4	1
192 C (K)	0	3.0497736762	1.5248868381	1.0000000000	1/2	1
192 D (E)	0	2.3840110146	1.1920055073	1.0000000000	1/2	1
194 A (A)	0	3.7750977496	1.8875488748	1.0000000000	1/2	1
195 A (A)	0	4.0228485413	1.0057121353	1.0000000000	1/4	1
195 B (I)	0	2.4793554937	2.4793554937	1.0000000000	1	1
195 C (K)	0	0.8075282392	2.4225847175	1.0000000000	3	1
195 D (J)	0	2.1212032775	2.1212032775	1.0000000000	1	1
196 A (A)	1	4.3609185288	1.1255807768	0.0860354510	3.0000000000	1.0
196 B (C)	0	1.5672749721	1.5672749721	1.0000000000	1	1
197 A (A)	1	5.6695604223	0.7873204700	0.1388679918	1.0000000000	1.0
198 A (I)	1	2.5334819295	0.9882757884	0.1950429914	2.0000000000	1.0
198 B (E)	0	1.8053975906	1.8053975906	1.0000000000	1	1
198 C (M)	0	2.7073977438	1.8049318292	1.0000000000	2/3	1
198 D (A)	0	2.9230911893	0.9743637298	1.0000000000	1/3	1
198 E (Q)	0	1.0857413665	1.0857413665	1.0000000000	1	1
200 A (B)	0	0.8086102703	0.8086102703	1.0000000000	1	1
200 B (C)	1	3.7121152732	1.0884331301	0.2932110266	1.0000000000	1.0
200 C (G)	0	2.6553977578	1.3276988789	1.0000000000	1/2	1
200 D (E)	0	1.6601084182	1.6601084182	1.0000000000	1	1
200 E (A)	0	1.8081075317	1.8081075317	1.0000000000	1	1
201 A	1	3.4396827280	0.7311199568	0.1062772376	2.0000000000	1.0
201 B	1	3.9730794904	1.0237848640	0.0858934794	3.0000000000	1.0
201 C	1	3.1413000178	1.3514120376	0.4302078853	1.0000000000	1.0
202 A	0	1.0396665953	1.0396665953	1.0000000000	1	1
203 A	0	1.7527085873	0.3505417175	1.0000000000	1/5	1
203 B	1	2.1960815500	0.9130968311	0.2078922869	2.0000000000	1.0
203 C	0	4.1972127996	2.0986063998	1.0000000000	1/2	1
204 A	0	0.3761481280	1.1284443840	1.0000000000	3	1
204 B	0	1.5198335215	1.5198335215	1.0000000000	1	1
205 A	1	4.8982345731	0.9812396964	1.6026013973	0.1250000000	1.0
205 B	0	2.2297855138	1.1148927569	1.0000000000	1/2	1
205 C	0	4.1540692640	2.0770346320	1.0000000000	1/2	1
206 A	0	2.8621154666	1.4310577333	1.0000000000	1/2	1
207 A	1	2.7562368184	0.9785571203	0.3550337597	1.0000000000	1.0
208 A	1	1.7396717417	1.1571474716	0.1662881916	4.0000000000	1.0
208 B	1	3.7085476616	1.1687186183	0.0787854657	4.0000000000	1.0
208 C	0	2.8023148363	1.4011574181	1.0000000000	1/2	1
208 D	0	0.9020285967	1.8040571934	1.0000000000	2	1
209 A	1	2.8242928435	1.2523241408	0.6651173640	0.6666666667	1.0
210 A	0	1.9904248604	1.9904248604	1.0000000000	1	1
210 B	0	2.3533261493	1.1766630746	1.0000000000	1/2	1
210 C	0	1.6773824351	1.6773824351	1.0000000000	1	1
210 D	1	3.5846020263	0.9546630067	0.5326465810	0.5000000000	1.0
210 E	0	1.0259330100	2.0518660200	1.0000000000	2	1
212 A	1	3.5702124333	1.1728370526	0.1095020791	3.0000000000	1.0

TABLE 4: BIRCH–SWINNERTON-DYER DATA 212B–238B

Curve	r	Ω	$L^{(r)}(1)$	R	$L^{(r)}(1)/\Omega R$	S
212 B	0	1.1700042516	1.7550063774	1.0000000000	3/2	1
213 A	0	3.8962324367	1.9481162183	1.0000000000	1/2	1
214 A	1	3.9012468358	1.3657652583	0.0500120425	7.0000000000	1.0
214 B	1	3.4346780132	0.8945585519	0.2604490285	1.0000000000	1.0
214 C	1	3.2209151387	1.0782012651	0.1673749880	2.0000000000	1.0
214 D	0	3.0714435058	2.0476290039	1.0000000000	2/3	1
215 A	1	1.3878357096	1.2136934223	0.4372612024	2.0000000000	1.0
216 A	1	3.3065764467	1.2396536502	0.0312421238	12.000000000	1.0
216 B	0	1.3100970703	1.3100970703	1.0000000000	1	1
216 C	0	1.3892474299	1.3892474299	1.0000000000	1	1
216 D	0	0.7284172462	1.4568344924	1.0000000000	2	1
218 A	1	3.6044066451	1.3776391764	0.5733145475	0.6666666667	1.0
219 A	1	5.6338346986	0.7445712952	0.1321606570	1.0000000000	1.0
219 B	1	3.0575161484	1.2803214992	1.2562368639	0.3333333333	1.0
219 C	1	1.5909301236	1.4044028079	1.7655116175	0.5000000000	1.0
220 A	1	3.1205498611	1.1411181831	0.7313571222	0.5000000000	1.0
220 B	0	3.4764596611	1.7382298305	1.0000000000	1/2	1
221 A	0	1.9250249682	0.9625124841	1.0000000000	1/2	1
221 B	0	4.3522001524	2.1761000762	1.0000000000	1/2	1
222 A	0	2.0529956743	2.0529956743	1.0000000000	1	1
222 B	0	1.6808078275	1.6808078275	1.0000000000	1	1
222 C	0	1.7930022995	0.8965011497	1.0000000000	1/2	1
222 D	0	1.2987881634	1.2987881634	1.0000000000	1	1
222 E	0	0.6807637973	0.6807637973	1.0000000000	1	1
224 A	1	2.9056796324	1.1435250754	0.7870964594	0.5000000000	1.0
224 B	0	3.4350375032	1.7175187516	1.0000000000	1/2	1
225 A	1	4.0529757590	1.2453986751	0.1536400350	2.0000000000	1.0
225 B	0	1.8125458617	1.2083639078	1.0000000000	2/3	1
225 C	0	0.8242959390	0.8242959390	1.0000000000	1	1
225 D	0	1.2056681714	2.4113363427	1.0000000000	2	1
225 E	1	2.6959559895	0.8278123885	0.0255880905	12.000000000	1.0
226 A	1	3.6884308015	1.3960301214	0.2523259342	1.5000000000	1.0
228 A	0	2.4763879622	1.2381939811	1.0000000000	1/2	1
228 B	1	2.6951042086	1.2048427141	0.0745081093	6.0000000000	1.0
229 A	1	4.0779758306	1.0708644692	0.2625970613	1.0000000000	1.0
231 A	0	4.6583108957	0.5822888620	1.0000000000	1/8	1
232 A	1	2.1738325628	1.2149825685	0.2794563365	2.0000000000	1.0
232 B	0	0.7973190120	1.5946380240	1.0000000000	2	1
233 A	0	2.7842671971	1.3921335986	1.0000000000	1/2	1
234 A	0	1.0415729062	1.0415729062	1.0000000000	1	1
234 B	0	0.9776832784	1.9553665569	1.0000000000	2	1
234 C	1	3.8376981202	1.0636553091	0.2771597129	1.0000000000	1.0
234 D	0	0.4593769991	1.8375079963	1.0000000000	4	1
234 E	0	2.0087998968	2.0087998968	1.0000000000	1	1
235 A	1	3.8526221204	0.9646622016	0.0834636923	3.0000000000	1.0
235 B	0	0.6184601660	0.6184601660	1.0000000000	1	1
235 C	0	2.8253354850	2.8253354850	1.0000000000	1	1
236 A	1	4.3419651590	1.2389727062	0.0951161253	3.0000000000	1.0
236 B	0	4.9840035894	1.6613345298	1.0000000000	1/3	1
238 A	1	1.9151889279	1.4310007528	0.1067407377	7.0000000000	1.0
238 B	1	3.3407446902	1.0723237703	0.6419669084	0.5000000000	1.0

TABLE 4: BIRCH–SWINNERTON-DYER DATA 238C–264C

Curve	r	Ω	$L^{(r)}(1)$	R	$L^{(r)}(1)/\Omega R$	S
238 C	0	3.9826564062	1.9913282031	1.0000000000	1/2	1
238 D	0	2.3178772183	2.3178772183	1.0000000000	1	1
238 E	0	1.5219415283	1.5219415283	1.0000000000	1	1
240 A	0	2.4128899940	1.2064449970	1.0000000000	1/2	1
240 B	0	1.1583921113	1.1583921113	1.0000000000	1	1
240 C	1	2.7966571710	1.2467793271	0.8916211397	0.5000000000	1.0
240 D	0	1.5962422221	1.5962422221	1.0000000000	1	1
242 A	1	2.9307853161	1.4486447784	0.1235713829	4.0000000000	1.0
242 B	0	0.8024848730	0.5349899154	1.0000000000	2/3	1
243 A	1	2.5479339785	1.2901905904	0.5063673554	1.0000000000	1.0
243 B	0	3.6747566856	1.2249188952	1.0000000000	1/3	1
244 A	1	3.0228752686	1.3210444110	0.1456719507	3.0000000000	1.0
245 A	1	3.2744322569	0.6333450086	0.0322368866	6.0000000000	1.0
245 B	0	0.5312987757	1.0625975514	1.0000000000	2	1
245 C	1	0.8334283978	1.2247323722	0.3673778022	4.0000000000	1.0
246 A	0	0.5888594615	1.7665783844	1.0000000000	3	1
246 B	0	0.4325831931	2.1629159655	1.0000000000	5	1
246 C	0	0.1839332913	1.1035997477	1.0000000000	6	1
246 D	1	3.1765117809	1.0083093657	0.3174266098	1.0000000000	1.0
246 E	0	4.1719564061	2.0859782030	1.0000000000	1/2	1
246 F	0	3.9949562396	1.3316520799	1.0000000000	1/3	1
246 G	0	0.9386205914	0.9386205914	1.0000000000	1	1
248 A	1	4.2937936508	1.2011105983	0.1398658967	2.0000000000	1.0
248 B	0	2.1235184936	1.0617592468	1.0000000000	1/2	1
248 C	1	2.6434410671	1.3306506590	0.2516891100	2.0000000000	1.0
249 A	1	4.4420811152	0.9837596203	0.2214636777	1.0000000000	1.0
249 B	1	3.5061259800	1.5162589107	0.4324599057	1.0000000000	1.0
252 A	0	1.3797968090	1.3797968090	1.0000000000	1	1
252 B	1	2.2699063939	1.3316363642	0.0977746900	6.0000000000	1.0
254 A	1	3.4367838321	1.4824320446	0.4313428243	1.0000000000	1.0
254 B	0	3.0580721852	1.5290360926	1.0000000000	1/2	1
254 C	1	3.1765169064	1.1103341928	0.3495445564	1.0000000000	1.0
254 D	0	2.6996100272	2.0247075204	1.0000000000	3/4	1
256 A	1	5.0378540936	1.2094018572	0.4801257975	0.5000000000	1.0
256 B	1	4.4097575960	1.3421296388	0.6087090320	0.5000000000	1.0
256 C	0	3.1181694995	1.5590847498	1.0000000000	1/2	1
256 D	0	3.5623007922	1.7811503961	1.0000000000	1/2	1
258 A	1	2.0851846863	1.0523025616	0.2523283833	2.0000000000	1.0
258 B	0	1.5081807103	0.7540903551	1.0000000000	1/2	1
258 C	1	3.5120735391	1.1803278628	0.0336077206	10.000000000	1.0
258 D	0	2.2171216802	1.6628412601	1.0000000000	3/4	1
258 E	0	0.9267300968	1.8534601936	1.0000000000	2	1
258 F	0	1.0680841434	2.1361682868	1.0000000000	2	1
258 G	0	4.4942612748	2.2471306374	1.0000000000	1/2	1
259 A	0	1.2860376931	1.9290565397	1.0000000000	3/2	1
260 A	0	3.5288383291	1.7644191645	1.0000000000	1/2	1
262 A	1	2.4323576003	1.5125639330	0.0565319064	11.000000000	1.0
262 B	1	5.2733474636	1.1340473415	0.2150526491	1.0000000000	1.0
264 A	0	3.2306740713	1.6153370356	1.0000000000	1/2	1
264 B	0	2.5539883833	1.2769941916	1.0000000000	1/2	1
264 C	0	3.0763437704	1.5381718852	1.0000000000	1/2	1

TABLE 4: BIRCH–SWINNERTON-DYER DATA 264D–294C

Curve	r	Ω	$L^{(r)}(1)$	R	$L^{(r)}(1)/\Omega R$	S
264 D	0	0.5045516422	1.7659307477	1.0000000000	7/2	1
265 A	1	3.9017641877	1.0720624179	1.0990540344	0.2500000000	1.0
267 A	0	4.2548896082	1.4182965361	1.0000000000	1/3	1
267 B	0	1.1529749720	1.1529749720	1.0000000000	1	1
268 A	0	1.9329143630	1.9329143630	1.0000000000	1	1
269 A	1	4.1094064150	1.3612506241	0.3312523724	1.0000000000	1.0
270 A	0	2.9614322886	0.9871440962	1.0000000000	1/3	1
270 B	0	1.1639830028	1.9399716713	1.0000000000	5/3	1
270 C	0	2.0452697337	2.0452697337	1.0000000000	1	1
270 D	0	3.2587738278	1.0862579426	1.0000000000	1/3	1
272 A	1	3.6319660374	1.2387792395	0.3410767685	1.0000000000	1.0
272 B	1	2.7457391181	1.3977853806	0.5090743587	1.0000000000	1.0
272 C	0	3.4730634628	1.7365317314	1.0000000000	1/2	1
272 D	0	1.8641750575	1.8641750575	1.0000000000	1	1
273 A	1	2.9063397998	0.7937029426	0.0455156082	6.0000000000	1.0
273 B	0	0.3565960398	2.8527683184	1.0000000000	8	1
274 A	1	3.6347902471	1.5350419553	0.0603313240	7.0000000000	1.0
274 B	1	2.3854034454	1.1270779102	0.4724894283	1.0000000000	1.0
274 C	1	4.1119537843	1.1574087493	0.5629483258	0.5000000000	1.0
275 A	1	1.8401405799	1.0969494293	2.3844904924	0.2500000000	1.0
275 B	0	2.8380382820	2.8380382820	1.0000000000	1	1
277 A	1	2.6649848531	1.5289849020	0.5737311791	1.0000000000	1.0
278 A	1	2.9825516172	1.5630333549	0.0655073891	8.0000000000	1.0
278 B	0	1.1816539317	0.7877692878	1.0000000000	2/3	1
280 A	1	3.4289082752	1.3363376683	0.0974317159	4.0000000000	1.0
280 B	1	1.7288713940	1.1698436166	0.0112775269	60.000000000	1.0
282 A	0	1.2412727555	1.8619091332	1.0000000000	3/2	1
282 B	1	3.1689198047	1.6378344218	0.1292107818	4.0000000000	1.0
285 A	1	1.7646479001	1.1896124823	0.2696543559	2.5000000000	1.0
285 B	1	1.5380021359	1.6159662807	2.1013836627	0.5000000000	1.0
285 C	0	1.0845657569	1.6268486353	1.0000000000	3/2	1
286 A	0	2.3766175169	0.7922058390	1.0000000000	1/3	1
286 B	1	1.7061664868	1.6606489871	0.0374354527	26.000000000	1.0
286 C	1	4.0135805233	1.0773574603	0.1342140084	2.0000000000	1.0
286 D	0	0.9232396695	1.8464793390	1.0000000000	2	1
286 E	0	0.8172352255	2.4517056765	1.0000000000	3	1
286 F	0	2.5074142997	2.5074142997	1.0000000000	1	1
288 A	1	2.8175842074	1.4121235928	0.5011823920	1.0000000000	1.0
288 B	1	2.3118891803	1.4337635566	1.2403393457	0.5000000000	1.0
288 C	0	2.7052788037	1.3526394018	1.0000000000	1/2	1
288 D	0	3.0276912696	1.5138456348	1.0000000000	1/2	1
288 E	0	1.6267330006	1.6267330006	1.0000000000	1	1
289 A	1	1.5008878200	1.1388947570	3.0352561777	0.2500000000	1.0
290 A	1	1.6518740857	1.1736436288	1.4209843703	0.5000000000	1.0
291 A	0	0.6260093262	0.6260093262	1.0000000000	1	1
291 B	0	1.9049982068	0.4762495517	1.0000000000	1/4	1
291 C	1	4.6468112382	1.0274509269	0.4422176302	0.5000000000	1.0
291 D	0	2.4120051562	2.4120051562	1.0000000000	1	1
294 A	0	1.8280004280	1.8280004280	1.0000000000	1	1
294 B	0	2.2120648950	2.2120648950	1.0000000000	1	1
294 C	0	0.5960449739	2.3841798957	1.0000000000	4	1

TABLE 4: BIRCH–SWINNERTON-DYER DATA 294D–318A

Curve	r	Ω	$L^{(r)}(1)$	R	$L^{(r)}(1)/\Omega R$	S
294 D	0	1.3860857439	1.3860857439	1.0000000000	1	1
294 E	0	0.6693039984	0.6693039984	1.0000000000	1	1
294 F	0	0.5279473056	1.0558946111	1.0000000000	2	1
294 G	1	2.3005218481	1.2377532023	0.1345078730	4.0000000000	1.0
296 A	1	3.9715557928	1.3559367025	0.0853529935	4.0000000000	1.0
296 B	1	4.1037703943	1.3782253637	0.1679218415	2.0000000000	1.0
297 A	1	2.5629322349	0.8902546662	0.0578929773	6.0000000000	1.0
297 B	1	3.6511448387	1.1489951990	0.3146944999	1.0000000000	1.0
297 C	1	1.6944590385	1.7349705760	0.3413027475	3.0000000000	1.0
297 D	0	1.3749252643	2.7498505287	1.0000000000	2	1
298 A	1	3.3567106288	1.6025685289	0.0530469229	9.0000000000	1.0
298 B	1	2.7479579664	1.1527590057	0.4194965934	1.0000000000	1.0
300 A	0	1.2133770573	1.2133770573	1.0000000000	1	1
300 B	0	0.5426387165	1.6279161494	1.0000000000	3	1
300 C	0	1.7025229104	1.7025229104	1.0000000000	1	1
300 D	1	3.8069569608	1.3840260497	0.1211839328	3.0000000000	1.0
302 A	1	2.4415192618	1.6931432719	1.1557989721	0.6000000000	1.0
302 B	0	3.1902035597	1.5951017799	1.0000000000	1/2	1
302 C	1	3.3905862727	1.5310645332	0.0903126722	5.0000000000	1.0
303 A	1	1.3761905514	1.4855694061	0.0771056743	14.000000000	1.0
303 B	1	3.8524410972	1.0003648583	0.0649175960	4.0000000000	1.0
304 A	1	1.1779812107	1.5451623821	0.3279259398	4.0000000000	1.0
304 B	0	0.6013138790	1.2026277580	1.0000000000	2	1
304 C	1	3.3697463259	1.3932747404	0.1033664411	4.0000000000	1.0
304 D	0	1.8637144373	1.8637144373	1.0000000000	1	1
304 E	0	2.0635461959	2.0635461959	1.0000000000	1	1
304 F	1	4.3504123451	1.2842245406	0.1475980251	2.0000000000	1.0
306 A	0	0.6894353592	2.0683060777	1.0000000000	3	1
306 B	1	2.1525639425	1.2110949196	0.5626290098	1.0000000000	1.0
306 C	0	1.1471740369	1.1471740369	1.0000000000	1	1
306 D	0	2.2491921794	2.2491921794	1.0000000000	1	1
307 A	0	1.4189146241	1.4189146241	1.0000000000	1	1
307 B	0	2.3490923578	2.3490923578	1.0000000000	1	1
307 C	0	2.8002613258	2.8002613258	1.0000000000	1	1
307 D	0	3.1747546988	3.1747546988	1.0000000000	1	1
308 A	1	3.1762112278	1.3891063820	0.0728911630	6.0000000000	1.0
309 A	1	3.4344206940	1.2276894797	0.0714932496	5.0000000000	1.0
310 A	0	0.8355225373	2.5065676119	1.0000000000	3	1
310 B	1	2.5186376495	1.6415121933	0.9776191071	0.6666666667	1.0
312 A	0	1.6605942610	1.6605942610	1.0000000000	1	1
312 B	1	3.6898752967	1.4061524822	0.3810840121	1.0000000000	1.0
312 C	0	3.5553735765	1.7776867882	1.0000000000	1/2	1
312 D	0	4.5800008728	1.1450002182	1.0000000000	1/4	1
312 E	0	1.4416548405	1.4416548405	1.0000000000	1	1
312 F	1	2.5056872215	1.5607603031	0.2076290408	3.0000000000	1.0
314 A	1	1.8289592463	1.2254919999	0.3350244141	2.0000000000	1.0
315 A	0	1.2730829064	1.2730829064	1.0000000000	1	1
315 B	1	2.1956280654	1.1391577593	1.0376600456	0.5000000000	1.0
316 A	0	1.3028108436	1.3028108436	1.0000000000	1	1
316 B	1	3.1195572511	1.2203951480	0.1304026020	3.0000000000	1.0
318 A	0	1.8177609136	1.8177609136	1.0000000000	1	1

TABLE 4: BIRCH–SWINNERTON-DYER DATA 318B–338A

Curve	r	Ω	$L^{(r)}(1)$	R	$L^{(r)}(1)/\Omega R$	S
318 B	0	3.9710894510	1.3236964837	1.0000000000	1/3	1
318 C	1	1.7722504261	1.1170141948	0.3151400554	2.0000000000	1.0
318 D	1	2.4120272485	1.7453725128	0.0328914668	22.000000000	1.0
318 E	0	1.0987950980	1.0987950980	1.0000000000	1	1
319 A	0	0.9677788808	1.9355577615	1.0000000000	2	1
320 A	0	2.8551639918	1.4275819959	1.0000000000	1/2	1
320 B	1	4.1985525041	1.5161085153	0.7222053381	0.5000000000	1.0
320 C	0	3.9942696310	1.9971348155	1.0000000000	1/2	1
320 D	0	3.8549380952	1.9274690476	1.0000000000	1/2	1
320 E	0	2.1294891631	1.0647445816	1.0000000000	1/2	1
320 F	1	3.2161552676	1.3296773088	0.8268738280	0.5000000000	1.0
322 A	1	2.4232379290	1.2132690207	0.1668936434	3.0000000000	1.0
322 B	0	1.4602213361	1.4602213361	1.0000000000	1	1
322 C	0	4.9916139661	2.4958069830	1.0000000000	1/2	1
322 D	1	2.8164413550	1.6590507174	0.2356236837	2.5000000000	1.0
323 A	0	1.8660949120	1.8660949120	1.0000000000	1	1
324 A	0	4.8202741093	1.6067580364	1.0000000000	1/3	1
324 B	0	1.6541764509	1.6541764509	1.0000000000	1	1
324 C	1	3.8631214144	1.4974408733	0.3876245949	1.0000000000	1.0
324 D	0	3.8507505887	1.2835835296	1.0000000000	1/3	1
325 A	1	2.3706727615	1.5716909753	1.9889176619	0.3333333333	1.0
325 B	1	5.3009854472	1.3630614806	0.2571336017	1.0000000000	1.0
325 C	0	2.4072852546	2.4072852546	1.0000000000	1	1
325 D	0	1.0054544996	3.0163634989	1.0000000000	3	1
325 E	0	2.2482646094	0.4496529219	1.0000000000	1/5	1
326 A	1	1.5955523534	1.2315028128	0.7718347882	1.0000000000	1.0
326 B	1	4.0636363622	1.6801606398	0.0826924700	5.0000000000	1.0
326 C	0	1.3118305721	0.4372768574	1.0000000000	1/3	1
327 A	1	2.2027451583	1.2543242932	0.1423592158	4.0000000000	1.0
328 A	1	2.6783928660	1.5196480443	1.1347461857	0.5000000000	1.0
328 B	0	4.0075079103	2.0037539552	1.0000000000	1/2	1
329 A	0	0.7968920264	0.7968920264	1.0000000000	1	1
330 A	0	0.7813961756	0.7813961756	1.0000000000	1	1
330 B	0	2.4188689938	2.4188689938	1.0000000000	1	1
330 C	0	0.9389804493	1.8779608987	1.0000000000	2	1
330 D	0	0.5190109186	1.8165382150	1.0000000000	7/2	1
330 E	1	2.2164710033	1.1562800329	0.5216761380	1.0000000000	1.0
331 A	1	5.4083773317	0.9790098108	0.1810172905	1.0000000000	1.0
333 A	1	2.0410609926	1.4792994921	0.7247698611	1.0000000000	1.0
333 B	1	2.0333288908	1.8286710385	1.7986967546	0.5000000000	1.0
333 C	1	2.5034325770	1.2023832503	0.9605876837	0.5000000000	1.0
333 D	0	2.8306206392	2.8306206392	1.0000000000	1	1
334 A	0	2.2906969318	2.2906969318	1.0000000000	1	1
335 A	1	4.2194745615	1.4976179639	0.1774649831	2.0000000000	1.0
336 A	0	2.3898781774	1.1949390887	1.0000000000	1/2	1
336 B	0	5.4362515690	1.3590628923	1.0000000000	1/4	1
336 C	0	1.1982307057	1.7973460585	1.0000000000	3/2	1
336 D	0	0.7884933856	1.5769867712	1.0000000000	2	1
336 E	1	1.9109897808	1.4261701612	0.3731496043	2.0000000000	1.0
336 F	0	3.9315932027	1.9657966013	1.0000000000	1/2	1
338 A	1	3.7619828722	1.2776773619	0.1698143513	2.0000000000	1.0

TABLE 4: BIRCH–SWINNERTON-DYER DATA 338B–356A

Curve	r	Ω	$L^{(r)}(1)$	R	$L^{(r)}(1)/\Omega R$	S
338 B	0	1.0433863187	2.0867726374	1.0000000000	2	1
338 C	0	1.2869571133	2.5739142267	1.0000000000	2	1
338 D	0	0.5396273391	1.0792546783	1.0000000000	2	1
338 E	1	1.9456540409	1.7940807919	0.1536827509	6.0000000000	1.0
338 F	1	1.2055736044	0.9530562430	0.1976354325	4.0000000000	1.0
339 A	1	2.5311158528	1.5850840591	0.0695821374	9.0000000000	1.0
339 B	0	2.6056637603	2.6056637603	1.0000000000	1	1
339 C	1	3.9967355775	1.0125851133	0.0844510137	3.0000000000	1.0
340 A	1	4.7549194562	1.5553431744	0.4361358627	0.7500000000	1.0
342 A	0	0.6943374598	2.0830123794	1.0000000000	3	1
342 B	0	2.1705272030	2.1705272030	1.0000000000	1	1
342 C	1	1.7816724980	1.2648109168	0.3549504520	2.0000000000	1.0
342 D	0	2.2375637156	2.2375637156	1.0000000000	1	1
342 E	1	3.9793483508	1.2390587277	0.3113722696	1.0000000000	1.0
342 F	0	0.9193234687	0.9193234687	1.0000000000	1	1
342 G	0	1.3602155382	1.3602155382	1.0000000000	1	1
344 A	1	2.7525869611	1.5494621523	0.2814556223	2.0000000000	1.0
345 A	0	0.4590292151	0.9180584301	1.0000000000	2	1
345 B	1	4.2977618837	1.5964898077	0.1857350234	2.0000000000	1.0
345 C	0	0.8426900245	2.1067250613	1.0000000000	5/2	1
345 D	0	2.1209719918	1.0604859959	1.0000000000	1/2	1
345 E	0	1.2779994655	2.5559989310	1.0000000000	2	1
345 F	1	2.0934610738	1.0776581097	0.0214488924	24.000000000	1.0
346 A	0	2.3864267831	2.3864267831	1.0000000000	1	1
346 B	1	3.2277857995	1.8161375715	0.0803796288	7.0000000000	1.0
347 A	1	3.0596247368	1.0692572441	0.3494733296	1.0000000000	1.0
348 A	1	3.3700624663	1.4721036783	0.1456059735	3.0000000000	1.0
348 B	0	1.8569948187	1.8569948187	1.0000000000	1	1
348 C	0	1.1001223703	1.1001223703	1.0000000000	1	1
348 D	1	2.7246446828	1.6385158325	0.0286366013	21.000000000	1.0
350 A	0	1.0556963012	1.0556963012	1.0000000000	1	1
350 B	0	1.2015896516	2.4031793031	1.0000000000	2	1
350 C	1	2.6868361419	1.1698407546	0.2176985668	2.0000000000	1.0
350 D	0	2.6582491803	2.6582491803	1.0000000000	1	1
350 E	0	0.8585438894	1.7170877788	1.0000000000	2	1
350 F	1	1.9197624983	1.6277461855	0.0128468084	66.000000000	1.0
352 A	0	0.9197112746	1.8394225491	1.0000000000	2	1
352 B	1	2.6902393719	1.6620028340	0.3088949726	2.0000000000	1.0
352 C	1	3.6135445187	1.4943761442	0.2067742817	2.0000000000	1.0
352 D	1	1.7453844567	1.4403302305	0.4126111657	2.0000000000	1.0
352 E	0	1.1446739244	2.2893478489	1.0000000000	2	1
352 F	1	1.8476278580	1.2616805128	0.1138108438	6.0000000000	1.0
353 A	0	2.7058312639	1.3529156319	1.0000000000	1/2	1
354 A	0	3.6819566662	1.8409783331	1.0000000000	1/2	1
354 B	0	1.8675548347	1.2450365565	1.0000000000	2/3	1
354 C	1	2.5265851358	1.1762556419	0.2327757781	2.0000000000	1.0
354 D	0	1.9702699829	0.9851349914	1.0000000000	1/2	1
354 E	0	0.3856294396	2.1209619178	1.0000000000	11/2	1
354 F	1	3.0155788594	1.8179484925	0.0430608748	14.000000000	1.0
355 A	0	2.2892784269	0.7630928090	1.0000000000	1/3	1
356 A	1	1.9261487706	1.4738366671	0.2550576033	3.0000000000	1.0

TABLE 4: BIRCH–SWINNERTON-DYER DATA 357A–377A

Curve	r	Ω	$L^{(r)}(1)$	R	$L^{(r)}(1)/\Omega R$	S
357 A	0	0.5059809459	1.0119618919	1.0000000000	2	1
357 B	1	1.3908121474	1.4226357062	0.2557203194	4.0000000000	1.0
357 C	0	1.5730848489	3.1461696978	1.0000000000	2	1
357 D	1	2.5259384793	1.0297863326	0.0291203318	14.000000000	1.0
358 A	0	1.4369776837	1.4369776837	1.0000000000	1	1
358 B	0	4.8020823416	1.6006941139	1.0000000000	1/3	1
359 A	1	5.2576534953	1.6996723486	0.3232758397	1.0000000000	1.0
359 B	1	5.4008701535	1.2244318944	0.2267101152	1.0000000000	1.0
360 A	0	1.3930826876	1.3930826876	1.0000000000	1	1
360 B	0	1.4341648133	1.4341648133	1.0000000000	1	1
360 C	0	1.5689797603	1.5689797603	1.0000000000	1	1
360 D	0	1.6146507705	1.6146507705	1.0000000000	1	1
360 E	1	2.3312316373	1.5940059578	0.6837612927	1.0000000000	1.0
361 A	1	4.1905500198	1.5194236564	0.1812916740	2.0000000000	1.0
361 B	0	0.9468199298	1.8936398596	1.0000000000	2	1
362 A	1	5.3424976181	1.2148757892	0.2273984709	1.0000000000	1.0
362 B	1	2.4995552224	1.8658498774	0.1066389652	7.0000000000	1.0
363 A	0	1.6550761880	0.4137690470	1.0000000000	1/4	1
363 B	0	2.7390143163	2.7390143163	1.0000000000	1	1
363 C	0	0.7861735761	0.7861735761	1.0000000000	1	1
364 A	1	1.9913710109	1.5755626644	0.0527463292	15.000000000	1.0
364 B	1	3.4220544534	1.3982710251	0.1362019068	3.0000000000	1.0
366 A	0	0.6308411291	2.5233645163	1.0000000000	4	1
366 B	0	2.4635740364	2.4635740364	1.0000000000	1	1
366 C	0	0.4340530637	1.3021591910	1.0000000000	3	1
366 D	0	0.2600804041	1.8205628289	1.0000000000	7	1
366 E	0	1.5897058463	0.7948529232	1.0000000000	1/2	1
366 F	1	2.7041672516	1.3650563331	0.3785979766	1.3333333333	1.0
366 G	1	2.8119685919	1.8579940284	0.0330372472	20.000000000	1.0
368 A	1	1.9950448236	1.6292204503	0.8166335067	1.0000000000	1.0
368 B	0	1.8184117667	1.8184117667	1.0000000000	1	1
368 C	0	1.6505359739	1.6505359739	1.0000000000	1	1
368 D	1	2.3725142889	1.6792666204	0.7078004243	1.0000000000	1.0
368 E	1	3.0187971397	1.5065697188	0.4990629211	1.0000000000	1.0
368 F	0	2.1965830501	2.1965830501	1.0000000000	1	1
368 G	1	4.9462587640	1.2657315052	0.2558967425	1.0000000000	1.0
369 A	1	2.4151226244	1.5724499828	0.3255424728	2.0000000000	1.0
369 B	0	0.7651091552	3.0604366208	1.0000000000	4	1
370 A	1	4.2831069879	1.2956210363	0.6049912085	0.5000000000	1.0
370 B	0	1.5799277405	1.5799277405	1.0000000000	1	1
370 C	0	1.6518622652	0.5506207551	1.0000000000	1/3	1
370 D	0	1.6806015939	1.6806015939	1.0000000000	1	1
371 A	1	0.9763159406	1.8303154738	0.9373581839	2.0000000000	1.0
371 B	0	1.0113136188	3.0339408564	1.0000000000	3	1
372 A	1	4.2046190818	1.4965237117	0.0593206219	6.0000000000	1.0
372 B	0	3.3409804579	1.6704902290	1.0000000000	1/2	1
372 C	0	0.3199701361	1.9198208165	1.0000000000	6	1
372 D	1	3.0344782146	1.6984822680	0.0466439958	12.000000000	1.0
373 A	1	3.9392451210	1.1341580880	0.2879125450	1.0000000000	1.0
374 A	1	2.1703306562	1.3150843335	0.6059373164	1.0000000000	1.0
377 A	1	5.3853739690	1.9439778472	1.4438944136	0.2500000000	1.0

TABLE 4: BIRCH–SWINNERTON-DYER DATA 378A–399C

Curve	r	Ω	$L^{(r)}(1)$	R	$L^{(r)}(1)/\Omega R$	S
378 A	0	2.1727069014	2.1727069014	1.0000000000	1	1
378 B	0	3.2456774250	1.0818924750	1.0000000000	1/3	1
378 C	0	1.1058292241	2.2116584483	1.0000000000	2	1
378 D	1	3.3687530822	1.3035890492	0.0644941426	6.0000000000	1.0
378 E	0	1.1994469958	2.3988939916	1.0000000000	2	1
378 F	1	4.3724105667	1.2660299663	1.3029734425	0.2222222222	1.0
378 G	0	0.4860952950	2.4304764752	1.0000000000	5	1
378 H	0	0.7591617028	0.7591617028	1.0000000000	1	1
380 A	1	2.9974122712	1.6365169446	1.0919531893	0.5000000000	1.0
380 B	0	1.3073814431	1.9610721647	1.0000000000	3/2	1
381 A	1	2.6366565023	1.6669090042	0.1264411199	5.0000000000	1.0
381 B	0	3.3176310732	3.3176310732	1.0000000000	1	1
384 A	0	3.5791319964	1.7895659982	1.0000000000	1/2	1
384 B	0	2.5308285054	1.2654142527	1.0000000000	1/2	1
384 C	0	3.3922393877	1.6961196939	1.0000000000	1/2	1
384 D	1	4.7973509489	1.5338705503	0.6394656412	0.5000000000	1.0
384 E	0	1.3847627016	2.0771440525	1.0000000000	3/2	1
384 F	0	2.9677994642	1.4838997321	1.0000000000	1/2	1
384 G	0	1.9583501933	0.9791750967	1.0000000000	1/2	1
384 H	1	4.1971022527	1.7104633501	0.2716895685	1.5000000000	1.0
385 A	1	2.3974795614	1.2551027987	1.0470185598	0.5000000000	1.0
385 B	1	3.0431080851	1.0141520788	0.3332619317	1.0000000000	1.0
387 A	0	0.6570811277	1.3141622553	1.0000000000	2	1
387 B	1	1.1323623368	1.9788330815	0.8737632016	2.0000000000	1.0
387 C	1	4.3310513612	1.2498477542	0.1442891864	2.0000000000	1.0
387 D	0	2.7905613828	0.6976403457	1.0000000000	1/4	1
387 E	0	1.5740674722	3.1481349443	1.0000000000	2	1
389 A	2	4.9804251217	0.7593165003	0.1524601779	1.0000000000	1.0
390 A	1	4.0725001283	1.1966774321	0.2938434363	1.0000000000	1.0
390 B	0	1.9598275838	1.9598275838	1.0000000000	1	1
390 C	0	2.4442145217	2.4442145217	1.0000000000	1	1
390 D	0	0.4686191249	1.4058573748	1.0000000000	3	1
390 E	0	1.8466374169	1.8466374169	1.0000000000	1	1
390 F	0	0.8835342653	0.8835342653	1.0000000000	1	1
390 G	0	1.3107516519	1.3107516519	1.0000000000	1	1
392 A	1	0.8678863534	1.6420053999	1.8919590029	1.0000000000	1.0
392 B	0	0.9021374286	1.8042748572	1.0000000000	2	1
392 C	1	3.5611188974	1.5286009201	0.0715412283	6.0000000000	1.0
392 D	0	1.2749543703	1.2749543703	1.0000000000	1	1
392 E	0	1.1107639394	2.2215278788	1.0000000000	2	1
392 F	1	5.0380294438	1.3056845741	0.1295828646	2.0000000000	1.0
395 A	0	3.2068928320	0.8017232080	1.0000000000	1/4	1
395 B	0	0.9401374803	1.4102062205	1.0000000000	3/2	1
395 C	0	3.1249773129	0.6249954626	1.0000000000	1/5	1
396 A	0	0.4597228734	1.3791686201	1.0000000000	3	1
396 B	1	1.7552831658	1.6410582466	0.3116416919	3.0000000000	1.0
396 C	0	1.7632679755	1.7632679755	1.0000000000	1	1
398 A	0	2.7300308931	1.3650154466	1.0000000000	1/2	1
399 A	1	1.3293482923	1.8881722279	2.8407487170	0.5000000000	1.0
399 B	1	2.5299798485	1.1285450388	0.8921375713	0.5000000000	1.0
399 C	0	2.6662366521	1.3331183261	1.0000000000	1/2	1

TABLE 4: BIRCH–SWINNERTON-DYER DATA 400A–423C

Curve	r	Ω	$L^{(r)}(1)$	R	$L^{(r)}(1)/\Omega R$	S
400 A	1	1.8057642615	1.6854886296	0.9333935030	1.0000000000	1.0
400 B	0	0.8930706751	1.7861413502	1.0000000000	2	1
400 C	1	1.9969667383	1.5552187610	0.0648992099	12.000000000	1.0
400 D	0	4.1418019047	2.0709009524	1.0000000000	1/2	1
400 E	0	2.0340751908	1.0170375954	1.0000000000	1/2	1
400 F	0	1.8522701217	0.9261350608	1.0000000000	1/2	1
400 G	0	1.1310974387	2.2621948774	1.0000000000	2	1
400 H	1	2.5292107621	1.2987503631	0.1283750629	4.0000000000	1.0
402 A	1	1.5449271648	1.2440174086	0.4026136108	2.0000000000	1.0
402 B	0	2.8944959015	1.4472479508	1.0000000000	1/2	1
402 C	0	4.1774362503	2.0887181252	1.0000000000	1/2	1
402 D	1	2.1211176461	1.4143116144	0.3333883005	2.0000000000	1.0
404 A	1	3.3748684624	1.6772917538	0.1656649015	3.0000000000	1.0
404 B	0	3.7312884804	1.2437628268	1.0000000000	1/3	1
405 A	0	4.0159643401	1.3386547800	1.0000000000	1/3	1
405 B	1	4.4575296500	1.5847069791	1.0665371429	0.3333333333	1.0
405 C	1	4.3122245542	2.0170136488	0.4677431853	1.0000000000	1.0
405 D	1	1.3820485348	1.2688418437	0.3060292534	3.0000000000	1.0
405 E	0	2.9578666342	2.9578666342	1.0000000000	1	1
405 F	1	3.6601877915	0.9965850007	0.2722770135	1.0000000000	1.0
406 A	1	1.6875693147	1.3611714716	0.8065870004	1.0000000000	1.0
406 B	1	1.7971708524	1.4272791044	0.5956358166	1.3333333333	1.0
406 C	1	3.0327084838	1.9468317637	0.0401215566	16.000000000	1.0
406 D	0	0.3392055689	1.6960278446	1.0000000000	5	1
408 A	0	1.8120385466	1.8120385466	1.0000000000	1	1
408 B	0	3.6474030320	1.8237015160	1.0000000000	1/2	1
408 C	0	0.7343586417	1.4687172834	1.0000000000	2	1
408 D	1	2.4678501327	1.7688362275	0.0358375941	20.000000000	1.0
410 A	1	3.2967108102	1.3868548095	0.4206783335	1.0000000000	1.0
410 B	0	0.7852065211	2.3556195632	1.0000000000	3	1
410 C	0	2.2878165418	0.7626055139	1.0000000000	1/3	1
410 D	1	2.6404517311	1.8491499415	0.1750789382	4.0000000000	1.0
414 A	0	0.5627606669	2.2510426675	1.0000000000	4	1
414 B	0	1.1633580465	2.3267160931	1.0000000000	2	1
414 C	1	1.3905616429	1.3266055581	0.4770035060	2.0000000000	1.0
414 D	1	2.0997210460	2.0793639154	0.0990304840	10.000000000	1.0
415 A	0	0.7384429369	2.9537717476	1.0000000000	4	1
416 A	0	1.9071354957	1.9071354957	1.0000000000	1	1
416 B	1	3.3952295292	1.5990341270	0.2354824782	2.0000000000	1.0
417 A	0	1.7339868091	1.7339868091	1.0000000000	1	1
418 A	0	4.8048009610	2.4024004805	1.0000000000	1/2	1
418 B	1	1.2722415997	1.9863516582	0.0600500257	26.000000000	1.0
418 C	0	1.5273830792	3.0547661583	1.0000000000	2	1
420 A	0	0.7540181380	1.1310272070	1.0000000000	3/2	1
420 B	0	2.6795163333	1.3397581666	1.0000000000	1/2	1
420 C	0	3.4562422219	1.7281211110	1.0000000000	1/2	1
420 D	0	3.6614886666	1.8307443333	1.0000000000	1/2	1
422 A	1	2.1324420574	1.4027291428	0.3289020534	2.0000000000	1.0
423 A	1	2.9332316212	1.6367929761	0.1395042386	4.0000000000	1.0
423 B	0	1.9670814874	1.9670814874	1.0000000000	1	1
423 C	1	1.0527165607	2.0430649788	1.9407550475	1.0000000000	1.0

TABLE 4: BIRCH–SWINNERTON-DYER DATA 423D–438G

Curve	r	Ω	$L^{(r)}(1)$	R	$L^{(r)}(1)/\Omega R$	S
423 D	0	1.5929150000	3.1858300000	1.0000000000	2	1
423 E	0	1.5476958786	3.0953917572	1.0000000000	2	1
423 F	1	3.1909530365	1.0465381336	0.1639851984	2.0000000000	1.0
423 G	1	4.8510516054	0.9620915002	0.0991631896	2.0000000000	1.0
425 A	1	2.7675003964	2.0769440878	1.5009530553	0.5000000000	1.0
425 B	1	2.2952233022	1.9443756342	0.2823800241	3.0000000000	1.0
425 C	1	5.1322753273	1.4080433297	0.2743507002	1.0000000000	1.0
425 D	1	1.2501339247	1.0183803087	1.6292339382	0.5000000000	1.0
426 A	0	2.6994377236	2.6994377236	1.0000000000	1	1
426 B	1	1.9951714954	1.2152039603	0.6090724347	1.0000000000	1.0
426 C	0	0.9108770414	1.5181284024	1.0000000000	5/3	1
427 A	0	2.1028874777	2.1028874777	1.0000000000	1	1
427 B	1	5.3267648633	2.1617002677	0.4058186016	1.0000000000	1.0
427 C	1	2.0761302548	1.4102148914	0.6792516453	1.0000000000	1.0
428 A	0	0.6740067866	2.0220203597	1.0000000000	3	1
428 B	1	2.6164175615	1.6383190525	0.2087229343	3.0000000000	1.0
429 A	1	3.2842888785	1.1462496668	0.6980200032	0.5000000000	1.0
429 B	1	2.5841361086	1.3666547477	1.0577265982	0.5000000000	1.0
430 A	1	4.7241011000	1.3745515859	0.2909657429	1.0000000000	1.0
430 B	1	1.7919479982	1.4065602885	0.1569867306	5.0000000000	1.0
430 C	1	2.4806272616	1.8882295645	0.7611903625	1.0000000000	1.0
430 D	1	1.3842895617	1.9231655442	0.0185237308	75.000000000	1.0
431 A	1	2.4239283338	1.4372881309	0.5929581790	1.0000000000	1.0
431 B	0	1.3899255898	1.3899255898	1.0000000000	1	1
432 A	0	1.5299540371	1.5299540371	1.0000000000	1	1
432 B	1	1.9276212967	1.7360954879	0.4503206856	2.0000000000	1.0
432 C	0	0.7563848962	1.5127697924	1.0000000000	2	1
432 D	1	2.4062471328	1.7185974478	0.0595185973	12.000000000	1.0
432 E	0	0.8924581010	1.7849162020	1.0000000000	2	1
432 F	1	1.8227448642	1.6865597223	0.2313214202	4.0000000000	1.0
432 G	0	1.9090528016	1.9090528016	1.0000000000	1	1
432 H	0	1.2616556796	1.2616556796	1.0000000000	1	1
433 A	2	4.2147101930	0.9470207809	0.2246941634	1.0000000000	1.0
434 A	1	2.9955292798	1.3951818152	0.9315093827	0.5000000000	1.0
434 B	0	2.8187709466	2.8187709466	1.0000000000	1	1
434 C	0	3.0097830443	3.0097830443	1.0000000000	1	1
434 D	1	1.8196638478	1.8789054223	0.2065112658	5.0000000000	1.0
434 E	0	0.3423513497	1.0270540490	1.0000000000	3	1
435 A	0	4.4008169706	1.4669389902	1.0000000000	1/3	1
435 B	0	0.8094965277	0.8094965277	1.0000000000	1	1
435 C	0	4.7719988507	2.3859994254	1.0000000000	1/2	1
435 D	0	2.0907731352	1.0453865676	1.0000000000	1/2	1
437 A	1	1.7599083319	1.8940046259	0.2690487612	4.0000000000	1.0
437 B	0	1.8460399927	3.6920799854	1.0000000000	2	1
438 A	0	0.8715299494	2.6145898483	1.0000000000	3	1
438 B	0	2.5149090457	2.5149090457	1.0000000000	1	1
438 C	1	3.3565130070	1.2587504610	0.3750173047	1.0000000000	1.0
438 D	1	1.4530902095	1.5258264643	1.5750843832	0.6666666667	1.0
438 E	0	1.4191115085	1.4191115085	1.0000000000	1	1
438 F	1	3.0391118606	2.0220564891	0.6653445420	1.0000000000	1.0
438 G	1	3.3567264352	1.4368065918	0.2140190182	2.0000000000	1.0

TABLE 4: BIRCH–SWINNERTON-DYER DATA 440A–459C

Curve	r	Ω	$L^{(r)}(1)$	R	$L^{(r)}(1)/\Omega R$	S
440 A	1	1.9276140142	1.7340332813	0.8995749504	1.0000000000	1.0
440 B	1	2.1964080283	1.7346746206	0.7897779457	1.0000000000	1.0
440 C	0	2.2356730543	1.6767547907	1.0000000000	3/4	1
440 D	0	0.8303368442	2.4910105327	1.0000000000	3	1
441 A	0	0.6045886821	1.2091773641	1.0000000000	2	1
441 B	1	2.7705733999	1.6517711259	0.8942757802	0.6666666667	1.0
441 C	1	0.7875316161	2.0779091177	1.3192544116	2.0000000000	1.0
441 D	1	2.9531824110	1.2945586181	0.4383605338	1.0000000000	1.0
441 E	0	0.4189900774	0.8379801549	1.0000000000	2	1
441 F	1	3.2597903746	0.9944972960	0.0762700344	4.0000000000	1.0
442 A	0	2.4942559031	2.4942559031	1.0000000000	1	1
442 B	1	1.3616952016	2.1459321167	0.1313272428	12.000000000	1.0
442 C	0	1.7613965761	1.7613965761	1.0000000000	1	1
442 D	0	2.7807390608	2.7807390608	1.0000000000	1	1
442 E	0	0.2845834364	3.1304178002	1.0000000000	11	1
443 A	1	3.9135658341	1.7609825329	0.4499688028	1.0000000000	1.0
443 B	1	3.6564568242	1.0212452670	0.2792991456	1.0000000000	1.0
443 C	0	1.5792505220	1.5792505220	1.0000000000	1	1
444 A	0	2.5015053363	1.2507526681	1.0000000000	1/2	1
444 B	1	3.1314379361	1.8584060832	0.1978224404	3.0000000000	1.0
446 A	1	3.9771573679	1.2749242492	0.1602808402	2.0000000000	1.0
446 B	1	2.0484809659	2.0453212377	0.0713183947	14.000000000	1.0
446 C	0	1.9305232636	2.8957848955	1.0000000000	3/2	1
446 D	2	4.8297343529	0.9402826047	0.0973430976	2.0000000000	1.0
448 A	1	2.4735961738	1.7234498942	0.6967385835	1.0000000000	1.0
448 B	1	1.6236666926	1.7358759869	1.0691085768	1.0000000000	1.0
448 C	0	2.1015304995	2.1015304995	1.0000000000	1	1
448 D	0	2.0546257720	2.0546257720	1.0000000000	1	1
448 E	0	2.3852212186	2.3852212186	1.0000000000	1	1
448 F	0	0.9372638440	0.9372638440	1.0000000000	1	1
448 G	1	2.4289383121	1.4865234745	0.6120054458	1.0000000000	1.0
448 H	0	1.3407014907	1.3407014907	1.0000000000	1	1
450 A	0	1.1492430291	2.2984860582	1.0000000000	2	1
450 B	0	2.3058985678	2.3058985678	1.0000000000	1	1
450 C	1	2.5697855357	1.4111308701	0.1372809959	4.0000000000	1.0
450 D	0	1.0312291894	1.0312291894	1.0000000000	1	1
450 E	0	1.1001165420	2.2002330841	1.0000000000	2	1
450 F	1	1.7759273414	1.4100767515	0.1984986546	4.0000000000	1.0
450 G	0	0.5981911141	1.1963822281	1.0000000000	2	1
451 A	1	2.8355647891	1.7563718021	0.3097040507	2.0000000000	1.0
455 A	1	2.3100747043	2.1253916593	1.8401064307	0.5000000000	1.0
455 B	1	4.2935157508	1.3274338885	2.4733742054	0.1250000000	1.0
456 A	0	3.3984495514	1.6992247757	1.0000000000	1/2	1
456 B	0	1.3176900889	1.9765351334	1.0000000000	3/2	1
456 C	1	2.4058503309	1.8547501445	0.0321222210	24.000000000	1.0
456 D	1	1.4353571813	1.6586130651	0.0962950248	12.000000000	1.0
458 A	1	4.4546212951	1.0227700195	0.1147987620	2.0000000000	1.0
458 B	1	2.5233506473	2.0857010259	0.0826560125	10.000000000	1.0
459 A	1	2.3708814092	2.1304937413	0.8986083121	1.0000000000	1.0
459 B	1	2.1438415359	0.9525608247	0.2221621348	2.0000000000	1.0
459 C	0	1.5234809750	1.5234809750	1.0000000000	1	1

TABLE 4: BIRCH–SWINNERTON-DYER DATA 459D–475A

Curve	r	Ω	$L^{(r)}(1)$	R	$L^{(r)}(1)/\Omega R$	S
459 D	0	2.8921721983	2.8921721983	1.0000000000	1	1
459 E	0	1.6822303161	3.3644606323	1.0000000000	2	1
459 F	0	3.0444866762	1.0148288921	1.0000000000	1/3	1
459 G	0	0.9552159908	0.9552159908	1.0000000000	1	1
459 H	1	2.4618961763	1.3287697414	0.1799114241	3.0000000000	1.0
460 A	0	1.3854698570	1.3854698570	1.0000000000	1	1
460 B	0	1.1935074150	2.3870148301	1.0000000000	2	1
460 C	1	1.5839825779	1.9113524379	0.6033375823	2.0000000000	1.0
460 D	1	4.0282816130	1.6666314043	0.0689554325	6.0000000000	1.0
462 A	1	1.4946342423	1.2866215632	0.4304135175	2.0000000000	1.0
462 B	0	1.0018600266	1.0018600266	1.0000000000	1	1
462 C	1	2.4613024381	1.2390297777	1.0068082317	0.5000000000	1.0
462 D	0	0.3229321592	1.2917286370	1.0000000000	4	1
462 E	1	1.2302485152	2.0363867119	0.0394110599	42.000000000	1.0
462 F	0	1.3789297070	2.7578594140	1.0000000000	2	1
462 G	0	1.3136031374	2.6272062748	1.0000000000	2	1
464 A	1	2.2740483412	1.8709794251	0.4113763527	2.0000000000	1.0
464 B	1	3.6733647241	1.6722315624	0.2276157812	2.0000000000	1.0
464 C	0	0.9667176524	1.9334353048	1.0000000000	2	1
464 D	0	1.5984880757	1.5984880757	1.0000000000	1	1
464 E	0	1.3661402106	0.6830701053	1.0000000000	1/2	1
464 F	0	2.5655588249	2.5655588249	1.0000000000	1	1
464 G	0	1.1118048150	2.2236096300	1.0000000000	2	1
465 A	1	2.9030659041	2.0294354736	1.3981325541	0.5000000000	1.0
465 B	1	2.6840015689	1.4675682335	2.1871346879	0.2500000000	1.0
466 A	0	3.1242578300	1.5621289150	1.0000000000	1/2	1
466 B	0	3.9592169668	2.6394779779	1.0000000000	2/3	1
467 A	1	5.1775927316	1.2788013566	0.2469876298	1.0000000000	1.0
468 A	0	0.6621220594	1.9863661783	1.0000000000	3	1
468 B	0	1.2989007218	1.2989007218	1.0000000000	1	1
468 C	1	3.2358344502	1.7484928207	0.1801176634	3.0000000000	1.0
468 D	0	1.5799514360	1.5799514360	1.0000000000	1	1
468 E	0	1.8269518880	1.8269518880	1.0000000000	1	1
469 A	1	1.6007144150	2.2667465654	1.4160843084	1.0000000000	1.0
469 B	1	5.2760385039	0.9096891283	0.1724189707	1.0000000000	1.0
470 A	1	3.5287956897	1.5542574208	0.2202249092	2.0000000000	1.0
470 B	0	2.0374386103	1.3582924069	1.0000000000	2/3	1
470 C	1	2.1318477419	1.3213107468	0.0442711443	14.000000000	1.0
470 D	0	3.9537193611	2.6358129074	1.0000000000	2/3	1
470 E	1	4.4113118028	2.1138922125	0.1197995238	4.0000000000	1.0
470 F	1	1.6512381529	1.8346862509	0.0264546976	42.000000000	1.0
471 A	1	3.5535684064	1.1344335682	0.1596189293	2.0000000000	1.0
472 A	1	3.2876310754	1.3378014267	0.2034597855	2.0000000000	1.0
472 B	0	0.5854786616	1.1709573233	1.0000000000	2	1
472 C	0	2.3105577484	2.3105577484	1.0000000000	1	1
472 D	0	1.1381594447	2.2763188895	1.0000000000	2	1
472 E	1	2.7652148704	1.6407951896	0.1483424676	4.0000000000	1.0
473 A	1	2.3797197308	1.1745884799	0.2467913479	2.0000000000	1.0
474 A	1	1.1990226570	1.3453488048	0.5610189253	2.0000000000	1.0
474 B	1	3.0414875397	1.5313917147	0.0503500900	10.000000000	1.0
475 A	0	1.8243091183	1.8243091183	1.0000000000	1	1

TABLE 4: BIRCH–SWINNERTON-DYER DATA 475B–497A

Curve	r	Ω	$L^{(r)}(1)$	R	$L^{(r)}(1)/\Omega R$	S
475 B	1	1.6025344539	2.1875734114	2.7301421271	0.5000000000	1.0
475 C	1	3.5833759752	1.3360934191	0.7457176854	0.5000000000	1.0
477 A	1	1.7789208762	2.1819346902	1.2265496006	1.0000000000	1.0
480 A	1	3.1797233168	1.6466507576	1.0357195225	0.5000000000	1.0
480 B	0	2.6833296776	1.3416648388	1.0000000000	1/2	1
480 C	0	3.4874928122	1.7437464061	1.0000000000	1/2	1
480 D	0	1.2325760765	1.8488641147	1.0000000000	3/2	1
480 E	0	2.0939543480	1.0469771740	1.0000000000	1/2	1
480 F	1	3.2610572384	1.6836136414	1.0325569399	0.5000000000	1.0
480 G	0	3.8220157083	1.9110078541	1.0000000000	1/2	1
480 H	0	2.0395949022	2.0395949022	1.0000000000	1	1
481 A	1	2.6783175658	2.1620581228	3.2289794914	0.2500000000	1.0
482 A	1	0.9101999656	1.1364955128	0.6243108964	2.0000000000	1.0
483 A	0	0.7534884814	3.7674424072	1.0000000000	5	1
483 B	0	3.4388742008	3.4388742008	1.0000000000	1	1
484 A	1	0.9208366680	1.9006792135	0.5160196372	4.0000000000	1.0
485 A	0	1.5708346942	0.5236115647	1.0000000000	1/3	1
485 B	1	4.5625314551	1.7297914316	0.3791297547	1.0000000000	1.0
486 A	1	2.8478067545	1.4572284936	0.2558510143	2.0000000000	1.0
486 B	1	3.0412502685	1.3830920358	0.4547774480	1.0000000000	1.0
486 C	0	3.7142083977	1.2380694659	1.0000000000	1/3	1
486 D	0	1.1331617992	2.2663235984	1.0000000000	2	1
486 E	0	2.6410373364	2.6410373364	1.0000000000	1	1
486 F	1	2.4821083008	2.2536351937	0.3026506664	3.0000000000	1.0
490 A	1	1.1268749665	1.5859684246	2.1111061188	0.6666666667	1.0
490 B	0	1.4955620274	1.4955620274	1.0000000000	1	1
490 C	0	0.7299718606	0.7299718606	1.0000000000	1	1
490 D	1	2.9268743131	1.3457322218	0.2298923831	2.0000000000	1.0
490 E	0	1.5212992086	1.5212992086	1.0000000000	1	1
490 F	0	1.6419298285	3.2838596569	1.0000000000	2	1
490 G	1	2.2143485488	1.9926925955	0.0899900152	10.000000000	1.0
490 H	0	1.1848208922	2.3696417844	1.0000000000	2	1
490 I	0	1.0309311849	3.0927935547	1.0000000000	3	1
490 J	0	0.3071649459	3.0716494587	1.0000000000	10	1
490 K	0	0.7046660037	1.4093320074	1.0000000000	2	1
492 A	1	3.5983226104	1.6799595493	0.1556243220	3.0000000000	1.0
492 B	1	1.3947922133	1.9348232249	0.0513769139	27.000000000	1.0
493 A	0	0.4817702232	0.4817702232	1.0000000000	1	1
493 B	1	2.2243974247	0.9092472733	0.0681268601	6.0000000000	1.0
494 A	1	2.0578845874	1.3430728091	0.3263236474	2.0000000000	1.0
494 B	0	2.7476356194	1.3738178097	1.0000000000	1/2	1
494 C	0	0.8534817324	1.7069634647	1.0000000000	2	1
494 D	1	1.3176510859	2.1566805189	0.0209841213	78.000000000	1.0
495 A	1	1.9875553780	1.3104268430	1.3186317800	0.5000000000	1.0
496 A	1	3.7499429781	1.7858094939	0.4762231064	1.0000000000	1.0
496 B	0	2.3224405828	2.3224405828	1.0000000000	1	1
496 C	0	2.3037511398	2.3037511398	1.0000000000	1	1
496 D	0	1.8977267714	1.8977267714	1.0000000000	1	1
496 E	1	5.2038879824	1.8742408437	0.3601616426	1.0000000000	1.0
496 F	1	1.1195541660	1.7961902528	1.6043799463	1.0000000000	1.0
497 A	1	1.5344348416	2.0670876478	0.2694265787	5.0000000000	1.0

TABLE 4: BIRCH–SWINNERTON-DYER DATA 498A–522G

Curve	r	Ω	$L^{(r)}(1)$	R	$L^{(r)}(1)/\Omega R$	S
498 A	0	3.2946394322	1.6473197161	1.0000000000	1/2	1
498 B	1	2.6505109415	1.5703804737	0.0592482170	10.000000000	1.0
501 A	0	2.6222246447	1.3111123223	1.0000000000	1/2	1
503 A	1	1.0074334168	2.3519086984	2.3345549783	1.0000000000	1.0
503 B	0	2.9188966226	2.9188966226	1.0000000000	1	1
503 C	0	0.6270525696	0.6270525696	1.0000000000	1	1
504 A	1	3.5009394562	1.8034162571	0.2575617602	2.0000000000	1.0
504 B	0	1.7758299335	1.7758299335	1.0000000000	1	1
504 C	0	1.3257183031	1.3257183031	1.0000000000	1	1
504 D	0	0.8492127775	1.6984255550	1.0000000000	2	1
504 E	1	4.3429909590	1.8193359362	0.4189131300	1.0000000000	1.0
504 F	1	3.1386213067	1.8042640647	1.1497175915	0.5000000000	1.0
504 G	0	0.6917988205	1.3835976409	1.0000000000	2	1
504 H	0	1.9475249698	1.9475249698	1.0000000000	1	1
505 A	1	5.2536146481	2.2232482832	1.6927379963	0.2500000000	1.0
506 A	1	1.8186526896	1.2018688781	0.6608567348	1.0000000000	1.0
506 B	0	0.8951608921	0.8951608921	1.0000000000	1	1
506 C	0	3.2096550026	1.0698850009	1.0000000000	1/3	1
506 D	1	1.8611497781	1.4567809076	0.1565463376	5.0000000000	1.0
506 E	1	3.5504735863	2.2952032476	0.2154832956	3.0000000000	1.0
506 F	1	2.6021500295	2.0097923473	0.0594121821	13.000000000	1.0
507 A	1	1.3267718509	2.0594887788	0.2587092344	6.0000000000	1.0
507 B	1	4.7837439392	1.2172344104	0.1272261252	2.0000000000	1.0
507 C	1	0.9171278260	1.1623161893	5.0693748738	0.2500000000	1.0
510 A	0	0.8377889603	0.8377889603	1.0000000000	1	1
510 B	0	0.4600038552	1.3800115656	1.0000000000	3	1
510 C	0	1.9361123184	1.9361123184	1.0000000000	1	1
510 D	1	2.1234819095	2.1812264077	0.3423977694	3.0000000000	1.0
510 E	0	2.0809871839	2.0809871839	1.0000000000	1	1
510 F	0	2.5858436071	2.5858436071	1.0000000000	1	1
510 G	0	0.9466241610	2.8398724830	1.0000000000	3	1
513 A	1	0.9183260617	2.2618541806	2.4630186107	1.0000000000	1.0
513 B	1	4.0784452383	1.3431909599	0.1097796571	3.0000000000	1.0
514 A	1	1.5692657075	2.3372236738	1.4893740829	1.0000000000	1.0
514 B	1	3.7592158470	2.0083555695	0.5342485378	1.0000000000	1.0
516 A	0	1.5157563762	1.5157563762	1.0000000000	1	1
516 B	1	1.3986133273	1.6697886091	0.1989814455	6.0000000000	1.0
516 C	0	1.2281719842	1.8422579763	1.0000000000	3/2	1
516 D	0	0.7668761526	2.3006284579	1.0000000000	3	1
517 A	0	1.5383608886	3.0767217772	1.0000000000	2	1
517 B	0	1.1898355917	2.3796711833	1.0000000000	2	1
517 C	1	0.5994133999	2.6598825791	0.3697896671	12.000000000	1.0
520 A	1	3.9206170977	1.8629119109	0.9503156592	0.5000000000	1.0
520 B	0	2.2507080525	2.2507080525	1.0000000000	1	1
522 A	1	1.0344899410	1.5670842850	0.7574188124	2.0000000000	1.0
522 B	0	1.4203697590	1.4203697590	1.0000000000	1	1
522 C	0	1.1900744638	0.7933829759	1.0000000000	2/3	1
522 D	0	0.6150738882	1.2301477764	1.0000000000	2	1
522 E	1	2.6723250627	1.4761194092	0.1380931749	4.0000000000	1.0
522 F	1	1.1162693937	1.4521616721	0.6504530539	2.0000000000	1.0
522 G	0	0.2048719257	2.2535911826	1.0000000000	11	1

TABLE 4: BIRCH–SWINNERTON-DYER DATA 522H–545A

Curve	r	Ω	$L^{(r)}(1)$	R	$L^{(r)}(1)/\Omega R$	S
522 H	0	3.8963687108	2.5975791405	1.0000000000	2/3	1
522 I	1	2.8948486012	2.3142517113	0.0799437909	10.000000000	1.0
522 J	1	1.6391662953	2.3288102501	0.0273217017	52.000000000	1.0
522 K	0	2.1298310269	2.1298310269	1.0000000000	1	1
522 L	0	1.2838016184	2.5676032368	1.0000000000	2	1
522 M	0	0.1265100626	2.7832213780	1.0000000000	22	1
524 A	1	3.3330958841	1.9866907710	0.5960496908	1.0000000000	1.0
525 A	1	2.6222161011	1.2004647677	1.8312217169	0.2500000000	1.0
525 B	0	1.6139595394	1.6139595394	1.0000000000	1	1
525 C	1	1.6844284064	2.1137948119	2.5098066546	0.5000000000	1.0
525 D	1	3.7664964200	1.5211195389	0.2692368662	1.5000000000	1.0
528 A	1	2.9816925531	1.7218133021	0.5774617173	1.0000000000	1.0
528 B	0	1.8534676594	0.9267338297	1.0000000000	1/2	1
528 C	0	1.7314419103	1.7314419103	1.0000000000	1	1
528 D	0	4.0963917014	2.0481958507	1.0000000000	1/2	1
528 E	0	3.0402396248	1.5201198124	1.0000000000	1/2	1
528 F	0	0.9402796053	0.9402796053	1.0000000000	1	1
528 G	1	1.5635201774	1.7226781594	1.1017946454	1.0000000000	1.0
528 H	1	2.7446333575	1.9892866004	0.2415971269	3.0000000000	1.0
528 I	0	0.7962633741	1.9906584352	1.0000000000	5/2	1
528 J	0	2.1940597110	2.1940597110	1.0000000000	1	1
530 A	0	0.9734826979	1.2979769306	1.0000000000	4/3	1
530 B	1	3.5353430676	1.5252750504	0.8628724405	0.5000000000	1.0
530 C	1	0.6481692597	1.0573504270	0.0815643762	20.000000000	1.0
530 D	1	2.2585592113	2.2262282010	0.0821404264	12.000000000	1.0
532 A	0	2.7311532120	1.3655766060	1.0000000000	1/2	1
534 A	1	3.3954589269	2.2001094030	0.2159854726	3.0000000000	1.0
537 A	0	1.5587177967	1.5587177967	1.0000000000	1	1
537 B	0	0.8102552899	1.6205105797	1.0000000000	2	1
537 C	0	1.9799268697	1.3199512465	1.0000000000	2/3	1
537 D	0	2.7531352269	2.7531352269	1.0000000000	1	1
537 E	0	2.2873633818	0.9149453527	1.0000000000	2/5	1
539 A	0	0.2934722056	0.5869444112	1.0000000000	2	1
539 B	0	1.1393038364	2.2786076728	1.0000000000	2	1
539 C	1	0.6771987829	2.0049171697	1.4803018112	2.0000000000	1.0
539 D	1	1.1027617077	1.2255668741	0.5556807357	2.0000000000	1.0
540 A	0	4.5731234994	1.5243744998	1.0000000000	1/3	1
540 B	1	2.9454449340	1.9340458009	0.6566226306	1.0000000000	1.0
540 C	1	1.8649915990	1.8854414951	0.5054825706	2.0000000000	1.0
540 D	1	1.5026305749	1.8616866147	1.2389516397	1.0000000000	1.0
540 E	0	0.8192711081	1.6385422162	1.0000000000	2	1
540 F	0	1.7249938232	1.7249938232	1.0000000000	1	1
542 A	0	0.9359576219	3.2758516767	1.0000000000	7/2	1
542 B	1	3.4021967825	2.2585197861	0.0948345156	7.0000000000	1.0
544 A	1	4.7941960623	1.9135747397	0.7982880611	0.5000000000	1.0
544 B	0	4.8723530805	2.4361765402	1.0000000000	1/2	1
544 C	0	2.1962622352	1.0981311176	1.0000000000	1/2	1
544 D	0	3.2086213244	1.6043106622	1.0000000000	1/2	1
544 E	0	4.8633070873	2.4316535436	1.0000000000	1/2	1
544 F	0	3.0166594192	1.5083297096	1.0000000000	1/2	1
545 A	1	3.5241168854	2.3342244963	0.8831430482	0.7500000000	1.0

TABLE 4: BIRCH–SWINNERTON-DYER DATA 546A–560F

Curve	r	Ω	$L^{(r)}(1)$	R	$L^{(r)}(1)/\Omega R$	S
546 A	0	0.7389168563	0.7389168563	1.0000000000	1	1
546 B	0	1.4270848853	1.4270848853	1.0000000000	1	1
546 C	1	1.7445566571	1.6107831676	0.6155463285	1.5000000000	1.0
546 D	0	1.6909566492	1.6909566492	1.0000000000	1	1
546 E	0	0.1340210485	2.2783578242	1.0000000000	17	1
546 F	0	0.3816525370	2.6715677591	1.0000000000	7	1
546 G	0	2.9547312604	2.9547312604	1.0000000000	1	1
549 A	1	2.9764069065	2.3235893668	1.5613385131	0.5000000000	1.0
549 B	1	1.5545806290	1.3699084867	1.7624154851	0.5000000000	1.0
549 C	0	1.1514737028	2.3029474055	1.0000000000	2	1
550 A	1	2.0671294787	1.3714836430	0.1658681347	4.0000000000	1.0
550 B	0	0.6080055832	1.2160111664	1.0000000000	2	1
550 C	0	0.6304349988	0.6304349988	1.0000000000	1	1
550 D	0	1.4466970381	0.4822323460	1.0000000000	1/3	1
550 E	0	0.9764911272	1.9529822544	1.0000000000	2	1
550 F	1	0.4639646208	1.6665638073	1.7960031139	2.0000000000	1.0
550 G	1	3.4565462699	1.2030087826	0.3480378067	1.0000000000	1.0
550 H	0	3.2349129201	3.2349129201	1.0000000000	1	1
550 I	1	1.2639033911	2.2720084494	0.0214001480	84.000000000	1.0
550 J	1	2.1835005398	1.9169774850	0.0399062600	22.000000000	1.0
550 K	0	1.0374564312	2.0749128624	1.0000000000	2	1
550 L	0	1.5458144854	3.0916289708	1.0000000000	2	1
550 M	0	0.2819391026	3.1013301282	1.0000000000	11	1
551 A	1	1.9602738232	2.4701875222	0.6300618549	2.0000000000	1.0
551 B	1	3.9902199840	1.5318935051	0.1919560214	2.0000000000	1.0
551 C	1	0.3338943271	2.6025453385	0.5567512849	14.000000000	1.0
551 D	1	3.7489876608	0.7883877278	0.1051467488	2.0000000000	1.0
552 A	1	0.8208541864	1.7081772832	2.0809752957	1.0000000000	1.0
552 B	0	1.1877091685	1.1877091685	1.0000000000	1	1
552 C	0	1.7517459385	1.7517459385	1.0000000000	1	1
552 D	1	1.2581503271	1.8063895256	2.8715003075	0.5000000000	1.0
552 E	1	2.4465110075	2.0234563853	0.8270783900	1.0000000000	1.0
555 A	0	1.3704794284	1.3704794284	1.0000000000	1	1
555 B	0	0.3400020988	1.7000104939	1.0000000000	5	1
556 A	1	4.5857844464	1.9014122128	0.1382106111	3.0000000000	1.0
557 A	1	4.3192896340	2.1645043698	0.5011250815	1.0000000000	1.0
557 B	0	4.1429400648	4.1429400648	1.0000000000	1	1
558 A	1	3.8035017777	1.5014219878	0.1973736409	2.0000000000	1.0
558 B	0	1.8840962993	1.2560641995	1.0000000000	2/3	1
558 C	0	1.2927497983	1.2927497983	1.0000000000	1	1
558 D	1	1.0317785645	1.4837330244	0.3595085892	4.0000000000	1.0
558 E	0	1.2371828219	2.4743656437	1.0000000000	2	1
558 F	1	1.4723271192	2.3825303332	0.4854621576	3.3333333333	1.0
558 G	1	2.3163764160	2.4016041200	0.0370283410	28.000000000	1.0
558 H	0	1.2640616931	2.5281233863	1.0000000000	2	1
560 A	0	1.7924218478	1.7924218478	1.0000000000	1	1
560 B	0	0.5287383956	2.6436919780	1.0000000000	5	1
560 C	0	1.1025221381	1.1025221381	1.0000000000	1	1
560 D	1	1.5673707144	1.9245473164	0.6139413282	2.0000000000	1.0
560 E	1	1.0762429023	1.3838587046	0.1285823769	10.000000000	1.0
560 F	1	2.6665625486	1.7989783239	0.1124405354	6.0000000000	1.0

TABLE 4: BIRCH–SWINNERTON-DYER DATA 561A–576C

Curve	r	Ω	$L^{(r)}(1)$	R	$L^{(r)}(1)/\Omega R$	S
561 A	0	0.3054651772	0.6109303543	1.0000000000	2	1
561 B	1	2.1348844998	1.9186947105	0.0898734667	10.000000000	1.0
561 C	1	3.7556570477	1.2558191146	0.0835951671	4.0000000000	1.0
561 D	0	5.2004058717	1.3001014679	1.0000000000	1/4	1
562 A	0	3.9206453206	1.9603226603	1.0000000000	1/2	1
563 A	2	5.1752090225	1.1345559170	0.2192290035	1.0000000000	1.0
564 A	1	1.2379453765	1.7326473476	1.3996153469	1.0000000000	1.0
564 B	1	3.0040996567	2.0285919557	0.6752745207	1.0000000000	1.0
565 A	0	1.1493097892	1.1493097892	1.0000000000	1	1
566 A	1	3.8013747648	1.5506939100	0.2039648819	2.0000000000	1.0
566 B	0	2.5982764742	2.5982764742	1.0000000000	1	1
567 A	1	2.0002970970	2.3242602526	0.5809787596	2.0000000000	1.0
567 B	1	2.0373477589	1.4299998225	0.1169821415	6.0000000000	1.0
568 A	0	1.6374033064	1.6374033064	1.0000000000	1	1
570 A	1	2.1867251701	1.3629838038	0.6232990878	1.0000000000	1.0
570 B	0	0.7141450332	0.7141450332	1.0000000000	1	1
570 C	1	2.2776827930	1.4027686580	0.2052917790	3.0000000000	1.0
570 D	0	0.2865166301	1.4325831504	1.0000000000	5	1
570 E	1	1.7120662755	1.7232305643	1.0065209443	1.0000000000	1.0
570 F	0	1.5439230957	1.5439230957	1.0000000000	1	1
570 G	0	3.8258404870	1.9129202435	1.0000000000	1/2	1
570 H	0	2.0418363509	2.0418363509	1.0000000000	1	1
570 I	0	1.1330304803	2.2660609607	1.0000000000	2	1
570 J	0	0.3863130601	2.7041914208	1.0000000000	7	1
570 K	0	0.6858933343	2.7435733371	1.0000000000	4	1
570 L	0	0.2800031252	2.8000312519	1.0000000000	10	1
570 M	0	3.0009972891	3.0009972891	1.0000000000	1	1
571 A	0	0.4323412563	1.7293650251	1.0000000000	4	4
571 B	2	5.0953146197	0.9031605170	0.1772531403	1.0000000000	1.0
572 A	0	1.1186077536	2.2372155072	1.0000000000	2	1
573 A	0	2.7728744064	1.3864372032	1.0000000000	1/2	1
573 B	0	0.7774083687	3.8870418435	1.0000000000	5	1
573 C	1	3.5896805447	1.1959599002	0.1110553697	3.0000000000	1.0
574 A	1	3.8864860069	1.4097851799	0.3627403205	1.0000000000	1.0
574 B	1	1.8130899302	1.8100407779	0.9983182565	1.0000000000	1.0
574 C	0	1.8417870162	1.8417870162	1.0000000000	1	1
574 D	0	0.3594839537	1.0784518611	1.0000000000	3	1
574 E	0	1.8962043734	1.8962043734	1.0000000000	1	1
574 F	1	2.0605345766	1.6140546542	2.3499552095	0.3333333333	1.0
574 G	1	2.4854639550	2.3048347394	0.0843023414	11.000000000	1.0
574 H	1	2.7772218686	2.4117764641	0.5789422135	1.5000000000	1.0
574 I	1	0.6002081912	1.9219551260	1.0673824817	3.0000000000	1.0
574 J	0	2.1296506458	2.1296506458	1.0000000000	1	1
575 A	1	4.5838545934	2.3699937601	0.5170307460	1.0000000000	1.0
575 B	1	0.8085795688	1.1252987905	0.3479245686	4.0000000000	1.0
575 C	0	2.0323726487	4.0647452974	1.0000000000	2	1
575 D	1	2.0499620940	1.4098509776	0.2292483004	3.0000000000	1.0
575 E	1	4.5445233981	0.8318833192	0.0915259144	2.0000000000	1.0
576 A	1	2.9744774254	1.9430318018	0.6532346775	1.0000000000	1.0
576 B	0	1.9129209871	1.9129209871	1.0000000000	1	1
576 C	0	3.2695050335	1.6347525168	1.0000000000	1/2	1

TABLE 4: BIRCH–SWINNERTON-DYER DATA 576D–594C

Curve	r	Ω	$L^{(r)}(1)$	R	$L^{(r)}(1)/\Omega R$	S
576 D	0	1.3764094010	1.3764094010	1.0000000000	1	1
576 E	0	1.7173153423	1.7173153423	1.0000000000	1	1
576 F	0	3.9846657992	1.9923328996	1.0000000000	1/2	1
576 G	0	2.3005478718	1.1502739359	1.0000000000	1/2	1
576 H	1	2.1409010281	1.9024600490	1.7772517497	0.5000000000	1.0
576 I	1	1.7607876529	1.9003720950	0.5396369323	2.0000000000	1.0
578 A	0	1.0903585148	3.2710755444	1.0000000000	3	1
579 A	0	2.9882076413	2.9882076413	1.0000000000	1	1
579 B	1	4.0476524302	1.5828958511	0.7821303229	0.5000000000	1.0
580 A	1	2.8796164808	1.9398167218	0.4490914524	1.5000000000	1.0
580 B	1	2.0989217355	2.0014236886	0.2118996684	4.5000000000	1.0
582 A	1	2.4268265774	1.3742277699	0.5662653371	1.0000000000	1.0
582 B	0	0.3248421567	1.9490529401	1.0000000000	6	1
582 C	1	2.6532549743	2.2748039425	0.1714726978	5.0000000000	1.0
582 D	0	2.5584585727	2.5584585727	1.0000000000	1	1
583 A	0	1.9615186600	3.9230373200	1.0000000000	2	1
583 B	0	0.5373731951	2.1494927803	1.0000000000	4	1
583 C	0	0.7126191531	4.2757149188	1.0000000000	6	1
585 A	1	1.7604418018	1.3938971243	0.7917882448	1.0000000000	1.0
585 B	0	1.6235990929	1.0823993953	1.0000000000	2/3	1
585 C	0	1.0680848227	2.1361696453	1.0000000000	2	1
585 D	1	3.6227637614	1.8522954214	0.7669401913	0.6666666667	1.0
585 E	0	0.3703609311	0.7407218623	1.0000000000	2	1
585 F	1	0.8510814529	2.3595617156	5.5448552134	0.5000000000	1.0
585 G	1	2.7101707231	1.0788350163	0.0995172562	4.0000000000	1.0
585 H	1	2.9358589644	2.4047265041	1.6381757661	0.5000000000	1.0
585 I	1	1.1139515047	1.1749876122	0.0376711581	28.000000000	1.0
586 A	0	1.9224714698	1.9224714698	1.0000000000	1	1
586 B	1	1.5864971379	2.3468475653	0.0821813145	18.000000000	1.0
586 C	1	4.2827446200	2.2831695064	0.1332772386	4.0000000000	1.0
588 A	0	1.0627828254	1.0627828254	1.0000000000	1	1
588 B	1	0.9032890459	1.8046862614	0.6659685401	3.0000000000	1.0
588 C	1	2.7659029546	1.7240643602	0.4155519044	1.5000000000	1.0
588 D	0	0.4247946359	2.1239731795	1.0000000000	5	1
588 E	0	1.4059030758	2.1088546137	1.0000000000	3/2	1
588 F	0	1.4860025529	1.4860025529	1.0000000000	1	1
590 A	0	1.0745734886	0.7163823257	1.0000000000	2/3	1
590 B	0	2.6948119120	1.3474059560	1.0000000000	1/2	1
590 C	1	3.1049556815	1.6137866012	0.2598727271	2.0000000000	1.0
590 D	1	2.1842665685	2.1864656914	0.0278057445	36.000000000	1.0
591 A	1	4.2440165034	1.6471095314	0.1940507925	2.0000000000	1.0
592 A	1	2.7500416450	2.1008484303	0.7639333150	1.0000000000	1.0
592 B	0	1.9871937616	1.9871937616	1.0000000000	1	1
592 C	0	2.4513893820	2.4513893820	1.0000000000	1	1
592 D	1	3.5284992325	2.0579305688	0.2916155614	2.0000000000	1.0
592 E	1	1.7676106702	1.8129978972	1.0256771628	1.0000000000	1.0
593 A	1	4.6326474009	2.5297477726	0.5460695697	1.0000000000	1.0
593 B	0	1.2822317043	0.6411158522	1.0000000000	1/2	1
594 A	1	3.5551559587	1.5031473990	0.0704679540	6.0000000000	1.0
594 B	0	1.3661755860	1.3661755860	1.0000000000	1	1
594 C	0	1.9745189169	0.6581729723	1.0000000000	1/3	1

TABLE 4: BIRCH–SWINNERTON-DYER DATA 594D–614A

Curve	r	Ω	$L^{(r)}(1)$	R	$L^{(r)}(1)/\Omega R$	S
594 D	1	1.0795971017	1.4819597787	0.1372697070	10.000000000	1.0
594 E	0	0.3224010209	2.5792081669	1.0000000000	8	1
594 F	0	2.4423323193	2.4423323193	1.0000000000	1	1
594 G	0	0.6648978941	2.6595915765	1.0000000000	4	1
594 H	0	0.5152499152	2.5762495760	1.0000000000	5	1
595 A	0	0.9778986867	0.9778986867	1.0000000000	1	1
595 B	0	0.5740270845	4.0181895917	1.0000000000	7	1
595 C	0	4.2213530436	4.2213530436	1.0000000000	1	1
598 A	1	2.5667675804	1.5698916376	0.3058110227	2.0000000000	1.0
598 B	1	1.3807484571	0.9723774253	0.1760598428	4.0000000000	1.0
598 C	0	1.2303609822	2.4607219645	1.0000000000	2	1
598 D	1	0.7246534041	2.3415704004	0.0950381483	34.000000000	1.0
600 A	1	2.2709404021	1.8182269343	0.8006493401	1.0000000000	1.0
600 B	1	2.2718298778	1.7882616021	0.1967864781	4.0000000000	1.0
600 C	0	1.3641047525	1.3641047525	1.0000000000	1	1
600 D	0	1.9288462329	1.9288462329	1.0000000000	1	1
602 A	0	0.6308611400	0.6308611400	1.0000000000	1	1
602 B	0	1.0174606853	1.0174606853	1.0000000000	1	1
602 C	0	2.1063872057	2.1063872057	1.0000000000	1	1
603 A	0	3.7681340880	1.8840670440	1.0000000000	1/2	1
603 B	0	2.3992410444	1.1996205222	1.0000000000	1/2	1
603 C	0	0.2595867981	1.0383471925	1.0000000000	4	1
603 D	0	1.5982816107	3.1965632214	1.0000000000	2	1
603 E	1	1.1635621891	2.4252104008	1.0421490246	2.0000000000	1.0
603 F	1	3.4987061444	1.0565412255	0.1509902778	2.0000000000	1.0
605 A	1	0.3648079087	1.8671028100	0.3412029117	15.000000000	1.0
605 B	1	1.0379669438	1.4632185424	5.6387866729	0.2500000000	1.0
605 C	1	2.6758306612	0.9214319585	0.0688707228	5.0000000000	1.0
606 A	0	1.1774603810	1.7661905715	1.0000000000	3/2	1
606 B	1	2.6663147092	1.7325801440	0.3249016588	2.0000000000	1.0
606 C	0	0.9957737146	1.9915474292	1.0000000000	2	1
606 D	0	0.3527718822	2.4694031751	1.0000000000	7	1
606 E	1	1.9676984559	2.6292883984	0.0247449124	54.000000000	1.0
606 F	0	2.8467624701	2.8467624701	1.0000000000	1	1
608 A	1	1.3513123907	1.9841616741	0.7341609860	2.0000000000	1.0
608 B	0	1.0430839617	2.0861679234	1.0000000000	2	1
608 C	0	2.5878393778	2.5878393778	1.0000000000	1	1
608 D	1	3.0958399938	1.9643514437	0.3172566166	2.0000000000	1.0
608 E	1	0.5785570780	2.0903172801	0.3612983679	10.000000000	1.0
608 F	1	2.3045386410	1.4518436127	0.3149965869	2.0000000000	1.0
609 A	1	3.5623621078	2.2343678812	1.2544305231	0.5000000000	1.0
609 B	1	1.3484815516	1.1844590786	1.7567301195	0.5000000000	1.0
610 A	0	0.9772220217	0.9772220217	1.0000000000	1	1
610 B	1	2.6389744505	1.6222091650	0.4098079754	1.5000000000	1.0
610 C	0	3.2804783161	3.2804783161	1.0000000000	1	1
611 A	0	4.4507748026	4.4507748026	1.0000000000	1	1
612 A	0	3.0101774280	2.0067849520	1.0000000000	2/3	1
612 B	1	0.8947231692	1.9203816974	1.0731708776	2.0000000000	1.0
612 C	1	2.1134557877	1.9847891382	0.0782600212	12.000000000	1.0
612 D	0	0.9210983643	1.8421967286	1.0000000000	2	1
614 A	1	3.8235505367	2.5202550314	0.1098566636	6.0000000000	1.0

TABLE 4: BIRCH–SWINNERTON-DYER DATA 614B–630J

Curve	r	Ω	$L^{(r)}(1)$	R	$L^{(r)}(1)/\Omega R$	S
614 B	1	1.6220180852	2.1964097812	1.0155912261	1.3333333333	1.0
615 A	1	3.1476280915	1.2171094498	0.3866751136	1.0000000000	1.0
615 B	1	1.0766896496	2.0130725659	0.1335490665	14.000000000	1.0
616 A	1	1.2592832385	2.0157852699	1.6007401736	1.0000000000	1.0
616 B	0	0.4967001346	2.4835006732	1.0000000000	5	1
616 C	0	1.2228749426	1.2228749426	1.0000000000	1	1
616 D	1	1.7515268442	1.7957577414	0.0427188652	24.000000000	1.0
616 E	1	2.1143298453	1.9497931917	1.8443604682	0.5000000000	1.0
618 A	1	3.2025259469	1.3562810365	0.2117517639	2.0000000000	1.0
618 B	1	0.3275850164	1.4815330940	4.5225911437	1.0000000000	1.0
618 C	1	4.3034232575	1.7322241586	1.2075671308	0.3333333333	1.0
618 D	1	0.5996924071	1.6716285286	0.8362429684	3.3333333333	1.0
618 E	1	3.1261472585	2.3263678897	0.1488329050	5.0000000000	1.0
618 F	1	1.5379775186	2.6608279159	0.0224686033	77.000000000	1.0
618 G	0	0.3846002426	3.0768019409	1.0000000000	8	1
620 A	1	3.5636105700	2.1477266018	1.8080482362	0.3333333333	1.0
620 B	1	1.9747591045	2.0518524948	0.1385385853	7.5000000000	1.0
620 C	1	2.3002922132	1.4718967298	0.2132912682	3.0000000000	1.0
621 A	0	2.4706496111	2.4706496111	1.0000000000	1	1
621 B	1	2.4850697914	1.3566125441	0.5459052091	1.0000000000	1.0
622 A	1	2.0911722409	2.4885586945	0.1700043535	7.0000000000	1.0
623 A	1	1.6365441158	2.2881851242	0.2330301907	6.0000000000	1.0
624 A	1	3.6944854092	1.8414108744	0.9968429540	0.5000000000	1.0
624 B	1	1.7240319882	1.7131634804	1.9873917563	0.5000000000	1.0
624 C	0	2.9977977348	1.4988988674	1.0000000000	1/2	1
624 D	0	4.1998547381	2.0999273690	1.0000000000	1/2	1
624 E	0	0.9490741088	2.3726852720	1.0000000000	5/2	1
624 F	1	1.9064113550	2.1165060726	2.2204085882	0.5000000000	1.0
624 G	1	2.7365561607	1.8217793937	1.3314394346	0.5000000000	1.0
624 H	0	2.2865886337	2.2865886337	1.0000000000	1	1
624 I	0	0.3978321511	1.9891607556	1.0000000000	5	1
624 J	0	3.1643734930	1.5821867465	1.0000000000	1/2	1
626 A	1	4.8236248257	1.5953820026	0.6614867699	0.5000000000	1.0
626 B	0	1.7509727378	1.7509727378	1.0000000000	1	1
627 A	0	2.0728597236	2.0728597236	1.0000000000	1	1
627 B	0	0.5438530027	1.6315590080	1.0000000000	3	1
628 A	0	2.6439246550	2.6439246550	1.0000000000	1	1
629 A	1	1.7091284174	2.4969954466	1.4609759110	1.0000000000	1.0
629 B	0	2.2266969590	4.4533939180	1.0000000000	2	1
629 C	1	2.2765689140	1.3037797972	0.1431737679	4.0000000000	1.0
629 D	1	1.3686582300	1.5536888031	0.2270382436	5.0000000000	1.0
630 A	0	3.1915635134	1.0638545045	1.0000000000	1/3	1
630 B	0	1.1585165872	1.1585165872	1.0000000000	1	1
630 C	0	0.4975637810	0.9951275620	1.0000000000	2	1
630 D	1	1.2617923560	1.5738501163	0.6236565425	2.0000000000	1.0
630 E	1	1.8098438078	1.6379676457	0.4525162997	2.0000000000	1.0
630 F	0	1.2655347079	1.2655347079	1.0000000000	1	1
630 G	0	0.3258351084	2.2808457589	1.0000000000	7	1
630 H	0	2.5822999144	2.5822999144	1.0000000000	1	1
630 I	0	0.5836435418	2.3345741671	1.0000000000	4	1
630 J	0	2.5079578706	2.5079578706	1.0000000000	1	1

TABLE 4: BIRCH–SWINNERTON-DYER DATA 632A–650L

Curve	r	Ω	$L^{(r)}(1)$	R	$L^{(r)}(1)/\Omega R$	S
632 A	1	3.2690386003	2.1533299446	0.3293521747	2.0000000000	1.0
633 A	1	1.0939894596	1.1623092920	0.5312250871	2.0000000000	1.0
635 A	1	2.6532748870	2.1046502583	2.3796821076	0.3333333333	1.0
635 B	1	5.1560085835	1.0641729808	0.2063947264	1.0000000000	1.0
637 A	1	3.6103936643	2.4744038023	0.6853556793	1.0000000000	1.0
637 B	0	0.5482023406	2.1928093623	1.0000000000	4	1
637 C	1	0.2804003378	2.4750227405	8.8267466432	1.0000000000	1.0
637 D	1	1.2618475557	1.2952727037	0.5132445269	2.0000000000	1.0
639 A	1	1.4159216040	1.3874418666	0.9798860775	1.0000000000	1.0
640 A	1	2.5146785012	2.0316664632	3.2316917845	0.2500000000	1.0
640 B	1	5.1408789950	1.9898721132	1.5482738381	0.2500000000	1.0
640 C	0	1.7781462207	1.7781462207	1.0000000000	1	1
640 D	0	1.1829167593	2.3658335187	1.0000000000	2	1
640 E	0	4.2937310983	2.1468655491	1.0000000000	1/2	1
640 F	0	1.6728969242	0.8364484621	1.0000000000	1/2	1
640 G	1	3.6351503986	2.0751281923	0.5708507117	1.0000000000	1.0
640 H	1	3.0361263762	1.6979739838	0.2796283444	2.0000000000	1.0
642 A	0	2.3935636629	1.1967818315	1.0000000000	1/2	1
642 B	0	0.8833018943	1.1777358591	1.0000000000	4/3	1
642 C	1	1.3096864637	2.4034651156	0.0705825162	26.000000000	1.0
643 A	2	5.0103134331	1.1482617365	0.2291796216	1.0000000000	1.0
644 A	1	1.3458310330	2.1671360619	0.8051293248	2.0000000000	1.0
644 B	1	1.8677219381	1.8666034248	0.1665668558	6.0000000000	1.0
645 A	0	2.9547633309	1.4773816655	1.0000000000	1/2	1
645 B	0	3.7246680737	1.8623340369	1.0000000000	1/2	1
645 C	0	0.7287600670	2.9150402680	1.0000000000	4	1
645 D	0	0.2060864423	0.8243457694	1.0000000000	4	1
645 E	1	0.5418428107	2.1123636266	0.0406091718	96.000000000	1.0
645 F	1	2.0680590222	1.3395707765	0.0539785842	12.000000000	1.0
646 A	0	1.4274356437	1.4274356437	1.0000000000	1	1
646 B	0	1.7333045886	3.4666091772	1.0000000000	2	1
646 C	0	2.3277953903	2.3277953903	1.0000000000	1	1
646 D	1	2.1316501109	2.5834562462	0.2019918930	6.0000000000	1.0
646 E	0	1.7417182315	1.7417182315	1.0000000000	1	1
648 A	1	2.8579610545	2.0264323657	0.3545241393	2.0000000000	1.0
648 B	1	3.7739500820	1.9947552563	0.2642794967	2.0000000000	1.0
648 C	0	0.8564595017	1.7129190035	1.0000000000	2	1
648 D	1	2.5144198042	2.0822444144	0.1380202046	6.0000000000	1.0
649 A	1	3.4660507043	1.6065376871	0.2317533447	2.0000000000	1.0
650 A	1	1.3995225281	1.6156045801	1.1543969802	1.0000000000	1.0
650 B	1	0.6941100694	1.9367249330	1.3951136990	2.0000000000	1.0
650 C	1	4.1558626857	1.0826851427	0.1302599754	2.0000000000	1.0
650 D	0	0.7630894957	1.5261789915	1.0000000000	2	1
650 E	0	0.3964760735	0.7929521471	1.0000000000	2	1
650 F	0	1.9439290266	1.9439290266	1.0000000000	1	1
650 G	1	3.6999544999	1.2442250387	0.5044217593	0.6666666667	1.0
650 H	0	2.0751559918	2.0751559918	1.0000000000	1	1
650 I	0	1.6546699551	3.3093399101	1.0000000000	2	1
650 J	0	1.6923586570	3.3847173140	1.0000000000	2	1
650 K	1	1.7063199854	2.4329160966	0.0339482478	42.000000000	1.0
650 L	0	0.3104154598	1.8624927590	1.0000000000	6	1

TABLE 4: BIRCH–SWINNERTON-DYER DATA 650M–670C

Curve	r	Ω	$L^{(r)}(1)$	R	$L^{(r)}(1)/\Omega R$	S
650 M	0	1.8585582941	3.7171165882	1.0000000000	2	1
651 A	0	0.2759207512	1.3796037560	1.0000000000	5	1
651 B	0	4.2374957336	2.1187478668	1.0000000000	1/2	1
651 C	1	2.0362564170	2.6338964695	1.2934994078	1.0000000000	1.0
651 D	1	1.2854998192	1.5714303035	1.2224274792	1.0000000000	1.0
651 E	0	1.2556913761	1.2556913761	1.0000000000	1	1
654 A	1	2.2676191686	1.7461630175	0.0481276530	16.000000000	1.0
654 B	1	1.3654234799	2.4192177359	0.0553678440	32.000000000	1.0
655 A	2	4.4879258049	0.8881921108	0.0989535199	2.0000000000	1.0
656 A	1	3.3657759082	2.0060295839	0.5960080643	1.0000000000	1.0
656 B	0	2.5555950990	1.2777975495	1.0000000000	1/2	1
656 C	0	2.2320363680	2.2320363680	1.0000000000	1	1
657 A	0	1.3920168887	1.3920168887	1.0000000000	1	1
657 B	0	0.8683578148	3.4734312592	1.0000000000	4	1
657 C	1	1.4732708732	1.9853109738	0.6737766320	2.0000000000	1.0
657 D	1	3.2248295382	1.3989934744	0.4338193563	1.0000000000	1.0
658 A	0	0.3453570447	0.6907140895	1.0000000000	2	1
658 B	0	3.6139800621	1.8069900311	1.0000000000	1/2	1
658 C	0	2.5856452314	1.7237634876	1.0000000000	2/3	1
658 D	1	1.4893191366	2.4281008908	0.1358619089	12.000000000	1.0
658 E	1	0.6112087497	2.5417115238	0.1890227227	22.000000000	1.0
658 F	1	4.3216254957	2.0088664210	0.1162101172	4.0000000000	1.0
659 A	1	1.5987465961	2.8102618562	1.7577906737	1.0000000000	1.0
659 B	0	3.9580875305	3.9580875305	1.0000000000	1	1
660 A	0	1.0700232126	1.0700232126	1.0000000000	1	1
660 B	1	2.9740851833	1.8332170918	0.2054656562	3.0000000000	1.0
660 C	1	2.3631542925	2.2071066960	0.9339663953	1.0000000000	1.0
660 D	0	0.6405269388	1.9215808163	1.0000000000	3	1
662 A	1	1.0766666723	1.2847762864	0.5966453311	2.0000000000	1.0
663 A	0	1.1861398733	1.1861398733	1.0000000000	1	1
663 B	1	3.2047641001	1.1920969618	1.4879060356	0.2500000000	1.0
663 C	1	1.9988726759	1.6326154359	0.4083840496	2.0000000000	1.0
664 A	2	3.5536274747	1.3742026761	0.0966760505	4.0000000000	1.0
664 B	1	3.6509416469	2.1908129135	0.3000339536	2.0000000000	1.0
664 C	1	4.5567302944	1.8865952753	0.2070119530	2.0000000000	1.0
665 A	1	1.3794131390	1.2423862408	0.1801325804	5.0000000000	1.0
665 B	1	2.4602431252	2.5513395947	4.1481097027	0.2500000000	1.0
665 C	1	4.8049229586	2.3451929413	0.4880812786	1.0000000000	1.0
665 D	1	1.0294222183	1.0781458036	0.5236655011	2.0000000000	1.0
665 E	0	0.7606298483	1.5212596966	1.0000000000	2	1
666 A	0	0.6115596244	1.2231192488	1.0000000000	2	1
666 B	0	0.6266921957	1.2533843913	1.0000000000	2	1
666 C	1	1.7584042022	1.6232934654	0.2307907168	4.0000000000	1.0
666 D	1	3.7060696315	2.6092064873	0.0704036013	10.000000000	1.0
666 E	1	1.2684154139	2.5396068527	0.0385036265	52.000000000	1.0
666 F	0	1.1123286520	2.2246573039	1.0000000000	2	1
666 G	0	0.0666962770	3.0680287440	1.0000000000	46	1
669 A	1	2.0309614263	2.3967060910	1.1800844960	1.0000000000	1.0
670 A	1	0.4721151649	1.6886117386	0.3251540503	11.000000000	1.0
670 B	1	2.8685877138	1.3009484555	1.3605459397	0.3333333333	1.0
670 C	1	4.0108342189	2.6312306772	0.1312061548	5.0000000000	1.0

TABLE 4: BIRCH–SWINNERTON-DYER DATA 670D–689A

Curve	r	Ω	$L^{(r)}(1)$	R	$L^{(r)}(1)/\Omega R$	S
670 D	1	0.8786739264	2.2406781479	0.1342140984	19.000000000	1.0
672 A	1	3.0552339984	1.8770484002	0.6143714037	1.0000000000	1.0
672 B	1	1.0195945289	2.1403725794	0.1399492654	15.000000000	1.0
672 C	0	2.9459785698	1.4729892849	1.0000000000	1/2	1
672 D	0	0.7784733987	0.7784733987	1.0000000000	1	1
672 E	1	3.6459594937	1.8104178877	0.9931091615	0.5000000000	1.0
672 F	1	2.4672111687	2.2099943158	1.7914918219	0.5000000000	1.0
672 G	0	1.9947625016	1.9947625016	1.0000000000	1	1
672 H	0	2.2280058144	2.2280058144	1.0000000000	1	1
674 A	1	2.7092586874	1.7379082664	0.6414700355	1.0000000000	1.0
674 B	1	4.0104450489	2.6033014713	0.6491303184	1.0000000000	1.0
674 C	1	0.5759572330	1.9868787305	0.1112805927	31.000000000	1.0
675 A	1	2.3701946024	1.9226596103	0.4055910870	2.0000000000	1.0
675 B	1	3.7197181779	1.4725103035	0.1319553645	3.0000000000	1.0
675 C	0	3.0994098257	1.0331366086	1.0000000000	1/3	1
675 D	0	0.8904557232	0.8904557232	1.0000000000	1	1
675 E	0	1.3860982121	1.3860982121	1.0000000000	1	1
675 F	0	1.9911195281	1.9911195281	1.0000000000	1	1
675 G	0	1.6911045184	3.3822090368	1.0000000000	2	1
675 H	0	0.4397610737	0.8795221474	1.0000000000	2	1
675 I	1	1.6635085406	2.5377208007	0.5085077190	3.0000000000	1.0
676 A	0	0.9379794035	1.4069691052	1.0000000000	3/2	1
676 B	0	1.4965418840	1.4965418840	1.0000000000	1	1
676 C	0	0.4150660384	0.4150660384	1.0000000000	1	1
676 D	0	2.9442542341	2.9442542341	1.0000000000	1	1
676 E	0	0.8165892007	2.4497676021	1.0000000000	3	1
677 A	1	2.8368146928	1.2893981935	0.4545232358	1.0000000000	1.0
678 A	1	4.8406123729	1.5171515354	0.1567107030	2.0000000000	1.0
678 B	1	1.5883609701	1.7574538605	0.1844095783	6.0000000000	1.0
678 C	1	1.4205258825	2.4773594939	0.2491390713	7.0000000000	1.0
678 D	0	1.3970457314	2.7940914629	1.0000000000	2	1
678 E	0	3.1622103101	3.1622103101	1.0000000000	1	1
678 F	0	1.2858801950	2.5717603900	1.0000000000	2	1
680 A	1	3.2750305235	2.0532909813	1.2539064699	0.5000000000	1.0
680 B	0	1.4663778907	1.4663778907	1.0000000000	1	1
680 C	0	0.6189257201	2.4757028802	1.0000000000	4	1
681 A	1	3.8078769894	1.7148309965	0.2251689066	2.0000000000	1.0
681 B	0	0.8199178694	1.8448152061	1.0000000000	9/4	9
681 C	2	3.7708461685	1.0262711474	0.1360796890	2.0000000000	1.0
681 D	0	0.5238009112	2.0952036450	1.0000000000	4	1
681 E	1	2.2367233352	2.0523231219	0.0917557880	10.000000000	1.0
682 A	1	3.1826703234	2.2812508096	0.7167725770	1.0000000000	1.0
682 B	1	0.6115533121	2.6265637235	0.0753492204	57.000000000	1.0
684 A	1	2.5117117385	2.1232510164	0.1408900408	6.0000000000	1.0
684 B	1	0.8914338511	2.0174937497	0.3772001230	6.0000000000	1.0
684 C	0	1.0106719472	2.0213438944	1.0000000000	2	1
685 A	1	5.0493985695	2.5294065402	0.5009322408	1.0000000000	1.0
688 A	1	2.1361539012	2.0384041307	0.9542402959	1.0000000000	1.0
688 B	0	1.2461451514	2.4922903027	1.0000000000	2	1
688 C	1	1.3631824182	2.3637294196	1.7339788043	1.0000000000	1.0
689 A	1	5.1047223290	1.0333048176	0.8096854253	0.2500000000	1.0

TABLE 4: BIRCH–SWINNERTON-DYER DATA 690A–705B

Curve	r	Ω	$L^{(r)}(1)$	R	$L^{(r)}(1)/\Omega R$	S
690 A	1	0.7448541864	1.3963979050	0.9373632655	2.0000000000	1.0
690 B	0	0.9529657858	0.9529657858	1.0000000000	1	1
690 C	0	0.1132251968	0.9058015746	1.0000000000	8	1
690 D	0	1.2098350005	1.2098350005	1.0000000000	1	1
690 E	1	0.9634951715	1.8051068282	0.7493994289	2.5000000000	1.0
690 F	0	3.0827918116	1.5413959058	1.0000000000	1/2	1
690 G	0	0.2784647670	1.9492533690	1.0000000000	7	1
690 H	1	2.3108328098	2.4704452833	0.1781785678	6.0000000000	1.0
690 I	0	0.9226753489	2.7680260467	1.0000000000	3	1
690 J	0	0.6031690708	3.0158453540	1.0000000000	5	1
690 K	0	1.5219655531	3.0439311063	1.0000000000	2	1
692 A	0	2.1861975957	1.0930987979	1.0000000000	1/2	1
693 A	0	1.0344382277	1.0344382277	1.0000000000	1	1
693 B	1	1.7403153566	1.9629786598	0.5639721136	2.0000000000	1.0
693 C	0	0.4482861989	0.8965723977	1.0000000000	2	1
693 D	0	1.1413329845	2.2826659690	1.0000000000	2	1
696 A	1	3.8717115384	1.8979933552	0.2451103777	2.0000000000	1.0
696 B	0	1.6317277401	1.6317277401	1.0000000000	1	1
696 C	1	2.0763110581	2.2838622912	0.1099961531	10.000000000	1.0
696 D	0	1.2519112526	1.2519112526	1.0000000000	1	1
696 E	0	0.9609707865	1.9219415730	1.0000000000	2	1
696 F	1	0.7587994985	1.8510015342	0.4065635999	6.0000000000	1.0
696 G	1	3.6032980856	2.2393010521	0.1035764550	6.0000000000	1.0
699 A	0	1.3274184293	3.9822552879	1.0000000000	3	1
700 A	0	0.6011899261	1.2023798523	1.0000000000	2	1
700 B	0	2.2739538827	2.2739538827	1.0000000000	1	1
700 C	1	4.3423658689	2.1348487950	0.1638775466	3.0000000000	1.0
700 D	1	0.6956459498	1.5021159277	0.0359885161	60.000000000	1.0
700 E	1	0.7139819035	2.1110581354	0.9855796648	3.0000000000	1.0
700 F	1	1.9419650532	2.1076136836	0.3617664970	3.0000000000	1.0
700 G	1	3.1315375430	1.4807661532	0.0788093246	6.0000000000	1.0
700 H	0	1.5965120710	1.5965120710	1.0000000000	1	1
700 I	0	1.0169430919	1.0169430919	1.0000000000	1	1
700 J	0	1.4004661640	2.8009323281	1.0000000000	2	1
701 A	0	4.5057330241	4.5057330241	1.0000000000	1	1
703 A	0	1.0265530673	2.0531061346	1.0000000000	2	1
703 B	1	1.7712720083	1.1006854340	0.3107048011	2.0000000000	1.0
704 A	1	4.4873325290	2.2759885635	0.5072030095	1.0000000000	1.0
704 B	1	3.8045730058	2.0086088735	0.5279459404	1.0000000000	1.0
704 C	0	2.4683463702	2.4683463702	1.0000000000	1	1
704 D	0	1.7069125392	1.7069125392	1.0000000000	1	1
704 E	0	3.0069924701	3.0069924701	1.0000000000	1	1
704 F	0	2.1595534099	2.1595534099	1.0000000000	1	1
704 G	0	1.3006681580	1.3006681580	1.0000000000	1	1
704 H	0	2.6129403750	2.6129403750	1.0000000000	1	1
704 I	0	1.1705612909	1.1705612909	1.0000000000	1	1
704 J	1	5.1103236666	2.2490865778	0.4401064834	1.0000000000	1.0
704 K	1	2.0630782447	1.8879135472	0.9150954658	1.0000000000	1.0
704 L	1	1.6188133885	1.4443889285	0.2974172191	3.0000000000	1.0
705 A	1	0.8998713610	1.6952055621	0.9419154979	2.0000000000	1.0
705 B	1	0.7197724152	1.2855968706	0.1190743855	15.000000000	1.0

TABLE 4: BIRCH–SWINNERTON-DYER DATA 705C–723A

Curve	r	Ω	$L^{(r)}(1)$	R	$L^{(r)}(1)/\Omega R$	S
705 C	0	2.2422368953	1.4948245969	1.0000000000	2/3	1
705 D	1	2.3563327671	2.7399409039	1.1627987957	1.0000000000	1.0
705 E	1	3.5400966154	1.6577969123	0.0936582863	5.0000000000	1.0
705 F	0	3.3938962532	2.5454221899	1.0000000000	3/4	1
706 A	1	2.4288257338	1.9200718399	0.7905350364	1.0000000000	1.0
706 B	1	1.2043004068	2.6991718144	0.0974468626	23.000000000	1.0
706 C	1	2.9766469907	2.6216013820	1.7614459425	0.5000000000	1.0
706 D	1	2.6150443165	2.3202308347	0.3549050117	2.5000000000	1.0
707 A	2	4.3145192962	0.9738513460	0.1128574563	2.0000000000	1.0
708 A	0	2.0619546003	1.0309773002	1.0000000000	1/2	1
709 A	2	4.0733289400	1.0537016538	0.2586831727	1.0000000000	1.0
710 A	1	2.1059977182	1.5321809045	0.1818830205	4.0000000000	1.0
710 B	1	1.7560060271	2.4992935440	0.0418612650	34.000000000	1.0
710 C	1	3.1589551069	2.5747640635	0.0582191619	14.000000000	1.0
710 D	0	1.1567437634	2.3134875269	1.0000000000	2	1
711 A	1	2.5535933872	2.5771593912	0.5046142828	2.0000000000	1.0
711 B	1	1.7397204637	1.4841485905	0.4265480063	2.0000000000	1.0
711 C	0	2.3245918204	2.3245918204	1.0000000000	1	1
712 A	0	2.0050824245	1.0025412123	1.0000000000	1/2	1
713 A	1	4.2159507277	2.7924101607	0.6623441167	1.0000000000	1.0
714 A	1	0.8814893885	1.5642040390	1.7745012696	1.0000000000	1.0
714 B	0	0.9622645215	0.9622645215	1.0000000000	1	1
714 C	0	0.2171317499	1.0856587497	1.0000000000	5	1
714 D	1	2.6839654336	1.3951533217	0.5198104656	1.0000000000	1.0
714 E	0	0.3477949055	2.4345643386	1.0000000000	7	1
714 F	1	1.9409723197	2.4625037273	0.8457973022	1.5000000000	1.0
714 G	0	0.6275698389	1.8827095167	1.0000000000	3	1
714 H	0	2.5311266382	2.5311266382	1.0000000000	1	1
714 I	0	0.8643306617	2.5929919852	1.0000000000	3	1
715 A	1	3.5289602069	1.5787090658	1.3420744128	0.3333333333	1.0
715 B	1	0.6975196333	1.2547951053	0.0856637506	21.000000000	1.0
718 A	0	0.9761894668	0.9761894668	1.0000000000	1	1
718 B	2	3.6847793558	1.2517811528	0.1698583595	2.0000000000	1.0
718 C	1	2.5755975942	2.6764950054	0.0865978641	12.000000000	1.0
720 A	1	2.7175526609	2.0753361001	0.3818391691	2.0000000000	1.0
720 B	0	0.8280154410	1.6560308820	1.0000000000	2	1
720 C	0	2.9317714525	1.4658857262	1.0000000000	1/2	1
720 D	0	3.4281037645	1.7140518822	1.0000000000	1/2	1
720 E	1	1.4374984153	2.1527060376	1.4975362857	1.0000000000	1.0
720 F	0	0.7101221744	1.4202443487	1.0000000000	2	1
720 G	1	1.1463561696	2.1771249053	0.3165282837	6.0000000000	1.0
720 H	1	1.6172770870	2.1029661686	0.3250782110	4.0000000000	1.0
720 I	0	3.2613074970	1.6306537485	1.0000000000	1/2	1
720 J	0	0.9676241149	1.9352482298	1.0000000000	2	1
722 A	1	0.5289503653	1.8191706374	10.317625755	0.3333333333	1.0
722 B	1	1.5826710943	1.1653365368	0.3681549947	2.0000000000	1.0
722 C	0	0.5404948479	1.0809896957	1.0000000000	2	1
722 D	0	0.6600950502	3.9605703013	1.0000000000	6	1
722 E	1	0.2759017297	2.5648119356	0.7746755637	12.000000000	1.0
722 F	1	3.2014095799	2.5300549410	0.2634313498	3.0000000000	1.0
723 A	1	3.4502808494	1.2092337952	0.7009480376	0.5000000000	1.0

TABLE 4: BIRCH–SWINNERTON-DYER DATA 723B–740A

Curve	r	Ω	$L^{(r)}(1)$	R	$L^{(r)}(1)/\Omega R$	S
723 B	1	1.7498147728	2.1513753427	1.2294874727	1.0000000000	1.0
725 A	1	2.5453515525	2.6227061923	2.0607811048	0.5000000000	1.0
726 A	1	2.0448157422	1.4899240842	0.7286348855	1.0000000000	1.0
726 B	0	0.2420836944	0.9683347776	1.0000000000	4	1
726 C	0	1.3230677871	1.3230677871	1.0000000000	1	1
726 D	1	3.5176356020	1.7815333279	0.0633072015	8.0000000000	1.0
726 E	1	0.5670099361	1.7173298337	0.3028747336	10.000000000	1.0
726 F	0	0.6987232202	2.0961696607	1.0000000000	3	1
726 G	1	1.0589008371	2.4891357710	0.0391779803	60.000000000	1.0
726 H	0	0.9428381419	2.8285144257	1.0000000000	3	1
726 I	0	0.3723785106	2.9790280849	1.0000000000	8	1
728 A	0	1.3003620819	1.3003620819	1.0000000000	1	1
728 B	0	0.6814404408	2.7257617631	1.0000000000	4	1
728 C	1	0.8260062433	2.0890611620	0.4215184367	6.0000000000	1.0
728 D	1	2.2030843903	1.6802562364	0.1271139260	6.0000000000	1.0
730 A	0	0.8825509340	0.8825509340	1.0000000000	1	1
730 B	0	0.9049726844	0.3016575615	1.0000000000	1/3	1
730 C	0	2.0285045409	2.0285045409	1.0000000000	1	1
730 D	0	1.1089286592	1.1089286592	1.0000000000	1	1
730 E	0	1.7926088874	1.7926088874	1.0000000000	1	1
730 F	1	2.5571125379	1.7537639412	0.3429188030	2.0000000000	1.0
730 G	1	3.3565977387	1.1443062568	0.3409125388	1.0000000000	1.0
730 H	0	1.7236786394	1.7236786394	1.0000000000	1	1
730 I	1	3.5781506698	2.5255155328	0.1008308388	7.0000000000	1.0
730 J	1	1.1012771596	2.6051012065	0.0375480527	63.000000000	1.0
730 K	0	3.2768778391	3.2768778391	1.0000000000	1	1
731 A	1	2.8737517466	2.8068624879	0.9767240651	1.0000000000	1.0
732 A	0	3.2997896421	1.6498948210	1.0000000000	1/2	1
732 B	1	2.7343523122	1.9306520942	0.1176788183	6.0000000000	1.0
732 C	1	2.6755394130	2.2682272678	0.1883921057	4.5000000000	1.0
733 A	0	1.6195086138	1.6195086138	1.0000000000	1	1
734 A	0	1.3368249040	3.3420622601	1.0000000000	5/2	1
735 A	0	1.4373759725	1.4373759725	1.0000000000	1	1
735 B	0	0.2066678812	0.4133357625	1.0000000000	2	1
735 C	1	2.5974756723	1.7905882921	0.3446785491	2.0000000000	1.0
735 D	0	0.7149316291	1.4298632582	1.0000000000	2	1
735 E	1	1.2066457006	1.6631875266	2.7567123073	0.5000000000	1.0
735 F	1	1.2882643756	1.4518853833	0.0134167723	84.000000000	1.0
737 A	1	0.8056517670	1.4537684161	0.1503718765	12.000000000	1.0
738 A	1	1.3681269310	1.6904101465	0.6177826444	2.0000000000	1.0
738 B	0	0.4498240118	0.8996480237	1.0000000000	2	1
738 C	0	1.5977768394	1.5977768394	1.0000000000	1	1
738 D	1	1.6152729786	1.6730284056	0.2589389577	4.0000000000	1.0
738 E	1	2.0318963871	2.7547337823	0.1355745204	10.000000000	1.0
738 F	1	1.7902683597	2.6751400081	0.0339606273	44.000000000	1.0
738 G	0	0.9655401711	2.8966205133	1.0000000000	3	1
738 H	0	0.4071435598	2.8500049188	1.0000000000	7	1
738 I	0	2.5773335958	2.5773335958	1.0000000000	1	1
738 J	0	1.1131778064	2.2263556127	1.0000000000	2	1
739 A	0	3.6774435209	3.6774435209	1.0000000000	1	1
740 A	0	0.4224994326	2.5349965954	1.0000000000	6	1

TABLE 4: BIRCH–SWINNERTON-DYER DATA 740B–759A

Curve	r	Ω	$L^{(r)}(1)$	R	$L^{(r)}(1)/\Omega R$	S
740 B	1	1.3678317161	2.3309157286	0.8520476975	2.0000000000	1.0
740 C	1	2.0445936737	2.0073801537	0.0818165886	12.000000000	1.0
741 A	0	1.8564415480	1.8564415480	1.0000000000	1	1
741 B	0	0.4119061199	1.2357183596	1.0000000000	3	1
741 C	0	0.2794796202	3.0742758221	1.0000000000	11	1
741 D	0	0.1985518805	3.9710376102	1.0000000000	20	1
741 E	1	2.6257324397	2.2064827886	0.1050412999	8.0000000000	1.0
742 A	1	4.0625082193	1.6214759738	0.1995658699	2.0000000000	1.0
742 B	0	2.0545031092	2.0545031092	1.0000000000	1	1
742 C	0	0.7444499769	1.4888999537	1.0000000000	2	1
742 D	0	0.2649897578	2.1199180628	1.0000000000	8	1
742 E	1	0.5772565826	1.9175643082	0.3321857846	10.000000000	1.0
742 F	0	0.8960291889	3.5841167558	1.0000000000	4	1
742 G	1	2.1897835762	2.5093311207	0.0572963271	20.000000000	1.0
744 A	1	2.4148251947	1.9176814067	0.1985321143	4.0000000000	1.0
744 B	0	1.1678014455	1.7517021682	1.0000000000	3/2	1
744 C	1	1.9190973642	2.2681277304	0.0738670095	16.000000000	1.0
744 D	0	0.4891399315	1.9565597260	1.0000000000	4	1
744 E	0	0.9794154660	0.9794154660	1.0000000000	1	1
744 F	1	1.9869542434	1.9646208882	0.0823966671	12.000000000	1.0
744 G	1	3.0362477634	2.3164305927	0.0635771181	12.000000000	1.0
747 A	1	1.7571979728	1.4144734403	1.6099192716	0.5000000000	1.0
747 B	0	4.5044550320	2.2522275160	1.0000000000	1/2	1
747 C	1	0.5060273272	2.5853819361	2.5545872695	2.0000000000	1.0
747 D	1	2.2599386817	2.7052674428	1.1970534708	1.0000000000	1.0
747 E	1	1.8087956133	1.5131984023	0.4182889408	2.0000000000	1.0
748 A	0	0.5058218300	3.0349309803	1.0000000000	6	1
749 A	1	1.6335946125	1.6287624673	0.4985210084	2.0000000000	1.0
752 A	1	2.1590990894	2.1778815538	1.0086992137	1.0000000000	1.0
753 A	0	1.6329306908	3.2658613816	1.0000000000	2	1
753 B	0	2.8471750728	1.8981167152	1.0000000000	2/3	1
753 C	1	2.6391949788	2.1958740551	0.2080060466	4.0000000000	1.0
754 A	0	2.4638722502	1.6425815001	1.0000000000	2/3	1
754 B	1	1.0757562718	1.9362290724	0.4499692735	4.0000000000	1.0
754 C	1	3.0286050243	1.2261926627	0.8097408892	0.5000000000	1.0
754 D	1	1.3796837741	2.9335184328	0.1181236232	18.000000000	1.0
755 A	1	2.7886799378	1.9583126075	0.7022364169	1.0000000000	1.0
755 B	1	3.5020797733	2.8444156107	0.8122075438	1.0000000000	1.0
755 C	0	2.1787770859	1.0893885430	1.0000000000	1/2	1
755 D	0	4.1290425737	4.1290425737	1.0000000000	1	1
755 E	0	5.0574520557	5.0574520557	1.0000000000	1	1
755 F	0	0.1545463751	2.0091028768	1.0000000000	13	1
756 A	0	1.7063838931	1.7063838931	1.0000000000	1	1
756 B	1	2.1611676117	2.0476009778	0.9474512605	1.0000000000	1.0
756 C	1	1.8177688025	2.1245818910	0.3895951799	3.0000000000	1.0
756 D	0	2.0527415348	2.0527415348	1.0000000000	1	1
756 E	0	2.0818495119	2.0818495119	1.0000000000	1	1
756 F	0	1.2639024702	1.2639024702	1.0000000000	1	1
758 A	1	2.0017018367	1.2248470767	0.3059514295	2.0000000000	1.0
758 B	0	0.9266980553	3.7067922210	1.0000000000	4	1
759 A	1	0.8052905555	1.2941612047	1.6070736157	1.0000000000	1.0

TABLE 4: BIRCH–SWINNERTON-DYER DATA 759B–777E

Curve	r	Ω	$L^{(r)}(1)$	R	$L^{(r)}(1)/\Omega R$	S
759 B	1	1.0932448414	1.6306147760	1.4915366753	1.0000000000	1.0
760 A	0	2.6248441565	2.6248441565	1.0000000000	1	1
760 B	0	0.1879117839	1.3153824873	1.0000000000	7	1
760 C	0	1.4515241647	2.9030483294	1.0000000000	2	1
760 D	1	2.7369997770	1.7874773125	0.2176930286	3.0000000000	1.0
760 E	1	2.6012959156	2.2403249976	1.7224683929	0.5000000000	1.0
762 A	0	1.5128246531	1.5128246531	1.0000000000	1	1
762 B	0	0.4542920018	1.8171680074	1.0000000000	4	1
762 C	1	2.7594600422	1.8102970129	0.1640082648	4.0000000000	1.0
762 D	1	3.6331443577	2.5474201408	0.0701161278	10.000000000	1.0
762 E	1	1.7475576222	2.9286927531	0.0253920855	66.000000000	1.0
762 F	0	0.9694108898	2.9082326695	1.0000000000	3	1
762 G	0	0.4859865783	2.9159194697	1.0000000000	6	1
763 A	1	3.2220719485	1.2429317687	0.1285851453	3.0000000000	1.0
765 A	0	2.0616348322	2.0616348322	1.0000000000	1	1
765 B	0	1.1759321797	1.1759321797	1.0000000000	1	1
765 C	1	3.0783495607	1.5493056096	0.5032909938	1.0000000000	1.0
766 A	0	2.0523827032	2.0523827032	1.0000000000	1	1
768 A	1	4.3656747146	1.9178228339	0.4392958613	1.0000000000	1.0
768 B	1	3.3463601247	1.8962429969	0.5666583769	1.0000000000	1.0
768 C	0	2.1726561662	2.1726561662	1.0000000000	1	1
768 D	0	4.7324678729	2.3662339365	1.0000000000	1/2	1
768 E	0	1.5362999083	1.5362999083	1.0000000000	1	1
768 F	0	2.9074554322	1.4537277161	1.0000000000	1/2	1
768 G	1	3.0869981951	2.3829930020	0.3859725292	2.0000000000	1.0
768 H	1	2.0558814521	2.3075439492	1.1224109964	1.0000000000	1.0
770 A	0	1.6305047714	1.6305047714	1.0000000000	1	1
770 B	0	1.6894669604	0.5631556535	1.0000000000	1/3	1
770 C	0	0.2245966433	1.1229832167	1.0000000000	5	1
770 D	1	1.3934589960	1.3476401147	0.2417796502	4.0000000000	1.0
770 E	1	0.7940452690	1.7753382914	2.2358149600	1.0000000000	1.0
770 F	1	1.1288970583	2.3511646469	0.5206773792	4.0000000000	1.0
770 G	0	1.8601556792	1.8601556792	1.0000000000	1	1
774 A	0	1.0875097482	1.4500129977	1.0000000000	4/3	1
774 B	0	1.5541356320	1.5541356320	1.0000000000	1	1
774 C	0	0.0950910435	0.7607283478	1.0000000000	8	1
774 D	1	0.4431002071	1.7881748996	1.0088998329	4.0000000000	1.0
774 E	1	2.4922340340	1.5855794875	0.3181040516	2.0000000000	1.0
774 F	1	2.4512293565	2.7370287348	0.4187228636	2.6666666667	1.0
774 G	1	1.7182765282	2.7922038752	0.0677084429	24.000000000	1.0
774 H	0	0.4166411653	2.9164881572	1.0000000000	7	1
774 I	0	0.7011646252	2.8046585008	1.0000000000	4	1
775 A	1	2.3905216902	2.2177911110	0.4638717817	2.0000000000	1.0
775 B	0	0.9454718718	0.9454718718	1.0000000000	1	1
775 C	0	0.9912538890	3.9650155558	1.0000000000	4	1
776 A	1	3.7983234120	2.1229515512	0.5589180596	1.0000000000	1.0
777 A	0	5.0397845548	1.2599461387	1.0000000000	1/4	1
777 B	0	0.3038812313	0.6077624625	1.0000000000	2	1
777 C	0	0.6617332035	1.3234664070	1.0000000000	2	1
777 D	1	2.8360196315	1.2399116897	1.7488055103	0.2500000000	1.0
777 E	1	0.7933334438	2.8167539819	2.8404237877	1.2500000000	1.0

TABLE 4: BIRCH–SWINNERTON-DYER DATA 777F–794C

Curve	r	Ω	$L^{(r)}(1)$	R	$L^{(r)}(1)/\Omega R$	S
777 F	1	3.7264393331	1.4653365029	0.1966134924	2.0000000000	1.0
777 G	1	1.5621913918	2.1958152307	0.0702799683	20.000000000	1.0
780 A	1	2.9965748479	2.0100038393	0.2235890354	3.0000000000	1.0
780 B	0	0.3205650494	1.6028252468	1.0000000000	5	1
780 C	1	1.7695272041	2.3706082461	0.1116403787	12.000000000	1.0
780 D	0	1.8390125650	1.8390125650	1.0000000000	1	1
781 A	0	0.8627373069	0.8627373069	1.0000000000	1	1
781 B	1	2.8846769626	1.9767169681	0.2284157514	3.0000000000	1.0
782 A	1	2.5499874086	1.4230642485	1.1161343336	0.5000000000	1.0
782 B	0	0.8576115978	2.5728347933	1.0000000000	3	1
782 C	0	0.2690438605	1.8833070233	1.0000000000	7	1
782 D	0	3.8984248290	3.8984248290	1.0000000000	1	1
782 E	0	1.1016692094	2.7541730235	1.0000000000	5/2	1
784 A	1	2.3868312845	2.3969872725	1.0042550088	1.0000000000	1.0
784 B	1	1.9041961437	1.4763178646	0.2584323871	3.0000000000	1.0
784 C	0	1.3221927708	1.3221927708	1.0000000000	1	1
784 D	0	1.3459764274	1.3459764274	1.0000000000	1	1
784 E	0	0.7166350909	2.8665403635	1.0000000000	4	1
784 F	0	2.9388051489	2.9388051489	1.0000000000	1	1
784 G	0	1.6482722736	1.6482722736	1.0000000000	1	1
784 H	1	2.5575309899	2.2075638093	0.4315810479	2.0000000000	1.0
784 I	1	4.1466198122	2.2889418179	0.5520018525	1.0000000000	1.0
784 J	1	1.1233153024	1.7509775464	0.3896896852	4.0000000000	1.0
786 A	1	5.0581564923	1.4518567044	0.2870327770	1.0000000000	1.0
786 B	1	3.0058818246	1.4457554465	0.2404877388	2.0000000000	1.0
786 C	1	0.3058839233	1.7237614871	2.8176725807	2.0000000000	1.0
786 D	0	0.6243670999	0.6243670999	1.0000000000	1	1
786 E	0	2.2980284444	1.1490142222	1.0000000000	1/2	1
786 F	0	4.1760155624	1.3920051875	1.0000000000	1/3	1
786 G	1	1.5009743618	1.9166428447	1.2769324337	1.0000000000	1.0
786 H	1	2.4343976800	1.8060854772	0.0529930284	14.000000000	1.0
786 I	0	1.6451388054	2.4677082081	1.0000000000	3/2	1
786 J	1	1.5930966388	2.5762182307	0.0770054092	21.000000000	1.0
786 K	1	2.1879905064	2.4916678812	0.1897988035	6.0000000000	1.0
786 L	1	2.1896861019	2.9938328080	0.0390640833	35.000000000	1.0
786 M	0	1.0935574545	3.2806723636	1.0000000000	3	1
790 A	1	2.7861735231	2.4402283805	0.2189587583	4.0000000000	1.0
791 A	0	2.2117095243	1.1058547621	1.0000000000	1/2	1
791 B	0	0.9636216384	0.4818108192	1.0000000000	1/2	1
791 C	1	2.3695463432	1.6526782132	2.7898643434	0.2500000000	1.0
792 A	1	1.4206345211	2.1984987673	1.5475470536	1.0000000000	1.0
792 B	0	1.7214809982	1.7214809982	1.0000000000	1	1
792 C	1	3.2592957589	2.2026699195	0.3379058058	2.0000000000	1.0
792 D	1	2.3650528515	2.1181494566	0.8956034345	1.0000000000	1.0
792 E	0	1.0701000521	2.1402001041	1.0000000000	2	1
792 F	0	0.9557592918	1.9115185836	1.0000000000	2	1
792 G	0	0.9996484530	0.9996484530	1.0000000000	1	1
793 A	1	2.3803932304	2.7443839416	4.6116480361	0.2500000000	1.0
794 A	2	4.3426433734	1.2945419121	0.1490499911	2.0000000000	1.0
794 B	1	4.3358043302	2.9800260413	2.0619191834	0.3333333333	1.0
794 C	1	2.0929914585	2.6163624910	0.2500117696	5.0000000000	1.0

TABLE 4: BIRCH–SWINNERTON-DYER DATA 794D–810B

Curve	r	Ω	$L^{(r)}(1)$	R	$L^{(r)}(1)/\Omega R$	S
794 D	1	0.9328062669	2.4030580639	1.2880799311	2.0000000000	1.0
795 A	1	3.5382943332	2.4330443998	1.3752639948	0.5000000000	1.0
795 B	0	0.6187438638	0.6187438638	1.0000000000	1	1
795 C	0	0.9180185975	1.5300309959	1.0000000000	5/3	1
795 D	0	1.5531710671	2.3297566006	1.0000000000	3/2	1
797 A	1	3.2937076036	1.7511687923	0.5316709930	1.0000000000	1.0
798 A	1	3.3055085609	1.5173058616	0.4590234252	1.0000000000	1.0
798 B	0	1.6218747329	1.6218747329	1.0000000000	1	1
798 C	1	2.8121213632	1.8270977124	0.1299444424	5.0000000000	1.0
798 D	1	1.3827775712	1.8586019292	0.1344107663	10.000000000	1.0
798 E	0	1.5364303383	1.5364303383	1.0000000000	1	1
798 F	0	1.9304569995	1.9304569995	1.0000000000	1	1
798 G	1	1.1169891799	2.5627859695	0.1529579704	15.000000000	1.0
798 H	1	1.2821112156	2.9833490048	0.0554024630	42.000000000	1.0
798 I	0	1.6166094707	3.2332189414	1.0000000000	2	1
799 A	0	3.5646854576	1.7823427288	1.0000000000	1/2	1
799 B	1	2.2398831435	1.9428746696	0.5782666759	1.5000000000	1.0
800 A	1	2.3452395729	2.2273703795	1.8994821725	0.5000000000	1.0
800 B	1	3.8271616725	2.4376901920	0.3184723302	2.0000000000	1.0
800 C	1	1.3468072016	1.7318693925	1.2859074338	1.0000000000	1.0
800 D	0	1.5683562272	1.5683562272	1.0000000000	1	1
800 E	0	0.6216204919	1.8648614756	1.0000000000	3	1
800 F	0	1.3899856760	1.3899856760	1.0000000000	1	1
800 G	0	2.4380769240	2.4380769240	1.0000000000	1	1
800 H	1	3.5069511370	2.2287681477	0.6355287144	1.0000000000	1.0
800 I	1	1.7115587321	2.0166727413	0.1963777913	6.0000000000	1.0
801 A	0	0.2874283226	0.5748566451	1.0000000000	2	1
801 B	0	2.5228982039	1.2614491020	1.0000000000	1/2	1
801 C	1	0.9932060231	2.0400693564	0.5135060876	4.0000000000	1.0
801 D	1	1.3275315217	2.7050732537	2.0376715803	1.0000000000	1.0
802 A	0	2.9586860920	2.9586860920	1.0000000000	1	1
802 B	0	2.7580954859	1.3790477430	1.0000000000	1/2	1
804 A	0	1.2181961170	1.8272941755	1.0000000000	3/2	1
804 B	1	0.3920429442	2.0038536354	0.8518852612	6.0000000000	1.0
804 C	1	3.3871101427	1.8789758549	0.1849143543	3.0000000000	1.0
804 D	1	1.2304488171	2.3844031579	0.0922777168	21.000000000	1.0
805 A	1	0.3121746385	3.2924658901	5.2734358970	2.0000000000	1.0
805 B	0	1.3368165187	0.6684082593	1.0000000000	1/2	1
805 C	0	1.1515660853	0.5757830427	1.0000000000	1/2	1
805 D	0	2.4472776600	4.8945553199	1.0000000000	2	1
806 A	1	2.4438911360	1.9545918895	0.3998934037	2.0000000000	1.0
806 B	1	1.1144535359	1.4834831912	0.6655652943	2.0000000000	1.0
806 C	1	3.0117139374	3.0094615134	0.0999252112	10.000000000	1.0
806 D	1	0.7414216038	2.1907922082	0.0447705073	66.000000000	1.0
806 E	0	0.5520548375	3.3123290252	1.0000000000	6	1
806 F	0	1.1935183996	2.3870367992	1.0000000000	2	1
807 A	0	3.1886904948	2.1257936632	1.0000000000	2/3	1
808 A	0	1.2470006143	1.2470006143	1.0000000000	1	1
808 B	0	1.4157114782	2.8314229564	1.0000000000	2	1
810 A	0	3.6661316994	1.2220438998	1.0000000000	1/3	1
810 B	0	1.5814478510	1.0542985673	1.0000000000	2/3	1

TABLE 4: BIRCH–SWINNERTON-DYER DATA 810C–830B

Curve	r	Ω	$L^{(r)}(1)$	R	$L^{(r)}(1)/\Omega R$	S
810 C	0	0.5080077512	1.5240232535	1.0000000000	3	1
810 D	1	2.4563334791	1.7806753746	0.3624661288	2.0000000000	1.0
810 E	0	2.3454927808	2.3454927808	1.0000000000	1	1
810 F	0	1.7955568582	2.3940758110	1.0000000000	4/3	1
810 G	0	1.6014313405	2.6690522342	1.0000000000	5/3	1
810 H	1	2.0683411935	2.8535912313	0.2299420135	6.0000000000	1.0
811 A	1	1.9340514664	2.0684791373	1.0695057361	1.0000000000	1.0
812 A	0	0.9323743908	2.7971231723	1.0000000000	3	1
812 B	1	1.9151319254	1.9569919894	0.0851547946	12.000000000	1.0
813 A	0	4.2392844940	4.2392844940	1.0000000000	1	1
813 B	1	2.3320513620	2.2554368624	0.9671471646	1.0000000000	1.0
814 A	1	2.2458764704	1.1895559609	1.5889867184	0.3333333333	1.0
814 B	1	4.0087531499	2.8487110366	0.1421245425	5.0000000000	1.0
815 A	1	1.2781104061	1.6300946134	1.9130913171	0.6666666667	1.0
816 A	1	3.2521275353	1.9819661024	0.3047183853	2.0000000000	1.0
816 B	0	1.7752905638	1.7752905638	1.0000000000	1	1
816 C	0	1.1027496746	1.1027496746	1.0000000000	1	1
816 D	0	0.8104871336	2.4314614009	1.0000000000	3	1
816 E	0	0.5970685354	1.1941370708	1.0000000000	2	1
816 F	0	1.9526773174	1.9526773174	1.0000000000	1	1
816 G	1	3.6606128038	2.0695270453	0.2826749449	2.0000000000	1.0
816 H	1	0.9934818585	1.9010184804	0.9567454424	2.0000000000	1.0
816 I	1	1.5953891658	2.3777937997	0.0677461892	22.000000000	1.0
816 J	1	1.9478575653	2.3068323672	0.5921460604	2.0000000000	1.0
817 A	2	3.0564514640	1.5664703894	0.2562563823	2.0000000000	1.0
817 B	1	1.0755524992	1.4907042069	0.1385989255	10.000000000	1.0
819 A	1	1.9019631700	2.7129683860	2.8528085388	0.5000000000	1.0
819 B	1	4.3270924952	1.5410481142	0.7122787950	0.5000000000	1.0
819 C	0	1.9275039799	3.8550079598	1.0000000000	2	1
819 D	0	0.2993838632	0.5987677264	1.0000000000	2	1
819 E	0	0.8373929073	1.6747858145	1.0000000000	2	1
819 F	0	0.6025246471	3.6151478828	1.0000000000	6	1
822 A	1	1.5796960506	1.5173956623	0.4802808938	2.0000000000	1.0
822 B	0	0.4081775441	1.6327101766	1.0000000000	4	1
822 C	0	1.4591472676	1.9455296901	1.0000000000	4/3	1
822 D	1	1.6107354638	1.8697090304	0.1160779701	10.000000000	1.0
822 E	0	2.1838655335	3.2757983002	1.0000000000	3/2	1
822 F	0	1.6654990728	3.3309981457	1.0000000000	2	1
825 A	1	3.3747765340	1.8040304300	0.2672814647	2.0000000000	1.0
825 B	1	1.3368809093	1.7134165818	0.8544349113	1.5000000000	1.0
825 C	1	1.5092459478	2.2662910335	0.7508024245	2.0000000000	1.0
826 A	0	1.3649054369	1.3649054369	1.0000000000	1	1
826 B	0	0.6982483960	2.0947451879	1.0000000000	3	1
827 A	1	5.0436182817	1.3222292482	0.2621588658	1.0000000000	1.0
828 A	0	4.1001947929	2.0500973964	1.0000000000	1/2	1
828 B	1	1.2458224988	2.1792708496	1.1661751450	1.5000000000	1.0
828 C	1	1.2681978153	2.3181073582	1.8278752181	1.0000000000	1.0
828 D	0	1.7429033412	1.7429033412	1.0000000000	1	1
829 A	1	3.4016683815	1.2057007713	0.3544439481	1.0000000000	1.0
830 A	0	1.3300813679	1.7734418239	1.0000000000	4/3	1
830 B	1	0.8272891182	2.7304793867	0.0257852663	128.00000000	1.0

TABLE 4: BIRCH–SWINNERTON-DYER DATA 830C–850A

Curve	r	Ω	$L^{(r)}(1)$	R	$L^{(r)}(1)/\Omega R$	S
830 C	1	2.0301023316	2.2133179782	0.0545124732	20.000000000	1.0
831 A	1	2.0541939187	1.7484352839	0.0851153958	10.000000000	1.0
832 A	1	2.4007898238	2.4019028404	0.2501159011	4.0000000000	1.0
832 B	1	1.3485484416	2.0036945644	0.3714539468	4.0000000000	1.0
832 C	1	1.6405548585	2.1713281808	0.3308832023	4.0000000000	1.0
832 D	0	2.3913876409	1.1956938204	1.0000000000	1/2	1
832 E	0	0.8369394685	1.6738789370	1.0000000000	2	1
832 F	0	1.5368108334	3.0736216668	1.0000000000	2	1
832 G	0	1.2301336856	2.4602673712	1.0000000000	2	1
832 H	1	3.9630716475	2.1688159289	1.0945126012	0.5000000000	1.0
832 I	1	2.6223391999	2.4833924059	0.2367535449	4.0000000000	1.0
832 J	1	0.6378305375	1.5951492806	0.6252245646	4.0000000000	1.0
833 A	0	2.0755836776	1.0377918388	1.0000000000	1/2	1
834 A	0	0.4778202483	1.6723708692	1.0000000000	7/2	1
834 B	0	0.8593990205	1.7187980411	1.0000000000	2	1
834 C	1	2.8261629299	1.8333472976	0.0810881814	8.0000000000	1.0
834 D	0	4.7123016890	2.3561508445	1.0000000000	1/2	1
834 E	1	2.4708181999	2.7025662830	0.5468970325	2.0000000000	1.0
834 F	1	1.7964026865	2.5729930149	0.0511536797	28.000000000	1.0
834 G	1	1.8880547711	3.0211249880	0.8000628568	2.0000000000	1.0
836 A	1	1.2193960008	2.0763611931	0.8513892090	2.0000000000	1.0
836 B	0	1.7821670818	2.6732506227	1.0000000000	3/2	1
840 A	1	1.1320487150	1.9611172165	3.4647223049	0.5000000000	1.0
840 B	0	1.2212883443	1.2212883443	1.0000000000	1	1
840 C	0	2.7757566445	1.3878783223	1.0000000000	1/2	1
840 D	0	0.3691044282	1.8455221409	1.0000000000	5	1
840 E	1	2.2308313793	1.9866164430	0.8905273887	1.0000000000	1.0
840 F	1	3.7748216876	2.0729414081	2.1965979638	0.2500000000	1.0
840 G	0	3.0559620739	1.5279810369	1.0000000000	1/2	1
840 H	1	1.6475613042	2.4547357754	0.4966402503	3.0000000000	1.0
840 I	0	1.9451617258	1.9451617258	1.0000000000	1	1
840 J	0	2.1289344074	2.1289344074	1.0000000000	1	1
842 A	1	2.7237772439	1.4033951345	0.5152385855	1.0000000000	1.0
842 B	1	2.4004300386	2.3619845303	0.0756910698	13.000000000	1.0
843 A	1	2.6718170788	2.5244694756	0.9448511635	1.0000000000	1.0
845 A	0	1.4929349382	1.4929349382	1.0000000000	1	1
846 A	0	0.6897576384	1.3795152768	1.0000000000	2	1
846 B	1	2.4931128810	1.7694946429	0.3548765594	2.0000000000	1.0
846 C	1	0.8110632878	1.6551206746	1.0203400275	2.0000000000	1.0
847 A	0	0.2341098321	1.8728786567	1.0000000000	8	1
847 B	1	0.9088500537	1.2780958682	0.1757847545	8.0000000000	1.0
847 C	1	0.5402177457	1.9187378840	1.1839287023	3.0000000000	1.0
848 A	0	0.7199604717	1.4399209433	1.0000000000	2	1
848 B	0	0.7428842336	1.4857684673	1.0000000000	2	1
848 C	0	1.3433600285	2.6867200570	1.0000000000	2	1
848 D	0	2.5003648541	1.2501824271	1.0000000000	1/2	1
848 E	0	1.5405906701	3.0811813403	1.0000000000	2	1
848 F	1	1.5703419300	2.4421024255	1.5551405582	1.0000000000	1.0
848 G	1	2.3425055207	1.8785649168	0.2004867118	4.0000000000	1.0
849 A	1	2.0010953407	1.1472977579	0.2866674402	2.0000000000	1.0
850 A	0	0.3539825981	0.7079651961	1.0000000000	2	1

TABLE 4: BIRCH–SWINNERTON-DYER DATA 850B–864E

Curve	r	Ω	$L^{(r)}(1)$	R	$L^{(r)}(1)/\Omega R$	S
850 B	0	2.0105217603	2.0105217603	1.0000000000	1	1
850 C	1	1.2971425667	1.9776460914	0.7623086861	2.0000000000	1.0
850 D	1	0.2669383439	1.8987366857	0.5080725646	14.000000000	1.0
850 E	1	2.2753196437	1.1214812335	0.0821482553	6.0000000000	1.0
850 F	0	0.5968922828	2.3875691312	1.0000000000	4	1
850 G	0	1.8071584322	3.6143168644	1.0000000000	2	1
850 H	0	0.8549748907	3.4198995626	1.0000000000	4	1
850 I	0	1.0175538788	4.0702155151	1.0000000000	4	1
850 J	0	0.5974888457	1.1949776915	1.0000000000	2	1
850 K	1	1.4888215440	2.7115121406	0.1517706040	12.000000000	1.0
850 L	1	2.9004989556	2.7415419874	0.0675140487	14.000000000	1.0
851 A	1	3.8742025615	1.4039603600	0.1811934634	2.0000000000	1.0
854 A	1	2.1225419878	1.8547964065	0.4369280837	2.0000000000	1.0
854 B	1	2.7912216525	2.0035028254	3.2300418371	0.2222222222	1.0
854 C	1	2.9994943944	2.7291045757	0.1137318585	8.0000000000	1.0
854 D	1	1.2693965422	2.6429141568	0.0495720017	42.000000000	1.0
855 A	0	0.9424032711	0.9424032711	1.0000000000	1	1
855 B	1	1.4708261859	1.6027786295	0.3632377152	3.0000000000	1.0
855 C	0	1.0322612259	2.0645224517	1.0000000000	2	1
856 A	1	4.4255910442	2.4629930198	0.2782671281	2.0000000000	1.0
856 B	1	1.5228754070	2.3348898990	0.7666056882	2.0000000000	1.0
856 C	1	3.7638167988	2.0348872808	0.1351611535	4.0000000000	1.0
856 D	1	0.5234970512	2.6183951496	5.0017381060	1.0000000000	1.0
858 A	0	1.1358111272	1.1358111272	1.0000000000	1	1
858 B	1	0.8964019921	1.9329491676	2.1563418918	1.0000000000	1.0
858 C	0	1.4531272382	1.4531272382	1.0000000000	1	1
858 D	0	0.8847016726	1.7694033452	1.0000000000	2	1
858 E	0	1.7801749731	2.6702624597	1.0000000000	3/2	1
858 F	1	0.6144950596	2.5969082820	0.0384189535	110.00000000	1.0
858 G	1	2.8332583986	2.6549896366	0.0520599972	18.000000000	1.0
858 H	0	1.8422546597	1.8422546597	1.0000000000	1	1
858 I	0	0.3445543329	2.7564346634	1.0000000000	8	1
858 J	0	1.4366901998	2.8733803997	1.0000000000	2	1
858 K	0	0.2109237587	2.9529326224	1.0000000000	14	1
858 L	0	0.5152748186	3.6069237304	1.0000000000	7	1
858 M	0	1.7091732041	3.4183464083	1.0000000000	2	1
861 A	0	1.8859710003	0.9429855001	1.0000000000	1/2	1
861 B	1	0.4004425393	2.9817201838	0.4380036777	17.000000000	1.0
861 C	1	0.5198123568	1.9612976333	0.1078025070	35.000000000	1.0
861 D	1	3.0961653380	1.6446967712	0.1062408878	5.0000000000	1.0
862 A	1	2.3772088260	1.8963864630	0.3988682951	2.0000000000	1.0
862 B	1	3.7125048067	1.0545502107	0.1420267805	2.0000000000	1.0
862 C	0	2.0389535297	3.0584302946	1.0000000000	3/2	1
862 D	0	1.9962060868	2.6616081157	1.0000000000	4/3	1
862 E	1	1.6300467988	2.7877433020	2.1377785779	0.8000000000	1.0
862 F	1	2.7368168553	2.6102377901	0.1192186913	8.0000000000	1.0
864 A	1	3.4479342806	2.1886718012	0.3173888513	2.0000000000	1.0
864 B	1	3.2770629245	2.3652195151	0.3608749007	2.0000000000	1.0
864 C	1	1.5867673970	2.1953723773	0.2305917029	6.0000000000	1.0
864 D	0	1.6436559999	1.6436559999	1.0000000000	1	1
864 E	0	0.9161205838	1.8322411676	1.0000000000	2	1

TABLE 4: BIRCH–SWINNERTON-DYER DATA 864F–882A

Curve	r	Ω	$L^{(r)}(1)$	R	$L^{(r)}(1)/\Omega R$	S
864 F	0	1.0740205877	2.1480411753	1.0000000000	2	1
864 G	0	1.9906657850	1.9906657850	1.0000000000	1	1
864 H	0	1.0026005839	2.0052011678	1.0000000000	2	1
864 I	0	0.6200860754	1.2401721508	1.0000000000	2	1
864 J	1	0.9489652340	2.3079806750	0.4053504091	6.0000000000	1.0
864 K	1	1.7365551510	2.1621840308	0.6225497732	2.0000000000	1.0
864 L	1	1.8920131616	2.2253261072	0.1960280679	6.0000000000	1.0
866 A	1	2.2101758802	2.4744969079	0.8396945680	1.3333333333	1.0
867 A	1	0.6257848531	1.6987250823	0.6786378233	4.0000000000	1.0
867 B	1	2.7849176519	1.2964049615	0.4655092622	1.0000000000	1.0
867 C	1	0.5370146722	3.3192111933	3.0904287770	2.0000000000	1.0
867 D	0	0.6754417434	1.3508834868	1.0000000000	2	1
867 E	0	2.2141682160	4.4283364320	1.0000000000	2	1
869 A	1	3.8207898925	3.0401844953	0.3978476416	2.0000000000	1.0
869 B	1	1.9650475386	1.4849690043	0.3778455674	2.0000000000	1.0
869 C	0	1.7377151949	0.8688575975	1.0000000000	1/2	1
869 D	1	1.9846117144	2.5742151775	0.2161812610	6.0000000000	1.0
870 A	1	2.3986779297	1.6315300055	0.2267262847	3.0000000000	1.0
870 B	1	1.0644927048	1.9885607215	1.8680829963	1.0000000000	1.0
870 C	1	2.0189872282	2.0033437922	0.9922518400	1.0000000000	1.0
870 D	0	1.5632095609	1.5632095609	1.0000000000	1	1
870 E	1	2.8225873469	2.6829769303	0.3168460471	3.0000000000	1.0
870 F	1	1.2569671923	2.7740230622	0.0630547895	35.000000000	1.0
870 G	0	2.5341570608	2.5341570608	1.0000000000	1	1
870 H	0	3.2900075814	3.2900075814	1.0000000000	1	1
870 I	0	0.6243667517	3.1218337583	1.0000000000	5	1
871 A	0	2.5120439338	5.0240878676	1.0000000000	2	1
872 A	1	2.6621279676	1.8625114998	0.3498162978	2.0000000000	1.0
873 A	0	2.1363788789	2.1363788789	1.0000000000	1	1
873 B	1	0.7702196484	2.8470655353	3.6964332722	1.0000000000	1.0
873 C	1	0.1777801853	3.5817480649	5.0367650056	4.0000000000	1.0
873 D	1	2.6074609607	1.2665575443	0.1214359067	4.0000000000	1.0
874 A	0	2.3626280616	2.3626280616	1.0000000000	1	1
874 B	0	0.7640162400	0.7640162400	1.0000000000	1	1
874 C	1	4.3943660458	1.4639454722	0.3331414491	1.0000000000	1.0
874 D	1	2.5757683247	3.1207398502	0.2423152595	5.0000000000	1.0
874 E	1	1.2290033293	2.8015532327	2.2795326635	1.0000000000	1.0
874 F	0	0.5062034509	3.5434241560	1.0000000000	7	1
876 A	1	1.1285506284	2.0503245410	1.8167767484	1.0000000000	1.0
876 B	1	2.3538774689	2.4725343055	0.0700272731	15.000000000	1.0
880 A	1	3.1380735450	2.2742262829	1.4494410346	0.5000000000	1.0
880 B	0	3.0983312416	1.5491656208	1.0000000000	1/2	1
880 C	1	0.5665638294	2.2927808355	2.6978788227	1.5000000000	1.0
880 D	1	2.4941606033	1.6190601765	0.0540950255	12.000000000	1.0
880 E	0	0.3888578280	0.7777156559	1.0000000000	2	1
880 F	1	1.0869015844	2.0045110340	0.4610608409	4.0000000000	1.0
880 G	1	1.0122129857	2.5733079776	0.1271129700	20.000000000	1.0
880 H	1	3.4266195477	1.8690062115	1.0908746568	0.5000000000	1.0
880 I	0	1.7212734487	1.7212734487	1.0000000000	1	1
880 J	0	1.8425381207	2.7638071810	1.0000000000	3/2	1
882 A	1	1.4743501869	1.6179112815	1.6460586799	0.6666666667	1.0

TABLE 4: BIRCH–SWINNERTON-DYER DATA 882B–895A

Curve	r	Ω	$L^{(r)}(1)$	R	$L^{(r)}(1)/\Omega R$	S
882 B	0	0.7682933291	1.5365866583	1.0000000000	2	1
882 C	0	0.4827121345	0.9654242689	1.0000000000	2	1
882 D	1	2.7923167773	1.8519608668	0.1658086290	4.0000000000	1.0
882 E	1	0.7584048118	1.6782922276	0.5532310059	4.0000000000	1.0
882 F	0	0.5029660481	3.0177962886	1.0000000000	6	1
882 G	1	2.2521071108	2.8881331620	0.0712452092	18.000000000	1.0
882 H	1	1.0223787452	2.8863902281	0.0470535054	60.000000000	1.0
882 I	0	1.2970927845	2.5941855689	1.0000000000	2	1
882 J	0	0.3024687067	3.0246870671	1.0000000000	10	1
882 K	0	0.8064528302	3.2258113209	1.0000000000	4	1
882 L	0	0.5020150241	2.0080600965	1.0000000000	4	1
885 A	0	2.8904036931	2.8904036931	1.0000000000	1	1
885 B	1	1.5393627999	2.5812771705	3.3536956599	0.5000000000	1.0
885 C	1	3.2915493122	2.3961058957	0.2426522860	3.0000000000	1.0
885 D	1	2.0244640686	1.5083772548	0.7450748463	1.0000000000	1.0
886 A	1	4.7336407225	1.5970001613	0.1686862454	2.0000000000	1.0
886 B	1	2.6526645889	1.4452458189	0.5448279534	1.0000000000	1.0
886 C	0	1.1782593182	2.3565186364	1.0000000000	2	1
886 D	1	0.5609213187	3.0178292399	0.1415823508	38.000000000	1.0
886 E	1	3.4991428175	2.8836435055	0.1648199948	5.0000000000	1.0
888 A	0	0.6337216869	0.6337216869	1.0000000000	1	1
888 B	1	2.0800736558	2.4590584170	1.1821977603	1.0000000000	1.0
888 C	1	1.2894745254	2.0698576775	1.6051947027	1.0000000000	1.0
888 D	0	2.6073010855	2.6073010855	1.0000000000	1	1
890 A	1	3.4473615420	1.7674639432	0.5127004875	1.0000000000	1.0
890 B	1	2.9585607938	1.2590202825	0.4255516010	1.0000000000	1.0
890 C	0	1.8431917777	1.8431917777	1.0000000000	1	1
890 D	1	4.4512040152	1.9993135464	0.4491624153	1.0000000000	1.0
890 E	1	0.8221408346	1.4484961589	0.8809294576	2.0000000000	1.0
890 F	1	1.8577167478	2.1818938580	0.0903463831	13.000000000	1.0
890 G	1	1.7698498471	2.8194525619	1.5930461934	1.0000000000	1.0
890 H	0	2.8880852693	2.8880852693	1.0000000000	1	1
891 A	1	2.3510028056	1.4926709205	0.3174540917	2.0000000000	1.0
891 B	0	1.6877732673	0.5625910891	1.0000000000	1/3	1
891 C	0	1.0225312693	2.0450625386	1.0000000000	2	1
891 D	0	2.3923630414	2.3923630414	1.0000000000	1	1
891 E	0	0.7912355109	0.7912355109	1.0000000000	1	1
891 F	0	4.1487915620	1.3829305207	1.0000000000	1/3	1
891 G	0	0.9633519031	0.9633519031	1.0000000000	1	1
891 H	0	4.0505896063	4.0505896063	1.0000000000	1	1
892 A	0	3.1558649438	3.1558649438	1.0000000000	1	1
892 B	1	3.3588715764	2.5062487345	2.2384738542	0.3333333333	1.0
892 C	1	2.6003499001	2.1454643693	0.2750225228	3.0000000000	1.0
894 A	1	1.1906736040	1.5789258426	0.6630389039	2.0000000000	1.0
894 B	1	1.7191484425	1.3981098223	0.8132571846	1.0000000000	1.0
894 C	0	1.1568928656	1.9281547759	1.0000000000	5/3	1
894 D	1	2.5631776678	2.0563466857	0.2674215306	3.0000000000	1.0
894 E	1	0.4843074326	2.7362803060	0.1228235424	46.000000000	1.0
894 F	1	3.9572511003	2.6445527611	0.1336560503	5.0000000000	1.0
894 G	1	1.4668493690	3.1291749777	0.0277047098	77.000000000	1.0
895 A	1	4.9464687269	1.7538892145	0.3545740024	1.0000000000	1.0

TABLE 4: BIRCH–SWINNERTON-DYER DATA 895B–910A

Curve	r	Ω	$L^{(r)}(1)$	R	$L^{(r)}(1)/\Omega R$	S
895 B	0	1.5004138844	1.5004138844	1.0000000000	1	1
896 A	1	2.6873620768	2.2979189861	1.7101670117	0.5000000000	1.0
896 B	1	3.8005038960	2.2943272655	1.2073805623	0.5000000000	1.0
896 C	0	3.3322500870	1.6661250435	1.0000000000	1/2	1
896 D	1	4.7125132663	2.3323381619	0.9898489532	0.5000000000	1.0
897 A	0	1.0302057840	1.0302057840	1.0000000000	1	1
897 B	0	2.2513865211	1.1256932605	1.0000000000	1/2	1
897 C	1	2.2862457182	1.2516489192	2.1898764585	0.2500000000	1.0
897 D	1	0.1325510626	3.0756516640	0.7734507752	30.000000000	1.0
897 E	1	0.7081406416	1.8699514540	1.0562599259	2.5000000000	1.0
897 F	1	1.6831372042	1.6264676608	0.9663310019	1.0000000000	1.0
898 A	1	3.3421121540	1.9128614257	0.5723510575	1.0000000000	1.0
898 B	0	1.5337032793	1.5337032793	1.0000000000	1	1
898 C	0	2.5896817775	3.8845226663	1.0000000000	3/2	1
898 D	1	3.5510202364	2.7167655369	0.2550220646	3.0000000000	1.0
899 A	1	3.9981065199	2.3407393199	0.5854619701	1.0000000000	1.0
899 B	0	4.6049071056	4.6049071056	1.0000000000	1	1
900 A	0	0.8731871573	1.7463743146	1.0000000000	2	1
900 B	0	1.8812247026	1.8812247026	1.0000000000	1	1
900 C	1	1.9525058408	2.3172745410	0.5934103992	2.0000000000	1.0
900 D	1	1.7136269959	2.3474457037	0.1141558086	12.000000000	1.0
900 E	1	1.1743738590	2.2986343680	0.3262212668	6.0000000000	1.0
900 F	0	0.7663572902	1.5327145804	1.0000000000	2	1
900 G	0	0.6478758022	1.9436274067	1.0000000000	3	1
900 H	0	1.4486943348	1.4486943348	1.0000000000	1	1
901 A	1	1.5965166331	1.6122697072	2.0197343064	0.5000000000	1.0
901 B	1	1.1813876044	1.9820576840	3.3554739809	0.5000000000	1.0
901 C	0	2.7871636011	0.9290545337	1.0000000000	1/3	1
901 D	0	0.3712575011	1.1137725033	1.0000000000	3	1
901 E	1	0.8647721717	2.9384268771	0.2265280169	15.000000000	1.0
901 F	1	3.3303214003	1.3138606461	0.3945146693	1.0000000000	1.0
902 A	1	0.7602202342	1.5657216063	1.0297815921	2.0000000000	1.0
902 B	0	3.7125501906	2.4750334604	1.0000000000	2/3	1
903 A	1	2.3072778935	2.3301434116	0.2524775427	4.0000000000	1.0
903 B	0	0.4081046798	1.6324187193	1.0000000000	4	1
904 A	1	3.3170381291	2.2509942877	1.3572314819	0.5000000000	1.0
905 A	1	4.9675540093	3.2826026256	2.6432345734	0.2500000000	1.0
905 B	0	0.5380139112	2.6900695561	1.0000000000	5	1
906 A	1	0.3410288839	1.5305099601	2.2439594301	2.0000000000	1.0
906 B	1	2.3722659293	1.7692736909	0.7458159176	1.0000000000	1.0
906 C	1	1.4178407129	2.0227288128	0.7133131368	2.0000000000	1.0
906 D	1	2.6185194041	1.8951624465	2.1712603430	0.3333333333	1.0
906 E	0	0.4571735518	2.2858677589	1.0000000000	5	1
906 F	0	1.3091802355	2.6183604710	1.0000000000	2	1
906 G	1	2.2339918210	2.7197368860	0.4058112270	3.0000000000	1.0
906 H	1	1.8388370165	3.1439048924	0.0310859019	55.000000000	1.0
906 I	0	3.0548337452	3.0548337452	1.0000000000	1	1
909 A	0	0.8230901504	1.6461803008	1.0000000000	2	1
909 B	0	1.7762665291	3.5525330582	1.0000000000	2	1
909 C	1	3.1448957012	2.1205886995	0.3371476992	2.0000000000	1.0
910 A	0	1.0509058342	1.0509058342	1.0000000000	1	1

TABLE 4: BIRCH–SWINNERTON-DYER DATA 910B–920D

Curve	r	Ω	$L^{(r)}(1)$	R	$L^{(r)}(1)/\Omega R$	S
910 B	1	2.1311572863	1.9847671663	1.3969643482	0.6666666667	1.0
910 C	1	2.6028837106	1.3176683943	1.5187021867	0.3333333333	1.0
910 D	1	2.0695112831	1.8764854850	0.3022429338	3.0000000000	1.0
910 E	0	0.2537944386	1.5227666315	1.0000000000	6	1
910 F	1	0.5215759252	3.0174721366	0.1051872356	55.000000000	1.0
910 G	1	3.4576823605	2.1767073443	0.0629527851	10.000000000	1.0
910 H	1	1.0529878541	2.7611188149	0.0257076017	102.00000000	1.0
910 I	0	3.5045156420	3.5045156420	1.0000000000	1	1
910 J	0	1.5932468473	1.5932468473	1.0000000000	1	1
910 K	1	1.1077876976	2.5781642664	0.0664945425	35.000000000	1.0
912 A	1	0.8595022649	1.9507400215	1.1348079587	2.0000000000	1.0
912 B	0	3.2036916115	1.6018458057	1.0000000000	1/2	1
912 C	0	1.2142468377	2.4284936753	1.0000000000	2	1
912 D	0	2.3936541672	2.3936541672	1.0000000000	1	1
912 E	0	1.5429736445	1.5429736445	1.0000000000	1	1
912 F	1	0.9267225427	2.0970333294	1.1314245812	2.0000000000	1.0
912 G	1	3.0080919221	1.9566840158	0.6504734784	1.0000000000	1.0
912 H	1	1.8797316974	2.5332700532	0.2695352807	5.0000000000	1.0
912 I	1	1.7505351624	2.4090814409	0.3440492789	4.0000000000	1.0
912 J	0	1.5440087217	2.3160130825	1.0000000000	3/2	1
912 K	0	0.7961574782	2.3884724345	1.0000000000	3	1
912 L	0	0.9591647519	1.9183295038	1.0000000000	2	1
913 A	0	0.7261078737	0.7261078737	1.0000000000	1	1
913 B	0	2.7848137078	5.5696274157	1.0000000000	2	1
914 A	1	1.8616267621	1.8025054924	1.9364842933	0.5000000000	1.0
914 B	0	2.0072142904	2.0072142904	1.0000000000	1	1
915 A	0	0.4655714661	3.2590002627	1.0000000000	7	1
915 B	1	4.3738322547	2.6130796804	1.1948696375	0.5000000000	1.0
915 C	0	1.3320394729	3.9961184186	1.0000000000	3	1
915 D	1	1.4688651520	1.8627134122	0.2818068856	4.5000000000	1.0
916 A	0	0.8084778532	1.2127167798	1.0000000000	3/2	1
916 B	0	1.0750718596	3.2252155789	1.0000000000	3	1
916 C	2	3.9021255757	1.5975481506	0.1364681992	3.0000000000	1.0
916 D	1	4.2153960915	2.4420882822	1.7379778051	0.3333333333	1.0
916 E	1	3.1904104520	2.1723205570	0.2269635407	3.0000000000	1.0
918 A	1	1.3010831327	1.7144756707	0.6588647672	2.0000000000	1.0
918 B	1	1.4955878600	1.8094793603	0.2016463903	6.0000000000	1.0
918 C	1	0.4499146685	1.9056874752	4.2356642461	1.0000000000	1.0
918 D	0	0.7550553757	1.5101107513	1.0000000000	2	1
918 E	1	2.3462922188	1.7463400878	0.7442977792	1.0000000000	1.0
918 F	1	1.7651732561	1.6690879842	1.4183491437	0.6666666667	1.0
918 G	0	2.3989561499	3.1986081999	1.0000000000	4/3	1
918 H	1	2.2570175348	2.9626885215	0.0397774668	33.000000000	1.0
918 I	1	1.7369042247	3.0516986095	1.7569757538	1.0000000000	1.0
918 J	1	0.8491152910	2.9088946006	0.3425794626	10.000000000	1.0
918 K	0	0.3288423901	2.6307391207	1.0000000000	8	1
918 L	0	1.5039717658	3.0079435315	1.0000000000	2	1
920 A	1	0.5880378493	2.4148869343	0.0684447704	60.000000000	1.0
920 B	1	2.4127978013	1.6168440738	0.0558426430	12.000000000	1.0
920 C	1	2.8080443019	2.5036279661	0.2228978336	4.0000000000	1.0
920 D	1	1.4333203773	2.1460465556	0.1871569146	8.0000000000	1.0

TABLE 4: BIRCH–SWINNERTON-DYER DATA 921A–936E

Curve	r	Ω	$L^{(r)}(1)$	R	$L^{(r)}(1)/\Omega R$	S
921 A	0	0.3209950628	0.6419901256	1.0000000000	2	1
921 B	1	3.0340231314	2.3484673295	1.1610659648	0.6666666667	1.0
922 A	0	1.9239190433	1.9239190433	1.0000000000	1	1
923 A	0	2.7221586012	2.7221586012	1.0000000000	1	1
924 A	0	0.2719911704	0.8159735113	1.0000000000	3	1
924 B	1	1.2992812640	2.0082329065	0.1030432728	15.000000000	1.0
924 C	1	1.8340344156	2.0474653986	0.3721241327	3.0000000000	1.0
924 D	0	0.5078494253	1.5235482760	1.0000000000	3	1
924 E	1	2.9265647575	2.4104695147	0.0549101014	15.000000000	1.0
924 F	0	0.3714094030	1.8570470150	1.0000000000	5	1
924 G	0	2.5196994926	2.5196994926	1.0000000000	1	1
924 H	1	0.7490531114	2.4534577552	0.0727869394	45.000000000	1.0
925 A	1	2.1906183485	2.4066435608	0.5493069029	2.0000000000	1.0
925 B	1	2.9208099321	1.8478028504	0.3163168596	2.0000000000	1.0
925 C	0	1.5623454535	1.5623454535	1.0000000000	1	1
925 D	0	1.6068744035	3.2137488070	1.0000000000	2	1
925 E	0	2.6774308083	5.3548616166	1.0000000000	2	1
926 A	0	2.3944486185	3.5916729278	1.0000000000	3/2	1
927 A	1	0.8448400033	2.8850974564	1.7074815616	2.0000000000	1.0
928 A	1	1.4888902545	2.5431935125	0.4270283698	4.0000000000	1.0
928 B	1	2.6895458659	2.0226680670	0.1880120444	4.0000000000	1.0
930 A	1	1.4909281319	1.5301618707	2.0526299530	0.5000000000	1.0
930 B	0	0.6265047032	0.6265047032	1.0000000000	1	1
930 C	0	1.2362640714	1.2362640714	1.0000000000	1	1
930 D	1	0.5179840083	1.7003818844	0.4689559791	7.0000000000	1.0
930 E	1	2.7841974936	1.5851902223	0.2846763252	2.0000000000	1.0
930 F	0	0.1346848356	1.4815331915	1.0000000000	11	1
930 G	0	3.0709626286	1.5354813143	1.0000000000	1/2	1
930 H	1	0.7521873500	2.0821067538	0.1845379571	15.000000000	1.0
930 I	0	1.4978178696	1.4978178696	1.0000000000	1	1
930 J	0	0.9353812860	1.8707625720	1.0000000000	2	1
930 K	0	0.9415552095	1.8831104190	1.0000000000	2	1
930 L	0	0.7411152604	2.2233457812	1.0000000000	3	1
930 M	1	1.5250007887	2.7780796862	0.3036151092	6.0000000000	1.0
930 N	0	0.5072789872	3.0436739229	1.0000000000	6	1
930 O	0	0.8109446204	3.2437784816	1.0000000000	4	1
931 A	0	1.7334096346	5.2002289037	1.0000000000	3	1
931 B	0	1.5598943009	1.5598943009	1.0000000000	1	1
931 C	0	1.8757939810	1.8757939810	1.0000000000	1	1
933 A	1	3.5910691959	1.8296030548	0.5094869954	1.0000000000	1.0
933 B	1	1.0684901563	2.3006452064	0.1957430894	11.000000000	1.0
934 A	1	4.3580455357	2.0713329133	0.4752894150	1.0000000000	1.0
934 B	0	2.1730807250	3.6218012083	1.0000000000	5/3	1
934 C	0	1.2985913057	3.8957739172	1.0000000000	3	1
935 A	1	1.8682654972	1.5708761577	0.4204103111	2.0000000000	1.0
935 B	0	1.4462050325	0.9641366883	1.0000000000	2/3	1
936 A	1	2.2570695652	2.2673570478	1.0045578935	1.0000000000	1.0
936 B	0	2.1411309907	2.1411309907	1.0000000000	1	1
936 C	0	0.9953703325	1.9907406649	1.0000000000	2	1
936 D	0	0.5479481922	1.0958963844	1.0000000000	2	1
936 E	1	1.7307793292	2.2335648552	0.6452483045	2.0000000000	1.0

TABLE 4: BIRCH–SWINNERTON-DYER DATA 936F–954H

Curve	r	Ω	$L^{(r)}(1)$	R	$L^{(r)}(1)/\Omega R$	S
936 F	0	1.0573903107	2.1147806214	1.0000000000	2	1
936 G	1	2.1330121455	2.3589685594	0.5529665090	2.0000000000	1.0
936 H	1	2.4247872636	2.2877842319	0.4717494739	2.0000000000	1.0
936 I	0	1.1006671090	2.2013342180	1.0000000000	2	1
938 A	1	3.6024689923	2.0114613919	0.2791781687	2.0000000000	1.0
938 B	1	0.9200292966	1.5169169330	0.3297540499	5.0000000000	1.0
938 C	1	1.7860118886	2.7904680859	0.0651000726	24.000000000	1.0
938 D	0	1.7647855022	3.5295710044	1.0000000000	2	1
939 A	1	0.4879438291	1.8494900042	3.7903748214	1.0000000000	1.0
939 B	1	3.1462027883	3.0969548932	1.9686937566	0.5000000000	1.0
939 C	1	2.5507838076	1.3745564274	0.1077752198	5.0000000000	1.0
940 A	0	0.3036041233	0.9108123700	1.0000000000	3	1
940 B	0	2.6935919591	2.6935919591	1.0000000000	1	1
940 C	1	1.0823244188	2.5466599781	2.3529543766	1.0000000000	1.0
940 D	1	3.4473780398	2.1758274460	0.2103847640	3.0000000000	1.0
940 E	0	0.9196309029	2.7588927086	1.0000000000	3	1
942 A	0	1.8983844340	1.8983844340	1.0000000000	1	1
942 B	0	0.1107867230	1.7725875672	1.0000000000	16	1
942 C	1	0.7173734051	3.2430106243	0.0282542066	160.00000000	1.0
942 D	1	2.8179267391	3.1731945642	0.0469197578	24.000000000	1.0
943 A	0	3.5161617758	1.7580808879	1.0000000000	1/2	1
944 A	1	2.0241263360	2.5461928917	0.6289609612	2.0000000000	1.0
944 B	1	3.5140200888	2.5384601650	0.3611903320	2.0000000000	1.0
944 C	1	1.7116935681	1.9540124811	0.2853916901	4.0000000000	1.0
944 D	0	2.6857753111	2.6857753111	1.0000000000	1	1
944 E	2	3.4396916312	1.6216175829	0.1178606803	4.0000000000	1.0
944 F	0	2.0369179593	2.0369179593	1.0000000000	1	1
944 G	0	0.7123740916	1.4247481832	1.0000000000	2	1
944 H	1	0.5325676265	2.6349557864	1.2369113588	4.0000000000	1.0
944 I	1	1.3545068719	2.4534358947	0.4528282480	4.0000000000	1.0
944 J	1	1.3648615266	2.3102708075	1.6926778010	1.0000000000	1.0
944 K	1	2.9562562217	1.7643718252	0.1492066057	4.0000000000	1.0
946 A	0	2.6183705859	1.3091852930	1.0000000000	1/2	1
946 B	1	1.7794979329	1.9736736156	1.6636773602	0.6666666667	1.0
946 C	0	0.3661751353	3.6617513529	1.0000000000	10	1
948 A	0	1.0595880585	1.5893820878	1.0000000000	3/2	1
948 B	0	1.6952296957	1.6952296957	1.0000000000	1	1
948 C	0	2.0612524126	2.0612524126	1.0000000000	1	1
950 A	1	1.8318889258	2.0016845509	0.5463444106	2.0000000000	1.0
950 B	0	0.4410560617	0.8821121233	1.0000000000	2	1
950 C	0	1.2198252026	2.4396504053	1.0000000000	2	1
950 D	0	1.5541474188	3.1082948376	1.0000000000	2	1
950 E	1	2.5365493120	2.8728001790	0.1887603870	6.0000000000	1.0
954 A	1	0.7259892615	1.9067839158	1.3132314877	2.0000000000	1.0
954 B	0	1.1953320239	1.1953320239	1.0000000000	1	1
954 C	0	0.6676539457	1.3353078914	1.0000000000	2	1
954 D	1	1.6378943272	1.8540254793	0.2829891783	4.0000000000	1.0
954 E	1	0.8578088245	1.7557498068	1.0233922505	2.0000000000	1.0
954 F	1	1.5511785481	1.6924692457	0.5455430156	2.0000000000	1.0
954 G	0	3.1990540814	3.1990540814	1.0000000000	1	1
954 H	1	2.8839207271	2.9846183138	0.0739226361	14.000000000	1.0

TABLE 4: BIRCH–SWINNERTON-DYER DATA 954I–973A

Curve	r	Ω	$L^{(r)}(1)$	R	$L^{(r)}(1)/\Omega R$	S
954 I	1	2.7048923859	3.0682460481	0.1134332022	10.000000000	1.0
954 J	1	0.6041744008	2.9240611399	0.0711729909	68.000000000	1.0
954 K	0	0.4941064717	2.9646388300	1.0000000000	6	1
954 L	0	1.3885180426	2.7770360851	1.0000000000	2	1
954 M	0	0.8313387442	3.3253549770	1.0000000000	4	1
955 A	0	1.4863405386	0.7431702693	1.0000000000	1/2	1
956 A	0	1.9246145311	1.9246145311	1.0000000000	1	1
957 A	0	2.1597414573	1.0798707286	1.0000000000	1/2	1
960 A	1	2.7025732251	2.0503200250	1.5173095078	0.5000000000	1.0
960 B	1	3.5906720505	2.0578659516	0.5731144261	1.0000000000	1.0
960 C	0	1.7605688118	1.7605688118	1.0000000000	1	1
960 D	0	0.8715629020	1.7431258040	1.0000000000	2	4
960 E	0	1.1850926721	1.1850926721	1.0000000000	1	1
960 F	0	1.8974006112	1.8974006112	1.0000000000	1	1
960 G	0	1.9807518180	1.9807518180	1.0000000000	1	1
960 H	1	2.9612986380	2.6461902538	0.5957274330	1.5000000000	1.0
960 I	0	1.1287136997	1.1287136997	1.0000000000	1	1
960 J	0	1.4422113862	1.4422113862	1.0000000000	1	1
960 K	1	4.9320596338	2.1856460521	1.7726031024	0.2500000000	1.0
960 L	1	1.7061708770	2.5949647962	1.5209290178	1.0000000000	1.0
960 M	1	2.3059156871	2.5176290280	1.0918131318	1.0000000000	1.0
960 N	0	2.2484039196	2.2484039196	1.0000000000	1	4
960 O	0	0.8191069172	2.4573207515	1.0000000000	3	1
960 P	0	1.9775352502	1.9775352502	1.0000000000	1	1
962 A	0	2.7999393875	2.7999393875	1.0000000000	1	1
964 A	0	1.1198415821	1.1198415821	1.0000000000	1	1
965 A	0	4.0716220074	2.0358110037	1.0000000000	1/2	1
966 A	1	0.8853869237	1.4614322919	0.8253071357	2.0000000000	1.0
966 B	0	0.2819418097	1.4097090486	1.0000000000	5	1
966 C	1	0.5664715755	1.7653369522	1.5581867021	2.0000000000	1.0
966 D	1	1.7441234008	1.3761745479	0.3945175402	2.0000000000	1.0
966 E	1	1.9082662943	2.0669379979	0.2707874163	4.0000000000	1.0
966 F	0	0.4082792341	1.6331169366	1.0000000000	4	1
966 G	1	1.1385943933	2.7656988559	0.6072616535	4.0000000000	1.0
966 H	0	0.4792307183	2.3961535917	1.0000000000	5	1
966 I	0	0.4643098624	2.7858591746	1.0000000000	6	1
966 J	0	0.3992807787	3.5935270082	1.0000000000	9	1
966 K	0	2.7119467172	2.7119467172	1.0000000000	1	1
968 A	1	1.6556466339	2.6417815152	0.1994523968	8.0000000000	1.0
968 B	0	0.3816352236	2.2898113418	1.0000000000	6	1
968 C	0	0.6021890261	2.4087561044	1.0000000000	4	1
968 D	1	3.0267578391	2.5010482433	0.4131563171	2.0000000000	1.0
968 E	1	0.4991290115	1.4384836253	0.3602484508	8.0000000000	1.0
969 A	0	2.9869009292	2.9869009292	1.0000000000	1	1
970 A	0	0.5310141996	0.5310141996	1.0000000000	1	1
970 B	0	1.5883427578	1.5883427578	1.0000000000	1	1
972 A	0	1.6050978266	1.6050978266	1.0000000000	1	1
972 B	0	2.0222965389	2.0222965389	1.0000000000	1	1
972 C	1	2.9166563143	2.3761866009	0.8146954406	1.0000000000	1.0
972 D	1	2.3149516507	2.3144639469	0.9997893244	1.0000000000	1.0
973 A	0	4.8789961045	4.8789961045	1.0000000000	1	1

TABLE 4: BIRCH–SWINNERTON-DYER DATA 973B–985B

Curve	r	Ω	$L^{(r)}(1)$	R	$L^{(r)}(1)/\Omega R$	S
973 B	1	4.1607442392	2.4129023423	5.2192876639	0.1111111111	1.0
974 A	0	1.2046434315	1.2046434315	1.0000000000	1	1
974 B	0	0.2422921289	0.2422921289	1.0000000000	1	1
974 C	0	2.1052734500	1.0526367250	1.0000000000	1/2	1
974 D	0	2.2001897331	2.2001897331	1.0000000000	1	1
974 E	1	4.1853626672	2.8758677503	0.2290417007	3.0000000000	1.0
974 F	1	3.1291701195	2.8497837722	0.1011906126	9.0000000000	1.0
974 G	1	2.4046637022	2.3325867716	0.3233420637	3.0000000000	1.0
974 H	1	1.4607794760	2.1312789050	0.0972667419	15.000000000	1.0
975 A	1	1.7990725603	2.6002925141	1.4453516615	1.0000000000	1.0
975 B	1	1.1088014849	1.1952547420	0.2694925012	4.0000000000	1.0
975 C	0	0.8069461169	1.6138922337	1.0000000000	2	1
975 D	0	0.3611376073	0.7222752146	1.0000000000	2	1
975 E	0	0.4098572926	0.8197145851	1.0000000000	2	1
975 F	1	1.1032705873	1.8832551063	0.8534874073	2.0000000000	1.0
975 G	0	1.4788241842	1.4788241842	1.0000000000	1	1
975 H	1	0.9164687672	3.1593865372	0.5745579573	6.0000000000	1.0
975 I	1	0.9486309445	1.4720753967	0.0184736827	84.000000000	1.0
975 J	1	2.4669880308	2.3914244965	0.0969370125	10.000000000	1.0
975 K	1	1.8043863715	1.8568392911	0.0571705373	18.000000000	1.0
976 A	0	1.4719422687	2.9438845375	1.0000000000	2	1
976 B	0	0.9972054784	1.9944109568	1.0000000000	2	1
976 C	1	1.8569859777	2.2379967092	1.2051769567	1.0000000000	1.0
978 A	0	1.0617344731	1.0617344731	1.0000000000	1	1
978 B	0	2.7212716532	1.3606358266	1.0000000000	1/2	1
978 C	0	0.1241533014	0.2483066027	1.0000000000	2	1
978 D	0	0.7283045343	0.7283045343	1.0000000000	1	1
978 E	1	4.1996664677	1.9268524917	0.2294054190	2.0000000000	1.0
978 F	1	2.5393784966	2.8120225559	0.0503348387	22.000000000	1.0
978 G	1	1.6105329585	3.2537064683	0.0360761951	56.000000000	1.0
978 H	0	3.1205326016	3.1205326016	1.0000000000	1	1
979 A	0	2.3873792165	2.3873792165	1.0000000000	1	1
979 B	1	0.4339769970	3.3551350704	2.5770452456	3.0000000000	1.0
980 A	0	1.9162261352	1.9162261352	1.0000000000	1	1
980 B	0	0.5248079970	0.5248079970	1.0000000000	1	1
980 C	1	1.7233973087	2.5976248754	0.7536349460	2.0000000000	1.0
980 D	1	1.0078659084	2.0479221272	0.1693282567	12.000000000	1.0
980 E	0	0.6921975851	1.3843951703	1.0000000000	2	1
980 F	0	0.1605835588	1.4452520290	1.0000000000	9	1
980 G	0	1.7191073020	2.5786609530	1.0000000000	3/2	1
980 H	0	3.1333036925	3.1333036925	1.0000000000	1	1
980 I	0	0.4067815814	0.8135631628	1.0000000000	2	1
981 A	1	1.5965483661	2.9392815103	0.9205112644	2.0000000000	1.0
981 B	1	3.4310796281	1.4755066121	0.2150207474	2.0000000000	1.0
982 A	1	3.2102819765	1.9893672757	0.3098430746	2.0000000000	1.0
984 A	0	1.0445702608	1.0445702608	1.0000000000	1	1
984 B	0	0.4869816017	1.9479264069	1.0000000000	4	1
984 C	1	1.2706245285	1.9979012463	0.2620628939	6.0000000000	1.0
984 D	1	2.2574282587	2.6460535196	0.1953589968	6.0000000000	1.0
985 A	0	0.7767573734	2.3302721201	1.0000000000	3	1
985 B	1	3.1840958685	1.0139872562	0.0796134364	4.0000000000	1.0

TABLE 4: BIRCH–SWINNERTON-DYER DATA 986A–999B

Curve	r	Ω	$L^{(r)}(1)$	R	$L^{(r)}(1)/\Omega R$	S
986 A	0	1.4557074439	0.9704716293	1.0000000000	2/3	1
986 B	1	0.2363375503	1.6316897708	1.7260162095	4.0000000000	1.0
986 C	1	1.9736513369	2.1668844307	1.0979063983	1.0000000000	1.0
986 D	1	2.2888169878	3.2671750193	0.1784314253	8.0000000000	1.0
986 E	1	0.4067622872	2.6151822165	0.0918466316	70.000000000	1.0
986 F	1	2.6487806372	3.0414018081	0.1435283921	8.0000000000	1.0
987 A	0	2.1704014659	2.1704014659	1.0000000000	1	1
987 B	0	1.7012497719	0.8506248859	1.0000000000	1/2	1
987 C	0	2.9294495045	2.9294495045	1.0000000000	1	1
987 D	0	0.6856950713	4.7998654990	1.0000000000	7	1
987 E	1	0.6097264187	1.7241936701	0.1885210172	15.000000000	1.0
988 A	0	1.0584031179	3.1752093536	1.0000000000	3	1
988 B	1	0.2075922181	2.4883343573	0.3073498884	39.000000000	1.0
988 C	1	1.9393544817	2.2502125023	0.1933815713	6.0000000000	1.0
988 D	0	1.0820810042	1.0820810042	1.0000000000	1	1
989 A	0	4.0825015085	4.0825015085	1.0000000000	1	1
990 A	1	3.6418359797	1.7927380911	0.2461310862	2.0000000000	1.0
990 B	0	1.4891045559	0.9927363706	1.0000000000	2/3	1
990 C	0	0.5287307010	1.0574614021	1.0000000000	2	1
990 D	0	1.1688028795	1.1688028795	1.0000000000	1	1
990 E	1	0.9415811183	1.7973283849	1.9088407255	1.0000000000	1.0
990 F	0	1.2550458447	1.2550458447	1.0000000000	1	1
990 G	0	0.1953396646	1.5627173170	1.0000000000	8	1
990 H	1	0.2707987714	3.0762047385	1.8932906790	6.0000000000	1.0
990 I	0	1.4030386758	2.8060773515	1.0000000000	2	1
990 J	1	1.7426021642	3.0722751578	0.4407596899	4.0000000000	1.0
990 K	0	1.3965264783	2.7930529567	1.0000000000	2	1
990 L	0	0.4490143433	3.1431004032	1.0000000000	7	1
994 A	1	3.3666422532	2.0603062005	0.3059882883	2.0000000000	1.0
994 B	0	0.8538300680	0.8538300680	1.0000000000	1	1
994 C	0	0.5412944368	1.6238833103	1.0000000000	3	1
994 D	1	1.0902271710	2.1101578430	2.9032818559	0.6666666667	1.0
994 E	0	4.6778604868	2.3389302434	1.0000000000	1/2	1
994 F	1	2.4540446205	3.0834509733	0.6282385715	2.0000000000	1.0
994 G	1	0.9475612683	2.6207661260	1.8438674899	1.5000000000	1.0
995 A	0	3.0420956800	1.5210478400	1.0000000000	1/2	1
995 B	1	3.7214583261	2.5126961150	2.0255737629	0.3333333333	1.0
996 A	0	1.4835654563	2.2253481845	1.0000000000	3/2	1
996 B	1	0.5549429367	2.5867487904	0.1195202023	39.000000000	1.0
996 C	1	2.5646016409	2.5309557847	0.9868806696	1.0000000000	1.0
997 A	1	4.9334464641	1.2116129751	0.2455915928	1.0000000000	1.0
997 B	2	3.1532626948	1.8005737283	0.5710192593	1.0000000000	1.0
997 C	2	4.8868977083	1.2202850721	0.2497054665	1.0000000000	1.0
999 A	1	0.8267057148	2.9754511153	3.5991660178	1.0000000000	1.0
999 B	1	4.9408397836	1.5561970558	0.3149661037	1.0000000000	1.0

BIBLIOGRAPHY

1. A.O.L.Atkin and J.Lehner, *Hecke operators on $\Gamma_0(m)$*, Math. Ann. **185** (1970), 134–160.
2. B.J.Birch and W.Kuyk (eds.), *Modular Functions of One Variable IV*, Lecture Notes in Mathematics 476, Springer-Verlag, 1975.
3. B.J.Birch and H.P.F.Swinnerton-Dyer, *Notes on elliptic curves. I.*, J. Reine Angew. Math. **212** (1963), 7–25.
4. A.Brumer and K.Kramer, *The rank of elliptic curves*, Duke Math. J. **44** (1977), 715–743.
5. J.P.Buhler and B.H.Gross, *Arithmetic on curves with complex multiplication. II*, Invent. Math. **79** (1985), 11–29.
6. J.P.Buhler, B.H.Gross and D.B.Zagier, *On the conjecture of Birch and Swinnerton Dyer for an elliptic curve of rank 3*, Math. Comp. **44** (1985), 473–481.
7. H. Carayol, *Sur les représentations l-adiques attachées aux formes modulaires de Hilbert*, Comptes-Rendus de l'Acad. des Sci. **296,I** (1983), 629.
8. I.Cassels, *Elliptic curves*, LMS Student Texts, Cambridge University Press, 1991.
9. I.Connell, *Notes on elliptic curves*, (Unpublished lecture notes, McGill University), 1991.
10. I. Connell, *Addendum to a paper of Harada and Lang*, J. Algebra **145** (1992), 463–467.
11. D. Cox, *The arithmetic-geometric mean of Gauss*, l'Enseignement Math. **30** (1984), 270–330.
12. J.E.Cremona, *Hyperbolic tessellations, modular symbols, and elliptic curves over complex quadratic fields*, Compositio Math. **51** (1984), 275–323.
13. J.E.Cremona, *Hyperbolic tessellations, modular symbols, and elliptic curves over complex quadratic fields (Addendum and Errata)*, Compositio Math. **63** (1987), 271–272.
14. J.E.Cremona, *Modular symbols for $\Gamma_1(N)$ and elliptic curves with everywhere goood reduction*, Math. Proc. Camb. Phil. Soc. (1992 (to appear)).
15. J.E.Cremona and E.Whitley, *Periods of cusp forms and elliptic curves over imaginary quadratic fields*, (preprint).
16. G.Faltings, *Endlichkeitssätze für abelsche Varietäten über Zahlkörpern*, Invent. Math. **73** (1983), 349–366.
17. B. H. Gross and D. Zagier, *Points de Heegner et dérivées de fonctions L*, C. R. Acad. Sci. Paris **297** (1983), 85–87.
18. B. H. Gross and D. Zagier, *Heegner points and derivatives of L-series*, Invent. Math. **84** (1986), 225–320.
19. K. Harada and M. L. Lang, *Some elliptic curves arising from the Leech lattice*, Journal of Algebra **125** (1989), 298–310.
20. D. Husemoller, *Elliptic curves*, Springer-Verlag, 1987.
21. V.I. Kolyvagin, *Finiteness of $E(\mathbb{Q})$ and $\text{III}_{E/\mathbb{Q}}$ for a subclass of Weil curves*, Math. USSR Izvest. **32** (1989), 523–542.

22. A. Kraus, *Quelques remarques à propos des invariants c_4, c_6 et Δ d'une courbe elliptique*, Acta Arith. **54** (1989), 75–80.

23. S.Lang, *Elliptic functions*, Addison-Wesley, 1973.

24. S.Lang, *Introduction to modular forms*, Springer-Verlag, 1976.

25. S.Lang, *Elliptic curves: diophantine analysis*, Springer-Verlag, 1976.

26. M. Laska, *An algorithm for finding a minimal Weierstrass equation for an elliptic curve*, Math. Comp. **38** (1982), 257–260.

27. M. Laska, *Elliptic curves over number filds with prescribed reduction type*, Aspects of Mathematics Vol. E4, Vieweg, 1983.

29. R. Livne, *Cubic exponential sums and Galois representations*, Contemporary Mathematics **67** (1987), 247–261.

28. E. Lutz, *Sur l'equation $y^2 = x^3 - Ax - B$ dans les corps p-adic*, J. Reine Angew. Math. **177** (1937), 237–247.

30. Ju.I.Manin, *Parabolic points and zeta-functions of modular curves*, Math. USSR-Izv. **6** (1972), 19–64.

31. B.Mazur, *Courbes elliptiques et symboles modulaires*, Séminaire Bourbaki No. 414 (1972), 277–294.

32. B.Mazur, *Modular curves and the Eisenstein ideal*, IHES Publ. Math. **47** (1977), 33–186.

33. B.Mazur, *Rational isogenies of prime degree*, Invent. Math. **44** (1978), 129–162.

34. B.Mazur and H.P.F. Swinnerton-Dyer, *Arithmetic of Weil curves*, Invent. Math. **25** (1974), 1–61.

35. J.-F.Mestre, *La méthode des graphes. Exemples et applications.*, Proceedings of the International Conference on Class Numbers and Units of Algebraic Number Fields (Y.Yamamoto and H.Yokoi, eds.), Katata, 1986, pp. 217–242.

36. M.R. Murty and V.K. Murty, *Mean values of derivatives of modular L-series*, Ann. Math. **133** (1991), 447–475.

37. T. Nagell, *Solution de quelque problèmes dans la théorie arithmétique des cubiques planes du premier genre*, Wid. Akad. Skrifter Oslo I (1935).

38. A.Néron, *Modèles minimaux des variétés abéliennes sur les corps locaux et globeaux*, IHES Publ. Math. **21** (1964), 361–482.

39. R.G.E.Pinch, *Elliptic curves over number fields*, Oxford D.Phil. thesis, 1982.

40. R.G.E.Pinch, *Elliptic curves with everywhere good reduction*, (preprint).

41. M. Pohst and H. Zassenhaus, *Algorithmic Algebraic Number Theory*, Encyclopedia of mathematics and its applications, Cambridge University Press, 1989.

42. A. J. Scholl, *The l-adic representations attached to a certain noncongruence subgroup*, J. Reine Angew. Math. **392** (1988), 1–15.

43. R. Schoof, *Elliptic curves over finite fields and the computation of square roots mod p*, Math. Comp. **44** (1985), 483–494.

44. J.-P. Serre, *Propriétés galoisiennes des points d'ordre fini des courbes elliptiques*, Invent. Math. **15** (1972), 259–331.

45. J.-P. Serre, *Résumé de cours*, Annuaire du Collège de France, 1984–85.

46. G.Shimura, *Introduction to the arithmetic theory of automorphic functions*, Math. Soc. Japan No.11, 1971.

47. J.H.Silverman, *The Arithmetic of Elliptic Curves*, GTM 106, Springer-Verlag, 1986.

48. J.H.Silverman, *Computing heights on elliptic curves*, Math. Comp. **51** (1988), 339–358.
49. J.H.Silverman, *The difference between the Weil height and the canonical height on elliptic curves*, Math. Comp. **55** (1990), 723–743.
50. H.P.F.Swinnerton Dyer and B.J.Birch, *Elliptic curves and modular functions*, Modular Functions of One Variable IV, Lecture Notes in Mathematics 476, Springer-Verlag, 1975.
51. J.Tate, *Algorithm for determining the singular fiber in an elliptic pencil*, Modular Functions of One Variable IV, Lecture Notes in Mathematics 476, Springer-Verlag, 1975.
52. J.Tate, Letter to J.-P. Serre, Oct. 1, 1979.
53. D.J.Tingley, *Elliptic curves uniformised by modular functions*, Oxford D.Phil. thesis 1975.
54. J.Vélu, *Isogénies entre courbes elliptiques*, C.R.Acad.Sc. Paris, 238–241.